Industrial Engineer Construction Safety

건설안전
산업기사 필기

정하정 지음

유형별 총정리 기출문제집

다락원

수험생 여러분이 느끼는 가장 큰 부담은 방대한 학습 범위와 반복되는 문제 속에서 무엇이 진짜 '핵심'인지 파악하기 어렵다는 점일 것입니다. 매년 시행되는 기출문제는 분량이 방대할 뿐 아니라, 유사한 형태로 재출제되는 경우가 많아 효율적인 학습 전략이 필요합니다. 이에 본서는 2026년부터 변경되는 출제기준에 따라 건설안전산업기사 필기 기출문제를 과목별·유형별로 구성하였으며, 특징은 다음과 같습니다.

[POINT 1] 학습분량 최소화

본서는 24년간(2002~2025) 시행된 7,300개의 문제를 분석하여, 동일하거나 유사한 내용을 하나로 통합·정리하여 2,900문제로 학습분량을 최소화했습니다. 시험에 반복 출제되는 개념과 규정, 계산 유형 등을 중심으로 구성했기 때문에, 짧은 시간에도 효율적인 학습이 가능합니다.

[POINT 2] 신규 출제기준 반영

2026년부터 시행되는 출제기준에 맞춰 출제빈도가 높은 과년도 문제를 엄선하고 과목별·유형별로 구분했습니다. 새롭게 추가된 단원에는 예상문제를 수록했으며, 최신 법령을 반영했습니다.

[POINT 3] 유형별 기출문제 정리

01 진위형 문제

진위형은 하나의 주제에 대한 옳고 그름을 판단하는 문제로서, 과년도 문제 중에서 동일하거나 유사한 문제를 통합·정리했습니다. 예를 들면, 다음 문제는 9회에 걸쳐 출제가 되었으므로 선지는 총 36개가 되지만, 25개의 동일한 선지를 삭제하여 11개의 선지만으로 구성했습니다. 즉, 9개의 문제를 한 번에 학습하며 시간과 노력을 아낄 수 있도록 구성했습니다. 각 선지의 옳고 그름을 체크하면서 관련 내용을 확실하게 학습하시기 바랍니다.

> [03①, 05③, 07①, 11①, 13②, 16③, 18①②, 22②]
>
> **001 건축시공계획을 세움에 있어서 우선 순위의 사항을 체크하시오.**
> ① 공종별 재료량 및 품셈 (　)　　② 재해방지 대책 (　)
> ③ 상세 공정표 작성 (　)　　❹ 원척도(原尺圖)의 제작 (　)
> ⑤ 노무, 기계재료 등의 조달, 사용 계획에 따른 수송계획 수립 (　)
> ⑥ 현장관리 조직계획 수립 (　)　　⑦ 실행예산의 편성 및 조정 (　)
> ⑧ 현장 직원의 조직편성 (　)　　⑨ 예정 공정표의 작성 (　)
> ❿ 시공상세도의 작성 (　)　　⓫ 현치도 작성 (　)

02 단답형 문제

단답형은 문제에서 묻는 용어 또는 단어를 찾는 문제로, 여러 번 출제된 문제를 하나의 문제로 통합하고, 출제빈도를 표기했습니다. 문제에 제시된 내용은 이미 진위형의 문제에서 설명해서 이를 참고하여 정답을 알 수 있는 방식의 구성입니다.

[09③, 13①, 16①, 22①]

001 불량품, 결점, 고장 등의 발생건수를 현상과 원인별로 분류하고, 여러 가지 데이터를 항목별로 분류해서 문제의 크기 순서로 나열하여, 그 크기를 막대그래프로 표기한 품질관리 도구를 쓰시오.

|정답| 파레토그램

[04③]

001 불량품, 결점, 고장 등의 발생건수를 현상과 원인별로 분류하고, 여러 가지 데이터를 항목별로 분류해서 문제의 크기 순서로 나열하여, 그 크기를 막대그래프로 표기한 품질관리 도구를 체크하시오.

❶ 파레토그램 (　　) 　　　　② 체크시트 (　　)

③ 관리도 (　　) 　　　　④ 산포도 (　　)

03 계산형 문제

공식이나 계산식을 필요로 하는 문제들을 별도로 분류했습니다. 계산형 문제는 이해와 반복 학습을 통해 정복할 수 있는 문제가 대부분이므로, 충분한 풀이를 통해 자신의 것으로 만드시길 바랍니다.

[17③]

001 사업장에서 발행한 990회 사고 중 사망재해가 3건이었다면 하인리히의 재해구성비율에 따를 경우 경상이 예상되는 발생 건수를 구하시오.

⚙ 해설

하인리히의 재해 구성 비율

비율	1	29	300
재해 구성	중상 또는 사망	경상	무상해 사고

중상 또는 사망 : 경상 = 1 : 29의 비율이므로, 1 : 29 = 3 : x에서 x = 87회

[POINT 4] 정답과 해설을 별도로 구성

학습의 편의성을 위해 문제와 해설을 비교하며 학습할 수 있도록 정답과 해설을 별도로 수록했습니다.

본서의 특징을 염두에 두고 학습하신다면, 시험에 대비하기 위한 유용한 교재로 활용하실 수 있으리라 생각합니다. 본서로 학습하시는 여러분의 합격을 응원합니다!

※ 자세한 사항은 반드시 Q-net에서 건설안전산업기사 관련 내용을 확인하시기 바랍니다.

● 기본정보

개요	건설업은 공사기간 단축, 비용 절감 등의 이유로 사업주와 건축주들이 근로자의 보호를 소홀히 할 수 있기 때문에, 건설현장의 재해요인을 예측하고 재해를 예방하기 위하여 건설 안전 분야에 대한 전문지식을 갖춘 전문인력을 양성하고자 자격제도 제정
수행직무	건설재해예방계획 수립, 작업환경의 점검 및 개선, 유해 위험 방지 등의 안전에 관한 기술적인 사항을 관리하며 건설물이나 설비작업의 위험에 따른 응급조치, 안전장치 및 보호구의 정기점검, 정비 등의 직무 수행
출제경향	건설안전에 관한 이론적 지식과 관련 법령을 바탕으로 일반지식, 전문지식과 응용 및 실무 능력을 평가

● 응시관련

시행처		한국산업인력공단
관련학과		대학과 전문대학의 산업안전공학, 건설안전공학, 토목공학 건축공학 관련학과
시험과목	필기	1. 산업재해예방 및 안전보건교육 2. 인간공학 및 위험성 평가·관리 3. 건설재료 및 시공 4. 건설공사 안전 관리
	실기	건설안전실무

● 검정방법

필기	• 객관식 4지 택일형 • 과목당 20문항(과목당 30분)
실기	복합형[필답형(1시간, 60점) + 작업형(50분 정도, 40점)]

● 합격기준

필기	100점을 만점으로 하여 과목당 40점 이상, 전과목 평균 60점 이상
실기	100점을 만점으로 하여 60점 이상

● 시험일정 (2025년 기준)

구분	필기원서접수 (인터넷, 휴일제외)	필기시험	필기합격 (예정자)발표	실기원서접수 (휴일제외)	실기시험	최종합격자 발표일
1회	01.13 ~ 01.16 (빈자리접수 : 02.01 ~ 02.02)	02.07 ~ 03.04	03.12	03.24 ~ 03.27 (빈자리접수 : 04.13 ~ 04.14)	04.19 ~ 05.09	06.13
2회	04.14 ~ 04.17 (빈자리접수 : 05.04 ~ 05.05)	05.10 ~ 05.30	06.11	06.23 ~ 06.26 (빈자리접수 : 07.13 ~ 07.14)	07.19 ~ 08.06	09.12
3회	07.21 ~ 07.24 (빈자리접수 : 08.03 ~ 08.04)	08.09 ~ 09.01	09.10	09.22 ~ 09.25	11.01 ~ 11.21	12.24

- 원서접수시간은 원서접수 첫날 10:00부터 마지막 날 18:00까지임
- 필기시험 합격예정자 및 최종합격자 발표시간은 해당 발표일 09:00임
- 시험 일정은 종목별·지역별로 상이할 수 있음
- 접수 일정 전에 공지되는 해당 회별 수험자 안내(Q-net 공지사항 게시) 참조 필수

● 검정현황

연도	필기			실기		
	응시	합격	합격률(%)	응시	합격	합격률(%)
2024	9,392	2,953	31.4(%)	4,221	2,052	48.6(%)
2023	10,908	3,831	35.1(%)	4,509	3,027	67.1(%)
2022	9,134	3,298	36.1(%)	4,016	2,299	57.2(%)
2021	6,473	2,316	35.8(%)	2,751	1,514	55(%)
2020	4,535	1,696	37.4(%)	1,898	1,104	58.2(%)

01 진위형 문제

중복 문제 및 선지를 통합하여 한 번에 필요한 내용을 학습할 수 있습니다.

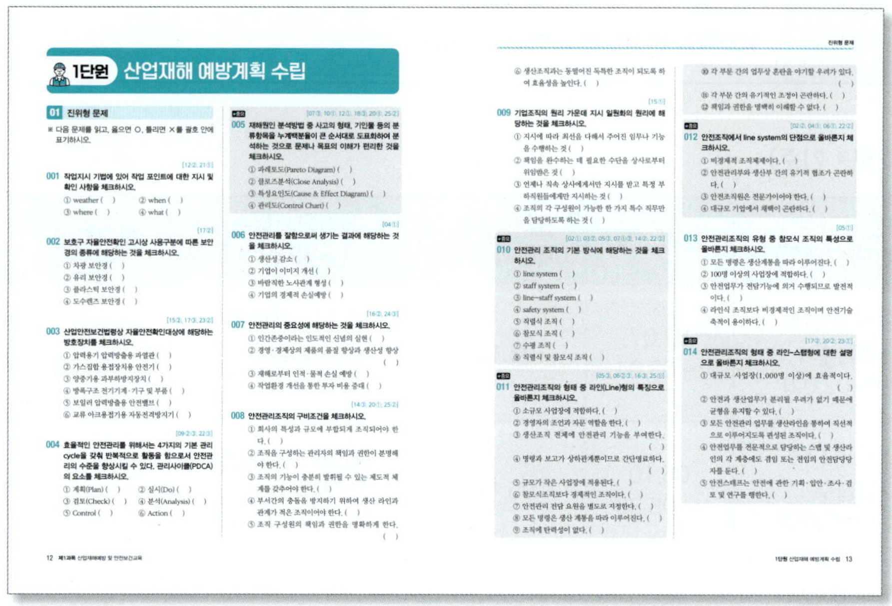

02 단답형 문제

단답형, 빈칸채우기 등으로 구성되어 주요 개념을 파악할 수 있습니다.

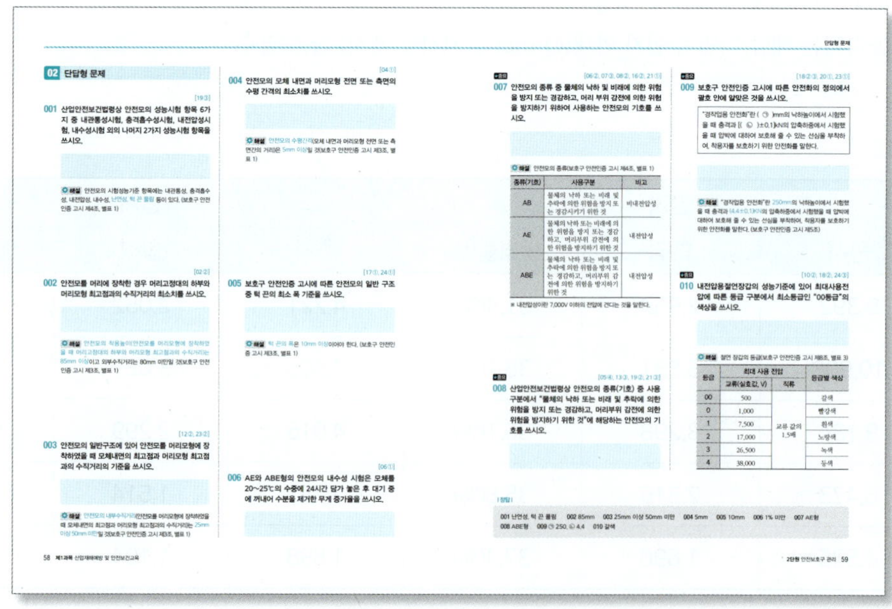

03 계산형 문제

계산형 문제에 대비할 수 있도록 공식 및 설명을 해설로 추가하였습니다.

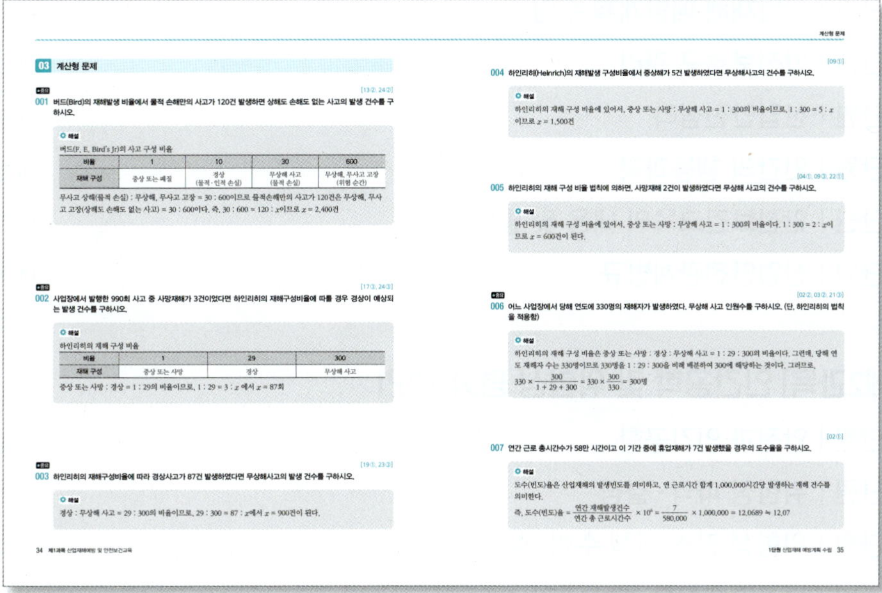

04 상세한 해설

진위형 문제에 대한 상세한 해설을 별책으로 구성하여 비교하며 학습할 수 있습니다.

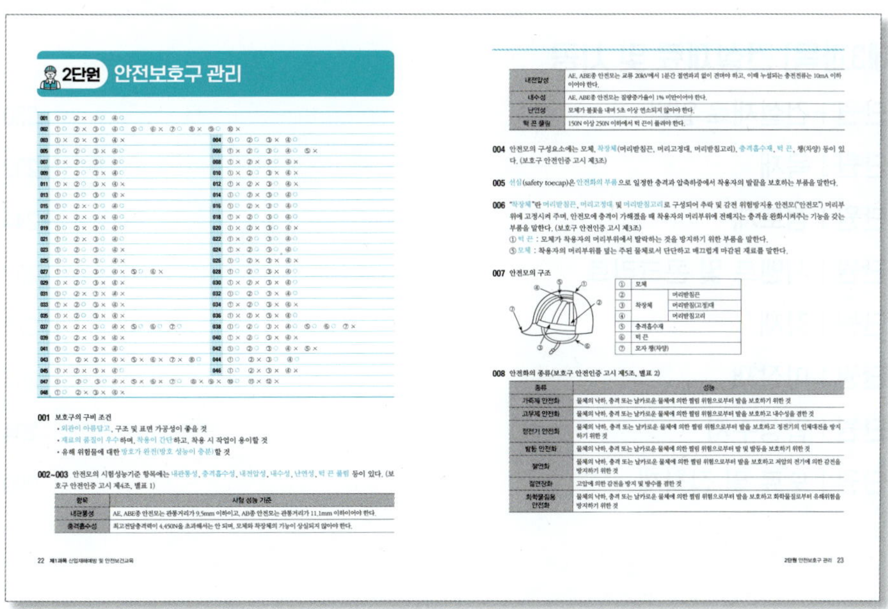

목차

PART2 제1~4과목 진위형 문제 해설

제1과목
산업재해예방 및 안전보건교육

01 진위형 문제

▶ 해설편 4p

※ 다음 문제를 읽고, 옳으면 ○, 틀리면 ✕를 괄호 안에 표기하시오.

[12②, 21①]

001 작업지시 기법에 있어 작업 포인트에 대한 지시 및 확인 사항을 체크하시오.

① weather ( )　　② when ( )

③ where ( )　　④ what ( )

[17②]

002 보호구 자율안전확인 고시상 사용구분에 따른 보안경의 종류에 해당하는 것을 체크하시오.

① 차광 보안경 ( )

② 유리 보안경 ( )

③ 플라스틱 보안경 ( )

④ 도수렌즈 보안경 ( )

[15②, 17③, 23②]

003 산업안전보건법령상 자율안전확인대상에 해당하는 방호장치를 체크하시오.

① 압력용기 압력방출용 파열판 ( )

② 가스집합 용접장치용 안전기 ( )

③ 양중기용 과부하방지장치 ( )

④ 방폭구조 전기기계·기구 및 부품 ( )

⑤ 보일러 압력방출용 안전밸브 ( )

⑥ 교류 아크용접기용 자동전격방지기 ( )

[09②③, 22③]

004 효율적인 안전관리를 위해서는 4가지의 기본 관리 cycle을 갖춰 반복적으로 활동을 함으로서 안전관리의 수준을 향상시킬 수 있다. 관리사이클(PDCA)의 요소를 체크하시오.

① 계획(Plan) ( )　　② 실시(Do) ( )

③ 검토(Check) ( )　　④ 분석(Analysis) ( )

⑤ Control ( )　　⑥ Action ( )

★중요
[07③, 10①, 12①, 18③, 20①, 25②]

005 재해원인 분석방법 중 사고의 형태, 기인물 등의 분류항목을 누계백분율이 큰 순서대로 도표화하여 분석하는 것으로 문제나 목표의 이해가 편리한 것을 체크하시오.

① 파레토도(Pareto Diagram) ( )

② 클로즈분석(Close Analysis) ( )

③ 특성요인도(Cause & Effect Diagram) ( )

④ 관리도(Control Chart) ( )

[04①]

006 안전관리를 잘함으로써 생기는 결과에 해당하는 것을 체크하시오.

① 생산성 감소 ( )

② 기업이 이미지 개선 ( )

③ 바람직한 노사관계 형성 ( )

④ 기업의 경제적 손실예방 ( )

[16②, 24③]

007 안전관리의 중요성에 해당하는 것을 체크하시오.

① 인간존중이라는 인도적인 신념의 실현 ( )

② 경영·경제상의 제품의 품질 향상과 생산성 향상 ( )

③ 재해로부터 인적·물적 손실 예방 ( )

④ 작업환경 개선을 통한 투자 비용 증대 ( )

[14③, 20①, 25②]

008 안전관리조직의 구비조건을 체크하시오.

① 회사의 특성과 규모에 부합되게 조직되어야 한다. ( )

② 조직을 구성하는 관리자의 책임과 권한이 분명해야 한다. ( )

③ 조직의 기능이 충분히 발휘될 수 있는 제도적 체계를 갖추어야 한다. ( )

④ 부서간의 충돌을 방지하기 위하여 생산 라인과 관계가 적은 조직이어야 한다. ( )

⑤ 조직 구성원의 책임과 권한을 명확하게 한다. ( )

⑥ 생산조직과는 동떨어진 독특한 조직이 되도록 하여 효율성을 높인다. (　)

[15①]

009 기업조직의 원리 가운데 지시 일원화의 원리에 해당하는 것을 체크하시오.

① 지시에 따라 최선을 다해서 주어진 임무나 기능을 수행하는 것 (　)

② 책임을 완수하는 데 필요한 수단을 상사로부터 위임받은 것 (　)

③ 언제나 직속 상사에게서만 지시를 받고 특정 부하직원들에게만 지시하는 것 (　)

④ 조직의 각 구성원이 가능한 한 가지 특수 직무만을 담당하도록 하는 것 (　)

★중요　　　　　　　　　[02①, 03②, 05③, 07①③, 14②, 22③]

010 안전관리 조직의 기본 방식에 해당하는 것을 체크하시오.

① line system (　)

② staff system (　)

③ line–staff system (　)

④ safety system (　)

⑤ 직렬식 조직 (　)

⑥ 참모식 조직 (　)

⑦ 수평 조직 (　)

⑧ 직렬식 및 참모식 조직 (　)

★중요　　　　　　　　　[05③, 06②③, 16③, 25①]

011 안전관리조직의 형태 중 라인(Line)형의 특징으로 올바른지 체크하시오.

① 소규모 사업장에 적합하다. (　)

② 경영자의 조언과 자문 역할을 한다. (　)

③ 생산조직 전체에 안전관리 기능을 부여한다. (　)

④ 명령과 보고가 상하관계뿐이므로 간단명료하다. (　)

⑤ 규모가 작은 사업장에 적용된다. (　)

⑥ 참모식조직보다 경제적인 조직이다. (　)

⑦ 안전관리 전담 요원을 별도로 지정한다. (　)

⑧ 모든 명령은 생산 계통을 따라 이루어진다. (　)

⑨ 조직에 탄력성이 없다. (　)

⑩ 각 부문 간의 업무상 혼란을 야기할 우려가 있다. (　)

⑪ 각 부문 간의 유기적인 조정이 곤란하다. (　)

⑫ 책임과 권한을 명백히 이해할 수 없다. (　)

★중요　　　　　　　　　[02②, 04①, 06①, 22②]

012 안전조직에서 line system의 단점으로 올바른지 체크하시오.

① 비경제적 조직체제이다. (　)

② 안전관리부와 생산부 간의 유기적 협조가 곤란하다. (　)

③ 안전조직원은 전문가이어야 한다. (　)

④ 대규모 기업에서 채택이 곤란하다. (　)

[05①]

013 안전관리조직의 유형 중 참모식 조직의 특성으로 올바른지 체크하시오.

① 모든 명령은 생산계통을 따라 이루어진다. (　)

② 100명 이상의 사업장에 적합하다. (　)

③ 안전업무가 전담기능에 의거 수행되므로 발전적이다. (　)

④ 라인식 조직보다 비경제적인 조직이며 안전기술 축적이 용이하다. (　)

★중요　　　　　　　　　[17②, 20②, 23①]

014 안전관리조직의 형태 중 라인–스탭형에 대한 설명으로 올바른지 체크하시오.

① 대규모 사업장(1,000명 이상)에 효율적이다. (　)

② 안전과 생산업무가 분리될 우려가 없기 때문에 균형을 유지할 수 있다. (　)

③ 모든 안전관리 업무를 생산라인을 통하여 직선적으로 이루어지도록 편성된 조직이다. (　)

④ 안전업무를 전문적으로 담당하는 스탭 및 생산라인의 각 계층에도 겸임 또는 전임의 안전담당당자를 둔다. (　)

⑤ 안전스태프는 안전에 관한 기획·입안·조사·검토 및 연구를 행한다. (　)

015 라인-스탭(line-staff) 조직의 단점으로 올바른지 체크하시오.

① 권한의 분쟁이나 조정으로 인해 시간과 노력이 소모될 수 있다. (　)
② 명령계통과 조언·권고적 참여가 혼동되기 쉽다. (　)
③ 스탭의 월권행위가 발생하는 경우가 있다. (　)
④ 라인이 스탭에 의존 또는 활용하지 않는 경우가 있다. (　)

016 산업안전보건법상 산업안전보건위원회의 설치 대상 사업을 체크하시오.

① 사업의 종류를 제외한 사업으로 상시 근로자 100명 이상을 사용하는 사업장 (　)
② 건설업의 경우로서 공사금액이 120억원인 사업장 (　)
③ 금속가공제품 제조업 중 기계 및 가구 포함 (　)
④ 자동차 및 트레일러 제조업 (　)
⑤ 건설업의 경우 공사금액이 120억 원 이상인 사업장 (　)
⑥ 관련 법령에 따른 토목공사업에 해당하는 공사의 경우 공사금액이 150억 원 이상인 사업장 (　)
⑦ 상시 근로자 50명 미만을 사용하는 사업 중 다른 업종과 비교할 경우 근로자 수 대비 산업재해 발생 빈도가 현저히 높은 유해·위험 업종으로서 고용노동부령으로 정하는 사업장 (　)

017 산업안전보건법에 따라 안전·보건진단을 받아 안전보건개선계획을 수립·제출하도록 명할 수 있는 사업장을 체크하시오.

① 산업재해율이 같은 업종의 규모별 평균 산업재해율보다 높은 사업장 (　)
② 사업주가 필요한 안전조치 또는 보건조치를 이행하지 아니하여 중대재해가 발생한 사업장 (　)
③ 직업성 질병자가 연간 3명 이상 발생한 사업장 (　)
④ 유해인자의 노출기준을 초과한 사업장 (　)

018 안전보건관리책임자에 대한 설명으로 올바른지 체크하시오.

① 사업장을 실질적으로 총괄하여 관리하는 사람이다. (　)
② 해당 사업장 안전교육계획의 수립 및 안전교육 실시에 관한 보좌 및 지도·조언을 한다. (　)
③ 선임사유가 발생한 때에는 지체 없이 선임하고 지정하여야 한다. (　)
④ 안전관리자와 보건관리자를 지휘, 감독하는 책임을 가진다. (　)

★중요

019 산업안전보건법상 안전보건관리규정에 포함되어야 할 내용을 체크하시오.

① 안전보건교육에 관한 사항 (　)
② 안전 및 보건에 관한 관리조직과 그 직무에 관한 사항 (　)
③ 사고 조사 및 대책 수립에 관한 사항 (　)
④ 보호구 안전인증에 관한 사항 (　)
⑤ 생산성과 품질향상에 관한 사항 (　)
⑥ 작업장의 안전 및 보건 관리에 관한 사항 (　)
⑦ 재해코스트 분석방법 (　)

★중요

020 산업안전보건법상 안전관리자의 업무(단, 그 밖에 안전에 관한 사항으로서 고용노동부장관이 정하는 사항은 제외)를 체크하시오.

① 산업안전보건위원회 또는 안전 및 보건에 관한 노사협의체에서 심의·의결한 업무와 해당 사업장의 안전보건관리규정 및 취업규칙에서 정한 업무 (　)
② 작업장 내에서 사용되는 전체 환기장치 및 국소배기장치 등에 관한 설비의 점검과 작업방법의 공학적 개선에 관한 보좌 및 지도·조언 (　)
③ 안전인증대상기계 등과 자율안전확인대상기계 등 구입 시 적격품의 선정에 관한 보좌 및 지도·조언 (　)
④ 해당 사업장 안전교육계획의 수립 및 안전교육 실시에 관한 보좌 및 지도·조언 (　)

⑤ 안전관리자와 보건관리자를 지휘, 감독하는 책임
(　　)

⑥ 산업재해 발생의 원인 조사·분석 및 재발 방지를
위한 기술적 보좌 및 지도·조언 (　　)

⑦ 산업재해에 관한 통계의 유지·관리·분석을 위한
보좌 및 지도·조언 (　　)

⑧ 안전에 관한 사항의 이행에 관한 보좌 및 지도·조
언 (　　)

⑨ 위험성평가에 관한 보좌 및 지도·조언 (　　)

⑩ 물질안전보건자료의 게시 또는 비치에 관한 보좌
및 조언·지도 (　　)

⑪ 사업장 순회점검·지도 및 조치의 건의 (　　)

⑫ 해당 작업과 관련된 기계·기구 또는 설비의 안전·
보건 점검 및 이상 유무의 확인 (　　)

⑬ 관리감독자에게 소속된 근로자의 작업복·보호구
및 방호장치의 점검과 그 착용·사용에 관한 교
육·지도 (　　)

⑭ 해당 작업의 작업장 정리·정돈 및 통로확보에 대
한 확인·감독 (　　)

[05④, 17①]

021 인간이 기계설비와 안전을 공존하면서 근로할 수
있는 시스템의 기본 원인 4M을 체크하시오.

① Man (　　)　　　　② Machine (　　)
③ Media (　　)　　　　④ Measurement (　　)
⑤ Material (　　)　　　　⑥ Management (　　)

[05③, 15①, 23③]

022 안전관리의 4M 가운데 Media는 무엇을 의미하는
지 체크하시오.

① 인간과 기계를 연결하는 매개체 (　　)
② 인간과 관리를 연결하는 매개체 (　　)
③ 기계와 관리를 연결하는 매개체 (　　)
④ 인간과 작업환경을 연결하는 매개체 (　　)

★중요　　　　　　　　　　[03①, 11③, 16①, 23①]

023 산업안전보건법상 중대 재해의 범위에 해당하는 것
을 체크하시오.

① 사망자가 1인 이상 발생한 재해 (　　)

② 3개월 이상의 요양을 요하는 부상자가 동시에 2
명 이상 발생한 재해 (　　)

③ 부상자 또는 직업성 질병자가 10명 이상 발생한
재해 (　　)

④ 식중독 및 전염성 질환이 다발로 일어난 재해
(　　)

⑤ 추락으로 인하여 1명이 사망한 재해 (　　)

⑥ 건물의 붕괴로 인하여 15명의 부상자가 동시에
발생한 재해 (　　)

⑦ 화재로 인하여 4개월의 요양이 필요한 부상자가
3명 발생한 재해 (　　)

⑧ 근로환경으로 인하여 직업성 질병자가 5명 발생
한 재해 (　　)

[04①, 21①]

024 사업장의 연간 안전보건관리계획 수립의 구성요소
가운데 가장 핵심적이며 경영자의 재해방지를 위한
굳은 신념을 나타내는 것을 체크하시오.

① 안전 목표 (　　)　　　　② 슬로건 (　　)
③ 기본 방침 (　　)　　　　④ 중점 시책 (　　)

[05①]

025 최신화된 안전관리 모델에서 단기의 안전관리의 문
제와 고려요건에 해당하는 것을 체크하시오.

① 분석 (　　)　　　　② 장비 (　　)
③ 안전규칙 (　　)　　　　④ 관리양식 (　　)

[16③, 23①]

026 안전점검표의 작성 시 유의사항으로 올바른지 체크
하시오.

① 중요도가 낮은 것부터 높은 순서대로 만들 것
(　　)

② 점검표 내용은 구체적이고 재해 방지에 효과가
있을 것 (　　)

③ 사업장 내 점검기준을 기초로 하여 점검자 자신
이 점검목적, 사용시간 등을 고려하여 작성할 것
(　　)

④ 현장감독자용 점검표는 쉽게 이해할 수 있는 내
용이어야 할 것 (　　)

027 안전조치의 방법에 대한 설명으로 올바른지 체크하시오.

① 페일 세이프(fail safe) : 사람이 잘못 조작하여도 안전하게 되도록 하는 것 (　)

② 백업(backup) : 주요한 기능의 고장 시에 그 기능을 대행하여 안전을 유지하는 방법 (　)

③ 풀 프루프(fool proof) : 기계 또는 장치의 고장 시에도 안전하게 동작 (　)

④ 페일 소프트(fail soft) : 설비 또는 장치의 일부가 고장이 발생한 경우 전체적인 기능을 정지시키는 것 (　)

028 공장 내에 안전표지를 부착하는 주된 이유를 체크하시오.

① 능률적인 작업을 유도하기 위하여 (　)

② 인간 심리의 활성화 촉진 (　)

③ 인간 행동의 변화 통제 (　)

④ 공장내의 환경 정비 목적 (　)

029 산업안전보건위원회의 근로자위원의 자격을 체크하시오.

① 근로자대표 (　)

② 명예산업안전감독관이 위촉되어 있는 사업장의 경우 근로자대표가 지명하는 1명 이상의 명예산업안전감독관 (　)

③ 근로자대표가 지명하는 9명 이내의 해당 사업장의 근로자 (　)

④ 산업보건의(해당 사업장에 선임되어 있는 경우로 한정) (　)

⑤ 해당 사업의 대표자가 지명하는 9명 이내의 해당 사업장 부서의 장 (　)

030 산업안전보건법에 따라 유해·위험기계 등의 안전인증의 표시 및 표시방법으로 올바른지 체크하시오.

① 표시는 유해·위험기계 등이나 이를 담은 용기 또는 포장지의 적당한 곳에 붙이거나 인쇄하거나 새기는 등의 방법으로 해야 한다. (　)

② 테두리와 문자는 흰색, 그 밖의 부분은 파란색이다. (　)

③ 표시를 하는 경우에 인체에 상해를 입힐 우려가 있는 재질이나 표면이 거친 재질을 사용해서는 안 된다. (　)

④ 표시의 크기는 유해·위험기계 등의 크기에 따라 조정할 수 있다. (　)

031 자율검사프로그램을 인정받으려는 자가 한국산업안전공단에 제출하여야 하는 서류를 체크하시오.

① 안전검사대상기계 등의 보유 현황 (　)

② 안전검사대상기계 등의 검사 주기 및 검사기준 (　)

③ 안전검사대상기계 등의 사용 실적 (　)

④ 향후 2년간 안전검사대상기계 등의 검사수행계획 (　)

032 산업안전보건법령상 안전보건개선 계획서에 반드시 포함되어야 할 사항을 체크하시오.

① 안전·보건교육 (　)

② 안전·보건관리체제 (　)

③ 근로자 채용 및 배치에 관한 사항 (　)

④ 산업재해예방 및 작업환경의 개선을 위하여 필요한 사항 (　)

⑤ 안전보건관리예산 (　)

033 산업안전보건법에 따라 안전관리자를 정수 이상으로 증원하거나 교체하여 임명할 것을 명할 수 있는 경우로 올바른지 체크하시오.

① 해당 사업장의 연간재해율이 동일업종 평균재해율의 3배인 경우 (　)

② 화학적 인자로 인한 직업성 질환자가 연간 3명 이상 발생한 경우(발생 당시 사업장에서 해당 화학적 인자를 사용하지 않은 경우는 그렇지 않음) (　)

③ 중대재해가 연간 3건 발생한 경우 (　)

④ 안전관리자가 질병의 이유로 6개월 동안 직무를 수행할 수 없게 된 경우 (　)

034 산업안전보건법상 안전보건관리규정을 작성하여야 할 어업의 상시근로자 수를 체크하시오. [12③, 25①]

① 50명 (　) ② 100명 (　)
③ 200명 (　) ④ 300명 (　)

035 산업안전보건법상 고용노동부장관이 산업재해 예방을 위하여 종합적인 개선조치를 할 필요가 있다고 인정할 때에 안전보건개선계획의 수립·시행을 명할 수 있는 대상 사업장을 체크하시오. [17①]

① 산업재해율이 같은 업종의 규모별 평균 산업재해율보다 높은 사업장 (　)
② 사업주가 필요한 안전조치 또는 보건조치를 이행하지 아니하여 중대재해가 발생한 사업장 (　)
③ 유해인자의 노출기준을 초과한 사업장 (　)
④ 경미한 재해가 다발로 발생한 사업장 (　)

036 산업안전보건법상 용어의 정의로 올바른지 체크하시오. [13①]

① "사업주"란 근로자를 사용하여 사업을 하는 자를 말한다. (　)
② "근로자대표"란 근로자의 과반수로 조직된 노동조합이 없는 경우에는 사업주가 지정하는 자를 말한다. (　)
③ "산업재해"란 노무를 제공하는 사람이 업무에 관계되는 건설물·설비·원재료·가스·증기·분진 등에 의하거나 작업 또는 그 밖의 업무로 인하여 사망 또는 부상하거나 질병에 걸리는 것을 말한다. (　)
④ "안전·보건진단"이란 산업재해를 예방하기 위하여 잠재적 위험성을 발견하고 그 개선대책을 수립할 목적으로 조사·평가를 말한다. (　)

★중요 [13②③, 15①, 17①②, 18③, 19②, 23②]
037 산업안전보건법령상 안전검사 대상 기계를 체크하시오.

① 선반 (　)
② 리프트 (　)
③ 압력용기 (　)

④ 곤돌라 (　)
⑤ 이동식 국소 배기장치 (　)
⑥ 연삭기 (　)
⑦ 산업용 원심기 (　)
⑧ 건조설비 및 그 부속설비 (　)
⑨ 프레스 (　)
⑩ 전단기 (　)
⑪ 롤러기(밀폐형 구조는 제외) (　)
⑫ 교류아크용접기 (　)
⑬ 크레인(정격 하중이 2톤 미만인 것은 제외) (　)
⑭ 전기 용접기 (　)

038 산업안전보건법령상 안전보건 총괄책임자 지정 대상사업으로 상시근로자 50명 이상 사업의 종류에 해당하는 것을 체크하시오. [13②]

① 서적, 잡지 및 기타 인쇄물 출판업 (　)
② 음악 및 기타 오디오물 출판업 (　)
③ 금속 및 비금속 원료 재생업 (　)
④ 선박 및 보트 건조업 (　)

039 산업안전보건법령상 의무안전인증 대상 보호구를 체크하시오. [15①]

① 보호복 (　)
② 안전장갑 (　)
③ 방독마스크 (　)
④ 보안면 (　)

040 산업안전보건법상 프레스 작업 시 작업시작 전 점검사항을 체크하시오. [11③, 16①, 23②]

① 클러치 및 브레이크의 기능 (　)
② 매니퓰레이터(manipulator) 작동의 이상 유무 (　)
③ 프레스의 금형 및 고정볼트 상태 (　)
④ 1행정 1정지기구·급정지장치 및 비상정지 장치의 기능 (　)

041 산업안전보건법령상 관리감독자의 업무의 내용을 체크하시오.

① 해당 작업의 작업장 정리·정돈 및 통로 확보에 대한 확인·감독 (　　)

② 해당 작업에서 발생한 산업재해에 관한 보고 및 이에 대한 응급조치 (　　)

③ 위험성평가에 관한 유해·위험요인의 파악에 대한 참여 (　　)

④ 작성된 물질안전보건자료의 게시 또는 비치에 관한 보좌 및 조언·지도 (　　)

★중요　[17①, 19③, 20②, 25③]

042 산업안전보건법령상 일용근로자의 안전·보건교육 과정별 교육시간 기준으로 올바른지 체크하시오.

① 채용 시의 교육 : 1시간 이상 (　　)

② 작업내용 변경 시의 교육 : 2시간 이상 (　　)

③ 건설업 기초안전 보건교육(건설일용근로자) : 4시간 (　　)

④ 특별교육 : 2시간 이상(흙막이 지보공의 보강 또는 동바리를 설치하거나 해체하는 작업에 종사하는 일용근로자) (　　)

⑤ 정기교육인 경우 : 사무직 종사근로자 – 매반기 6시간 이상 (　　)

⑥ 정기교육인 경우 : 판매업무에 직접 종사하는 근로자 외의 근로자 – 매반기 10시간 이상 (　　)

⑦ 채용 시 교육인 경우 : 일용근로자 – 4시간 이상 (　　)

⑧ 작업내용 변경 시 교육인 경우 : 일용근로자를 제외한 근로자 – 1시간 이상 (　　)

[17③, 20①]

043 산업안전보건법령상 특별교육 대상 작업별 교육 작업 기준으로 올바른지 체크하시오.

① 전압이 75V 이상인 정전 및 활선작업 (　　)

② 굴착면의 높이가 2m 이상이 되는 지반의 굴착작업 (　　)

③ 동력에 의하여 작동되는 프레스기계를 3대 이상 보유한 사업장에서 해당 기계로 하는 작업 (　　)

④ 1톤 미만의 크레인 또는 호이스트를 5대 이상 보유한 사업장에서 해당 기계로 하는 작업 (　　)

[13③]

044 재해의 정의로 올바른지 체크하시오.

① 안전사고의 사건 그 자체를 말한다. (　　)

② 사고로 입은 인명의 상해만을 말한다. (　　)

③ 생명과 재산을 보호하기 위한 제반활동을 말한다. (　　)

④ 안전사고의 결과로 일어난 인명과 재산의 손실을 말한다. (　　)

[19③, 25③]

045 산업안전보건법령상 산업재해의 정의로 올바른지 체크하시오.

① 고의성 없는 행동이나 조건이 선행되어 인명의 손실을 가져올 수 있는 사건 (　　)

② 안전사고의 결과로 일어난 인명피해 및 재산손실 (　　)

③ 노무를 제공하는 사람이 업무에 관계되는 건설물·설비·원재료·가스·증기·분진 등에 의하거나 작업 또는 그 밖의 업무로 인하여 사망 또는 부상하거나 질병에 걸리는 것 (　　)

④ 통제를 벗어난 에너지의 광란으로 인하여 입은 인명과 재산의 피해 현상 (　　)

[03②]

046 하인리히(H. W. Heinrich)의 안전사고 연쇄성 이론의 5대 요소 중 가장 문제가 되는 것을 체크하시오.

① 사회적 환경결함 (　　)

② 불안전한 행위 및 상태 (　　)

③ 개인결함 (　　)

④ 안전사고와 재해 (　　)

★중요　[06①, 08①, 20①, 25②]

047 하인리히 재해발생 5단계 중 3단계에 해당하는 것을 체크하시오.

① 불안전한 행동 또는 불안전한 상태 (　　)

② 사회적 환경 및 유전적 요소 (　　)

③ 관리의 부재 (　　)

④ 인적 결함 (　　)

⑤ 사고 (　　)

048 버드(Frank Bird)의 재해 발생 이론에서 첫 번째 요인인 제어의 부족 내용에 해당하는 것을 체크하시오. [02①]

① 안전계획 및 직무계획의 책정 (　　)

② 직무활동에 있어 시설기준 설정 (　　)

③ 불안전 행동의 징후 (　　)

④ 설정된 기준에 의한 실적 평가 (　　)

049 버드(Bird)는 사고가 5개의 연쇄반응에 의하여 발생되는 것으로 보았다. 재해 발생의 첫 단계에 해당하는 것에 해당하는 것을 체크하시오. [14①]

① 개인적 결함 (　　)　　② 사회적 환경 (　　)

③ 전문적 관리의 부족 (　　)

④ 불안전한 행동 및 불안전한 상태 (　　)

050 재해 발생과 관련된 버드(Frank Bird)의 도미노 이론을 올바르게 나열한 것에 체크하시오. [15③, 21②]

① 기본원인 → 제어의 부족 → 직접원인 → 사고 → 상해 (　　)

② 기본원인 → 직접원인 → 제어의 부족 → 사고 → 상해 (　　)

③ 제어의 부족 → 기본원인 → 직접원인 → 사고 → 상해 (　　)

④ 제어의 부족 → 직접원인 → 기본원인 → 상해 → 사고 (　　)

051 재해 사고발생비율에 대하여 버드(Frank E. Bird)는 1 : 10 : 30 : 600 비율 이론을 주장하였다. 여기서 "30"에 해당하는 것에 체크하시오. [06①]

① 중상 (　　)　　　　② 경상 (　　)

③ 무상해, 무사고(위험순간) (　　)

④ 무상해 사고(물리적 손실) (　　)

052 재해의 발생은 관리도구의 결함에서 작전적, 전술적 에러로 이어져 사고 및 재해가 발생한다고 정의한 사람에 체크하시오. [14③, 21①]

① 버드(Bird) (　　)

② 아담스(Adams) (　　)

③ 웨버(Weaver) (　　)

④ 하인리히(Heinrich) (　　)

053 Edword Adams의 이론은 Bird's 이론에 어떤 개념을 도입하였는지 체크하시오. [04②]

① 예방의 개념 (　　)

② 대책 선정의 개념 (　　)

③ 손실제어의 개념 (　　)

④ 관리 잘못의 개념 (　　)

054 다음 중 재해발생에 관한 아담스(Edward adams)의 이론에 해당하는 것을 체크하시오. [10②]

① 통제 부족 → 기본적 원인 → 직접적 원인 → 사고 → 상해 (　　)

② 관리 구조 → 작전적 에러 → 전술적 에러 → 사고 → 상해·손해 (　　)

③ 사회적 환경 및 유전적 요소 → 개인적 결함 → 불안전한 행동 및 상태 → 사고 → 상해 (　　)

④ 개인·환경적 요인 → 불안전 행동 및 상태 → 에너지 및 위험물의 예기치 못한 폭주 → 사고 → 구호 (　　)

055 재해조사의 순서 중 제1단계(사실의 확인)에서 조사항목에 해당하는 것을 체크하시오. [05④, 23②]

① 작업 중 관리에 관한 사항 (　　)

② 사내의 제기준의 문제점 확인 (　　)

③ 기본원인과 근본적 문제의 결정 (　　)

④ 근본문제점을 중심으로 동종재해 예방대책 수립 (　　)

056 기계 작업 중 정전되었을 때 책임자가 꼭 하여야 하는 행동을 체크하시오. [02②]

① 전원 스위치를 끈다. (　　)

② 크림 등을 제거하여 작업의 능률을 향상시킨다. (　　)

③ 기계 주위, 청소와 정돈을 한다. (　　)

④ 공작물의 치수 공작 진로등을 살펴본다. (　　)

057 재해원인을 직접원인과 간접원인으로 나눌 때 직접원인에 해당하는 것을 체크하시오.

① 기술적 원인 (　　)
② 관리적 원인 (　　)
③ 교육적 원인 (　　)
④ 물적 원인 (　　)
⑤ 안전수칙의 오해 (　　)
⑥ 물(物) 자체의 결함 (　　)
⑦ 위험 장소의 접근 (　　)
⑧ 불안전한 속도 조작 (　　)
⑨ 통제의 부족 (　　)
⑩ 관리 구조의 부적절 (　　)
⑪ 불안전한 행동과 상태 (　　)
⑫ 유전과 환경적 영향 (　　)

058 재해원인의 직접 원인 중 불안전행동에 해당하는 것을 체크하시오.

① 정리정돈의 불량 (　　)
② 위험장소의 출입 (　　)
③ 운전 중인 기계장치의 손질 (　　)
④ 물의 배치 및 작업장소 결함 (　　)
⑤ 위험한 장소의 접근 (　　)
⑥ 보호구의 미착용 (　　)
⑦ 작업설비의 결함 (　　)
⑧ 생산공정 및 작업환경의 결함 (　　)
⑨ 불안전한 적재 (　　)
⑩ 불안전한 설계 (　　)
⑪ 권한 없이 행한 조작 (　　)
⑫ 부적절한 태도 (　　)
⑬ 신체적 부적합성 (　　)
⑭ 결함 있는 장비 및 공구의 사용 (　　)
⑮ 위험한 장비에서 작업 (　　)
⑯ 전문지식의 결여 및 기술, 숙련도 부족 (　　)
⑰ 물건을 급히 운반하려다 부딪침 (　　)
⑱ 뛰어가다 넘어져 골절상을 입음 (　　)
⑲ 높은 장소에서 작업 중 부주의로 떨어짐 (　　)
⑳ 낮은 위치에 정지해 있는 호이스트의 고리에 머리를 다침 (　　)

059 재해발생의 원인에 있어 불안전한 상태에 해당하는 것을 체크하시오.

① 작업환경의 결함 (　　)
② 보호조치의 결함 (　　)
③ 작업장소의 결함 (　　)
④ 보호구, 복장의 결함 (　　)
⑤ 설비 및 장비의 결함 (　　)
⑥ 부적절한 조명 및 환기 (　　)
⑦ 작업 장소의 정리·정돈 불량 (　　)
⑧ 보호구 착용 불량 (　　)

060 사고의 위험이 불완전한 행위 외에 불안전한 상태에서도 적용된다는 것과 가장 관계가 깊은 것을 체크하시오.

① 이념성 (　　)　　② 개인차 (　　)
③ 부주의 (　　)　　④ 지능성 (　　)

061 사고의 원인이 가장 높은 비율의 사고 원인에 해당하는 것을 체크하시오.

① 불안전한 행동 (　　)
② 불완전한 행동 (　　)
③ 분수 넘친 행동 (　　)
④ 불행한 행동 (　　)
⑤ 작업방법 (　　)
⑥ 작업환경 (　　)
⑦ 시설장비의 결함 (　　)

062 재해 원인 중 간접원인에 해당하는 것을 체크하시오.

① 안전교육 미시행 (　　)
② 생산방법의 부적당 (　　)
③ 구조 재료의 부적합 (　　)
④ 보호구의 미사용 (　　)

063 재해의 간접원인 중 관리적 원인에 해당하는 것을 체크하시오.

① 작업지시 부적절 (　　)　② 안전수칙의 오해 (　　)
③ 경험훈련의 미숙 (　　)　④ 안전지식의 부족 (　　)

[03②]

064 안전사고의 관리적 원인 중 기술적 원인에 해당하는 것을 체크하시오.

① 인원 배치 부적당 (　　)

② 점검, 정비보존 불량 (　　)

③ 생산 공정의 부적당 (　　)

④ 구조, 재료의 부적합 (　　)

[12②, 25③]

065 사고발생 기초원인 중 심리적 요인에 해당하는 것을 체크하시오.

① 작업 중 졸려서 주의력이 떨어졌다. (　　)

② 조명이 어두워 정신 집중이 안 되었다. (　　)

③ 작업 공간이 협소하여 압박감을 느꼈다. (　　)

④ 적성에 안 맞는 작업이어서 재미가 없었다. (　　)

[04②]

066 산업재해발생의 심리학적 요소에 해당하는 것을 체크하시오.

① 병리적 요인(pathological factors) (　　)

② 신체적 요인(physical factors) (　　)

③ 생물학적 요인(biological factors) (　　)

④ 사회심리적 요인(social psychological factors)

(　　)

[16③, 22①]

067 산업재해조사표에서 재해발생 원인 중 작업·환경적 요인에 해당하는 것을 체크하시오.

① 점검·장비의 부족 (　　)

② 작업자세·동작의 결함 (　　)

③ 작업방법의 부적절 (　　)

④ 작업정보의 부적절 (　　)

[19②]

068 산업안전보건법령상 산업재해 조사표에 기록되어야 할 내용에 해당하는 것을 체크하시오.

① 사업장 정보 (　　)

② 재해정보 (　　)

③ 재해발생개요 및 원인 (　　)

④ 안전교육 계획 (　　)

[02③, 20①, 21①]

069 산업 재해의 발생 유형에 해당하는 것을 체크하시오.

① 지그재그형 (　　)　　② 집중형 (　　)

③ 연쇄형 (　　)　　④ 복합형 (　　)

⑤ 독립형 (　　)

[03①]

070 옛날부터 "유리공 백내장"이란 이름으로 알려진 바와 같이 안구의 수정체에 특이한 변화를 일으켜 시력의 감퇴를 유발하거나 심할 경우에는 시력을 잃게 된다는 유해광선을 체크하시오.

① 적외선 (　　)　　② 가시광선 (　　)

③ 자외선 (　　)　　④ X선 (　　)

[03①]

071 "인체에 상해, 사망 또는 질병을 유발시키거나 장비와 시설에 손상을 발생시키는 전혀 예상치 못한 사건 또는 일련의 사건"에 해당하는 것을 체크하시오.

① 재해 (　　)　　② 사고 (　　)

③ 직업병 (　　)　　④ 부주의 (　　)

[03③, 14③, 21③]

072 재해의 발생 형태 분류 중 사람이 평면상으로 넘어졌을 경우에 해당하는 것을 체크하시오.

① 추락 (　　)　　② 충돌 (　　)

③ 전도 (　　)　　④ 붕괴·도괴 (　　)

[05③]

073 기계적 에너지에 의한 재해는 크게 정적 형태와 동적 형태로 구분되는데, 정적 형태의 재해에 해당하는 것을 체크하시오.

① 낙하 (　　)　　② 충돌 (　　)

③ 붕괴 (　　)　　④ 추락 (　　)

[06②, 19①, 24①]

074 재해발생 형태별 분류 가운데 물건이 주체가 되어 사람이 상해를 입는 경우를 체크하시오.

① 추락 (　　)

② 전도 (　　)

③ 낙하·비래 (　　)

④ 충돌 (　　)

075 기계적 위험에서 위험의 종류와 사고의 형태의 연결이 올바른지 체크하시오.

① 접촉적 위험 – 충돌 (　　)

② 물리적 위험 – 협착 (　　)

③ 작업 방법적 위험 – 전도 (　　)

④ 구조적 위험 – 이상온도 노출 (　　)

076 A 건설현장에서 굴삭기로 작업을 하던 중 가스관에서 누출된 가스에 의하여 폭발사고가 발생하였다면 이때의 가해물과 기인물을 올바르게 연결한 것을 체크하시오.

① 가해물 : 굴삭기, 기인물 : 가스 (　　)

② 가해물 : 가스, 기인물 : 가스관 (　　)

③ 가해물 : 가스관, 기인물 : 가스 (　　)

④ 가해물 : 굴삭기, 기인물 : 가스관 (　　)

077 근로자가 작업대 위에서 전기공사 작업 중 감전에 의하여 지면으로 떨어져 다리에 골절상해를 입은 경우의 기인물과 가해물로 올바른지 체크하시오.

① 기인물 – 작업대, 가해물 – 지면 (　　)

② 기인물 – 전기, 가해물 – 지면 (　　)

③ 기인물 – 지면, 가해물 – 전기 (　　)

④ 기인물 – 작업대, 가해물 – 전기 (　　)

078 다음과 같은 재해사례의 분석으로 올바른지 체크하시오.

> 바닥에 기름이 흘려진 복도를 걸어가다 넘어져 기계에 부딪혀 머리를 다친 재해

① 재해발생형태 : 전도, 기인물 : 기계, 가해물 : 기름 (　　)

② 재해발생형태 : 충돌, 기인물 : 기계, 가해물 : 기름 (　　)

③ 재해발생형태 : 전도, 기인물 : 기름, 가해물 : 기계 (　　)

④ 재해발생형태 : 도괴, 기인물 : 기계, 가해물 : 기름 (　　)

079 상해의 종류별 분류에 해당하는 것을 체크하시오.

① 골절 (　　)　　　　② 중독 (　　)

③ 동상 (　　)　　　　④ 감전 (　　)

080 상해 종류에 대한 설명으로 올바른지 체크하시오.

① 찰과상 : 창, 칼 등에 베인 상해 (　　)

② 창상 : 스치거나 문질러서 피부가 벗겨진 상해 (　　)

③ 자상 : 칼날 등 날카로운 물건에 찔린 상해 (　　)

④ 좌상 : 국부의 혈액순환의 이상으로 몸이 퉁퉁 부어오르는 상해 (　　)

081 재해발생과 관련한 하인리히의 도미노 이론에서 핵심적인 요소로서 그 이전 단계에서 결함이 발생하여도 이 요소를 제거하면 사고가 발생되지 않는 사고 직전의 단계를 체크하시오.

① 사회 환경 (　　)

② 개인적 결함 (　　)

③ 불안전한 행동과 불안전한 상태 (　　)

④ 상해 (　　)

⑤ 관리 구조 (　　)

⑥ 제어의 부족 (　　)

082 사고의 본질적 특성에 해당하는 것을 체크하시오.

① 사고의 공간성 (　　)

② 우연성 중의 법칙성 (　　)

③ 필연성 중의 우연성 (　　)

④ 사고의 재현 불가능성 (　　)

083 재해 발생 시 가장 먼저 해야 할 일을 체크하시오.

① 현장보존 (　　)

② 상급 부서의 보고 (　　)

③ 재해자의 구조 및 응급조치 (　　)

④ 2차 재해의 방지 (　　)

[18①]

084 재해 발생 시 조치사항 중 대책 수립의 목적에 해당하는 것을 체크하시오.

① 재해발생 관련자 문책 및 처벌 ( )

② 재해 손실비 산정 ( )

③ 재해발생 원인 분석 ( )

④ 동종 및 유사재해 방지 ( )

[07②, 18③, 24②]

085 공정안전보고서의 세부내용 중 안전운전계획에 포함되는 것을 체크하시오.

① 안전운전지침서 ( )

② 안전작업허가 ( )

③ 설비배치도 ( )

④ 도급업체 안전관리계획 ( )

[14①②, 25③]

086 재해조사 시의 유의사항으로 올바른지 체크하시오.

① 사실을 수집한다. ( )

② 사람, 기계설비, 양면의 재해요인을 모두 도출한다. ( )

③ 객관적인 입장에서 공정하게 조사하며, 조사는 2인 이상이 한다. ( )

④ 목격자의 증언과 추측의 말을 모두 반영하여 분석하고, 결과를 도출한다. ( )

⑤ 가급적 재해 현장이 변형되지 않은 상태에서 실시한다. ( )

⑥ 목격자가 제시한 사실 이외의 추측되는 말은 정밀 분석한다. ( )

⑦ 과거 사고 발생 경향 등을 참고하여 조사한다. ( )

⑧ 객관적 입장에서 재해방지에 우선을 두고 조사한다. ( )

[11①, 19①, 21②]

087 재해사례연구에 관한 설명으로 올바른지 체크하시오.

① 재해사례연구는 주관적이며 정확성이 있어야 한다. ( )

② 문제점과 재해요인의 분석은 과학적이고, 신뢰성이 있어야 한다. ( )

③ 재해사례를 관계로 하여 그 사고와 배경을 체계적으로 파악한다. ( )

④ 재해요인을 규명하여 분석하고 그에 대한 대책을 세운다. ( )

[13②]

088 연간 총근로시간 합계 100만 시간당 재해발생 건수를 나타내는 재해율을 체크하시오.

① 연천인율 ( ) ② 도수율 ( )

③ 강도율 ( ) ④ 종합재해지수 ( )

[07③]

089 국제노동기구(ILO)에서 구분한 "일시 전노동불능"에 관한 설명으로 올바른지 체크하시오.

① 부상의 결과로 노동기능을 완전히 잃은 부상 ( )

② 부상의 결과로 신체의 일부가 노동기능을 완전히 상실한 부상 ( )

③ 의사의 진단에 따라 일정기간동안 노동에 종사할 수 없는 상해 ( )

④ 의사의 진단에 따라 일시적으로 근로시간 중 치료를 받는 정도의 상해 ( )

[04③, 24①]

090 안전성적을 나타내는 지표로서 빈도율(FR)과 강도율(SR)이 있다. 이 두 가지를 하나로 묶어서 나타낸 지수를 체크하시오.

① FSI(종합재해지수) ( )

② FR(빈도율) ( )

③ 연천인율 ( )

④ 강도율 ( )

[18①]

091 Safe-T-score에 대한 설명으로 올바른지 체크하시오.

① 안전관리의 수행도를 평가하는 데 유용하다. ( )

② 기업의 산업재해에 대한 과거와 현재의 안전성적을 비교 평가한 점수로 단위가 없다. ( )

③ Safe-T-score가 +2.0 이상인 경우는 안전관리가 과거보다 좋아졌음을 나타낸다. ( )

④ Safe-T-score가 +2.0 ~ −2.0 사이인 경우는 안전관리가 과거에 비해 심각한 차이가 없음을 나타낸다. ( )

092 재해통계 작성 시 유의할 점으로 올바른지 체크하시오.

① 재해통계를 활용하여 방지대책의 수립이 가능할 수 있어야 한다. (　)

② 재해통계는 구체적으로 표시되고, 그 내용은 용이하게 이해되며 이용할 수 있는 것이어야 한다. (　)

③ 재해통계는 정성적인 표현의 도표나 그림으로 표시하여야 한다. (　)

④ 재해통계는 항목 내용 등 재해요소가 정확히 파악될 수 있도록 하여야 한다. (　)

093 재해는 크게 4가지 방법으로 분류하고 있는데, 분류 방법에 해당하는 것을 체크하시오.

① 통계적 분류 (　)

② 상해 종류에 의한 분류 (　)

③ 관리적 분류 (　)

④ 재해 형태별 분류 (　)

★중요

094 재해예방의 4원칙(재해방지 기본 원칙)에 해당하는 것을 체크하시오.

① 예방 가능의 원칙 (　)

② 대책 선정의 원칙 (　)

③ 손실 우연의 원칙 (　)

④ 원인 추정의 원칙 (　)

⑤ 통계 확률의 원칙 (　)

⑥ 원인 계기의 원칙 (　)

⑦ 사고 조사의 원칙 (　)

⑧ 선취 해결의 원칙 (　)

⑨ 손실 추정의 원칙 (　)

⑩ 사실 보존의 원칙 (　)

⑪ 관리 책임의 원칙 (　)

095 재해예방의 4원칙 중 "대책선정의 원칙"에 대한 설명으로 올바른지 체크하시오.

① 재해의 발생은 반드시 그 원인이 존재한다. (　)

② 손실은 우연히 일어나므로 반드시 예방이 가능하다. (　)

③ 재해는 원칙적으로 원인만 제거되면 예방이 가능하다. (　)

④ 재해예방을 위한 가능한 안전 대책은 반드시 존재한다. (　)

★중요

096 사고방지대책을 수립할 때 Harvey가 제창한 3가지 시정책(3E)에 해당하는 것을 체크하시오.

① 시설 및 장비의 개선(Engineering) (　)

② 교육 및 훈련(Education&Training) (　)

③ 경비절감(Economic) (　)

④ 안전 감독 철저(Enforcement) (　)

⑤ 위험 개소의 발견 (　)

097 재해예방의 4원칙 중 대책 선정의 원칙에서 관리적 대책에 해당하는 것을 체크하시오.

① 각종 규정 및 수칙의 준수 (　)

② 동기부여와 사기 향상 (　)

③ 경영자 및 관리자의 솔선수범 (　)

④ 안전교육 및 훈련 (　)

098 재해예방대책의 기본원리 5단계 중 제4단계에 해당하는 것을 체크하시오.

① 기술적인 개선 (　)

② 작업 배치의 조정 (　)

③ 교육 훈련의 개선 (　)

④ 작업 분석 및 평가 (　)

★중요

099 사고방지 대책 제5단계의 시정책의 적용에서 3E에 해당하는 것을 체크하시오.

① 교육(Education) (　)

② 기술(Engineering) (　)

③ 재정(Economics) (　)

④ 관리(Enforcement) (　)

[16③]

100 사고예방 대책 5단계 중 작업상황을 파악하고 사고조사를 실시하는 단계에 해당하는 것을 체크하시오.

① 사실의 발견 (　)
② 분석평가 (　)
③ 시정방법의 선정 (　)
④ 시정책의 적용 (　)

[08③]

101 사고예방대책의 기본 원리 5단계 중 "3E"를 적용하기에 가장 적합한 단계에 해당하는 것을 체크하시오.

① 안전관리조직 (　)
② 현상파악 (　)
③ 사고분석 (　)
④ 시정책의 적용 (　)

★중요
[02①, 10②, 14①②, 16②, 21①]

102 산업재해로 인한 재해손실비 산정에 있어 하인리히의 평가방식에서 직접비에 해당하는 것을 체크하시오.

① 회사 내의 직접적인 손실비 (　)
② 보험에서 지급되는 비용 (　)
③ 재해자의 재해발생 시 인건비 (　)
④ 행정손실에 따른 발생비용 (　)
⑤ 통신급여 (　)
⑥ 유족급여 (　)
⑦ 간병급여 (　)
⑧ 직업재활급여 (　)
⑨ 인적손실 (　)
⑩ 생산손실 (　)
⑪ 산재보상비 (　)
⑫ 특수손실 (　)
⑬ 휴업급여 (　)
⑭ 요양급여 (　)

[03③, 16①, 21③]

103 재해손실 코스트 방식 중 하인리히의 방식에 있어 1 : 4의 원칙 중 1에 해당하는 것을 체크하시오.

① 재해예방을 위한 교육비 (　)
② 치료비 (　)
③ 재해자에게 지급된 급료 (　)
④ 재해보상 보험금 (　)

⑤ 휴업보상비 (　)
⑥ 재해조사비 (　)
⑦ 장해보상비 (　)
⑧ 유족보상비 (　)

[10③]

104 하인리히가 제시한 재해손실비의 1 : 4 원칙에 관한 설명으로 올바른지 체크하시오.

① 손실비용 중 치료비가 1일 경우 보상비는 4이다.
(　)

② 직접손실비용이 1일 경우 간접손실비용은 4이다.
(　)

③ 직접손실비용이 1일 경우 총 재해손실비용은 4이다. (　)

④ 총재해손실비용은 시몬즈 방식에 의한 총재해손실비용의 1/4 정도이다. (　)

[11③, 17②, 24②]

105 재해손실비의 산정방법에 있어 시몬즈 방식에 의한 계산방법에 해당하는 것을 체크하시오.

① 직접비 + 간접비 (　)
② 공동비용 + 개별비용 (　)
③ 보험코스트 + 비보험코스트 (　)
④ (휴업상해건수 × 관련비용평균치) + (통원상해건수 × 관련비용평균치) (　)

[02③, 17②, 25①]

106 하인리히의 사고방지 5단계 중 제1단계 안전조직의 내용에 해당하는 것을 체크하시오.

① 경영자의 안전목표 설정 (　)
② 안전관리자의 선임 (　)
③ 안전활동의 방침 및 계획수립 (　)
④ 안전회의 및 토의 (　)
⑤ 안전수칙 및 보호구의 적합성 판단 (　)

[07②]

107 다음 중 사고예방대책의 기본 원리 5단계 중 2단계에 해당하는 것을 체크하시오.

① 기술적 개선 (　)
② 안전 점검 (　)
③ 경영층의 참여 (　)
④ 안전관리자 임명 (　)

108 하인리히의 사고 방지 대책 제3단계(분석)에서 하여야 할 내용에 해당하는 것을 체크하시오.

① 안전회의 및 토론회 개최 (　)

② 인적, 물적, 환경조건의 분석 (　)

③ 교육훈련 및 배치 사항 파악 (　)

④ 사고기록 및 관계자료 대조확인 (　)

109 사고예방대책의 기본원리 5단계 중 분석 및 평가 단계의 활동 내용에 해당하는 것을 체크하시오.

① 안전관리자의 임명 (　)

② 안전성 진단 및 평가 (　)

③ 규정 및 규칙 개선 (　)

④ 안전활동의 기록 검토 (　)

110 하인리히의 사고예방대책 5단계 중에서 단계별 내용으로 올바른지 체크하시오.

① 제1단계 : 안전조직 (　)

② 제2단계 : 사실의 발견 (　)

③ 제3단계 : 분석 (　)

④ 제4단계 : 3E의 적용 (　)

111 하인리히의 사고예방대책의 5단계에 해당하는 것을 체크하시오.

① 안전조직 (　)

② 위험소재의 발견 (　)

③ 사정방법의 선정 (　)

④ 사고관련자 조치 (　)

112 사고예방대책의 기본원리 5단계에서 "사실의 발견" 단계에 해당하는 것을 체크하시오.

① 작업환경 측정 (　)

② 안전진단·평가 (　)

③ 점검 및 조사 실시 (　)

④ 안전관리 계획 수립 (　)

113 사고예방 대책의 기본원리를 단계적으로 나열한 것에 해당하는 것을 체크하시오.

① 조직 → 사실의 발견 → 평가분석 → 시정책의 적용 → 시정책의 선정 (　)

② 조직 → 사실의 발견 → 평가분석 → 시정책의 선정 → 시정책의 적용 (　)

③ 사실의 발견 → 조직 → 평가분석 → 시정책의 적용 → 시정책의 선정 (　)

④ 사실의 발견 → 조직 → 평가분석 → 시정책의 선정 → 시정책의 적용 (　)

114 하인리히의 재해발생 5단계 이론 중 재해 국소화 대책은 어느 단계에 대비한 대책인지 체크하시오.

① 제1단계 → 제2단계 (　)

② 제2단계 → 제3단계 (　)

③ 제3단계 → 제4단계 (　)

④ 제4단계 → 제5단계 (　)

115 산업재해사례 연구순서에서 "사실의 확인"에 해당하는 것을 체크하시오.

① 사람 (　) 　② 물건 (　)

③ 정보 (　) 　④ 관리 (　)

116 기계 및 재료에 대한 검사 시 파괴검사에 해당하는 것을 체크하시오.

① 육안검사 (　)

② 인장검사 (　)

③ 초음파검사 (　)

④ 자기검사 (　)

117 재해를 분석하는 방법 중 재해건수가 비교적 적은 사업장의 적용에 적합하고 특수재해나 중대재해의 분석에 사용하는 방법에 해당하는 것을 체크하시오.

① 개별 분석 (　)

② 통계 분석 (　)

③ 클로즈(Close) 분석 (　)

④ 직접 분석 (　)

[05④, 08③, 19①, 24②]

★중요

118 제조업자는 제조물의 결함으로 인하여 생명·신체 또는 재산에 손해를 입은 자에게 그 손해를 배상하여야 하는데, 이에 해당하는 것을 체크하시오. (단, 당해 제조물에 대해서만 발생한 손해는 제외함)

① 입증 책임 (　　)

② 담보 책임 (　　)

③ 연대 책임 (　　)

④ 제조물 책임 (　　)

[19②]

119 산업재해 통계에 관한 설명으로 올바른지 체크하시오.

① 산업재해 통계는 구체적으로 표시되어야 한다. (　　)

② 산업재해 통계는 안전 활동을 추진하기 위한 기초자료이다. (　　)

③ 산업재해 통계만을 기반으로 해당 사업장의 안전 수준을 추측한다. (　　)

④ 산업재해 통계의 목적은 기업에서 발생한 산업재해에 대하여 효과적인 대책을 강구하기 위함이다. (　　)

★중요

[02①, 10②, 12②, 21②]

120 안전점검의 목적에 관한 설명으로 올바른지 체크하시오.

① 기기 및 설비의 결함이나 불안전한 상태의 제거로 사전에 안전성을 확보하기 위함 (　　)

② 기기 및 설비의 안전상태 유지 및 본래의 성능을 유지하기 위함 (　　)

③ 재해 방지를 위하여 그 재해 요인의 대책과 실시를 계획적으로 하기 위함 (　　)

④ 현장에서 불필요한 시설을 중단시켜 전체의 가동율을 높이기 위함 (　　)

⑤ 결함이나 불안전 조건의 제거 (　　)

⑥ 합리적인 생산관리 (　　)

⑦ 기계설비의 본래 성능 유지 (　　)

⑧ 인간 생활의 복지 향상 (　　)

[15③]

121 안전점검 시 점검자가 갖추어야 할 태도 및 마음가짐에 해당하는 것을 체크하시오.

① 점검 본래의 취지 준수 (　　)

② 점검 대상 부서의 협조 (　　)

③ 모범적인 점검자의 자세 (　　)

④ 점검결과 통보 생략 (　　)

[05②]

122 안전점검의 순서에 해당하는 것을 체크하시오.

① 실태 파악 → 결함의 발견 → 대책 결정 → 대책 실시 (　　)

② 실태 파악 → 결함의 발견 → 대책 실시 → 대책 결정 (　　)

③ 결함의 발견 → 실태 파악 → 대책 결정 → 대책 실시 (　　)

④ 결함의 발견 → 실태 파악 → 대책 실시 → 대책 결정 (　　)

[08②, 18②]

123 점검시기에 의한 안전점검의 분류에 해당하는 것을 체크하시오.

① 성능점검 (　　)　　② 정기점검 (　　)

③ 임시점검 (　　)　　④ 특별점검 (　　)

[19①, 24②]

124 누전차단장치 등과 같은 안전장치를 정해진 순서에 따라 작동시키고 동작 상황의 양부를 확인하는 점검에 해당하는 것을 체크하시오.

① 외관점검 (　　)

② 작동점검 (　　)

③ 기술점검 (　　)

④ 종합점검 (　　)

[19③]

125 자체검사의 종류 중 검사대상에 의한 분류에 해당하는 것을 체크하시오.

① 형식검사 (　　)

② 규격검사 (　　)

③ 기능검사 (　　)

④ 육안검사 (　　)

126 산업안전보건법령상 건설현장에서 사용하는 크레인, 리프트 및 곤돌라의 안전검사의 주기로 올바른지 체크하시오. (단, 이동식 크레인, 이삿짐 운반용 리프트는 제외)

① 최초로 설치한 날부터 6개월마다 (　　)

② 최초로 설치한 날부터 1년마다 (　　)

③ 최초로 설치한 날부터 2년마다 (　　)

④ 최초로 설치한 날부터 3년마다 (　　)

127 안전점검 체크리스트 작성 시 유의해야 할 사항에 해당하는 것을 체크하시오.

① 사업장에 적합한 독자적인 내용으로 작성한다.

(　　)

② 점검 항목은 전문적이면서 간략하게 작성한다.

(　　)

③ 관계의 의견을 통하여 정기적으로 검토·보안 작성한다. (　　)

④ 위험성이 높고, 긴급을 요하는 순으로 작성한다.

(　　)

02 단답형 문제

★중요 [09①②, 17①, 20②, 21①]

001 사고 조사를 할 때 사고결과에 대한 원인요소 및 상호의 관계를 인과(因果)관계로 결부하여 나타내는 통계적 원인 분석방법을 쓰시오.

★중요 [04①, 16①, 25③]

002 안전관리에 관한 계획에서 실시에 이르기까지 모든 권한이 포괄적이고 직선적으로 행사되며, 안전을 전문으로 분담하는 부서가 없는 안전관리조직을 쓰시오.

[03②]

003 Line-Staff의 형식을 가진 안전조직에서 현장의 상태가 안전기준에서 벗어났는가의 여부를 효과적으로 확인할 수 있는 부서를 쓰시오.

★중요 [06②, 08①, 09①, 23①]

004 100~1,000명 미만의 중규모 사업장에 가장 적합한 안전조직을 쓰시오.

[04③]

005 대형 사업장에 적합한 안전관리의 조직을 쓰시오.

★중요 [07②, 19③, 24②]

006 1,000명 이상의 대규모 기업의 효율적이며 안전스탭이 안전에 관한 업무를 수행하고, 라인의 관리감독자에게도 안전에 관한 책임과 권한이 부여되는 조직의 형태를 쓰시오.

★중요 [05②, 10①, 15①, 22②]

007 평균 근로자 수가 1,000명 이상의 대규모 사업장에 가장 적합한 안전조직을 쓰시오.

★중요 [02③, 04②, 24③]

008 안전관리 조직 중 가장 이상적인 조직 형태를 쓰시오.

|정답|

001 특성요인도   002 직계식 조직   003 Line   004 참모식 조직   005 직계 참모식(Line-Staff) 조직
006 직계 참모식(Line-Staff) 조직   007 라인-스태프(line-staff)형 조직   008 라인-스태프(line-staff)형 조직

★중요

009 산업안전보건법상 사업주는 산업재해로 사망자가 발생하거나 3일 이상의 휴업이 필요한 부상을 입거나 질병에 걸린 사람이 발생한 날부터 얼마 이내에 산업재해조사표를 작성하여 관할 지방고용노동청장에게 제출해야 하는지 쓰시오.

⚙ 해설 사업주는 산업재해로 사망자가 발생하거나 3일 이상의 휴업이 필요한 부상을 입거나 질병에 걸린 사람이 발생한 경우에는 해당 산업재해가 발생한 날부터 1개월 이내에 산업재해조사표를 작성하여 관할 지방고용노동관서의 장에게 제출(전자문서로 제출하는 것을 포함)해야 한다. (규칙 제73조)

★중요

010 재해발생의 배후 요인에는 4M이 있다. 이 가운데 작업정보·작업방법 등과 가장 관계가 깊은 것을 쓰시오.

011 산업안전보건법상 안전보건관리규정을 작성하여야 할 사업 중에 정보서비스업의 상시 근로자 수를 쓰시오.

012 다음 내용에서 괄호 안에 알맞은 것을 쓰시오.

> 사업주는 산업재해로 사망자가 발생하거나 (   )일 이상의 휴업이 필요한 부상을 입거나 질병에 걸린 사람이 발생한 경우 해당 산업재해가 발생한 날부터 1개월 이내에 산업재해조사표를 작성하여 관할 지방고용노동청장 또는 지청장에게 제출하여야 한다.

013 산업안전보건법상 직업병 유소견자가 발생하거나 여러 명이 발생할 우려가 있는 경우에 실시하는 건강진단 명칭을 쓰시오.

★중요

014 산업안전보건법에서 정한 해당 근로자로서 건설업에 종사하는 일용근로자의 채용 시 교육시간을 쓰시오.

⚙ 해설 채용 시 근로자안전보건교육(규칙 제26조, 제28조, 별표 4)
① 일용근로자 및 근로계약기간이 1주일 이하인 기간제근로자 : 1시간 이상
② 근로계약기간이 1주일 초과 1개월 이하인 기간제근로자 : 4시간 이상
③ 그 밖의 근로자 : 8시간 이상

015 산업안전보건법령상 근로자 안전·보건 교육 기준에서 괄호 안에 알맞은 숫자를 쓰시오.

교육 과정	교육 대상	교육 시간
채용시의 교육	일용근로자	(㉠)시간 이상
	일용근로자를 제외한 근로자	(㉡)시간 이상

016 산업안전보건법령에 따른 근로자 안전·보건교육 중 건설업 기초안전·보건교육 과정의 건설 일용근로자의 교육시간을 쓰시오.

017 [05③]
버드(Bird)의 재해발생에 관한 연쇄이론 중 징후는 몇 단계에 해당하는지 쓰시오.

018 [10③]
하인리히의 재해발생 구성 비율을 쓰시오. (단, 비율은 중상해 : 경상해 : 무상해사고의 순서)

🔧**해설** 하인리히의 재해 구성 비율(1 : 29 : 300)

비율	1	29	300
재해 구성	중상 또는 사망	경상	무상해 사고

⭐중요 [03③, 18③, 21②]
019 산업재해의 발생형태 종류 중 사고가 특정한 장소에서 동일한 시간에 여러 가지 요인이 상호자극에 의하여 순간적으로 재해가 발생하는 유형으로, 재해가 일어난 장소나 그 시점에 일시적으로 요인이 집중하는 형태를 쓰시오.

020 [15②, 18③, 25②]
타박, 충돌, 추락 등으로 피부 표면보다는 피하조직 등 근육부를 다친 상해를 쓰시오.

021 [07①, 16①, 24③]
근로시간 1,000시간당 재해에 의해서 상실되는 근로 손실 일수를 뜻하고 있는 재해율을 쓰시오.

022 [16③]
재해율의 지표 중 도수율에 관한 다음 설명에서 괄호 안에 알맞은 것을 쓰시오.

> 사업장에서 발생하는 재해의 빈도를 표시하는 단위로서 근로시간 (㉠)시간당 발생하는 (㉡)을 나타낸다.

🔧**해설** 도수(빈도)율은 산업재해의 발생빈도를 의미하고, 연 근로시간 합계 1,000,000시간당 발생하는 재해 건수를 의미한다.

$$도수(빈도)율 = \frac{연간\ 재해발생건수}{연간\ 총\ 근로시간수} \times 10^6$$

023 [18②]
재해율 중 재직 근로자 1,000명당 1년간 발생하는 재해자 수를 나타내는 것을 쓰시오.

024 [09②]
국제노동기구(ILO)의 분류에 부상결과 신체장해등급 제4급~제14급에 해당하는 상해를 쓰시오.

|정답|

009 1개월 이내	**010** 매체(Media)	**011** 300명 이상	**012** 3일	**013** 임시 건강진단	**014** 1시간	**015** ㉠ 1, ㉡ 8
016 4시간 이상	**017** 제3단계	**018** 1 : 29 : 300	**019** 단순 자극형	**020** 좌상	**021** 강도율	
022 ㉠ 1,000,000, ㉡ 재해 건수	**023** 연천인율	**024** 영구 일부노동 불능상해				

025 국제노동기구(ILO)에서 정한 "사망 또는 영구 전노동불능"의 근로손실일수를 쓰시오.

> **해설** 국제노동기구(ILO)의 근로불능 상해의 종류

분류	정의
사망	안전사고로 사망하거나 또는 사고의 결과로 생명을 잃는 것으로서 근로손실일수는 7,500일이다.
영구 전노동 불능상해	부상 결과로 노동기능을 완전히 잃게 되는 부상으로서 신체장해등급 제1급에서 제3급에 해당하고, 근로손실일수는 7,500일이다.
영구 일부노동 불능상해	부상 결과로 신체 부분의 일부가 노동기능을 상실한 부상으로서, 신체장해등급 제4급에서 제14급에 해당하는 상해이다.
일시 전노동 불능상해	의사의 진단에 따라 일정기간 정규 노동에 종사할 수 없는 상해로서, 신체장해가 남지 않는 일반적인 휴업 재해이다.
일시 일부노동 불능상해	의사의 진단으로 일정기간 정규 노동에 종사할 수 없으나, 휴무 상태가 아닌 상해로서 일시 가벼운 노동에 종사하는 경우의 상해이다.
응급(구급) 조치상해	부상을 입은 다음 1일 미만의 치료를 받고 다음부터 정상작업에 일할 수 있는 정도의 상해이다.

[09③, 15③, 25③]

026 A 사업장에서 각 부서별로 안전경쟁제도를 실시할 때 위험도를 비교하여 안전관심을 높이는 데 효과적인 것을 쓰시오.

[14③]

027 안전성적을 나타내는 지표로서 재해 빈도의 다수와 상해 정도의 강약을 종합하여 나타내는 지표를 쓰시오.

[15①]

028 사업장의 안전준수 정도를 알아보기 위한 안전평가는 사전평가와 사후평가로 구분되는데, 다음 중 사전평가에 해당하는 것을 쓰시오.

• 재해율	• 안전샘플링
• 연천인율	• safe-T-score

★중요 [08③, 15②, 17③, 25①]

029 기업의 산업재해에 대한 과거와 현재의 안전성적을 비교, 평가한 점수로 안전관리의 수행도를 평가하는 데 유용한 것을 쓰시오.

★중요 [07②, 12①, 20①, 24①]

030 산업재해 예방의 4원칙 중 "재해발생은 반드시 원인이 있다."라는 원칙을 쓰시오.

[13②]

031 하인리히의 재해손실비용 평가방식에서 총재해손실비용을 직접비와 간접비로 구분하였을 때 그 비율을 쓰시오. (단, 순서는 직접비 : 간접비임)

[12③]

032 재해비용의 계산방식에 있어 하인리히의 계산방식을 쓰시오.

[11①, 18②, 24②]

033 산업재해에 있어 인명이나 물적 등 일체의 피해가 없는 사고를 쓰시오.

[05③]

034 일상점검내용 중 이상소음, 냄새, 진동, 기름누출 등의 위험요소 중심으로 주안점을 두고 점검하는 시기를 쓰시오.

[08③, 20②, 25②]

035 태풍, 폭우 등의 이상사태 발생 시 관리자나 감독자가 기계·기구, 설비 등의 기능상 이상 유무에 대하여 점검하는 것을 의미하는 용어를 쓰시오.

[10①, 20①, 21③]

036 기계·기구 또는 설비의 신설, 변경 또는 고장 수리 등 부정기적인 점검을 말하며 기술적 책임자가 시행하는 점검을 의미하는 용어를 쓰시오.

[14②③, 22①]

037 작업현장에서 매일 작업 전, 작업 중, 작업 후에 시설과 작업동작 등에 대하여 실시하는 점검으로서 현장 작업자 스스로가 정해진 사항에 대하여 이상 여부를 확인하는 안전점검의 명칭을 쓰시오.

[11①]

038 산업안전보건법령상 건설현장에서 사용하는 중 크레인의 경우 사업장에 설치가 끝난 날부터 몇 년 이내에 최초 안전검사를 실시하여야 하는지 쓰시오.

⚙ **해설** 안전검사대상기계 등의 안전검사 주기는 크레인(이동식 크레인은 제외), 리프트(이삿짐운반용 리프트는 제외) 및 곤돌라의 경우에는 사업장에 설치가 끝난 날부터 3년 이내에 최초 안전검사를 실시하되, 그 이후부터 2년마다(건설현장에서 사용하는 것은 최초로 설치한 날부터 6개월마다) (규칙 제126조)

|정답|

025 7,500일   026 종합재해지수(FSI)   027 종합재해지수   028 안전샘플링   029 Safe-T-Score
030 원인 연계의 원칙   031 1 : 4   032 총 재해비용 = 직접손실비용 + 간접손실비용   033 Near Accident(아차사고)
034 작업 중   035 특별점검   036 특별점검   037 일상점검   038 3년 이내

★중요 [13②, 24②]

001 버드(Bird)의 재해발생 비율에서 물적 손해만의 사고가 120건 발생하면 상해도 손해도 없는 사고의 발생 건수를 구하시오.

> **⚙ 해설**
>
> 버드(F. E. Bird's Jr)의 사고 구성 비율
>
> | 비율 | 1 | 10 | 30 | 600 |
> |---|---|---|---|---|
> | 재해 구성 | 중상 또는 폐질 | 경상
(물적·인적 손실) | 무상해 사고
(물적 손실) | 무상해, 무사고 고장
(위험 순간) |
>
> 무사고 상해(물적 손실) : 무상해, 무사고 고장 = 30 : 600이므로 물적손해만의 사고가 120건은 무상해, 무사고 고장(상해도 손해도 없는 사고) = 30 : 600이다. 즉, 30 : 600 = 120 : x이므로 x = 2,400건

★중요 [17③, 24③]

002 사업장에서 발행한 990회 사고 중 사망재해가 3건이었다면 하인리히의 재해구성비율에 따를 경우 경상이 예상되는 발생 건수를 구하시오.

> **⚙ 해설**
>
> 하인리히의 재해 구성 비율
>
> | 비율 | 1 | 29 | 300 |
> |---|---|---|---|
> | 재해 구성 | 중상 또는 사망 | 경상 | 무상해 사고 |
>
> 중상 또는 사망 : 경상 = 1 : 29의 비율이므로, 1 : 29 = 3 : x 에서 x = 87회

★중요 [19①, 23③]

003 하인리히의 재해구성비율에 따라 경상사고가 87건 발생하였다면 무상해사고의 발생 건수를 구하시오.

> **⚙ 해설**
>
> 경상 : 무상해 사고 = 29 : 300의 비율이므로, 29 : 300 = 87 : x에서 x = 900건이 된다.

[09①]

004 하인리히(Heinrich)의 재해발생 구성비율에서 중상해가 5건 발생하였다면 무상해사고의 건수를 구하시오.

> **해설**
>
> 하인리히의 재해 구성 비율에 있어서, 중상 또는 사망 : 무상해 사고 = 1 : 300의 비율이므로, $1 : 300 = 5 : x$ 에서 $x = 1,500$건

[04①, 09③, 22①]

005 하인리히의 재해 구성 비율 법칙에 의하면, 사망재해 2건이 발생하였다면 무상해 사고의 건수를 구하시오.

> **해설**
>
> 하인리히의 재해 구성 비율에 있어서, 중상 또는 사망 : 무상해 사고 = 1 : 300의 비율이다. $1 : 300 = 2 : x$이 므로 $x = 600$건이 된다.

★중요

[02②, 03②, 21③]

006 어느 사업장에서 당해 연도에 330명의 재해자가 발생하였다. 무상해 사고 인원수를 구하시오. (단, 하인리히의 법칙 을 적용함)

> **해설**
>
> 하인리히의 재해 구성 비율은 중상 또는 사망 : 경상 : 무상해 사고 = 1 : 29 : 300의 비율이다. 그런데, 당해 연 도 재해자 수는 330명이므로 330명을 1 : 29 : 300을 비례 배분하여 300에 해당하는 것이다. 그러므로,
>
> $$330 \times \frac{300}{1 + 29 + 300} = 330 \times \frac{300}{330} = 300명$$

[02①]

007 연간 근로 총시간수가 58만 시간이고 이 기간 중에 휴업재해가 7건 발생했을 경우의 도수율을 구하시오.

> **해설**
>
> 도수(빈도)율은 산업재해의 발생빈도를 의미하고, 연 근로시간 합계 1,000,000시간당 발생하는 재해 건수를 의미한다.
>
> 즉, 도수(빈도)율 $= \dfrac{\text{연간 재해발생건수}}{\text{연간 총 근로시간수}} \times 10^6 = \dfrac{7}{580,000} \times 1,000,000 = 12.0689 ≒ 12.07$

★중요 [02①, 06③, 17①, 21①]

008 연간 평균 근로자수가 1,000명을 채용하고 있는 사업장에서 연간 6건의 재해가 발생한다고 할 때 빈도율을 구하시오. (단, 일일 근로시간 수는 4시간, 연평균 근로일수는 150일)

> ⚙ **해설**
>
> 빈도(도수)율은 산업재해의 발생빈도를 의미하고, 연 근로시간 합계 1,000,000시간당 발생하는 재해 건수를 의미한다.
>
> 즉, 도수(빈도)율 $= \dfrac{\text{연간 재해발생건수}}{\text{연간 총 근로시간수}} \times 10^6 = \dfrac{6}{1,000 \times 4 \times 150} \times 10^6 = 10$이다.
>
> 여기서, 연간 총 근로시간 수 = 근로자의 수 × 일일 근로시간 수 × 연평균 근로일수이다.

★중요 [02②, 10③, 22③]

009 A 사업장의 도수율이 4이고, 연간 총근로시간이 12,000,000시간인 경우, 이 사업장의 연간 재해 건수를 구하시오.

> ⚙ **해설**
>
> 빈도(도수)율은 산업재해의 발생빈도를 의미하고, 연 근로시간 합계 1,000,000시간당 발생하는 재해 건수를 의미한다.
>
> 즉, 도수(빈도)율 $= \dfrac{\text{연간 재해발생건수}}{\text{연간 총 근로시간수}} \times 10^6$이다.
>
> 그러므로, 연간 재해발생건수 $= \dfrac{\text{도수(빈도)율} \times \text{연간 총 근로시간수}}{10^6} = \dfrac{4 \times 12,000,000}{10^6} = 48$건

[02③]

010 어느 사업장에 연천인율이 8.2인 경우, 도수율을 구하시오.

> ⚙ **해설**
>
> 연천인율은 1년 동안 근로자 1,000명당 발생하는 사상자수이다.
>
> 연천인율 $= \dfrac{\text{연간 사상자(재해자)수}}{\text{연 평균근로자수}} \times 1,000$ 또는 연천인율 $= 2.4 \times$ 도수(빈도)율이다.
>
> 그러므로, 도수(빈도)율 $= \dfrac{\text{연천인률}}{2.4} = \dfrac{8.2}{2.4} = 3.41667 ≒ 3.42$

[05①]

011 80명의 근로자가 공장에서 1일 8시간, 연간 300일을 작업하여 연간 근로시간 수는 192,000시간이었다. 이 기간 동안에 5명의 부상자를 냈을 때 도수율을 구하시오.

> ⚙ **해설**
>
> 도수(빈도)율은 산업재해의 발생빈도를 의미하고, 연 근로시간 합계 1,000,000시간당 발생하는 재해 건수를 의미한다.
>
> 즉, 도수(빈도)율 $= \dfrac{\text{연간 재해발생건수}}{\text{연간 총 근로시간수}} \times 10^6 = \dfrac{5}{192,000} \times 10^6 = 26.042 ≒ 26$이다.
>
> 여기서, 연간 총 근로시간 수 = 근로자의 수 × 일일 근로시간 수 × 연평균 근로일수이다.

★중요

[13①, 20①, 24③]

012 상시근로자수가 75명인 사업장에서 1일 8시간씩 연간 320일을 작업하는 동안에 4건의 재해가 발생하였다면 이 사업장의 도수율을 구하시오.

> ⚙ **해설**
>
> 빈도(도수)율은 산업재해의 발생빈도를 의미하고, 연 근로시간 합계 1,000,000시간당 발생하는 재해 건수를 의미한다.
>
> 즉, 도수(빈도)율 $= \dfrac{\text{연간 재해발생건수}}{\text{연간 총 근로시간수}} \times 10^6 = \dfrac{4}{75 \times 8 \times 320} \times 10^6 = 20.8333 ≒ 20.83$이다.
>
> 여기서, 연간 총 근로시간 수 = 근로자의 수 × 일일 근로시간 수 × 연평균 근로일수이다.

[03③]

013 300명의 근로자가 근무하고 있는 공장에서 3건의 재해가 발생했다. 이 경우의 도수율을 구하시오. (1일 8시간, 월 25일 근무함)

> ⚙ **해설**
>
> 도수(빈도)율은 산업재해의 발생빈도를 의미하고, 연 근로시간 합계 1,000,000시간당 발생하는 재해 건수를 의미한다.
>
> 즉, 도수(빈도)율 $= \dfrac{\text{연간 재해발생건수}}{\text{연간 총 근로시간수}} \times 10^6 = \dfrac{3}{300 \times 8 \times 25 \times 12} \times 10^6 = 4.1667 ≒ 4.167$이다.
>
> 여기서, 연간 총 근로시간 수 = 근로자의 수 × 일일 근로시간 수 × 월 근무일 × 12개월이다.

★중요

014 75명의 근로자가 공장에서 1일 8시간, 연간 300일을 작업하는 동안에 6건의 재해가 발생하였다면, 이 공장의 도수율을 구하시오.

> **⚙ 해설**
>
> 도수(빈도)율은 산업재해의 발생빈도를 의미하고, 연 근로시간 합계 1,000,000시간당 발생하는 재해 건수를 의미한다.
>
> 즉, 도수(빈도)율 $= \dfrac{\text{연간 재해발생건수}}{\text{연간 총 근로시간수}} \times 10^6 = \dfrac{6}{75 \times 8 \times 300} \times 10^6 = 33.33$

015 1,000명의 근로자가 상시 근무하는 A 기업에서 질병 및 그 밖에 사유로 인하여 5%의 결근율을 나타내고 있다. 이 회사에서 연간 60건의 재해가 발생하였다면 이 기업체의 도수율을 구하시오. (단, 근로자가 1주일에 48시간, 연간 50주를 근로함)

> **⚙ 해설**
>
> 도수(빈도)율은 산업재해의 발생빈도를 의미하고, 연 근로시간 합계 1,000,000시간당 발생하는 재해 건수를 의미한다.
>
> 즉, 도수(빈도)율 $= \dfrac{\text{연간 재해발생건수}}{\text{연간 총 근로시간수}} \times 10^6 = \dfrac{60}{1,000 \times 48 \times 50 \times (1-0.05)} \times 10^6 = 26.316 ≒ 26.32$
>
> 여기서, 연간 총 근로시간수에 결근률(5%)을 적용하므로 $(1-0.05)$를 적용한다.

★중요

016 1,000명의 근로자가 주당 45시간씩 연간 50주를 근무하는 A 기업에서 질병 및 그 밖의 사유로 인하여 5%의 결근율을 나타내고 있다. 이 기업에서 연간 60건의 재해가 발생하였을 경우의 도수율을 구하시오.

> **⚙ 해설**
>
> 도수(빈도)율은 산업재해의 발생빈도를 의미하고, 연 근로시간 합계 1,000,000시간당 발생하는 재해 건수를 의미한다.
>
> 즉, 도수(빈도)율 $= \dfrac{\text{연간 재해발생건수}}{\text{연간 총 근로시간수}} \times 10^6 = \dfrac{60}{1,000 \times 45 \times 50 \times (1-0.05)} \times 10^6 = 28.07$

★중요

017 B 기업체에서 1,000명의 작업자가 1주에 40시간, 연간 50주를 작업하는 데 80건의 재해가 발생하였다. 이 가운데 작업자들이 질병 등 그 밖에 이유로 인하여 총 근로시간의 5%를 결근하였을 경우, 이 기업체의 도수율을 구하시오.

⚙ **해설**

도수(빈도)율은 산업재해의 발생빈도를 의미하고, 연 근로시간 합계 1,000,000시간당 발생하는 재해 건수를 의미한다.

즉, 도수(빈도)율 $= \dfrac{\text{연간 재해발생건수}}{\text{연간 총 근로시간수}} \times 10^6 = \dfrac{80}{1,000 \times 40 \times 50 \times (1-0.05)} \times 10^6 = 42.105 ≒ 42.11$

018 어떤 사업장에서 510명 근로자가 1주일에 40시간, 연간 50주를 작업하는 중에 21건의 재해가 발생하였다. 이 근로기간 중에 근로자 4%가 결근하였을 때의 도수율을 구하시오.

⚙ **해설**

도수(빈도)율은 산업재해의 발생빈도를 의미하고, 연 근로시간 합계 1,000,000시간당 발생하는 재해 건수를 의미한다.

즉, 도수(빈도)율 $= \dfrac{\text{연간 재해발생건수}}{\text{연간 총 근로시간수}} \times 10^6 = \dfrac{21}{510 \times 40 \times 50 \times (1-0.04)} \times 10^6 = 21.446 ≒ 21.45$

여기서, 연간 총 근로시간수에 결근률(4%)을 적용하므로 $(1-0.04)$를 적용한다.

019 상시근로자 200명인 사업장의 출근율은 90%이고, 1년간 1건의 사망과 4건의 재해로 인하여 연간 200일의 근로손실일이 발생하였다. 이 사업장의 도수율을 구하시오. (단, 근로자는 1일 8시간, 300일 근무하였고, 전체 근로자의 연간 총 잔업시간은 10,000시간이었음)

⚙ **해설**

도수(빈도)율은 산업재해의 발생빈도를 의미하고, 연 근로시간 합계 1,000,000시간당 발생하는 재해 건수를 의미한다.

즉, 도수(빈도)율 $= \dfrac{\text{연간 재해발생건수}}{\text{연간 총 근로시간수}} \times 10^6 = \dfrac{5}{200 \times 8 \times 300 \times 0.9 + 10,000} \times 10^6 = 11.312 ≒ 11.31$

★중요

020 도수율이 13.0, 강도율이 1.20인 사업장이 있다. 이 사업장의 환산도수율을 구하시오. (단, 이 사업장 근로자의 평생 근로시간은 10만 시간으로 가정함)

> **⚙ 해설**
>
> 평생 근로시간수에 따른 환산강도율과 환산도수율
>
> | 구분 | | 환산도수율 | 환산강도율 |
> | --- | --- | --- | --- |
> | 평생 근로시간 | 1,000,000시간 | 도수율 × 0.1 | 강도율 × 100 |
> | | 1,200,000시간 | 도수율 × 0.12 | 강도율 × 120 |
>
> 위의 표에 의해서, 환산도수율 = 도수율 × 0.1 = 13 × 0.1 = 1.3

★중요

021 강도율이 5.5라 함은 재해로 인한 근로손실이 110일 발생하였을 경우 연 근로시간은 몇 시간인지 구하시오.

> **⚙ 해설**
>
> $$강도율 = \frac{총\ 근로손실일수}{연간\ 총\ 근로시간수} \times 1,000\ 이고,\ 근로손실일수 = 장애등급별\ 손실일수 + 휴업일수 \times \frac{연\ 근로일수}{365}$$
>
> 이다. 그러므로 연간 총 근로시간 수 $= \dfrac{총\ 근로손실일수 \times 1,000}{강도율} = \dfrac{110}{5.5} \times 1,000 = 20,000시간$

022 도수율 21.12인 사업장에서 한 작업자가 평생 작업을 한다면 재해 건수를 구하시오. (단, 한 작업자의 평생 근로연수는 40년으로 계산할 것)

> **⚙ 해설**
>
> 한 근로자의 평생근로 시(40년) 발생 가능한 재해 건수를 나타내는 것은 환산도수율이다. 즉, 환산도수율을 구하라는 의미이다. 그러므로, 환산도수율 = 도수율 × 0.1 = 21.12 × 0.1 = 2.112 ≒ 2건

[06③]

023 도수율 20.8인 사업장에서 한 작업자가 평생작업을 한다면 재해 건수를 구하시오. (단, 한 작업자의 평생근로연수는 40년으로 계산할 것)

⚙ **해설**

한 근로자의 평생근로 시(40년) 발생 가능한 재해 건수를 나타내는 것은 환산도수율이다. 즉, 환산도수율을 구하라는 의미이다. 그러므로, 환산도수율 = 도수율 × 0.1 = 20.8 × 0.1 = 2.08 ≒ 2건

★중요

[08①, 21②]

024 연평균 1,000명의 근로자가 작업하는 사업장에서 1일 8시간 동안 연간 300일을 근무하는 동안 24건의 재해가 발생하였다. 만약 이 사업장에서 한 작업자가 평생 동안 근무할 경우 재해 건수를 구하시오. (단, 1인당 평생근로시간은 100,000시간으로 함)

⚙ **해설**

도수(빈도)율은 산업재해의 발생빈도를 의미하고, 연 근로시간 합계 1,000,000시간당 발생하는 재해 건수를 의미한다. 그런데, 한 근로자의 평생근로 시(40년) 발생 가능한 재해 건수를 나타내는 것은 환산도수율이다. 즉, 환산도수율을 구하라는 의미이다.

$$\text{도수(빈도)율} = \frac{\text{연간 재해발생건수}}{\text{연간 총 근로시간수}} \times 10^6 = \frac{24}{1,000 \times 8 \times 300} \times 10^6 = 10\text{이다.}$$

그러므로, 환산도수율 = 도수율 × 0.1 = 10 × 0.1 = 1건

[03①]

025 50인의 상시 근로자를 가지고 있는 어느 사업장에 1년간 3건의 부상자를 내고 그 휴업 총일수가 200일이라면 강도율을 구하시오. (단, 소수점 셋째자리에서 반올림 할 것)

⚙ **해설**

$$\text{강도율} = \frac{\text{총 근로손실일수}}{\text{연간 총 근로시간수}} \times 1,000 \text{이고, 근로손실일수 = 장애등급별 손실일수 + 휴업일수} \times \frac{\text{연 근로일수}}{365}$$

이다. 그런데, 총 근로손실일수 = 휴업 총일수 $\times \frac{300}{365}$ 이고, 연간 총 근로시간 수 = 근로자 수 × 1일 근무시간 수 × 1년간 근무일수 = 50 × 8 × 300 = 120,000시간이다.

$$\text{그러므로, 강도율} = \frac{\text{총 근로손실일수}}{\text{연간 총 근로시간수}} \times 1,000 = \frac{200 \times \frac{300}{365}}{50 \times 8 \times 300} \times 1,000 = 1.3698 ≒ 1.37$$

★중요

026 연간 근로자수가 300명인 A공장에서 지난 1년간 1명의 재해자(신체장해등급 : 1급)가 발생하였다면 이 공장의 강도율을 구하시오. (단, 근로자 1인당 1일 8시간씩 연간 300일을 근무함)

> ⚙ **해설**
>
> $강도율 = \dfrac{총\ 근로손실일수}{연간\ 총\ 근로시간수} \times 1{,}000$ 이고, 근로손실일수 = 장애등급별 손실일수 + 휴업일수 $\times \dfrac{연\ 근로일수}{365}$
>
> 이다. 그런데, 총 근로손실일수 = 7,500일(사망과 영구전노동불능상해로서 장해등급 제1~제3급)이고, 연간
> 총 근로시간 수 = 근로자 수 × 1일 근무시간 수 × 1년간 근무일수 = 300 × 8 × 300 = 720,000시간이다.
>
> 그러므로, $강도율 = \dfrac{총\ 근로손실일수}{연간\ 총\ 근로시간수} \times 1{,}000 = \dfrac{7{,}500}{300 \times 8 \times 300} \times 1{,}000 = 10.4167 ≒ 10.42$
>
> 신체장해등급별 근로손실일수
>
> | 신체장해등급 | 4 | 5 | 6 | 7 | 8 | 9 | 10 | 11 | 12 | 13 | 14 |
> |---|---|---|---|---|---|---|---|---|---|---|---|
> | 근로손실일수 | 5,500 | 4,000 | 3,000 | 2,200 | 1,500 | 1,000 | 600 | 400 | 200 | 100 | 50 |

027 S공장에서 500명의 종업원이 1년간 작업하는 가운데 신체장해 1급 1명, 9급 3명, 12급 5명이 발생하였다. 강도율을 구하시오. (단, 손실일수 1급 : 7,500일, 9급 : 1,000일, 12급 : 200일)

> ⚙ **해설**
>
> $강도율 = \dfrac{총\ 근로손실일수}{연간\ 총\ 근로시간수} \times 1{,}000$ 이고, 근로손실일수 = 장애등급별 손실일수 + 휴업일수 $\times \dfrac{연\ 근로일수}{365}$
>
> 이다. 그런데, 총 근로손실일수 = (1 × 7,500) + (3 × 1,000) + (5 × 200) = 11,500일이고, 연간 총 근로시간수
> = 근로자수 × 1일 근무시간 수 × 1년간 근무일수 = 500 × 8 × 300 = 1,200,000시간이다.
>
> 그러므로, $강도율 = \dfrac{총\ 근로손실일수}{연간\ 총\ 근로시간수} \times 1{,}000 = \dfrac{11{,}500}{500 \times 8 \times 300} \times 1{,}000 = 9.5833 ≒ 9.58$

028 1년간 연근로시간이 240,000시간인 어느 공장에서 5건의 휴업재해가 발생하여 300일의 휴업일수를 초래하였다. 강도율을 구하시오.

> ⚙ **해설**
>
> $강도율 = \dfrac{총\ 근로손실일수}{연간\ 총\ 근로시간수} \times 1{,}000$ 이고, 근로손실일수 = 장애등급별 손실일수 + 휴업일수 $\times \dfrac{연\ 근로일수}{365}$
>
> 이다. 그러므로, $강도율 = \dfrac{총\ 근로손실일수}{연간\ 총\ 근로시간수} \times 1{,}000 = \dfrac{300 \times \frac{300}{365}}{240{,}000} \times 1{,}000 = 1.027 ≒ 1.03$

★중요

029 연간 근로자수가 500명인 A 공장에서 지난 1년간 발생한 5건의 재해로 인하여 신체장해등급이 1급 1명, 14급 5명이 발생하였다. 이 공장의 강도율을 구하시오. (단, 근로자 1인당 1일 8시간씩 연간 300일을 근무함)

⚙ **해설**

$$강도율 = \frac{총\ 근로손실일수}{연간\ 총\ 근로시간수} \times 1,000 이고,\ 근로손실일수 = 장애등급별\ 손실일수 + 휴업일수 \times \frac{연\ 근로일수}{365}$$

이다. 그런데, 장애등급별 손실일수 $= 7,500 + (5 \times 50) = 7,750$일($\because$ 신체장애1급은 7,500일, 14등급은 50일)

$$그러므로,\ 강도율 = \frac{총\ 근로손실일수}{연간\ 총\ 근로시간수} \times 1,000 = \frac{7,750}{500 \times 8 \times 300} \times 1,000 = 6.458 \fallingdotseq 6.46$$

030 근로자 400명이 1일 9시간씩 연간 300일을 작업하는 데 1명의 사망자와 휴업일수 200일의 손실을 가져왔다. 이 작업장의 강도율을 구하시오.

⚙ **해설**

$$강도율 = \frac{총\ 근로손실일수}{연간\ 총\ 근로시간수} \times 1,000 이고,\ 근로손실일수 = 장애등급별\ 손실일수 + 휴업일수 \times \frac{연\ 근로일수}{365}$$

이다. 그런데, 장애등급별 손실일수 $= 7,500 + 200 \times \dfrac{300}{365}$ 일이다.

$$그러므로,\ 강도율 = \frac{총\ 근로손실일수}{연간\ 총\ 근로시간수} \times 1,000 = \frac{(7,500 + 200 \times \frac{300}{365})}{400 \times 9 \times 300} \times 1,000 = 7.0965 \fallingdotseq 7.10$$

031 연간 근로시간이 240,000시간인 A 공장에서 지난해 5건의 재해가 발생하여 총 330일의 휴업일수가 발생하였을 경우, 이 공장의 강도율을 구하시오.

⚙ **해설**

$$강도율 = \frac{총\ 근로손실일수}{연간\ 총\ 근로시간수} \times 1,000 이고,\ 근로손실일수 = 장애등급별\ 손실일수 + 휴업일수 \times \frac{연\ 근로일수}{365}$$

이다.

$$그러므로,\ 강도율 = \frac{총\ 근로손실일수}{연간\ 총\ 근로시간수} \times 1,000 = \frac{330 \times \frac{300}{365}}{240,000} \times 1,000 = 1.1301 \fallingdotseq 1.13$$

★중요

032 근로자가 360명인 사업장에서 1년 동안 사고로 인한 근로손실일수가 210일이었다. 강도율을 구하시오. (단, 근로자 1일 8시간씩 연간 300일을 근무하였음)

> **⚙해설**
>
> $$강도율 = \frac{총\ 근로손실일수}{연간\ 총\ 근로시간수} \times 1{,}000\ 이고,\ 근로손실일수 = 장애등급별\ 손실일수 + 휴업일수 \times \frac{연\ 근로일수}{365}$$
> 이다.
>
> $$그러므로,\ 강도율 = \frac{총\ 근로손실일수}{연간\ 총\ 근로시간수} \times 1{,}000 = \frac{210}{360 \times 8 \times 300} \times 1{,}000 = 0.243 \fallingdotseq 0.24\ 이다.$$
>
> 여기서, 근로손실일수와 휴업일수를 잘 구분해야 한다.

033 근로자수 500인, 근로손실일수 2,500일, 연근로시간수 48시간 × 50주, 1인당 연간 잔업이 100시간일 때 강도율을 구하시오.

> **⚙해설**
>
> $$강도율 = \frac{총\ 근로손실일수}{연간\ 총\ 근로시간수} \times 1{,}000\ 이고,\ 근로손실일수 = 장애등급별\ 손실일수 + 휴업일수 \times \frac{연\ 근로일수}{365}$$
> 이다.
>
> $$그러므로,\ 강도율 = \frac{총\ 근로손실일수}{연간\ 총\ 근로시간수} \times 1{,}000 = \frac{2{,}500}{500 \times 8 \times 300 + 100} \times 1{,}000 = 2.083 \fallingdotseq 2.08$$

★중요

034 400명의 근로자가 종사하는 공장에서 휴업일수 127일, 중대 재해 1건이 발생한 경우 강도율을 구하시오. (단, 1일 8시간으로 연 300일 근무조건으로 함)

> **⚙해설**
>
> $$강도율 = \frac{총\ 근로손실일수}{연간\ 총\ 근로시간수} \times 1{,}000\ 이고,\ 근로손실일수 = 장애등급별\ 손실일수 + 휴업일수 \times \frac{연\ 근로일수}{365}$$
> 이다.
>
> $$그러므로,\ 강도율 = \frac{총\ 근로손실일수}{연간\ 총\ 근로시간수} \times 1{,}000 = \frac{127 \times \frac{300}{365}}{400 \times 8 \times 300} \times 1{,}000 = 0.1087 \fallingdotseq 0.1$$

[13③]

035 강도율이 1.5, 도수율이 2.0일 때 평균 강도율을 구하시오.

> **⚙ 해설**
>
> 평균 강도율이란 재해 1건당 평균 근로손실일수를 의미한다.
>
> 즉, 평균강도율 $= \dfrac{\text{강도율}}{\text{도수율}} \times 1{,}000 = \dfrac{1.5}{2.0} \times 1{,}000 = 750$ 이다.

[06①, 14①, 25②]

★중요

036 어떤 사업장의 종합재해지수가 16.95이고 도수율이 20.83이라면 강도율을 구하시오.

> **⚙ 해설**
>
> 종합재해지수(FSI) $= \sqrt{\text{도수율} \times \text{강도율}}$ 로서, 기업의 위험도를 비교하고, 안전에 대한 관심을 높이는 데 사용하는 지수이다. 그런데, 종합재해지수는 16.95이고, 도수율은 20.83이다.
>
> 그러므로, 강도율 $= \dfrac{\text{종합재해지수}^2}{\text{도수율}} = \dfrac{16.95^2}{20.83} = 13.7927 \fallingdotseq 13.79$

[03①]

037 A 공장의 도수율이 10이고 강도율이 1.5라고 할 때 이 공장의 종합재해지수를 구하시오.

> **⚙ 해설**
>
> 종합재해지수(FSI) $= \sqrt{\text{도수율} \times \text{강도율}}$ 로서, 기업의 위험도를 비교하고, 안전에 대한 관심을 높이는 데 사용하는 지수이다.
>
> 즉, 종합재해지수(FSI) $= \sqrt{\text{도수율} \times \text{강도율}} = \sqrt{10 \times 1.5} = 3.8729 \fallingdotseq 3.87$

[05③]

038 도수율이 0.02, 강도율이 1.5인 사업장의 종합 재해지수를 구하시오.

> **⚙ 해설**
>
> 종합재해지수(FSI) $= \sqrt{\text{도수율} \times \text{강도율}}$ 로서, 기업의 위험도를 비교하고, 안전에 대한 관심을 높이는 데 사용하는 지수이다.
>
> 즉, 종합재해지수(FSI) $= \sqrt{\text{도수율} \times \text{강도율}} = \sqrt{0.02 \times 1.5} = 0.1732 \fallingdotseq 0.173$

039 A 공장의 도수율이 8이고, 강도율이 2.4일 때 종합재해지수(FSI)를 구하시오.

> **⚙ 해설**
>
> 종합재해지수(FSI) $= \sqrt{\text{도수율} \times \text{강도율}}$ 로서, 기업의 위험도를 비교하고, 안전에 대한 관심을 높이는 데 사용하는 지수이다.
>
> 즉, 종합재해지수(FSI) $= \sqrt{\text{도수율} \times \text{강도율}} = \sqrt{8 \times 2.4} = 4.3817 \fallingdotseq 4.38$

★중요

040 B 사업장의 도수율이 10이고, 강도율이 1.7이라고 하면 이 사업장의 종합재해지수(FSI)를 구하시오.

> **⚙ 해설**
>
> 종합재해지수(FSI) $= \sqrt{\text{도수율} \times \text{강도율}}$ 로서, 기업의 위험도를 비교하고, 안전에 대한 관심을 높이는 데 사용하는 지수이다.
>
> 즉, 종합재해지수(FSI) $= \sqrt{\text{도수율} \times \text{강도율}} = \sqrt{10 \times 1.7} = 4.1231 \fallingdotseq 4.12$

041 어느 사업장의 재해도수율이 10.83이고 재해강도율이 7.92일 때 종합재해지수(FSI)를 구하시오.

> **⚙ 해설**
>
> 종합재해지수(FSI) $= \sqrt{\text{도수율} \times \text{강도율}}$ 로서, 기업의 위험도를 비교하고, 안전에 대한 관심을 높이는 데 사용하는 지수이다.
>
> 즉, 종합재해지수(FSI) $= \sqrt{\text{도수율} \times \text{강도율}} = \sqrt{10.83 \times 7.92} = 9.2614 \fallingdotseq 9.26$

★중요

042 평균 근로자수가 1,000명인 사업장의 도수율이 10.25이고 강도율이 7.25였을 때 이 사업장의 종합재해지수를 구하시오.

> **⚙ 해설**
>
> 종합재해지수(FSI) $= \sqrt{\text{도수율} \times \text{강도율}}$ 로서, 기업의 위험도를 비교하고, 안전에 대한 관심을 높이는 데 사용하는 지수이다.
>
> 즉, 종합재해지수(FSI) $= \sqrt{\text{도수율} \times \text{강도율}} = \sqrt{10.25 \times 7.25} = 8.6205 \fallingdotseq 8.62$

[17②, 23①]

★중요

043 어느 공장의 재해율을 조사한 결과 도수율이 20이고, 강도율은 1.2로 나타났다. 이 공장에서 근무하는 근로자가 입사부터 정년퇴직할 때까지 예상되는 재해건수(a)와 이로 인한 근로손실일수(b)를 구하시오. (단, 이 공장의 1인당 입사부터 정년퇴직할 때까지 평균 근로시간은 100,000시간으로 함)

> **⚙ 해설**
>
> 평생 근로시간 수에 따른 환산강도율과 환산도수율
>
> | 구분 | | 환산도수율 | 환산강도율 |
> | --- | --- | --- | --- |
> | 평생
근로시간 | 1,000,000시간 | 도수율 × 0.1 | 강도율 × 100 |
> | | 1,200,000시간 | 도수율 × 0.12 | 강도율 × 120 |
>
> 또한, 환산도수율은 평생 근로 시 예상재해건수이고, 환산강도율은 평생 근로손실일수이다. 그러므로, 위의 표에 의해서, 환산도수율 = 도수율 × 0.1 = 20 × 0.1 = 2건이고, 환산강도율 = 강도율 × 100 = 1.2 × 100 = 120일

[06③]

★중요

044 우리나라에서 한 해에 발생한 산업재해자 수는 81,911명이며, 같은 해 총 종사 근로자 수가 10,571,279명이라 할 경우 재해율을 구하시오.

> **⚙ 해설**
>
> $$재해율 = \frac{산업\ 재해자수}{근로자\ 수} \times 100 = \frac{81,911}{10,571,279} \times 100 = 0.7748 ≒ 0.77\%이다.$$

[06①, 24②]

★중요

045 상시 50인이 근로하는 공장에서 1일 8시간, 연 근로일수 300일에 1년간 3건의 부상자를 낸 공장의 강도율이 1.5였다면 총 휴업일수를 구하시오.

> **⚙ 해설**
>
> $$강도율 = \frac{총\ 근로손실일수}{연간\ 총\ 근로시간수} \times 1,000이고,\ 근로손실일수 = 장애등급별\ 손실일수 + 휴업일수 \times \frac{연\ 근로일수}{365}$$
>
> 이다.
>
> $$그러므로,\ 강도율 = \frac{총\ 근로손실일수}{연간\ 총\ 근로시간수} \times 1,000이므로\ 1.5 = \frac{휴업일수 \times \frac{300}{365}}{50 \times 8 \times 300} \times 1,000이고$$
>
> $$휴업일수 = 1.5 \times 50 \times 8 \times 300 \times \frac{365}{300} \div 1,000 = 219일$$

★중요

046 연간 상시근로자가 100명인 화학공장에서 1년 동안 8명이 부상당하는 재해가 발생하여 휴업일수 219일의 손실이 발생하였다면 총 근로손실일수와 강도율을 구하시오. (단, 근로자는 1일 8시간씩 연간 300일을 근무하였음)

⚙ 해설

① 총 근로손실일수의 산정

$$\text{총 근로손실일수} = \text{장애등급별 손실일수} + \text{휴업일수} \times \frac{\text{연 근로일수}}{365} = 219 \times \frac{300}{365} = 180\text{일}$$

② 강도율의 산정

$$\text{강도율} = \frac{\text{총 근로손실일수}}{\text{연간 총 근로시간수}} \times 1,000 = \frac{219 \times \frac{300}{365}}{100 \times 8 \times 300} \times 1,000 = 0.75$$

[05②]

047 도수율이 1.0일 경우, 연천인율을 구하시오.

⚙ 해설

연천인율은 1년 동안 근로자 1,000명당 발생하는 사상자수로서,

$$\text{연천인율} = \frac{\text{연간 사상자(재해자)수}}{\text{연 평균근로자수}} \times 1,000 \text{ 또는 연천인율} = 2.4 \times \text{도수(빈도)율이다.}$$

그러므로, 연천인율 = 2.4 × 도수(빈도)율 = 2.4 × 1.0 = 2.4

★중요

[14③]

048 도수율이 8.24인 기업체의 연천인율을 구하시오.

⚙ 해설

연천인율은 1년 동안 근로자 1,000명당 발생하는 사상자수로서,

$$\text{연천인율} = \frac{\text{연간 사상자(재해자)수}}{\text{연 평균근로자수}} \times 1,000 \text{ 또는 연천인율} = 2.4 \times \text{도수(빈도)율이다.}$$

그러므로, 연천인율 = 2.4 × 도수(빈도)율 = 2.4 × 8.24 = 19.776 ≒ 19.78

[08②, 22③]

049 연평균 근로자수가 200명인 A 사업장에 지난 1년간 9명의 사상자가 발생하였다. 이 사업장의 연천인율을 구하시오.

⚙ 해설

연천인율은 1년 동안 근로자 1,000명당 발생하는 사상자수로서,

$$\text{연천인율} = \frac{\text{연간 사상자(재해자)수}}{\text{연 평균근로자수}} \times 1,000 \text{ 또는 연천인율} = 2.4 \times \text{도수(빈도)율이다.}$$

$$\text{그러므로, 연천인율} = \frac{\text{연간 사상자(재해자)수}}{\text{연 평균근로자수}} \times 1,000 = \frac{9}{200} \times 1,000 = 45$$

[09①]

050 상시 근로자가 1,500명인 사업장에서 1년에 8건의 재해로 인하여 10명의 사상자가 발생하였을 경우 이 사업장의 연천인율을 구하시오.

⚙ **해설**

연천인율은 1년 동안 근로자 1,000명당 발생하는 사상자수로서,

$$연천인율 = \frac{연간\ 사상자(재해자)수}{연\ 평균근로자수} \times 1,000 \ 또는 \ 연천인율 = 2.4 \times 도수(빈도)율이다.$$

$$그러므로,\ 연천인율 = \frac{연간\ 사상자(재해자)수}{연\ 평균근로자수} \times 1,000 = \frac{10}{1,500} \times 1,000 = 6.6667 ≒ 6.67$$

★중요

[12②]

051 연평균 근로자 150명이 근무하는 어느 사업장에 1년간 5명의 사상자가 발생했다. 이 사업장의 연천인율을 구하시오.

⚙ **해설**

연천인율은 1년 동안 근로자 1,000명당 발생하는 사상자수로서,

$$연천인율 = \frac{연간\ 사상자(재해자)수}{연\ 평균근로자수} \times 1,000 \ 또는 \ 연천인율 = 2.4 \times 도수(빈도)율이다.$$

$$그러므로,\ 연천인율 = \frac{연간\ 사상자(재해자)수}{연\ 평균근로자수} \times 1,000 = \frac{5}{150} \times 1,000 = 33.333 ≒ 33.33$$

★중요

[14②, 23②]

052 연평균 1,000명의 근로자를 채용하고 있는 사업장에서 연간 24명의 재해자가 발생하였다면 이 사업장의 연천인율을 구하시오. (단, 근로자는 1일 8시간씩 연간 300일을 근무함)

⚙ **해설**

연천인율은 1년 동안 근로자 1,000명당 발생하는 사상자수로서,

$$연천인율 = \frac{연간\ 사상자(재해자)수}{연\ 평균근로자수} \times 1,000 \ 또는 \ 연천인율 = 2.4 \times 도수(빈도)율이다.$$

$$그러므로,\ 연천인율 = \frac{연간\ 사상자(재해자)수}{연\ 평균근로자수} \times 1,000 = \frac{24}{1,000} \times 1,000 = 24$$

053 평균 근로자수가 1,500명인 어떤 사업장의 도수율이 12.5이고 강도율이 8.5였을 때 이 사업장의 근로손실일수를 구하시오. (단, 연간 1인 근로시간수는 2,400시간임)

> **⚙ 해설**
>
> 강도율은 연간 총 근로시간의 합계 1,000시간당 재해로 인한 근로손실일수로서,
>
> $$강도율 = \frac{총\ 근로손실일수}{연간\ 총근로시간수} \times 1,000$$ 이므로, 총 근로손실일수 $= \dfrac{강도율 \times 연간\ 총근로시간수}{1,000}$ 이다.
>
> 그러므로, 총 근로손실일수 $= \dfrac{8.5 \times 1,500 \times 2,400}{1,000} = 30,600$일

★중요

054 평균 근로자수가 50명인 A 공장에서 지난 한 해 동안 3명의 재해자가 발생하였다. 이 공장의 강도율이 1.5이었다면 총 근로손실일수를 구하시오. (단, 근로자는 1일 8시간씩 300일을 근무하였음)

> **⚙ 해설**
>
> 강도율은 연간 총 근로시간의 합계 1,000시간당 재해로 인한 근로손실일수로서,
>
> $$강도율 = \frac{총\ 근로손실일수}{연간\ 총근로시간수} \times 1,000$$ 이므로, 총 근로손실일수 $= \dfrac{강도율 \times 연간\ 총근로시간수}{1,000}$ 이다.
>
> 그러므로, 총 근로손실일수 $= \dfrac{1.5 \times 50 \times 8 \times 300}{1,000} = 180$일

055 강도율이 4.5인 사업장에서 한 작업자가 평생 동안 근무를 한다면 재해로 인하여 당할 수 있는 근로손실일수를 구하시오. (단, 한 작업자의 평생 근로시간은 100,000시간으로 함)

> **⚙ 해설**
>
> 환산도수율은 평생 근로 시 예상재해건수이고, 환산강도율은 평생 근로손실일수이다.
>
> 그러므로, 환산강도율 $=$ 강도율 $\times 100 = 4.5 \times 100 = 450$일

★중요 [16②]

056 도수율이 12.57, 강도율이 17.45인 사업장에서 1명의 근로자가 평생 근무한다면 근로손실일수를 구하시오. (단, 1인 근로자의 평생근로시간은 10^5시간임)

> ⚙ **해설**
>
> 환산도수율은 평생 근로 시 예상재해건수이고, 환산강도율은 평생 근로손실일수이다.
>
> 그러므로, 환산강도율 = 강도율 × 100 = 17.45 × 100 = 1,745일

★중요 [05①, 25③]

057 100명이 있는 사업장에서 3개월간 불안전행동 발견조치 건수가 10건, 안전홍보가 5건, 불안전상태 지적 20건, 안전회의가 3건 있었을 때 이 사업장의 안전활동율을 구하시오. (단, 1일 8시간, 월 25일 근무)

> ⚙ **해설**
>
> $$안전활동률 = \frac{안전활동건수}{근로\ 시간수 \times 평균근로자수} \times 1,000,000$$
> $$= \frac{10 + 5 + 20 + 3}{(8 \times 25 \times 3) \times 100} \times 1,000,000 = 633.3333 \fallingdotseq 633.33$$

★중요 [06②]

058 우리나라에서 어떤 한 해의 산업재해로 인한 경제적 직접손실액(산재보상금 지급액)이 2조 원으로 집계되었다. 하인리히의 직접비와 간접비의 비율을 적용해 볼 때 총 경제적 손실 추정액을 구하시오.

> ⚙ **해설**
>
> 하인리히의 재해손실비용에 있어서, 재해손실 총비용 = 직접손실비(산재보상비) + 간접손실비(직접비의 4배)이고, 직접손실비 : 간접손실비 = 1 : 4이다.
>
> 그런데, 직접비가 2조 원이므로, 직접비 : 간접비 = 1 : 4 = 2조 원 : 8조 원이다.
>
> 그러므로, 총 손실액 = 직접비 + 간접비 = 2조 원 + 8조 원 = 10조 원

★중요 [09③, 18②, 21②]

059 지난 한 해 동안 산업재해로 인하여 발생한 직접손실 비용이 3조 1,600억 원이었다면 전체 재해 코스트를 구하시오. (단, 하인리히의 재해손실비용 평가방식을 적용함)

> ⚙ **해설**
>
> 하인리히의 재해손실비용에 있어서, 재해손실 총비용 = 직접손실비(산재보상비) + 간접손실비(직접비의 4배)이고, 직접손실비 : 간접손실비 = 1 : 4이다. 그런데, 직접비가 2억 원이므로, 직접비 : 간접비 = 1 : 4 = 3조 1,600억 원 : 12조 6,400억 원이다.
>
> 그러므로, 총 손실액 = 직접비 + 간접비 = 3조 1,600억 원 + 12조 6,400억 원 = 15조 8,000억 원

01 진위형 문제

▶ 해설편 22p

※ 다음 문제를 읽고, 옳으면 ○, 틀리면 ✕를 괄호 안에 표기하시오.

[05②, 24②]

001 보호구의 구비 조건으로 올바른지 체크하시오.
① 방호성능이 충분할 것 (　)
② 착용이 복잡할 것 (　)
③ 재료의 품질이 양호할 것 (　)
④ 겉모양과 보기가 좋을 것 (　)

★중요　[08①, 09③, 11①③, 15③, 18②③, 20②, 22③]

002 산업안전보건법령상 안전모의 시험성능기준 항목에 해당하는 것을 체크하시오.
① 난연성 (　)　　② 인장성 (　)
③ 내관통성 (　)　④ 충격흡수성 (　)
⑤ 턱 끈 풀림 (　)　⑥ 내구성 (　)
⑦ 내수성 (　)　　⑧ 발수성 (　)
⑨ 내전압성 (　)　⑩ 내식성 (　)

[02①]

003 안전모의 성능시험항목에 따른 성능기준이 종류 AE, ABE종 안전모는 질량 증가율이 1% 미만이어야 하는 항목에 해당하는 것을 체크하시오.
① 충격흡수성 (　)
② 내전압성 (　)
③ 내수성 (　)
④ 난연성 (　)

[10③, 23③]

004 안전모의 구성요소에 해당하는 것을 체크하시오.
① 턱 끈 (　)
② 착장체 (　)
③ 차단제 (　)
④ 충격흡수재 (　)

[18①]

005 추락 및 감전 위험방지용 안전모의 일반 구조에 해당하는 것을 체크하시오.
① 착장체 (　)
② 충격흡수재 (　)
③ 선심 (　)
④ 모체 (　)

★중요　[02③, 14③, 17③, 22②]

006 안전모의 착장체를 구성하는 요소에 해당하는 것을 체크하시오.
① 턱 끈 (　)
② 머리받침끈 (　)
③ 머리고정대 (　)
④ 머리받침고리 (　)
⑤ 모체 (　)

[16③, 25①]

007 그림에서 안전모의 부품 명칭으로 올바른지 체크하시오.

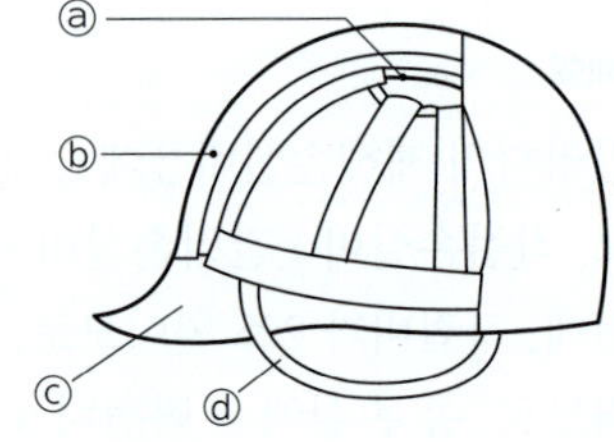

① ⓐ : 머리고정대 (　)
② ⓑ : 충격흡수재 (　)
③ ⓒ : 챙(차양) (　)
④ ⓓ : 턱 끈 (　)

[03③]

008 안전화 중에서 저압 전기에 의한 감전을 방지하기 위한 보호장구를 체크하시오.
① 정전기 안전화 (　)
② 발등안전화 (　)
③ 절연화 (　)
④ 고무제장화 (　)

★중요 [07①, 09③, 23①]

009 가죽제 안전화의 성능시험 항목에 해당하는 것을 체크하시오.

① 내압박성 (　) ② 내충격성 (　)
③ 내전압 (　) ④ 박리저항 (　)

★중요 [03①, 06③]

010 방진마스크의 선정기준으로 올바른지 체크하시오.

① 유효공간(사용적)이 클 것 (　)
② 분진포집(여과) 효율이 좋을 것 (　)
③ 사방 시야는 50° 이상일 것 (　)
④ 흡기저항은 낮고 배기저항은 높을 것 (　)

★중요 [14②, 18③]

011 그림과 같은 보호구의 명칭에 해당하는 것을 체크하시오.

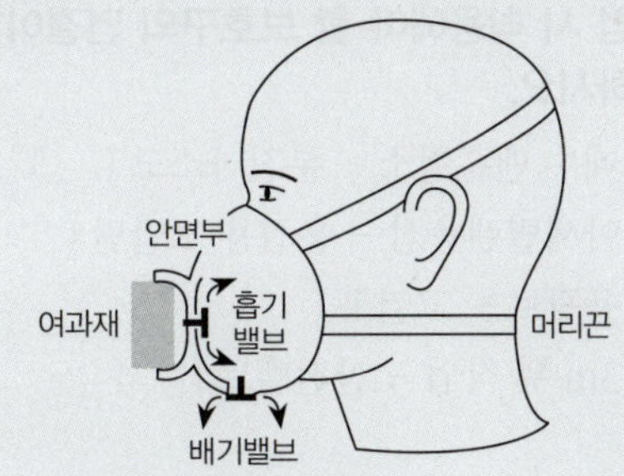

① 격리식 반면형 방독마스크 (　)
② 직결식 반면형 방진마스크 (　)
③ 격리식 전면형 방독마스크 (　)
④ 안면부 여과식 방진마스크 (　)

[07①]

012 방독마스크의 사용을 금지하는 경우를 체크하시오.

① 페인트를 제조할 때 (　)
② 소방작업을 할 때 (　)
③ 갱내의 산소가 결핍되었을 때 (　)
④ 이산화질소가 존재할 때 (　)

[19①]

013 방독면마스크 정화통의 종류와 색상의 연결이 올바른지 체크하시오.

① 유기화합물용 – 갈색 (　)
② 할로겐용 – 회색 (　)
③ 황화수소용 – 회색 (　)

④ 암모니아용 – 노란색 (　)

[16①, 24③]

014 방독마스크의 종류와 시험 가스의 연결이 올바른지 체크하시오.

① 할로겐용 – 염소가스 또는 증기 (　)
② 황화수소용 – 시클로헥산 (　)
③ 시안화수소용 – 시안화수소가스 (　)
④ 암모니아용 – 암모니아 가스 (　)

[13②, 25②]

015 보호구 의무안전인증기준에 있어 방독마스크에 관한 용어에 대한 설명으로 올바른지 체크하시오.

① "파과"란 대응하는 가스에 대하여 정화통 내부의 흡착제가 포화상태가 되어 흡착능력을 상실한 상태를 말한다. (　)
② "파과곡선"이란 파과시간과 유해물질의 종류에 대한 관계를 나타낸 곡선을 말한다. (　)
③ "겸용 방독마스크"란 방독마스크(복합용 포함)의 성능에 방진마스크의 성능이 포함된 방독마스크를 말한다. (　)
④ "전면형 방독마스크"란 유해물질 등으로부터 안면부 전체(입, 코, 눈)를 덮을 수 있는 구조의 방독마스크를 말한다. (　)

[03②]

016 안전대의 부품 중 벨트, 안전그네, 지탱벨트의 재료에 해당하는 것을 체크하시오.

① 나일론 (　)
② 마 (　)
③ 폴리에스테르 (　)
④ 비닐론 (　)

[07①, 23②]

017 안전대의 종류는 사용구분에 따라 벨트식과 안전그네식으로 구분되는데, 이 중 안전그네식에만 적용하는 것을 체크하시오.

① 1개 걸이용, U자 걸이용 (　)
② 1개 걸이용, 추락방지대 (　)
③ U자 걸이용, 안전블록 (　)
④ 추락방지대, 안전블록 (　)

018 안전대의 죔줄(로프)의 구비조건으로 올바른지 체크하시오.

① 내마모성이 낮을 것 (　)

② 내열성이 높을 것 (　)

③ 완충성이 높을 것 (　)

④ 습기나 약품류에 잘 손상되지 않을 것 (　)

019 안전대의 각 부품(용어)에 관한 설명으로 올바른지 체크하시오.

① "안전그네"란 신체지지의 목적으로 전신에 착용하는 띠 모양의 것으로서 상체 등 신체 일부분만 지지하는 것은 제외한다. (　)

② "버클"이란 벨트 또는 안전그네와 신축조절기를 연결하기 위한 사각형의 금속 고리를 말한다. (　)

③ "U자걸이"란 안전대의 죔줄을 구조물 등에 U자 모양으로 돌린 뒤 훅 또는 카라비너를 D링에, 신축조절기를 각링 등에 연결하는 걸이 방법을 말한다. (　)

④ "1개걸이"란 죔줄의 한쪽 끝을 D링에 고정시키고 훅 또는 카라비너를 구조물 또는 구명줄에 고정시키는 걸이 방법을 말한다. (　)

020 근로자의 인체에 급성적 상해를 주는 에너지를 방호하기 위해 사용되는 보호구 중에서 연삭기에서 비산하는 물체를 방호하기 위해 착용하는 보호구를 체크하시오.

① 구명줄 (　)

② 산소 마스크 (　)

③ 보안경 (　)

④ 절연장갑 (　)

021 자율안전확인대상 보안경의 사용구분에 따른 종류에 해당하는 것을 체크하시오.

① 유리 보안경 (　)

② 자외선용 보안경 (　)

③ 플라스틱 보안경 (　)

④ 도수렌즈 보안경 (　)

022 의무안전인증 대상 보호구 중 차광보안경의 사용구분에 따른 종류에 해당하는 것을 체크하시오.

① 보정용 (　)

② 용접용 (　)

③ 복합용 (　)

④ 적외선용 (　)

023 귀마개의 재질 조건으로 올바른지 체크하시오.

① 내습, 내열, 내한, 내유성을 가질 것 (　)

② 피부에 유해한 영향을 주지 말 것 (　)

③ 적당한 세정이나 소독에 견딜 것 (　)

④ 세기나 탄성력이 없이 꼭 끼는 것 (　)

024 작업 시 착용해야 할 보호구의 연결이 올바른지 체크하시오.

① 폐수 맨홀청소 – 분진마스크 (　)

② 아세틸렌용접 – 용접용 보안면 (　)

③ 용광로 – 고열복 (　)

④ 3m 위 작업 – 안전벨트 (　)

025 보호구를 선택할 때 주의사항으로 올바른지 체크하시오.

① 귀마개 : 피부에 유해한 영향을 주지 않는 것일 것 (　)

② 안전모 : 내전, 내수, 내충격에 강한 것일 것 (　)

③ 보안경 : 상해 등을 주는 각이나 凸이 없고 불쾌감이 없을 것 (　)

④ 방진마스크 : 흡·배기 저항이 높은 것일 것 (　)

026 공장 내에 안전·보건표지를 부착하는 주된 이유를 체크하시오.

① 안전의식 고취 (　)

② 인간 행동의 변화 통제 (　)

③ 공장 내의 환경 정비 목적 (　)

④ 능률적인 작업을 유도 (　)

★중요 [05③, 07②, 10③, 23②]

027 산업안전보건법에서 정하는 산업안전보건표지의 종류에 해당하는 것을 체크하시오.

① 안내표지 ( )   ② 경고표지 ( )
③ 지시표지 ( )   ④ 보호표지 ( )
⑤ 금지표지 ( )   ⑥ 위험표지 ( )

[09①]

028 안전·보건표지의 종류와 기본모형에 해당하는 것을 체크하시오.

① 금지표시 – 원형 ( )
② 경고표지 – 마름모형 ( )
③ 지시표지 – 삼각형 ( )
④ 안내표지 – 직사각형 ( )

★중요 [02①, 05①, 21②]

029 흰색 바탕에 빨간색 기본모형의 안전, 보건 표지판의 종류에 해당하는 것을 체크하시오.

① 지시표지 ( )   ② 금지표지 ( )
③ 경고표지 ( )   ④ 안내표지 ( )

[05①]

030 안전표지는 색깔로 그 목적을 판별할 수 있다. 관련 부호 및 그림의 색깔에 해당하는 것을 체크하시오.

① 금지표지 – 황색 ( )   ② 경고표지 – 백색 ( )
③ 지시표지 – 적색 ( )   ④ 안내표지 – 녹색 ( )

[03①, 25①]

031 다음 그림 중에서 금지표지에 해당하는 것을 체크하시오.

① ( )   ② ( )
③ ( )   ④ ( )

[15③]

032 산업안전보건법령상 안전·보건표지에 있어 금지표지의 종류에 해당하는 것을 체크하시오.

① 금연 ( )   ② 물체이동금지 ( )
③ 접근금지 ( )   ④ 차량통행금지 ( )

[16①]

033 산업안전보건법상 바탕은 흰색, 기본모형은 빨간색, 관련 부호 및 그림은 검은색을 사용하는 안전·보건표지에 해당하는 것을 체크하시오.

① 안전복착용 ( )   ② 출입금지 ( )
③ 고온경고 ( )   ④ 비상구 ( )

★중요 [07③, 08②, 09②, 11①, 19②, 22①]

034 안전·보건표지 중 "인화성물질경고"에 해당하는 것을 체크하시오.

① ( )   ② ( )
③ ( )   ④ ( )

[03③]

035 산업안전표지 중에서 그림과 같이 3각형 모양의 표지에 해당하는 것을 체크하시오.

① 금지표지 ( )   ② 경고표지 ( )
③ 지시표지 ( )   ④ 안내표지 ( )

★중요 [17③, 20①, 23③]

036 산업안전보건법령상 안전보건표지의 종류와 형태 중 그림과 같은 경고표지에 해당하는 것을 체크하시오. (단, 바탕은 무색, 기본모형은 빨간색, 그림은 검은색)

① 부식성물질 경고 ( )
② 폭발성물질 경고 ( )
③ 산화성물질 경고 ( )
④ 인화성물질 경고 ( )

★중요

037 산업안전보건법령상 안전·보건표지의 종류에 있어 색채의 사용에서 기본 모형을 빨간색으로 해야 하는 것을 체크하시오.

① 고온 경고 (　)

② 방사성 물질 경고 (　)

③ 인화성 물질 경고 (　)

④ 레이저 광선 경고 (　)

⑤ 산화성 물질 경고 (　)

⑥ 화기 금지 (　)

⑦ 탑승 금지 (　)

★중요

038 산업안전보건법상 안전·보건표지 중 경고표지의 종류에 해당하는 것을 체크하시오.

① 고압전기 경고 (　)

② 레이저광선 경고 (　)

③ 추락 경고 (　)

④ 몸균형상실 경고 (　)

⑤ 방사성물질 경고 (　)

⑥ 급성독성물질 경고 (　)

⑦ 차량통행 경고 (　)

★중요

039 산업안전보건법상 안전·보건표지 중 폭발성물질 경고의 색채에 해당하는 것을 체크하시오.

① 바탕은 흰색, 기본모형은 빨간색 (　)

② 바탕은 노란색, 기본모형은 검은색 (　)

③ 바탕은 노란색, 기본모형은 빨간색 (　)

④ 바탕은 흰색, 기본모형은 녹색 (　)

040 산업안전보건법상 안전·보건표지의 종류 중 "방독마스크 착용"이 해당하는 것에 체크하시오.

① 경고표지 (　)

② 지시표지 (　)

③ 금지표지 (　)

④ 안내표지 (　)

041 안전표지의 종류 중 지시표지에 포함되는 것을 체크하시오.

① 안전모 착용 (　)

② 안전화 착용 (　)

③ 방호복 착용 (　)

④ 방독마스크 착용 (　)

★중요

042 산업안전보건법령상 안전·보건표지 중 안내표지의 종류에 해당하는 것을 체크하시오.

① 들것 (　)

② 세안장치 (　)

③ 비상용기구 (　)

④ 허가대상물질 작업장 (　)

⑤ 안전모착용 (　)

★중요

043 산업안전보건법령상 안전·보건표지의 용도 및 사용 장소에 대한 표지에 체크하시오.

① 부식성 물질경고 : 경고표지 (　)

② 금연 : 지시표지 (　)

③ 화기엄금 : 경고표지 (　)

④ 안전모착용 : 안내표지 (　)

⑤ 폭발성 물질이 있는 장소 : 안내표지 (　)

⑥ 비상구가 좌측에 있음을 알려야 하는 장소 : 지시표지 (　)

⑦ 보안경을 착용해야만 작업 또는 출입을 할 수 있는 장소 : 안내표지 (　)

⑧ 정리·정돈 상태의 물체나 움직여서는 안 될 물체를 보존하기 위하여 필요한 장소 : 금지표지 (　)

044 안전보건표지의 색채의 사용례에서 빨강으로 표시해야 하는 항목에 해당하는 것을 체크하시오.

① 소화설비 (　)

② 위험경고 (　)

③ 정지신호 (　)

④ 유해행위의 금지 (　)

★중요 [12③, 15①, 22①]

045 산업안전보건법령상 안전·보건표지의 색채별 색도 기준에 해당하는 것을 체크하시오. (단, 순서는 색상 명도/채도이며, 색도기준은 KS에 다른 색의 3속성에 의한 표시방법에 따름)

① 빨간색 – 5R 4/13 (　　)

② 노란색 – 2.5Y 8/12 (　　)

③ 파란색 – 7.5PB 2.5/7.5 (　　)

④ 녹색 – 2.5G 4/10 (　　)

[04①]

046 현장에서 안전책임자 및 안전관리자는 근무 중에 안전완장을 착용해야 한다. 안전완장에 바탕색깔과 어떤 내용을 한글로 표시해야 하는지 체크하시오.

① 노란색, 직책 (　　)

② 노란색, 성명 (　　)

③ 흰색, 직책 (　　)

④ 흰색, 성명 (　　)

★중요 [08①, 17①, 19③, 22②]

047 산업안전보건법령상 안전·보건표지에 관한 설명으로 올바른지 체크하시오.

① 안전·보건표지 속의 그림 또는 부호의 크기는 안전·보건표지의 크기와 비례하여야 하며, 안전·보건표지 전체 규격의 30% 이상이 되어야 한다. (　　)

② 안전·보건표지는 쉽게 파손되거나 변형되지 않는 재료로 제작해야 한다. (　　)

③ 안전·보건표지는 그 표시 내용을 근로자가 빠르고 쉽게 알아볼 수 있는 크기로 제작하여야 한다. (　　)

④ 안전·보건표지에는 야광물질을 사용하여서는 아니 된다. (　　)

⑤ 안내표지는 청색의 원형 바탕에 백색으로 표시되어 있으며 9종류가 있다. (　　)

⑥ "인화성물질의 경고" 표시는 검정색 삼각형 모양에 노랑의 바탕색을 사용한다. (　　)

⑦ 안전·보건표지에 사용되는 흰색은 파란색 또는 녹색에 대한 보조색이다. (　　)

⑧ 안전·보건표지에 사용되는 기본모형의 색채 중 빨강은 경고표지에 사용할 수 없다. (　　)

⑨ "위험장소"는 경고표지로서 바탕은 노란색, 기본모형은 검은색, 그림은 흰색으로 한다. (　　)

⑩ "출입금지"는 금지표지로서 바탕은 흰색, 기본모형은 빨간색, 그림은 검은색으로 한다. (　　)

⑪ "녹십자표지"는 안내표지로서 바탕은 흰색, 기본모형과 관련 부호는 녹색, 그림은 검은색으로 한다. (　　)

⑫ "안전모착용"은 경고표지로서 바탕은 파란색, 관련 그림은 검은색으로 한다. (　　)

[17②]

048 안전·보건표지의 기본모형 중 그림의 기본모형의 표시사항에 해당하는 것을 체크하시오.

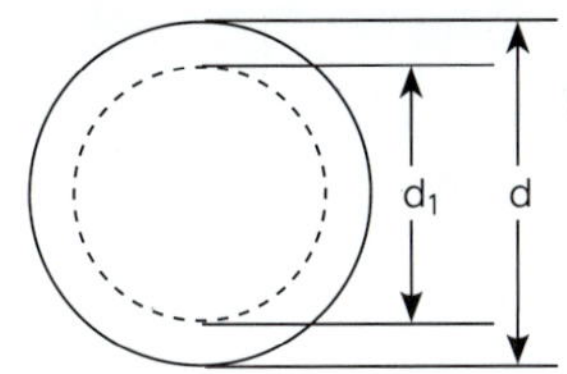

① 지시표지 (　　)

② 안내표지 (　　)

③ 경고표지 (　　)

④ 금지표지 (　　)

[19③]

001 산업안전보건법령상 안전모의 성능시험 항목 6가지 중 내관통성시험, 충격흡수성시험, 내전압성시험, 내수성시험 외의 나머지 2가지 성능시험 항목을 쓰시오.

⚙ **해설** 안전모의 시험성능기준 항목에는 내관통성, 충격흡수성, 내전압성, 내수성, 난연성, 턱 끈 풀림 등이 있다. (보호구 안전인증 고시 제4조, 별표 1)

[02②]

002 안전모를 머리에 장착한 경우 머리고정대의 하부와 머리모형 최고점과의 수직거리의 최소치를 쓰시오.

⚙ **해설** 안전모의 착용높이(안전모를 머리모형에 장착하였을 때 머리고정대의 하부와 머리모형 최고점과의 수직거리)는 85mm 이상이고 외부수직거리는 80mm 미만일 것(보호구 안전인증 고시 제3조, 별표 1)

[12②, 23②]

003 안전모의 일반구조에 있어 안전모를 머리모형에 장착하였을 때 모체내면의 최고점과 머리모형 최고점과의 수직거리의 기준을 쓰시오.

⚙ **해설** 안전모의 내부수직거리(안전모를 머리모형에 장착하였을 때 모체내면의 최고점과 머리모형 최고점과의 수직거리)는 25mm 이상 50mm 미만일 것(보호구 안전인증 고시 제3조, 별표 1)

[04①]

004 안전모의 모체 내면과 머리모형 전면 또는 측면의 수평 간격의 최소치를 쓰시오.

⚙ **해설** 안전모의 수평간격(모체 내면과 머리모형 전면 또는 측면간의 거리)은 5mm 이상일 것(보호구 안전인증 고시 제3조, 별표 1)

[17①, 24①]

005 보호구 안전인증 고시에 따른 안전모의 일반 구조 중 턱 끈의 최소 폭 기준을 쓰시오.

⚙ **해설** 턱 끈의 폭은 10mm 이상이어야 한다. (보호구 안전인증 고시 제3조, 별표 1)

[06①]

006 AE와 ABE형의 안전모의 내수성 시험은 모체를 20~25℃의 수중에 24시간 담가 놓은 후 대기 중에 꺼내어 수분을 제거한 무게 증가율을 쓰시오.

★중요 [06②, 07③, 08②, 16②, 21①]

007 안전모의 종류 중 물체의 낙하 및 비래에 의한 위험을 방지 또는 경감하고, 머리 부위 감전에 의한 위험을 방지하기 위하여 사용하는 안전모의 기호를 쓰시오.

⚙ 해설 안전모의 종류(보호구 안전인증 고시 제4조, 별표 1)

종류(기호)	사용구분	비고
AB	물체의 낙하 또는 비래 및 추락에 의한 위험을 방지 또는 경감시키기 위한 것	비내전압성
AE	물체의 낙하 또는 비래에 의한 위험을 방지 또는 경감하고, 머리부위 감전에 의한 위험을 방지하기 위한 것	내전압성
ABE	물체의 낙하 또는 비래 및 추락에 의한 위험을 방지 또는 경감하고, 머리부위 감전에 의한 위험을 방지하기 위한 것	내전압성

※ 내전압성이란 7,000V 이하의 전압에 견디는 것을 말한다.

★중요 [05④, 13③, 19②, 21③]

008 산업안전보건법령상 안전모의 종류(기호) 중 사용구분에서 "물체의 낙하 또는 비래 및 추락에 의한 위험을 방지 또는 경감하고, 머리부위 감전에 의한 위험을 방지하기 위한 것"에 해당하는 안전모의 기호를 쓰시오.

★중요 [18②③, 20①, 23①]

009 보호구 안전인증 고시에 따른 안전화의 정의에서 괄호 안에 알맞은 것을 쓰시오.

> "경작업용 안전화"란 (㉠)mm의 낙하높이에서 시험했을 때 충격과 [(㉡)±0.1]kN의 압축하중에서 시험했을 때 압박에 대하여 보호해 줄 수 있는 선심을 부착하여, 착용자를 보호하기 위한 안전화를 말한다.

⚙ 해설 "경작업용 안전화"란 250mm의 낙하높이에서 시험했을 때 충격과 (4.4±0.1)KN의 압축하중에서 시험했을 때 압박에 대하여 보호해 줄 수 있는 선심을 부착하여, 착용자를 보호하기 위한 안전화를 말한다. (보호구 안전인증 고시 제5조)

★중요 [10②, 18②, 24③]

010 내전압용절연장갑의 성능기준에 있어 최대사용전압에 따른 등급 구분에서 최소등급인 "00등급"의 색상을 쓰시오.

⚙ 해설 절연 장갑의 등급(보호구 안전인증 고시 제8조, 별표 3)

등급	최대 사용 전압		등급별 색상
	교류(실효값, V)	직류	
00	500		갈색
0	1,000		빨강색
1	7,500	교류 값의 1.5배	흰색
2	17,000		노랑색
3	26,500		녹색
4	38,000		등색

|정답|

001 난연성, 턱 끈 풀림   002 85mm   003 25mm 이상 50mm 미만   004 5mm   005 10mm   006 1% 미만   007 AE형

008 ABE형   009 ㉠ 250, ㉡ 4.4   010 갈색

[08①]

011 유기화합물용 방독마스크의 정화통 색을 쓰시오.

★중요   [08③, 09①, 22①]

012 암모니아용 방독마스크의 정화통 외부 측면의 색상을 쓰시오.

[12③]

013 방독마스크의 할로겐용 정화통 외부 측면의 표시색을 쓰시오.

[04①, 24②]

014 U자 걸이로 사용할 수 있는 안전대의 정하중 성능 시험에서 지름 250~300mm, 너비 100mm 이상의 드럼에 안전대를 장착하고 로프의 신축조절기는 각 링에 혹은 D링에 걸어 양 드럼 간의 중심거리를 약 500mm로 조절하여 인장시험기로 시험할 때의 인장 하중을 쓰시오.

⚙**해설** U자 걸이 사용 상태에서 안전대의 정하중 성능시험은 지름 250~300mm, 너비 100mm 이상의 드럼에 안전대를 장착하고 신축조절기는 각 링에, 혹은 D링에 걸어 죔줄을 연결, 이 죔줄에 지름 150mm의 드럼에 U자 모양으로 걸고 양 드럼 간의 중심거리를 (500±10)mm로 조절하여 인장시험기로 15kN(1,530kgf)의 인장하중을 1분간 유지하여 안전대의 파단유무 및 신축조절기의 기능상실 여부를 확인한다. 다만 안전그네가 사용된 경우 지름 250~300mm, 너비 100mm 이상의 드럼 대신에 모형 몸통에 안전그네를 장착한다. (보호구 안전인증 고시 제27조, 별표 9의2)

[18①]

015 산업안전보건법령상 안전·보건표지 중 지시 표지 사항의 기본모형을 쓰시오.

[04②, 22③]

016 안전표지의 종류 중에 직접 위험한 것 및 장소 또는 상태에 대한 것을 표시하는 데 사용되는 표지를 쓰시오.

[20②]

017 산업안전보건법령상 안전·보건표지의 종류 중 인화성물질에 관한 표지에 해당하는 것을 쓰시오.

[14①]

018 산업안전보건법령상 안전·보건표지의 종류에 있어 "안전모 착용"은 어떤 표지인지 쓰시오.

[07①, 23③]

019 산업안전표지에서 안내표지 중 세안장치의 기본모형 형태를 쓰시오.

[06②]

020 안전표지 중 들것, 비상구, 응급구호표지를 나타내는 색을 쓰시오.

★중요　　　　　　　　　　　　　　　[03②, 15②, 22②]

021 안전표지에 사용하는 색채 가운데 비상구 및 피난소, 사람 또는 차량의 통행표지에 사용하는 색채를 쓰시오.

★중요　　　　　　　　　　　　　　　[09①, 16③, 21②]

022 안전·보건표지에서 파란색 또는 녹색에 대한 보조색으로 사용되는 색채를 쓰시오.

[18②]

023 산업안전보건법령상 안전·보건표지의 색채, 색도기준 및 용도에서 괄호 안에 알맞은 것을 쓰시오.

색채	색도기준	용도	사용례
( )	5Y 8.5/12	경고	화학물질 취급 장소에서의 유해·위험경고 이외의 위험경고, 주의표지 또는 기계방호물

|정답|

011 갈색　012 녹색　013 회색　014 15kN(1,530kgf)　015 원형　016 경고표지　017 경고표지　018 지시표지
019 사각형　020 녹색　021 녹색　022 흰색　023 노란색

01 진위형 문제

▶ 해설편 30p

※ 다음 문제를 읽고, 옳으면 ○, 틀리면 ×를 괄호 안에 표기하시오.

★중요　　　　　　[08③, 10①, 12①, 14①, 18①, 19②, 21①]

001 산업심리의 5대 요소를 체크하시오.

① 적성 (　　)
② 감정 (　　)
③ 동기 (　　)
④ 습관 (　　)
⑤ 기능 (　　)
⑥ 기질(Temper) (　　)
⑦ 지능(Intelligence) (　　)
⑧ 감각(Sense) (　　)
⑨ 환경(Environment) (　　)

[02①]

002 Hershey A.B의 피로 대책의 원칙 중 단조로움, 권태감에 의한 피로 대책을 체크하시오.

① 작업교대를 실시하는 일 (　　)
② 용의주도한 작업계획 수립 이행 (　　)
③ 불필요한 마찰을 배제하는 일 (　　)
④ 일의 가치를 가르치는 일 (　　)

[02②, 24③]

003 피로의 종류에 해당하는 것을 체크하시오.

① 주관적 피로 (　　)
② 객관적 피로 (　　)
③ 생리적 피로 (　　)
④ 정신적 피로 (　　)

[06③]

004 피로의 분류 내용에 대한 설명으로 올바른지 체크하시오.

① 정신피로 : 정신적 긴장에 의한 중추신경계피로
　　　　　　　　　　　　　　　　　　(　　)
② 급성피로 : 근육 등에서 일어나는 신체피로 (　　)
③ 육체피로 : 오랜 기간 축적된 피로 (　　)
④ 만성피로 : 정상피로, 건강피로라고도 하며 보통 휴식에 의해 회복되는 피로 (　　)

[13②]

005 피로의 직접적인 원인에 해당하는 것을 체크하시오.

① 작업 환경 (　　)　　② 작업 속도 (　　)
③ 작업 태도 (　　)　　④ 작업 적성 (　　)

[03②, 05④, 22②]

006 피로에 영향을 주는 기계 측의 인자를 체크하시오.

① 기계의 색 (　　)
② 기계의 중량 (　　)
③ 기계의 종류 (　　)
④ 조작부분의 배치 (　　)

[08①]

007 피로의 요인 중 외부인자에 해당하는 것을 체크하시오.

① 작업 조건 (　　)
② 환경 조건 (　　)
③ 생활 조건 (　　)
④ 경험 조건 (　　)

[04①, 24②]

008 심리적이면서도 생리적인 요소를 모두 갖고 있는 요인을 체크하시오.

① 피로 (　　)
② 동기저하 (　　)
③ 단조로움 (　　)
④ 근육긴장 (　　)

[16②]

009 피로를 측정하는 방법 중 동작분석, 연속반응시간 등을 통하여 피로를 측정하는 방법을 체크하시오.

① 생리학적 측정 (　　)
② 생화학적 측정 (　　)
③ 심리학적 측정 (　　)
④ 생역학적 측정 (　　)

010 피로의 측정방법 3가지를 체크하시오. [06②, 21③]

① 생리학적 측정 ( )

② 물리학적 측정 ( )

③ 생화학적 측정 ( )

④ 심리학적 측정 ( )

011 피로측정법에서 생리학적 측정법에 해당하는 것을 체크하시오. [04①]

① 정적근력작업 ( )

② 생리적 작업 ( )

③ 신경적 작업 ( )

④ 동적근력작업 ( )

012 피로 측정에 관한 감각기능검사의 측정 대상 항목을 체크하시오. [08②]

① 뇌파 ( )　　② 플리커 ( )

③ 안구운동 ( )　　④ 체온·피부온도 ( )

013 정신, 신경기능 중심의 피로도를 측정하는 방법에 해당하는 것을 체크하시오. [07②]

① 지각역치 ( )

② 반응시간 ( )

③ 에너지대사율 ( )

④ 안구운동 ( )

014 피로측정방법 중 정신적 변화를 이용한 측정방법을 체크하시오. [02①, 05①, 24②]

① 반사기능 ( )

② 감각기능 ( )

③ 대사물의 질량변화 ( )

④ 자세의 변화 ( )

015 피로도 검사 기법에 해당하는 것을 체크하시오. [05④]

① 바이오리듬법(Biorhythm Test) ( )

② 플리커법(Flicker Test) ( )

③ TLV(Threshold Limit Value) ( )

④ RMR(Relative Metabolic Rate) ( )

016 피로의 정신적 증상에 해당하는 것을 체크하시오. [08②, 15③, 25①]

① 주의력이 감소 또는 경감된다. ( )

② 작업의 효과나 작업량이 감퇴 및 저하된다. ( )

③ 작업에 대한 무감각·무표정·경련 등이 일어난다. ( )

④ 작업에 대한 몸의 자세가 흐트러지고 지치게 된다. ( )

017 질병에 의한 피로의 방지 대책을 체크하시오. [05②, 15①]

① 기계력을 사용한다. ( )

② 작업의 가치를 부여한다. ( )

③ 보건상 유해한 작업상의 조건을 개선한다. ( )

④ 작업장에서의 부적절한 관계를 배제한다. ( )

★중요 [03①③, 05③, 06①, 16①, 22①]

018 피로의 예방과 회복대책에 대한 설명으로 올바른지 체크하시오.

① 작업속도를 적절하게 할 것 ( )

② 직장체조를 통한 혈액순환을 촉진할 것 ( )

③ 작업부하를 크게 할 것 ( )

④ 근로시간과 휴식을 적정하게 할 것 ( )

⑤ 정적 동작을 피할 것 ( )

019 생체리듬(Biorhythm)의 종류에 해당하는 것을 체크하시오. [02③]

① 육체적 리듬 ( )　　② 지성적 리듬 ( )

③ 감성적 리듬 ( )　　④ 정서적 리듬 ( )

020 생체리듬상 위험일에 대한 설명으로 올바른지 체크하시오. [06③]

① 육체, 지성, 감성 리듬이 최고조일 때이다. ( )

② 육체, 지성, 감성 리듬이 (−)리듬에서 (+)리듬으로, 또는 (+)리듬에서 (−)리듬으로 변화하는 때이다. ( )

③ 육체, 지성, 감성 리듬이 최저점일 때이다. ( )

④ 감성리듬이 최저점일 때이다. ( )

021 바이오 리듬에 대한 설명으로 올바른지 체크하시오.

① 체온은 주간에 상승, 야간에 감소한다. (　)

② 혈액의 수분량은 주간에 증가, 야간에 감소한다.
(　)

③ 피로의 자각증상은 주간에 증가, 야간에 감소한다. (　)

④ 체중은 주간에 감소, 야간에 증가한다. (　)

⑤ 혈액의 염분량은 주간에 증가, 야간에 감소한다.
(　)

022 Thorndike의 시행착오 학습에서 문제 상자 안에 굶주린 고양이를 넣은 것과 관련된 것을 체크하시오.

① 효과의 법칙 (　)

② 연습의 법칙 (　)

③ 특별한 의미가 없음 (　)

④ 준비성의 법칙 (　)

023 RMR에 의한 작업강도에서 경작업의 작업강도를 체크하시오.

① 0~2 (　)　　　② 2~4 (　)

③ 4~7 (　)　　　④ 7~9 (　)

024 에너지 대사율(RMR)이 높은 작업의 경우 사고예방 대책을 체크하시오.

① 작업시간 연장 (　)

② 휴식시간 증가 (　)

③ 임금의 증액 (　)

④ 작업의 전환 (　)

★중요

025 스트레스(Stress)에 관한 설명으로 올바른지 체크하시오.

① 스트레스 상황에 직면하는 기회가 많을수록 스트레스 발생가능성은 낮아진다. (　)

② 스트레스는 직무몰입과 생산성감소의 직접적인 원인이 된다. (　)

③ 스트레스는 부정적인 측면밖에 없다. (　)

④ 스트레스는 나쁜 일에서만 발생한다. (　)

026 스트레스 주요 원인 중 마음속에서 일어나는 내적 자극 요인을 체크하시오.

① 자존심의 손상 (　)

② 업무상의 죄책감 (　)

③ 현실에서의 부적응 (　)

④ 직장에서의 대인 관계상의 갈등과 대립 (　)

027 산업 스트레스의 요인 중 직무특성과 관련된 요인을 체크하시오.

① 조직 구조 (　)

② 작업 속도 (　)

③ 근무 시간 (　)

④ 업무의 반복성 (　)

028 일반적인 스트레스 해소법을 체크하시오.

① 자기 자신을 돌아보는 반성의 기회를 가끔씩 가진다. (　)

② 대화를 통해서 해결책을 모색한다. (　)

③ 스트레스는 가급적 빨리 푼다. (　)

④ 출세에 조급한 마음을 가진다. (　)

⑤ 주위 사람과 대화를 한다. (　)

⑥ 자기감정을 무시해야 한다. (　)

⑦ 자기 자신에 대한 반성을 해야 한다. (　)

⑧ 양보와 협조를 한다. (　)

029 Super. D. E의 역할이론과 관련 있는 것을 체크하시오.

① 역할 갈등 (　)

② 역할 기대 (　)

③ 역할 조성 (　)

④ 역할 유지 (　)

030 슈퍼(Super)의 역할이론 중 역할연기에 해당하는 것을 체크하시오.

① 인간을 사물에 적용시키는 능력이다. (　)

② 자아탐색인 동시에 자아실현의 수단이다. (　)

③ 개인의 역할을 기대하고 감수하는 수단이다.
（　　）

④ 다른 역할을 해내기 위해 다른 일을 구할 때도 있다. （　　）

[04①]

031 직무 만족도에 영향을 주는 개인적 특성으로 올바른지 체크하시오.

① 일반적으로 직무 만족도는 연령에 따라 증가한다. （　　）

② 만성적 직무 불만족과 정서적 부적응 간에는 긍정적인 상관이 있다. （　　）

③ 교육수준이 높을수록 직무 불만족을 나타낸다.
（　　）

④ 직무의 수준이 높으면 직무의 만족도도 높다.
（　　）

[04①, 05②, 21②]

032 단조로운 업무가 장시간 지속될 때 작업자의 감각기능 및 판단능력이 둔화 또는 마비되는 현상을 체크하시오.

① 망각현상 （　　）

② 감각차단현상 （　　）

③ 피로현상 （　　）

④ 착각현상 （　　）

[08①, 10③, 22②]

033 감각차단현상이 발생하기 가장 쉬운 경우에 해당하는 것을 체크하시오.

① 복잡한 업무가 장시간 지속될 때 （　　）

② 정신적인 업무가 장시간 지속될 때 （　　）

③ 단조로운 업무가 장시간 지속될 때 （　　）

④ 주의력의 배분을 요하는 작업을 장시간 지속할 때 （　　）

[04②]

034 다음 설명 중 옳은 것을 체크하시오.

① 휘광이란 눈부심을 말하는 것으로 성가신 느낌, 시성능저하 등을 초래한다. （　　）

② 피로는 정신적 피로와 육체적 피로로 구분되며, 피로감은 육체적 요인에 의한 주관적 요소이다.
（　　）

③ 열압박이란 열에 의한 신체가 받는 압박으로 체감온도가 40℃만 되면 열압박으로 인해 기진하게 된다. （　　）

④ 광속발산도는 광원으로부터 1foot 떨어진 곡면에서 발산하는 빛의 양이다. （　　）

[05①]

035 인간의 착오를 일으키는 내적 조건을 체크하시오.

① 감정의 불안정 （　　）

② 조명의 불충분 （　　）

③ 욕구 （　　）

④ 경험 （　　）

[12③]

036 착오의 요인 중 판단과정의 착오에 해당하는 것을 체크하시오.

① 능력 부족 （　　）

② 정보 부족 （　　）

③ 감각 차단 현상 （　　）

④ 자기 합리화 （　　）

★중요 [16②, 18②, 20②, 23③]

037 인지과정 착오의 요인을 체크하시오.

① 정서 불안정 （　　）

② 감각 차단 현상 （　　）

③ 작업자의 기능미숙 （　　）

④ 생리·심리적 능력의 한계 （　　）

⑤ 정보 부족 （　　）

[10③, 17③, 22③]

038 경보기가 울려도 전철이 오기까지 아직 시간이 있다고 스스로 판단하여 건널목을 건너다가 사고를 당한 상황과 관련 있는 것을 체크하시오.

① 억측판단 （　　）　　② 근도반응 （　　）

③ 생략행위 （　　）　　④ 초조반응 （　　）

[17①]

039 억측판단의 배경을 체크하시오.

① 생략행위 （　　）

② 초조한 심정 （　　）

③ 희망적 관측 （　　）

④ 과거의 성공한 경험 （　　）

040 그림과 같은 착시 현상의 명칭을 체크하시오.

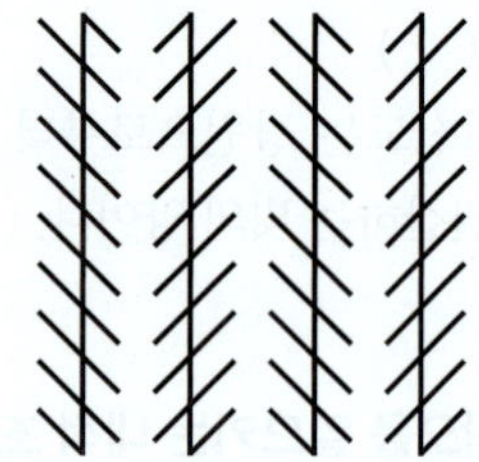

① Herling의 착시 (　)
② Kohler의 착시 (　)
③ Muler-Lyer의 착시 (　)
④ Zoller의 착시 (　)

041 착시(錯視)현상 중 Herling의 착시현상을 체크하시오.

① a가 b보다 길게 보인다. (　)

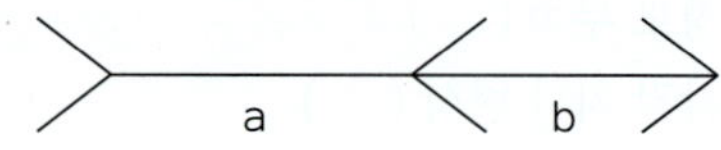

② a는 세로로 길어 보이고, b는 가로로 길어 보인다. (　)

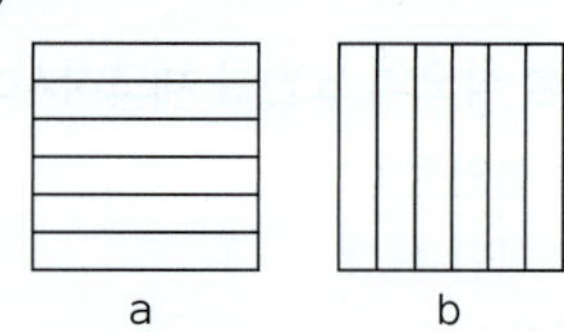

③ a는 양단이 벌어져 보이고 b는 중앙이 벌어져 보인다. (　)

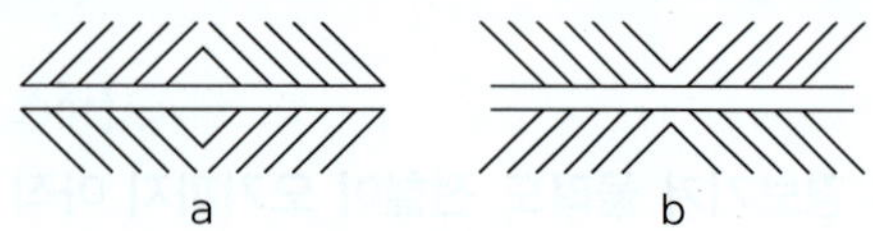

④ a와 c가 일직선으로 보인다. (　)

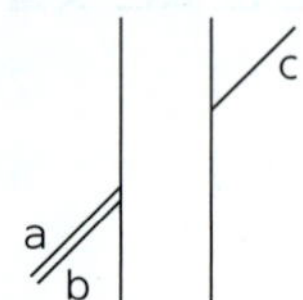

042 다음 그림과 같은 착시현상을 체크하시오.

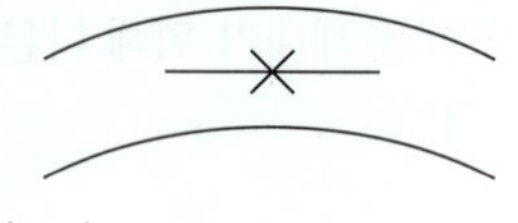

① 동화착오 (　)
② 분할착오 (　)
③ 윤곽착오 (　)
④ 방향착오 (　)

★중요　　　　　　　[04①, 07②, 18③, 23②]

043 다음 내용은 어떤 착시 현상과 관계가 깊은지 체크하시오.

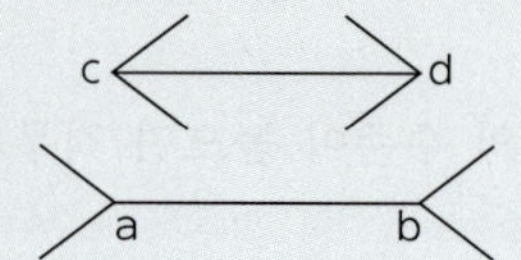

그림에서 선 ab와 선 cd는 그 길이가 동일한 것이지만, 시각적으로는 선 ab가 선 cd보다 길어 보인다.

① 헬호츠(Helmholz)의 착시 (　)
② 쾰러(Köler)의 착시 (　)
③ 뮬러-라이어(Muler-Lyer)의 착시 (　)
④ 포겐도르프(Poggendorf)의 착시 (　)

044 기억과 망각에 관한 설명으로 올바른지 체크하시오.

① 학습된 내용은 학습 직후의 망각률이 가장 낮다. (　)
② 의미없는 내용은 의미있는 내용보다 빨리 망각한다. (　)
③ 사고력을 요하는 내용이 단순한 지식보다 기억파지의 효과가 높다. (　)
④ 학습 직후에 복습하면 기억파지의 효과가 높아진다. (　)
⑤ 연습은 학습한 직후에 시키는 것이 효과가 있다. (　)
⑥ 기억된 내용의 망각은 시간의 경과에 비례하여 서서히 이루어진다. (　)

045 [05②] **"파지"에 대한 설명으로 올바른지 체크하시오.**

① 사물의 인상을 마음속에 간직하는 것 ( )

② 획득된 행동이나 내용이 지속되는 것 ( )

③ 사물의 보존된 인상을 다시 의식으로 떠오르는 것 ( )

④ 과거의 경험이 어떤 형태로 미래의 행동에 영향을 주는 작용 ( )

★중요 [04③, 08③, 13①, 15①, 16③, 19③, 20①, 21②]

046 기억과정 중 다음의 내용에 해당하는 것을 체크하시오.

> 과거에 경험하였던 것과 비슷한 상태에 부딪혔을 때 과거의 경험이 떠오르는 것

① 파지(retention) ( )

② 기명(memorizing) ( )

③ 재생(recall) ( )

④ 재인(recognition) ( )

★중요 [05④, 11③, 15③, 24①]

047 기차역의 정지된 열차 내에서 이동하는 다른 기차를 보았을 때 실제로 움직이지 않아도 움직이는 것처럼 느껴지거나, 기차역이 움직이는 것처럼 느끼는 심리적 현상을 체크하시오.

① 가상운동 ( )

② 유도운동 ( )

③ 자동운동 ( )

④ 지각운동 ( )

[13②, 17②, 23①]

048 인간의 착각현상 중 버스나 전동차의 움직임으로 인하여 자신이 승차하고 있는 정지된 자가용이 움직이는 것 같은 느낌을 받거나 구름 사이의 달 관찰 시 구름이 움직일 때 구름은 정지되어 있고, 달이 움직이는 것처럼 느껴지는 현상을 체크하시오.

① 자동운동 ( )

② 유도운동 ( )

③ 가현운동 ( )

④ 플리커현상 ( )

★중요 [06③, 13③, 16②, 21③]

049 인간의 실수 및 과오의 요인을 체크하시오.

① 관리의 부적당 ( )

② 환경조건의 부적당 ( )

③ 주의의 부족 ( )

④ 능력의 부족 ( )

[12①]

050 잠재적인 손실이나 손상을 가져올 수 있는 상태나 조건을 체크하시오.

① 위험 ( )

② 사고 ( )

③ 상해 ( )

④ 재해 ( )

[12②, 23②]

051 군화의 법칙(群花의 法則)을 그림으로 나타낸 것 중에서 폐합의 요인에 해당하는 것을 체크하시오.

① ( )

② ( )

③ ( )

④ ( )

[02②]

052 물건의 정리에 해당하는 것을 체크하시오.

① 근접의 요인 ( )

② 동류의 요인 ( )

③ 통합의 요인 ( )

④ 연속의 요인 ( )

★중요 [13③, 25③]

001 안전심리의 5대 요소 중 능동적인 감각에 의한 자극에서 일어난 사고의 결과로서, 사람의 마음을 움직이는 원동력이 되는 것을 쓰시오.

[03①]

002 피로현상은 작업능력의 저하를 가져온다. 어떤 피로의 표식(標識)에 해당되는지를 쓰시오.

[06②, 21①]

003 생산의 양과 질의 저하를 지표로 하여 알 수 있는 피로를 쓰시오.

[02②, 25②]

004 바이오리듬 이론에서 지성적 사고능력이 뛰어난 지성적 리듬의 주기 일수를 쓰시오.

⚙ **해설** 생체 리듬(Biorhythm)의 주기

육체적 리듬	감성적 리듬	지성적 리듬
23일	28일	33일

[03①]

005 인간의 의식을 강화하고 오류를 감소하며 신속 정확한 판단과 조치를 위한 효과적인 방법을 쓰시오.

★중요 [04①, 06①, 25①]

006 생산현장에서 작업에 종사하고 있는 작업자가 작업을 함에 있어서 가장 안전하고 능률적으로 작업을 할 수 있도록 작업내용 및 작업 단위별로 사용설비, 작업자, 작업조건 및 작업방법 등에 관해 규정해 놓은 것을 쓰시오.

[06②]

007 우선 평행의 호를 보고 이어 직선을 본 경우에 직선은 호와의 반대방향에 보이는 착시현상을 쓰시오.

[10②, 21②]

009 다음 내용에 해당하는 착시현상을 쓰시오.

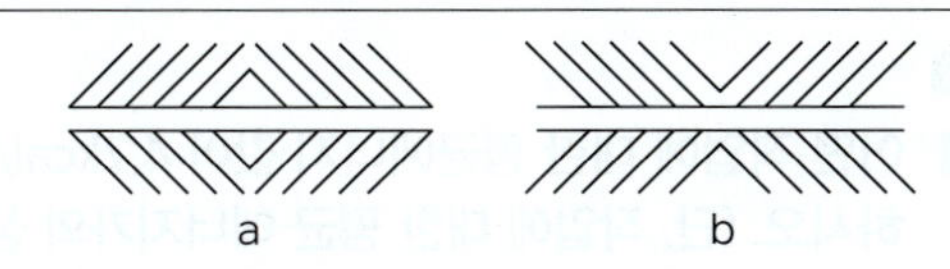

a는 양단이 벌어져 보이고, b는 중앙이 벌어져 보인다.

★중요

[16①]

008 다음 내용에 해당하는 착시현상을 쓰시오.

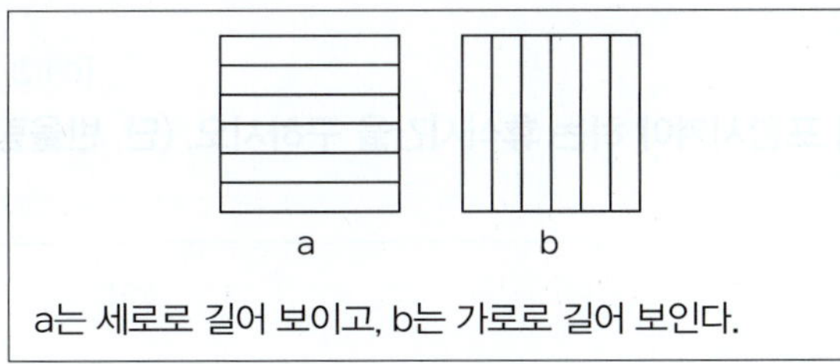

a는 세로로 길어 보이고, b는 가로로 길어 보인다.

|정답|

001 동기(motive)　　002 생리(기능)적 피로　　003 객관적 피로　　004 33일　　005 지적 환호　　006 표준안전 작업방법
007 윤곽착오[퀼러(Kohler)의 착시]　　008 헬호츠(Helmholz)의 착시　　009 Hering의 착시(분할 착오)

★중요 [06①]

001 어떤 작업에 대한 평균에너지 값이 4.7kcal/분일 경우 1시간의 총 작업시간 내에 포함시켜야만 하는 휴식시간을 구하시오. (단, 작업에 대한 평균 에너지가의 상한은 4kcal/분)

⚙ **해설**

휴식시간 산출방법은 $R(휴식\ 시간) = \dfrac{60 \times (E-e)}{E-e_1}$ 이다.

- E 실제 작업 시 평균 에너지의 소비량(kcal/min)
- 총 작업시간 : 60분
- e : 기초 대사를 포함한 에너지 상한값 또는 작업시 평균에너지 값(kcal/분)
- e_1 : 휴식 시간 중의 에너지 소비량(1.5kcal/min)

그런데, E = 4.7kcal/min, e = 4kcal/min, e_1 = 1.5kcal/min이다.

그러므로, $R(휴식\ 시간) = \dfrac{60 \times (E-e)}{E-e_1} = \dfrac{60 \times (4.7-4)}{4.7-1.5} = 13.125$

[09②, 22①]

002 다음과 같은 조건의 작업에 있어 1시간의 총 작업시간 내에 포함시켜야 하는 휴식시간을 구하시오. (단, 반올림하여 소수점 둘째자리까지 구함)

- 작업할 때의 평균에너지 소비량 : 4.7kcal/min
- 작업에 대한 평균에너지 소비량 : 4kcal/min
- 1시간 휴식시간 중 에너지 소비량 : 2kcal/min

⚙ **해설**

휴식시간 산출방법은 $R(휴식\ 시간) = \dfrac{60 \times (E-e)}{E-e_1}$ 이다.

그런데, E = 4.7kcal/min, e = 4kcal/min, e_1 = 2kcal/min이다.

그러므로, $R(휴식\ 시간) = \dfrac{60 \times (E-e)}{E-e_1} = \dfrac{60 \times (4.7-4)}{4.7-2} = 15.555 ≒ 15.56분$

01 진위형 문제

▶ 해설편 38p

※ 다음 문제를 읽고, 옳으면 ○, 틀리면 ×를 괄호 안에 표기하시오.

[15①]

001 안전·보건교육 및 훈련은 인간행동 변화를 안전하게 유지하는 것이 목적이다. 이러한 행동 변화의 전개과정으로 올바른 것을 체크하시오.

① 자극 → 욕구 → 판단 → 행동 (　)
② 욕구 → 자극 → 판단 → 행동 (　)
③ 판단 → 자극 → 욕구 → 행동 (　)
④ 행동 → 욕구 → 자극 → 판단 (　)

★중요 　　[02②, 04②, 15②, 24③]

002 인간의 행동 변화에 있어 가장 변화시키기 어려운 것을 체크하시오.

① 지식의 변화 (　)
② 집단의 행동 변화 (　)
③ 개인의 태도 변화 (　)
④ 개인의 행동 변화 (　)

[02①, 03②, 25②]

003 작업태도 분석에 의한 동기 파악방법의 연구과정으로 올바른 것을 체크하시오.

① 요인 → 태도 → 결과 (　)
② 태도 → 결과 → 요인 (　)
③ 결과 → 요인 → 태도 (　)
④ 태도 → 요인 → 결과 (　)

★중요 　　[02②, 05④, 09①, 13②, 22①]

004 인간의 욕구를 5단계로 나누고 위계이론을 발표한 인물을 체크하시오.

① 허츠버그(Herzberg) (　)
② 하인리히(Heinrich) (　)
③ 맥그리거(McGregor) (　)
④ 매슬로우(Maslow) (　)

[08②, 13①, 22③]

005 매슬로우(Maslow)의 욕구단계이론 중 인간에게 영향을 줄 수 있는 불안, 공포, 전쟁, 재해, 질병 등으로부터 초래되는 위협이나 위험으로부터 해방되고자 하는 욕구를 체크하시오.

① 자아실현의 욕구 (　) ② 사회적 욕구 (　)
③ 생리적 욕구 (　)　　 ④ 안전 욕구 (　)
⑤ 존경의 욕구 (　)

[18①]

006 매슬로우(Maslow)의 욕구단계 이론의 요소를 체크하시오.

① 생리적 욕구 (　)
② 안전에 대한 욕구 (　)
③ 사회적 욕구 (　)
④ 심리적 욕구 (　)

[09③, 16①, 24①]

007 매슬로우(A. H. Maslow)의 인간욕구 5단계 이론에서 각 단계별 내용의 연결이 옳은 것을 체크하시오.

① 1단계 : 자아실현의 욕구 (　)
② 2단계 : 안전에 대한 욕구 (　)
③ 3단계 : 사회적 욕구 (　)
④ 4단계 : 존경에 대한 욕구 (　)

★중요 　　[10②, 14②, 15②, 20①, 25①]

008 매슬로우(Maslow)가 제창한 인간의 욕구 5단계 이론을 올바르게 나열한 것을 체크하시오.

① 생리적 욕구 → 안전욕구 → 사회적 욕구 → 존경의 욕구 → 자아실현의 욕구 (　)
② 안전욕구 → 생리적 욕구 → 사회적 욕구 → 존경의 욕구 → 자아실현의 욕구 (　)
③ 사회적 욕구 → 생리적 욕구 → 안전욕구 → 존경의 욕구 → 자아실현의 욕구 (　)
④ 사회적 욕구 → 안전욕구 → 생리적 욕구 → 존경의 욕구 → 자아실현의 욕구 (　)

009 매슬로우의 욕구단계 이론에서 자기의 잠재 능력을 극대화하여 원하는 것을 이루고자 하는 욕구를 체크하시오.

① 자아실현의 욕구 (　　) ② 사회적 욕구 (　　)
③ 존경의 욕구 (　　)　　 ④ 안전의 욕구 (　　)

[13③]

010 매슬로우(Maslow)의 욕구단계이론에 관한 설명으로 올바른지 체크하시오.

① 욕구의 발생은 서로 중첩되어 나타난다. (　　)
② 각 단계의 욕구는 "만족 또는 충족 후 진행"의 성향을 갖는다. (　　)
③ 대체적으로 인생이나 경력의 초기에는 사회적 욕구가 우세하게 나타난다. (　　)
④ 궁극적으로는 자기의 잠재력을 최대한 발휘하여 하고 싶은 일을 실현하고자 한다. (　　)

[16②]

011 ERG(Existence Relation Growth) 이론을 주창한 인물을 체크하시오.

① 매슬로우(Maslow) (　　)
② 맥그리거(McGregor) (　　)
③ 테일러(Taylor) (　　)
④ 알더퍼(Alderfer) (　　)

[08③, 19③, 21①]

012 알더퍼(Alderfer)의 ERG 이론에 의한 욕구의 분류에 해당하는 것을 체크하시오.

① 존재욕구 (　　)　　 ② 관계욕구 (　　)
③ 성장욕구 (　　)　　 ④ 안전욕구 (　　)

[15①]

013 Alderfer의 ERG 이론 중 생존(Existence) 욕구에 해당되는 Maslow의 욕구단계를 체크하시오.

① 자아실현의 욕구 (　　) ② 존경의 욕구 (　　)
③ 사회적 욕구 (　　)　　 ④ 생리적 욕구 (　　)

★중요　　　　　　　　　　　　[08②, 10③, 17②, 24③]

014 맥그리거(McGregor)의 X이론에 따른 관리처방을 체크하시오.

① 목표에 의한 관리 (　　)

② 권위주의적 리더십 확립 (　　)
③ 경제적 보상체제의 강화 (　　)
④ 면밀한 감독과 엄격한 통제 (　　)

[02③]

015 인간의 동기부여에 관한 맥그리거의 X이론에 대한 설명으로 올바른지 체크하시오.

① 인간은 스스로 자기목표에 대하여 자기통제를 한다. (　　)
② 인간은 본래 일을 싫어하며 피하려고 한다. (　　)
③ 인간은 명령받는 것을 좋아하며 책임회피를 좋아한다. (　　)
④ 동기는 생리적 수준 및 안정의 수준에서 나타난다. (　　)

★중요　　　　　　　　[03②, 07③, 10①, 12②, 22②]

016 맥그리거(McGregor)의 X-Y 이론 중 Y이론과 관련 있는 것을 체크하시오.

① 직무확장 (　　)
② 인간관계 관리방식 (　　)
③ 권위주의적 리더십 (　　)
④ 책임감과 창조력 있음 (　　)
⑤ 인간은 서로 믿을 수 없음 (　　)
⑥ 인간은 태어나서부터 약함 (　　)
⑦ 인간은 정신적 욕구를 우선시함 (　　)
⑧ 인간은 통제에 의한 관리를 받고자 함 (　　)

[04②, 06②, 24②]

017 맥그리거(Mcgregor)의 인간해석 중 Y이론의 관리처방을 체크하시오.

① 조직구조의 고층성 (　　)
② 분권화와 권한의 위임 (　　)
③ 경제적 보상체제의 강화 (　　)
④ 권위주의적 리더십의 확립 (　　)

[03③]

018 작업분석 중 동작분석의 목적에 해당하는 것을 체크하시오.

① 동작 계열의 개선 (　　)
② 표준 동작의 설계 (　　)
③ motion mind의 체질화 (　　)
④ 위험요인 제거 (　　)

019 [04②]
일반적으로 교육이란 "인간행동의 계획적 변화"로 정의할 수 있다. 여기서 인간의 행동이 의미하는 것을 체크하시오.

① 신념과 태도 (　　)
② 외현적 행동만 포함 (　　)
③ 내현적 행동만 포함 (　　)
④ 내현적, 외현적 행동을 모두 포함 (　　)

020 [06③, 19②, 22②]
작업표준의 구비조건을 체크하시오.

① 이상 발생 시의 조치기준에 대해 정해둘 것 (　　)
② 생산성과 품질의 특성에 적합할 것 (　　)
③ 작업의 실정에 적합할 것 (　　)
④ 타 규정과의 위배 여부와는 무관할 것 (　　)
⑤ 표현은 추상적으로 나타낼 것 (　　)
⑥ 다른 규정 등에 위배되지 않을 것 (　　)

★중요
021 [07③, 17①③, 23①]
레윈(Lewin. K)의 B = f(P·E) 이론에 대한 설명으로 올바른지 체크하시오.

① B : 인간의 행동 (　　)
② f : 인간관계, 작업환경 (　　)
③ P : 적성 (　　)
④ E : 심신상태, 성격, 지능, 연령 (　　)
⑤ f : 함수관계 (　　)
⑥ P : 개체 (　　)
⑦ E : 기술 (　　)

022 [11③]
사회행동의 기본형태에 해당하는 것을 체크하시오.

① 협력 (　　)
② 투사 (　　)
③ 대립 (　　)
④ 도피 (　　)

★중요
023 [07②, 10③, 17②, 21③]
비통제의 집단행동 중 폭동과 같은 것을 말하며, 군중(Crowd)보다 합의성이 없고, 감정에 의해서만 행동하는 특성을 가진 것을 체크하시오.

① 모브(Mob) (　　)
② 패닉(Panic) (　　)

③ 모방(Imitation) (　　)
④ 심리적 전염(Mental Epidemic) (　　)

024 [07①]
재해 빈발자에 대한 분류 중 작업이 어렵거나 설비의 결함 때문에 발생되는 재해자의 유형을 체크하시오.

① 소질성 빈발자 (　　)
② 상황성 빈발자 (　　)
③ 습관성 빈발자 (　　)
④ 미숙성 빈발자 (　　)

025 [12①, 20②, 22①]
상황성 누발자의 재해유발원인을 체크하시오.

① 작업이 어렵기 때문 (　　)
② 주의력이 산만하기 때문 (　　)
③ 기계설비에 결함이 있기 때문 (　　)
④ 심신에 근심이 있기 때문 (　　)

026 [09③]
다음과 같은 재해유발원인을 가지는 재해 누발자를 체크하시오.

• 저지능	• 도덕성의 결여
• 비협조성	• 소심한 성격

① 상황성 누발자 (　　)
② 습관성 누발자 (　　)
③ 소질성 누발자 (　　)
④ 결합성 누발자 (　　)

★중요
027 [02①, 05②, 11①, 14③, 19①, 22③]
안전사고를 방지하기 위한 동기부여의 방법으로 올바른지 체크하시오.

① 안전목표를 명확히 설정하여 주지시킨다. (　　)
② 상벌제도를 합리적으로 시행한다. (　　)
③ 경쟁과 협동심을 유발시킨다. (　　)
④ 기능을 숙달시킨다. (　　)
⑤ 상벌을 줘야 한다. (　　)
⑥ 결과의 지식을 알리지 않아야 한다. (　　)
⑦ 안전 목표를 명확히 설정해야 한다. (　　)
⑧ 동기유발의 최소 수준을 유지토록 한다. (　　)

028 동기부여(Motivation)에 있어 동기가 가지는 성질을 체크하시오. [11①]

① 행동을 촉발시키는 개인의 힘을 뜻하는 활성화 (　)
② 일정한 강도와 방향을 지닌 행동을 유지시키는 지속성 (　)
③ 개인에게 부여된 목표달성의 정도를 평가하는 합리성 (　)
④ 노력의 투입을 선택적으로 한 방향으로 지향하도록 하는 통로화 (　)

029 동기조사(Motivation research)의 방법 중 가장 우수한 연구 방법을 체크하시오. [06①]

① 종업원의 요구 연구 (　)
② 관심의 표명 연구 (　)
③ 작업태도 연구 (　)
④ 사의를 표명한 이유 연구 (　)

★중요 [03①, 08②, 17①, 25②]

030 허츠버그(Herzberg)의 동기·위생 이론에 대한 설명으로 올바른지 체크하시오.

① 위생요인은 직무내용에 관련된 요인이다. (　)
② 동기요인은 직무에 만족을 느끼는 주요인이다. (　)
③ 위생요인은 매슬로우 욕구단계 중 존경, 자아실현의 욕구와 유사하다. (　)
④ 동기요인은 매슬로우 욕구단계 중 생리적 욕구와 유사하다. (　)

031 허츠버그(Herzberg)의 위생동기이론에 있어 동기요인을 체크하시오. [11③]

① 임금 (　)　　② 지위 (　)
③ 도전 (　)　　④ 작업조건 (　)

032 허즈버그(Herzberg)의 동기·위생이론 중에서 위생요인을 체크하시오. [12①]

① 보수 (　)
② 책임감 (　)
③ 작업조건 (　)
④ 관리감독 (　)

033 Herzberg의 2요인론에서 동기요인을 체크하시오. [04②, 12③, 24③]

① 책임감 (　)
② 감독 (　)
③ 지위 (　)
④ 임금 (　)
⑤ 일의 내용 (　)
⑥ 복지제도 (　)
⑦ 관리내용 (　)
⑧ 급료 (　)

034 직무행동의 동기(Motive)가 복잡한 이유를 체크하시오. [03③]

① 일을 하는데 있어서 여러 가지 이유를 갖기 때문 (　)
② 고정 관념이 많기 때문 (　)
③ 시간에 따라서 행동하는 이유가 달라지기 때문 (　)
④ 실제 작업행동과 직접 관련 있는 다른 행동 때문 (　)

035 직무만족에 긍정적인 영향을 미칠 수 있고 그 결과 개인 생산능력의 증대를 가져오는 인간의 특성을 의미하는 용어를 체크하시오. [04③, 16③, 23①]

① 위생 요인 (　)
② 동기부여 요인 (　)
③ 성숙–미성숙 (　)
④ 자아실현 (　)

036 단조로운 업무가 장시간 지속될 때 작업자의 감각기능 및 판단능력이 둔화 또는 마비되는 경우의 의식수준을 체크하시오. [09②]

① phase 0 (　)
② phase I (　)
③ phase II (　)
④ phase III (　)

★중요
[08②, 09③, 12①, 20①, 25①]

037 주의(Attention)의 특성을 체크하시오.

① 변동성 (　) 　 ② 선택성 (　)
③ 방향성 (　) 　 ④ 통합성 (　)
⑤ 양립성 (　) 　 ⑥ 자유성 (　)

[19②]

038 주의의 수준에서 중간 수준에 포함되는 현상을 체크하시오.

① 다른 곳에 주의를 기울이고 있을 때 (　)
② 가시시야 내 부분 (　)
③ 수면 중 (　)
④ 일상과 같은 조건일 경우 (　)

[12②]

039 인간 의식의 레벨(level)에 관한 설명으로 올바른지 체크하시오.

① 24시간의 생리적 리듬의 계곡에서 tension level 은 낮에는 높고 밤에는 낮다. (　)
② 24시간의 생리적 리듬의 계곡에서 tension level 은 낮에는 낮고 밤에는 높다. (　)
③ 피로 시의 tension level은 저하 정도가 크지 않다. (　)
④ 졸았을 때는 의식상실의 시기로 tension level은 0이다. (　)

★중요
[04③, 07①, 12③, 25③]

040 부주의 발생 현상 중 특수한 질병의 경우에 주로 나타나는 것을 체크하시오.

① 의식의 단절 (　)
② 의식의 우회 (　)
③ 의식 수준의 저하 (　)
④ 의식의 과잉 (　)

[13③]

041 부주의의 현상에 해당하는 것을 체크하시오.

① 의식의 단절 (　)
② 의식의 과잉 (　)
③ 의식의 우회 (　)
④ 의식의 회복 (　)

[05①]

042 인간 의식의 공통적인 경향에 해당하는 것을 체크하시오.

① 의식은 연속되는 경향이 있다. (　)
② 의식에는 현상 대응력에 한계가 있다. (　)
③ 의식은 그 초점에서 멀어질수록 희미해진다. (　)
④ 당면한 사태에 의식의 초점이 합치되지 않고 있을 때는 대응력이 떨어진다. (　)

[14①, 23①]

043 부주의 현상을 그림으로 표시한 것 중에서 의식의 우회를 나타낸 것을 체크하시오.

① (　)
② (　)
③ (　)
④ (　)

[05②]

044 직접 작업을 하는 작업자 자신이 자기의 부주의 이외에 제반 오류의 원인을 생각함으로써 개선을 하도록 하는 과오 원인 제거 기법을 체크하시오.

① BS (　) 　 ② TBM (　)
③ ECR (　) 　 ④ STOP (　)

[17②]

045 부주의의 발생원인과 그 대책의 연결이 올바른지 체크하시오.

① 의식의 우회 – 상담 (　)
② 소질적 조건 – 교육 (　)
③ 작업환경 조건 불량 – 작업순서 정비 (　)
④ 작업순서의 부적당 – 작업자 재배치 (　)

046 주의의 특징 중에서 한 지점에 주의를 집중하면 다른 곳의 주의가 약해지는 것을 체크하시오.

① 선택성 (　　)　　② 방향성 (　　)

③ 단속성 (　　)　　④ 변동성 (　　)

[11①, 19③, 21③]

047 직장에서의 부적응 유형 중 자기 주장이 강하고 빈약한 대인관계를 가지고 있는 성격의 소유자로 사소한 일에 있어서도 타인이 자신을 제외했다고 여겨 악의를 나타내는 인격을 체크하시오.

① 망상인격 (　　)　　② 분열인격 (　　)

③ 무력인격 (　　)　　④ 강박인격 (　　)

[02①, 03③, 24②]

048 조직의 환경상태가 불확실할 때의 리더십의 유형을 체크하시오.

① 권위형 (　　)　　② 방임형 (　　)

③ 민주형 (　　)　　④ 독재형 (　　)

[03③, 10①, 25②]

049 의사결정 과정에 따른 리더십의 유형 중에서 민주형과 관련 있는 것을 체크하시오.

① 집단 구성원에게 자유를 준다. (　　)

② 지도자가 모든 정책을 결정한다. (　　)

③ 집단토론이나 집단결정을 통해서 정책을 결정한다. (　　)

④ 명목적인 리더의 자리를 지키고 부하직원들의 의견에 따른다. (　　)

[04③]

050 리더십의 유형 중 권위주의적 리더 행동이 적합한 사업장을 체크하시오.

① 회사의 창업직후 또는 부하의 교육수준이 낮은 사업장 (　　)

② 회사의 창업직후 또는 부하의 교육수준이 높은 사업장 (　　)

③ 회사의 수준이 안정적이고 부하의 교육수준이 낮은 사업장 (　　)

④ 회사의 수준이 안정적이고 부하의 교육수준이 높은 사업장 (　　)

[06③, 23③]

051 리더와 부하와의 관계를 나타낸 다음 그림에 해당하는 리더의 유형을 체크하시오.

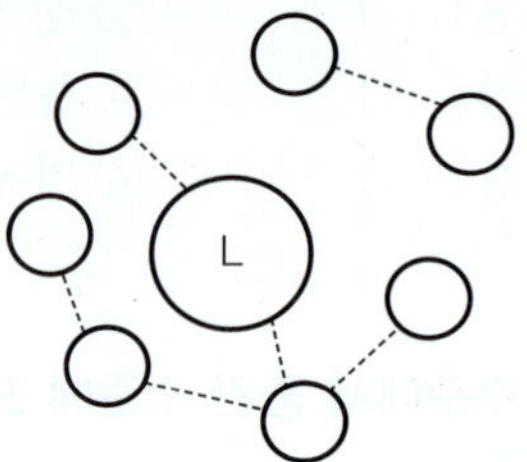

① 민주형 (　　)

② 자유방임형 (　　)

③ 권위형 (　　)

④ 권력형 (　　)

[02②]

052 관료주의를 대표하는 것에 체크하시오.

① 창의성 (　　)

② 안정성 (　　)

③ 엄격함 (　　)

④ 영속성 (　　)

[06③, 12②, 21②]

053 관료주의에 대한 설명으로 올바른지 체크하시오.

① 의사결정에는 작업자의 참여가 필수적이다. (　　)

② 인간을 조직 내의 한 구성원으로만 취급한다. (　　)

③ 개인의 성장이나 자아실현의 기회가 주어지지 않는다. (　　)

④ 사회적 여건이나 기술의 변화에 신속하게 대응하기 어렵다. (　　)

★중요　　[03①, 04②, 13①, 23②]

054 리더십의 유효성(有效性)을 증대시키는 1차적 요소를 체크하시오.

① 리더 자신(지도자) (　　)

② 추종자 집단 (　　)

③ 상황적 변수 (　　)

④ 조직의 규모 (　　)

⑤ 설득력 (　　)

055 리더십 이론 중의 하나인 피들러의 상황부응 이론에서 관계지향적 리더의 L.P.C(least preferred coworker) 점수의 상태를 체크하시오. [04③]

① 높다. (　　)
② 낮다. (　　)
③ 중간이다. (　　)
④ 상황에 따라 다르다. (　　)

056 리더십 유형과 의사결정의 관계의 연결이 올바른지 체크하시오. [06①, 13③, 25③]

① 개방적 리더 – 리더 중심 (　　)
② 개성적 리더 – 종업원 중심 (　　)
③ 민주적 리더 – 전체집단 중심 (　　)
④ 독재적 리더 – 전체집단 중심 (　　)

★중요
057 리더십(Leadership)의 특성에 해당하는 것을 체크하시오. [03①, 10②, 11③, 15②, 17③, 20②, 21①]

① 조직원에 의하여 선출된다. (　　)
② 지휘의 형태는 민주주의적이다. (　　)
③ 조직원과의 사회적 간격이 넓다. (　　)
④ 권한의 근거는 개인의 능력에 의한다. (　　)
⑤ 권한여부는 위에서 위임된다. (　　)
⑥ 구성원과의 관계는 지배적 구조이다. (　　)
⑦ 권한근거는 법적 또는 공식적으로 부여된다. (　　)
⑧ 밑으로부터의 동의에 의한 권한이 부여된다. (　　)
⑨ 개인적 영향에 의한 부하와의 관계가 유지된다. (　　)
⑩ 넓은 부하와의 사회적 간격이다. (　　)

058 리더의 행동유형측면에서 부하들과 상담하여 부하의 의견을 고려하는 형태의 리더십을 체크하시오. [09①, 16③]

① 참여적 리더십 (　　)
② 지원적 리더십 (　　)
③ 지시적 리더십 (　　)
④ 성취 지향적 리더십 (　　)

★중요
059 리더십에 있어서의 권한의 역할에서 지도자 자신이 자신에게 부여한 권한에 해당하는 것을 체크하시오. [05④, 08①, 12①, 15③, 21②]

① 보상적 권한 (　　)
② 강압적 권한 (　　)
③ 합법적 권한 (　　)
④ 전문성의 권한 (　　)

060 조직이 리더에게 부여하는 권한을 체크하시오. [17①, 20①]

① 보상적 권한 (　　)
② 강압적 권한 (　　)
③ 합법적 권한 (　　)
④ 위임된 권한 (　　)

★중요
061 리더가 가지고 있는 세력의 유형을 체크하시오. [11①, 14②, 19②, 23③]

① 보상세력(reward power) (　　)
② 합법세력(legitimate power) (　　)
③ 전문세력(expert power) (　　)
④ 위임세력(entrust power) (　　)

062 기업 내 한 부서의 구성원 상호 간의 선호도를 나타낸 소시오그램(sociogram)에서 리더에 해당하는 인물을 체크하시오. [15③]

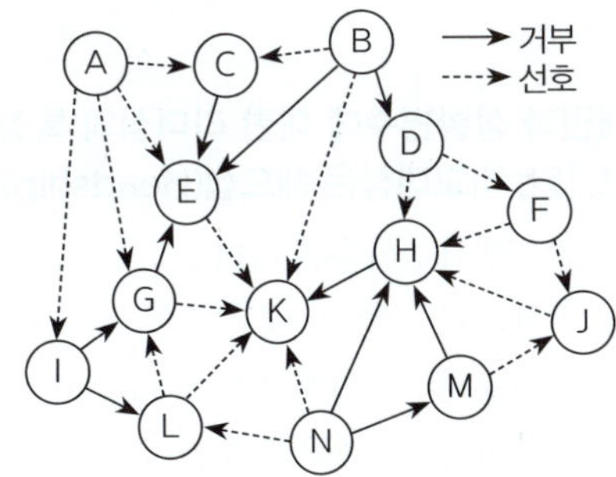

① E (　　)
② G (　　)
③ H (　　)
④ K (　　)

[16①, 23②]

063 성공적인 리더가 갖추어야 할 특성을 체크하시오.

① 강한 출세 욕구 (　　)

② 강력한 조직 능력 (　　)

③ 미래지향적 사고 능력 (　　)

④ 상사에 대한 부정적인 태도 (　　)

[18①]

064 부하의 행동에 영향을 주는 리더십 중 조언, 설명, 보상조건 등의 제시를 통한 적극적인 방법을 체크하시오.

① 강요 (　　)

② 모범 (　　)

③ 제언 (　　)

④ 설득 (　　)

★중요　　　　　　　　　　[08①, 14①, 18①, 24①]

065 헤드십(Headship)에 관한 설명으로 올바른지 체크하시오.

① 권한의 부여는 조직으로부터 위임받는다. (　　)

② 권한에 대한 근거는 법적 또는 규정에 의한다.

(　　)

③ 부하와의 사회적 간격이 좁다. (　　)

④ 지휘의 형태는 권위주의적이다. (　　)

⑤ 구성원과의 사회적 간격이 좁다. (　　)

⑥ 권한귀속은 공식화된 규정에 의한다. (　　)

[19③]

066 개인과 상황변수에 대한 리더십의 특징을 체크하시오. [단, 비교대상은 헤드십(Headship)으로 함]

① 권한행사 : 선출된 리더 (　　)

② 권한근거 : 개인능력 (　　)

③ 지휘형태 : 권위주의적 (　　)

④ 권한귀속 : 집단목표에 기여한 공로인정 (　　)

02 단답형 문제

★중요 [16③, 19②, 22③]

001 매슬로(Maslow)의 욕구단계 이론 중 제2단계의 욕구를 쓰시오.

[06①]

002 매슬로우(Maslow)의 욕구 5단계 중 안전의 욕구의 단계를 쓰시오.

[18③]

003 매슬로우(Maslow)의 욕구단계 이론 중 제3단계의 욕구를 쓰시오.

[07①, 24①]

004 매슬로우(Maslow)의 욕구 5단계 중 인간이 갖고자 하는 최고의 욕구를 쓰시오.

[14①]

005 매슬로우의 욕구 5단계 이론에서 최종 단계를 쓰시오.

★중요 [02③, 18②, 23①]

006 매슬로우(Maslow)의 욕구단계 이론 중 제5단계 욕구를 쓰시오.

[20②]

007 알더퍼의 ERG(Existence Relation Growth) 이론에서 생리적 욕구, 물리적 측면의 안전욕구 등 저차원적 욕구를 쓰시오.

[05①, 25②]

008 인간의 성장발달의 원동력은 개체의 밖에 있다고 주장하며 이를 환경론을 가지고 설명하고 있는 학설을 쓰시오.

| 정답 |

001 안전에 대한 욕구　　002 제2단계　　003 사회적(애정적, 소속감) 욕구　　004 자아실현의 욕구(제5단계)

005 자아실현의 욕구(제5단계)　　006 자아실현의 욕구(제5단계)　　007 존재(생존) 욕구　　008 경험설

009 인간의 행동에 대한 레윈(K.Lewin)의 식 B = f
(P · E)에서 '인간관계' 요인을 나타내는 변수를 쓰
시오.

> **⚙ 해설** E(Environment) : 심리적 환경으로 인간 관계와 작업
> 환경 등이 있다.

★중요 [10①, 12①, 19②, 21③]

010 레윈(Lewin)은 인간행동과 인간의 조건 및 환경조
건의 관계를 B = f(P · E)로 표시하였다. 이때 "f" 의
의미를 쓰시오.

[16①]

011 레빈(Lewin)의 법칙 중 환경조건(E)이 의미하는 것
을 쓰시오.

★중요 [08③, 18①, 19①, 22①]

012 주의(Attention)의 특징 중 여러 종류의 자극을 자
각할 때 소수의 특정한 것에 한하여 주의가 집중되
는 특징을 쓰시오.

★중요 [09③, 13①, 18③, 24②]

013 의식수준 5단계 중 의식수준의 저하로 인한 피로와
단조로움의 생리적 상태가 일어나는 단계를 쓰시오.

★중요 [05②, 07①, 25①]

014 의식이 명확하고 사물을 적극적으로 받아들이려고
하는 상태인 의식의 레벨(Phase)의 단계를 쓰시오.

[16③]

015 근로자가 중요하거나 위험한 작업을 안전하게 수행
하기 위해 인간의 의식수준(Phase)의 단계를 쓰시오.

[07②]

016 의식 레벨 단계 중 신뢰도가 가장 높은 단계를 쓰시오.

★중요　　　　　　　　　　　　　　　[10①, 18③, 23②]

017 작업을 하고 있을 때 걱정거리, 고민거리, 욕구불만 등에 의해 다른데 정신을 빼앗기는 부주의 현상을 쓰시오.

[17③]

018 눈으로는 작업 내용을 보고 손과 발로는 습관적으로 작업을 하고 있지만 머릿속에는 고민이나 공상으로 가득 차 있어서 작업에 필요한 주의력이 점차 약화되고 작업자가 눈으로 보고 있는 작업 상황이 의식에 전달되지 않는 상태를 의미하는 용어를 쓰시오.

[14③]

019 부주의의 현상 중 긴장상태에서 일정시간이 경과하면 피로가 발생하여 의식이 점차적으로 이완되는 현상을 쓰시오.

★중요　　　　　　　　　　　　　　　[05②, 08②, 23③]

020 부주의 발생현상 중 주의의 일점 집중현상과 관련성이 있는 부주의 현상을 쓰시오.

★중요　　　　　　　　　　　　　　　[07③, 18②, 22②]

021 부주의 현상의 하나인 "의식의 우회"에 대한 예방대책을 쓰시오.

[07①]

022 리더십의 권한 중 목표 달성을 위하여 부하 직원들이 상사를 존경하여 상사와 함께 일하고자 할 때 상사에게 부여되는 권한을 쓰시오.

[17②, 24③]

023 지도자가 추구하는 계획과 목표를 부하직원이 자신의 것으로 받아들여 자발적으로 참여하게 하는 리더십의 권한을 쓰시오.

| 정답 |

009 E(Environment)　　010 함수 관계　　011 심리적 환경으로, 인간 관계와 작업 환경 등이 있음　　012 선택성
013 Phase Ⅰ(제1단계)　　014 Phase Ⅲ(제3단계)　　015 Phase Ⅲ(제3단계)　　016 Phase Ⅲ(제3단계)　　017 의식의 우회
018 의식의 우회　　019 의식수준의 저하　　020 의식의 과잉　　021 상담　　022 위임된 권한　　023 위임된 권한

01 진위형 문제

▶ 해설편 47p

※ 다음 문제를 읽고, 옳으면 ○, 틀리면 ✕를 괄호 안에 표기하시오.

★중요   [09③, 14③, 20①, 21①]

001 심리검사의 특징 중 "검사의 관리를 위한 조건과 절차의 일관성과 통일성"을 의미하는 용어를 체크하시오.

① 표준화 (　　)   ② 객관성 (　　)
③ 규준 (　　)   ④ 신뢰성 (　　)

[15②]

002 인간의 특성에 관한 측정검사가 과학적 타당성을 갖기 위하여 반드시 구비해야 할 조건을 체크하시오.

① 주관성 (　　)   ② 신뢰도 (　　)
③ 타당도 (　　)   ④ 표준화 (　　)

[11①, 19①, 25②]

003 객관적인 위험을 자기 나름대로 판정해서 의지결정을 하고 행동에 옮기는 인간의 심리특성을 체크하시오.

① 세이프 테이킹(safe taking) (　　)
② 액션 테이킹(action taking) (　　)
③ 리스크 테이킹(risk taking) (　　)
④ 휴먼 테이킹(human taking) (　　)

[02③, 12③, 23①]

004 인지(cognition)학습에 관한 설명으로 올바른지 체크하시오.

① 근로자가 반복경험을 통해서 안전모 착용을 습관화하였다. (　　)
② 상·벌제도를 이용하여 근로자가 보호장구 착용을 잘 하도록 지도하였다. (　　)
③ 모범적으로 보호장구 착용을 잘하는 근로자를 포상하여 이를 통해 다른 근로자가 보호구 착용을 잘하도록 유도하였다. (　　)
④ 보호구의 중요성을 전혀 인식하지 못하는 근로자를 교육을 통해 의식을 전환시켜 보호구 착용을 습관화하도록 하였다. (　　)

[04③, 19①]

005 적응(適應)의 기재 종류에 해당하는 것을 체크하시오.

① 갈등(conflict) (　　)
② 억압(repression) (　　)
③ 공격(aggression) (　　)
④ 합리화(rationalization) (　　)

★중요   [14②, 16②, 17③, 22②]

006 적응기제(Adjustment Mechanism) 중 방어적 기제(Defence Mechanism)를 체크하시오.

① 고립(Isolation) (　　)
② 퇴행(Regression) (　　)
③ 억압(Suppression) (　　)
④ 합리화(Rationalization) (　　)
⑤ 보상(Compensation) (　　)
⑥ 동일화(Identification) (　　)

★중요   [09②, 11③, 19②, 23②]

007 적응기제(Adujustment Mechanism)의 유형에서 "동일화(identification)"의 사례를 체크하시오.

① 운동시합에 진 선수가 컨디션이 좋지 않았다고 한다. (　　)
② 결혼에 실패한 사람이 고아들에게 정열을 쏟고 있다. (　　)
③ 아버지의 성공을 자랑하며 자신의 목에 힘이 들어가 있다. (　　)
④ 동생이 태어난 후 초등학교에 입학한 큰 아이가 손가락을 빨기 시작한다. (　　)

[07③, 17①, 23①]

008 적응기제의 도피적 행동인 "고립"에 해당하는 것을 체크하시오.

① 운동시합에서 진 선수가 컨디션이 좋지 않았다고 말한다. (　　)

② 자녀가 없는 여교사가 아동교육에 전념하게 되었다. ( )

③ 키가 작은 사람이 키 큰 친구들과 같이 사진을 찍으려 하지 않는다. ( )

④ 동생이 태어나자 형이 된 아이가 말을 더듬는다. ( )

[10②]

009 집단에 있어서의 인간관계를 하나의 단면에서 포착하였을 때 이러한 단면적인 인간관계가 생기는 기제를 체크하시오.

① 모방 ( )

② 습성 ( )

③ 동일화 ( )

④ 커뮤니케이션 ( )

[03①]

010 안전교육자의 바람직한 자세를 체크하시오.

① 상대방의 입장이 되어서 가르칠 것 ( )

② 쉬운 것에서 어려운 것으로 가르칠 것 ( )

③ 되도록 전문용어를 사용할 것 ( )

④ 중요한 것은 반복해서 가르칠 것 ( )

[07②]

011 안전보건교육의 기본적인 지도 원리를 체크하시오.

① 동기부여 ( )

② 반복교육 ( )

③ 5관의 활용 ( )

④ 어려운 부분에서 쉬운 부분으로 ( )

[05①]

012 안전관리자가 수행해야 할 역할 가운데 요구되는 기량을 체크하시오.

① 위험의 분석 및 예지 ( )

② 재해예방 대책의 결정 ( )

③ 피해의 최소와 대책 ( )

④ 안전관리 방침의 설정 ( )

★중요 [06②, 08③, 11①, 12②, 14②, 15③, 18②, 20①, 21①]

013 산업안전보건법령상 사업 내 안전·보건교육에 있어 "채용 시의 교육 및 작업내용 변경 시의 교육 내용"을 체크하시오.

① 작업 개시 전 점검에 관한 사항 ( )

② 현장 안전개선방법 및 조사방법에 관한 사항 ( )

③ 기계·기구의 위험성과 작업의 순서 및 동선에 관한 사항 ( )

④ 산업보건 및 직업병 예방에 관한 사항 ( )

⑤ 물질안전보건자료에 관한 사항 ( )

⑥ 사고 발생 시 긴급조치에 관한 사항 ( )

⑦ 유해·위험 작업환경 예방에 관한 사항 ( )

⑧ 표준안전작업방법 및 지도 요령에 관한 사항 ( )

⑨ 건강증진 및 질병 예방에 관한 사항 ( )

[10②]

014 산업안전보건법상 안전보건교육을 자체적으로 실시하는 경우에 교육을 할 수 있는 사람을 체크하시오.

① 산업 보건의 ( )

② 사업주 ( )

③ 안전보건관리책임자 ( )

④ 관리감독자 ( )

★중요 [08②, 10①, 15②, 16③, 17①, 19①, 22①]

015 산업안전보건법령상 사업주가 근로자에 대하여 실시하여야 하는 교육 중 특별안전·보건교육의 대상이 되는 작업을 체크하시오.

① 건설용 리프트·곤돌라를 이용한 작업 ( )

② 전압이 50V인 정전 및 활선작업 ( )

③ 화학설비 중 반응기, 교반기, 추출기의 사용 및 세척 작업 ( )

④ 액화석유가스, 수소가스 등 가연성, 폭발성 가스의 발생장치 취급작업 ( )

⑤ 석면해체·제거작업 ( )

⑥ 밀폐된 장소에서 하는 용접작업 ( )

⑦ 화학설비 취급품의 검수·확인 작업 ( )

⑧ 2m 이상의 콘크리트 인공구조물의 해체 작업 ( )

⑨ 화학설비의 탱크 내 작업 ( )

⑩ 전압이 30V인 정전 및 활선작업 ( )

⑪ 동력에 의하여 작동되는 프레스 기계를 5대 이상 보유한 사업장에서 해당 기계로 하는 작업 ( )

016 산업안전보건법상 아세틸렌 용접장치 또는 가스집합 용접장치를 사용하는 금속의 용접·용단·용단 또는 가열 작업(발생기·도관 등에 의하여 구성되는 용접장치만 해당)자에게 특별안전·보건교육을 시키고자 할 때의 교육내용을 체크하시오.

① 용접 흄, 분진 및 유해광선 등의 유해성에 관한 사항 (　)

② 작업방법·작업순서 및 응급처치에 관한 사항 (　)

③ 안전밸브의 취급 및 주의에 관한 사항 (　)

④ 안전기 및 보호구 취급에 관한 사항 (　)

★중요 [14①, 18②, 19②]

017 산업안전보건법령상 특별안전·보건교육에 있어 대상 작업별 교육내용 중 밀폐된 장소(탱크 내 또는 환기가 극히 불량한 좁은 장소)에서 하는 용접작업 또는 습한 장소에서 하는 전기용접 작업에 대한 교육내용을 체크하시오. (단, 그 밖의 안전·보건관리에 필요한 사항은 제외)

① 작업순서, 안전작업방법 및 수칙에 관한 사항 (　)

② 유해물질의 인체에 미치는 영향 (　)

③ 전격 방지 및 보호구 착용에 관한 사항 (　)

④ 질식 시 응급조치에 관한 사항 (　)

★중요 [09②, 12①, 14③, 18③, 22③]

018 산업안전보건법령에 따른 교육대상별 교육 내용 중 근로자 정기안전·보건교육 내용을 체크하시오.

① 유해·위험 작업환경 관리에 관한 사항 (　)

② 건강증진 및 질병 예방에 관한 사항 (　)

③ 산업안전 및 사고 예방에 관한 사항 (　)

④ 기계·기구 또는 설비의 안전·보건점검에 관한 사항 (　)

⑤ 작업 개시 전 점검에 관한 사항 (　)

⑥ 산업안전보건법령 및 산업재해보상보험 제도에 관한 사항 (　)

⑦ 산업보건 및 직업병 예방에 관한 사항 (　)

⑧ 유해·위험 재해 예방대책에 관한 사항 (　)

[13①]

019 산업안전보건법상 사업내 안전·보건교육에 있어 관리감독자 정기안전·보건교육 내용을 체크하시오. (단, 산업안전보건법 및 일반관리에 관한 사항은 제외)

① 정리정돈 및 청소에 관한 사항 (　)

② 작업 개시 전 점검에 관한 사항 (　)

③ 작업공정의 유해·위험과 재해 예방대책에 관한 사항 (　)

④ 기계·기구의 위험성과 작업의 순서 및 동선에 관한 사항 (　)

★중요 [10③, 12③, 13②③, 15①, 16②, 21②]

020 산업안전보건법상 산업안전·보건관련 교육과정 중 사업 내 안전·보건교육을 체크하시오.

① 특수형태 근로종사자에 대한 교육 (　)

② 안전관리자 신규·보수 교육 (　)

③ 관리감독자 정기안전·보건교육 (　)

④ 채용 시의 교육 및 작업내용 변경 시의 교육 (　)

⑤ 검사원 정기점검교육 (　)

⑥ 근로자 정기안전·보건교육 (　)

⑦ 물질안전보건자료에 관한 교육 (　)

[17②]

021 산업안전보건법상 근로자 안전·보건교육의 기준으로 올바른지 체크하시오.

① 사무직 종사 근로자의 정기교육 : 매반기 6시간 이상 (　)

② 일용근로자의 작업내용 변경 시의 교육 : 1시간 이상 (　)

③ 관리감독자의 지위에 있는 사람의 정기교육 : 연간 16시간 이상 (　)

④ 건설 일용근로자의 건설업 기초안전·보건교육 : 2시간 이상 (　)

[12①]

022 안전교육의 목적을 체크하시오.

① 설비의 안전화 (　)

② 제도의 정착화 (　)

③ 환경의 안전화 (　)

④ 행동의 안전화 (　)

023 사업장에서의 교육훈련의 직접목적을 체크하시오. [03②]

① 인재 육성 (　　)
② 기업의 계속 유지 발전 (　　)
③ 능률 향상 (　　)
④ 인간 완성 (　　)

★중요 [05③, 12②, 15③, 19③, 20②, 25①]

024 안전·보건교육계획의 수립 시 고려하여야 할 사항에 해당하는 것을 체크하시오.

① 교육지도안 및 교재 (　　)
② 교육의 종류와 교육대상 (　　)
③ 교육 장소 및 교육 방법 (　　)
④ 교육의 과목 및 교육 내용 (　　)
⑤ 필요한 정보를 수집 (　　)
⑥ 현장의 의견을 충분히 반영 (　　)
⑦ 안전교육 시행 체계와의 관련을 고려 (　　)
⑧ 법 규정에 의한 교육에 한정 (　　)
⑨ 교육의 목표 및 목적 (　　)

★중요 [02①, 08③, 09③, 11①, 17②, 25③]

025 토의법의 유형 중 다음 설명으로 올바른지 체크하시오.

> 교육과제에 정통한 전문가 4~5명이 피교육자 앞에서 자유로이 토의를 실시한 다음에 피교육자 전원이 참가하여 사회자의 사회에 따라 토의하는 방법

① 포럼(Forum) (　　)
② 패널 디스커션(Panel discussion) (　　)
③ 심포지엄(Symposium) (　　)
④ 버즈 세션(Buzz session) (　　)

026 안전 교육의 방법 중 토의식 안전 교육의 특징으로 올바른지 체크하시오. [02②]

① 기능적, 태도적인 것의 교육이 쉽다. (　　)
② 참가자가 자주적, 적극적으로 되기 쉽다. (　　)
③ 참가자 개개인에게 동기 부여가 용이하다. (　　)
④ 참가자에게 미지의 분야에 대한 지식을 일정한 시일에 습득시킬 수 있다. (　　)

027 집단을 대상으로 한 안전교육에 있어 가장 효율적인 교육방법을 체크하시오. [09③]

① 계몽선전 일반 안전교육 (　　)
② 교재에 의한 자율교육 (　　)
③ 강의에 의한 교육 (　　)
④ 토의에 의한 교육 (　　)

028 STOP 기법에 대한 설명으로 올바른지 체크하시오. [03②, 13②, 25③]

① 교육훈련의 평가방법으로 활용된다. (　　)
② 일용직 근로자의 안전교육 추진방법이다. (　　)
③ 경영층의 대표적인 위험예지 훈련방법이다. (　　)
④ 관리감독자의 안전관찰 훈련으로 현장에서 주로 실시한다. (　　)

029 수강자와 교재 중심의 개별학습을 체크하시오. [02①]

① 발견학습 (　　)
② 과제학습 (　　)
③ 수용학습 (　　)
④ 프로그램 학습 (　　)

030 교육훈련기법 중 회사에 대한 일체감이나 대인관계를 교육내용으로 하는 것을 체크하시오. [07①]

① 기능에 관한 교육 (　　)
② 지식에 관한 교육 (　　)
③ 태도에 관한 교육 (　　)
④ 환경에 관한 교육 (　　)

★중요 [03③, 05④, 06②, 15②, 19②, 22③]

031 특성에 따른 안전교육의 3단계를 체크하시오.

① 안전지식교육 (　　)
② 안전기능교육 (　　)
③ 안전태도교육 (　　)
④ 안전실시교육 (　　)
⑤ 직무교육 (　　)

032 근로자가 안전작업 표준을 이행하지 않을 경우의 결함을 체크하시오.

① 안전교육의 결함 (   )

② 안전태도의 결함 (   )

③ 작업분석의 불완전 (   )

④ 안전작업 표준 미작성 (   )

[13②]

033 인간의 안전교육 형태에서 행위나 난이도가 점차적으로 높아지는 순서로 올바른 것을 체크하시오.

① 지식 → 태도변형 → 개인행위 → 집단행위 (   )

② 태도변형 → 지식 → 집단행위 → 개인행위 (   )

③ 개인행위 → 태도변형 → 집단행위 → 지식 (   )

④ 개인행위 → 집단행위 → 지식 → 태도변형 (   )

[02③, 06①, 24①]

034 태도에 관한 교육훈련의 효과 측정방법으로 가장 많이 쓰이는 방법을 체크하시오.

① 면접 (   )　　　② 노트의 관찰 (   )

③ 평가시험 (   )　　　④ 테스트 (   )

★중요　　　　　　　　　　　[10①, 14③, 19③, 25②]

035 교육훈련의 평가방법을 체크하시오.

① 관찰법 (   )　　　② 모의법 (   )

③ 면접법 (   )　　　④ 테스트법 (   )

⑤ 실연법 (   )　　　⑥ 자료분석법 (   )

[14①]

036 교육훈련의 학습을 극대화시키고, 개인의 능력 개발을 극대화시켜 주는 평가방법을 체크하시오.

① 관찰법 (   )

② 배제법 (   )

③ 자료분석법 (   )

④ 상호평가법 (   )

[06①]

037 교육평가방법 중 태도교육 평가방법을 체크하시오.

① 관찰 (   )

② 면접 (   )

③ 질문 (   )

④ 테스트 (   )

[10②, 23②]

038 안전교육 훈련기법에 있어 지식형성 측면에서 가장 적합한 기본교육 훈련방식을 체크하시오.

① 실습방식 (   )

② 제시방식 (   )

③ 참가방식 (   )

④ 시뮬레이션방식 (   )

[03③]

039 사업장에서의 기본교육 훈련방식 중 실제 활용되는 기법적용방식을 체크하시오.

① 주입방식 (   )　　　② 참가방식 (   )

③ 제시방식 (   )　　　④ 실습방식 (   )

[17①]

040 안전교육 훈련기법에 있어 태도 개발 측면에서 가장 적합한 기본교육 훈련방식에 해당하는 것을 체크하시오.

① 실습방식 (   )

② 제시방식 (   )

③ 참가방식 (   )

④ 시뮬레이션방식 (   )

[04①, 05②, 23②]

041 일반적으로 태도교육의 효과를 높이기 위하여 취할 수 있는 바람직한 교육방법을 체크하시오.

① 강의식 (   )

② 프로그램 학습법 (   )

③ 토의식 (   )

④ 문답식 (   )

[04②, 15①, 21①]

042 안전태도 교육의 기본과정을 가장 올바르게 나열한 것을 체크하시오.

① 청취한다 → 이해하고 납득한다 → 시범을 보인다 → 평가한다 (   )

② 이해하고 납득한다 → 들어본다 → 시범을 보인다 → 평가한다 (   )

③ 청취한다 → 시범을 보인다 → 이해하고 납득한다 → 평가한다 (   )

④ 대량발언 → 이해하고 납득한다 → 들어본다 → 평가한다 (   )

[11③]

043 안전태도 교육의 과정에 있어 첫 번째 단계에 행하는 것을 체크하시오.

① 요구되는 목표를 권장한다. (　　)
② 목표 달성 시 보상을 설명한다. (　　)
③ 우수한 모범사례를 제시한다. (　　)
④ 부하의 생각과 의견을 청취한다. (　　)

[12②]

044 안전태도 교육의 기본 과정에 있어 마지막 단계에 해당하는 것을 체크하시오.

① 권장한다. (　　)
② 모범을 보인다. (　　)
③ 이해시킨다. (　　)
④ 청취한다. (　　)

[14②, 19②, 22③]

045 안전태도 교육의 원칙에 해당하는 것을 체크하시오.

① 적성 배치 또는 청취 위주의 대화를 한다. (　　)
② 이해하고 납득한다. (　　)
③ 항상 모범을 보인다. (　　)
④ 지적과 처벌 위주로 한다. (　　)

★중요
[02②, 03②, 05①, 21③]

046 안전교육 학습지도법의 단계의 순서가 올바른지 체크하시오.

① 준비 → 교시 → 연합 → 총괄 → 응용 (　　)
② 준비 → 연합 → 교시 → 응용 → 총괄 (　　)
③ 총괄 → 연합 → 교시 → 응용 → 준비 (　　)
④ 응용 → 준비 → 연합 → 총괄 → 교시 (　　)

★중요
[06①, 09②, 10①, 13①, 14②, 19③, 22②]

047 안전교육의 4단계 기법 순서가 옳게 나열된 것을 체크하시오.

① 준비(도입) → 제시(실연) → 적용(실습) → 확인(평가) (　　)
② 준비(도입) → 확인(평가) → 제시(실연) → 적용(실습) (　　)
③ 제시(실연) → 준비(도입) → 확인(평가) → 적용(실습) (　　)
④ 제시(실연) → 준비(도입) → 적용(실습) → 확인(평가) (　　)

[19②]

048 안전지식교육 실시 4단계에서 지식을 실제의 상황에 맞추어 문제를 해결해 보고 그 수법을 이해시키는 단계를 체크하시오.

① 도입 (　　)　　　　② 제시 (　　)
③ 적용 (　　)　　　　④ 확인 (　　)

[04②, 23③]

049 교육 4단계 중 적용에 해당하는 것을 체크하시오.

① 내용을 확실하게 이해시키고 납득시키는 단계 (　　)
② 관심과 흥미를 가지고 심신의 여유를 주는 단계 (　　)
③ 과제를 주어 문제해결을 시키거나 습득시키는 단계 (　　)
④ 연수내용을 정확하게 이해하였는가를 테스트하는 단계 (　　)

[13①]

050 교육훈련 평가의 4단계를 올바르게 나열한 것을 체크하시오.

① 학습 → 반응 → 행동 → 결과 (　　)
② 학습 → 행동 → 반응 → 결과 (　　)
③ 행동 → 반응 → 학습 → 결과 (　　)
④ 반응 → 학습 → 행동 → 결과 (　　)

[04①]

051 학습평가 도구의 기본적인 기준을 체크하시오.

① 타당도(妥當度) (　　)
② 신뢰도(信賴度) (　　)
③ 객관도(客觀度) (　　)
④ 습숙도(習熟度) (　　)

★중요
[10①, 13③, 14①, 17②, 22①]

052 강의 계획에 있어 학습 목적의 3요소를 체크하시오.

① 목표 (　　)
② 주제 (　　)
③ 학습내용 (　　)
④ 학습정도 (　　)
⑤ 대상 (　　)

053 학습정도(level of learning)의 4단계 요소를 체크하시오.

① 지각 (　　) ② 적용 (　　)
③ 인지 (　　) ④ 정리 (　　)

054 학습지도의 원리에 해당하는 것을 체크하시오.

① 자기활동의 원리 (　　)
② 사회화의 원리 (　　)
③ 직관의 원리 (　　)
④ 분리의 원리 (　　)

★중요　　　　　　　　　　[02①, 15③, 20②, 25①]

055 학업 성취에 직접적인 영향을 미치는 요인을 체크하시오.

① 적성(Aptitude) (　　)
② 준비도(Readiness) (　　)
③ 동기유발(Motivating) (　　)
④ 기억과 망각(Memory, Forgetting) (　　)
⑤ 개인차 (　　)

[07②]

056 학습동기를 유발시키는 방법 중에서 촉진 효과가 가장 큰 것을 체크하시오.

① 통제 (　　) ② 질책 (　　)
③ 무시 (　　) ④ 칭찬 (　　)

[08①]

057 학습의 전개 단계에서 주제를 논리적으로 체계화하는 방법을 체크하시오.

① 간단한 것에서 복잡한 것으로 (　　)
② 부분적인 것에서 전체적인 것으로 (　　)
③ 미리 알려져 있는 것에서 미지의 것으로 (　　)
④ 많이 사용하는 것에서 적게 사용하는 것으로
(　　)

[18①, 24①]

058 학습을 자극에 의한 반응으로 보는 이론을 체크하시오.

① 손다이크(Thorndike)의 시행착오설 (　　)
② 퀠러(Kohler)의 통찰설 (　　)
③ 톨만(Tolman)의 기호형태설 (　　)
④ 레빈(Lewin)의 장이론 (　　)
⑤ Pavlov의 조건반사설 (　　)
⑥ Skinner의 도구적 조건화설 (　　)

★중요　　　　　　　　　[05②, 08①, 14③, 23③]

059 안전관리자가 안전교육의 효과를 높이기 위해서 안전퀴즈 대회를 열어 우승자에게 상을 주었다면, 이는 어떤 학습원리를 학습자에게 적용한 것인지 체크하시오.

① Thorndike의 "연습의 법칙" (　　)
② Thorndike의 "준비성의 법칙" (　　)
③ Pavlov의 "강도의 원리" (　　)
④ Skinner의 "강화의 원리" (　　)

★중요　　　　　　　[07③, 15②③, 18②, 19③, 22①]

060 조건반사설에 의거한 학습이론의 원리를 체크하시오.

① 강도의 원리 (　　)
② 일관성의 원리 (　　)
③ 계속성의 원리 (　　)
④ 준비성의 원리 (　　)

[14①, 18①, 21②]

061 시행착오설에 의한 학습법칙을 체크하시오.

① 효과의 법칙 (　　)
② 준비성의 법칙 (　　)
③ 연습(반복)의 법칙 (　　)
④ 일관성의 법칙 (　　)

[10①]

062 안전교육의 3요소를 체크하시오.

① 강사, 수강자, 교재 (　　)
② 강사, 교재, 교육장소 (　　)
③ 수강자, 교재, 교육시설 (　　)
④ 강사, 인간관계, 교재 (　　)

★중요　　　　　　　[07③, 09②③, 12②, 22②]

063 교육의 3대 요소를 체크하시오.

① 평가 (　　)
② 강사 (　　)
③ 피교육자(수강자) (　　)

④ 교육자료 (　　)

⑤ 교육방법 (　　)

⑥ 교육의 주체 (　　)

⑦ 교육의 객체 (　　)

⑧ 교육결과의 평가 (　　)

⑨ 교육의 매개체 (　　)

⑩ 교육기간 (　　)

⑪ 교육내용 (　　)

[13③]

064 교육의 요소에 있어 비형식적 교육의 주체를 체크하시오.

① 강사 (　　)　　　　② 부모 (　　)

③ 선배 (　　)　　　　④ 사회인사 (　　)

[13②, 20①, 24③]

065 테크니컬 스킬즈(technical skills)에 관한 설명으로 올바른지 체크하시오.

① 모럴(morale)을 앙양시키는 능력 (　　)

② 인간을 사물에게 적응시키는 능력 (　　)

③ 사물을 인간에게 유리하게 처리하는 능력 (　　)

④ 인간과 인간의 의사소통을 원활히 처리하는 능력

(　　)

[02③]

066 직업적성검사에 대한 설명으로 올바른지 체크하시오.

① 직업적성은 직업에 대한 장래의 가능성을 나타낸다. (　　)

② 적성검사는 소질적 능력을 검사한다. (　　)

③ 직업적성은 특정 직업에 대한 적성이다. (　　)

④ 직업적성은 특정 직종에 대한 적성이다. (　　)

[11①]

067 적성검사를 할 때 포함되어야 할 주요 요소를 체크하시오.

① IQ 검사 (　　)

② 형태식별 능력 (　　)

③ 운동속도 및 손작업 능력 (　　)

④ 플리커(flicker) 검사 (　　)

[15①]

068 적성검사의 유형 중 체력검사에 포함되어야 하는 것을 체크하시오.

① 감각기능검사 (　　)

② 근력검사 (　　)

③ 신경기능검사 (　　)

④ 크루즈 지수(Kruse's Index) (　　)

[13①]

069 직무적성검사에 있어 갖추어야 할 요건을 체크하시오.

① 규준 (　　)　　　　② 타당성 (　　)

③ 표준화 (　　)　　　　④ 융통성 (　　)

[14②, 19③, 22②]

070 적성배치 시 작업자의 특성을 체크하시오.

① 연령 (　　)　　　　② 작업조건 (　　)

③ 태도 (　　)　　　　④ 업무경력 (　　)

★중요　　　　[02③, 05④, 07②, 24①]

071 안전교육 중 CCS(Civil Communication Section)라고도 하며, 당초에는 일부 회사의 톱매니지먼트에 대해서만 행하여졌던 것이 널리 보급된 교육방법을 체크하시오.

① TWI(Training Within Industry) (　　)

② MTP(Management Training Program) (　　)

③ ATP(Administration Training Program) (　　)

④ ATT(American Telephone & Telegram co.)

(　　)

★중요　　　　[04②, 05①④, 07①②, 14②, 17②, 18②, 21③]

072 안전교육의 방법 중 TWI(Training Within Industry forsupervisor)의 교육내용에 해당하는 것을 체크하시오.

① 작업방법훈련(JMT) (　　)

② 작업지도훈련(JIT) (　　)

③ 사례연구훈련(CMT) (　　)

④ 인간관계훈련(JRT) (　　)

⑤ 작업개선기법(JMT) (　　)

⑥ 작업환경개선기법(JET) (　　)

⑦ 정책수립훈련 (　　)

073 앞에 실시한 학습의 효과는 뒤에 실시하는 새로운 학습에 직접 또는 간접으로 영향을 주는 현상을 체크하시오.

① 통찰(Insight) (　　)

② 전이(Transference) (　　)

③ 반사(Reflex) (　　)

④ 반응(Reaction) (　　)

★중요　[03②, 06①, 09①, 10③, 11③, 15②, 17③, 22③]

074 앞에 실시한 학습의 효과가 뒤에 실시하는 새로운 학습에 직접 또는 간접으로 영향을 주는 현상인 학습의 전이(轉移, transfer)의 조건을 체크하시오.

① 학습자료의 유사성 요인 (　　)

② 학습 평가자의 지식 요인 (　　)

③ 선행학습정도의 요인 (　　)

④ 학습자의 태도 요인 (　　)

⑤ 학습자의 지능 요인 (　　)

⑥ 학습정도의 요인 (　　)

⑦ 학습장소의 요인 (　　)

⑧ 선행학습과 후행학습 간 시간적 간격의 원인 (　　)

⑨ 학습의 방법 (　　)

⑩ 학습의 평가 (　　)

★중요　[06②, 08③, 10②, 24③]

075 교육훈련 방법 중 강의식 교육의 장점을 체크하시오.

① 한 번에 많은 사람이 지식을 부여받는다. (　　)

② 참가자가 능동적으로 참가한다. (　　)

③ 시간의 계획과 통제가 용이하다. (　　)

④ 체계적으로 교육할 수 있다. (　　)

⑤ 강사의 입장에서 시간의 조정이 가능하다. (　　)

⑥ 참가자는 긍정적이며, 능동적 입장에 놓인다. (　　)

⑦ 전체적인 교육내용을 제시하는 데 유리하다. (　　)

⑧ 비교적 많은 인원을 대상으로 단시간에 지식을 부여할 수 있다. (　　)

★중요　[03③, 04③, 07②, 08②, 25①]

076 교육훈련 기법 가운데 토의법의 장점을 체크하시오.

① 사고, 표현력을 길러준다. (　　)

② 민주적 태도의 가치관을 육성할 수 있다. (　　)

③ 타인의 의견을 존중하는 태도를 기를 수 있다. (　　)

④ 다량의 사실을 체계적으로 전달할 수 있다. (　　)

⑤ 결정된 사항에 따르도록 한다. (　　)

⑥ 내용에 대한 사전지식이 필요 없다. (　　)

⑦ 자기 스스로 사고하는 능력을 길러 준다. (　　)

⑧ 민주적·협력적이다. (　　)

⑨ 시간의 계획과 통제가 가능하다. (　　)

⑩ 적극적인 사고의 유발이 가능하다. (　　)

⑪ 지식·경험을 자유로이 교환할 수 있다. (　　)

⑫ 전체적인 교육내용을 제시하는 데 유리하다. (　　)

[17①]

077 교육의 효과를 높이기 위하여 시청각 교재를 최대한으로 활용하는 시청각적 방법의 필요성을 체크하시오.

① 교재의 구조화를 기할 수 있다. (　　)

② 대량 수업체제가 확립될 수 있다. (　　)

③ 교수의 평준화를 기할 수 있다. (　　)

④ 개인차를 최대한으로 고려할 수 있다. (　　)

[05②, 08①, 21③]

078 교육훈련 방법 중 사례연구법의 장점을 체크하시오.

① 학습의 속도가 빠르다. (　　)

② 의사 결정의 중요성을 알린다. (　　)

③ 준비가 간단하고 어디서나 가능하다. (　　)

④ 현실적인 문제의 학습이 가능하며 관찰, 분석력이 향상된다. (　　)

⑤ 흥미가 있고, 학습동기를 유발할 수 있다. (　　)

⑥ 현실적인 문제의 학습이 가능하다. (　　)

⑦ 관찰력과 분석력을 높일 수 있다. (　　)

⑧ 원칙과 규정의 체계적 습득이 용이하다. (　　)

079 안전교육방법 중 실연법에 대한 설명으로 올바른지 체크하시오. [03②, 05③]

① 시설유지비가 적게 든다. ( )

② 학생들의 참여가 제약된다. ( )

③ 학생들의 사회성이 결여되기 쉽다. ( )

④ 다른 방법보다 교사 대 학습자 수의 비율이 높다. ( )

★중요 [10③, 14③, 18②, 19①, 23①]

080 모럴 서베이(morale survey)의 효용에 대한 설명으로 올바른지 체크하시오.

① 조직 또는 구성원의 성과를 비교·분석한다. ( )

② 종업원의 정화(catharsis) 작용을 촉진시킨다. ( )

③ 경영관리를 개선하는 데에 대한 자료를 얻는다. ( )

④ 근로자의 심리 또는 욕구를 파악하여 불만을 해소하고, 노동의욕을 높인다. ( )

★중요 [08②, 13②, 16②, 18③, 24②]

081 모랄 서베이(Morale Survey)의 주요 방법 중 태도조사법과 관련 있는 것을 체크하시오.

① 사례연구법 ( )

② 관찰법 ( )

③ 실험연구법 ( )

④ 면접(문답)법 ( )

082 교육훈련의 효과는 5관을 최대한 활용하여야 한다. 효과가 가장 큰 것을 체크하시오. [16①]

① 청각 ( )　　　② 시각 ( )

③ 촉각 ( )　　　④ 후각 ( )

083 안전교육 시 인간의 5관을 최대한 활용하는 것이 교육의 효과를 높이는 지름길이다. 5관의 효과치로 올바른지 체크하시오. [04③]

① 미각 − 30% ( )

② 촉각 − 40% ( )

③ 청각 − 50% ( )

④ 시각 − 60% ( )

084 하버드 대학에서 개발된 교육기법으로 고도의 판단력을 양성할 수 있는 특색을 갖는 것을 체크하시오. [04②③, 25②]

① 역할연기 ( )　　　② 시청각 교육 ( )

③ 비지니스 게임 ( )　　④ 사례연구 ( )

085 학습 방법 가운데 분습법의 장점을 체크하시오. [04②]

① 시간의 노력이 적다. ( )

② 길고 복잡한 학습에 알맞다. ( )

③ 어린이는 분습법을 좋아한다. ( )

④ 주의의 범위가 적어서 적당하다. ( )

★중요 [04③, 07①, 09②, 12③, 15③, 24②]

086 Off.J.T(Off the Job Training)의 특징으로 올바른지 체크하시오.

① 전문가를 강사로 초빙 가능하다. ( )

② 많은 지식, 경험을 교류할 수 있다. ( )

③ 다수의 근로자들에게 조직적 훈련이 가능하다. ( )

④ 직장의 실정에 맞게 실제적 훈련이 가능하다. ( )

087 종업원의 안전에 관한 O.J.T 교육에 있어서 가장 중요한 역할을 담당하는 사람을 체크하시오. [02②, 13③, 25③]

① 사장 ( )

② 부장 ( )

③ 안전관리자 ( )

④ 일선감독자 또는 직속 상사 ( )

088 O.J.T(On the Job Training)의 효과를 체크하시오. [05①]

① 작업요령을 보다 효율적으로 이해하게 된다. ( )

② 작업요령이 몸에 배어 작업능률이 향상된다. ( )

③ 추지도(追指導) 교육을 효율적으로 추진할 수 있다. ( )

④ 다수의 근로자들에게 조직적 훈련을 행하는 것이 가능하다. ( )

089 O.J.T(On the Job Training)의 장점을 체크하시오.

① 훈련이 추상적이지 않고 실제적이다. ( )
② 훈련과 업무를 병행할 수 있다. ( )
③ 상사나 동료 사이에 이해나 협조정신을 강화할 수 있다. ( )
④ 통일된 내용과 동일 수준의 훈련이 될 수 있다. ( )
⑤ 훈련에만 전념할 수 있다. ( )
⑥ 개개인의 업무능력에 적합한 자세한 교육이 가능하다. ( )
⑦ 직장의 실정에 맞게 실제적 훈련이 가능하다. ( )
⑧ 교육을 통해서 상사와 부하간의 의사소통과 신뢰감이 깊게 된다. ( )

★중요 [07③, 11③, 17③, 19①, 20②, 23②]

090 OJT(On the Job Training)의 특징으로 올바른지 체크하시오.

① 훈련에 필요한 업무의 계속성이 끊어지지 않는다. ( )
② 교육효과가 업무에 신속히 반영된다. ( )
③ 다수의 근로자들을 대상으로 동시에 조직적 훈련이 가능하다. ( )
④ 개개인에게 적절한 지도훈련이 가능하다. ( )
⑤ 훈련의 효과가 곧 업무에 나타나며, 훈련의 개선이 용이하다. ( )
⑥ 직장의 실정에 맞는 실제적인 훈련을 실시할 수 있다. ( )
⑦ 교육을 통한 훈련효과에 상호 신뢰 이해도가 높다. ( )

[16②, 18③, 24③]

091 OJT(On the Job Training) 교육방법에 대한 설명으로 올바른지 체크하시오.

① 교육훈련 목표에 대한 집단적 노력이 흐트러질 수 있다. ( )
② 다수의 근로자에게 조직적 훈련이 가능하다. ( )

③ 직장의 실정에 맞게 실제적 훈련이 가능하다. ( )
④ 전문가를 강사로 초빙 가능하다. ( )

[11①]

092 기능교육의 3원칙을 체크하시오.

① 준비 ( )
② 안전의식 고취 ( )
③ 위험작업의 규제 ( )
④ 안전작업 표준화 ( )

[18②, 20②, 24②]

093 안전교육 훈련의 기법 중 하버드 학파의 5단계 교수법을 순서대로 나열한 것을 체크하시오.

① 총괄 → 연합 → 준비 → 교시 → 응용 ( )
② 준비 → 교시 → 연합 → 총괄 → 응용 ( )
③ 교시 → 준비 → 연합 → 응용 → 총괄 ( )
④ 응용 → 연합 → 교시 → 준비 → 총괄 ( )

★중요 [10②, 16①, 19①, 24①]

094 하버드 학파의 5단계 교수법을 체크하시오.

① 교시(Presentation) ( )
② 연합(Association) ( )
③ 추론(Reasoning) ( )
④ 총괄(Generalization) ( )
⑤ 준비(Preparation) ( )
⑥ 평가(evaluation) ( )
⑦ 응용(Application) ( )

[05③]

095 하버드 학파(Havard School)의 학습지도법의 5단계 중 3단계를 체크하시오.

① 준비(Preparation) ( )
② 연합(Association) ( )
③ 교시(Presentation) ( )
④ 응용(Application) ( )
⑤ 총괄(Generalization) ( )

[13②]

096 안전교육의 방법 중 프로그램 학습법(program med self-instruction method)에 관한 설명으로 올바른지 체크하시오.

① 개발비가 적게 들어 쉽게 적용할 수 있다. (　)
② 수업의 모든 단계에서 적용이 가능하다. (　)
③ 한 번 개발된 프로그램 자료는 개조하기 어렵다.
　(　)
④ 수강자들이 학습이 가능한 시간대의 폭이 넓다.
　(　)

[05③]

097 안전교육의 방법 중 프로그램학습법의 장점을 체크하시오.

① 기본 개념학이나 논리적 학습에 유리하다. (　)
② 여러 가지 수업 매체를 동시에 활용할 수 있다.
　(　)
③ 사실, 사상을 시간, 장소의 제한 없이 제시할 수 있다. (　)
④ 학습자의 태도, 정서 등의 감화를 위한 학습에 효과적이다. (　)

[08②, 17③, 25①]

098 구안법(Project Method)의 4단계를 올바르게 나열한 것을 체크하시오.

① 계획 → 목적 → 수행 → 평가 (　)
② 계획 → 수행 → 목적 → 평가 (　)
③ 목적 → 수행 → 계획 → 평가 (　)
④ 목적 → 계획 → 수행 → 평가 (　)

[08②, 17①, 23③]

099 개인적 카운슬링(Counseling) 방법에 해당하는 것을 체크하시오.

① 직접적 충고 (　)
② 반복적 충고 (　)
③ 설명적 방법 (　)
④ 설득적 방법 (　)

[11③, 15②, 21②]

100 리스크 테이킹(risk taking)의 빈도가 가장 높은 사람을 체크하시오.

① 안전지식이 부족한 사람 (　)
② 안전기능이 미숙한 사람 (　)
③ 안전태도가 불량한 사람 (　)
④ 신체적 결함이 있는 사람 (　)

[17③]

101 브레인 스토밍(Brain Storming)의 4원칙을 체크하시오.

① 점검정비 (　)
② 본질추구 (　)
③ 목표달성 (　)
④ 자유분방 (　)

★중요 [10③, 16②, 25③]

001 자신의 약점이나 무능력, 열등감을 위장하여 유리하게 보호함으로써 안정감을 찾으려는 방어적 적응기제를 쓰시오.

[18③]

002 자신의 결함과 무능에 의하여 생긴 열등감이나 긴장을 해소시키기 위하여 장점 같은 것으로 그 결함을 보충하려는 행동의 방어기제를 쓰시오.

★중요 [08①, 09③, 13①, 21②]

003 적응기제 중 자기의 난처한 입장이나 실패의 결점을 이유나 변명으로 일관하는 것, 또는 실제의 행위나 상태보다 훌륭하게 평가되기 위하여 구실을 내세우는 행위의 적응기제를 쓰시오.

[11①]

004 적응기제 중 다음 설명에 해당하는 것을 쓰시오.

> 자기의 행동이 정당하며 실제의 행위나 상태보다도 훌륭하게 평가되기 위하여 사회적으로 인정되는 구실을 적용하여 증명하고자 하는 행위

[20②]

005 인간관계인 메커니즘 중 다른 사람의 행동 양식이나 태도를 투입시키거나, 다른 사람 가운데서 자기와 비슷한 것을 발견하는 적응기제를 쓰시오.

[04③]

006 자신의 불만이나 불안을 해소시키기 위해 남에게 뒤집어씌우는 식의 적응기제를 쓰시오.

★중요 [08③, 16③, 23②]

007 적응기제(Adjustment Mechanism) 중 다음 설명에 해당하는 것을 쓰시오.

> 자신조차도 승인할 수 없는 욕구를 타인이나 사물로 전환시켜 바람직하지 못한 욕구로부터 자신을 지키려는 것

[17①]

008 다음 내용에 해당하는 스트레스에 대한 반응기제를 쓰시오.

> 여동생이나 남동생을 얻게 되면서 손가락을 빠는 것과 같이 어린 시절의 버릇을 나타낸다.

★중요 [14①, 18②, 23③]

009 인간관계 메커니즘 중에서 다른 사람으로부터의 판단이나 행동을 무비판적으로 논리적, 사실적 근거 없이 받아들이는 적응기제를 쓰시오.

[11③]

010 산업안전보건법에 따라 건설용 리프트, 곤돌라를 이용한 작업을 하는 때에 근로자들에게 실시하여야 할 사업 내 안전보건교육의 종류를 쓰시오.

★중요   [04①, 06③, 18③, 21①]

011 토의식 교육방법 중 몇 사람의 전문가에 의하여 과제에 관한 견해가 발표된 뒤 참가자로 하여금 의견이나 질문을 하게 하여 토의하는 방식을 쓰시오.

★중요   [07③, 15②, 22③]

012 어떤 상황의 판단능력과 사실의 분석 및 문제의 해결능력을 키우기 위하여 먼저 사례를 조사하고, 문제적 사실들과 그의 상호 관계에 대하여 검토하며, 대책을 토의하도록 하는 교육기법을 쓰시오.

★중요   [10③, 18①, 24①]

013 학생이 마음속에 생각하고 있는 것을 외부에 구체적으로 실현하고 형상화하기 위하여 자기 스스로가 계획을 세워 수행하는 학습활동으로 이루어지는 학습지도의 형태를 쓰시오.

[09①]

014 토의(회의)방식 중 참가자가 다수인 경우에 전원을 토의에 참가시키기 위하여 소집단으로 나누어 진행하는 방식을 쓰시오.

[13③]

015 토의식 교육방법의 종류 중 새로운 자료나 교재를 제시하고 피교육자로 하여금 문제점을 제기하게 하거나 여러 가지 방법으로 의견을 발표하게 하고 청중과 토론자 간의 활발한 의견개진과 충돌로 합의를 도출해 내는 방법을 쓰시오.

[09③, 16②, 21②]

016 토의식 교육지도에 있어서 가장 시간이 많이 소요되는 단계를 쓰시오.

⚙ **해설** 단계별 교육 시간

단계	도입 (제1단계)	제시 (제2단계)	적용 (제3단계)	확인 (제4단계)
강의식	5분	40분	10분	5분
토의식	5분	10분	40분	5분

|정답|

001 보상(Compensation)   002 보상(Compensation)   003 합리화(Rationalization)   004 합리화(Rationalization)
005 동일화(Identification)   006 투사(Projection)   007 투사(Projection)   008 퇴행(Regression)   009 암시(suggestion)
010 특별안전보건교육   011 심포지엄(Symposium)   012 케이스 메소드(Case method)   013 구안법(Project method)
014 버즈세션(Buzz session)   015 포럼(Forum)   016 적용(제3단계)

017 취급하는 기계, 설비의 구조, 기능, 성능의 개념형성을 위하여 실시하여야 하는 교육을 쓰시오.

018 작업의 종류나 내용에 따라 교육범위나 정도가 달라지는 이론 교육 방법을 쓰시오.

019 작업자가 직면하는 구체적인 설비조건에 대하여 조작상의 위험성 및 잠재 위험성 등에 관하여 알게 하는 교육을 쓰시오.

020 안전교육 과정 중 "할 수 있다"라는 즉, 피교육자가 그것을 스스로 행함으로써만 얻어지는 교육내용에 해당하는 것을 쓰시오.

021 안전교육 3단계 중 2단계인 기능교육의 효과를 높이기 위해 가장 바람직한 교육방법을 쓰시오.

022 안전행동을 실행해 낼 수 있는 동기를 부여하는 데 가장 적절한 교육을 쓰시오.

023 안전교육의 단계 중 표준작업방법의 습관화를 위한 교육을 쓰시오.

024 안전교육의 단계에 있어 안전한 마음가짐을 몸에 익히는 심리적인 교육방법을 쓰시오.

025 안전교육의 3단계에서 생활지도, 작업동작지도 등을 통한 안전의 습관화를 위한 교육을 쓰시오.

★중요 [05①, 06③, 09①②, 22②]

026 안전한 작업방법을 알고는 있으나 시행하지 않는 사람에게 필요한 교육을 쓰시오.

[14③]

027 안전교육의 진행에서 "새로운 지식이나 기능을 설명하고 실연하는 단계"는 안전 교육의 진행 4단계 중 어떤 단계인지 쓰시오.

[12②]

028 강의계획에서 주제를 학습시킬 범위와 내용의 정도는 무엇인지 쓰시오.

[02②, 25③]

029 학습목적을 세분하여 구체적으로 결정한 것을 쓰시오.

[13②]

030 "학습지도의 원리"에서 학습자가 지니고 있는 각자의 요구와 능력 등에 알맞은 학습활동의 기회를 마련해 주어야 한다는 원리를 쓰시오.

★중요 [03①, 10②, 14③, 20①, 21③]

031 교육의 주체(subject of education)를 쓰시오.

[03③, 06③, 24③]

032 정책수립, 조직, 통제 및 운영에 관한 사항을 교육내용으로 하고 강의법과 토의법이 가미되어 매주 4일, 4시간씩 8주(128시간) 간 실시하는 교육방법을 쓰시오.

★중요 [03①, 07③, 08③, 10③, 18①, 22③]

033 기업 내 정형교육으로 감독자를 대상으로 실시하는 것으로 작업을 가르치는 법, 작업의 개선방법 및 대인관계 능력 등을 주로 교육하는 교육방법을 쓰시오.

|정답|

017 지식교육   018 지식교육   019 지식교육   020 기능교육   021 시범식   022 태도교육   023 태도교육   024 태도교육
025 태도교육   026 태도교육   027 제시   028 학습정도   029 학습성과   030 개별화의 원리   031 강사 또는 교사
032 ATP(Administration Training Program)   033 TWI(Training Within Industry)

034 안전교육 중 ATP(Administration Training Program)라고도 하며, 당초에는 일부 회사의 최고 관리자에 대해서만 행하여졌던 것이 널리 보급된 교육방법을 쓰시오.

035 다음 설명에 해당하는 교육방법을 쓰시오.

> ATP(Administration Training Program)라고 도 하며, 당초에는 일부 회사의 톱 매니지먼트(Top Management)에 대해서만 행하여졌으나 그 후에 널리 보급되었으며, 정책의 수립, 조직, 통제 및 운영 등의 교육 내용을 가지고 있다.

036 기업 내 정형교육 중 대상으로 하는 계층이 한정되어 있지 않고, 한 번 훈련을 받은 관리자는 그 부하인 감독자에 대해 지도원이 될 수 있는 교육방법을 쓰시오.

★중요

037 강의식 교육지도에서 가장 많은 시간이 할당되는 단계를 쓰시오.

⚙️**해설** 단계별 교육 시간

단계	도입 (제1단계)	제시 (제2단계)	적용 (제3단계)	확인 (제4단계)
강의식	5분	40분	10분	5분
토의식	5분	10분	40분	5분

038 교육 대상자수가 많고, 교육 대상자의 학습 능력의 차이가 큰 경우 집단안전 교육방법으로서 가장 효과적인 방법을 쓰시오.

039 학생들의 개인차가 최대한으로 조절되어야 할 경우에 적합한 교육방법을 쓰시오.

|정답|

034 CCS(Civil Communication Section)　　**035** CCS(Civil Communication Section)
036 ATT(American Telephone&Telegram Co)　　**037** 제시(제2단계)　　**038** 시청각 교육
039 프로그램학습법(programmed self-instructional method)

※ 신규 출제기준에 맞춰 예상문제를 수록했습니다.

01 진위형 문제

▶ 해설편 62p

※ 다음 문제를 읽고, 옳으면 ○, 틀리면 ╳를 괄호 안에 표기하시오.

001 산업안전보건법에서 정의한 안전관리 용어에 대한 설명이 올바른지 체크하시오.

① "사업주"란 근로자를 사용하여 사업을 하는 자를 말한다. ( )

② "근로자대표"란 근로자와 사업주로 조직된 노동조합이 있는 경우에는 그 노동조합을, 근로자와 사업주로 조직된 노동조합이 없는 경우에는 사업주가 지정한 근로자를 대표하는 자를 말한다.　( )

③ "중대재해"란 산업재해 중 사망 등 재해 정도가 심하거나 다수의 재해자가 발생한 경우로서 대통령령으로 정하는 재해를 말한다. ( )

④ "산업재해"란 노무를 제공하는 사람이 업무에 관계되는 건설물·설비·원재료·가스·증기·분진 등에 의하거나 작업 또는 그 밖의 업무로 인하여 사망 또는 부상하거나 질병에 걸리는 것을 말한다.　( )

⑤ "작업환경측정"이란 작업환경 실태를 파악하기 위하여 해당 근로자 또는 작업장에 대하여 사업주가 유해인자에 대한 측정계획을 수립한 후 시료(試料)를 채취하고 분석·평가하는 것을 말한다. ( )

⑥ "사업주대표"란 근로자의 과반수를 대표하는 자를 말한다. ( )

⑦ "도급인"이란 건설공사발주자를 포함한 물건의 제조·건설·수리 또는 서비스의 제공, 그 밖의 업무를 도급하는 사업주를 말한다. ( )

⑧ "안전보건평가"란 산업재해를 예방하기 위하여 잠재적 위험성을 발견하고 그 개선대책을 수립할 목적으로 조사·평가하는 것을 말한다. ( )

⑨ "중대재해"란 산업재해 중 부상자 또는 직업성 질병자가 동시에 5인 이상 발생한 재해를 말한다.　( )

002 산업안전보건법에서 정의하고 있는 산업재해에 대한 설명으로 올바른지 체크하시오.

① 노무를 제공하는 사람이 업무에 관계되는 건설물·설비·원재료·가스·증기·분진 등에 의하거나 작업 기타 업무에 기인하여 사망 또는 부상하거나 질병에 이한되는 것 ( )

② 물질 또는 타인과 접촉하였거나 각종의 물체 및 작업조건에 폭로 또는 사람의 작업행동으로 인하여 사람의 상해를 동반하는 사건이 일어나는것 ( )

③ 산업활동의 정상적인 진행을 저지하고 또는 방해하는 사건이 일어나는 것 ( )

④ 결함이 있는 작업조건 및 부적성의 작업방법에 의해 초래되는 계획되지 않은 사건이 일어나는 것 ( )

003 산업안전보건법령상 "중대재해"에 해당하지 않는 재해를 체크하시오.

① 12명의 부상자가 동시에 발생한 재해 ( )

② 5명의 직업성질병자가 동시에 발생한 재해 ( )

③ 사망자가 2명 발생한 재해 ( )

④ 부상자가 동시에 7명 발생한 재해 ( )

⑤ 직업성질병자가 동시에 11명 발생한 재해 ( )

⑥ 3개월 이상의 요양이 필요한 부상자가 동시에 3명 발생한 재해 ( )

⑦ 부상자가 동시에 10명 발생한 재해 ( )

⑧ 직업성 질병자가 동시에 10명 발생한 재해 ( )

⑨ 1개월의 요양이 필요한 부상자가 동시에 2명 발생한 재해 ( )

⑩ 12명의 부상자가 동시에 발생한 재해 ( )

⑪ 2명의 직업성 질병자가 동시에 발생한 재해 ( )

⑫ 5개월의 요양이 필요한 부상자가 동시에 3명 발생한 재해 ( )

⑬ 사망자가 1명 발생한 재해 ( )

⑭ 부상자가 동시에 10명 이상 발생한 재해 ( )

⑮ 2개월 이상의 요양이 필요한 부상자가 동시에 2명 이상 발생한 재해 ( )

⑯ 직업성 질병자가 동시에 10명 이상 발생한 재해　( )

004 산업안전보건법상 사업주의 의무로 올바른지 체크하시오.

① 이 법과 이 법에 따른 명령으로 정하는 산업재해 예방을 위한 기준을 지킬 것 (　　)

② 해당 사업장의 안전 및 보건에 관한 정보를 근로자에게 제공 (　　)

③ 유해하거나 위험한 기계·기구·설비 및 방호장치·보호구 등의 안전성 평가 및 개선 (　　)

④ 근로자의 신체적 피로와 정신적 스트레스 등을 줄일 수 있는 쾌적한 작업환경을 조성하고 근로조건을 개선 (　　)

⑤ 산업안전·보건정책의 수립·집행·조정 및 통제하여야 한다. (　　)

⑥ 유해위험 기계·기구·설비 및 방호장치·보호구 등의 안전성 평가 및 개선 (　　)

⑦ 산업 안전 및 보건 관련 단체 등에 대한 지원 및 지도·감독 (　　)

⑧ 안전 보건의식을 북돋우기 위한 홍보·교육 및 무재해운동 등 안전문화를 추진할 것 (　　)

⑨ 산업안전·보건정책의 수립·집행·조정 및 통제 (　　)

⑩ 사업장에 대한 재해 예방 지원 및 지도 (　　)

⑪ 산업재해에 관한 조사 및 통계의 유지·관리 (　　)

⑫ 재해 다발 사업장에 대한 재해 예방 지원 및 지도 (　　)

⑬ 안전·보건을 위한 기술의 연구·개발 및 시설의 설치·운영 (　　)

005 산업안전보건법상 지방고용노동관서의 장이 사업주에게 안전관리자나 보건관리자를 정수 이상으로 증원하게 하거나 교체하여 임명할 것을 명령할 수 있는 사유에 해당하는지 체크하시오.

① 사망재해가 연간 1건 발생한 경우 (　　)

② 중대재해가 연간 2건 발생한 경우 (　　)

③ 관리자가 질병이나 그 밖의 사유로 3개월 이상 직무를 수행할 수 없게 된 경우 (　　)

④ 해당 사업장의 연간재해율이 같은 업종의 평균재해율의 1.5배 이상인 경우 (　　)

⑤ 관리자가 질병의 사유로 6개월 동안 해당 직무를 수행할 수 없었다. (　　)

⑥ 중대재해가 연간 1건 발생한 경우 (　　)

⑦ 해당 사업장의 연간재해율이 같은 업종의 평균재해율의 3배인 경우 (　　)

⑧ 관리자가 질병의 사유로 45일 동안 직무를 수행할 수 없게 된 경우 (　　)

⑨ 관리자가 기타 사유로 60일 동안 직무를 수행할 수 없게 된 경우 (　　)

⑩ 중대재해가 연간 3건 이상 발생한 경우 (　　)

⑪ 해당 사업장의 연간 재해율이 동종업종 평균재해율의 2배 이상인 때 (　　)

⑫ 발암성물질을 취급하는 작업장 중 측정치가 노출기준을 상회하여 작업환경측정을 연속 3회 이상 명받는 사업장 (　　)

⑬ 중대재해가 연간 4건 발생한 경우 (　　)

⑭ 해당 사업장의 연간재해율이 같은 업종의 평균재해율의 2.5배인 경우 (　　)

⑮ 관리자가 질병이나 그 밖의 사유로 4개월 동안 직무를 수행할 없게 된 경우 (　　)

⑯ 해당 사업장의 연간재해율이 같은 업종의 평균재해율 보다 1.5배 높게 발생한 경우 (　　)

⑰ 관리자가 질병의 사유로 1개월 동안 직무를 수행할 수 없게 된 경우 (　　)

006 산업안전보건법령상 사업장의 산업재해 발생건수, 재해율 또는 그 순위를 공표할 수 있는 공표대상 사업장을 체크하시오. (단, 고용노동부장관이 산업재해를 예방하기 위하여 필요하다고 인정할 때임)

① 중대산업사고가 발생한 사업장 (　　)

② 산업재해의 발생에 관한 보고를 최근 3년 이내 2회 이상 하지 않은 사업장 (　　)

③ 중대재해가 발생한 사업장으로서 해당 중대재해 발생연도의 연간 산업재해율이 규모별 같은 업종의 평균 재해율 이상인 사업장 중 상위 20% 이내에 해당되는 사업장 (　　)

④ 산업재해로 연간 사망재해자가 2명 이상 발생한 사업장 또는 사망만인율이 규모별 같은 업종의 평균 사망만인율 이상인 사업장 (　　)

⑤ 산업재해의 발생에 관한 보고를 최근 2년 이내 1회 이상 하지 않은 사업장 (　　)

⑥ 연간 산업재해율이 규모별 같은 업종의 평균재해

율 이상인 사업장 중 상위 10% 이내에 해당되는 사업장 (　)

⑦ 연간 산업재해율이 규모별 동종업종의 평균재해율 이상인 모든 사업장 (　)

007 산업안전보건법령상 사회복지 서비스업의 경우, 안전보건관리규정을 작성하여야 할 사업의 규모를 체크하시오.

① 상시근로자 5명 이상을 사용하는 사업 (　)

② 상시근로자 50명 이상을 사용하는 사업 (　)

③ 상시근로자 100명 이상을 사용하는 사업 (　)

④ 상시근로자 300명 이상을 사용하는 사업 (　)

008 정보서비스업의 경우, 상시근로자의 수가 최소 몇 명 이상일 때 안전보건관리책임자를 두어야 하는지 체크하시오.

① 50명 이상 (　)　　② 100명 이상 (　)

③ 200명 이상 (　)　　④ 300명 이상 (　)

009 산업안전보건법령상 안전보건관리책임자를 두어야 할 사업의 종류를 모두 고른 것인지 체크하시오. (단, ㄱ~ㅁ은 상시근로자 300명 이상의 사업임)

> ㄱ. 농업
> ㄴ. 정보서비스업
> ㄷ. 금융 및 보험업
> ㄹ. 사회복지 서비스업
> ㅁ. 과학 및 기술 연구개발업

① ㄴ, ㄹ, ㅁ (　)

② ㄱ, ㄴ, ㄷ, ㄹ (　)

③ ㄱ, ㄴ, ㄷ, ㅁ (　)

④ ㄱ, ㄷ, ㄹ, ㅁ (　)

010 안전보건 관리책임자의 업무를 체크하시오. (단, 그 밖의 고용노동부령으로 정하는 사항은 제외함)

① 근로자의 유해·위험 방지조치에 관한 사항으로서 고용노동부령으로 정하는 사항 (　)

② 작업환경 점검 업무의 총괄 관리 (　)

③ 안전에 관한 보조자의 감독 (　)

④ 근로자의 작업복, 보호구 및 방호장치의 점검과 그 착용, 사용에 관한 교육, 지도 (　)

⑤ 산업재해예방계획의 수립에 관한 사항 (　)

⑥ 산업재해에 관한 통계의 기록 및 유지에 관한 사항 (　)

⑦ 산업재해예방을 위한 기계·기구 및 설비의 선정 및 사용 여부의 확인에 관한 사항 (　)

⑧ 작업환경측정 등 작업환경의 점검 및 개선에 관한 사항 (　)

⑨ 건설물 설비작업장소의 위험에 따른 방지조치 사항 (　)

⑩ 산업재해의 원인조사 및 재발방지대책의 수립에 관한 사항 (　)

⑪ 근로자의 건강장해의 원인조사와 재발 방지를 위한 의학적인 조치 (　)

⑫ 사업장 순회점검, 지도 및 조치의 건의 (　)

⑬ 안전보건관리규정의 작성 및 그 변경에 관한 사항 (　)

⑭ 안전·보건을 위한 근로자의 적정배치에 관한 사항 (　)

⑮ 근로자의 적정배치에 관한 사항 (　)

⑯ 안전장치 및 보호구 구입 시 적격품 여부 확인에 관한 사항 (　)

011 산업안전보건법에서 규정한 안전관리자 업무를 체크하시오. (단, 기타 안전에 관한 사항으로 고용노동부장관이 정하는 사항은 제외함)

① 직업성 질환 발생의 원인조사 및 대책수립 (　)

② 사업장 순회점검·지도 및 조치의 건의 (　)

③ 산업안전보건위원회 또는 안전 및 보건에 관한 노사협의체에서 심의·의결한 업무와 해당 사업장의 안전보건관리규정 및 취업규칙에서 정한 업무 (　)

④ 해당 사업장 안전교육계획의 수립 및 안전교육 실시에 관한 보좌 및 조언·지도 (　)

⑤ 안전에 관한 사항의 이행에 관한 보좌 및 지도·조언 (　)

⑥ 업무 수행 내용의 기록·유지 (　)

⑦ 작업장 내에서 사용되는 전체 환기장치 및 국소 배기장치 등에 관한 설비의 점검과 작업방법의 공학적 개선에 관한 보좌 및 조언·지도 (　)

⑧ 산업재해에 관한 통계의 유지·관리·분석을 위한 보좌 및 조언·지도 (　)

⑨ 지휘·감독하는 작업과 관련된 기계·기구 또는 설
　비의 안전·보건 점검 및 이상 유무의 확인 (　　)
⑩ 산업재해 발생의 원인 조사·분석 및 재발방지를
　위한 기술적 보좌 및 조언·지도 (　　)
⑪ 해당 작업의 작업장의 정리·정돈 및 통로확보에
　대한 확인·감독 (　　)
⑫ 물질안전보건자료의 게시 또는 비치에 관한 보좌
　및 조언 · 지도 (　　)
⑬ 위험성평가에 관한 보좌 및 지도·조언 (　　)
⑭ 안전인증대상기계등과 자율안전확인대상기계등
　구입 시 적격품의 선정에 관한 보좌 및 지도·조언
　(　　)
⑮ 건강장해를 예방하기 위한 작업관리 (　　)
⑯ 해당 작업에서 발생한 산업재해에 관한 보고 및
　이에 대한 응급조치 (　　)
⑰ 작업방법의 공학적, 위생적 개선 (　　)
⑱ 작업환경의 측정 및 평가 (　　)
⑲ 작업장내의 산업위생 시설의 점검 및 개선 (　　)

012 산업안전보건법령상 관리감독자가 수행하는 안전
및 보건에 관한 업무를 체크하시오.

① 해당 작업의 작업장 정리·정돈 및 통로 확보에
　대한 확인·감독 (　　)
② 해당 작업에서 발생한 산업재해에 관한 보고 및
　이에 대한 응급조치 (　　)
③ 해당 사업장 안전교육계획의 수립 및 안전교육
　실시에 관한 보좌 및 지도·조언 (　　)
④ 관리감독자에게 소속된 근로자의 작업복·보호구
　및 방호장치의 점검과 그 착용·사용에 관한 교
　육·지도 (　　)

013 산업안전보건법령상 안전관리자를 2인 이상 선임
하여야 하는 사업을 체크하시오. (단, 기타 법령에
관한 사항은 제외)

① 상시근로자가 500명인 통신업 (　　)
② 상시근로자가 700명인 발전업 (　　)
③ 상시근로자가 600명인 식료품 제조업 (　　)
④ 공사금액이 1,000억이며 공사 진행률(공정률)
　20%인 건설업 (　　)
⑤ 공사금액이 1,000억인 건설업 (　　)

⑥ 상시근로자가 1,500명인 운수업 (　　)

014 산업안전보건법령상 공사금액이 1,500억원인 건설
현장에서 두어야 할 안전관리자는 몇 명 이상인지
체크하시오.

① 1명 (　　)　　　　② 2명 (　　)
③ 3명 (　　)　　　　④ 4명 (　　)

015 상시근로자 50인 이상 500인 미만의 사업장으로서
안전관리자를 선임해야 할 대상 사업장을 체크하시오.

① 제1차 금속제조업 (　　)
② 도매·소매업 (　　)
③ 화학물질 및 화학제품 제조업(의약품 제외) (　　)
④ 서적, 잡지 및 기타 인쇄물 출판업 (　　)

016 산업안전보건법령상 상시근로자 20명 이상 50명
미만인 사업장 중 안전보건관리담당자를 선임하여
야 할 업종을 체크하시오.

① 임업 (　　)
② 제조업 (　　)
③ 건설업 (　　)
④ 하수, 폐수 및 분뇨 처리업 (　　)

017 산업안전보건법령상 명예산업안전감독관의 업무를
체크하시오. (단, 산업안전보건위원회 구성 대상 사업
의 근로자 중에서 근로자대표가 사업주의 의견을 들
어 추천하여 위촉된 명예산업안전감독관의 경우임)

① 사업장에서 하는 자체점검 참여 (　　)
② 보호구의 구입 시 적격품의 선정 (　　)
③ 근로자에 대한 안전수칙 준수 지도 (　　)
④ 사업장 산업재해 예방계획 수립 참여 (　　)

018 산업안전보건법상 산업안전보건위원회의 설치대상
사업장을 체크하시오.

① 토사석 광업 (　　)
② 비금속광물제품 제조업 (　　)
③ 자동차 및 트레일러 제조업 (　　)
④ 의약품 제조업 (　　)

019 산업안전보건위원회를 구성함에 있어 사용자 위원에 해당하는지 체크하시오. (단, 상시근로자 100명 이상을 사용하는 사업장임)

① 안전관리자 (　　)

② 명예산업안전감독관 (　　)

③ 해당 사업의 대표자 (　　)

④ 안전관리자(안전관리자를 두어야 하는 사업장으로 한정하되, 안전관리자의 업무를 안전관리전문기관에 위탁한 사업장의 경우에는 그 안전관리전문기관의 해당 사업장 담당자) (　　)

⑤ 해당 사업의 대표자가 지명한 9인 이내 당해 사업장 부서의 장 (　　)

⑥ 보건관리자(보건관리자를 두어야 하는 사업장으로 한정하되, 보건관리자의 업무를 보건관리전문기관에 위탁한 사업장의 경우에는 그 보건관리전문기관의 해당 사업장 담당자) (　　)

020 산업안전보건법상 산업안전보건위원회의 정기회의 개최 주기를 체크하시오.

① 1개월마다 (　　)　　② 분기마다 (　　)

③ 반년마다 (　　)　　④ 1년마다 (　　)

021 산업안전보건법령상 산업안전보건위원회에 관한 사항으로 올바른지 체크하시오.

① 근로자위원과 사용자위원은 같은 수로 구성된다. (　　)

② 산업안전보건회의의 정기회의는 위원장이 필요하다고 인정할 때 소집한다. (　　)

③ 안전보건교육에 관한 사항은 산업안전보건위원회 심의·의결을 거쳐야 한다. (　　)

④ 상시근로자 50인 이상의 자동차 제조업의 경우 산업안전보건위원회를 구성·운영하여야 한다. (　　)

022 산업안전보건위원회에서 심의·의결된 내용 등 회의 결과를 근로자에게 알리는 방법을 체크하시오.

① 사내 방송 (　　)

② 사내보 (　　)

③ 게시 또는 자체 정례회의 (　　)

④ 일간 신문에 게재 (　　)

023 산업안전보건법령상 안전보건총괄책임자의 직무를 체크하시오.

① 해당 사업장 안전교육계획의 수립 (　　)

② 해당 사업장 안전교육계획의 수립에 관한 보좌 및 지도·조언 (　　)

③ 위험성평가의 실시에 관한 사항 (　　)

④ 안전인증대상기계 등과 자율안전확인대상기계 등의 적격품의 선정에 관한 지도 (　　)

⑤ 작업의 중지 (　　)

⑥ 해당 사업장 안전교육계획의 수렴 및 실시 (　　)

⑦ 산업안전보건관리비의 관계수급인 간의 사용에 관한 협의·조정 및 그 집행의 감독 (　　)

⑧ 도급 시 산업재해 예방조치 (　　)

⑨ 근로자의 건강관리, 보건교육 및 건강증진 지도 (　　)

⑩ 안전인증대상기계 등과 자율안전확인대상기계 등의 사용 여부 확인 (　　)

024 산업안전보건위원회의 심의 또는 의결사항을 체크하시오. (단, 그 밖에 필요한 사항은 제외함)

① 재해자의 관한 치료 및 재해보상에 관한 사항 (　　)

② 근로자의 건강진단 등 건강관리에 관한 사항 (　　)

③ 중대재해로 분류되는 산업재해의 원인 조사 및 재발 방지대책의 수립에 관한 사항 (　　)

④ 사업장 경영체계 구성 및 운영에 관한 사항 (　　)

⑤ 안전보건관리규정의 작성 및 변경에 관한 사항 (　　)

⑥ 유해하거나 위험한 기계·기구·설비를 도입한 경우 안전 및 보건 관련 조치에 관한 사항 (　　)

⑦ 작업환경측정 등 작업환경의 점검 및 개선에 관한 사항 (　　)

⑧ 산업재해에 관한 통계의 기록 및 유지에 관한 사항 (　　)

⑨ 안전장치 및 보호구 구입 시 적격품 여부 확인에 관한 사항 (　　)

⑩ 사업장의 산업재해 예방계획의 수립에 관한 사항 (　　)

025 사업주는 사업장의 안전·보건을 유지하기 위하여 안전보건관리규정을 작성하여 게시 또는 비치하고 이를 근로자에게 알려야 하는데, 이 규정 내에 반드시 포함되어야 할 사항을 체크하시오.

① 산업재해 사례 및 대책에 관한 사항 (　　)

② 안전 및 보건에 관한 관리조직과 그 직무에 관한 사항 (　　)

③ 안전보건교육에 관한 사항 (　　)

④ 작업장의 안전 및 보건 관리에 관한 사항 (　　)

⑤ 사고 조사 및 대책 수립에 관한 사항 (　　)

⑥ 산업재해손실비용 분석방법에 관한 사항 (　　)

⑦ 산업재해보상보험에 관한 사항 (　　)

026 산업안전보건법령에 따라 건설업 중 유해위험방지계획서를 작성하여 고용노동부장관에게 제출하여야 하는 공사를 체크하시오.

① 터널 건설 등의 공사 (　　)

② 다목적댐, 발전용댐 및 저수용량 2천만톤 이상의 용수 전용 댐, 지방상수도 전용 댐 건설 등의 공사 (　　)

③ 연면적 5,000m² 이상의 냉동·냉장창고 시설의 설비공사 및 단열공사 (　　)

④ 깊이 10m 이상인 굴착공사 (　　)

⑤ 최대 지간길이가 31m 이상인 다리의 건설 등 공사 (　　)

⑥ 깊이가 8m인 굴착공사 (　　)

⑦ 최대지간 길이가 60m인 다리의 건설 등 공사 (　　)

⑧ 지상 높이가 35m인 건축물의 건설공사 (　　)

027 산업안전보건법에 따라 사업주가 안전보건개선계획을 수립할 때에 심의를 거쳐야 하는 조직을 체크하시오.

① 산업안전보건위원회 (　　)

② 인사위원회 (　　)

③ 근로감독위원회 (　　)

④ 노동조합 (　　)

028 산업안전보건법상 사업 내 안전보건교육 중 근로자 정기 안전보건교육 내용을 체크하시오.

① 작업안전지도요령에 관한 사항 (　　)

② 건강증진 및 질병 예방에 관한 사항 (　　)

③ 유해·위험 작업환경 관리에 관한 사항 (　　)

④ 산업안전보건법령 및 산업재해보상보험 제도에 관한 사항 (　　)

029 산업안전보건법에 따라 안전보건개선계획을 수립·시행하여야 하는 사업장에서 안전보건계획서를 작성할 때에 반드시 포함되어야 하는 사항을 체크하시오.

① 시설의 개선을 위하여 필요한 사항 (　　)

② 안전·보건교육의 개선을 위하여 필요한 사항 (　　)

③ 복지정책의 개선을 위하여 필요한 사항 (　　)

④ 작업환경의 개선을 위하여 필요한 사항 (　　)

030 산업안전보건법령상 안전보건진단을 받아 안전보건개선계획을 수립하여 시행할 것을 명할 수 있는 사업장을 체크하시오.

① 근로자가 안전수칙을 준수하지 않아 중대재해가 발생한 사업장 (　　)

② 직업성 질병자가 1인 발생한 사업장 (　　)

③ 사업주가 필요한 안전조치 또는 보건조치를 이행하지 아니하여 중대재해가 연간 2건 발생한 사업장 (　　)

④ 작업환경 불량, 화재·폭발 또는 누출사고 등으로 사회적 물의를 일으킨 사업장 (　　)

⑤ 직업성 질병자가 연간 3명 이상 발생한 사업장 (　　)

⑥ 산업재해율이 같은 업종의 규모별 평균 산업재해율보다 높은 사업장 (　　)

⑦ 산업재해율이 같은 업종 평균 산업재해율의 2배 이상인 사업장 (　　)

⑧ 상시근로자 1천명 이상 사업장의 경우 직업성 질병자가 연간 2명 이상 발생한 사업장 (　　)

⑨ 2년간 사업장의 연간 산업재해율이 같은 업종의 규모별 평균 산업재해율보다 낮은 사업장 (　　)

⑩ 사업주가 필요한 안전조치 또는 보건조치를 이행하지 아니하여 중대재해가 발생한 사업장 (　　)

⑪ 직업성 질병자가 연간 2명 이상 발생한 사업장 (　　)

⑫ 그 밖에 작업환경 불량, 화재·폭발 또는 누출 사고 등으로 사업장 주변까지 피해가 확산된 사업장으로서 고용노동부령으로 정하는 사업장 (　　)

031 산업안전보건법령상 안전보건진단을 받아 안전보건개선계획을 수립하여야 하는 대상을 모두 고른 것을 체크하시오.

> ㄱ. 산업재해율이 같은 업종 평균 산업재해율의 2배 이상인 사업장
> ㄴ. 사업주가 필요한 안전조치 또는 보건조치를 이행하지 아니하여 중대재해가 발생한 사업장
> ㄷ. 상시근로자 1,000명 이상 사업장의 경우 직업성 질병자가 연간 2명 이상 발생한 사업장

① ㄱ, ㄴ (　　)
② ㄱ, ㄷ (　　)
③ ㄴ, ㄷ (　　)
④ ㄱ, ㄴ, ㄷ (　　)

032 산업안전보건법령상 지방고용노동관서의 장이 안전보건개선계획의 수립하여 시행할 것을 명할 수 있는 사업장을 체크하시오. (단, 시설의 개선이 필요한 경우로 고용노동부장관이 정하여 고시한 사업장을 말함)

① 중대 재해의 가능성이 높은 사업장 (　　)
② 산업재해율이 같은 업종의 규모별 평균산업재해율보다 높은 사업장 (　　)
③ 사업주가 필요한 안전조치 또는 보건조치를 이행하지 아니하여 중대재해가 발생한 사업장 (　　)
④ 유해인자의 노출기준을 초과한 사업장 (　　)
⑤ 작업환경이 현저히 불량한 사업장 (　　)
⑥ 직업성 질병자가 연간 2명 이상 발생한 사업장 (　　)
⑦ 사업주가 필요한 안전조치 또는 보건조치를 이행하지 아니하여 발생한 중대재해가 연간 2건 이상 발생한 사업장 (　　)
⑧ 직업성 질병자가 연간 1명 이상 발생한 사업장 (　　)

033 안전보건개선계획에 관한 설명으로 올바른지 체크하시오.

① 안전보건개선계획의 수립·시행 명령을 받은 사업주는 고용노동부령으로 정하는 바에 따라 안전보건개선계획서를 작성하여 고용노동부장관에게 제출하여야 한다. (　　)
② 고용노동부장관은 제출받은 안전보건개선계획서를 고용노동부령으로 정하는 바에 따라 심사하여 그 결과를 사업주에게 서면으로 알려 주어야 한다. (　　)
③ 고용노동부장관은 근로자의 안전 및 보건의 유지·증진을 위하여 필요하다고 인정하는 경우 해당 안전보건개선계획서의 보완을 명할 수 있다. (　　)
④ 안전보건개선계획서의 수립·시행명령을 받은 사업주는 고용노동부장관이 정하는 바에 따라 안전보건개선 계획서를 작성하여 그 명령을 받은 날부터 30일 이내에 관할 지방 고용노동관서의 장에게 제출하여야 한다. (　　)

034 중대재해 발생사실을 알게 된 경우 지체없이 관할 지방고용노동관서의 장에게 보고해야 하는 사항을 체크하시오. (단, 천재지변 등 부득이한 사유가 발생한 경우는 제외함)

① 발생개요 (　　)
② 피해상황 (　　)
③ 조치 및 전망 (　　)
④ 재해손실비용 (　　)

035 산업안전보건법에 따라 사업주는 산업재해가 발생하였을 때 고용노동부령으로 정하는 바에 따라 관련 사항을 기록·보존하여야 하는데, 이러한 산업재해 중 고용노동부령으로 정하는 산업재해에 대하여 고용노동부장관에게 보고하여야 할 사항을 체크하시오.

① 산업재해 발생개요 (　　)
② 원인 및 보고 시기 (　　)
③ 실업급여 지급사항 (　　)
④ 재발방지 계획 (　　)

036 산업안전보건법령상 동일한 장소에서 행하여지는 사업의 일부를 도급에 의하여 행하는 사업에 있어 안전보건총괄책임자를 지정하여야 하는 사업을 체크하시오.

① 상시근로자가 50인 이상의 제1차 금속 제조업 ( )

② 상시근로자가 50인 이상의 선박 및 보트 건조업 ( )

③ 상시근로자가 50인 이상의 제조업 ( )

④ 상시근로자가 50인 이상의 토사석 광업 ( )

⑤ 상시근로자가 75명인 신발제조업 ( )

⑥ 상시근로자가 75명인 제1차 금속 제조업 ( )

⑦ 상시근로자가 75명인 선박 및 보트 건조업 ( )

⑧ 수급인 및 하수급인의 공사금액을 포함한 당해 공사의 총공사 금액이 50억원인 건설업 ( )

⑨ 상시근로자가 90명인 화학물질 및 화학제품 제조업 ( )

⑩ 25인의 토사석 광업 ( )

⑪ 25인의 제1차 금속산업 ( )

⑫ 100인의 선박 및 보트 건조업 ( )

⑬ 50인의 화합물 및 화학제품 제조업 ( )

037 산업안전보건법령에 따른 안전보건에 관한 노사협의체의 사용자위원 구성 기준에 해당하는지 체크하시오.

① 도급 또는 하도급 사업을 포함한 전체 사업의 대표자 ( )

② 안전관리자 1명 ( )

③ 공사금액이 20억원 이상인 공사의 관계수급인의 각 대표자 ( )

④ 근로자대표가 지명하는 명예산업안전감독관 1명 ( )

038 산업안전보건법령상 안전 및 보건에 관한 노사협의체의 근로자위원 구성 기준으로 올바른지 체크하시오. (단, 명예산업안전감독관이 위촉되어 있는 경우)

① 근로자대표가 지명하는 안전관리자 1명 ( )

② 근로자대표가 지명하는 명예산업안전감독관 1명 ( )

③ 도급 또는 하도급 사업을 포함한 전체 사업의 근로자대표 ( )

④ 공사금액이 20억원 이상인 공사의 관계수급인의 각 근로자대표 ( )

039 안전보건에 관한 노사협의체의 구성·운영에 대한 설명으로 올바른지 체크하시오.

① 노사협의체는 근로자와 사용자가 같은 수로 구성되어야 한다. ( )

② 노사협의체의 회의 결과는 회의록으로 작성하여 보존하여야 한다. ( )

③ 노사협의체의 회의는 정기회의와 임시회의로 구분하되, 정기회의는 3개월마다 소집한다. ( )

④ 노사협의체는 산업재해 예방 및 산업재해가 발생한 경우의 대피방법 등에 대하여 협의하여야 한다. ( )

⑤ 근로자대표가 지명하는 명예산업안전감독관은 근로자위원에 해당한다. ( )

⑥ 명예산업안전감독관이 위촉되어 있지 않은 경우에는 근로자대표가 지명하는 해당 사업장 근로자 1명을 근로자위원으로 구성할 수 있다. ( )

⑦ 노사협의체 정기회의는 1개월마다 노사협의체의 위원장이 소집한다. ( )

⑧ 공사금액이 20억원 이상인 공사의 관계수급인의 각 대표자는 사용자위원에 해당된다. ( )

⑨ 도급 또는 하도급 사업을 포함한 전체 사업의 근로자대표는 근로자위원에 해당된다. ( )

⑩ 노사협의체의 근로자위원과 사용자위원은 합의하여 노사협의체에 공사금액이 20억원 미만인 공사의 관계수급인 및 관계수급인 근로자대표를 위원으로 위촉할 수 있다. ( )

040 산업안전보건법상 의무안전인증 대상 기계 또는 설비를 체크하시오.

① 교류 전기용접기 ( )

② 크레인 ( )

③ 압력용기 ( )

④ 고소작업대 ( )

⑤ 선반 ( )

⑥ 리프트 ( )

⑦ 사출성형기 ( )

⑧ 곤돌라 ( )

⑨ 컨베이어 (　　)

⑩ 파쇄기 (　　)

⑪ 연삭기 (　　)

041 산업안전보건법상 자율안전확인 대상 방호 장치를 체크하시오.

① 교류 아크용접기용 자동전격방지기 (　　)

② 동력식 수동대패용 칼날 접촉예방장치 (　　)

③ 절연용 방호구 및 활선작업용기구 (　　)

④ 아세틸렌 용접장치 또는 가스접합 용접장치용 안전기 (　　)

042 산업안전보건법령상 자율안전확인대상기계 등을 체크하시오.

① 곤돌라 (　　)

② 연삭기 (　　)

③ 컨베이어 (　　)

④ 자동차정비용 리프트 (　　)

⑤ 산업용 로봇 (　　)

043 산업안전보건법상 안전검사대상기계 등에 해당하는지 체크하시오.

① 리프트 (　　)

② 곤돌라 (　　)

③ 전단기 (　　)

④ 이동식크레인 (　　)

⑤ 원심기(산업용) (　　)

⑥ 밀폐형 구조 롤러기 (　　)

⑦ 압력용기 (　　)

⑧ 고소작업대(화물자동차 또는 특수자동차에 탑재한 고소작업대) (　　)

⑨ 교류아크 용접기 (　　)

⑩ 이동식 국소 배기장치 (　　)

⑪ 컨베이어 (　　)

⑫ 롤러기(밀폐형 구조는 제외) (　　)

⑬ 국소 배기장치(이동식은 제외) (　　)

⑭ 사출성형기(형 체결력 294kN 미만은 제외) (　　)

⑮ 크레인(정격하중이 2톤 이상인 것은 제외) (　　)

⑯ 크레인(정격하중이 2톤 이상인 것) (　　)

044 산업안전보건법에 따라 사업주는 유해·위험작업에서 유해·위험예방조치 외에 작업과 휴식의 적정한 배분, 그밖에 근로시간과 관련된 근로조건의 개선을 통하여 근로자의 건강보호를 위한 조치를 하여야 하는데, 이에 해당하는 작업인지 체크하시오.

① 인력으로 중량물을 취급하는 작업 (　　)

② 안전관리자가 임의로 판단하여 지시되는 작업 (　　)

③ 다량의 고열 또는 저온 물체를 취급하는 작업 (　　)

④ 유리·흙·돌·광물의 먼지가 심하게 날리는 장소에서 하는 작업 (　　)

045 산업안전보건법령상 사업장에서 산업재해 발생 시 사업주가 기록·보존하여야 하는 사항을 체크하시오. (단, 산업재해조사표와 요양신청서의 사본은 보존하지 않았음)

① 재해 재발방지 계획 (　　)

② 안전관리자 선임에 관한 사항 (　　)

③ 재해발생 개요 및 피해상황 (　　)

④ 재해발생의 일시 및 장소 (　　)

⑤ 재해발생의 원인 및 과정 (　　)

⑥ 사업장의 개요 및 근로자의 인적사항 (　　)

⑦ 재해원인 수사요청 기록 및 근무상황일지 (　　)

046 산업안전보건법령상 관계수급인 근로자가 도급인의 사업장에서 작업을 하는 경우 건설업 도급인의 작업장 순회점검 주기를 체크하시오.

① 1일에 1회 이상 (　　)

② 2일에 1회 이상 (　　)

③ 3일에 1회 이상 (　　)

④ 7일에 1회 이상 (　　)

047 산업안전보건법령에 따른 안전인증기준에 적합한지를 확인하기 위하여 안정인증기관이 하는 심사의 종류를 체크하시오.

① 서면심사 (　　)

② 예비심사 (　　)

③ 제품심사 (　　)

④ 완성심사 (　　)

048 산업안전보건법령상 안전인증심사에 관한 설명으로 올바른지 체크하시오.

① 서면심사 : 기계 및 방호장치·보호구가 유해·위험기계 등 인지를 확인하는 심사(안전인증을 신청한 경우만 해당한다) (　　)

② 개별 제품심사 : 서면심사와 기술능력 및 생산체계 심사 결과가 안전인증기준에 적합할 경우에 유해·위험기계 등의 형식별로 표본을 추출하여 하는 심사 (　　)

③ 예비심사 : 유해·위험기계등의 종류별 또는 형식별로 설계도면 등 유해·위험기계 등의 제품기술과 관련된 문서가 안전인증기준에 적합한지에 대한 심사 (　　)

④ 기술능력 및 생산체계 심사 : 안전인증대상 기계·기구 등의 안전성능을 지속적으로 유지·보증하기 위하여 사업장에서 갖추어야 할 기술능력과 생산체계가 안전인증기준에 적합한지에 대한 심사 (　　)

049 산업안전보건법에 따라 안전인증대상 기계기구 등의 안전인증 및 자율안전확인의 표시를 하여야 하는 안전인증 표시의 색상으로 올바른지 체크하시오.

① 테와 문자는 남색, 기타 부분은 백색 (　　)

② 테와 문자는 검정색, 기타 부분은 백색 (　　)

③ 테와 문자는 백색, 기타 부분은 녹색 (　　)

④ 테와 문자는 백색, 기타 부분은 검정색 (　　)

050 산업안전보건법에 따라 공정안전보고서에 포함되어야 하는 사항 중 공정안전자료의 세부내용을 체크하시오.

① 공정위험성평가서 (　　)

② 안전운전지침서 (　　)

③ 건물·설비의 배치도 (　　)

④ 도급업체 안전관리계획 (　　)

051 건설현장에서 사용하는 크레인의 안전검사의 주기를 체크하시오.

① 최초 설치한 날부터 1개월마다 실시하여야 한다. (　　)

② 최초 설치한 날부터 3개월마다 실시하여야 한다. (　　)

③ 최초 설치한 날부터 6개월마다 실시하여야 한다. (　　)

④ 최초 설치한 날부터 1년마다 실시하여야 한다. (　　)

052 산업재해조사표의 작성방법에 관한 설명으로 올바른지 체크하시오.

① 휴업예상일수는 재해발생일을 제외한 3일 이상의 결근 등으로 회사에 출근하지 못한 일수를 적는다. (　　)

② 같은 종류 업무 근속기간은 현 직장에서의 경력(동일·유사 업무 근무경력)으로만 적는다. (　　)

③ 고용형태는 근로자가 사업장 또는 타인과 명시적 또는 내재적으로 체결한 고용계약 형태를 적는다. (　　)

④ 근로자 수는 사업장의 최근 근로자수를 적는다(정규직, 일용직·임시직 근로자, 훈련생 등 포함). (　　)

053 산업안전보건법상의 양중기에 해당하는지 체크하시오.

① 크레인 (　　)　　② 리프트 (　　)

③ 곤돌라 (　　)　　④ 항타기 (　　)

⑤ 호이스트 (　　)　　⑥ 컨베이어 (　　)

⑦ 이동식 크레인 (　　)

054 건설업의 산업안전보건관리비로 사용할 수 있는 것을 체크하시오.

① 개구부 덮개 (　　)　　② 가설계단 (　　)

③ 공사장 경계표시를 위한 가설울타리 (　　)

④ 외부인 출입금지를 위한 가설울타리 (　　)

055 건설업 산업안전보건관리비 계상 및 사용기준상 건설업 안전보건관리비로 사용할 수 있는 것을 모두 고른 것인지 체크하시오.

> ㄱ. 전담 안전보건관리자의 인건비
> ㄴ. 현장 내 안전보건 교육장 설치비용
> ㄷ. 「전기 사업법」에 따른 전기안전대행비용
> ㄹ. 유해위험방지계획서의 작성에 소요되는 비용
> ㅁ. 재해예방전문지도기관에 지급하는 기술지도 비용

① ㄴ, ㄷ, ㄹ (　　)

② ㄱ, ㄴ, ㄹ, ㅁ (　　)

③ ㄱ, ㄷ, ㄹ, ㅁ (　　)

④ ㄱ, ㄴ, ㄷ, ㅁ (　　)

056 건설기술진흥법상 안전관리계획을 수립해야 하는 건설공사를 체크하시오.

① 높이가 21m인 비계를 사용하는 건설공사 (　　)

② 지하 15m를 굴착하는 건설공사 (　　)

③ 15층 건축물의 리모델링 (　　)

④ 항타 및 항발기가 사용되는 건설공사 (　　)

⑤ 원자력시설공사 (　　)

⑥ 지하 10m 이상을 굴착하는 건설공사 (　　)

⑦ 10층 이상인 건축물의 리모델링 또는 해체공사 (　　)

⑧ 시설물의 안전 및 유지관리에 관한 특별법에 따른 1종시설물의 건설공사 (　　)

057 시설물의 안전관리에 관한 특별법에 따라 관리주체는 시설물의 안전 및 유지관리계획을 소관 시설물별로 매년 수립·시행하여야 하는데 이때 안전 및 유지관리계획에 반드시 포함되어야 하는 사항을 체크하시오.

① 긴급상황 발생 시 조치체계에 관한 사항 (　　)

② 시설물의 적정한 안전과 유지관리를 위한 조직·인원 및 장비의 확보에 관한 사항 (　　)

③ 보호구 및 방호장치의 적용 기준에 관한 사항 (　　)

④ 안전점검 또는 정밀안전진단의 실시에 관한 사항 (　　)

058 시설물의 안전 및 유지관리에 관한 특별법상 제1종 시설물을 체크하시오.

① 고속철도 교량 (　　)

② 25층인 건축물 (　　)

③ 연장 300m인 철도 교량 (　　)

④ 연면적이 70,000m²인 건축물 (　　)

059 시설물의 안전 및 유지관리에 관한 특별법령에 명시된 안전점검의 종류를 체크하시오.

① 일반안전점검 (　　)

② 특별안전점검 (　　)

③ 정밀안전점검 (　　)

④ 임시안전점검 (　　)

060 시설물의 안전관리에 관한 특별법상 안전점검의 종류를 체크하시오.

① 정기안전점검 (　　)

② 정밀안전점검 (　　)

③ 임시안전점검 (　　)

④ 긴급안전점검 (　　)

061 시설물의 안전 및 유지관리에 관한 특별법상 시설물 정기안전점검의 실시 시기를 체크하시오. (단, 시설물의 안전등급이 A등급인 경우)

① 반기에 1회 이상 (　　)

② 1년에 1회 이상 (　　)

③ 2년에 1회 이상 (　　)

④ 3년에 1회 이상 (　　)

062 시설물의 안전관리에 관한 특별법상 정기안전점검의 실시 시기를 체크하시오.

① A 등급인 경우 정기안전점검은 반기에 1회 이상이다. (　　)

② B 등급인 경우 정기안전점검은 반기에 1회 이상이다. (　　)

③ C 등급인 경우 정기안전점검은 1년에 3회 이상이다. (　　)

④ D 등급인 경우 정기안전점검은 1년에 3회 이상이다. (　　)

063 시설물의 안전관리에 관한 특별법상 정밀안전진단 및 정밀안전점검의 실시 시기를 체크하시오.

① 안전등급이 B등급인 경우 정기안전점검은 반기에 1회 이상 실시한다. (　　)

② 안전등급이 A등급인 경우 정밀안전진단은 10년에 1회 이상 실시한다. (　　)

③ 안전등급이 B등급인 경우 정밀안전진단은 7년에 1회 이상 실시한다. (　　)

④ 안전등급이 E등급인 경우 정밀안전진단은 5년에 1회 이상 실시한다. (　　)

064 산업안전보건법에 따라 근로자가 상시 작업하는 장소의 작업면 조도 기준으로 올바른지 체크하시오. (단, 갱내 작업장과 감광재료를 취급하는 작업장은 제외함)

① 초정밀작업 : 700럭스 이상 (   )

② 정밀작업 : 500럭스 이상 (   )

③ 보통작업 : 150럭스 이상 (   )

④ 기타작업 : 50럭스 이상 (   )

065 산업안전보건법령상 이동식 크레인을 사용하여 작업하는 경우 작업시작 전 점검사항을 체크하시오.

① 회전부의 덮개 또는 울 (   )

② 브레이크·클러치 및 조정장치의 기능 (   )

③ 와이어로프가 통하고 있는 곳 및 작업장소의 지반상태 (   )

④ 이탈 등의 방지장치기능의 이상 유무 (   )

⑤ 권과방지장치나 그 밖의 경보장치의 기능 (   )

⑥ 주행로의 상측 및 트롤리가 횡행하는 레일의 상태 (   )

066 산업안전보건법령상 크레인, 이동식 크레인, 리프트 등을 사용하여 작업하는 때 작업시작 전에 공통적인 점검사항을 체크하시오.

① 바퀴의 이상 유무 (   )

② 전선 및 접속부 상태 (   )

③ 브레이크 및 클러치의 기능 (   )

④ 작업면의 기울기 또는 요철 유무 (   )

067 산업안전보건법상 고소작업대를 사용하여 작업을 하는 때의 작업시작 전 점검사항을 체크하시오.

① 작업면의 기울기 또는 요철 유무 (   )

② 아웃트리거 또는 바퀴의 이상 유무 (   )

③ 비상정지장치 및 비상하강장치 기능의 이상 유무 (   )

④ 충전장치를 포함한 홀더 등의 결합상태의 이상 유무 (   )

068 산업안전보건법에 따라 공기압축기를 가동하는 때의 작업시작 전 점검사항을 체크하시오.

① 윤활유의 상태 (   )

② 압력방출장치의 기능 (   )

③ 회전부의 덮개 또는 울 (   )

④ 비상정지장치 기능의 이상유무 (   )

069 산업안전보건기준에 관한 규칙상 공기압축기 가동 전 점검사항을 모두 고른 것을 체크하시오. (단, 그 밖에 사항은 제외함)

> ㄱ. 윤활유의 상태
> ㄴ. 압력방출장치의 기능
> ㄷ. 회전부의 덮개 또는 울
> ㄹ. 언로드밸브(unloading valve)의 기능

① ㄷ, ㄹ (   )

② ㄱ, ㄴ, ㄷ (   )

③ ㄱ, ㄴ, ㄹ (   )

④ ㄱ, ㄴ, ㄷ, ㄹ (   )

070 산업안전보건기준에 관한 규칙상 지게차를 사용하는 작업을 하는 때의 작업 시작 전 점검사항을 체크하시오.

① 제동장치 및 조종장치 기능의 이상 유무 (   )

② 하역장치 및 유압장치 기능의 이상 유무 (   )

③ 와이어로프가 통하고 있는 곳 및 작업장소의 지반상태 (   )

④ 전조등·후미등·방향지시기 및 경보장치 기능의 이상 유무 (   )

⑤ 충전장치를 포함한 홀더 등의 결합상태의 이상 유무 (   )

02 단답형 문제

001 산업안전보건법에 따라 사업주는 안전관리자를 선임하였을 때 선임한 날부터 며칠 이내에 고용노동부장관에게 증명할 수 있는 서류를 제출하여야 하는지 쓰시오.

⚙️해설 사업주는 안전관리자를 선임하거나 안전관리자의 업무를 안전관리전문기관에 위탁한 경우에는 고용노동부령으로 정하는 바에 따라 선임하거나 위탁한 날부터 14일 이내에 고용노동부장관에게 그 사실을 증명할 수 있는 서류를 제출해야 한다. 안전관리자를 늘리거나 교체한 경우에도 또한 같다. (법 제17조, 영 제16조)

002 산업안전보건법령상 안전보건관리규정 작성에 관한 사항에서 괄호 안에 들어갈 용어를 쓰시오.

> 안전보건관리규정을 작성하여야 할 사업의 사업주는 안전보건관리규정을 작성하여야 할 사유가 발생한 날부터 (   )일 이내에 안전보건관리규정을 작성해야 한다.

⚙️해설 안전보건관리규정을 작성해야 할 사업의 사업주는 안전보건관리규정을 작성해야 할 사유가 발생한 날부터 30일 이내에 별표의 내용을 포함한 안전보건관리규정을 작성해야 한다. 이를 변경할 사유가 발생한 경우에도 또한 같다. (법 제25조, 규칙 제25조)

003 산업안전보건법령상 건설업 중 고용노동부령으로 정하는 자격을 갖춘 자의 의견을 들은 후 유해·위험 방지에 관한 사항을 적은 계획서를 작성하여 고용노동부장관에게 제출하여야 하는 대상 사업장의 기준에서 괄호 안에 들어갈 말을 쓰시오.

> 연면적 (   )m² 이상의 냉동·냉장창고 시설의 설비공사 및 단열공사

⚙️해설 사업주는 연면적 5,000m² 이상인 냉동·냉장 창고시설의 설비공사 및 단열공사의 경우에는 이 법 또는 이 법에 따른 명령에서 정하는 유해·위험 방지에 관한 사항을 적은 계획서를 작성하여 고용노동부령으로 정하는 바에 따라 고용노동부장관에게 제출하고 심사를 받아야 한다. (법 제42조, 영 제42조)

004 작업환경이 현저히 불량하여 안전보건개선계획의 수립·시행 명령을 받은 사업주는 노동부장관이 정하는 바에 따라 안전보건개선계획서를 작성하여 그 명령을 받은 날부터 며칠 이내에 관할지방노동관서의 장에게 제출하여야 하는지 쓰시오.

⚙️해설 안전보건개선계획서를 제출해야 하는 사업주는 안전보건개선계획서 수립·시행 명령을 받은 날부터 60일 이내에 관할지방고용노동관서의 장에게 해당 계획서를 제출(전자문서로 제출하는 것을 포함)해야 한다. (법 제50조, 규칙 제61조)

| 정답 |

001 14일 **002** 30 **003** 5,000 **004** 60일

005 안전보건개선계획의 제출에 관한 기준 내용에서 괄호 안에 알맞은 용어를 쓰시오.

> 안전보건개선계획서를 제출해야 하는 사업주는 안전보건개선계획서 수립·시행 명령을 받은 날부터 (   )일 이내에 관할 지방고용노동관서의 장에게 해당 계획서를 제출(전자문서로 제출하는 것을 포함)해야 한다

006 산업안전보건법상 건설현장에서 사용하는 리프트 및 곤돌라는 최초로 설치한 날부터 몇 개월마다 안전검사를 실시하여야 하는지 쓰시오.

⚙**해설** 최초 설치한 날부터 6개월마다 실시하여야 한다. (법 제93조, 규칙 제126조)

007 산업안전보건법에 따라 사업주는 산업재해 발생 기록, 화학물질의 유해성·위험성 조사에 관한 서류, 건강진단에 관한 서류를 몇 년간 보존하여야 하는지 쓰시오.

⚙**해설** 사업주는 다음의 서류를 3년 동안 보존하여야 한다. 다만, 고용노동부령으로 정하는 바에 따라 보존기간을 연장할 수 있고, 회의록은 2년 동안 보존하여야 한다. (법 제164조)
① 안전보건관리책임자·안전관리자·보건관리자·안전보건관리담당자 및 산업보건의의 선임에 관한 서류
② 안전조치 및 보건조치에 관한 사항으로서 고용노동부령으로 정하는 사항을 적은 서류
③ 산업재해의 발생 원인 등 기록
④ 화학물질의 유해성·위험성 조사에 관한 서류
⑤ 작업환경측정에 관한 서류
⑥ 건강진단에 관한 서류

008 산업안전보건법상 크레인(이동식 크레인은 제외)은 사업장에 설치가 끝난 날로부터 몇 년 이내에 최초 안전검사를 실시하여야 하는지 쓰시오.

⚙**해설** 크레인(이동식 크레인은 제외), 리프트(이삿짐운반용 리프트는 제외) 및 곤돌라 : 사업장에 설치가 끝난 날부터 3년 이내에 최초 안전검사를 실시하되, 그 이후부터 2년마다(건설현장에서 사용하는 것은 최초로 설치한 날부터 6개월마다) (규칙 제126조)

009 산업안전보건법상 건설업의 경우 공사 금액이 얼마 이상인 사업장에 산업안전보건위원회를 설치·운영하여야 하는지 쓰시오.

⚙**해설** 건설업의 경우 공사금액 120억원 이상(종합적인 계획·관리 및 조정에 따라 토목공작물을 설치하거나 토지를 조성·개량하는 공사에 따른 토목공사업의 경우에는 150억원 이상) (영 제34조, 별표 9)

010 산업안전보건법령에 따른 안전보건총괄책임지정 대상사업 기준에서 괄호 안에 들어갈 내용을 순서대로 쓰시오. (단, 선박 및 보트 건조업, 1차 금속 제조업 및 토사석 광업의 경우임)

> 관계수급인에게 고용된 근로자를 포함한 상시근로자가 (㉠)명 이상인 사업이나 관계수급인의 공사금액을 포함한 해당 공사의 총공사금액이 (㉡)억원 이상인 건설업으로 한다.

⚙**해설** 안전보건총괄책임자를 지정해야 하는 사업의 종류 및 사업장의 상시근로자 수는 관계수급인에게 고용된 근로자를 포함한 상시근로자가 100명(선박 및 보트 건조업, 1차 금속 제조업 및 토사석 광업의 경우에는 50명) 이상인 사업이나 관계수급인의 공사금액을 포함한 해당 공사의 총공사금액이 20억원 이상인 건설업으로 한다. (법 제62조, 영 제52조)

011 산업안전보건법령상 건설업의 경우 안전보건관리 규정을 작성하여야 하는 상시근로자수 기준은 얼마인지 쓰시오.

🔧**해설** 영 제34조, 별표 9

012 산업안전보건법령에 따라 지방고용노동관서의 장이 사업주에게 안전관리자·보건관리자 또는 안전보건관리담당자를 정수 이상으로 증원하게 되거나 교체하여 임명할 것을 명할 수 있는 기준에서 괄호 안에 들어갈 말을 순서대로 쓰시오.

> ① 해당 사업장의 연간재해율이 같은 업종의 평균재해율의 (㉠)배 이상인 경우
> ② 중대재해가 연간 (㉡)건 이상 발생한 경우. 다만, 해당 사업장의 전년도 사망만인율이 같은 업종의 평균 사망만인율 이하인 경우는 제외한다.
> ③ 관리자가 질병이나 그 밖의 사유로 (㉢)개월 이상 직무를 수행할 수 없게 된 경우

🔧**해설** 지방고용노동관서의 장은 다음의 어느 하나에 해당하는 사유가 발생한 경우에는 사업주에게 안전관리자·보건관리자 또는 안전보건관리담당자를 정수 이상으로 증원하게 하거나 교체하여 임명할 것을 명할 수 있다. (규칙 제12조)
① 해당 사업장의 연간재해율이 같은 업종의 평균재해율의 2배 이상인 경우
② 중대재해가 연간 2건 이상 발생한 경우. 다만, 해당 사업장의 전년도 사망만인율이 같은 업종의 평균 사망만인율 이하인 경우는 제외한다.
③ 관리자가 질병이나 그 밖의 사유로 3개월 이상 직무를 수행할 수 없게 된 경우
④ 화학적 인자로 인한 직업성 질병자가 연간 3명 이상 발생한 경우. 이 경우 직업성 질병자의 발생일은 「산업재해보상보험법 시행규칙」에 따른 요양급여의 결정일로 한다. 다만, 직업성 질병자 발생 당시 사업장에서 해당 화학적 인자를 사용하지 않은 경우에는 그렇지 않다.

013 산업안전보건법령상 해당 사업장의 연간 재해율이 같은 업종의 평균재해율의 2배 이상의 경우 사업주에게 관리자를 정수 이상으로 증원하게 하거나 교체하여 임명할 것을 명할 수 있는 자는 누구인지 쓰시오.

014 산업안전보건법령상 안전보건관리규정의 작성 대상 사업의 사업주는 안전보건관리규정을 작성하여야 할 사유가 발생한 날부터 며칠 이내에 안전보건관리규정의 세부 내용을 포함한 안전보건관리규정을 작성하여야 하는지 쓰시오.

🔧**해설** 사업의 사업주는 안전보건관리규정을 작성해야 할 사유가 발생한 날부터 30일 이내에 별표 3의 내용을 포함한 안전보건관리규정을 작성해야 한다. 이를 변경할 사유가 발생한 경우에도 또한 같다. (규칙 제25조)

015 산업안전보건법령상 괄호 안에 들어갈 내용을 쓰시오.

> 안전보건관리규정 작성 대상 사업의 사업주는 안전보건관리규정을 작성해야 할 사유가 발생한 날부터 ( )일 이내에 안전보건관리규정을 작성해야 한다. 이를 변경할 사유가 발생한 경우에도 또한 같다.

|정답|

005 60   006 6개월   007 3년   008 3년   009 120억   010 ㉠ 50, ㉡ 20   011 공사금액 20억원 이상
012 ㉠ 2, ㉡ 2, ㉢ 3   013 지방고용노동관서의 장   014 30일   015 30

016 산업안전보건법령상 신규 채용 시의 근로자 안전
보건교육은 몇 시간 이상 실시해야 하는지 쓰시오.
(단, 일용근로자 및 근로계약기간이 1주일 이하, 근
로계약기간이 1주일 초과 1개월 이하인 기간제 근
로자를 제외한 근로자인 경우임)

⚙ **해설** 신규 채용 시의 근로자 안전보건교육시간(규칙 제26조,
별표 4)
① 일용근로자 및 근로계약기간이 1주일 이하인 기간제근로자 :
　1시간 이상
② 근로계약기간이 1주일 초과 1개월 이하인 기간제근로자 : 4시
　간 이상
③ 그 밖의 근로자 : 8시간 이상

017 산업안전보건법령상 공정안전보고서의 작성 및 제
출에 관한 내용에서 괄호 안에 들어갈 내용을 순서
대로 쓰시오.

> 산업안전보건법에 따라 사업주는 유해하거나 위험한 설
> 비의 설치·이전 또는 주요 구조부분의 변경공사의 착공
> 일 (㉠)일 전까지 공정안전보고서를 (㉡)부 작성하
> 여 공단에 제출해야 한다.

⚙ **해설** 사업주는 유해하거나 위험한 설비의 설치·이전 또는
주요 구조부분의 변경공사의 착공일(기존 설비의 제조·취급·저
장 물질이 변경되거나 제조량·취급량·저장량이 증가하여 유해·
위험물질 규정량에 해당하게 된 경우에는 그 해당일을 말한다)
30일 전까지 공정안전보고서를 2부 작성하여 공단에 제출해야
한다. (규칙 제51조)

018 건설공사도급인은 산업안전보건관리비를 사용하는
해당 건설공사의 금액이 ㉠얼마 이상인 공사에 고
용노동부장관이 정하는 바에 따라 매월 사용명세서
를 작성하고, 건설공사 종료 후 ㉡몇 년 동안 보존해
야 하는지 순서대로 쓰시오. (단, 공사가 1개월 이내
에 종료되는 사업은 제외함)

⚙ **해설** 건설공사도급인은 산업안전보건관리비를 사용하는 해
당 건설공사의 금액(고용노동부장관이 정하여 고시하는 방법에
따라 산정한 금액)이 4,000만원 이상인 때에는 고용노동부장관
이 정하는 바에 따라 매월(건설공사가 1개월 이내에 종료되는 사
업의 경우에는 해당 건설공사가 끝나는 날이 속하는 달) 사용명세
서를 작성하고, 건설공사 종료 후 1년 동안 보존해야 한다. (규칙
제89조 제2항)

019 산업안전보건법상 안전검사를 받아야 하는 자는 안
전검사 신청서를 검사 주기 만료일 며칠 전에 안전
검사업무를 위탁받은 기관에 제출하여야 하는지 쓰
시오. (단, 전자문서에 의한 제출을 포함)

⚙ **해설** 안전검사를 받아야 하는 자는 안전검사 신청서를 검사
주기 만료일 30일 전에 안전검사 업무를 위탁받은 기관(안전검
사기관)에 제출(전자문서로 제출하는 것을 포함)해야 한다. (규칙
제124조)

020 산업안전보건법령상 타워크레인 지지에 관한 사항
에서 괄호 안에 들어갈 용어를 순서대로 쓰시오.

> 타워크레인을 와이어로프로 지지하는 경우 와이어로프
> 설치각도는 수평면에서 (㉠)도 이내로 하되, 지지점은
> (㉡)개소 이상으로 하고, 같은 각도로 설치할 것

⚙ **해설** 와이어로프 설치각도는 수평면에서 60° 이내로 하되,
지지점은 4개소 이상으로 하고, 같은 각도로 설치할 것(안전보건
규칙 제142조 제3항)

021 작업환경측정대상 화학적 인자(발암성물질)를 취급하는 작업장에서 작업환경 측정결과 측정치가 노출기준을 초과하는 경우 해당 유해인자에 대하여 그 측정일로부터 몇 개월에 1회 이상 작업환경측정을 실시하여야 하는지 쓰시오.

⚙ **해설** 사업주는 작업장 또는 작업공정이 신규로 가동되거나 변경되는 등으로 작업환경측정 대상 작업장이 된 경우에는 그 날부터 30일 이내에 작업환경측정을 하고, 그 후 반기(半期)에 1회 이상 정기적으로 작업환경을 측정해야 한다. 다만, 작업환경측정 결과가 다음의 어느 하나에 해당하는 작업장 또는 작업공정은 해당 유해인자에 대하여 그 측정일부터 3개월에 1회 이상 작업환경측정을 해야 한다. (규칙 제190조)
① 화학적 인자(고용노동부장관이 정하여 고시하는 물질만 해당)의 측정치가 노출기준을 초과하는 경우
② 화학적 인자(고용노동부장관이 정하여 고시하는 물질은 제외)의 측정치가 노출기준을 2배 이상 초과하는 경우

022 중대 건설현장사고 발생 시 건설기술진흥법에 따라 건설사고조사위원회를 구성할 경우 위원회는 위원장 1인을 포함하여 몇 명 이내의 위원으로 구성하여야 하는지 쓰시오.

⚙ **해설** 건설사고조사위원회는 위원장 1명을 포함한 12명 이내의 위원으로 구성한다. (법 제68조, 영 제106조)

023 건설기술진흥법령에 따른 건설사고조사 위원회의 구성 기준에서 괄호 안에 들어갈 내용을 쓰시오.

> 건설사고조사위원회는 위원장 1명을 포함한 (　　)명 이내의 위원으로 구성한다.

024 시설물의 안전관리에 관한 특별법상 국토교통부장관은 시설물이 안전하게 유지관리 될 수 있도록 하기 위하여 몇 년마다 시설물의 안전 및 유지관리에 관한 기본계획을 수립·시행 하여야 하는지 쓰시오.

⚙ **해설** 국토교통부장관은 시설물이 안전하게 유지관리될 수 있도록 하기 위하여 5년마다 시설물의 안전 및 유지관리에 관한 기본계획을 수립·시행하여야 한다. (법 제5조)

|정답|

016 8시간　　017 ㉠ 30, ㉡ 2　　018 ㉠ 4,000만원, ㉡ 1년　　019 30일　　020 ㉠ 60, ㉡ 4　　021 3개월　　022 12명
023 12　　024 5년

025 시설물의 안전 및 유지관리에 관한 특별법상 다음과 같이 정의되는 용어는 무엇인지 쓰시오.

> 시설물의 붕괴·전도 등으로 인한 재난 또는 재해가 발생할 우려가 있는 경우에 시설물의 물리적·기능적 결함을 신속하게 발견하기 위하여 실시하는 점검

027 건설기술진흥법령상 안전점검의 시기·방법에 관한 사항으로 괄호 안에 알맞은 내용을 쓰시오.

> 정기안전점검 결과 건설공사의 물리적·기능적 결함 등이 발견되어 보수·보강 등의 조치를 위하여 필요한 경우에는 (   )을 할 것

026 시설물의 안전 및 유지관리에 관한 특별법상 다음과 같이 정의되는 용어는 무엇인지 쓰시오.

> 시설물의 물리적·기능적 결함을 발견하고 그에 대한 신속하고 적절한 조치를 하기 위하여 구조적 안전성과 결함의 원인 등을 조사·측정·평가하여 보수·보강 등의 방법을 제시하는 행위를 말한다.

028 시설물의 안전 및 유지관리에 관한 특별법령에 따른 안전등급별 정기안전점검 및 정밀안전진단위의 실시시기 기준에서 괄호 안에 들어갈 내용을 순서대로 쓰시오.

안전등급	정기안전점검	정밀안전진단
A등급	(㉠) 이상	(㉡)년에 1회 이상

제2과목

인간공학 및 위험성 평가·관리

01 진위형 문제

▶ 해설편 80p

※ 다음 문제를 읽고, 옳으면 ○, 틀리면 ✕를 괄호 안에 표기하시오.

★중요　　　　　　　　　　　　[02②, 13②, 15②, 21①]

001 인간공학의 직접적인 목적에 해당하는 것을 체크하시오.

① 기계조작의 능률성 향상 (　　)
② 인간의 능력개발 (　　)
③ 사고의 미연 및 방지 (　　)
④ 작업환경의 쾌적성 향상 (　　)
⑤ 안전성 향상과 사고 방지 (　　)
⑥ 작업의 능률성과 생산성 향상 (　　)
⑦ 인간의 신뢰성 회복 (　　)
⑧ 제품 품질의 향상 (　　)

[12③]

002 인간공학의 정의에 관한 설명으로 올바른지 체크하시오.

① 인간공학이란 인간이 사용할 수 있도록 설계하는 과정을 말한다. (　　)
② 인간공학의 초점은 인간이 만들어 생활의 여러 국면에서 사용하는 물건, 기구, 혹은 환경을 설계하는 과정에서 기계나 설비를 고려하여 주는 데 있다. (　　)
③ 인간공학의 접근방법은 인간이 만들어 사람이 사용하는 물건, 기구 혹은 환경을 설계하는 데 인간의 특성이나 행동에 관한 적절한 정보를 체계적으로 적용하는 것이다. (　　)
④ 인간공학의 목표는 인간이 만든 물건, 기구, 혹은 환경 등을 잘 사용할 수 있도록 실용적 효능을 높이고, 이러한 과정에서 특정한 인생의 가치 기준을 유지하거나 높이는 데 있다. (　　)

★중요　　　　　[02①③, 06②, 10①③, 21③]

003 인간공학에서 사용되는 인간기준(human criteria)의 4가지 유형에 해당하는 것을 체크하시오.

① 사고빈도 (　　)
② 인간 성능 척도 (　　)
③ 생리학적 지표 (　　)
④ 작업만족도 (　　)
⑤ 주관적 반응 (　　)
⑥ 심리적 지표 (　　)
⑦ 객관적 반응 (　　)

[05②]

004 인간공학 연구에서 실험실 연구와 현장 연구의 장·단점에 대한 설명으로 올바른지 체크하시오.

① 사실성은 현장 연구가 유리하다. (　　)
② 변수의 관리는 실험실 연구가 유리하다. (　　)
③ 피실험자의 안전은 현장 연구가 유리하다. (　　)
④ 현장 연구가 불가능할 경우에는 모의실험이 유리하다. (　　)

★중요　　　　　　[14②, 17①, 18①, 21①]

005 산업안전 분야에서의 인간공학을 위한 제반 언급사항으로 올바른지 체크하시오.

① 인간의 특성과 한계점을 고려하여 제품을 변경한다. (　　)
② 생산성을 높이기 위해 인간의 특성을 작업에 맞추는 것이다. (　　)
③ 사고를 방지하고 안전성과 능률성을 높일 수 있다. (　　)
④ 편리성, 쾌적성, 효율성을 높일 수 있다. (　　)
⑤ 안전관리자와의 의사소통을 원활하게 한다. (　　)
⑥ 인간과오 방지를 위한 구체적 대책을 세운다. (　　)
⑦ 인간행동 특성자료을 정량화하고 축적한다. (　　)
⑧ 인간–기계체의 설계 개선을 위한 기금을 축적한다. (　　)

006 사업장에서 인간공학 적용 분야에 해당하는 것을 체크하시오. [12②, 13③, 25①]

① 작업환경 개선 (　)
② 장비·공구·설비의 설계 (　)
③ 재해 및 질병예방 (　)
④ 신뢰성 설계 (　)
⑤ 설비 관리 (　)
⑥ 제품 설계 (　)

007 인간공학 전문분야를 특성화하여 다른 응용분야와 구별한 일반적 견해에 해당하는 것을 체크하시오. [05③]

① 인간에게 쓸모가 있는 사물, 기계 등을 만들되, 항상 설계자가 우선이다. (　)
② 인간의 능력 및 한계와 설계 내용에 대한 평가에는 개인차가 있음을 인식한다. (　)
③ 사물, 절차 등의 설계가 인간의 행동과 복지에 영향을 미친다고 믿는다. (　)
④ 과학적 방법과 객관적 자료에 바탕을 두고 가설을 시험하여 인간행동에 관한 기초 자료를 얻는다. (　)

★중요 **008** 체계분석 및 설계에 있어서 인간공학의 가치에 해당하는 것을 체크하시오. [04③, 11①, 13③, 17②, 18①②, 22②]

① 성능의 향상 (　)
② 인력 이용률의 감소 및 저하 (　)
③ 사용자의 수용도 향상 (　)
④ 사고 및 오용으로부터의 손실 감소 (　)
⑤ 훈련비용의 증가 (　)
⑥ 생산 및 보전의 경제성 증대 및 향상 (　)
⑦ 훈련비용의 절감 (　)
⑧ 인력 이용률의 향상 (　)

009 안전가치 분석의 특징으로 올바른지 체크하시오. [17①]

① 기능 위주로 분석한다. (　)
② 그룹 활동은 전원의 중지를 모은다. (　)
③ 특정 위험의 분석을 위주로 한다. (　)
④ 왜 비용이 드는가를 분석한다. (　)

★중요 **010** 인간-기계 시스템에서 기본적인 기능에 해당하는 것을 체크하시오. [02①, 06①, 11①, 16③, 18③, 23③]

① 감각 기능 (　)
② 정보 저장 기능 (　)
③ 작업환경 측정 기능 (　)
④ 정보처리 및 결정 기능 (　)
⑤ 경고신호 (　)
⑥ 행동기능 (　)
⑦ 감지 (　)
⑧ 정보의 수용 (　)
⑨ 정보의 설계 (　)
⑩ 궤환 (　)
⑪ 이동 (　)

011 정보처리기능 중 정보보관에 해당하는 것을 체크하시오. [17②]

① 감지 (　)
② 정보처리 (　)
③ 출력 (　)
④ 행동기능 (　)

★중요 **012** 인간-기계통합 체계에서 인간 또는 기계에 의해서 수행되는 4가지 기본 기능 중 다른 세가지 기능 모두와 상호작용하는 것을 체크하시오. [02①, 05③, 06①, 24③]

① 감지 (　)
② 정보 보관 (　)
③ 행동 기능 (　)
④ 정보처리 및 의사결정 (　)

013 기준의 유형 가운데 체계기준(system criteria)에 해당하는 것을 체크하시오. [08②, 12①]

① 운용비 (　)
② 신뢰도 (　)
③ 사고빈도 (　)
④ 사용상의 용이성 (　)

014 인간-기계시스템에 대한 평가에서 평가 척도나 기준(criteria)으로서 관심의 대상이 되는 변수를 체크하시오.

① 독립변수 (　　) ② 종속변수 (　　)
③ 확률변수 (　　) ④ 통제변수 (　　)

★중요　　　　[02②, 04③, 05④, 14③, 15③, 19①, 21②]
015 인간-기계 시스템의 종류에 해당하는 것을 체크하시오.

① 기계화 시스템 (　　)
② 생태 시스템 (　　)
③ 수동화 시스템 (　　)
④ 자동화 시스템 (　　)
⑤ 감시제어 시스템 (　　)
⑥ 인공지능 체계 (　　)

★중요　　　　[02①, 06②, 10①, 19③, 23②]
016 인간과 기계능력에 대한 실용성 한계에 대한 설명으로 올바른지 체크하시오.

① 일반적인 인간과 기계 비교가 항상 적용된다. (　　)
② 상대적인 비교는 항상 변하기 마련이다. (　　)
③ 기능의 수행이 유일한 기준은 아니다. (　　)
④ 최선의 성능을 마련하는 것이 항상 중요한 것은 아니다. (　　)

[05③]
017 인간과 기계의 기능을 비교한 것으로 올바른지 체크하시오.

① 인간은 임기응변능력이 기계보다 앞선다. (　　)
② 기계는 쉽게 피로하지 않는다는 점에서 인간보다 앞선다. (　　)
③ 반복작업인 경우는 인간의 신뢰도는 기계보다 앞선다. (　　)
④ 인간은 귀납적으로 정보를 처리한다. (　　)

[03②, 07②, 23②]
018 기계가 갖고 있는 한계점에 해당하는 것을 체크하시오.

① 기계는 융통적이지 못하다. (　　)
② 기계는 임기응변을 하지 못한다. (　　)
③ 기계는 물리적 힘을 빠르고 지속적으로 적용하지 못한다. (　　)
④ 기계는 예기치 못한 사건들을 감지할 수 없다. (　　)

[06③, 10②]
019 기계가 인간을 능가하는 경우에 해당하는 것을 체크하시오.

① 물리적인 양을 계수하거나 측정한다. (　　)
② 완전히 새로운 해결책을 찾아낸다. (　　)
③ 암호화된 정보를 신속하게 대량으로 보관한다. (　　)
④ 반복적인 작업을 규율 있게 발휘한다. (　　)

★중요　　　　[07③, 08①, 14①, 16②, 20①, 22①]
020 인간-기계 시스템에서 기계와 비교한 인간의 장점에 해당하는 것을 체크하시오. (단, 인공지능과 관련된 사항은 제외)

① 위험한 환경에서도 업무수행이 가능하다. (　　)
② 예상외로 발생한 업무에 대하여 진행이 가능하다. (　　)
③ 연관이 없는 외부요인에는 둔감하다. (　　)
④ 각기 다른 과업을 동시에 수행할 수 있다. (　　)
⑤ 완전히 새로운 해결책을 찾아내는 기능이 있다. (　　)
⑥ 반복적인 작업을 신뢰성 있게 수행하는 기능이 있다. (　　)
⑦ 관찰을 통해서 일반화하여 귀납적으로 추리하는 기능이 있다. (　　)
⑧ 불시에 발생한 부적절한 일에 대하여 능숙하게 진행시키는 기능이 있다. (　　)
⑨ 여러 개의 프로그램된 활동을 동시에 수행한다. (　　)
⑩ 다양한 경험을 토대로 하여 의사결정을 한다. (　　)
⑪ 상황에 따라 변화하는 복잡한 자극 형태를 식별한다. (　　)
⑫ 귀납적 추리를 한다. (　　)
⑬ 소음 등 주위가 불안정한 상황에서도 효율적으로 작동한다. (　　)

⑭ 암호화된 정보를 신속하게 대량으로 보관한다.
( )

⑮ 입력신호에 대해 신속하고 일관성 있는 반응을 한다. ( )

[02②]

021 기계의 정보처리의 기능에 해당하는 것을 체크하시오.

① 임기응변적 기능 ( )

② 연역적 기능 ( )

③ 귀납적 기능 ( )

④ 응용능력적 기능 ( )

[03①, 05②, 25②]

022 인간 기계 체계 설계 시 인간공학적 해석방법에 해당하는 것을 체크하시오.

① 링크해석법 ( )

② 웨이트식 중요 빈도법 ( )

③ 공간지수법 ( )

④ 워크샘플링법 ( )

[07③, 14③, 21①]

023 안전제어장치 중 사출기의 도어에 설치되어 도어가 열려 있는 경우에는 사출기가 동작되지 않도록 하는 것을 체크하시오.

① 비상제어장치 ( )

② 인터록 장치 ( )

③ 인트라록 장치 ( )

④ 트랜스록 장치 ( )

★중요　　　　**[04②, 16①, 17③, 22①]**

024 페일 세이프(fail-safe)의 원리에 해당하는 것을 체크하시오.

① 교대 구조 ( )

② 다경로하중 구조 ( )

③ 배타설계 구조 ( )

④ 하중경감 구조 ( )

⑤ 중복 구조 ( )

★중요　　　　**[02①, 09③, 19①, 24②]**

025 인간-기계 시스템에서의 신뢰도 유지 방안에 해당하는 것을 체크하시오.

① lock system ( )

② fail-safe system ( )

③ fool-proof system ( )

④ risk assessment system ( )

⑤ control system ( )

[02①]

026 Fail safe와 관계 있는 것을 체크하시오.

① Feed back ( )

② Fool proof ( )

③ Inter lock ( )

④ Trap system ( )

[18①]

027 산업현장에서 사용하는 생산설비의 경우 안전장치가 부착되어 있으나 생산성을 위해 제거하고 사용하는 경우가 있다. 이러한 경우를 대비하여 설계 시 안전장치를 제거하면 작동이 안 되는 구조를 채택하고 있는 것을 체크하시오.

① Fail Safe ( )

② Fool Proof ( )

③ Lock Out ( )

④ Temper Proof ( )

[15①]

028 안전 설계방법 중 페일세이프 설계(fail-safe design)에 해당하는 것을 체크하시오.

① 오류가 전혀 발생하지 않도록 설계 ( )

② 오류가 발생하기 어렵게 설계 ( )

③ 오류의 위험을 표시하는 설계 ( )

④ 오류가 발생하였더라도 피해를 최소화하는 설계
( )

★중요　　　　**[03③, 06①, 15②, 17①, 20①, 22③]**

029 인간-기계 인터페이스(human-machine interface)의 조화성에 해당하는 것을 체크하시오.

① 인지적 조화성 ( )

② 신체적 조화성 ( )

③ 통계적 조화성 ( )

④ 감성적 조화성 ( )

⑤ 심미적 조화성 ( )

030 인간–기계 체계에서 시스템 활동의 흐름과정을 탐지 분석하는 방법에 해당하는 것을 체크하시오.

[17③]

① 가동분석 (　　)

② 운반공정분석 (　　)

③ 신뢰도분석 (　　)

④ 사무공정분석 (　　)

[02①]

031 기계조작 시 출력응답에 속하는 반응에 해당하는 것을 체크하시오.

① 표시램프의 점멸 (　　)

② 사이렌소리 (　　)

③ 레버의 조작 (　　)

④ 기계의 기능정지 (　　)

[02①, 05①]

032 제품을 안전하게 만드는 기본 수법에 해당하는 것을 체크하시오.

① 제품 책임을 명시한다. (　　)

② 제품에서 위험성을 배제하여 설계한다. (　　)

③ 보호장치나 차폐장치로 위험 가능성으로부터 보호한다. (　　)

④ 올바른 사용법, 적절한 경고사항과 사용설명을 제공한다. (　　)

⑤ 제품의 기능을 최대한 간단하게 한다. (　　)

★중요　　[11③, 13②, 19③, 23③]

033 인간–기계시스템의 설계 단계를 6단계로 구분할 때 제3단계인 기본설계단계에 해당하는 것을 체크하시오.

① 직무 분석 (　　)

② 기능의 할당 (　　)

③ 인터페이스 설계 (　　)

④ 인간 성능 요건 명세 결정 (　　)

⑤ 보조물 설계 결정 (　　)

[13①]

034 시스템 설계 과정의 주요 단계 중 계면 설계를 위한 인간 요소 자료에 해당하는 것을 체크하시오.

① 상식과 경험 (　　)

② 전문가의 판단 (　　)

③ 실험절차 (　　)

④ 정량적 자료집 (　　)

★중요　　[03③, 05④, 12②, 22②]

035 계면(界面) 설계할 때 감성적인 부문을 고려하지 않으면 나타나는 결과에 해당하는 것을 체크하시오.

① 육체적 압박 (　　)

② 정신적 압박 (　　)

③ 진부감(陳腐感) (　　)

④ 편리감 (　　)

[08①, 14②]

036 인간공학의 중요한 연구과제인 계면(interface)설계에 있어서 계면에 해당하는 것을 체크하시오.

① 작업 공간 (　　)

② 표시 장치 (　　)

③ 조종 장치 (　　)

④ 조명 시설 (　　)

[20②]

037 인간–기계 시스템을 설계하기 위해 고려해야 할 사항으로 올바른지 체크하시오.

① 시스템 설계 시 동작 경제의 원칙이 만족되도록 고려한다. (　　)

② 인간과 기계가 모두 복수인 경우, 종합적인 효과보다 기계를 우선적으로 고려한다. (　　)

③ 대상이 되는 시스템이 위치할 환경 조건이 인간에 대한 한계치를 만족하는가의 여부를 조사한다. (　　)

④ 인간이 수행해야 할 조작이 연속적인가 불연속적인가를 알아보기 위해 특성조사를 실시한다. (　　)

[13①]

038 인간–기계 시스템의 구성요소에서 일반적으로 신뢰도가 가장 낮은 요소를 체크하시오. (단, 관련 요건은 동일하다고 가정함)

① 수공구 (　　)

② 작업자 (　　)

③ 조종장치 (　　)

④ 표시장치 (　　)

[04①, 14③, 24①]

039 신뢰도 r인 요소 n개가 직렬로 구성된 시스템의 신뢰도를 체크하시오.

① $\prod\limits_{i=1}^{n} R_i$ (　　)

② $1-\prod\limits_{i=1}^{n} R_i$ (　　)

③ $1-\prod\limits_{i=1}^{n} (1-R_i)$ (　　)

④ $\prod\limits_{i=1}^{n} (1-R_i)$ (　　)

[05②, 10①, 23③]

040 직렬 구조를 갖는 시스템의 특성으로 올바른지 체크하시오.

① 요소(要素) 중 어느 하나가 고장이면 시스템은 고장이다. (　　)

② 요소의 수가 적을수록 시스템의 신뢰도는 높아진다. (　　)

③ 요소의 수가 많을수록 시스템의 수명은 짧아진다. (　　)

④ 시스템의 수명은 요소 중에서 수명이 가장 긴 것으로 정해진다. (　　)

[16①]

041 일반적으로 가장 신뢰도가 높은 시스템의 구조를 체크하시오.

① 직렬연결구조 (　　)

② 병렬연결구조 (　　)

③ 단일부품구조 (　　)

④ 직·병렬 혼합구조 (　　)

[04②, 08②]

042 신뢰도 구조상으로 직렬 구조에 해당하는 것을 체크하시오.

① 3발 자전거의 바퀴 (　　)

② 건물 내의 스프링클러 (　　)

③ 검사 인원의 중복 투입 (　　)

④ 자동차의 브레이크 시스템 (　　)

⑤ 요원 중복 (　　)

⑥ 자동차의 네 바퀴 (　　)

⑦ 2개의 연결된 회로 차단기 (　　)

★중요　　[03②, 07②, 12③, 22③]

043 병렬계 시스템의 특성으로 올바른지 체크하시오.

① 요소의 중복도가 증가할수록 계의 수명은 짧아진다. (　　)

② 요소의 수가 많을수록 고장의 기회는 줄어든다. (　　)

③ 요소의 어느 하나가 정상적이면 계는 정상이다. (　　)

④ 시스템의 수명은 요소 중 수명이 가장 긴 것으로 정할 수 있다. (　　)

[07③, 09③, 25③]

044 그림과 같이 m개 요소의 병렬작용으로 결합된 시스템의 신뢰도를 체크하시오.

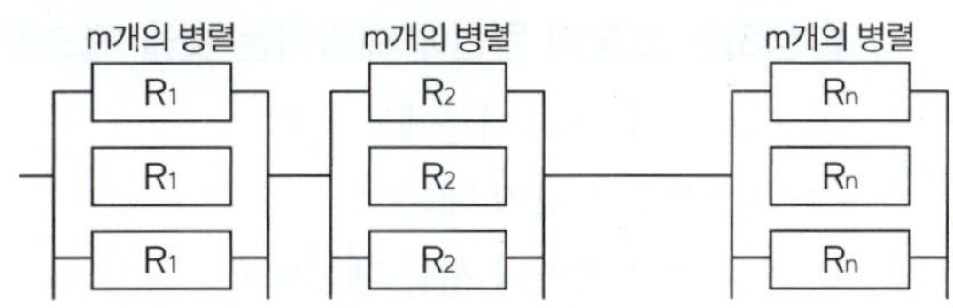

① $R=R_1 R_2 R_3 \cdots R_n = \prod\limits_{i=1}^{n} R_i$ (　　)

② $R=1-\prod\limits_{i=1}^{n} (1-R_i)$ (　　)

③ $R=\prod\limits_{i=1}^{n} [1-(1-R_i)^m]$ (　　)

④ $R=1-(1-\prod\limits_{i=1}^{n} R_i)^m$ (　　)

★중요　　[02②, 05①, 06③, 09①, 23①]

045 시스템 신뢰도를 증가시킬 수 있는 방법을 체크하시오.

① 페일 세이프 설계 (　　)

② 풀 프루프 설계 (　　)

③ 중복 설계 (　　)

④ Lock system 설계 (　　)

[04①]

046 인간-기계체계의 신뢰도를 개선할 수 있는 방법을 체크하시오.

① 중복 설계 (　　)

② 충분한 여유 용량 (　　)

③ 고가 재료 사용 (　　)

④ 부품 개선 (　　)

047 체계(system)의 특성에 해당하는 것을 체크하시오.

① 집합성 ( )   ② 관련성 ( )

③ 목적추구성 ( )   ④ 환경독립성 ( )

048 고장은 기계의 신뢰를 결정한다. 불량제조나 생산 과정에서의 품질관리 미비로 생기는 고장으로 점검 작업이나 시운전으로 예방할 수 있는 고장에 해당 하는 것을 체크하시오.

① 우발고장 ( )   ② 마모고장 ( )

③ 초기고장 ( )   ④ 평상고장 ( )

[14②]

049 시스템의 수명곡선(욕조곡선)에서 우발고장 기간에 발생하는 고장의 원인에 해당하는 것을 체크하시오.

① 사용자의 과오 때문에 ( )

② 안전계수가 낮기 때문에 ( )

③ 부적절한 설치나 시동 때문에 ( )

④ 최선의 검사방법으로도 탐지되지 않는 결함 때문 에 ( )

[04③]

050 고장률 곡선에서 우발고장 기간에 발생하는 고장에 대한 설명으로 올바른지 체크하시오.

① 우발고장 기간에 실시하는 설비보전방식은 사후 보전이 적당하다. ( )

② 불규칙적으로 고장이 발생하며 고장률[$\lambda(t)$]은 시간에 관계없이 일정하다. ( )

③ 최선의 검사방법으로도 탐지되지 않는 결함 때문 에 고장이 일어난다. ( )

④ 설계 및 제조의 오류, 부적절한 설치나 시동 등이 고장의 원인이며, 과부하가 걸리지 않도록 해야 한다. ( )

051 system에서 일반적으로 사용되는 고장의 형에 해 당하는 것을 체크하시오.

① 오동작 ( )

② 노후 고장 ( )

③ 개로 또는 개방의 고장 ( )

④ 폐로 또는 폐쇄의 고장 ( )

[02③]

052 현장 중심의 사용하기 쉬운 설계에 해당하는 것을 체크하시오.

① 코드 설계 ( )   ② 출력 설계 ( )

③ 입력 설계 ( )   ④ 파일 설계 ( )

[09①]

053 기계와 인간의 상대적 수행도를 나타내는 다음 그 림에서 시스템의 재설계가 요구되는 영역을 체크하 시오.

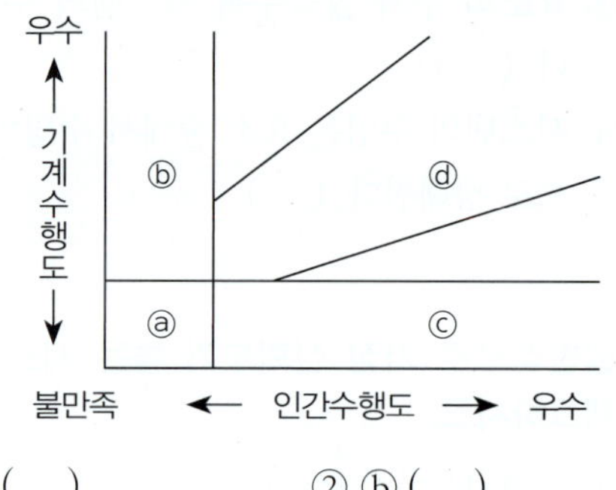

① ⓐ ( )   ② ⓑ ( )

③ ⓒ ( )   ④ ⓓ ( )

[04②, 15③, 21②]

054 기계설비의 본질 안전화를 진전시키기 위하여 검토 하여야 할 사항을 체크하시오.

① 재료, 제품, 공구 등을 놓아둘 공간을 충분히 확 보할 것 ( )

② 작업자측에 실수나 잘못이 있어도 기계설비측에 서 이를 배제하여 안전을 확보할 것 ( )

③ 안전한 통로를 설정하고, 또한 작업장소와 통로 는 명확히 구분할 것 ( )

④ 작업의 흐름에 따라 기계설비를 배치시켜 필요 없는 운반작업을 극력 배제할 것 ( )

02 단답형 문제

[06②]

001 제품의 변화, 전달된 통신, 제공된 용역(Service)과 같은 것은 인간-기계통합체계의 기본기능 중 어디에 속하는지를 쓰시오.

[07①]

002 인간-기계 체계의 기본 기능 중 내려진 의사결정의 결과로 발생하는 조작 행위를 일컫는 기능을 쓰시오.

★중요   [09②, 11③, 17②, 22②]

003 일반적인 인간-기계 시스템의 형태 중 인간이 사용자나 동력원으로 기능하는 체계를 쓰시오.

★중요   [02③, 05①]

004 전선, 도관, 지레 등으로 이루어진 제어회로에 의해서 부품들이 연결된 기계체계를 쓰시오.

★중요   [03②, 08①, 21②]

005 체계가 감지, 정보보관, 정보처리 및 의사결정, 행동을 포함한 모든 임무를 수행하는 체계를 쓰시오.

[17③]

006 감지되는 모든 우발상황에 대하여 적절한 행동을 취하게 완전히 프로그램화되어 있으며, 인간은 주로 감시, 프로그램, 정비유지 등의 기능을 수행하는 인간-기계 체계를 쓰시오.

[06③]

007 기계와 인간 사이에 두는 Lock system의 명칭을 쓰시오.

[16②, 23③]

008 과전압이 걸리면 전기를 차단하는 차단기, 퓨즈 등을 설치하여 오류가 재해로 이어지지 않도록 사고를 예방하는 설계 원칙을 쓰시오.

[05②]

009 인간-기계 체계에서 인간과 기계가 만나는 면(面)을 쓰시오.

⚙ **해설** 계면이란 인간과 소프트웨어와의 경계, 인간과 기계와의 경계를 이루는 부분을 말한다. 계면은 입력과 출력, 명령의 전달 및 실행의 결과 표시 등과 관련이 깊다.

| 정답 |

001 출력   002 행동 기능   003 수동체계   004 자동(자동화)체계   005 자동(자동화)체계   006 자동(자동화)체계
007 인터록 장치(Interlock system)   008 페일-세이프(fail-safe) 설계   009 계면

010 인간-기계 시스템 설계 과정의 주요 6단계를 순서대로 나열하시오.

> ⓐ 기본 설계   ⓑ 시스템 정의
> ⓒ 목표 및 성능 명세 결정
> ⓓ 인간-기계 인터페이스(human-machine interface) 설계
> ⓔ 매뉴얼 및 성능보조자료 작성
> ⓕ 시험 및 평가

⚙️**해설** 인간-기계 시스템 설계 과정의 주요 6단계
목표 및 성능 명세 결정 → 시스템(체계) 정의 → 기본 설계 → 인간-기계 인터페이스(human-machine interface)(계면) 설계 → 매뉴얼 및 성능보조자료 작성(촉진물 설계) → 시험 및 평가

★중요   [11①, 12③, 18③, 19②, 21③]

011 체계 설계 과정의 주요 단계에서 가장 먼저 실시해야 하는 것을 쓰시오.

[03①]

012 시스템의 신뢰도를 증가시키는 방법 가운데 주어진 시스템과 동일한 시스템을 설치하여 신뢰도를 증가시키는 방법을 쓰시오.

[03③, 17③]

013 물품을 일정시간 가동시켜 결함을 찾아내고 제거하여 고장률을 안정시키는 기간을 쓰시오.

[02①, 05④, 23①]

014 인간-기계 시스템(man-machine system)에서 조작상 인간 에러 발생 빈도수가 적은 것부터 많은 것의 순서대로 기호를 쓰시오.

> A. 정보 관련   B. 표시 장치
> C. 제어 장치   D. 시간 관련

⚙️**해설** 장치 조작의 인간실수 발생빈도가 적은 것부터 많은 것의 순으로 나열하면, "시간 관련 → 제어 장치 → 표시 장치 → 정보 관련"의 순이다.

[09①, 13③, 22①]

015 시스템의 수명곡선에서 고장의 발생형태가 일정하게 나타나는 기간을 쓰시오.

[18③]

016 설계 강도 이상의 급격한 스트레스에 의해 발생하는 고장에 해당하는 것을 쓰시오.

[08③, 23②]

017 시스템의 수명곡선(욕조곡선)에서 안전진단 및 적당한 보수에 의해 방지할 수 있는 고장의 형태를 쓰시오.

|정답|

010 ⓒ → ⓑ → ⓐ → ⓓ → ⓔ → ⓕ   **011** 목표 및 성능 명세 결정   **012** 중복설계   **013** 초기고장기간   **014** D → C → B → A
015 우발고장기간   **016** 우발고장   **017** 마모고장

03 계산형 문제

★중요

001 고장률이 λ인 지수분포를 갖는 동일한 두 개의 독립적인 부품의 병렬구조 시스템의 신뢰도를 구하시오.

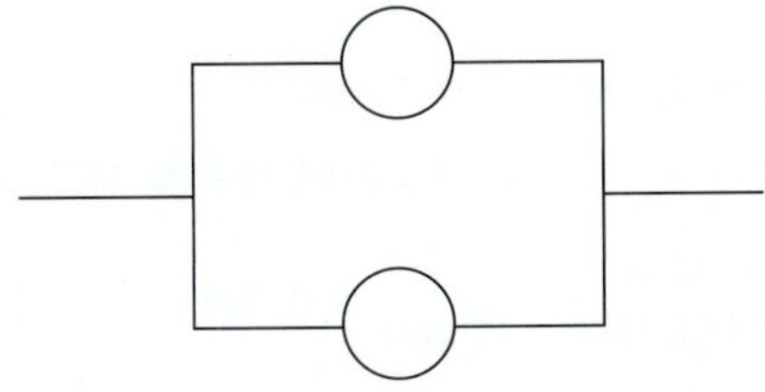

🔧 **해설**

2개의 부품이 모두 고장 나지 않는 경우에는 병렬 시스템이 동작하므로, 시스템의 고장은 두 부품이 모두 고장 나는 경우와 동일함을 알 수 있다.

① 각 부품의 고장날 확률 $F(t) = 1-e^{-\lambda t}$

② 두 부품이 모두 고장날 확률 $[F(t)]^2 = [1-e^{-\lambda t}]^2$

①과 ②에 의해서, 시스템의 신뢰도는 $1-[F(t)]^2 = 1-(1-e^{-\lambda t})^2 = 2e^{-\lambda t}-e^{-2\lambda t}$이다.

★중요

002 사용기간 t에 대한 신뢰도가 각각 e^{-t}, e^{-3t} 인 부품이 하나씩 연결된 기기를 사용하는데 부품 2개 중 어느 한 가지만 이라도 작동상태에 있어도 되는 시스템이라면, 사용기간 t에 대한 기기의 신뢰도 R(t)를 구하시오.

🔧 **해설**

① 직렬연결구조의 신뢰도 $= R_1 \cdot R_2 \cdot R_3 \cdots \cdot R_n = \Pi R_i$이다.

② 병렬연결구조의 신뢰도 $= 1 - \{(1 - R_1)(1 - R_2)(1 - R_3)\cdots(1 - R_n)\} = 1 - \Pi(1 - R_i)$이다.

병렬연결구조의 신뢰도를 구하여야 하므로, $R(t) = 1 - [(1-e^{-t})(1-e^{-3t})]$

003 어떤 부품은 고장까지의 평균시간이 1,000시간이며, 지수분포를 따르고 있다. 이 부품을 1,000시간 작동시킨 경우의 신뢰도를 구하시오.

🔧 **해설**

신뢰도(고장나지 않을 확률)의 산정 : $R(t) = e^{-\frac{t}{t_0}} = e^{-\lambda \times t}$

(t_0 : 평균수명 또는 평균고장시간, t : 앞으로 고장없이 사용할 시간, λ : 고장률)

그러므로, $R(t) = e^{-\lambda \times t} = e^{-\frac{t}{t_0}} = e^{-\frac{1,000}{1,000}} = 0.3678$

[14③, 19③, 22②]

004 작업자가 평균 1,000시간 작업을 수행하면서 4회의 실수를 한다면, 이 사람이 10시간 근무했을 경우의 신뢰도를 구하시오.

해설

신뢰도(고장나지 않을 확률)의 산정 : $R(t) = e^{-\frac{t}{t_0}} = e^{-\lambda \times t}$

(t_0 : 평균수명 또는 평균고장시간, t : 앞으로 고장없이 사용할 시간, λ : 고장률)

그런데, $t = 10$이고, $\lambda = \dfrac{\text{실수 횟수}}{\text{평균 작업 시간}} = \dfrac{4}{1,000} = 0.004$

그러므로, $R(t) = e^{-\lambda \times t} = e^{-0.004 \times 10} = 0.9608 ≒ 0.96$

[04①, 06①, 07③, 24②]

005 기계의 신뢰도가 고장률이 일정한 지수분포를 나타내며, 고장률이 0.04일 때, 이 기계가 10시간 동안 만족스럽게 작동할 확률을 구하시오.

해설

신뢰도(고장나지 않을 확률)의 산정 : $R(t) = e^{-\frac{t}{t_0}} = e^{-\lambda \times t}$

(t_0 : 평균수명 또는 평균고장시간, t : 앞으로 고장없이 사용할 시간, λ : 고장률)

그런데, $t = 10$이고, $\lambda = \dfrac{\text{실수 횟수}}{\text{평균 작업 시간}} = 0.04$

그러므로, $R(t) = e^{-\lambda \times t} = e^{-0.04 \times 10} = 0.6703 ≒ 0.67$

[03②, 08①]

006 어떤 기기의 고장률은 0.002/시간으로 일정하다고 할 때, 이 기기를 100시간 사용했을 때의 불신뢰도를 구하시오.

해설

신뢰도(고장나지 않을 확률)의 산정 : $R(t) = e^{-\frac{t}{t_0}} = e^{-\lambda \times t}$, 불신뢰도 = 1 − 신뢰도

(t_0 : 평균수명 또는 평균고장시간, t : 앞으로 고장없이 사용할 시간, λ : 고장률)

그런데, $t = 100$이고, $\lambda = 0.002$이다.

그러므로, $R(t) = e^{-\lambda \times t} = e^{-0.002 \times 100} = e^{-0.2} = 0.81873$이다.

불신뢰도 = 1 − 신뢰도 = 1 − 0.81873 = 0.181269 ≒ 0.1813

[03 ①]

007 인간이 기계를 조종하여 임무를 수행하여야 하는 인간-기계체계가 있다. 만일 이 인간-기계 통합체계의 신뢰도가 0.8 이상이어야 하며, 인간의 신뢰도는 0.9라 한다면, 기계의 신뢰도를 구하시오.

> ⚙ **해설**
>
> 통합의 신뢰도 = 기계의 신뢰도 × 인간의 신뢰도이다.
>
> 그러므로, 기계의 신뢰도 = $\dfrac{\text{통합 체계의 신뢰도}}{\text{인간의 신뢰도}}$ = $\dfrac{0.8}{0.9}$ = 0.0888 ≒ 0.9 이상

★**중요**

[14 ①]

008 세발자전거에서 각 바퀴의 신뢰도가 0.9일 때 이 자전거의 신뢰도를 구하시오.

> ⚙ **해설**
>
> ① 직렬연결구조의 신뢰도 = $R_1 \cdot R_2 \cdot R_3 \cdot \cdots \cdot R_n = \Pi R_i$이다.
> ② 병렬연결구조의 신뢰도 = $1 - \{(1 - R_1)(1 - R_2)(1 - R_3)\cdots(1 - R_n)\} = 1 - \Pi(1 - R_i)$이다.
> 그런데, 자동차의 바퀴, 수레의 바퀴 및 자전거의 바퀴는 신뢰도상 직렬의 구조이다.
> 그러므로, ①에 따라서 신뢰도 = 0.9 × 0.9 × 0.9 = 0.729

[03 ②]

009 다음과 같은 시스템의 신뢰도를 구하시오. (단, 기계의 신뢰도는 0.99임)

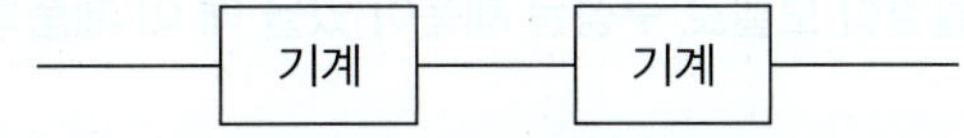

> ⚙ **해설**
>
> ① 직렬연결구조의 신뢰도 = $R_1 \cdot R_2 \cdot R_3 \cdot \cdots \cdot R_n = \Pi R_i$이다.
> ② 병렬연결구조의 신뢰도 = $1 - \{(1 - R_1)(1 - R_2)(1 - R_3)\cdots(1 - R_n)\} = 1 - \Pi(1 - R_i)$이다.
> 그런데, 문제에서 직렬구조로 되어 있으므로 신뢰도 = 0.99 × 0.99 = 0.9801

★중요

010 다음 시스템의 신뢰도를 구하시오. (단, 두 부품의 고장은 독립이라고 가정함)

> ⚙ **해설**
>
> ① 직렬연결구조의 신뢰도 $= R_1 \cdot R_2 \cdot R_3 \cdots \cdot Rn = \Pi R_i$이다.
>
> ② 병렬연결구조의 신뢰도 $= 1 - \{(1 - R_1)(1 - R_2)(1 - R_3)\cdots(1 - Rn)\} = 1 - \Pi(1 - R_i)$이다.
>
> 그런데, 문제에서 직렬구조로 되어 있으므로 신뢰도 $= 0.85 \times 0.9 = 0.765$

★중요

011 인간–기계 시스템에서 인간과 기계가 병렬로 연결된 작업의 신뢰도를 구하시오. (단, 인간은 0.8, 기계는 0.98의 신뢰도를 갖고 있음)

> ⚙ **해설**
>
> ① 직렬연결구조의 신뢰도 $= R_1 \cdot R_2 \cdot R_3 \cdots \cdot Rn = \Pi R_i$이다.
>
> ② 병렬연결구조의 신뢰도 $= 1 - \{(1 - R_1)(1 - R_2)(1 - R_3)\cdots(1 - Rn)\} = 1 - \Pi(1 - R_i)$이다.
>
> 병렬로 연결되어 있으므로 ②에 의하며, 인간은 0.8, 기계는 0.98의 신뢰도를 갖고 있으므로,
>
> 신뢰도 $= 1 - \{(1 - R_1)(1 - R_2)(1 - R_3)\cdots(1 - Rn)\}$
>
> $\qquad = 1 - \{(1 - 0.8)(1 - 0.98)\} = 0.996$

012 신뢰도가 0.4인 부품 5개가 병렬결합 모델로 구성된 제품이 있을 때 이 제품의 신뢰도를 구하시오.

> ⚙ **해설**
>
> 병렬연결구조의 신뢰도 $= 1 - \{(1 - R_1)(1 - R_2)(1 - R_3)\cdots(1 - Rn)\} = 1 - \Pi(1 - R_i)$이다.
>
> 신뢰도가 0.4인 부품 5개가 병렬 결합되어 있으므로, 신뢰도는 다음과 같다.
>
> 신뢰도 $= 1 - \{(1 - R_1)(1 - R_2)(1 - R_3)\cdots(1 - Rn)\}$
>
> $\qquad = 1 - \{(1 - 0.4)(1 - 0.4)(1 - 0.4)(1 - 0.4)(1 - 0.4)\} = 0.922$

[20②]

013 조작자 한 사람의 신뢰도가 0.9일 때, 요원을 중복하여 2인 1조가 되어 작업을 진행하는 공정이 있다. 작업 기간 중 항상 요원 지원을 한다면 이 조의 인간 신뢰도를 구하시오.

⚙ 해설

병렬연결구조의 신뢰도 $= 1 - \{(1 - R_1)(1 - R_2)(1 - R_3)\cdots(1 - Rn)\} = 1 - \Pi(1 - R_i)$이다.

신뢰도가 0.4인 부품 5개가 병렬 결합되어 있으므로, 신뢰도는 다음과 같다.

$$\text{신뢰도} = 1 - \{(1 - R_1)(1 - R_2)(1 - R_3)\cdots(1 - Rn)\}$$
$$= 1 - \{(1 - 0.9)(1 - 0.9)\} = 0.99$$

[07②, 12②, 22③]

014 작업원 2인이 중복하여 작업하는 공정에서 작업자의 신뢰도는 0.85로 동일하며, 작업 중 50%는 작업자 1인이 수행하고 나머지 50%는 중복 작업한다면 이 공정의 인간 신뢰도를 구하시오.

⚙ 해설

이 문제는 신뢰도 0.85인 두 개가 병렬로 연결된 상태임을 알 수 있다.

병렬연결구조의 신뢰도 $= 1 - \{(1 - R_1)(1 - R_2)(1 - R_3)\cdots(1 - Rn)\} = 1 - \Pi(1 - R_i)$이다.

신뢰도가 0.85인 작업자가 중복하여 50%씩 작업하였으므로, 첫 번째 50%의 신뢰도는 0.85이고,

나머지 50%의 신뢰도 $= \dfrac{0.85}{2} = 0.425$가 됨에 유의하여야 한다.

부품 5개가 병렬 결합되어 있으므로 신뢰도는 다음과 같다.

$$\text{신뢰도} = 1 - \{(1 - R_1)(1 - R_2)(1 - R_3)\cdots(1 - Rn)\}$$
$$= 1 - \{(1 - 0.85)(1 - 0.425)\} = 0.91375 ≒ 0.9138$$

★중요

[04①, 08③, 20①, 25③]

015 100개의 부품을 육안 검사하여 20개의 불량품이 발견되었다. 실제 불량품이 40개였다면 인간 에러 확률을 구하시오.

⚙ 해설

$$\text{HEP(인간의 실수 확률)} = \frac{\text{실제 불량의 수 − 발견 불량의 수}}{\text{작업의 수}}$$

그런데, 실제 불량품의 수는 40개, 발견 불량품의 수는 20개이다.

그러므로, $\text{HEP} = \dfrac{\text{실제 불량의 수 − 발견 불량의 수}}{\text{작업의 수}} = \dfrac{40 - 20}{100} = 0.2$

★중요

016 부품검사 작업자가 한 로트당 5,000개를 검사하여 400개의 부적합품을 검출하였다. 실제 로트당 1,000개의 부적합품이 있었다고 가정할 때, 휴먼에러확률(HEP)을 구하시오.

✿해설

$$HEP(인간의\ 실수\ 확률) = \frac{실제\ 불량의\ 수 - 발견\ 불량의\ 수}{작업의\ 수}$$

그런데, 실제 불량품의 수는 1,000개, 발견 불량품의 수는 400개이다.

그러므로, $HEP = \dfrac{실제\ 불량의\ 수 - 발견\ 불량의\ 수}{작업의\ 수} = \dfrac{1,000 - 400}{5,000} = 0.12$

017 검사공정의 작업자가 제품의 완성도에 대한 검사를 하고 있다. 어느 날 10,000개의 제품에 대한 검사를 실시하여 200개의 부적합품(불량품)을 발견하였으나, 이 Lot에는 실제로 500개의 부적합품(불량품)이 있었다. 이때 인간과오 확률(Human Error Probability)을 구하시오.

✿해설

$$HEP(인간의\ 실수\ 확률) = \frac{실제\ 불량의\ 수 - 발견\ 불량의\ 수}{작업의\ 수}$$

그런데, 실제 불량품의 수는 500개, 발견 불량품의 수는 200개이다.

그러므로, $HEP = \dfrac{실제\ 불량의\ 수 - 발견\ 불량의\ 수}{작업의\ 수} = \dfrac{500 - 200}{10,000} = 0.03$

018 다음 시스템의 신뢰도를 구하시오.

✿해설

0.8과 0.9는 병렬연결구조이고, 이것(0.8과 0.9)과 0.7은 직렬연결구조이므로,

신뢰도 $= 0.7 \times [1 - (1 - 0.8)(1 - 0.9)] = 0.686$

[16②]

019 다음 그림과 같이 부품 A, B, C로 구성된 시스템의 신뢰도를 구하시오. (단, 부품 A의 신뢰도는 0.85, 부품 B와 C의 신뢰도는 각각 0.9임)

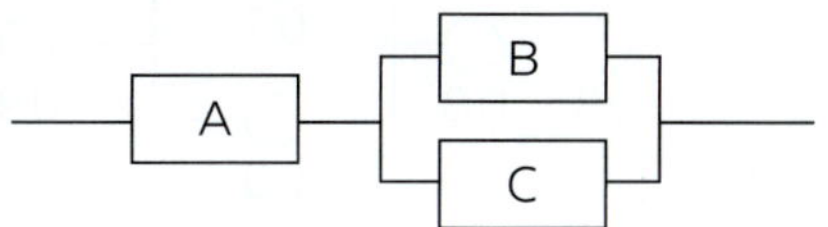

⚙ 해설

B(0.9)와 C(0.9)는 병렬연결구조이고, 이것[B(0.9)와 C(0.9)]과 A(0.85)는 직렬연결구조이므로,

신뢰도 $= 0.85 \times [1 - (1 - 0.9)(1 - 0.9)] = 0.8415$

★중요

[06②, 08②, 12②, 19②, 21①]

020 다음 그림과 같은 시스템의 신뢰도를 구하시오.

⚙ 해설

0.7과 0.7은 병렬연결구조이고, 이것(0.7과 0.7)과 0.9와 0.9는 직렬연결구조이므로,

신뢰도 $= 0.9 \times [1 - (1 - 0.7)(1 - 0.7)] \times 0.9 = 0.7371$

★중요

[03③, 08③, 23①]

021 man-machine system에서 인간의 신뢰도를 0.5, 기계의 신뢰도를 0.9로 하여 다음 그림과 같이 직렬 및 병렬작업을 병행할 때의 전체 신뢰도를 구하시오. (단, 인간과 기계의 고장발생은 독립이라고 가정함)

⚙ 해설

0.5와 0.9는 병렬연결구조이고, 이것(0.5와 0.9)과 0.5, 0.9와 0.9는 직렬연결구조이므로,

신뢰도 $= 0.5 \times 0.9 \times [1 - (1 - 0.5)(1 - 0.9)] \times 0.9 = 0.38475 ≒ 0.3848$

022 다음 시스템의 신뢰도를 구하시오.

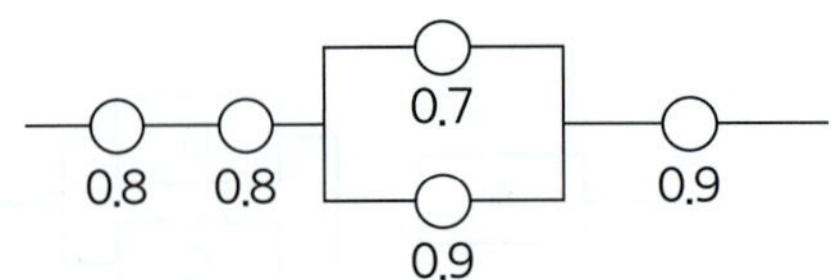

> ⚙ **해설**
>
> 0.7과 0.9는 병렬연결구조이고, 이것(0.7과 0.9)과 0.8, 0.8과 0.9는 직렬연결구조이므로,
> 신뢰도 $= 0.8 \times 0.8 \times [1 - (1 - 0.7)(1 - 0.9)] \times 0.9 = 0.55872 ≒ 0.5587$

⭐중요

023 다음 그림과 같은 시스템에서 각 부품의 신뢰도가 다음과 같을 때 전체 시스템의 신뢰도를 구하시오.

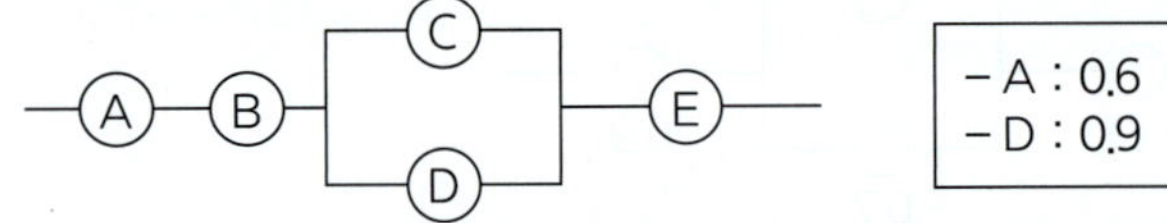

− A : 0.6	− B : 0.9	− C : 0.5
− D : 0.9	− E : 0.9	

> ⚙ **해설**
>
> C(0.5)와 D(0.9)는 병렬연결구조이고, 이것[C(0.5)와 D(0.9)]과 A(0.6), B(0.9), E(0.9)는 직렬연결구조이므로,
> 신뢰도 $= 0.6 \times 0.9 \times [1 - (1 - 0.5)(1 - 0.9)] \times 0.9 = 0.4617$

024 다음 그림과 같은 시스템의 신뢰도를 구하시오. (단, 부품 1, 2, 3의 신뢰도는 0.5이고, 부품 4, 5의 신뢰도는 0.9임)

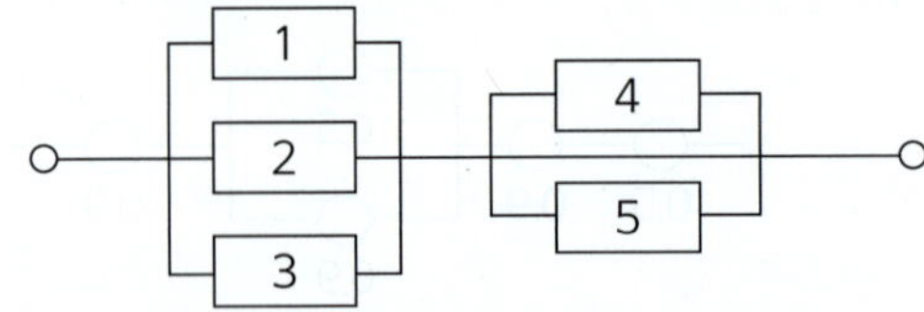

> ⚙ **해설**
>
> 부품 1, 2, 3은 병렬, 부품 4, 5는 병렬이고, 부품 1, 2, 3과 부품 4, 5는 직렬이므로,
> 신뢰도 $= [1 - (1 - 0.5)(1 - 0.5)(1 - 0.5)] \times [1 - (1 - 0.9)(1 - 0.9)] = 0.86625 ≒ 0.87$

[11③]

025 다음과 같은 시스템의 전체 신뢰도를 구하시오. (단, 원 안의 수치는 각 부품의 신뢰도임)

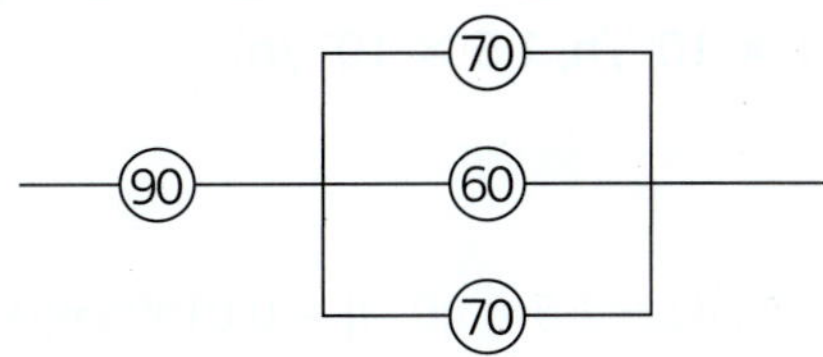

🔧 **해설**

%(백분율)로 표기된 신뢰도를 소수로 변환하면, 0.7, 0.6, 0.7은 병렬구조이고, 이것(0.7, 0.6, 0.7)과 0.9는 직렬구조이므로,

신뢰도 $= 0.9 \times [1 - (1 - 0.7)(1 - 0.6)(1 - 0.7)] = 0.8676$

이를 백분율로 환산하면, $0.8676 \times 100 = 86.76\% \fallingdotseq 87\%$

★중요

[05④, 08①, 21①]

026 다음의 경우 시스템의 신뢰도를 구하시오. (단, a와 b의 신뢰도는 0.9, c와 d와 e의 신뢰도는 0.8)

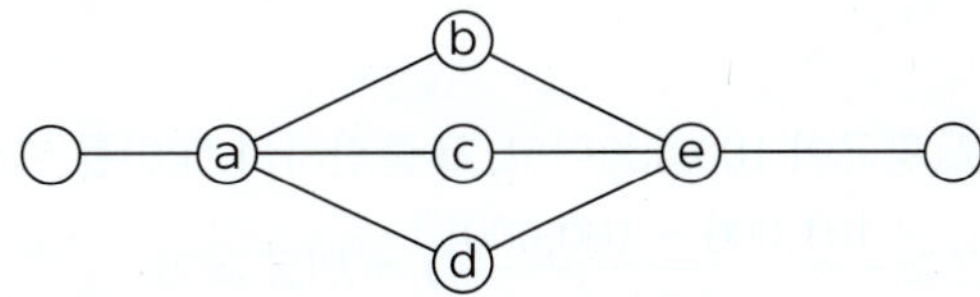

🔧 **해설**

ⓑ(0.9), ⓒ(0.8), ⓓ(0.8)는 병렬연결이고, 이것[ⓑ(0.9), ⓒ(0.8), ⓓ(0.8)]과 ⓐ(0.9)와 ⓔ(0.8)는 직렬연결이므로,

신뢰도 $= 0.9 \times [1 - (1 - 0.9)(1 - 0.8)(1 - 0.8)] \times 0.8 = 0.71712 \fallingdotseq 0.72$

★중요

[09②, 17②, 22③]

027 어떤 전자기기의 수명은 지수분포를 따르며, 그 평균 수명이 1,000시간이라고 할 때, 500시간 동안 고장 없이 작동할 확률을 구하시오.

🔧 **해설**

신뢰도(고장나지 않을 확률)의 산정 : $R(t) = e^{-\frac{t}{t_0}} = e^{-\lambda \times t}$

(t_0 : 평균수명 또는 평균고장시간, t : 앞으로 고장없이 사용할 시간, λ : 고장률)

그런데, $t_0 = 1{,}000$시간, $t = 500$시간이다.

그러므로, $R(t) = e^{-\lambda \times t} = e^{-\frac{t}{t_0}} = e^{-\frac{500}{1{,}000}} = 0.6065$

★중요

028 기본사상 ①과 ②가 OR gate로 연결되어 있는 FT도에서 정상 사상(top event)의 발생확률을 구하시오. (단, 기본사상 ①과 ②의 발생확률은 각각 1×10^{-3}/h, 1.5×10^{-2}/h)

⚙ 해설

발생확률$(R_s) = \{1 - (1 - 1 \times 10^{-3})(1 - 1.5 \times 10^{-2})\} = 0.015985$이다.

029 지게차 인장벨트의 수명은 평균이 100,000시간, 표준편차가 500시간인 정규분포를 따른다. 이 인장벨트의 수명이 101,000시간 이상일 확률을 구하시오. [단, P(Z≤1) = 0.8413, P(Z≤2) = 0.9772, P(Z≤3) = 0.9987)

⚙ 해설

확률의 계산

① X(확률변수)는 정규분포(평균이 100,000이고, 표준편차가 500)를 따르므로, N(100,000, 500^2)에 따른다.

② $P(\overline{X} \geq 101,000) = P(Z \geq \dfrac{101,000 - 100,000}{500}) = P(Z \geq 2)$

그러므로, 이는 $1 - P(Z \geq 2)$이다. 그런데, $P(Z \geq 2) = 0.9772$이므로, $1 - P(Z \geq 2) = 1 - 0.9772 = 0.0228$이다. 0.0228을 백분율로 환산하면, $0.0228 \times 100 = 2.28\%$

★중요

030 3개의 부품이 OR gate에 연결된 FTA 모델이 있다. 각 부품의 고장확률은 0.2이다. "시스템의 작동 안 됨"을 정상 사상(Top Event)으로 했을 때 정상 사상이 발생할 확률을 구하시오.

⚙ 해설

발생확률(R_s)의 산정

$R_s = [1 - (1 - 0.2) \times (1 - 0.2) \times (1 - 0.2)] = [1 - (1 - 0.2)^3] = 0.488$이다.

[14②, 24③]

031 품질 검사 작업자가 한 로트에서 검사 오류를 범할 확률이 0.1이고, 이 작업자가 하루에 5개의 로트를 검사한다면, 5개 로트에서 에러를 범하지 않을 확률을 구하시오.

> ⚙ **해설**
>
> 로트란 생산이 이루어지는 단위수량으로서 여러 개 혹은 그 이상의 상당한 수량을 한 무더기(한 묶음)로 하여 생산이 이루어지는 경우를 말한다. 확률은 다음과 같이 산정한다.
>
> R_n(확률) $= (1 - P)^n$이다. (P : 인간의 실수 확률, n : 로트의 개수)
>
> 그러므로, R_n(확률) $= (1 - P)^n = (1 - 0.1)^5 = 0.59049$,
>
> 이를 백분율로 환산하면 $0.59049 \times 100 = 59.05\%$

[13③]

032 다음 FT도에서 정상 사상 A의 발생확률을 구하시오. (단, 기본사상 ①과 ②의 발생확률은 각각 1×10^{-3}/h, 3×10^{-2}/h)

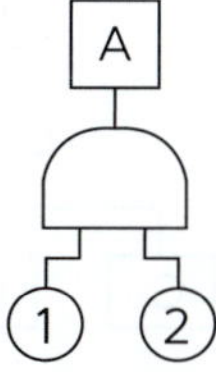

> ⚙ **해설**
>
> ①과 ②는 직렬연결이므로, 발생확률 $= (1 \times 10^{-3}) \times (3 \times 10^{-2}) = 3 \times 10^{-5}$/h

★중요

[15②]

033 FT도에서 정상 사상 A의 발생확률을 구하시오. (단, 기본사상 ①과 ②의 발생확률은 각각 2×10^{-3}/h, 3×10^{-2}/h)

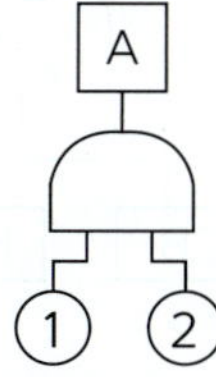

> ⚙ **해설**
>
> ①과 ②는 직렬연결이므로, 발생확률 $= (2 \times 10^{-3}) \times (3 \times 10^{-2}) = 6 \times 10^{-5}$/h

[18③]

034 다음 FT에서 G1의 발생확률을 구하시오.

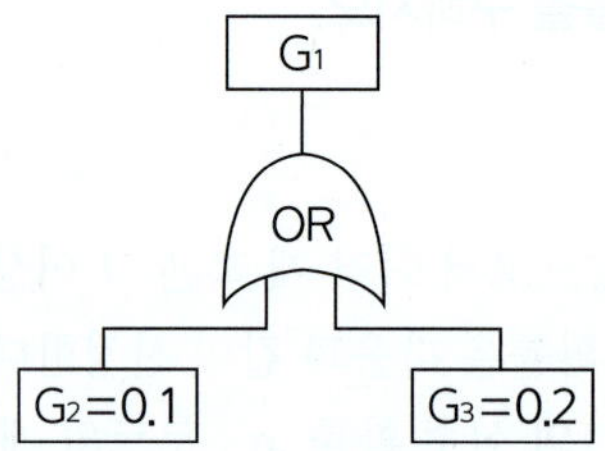

⚙ **해설**

G_2, G_3는 병렬연결이므로,

발생확률 $= \{1 - (1 - G_2)(1 - G_3)\} = 1 - (1 - 0.1)(1 - 0.2) = 0.28$

[05①, 08②, 15③, 21③]

★중요

035 그림에서 G_1의 발생확률을 구하시오. (단, $G_2 = 0.1$, $G_3 = 0.2$, $G_4 = 0.3$의 발생확률을 가짐)

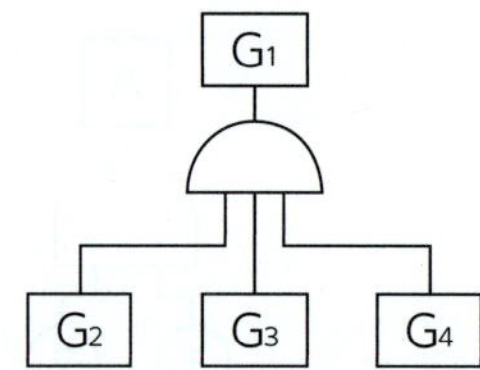

⚙ **해설**

G_2, G_3, G_4는 직렬연결이다.

발생확률 $= G_2 \times G_3 \times G_4 = 0.1 \times 0.2 \times 0.3 = 0.006$

[07①]

036 다음 FT도에서 사상 A가 발생할 확률을 구하시오. (단, 각 사상의 발생할 확률은 B_1은 0.1, B_2는 0.2, B_3는 0.3 으로 계산함)

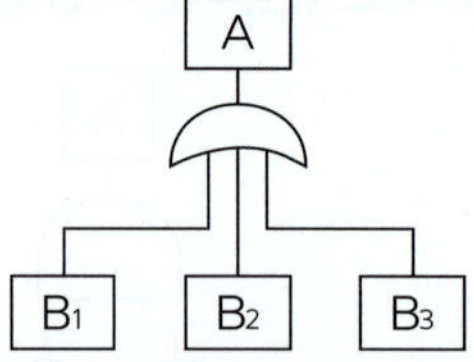

⚙ **해설**

B_1, B_2, B_3는 병렬연결이다.

발생확률 $= 1 - (1 - B_1) \times (1 - B_2) \times (1 - B_3) = 1 - (1 - 0.1)(1 - 0.2)(1 - 0.3) = 0.496$

[10③]

★중요

037 다음 FT도에서 정상 사상 T의 발생확률을 구하시오. (단, ①은 0.1, ②는 0.05, ③은 0.08의 발생확률을 가짐)

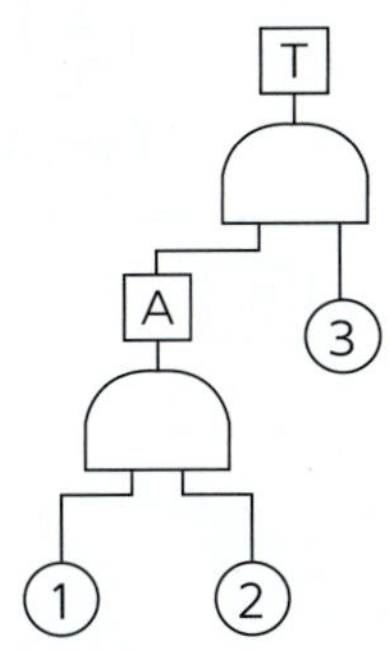

⚙ **해설**

①, ②가 직렬연결이므로,

A의 발생확률 = $0.1 \times 0.05 = 0.005$

참고로 ①, ②와 A와 ③이 직렬연결이므로,

T의 발생확률 = $(0.1 \times 0.05) \times 0.08 = 0.0004$

[15①]

038 FT도상에서 정상 사상 T의 발생확률을 구하시오. (단, 기본사상 ①과 ②의 발생확률은 각각 1×10^{-2}과 2×10^{-2})

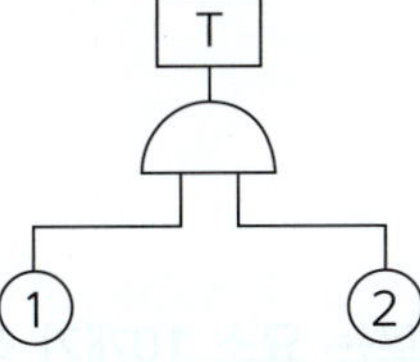

⚙ **해설**

①, ②가 직렬연결이므로,

T의 발생확률 = $(1 \times 10^{-2}) \times (2 \times 10^{-2}) = 2 \times 10^{-4}$

[09①, 16②, 23②]

039 다음 FT도에서 사상 A의 발생확률을 구하시오. (단, 사상 B_1의 발생확률은 0.3 이고, B_2의 발생확률은 0.2)

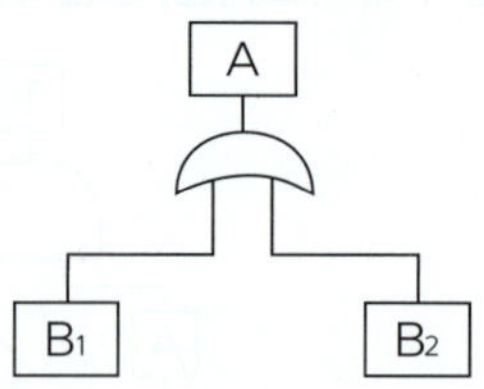

> ⚙️ **해설**
>
> B_1과 B_2가 병렬연결이므로,
> 발생확률 $= 1 - (1 - 0.3)(1 - 0.2) = 0.44$

[03②, 07②, 09②, 22①]

040 평균고장시간(MTTF)이 6×10^5시간인 요소 3개가 직렬계를 이루었을 때의 계(system)의 수명을 구하시오.

> ⚙️ **해설**
>
> ㉮ 직렬계의 경우 : 시스템의 수명 $= \dfrac{MTTF}{n}$
>
> ㉯ 병렬계의 경우 : 시스템의 수명 $= MTTF \times (1 + \dfrac{1}{2} + \dfrac{1}{3} + \cdots\cdots \dfrac{1}{n})$이다.
>
> 직렬계 시스템의 수명 $= \dfrac{MTTF}{n} = \dfrac{6 \times 10^5}{3} = 2 \times 10^5$시간

[06③, 09①, 25①]

041 평균수명이 10,000시간인 지수분포를 따르는 요소 10개가 직렬계로 구성되어 있는 경우 계의 기대 수명을 구하시오.

> ⚙️ **해설**
>
> 직렬계 시스템의 수명 $= \dfrac{MTTF}{n} = \dfrac{10,000}{10} = 1,000$시간

[04③, 08①, 10③, 23③]

042 평균고장시간(MTTF)이 4×10^8시간인 요소 2개가 병렬 체계를 이루었을 때 체계의 수명을 구하시오.

> ⚙ **해설**
>
> 병렬계 시스템의 수명 $= MTTF \times (1 + \dfrac{1}{2} + \dfrac{1}{3} + \cdots\cdots \dfrac{1}{n})$이다.
>
> 병렬계 시스템이고, 요소는 2개이므로,
>
> 병렬계 시스템의 수명 $= MTTF \times (1 + \dfrac{1}{2}) = 4 \times 10^8 \times \dfrac{3}{2} = 6 \times 10^8$시간

[03③, 05④, 13①, 16③, 25②]

043 각각 10,000시간의 수명을 가진 A, B 두 요소가 병렬계를 이룰 때 시스템의 수명(요소 A, B의 수명은 지수분포를 따름)을 구하시오.

> ⚙ **해설**
>
> 병렬계 시스템의 수명 $= MTTF \times (1 + \dfrac{1}{2} + \dfrac{1}{3} + \cdots\cdots \dfrac{1}{n})$이다.
>
> 병렬계 시스템이고, 요소는 2개이므로,
>
> 병렬계 시스템의 수명 $= MTTF \times (1 + \dfrac{1}{2}) = 10,000 \times \dfrac{3}{2} = 15,000$시간

[02②, 04②, 06②, 15②, 24③]

044 어떤 공장에서 1만 시간 가동하는 동안 부품 15,000개 중 15개의 불량품이 발생하였다. 평균고장간격(MTBF)을 구하시오.

> ⚙ **해설**
>
> $MTBF = MTTF + MTTR = MTTF = (\dfrac{1}{\lambda} + \dfrac{1}{2\lambda} + \dfrac{1}{3\lambda} + \cdots\cdots \dfrac{1}{n\lambda}) = \dfrac{\text{총 가동시간} - \text{총 고장수리시간}}{\text{고장횟수}}$
>
> 고장률$(\lambda) = \dfrac{\text{고장(불량품) 건수}}{\text{총 가동시간}} = \dfrac{15}{15,000 \times 10,000} = 1 \times 10^{-7}$(건/시간)
>
> $MTBF = MTTF + MTTR = MTTF = (\dfrac{1}{\lambda} + \dfrac{1}{2\lambda} + \dfrac{1}{3\lambda} + \cdots\cdots \dfrac{1}{n\lambda}) = \dfrac{\text{총 가동시간} - \text{총 고장수리시간}}{\text{고장횟수}}$
>
> $= \dfrac{1}{\lambda} = \dfrac{1}{1 \times 10^{-7}} = 1 \times 10^7$시간
>
> $MTBF = MTTF$는 수리가 불가능한 제품만을 취급하는 경우에만 성립한다.

01 진위형 문제

▶ 해설편 88p

※ 다음 문제를 읽고, 옳으면 ○, 틀리면 ✕를 괄호 안에 표기하시오.

★중요   [09②, 12①, 14②, 24②]

001 불대수의 관계식으로 올바른지 체크하시오.

① $A(A \cdot B) = B$ ( )

② $A + B = A \cdot B$ ( )

③ $A + A \cdot B = A \cdot B$ ( )

④ $(A + B)(A + C) = A + B \cdot C$ ( )

[18①]

002 다음의 연산표에 해당하는 논리연산을 체크하시오.

입력		출력
X_1	X_2	
0	0	0
0	1	1
1	0	1
1	1	0

① XOR ( )

② AND ( )

③ NOT ( )

④ OR ( )

[18②]

003 시스템의 정의에 포함되는 조건에 해당하는 것을 체크하시오.

① 제약된 조건 없이 수행 ( )

② 요소의 집합에 의한 구성 ( )

③ 시스템 상호간에 관계를 유지 ( )

④ 어떤 목적을 위하여 작용하는 집합체 ( )

★중요   [06③, 14②, 22③]

004 시스템 안전성 평가 기법에 대한 설명으로 올바른지 체크하시오.

① 가능성을 정량적으로 다룰 수 있다. ( )

② 시각적 표현에 의해 정보전달이 용이하다. ( )

③ 원인, 결과 및 모든 사상들의 관계가 명확해진다. ( )

④ 연역적 추리를 통해 결함사상을 빠짐없이 도출하나, 귀납적 추리로는 불가능하다. ( )

★중요   [07②, 08①, 12①, 25②]

005 시스템 안전분석에 대한 설명으로 올바른지 체크하시오.

① 해석의 수리적 방법에 따라 정성적, 정량적 해석 방법이 있다. ( )

② 해석의 논리적 견지에 따라 귀납적, 연역적 해석 방법이 있다. ( )

③ FTA는 연역적, 정량적 분석이 가능한 방법이다. ( )

④ 예비사고분석(PHA)은 운용사고 해석이라고 말할 수 있다. ( )

⑤ 해석의 수리적 방법에 따라 귀납적, 연역적 방법이 있다. ( )

⑥ 해석의 논리적 견지에 따라 정성적, 연역적 방법이 있다. ( )

⑦ FMEA를 인간과오율 추정법이라 한다. ( )

[11③]

006 MIL-STD-882B에서 시스템 안전 필요사항을 충족시키고 확인된 위험을 해결하기 위한 우선권을 정하는 순서로 올바른지 체크하시오.

① 최소 리스크를 위한 설계 → 안전장치 설치 → 경보장치 설치 → 절차 및 교육훈련 개발 ( )

② 최소 리스크를 위한 설계 → 경보장치 설치 → 안전장치 설치 → 절차 및 교육훈련 개발 ( )

③ 절차 및 교육훈련 개발 → 최소 리스크를 위한 설계 → 경보장치 설치 → 안전장치 설치 ( )

④ 절차 및 교육훈련 개발 → 최소 리스크를 위한 설계 → 안전장치 설치 → 경보장치 설치 ( )

★중요 [10②, 15③, 22①]

007 시스템의 평가척도 중 시스템의 목표를 잘 반영하는가를 나타내는 척도에 해당하는 것을 체크하시오.

① 신뢰성 (　　)　　② 타당성 (　　)
③ 측정의 민감도 (　　)　　④ 무오염성 (　　)

[11①]

008 시스템 안전의 수명주기에서 생산물의 적합성을 검토하는 단계에 해당하는 것을 체크하시오.

① 구상단계 (　　)　　② 정의단계 (　　)
③ 생산단계 (　　)　　④ 개발단계 (　　)

★중요 [03②, 06②, 12③, 22②]

009 시스템의 구상단계에서 시스템 고유의 위험 상태를 식별하고 예상되는 재해의 위험 수준을 결정하는 시스템 안전분석 기법에 해당하는 것을 체크하시오.

① FTA (　　)　　② PHA (　　)
③ FMEA (　　)　　④ ETA (　　)

[18③]

010 시스템 수명주기(Life Cycle) 단계에서 운용단계의 내용에 해당하는 것을 체크하시오.

① 설계변경 검토 (　　)
② 교육 훈련의 진행 (　　)
③ 안전담당자의 사고조사 참여 (　　)
④ 최종 생산물의 수용여부 결정 (　　)

[12①]

011 운용상의 시스템안전에서 검토 및 분석해야 할 사항에 해당하는 것을 체크하시오.

① 훈련 (　　)
② 사고 조사에의 참여 (　　)
③ ECR(Error Cause Removal) 제안 제도 (　　)
④ 고객에 의한 최종 성능검사 (　　)

[16①, 25①]

012 시스템 안전성 평가의 순서를 가장 올바르게 나열한 것을 체크하시오.

① 자료의 정리 → 정량적 평가 → 정성적 평가 → 대책 수립 → 재평가 (　　)
② 자료의 정리 → 정성적 평가 → 정량적 평가 → 재평가 → 대책 수립 (　　)
③ 자료의 정리 → 정량적 평가 → 정성적 평가 → 재평가 → 대책 수립 (　　)
④ 자료의 정리 → 정성적 평가 → 정량적 평가 → 대책 수립 → 재평가 (　　)

★중요 [13③, 19③]

013 시스템 안전(system safety)에 관한 설명으로 올바른지 체크하시오.

① 과학적·공학적 원리를 적용하여 시스템의 생산성 극대화 (　　)
② 시스템 구성 요인의 효율적 활용으로 시스템 전체의 효율성 증가 (　　)
③ 사고나 질병으로부터 자기 자신 또는 타인을 안전하게 호신하는 것 (　　)
④ 기능, 시간, 코스트 등의 제약조건 하에서 인원·설비의 상해나 손상 극소화 (　　)

[10③]

014 시스템 안전관리에 관한 사항에 해당하는 것을 체크하시오.

① 시스템 안전에 필요한 사항의 고정 (　　)
② 안전활동의 계획, 조직 및 관리 (　　)
③ 생산성 향상을 위한 중점 관리 (　　)
④ 다른 시스템 프로그램 영역과의 조정 (　　)

★중요 [04①, 10②, 18①, 25③]

015 시스템 안전을 위한 업무의 수행 요건에 해당하는 것을 체크하시오.

① 안전활동의 계획 및 관리 (　　)
② 시스템 안전에 필요한 사항의 동일성 식별 (　　)
③ 시스템 안전에 대한 프로그램 해석 및 평가 (　　)
④ 다른 시스템 프로그램과 분리 및 배제 (　　)

[16③]

016 시스템 안전계획의 수립 및 작성 시 반드시 기술하여야 하는 것을 체크하시오.

① 안전성 관리 조직 (　　)
② 시스템의 신뢰성 분석 비용 (　　)
③ 작성되고 보존하여야 할 기록의 종류 (　　)
④ 시스템 사고의 식별 및 평가를 위한 분석법 (　　)

☆중요

017 System 요소 간의 Link 중 인간 커뮤니케이션 Link에 해당하는 것을 체크하시오.

① 방향성 Link (　　)

② 통신계 Link (　　)

③ 시각 Link (　　)

④ 콘트롤 Link (　　)

☆중요

018 안전성 평가를 위한 방법에 해당하는 것을 체크하시오.

① 체크리스트에 의한 평가 (　　)

② FMEA (　　)

③ FTA (　　)

④ Decision Tree (　　)

⑤ 위험의 예측 평가 (　　)

⑥ 고장 모드 영향분석 (　　)

⑦ 재해정보에 의한 평가 (　　)

019 예비위험분석(PHA)에 관한 설명으로 올바른지 체크하시오.

① 시스템안전 위험분석을 수행하기 위한 예비적인 최초의 작업으로 위험요소가 얼마나 위험한지를 평가한다. (　　)

② 손실과 인명의 사상에 연결되는 높은 위험도를 가진 요소나 고장의 형태에 따른 분석법이다. (　　)

③ 각 서브시스템 및 전 시스템의 안전성이 악영향을 끼치지 않게 하기 위한 분석기법이다. (　　)

④ 원자력 발전과 같이 관리, 설계, 생산, 보존 등에 대해서 광범위하게 안전성을 확보하기 위한 기법이다. (　　)

020 FMEA 실시를 위한 기본방침의 결정사항을 체크하시오.

① 시스템 운용단계 (　　)

② 환경 stress나 동작 stress의 한계 부여 (　　)

③ 시스템의 software 구성요소의 고장 원인 (　　)

④ 시스템 임무의 기본적 목적 (　　)

021 시스템 안전분석에 이용되는 FMEA의 장점을 체크하시오.

① 서식이 간단하다. (　　)

② 논리성이 다양하다. (　　)

③ 요소가 물체로 한정되어 있다. (　　)

④ 각 요소 간 분석이 용이하다. (　　)

022 FMEA의 특징에 대한 설명으로 올바른지 체크하시오.

① 각 요소가 영향의 해석이 쉬우므로 동시에 2가지 이상의 요소가 고장이 나는 경우에도 더욱 해석이 쉽다. (　　)

② 양식이 간단하고 비교적 적은 노력으로 특별한 훈련 없이 해석이 가능하다. (　　)

③ 해석의 영역이 물체에 한정되기 때문에 인적 원인의 해명이 곤란하다. (　　)

④ 서브시스템 분석의 경우 FMEA보다 FTA를 하는 것이 더 실제적인 방법이다. (　　)

023 FMEA의 위험성 분류 중 "카테고리 2"에 해당되는 것을 체크하시오.

① 영향 없음 (　　)

② 활동의 지연 (　　)

③ 사명 수행의 실패 (　　)

④ 생명 또는 가옥의 상실 (　　)

024 시스템이나 서브시스템 위험분석을 위하여 일반적으로 사용되는 전형적인 정성적, 귀납적 분석기법으로 시스템에 영향을 미치는 모든 요소의 고장을 형태별로 분석하여 그 영향을 검토하는 분석기법을 체크하시오.

① PHA (　　)　　② FMEA (　　)

③ SSHA (　　)　　④ ETA (　　)

025 시스템 안전 기법에 해당하는 것을 체크하시오.

① DYNAMO (　　)　　② ETA (　　)

③ FMEA (　　)　　④ THERP (　　)

026 [05①]
FMEA 표준적 실시절차 중 2단계에 해당하는 것을 체크하시오.

① 치명도 해석 (　)
② 상위 체계에의 고장 영향 검토 (　)
③ 기능 block과 신뢰성 block도의 작성 (　)
④ 기기 및 시스템의 구성 기능의 전반적 파악 (　)

027 [14③]
시스템안전분석기법 중 FMEA에 관한 설명으로 올바른지 체크하시오.

① 원자력 발전 및 화학설비 등에 적용하기 위해 개발되었고 전문가와 브레인스토밍 팀을 구성하여 분석한다. (　)
② 휴먼에러와 휴먼에러에 의한 영향을 예견하기 위해 사용되며 HAZOP과 함께 사용할 수 있다. (　)
③ 그래픽 모델을 사용하여 분석과정을 가시화시키는 분석방법이며 논리기호를 사용한다. (　)
④ 시스템을 구성요소로 나누어 고장의 가능성을 정하고 그 영향을 결정하여 분석하는 방법이다. (　)

028 [09②]
고장형태 및 영향분석(FMEA : Failure Mode and Effect Analysis)에서 평가요소에 대한 설명으로 올바른지 체크하시오.

① C_1 : 기능적 고장 영향의 중요도 (　)
② C_2 : 영향을 미치는 시스템의 범위 (　)
③ C_3 : 고장 발생의 빈도 (　)
④ C_4 : 고장의 영향 크기 (　)

029 [13①, 24③]
사고나 위험, 오류 등의 정보를 근로자의 직접 면접, 조사 등을 사용하여 수집하고, 인간-기계 시스템 요소들의 관계 규명 및 중대 작업 필요조건 확인을 통한 시스템 개선을 수행하는 기법을 체크하시오.

① 직무 위급도 분석 (　)
② 인간 실수율 예측기법 (　)
③ 위급사건기법 (　)
④ 인간 실수 자료 은행 (　)

030 [19②]
예비위험분석(PHA)에 대한 설명으로 올바른지 체크하시오.

① 관련된 과거 안전점검결과의 조사에 적절하다. (　)
② 안전관련 법규 조항의 준수를 위한 조사방법이다. (　)
③ 시스템 고유의 위험성을 파악하고 예상되는 재해의 위험 수준을 결정한다. (　)
④ 초기 단계에서 시스템 내의 위험요소가 어떠한 위험상태에 있는가를 정성적으로 평가하는 것이다. (　)

★중요 [02①, 03③, 22③]
031
위험 및 운전성 검토(HAZOP)에서 성질상의 감소를 나타내는 유인어(guide words)에 해당하는 것을 체크하시오.

① MORE, LESS (　)
② PART OF (　)
③ AS MORE AS (　)
④ MUCH LESS (　)

032 [09③]
위험과 운전성연구(HAZOP)에 대한 설명으로 올바른지 체크하시오.

① 전기설비의 위험성을 주로 평가하는 방법이다. (　)
② 처음에는 과거의 경험이 부족한 새로운 기술을 적용한 공정설비에 대하여 실시할 목적으로 개발되었다. (　)
③ 설비전체보다 단위별 또는 부문별로 나누어 검토하고 위험요소가 예상되는 부문에 상세하게 실시한다. (　)
④ 장치 자체는 설계 및 제작사양에 맞게 제작된 것으로 간주하는 것이 전제 조건이다. (　)

033 [20②]
사용자의 잘못된 조작 또는 실수로 인해 기계의 고장이 발생하지 않도록 설계하는 방법을 체크하시오.

① FMEA (　)　　② HAZOP (　)
③ fail safe (　)　　④ fool proof (　)

034 시스템의 위험분석기법에 해당하는 것을 체크하시오.

① RULA (　　)

② ETA (　　)

③ FMEA (　　)

④ MORT (　　)

035 화학 설비의 안전성 평가 5단계 중 제4단계인 안전대책에서 정량적 평가결과 나타난 위험등급에 따라 대책을 수립해야 할 사항을 체크하시오.

① 관리적 대책, 교육적 대책 (　　)

② 교육적 대책, 정신적 대책 (　　)

③ 교육적 대책, 설비 등에 관한 대책 (　　)

④ 관리적 대책, 설비 등에 관한 대책 (　　)

036 화학설비에 대한 안전성 평가 단계 중 제2단계의 주요 진단 항목에 해당하는 것을 체크하시오.

① 건조물 (　　)

② 공정계통도 (　　)

③ 중간 제품 (　　)

④ 소방설비 (　　)

037 화학설비에 대한 안전성 평가 시 "정량적 평가"의 5항목에 해당하는 것을 체크하시오.

① 취급물질 (　　)

② 화학설비용량 (　　)

③ 온도 (　　)

④ 전원 (　　)

★중요　　　　　　　　　　　　　　[07③, 12③, 19①, 21①]

038 화학설비의 안전성 평가 과정에서 제3단계인 정량적 평가 항목에 해당하는 것을 체크하시오.

① 목록 (　　)

② 건조물의 도면 (　　)

③ 공정계통도 (　　)

④ 화학설비용량 (　　)

039 시스템 안전의 최종분석 단계에서 위험을 고려하는 결정인자에 해당하는 것을 체크하시오.

① 효율성 (　　)

② 피해가능성 (　　)

③ 비용산정 (　　)

④ 시스템의 고장모드 (　　)

★중요　　　　　　　　　　　　[04③, 15②, 21③]

040 신기술, 신공법을 도입함에 있어서 설계, 제조, 사용의 전과정에 걸쳐서 위험성의 게재여부를 사전에 검토하는 관리기술에 해당하는 것을 체크하시오.

① 예비위험 분석 (　　)

② 위험성 평가 (　　)

③ 안전분석 (　　)

④ 안전성 평가 (　　)

041 안전성 평가에서 위험관리의 사명에 해당하는 것을 체크하시오.

① 잠재위험의 인식 (　　)

② 손해에 대한 자금 융통 (　　)

③ 안전과 건강관리 (　　)

④ 안전공학 (　　)

042 System 안전관리를 위한 System의 위험성의 분류 중 Category에 적합한 것을 체크하시오.

① Category Ⅰ – 파국적 (　　)

② Category Ⅱ – 위험 (　　)

③ Category Ⅲ – 경고 (　　)

④ Category Ⅳ – 무시 (　　)

043 위험분석상의 강도를 분류할 시에 환경, 인원의 과오, 절차의 결함, 요소의 고장 또는 기능 불량이 시스템의 성능을 저하시키지만 인적·물적인 중대한 손해를 초래하지 않고 대처 또는 제어할 수 있는 상태에 해당하는 것을 체크하시오.

① 파국적(catastrophic) (　　)

② 중대(critical) (　　)

③ 한계적(marginal) (　　)

④ 무시가능(negligible) (   )

[13①]

044 예비위험분석(PHA)에서 위험의 정도를 분류하는 4가지 범주를 체크하시오.

① catastrophic (   )

② critical (   )

③ control (   )

④ marginal (   )

[05②]

045 위험성 평가에서 위험수위가 가장 높은 것을 체크하시오.

① catastrophic–remote (   )

② critical–probable (   )

③ marginal–occasional (   )

④ negligible–frequent (   )

[14③, 20②, 21②]

046 MIL–STD–882E에서 분류한 심각도(severity) 카테고리 범주에 해당하는 것을 체크하시오.

① 파국 또는 재앙수준(catastrophic) (   )

② 위기 또는 임계수준(critical) (   )

③ 경계수준(precautionary) (   )

④ 무시가능수준(negligible) (   )

[10②, 18②, 23②]

047 Chapanis의 위험수준에 의한 위험발생률 분석에 대한 설명으로 올바른지 체크하시오.

① 자주 발생하는(frequent) 〉 10^{-3}/day (   )

② 가끔 발생하는(occasional) 〉 10^{-5}/day (   )

③ 거의 발생하지 않는(remote) 〉 10^{-6}/day (   )

④ 극히 발생하지 않는(impossible) 〉 10^{-8}/day (   )

[16③]

048 시스템 설계자가 통상적으로 하는 평가방법에 해당하는 것을 체크하시오.

① 기능 평가 (   )

② 성능 평가 (   )

③ 도입 평가 (   )

④ 신뢰성 평가 (   )

[02①]

049 위험작업분석 시 고려해야 할 사항에 해당하는 것을 체크하시오.

① 육체적 요구조건 (   )

② 작업환경 조건 (   )

③ 보건상 위험성 (   )

④ 교육훈련의 조건 (   )

[12①]

050 위험관리의 내용에 해당하는 것을 체크하시오.

① 위험의 파악 (   )

② 위험의 처리 (   )

③ 사고의 발생 확률 예측 (   )

④ 작업분석 (   )

★중요　　　　　　[10②, 13③, 17③, 19①, 24③]

051 위험조정을 위해 필요한 기술은 조직형태에 따라 다양하다. 이 기술의 4가지 분류에 해당하는 것을 체크하시오.

① 위험 보류(retention) (   )

② 위험 감축(reduction) (   )

③ 위험 회피(avoidance) (   )

④ 위험 확인(confirmation) (   )

⑤ 위험 전가(transfer) (   )

⑥ 위험 계속(continuation) (   )

[13①, 17①]

052 위험처리 방법에 관한 설명으로 올바른지 체크하시오.

① 위험처리 대책 수립 시 비용 문제는 제외된다.

(   )

② 재정적으로 처리하는 방법에는 보유와 전가 방법이 있다. (   )

③ 위험의 제어 방법에는 회피, 손실제어, 위험분리, 책임 전가 등이 있다. (   )

④ 위험처리 방법에는 위험을 제어하는 방법과 재정적으로 처리하는 방법이 있다. (   )

[11③, 18①, 21③]

053 시스템안전프로그램계획(SSPP)에서 완성해야 할 시스템 안전업무에 해당하는 것을 체크하시오.

① 정성 해석 (　　)

② 프로그램 심사의 참가 (　　)

③ 운용 해석 (　　)

④ 위험성 수준의 종류 또는 경제성 분석 (　　)

[11①]

054 시스템안전프로그램계획(SSPP)을 이행하는 과정 중 최종분석단계에서 위험의 결정인자를 체크하시오.

① 가능 효율성 (　　)

② 위험감축 (　　)

③ 피해가능성 (　　)

④ 폭발빈도 (　　)

[05②, 18①, 21②]

055 안전성의 관점에서 시스템을 분석 평가하는 접근방법을 체크하시오.

① "이런 일은 금지한다."의 상식과 사회기준에 따른 주관적인 방법 (　　)

② "어떤 일은 하면 안 된다."라는 점검표를 사용하는 직관적인 방법 (　　)

③ "어떤 일이 발생하였을 때 어떻게 처리하여야 안전한가?"의 귀납적인 방법 (　　)

④ "어떻게 하면 무슨 일이 발생할 것인가?"의 연역적인 방법 (　　)

[17①]

056 기능식 생산에서 유연생산 시스템 설비의 가장 적합한 배치를 체크하시오.

① 합류(Y)형 배치 (　　)

② 유자(U)형 배치 (　　)

③ 일자(−)형 배치 (　　)

④ 복수라인(=)형 배치 (　　)

[05④, 18③, 21①]

057 기능적으로 분류한 전형적인 안전성 설계기준에 해당하는 것을 체크하시오.

① 수송설비 (　　)

② 기계시스템 (　　)

③ 유연생산시스템 (　　)

④ 화기 또는 폭약시스템 (　　)

02 단답형 문제

[16②, 25②]

001 시스템 수명주기에서 예비위험분석을 적용하는 단계를 쓰시오.

[13②]

002 시스템의 수명주기를 구상, 정의, 개발, 생산, 운전의 5단계로 구분할 때 시스템 안전성 위험분석(SSHA)은 어느 단계에서 수행되는 것이 가장 적합한지 쓰시오.

[15①, 24①]

003 시스템 수명주기에서 FMEA가 적용되는 단계를 쓰시오.

[14①]

004 위험 및 운전성 분석(HAZOP) 수행에 가장 좋은 시점의 단계를 쓰시오.

[20②]

005 시스템 수명주기 단계 중 이전 단계들에서 발생되었던 사고 또는 사건으로부터 축적된 자료에 대해 실증을 통한 문제를 규명하고 이를 최소화하기 위한 조치를 마련하는 단계를 쓰시오.

★중요

[03③, 09①, 24①]

006 다음 내용에서 화학설비에 대한 안전성 평가 항목을 순서대로 나열하시오.

㉠ 정성적 평가	㉡ 안전 대책
㉢ 재평가	㉣ 관계 자료의 작성 준비
㉤ 정량적 평가	

⚙ **해설** 안전성 평가의 기본원칙 6단계
관계자료의 정비검토 → 정성적 평가 → 정량적 평가 → 안전대책 수립 → 재해사례(정보)에 의한 평가 → FTA에 의한 재평가

[10③]

007 안전성 평가의 기본원칙이 다음과 같을 때 단계별로 올바르게 숫자로 나열하시오.

㉠ 정량적 평가	㉡ 정성적 평가
㉢ 관계 자료의 정비	㉣ 안전 대책
㉤ FTA에 의한 재평가	㉥ 재해 정보에 의한 재평가

|정답|

001 구상 단계(제1단계, Concept)　**002** 정의 단계(제2단계, Definition)　**003** 개발 단계(제3단계, Deployment)
004 개발 단계(제3단계, Deployment)　**005** 운전(운용)단계(제5단계, Deployment)　**006** ㉣ → ㉠ → ㉤ → ㉡ → ㉢
007 ㉢ → ㉡ → ㉠ → ㉣ → ㉥ → ㉤

008 설비나 공법 등에서 나타날 위험에 대하여 정성적 또는 정량적인 평가를 행하고 그 평가에 따른 대책을 강구하는 것을 쓰시오.

★중요 [05①, 08③, 21①]

009 사업장의 안전성평가는 6단계 과정을 거쳐 실시된다. 이때 가장 먼저 수행해야 되는 단계를 쓰시오.

[18②]

010 설비의 위험을 예방하기 위한 안정성 평가 단계 중 가장 마지막에 해당하는 것을 쓰시오.

[03②]

011 시스템 고장의 치명도를 분석하는 치명도분석(criticality analysis)는 구성부품의 고장형태 및 발생확률로부터 치명도지수(criticality number)를 계산한다. 시간당 또는 사이클당의 통상 고장률을 나타내는 기호를 쓰시오.

[04②]

012 시스템의 구상단계에서 이루어진 결정 사항에 따라서 정해진 최적 시스템에 대하여 발생될 수 있을 것으로 생각되는 사고를 광범위하게 최초로 정의하는 위험 분석 방법을 쓰시오.

★중요 [02①, 05②, 09③, 12③, 15②, 17①, 20①, 22②]

013 모든 시스템 안전 프로그램 중 최초(제일 첫 번째) 단계의 분석으로 시스템 내의 위험요소가 어떤 상태에 있는지를 정성적으로 평가하는 방법을 쓰시오.

[11③]

014 복잡한 시스템을 분업에 의하여 여럿이 분담하여 설계한 서브시스템 간의 인터페이스를 조종하여 각 서브시스템 및 전 시스템의 안전성에 악영향을 미치지 않게 하기 위한 분석기법을 쓰시오.

[15①]

015 시스템에 영향을 미치는 모든 요소의 고장을 형태별로 분석하여 그 영향을 검토하는 시스템안전 분석기법을 쓰시오.

016 [09②, 24②]
시스템 안전해석 방법 중 고장이 직접 시스템의 손실과 인명의 사상에 연결되는 높은 위험도를 가진 요소나 고장의 형태에 따른 분석법을 쓰시오.

017 [19②]
고장형태 및 영향분석(FMEA : Failure Mode and Effect Analyis)에서 치명도 해석을 포함시킨 분석방법을 쓰시오.

018 [16②]
사고의 발단이 되는 초기 사상이 발생할 경우 그 영향이 시스템에서 어떤 결과(정상 또는 고장)로 진전해 가는지를 나뭇가지가 갈라지는 형태로 분석하는 방법을 쓰시오.

★중요 **019** [02①, 05①, 18③, 22③]
사고 시나리오에서 연속된 사건들의 발생경로를 파악하고 평가하기 위한 귀납적이고 정량적인 시스템 안전 분석기법을 쓰시오.

★중요 **020** [04②, 05②, 08①, 10③, 21②]
시스템에 있어서 인간의 과오를 정량적으로 평가하는 방법을 쓰시오.

★중요 **021** [08②, 17③]
원자력 산업과 같이 이미 상당한 안전이 확보되어 있는 장소에서 관리, 설계, 생산, 보전 등 광범위하고 고도의 안전 달성을 목적으로 하는 시스템 해석 방법을 쓰시오.

★중요 **022** [08③, 10③, 13③, 23①]
시스템 안전 분석방법 중 관리, 설계, 생산, 보전 등 전반적인 광범위한 분야에서 안전성을 확보하기 위한 기법으로 이미 상당한 안전이 확보되어 있는 장소에서 더 고도의 안전 달성을 목적으로 하는 방법을 쓰시오.

★중요 **023** [05①, 19③, 25①]
1970년대에 산업안전을 목적으로 개발된 시스템 안전프로그램이며, ERDA(미 에너지연구개발청)에서 개발된 것으로 관리, 설계, 생산, 보전 등의 넓은 범위의 안전성을 검토하기 위한 기법을 쓰시오.

| 정답 |

008 안전성 평가   009 관계자료의 정비검토   010 FTA에 의한 재평가   011 λ_G 012 PHA(예비위험분석)   013 PHA(예비위험분석)
014 FHA(결함위험분석)   015 FMEA(고장형태 및 영향분석)   016 CA(위험도 분석)   017 FMECA(고장형태 위험도분석)
018 ETA(사건수 분석)   019 ETA(사건수 분석)   020 THERP(인간과오율 예측기법)
021 MORT(경영소홀 및 위험수 분석)   022 MORT(경영소홀 및 위험수 분석)   023 MORT(경영소홀 및 위험수 분석)

024 시스템이 저장되고 이동되고, 실행됨에 따라 발생하는 작동시스템의 기능이나 과업, 활동으로부터 발생되는 위험에 초점을 맞추어 진행하는 위험분석 방법을 쓰시오.

025 화학공정공장(석유화학사업장)에서 가동문제를 파악하는 데 널리 사용되며, 위험요소를 예측하고 새로운 공정에 대한 가동문제를 예측하는 데 사용되는 분석 기법을 쓰시오.

026 다음 표는 위험분석기법 중 어떠한 기법에 사용되는 양식인지를 쓰시오.

가이드 단어	편차	가능한 원인	결과	요구되 는 조치	흐름도에서 추가시험과 변경

027 시스템 안전 달성을 위한 시스템 안전 설계 단계 중 위험상태의 최소화 단계에 해당하는 것을 쓰시오.

⚙ **해설** 페일세이프(fail safe)의 개념은 인간 또는 기계가 동작상의 실패가 있어도 사고를 발생시키지 않도록 하는 통제 기능으로서 기능의 3단계는 fail-passive, fail-active, fail-operational 이다.

028 다음 표와 관련된 시스템위험분석 기법으로 가장 적합한 기법을 쓰시오.

프로그램 :　　　　　시스템 :

#1. 구성요소 명칭	#2. 구성요소 위험방식	#3. 시스템 작동방식	#4. 서브시스 템에서 위험영향	#5. 서브시스 템, 대표 적 시스템 위험영향
#6. 환경적인 요인	#7. 위험 영향 을 받을 수 있는 2차 요인	#8. 위험 수준	#9. 위험 관리	

029 화학설비에 대한 안전성 평가 5단계 중 '정성적 평가'의 실시 단계를 쓰시오.

⚙ **해설** 화학설비에 대한 안전성 평가 5단계 중 제2단계는 정성적 평가로서, 설계 관계[입지조건, 공장내 배치(레이 아웃), 건조물, 소방설비 등]와 운전관계(원재료, 중간 제품, 공정, 수송, 저장, 공정기기 등)에 대한 평가이다.

030 화학설비의 위험을 예방하기 위한 안전성 평가 중 3단계에 해당하는 것을 쓰시오.

⚙ **해설** 안전성 평가의 기본원칙 6단계
제1단계(관계자료의 정비검토) → 제2단계(정성적 평가) → 제3단계(정량적 평가) → 제4단계(관리적 대책, 설비 등에 관한 대책 등의 안전대책 수립) → 제5단계(재해사례(정보)에 의한 평가) → 제6단계(FTA에 의한 재평가)

★중요　　　　　　　　　　　　[03①, 15②, 20①, 21③]

031 시스템의 성능 저하가 인원의 부상이나 시스템 전체에 중대한 손해를 입히지 않고 제어가 가능한 상태의 위험강도의 범주와 상태를 쓰시오.

[14①]

032 Chapanis의 위험분석에서 발생이 불가능한 (Impossible) 경우의 위험발생률을 쓰시오.

[06①, 25③]

033 위험성 평가(Risk Analysis)에서 위험의 정성적 확률 순위인 "거의 발생하지 않는(remote)"의 하루당 발생빈도(P)를 쓰시오.

⚙ **해설**　정성적 확률은 10^{-5}/day를 초과하는 경우이다.

★중요　　　　　　　　　　　　[10①, 13②, 19③, 22①]

034 다음의 위험관리 단계를 순서대로 나열하시오.

> ㉠ 위험의 분석
> ㉡ 위험의 파악
> ㉢ 위험의 처리
> ㉣ 위험의 평가

⚙ **해설**　위험관리의 단계
위험의 파악 → 위험의 분석(사고의 발생 확률 예측) → 위험의 평가 → 위험의 처리

|정답|

024 OHA(운용 위험 분석)　　**025** HAZOP(위험 및 운전성 검토)　　**026** HAZOP(위험 및 운전성 검토)　　**027** 페일세이프(fail safe)
028 결함위험분석(FHA)　　**029** 제2단계　　**030** 정량적 평가　　**031** 범주 Ⅲ : 한계적　　**032** 발생빈도(P) 〉 10^{-8}/day
033 발생빈도(P) 〉 10^{-5}/day　　**034** ㉡ → ㉠ → ㉣ → ㉢

01 진위형 문제
▶ 해설편 98p

※ 다음 문제를 읽고, 옳으면 ○, 틀리면 ✕를 괄호 안에 표기하시오.

[18②]

001 윤활관리시스템에서 준수해야 하는 4가지 원칙에 해당하는 것을 체크하시오.

① 적정량 준수 (　　)

② 다양한 윤활제의 혼합 (　　)

③ 올바른 윤활법의 선택 (　　)

④ 윤활기간의 올바른 준수 (　　)

[05③, 24③]

002 보전성 설계의 고려사항에 해당하는 것을 체크하시오.

① 고장이나 결함이 발생한 부분에 접근성이 좋을 것 (　　)

② 고장이나 결함의 징조를 쉽게 검출할 수 있을 것 (　　)

③ 경험이 풍부하고 수리에 숙련되어 능력이 충분할 것 (　　)

④ 고장, 결합부품 및 재료의 교환이 신속하고 쉬울 것 (　　)

[08③, 25①]

003 설비보전 방법 중 설비의 열화를 방지하고 그 진행을 지연시켜 수명을 연장하기 위한 점검, 청소, 주유 및 교체 등의 활동을 체크하시오.

① 사후 보전 (　　)

② 개량 보전 (　　)

③ 일상 보전 (　　)

④ 보전 예방 (　　)

[04①]

004 다음 설명이 올바른지 체크하시오.

① 기계설비의 보전방침 수립시 기계의 고장빈도를 파악하여 이용한다. (　　)

② 기계설비의 신뢰도를 유지 향상시키려면 보전 관리가 필요하다. (　　)

③ 보전활동의 기준이 되는 보전방침은 명확히 제시되어야 한다. (　　)

④ 생산시스템의 신뢰성 유지와 설비보전은 관계가 없다. (　　)

★중요　　　　　　　　　[09①, 15①, 23②]

005 사후보전에 필요한 수리시간의 평균치를 나타낸 것을 체크하시오.

① MTTF (　　)

② MTBF (　　)

③ MDT (　　)

④ MTTR (　　)

[14①]

006 보전용 자재에 관한 설명으로 올바른지 체크하시오.

① 소비속도가 느려 순환사용이 불가능하므로 폐기시켜야 한다. (　　)

② 휴지손실이 적은 자재는 원자재나 부품의 형태로 재고를 유지한다. (　　)

③ 열화상태를 경향검사로 예측이 가능한 품목은 적시 발주법을 적용한다. (　　)

④ 보전의 기술수준, 관리수준이 재고량을 좌우한다. (　　)

★중요 [05④, 10①, 23③]

007 공장설비의 고장원인 분석 방법에 해당하는 것을 체크하시오.

① 고장원인 분석은 언제, 누가, 어떻게 행하는가를 그때의 상황에 따라 결정한다. ( )

② P-Q 분석도에 의한 고장대책으로 빈도가 높은 고장에 대하여 근본적인 대책을 수립한다. ( )

③ 동일기종이 다수 설치되었을 때는 공통된 고장 개소, 원인 등을 규명하여 개선하고 자료를 작성한다. ( )

④ 발생한 고장에 대하여 그 개소, 원인, 수리상의 문제점, 생산에 미치는 영향 등을 조사하고 재발 방지 계획을 수립한다. ( )

★중요 [19①②, 24①]

008 신뢰성과 보전성을 효과적으로 개선하기 위해 작성하는 보전기록 자료를 체크하시오.

① 자재관리표 ( )

② MTBF 분석표 ( )

③ 설비이력카드 ( )

④ 고장원인대책표 ( )

[12②]

009 보험으로 위험조정을 하는 방법을 체크하시오.

① 전가 ( )

② 보류 ( )

③ 위험감축 ( )

④ 위험회피 ( )

★중요 [02③, 14①, 24②]

010 위험을 통제하는 데 있어 취해야 할 첫 단계 조사에 해당하는 것을 체크하시오.

① 작업원을 선발하여 훈련한다. ( )

② 덮개나 격리등으로 위험을 방호한다. ( )

③ 설계 및 공정계획 시에 위험을 제거하도록 한다. ( )

④ 점검과 필요한 안전보호구를 설치하도록 한다. ( )

★중요   [05④]

001 설비열화형 기계설비를 전체적으로 대수리, 점검하는 것을 의미하는 용어를 쓰시오.

[11③, 25①]

002 고장 손실에 따른 피해가 큰 중점 설비가 대상일 때 가장 적합한 보전방식을 쓰시오.

[12③]

003 다음 설명에 해당하는 설비 보전 방식을 쓰시오.

> 설비를 항상 정상, 양호한 상태로 유지하기 위한 정기적인 검사와 초기의 단계에서 성능의 저하나 고장을 제거하거나 조정(調整) 또는 수복(修復)하기 위한 설비의 보수 활동을 의미한다.

[11①]

004 교체 주기와 가장 밀접한 관련성이 있는 보전방식을 쓰시오.

[16②, 25②]

005 설비보전 방식의 유형 중 궁극적으로는 설비의 설계, 제작 단계에서 보전 활동이 불필요한 체계를 목표로 하는 보전방식을 쓰시오.

[12①]

006 다음 설명에 해당하는 것을 쓰시오.

> 미국의 GE사가 처음으로 사용한 보전으로 설계에서 폐기에 이르기까지 기계설비의 전과정에서 소요되는 설비의 열화손실과 보전비용을 최소화하며 생산성을 향상시키는 보전방법이다.

[15③]

007 설비의 성능저하 또는 고장에 의한 정지 때문에 수리하는 설비보전 방법을 쓰시오.

[16①, 25③]

008 설비의 보전과 가동에 있어 시스템의 고장과 고장 사이의 시간 간격을 의미하는 용어를 쓰시오.

[09③]

009 예방보전과 사후보전을 모두 실시할 때 보전성의 척도로 사용되는 것을 쓰시오.

[12②, 17②, 24②]

★중요

010 보전효과 측정을 위해 사용하는 설비고장 강도율의 식을 쓰시오.

⚙ **해설** 설비고장 강도율은 설비 가동 시간에 대한 설비고장 정지시간(고장으로 인한 설비가 정지 시간)의 비율이다.

★중요

[14③, 20①, 21①]

011 설비보전관리에서 설비이력카드, MTBF분석표, 고장원인대책표와 관련이 깊은 관리를 쓰시오.

⚙ **해설** 신뢰성과 보전성 개선을 목적으로 한 효과적인 보전기록카드에는 MTBF분석표, 설비이력카드, 고장원인대책표 등이 있다.

[10②]

012 설비의 가용도를 나타내는 공식을 쓰시오.

[02②③, 24③]

★중요

013 기업의 의사결정과 같은 손실과 이익의 기회가 공존하고 위험의 부담을 보험 등으로 전가할 수 없는 위험의 용어를 쓰시오.

⚙ **해설** 정적 위험은 기업의 의사결정과 같은 손실과 이익의 기회가 공존하고, 위험부담을 보험으로 전가시키기 불가능하고, 동적 위험은 위험부담을 보험으로 전가시키기 가능한 위험이다.

| 정답 |

001 오버홀(Overhaul)   002 예방보전   003 예방보전   004 예방보전   005 보전예방   006 생산보전   007 사후보전

008 MTBF(평균고장간격)   009 MDT(평균동작 불능시간)   010 설비고장 강도율 = $\dfrac{\text{설비고장 정지시간}}{\text{설비가동시간}} \times 100(\%)$

011 보전기록카드   012 가용도 = $\dfrac{\text{작동가능시간}}{\text{작동가능시간 + 작동불능시간}}$ 013 정적 위험

[19③]

★중요

001 다음의 데이터를 이용하여 MTBF를 구하시오.

가동시간	정지시간
t_1 = 2.7시간	t_a = 0.1시간
t_2 = 1.8시간	t_b = 0.2시간
t_3 = 1.5시간	t_c = 0.3시간
t_4 = 2.3시간	t_d = 0.3시간
부하시간 = 8시간	

⚙ 해설

MTBF(평균고장간격, 무고장 시간의 평균)는 고장이 발생하여도 다시 수리를 해서 사용할 수 있는 제품을 대상으로 하여 고장과 고장의 시간 간격을 말한다.

$$\text{MTBF} = \frac{\text{가동 시간의 합}}{\text{고장(정지)건수}} = \frac{1}{\text{고장률}(\lambda)} = \frac{(2.7 + 1.8 + 1.5 + 2.3)}{4} = 2.075 ≒ 2.1\text{시간/회}$$

여기서, 가동시간은 $(2.7 + 1.8 + 1.5 + 2.3) = 8.3$시간이고, 고장(정지)건수는 4건($t_a$, t_b, t_c, t_d)임에 유의할 것!

[18①]

★중요

002 10시간 설비 가동 시 설비고장으로 1시간 정지하였다면 설비고장강도율을 구하시오.

⚙ 해설

설비고장 강도율은 설비 가동시간에 대한 설비고장 정지시간(고장으로 인한 설비의 정지시간)의 비율이다.

$$\text{설비고장 강도율} = \frac{\text{설비고장 정지시간}}{\text{설비 가동시간}} \times 100(\%) = \frac{1}{10} \times 100(\%) = 10\%$$

01 진위형 문제

▶해설편 100p

※ 다음 문제를 읽고, 옳으면 ○, 틀리면 ✕를 괄호 안에 표기하시오.

[06①]

001 인간의 특성을 설명한 것으로 올바른지 체크하시오.

① 인간은 글씨보다 그림을 더 빨리 인식한다. ( )
② 인간은 색깔보다 글씨를 더 빨리 인식한다. ( )
③ 인간의 단기기억시간은 매우 짧고 제한적이다.
( )
④ 인간은 5감 중 시각을 통하여 가장 많은 정보를 받아들인다. ( )

★중요 [04③, 08①, 13①, 18①, 25②]

002 집단으로부터 얻은 자료를 선택하여 사용할 때에 특정한 설계 문제에 따라 대상 자료를 선택하는 인체계측 자료의 응용 원칙 3가지를 체크하시오.

① 사용빈도에 따른 설계 ( )
② 조절범위식 설계 ( )
③ 극단치(최대치와 최소치)에 속한 사람을 위한 설계 ( )
④ 평균치를 기준으로 한 설계 ( )
⑤ 기능적 치수를 이용한 설계 ( )

★중요 [13②, 17③, 25①]

003 인간계측자료를 응용하여 제품을 설계하고자 할 때 제품과 적용기준의 연결이 올바른지 체크하시오.

① 출입문 – 최대 집단치 설계기준 ( )
② 안내 데스크 – 평균치 설계기준 ( )
③ 선반 높이 – 최대 집단치 설계기준 ( )
④ 공구 – 평균치 설계기준 ( )

★중요 [11①, 14③, 23①]

004 인체측정 특성의 최대치수를 기준으로 설계해야 하는 대상을 체크하시오.

① 출입문 크기 ( )　② 통로의 크기 ( )
③ 그네의 하중 ( )　④ 선반의 높이 ( )

⑤ 문의 높이 ( )　⑥ 통로의 높이 ( )
⑦ 비상구의 높이 ( )

[15①]

005 인체측정치 응용원칙 중 가장 우선적으로 고려해야 하는 원칙을 체크하시오.

① 조절식 설계 ( )　② 최대치 설계 ( )
③ 최소치 설계 ( )　④ 평균치 설계 ( )

[07①]

006 일반적으로 인체 계측 자료를 설계에 응용할 때의 내용으로 올바른지 체크하시오.

① 선반 높이의 설계를 위하여 5%의 하위 백분위 수를 사용하였다. ( )
② 조종 장치까지의 거리 설계를 위하여 5%의 하위 백분위 수를 사용하였다. ( )
③ 출입문의 설계를 위하여 5%의 하위 백분위 수를 사용하였다. ( )
④ 비상벨의 위치 설계를 위하여 5%의 하위 백분위 수를 사용하였다. ( )

★중요 [10②, 11③]

007 공간이나 제품의 설계 시 움직이는 몸의 자세를 고려하기 위해 사용되는 인체치수를 체크하시오.

① 비례적 인체치수 ( )　② 구조적 인체치수 ( )
③ 기능적 인체치수 ( )　④ 해부적 인체치수 ( )

[13①]

008 인체계측에 있어 구조적 인체치수에 관한 설명으로 올바른지 체크하시오.

① 움직이는 신체의 자세로부터 측정한다. ( )
② 실제의 작업 중 움직임을 계측, 자료를 취합하여 통계적으로 분석한다. ( )
③ 정해진 동작에 있어 자세, 관절 등의 관계를 3차원 디지타이저(digitizer), 모아레(Moire)법 등의 복합적인 장비를 활용하여 측정한다. ( )
④ 고정된 자세에서 마틴(Martin)식 인체측정기로 측정한다. ( )

009 인체계측에 관한 설명으로 올바른지 체크하시오.

① 의자, 피복과 같이 신체모양과 치수와 관련성이 높은 설비의 설계에 중요하게 반영된다. (　)

② 일반적으로 몸의 측정 치수는 구조적 치수(structural dimension)와 기능적 치수(functional dimension)로 나눌 수 있다. (　)

③ 인체계측치의 활용 시에는 문화적 차이를 고려하여야 한다. (　)

④ 인체계측치를 활용한 설계는 인간의 안락에는 영향을 미치지만 성능수행과는 관련성이 없다. (　)

010 인체계측 치수의 성격이 나머지와 다른 것을 체크하시오.

① 팔 뻗침 (　)

② 눈 높이 (　)

③ 앉은 키 (　)

④ 엉덩이 너비 (　)

011 인체측정치를 이용한 설계에 관한 설명으로 올바른지 체크하시오.

① 평균치를 기준으로 한 설계를 제일 먼저 고려한다. (　)

② 자세와 동작에 따라 고려해야 할 인체측정 치수가 달라진다. (　)

③ 의자의 깊이와 너비는 작은 사람을 기준으로 설계한다. (　)

④ 큰 사람을 기준으로 한 설계는 인체측정치의 5%tile을 사용한다. (　)

012 의자 좌판의 높이를 설계하기 위한 것으로 가장 적합한 인체계측자료의 응용 원칙을 체크하시오.

① 최소 집단치를 위한 설계 (　)

② 최대 집단치를 위한 설계 (　)

③ 평균치를 기준으로 한 설계 (　)

④ 최대 빈도치를 기준으로 한 설계 (　)

013 인체계측 자료에서 주로 사용하는 변수를 체크하시오.

① 평균치 (　)　　② 5백분위수 (　)

③ 최빈값 (　)　　④ 95백분위수 (　)

014 인체 측정치 중 기능적 인체치수에 해당하는 것을 체크하시오.

① 표준자세 (　)

② 특정작업에 국한 (　)

③ 움직이지 않는 피측정자 (　)

④ 각 지체는 독립적으로 움직임 (　)

● 중요　　

015 인간공학적 수공구의 설계 원칙에 관한 설명으로 올바른지 체크하시오.

① 손목은 곧게 유지되도록 설계한다. (　)

② 손가락 동작의 반복을 피하도록 설계한다. (　)

③ 사용이 용이한 검지만을 주로 사용한다. (　)

④ 손잡이는 접촉면적을 가능하면 크게 한다. (　)

⑤ 손잡이 크기를 수공구 크기에 맞추어 설계한다. (　)

⑥ 수공구 사용 시 무게 균형이 유지되도록 설계한다. (　)

⑦ 정밀 작업용 수공구의 손잡이는 직경을 5mm 이하로 한다. (　)

⑧ 힘을 요하는 수공구의 손잡이는 직경을 60mm 이상으로 한다. (　)

⑨ 손잡이는 손바닥과의 접촉면적이 작게 설계한다. (　)

⑩ 공구의 무게를 줄이고 사용 시 균형이 유지되도록 한다. (　)

016 신체의 안정성을 증대시키는 조건을 체크하시오.

① 기저(基底)를 작게 한다. (　)

② 몸의 무게중심을 낮춘다. (　)

③ 몸의 무게중심을 기저(基底) 내에 들게 한다. (　)

④ 모우멘트의 균형을 생각한다. (　)

017 [05②]

인간의 중립적인 자세(Neutral Position)를 체크하시오.

① 손목이 곧은(Straight) 상태 (　　)

② 팔꿈치가 45도 (　　)

③ 어깨가 이완된 상태 (　　)

④ 시각은 수평에서 약간 아래 (　　)

018 [20②]

다수의 표시장치(디스플레이)를 수평으로 배열할 경우, 해당 제어장치를 각각의 표시장치 아래에 배치하면 좋아지는 양립성에 해당하는 것을 체크하시오.

① 공간 양립성 (　　)

② 운동 양립성 (　　)

③ 개념 양립성 (　　)

④ 양식 양립성 (　　)

★중요

019 [07②, 13②, 25②]

주로 통신에서 잡음 중의 일부를 제거하기 위해 여과기(filter)를 사용하였다면, 어떤 성능을 향상시키는 것인지 체크하시오.

① 신호의 산란성 (　　)

② 신호의 양립성 (　　)

③ 신호의 검출성 (　　)

④ 신호의 표준성 (　　)

020 [06①]

근로 능력 중 지식적 능력에 해당하는 것을 체크하시오.

① 이해력 (　　)

② 판단력 (　　)

③ 표현력 (　　)

④ 감지력 (　　)

021 [06③]

판단과정의 착오 원인에 해당하는 것을 체크하시오.

① 자신 과신 (　　)

② 능력 부족 (　　)

③ 정보 부족 (　　)

④ 감각차단현상 (　　)

★중요

022 [04③, 10③, 23①]

자동제어 중 feed back 제어에 관한 설명으로 올바른지 체크하시오.

① 순서에 의해 실행하고, 일단 동작 후 그 이상의 조종이 없거나 조종이 불가능한 체계이다. (　　)

② 폐회로(closed-loop) 제어라 한다. (　　)

③ 제어의 목표치와 결과치를 비교한다. (　　)

④ 자동화기기와 같이 시간적으로 연속적인 조정을 필요로 한다. (　　)

★중요

023 [06②③, 09②, 12③, 13①, 14①, 15②③, 18①, 19①, 20①, 22①]

작업공간에서 부품배치의 원칙에 따라 레이아웃을 개선하려 할 때, 부품배치의 원칙에 해당하는 것을 체크하시오.

① 중요성의 원칙 (　　)　② 사용빈도의 원칙 (　　)

③ 기능별 배치 원칙 (　　)

④ 사용방법의 원칙 (　　)

⑤ 다각능률의 원칙 (　　)

⑥ 편리성의 원칙 (　　)　⑦ 사용순서의 원칙 (　　)

⑧ 신뢰성의 원칙 (　　)　⑨ 다양성의 원칙 (　　)

⑩ 작업공간의 원칙 (　　)　⑪ 선입선출의 원칙 (　　)

★중요

024 [04③, 09①, 16②, 18②, 21②]

일반적으로 의자설계의 원칙에서 고려해야 할 사항을 체크하시오.

① 체중분포에 관한 사항 (　　)

② 의자 좌판의 높이에 관한 사항 (　　)

③ 개인차의 반영에 관한 사항 (　　)

④ 상반신의 안정에 관한 사항 (　　)

⑤ 척추의 허리부분은 요부 전만을 유지 (　　)

⑥ 허리 강화를 위하여 쿠션을 설치하지 않음 (　　)

⑦ 좌판의 앞 모서리 부분은 5cm 정도 낮아야 함 (　　)

⑧ 좌판과 등받이 사이의 각도는 90°~105°를 유지하도록 함 (　　)

⑨ 의자 등판의 높이 (　　)

⑩ 의자 좌판의 높이, 깊이와 폭 (　　)

025 의자의 등받이 설계에 관한 설명으로 올바른지 체크하시오.

① 등받이 폭은 최소 30.5cm가 되게 한다. (　)

② 등받이 높이는 최소 50cm가 되게 한다. (　)

③ 의자의 좌판과 등받이 각도는 90~105°를 유지한다. (　)

④ 요부받침의 높이는 25~35cm로 하고 폭은 30.5cm로 한다. (　)

★중요

[03②, 05④, 25③]

026 작업자의 요구나 관심이 한 가지에 집중되는 의식 우회의 문제를 지닌 작업자에 대한 감독자의 적절한 조치를 체크하시오.

① 규제 (　)

② 통제 (　)

③ 카운슬링(counseling) (　)

④ 처벌 (　)

[14①]

027 신호의 강도, 진동수에 의한 신호의 상대 식별 등 물리적 자극의 변화여부를 감지할 수 있는 최소의 자극 범위를 의미하는 것을 체크하시오.

① Chunking (　)

② Stimulus Range (　)

③ SDT(Signal Detection Theory) (　)

④ JND(Just Noticeable Difference) (　)

[13③]

028 앉은 사람의 신체부위에 따른 공명진동수(Hz)로 올바른지 체크하시오.

① 3~4Hz일 때 경부골(목)의 공명 (　)

② 10~15Hz일 때 안구(눈)의 공명 (　)

③ 20~50Hz일 때 요추골(상체)의 공명 (　)

④ 40~50Hz일 때 견대(어깨)의 공명 (　)

[17②, 23②]

029 사람의 감각기관 중 반응속도가 가장 느린 것을 체크하시오.

① 청각 (　)　　② 시각 (　)

③ 미각 (　)　　④ 촉각 (　)

[03③]

030 분당 평균에너지가 5kcal인 작업을 계속해서 하는 경우 휴식시간에 관한 설명으로 올바른지 체크하시오.

① 휴식시간 공식에 의하면 휴식시간이 '0'이므로 휴식이 필요 없다. (　)

② 작업의 종류에 따라서 휴식을 결정한다. (　)

③ 작업이 완전히 종료된 후 귀가하여 휴식을 취하면 된다. (　)

④ 어떤 종류의 작업이든 휴식은 반드시 필요하므로 적절한 휴식을 취해야 한다. (　)

[08①, 22②]

031 윗팔을 자연스럽게 수직으로 늘어뜨린 채, 아래팔만으로 편하게 뻗어 파악할 수 있는 구역에 해당하는 것을 체크하시오.

① 파악 한계역 (　)　　② 최소 작업역 (　)

③ 정상 작업역 (　)　　④ 최대 작업역 (　)

[07①]

032 수평작업대 설계에 있어서 최대작업역에 대한 설명으로 올바른지 체크하시오.

① 전완만으로 편하게 뻗어 파악할 수 있는 구역 (　)

② 전완과 상완을 곧게 펴서 파악할 수 있는 구역 (　)

③ 상완만을 뻗어 파악할 수 있는 구역 (　)

④ 사지를 최대한으로 움직여 파악할 수 있는 구역 (　)

[15③, 25②]

033 인체측정과 작업공간 설계에 관한 용어의 설명으로 올바른지 체크하시오.

① 정상작업영역 : 상완을 자연스럽게 수직으로 늘어뜨린 채, 손목을 움직여 닿을 수 있는 영역을 말한다. (　)

② 최대작업영역 : 전완과 상완을 곧게 펴서 파악할 수 있는 영역을 말한다. (　)

③ 정적 인체치수 : 마틴식 인체 측정기를 사용하여 측정한다. (　)

④ 동적 인체치수 : 신체의 움직임에 따른 활동범위 등을 측정한다. (　)

034 [20②]
작업자의 작업공간과 관련된 내용으로 올바른지 체크하시오.

① 서서 작업하는 작업공간에서 발바닥을 높이면 뻗침길이가 늘어난다. (　)

② 서서 작업하는 작업공간에서 신체의 균형에 제한을 받으면 뻗침길이가 늘어난다. (　)

③ 앉아서 작업하는 작업공간은 동적 팔뻗침에 의해 포락면(reach envelope)의 한계가 결정된다. (　)

④ 앉아서 작업하는 작업공간에서 기능적 팔뻗침에 영향을 주는 제약이 적을수록 뻗침길이가 늘어난다. (　)

★중요　[03③, 05①, 08①, 14②, 23①]

035 작업방법의 개선 원칙(ECRS)에 해당하는 것을 체크하시오.

① 결합(Combine) (　)

② 단순화(Simplty) (　)

③ 재배치(Rearrange) (　)

④ 교육(Education) (　)

★중요　[05①, 11③, 14③, 19③, 21③]

036 입식 작업장에서 작업대의 높이를 결정 시 고려사항을 체크하시오.

① 작업의 정밀도 (　)　② 인체 측정자료 (　)

③ 무게중심의 결정 (　)　④ 파악 한계 (　)

⑤ 작업자의 신장 (　)　⑥ 작업의 빈도 (　)

⑦ 작업물의 크기 (　)　⑧ 작업물의 무게 (　)

★중요　[12①, 15②, 19②, 24③]

037 서서 하는 작업의 작업대 높이에 대한 설명으로 올바른지 체크하시오.

① 정밀작업의 경우 팔꿈치 높이보다 약간 높게 한다. (　)

② 경작업의 경우 팔꿈치 높이보다 약간 낮게 한다. (　)

③ 중작업의 경우 경작업의 작업대 높이보다 약간 낮게 한다. (　)

④ 작업대의 높이는 기준을 지켜야 하므로 높낮이가 조절되어서는 안 된다. (　)

⑤ 경조립 작업은 팔꿈치 높이보다 0~10cm 정도 낮게 한다. (　)

⑥ 중조립 작업은 팔꿈치 높이보다 10~20cm 정도 낮게 한다. (　)

⑦ 정밀작업은 팔꿈치 높이보다 0~10cm 정도 높게 한다. (　)

⑧ 정밀한 작업이나 장기간 수행하여야 하는 작업은 입식작업대가 바람직하다. (　)

⑨ 경작업의 경우 팔꿈치 높이보다 5~10cm 낮게 한다. (　)

⑩ 중작업의 경우 팔꿈치 높이보다 10~20cm 낮게 한다. (　)

⑪ 부피가 큰 작업물을 취급하는 경우 최대치 설계를 기본으로 한다. (　)

038 [13③]
선 자세 작업이 앉은 자세 작업보다 좋은 경우를 체크하시오.

① 신체적 안정감이 필요한 경우 (　)

② 작업자들이 자주 이동하는 경우 (　)

③ 손으로 큰 힘을 써서 작업하는 경우 (　)

④ 매우 크거나 무거운 중량물을 취급하는 경우 (　)

039 [04②, 24③]
작업대가 부적절하게 높은 경우 취해지는 자세를 체크하시오.

① 가슴이 압박받음 (　)

② 겨드랑이를 벌린 상태 (　)

③ 앞가슴을 위로 올리는 경향 (　)

④ 머리를 들고 가슴, 어깨를 일으키는 자세 (　)

040 [04②]
작업을 하는 자세는 작업의 종류에 따라 다르다. 작업의 자세를 결정하는 조건을 체크하시오.

① 작업의 정밀도 (　)

② 작업의 중요성 (　)

③ 작업 기술과 작업자의 능률 (　)

④ 작업자와 작업점의 거리 및 높이 (　)

[04①, 06③, 10②, 21①]

★중요

041 작업영역을 설계할 때 조정가능성의 대상에 해당하는 것을 체크하시오.

① 작업대의 조정가능성 (　)
② 작업공구의 조정가능성 (　)
③ 작업대상물의 조정가능성 (　)
④ 작업대와 관련된 작업자 자세의 조정가능성
(　)

[03①]

042 작업설계를 할 때 인간 요소적 접근방법에 해당하는 것을 체크하시오.

① 작업만족도를 강조 (　)
② 능률과 생산성을 강조 (　)
③ 작업순환과 배치를 강조 (　)
④ 작업에 대한 책임을 강조 (　)

[15②]

043 인체의 동작 유형 중 굽혔던 팔꿈치를 펴는 동작을 나타내는 용어를 체크하시오.

① 내전(adduction) (　)
② 회내(pronation) (　)
③ 굴곡(flexion) (　)
④ 신전(extension) (　)

[04②, 08②, 23③]

044 정적자세를 유지할 때 진전(tremor)을 감소시킬 수 있는 방법을 체크하시오.

① 시각적인 참조가 있도록 한다. (　)
② 손을 심장 높이가 되도록 유지한다. (　)
③ 작업대상물에 기계적 마찰이 있도록 한다. (　)
④ 근로자가 떨지 않으려고 힘을 주어 노력한다.
(　)

[07①, 08③, 18②, 25②]

★중요

045 인체에서 골격(뼈)의 주요 기능을 체크하시오.

① 신체의 지지 (　)
② 장기의 보호 (　)
③ 조혈작용 (　)
④ 대사작용 (　)
⑤ 신체를 지지하고 형상을 유지하는 역할 (　)

⑥ 주요한 부분을 보호하는 역할 (　)
⑦ 신체활동을 수행하는 역할 (　)
⑧ 유기질을 저장하는 역할 (　)

[02③]

046 안전관리부서 역할 중 산업재해 방지 역할에 해당하는 것을 체크하시오.

① 재해통계의 작성·분석 (　)
② 안전점검 추진·실시 (　)
③ 안전기준지침 작성 및 실시 (　)
④ 화재예방시스템 설계·검토 (　)

[07①]

047 시스템(제품)의 고유 신뢰도를 높이기 위하여 가장 중요한 것을 체크하시오.

① 설계 개선 (　)
② 작업자에 대한 교육 (　)
③ 철저한 최종 검사 (　)
④ 사용자에 대한 교육훈련 (　)

[04①, 24①]

048 산업현장에서 요통재해를 일으키는 작업적 요소를 체크하시오.

① 국소진동작업 (　)
② 정적작업자세 (　)
③ 인양 및 비틀림작업 (　)
④ 과도한 중량물의 육체적 작업 (　)

[14③]

049 주로 어깨, 팔목, 손목, 목 등 상지의 작업자세로 인한 작업부하를 평가하기 위하여 영국에서 개발된 방법을 체크하시오.

① RULA 기법 (　)
② OWAS 기법 (　)
③ NIOSH의 들기작업 지침 (　)
④ Grag 에너지소비량 예측 모델 (　)

[05③]

050 다음 내용은 인간의 신뢰성과 관련하는 여러 특성 중 무엇을 측정하기 위한 것인지 체크하시오.

> 에너지 대사율, 체내 수분의 손실량, 흡기량의 억제도

① 주의력 (　　)　　② 긴장수준 (　　)
③ 의식수준 (　　)　　④ 관찰력 (　　)

[03①]

051 인간의 신뢰성 요인 중 경험, 지식, 기술에 의존하는 요인을 체크하시오.

① 주의력 (　　)　　② 긴장수준 (　　)
③ 의식수준 (　　)　　④ 지식수준 (　　)

[09②, 11①, 24①]

052 누적손실장애(CTDS)의 원인을 체크하시오.

① 진동공구의 사용 (　　)
② 과도한 힘의 사용 (　　)
③ 높은 장소에서의 작업 (　　)
④ 부적절한 자세에서의 작업 (　　)

[16③]

053 목과 어깨 부위의 근골격계 질환 발생과 관련하여 인과관계가 있는 것을 체크하시오.

① 진동 (　　)　　② 반복작업 (　　)
③ 과도한 힘 (　　)　　④ 작업자세 (　　)

[07①, 18①, 23③]

054 근골격계 질환의 인간공학적 주요 위험요인을 체크하시오.

① 과도한 힘 (　　)
② 부적절한 자세 (　　)
③ 고온의 환경 (　　)
④ 단순 반복 작업 (　　)

[15②]

055 단순반복 작업으로 인한 질환의 발생 부위가 다른 것을 체크하시오.

① 요부염좌 (　　)
② 수완진동증후군 (　　)
③ 수근관증후군 (　　)
④ 결절종 (　　)

[05④]

056 근골격계 질환 예방을 위한 유해요인 수시조사를 해야 할 경우를 체크하시오.

① 근골격계 질환자 발생 (　　)
② 작업자 변경 (　　)
③ 새로운 설비의 도입 (　　)
④ 작업환경의 변경 (　　)

[15①, 19③, 21③]

057 근골격계 질환을 예방하기 위한 관리적 대책에 해당하는 것을 체크하시오.

① 작업공간 배치 (　　)
② 작업재료 변경 (　　)
③ 작업순환 배치 (　　)
④ 작업공구 설계 (　　)

[10③]

058 국소적인 근육활동을 측정하는 데 사용되는 생리학적 척도에 해당하는 것을 체크하시오.

① 뇌전도(EEG) (　　)
② 근전도(EMG) (　　)
③ 심전도(ECG) (　　)
④ 점멸융합주파수(VFF) (　　)

[20②]

059 육체적 활동에 대한 생리학적 측정방법에 해당하는 것을 체크하시오.

① EMG (　　)
② EEG (　　)
③ 심박수 (　　)
④ 에너지소비량 (　　)

[14②, 24②]

060 일반적으로 스트레스로 인한 신체반응의 척도 가운데 정신적 작업의 스트레인 척도에 해당하는 것을 체크하시오.

① 뇌전도 (　　)
② 부정맥지수 (　　)
③ 근전도 (　　)
④ 심박수의 변화 (　　)

061 인간–기계 시스템 평가에 사용되는 인간기준 척도 중에서 유형이 다른 것을 체크하시오.
① 심박수 (　)
② 안락감 (　)
③ 산소소비량 (　)
④ 뇌전도(EEG) (　)

062 신체 반응의 척도 중 생리적 스트레인의 척도로 신체적 변화의 측정 대상을 체크하시오.
① 혈압 (　)
② 부정맥 (　)
③ 혈액 성분 (　)
④ 심박수 (　)

063 생리적 스트레스를 전기적으로 측정하는 방법을 체크하시오.
① 뇌전도(EEG) (　)
② 근전도(EMG) (　)
③ 전기 피부 반응(GSR) (　)
④ 안구 반응(EOG) (　)

064 중추신경계의 피로(정신 피로)의 척도로 사용할 수 있는 시각적 점멸융합주파수(VFF)를 측정할 때 영향을 주는 변수에 대한 설명으로 올바른지 체크하시오.
① VFF는 조명 강도의 대수치에 선형적으로 반비례한다. (　)
② 표적과 주변의 휘도가 같을 때 VFF는 최대가 된다. (　)
③ 휘도만 같다면 색상은 VFF에 영향을 주지 않는다. (　)
④ VFF는 사람들 간에는 큰 차이가 있으나 개인의 경우 일관성이 있다. (　)

065 작업종료 후에도 체내에 쌓인 젖산을 제거하기 위하여 추가로 요구되는 산소량에 해당하는 것을 체크하시오.

① ATP (　)
② 에너지대사율 (　)
③ 산소부채 (　)
④ 산소최대섭취능 (　)

066 중량물을 반복적으로 드는 작업의 부하를 평가하기 위한 방법에 NIOSH 들기지수를 적용할 때 고려 항목에 해당하는 것을 체크하시오.
① 들기 빈도 (　)
② 수평이동거리 (　)
③ 손잡이 조건 (　)
④ 허리 비틀림 (　)

067 인간 성능에 관한 척도에 해당하는 것을 체크하시오.
① 빈도수 척도 (　)
② 지속성 척도 (　)
③ 자연성 척도 (　)
④ 시스템 척도 (　)

★중요　

068 일반적으로 연구조사에 사용되는 기준 중 기준척도의 신뢰성이 의미하는 것에 해당하는 것을 체크하시오.
① 보편성 (　)
② 적절성 (　)
③ 반복성 (　)
④ 객관성 (　)

069 산업안전보건법에서 규정하는 근골격계부담작업의 범위에 해당하는 것을 체크하시오.
① 단기간작업 또는 간헐적인 작업 (　)
② 하루에 10회 이상 25kg 이상의 물체를 드는 작업 (　)
③ 하루에 총 2시간 이상 쪼그리고 앉거나 무릎을 굽힌 자세에서 이루어지는 작업 (　)
④ 하루에 4시간 이상 집중적으로 자료입력 등을 위해 키보드 또는 마우스를 조작하는 작업 (　)

02 단답형 문제

★중요 [02③, 10③, 22①]

001 침대의 길이를 설계할 때 인체 계측자료의 응용 원칙을 쓰시오.

★중요 [09①]

002 통로나 그네의 줄 등을 설계하는 데 있어 가장 적합한 인체측정자료의 응용원칙을 쓰시오.

★중요 [12②, 18③, 23①]

003 조작자와 제어버튼 사이의 거리, 조작에 필요한 힘 등을 정할 때 가장 일반적으로 적용되는 인체측정자료 응용원칙을 쓰시오.

★중요 [09①]

004 다음 내용에 해당하는 양립성의 종류를 쓰시오.

> 자동차를 운전하는 과정에서 우측으로 회전하기 위하여 핸들을 우측으로 돌린다.

★중요 [07②, 08②③, 18②, 21②]

005 자극들 간, 반응들 간 혹은 자극과 반응조합의 관계가 인간의 기대와 모순되지 않는 것을 의미하는 용어를 쓰시오.

★중요 [13③, 18①, 24③]

006 항공기 위치 표시장치의 설계 제원칙에 있어 다음 설명에 해당하는 용어를 쓰시오.

> 항공기의 경우 일반적으로 이동 부분의 영상은 고정된 눈금이나 좌표계에 나타내는 것이 바람직하다.

[17③]

007 부품을 작동하는 성능이 체계의 목표달성에 긴요한 정도를 고려하여 우선순위를 설정하는 원칙을 쓰시오.

[13②, 23③]

008 부품 배치의 원칙 중 부품의 일반적인 위치를 결정하기 위한 기준으로 가장 적합한 원칙 2가지를 쓰시오.

| 정답 |

001 최대 집단치를 위한 설계　　002 최대 집단치를 위한 설계　　003 최소치 설계원칙　　004 운동의 양립성　　005 양립성
006 이동(운동) 양립성　　007 중요도의 원칙　　008 중요성의 원칙, 사용 빈도의 원칙

[13②]

009 한 자극 차원에서의 절대 식별 수에 있어 순음의 경우 평균 식별 수를 쓰시오.

> ⚙ **해설** 한 자극 차원에서 절대 식별 수

자극 차원	순음	소음의 크기	밝기	물체의 크기
평균 식별 수	5	4~5	3~5	5~7

[05③]

010 인간이 앉아서 작업대 위에 손을 움직여 나타나는 평면 작업 중 팔을 굽히고도 편하게 작업을 하면서 좌우의 손을 움직여 생기는 작은 원호형의 영역을 쓰시오.

[19②]

011 윗팔은 자연스럽게 수직으로 늘어뜨린 채, 아래팔만을 편하게 뻗어 작업할 수 있는 범위를 의미하는 용어를 쓰시오.

★중요

[09③, 11①, 22②]

012 많은 작업자가 앉아서 수작업을 하는 경우 기능을 편히 할 수 있는 공간의 외곽 한계를 의미하는 용어를 쓰시오.

[12②]

013 한 장소에 앉아서 수행하는 작업활동에 있어서의 작업에 사용하는 공간의 용어를 쓰시오.

[18③, 25①]

014 수평 작업대에서 윗팔과 아래팔을 곧게 뻗어서 파악할 수 있는 작업 영역을 쓰시오.

[03①]

015 인간이 서로 마주하는 거리는 양자 간의 관계성의 정도를 표현해준다. 사회적 관계를 나타내는 사회적 거리(cm)의 범위를 쓰시오.

> ⚙ **해설** 사회적 거리는 인간이 서로 마주하는 거리는 양자 간의 관계성의 정도를 표현하고, 업무상의 대화가 유지되는 정도로서, 120~360cm(4~12feet) 정도이다.

[09②, 24①]

016 신체 부위의 운동 중 몸의 중심선으로 이동하는 운동의 명칭을 쓰시오.

017 [02③]

진전(Tremer)과 표동(drift)이 문제가 되는 동작을 쓰시오.

🔧 **해설** 계열 동작은 진전(tremor, 몸이 떨리는 현상)과 표동(전기장의 영향 하에 움직이는 대전된 입자의 운동)이 문제가 되고, 진전이 일어나기 쉬운 조건은 떨지 않도록 노력할 때이다. 진전이 가장 많이 일어나는 운동은 수직운동이고, 진전이 적게 일어나는 운동은 손이 심장 높이에 있을 때이다.

018 [06③, 24②]

진전(손떨림, tremor)이 가장 적은 손의 높이를 쓰시오.

🔧 **해설** 진전(tremor, 몸이 떨리는 현상)이 적게 일어나는 운동은 손이 심장 높이에 있을 때이다.

019 [12①]

완력검사에서 당기는 힘을 측정할 때 가장 큰 힘을 낼 수 있는 팔꿈치의 각도를 쓰시오.

🔧 **해설** 팔꿈치의 가장 큰 힘의 각도

구분	밀기 작업	당기기 작업	밀어 올리기	아래로 당기기
각도	180°	150°	90~120°	120°

020 [02③]

FAFR(Fatality Accident Frequency Rate)은 일정한 업무 또는 행위에 직접 노출된 몇 시간당 사망 확률을 나타내는지 쓰시오.

🔧 **해설** FAFR(Fatality Accident Frequency Rate)은 위험도 표시단위로서, 10^8시간당 사망확률을 나타낸다.

★중요

021 [07③, 10③, 22③]

손과 같은 신체부위를 반복적으로 사용하기 때문에 발생하는 질환의 명칭을 쓰시오.

★중요

022 [12②, 17③, 21③]

심장 박동 주기 동안 심근의 전기적 신호를 피부에 부착한 전극들로부터 측정하는 것으로, 심장이 수축과 확장을 할 때 일어나는 전기적 변동을 기록한 것을 쓰시오.

🔧 **해설** 심전도계(ECG)는 심장 근육의 활동정도를 측정하는 전기 생리신호로 신체적 작업 부하 평가 등에 사용할 수 있는 방법이다.

|정답|

009 5　　010 정상작업역　　011 정상작업역　　012 파악한계　　013 작업공간 포락면　　014 최대 작업 영역

015 120~360cm(4~12feet)　　016 내전 운동　　017 계열 동작　　018 심장 높이　　019 150°　　020 10^8시간

021 누적손실장애(CTDs)　　022 심전도계(ECG)

023 정신적 작업 부하에 대한 생리적 측정치에 해당하는 것을 쓰시오.

025 중추신경계의 피로 즉, 정신피로의 척도로 사용되는 것으로서 점멸률을 점차 증가(감소)시키면서 피실험자가 불빛이 계속 켜져 있는 것으로 느끼는 주파수를 측정하는 방법을 쓰시오.

024 심장 근육의 활동정도를 측정하는 전기 생리신호로 신체적 작업 부하 평가 등에 사용할 수 있는 것을 쓰시오.

026 활동의 내용마다 "우·양·가·불가"로 평가하고 이 평가내용을 합하여 다시 종합적으로 정규화하여 평가하는 안전성 평가기법을 쓰시오.

| 정답 |

023 부정맥 지수   **024** 심전도(ECG)   **025** 점멸융합주파수(VFF)   **026** 평정척도법

03 계산형 문제

★중요

[17①, 21③]

001 어떤 작업자의 배기량을 측정하였더니, 10분간 200L였고, 배기량을 분석한 결과 O_2는 16%, CO_2는 4%였다. 분당 산소 소비량을 구하시오.

> ⚙ **해설**
>
> 산소 소비량 = (분당 흡기량 × 공기 중의 산소 비율) − (분당 배기량 × 배기 가스의 산소 비율)이다.
>
> ① 분당 배기량 = $\dfrac{배기량}{시간}$ = $\dfrac{200}{10}$ = 20L/분
>
> ② 분당 흡기량 = $\dfrac{배기량 \times (100 - CO_2(\%) - O_2(\%))}{79}$ = $\dfrac{20 \times (100 - 4 - 16)}{79}$ = $\dfrac{1,600}{79}$ = 20.253L/분
>
> ③ 분당 산소 소비량 = 20.253 × 0.21 − 20 × 0.16 = 1.05313 ≒ 1.05L/분

[20①]

002 건강한 남성이 8시간 동안 특정 작업을 실시하고, 분당 산소 소비량이 1.1L/분으로 나타났다면 8시간 총 작업시간에 포함될 휴식시간(분)을 구하시오. (단, Murrell의 방법을 적용하며, 휴식 중 에너지소비율은 1.5kcal/min)

> ⚙ **해설**
>
> $$R(휴식\ 시간) = \frac{T(E - e)}{E - e_1} = \frac{T(E - 5)}{E - 1.5}$$
>
> - E : 실제 작업 시 평균 에너지의 소비량(kcal/min) (단, 산소 소비량이 주어진 경우에는 작업 시 평균에너지 × 산소 소비량임)
> - T : 총 작업시간(1시간을 기준으로 하는 경우에는 60)
> - e : 기초 대사를 포함한 에너지 상한값 또는 작업 시 평균에너지 값(kcal/분)
>   (남성 : 5kcal/min, 여성 : 4kcal/min)
> - e_1 : 휴식 시간 중의 에너지 소비량(1.5kcal/min)
>
> 그런데, T(총 작업시간) = 60 × 8 = 480분(작업시간이 8시간임), E : 실제 작업 시 평균 에너지의 소비량 (E = 5kcal/min × 1.1 = 5.5kcal/min), e = 5kcal/min × 1.1 = 5.5kcal/min, e_1 = 1.5kcal/min이다.
>
> 그러므로, $R(휴식\ 시간) = \dfrac{T(E - e)}{E - e_1} = \dfrac{480 \times (5.5 - 5)}{5.5 - 1.5}$ = 60분

003 어떤 작업의 평균 에너지 값이 5kcal/min라고 했을 때 1시간 작업 시 휴식시간(분)을 구하시오. (단, 기초대사를 포함한 작업에 대한 평균에너지 값의 상한은 4kcal/min, 휴식시간에 대한 평균에너지 값은 1.5kcal/min임)

⚙ 해설

R(휴식 시간) $= \dfrac{T(E - e)}{E - e_1}$ 이다.

그런데, $T = 60$분, $E = 5$kcal/min, $e = 4$kcal/min, $e_1 = 1.5$kcal/min이다.

그러므로, R(휴식 시간) $= \dfrac{T(E - e)}{E - e_1} = \dfrac{60 \times (5 - 4)}{5 - 1.5} = 17.14 ≒ 18$분

※ 여기서, 휴식 시간은 17.14분보다 많아야 함에 유의할 것

★중요

004 건강한 남성이 8시간 동안 특정 작업을 실시하고, 분당 산소 공급량이 1.3L/분으로 나타났다면 8시간 총 작업시간에 포함될 휴식시간(분)을 구하시오. (단, Murrell의 방법을 적용하여, 휴식 중 에너지 소비율은 1.5kcal/min임)

⚙ 해설

R(휴식 시간) $= \dfrac{T(E - e)}{E - e_1}$ 이다.

그런데, $T = 60$분/시간 $\times 8$시간 $= 480$분, $E = 5$kcal/min $\times 1.3 = 6.5$kcal/min, $e = 5$kcal/min, $e_1 = 1.5$kcal/min이다.

그러므로, R(휴식 시간) $= \dfrac{T(E - e)}{E - e_1} = \dfrac{(60 \times 8) \times (5 \times 1.3 - 5)}{6.5 - 1.5} = 144$분

005 건강한 남성이 8시간 동안 특정 작업을 실시하고, 산소소비량이 1.2L/분으로 나타났으면 8시간 총 작업시간에 포함되어야 할 최소 휴식시간(분)을 구하시오. (단, 남성의 권장 평균에너지소비량은 5kcal/분, 안정 시 에너지소비량은 1.5kcal/분으로 가정함)

⚙ 해설

R(휴식 시간) $= \dfrac{T(E - e)}{E - e_1}$ 이다.

그런데, $T = 60$분/시간 $\times 8$시간 $= 480$분, $E = 5$kcal/min $\times 1.2 = 6$kcal/min, $e = 5$kcal/min, $e_1 = 1.5$kcal/min이다.

그러므로, R(휴식 시간) $= \dfrac{T(E - e)}{E - e_1} = \dfrac{(60 \times 8) \times (5 \times 1.2 - 5)}{6 - 1.5} = 106.667 ≒ 107$분

[20②, 22②]

★중요

006 주물공장 A작업자의 작업지속시간과 휴식시간을 열압박지수(HSI)를 활용하여 계산하니 각각 45분, 15분이었다. A작업자의 1일 작업량(TW)를 구하시오. (단, 휴식시간은 포함하지 않으며, 1일 근무시간은 8시간임)

> **⚙ 해설**
>
> $$1일\ 작업량 = \frac{작업\ 계속\ 시간}{작업\ 계속\ 시간 + 휴식\ 시간} \times 1일\ 근무\ 시간$$
>
> 그런데, 작업 계속 시간은 45분, 휴식 시간은 15분이고, 1일 근무 시간은 8시간이다.
>
> 그러므로, $1일\ 작업량 = \dfrac{작업\ 계속\ 시간}{작업\ 계속\ 시간 + 휴식\ 시간} \times 1일\ 근무\ 시간 = \dfrac{45}{(45 + 15)} \times 8 = 6시간$

[10②]

007 하나의 특정한 자극만이 발생할 수 있을 때 반응에 걸리는 시간을 '단순반응시간'이라 하는데, 흔히 실험에서와 같이 자극을 예상하고 있을 때 전형적인 반응시간을 구하시오.

> **⚙ 해설**
>
> - 단순반응시간 : 하나의 특정한 자극이 발생할 때 반응에 걸리는 시간으로, 자극을 예상하고 있을 때 반응 시간이며, 약 0.15~0.2초 정도이다.
> - 반응 시간 : 동작을 개시하기 전까지의 시간으로 반응해야할 신호의 발생에서부터 응답을 시작하기까지의 시간이다.
> - 동작 시간 : 동작을 시작할 때부터 끝낼 때까지 걸리는 시간은 약 0.3초로, 조종 활동에서의 최소치로서 응답을 육체적으로 하는 데 필요한 시간이다.
>
> 총 반응시간 = 단순반응시간(0.15~0.2초) + 동작시간(0.3초로서 조종활동에서의 최소치) = (0.15~0.2) + 0.3초 = 0.45~0.5초이다.

01 진위형 문제

▶ 해설편 109p

※ 다음 문제를 읽고, 옳으면 ○, 틀리면 ✕를 괄호 안에 표기하시오.

[09①, 24③]

001 FT도에서 사용되는 논리기호와 명칭의 연결이 올바른지 체크하시오.

① ( ) 통합사상 ② ( ) 전이기호
③ ( ) 기본사상 ④ ( ) 이하 생략의 결함사상

[02③]

002 FTA에 사용되는 기호 중 비전개사항을 나타낸 기호를 체크하시오.

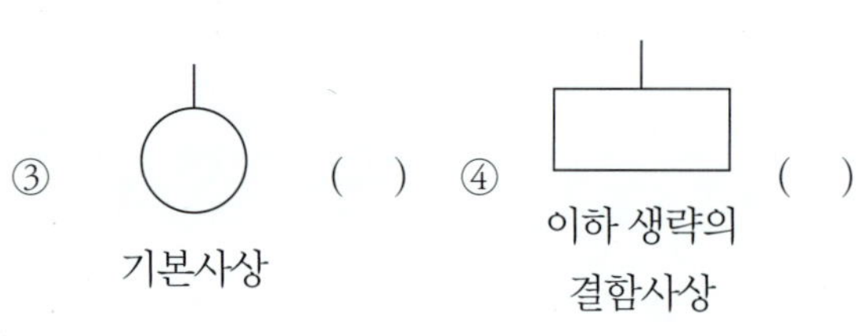

① ( ) ② ( )
③ ( ) ④ ( )

[06③, 23②]

003 FTA도표에서 사용하는 논리기호 중에서 기본사상을 나타내고, 때로는 점선으로 사람의 실수를 나타내는 기호를 체크하시오.

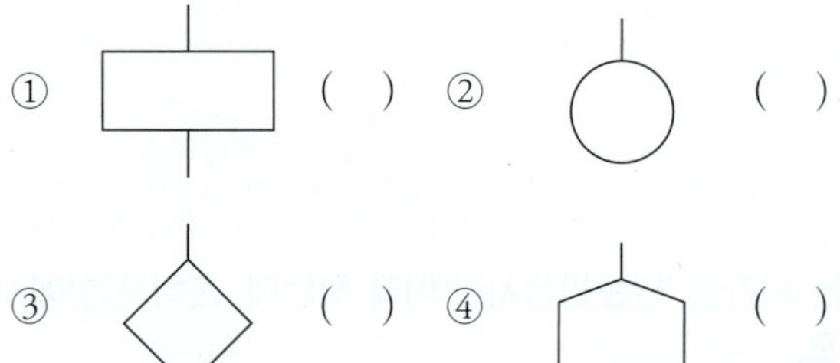

① ( ) ② ( )
③ ( ) ④ ( )

[19③]

004 FTA에서 사용되는 논리기호 중 기본사상에 해당하는 것을 체크하시오.

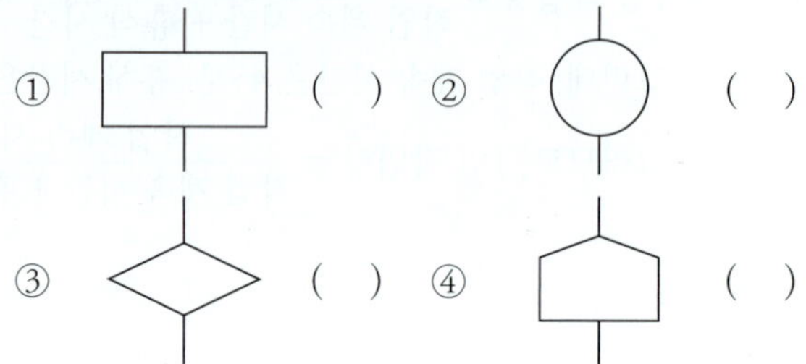

① ( ) ② ( )
③ ( ) ④ ( )

[10②]

005 FT도에 사용되는 기호 중 결함사상을 나타내는 기호를 체크하시오.

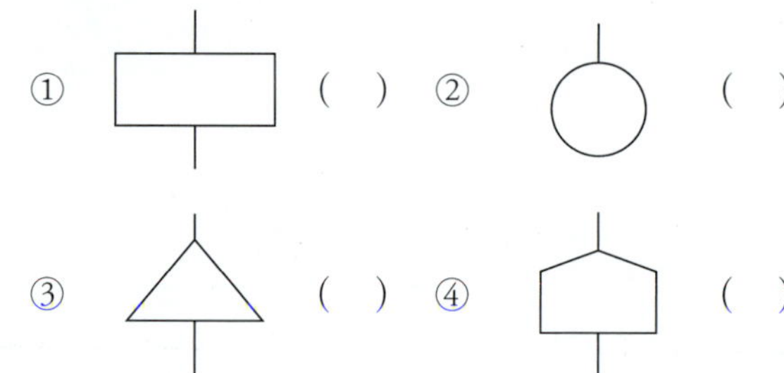

① ( ) ② ( )
③ ( ) ④ ( )

★중요 [12③, 15③, 18②, 25③]

006 FT도의 기호 중 전이기호를 체크하시오.

① ( ) ② ( )
③ ( ) ④ ( )

[13②]

007 FT도에 사용되는 기호 중 통상사상을 체크하시오.

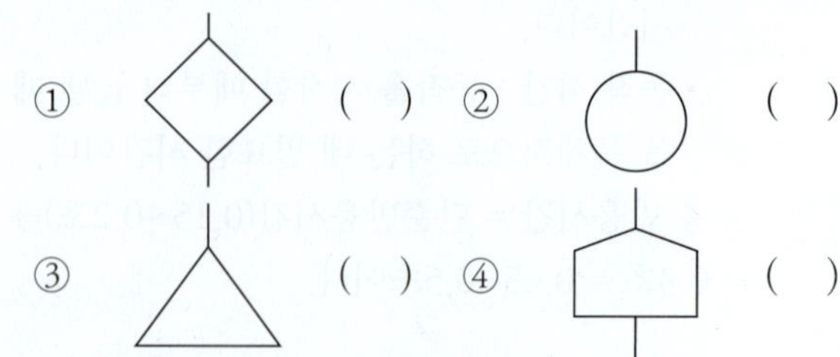

① ( ) ② ( )
③ ( ) ④ ( )

★중요 [09③, 14②, 23①]

008 FT도에 사용되는 기호 중 "시스템의 정상적인 가동 상태에서 일어날 것이 기대되는 사상"을 체크하시오.

① [직사각형] ( ) ② [원] ( )

③ [오각형(집모양)] ( ) ④ [삼각형] ( )

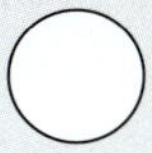

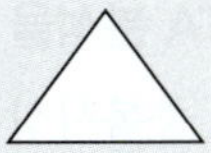

★중요 [10①, 13①, 24②]

009 FT도에 사용되는 다음의 기호가 의미하는 내용을 체크하시오.

[마름모 기호]

① 생략사상으로서 간소화 ( )
② 생략사상으로서 인간의 실수 ( )
③ 생략사상으로서 조작자의 간과 ( )
④ 생략사상으로서 시스템의 고장 ( )

[20②]

010 한국산업표준상 결함수 분석(FTA) 시 다음의 사상 기호가 나타내는 사상을 체크하시오.

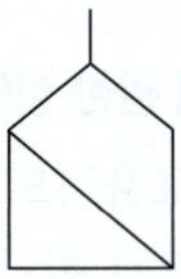

[집모양에 대각선이 있는 기호]

① 공사상 ( )
② 기본사상 ( )
③ 통상사상 ( )
④ 심층분석사상 ( )

[16③]

011 결함수 분석에서 사용되는 사상기호로서 결함사상이 아닌 발생이 예상되는 사상기호를 체크하시오.

① [정사각형] ( ) ② [원] ( )

③ [삼각형] ( ) ④ [오각형] ( )

★중요 [14③, 18③, 25③]

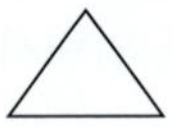

012 FT도 작성에 사용되는 기호에서 그 성격이 다른 하나를 체크하시오.

① [직사각형] ( ) ② [원] ( )

③ [오각형(집모양)] ( ) ④ [반원형] ( )

[05④, 11①, 22②]

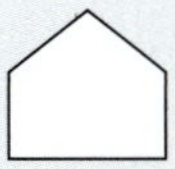

013 FT도에서 그림과 같은 기호의 명칭을 체크하시오.

[논리게이트 기호: 동시 발생 안 한다]

① OR게이트 ( )
② 배타적 OR게이트 ( )
③ 조합 OR게이트 ( )
④ 우선적 OR게이트 ( )

★중요 [04③, 07③, 17②, 25②]

014 결함수분석법에서 사용되는 논리게이트의 종류를 체크하시오.

① AND 게이트 ( )
② OR 게이트 ( )
③ 억제 게이트 ( )
④ 통합 게이트 ( )
⑤ 동등 게이트 ( )
⑥ 부정 게이트 ( )

[16①, 19②]

015 FT도에 사용되는 논리기호 중 AND 게이트를 체크하시오.

① [게이트 기호] ( ) ② [게이트 기호] ( )

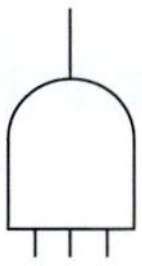

③ [사각형 게이트] ( ) ④ [오각형 게이트] ( )

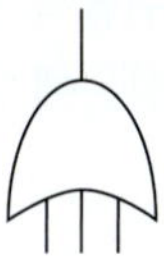

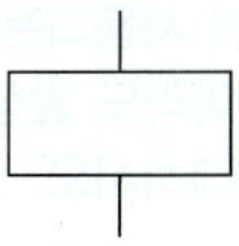

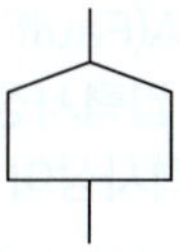

★중요

016 FT도에서 사용하는 기호나 게이트 중 입력현상이 발생하여 어떤 일정시간이 지속된 후 출력이 발생하는 것을 체크하시오.

① 조합 AND 게이트 (　)
② 위험 지속 기호 (　)
③ 배타적 OR 게이트 (　)
④ 억제 게이트 (　)

017 FTA 기법의 절차로 올바른지 체크하시오.

① 시스템의 정의 → FT작성 → 정성적평가 → 정량적평가 (　)
② 시스템의 정의 → FT작성 → 정량적평가 → 정성적평가 (　)
③ 시스템의 정의 → 정성적평가 → FT작성 → 정량적평가 (　)
④ 시스템의 정의 → 정량적평가 → FT작성 → 정성적평가 (　)

★중요

018 FTA를 이용하여 사고원인의 분석 등 시스템의 위험을 분석할 경우 기대 효과에 해당하는 것을 체크하시오.

① 사고원인 분석의 정량화 가능 (　)
② 사고원인 규명의 귀납적 해석 가능 (　)
③ 안전점검을 위한 체크리스트 작성 가능 (　)
④ 복잡하고 대형화된 시스템의 신뢰성분석 및 안전성 분석 가능 (　)
⑤ 시스템의 결함 진단 (　)
⑥ 사고원인 규명의 간편화 (　)
⑦ 시스템의 결함 비용 분석 (　)
⑧ 사고 결과의 분석 (　)
⑨ 귀납적 전개가 가능 (　)
⑩ 한눈에 알기 쉽게 Tree 상으로 표현 가능 (　)

019 FTA(Fault Tree Analysis)에 사용되는 논리 중에서 입력사상 중 어느 하나만이라도 발생하게 되면 출력사상이 발생하는 것을 체크하시오.

① 기본사상 (　)　　② 통상사상 (　)
③ AND GATE (　)　　④ OR GATE (　)

⑤ 억제 게이트 (　)
⑥ 조합 AND 게이트 (　)
⑦ 배타적 OR 게이트 (　)
⑧ 우선적 AND 게이트 (　)

020 FTA 분석을 위한 기본적인 가정을 체크하시오.

① 중복사상은 없어야 한다. (　)
② 기본사상들의 발생은 독립적이다. (　)
③ 모든 기존사상은 정상사상과 관련되어 있다. (　)
④ 기본사상의 조건부 발생확률은 이미 알고 있다. (　)

021 FTA의 용도로 올바른지 체크하시오.

① 고장의 원인을 연역적으로 찾을 수 있다. (　)
② 시스템의 전체적인 구조를 그림으로 나타낼 수 있다. (　)
③ 시스템에서 고장이 발생할 수 있는 부분을 쉽게 찾을 수 있다. (　)
④ 구체적인 초기사건에 대하여 상향식(bottom-up) 접근방식으로 재해경로를 분석하는 정량적 기법이다. (　)

★중요

022 결함수 분석법에 관한 설명으로 올바른지 체크하시오.

① 잠재위험을 효율적으로 분석한다. (　)
② 연역적 방법으로 원인을 규명한다. (　)
③ 정성적 평가보다 정량적 평가를 먼저 실시한다. (　)
④ 복잡하고 대형화된 시스템의 분석에 사용한다. (　)
⑤ 최초 Watson이 군용으로 고안하였다. (　)
⑥ 미니멀 패스셋(Minimal path sets)을 구하기 위해서는 미니멀 컷셋(Minimal cut sets)의 상대성을 이용한다. (　)
⑦ 정상사상의 발생확률을 구한 다음 FT를 작성한다. (　)
⑧ AND게이트의 확률 계산은 입력사상의 곱으로 한다. (　)

023 **결함수 분석을 적용하는 경우에 해당하는 것을 체크하시오.** [18③]

① 여러 가지 지원 시스템이 관련된 경우 (　　)

② 시스템의 강력한 상호작용이 있는 경우 (　　)

③ 설계특성상 바람직하지 않은 사상이 시스템에 영향을 주지 않는 경우 (　　)

④ 바람직하지 않은 사상 때문에 하나 이상의 시스템이나 기능이 정지될 수 있는 경우 (　　)

024 **결함수(FT) 기호의 정의에 해당하는 것을 체크하시오.** [16③]

① 1차 사상은 외적인 원인에 의해 발생하는 사상이다. (　　)

② 결함사상은 시스템 분석에 있어 좀 더 발전시켜야 하는 사상이다. (　　)

③ 기본사상은 고장원인이 분석되었기 때문에 더 이상 분석할 필요가 없는 사상이다. (　　)

④ 정상적인 사상은 두 가지 상태가 규정된 시간 내에 일어날 것으로 기대 및 예정되는 사상이다.
(　　)

★중요　　[12①, 14③, 16③, 17①, 20①②, 22①]

025 **반복되는 사건이 많이 있는 경우에 FTA의 최소 컷셋을 구하는 알고리즘에 해당하는 것을 체크하시오.**

① Boolean Algorithm (　　)

② Monte Carlo Algorithm (　　)

③ MOCUS Algorithm (　　)

④ Limnios & Ziani Algorithm (　　)

⑤ Fussell Algorithm (　　)

⑥ Generic Algorithm (　　)

★중요　　[09②, 11①, 14③, 23②]

026 **FT도에서 컷셋(cut set)에 관한 설명으로 올바른지 체크하시오.**

① 시스템의 약점을 표현한 것이다. (　　)

② 정상사상(Top event)을 발생시키는 조합이다.
(　　)

③ 시스템이 고장나지 않도록 하는 사상의 조합이다. (　　)

④ 일반적으로 Fussell Algorithm을 이용하고, 패스셋(path set)과는 반대되는 개념이다. (　　)

027 **path set에 관한 설명으로 올바른지 체크하시오.** [09①]

① 시스템의 위험성을 표시한다. (　　)

② FT도에서 Top 사상을 일으키기 위한 필요 최소한의 조합이다. (　　)

③ 시스템이 고장나지 않도록 하는 사상의 조합이다. (　　)

④ 일반적으로 Fussell Algorithm을 이용하여 구한다. (　　)

028 **어떤 결함수의 쌍대결함수를 구하여 컷셋을 구하면 이 컷셋은 본래 결함수의 무엇에 해당하는지 체크하시오.** [02①, 25①]

① 컷셋 (　　)　　　② 패스셋 (　　)

③ 최소 컷셋 (　　)　　④ 최소 패스셋 (　　)

029 **Fussell의 알고리즘을 이용하여 최소 컷셋을 구하는 방법에 대한 설명으로 올바른지 체크하시오.** [13①]

① OR 게이트 항상 컷셋의 수를 증가시킨다. (　　)

② AND 게이트는 항상 컷셋의 크기를 증가시킨다.
(　　)

③ 중복되는 사건이 많은 경우 매우 간편하고 적용하기 적합하다. (　　)

④ 불대수(Boolean algebra)이론을 적용하여 시스템 고장을 유발시키는 모든 기본사상들의 조합을 구한다. (　　)

030 **결함수 분석의 컷셋(cut set)과 패스셋(path set)에 관한 설명으로 올바른지 체크하시오.** [16②]

① 최소 컷셋은 시스템의 위험성을 나타낸다. (　　)

② 최소 패스셋은 시스템의 신뢰도를 나타낸다.
(　　)

③ 최소 패스셋은 정상사상을 일으키는 최소한의 사상 집합을 의미한다. (　　)

④ 최소 컷셋은 반복사상이 없는 경우 일반적으로 퍼셀(Fussell) 알고리즘을 이용하여 구한다. (　　)

031 FTA에서 패스셋(path set) 및 최소 패스셋(minimal path set)에 관한 설명으로 올바른지 체크하시오.

① 패스셋은 포함된 모든 사상이 일어나지 않았을 때 정상사상이 발생하지 않는 기본사상의 집합이다. (　)

② 최소 패스셋은 시스템의 신뢰성을 표시한다. (　)

③ 패스셋에 구한 정상사상의 발생확률이 그 시스템의 위험도이다. (　)

④ 최소 패스셋은 어떤 고장이나 실수를 일으키지 않으면 재해가 일어나지 않는가를 나타내는 것이다. (　)

[18①]

032 컷셋(cut sets)과 최소 패스셋(minimal path sets)을 정의한 것으로 올바른지 체크하시오.

① 컷셋은 시스템 고장을 유발시키는 필요 최소한의 고장들의 집합이며, 최소 패스셋은 시스템의 신뢰성을 표시한다. (　)

② 컷셋은 시스템 고장을 유발시키는 기본 고장들의 집합이며, 최소 패스셋은 시스템의 불신뢰도를 표시한다. (　)

③ 컷셋은 그 속에 포함되어 있는 모든 기본사상이 일어났을 때 톱 사상을 일으키는 기본사상의 집합이며, 최소 패스셋은 시스템의 신뢰성을 표시한다. (　)

④ 컷셋은 그 속에 포함되어 있는 모든 기본사상이 일어났을 때 톱 사상을 일으키는 기본사상의 집합이며, 최소 패스셋은 시스템의 성공을 유발하는 기본사상의 집합이다. (　)

[03②]

033 시간–동작연구에 대한 비판으로 올바른지 체크하시오.

① 생산량을 저하시키는 방법이다. (　)

② 개인차를 고려하지 못한다. (　)

③ 부적절한 표집을 사용한 연구이다. (　)

④ 비교적 단순하고 반복적인 직무에만 적절하다. (　)

[05④]

034 시간과 동작 연구(Time And Motion Study)의 영향에 해당하는 것을 체크하시오.

① 참여적 경영 (　)

② 선발방법의 개선 (　)

③ 분업 및 작업의 자동화 (　)

④ 리더십 개발 (　)

★중요 [08②, 15①, 16③, 22①]

035 동작경제의 원칙에 해당하는 것을 체크하시오.

① 동작의 범위는 최대로 할 것 (　)

② 동작은 연속된 곡선운동으로 할 것 (　)

③ 양손은 좌우 대칭적으로 움직일 것 (　)

④ 양손으로 동시에 작업을 시작하고 동시에 끝내도록 할 것 (　)

⑤ 가능하다면 낙하식 운반방법을 사용할 것 (　)

⑥ 양손을 동시에 반대 방향으로 움직일 것 (　)

⑦ 자연스러운 리듬이 생기지 않도록 동작을 배치할 것 (　)

[05①]

036 직무분석(job analysis) 기법에 해당하는 것을 체크하시오.

① 관찰조사에 의한 방법 (　)

② 자기기술서에 의한 방법 (　)

③ 면접에 의한 방법 (　)

④ 질문표에 의한 방법 (　)

[03②, 10①, 21③]

037 작업설계를 함에 있어서 작업 만족도를 얻기 위한 수단을 체크하시오.

① 작업순환 (　)

② 작업분석 (　)

③ 작업 윤택화 (　)

④ 작업확대 (　)

02 단답형 문제

[12①]

001 FT도에서 사용되는 다음 기호의 명칭을 쓰시오.

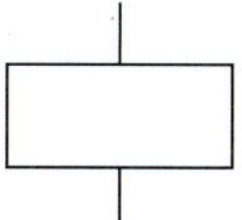

★중요 [14①, 20①, 25②]

002 FT도에서 사용되는 다음 기호의 명칭을 쓰시오.

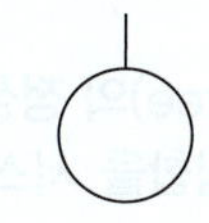

★중요 [07①, 09②, 22①]

003 FT(Fault Tree)도를 작성할 때 일반적으로 최하단에 사용되지 않는 사상을 쓰시오.

[17①]

004 FT도에 사용되는 다음 기호의 명칭을 쓰시오.

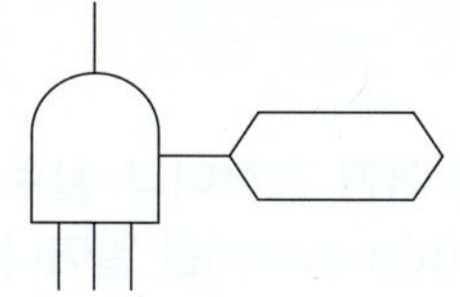

[05①]

005 부울 대수를 이용하여 FT(결함수)를 수식화할 때 논리 곱의 관계로 표시되는 게이트를 쓰시오.

[12②]

006 FT도에서 사용되는 기호 중 입력현상의 반대현상이 출력되는 게이트를 쓰시오.

★중요 [12②③, 17①, 20②, 21②]

007 FTA에 의한 재해사례연구의 순서를 나열하시오.

A. 목표 사상 선정	B. FT도 작성
C. 사상마다 재해원인 규명	D. 개선계획 작성

⚙ **해설** 결함수분석(FTA)에 의한 재해사례의 연구 순서
제1단계(톱사상의 선정) → 제2단계(사상마다 재해 요인 및 요인 규명) → 제3단계(FT도 작성) → 제4단계(개선 계획 작성) → 제5단계(개선안 실시계획)

[19③]

008 FTA(Fault Tree Analysis)에 의한 재해사례 연구순서 중 3단계에 해당하는 사항을 쓰시오.

|정답|

001 결함사상　　002 기본사상　　003 결함사상　　004 우선적 AND 게이트　　005 AND 게이트　　006 부정 게이트
007 A → C → B → D　　008 FT도의 작성

009 FTA의 논리게이트 중에서 여러 개의 입력 사상이 정해진 순서에 따라 순차적으로 발생해야만 결과가 출력되는 논리기호를 쓰시오.

★중요 [13③, 16②, 17③, 25③]

010 FTA의 논리게이트 중에서 3개 이상의 입력사상 중 2개가 일어나면 출력이 나오는 논리기호를 쓰시오.

[19②, 20①]

011 FTA에서 모든 기본사상이 일어났을 때 톱(top)사상을 일으키는 기본사상의 집합 용어를 쓰시오.

[08③, 18②, 21③]

012 결함수 분석법에서 일정 조합 안에 포함되어 있는 기본사상들이 모두 발생하지 않으면 틀림없이 정상사상(top event)이 발생되지 않는 조합의 용어를 쓰시오.

[16①]

013 결함수 분석법에 있어 정상사상(top event)이 발생하지 않게 하는 기본사상들의 집합의 용어를 쓰시오.

[17③]

014 시스템을 성공적으로 작동시키는 경로의 집합을 시스템 신뢰도 측면에서의 용어를 쓰시오.

[03①, 22②]

015 성공수(success tree)의 정상사상을 발생시키는 기본사상들의 최소집합을 시스템 신뢰도 측면에서의 용어를 쓰시오.

[19①]

016 어떤 결함수의 쌍대결함수를 구하고, 컷셋을 찾아내어 결함(사고)을 예방할 수 있는 최소의 조합을 의미하는 용어를 쓰시오.

★중요 [10②③, 18②, 21①]

017 FTA에서 어떤 고장이나 실수를 일으키지 않으면 정상사상(top event)은 일어나지 않는다고 하는 것으로, 시스템의 신뢰성을 표시하는 것을 쓰시오.

|정답|

009 우선적 AND 게이트   **010** 조합 AND 게이트   **011** 컷셋(Cut set)   **012** 패스셋(path set)   **013** 패스셋(path set)
014 패스셋(path set)   **015** 패스셋(path set)   **016** 최소 패스셋(minimal path set)   **017** 최소 패스셋(minimal path set)

03 계산형 문제

★중요

[09③, 13②, 17②, 22③]

001 FT도에 의한 컷셋(cut sets)이 다음과 같이 구해졌을 때 최소 컷셋(minimal cut set)을 구하시오.

$$(X_1, X_3) \quad (X_1, X_2, X_3) \quad (X_1, X_3, X_4)$$

⚙ 해설

주어진 컷셋을 이용하여 톱 사상 출력을 구하면, 다음과 같다.

$(X_1 \times X_3) + (X_1 \times X_2 \times X_3) + (X_1 \times X_3 \times X_4)$

컷셋에 들어있는 공통적인 것을 공통인수로 하면,

$(X_1 \times X_3)(1 + X_2 + X_4) = (X_1 + X_3)$ (∵ 불대수에서 $1 + A = A$임)

즉, 최소 컷셋은 $\{X_1, X_3\}$

★중요

[07③, 14②, 23②]

002 다음과 같이 ①~④의 기본사상을 가진 FT도에서 minimal cut set을 구하시오.

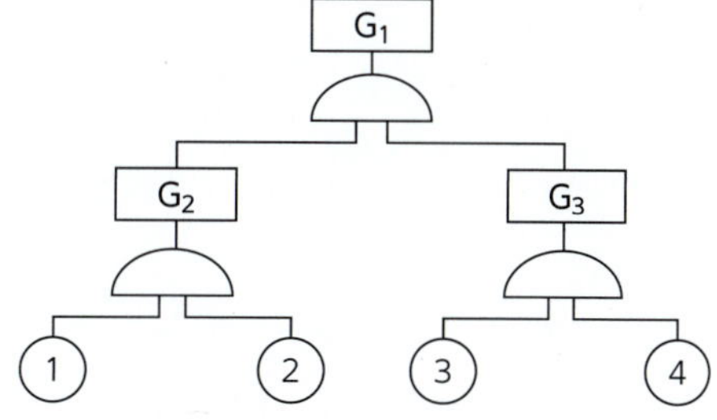

⚙ 해설

FT도의 논리식을 표현하면, $G_1 = G_2 \times G_3$ (∵ G_2와 G_3는 직렬 연결)

또한, $G_2 = ① \times ②$(∵ ①과 ②는 직렬 연결), $G_3 = ③ \times ④$(∵ ③과 ④는 직렬 연결),

따라서, $G_1 = G_2 \times G_3 = ① \times ② \times ③ \times ④$이다.

즉, 최소 컷셋(minimal cut set)은 $\{①, ②, ③, ④\}$

⭐중요

003 다음 FTA 그림에서 a, b, c의 부품 고장율이 각각 0.01일 때, 최소 컷셋(minimal cut sets)과 신뢰도를 구하시오.

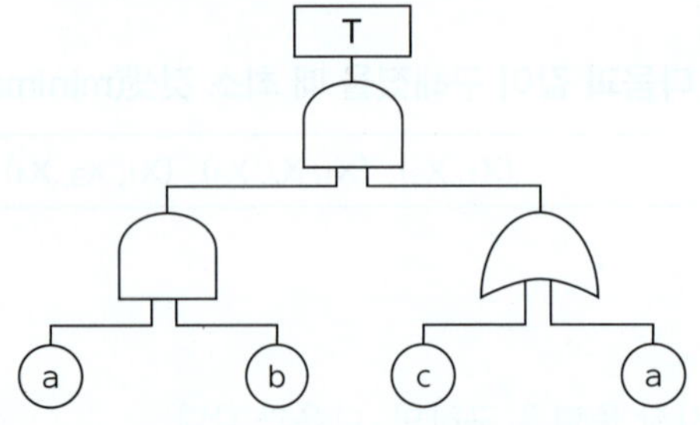

⚙ 해설

① 최소 컷셋(minimal cut set)

논리식을 표현하면, $T = A \times B$ ($\because G_2$와 G_3는 직렬 연결이다. A는 a, b의 정상사상, B는 c, a의 정상사상이다.)

또한, $A = a \times b$ ($\because$ a과 b는 직렬 연결), $B = a \times c$ ($\because$ a과 c는 병렬 연결.),

따라서, $T = A \times B = (a \times b) \times (a \times c)$이다.

$\therefore (a \times b) \times (a \times c) = a \times a \times b + (a \times b \times c)$ ($\because$ 분배 법칙을 적용)

$\quad = a \times a \times b + a \times b \times c = a \times b + a \times b \times c$ ($\because$ 불대수 $A + A = A$, $A \times A = A$)

$\quad = (a \times b)(1 + c)$ [$\because$ 공통 인수$(a \times b)$로 묶음]

$\quad = (a \times b)$ ($\because$ 불대수 $1 + A = 1$)

그러므로, 최소 컷셋(minimal cut set)은 {a, b}이다.

② 신뢰도의 산정

최소 컷셋은 {a, b}이고, 신뢰도는 직렬 연결이므로 신뢰도는 곱으로 산정하며,

고장률은 $0.01 \times 0.01 = 0.0001$이 되므로, 신뢰도 $= 1 - 0.0001 = 0.9999$

0.9999를 백분율로 환산하면, $0.9999 \times 100 = 99.99\%$

③ 최소 컷셋은 {a, b}이고, 신뢰도 $R(t) = 99.99\%$

[05③]

004 결함수 그림에 해당하는 minimal cut set을 구하시오.

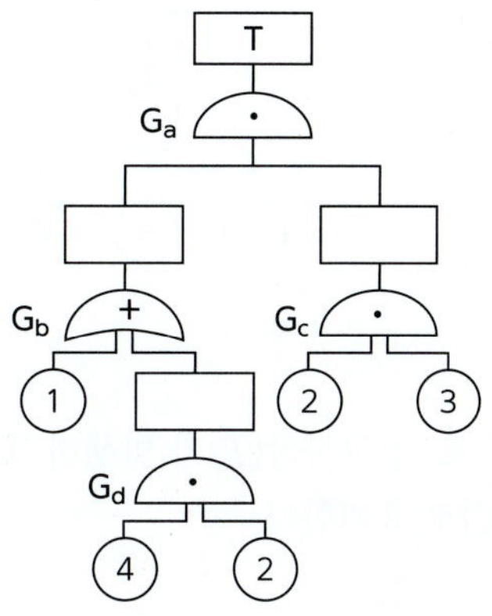

> **⚙ 해설**
>
> FT도의 최상부로부터 번호 또는 기호가 부여된 것을 기록하는 방법은 OR 게이트(직렬)는 논리의 합으로 입력사항을 세로 방향으로 기록하고, AND 게이트(병렬)는 논리의 곱으로 입력사항을 가로 방향으로 기록한다.
>
> $$T = G_a = [\,G_b \cdot G_c\,] = \begin{bmatrix} ① \\ G_d \end{bmatrix}[\,G_c\,] = \begin{bmatrix} ① \\ ②, ④ \end{bmatrix}[\,②, ③\,] = \begin{bmatrix} ①, ②, ③ \\ ②, ③, ④ \end{bmatrix}$$
>
> 그러므로, 최소 컷셋(minimal cut set)은 {①, ②, ③}, {②, ③, ④}이다.

[06①, 10②, 23②]

★중요

005 다음 그림의 결함수에서 컷셋을 구하시오.

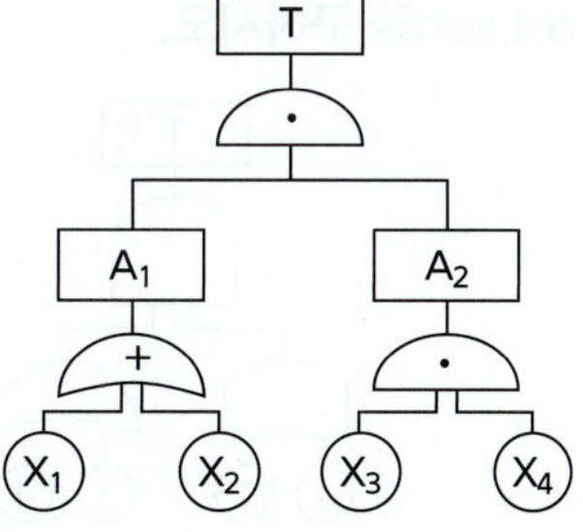

> **⚙ 해설**
>
> FT도의 최상부로부터 번호 또는 기호가 부여된 것을 기록하는 방법은 OR 게이트(직렬)는 논리의 합으로 입력사항을 세로 방향으로 기록하고, AND 게이트(병렬)는 논리의 곱으로 입력사항을 가로 방향으로 기록한다.
>
> $$T = [\,A_1 \cdot A_2\,] = \begin{bmatrix} X_1 \\ X_2 \end{bmatrix}[\,X_3, X_4\,] = \begin{bmatrix} X_1, X_3, X_4 \\ X_2, X_3, X_4 \end{bmatrix}$$
>
> 그러므로, 컷셋은 {X_1, X_3, X_4}, {X_2, X_3, X_4}이다.

006 다음 그림에서 톱사상 T를 일으키는 컷셋을 구하시오.

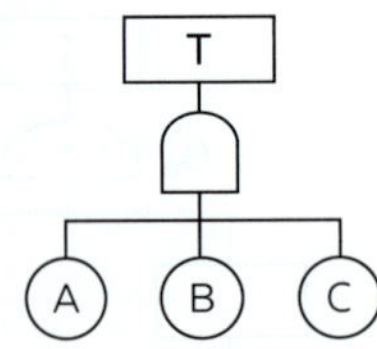

> ⚙ **해설**
>
> 문제의 FT도에서 AND 게이트이므로, 정상사상(T)이 발생하기 위한 논리곱으로 A, B, C가 모두 발생하여야
> 한다. 즉, $A \times B \times C = \{A, B, C\}$로 표기한다.

★**중요**

007 그림의 FT도에서 최소 컷셋(minimal cet set)을 구하시오.

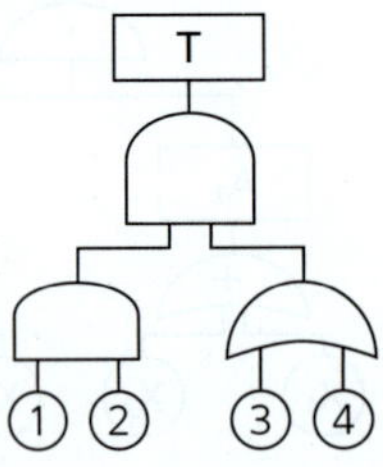

> ⚙ **해설**
>
> FT도의 최상부로부터 번호 또는 기호가 부여된 것을 기록하는 방법은 OR 게이트(직렬)는 논리의 합으로 입력
> 사항을 세로 방향으로 기록하고, AND 게이트(병렬)는 논리의 곱으로 입력사항을 가로 방향으로 기록한다.
>
> $$T = [①, ②] \begin{bmatrix} ③ \\ ④ \end{bmatrix} = \begin{bmatrix} ①, ②, ③ \\ ①, ②, ④ \end{bmatrix}$$
>
> 그러므로, 최소 컷셋(minimal cut set)은 {①, ②, ③}, {②, ③, ④}이다.

★중요

008 다음의 FT도에서 미니멀 패스셋(minimal path sets)의 개수를 구하시오.

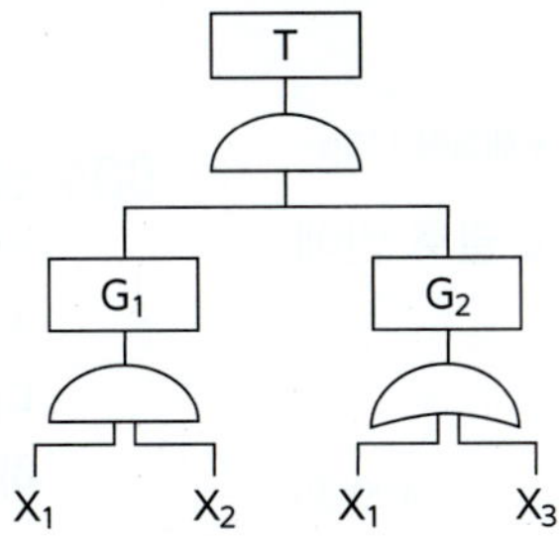

⚙ 해설

최소 패스셋을 산정하기 위하여 FT도에 있는 게이트를 반대로 변환(AND → OR, OR → AND)한 후 최소 컷셋을 구한다. 그런데, FT도에 있는 게이트를 반대로 변환하여 적용하여야 하므로,

$T = G_1 + G_2 = (X_1 + X_2) + (X_1 X_3)$이다.

그러므로, 미니멀 패스셋(minimal path sets)의 개수는 3개, 즉 $\{X_1\}$, $\{X_2\}$, $\{X_1 X_3\}$이다.

01 진위형 문제

▶ 해설편 115p

※ 다음 문제를 읽고, 옳으면 ○, 틀리면 ✕를 괄호 안에 표기하시오.

[09③]

001 기초대사량에 관한 설명으로 올바른지 체크하시오.

① 신체기능만을 유지하는 데 필요한 대사량 (　　)

② 가벼운 운동할 때 필요한 대사량 (　　)

③ 일상적인 생활에 필요한 대사량 (　　)

④ 권장하는 정상작업 중에 소요되는 대사량 (　　)

★중요　　　　　　　　　　　　　　[02③, 16①, 21②]

002 Energy 대사율인 RMR(Relative Metabolic Rate)에 대한 설명으로 올바른지 체크하시오.

① 작업대사량 = 작업 시 소비 에너지 – 안정 시 소비에너지 (　　)

② RMR = 작업대사량 ÷ 기초대사량 (　　)

③ 산소의 소모량을 측정키 위한 용기는 더글라스백(Douglas Bag)을 이용한다. (　　)

④ 기초대사량은 의자에 앉아서 호흡하는 동안에 소비한 산소의 소비량으로 측정한다. (　　)

[12③]

003 열교환(heat exchange)의 경로에 관한 설명으로 올바른지 체크하시오.

① 전도(conduction)는 고체나 유체의 직접 접촉에 의한 열전달이다. (　　)

② 대류(convection)는 고온의 액체나 기체의 흐름에 의한 열전달이다. (　　)

③ 복사(radiation)는 물체 사이에서 전자파의 복사에 의한 열전달이다. (　　)

④ 증발(evaporation)은 공기 온도가 피부 온도보다 높을 때 발생하는 열전달이다. (　　)

[14①]

004 성인이 하루에 섭취하는 음식물의 열량 중 일부는 생명을 유지하기 위한 신체기능에 소비되고, 나머지는 일을 한다거나 여가를 즐기는 데 사용될 수 있다. 이 중 생명을 유지하기 위한 최소한의 대사량에 해당하는 것을 체크하시오.

① BMR (　　)　　　② RMR (　　)

③ GSR (　　)　　　④ EMG (　　)

★중요　　　　　　　　　[07②, 10②, 15①, 22②]

005 고열 작업환경에서 심한 근육 작업 후에 근육의 수축이 격렬하게 일어나며, 탈수와 체내 염분농도 부족에 의해 야기되는 장해에 해당하는 것을 체크하시오.

① 열경련(heat cramp) (　　)

② 열사병(heat stroke) (　　)

③ 열쇠약(heat prostration) (　　)

④ 열피로(heat exhaustion) (　　)

★중요　　　　　　　　　　　　　　[15③, 16①]

006 고온 작업자의 고온 스트레스로 인해 발생하는 생리적 영향에 해당하는 것을 체크하시오.

① 피부 온도가 상승한다. (　　)

② 발한(sweating)의 시작되고 증가한다. (　　)

③ 심박출량(cardiac output)이 증가한다. (　　)

④ 근육에서의 젖산 감소로 인한 근육통과 근육피로가 증가한다. (　　)

⑤ 직장 온도가 올라간다. (　　)

⑥ 피부를 경유하는 혈액량이 증가한다. (　　)

★중요　　　　　　　　　　　　[04③, 05④, 23③]

007 추위압박(cold stress)에 관한 설명으로 올바른지 체크하시오.

① 생존한계는 피부온도 섭씨 28도이다. (　　)

② 생존한계는 피부온도 섭씨 0도이다. (　　)

③ 추적작업이 가장 큰 영향을 받는다. (　　)

④ 더위압박보다 덜 위험하다. (　　)

[06①]

008 온도, 습도 및 공기의 유동이 인체에 미치는 열 효과를 하나의 수치로 통합한 감각지수에 해당하는 것을 체크하시오.

① 보온율 (　　)　　② 열압박지수 (　　)

③ oxford지수 (　　)　　④ 실효온도 (　　)

★중요　　[07①, 13①, 19②, 21③]

009 일반적으로 인체에 가해지는 온·습도 및 기류 등의 외적변수를 종합적으로 평가하는 데에는 "불쾌지수"라는 지표가 이용된다. 식이 다음과 같은 경우 건구온도와 습구온도의 단위에 해당하는 것을 체크하시오.

불쾌지수 = 0.72 × (건구온도 + 습구온도) + 40.6

① 섭씨온도 (　　)　　② 화씨온도 (　　)

③ 절대온도 (　　)　　④ 실효온도 (　　)

[06①]

010 건구온도가 30℃, 습구온도가 27℃일 때 사람들이 느끼는 불쾌감에 대한 설명으로 올바른지 체크하시오.

① 모든 사람이 불쾌감을 느낀다. (　　)

② 일부분의 사람이 불쾌감을 느끼기 시작한다.

(　　)

③ 대부분 불쾌감을 느끼지 못한다. (　　)

④ 일부분의 사람이 쾌적함을 느끼기 시작한다.

(　　)

★중요　　[09②, 16②, 22①]

011 실효온도(ET)의 결정요소에 해당하는 것을 체크하시오.

① 복사 (　　)　　② 온도 (　　)

③ 습도 (　　)　　④ 기류 (　　)

[20②]

012 환경요소의 조합에 의해서 부과되는 스트레스나 노출로 인해서 개인에 유발되는 긴장(strain)을 나타내는 환경요소 복합지수에 해당하는 것을 체크하시오.

① 카타온도(kata temperature) (　　)

② Oxford 지수(wet-dry index) (　　)

③ 실효온도(effective temperature) (　　)

④ 열 스트레스 지수(heat stress index) (　　)

[04①, 25②]

013 인체의 생리적 변화를 측정하는 것과 관련 있는 것을 체크하시오.

① 구조적 측정 (　　)

② 심박수 측정 (　　)

③ 산소 소비량 측정 (　　)

④ 근전도 측정 (　　)

[09③]

014 정신 활동의 척도와 관련 있는 것을 체크하시오.

① EEG (　　)

② 부정맥 (　　)

③ 점멸융합주파수 (　　)

④ GOMS 척도 (　　)

★중요　　[09③, 14②, 24①]

015 조도의 단위에 해당하는 것을 체크하시오.

① fL (　　)

② diopter (　　)

③ Lux 또는 lumen/m² (　　)

④ lumen (　　)

★중요　　[07①, 16③, 18②, 24②]

016 어떤 물체나 표면에 도달하는 빛의 단위 면적당 밀도에 해당하는 것을 체크하시오.

① 광량 (　　)　　② 조도 (　　)

③ 광도 (　　)　　④ 반사율 (　　)

[10①]

017 광도(luminance)는 단위면적당 표면에서 반사되는 광량(光量)을 말한다. 광도의 단위에 해당하는 것을 체크하시오.

① Lambert(L) (　　)

② candle-Lambert(cdL) (　　)

③ foot-Lambert (　　)

④ nit(cd/m²) (　　)

[13②]

018 광도(luminous intensity)의 단위에 해당하는 것을 체크하시오.

① cd (　　)　　② fc (　　)

③ nit (　　)　　④ Lux (　　)

019 휘도(luminance)의 척도 단위(unit)에 해당하는 것을 체크하시오.

① fc (　　)　　　② fL (　　)

③ mL (　　)　　　④ cd/m² (　　)

★중요　　　　　　　　　　　　[02③, 07③, 23③]

020 휘광(glare)이 시지각에 미치는 영향에 해당하는 것을 체크하시오.

① 휘도의 향상 (　　)

② 가시도와 대비의 저하 (　　)

③ 가시도와 시성능의 저하 (　　)

④ 가시도와 시성능의 향상 (　　)

★중요　　[03①, 04①, 05③, 11③, 12①, 16②, 17③, 19①, 22③]

021 작업장에서 광원으로부터의 직사휘광을 처리하는 방법에 해당하는 것을 체크하시오.

① 광원의 휘도를 줄이고 수를 줄인다. (　　)

② 광원을 시선에서 가까이 위치시킨다. (　　)

③ 휘광원 주위를 밝게 하여 광도비를 늘린다. (　　)

④ 광원의 휘도를 줄인다. (　　)

⑤ 휘광원 주위를 밝게 하여 광속발산비를 줄인다.

(　　)

⑥ 가리개, 갓, 차양 등을 사용한다. (　　)

⑦ 광원을 시선에서 멀리 위치시킨다. (　　)

⑧ 휘광원 주위를 밝게 하여 휘도비를 줄인다. (　　)

⑨ 휘광원 주위를 어둡게 한다. (　　)

[16②]

022 창문을 통해 들어오는 직사휘광을 처리하는 방법을 체크하시오.

① 창문을 높이 단다. (　　)

② 간접 조명 수준을 높인다. (　　)

③ 차양이나 발(blind)을 사용한다. (　　)

④ 옥외 창 위에 드리우개(overhang)를 설치한다.

(　　)

[16③]

023 작업장의 인공조명 설계 시 고려사항에 해당하는 것을 체크하시오.

① 조도는 작업상 충분할 것 (　　)

② 광색은 붉은색에 가까울 것 (　　)

③ 취급이 간단하고 경제적일 것 (　　)

④ 유해가스를 발생하지 않고, 폭발성이 없을 것

(　　)

★중요　　　　　　[07③, 09②, 10③, 13①, 24①]

024 조도(照度)에 대한 설명으로 올바른지 체크하시오.

① 광원의 밝기를 나타낸다. (　　)

② 작업면의 밝기를 나타낸다. (　　)

③ 광원에 의한 눈부심이다. (　　)

④ 1촉광이 발하는 광량(光量)이다. (　　)

⑤ 어떤 물체나 표면에 도달하는 광의 밀도를 말한다. (　　)

⑥ 1[fc]란 1촉광의 점광원으로부터 1foot 떨어진 곡면에 비추는 광의 밀도를 말한다. (　　)

⑦ 1[Lux]란 1촉광의 점광원으로부터 1m 떨어진 곡면에 비추는 광의 밀도를 말한다. (　　)

⑧ 조도는 거리에 비례하고, 광도에 반비례한다.

(　　)

★중요　　　　　　　[05④, 08②, 12②, 23②]

025 작업장의 조명 수준에 대한 설명으로 올바른지 체크하시오.

① 작업영역에 따라 휘도의 차이를 크게 한다. (　　)

② 천장은 80~90% 이상의 반사율을 가지게 한다.

(　　)

③ 실내표면의 반사율은 천장에서 바닥의 순으로 증가시킨다. (　　)

④ 작업환경의 추천 휘도비는 5 : 1이다. (　　)

[09③]

026 VDT(Visual Display Terminal) 작업을 위한 조명의 일반원칙에 해당하는 것을 체크하시오.

① 조명의 수준이 높으면 자주 주위를 둘러봄으로써 수정체의 근육을 이완시키는 것이 좋다. (　　)

② 화면과 화면에서 먼 주위의 휘도비는 10 : 1로 한다. (　　)

③ 작업영역을 조명기구 바로 아래보다는 각 조명기구들 사이에 둔다. (　　)

④ 화면반사를 줄이기 위해 산란식 간접조명을 사용하는 등의 방법을 취한다. (　　)

[02③, 05②, 23①]

027 인간관계가 작업 및 작업 공간 설계에 못지 않게 생산성에 큰 영향을 끼친다는 것을 암시하는 것을 체크하시오.

① 인간욕구 5단계 (　　)
② X-Y 이론 (　　)
③ 인적자원개발효과 (　　)
④ 호손효과 (　　)

[03③]

028 소집단 활동을 통해 얻을 수 있는 결과에 해당하는 것을 체크하시오.

① 인간관계를 개선시킨다. (　　)
② 가치관을 형성시킨다. (　　)
③ 협동심을 이끈다. (　　)
④ 사람을 수동적으로 만든다. (　　)

[03③]

029 시스템 기본 설계단계에서 직무 수행에 따른 사람과 장비 간의 상호 작용을 도식적으로 묘사한 것을 체크하시오.

① 운용 순서도 (　　)　　② 공정도 (　　)
③ 관리도 (　　)　　④ 특성요인도 (　　)

[19③]

030 실내의 빛을 효과적으로 배분하고 이용하기 위하여 실내면의 반사율을 결정해야 한다. 반사율이 가장 높아야 하는 곳을 체크하시오.

① 벽 (　　)
② 바닥 (　　)
③ 가구 및 책상 (　　)
④ 천장 (　　)

★중요 [02②, 03③, 06③, 19②, 21①]

031 작업장 내부의 추천반사율이 가장 낮아야 하는 곳에 해당하는 것을 체크하시오.

① 바닥 (　　)　　② 천장 (　　)
③ 가구 (　　)　　④ 벽 (　　)

[20①]

032 글자의 설계 요소 중 검은 바탕에 쓰여진 흰 글자가 번져 보이는 현상과 관련 있는 것을 체크하시오.

① 획폭비 (　　)
② 글자체 (　　)
③ 종이 크기 (　　)
④ 글자 두께 (　　)

★중요 [05④, 07③, 10②, 14①, 24②]

033 음(音)의 크기의 단위를 나열한 것을 체크하시오.

① 데시벨(dB), 룩스(Lux) (　　)
② 폰(Phon), 파운드(lb) (　　)
③ 폰(Phon), 데시벨(dB) (　　)
④ 데시벨(dB), 피에스아이(PSI) (　　)

[19②]

034 음의 강약을 나타내는 기본 단위에 해당하는 것을 체크하시오.

① dB (　　)
② pont (　　)
③ hertz (　　)
④ diopter (　　)

[15②]

035 소음을 측정하는 단위에 해당하는 것을 체크하시오.

① 데시벨(dB) (　　)
② 지멘스(S) (　　)
③ 루멘(lumen) (　　)
④ 거스트(Gust) (　　)

[02①]

036 작업장 소음의 영향과 관계있는 것을 체크하시오.

① 청취 촉진 효과 (　　)
② 주위 산만 효과 (　　)
③ 각성 효과 (　　)
④ 작업능률감소 효과 (　　)

[19①]

037 연마작업장의 가장 소극적인 소음대책에 해당하는 것을 체크하시오.

① 음향 처리제를 사용할 것 (　　)
② 방음 보호 용구를 착용할 것 (　　)
③ 덮개를 씌우거나 창문을 닫을 것 (　　)
④ 소음원으로부터 적절하게 배치할 것 (　　)

★중요 [03②, 04③, 06①, 07③, 18①, 21②]

038 작업장의 소음을 통제하는 일반적인 방법에 해당하는 것을 체크하시오.

① 소음의 격리 ( )

② 소음원 통제 ( )

③ 자동화 설비로 교체 ( )

④ 차폐장치 및 흡음재 사용 ( )

⑤ 소음수준 감소 ( )

⑥ 보호구의 착용 ( )

⑦ 소음의 반사 ( )

⑧ 연속 소음 노출 ( )

★중요 [05②, 06②, 08③, 14③, 18①, 23①]

039 작업장에서 발생하는 소음에 대한 대책으로서 가장 적극적인 대책에 해당하는 것을 체크하시오.

① 소음원의 격리 ( )

② 소음원의 제거 ( )

③ 귀마개, 귀덮개 등 보호구의 착용 ( )

④ 덮개 등 방호장치의 설치 ( )

[06①]

040 소음방지대책 중 가장 효과적인 방법에 해당하는 것을 체크하시오.

① 음원대책 ( )

② 능동제어 ( )

③ 수음자대책 ( )

④ 전파경로대책 ( )

[13②]

041 소음의 크기에 대한 설명으로 올바른지 체크하시오.

① 저주파 음은 고주파 음만큼 크게 들리지 않는다. ( )

② 사람의 귀는 모든 주파수의 음에 동일하게 반응한다. ( )

③ 크기가 같아지려면 저주파 음은 고주파 음보다 강해야 한다. ( )

④ 일반적으로 낮은 주파수(100Hz 이하)에 덜 민감하고, 높은 주파수에 더 민감하다. ( )

★중요 [04②③, 09①, 19③, 24③]

042 높은 소음으로 생긴 생리적 변화에 해당하는 것을 체크하시오.

① 근육 이완 ( )

② 혈압 상승 ( )

③ 동공 팽창 ( )

④ 심장박동수 증가 ( )

[18③]

043 인간이 느끼는 소리의 높고 낮은 정도를 나타내는 물리량에 해당하는 것을 체크하시오.

① 음압 ( ) ② 주파수 ( )

③ 지속시간 ( ) ④ 명료도 ( )

[10③]

044 귀의 구조에 대한 설명으로 올바른지 체크하시오.

① 외이(Outer Ear)는 외이도, 귓바퀴로 이루어져 있다. ( )

② 중이(Middle Ear)는 고막, 추골, 침골, 등골로 연결되어 있다. ( )

③ 내이(Inner Ear)는 난원창, 청신경으로 이루어져 있다. ( )

④ 달팽이관(Cochlea)은 나선형으로 생긴 관으로 기저막이 진동한다. ( )

[02②]

045 귀마개에 관한 설명으로 올바른지 체크하시오.

① 귀마개는 주변의 모든 음을 완벽히 차단하여야 한다. ( )

② 소음이 심할 경우 통화이해도를 증가시켜 준다. ( )

③ 음성수준이 85dB 이하인 경우에 통화이해도를 증가시켜 준다. ( )

④ 귀마개와 통화이해도와는 관계가 없다. ( )

[04①, 07②, 25①]

046 색(色)의 3속성 중 하나인 명도(Value, Lightness)가 갖는 심리적 과정에 대한 설명으로 올바른지 체크하시오.

① 명도가 높을수록 작게 보이고, 명도가 낮을수록 크게 보인다. ( )

② 명도가 높을수록 가깝게 보이고, 명도가 낮을수록 멀리 보인다. (　)

③ 명도가 높을수록 가볍게 느껴지고, 명도가 낮을수록 무겁게 느껴진다. (　)

④ 명도가 높을수록 빠르고 경쾌하게 느껴지고, 명도가 낮을수록 둔하고 느리게 느껴진다. (　)

[17①]

047 작업장 내의 색채조절이 적합하지 못한 경우에 나타나는 상황에 해당하는 것을 체크하시오.

① 안전표지가 너무 많아 눈에 거슬린다. (　)

② 현란한 색배합으로 물체 식별이 어렵다. (　)

③ 무채색으로만 구성되어 중압감을 느낀다. (　)

④ 다양한 색채를 사용하면 작업의 집중도가 높아진다. (　)

★중요　　　　　　　　[02②, 03②, 07②, 10②, 21③]

048 인간의 눈은 모든 빛을 동일하게 받아들이는 것 같아 보이지만 실제로는 그렇지 않다. 다음 중 인식(시야)범위가 가장 넓은 색상을 체크하시오.

① 백색 (　)　　　② 청색 (　)

③ 적색 (　)　　　④ 녹색 (　)

[08③]

049 인간의 눈에 관한 설명으로 올바른지 체크하시오.

① 황반(혹은 중심와, fovea)에는 간상(rod)세포가 집중되어 있다. (　)

② 간상(rod)세포는 색을 구별하는 기능을 가지고 있다. (　)

③ 빛이 처음으로 도달하는 곳은 수정체이다. (　)

④ 수정체의 초점 조절작용능력은 diopter(D) 값으로 나타내는데 "1 / 초점거리"로 정의된다. (　)

[15①]

050 40세 이후 노화에 의한 인체의 시지각 능력 변화에 해당하는 것을 체크하시오.

① 근시력 저하 (　)

② 휘광에 대한 민감도 저하 (　)

③ 망막에 이르는 조명량 감소 (　)

④ 수정체 변색 (　)

[13②]

051 시력 및 조명에 관한 설명으로 올바른지 체크하시오.

① 표적 물체가 움직이거나 관측자가 움직이면 시력의 역치는 감소한다. (　)

② 필터를 부착한 VDT화면에 표시된 글자의 밝기는 줄어들지만 대비는 증가한다. (　)

③ 대비는 표적 물체 표면에 도달하는 조도와 결과하는 광도와의 차이를 나타낸다. (　)

④ 관측자의 시야 내에 있는 주시영역과 그 주변 영역의 조도의 비를 조도비라고 한다. (　)

[02③, 23①]

052 역치(threshold value)에 대한 설명으로 올바른지 체크하시오.

① 시각의 역치는 300~700nm이며 이는 감각에 필요한 최소량의 에너지를 말한다. (　)

② 에너지의 양이 증가할수록 차이식 역치는 감소한다. (　)

③ 표시장치를 설계할 때는 신호의 강도를 역치 이하로 설계하여야 한다. (　)

④ 표시장치의 설계와 역치는 아무런 관계가 없다. (　)

[18③]

053 거리가 있는 한 물체에 대한 약간 다른 상이 두 눈의 망막에 맺힐 때, 이것을 구별할 수 있는 능력에 해당하는 것을 체크하시오.

① vernier acuity (　)

② stereoscopic acuity (　)

③ dynamic visual acuity (　)

④ minimum percptible acuity (　)

[19②]

054 인간의 시각특성에 대한 설명으로 올바른지 체크하시오.

① 적응은 수정체의 두께가 얇아져 근거리의 물체를 볼 수 있게 되는 것이다. (　)

② 시야는 수정체의 두께 조절로 이루어진다. (　)

③ 망막은 카메라의 렌즈에 해당된다. (　)

④ 암조응에 걸리는 시간은 명조응보다 길다. (　)

★중요

055 진동이 인간 성능에 미치는 일반적인 영향에 해당하는 것을 체크하시오.

① 진동은 진폭에 비례하여 시력을 손상하며 10~25Hz의 경우 가장 심하다. (　　)

② 진동은 진폭에 비례하여 추적 능력을 손상하며 5Hz 이하의 낮은 진동수에서 가장 심하다. (　　)

③ 안정되고 정확한 근육 조절을 요하는 작업은 진동에 의해서 저하된다. (　　)

④ 반응시간, 감시, 형태 식별 등 주로 중앙 신경 처리에 달린 임무는 진동의 영향에 민감하다. (　　)

⑤ 진동은 진폭에 반비례하여 시력을 손상시킨다. (　　)

⑥ 정확한 근육 조절을 요하는 작업은 진동에 의해 저하된다. (　　)

⑦ 주로 중앙 신경 처리에 관한 임무는 진동의 영향을 덜 받는다. (　　)

[03②]

056 진동의 영향을 가장 많이 받는 인간 성능에 해당하는 것을 체크하시오.

① 추적(tracking) 작업 (　　)

② 감시(monitoring) 작업 (　　)

③ 반응시간 (　　)

④ 형태식별(pattern recognition) (　　)

[11③, 14②, 23②]

057 얼음과 드라이아이스 등을 취급하는 작업에 대한 대책에 해당하는 것을 체크하시오.

① 더운 물과 더운 음식을 섭취한다. (　　)

② 혈액순환을 위해 틈틈이 운동을 한다. (　　)

③ 가능한 한 식염(食鹽)을 많이 섭취한다. (　　)

④ 오랫동안 한 장소에 고정하여 작업하지 않는다. (　　)

[06③]

058 연속제어 조종장치에서 정확도보다 속도가 중요하다면 통제표시비(C/D비)의 비율로 올바른 것을 체크하시오.

① C/D비율을 1로 조절하여야 한다. (　　)

② C/D비율을 1보다 낮게 조절하여야 한다. (　　)

③ C/D비율을 1보다 높게 조절하여야 한다. (　　)

④ C/D비율을 조절할 필요가 없다. (　　)

[07①, 11①, 25①]

059 통제비와 관련된 설명으로 올바른지 체크하시오.

① C/D비라고도 한다. (　　)

② 최적통제비는 이동시간과 조정시간의 교차점이다. (　　)

③ Maslow와 관련이 깊다. (　　)

④ 통제기기와 시각표시 관계를 나타내는 비율이다. (　　)

★중요

[03①, 14②, 19①, 25②]

060 통제표시비(control/display ratio)를 설계할 때 고려하는 요소에 해당하는 것을 체크하시오.

① 계기의 조절시간이 짧게 소요되도록 계기의 크기(size)는 항상 작게 설계한다. (　　)

② 짧은 주행 시간 내에 공차의 인정범위를 초과하지 않는 계기를 마련한다. (　　)

③ 목시거리(目示距離)가 길면 길수록 조절의 정확도는 떨어진다. (　　)

④ 통제표시비가 낮다는 것은 민감한 장치라는 것을 의미한다. (　　)

[16①]

061 조정반응비율(C/R비)에 관한 설명으로 올바른지 체크하시오.

① 조종장치와 표시장치의 물리적 크기와 성질에 따라 달라진다. (　　)

② 표시장치의 이동거리를 조종장치의 이동거리로 나눈 값이다. (　　)

③ 조종반응비율이 낮다는 것은 민감도가 높다는 의미이다. (　　)

④ 최적의 조종반응비율은 조종장치의 조종시간과 표시 장치의 이동시간이 교차하는 값이다. (　　)

[19②]

062 조종장치를 통한 인간의 통제 아래 기계가 동력원을 제공하는 시스템의 형태에 해당하는 것을 체크하시오.

① 기계화 시스템 (　　)　　② 수동 시스템 (　　)

③ 자동화 시스템 (　　)　　④ 컴퓨터 시스템 (　　)

[05①, 06②, 23③]

063 기계의 통제기능에 해당하는 것을 체크하시오.

① 개폐에 의한 것 (　　)

② 양의 조절에 의한 것 (　　)

③ 반응에 의한 것 (　　)

④ 자동제어에 의한 것 (　　)

[06①]

064 기계가 정보를 입수하고 통제하는 기능 중 계기나 신호 또는 감각에 의하여 행하는 통제기능을 체크하시오.

① 개폐에 의한 통제 (　　)

② 반복에 의한 통제 (　　)

③ 반응에 의한 통제 (　　)

④ 양의 조절에 의한 통제 (　　)

★중요　　　　[02②, 03③, 08①, 14①, 22①]

065 통제용 조종장치의 형태 중 그 성격이 다른 것을 체크하시오.

① 푸시 버튼(push button) (　　)

② 토글 스위치(toggle switch) (　　)

③ 노브(knob) (　　)

④ 로터리 선택 스위치(rotary select switch) (　　)

[03②, 06①]

066 기계의 통제장치 형태 중 개폐에 의한 통제장치에 해당하는 것을 체크하시오.

① 노브(Knob) (　　)

② 토글 스위치(Toggle switch) (　　)

③ 레버(Lever) (　　)

④ 크랭크(Crank) (　　)

★중요　　　　[05②, 06③, 12①, 25③]

067 연속 조절 통제기기에 해당하는 것을 체크하시오.

① 토글(Toggle)스위치 (　　)

② 노브(Knob) (　　)

③ 페달(Pedal) (　　)　　④ 핸들(Handle) (　　)

★중요　　　　[02②, 07③, 11③, 12②, 21②]

068 기계의 통제방법에는 개폐, 양의 조절, 반응에 의한 통제가 있다. 불연속 통제 기기에 해당하는 것을 체크하시오.

① 노브 (　　)　　　　② 페달 (　　)

③ 크랭크 (　　)　　　④ 수동 푸시 버튼 (　　)

⑤ 토글 스위치 (　　)

⑥ 로터리 스위치(Rotary switch) (　　)

⑦ 레버(Lever) (　　)

[05③, 13③, 25①]

069 인간공학적으로 조종구(ball control)를 설계할 때 고려하여야 할 사항에 해당하는 것을 체크하시오.

① 마찰력 (　　)　　　② 탄성력 (　　)

③ 중량감 (　　)　　　④ 관성력 (　　)

★중요　　　　[05③, 06①, 08①, 09②, 14③, 20①, 21③]

070 조종-표시장치 이동비율(Control-Display ratio) 또는 통제표시비(C/D비)를 최적으로 설계할 경우에 고려해야 할 5가지 요소에 해당하는 것을 체크하시오.

① 계기의 크기 (　　)　　② 작업자의 시력 (　　)

③ 조작시간 (　　)　　　④ 방향성 (　　)

⑤ 공차 (　　)　　　　　⑥ 목측거리 (　　)

⑦ 일치성 (　　)　　　　⑧ 운동성 (　　)

[02②, 04②, 24①]

071 그림에 있는 조종구(ball control)와 같이 상당한 회전운동을 하는 조종장치가 선형표시장치를 움직일 때는 L을 반경(지레의 길이), a를 조정장치가 움직인 각도라 할 때 조종표시 장치의 이동비율(control display ratio)을 나타낸 것을 체크하시오.

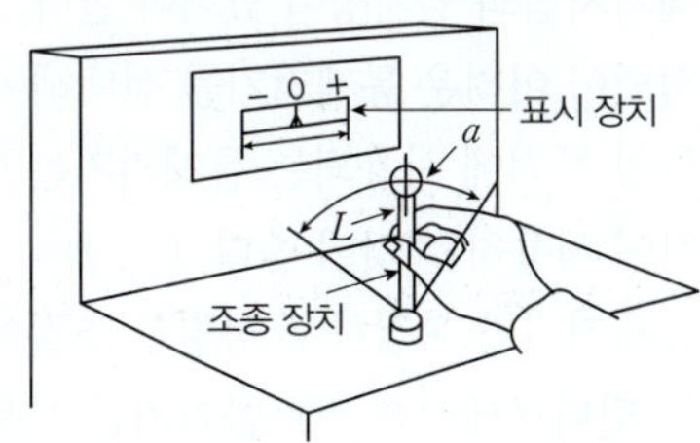

① $\dfrac{(a\,/\,360\,)\times 2\pi L}{\text{표시장치 이동거리}}$ (　　)

② $\dfrac{\text{표시장치 이동거리}}{(a\,/\,360\,)\times 4\pi L}$ (　　)

③ $\dfrac{(a\,/\,360\,)\times 4\pi L}{\text{표시장치 이동거리}}$ (　　)

④ $\dfrac{\text{표시장치 이동거리}}{(a\,/\,360\,)\times 2\pi L}$ (　　)

072 조종–반응 비율(C/R비)에 따른 이동시간과 조정시간의 관계에 해당하는 것을 체크하시오.

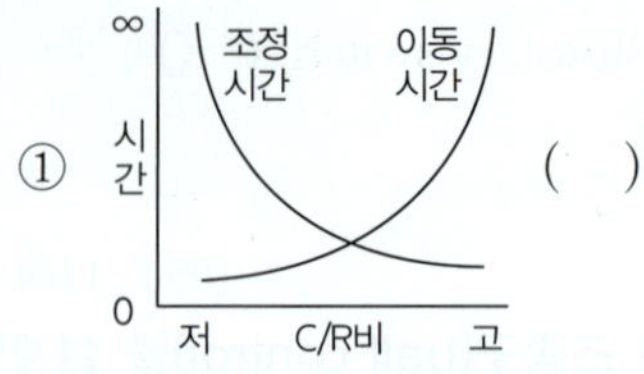
① ( )

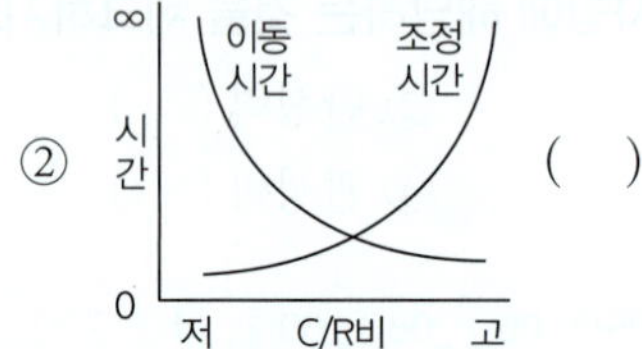
② ( )

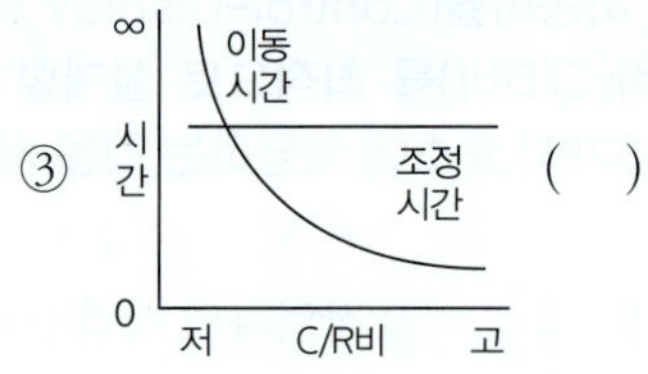
③ ( )

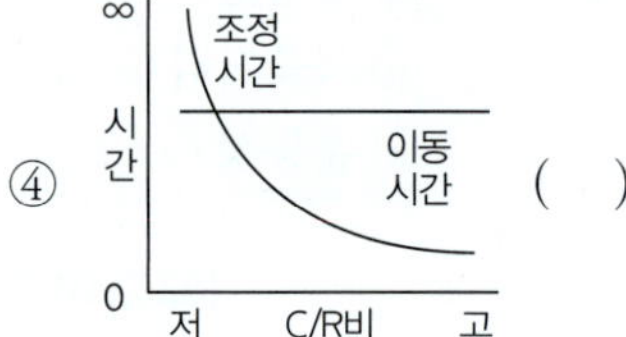
④ ( )

073 기계의 통제를 위한 통제기기의 선택조건으로 올바른지 체크하시오.

① 계기지침의 일치성이 있어야 한다. ( )
② 식별이 어려운 통제기기를 선택해야 한다. ( )
③ 특정 목적에 사용되는 통제기기는 여러개를 조합하여 사용하는 것이 좋다. ( )
④ 통제기기가 복잡하고 정밀한 조절이 필요한 때에는 멀티로테이션 컨트롤기기를 사용하는 것이 좋다. ( )

074 현재의 직무에 유사한 과업을 추가하여 단순 반복성을 없앰으로서 능률 향상을 기하고자 하는 작업설계 방법을 체크하시오.

① 직무 윤택화 ( )
② 직무 충실화 ( )
③ 직무 순환 ( )
④ 직무 확대 ( )

075 임의로 선정된 순간(시간)마다 하나 이상의 작업자 또는 기계작업을 관찰하여 그 결과로 실제 작업시간과 지체시간을 총요소시간의 비율을 파악하려는 확률적 관측방법에 의하여 표준시간을 설정하는 기법을 체크하시오.

① Work Factor ( )
② Work Sampling ( )
③ Method Time Measurement ( )
④ Rapid Upper Limb Assessment ( )

★중요

076 작업기억과 관련된 설명으로 올바른지 체크하시오.

① 단기기억이라고도 하고, 작업기억의 정보는 일반적으로 시각, 음성, 의미 코드의 3가지로 코드화된다. ( )
② 오랜 기간 정보를 기억하는 것이다. ( )
③ 리허설은 정보를 작업기억 내에 유지하는 유일한 방법이다. ( )
④ 작업기억 내의 정보는 시간이 흐름에 따라 쇠퇴할 수 있다. ( )

077 작업기억(working memory)에서 일어나는 정보코드화에 해당하는 것을 체크하시오.

① 의미 코드화 ( )
② 음성 코드화 ( )
③ 시각 코드화 ( )
④ 다차원 코드화 ( )

02 단답형 문제

[06②]

001 에너지 대사율을 산출하는 공식을 쓰시오.

⚙️**해설** 에너지 대사율(RMR, Relative Metabolic Rate)은 작업을 수행하기 위하여 소비되는 산소소모량이 기초 대사량의 몇 배에 해당되는지를 나타내는 지수로서, 작업의 강도와 깊은 관계가 있다.

[16③]

002 에너지 대사율(RMR)에 의한 작업강도에서 경작업의 에너지 대사율의 값을 쓰시오.

⚙️**해설** 에너지 대사율에 따른 작업강도의 구분

작업강도 구분	경(經) 작업	중(中, 보통)작업	중(重) 작업	초중(超重) 작업
에너지 대사율 (RMR)	0~2	2~4	4~7	7 이상

★**중요** [07②, 14①, 18③, 23①]

003 신체와 환경 간 또는 인간과 주위와의 열교환 과정의 식을 쓰시오. (단, W는 일, M은 대사, S는 열 축적, R은 복사, C는 대류, E는 증발)

[19①]

004 체내에서 유기물을 합성하거나 분해하는 데는 반드시 에너지의 전환이 뒤따른다는 의미의 용어를 쓰시오.

[05③, 24③]

005 조명관리는 안전과 생산에 지대한 영향을 준다. 사무실이나 일반적 산업상황에서 광속 발산비(Luminance Ratio)의 추천 발산비를 쓰시오.

[07②]

006 주어진 작업에 대하여 필요한 소요조명(fc)을 구하는 식을 쓰시오.

[15②]

007 눈의 피로를 줄이기 위해 VDT 화면과 종이 문서 간의 밝기의 비를 쓰시오.

⚙️**해설** VDT(Visual Display Terminal) 작업을 위한 조명의 일반원칙 중 일반적인 휘도의 권장사항은 화면과 그 주변 간에 1 : 3, 화면과 화면에서 먼 주위(종이 문서) 간에 1 : 10이다.

|정답|

001 $RMR = \dfrac{\text{운동시 산소소모량} - \text{안정시 산소소모량}}{\text{기초대사량}} = \dfrac{\text{작업(활동)대사량}}{\text{기초대사량}}$ **002** 0~2

003 S(열축적) = [M(대사) − W(일)] ± R(복사) ± C(대류) − E(증발) (단, S는 열이득이나 열손실량이고, 열평형 상태에서는 0이 됨)

004 에너지 대사 **005** 3 : 1 **006** 소요조명(fc) $= \dfrac{\text{소요광속발산도(fL)}}{\text{반사율(\%)}}$ **007** 1 : 10

008 다음 내용에 관련 있는 실험명을 쓰시오.

> 조명강도를 높인 결과 작업자들의 생산성이 향상되었고, 그 후 다시 조명강도를 낮추어도 생산성의 변화는 거의 없었다. 이는 작업자들이 받게 된 주의에 대한 반응에 기인한 것으로 이것은 인간관계가 작업 및 공간 설계에 큰 영향을 미친다는 것을 암시한다.

009 점광원에 적용할 때 조도를 나타낸 식을 쓰시오.

⚙ **해설** 조도는 광도에 비례(분자)하고, 거리의 제곱에 반비례(분모)한다.

010 산업안전보건법에 따라 상시 작업에 종사하는 장소에서 보통 작업을 하고자 할 때 작업면의 최소 조도(Lux)를 쓰시오. (단, 갱내 작업장과 감광재료를 취급하는 작업장은 제외)

⚙ **해설** 작업면의 최소 조도(Lux)

작업 구분	초정밀 작업	정밀 작업	보통 작업	그 밖의 작업
조도 기준	750	300	150	75

011 산업안전보건법령상 정밀 작업 시 갖추어져야 할 작업면의 조도 기준을 쓰시오. (단, 갱내 작업장과 감광재료를 취급하는 작업장은 제외)

012 바닥의 추천 반사율을 쓰시오.

⚙ **해설** 추천 반사율

장소	천장	벽	가구, 사무용 기기	바닥
반사율	80~90%	40~60%	25~45%	20~40%

013 사무실 설계 시 추천 반사율이 낮은 것부터 순서대로 나열하시오.

㉠ 바닥	㉡ 벽
㉢ 천장	㉣ 사무용 가구

⚙ **해설** 반사율이 낮은 것부터 높은 것의 순으로 나열하면, "바닥(20~40%) → 사무용 가구(25~45%) → 벽(40~60%) → 천장(80~90%)"의 순이다.

014 옥외의 자연조명에서 최적 명시거리일 때 문자나 숫자의 높이에 대한 획폭비는 일반적으로 검은 바탕에 흰 숫자를 쓸 때는 (㉠), 흰 바탕에 검은 숫자를 쓸 때는 (㉡)가 독해성이 최적이 된다고 한다. 괄호 안에 들어갈 내용을 순서대로 쓰시오.

⚙ **해설** 최적 독해성(최대명시거리)을 주는 획폭비(문자나 숫자의 높이에 대한 획 굵기의 비)는 바탕과 글자의 색에 따라 달라지고, 종횡비(문자, 숫자의 폭 : 높이)는 다음과 같다.

획폭비		종횡비	
검은색 바탕에 흰 글자	1 : 13.3	문자	1 : 1(적당) ~ 3 : 5
흰색 바탕에 검은 글자	1 : 8	숫자	3 : 5

[05①]

015 음의 높이, 무게 등 물리적 자극을 상대적으로 판단하는 데 있어 특정 감각기관의 변화감지역은 표준자극에 비례한다는 법칙을 발견한 인물을 쓰시오.

★중요

[14③, 19①, 25①]

016 다음 설명에서 괄호 안의 들어갈 내용을 순서대로 쓰시오.

> 40phon은 (㉠) sone을 나타내며, 이는 (㉡)dB의 (㉢)Hz 순음의 크기를 나타낸다.

⚙**해설** 40phon은 1sone을 나타내며, 이는 40dB의 1,000Hz 순음의 크기를 나타낸다.

[07②]

017 1sone은 몇 phon값인지 쓰시오.

[08③, 24①]

018 음의 크기를 나타내는 phon값과 sone값의 관계식을 쓰시오.

[16②]

019 음의 세기인 데시벨(dB)을 측정할 때 기준 음압의 주파수를 쓰시오.

⚙**해설** 음의 세기인 데시벨(dB)을 측정할 때 기준 음압의 주파수는 1,000Hz이다.

[15③, 25②]

020 산업안전보건법령상 95dB(A)의 소음에 대한 허용 노출 기준시간을 쓰시오. (단, 충격소음은 제외)

⚙**해설** 소음 허용기준은 90dB일 경우에는 8시간을 기준으로 하고, 5dB이 커지거나 작아지는 경우에는 시간을 1/2배 또는 2배로 한다.

소음(dB)	80	85	90	95	100	105	110
시간	32	16	8	4	2	1	0.5

[03②]

021 인간은 계속되는 소음에 장시간 노출되는 경우 청력을 손실하며 소음의 강도와 노출 허용시간은 반비례 하는 것이 일반적이다. 예를 들어 130dB의 소음은 약 10초가 한계인데, 8시간 작업 시의 허용소음 기준치를 쓰시오.

|정답|

008 호손(Hawthorne) 실험　009 조도 = $\dfrac{광도}{(거리)^2}$　010 150　011 300　012 20~40%　013 ㉠ → ㉣ → ㉡ → ㉢

014 ㉠ 1 : 13.3, ㉡ 1 : 8　015 웨버(Weber)　016 ㉠ 1, ㉡ 40, ㉢ 1,000　017 40phon　018 sone치 = $2^{\frac{(phon치 - 40)}{10}}$

019 1,000Hz　020 4시간　021 90dB

022 산업안전보건법상 "강렬한 소음작업"이라 함은 1일 8시간 작업을 기준으로 몇 dB 이상의 소음이 발생하는 작업인지를 쓰시오.

⚙ **해설** 강렬한 소음 작업(안전보건규칙 제512조)

1일 노출 시간(h)	8	4	2	1	1/2 (30분)	1/4 (15분)
소음강도 (dB)A	90	95	100	105	110	115

★중요   [07③, 10①, 17①, 24②]

023 산업안전보건법에서 정한 물리적 인자의 분류기준에 있어서 소음성난청을 유발할 수 있는 몇 dB(A) 이상의 시끄러운 소리를 소음으로 규정하고 있는지 쓰시오.

⚙ **해설** "소음작업"이란 1일 8시간 작업을 기준으로 85dB 이상의 소음이 발생하는 작업을 말한다.

★중요   [03③, 07③, 17①, 22③]

024 청각적 표시장치에서 300m 이상의 장거리용 경보기에 사용하는 최대 진동수로 적절한 것을 쓰시오.

⚙ **해설** 높은 진동수의 음은 멀리가지 못하므로 300m 이상의 장거리용 신호에서는 1,000Hz 이하의 진동수를 사용하고, 칸막이나 장애물을 넘어가야 하는 신호의 진동수는 500Hz 이하의 진동수를 갖는 신호를 사용한다. 또한, 귀는 중음역에서 민감하므로 500~3,000Hz가 가장 적합하다.

★중요   [08①, 17②, 24③]

025 한 사무실에서 타자기의 소리 때문에 말소리가 묻히는 현상을 가리키는 용어를 쓰시오.

⚙ **해설** masking(은폐) 효과는 두 음의 차이가 10dB 이상인 경우에 발생하고, 높은 음이 낮은음을 상쇄시켜 높은 음만 들리게 한다.

[08②]

026 어떤 음의 청취가 다른 음에 의해 방해되는 청각 현상을 가리키는 용어를 쓰시오.

★중요   [09①, 11①, 16①, 21②]

027 작업자가 소음 작업환경에 장기간 노출되어 소음성난청이 발병하였다면 일반적으로 청력 손실이 가장 크게 나타나는 주파수를 쓰시오.

⚙ **해설** 청력의 손실에 있어서, 강한 소음은 노출되는 소음의 수준에 따라 청력의 손실 정도는 증가하나, 약한 소음은 노출되는 소음의 수준과 무관하며, 청력의 손실은 4,000Hz에서 가장 많이 나타난다.

[17①③, 25③]

028 일반적으로 사람의 청력으로 감지할 수 있는 주파수 영역을 쓰시오.

⚙ **해설** 인간이 들을 수 있는 주파수(가청 주파수)는 20~20,000Hz이고, 가청 주파수 내에서 사람의 귀가 가장 민감하게 반응하는 주파수 대역은 4,000Hz 내외(500~3,000Hz)이다.

[17③, 20①]

029 가청 주파수 내에서 사람의 귀가 가장 민감하게 반응하는 주파수 대역을 쓰시오.

[18②]

030 소음성 난청 유소견자로 판정하는 구분을 나타내는 것을 쓰시오.

해설 소음성 난청의 구분에 있어서, 요관찰자는 C_1으로, 유소견자는 D_1으로 판정하고, 분류한다.

[12①, 20①, 24①]

031 다음은 1/100초 동안 발생한 3개의 음파를 나타낸 것이다. ㉠음의 세기가 가장 큰 것과 ㉡가장 높은 음을 쓰시오.

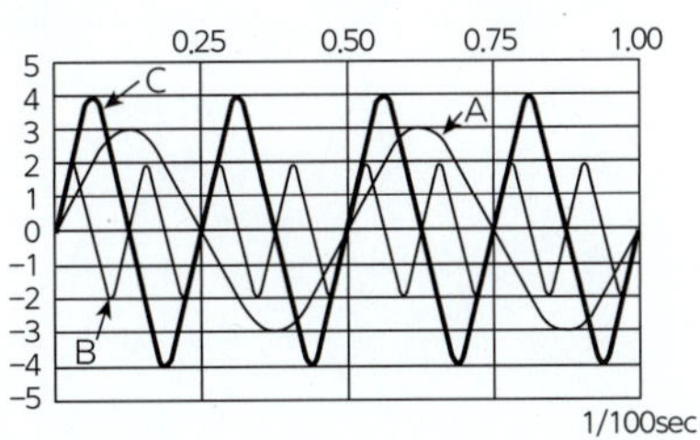

해설 ① 가장 큰 음의 세기 : 음의 세기는 진폭의 크기에 비례하므로 진폭의 크기가 가장 큰 C가 음의 세기가 가장 크다.
② 가장 높은 음 : 주기가 가장 짧은 음이 가장 높은 음이므로 B이다.

[15②]

032 귀의 구조에서 고막에 가해지는 미세한 압력의 변화를 증폭하는 곳을 쓰시오.

[14②]

033 망막의 원추세포가 가장 낮은 민감성을 보이는 파장의 색을 쓰시오.

해설 원추체(cone)는 밝은 곳에서의 기능으로 색을 구별(색약, 색맹 등)하고, 황반에 집중되어 있으며, 가장 낮은 민감성을 보이는 파장의 색은 회색이다.

[08②, 18②]

034 인간 눈에서 빛이 가장 먼저 접촉하는 부위를 쓰시오.

| 정답 |

022 90dB　　023 85dB　　024 1,000Hz　　025 masking(은폐) 효과　　026 masking(은폐) 효과　　027 4,000Hz

028 20~20,000Hz　　029 4,000Hz 내외　　030 D_1　　031 ㉠ 가장 큰 음의 세기 : C, ㉡ 가장 높은 음 : B　　032 중이(Middle Ear)

033 회색　　034 각막

[05②, 08③, 21③]

035 진동이 퍼포먼스에 미치는 영향 중 시각 퍼포먼스는 일반적으로 진동 수가 어느 정도일 때 가장 나빠지는지를 쓰시오.

⚙ **해설** 진동은 진폭에 비례하여 시신경의 손상을 초래하고, 가장 심한 경우는 10~25Hz이다.

[17①]

036 다음 그림은 C/R비와 시간과의 관계를 나타낸 그림이다. ㉠~㉣에 해당하는 내용을 쓰시오.

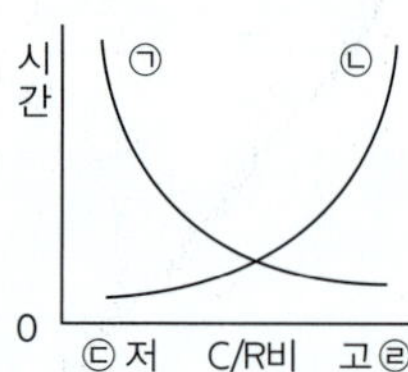

⚙ **해설** 조종시간은 통제표시비에 반비례[통제표시비(C/D비 또는 C/R비)가 증가할수록 조종시간은 급격히 감소하다가 안정됨]하고, 이동시간은 통제표시비에 비례[통제표시비(C/D비 또는 C/R비)가 감소할수록 조종시간은 급격히 감소하다가 안정됨]한다.

[04②, 15②, 23②]

037 크기가 다른 복수의 조종장치를 촉감으로 구별할 수 있도록 설계할 때 구별이 가능한 최소의 직경 차이와 최소의 두께 차이를 쓰시오.

|정답|

035 10~25Hz   **036** ㉠ 조정시간, ㉡ 이동시간, ㉢ 민감, ㉣ 둔감   **037** 최소 직경 차이 : 1.3cm, 최소 두께 차이 : 0.95cm

03 계산형 문제

[06③, 13②, 20①, 24①]

001 건구온도가 38˚C, 습구온도가 32˚C일 때의 Oxford지수를 구하시오.

> ⚙️ **해설**
>
> 옥스퍼드(Oxford, 습건)지수 = 0.85W(습구온도) + 0.15d(건구온도)
> $$= 0.85 \times 32 + 0.15 \times 38 = 32.9℃$$

[08③, 11①, 25②]

002 상대습도가 100%, 온도가 21℃일 때 실효온도(effective temperature)를 구하시오.

> ⚙️ **해설**
>
> 실효온도(ET, effective temperature)는 온도, 습도, 기류의 3가지 요소의 조합에 의한 체감을 표시하는 척도로서, 상대습도 100%, 풍속 0m/s인 임의의 온도를 기준으로 정의한 온도이므로 21℃이다.

[18②]

003 건습지수로서 습구온도와 건구온도의 가중평균치를 나타내는 Oxford지수의 공식을 쓰시오.

> ⚙️ **해설**
>
> Oxford(습건)지수(WD) = 0.85WB(습구온도) + 0.15DB(건구온도)

[13③, 18①, 21①]

004 자연습구온도가 20℃이고, 흑구온도가 30℃일 때, 실내의 습구흑구온도지수(WBGT : Wet Bulb Globe Temperature)를 구하시오.

> ⚙️ **해설**
>
> 습구흑구온도지수(WBGT : Wet Bulb Globe Temperature)의 산정
> ① 실내의 경우 : (0.7 × 자연습구온도) + (0.3 × 흑구온도)
> ② 실외의 경우 : (0.7 × 자연습구온도) + (0.3 × 흑구온도) + (0.1 × 건구온도)
> 그러므로, 실내 습구흑구온도지수 = (0.7 × 자연습구온도) + (0.3 × 흑구온도)
> $$= (0.7 \times 20) + (0.3 \times 30) = 23℃$$

★중요

005 인체의 피부와 허파로부터 하루에 600g의 수분이 증발될 때 열손실율(W)을 구하시오. (단, 37℃의 물 1g을 증발시키는데 필요한 에너지는 2,410J/g)

> **⚙ 해설**
>
> 열손실량(H)는 단위시간(sec)당 증발된 에너지의 량을 말한다. 또한, 1Watt = 1J/s이다.
>
> 열손실량(H) = 600g × 2,410J/g = 1,446,000J이고, 시간은 하루(1일)이므로, 초(sec)로 산정하면
>
> 1일 = 24시간 × 60분/시간 × 60초/분 = 86,400초이다.
>
> 즉, 1W = 1J/s이고, $W = \dfrac{1,446,000}{86,400} = 16.7361 ≒ 16.7W$

006 광원의 밝기가 100cd이고, 10m 떨어진 곡면을 비출 때의 조도(Lux)를 구하시오.

> **⚙ 해설**
>
> 조도는 광도에 비례(분자)하고, 거리의 제곱에 반비례(분모)한다.
>
> 즉, 조도 $= \dfrac{광도}{(거리)^2} = \dfrac{100}{10^2} = 1\text{Lux}$

★중요

007 4m 거리에서 조도가 60Lux라면 2m에서의 조도를 구하시오.

> **⚙ 해설**
>
> 조도는 광도에 비례(분자)하고, 거리의 제곱에 반비례(분모)한다. 즉, 조도 $= \dfrac{광도}{(거리)^2}$ 이다.
>
> 그런데, 조도는 거리의 제곱에 반비례하므로 떨어진 거리가 4m에서 2m로 줄었다는 의미는 거리가 $\dfrac{2m}{4m} = \dfrac{1}{2}$ 로 줄었으므로, 조도는 $(\dfrac{1}{2})^2 = \dfrac{1}{4}$ 에 반비례한다. 즉, 4배가 됨을 알 수 있다. 그러므로, 60 × 4 = 240Lux
>
> ※ 다른 풀이
>
> 조도 $= \dfrac{광도}{(거리)^2}$ 에서 거리가 $\dfrac{1}{2}$ 로 줄었다. 거리가 줄었다는 의미는 광원과 가까워졌다는 의미이므로, 조도는 더 커질 것이다.
>
> 따라서 조도 $= \dfrac{광도}{(\dfrac{1}{2})^2} = 광도 × 4 = 60 × 4 = 240\text{Lux}$

[10②]

008 프레스 공장에서 모든 방향으로 빛을 발하는 점광원에서 2m 떨어진 곳의 조도가 500Lux였다면, 4m 떨어진 곳에서의 조도를 구하시오.

> **⚙ 해설**
>
> 조도 $= \dfrac{\text{광도}}{(\text{거리})^2}$ 에서 거리가 2m에서 4m로 늘어났다. 거리가 늘어났다는 의미는 광원과 멀어진다는 것이므로, 조도는 작아질 것이다.
>
> 그러므로, 조도 $= \dfrac{\text{광도}}{2^2} = \text{광도} \times \dfrac{1}{4} = 500 \times \dfrac{1}{4} = 125\text{Lux}$

[12①]

009 반사경 없이 모든 방향으로 빛을 발하는 점광원에서 2m 떨어진 곳의 조도가 150Lux라면 3m 떨어진 곳의 조도를 구하시오.

> **⚙ 해설**
>
> 조도 $= \dfrac{\text{광도}}{(\text{거리})^2}$ 에서 거리가 2m에서 3m로 늘어났다. 거리가 늘어났다는 의미는 광원과 멀어졌다는 것이므로 조도는 작아질 것이다.
>
> 따라서 조도 $= \dfrac{\text{광도}}{(\frac{3}{2})^2} = \text{광도} \times \dfrac{4}{9} = 150 \times \dfrac{4}{9} = 66.667 \fallingdotseq 66.67\text{Lux}$

★중요

[14①, 17①, 24③]

010 1cd의 점광원에서 1m 떨어진 곳에서의 조도가 3Lux이었다. 동일한 조건에서 5m 떨어진 곳에서의 조도(Lux)를 구하시오.

> **⚙ 해설**
>
> 조도 $= \dfrac{\text{광도}}{(\text{거리})^2}$ 에서 거리가 1m에서 3m로 늘어났다. 거리가 늘어났다는 의미는 광원과 멀어졌다는 것이므로 조도는 작아질 것이다.
>
> 따라서 조도 $= \dfrac{\text{광도}}{(\frac{5}{1})^2} = \text{광도} \times \dfrac{1}{25} = 3 \times \dfrac{1}{25} = 0.12\text{Lux}$

★중요

011 휘도가 200cd/m²이고, 반사율이 40%인 작업장의 조도(Lux)를 구하시오. (단, π는 숫자로 변화하지 않음)

> **⚙ 해설**
>
> 조도, 휘도, 반사율의 관계식 : $\pi\,B(휘도) = \rho\,(반사율)E(조도)$
>
> $\pi B(휘도) = \rho E$에서, $E = \dfrac{\pi B}{\rho} = \dfrac{\pi \times 200}{0.4} = 500\pi\,\text{Lux}$

★중요

012 휘도(luminance)가 10cd/m²이고, 조도(illuminacec)가 100lux일 때 반사율(reflectance)(%)을 구하시오. (단, π는 숫자로 변화하지 않음)

> **⚙ 해설**
>
> 조도, 휘도, 반사율의 관계식 : $\pi\,B(휘도) = \rho\,(반사율)E(조도)$
>
> $\pi B(휘도) = \rho E$에서, $\rho = \dfrac{\pi B}{E} \times 100(\%) = \dfrac{\pi \times 10}{100} \times 100 = 10\pi(\%)$

013 60fL의 광도를 요하는 시각 표시장치의 반사율이 75%일 때 소요조명(fc)을 구하시오.

> **⚙ 해설**
>
> 조도, 휘도, 반사율의 관계식 : $I(광도) = \pi\,B(휘도) = \rho\,(반사율)E(조도)$
>
> $\pi B(휘도) = \rho E$에서, $E = \dfrac{\pi B}{\rho} = \dfrac{I}{\rho} = \dfrac{60}{0.75} = 80\text{fc}$

[14①]

014 조도가 400Lux인 위치에 놓인 흰색 종이 위에 짙은 회색의 글자가 씌어져 있다. 종이의 반사율 80%이고, 글자의 반사율은 40%라 할 때 종이와 글자의 대비(%)를 구하시오.

⚙ 해설

대비는 배경의 반사율에 대한 배경(종이)과 표적(글자)의 반사율의 차이를 말한다.

$$대비 = \frac{배경의\ 반사율(\%) - 표적의\ 반사율(\%)}{배경의\ 반사율(\%)} \times 100(\%) = \frac{80-40}{80} \times 100(\%) = 50\%$$

※ 다른 풀이

$$대비(\%) = \frac{최고의\ 휘도 - 최저의\ 휘도}{최고의\ 휘도} \times 100(\%)이고,\ 휘도는\ 조도와\ 반사율에\ 비례하므로$$

최고의 휘도 = $400 \times 0.8 = 320$이고, 최소의 휘도 = $400 \times 0.4 = 160$이다.

$$그러므로\ 대비(\%) = \frac{최고의\ 휘도 - 최저의\ 휘도}{최고의\ 휘도} \times 100(\%) = \frac{320-160}{320} \times 100 = 50\%$$

[15②]

015 종이의 반사율이 50%이고, 종이상의 글자 반사율이 10%일 때 종이에 의한 글자의 대비(%)를 구하시오.

⚙ 해설

$$대비 = \frac{배경의\ 반사율(\%) - 표적의\ 반사율(\%)}{배경의\ 반사율(\%)} \times 100(\%) = \frac{50-10}{50} \times 100(\%) = 80\%$$

★중요

[12③, 17③, 24①]

016 반사율이 80%인 종이에 인쇄된 글자의 반사율이 20%라 하면, 대비(%)를 구하시오.

⚙ 해설

$$대비 = \frac{배경의\ 반사율(\%) - 표적의\ 반사율(\%)}{배경의\ 반사율(\%)} \times 100(\%) = \frac{80-20}{80} \times 100(\%) = 75\%$$

[06②]

017 건설현장의 안전표지판의 반사율이 80%이고, 인쇄된 글자의 반사율이 10%이면, 대비(%)를 구하시오.

> ⚙ **해설**
>
> $$대비 = \frac{배경의\ 반사율(\%)\ -\ 표적의\ 반사율(\%)}{배경의\ 반사율(\%)} \times 100(\%) = \frac{80 - 10}{80} \times 100(\%) = 87.5\%$$

[08③, 24②]

018 건설현장의 안전표지판의 반사율이 70%이고, 인쇄된 글자의 반사율이 15%이면, 대비(%)를 구하시오.

> ⚙ **해설**
>
> $$대비 = \frac{배경의\ 반사율(\%)\ -\ 표적의\ 반사율(\%)}{배경의\ 반사율(\%)} \times 100(\%) = \frac{70 - 15}{70} \times 100(\%) = 78.571 ≒ 78.6\%$$

★중요

[14③]

019 흑판의 반사율이 30%이고, 백묵의 반사율이 75%일 때 흑판과 백묵에 대한 대비(%)를 구하시오.

> ⚙ **해설**
>
> 대비는 배경의 반사율에 대한 배경(흑판)과 표적(글자)의 반사율의 차이를 말한다.
>
> $$대비 = \frac{배경의\ 반사율(\%)\ -\ 표적의\ 반사율(\%)}{배경의\ 반사율(\%)} \times 100(\%) = \frac{30 - 75}{30} \times 100(\%) = -150\%$$

★중요

[03①, 05②, 07②, 21③]

020 음압 수준이 10dB 증가하면 음압은 몇 배인지를 구하시오.

> ⚙ **해설**
>
> 음압 수준(소리의 세기, dB) $= 20\log_{10}\left(\dfrac{P}{P_0}\right)$이다. ($P$: 측정 음압, P_0 : 기준 음압)
>
> 음압의 배수 : 음압 $= 10^{\frac{dB}{20}} = 10^{\frac{10}{20}} = 10^{\frac{1}{2}} = \sqrt{10}$배

[11①]

★중요

021 음압수준이 120dB인 경우 1,000Hz에서의 phon값과 sone값을 구하시오.

> **⚙ 해설**
>
> ① 1,000Hz 순음의 음압수준에서 dB값과 phon값은 일치하고, phon은 1,000Hz 순음의 음압수준[dB]을 나타내므로 120phon
>
> ② sone치 $= 2^{\frac{(phon치 - 40)}{10}} = 2^{\frac{120 - 40}{10}} = 2^8 = 256$sone

[13①]

022 40phon이 1sone일 때, 60phon은 몇 sone인지 구하시오.

> **⚙ 해설**
>
> sone치 $= 2^{\frac{(phon치 - 40)}{10}} = 2^{\frac{60 - 40}{10}} = 2^2 = 4$sone

[16①, 25③]

023 음량 수준이 50phon일 때 sone값을 구하시오.

> **⚙ 해설**
>
> sone치 $= 2^{\frac{(phon치 - 40)}{10}} = 2^{\frac{50 - 40}{10}} = 2^1 = 2$sone

[16③]

★중요

024 소음이 심한 기계로부터 1.5m 떨어진 곳의 음압수준이 100dB라면, 이 기계로부터 5m 떨어진 곳의 음압수준(dB)을 구하시오.

> **⚙ 해설**
>
> 음압 수준(dB)의 산정
>
> 음압 수준 $= \text{dB} - 20\log(\frac{d_2}{d_1})$ [d_1 : 음의 기준이 되는 거리, d_2 : 음으로부터 떨어진 거리]
>
> 음압 수준 $= \text{dB} - 20\log(\frac{d_2}{d_1}) = 100 - 20\log(\frac{5}{1.5}) = 100 - 20 \times 0.52288 = 89.5424 ≒ 89.54$dB

025 2개 공정의 소음수준 측정 결과 1공정은 100dB에서 2시간, 2공정은 90dB에서 1시간 소요될 때 총 소음량(TND)을 구하고, 소음설계의 적합성을 판단하시오. (단, 우리나라는 90dB에 8시간 노출될 때를 허용기준으로 하며, 5dB 증가할 때 허용시간은 1/2로 감소되는 법칙을 적용함)

⚙ 해설

소음 허용기준은 90dB일 경우에는 8시간을 기준으로 하고, 5dB이 커지거나 작아지는 경우에는 시간을 1/2배 또는 2배로 한다.

소음(dB)	80	85	90	95	100	105	110
시간	32	16	8	4	2	1	0.5

소음 설계의 적합성는 다음과 같이 구한다.

① 제1공정에서 100dB 2시간의 경우 $\dfrac{\text{소음의 노출시간}}{\text{소음 허용기준}} = \dfrac{2}{2}$

 (여기서, 분자의 2는 소음노출시간이고, 분모의 2는 표에서 100dB인 2시간임에 유의)

② 제2공정에서 90dB 1시간의 경우 $\dfrac{\text{소음의 노출시간}}{\text{소음 허용기준}} = \dfrac{1}{8}$

 (여기서, 분자의 1은 소음노출시간이고, 분모의 8은 표에서 90dB인 8시간임에 유의)

①과 ②에 의해서, 총 소음량(TND)의 합 $= \dfrac{2}{2} + \dfrac{1}{8} = \dfrac{9}{8} = 1.125$이다.

소음 설계의 적합성 $=$ 총 소음량 $\times 100(\%) = \dfrac{9}{8} \times 100 = 112.5(\%)$이고, 100%를 초과하므로 부적합하다.

026 사물을 볼 수 있는 최소각이 30초인 사람과 최소각이 1분인 사람의 산술적 시력 차이를 구하시오.

⚙ 해설

시력(최소 시각을 분으로 나타낸 숫자의 역수)은 최소 시각을 의미하는 것으로 일반적으로 최소 시각을 분으로 나타낸 숫자의 역수이다.

① 최소각이 30초인 사람의 시력 : 1분은 60초이므로 $\dfrac{30\text{초}}{60\text{초}} = 0.5$의 역수, $\dfrac{1}{0.5} = 2$

② 최소각이 1분인 사람의 시력 : $\dfrac{60\text{초}}{60\text{초}} = 1$의 역수, $\dfrac{1}{1} = 1$

①, ②에 의해서, 시력의 차 $= 2 - 1 = 1$이 됨을 알 수 있다.

[02①③, 12③, 22③]

★중요

027 제어장치의 레바를 2cm 이동시켰더니 표시장치의 지침이 8cm 이동하였다. 이 계기의 통제표시비(C/D)를 구하시오.

⚙️ 해설

통제표시비는 조정장치(통제기기)와 표시장치의 이동비율을 나타내는 것이다.

$$\frac{C}{D} = \frac{X[조정장치(통제기기)의\ 변위량]}{Y(표시장치의\ 변위량)}$$

그러므로, $\frac{C}{D} = \frac{X}{Y} = \frac{2}{8} = \frac{1}{4} = 0.25$이다.

[04③]

028 선형조정장치를 25cm 옮겼을 때 선형표시 장치가 5cm 움직였다면 통제표시비(C/D비)를 구하시오.

⚙️ 해설

통제표시비(C/D비 또는 C/R비)의 산정 : $\dfrac{C}{D} = \dfrac{X[조정장치(통제기기)의\ 변위량]}{Y(표시장치의\ 변위량)}$

그러므로, $\frac{C}{D} = \frac{X}{Y} = \frac{25}{5} = 5$이다.

[05①, 15①, 24③]

★중요

029 제어장치에서 제어장치의 변위를 3cm 움직였을 때 표시계의 지침이 5cm 움직였다면 이 기기의 통제표시비(C/D비)를 구하시오.

⚙️ 해설

통제표시비(C/D비 또는 C/R비)의 산정 : $\dfrac{C}{D} = \dfrac{X[조정장치(통제기기)의\ 변위량]}{Y(표시장치의\ 변위량)}$

그러므로, $\frac{C}{D} = \frac{X}{Y} = \frac{3}{5} = 0.6$이다.

[05③, 09③, 23①]

030 선형조정장치를 16cm 옮겼을 때 선형표시 장치가 5cm 움직였다면 통제표시비(C/D비)를 구하시오.

⚙️ 해설

통제표시비(C/D비 또는 C/R비)의 산정 : $\dfrac{C}{D} = \dfrac{X[조정장치(통제기기)의\ 변위량]}{Y(표시장치의\ 변위량)}$

그러므로, $\frac{C}{D} = \frac{X}{Y} = \frac{16}{5} = 3.2$이다.

031 통제기기에서 통제기기의 변위를 15mm 움직였을 때 표시계기의 지침이 25mm 움직였다면 이 기기의 통제표시비(C/D비)를 구하시오.

> **해설**
>
> 통제표시비(C/D비 또는 C/R비)의 산정 : $\dfrac{C}{D} = \dfrac{X[\text{조정장치(통제기기)의 변위량}]}{Y(\text{표시장치의 변위량})}$
>
> 그러므로, $\dfrac{C}{D} = \dfrac{X}{Y} = \dfrac{15}{25} = \dfrac{3}{5} = 0.6$

032 선형조정장치를 16cm 옮겼을 때, 선형표시장치가 4cm 움직였다면, C/R비를 구하시오.

> **해설**
>
> 통제표시비(C/D비 또는 C/R비)의 산정 : $\dfrac{C}{D} = \dfrac{X[\text{조정장치(통제기기)의 변위량}]}{Y(\text{표시장치의 변위량})}$
>
> 그러므로, $\dfrac{C}{D} = \dfrac{X}{Y} = \dfrac{16}{4} = 4$

033 통제기기의 변위를 20mm 움직였을 때 표시기기의 지침이 25mm 움직였다면 이 기기의 C/R비를 구하시오.

> **해설**
>
> 통제표시비(C/D비 또는 C/R비)의 산정 : $\dfrac{C}{D} = \dfrac{X[\text{조정장치(통제기기)의 변위량}]}{Y(\text{표시장치의 변위량})}$
>
> 그러므로, $\dfrac{C}{D} = \dfrac{X}{Y} = \dfrac{20}{25} = \dfrac{4}{5} = 0.8$

034 표시장치의 지침을 움직이기 위한 회전형 노브(knob)의 반지름을 1cm에서 2cm로 바꾸었을 때 조정반응(C/R)비율의 변화(증가 또는 감소)를 구하시오.

> **해설**
>
> 통제표시비(C/D비 또는 C/R비)의 산정 : $\dfrac{C}{D} = \dfrac{X[\text{조정장치(통제기기)의 변위량}]}{Y(\text{표시장치의 변위량})}$
>
> 또한, X를 구하기 위하여 다음 수식을 사용한다.
>
> $$X = \text{원둘레} \times \dfrac{a^\circ}{360^\circ} = 2\pi r(\text{반경}) \times \dfrac{a^\circ}{360^\circ}$$
>
> 즉, 반지름에 비례함을 알 수 있으며, 1cm가 2cm가 되었으므로 2배가 증가한다.

[03③]

035 조종간을 10° 움직이면 지침이 1cm 이동하는 조종장치가 있다. 이 조종간의 길이가 20cm라 한다면 이 조종장치의 C/D비를 구하시오. (단, π 는 3.14)

> ⚙ **해설**
>
> 통제표시비(C/D비 또는 C/R비)의 산정 : $\dfrac{C}{D} = \dfrac{X[\text{조정장치(통제기기)의 변위량}]}{Y(\text{표시장치의 변위량})}$
>
> X를 구하기 위하여 다음 수식을 사용한다.
>
> $X = 원둘레 \times \dfrac{a°}{360°} = 2\pi r(반경) \times \dfrac{a°}{360°} = 2 \times 3.14 \times 20 \times \dfrac{10°}{360°} = 3.489cm$이고, Y $= 1cm$
>
> 그러므로, $\dfrac{C}{D} = \dfrac{X}{Y} = \dfrac{3.489}{1} ≒ 3.49$

[05②, 10②, 23②]

★중요

036 반경 7cm의 조종구를 45° 움직일 때 계기판의 표시가 3cm 이동하였다. 이때의 C/R비를 구하시오.

> ⚙ **해설**
>
> 통제표시비(C/D비 또는 C/R비)의 산정 : $\dfrac{C}{D} = \dfrac{X[\text{조정장치(통제기기)의 변위량}]}{Y(\text{표시장치의 변위량})}$
>
> X를 구하기 위하여 다음 수식을 사용한다.
>
> $X = 원둘레 \times \dfrac{a°}{360°} = 2\pi r(반경) \times \dfrac{a°}{360°} = 2\pi \times 7 \times \dfrac{45°}{360°} = 5.4978cm$이고, Y $= 3cm$
>
> 그러므로, $\dfrac{C}{D} = \dfrac{X}{Y} = \dfrac{5.4978}{3} = 1.83259 ≒ 1.83$

[08②, 10③, 21②]

★중요

037 반경 20cm의 조종구(ball control)를 30° 움직였을 때 표시장치가 2cm 이동하였다면 통제표시비를 구하시오.

> ⚙ **해설**
>
> 통제표시비(C/D비 또는 C/R비)의 산정 : $\dfrac{C}{D} = \dfrac{X[\text{조정장치(통제기기)의 변위량}]}{Y(\text{표시장치의 변위량})}$
>
> X를 구하기 위하여 다음 수식을 사용한다.
>
> $X = 원둘레 \times \dfrac{a°}{360°} = 2\pi r(반경) \times \dfrac{a°}{360°} = 2\pi \times 20 \times \dfrac{30°}{360°} = 10.4720cm$이고, Y $= 2cm$
>
> 그러므로, $\dfrac{C}{D} = \dfrac{X}{Y} = \dfrac{10.4720}{2} = 5.236 ≒ 5.24$

038 반경 10cm의 조종구(ball cotrol)를 30° 움직였을 때, 표시장치가 2cm 이동하였다면 통제표시비(C/R비)를 구하시오.

> ⚙ **해설**
>
> 통제표시비(C/D비 또는 C/R비)의 산정 : $\dfrac{C}{D} = \dfrac{X[\text{조정장치(통제기기)의 변위량}]}{Y(\text{표시장치의 변위량})}$
>
> X를 구하기 위하여 다음 수식을 사용한다.
>
> $X = \text{원둘레} \times \dfrac{\alpha°}{360°} = 2\pi r(\text{반경}) \times \dfrac{\alpha°}{360°} = 2\pi \times 10 \times \dfrac{30°}{360°} = 5.23598cm$이고, $Y = 2cm$
>
> 그러므로, $\dfrac{C}{D} = \dfrac{X}{Y} = \dfrac{5.23598}{2} = 2.61799 ≒ 2.618$

★중요

039 레버를 10° 움직이면 표시장치는 1cm 이동하는 조종장치가 있다. 레버의 길이가 20cm 라고 하면 이 조종장치의 통제표시비(C/D비)를 구하시오.

> ⚙ **해설**
>
> 통제표시비(C/D비 또는 C/R비)의 산정 : $\dfrac{C}{D} = \dfrac{X[\text{조정장치(통제기기)의 변위량}]}{Y(\text{표시장치의 변위량})}$
>
> X를 구하기 위하여 다음 수식을 사용한다.
>
> $X = \text{원둘레} \times \dfrac{\alpha°}{360°} = 2\pi r(\text{반경}) \times \dfrac{\alpha°}{360°} = 2\pi \times 20 \times \dfrac{10°}{360°} = 3.4907cm$이고, $Y = 1cm$
>
> 그러므로, $\dfrac{C}{D} = \dfrac{X}{Y} = \dfrac{3.4907}{1} = 3.4907 ≒ 3.49$

7단원 기타

01 진위형 문제
▶해설편 124p

※ 다음 문제를 읽고, 옳으면 ○, 틀리면 ✕를 괄호 안에 표기하시오.

[03③]

001 인간의 시각적 식별이 가능한 자극의 차원에 해당하는 것을 체크하시오.

① 형태 (　)　② 강도 (　)

③ 구성 (　)　④ 위치 (　)

★중요　[05②, 06②, 08②, 10①, 16①, 25③]

002 수치를 정확히 읽어야 할 경우에 적합한 시각적 표시 장치를 체크하시오.

① 동침형 (　)　② 동목형 (　)

③ 수평형 (　)　④ 계수형 (　)

[13①]

003 정량적 표시장치의 눈금 수열로 가장 인식하기 쉬운 것을 체크하시오.

① 1, 2, 3 … (　)　② 2, 4, 5 … (　)

③ 3, 6, 9 … (　)　④ 4, 8, 12 … (　)

★중요　[11①, 16③, 22②]

004 아날로그(analogue) 표시장치의 선택 시 고려해야 할 사항을 체크하시오.

① 일반적으로 고정눈금에서 지침이 움직이는 것이 좋다. (　)

② 온도계나 고도계에 사용되는 눈금이나 지침은 수평표시가 바람직하다. (　)

③ 눈금의 증가는 시계반대 방향이 적합하다. (　)

④ 이동요소의 수동조절이 필요할 때에는 지침보다 눈금을 조절할 수 있어야 한다. (　)

[12②]

005 지침이 고정되어 있고 눈금이 움직이는 형태의 정량적 표시장치를 체크하시오.

① 정목동침형 표시장치 (　)

② 정침동목형 표시장치 (　)

③ 계수형 표시장치 (　)

④ 점멸형 표시장치 (　)

[15②, 25②]

006 시각적 표시장치에 있어 성격이 다른 것을 체크하시오.

① 디지털 온도계 (　)

② 자동차 속도계기판 (　)

③ 교통신호등의 좌회전 신호 (　)

④ 은행의 대기인원 표시등 (　)

[12①]

007 정성적(아날로그) 표시장치를 사용하는 경우를 체크하시오.

① 전력계와 같이 신속 정확한 값을 알고자 할 때 (　)

② 비행기 고도의 변화율을 알고자 할 때 (　)

③ 자동차 시속을 일정한 수준으로 유지하고자 할 때 (　)

④ 색이나 형상을 암호화하여 설계할 때 (　)

★중요　[05③, 07③, 09①, 12①, 22③]

008 시각적 표시장치에서 지침 설계의 요령으로 올바른지 체크하시오.

① 뾰족한 지침을 사용한다. (　)

② 지침의 끝은 눈금과 겹치도록 한다. (　)

③ 시차를 없애기 위해 지침을 눈금면에 밀착시킨다. (　)

④ 원형 눈금일 경우 지침의 색은 선단에서 눈금의 중심까지 칠한다. (　)

⑤ 지침을 눈금면에서 최대한 멀리한다. (　)

⑥ 지침의 끝은 작은 눈금과 겹치지 않게 한다. (　)

⑦ 뾰족한 지침의 선각은 약 30° 정도를 사용한다. (　)

⑧ 지침의 끝은 눈금과 맞닿되 겹치지 않게 한다. (　)

009 시각적 표시장치에 관한 설명으로 올바른지 체크하시오.

① 정량적 표시장치는 연속적으로 변하는 변수의 근사값, 변화경향 등을 나타냈을 때 사용한다. (　　)

② 계기가 고정되어 있고, 지침이 움직이는 표시장치를 동목형(moving scale) 장치라고 한다. (　　)

③ 계수형(digital) 장치는 수치를 정확하게 읽어야 할 경우에 사용한다. (　　)

④ 정량적 표시장치의 눈금은 2 또는 3의 배수로 배열을 사용하는 것이 좋다. (　　)

010 정보의 시각적 제시(視覺的提示)가 적합한 경우를 체크하시오.

① 수용위치에 소음이 많은 경우 (　　)

② 정보를 나중에 다시 볼 필요가 없을 때 (　　)

③ 정보의 지시대로 즉시 행동하야 할 때 (　　)

④ 작동자의 직무상 여러 곳으로 움직여야 할 때 (　　)

011 정량적 표시장치에 대한 설명으로 올바른지 체크하시오.

① 정목동침형은 대략적인 편차나 변화를 빨리 파악할 수 있다. (　　)

② 정침동목형은 조작상의 실수 없이 쉽게 조작할 수 있어 생산설비에 많이 사용되고 있다. (　　)

③ 계수형은 판독오차가 적다. (　　)

④ 필요에 따라 계수형과 아날로그형을 혼합해서 사용할 수 있다. (　　)

012 인간의 정보처리 기능 중 그 용량이 7개 내외로 작아서 순간적 망각 등 인적 오류의 원인이 되는 것을 체크하시오.

① 지각 (　　)

② 작업기억 (　　)

③ 주의력 (　　)

④ 감각보관 (　　)

★중요　　

013 안전보건표지의 색채·색도기준 및 용도에서 노랑 색채의 용도를 체크하시오.

① 지시 (　　)

② 안내 (　　)

③ 경고 (　　)

④ 금지 (　　)

014 안전색채와 표시사항의 연결이 올바른지 체크하시오.

① 녹색 – 안내표시 (　　)

② 노란색 – 금지표시 (　　)

③ 검은색 – 경고표시 (　　)

④ 회색 – 지시표시 (　　)

★중요　　

015 경계 및 경보신호를 설계 시 지침으로 올바른지 체크하시오.

① 장애물이 있을 시는 500Hz 이하의 진동수를 갖는 신호를 사용 (　　)

② 주의를 끌기 위해서는 변조된 신호를 사용 (　　)

③ 배경소음의 진동수와 같은 신호를 사용 (　　)

④ 경보효과를 높이기 위해서 개시시간이 짧은 고감도 신호를 사용 (　　)

016 항공 자세 표시장치의 형태에 해당하는 것을 체크하시오.

① 빈도 통합형 (　　)

② 항공기 이동형 (　　)

③ 빈도 분리형 (　　)

④ 지평선 이동형 (　　)

★중요　　

017 자동차나 항공기의 앞유리 혹은 차양판 등에 정보를 중첩 투사하는 표시장치를 체크하시오.

① CRT (　　)

② LCD (　　)

③ HUD (　　)

④ LED (　　)

018 [06②] 대부분 위치나 구조가 변하는 경향이 있는 요소를 배경에 중첩시켜서 변화되는 상황을 나타내는 장치를 체크하시오.

① 헤드업 표시장치 ( )

② 진로 지시장치 ( )

③ 정량적 표시장치 ( )

④ 묘사적 표시장치 ( )

019 [06①] 기억 후 망각율이 가장 높은 기간을 체크하시오.

① 하루 이내 ( )

② 하루 이상 7일 이내 ( )

③ 7일 이상 15일 이내 ( )

④ 15일 이상 30일 이내 ( )

020 [13②] 인지 및 인식의 오류를 예방하기 위해 목표와 관련하여 작동을 계획해야 하는데, 특수하고 친숙하지 않은 상황에서 발생하며, 부적절한 분석이나 의사결정을 잘못하여 발생하는 오류를 체크하시오.

① 기능에 기초한 행동(Skill-based Behavior) ( )

② 규칙에 기초한 행동(Rule-based Behavior) ( )

③ 지식에 기초한 행동(Knowledge-based Behavior) ( )

④ 사고에 기초한 행동(Accident-based Behavior) ( )

★중요 **021** [03①, 05①, 10①, 21②] 정보의 측정단위인 bit에 대한 설명으로 올바른 것을 체크하시오.

① 실현가능성이 같은 2개의 대안 중 하나가 명시되었을 때 얻는 정보량 ( )

② 실현가능성이 같은 4개의 대안 중 하나가 명시되었을 때 얻는 정보량 ( )

③ 실현가능성이 같은 8개의 대안 중 하나가 명시되었을 때 얻는 정보량 ( )

④ 실현가능성이 같은 16개의 대안 중 하나가 명시되었을 때 얻는 정보량 ( )

★중요 **022** [09②, 19①] 암호체계 사용상의 일반적인 지침을 체크하시오.

① 암호의 검출성 ( )

② 부호의 양립성 ( )

③ 암호의 표준화 ( )

④ 암호의 단일 차원화 ( )

★중요 **023** [04②, 08①, 12③, 25②] 암호체계 사용상의 일반적 지침 중 부호의 양립성(compatibility)에 대한 설명으로 올바른지 체크하시오.

① 자극은 주어진 상황하의 감지장치나 사람이 감지할 수 있는 것이어야 한다. ( )

② 암호의 표시는 다른 암호 표시와 구별될 수 있어야 한다. ( )

③ 자극과 반응간의 관계가 인간의 기대와 모순되지 않아야 한다. ( )

④ 두 가지 이상을 조합하여 사용하면 정보의 전달이 촉진된다. ( )

★중요 **024** [08②, 10①] 암호체계 사용상의 일반적인 지침에서 "암호의 변별성"의 의미로 올바른지 체크하시오.

① 암호화한 자극은 감지장치나 사람이 감지할 수 있어야 한다. ( )

② 모든 암호의 표시는 다른 암호 표시와 구분될 수 있어야 한다. ( )

③ 암호를 사용할 때에는 사용자가 그 뜻을 분명히 알 수 있어야 한다. ( )

④ 두 가지 이상의 암호 차원을 조합해서 사용하면 정보전달이 촉진된다. ( )

★중요 **025** [02②, 05①, 07②③, 23②] 산업안전표지 중 보행금지는 걷는 사람으로, 유독물 경고는 해골과 뼈로 나타내고 있다. 이처럼 사물이나 행동을 단순하고 정확하게 나타낸 부호를 체크하시오.

① 묘사적 부호 ( )

② 추상적 부호 ( )

③ 사실적 부호 ( )

④ 임의적 부호 ( )

★중요 [03①, 07③, 23②]

026 표지 장치 중 정적 표시 장치를 체크하시오.

① 온도계 (　　)

② 속도계 (　　)

③ 고도계 (　　)

④ 그래프 또는 도표 (　　)

★중요 [04③, 05④, 24①]

027 조정장치에서 어떤 것을 켤 때 기대되는 운동방향을 체크하시오.

① 스위치를 위로 올린다. (　　)

② 버튼을 우측으로 민다. (　　)

③ 조정장치를 앞으로 민다. (　　)

④ 조정장치를 반시계 방향으로 돌린다. (　　)

[16②, 19③, 23①]

028 조종장치의 저항 중 갑작스런 속도의 변화를 막고 부드러운 제어동작을 유지하게 해주는 저항을 체크하시오.

① 점성저항 (　　)

② 관성저항 (　　)

③ 마찰저항 (　　)

④ 탄성저항 (　　)

[04②]

029 감시체계를 보다 효과적으로 설계하기 위한 지침을 체크하시오.

① 시신호는 합리적으로 가능한 한 커야 한다(크기, 강도 및 지속시간을 포함). (　　)

② 시신호는 보이거나 탐지될 때까지 지속되거나 합리적으로 가능한 한 오래 지속되어야 한다. (　　)

③ 시신호의 경우 신호가 나타날 수 있는 구역이 가능한한 넓어야 한다. (　　)

④ 통상 실제신호 빈도를 통제하기는 힘들지만 가능하다면 시간당 최소 20회의 신호빈도를 유지하는 것이 바람직하다. (　　)

[05②, 06③, 22③]

030 정보의 청각적 제시방법이 적절한 경우를 체크하시오.

① 수신자가 여러 곳으로 움직여야 할 때 (　　)

② 정보가 복잡하고 길 때 (　　)

③ 정보가 공간적인 위치를 다룰 때 (　　)

④ 즉각적인 행동을 요구하지 않을 때 (　　)

[09②, 18①, 23③]

031 정보입력에 사용되는 표시장치 중 시각적 표지 장치를 사용하는 것이 청각적 표시장치를 사용하는 것보다 더 유리한 경우를 체크하시오.

① 정보의 내용이 긴 경우 (　　)

② 수신자가 직무상 자주 이동하는 경우 (　　)

③ 정보의 내용이 즉각적인 행동을 요하는 경우 (　　)

④ 정보를 나중에 다시 확인하지 않아도 되는 경우 (　　)

⑤ 메시지가 후에 참고되지 않을 때 (　　)

⑥ 메시지가 공간적인 위치를 다룰 때 (　　)

⑦ 메시지가 시간적인 사건을 다룰 때 (　　)

⑧ 사람의 일이 연속적인 움직임을 요구할 때 (　　)

[05②, 17②]

032 정보 전달용 표시장치에서 청각적 표현이 좋은 경우를 체크하시오.

① 메시지가 복잡하다. (　　)

② 시각장치가 지나치게 많다. (　　)

③ 즉각적인 행동이 요구된다. (　　)

④ 메시지가 그 때의 사건을 다룬다. (　　)

★중요 [09③, 10①②, 13①③, 14②③, 18②③, 19②③, 21②]

033 정보를 전송하기 위해 표시장치를 선택하고자 할 때 시각장치보다 청각장치를 사용하는 것이 효과적인 경우를 체크하시오.

① 정보의 내용이 복잡하고 긴 경우 (　　)

② 수신자가 한 곳에 머물러 있는 경우 (　　)

③ 정보의 내용이 나중에 재참조되는 경우 (　　)

④ 정보의 내용이 즉각적인 행동을 요구하는 경우 (　　)

⑤ 수신자가 여러 곳으로 움직여야 할 때 (　　)

⑥ 메시지가 공간적인 위치를 다루는 경우 (　　)

⑦ 수신자의 청각계통이 과부하상태인 경우 (　　)

⑧ 직무상 수신자가 자주 움직이는 경우 (　　)

⑨ 정보가 시간적인 사상을 다룰 때 (　　)

⑩ 즉각적인 행동을 요구하지 않는 경우 (　)
⑪ 메시지가 짧은 경우 (　)
⑫ 메시지가 복잡한 경우 (　)
⑬ 한 자리에서 일을 하는 경우 (　)

[16①]

034 청각적 표시장치 지침에 관한 지침에 관한 설명으로 올바른지 체크하시오.

① 신호는 최소한 0.5~1초 동안 지속한다. (　)
② 신호는 배경소음과 다른 주파수를 이용한다.
(　)
③ 소음은 양쪽 귀에, 신호는 한쪽 귀에 들리게 한다. (　)
④ 300m 이상 멀리 보내는 신호는 2000Hz 이상의 주파수를 사용한다. (　)

[15①]

035 청각신호의 위치를 식별할 때 사용하는 척도를 체크하시오.

① AI(Articulation Index) (　)
② JND(Just Noticeable Difference) (　)
③ MAMA(Minimum Audible Movement Angle)
(　)
④ PNC(Preferred Noise Criteria) (　)

[12③, 16②, 21①]

036 청각신호의 수신과 관련된 인간의 기능을 체크하시오.

① 검출(detaction) (　)
② 순응(adaptation) (　)
③ 위치 판별(directional judgement) (　)
④ 절대적 식별(absolute judgement) (　)

[12②]

037 절대적으로 식별 가능한 청각차원의 수준의 수가 가장 적은 것을 체크하시오.

① 강도 (　)
② 진동수 (　)
③ 지속시간 (　)
④ 음의 방향 (　)

[03②, 25①]

038 정보를 음성적으로 의사소통하는 것이 효과적인 경우를 체크하시오.

① 정보가 어렵고 추상적일 때 (　)
② 여러종류의 정보를 동시에 제시해야 할 때 (　)
③ 정보가 긴급할 때(빨리 제시) (　)
④ 정보의 영구적인 기록이 필요할 때 (　)

[15③]

039 음성통신 시스템의 구성요소에서 우수한 화자(speaker)의 조건을 체크하시오.

① 큰 소리로 말한다. (　)
② 음절 지속시간이 길다. (　)
③ 말할 때 기본 음성주파수의 변화가 적다. (　)
④ 전체 발음시간이 길고, 쉬는 시간이 짧다. (　)

[15①]

040 음성 인식에서 이해도가 가장 좋은 것을 체크하시오.

① 음소 (　)
② 음절 (　)
③ 단어 (　)
④ 문장 (　)

[02②, 07①, 25③]

041 인간에 대한 감시방법 중 피로, 고통, 권태 등 자각에 의해서 자신의 상태를 알고 행동하는 감시방법을 체크하시오.

① Self-monitoring 방법 (　)
② 생리학적 monitoring 방법 (　)
③ Visual monitoring 방법 (　)
④ 반응에 대한 monitoring 방법 (　)

[07③]

042 인간에 대한 모니터링 방법 중 부하측정의 직접적인 방법을 체크하시오.

① 생리학적 모니터링 방법 (　)
② 반응에 의한 모니터링 방법 (　)
③ 육안 모니터링 방법 (　)
④ 환경의 모니터링 방법 (　)

043 신호검출 이론의 응용분야를 체크하시오.

① 품질검사 ( )
② 의료진단 ( )
③ 의사결정 ( )
④ 증인증언 ( )

044 형상 암호화된 조종장치에서 단회전용 조종장치를 체크하시오.

① ( )　② ( )
③ ( )　④ ( )

045 형상 암호화된 조종장치에서 "이산 멈춤 위치용" 조종장치를 체크하시오.

① ( )　② ( )
③ ( )　④ ( )

046 조종장치의 촉각적 암호화를 위하여 고려하는 특성을 체크하시오.

① 형상 ( )
② 무게 ( )
③ 크기 ( )
④ 표면 촉감 ( )

047 동적인 촉각적 표시장치에서 기계적 자극을 체크하시오.

① 표면촉감 ( )
② 맥동전류 자극 ( )
③ 전기자극 ( )
④ 진동기 ( )

048 촉각적 표시장치에서 기본 정보 수용기로 주로 사용되는 것을 체크하시오.

① 귀 ( )
② 손 ( )
③ 눈 ( )
④ 코 ( )

049 피부감각기관의 감각수용기를 순서대로 나열한 것으로 올바른지 체크하시오.

① 압각, 지각, 미각 ( )
② 압각, 온각, 통각, 냉각 ( )
③ 후각, 촉각, 온각, 냉각 ( )
④ 지각, 시각, 미각, 열각 ( )

050 이동전화의 설계에서 사용성 개선을 위해 사용자의 인지적 특성이 가장 많이 고려되어야 하는 사용자 인터페이스 요소를 체크하시오.

① 버튼의 크기 ( )
② 전화기의 색깔 ( )
③ 버튼의 간격 ( )
④ 한글 입력 방식 ( )

051 인간 에러(human error)를 예방하기 위한 기법을 체크하시오.

① FMEA ( )
② 작업상황 개선 ( )
③ 요원 변경 ( )
④ 체계의 영향 감소 ( )
⑤ 인간 실수 자료 은행 ( )

052 인간실수확률에 대한 추정기법 또는 인적오류와 그에 따른 위험성을 예측하고 개선하기 위한 시스템 위험분석기법을 체크하시오.

① FMEA ( )　② MORT ( )
③ FHA ( )　④ THERP ( )

053 인간의 실수 중 개인능력에 해당하는 것을 체크하시오. [03①]

① 긴장수준 (   )　　② 피로상태 (   )

③ 교육훈련 (   )　　④ 자질 (   )

054 인간의 실수(human error)가 기계의 고장과 다른 점을 체크하시오. [03①, 07①, 23①]

① 인간의 실수는 우발적 재발하는 유형이다. (   )

② 기계나 설비(hardware)의 고장조건은 저절로 복구되지 않는 것이다. (   )

③ 인간은 기계와는 달리 학습에 의해 계속적으로 성능을 향상시킨다. (   )

④ 인간성능과 압박(stress)은 선형관계를 가져 압박이 중간 정도일 때 성능수준이 가장 높다. (   )

055 인간 실수확률에 대한 추정기법을 체크하시오. [07①]

① 계층분석모델 (   )

② 위급사건기법 (   )

③ 직무 위급도 분석 (   )

④ 조작자 행동나무 (   )

056 인간의 실수(Human Errors)를 감소시킬 수 있는 방법을 체크하시오. [12①, 23③]

① 직무수행에 필요한 능력과 기량을 가진 사람을 선정함으로써 인간의 실수를 감소시킨다. (   )

② 적절한 교육과 훈련을 통하여 인간의 실수를 감소시킨다. (   )

③ 인간의 과오를 감소시킬 수 있도록 제품이나 시스템을 설계한다. (   )

④ 실수를 한 사람에게 주의나 경고를 주어 재발생하지 않도록 한다. (   )

057 인간–기계 시스템에서 인간 실수가 발생하는 원인 중 출력 착오를 체크하시오. [15③]

① 감각의 착오 (   )

② 입력의 착오 (   )

③ 정보 처리 착오 (   )

④ 신체적 반응의 착오 (   )

058 상황해석을 잘못하거나 목표를 착각하여 행하는 인간의 실수를 체크하시오. [18③]

① 착오(Mistake) (   )

② 실수(Slip) (   )

③ 건망증(Lapse) (   )

④ 위반(Violation) (   )

059 인간오류의 분류 중 원인에 의한 분류의 하나로, 작업자 자신으로부터 발생하는 에러를 체크하시오. [13③, 19②, 24②]

① Command error (   )

② Secondary error (   )

③ Primary error (   )

④ Third error (   )

060 작위적 오류(commission error)에 해당하는 것을 체크하시오. [08①]

① 전선(cable)이 바뀌었다. (   )

② 틀린 부품을 사용하였다. (   )

③ 부품이 거꾸로 조립되었다. (   )

④ 부품을 빠뜨리고 조립하였다. (   )

061 운전자가 직무를 수행하지만 틀리게 수행함으로써 발생하는 작위(commission) 실수의 범주에 해당하는 것을 체크하시오. [11①]

① 생략착오 (   )　　② 시간착오 (   )

③ 순서착오 (   )　　④ 정성적착오 (   )

062 인간에러 방지를 위한 대책과 활동 내용의 연결이 올바른지 체크하시오. [02②, 05①, 24③]

① 기술교육 – Morale 교육 (   )

② 착각방지 – 안전표지의 정비 (   )

③ 미스예지·예측활동 – 위험예지 훈련 (   )

④ 단결력, 경쟁심에 의한 안전의식 고취 – 소집단 활동 (   )

[02②, 04①, 23③]

063 사고의 외적 요인으로서의 4M에 해당하는 것을 체크하시오.

① Man (　　) ② Machine (　　)
③ Material (　　) ④ Media (　　)

★중요 [03③, 06③, 15③, 21③]

064 인간 에러(human error)를 일으킬 수 있는 정신적 요소를 체크하시오.

① 방심과 공상 (　　)
② 개성적 결함요소 (　　)
③ 판단력의 부족 (　　)
④ 기능 정도 (　　)
⑤ 안전 지식의 부족 (　　)
⑥ 생산성의 강조 (　　)

[16②]

065 인적 오류로 인한 사고를 예방하기 위한 대책 중 나머지와 성격이 다른 것을 체크하시오.

① 작업의 모의훈련 (　　)
② 정보의 피드백 개선 (　　)
③ 설비의 위험요인 개선 (　　)
④ 적합한 인체측정치 적용 (　　)

[02①, 25③]

066 시스템 퍼포먼스(SP)와 휴먼에러(HE)와의 관계는 SP = f(HE) = K(HE)로 나타낸다(단, f : 함수, K : 상수). 다음 중 휴먼에러가 시스템 퍼포먼스에 대하여 중대한 영향을 일으키는 것을 체크하시오.

① K = 1 (　　) ② K〈1 (　　)
③ K〉1 (　　) ④ K = 0 (　　)

[08②, 10②, 23①]

067 다음 그림에서 A는 자극의 불확실성, B는 반응의 불확실성을 나타낸다. 이때 C 부분이 나타내는 것을 체크하시오.

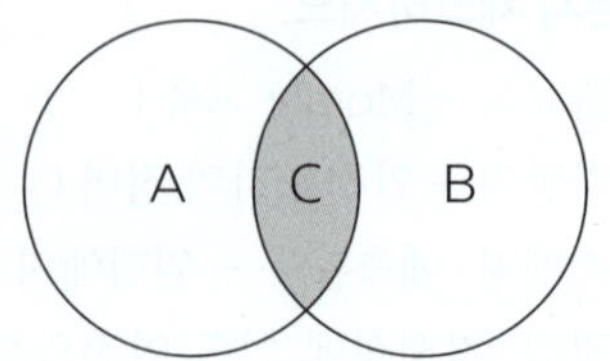

① 전달된 정보량 (　　)
② 불안전한 행동의 양 (　　)
③ 자극과 반응의 확실성 (　　)
④ 자극과 반응의 검출성 (　　)

[11③]

068 텍스트 정보를 표현하는 방법에 대한 설명으로 올바른지 체크하시오.

① 영문 대문자는 소문자보다 읽기 쉽다. (　　)
② 자간이 좁을 때보다 보통일 때 더 많은 단어를 읽을 수 있다. (　　)
③ 행간이 좁을수록 더 읽기 쉽다. (　　)
④ 문장은 수동문이나 부정문보다 능동문이나 긍정문이 더 이해하기 쉽다. (　　)

[13①]

069 의사결정에 있어 결정자가 각 대안에 대해 어떤 결과가 발생할 것인가를 알고 있으나, 주어진 상태에 대한 확률을 모를 경우에 행하는 의사결정을 체크하시오.

① 대립 상태 하에서 의사결정 (　　)
② 위험한 상황 하에서 의사결정 (　　)
③ 확실한 상황 하에서 의사결정 (　　)
④ 불확실 상황 하에서 의사결정 (　　)

02 단답형 문제

[06③]

001 정확한 수치를 읽는 데 있어서 최소의 시간과 최소의 판독오차를 가지는 표시장치를 쓰시오.

★중요   [04①, 07②, 24②]

002 택시요금 계기와 같이 숫자로 표시되는 정량적인 동적 표시장치를 쓰시오.

[15③]

003 정량적 표시장치 중 정확한 정보전달 측면에서 가장 우수한 표시장치를 쓰시오.

[07②]

004 일정한 범위에서 수치가 자주 또는 계속 변하는 경우 가장 유용한 표시장치를 쓰시오.

[05③]

005 인간의 정보처리 능력의 한계를 시간적으로 표시하는 경우 어느 정도(초)인지를 쓰시오. (단, 계속 발생하는 신호의 뒷부분을 검출할 수 없는 경우가 가끔 발생할 때의 시간)

★중요   [02①, 04①, 25③]

006 '숫자, 영문자, 기하학적 형상, 구성 암호' 중 암호 성능이 가장 좋은 것부터 나쁜 것의 순서로 나열하시오.

★중요   [09②, 17②, 24③]

007 단일 차원의 시각적 암호 중 '구성암호, 영문자암호, 숫자암호'에 대하여 암호로서의 성능이 가장 좋은 것부터 나쁜 것의 순으로 쓰시오.

★중요   [08③, 09①, 21③]

008 시각적 부호 중 교통표지판의 삼각형은 경고를, 안전보건표지의 사각형은 안내를 의미하듯이 부호가 이미 고안되어 있어 이를 배워야 하는 부호를 쓰시오.

|정답|

001 계수형(counter type)   002 계수형(counter type)   003 디지털 표시장치   004 정목동침형(고정눈금 이동지침 표시장치)
005 0.5초 이내   006 숫자 → 영문자 → 기하학적 형상 → 구성 암호   007 숫자 → 영문자 → 구성 암호   008 임의적 부호

009 사물 지역 구성 등을 사진, 그림 혹은 그래프로 묘사한 정보의 유형을 쓰시오.

010 계기판의 눈금형을 대별하면 그 모양에 따라 원형, 반원형, 수평형, 수직형으로 구별할 수 있다. 이 중 일반적으로 오독(誤讀)율이 가장 높은 것을 쓰시오.

> ⚙ **해설** 계기판의 눈금형 중 수직형은 착시 현상을 일으키므로 오독율이 가장 높은 눈금형이다.

★중요

011 동작자의 태도를 보고 동작자의 상태를 파악하는 감시 방법을 쓰시오.

012 인간의 반응에는 얼마 정도의 저항기간(초)이 존재하는지 쓰시오.

> ⚙ **해설** 인간의 반응에는 0.5초의 저항기간(refractory period)이 존재하여야 한다.

★중요

013 작업자가 직무를 수행하는 과정에서 해야 할 것을 하지 않은, 즉 직무를 생략하여 발생한 형태의 휴먼 에러의 종류를 쓰시오.

014 휴먼 에러(human error)의 분류 중 필요한 임무나 절차의 순서 착오로 인하여 발생하는 오류의 종류를 쓰시오.

015 스웨인(Swain)의 인적오류(혹은 휴먼에러) 분류 방법에 의할 때, 자동차 운전 중 습관적으로 손을 창문 밖으로 내어 놓았다가 다쳤다면, 운전자가 행한 에러의 종류를 쓰시오.

★중요

016 어떤 장치의 이상을 알려주는 경보기가 있어서 그것이 울리면 일정 시간 이내에 장치를 정지하고 상태를 점검하여 필요한 조치를 하게 된다. 그런데 담당 작업자가 정지조작을 잘못하여 장치에 고장이 발생하였다. 이때 작업자가 조작을 잘못한 에러의 종류를 쓰시오.

[04①]

017 휴먼에러 중 안전교육을 통하여 제거할 수 있는 에러의 종류를 쓰시오.

[14②, 25③]

018 인간 오류의 분류에 있어 원인에 의한 분류 중 작업의 조건이나 작업의 형태 중에서 다른 문제가 생겨 그 때문에 필요한 사항을 실행할 수 없는 오류의 종류를 쓰시오.

[14①]

019 인간 오류의 분류에 있어 원인에 의한 분류 중 작업자가 기능을 움직이려 해도 필요한 물건, 정보, 에너지 등의 공급이 없는 것처럼 작업자가 움직이려 해도 움직일 수 없어서 발생하는 오류의 종류를 쓰시오.

[18②, 21①]

020 휴먼 에러의 배후 요소 중 작업방법, 작업순서, 작업정보, 작업환경과 가장 관련이 깊은 요소를 쓰시오.

|정답|

009 묘사적 정보 **010** 수직형 **011** Visual monitoring **012** 0.5초 **013** omission error(생략에러, 부작위 실수)

014 sequential error(순서에러, 순서적 과오) **015** extraneous error(불필요한 수행 오류, 과잉 에러)

016 primary error(1차 에러) **017** primary error(1차 에러) **018** secondary error(2차 에러) **019** command error(지시 오류)

020 media(인간-기계의 관계)

★중요

[08③]

001 실현 가능성이 동일한 2개의 대안이 있을 때 총 정보량은 몇 bit인지 쓰시오.

> **⚙해설**
>
> ① 실현 가능성이 동일한 n개의 대안이 있을 때 총 정보량(H) = $\log_2 n$이다.
>
> ② 특정한 안이 발생할 확률이 P라고, 하면, 총 정보량(H) = $\log_2(\frac{1}{P})$ 이다.
>
> ③ 여러 안이 발생되는 경우의 총 정보량(H) = 개별 확률 × 개별 정보량의 합이다.
>
> 실현 가능성이 동일한 2개의 대안이 있을 때 총 정보량(H) = $\log_2 n$ = $\log_2 2$ = 1bit이다.
>
> 즉, 1비트(bit)란 실현 가능성이 동일한 2개의 대안이 있을 때 총 정보량을 말한다.

[05②]

002 균형 잡힌 동전 2개를 던져서 나타나는 앞면의 수를 자극정보라 하자. 이 자극의 불확실성(bit)을 구하시오.

> **⚙해설**
>
> 균형 잡힌 동전 2개를 던진 경우, 앞면이 나올 개수 X는 0(둘 다 뒷면), 1(하나는 앞면, 하나는 뒷면), 2(둘 다 앞면)이고, 확률분포는 다음과 같다.
>
> $P(X = 0) = \frac{1}{4}, P(X = 1) = \frac{1}{2}, P(X = 2) = \frac{1}{4}$ 이다.
>
> 이러한 분포의 불확실성은 $H(X) = -\sum_{x} P(x)\log_2 P(x)$이다. 그러므로,
>
> $H(X) = -(\frac{1}{4}\log_2\frac{1}{4} + \frac{1}{2}\log_2\frac{1}{2} + \frac{1}{4}\log_2\frac{1}{4}) = -[(\frac{1}{4}\times(-2) + \frac{1}{2}\times(-1) + \frac{1}{4}\times(-2)] = 1.5bit$

[17②]

003 1에서 15까지 수의 집합에서 무작위로 선택할 때, 어떤 숫자가 나올지 알려주는 경우의 정보량(bit)을 구하시오.

> **⚙해설**
>
> 실현 가능성이 동일한 n개의 대안이 있을 때 총 정보량(H) = $\log_2 n$
>
> 문제의 조건을 대입하면, $\log_2 n = \log_2 15 = \frac{\log 15}{\log 2} = 3.9069 ≒ 3.91bit$

[11③]

★중요

004 동전 1개를 3번 던질 때 뒷면이 2개만 나오는 경우를 자극정보라 한다면, 이때 얻을 수 있는 정보량은 약 몇 bit인지 구하시오.

> ⚙ 해설
>
> 동전 1개를 3번 던질 때 나올 수 있는 경우의 수는 $8(=2^3)$가지이다.
>
> 그런데, 뒤가 2개 나올 확률은 3회 A(앞, 뒤, 뒤), B(뒤, 앞, 뒤), C(뒤, 뒤, 앞)의 경우이므로
>
> 정보량(H) $= \log_2 n = \log_2 8 = \log_2 2^3 = 3$
>
> 또는 정보량(H) $= \log_2\left(\dfrac{1}{P}\right) = \log_2\left(\dfrac{1}{\frac{1}{8}}\right) = \log_2 8 = 3$
>
> 그런데, 여러 안이 발생되는 경우의 정보량 = 개별 확률 × 개별 정보량이다.
>
> 그러므로, 전체 정보량 $= \left(\dfrac{1}{8} \times 3\right) + \left(\dfrac{1}{8} \times 3\right) + \left(\dfrac{1}{8} \times 3\right) = \dfrac{9}{8} = 1.125 ≒ 1.13\text{bit}$

[12③, 16①, 24②]

★중요

005 동전던지기에서 앞면이 나올 확률이 0.7이고, 뒷면이 나올 확률이 0.3일 때, 앞면이 나올 확률의 정보량(A)와 뒷면이 나올 확률의 정보량(B)을 구하시오.

> ⚙ 해설
>
> ① 앞면의 정보량(A) $= \log_2\left(\dfrac{1}{P}\right) = \log_2\left(\dfrac{1}{0.7}\right) = \dfrac{\log\frac{1}{0.7}}{\log 2} = 0.5145 ≒ 0.51\text{bit}$
>
> ② 뒷면의 정보량(B) $= \log_2\left(\dfrac{1}{P}\right) = \log_2\left(\dfrac{1}{0.3}\right) = \dfrac{\log\frac{1}{0.3}}{\log 2} = 1.7369 ≒ 1.74\text{bit}$
>
> 여기서, log의 계산을 자세하게 풀이하면, $\log_2\left(\dfrac{1}{0.7}\right) = \log_2 1 - \log_2 0.7$이다.
>
> 그런데, $\log_2 1 = 0$이므로, $\log_2\left(\dfrac{1}{0.7}\right) = -\log_2 0.7 = \dfrac{\ln 0.7}{\ln 2} = \dfrac{-0.3567}{0.6931} = -0.5146$이 됨을 알 수 있다.

[15③]

006 동전던지기에서 앞면이 나올 확률 P(앞) = 0.5이고, 뒷면이 나올 확률 P(뒤) = 0.25일 때, 앞면과 뒷면이 나올 사건의 각각 정보량을 구하시오.

> ⚙ 해설
>
> ① 앞면의 정보량(H) $= \log_2\left(\dfrac{1}{P}\right) = \log_2\left(\dfrac{1}{0.5}\right) = \dfrac{\log\frac{1}{0.5}}{\log 2} = 1.0\text{bit}$
>
> ② 뒷면의 정보량(H) $= \log_2\left(\dfrac{1}{P}\right) = \log_2\left(\dfrac{1}{0.25}\right) = \dfrac{\log\frac{1}{0.25}}{\log 2} = 2.0\text{bit}$

★중요

007 동전던지기에서 앞면이 나올 확률이 0.2이고, 뒷면이 나올 확률이 0.8일 때, 앞면이 나올 확률의 정보량과 뒷면이 나올 확률의 각각 정보량을 구하시오.

⚙ 해설

① 앞면의 정보량(H) $= \log_2(\frac{1}{P}) = \log_2(\frac{1}{0.2}) = \dfrac{\log\frac{1}{0.2}}{\log 2} = 2.3219 ≒ 2.32\text{bit}$

② 뒷면의 정보량(H) $= \log_2(\frac{1}{P}) = \log_2(\frac{1}{0.8}) = \dfrac{\log\frac{1}{0.8}}{\log 2} = 0.32192 ≒ 0.32\text{bit}$

008 동전던지기에서 앞면이 나올 확률 P(앞) = 0.9이고, 뒷면이 나올 확률 P(뒤) = 0.1일 때, 앞면과 뒷면이 나올 사건 각각의 정보량을 구하시오.

⚙ 해설

① 앞면의 정보량(H) $= \log_2(\frac{1}{P}) = \log_2(\frac{1}{0.9}) = \dfrac{\log\frac{1}{0.9}}{\log 2} = 0.1520 ≒ 0.15\text{bit}$

② 뒷면의 정보량(H) $= \log_2(\frac{1}{P}) = \log_2(\frac{1}{0.1}) = \dfrac{\log\frac{1}{0.1}}{\log 2} = 3.3219 ≒ 3.32\text{bit}$

009 동전던지기에서 앞면이 나올 확률 P(앞) = 0.6이고, 뒷면이 나올 확률 P(뒤) = 0.4일 때, 앞면과 뒷면이 나올 사건의 각각의 정보량을 구하시오.

⚙ 해설

① 앞면의 정보량(H) $= \log_2(\frac{1}{P}) = \log_2(\frac{1}{0.6}) = \dfrac{\log\frac{1}{0.6}}{\log 2} = 0.73696 ≒ 0.74\text{bit}$

② 뒷면의 정보량(H) $= \log_2(\frac{1}{P}) = \log_2(\frac{1}{0.4}) = \dfrac{\log\frac{1}{0.4}}{\log 2} = 1.3219 ≒ 1.32\text{bit}$

[13①, 21③]

★중요

010 빨강, 노랑, 파랑, 화살표 등 모두 4종류의 신호등이 있다. 신호등은 한 번에 하나의 등만 켜지도록 되어 있다. 1시간 동안 측정한 결과 4가지 신호등이 모두 15분씩 켜져 있었다. 이 신호등의 총 정보량을 구하시오.

> 🔧 **해설**
>
> 빨강색의 확률 = 노랑색의 확률 = 파랑색의 확률 = 화살표의 확률 = $\dfrac{15}{60} = \dfrac{1}{4}$이다.
>
> 그러므로, 각각의 색의 확률(H) $= \log_2(\dfrac{1}{P}) = \log_2(\dfrac{1}{0.25}) = \dfrac{\log\dfrac{1}{0.25}}{\log 2} = 2\text{bit}$이다.
>
> 그런데, 여러 안이 발생되는 경우의 정보량 = 개별 확률 × 개별 정보량의 합이다.
>
> 그러므로, 총 정보량 $= (\dfrac{1}{4} \times 2) + (\dfrac{1}{4} \times 2) + (\dfrac{1}{4} \times 2) + (\dfrac{1}{4} \times 2) = 2\text{bit}$

[16②]

★중요

011 녹색과 적색의 두 신호가 있는 신호등에서 1시간 동안 적색과 녹색이 각각 30분씩 켜진다면 이 신호등의 정보량을 구하시오.

> 🔧 **해설**
>
> 녹색의 확률 = 적색의 확률 = $\dfrac{30}{60} = \dfrac{1}{2}$이다.
>
> 그러므로, 각각의 색의 확률(H) $= \log_2(\dfrac{1}{P}) = \log_2(\dfrac{1}{0.5}) = \dfrac{\log\dfrac{1}{0.5}}{\log 2} = 1\text{bit}$이다.
>
> 그런데, 여러 안이 발생되는 경우의 정보량 = 개별 확률 × 개별 정보량의 합이다.
>
> 그러므로, 총 정보량 $= (\dfrac{1}{2} \times 1) + (\dfrac{1}{2} \times 1) = 1\text{bit}$

012 복권추첨을 할 때 복권에 당첨되지 않을 확률과 당첨될 확률이 각각 0.9, 0.1이라면, 정보량(bit)을 구하시오.

> ⚙ **해설**
>
> ① 복권이 당첨되지 않은 확률은 0.9이므로,
>
> $$정보량(H) = \log_2\left(\frac{1}{P}\right) = \log_2\left(\frac{1}{0.9}\right) = \frac{\log\frac{1}{0.9}}{\log 2} = 0.1520 \text{bit이다.}$$
>
> ② 복권이 당첨될 확률은 0.1이므로,
>
> $$정보량(H) = \log_2\left(\frac{1}{P}\right) = \log_2\left(\frac{1}{0.1}\right) = \frac{\log\frac{1}{0.1}}{\log 2} = 3.3219 ≒ 3.32 \text{bit이다.}$$
>
> 그런데, 여러 안이 발생되는 경우의 정보량 = 개별 확률 × 개별 정보량의 합이다.
>
> 그러므로, 총 정보량 $= (0.9 \times 0.152) + (0.1 \times 3.32) = 0.4688 ≒ 0.47 \text{bit}$

제3과목

건설재료 및 시공

01 진위형 문제

▶해설편 136p

※ 다음 문제를 읽고, 옳으면 ○, 틀리면 ✕를 괄호 안에 표기하시오.

★중요 [02③, 11③, 19①, 21①]

001 건축재료의 화학적 조성에 의한 분류에서 유기재료를 체크하시오.

① 목재 (　　) ② 아스팔트 (　　)
③ 플라스틱 (　　) ④ 시멘트 (　　)
⑤ 콜타르 (　　) ⑥ 합성고무 (　　)

[13①]

002 재료 중 무기재료에 속하는 것을 체크하시오.

① 알루미늄 (　　) ② 목재 (　　)
③ 플라스틱 (　　) ④ 섬유판 (　　)

[02③]

003 일정한 하중을 장기간 작용시킨 채로 두면 하중을 늘리지 않아도 천천히 변형이 진행하는데, 이와 같은 현상을 체크하시오.

① 정적강도 (　　) ② 피로 (　　)
③ 크리프 (　　) ④ 인성 (　　)

[16③, 24③]

004 재료의 열에 관한 성질 중 '재료 표면에서의 열전달 → 재료 속에서의 열전도 → 재료 표면에서의 열 전달'과 같은 열이동을 나타내는 용어를 체크하시오.

① 열용량 (　　) ② 열관류 (　　)
③ 비열 (　　) ④ 열팽창계수 (　　)

[02③]

005 재료 중 비강도(比强度)가 가장 큰 것을 체크하시오.

① 목재 중 소나무 (　　) ② 철금속 중 강철 (　　)
③ 콘크리트 (　　) ④ 석재 중 화강석 (　　)

[17①]

006 건축재료 중 압축강도가 일반적으로 가장 큰 것부터 작은 순서로 나열된 것을 체크하시오.

① 화강암 → 보통콘크리트 → 시멘트벽돌 → 참나무 (　　)
② 보통콘크리트 → 화강암 → 참나무 → 시멘트벽돌 (　　)
③ 화강암 → 참나무 → 보통콘크리트 → 시멘트벽돌 (　　)
④ 보통콘크리트 → 참나무 → 화강암 → 시멘트벽돌 (　　)

[12②]

007 차음재료의 요구성능에 대한 설명으로 올바른지 체크하시오.

① 비중이 작을 것 (　　)
② 밀도가 작을 것 (　　)
③ 음의 투과손실이 클 것 (　　)
④ 다공질 또는 섬유질이어야 할 것 (　　)

[15②, 23②]

008 재료의 열팽창계수에 대한 설명으로 올바른지 체크하시오.

① 온도의 변화에 따라 물체가 팽창·수축하는 비율을 말한다. (　　)
② 길이에 관한 비율인 선팽창계수와 용적에 관한 체적 팽창계수가 있다. (　　)
③ 일반적으로 체적팽창계수는 선팽창계수의 3배이다. (　　)
④ 체적팽창계수의 단위는 $W/m \cdot K$이다. (　　)

[17②]

009 최근 에너지저감 및 자연친화적인 건축물의 확대 정책에 따라 에너지저감, 유해물질저감, 자원의 재활용, 온실가스 감축 등을 유도하기 위한 건설자재 인증제도를 체크하시오.

① 환경표지 인증제도 (　　)
② GR(Good Recycle) 인증제도 (　　)
③ 탄소성적표지 인증제도 (　　)
④ GD(Good Design)마크 인증제도 (　　)

02 단답형 문제

★중요 [06①]

001 구조용 강재에 반복하중이 작용하여 항복점 이하의 강도에서도 파단되는 수가 있는 현상을 쓰시오.

[14②, 23②]

002 재료가 외력을 받으면서 발생하는 변형에 저항하는 정도를 나타내는 것을 쓰시오.

[05④, 23②]

003 단위질량의 물질을 온도 1℃ 올리는 데 필요한 열량(cal/g℃)의 용어를 쓰시오.

|정답|

001 피로　**002** 강성　**003** 비열

01 진위형 문제

▶ 해설편 138p

※ 다음 문제를 읽고, 옳으면 O, 틀리면 ×를 괄호 안에 표기하시오.

★중요

[02②③, 03①, 04②, 05①④, 06①②③, 07①③, 08②, 09②, 12①, 13①②, 15②, 17①, 18①③, 21②]

001 목재에 관한 설명으로 올바른지 체크하시오.

① 활엽수는 침엽수에 비해 경도가 크다. (　)

② 제재 시 취재율은 침엽수가 높다. (　)

③ 생재를 건조하면 수축하기 시작하고 함수율이 섬유포화점 이하로 되면 수축이 멈춘다. (　)

④ 활엽수는 침엽수에 비해 건조시간이 많이 소요되는 편이다. (　)

⑤ 활엽수가 침엽수보다 일반적으로 비중이 작다. (　)

⑥ 추재는 춘재에 비해 강도가 크다. (　)

⑦ 수분을 많이 함유하고 있을때는 건조할 때보다 강도가 작다. (　)

⑧ 목재의 평균 인화점은 일반적으로 240℃ 정도이다. (　)

⑨ 전기저항성은 함수율에 따라 다르다. (　)

⑩ 재질 및 섬유방향에 따라 강도 차이가 있다. (　)

⑪ 비중에 비해 강도가 작은 편이다. (　)

⑫ 열전도율이 매우 낮다. (　)

⑬ 목재의 무게가 기건상태 80g, 전건상태 72g 일 때 함수율은 10% 이다. (　)

⑭ 목재의 인장 및 압축강도는 응력방향이 섬유방향에 평행한 경우에 최대가 된다. (　)

⑮ 심재는 변재보다 일반적으로 강도가 크다. (　)

⑯ 목재는 열전도율이 낮아 여러 가지 보온재로 사용된다. (　)

⑰ 비중이 큰 목재는 일반적으로 강도가 크다. (　)

⑱ 가공은 쉽지만 부패하기 쉽다. (　)

⑲ 열전도율이 커서 보온재료로 사용이 불가능하다. (　)

⑳ 섬유 방향에 따라서 전기전도율은 다르다. (　)

㉑ 변재는 심재보다 건조시 용적변화가 크다. (　)

㉒ 섬유방향의 인장강도가 압축강도보다 크다. (　)

㉓ 기건상태에 있는 목재의 함수율은 25% 정도이다. (　)

㉔ 건조시 목재강도는 함수율이 섬유포화점 이상에서는 거의 변하지 않는다. (　)

㉕ 목질부 중 수심 부근에 있는 부분을 심재라고 한다. (　)

㉖ 다른 재료에 비해 비강도가 큰 편이다. (　)

㉗ 목재를 직사광선에서 건조시키는 것은 바람직하지 않다. (　)

㉘ 목재의 압축 및 인장강도는 섬유방향에 평행인 경우보다 직각인 경우가 더 크다. (　)

㉙ 목재의 열전도율은 비중이 크고 함수율이 증가함에 따라 증가한다. (　)

㉚ 생재를 건조하면 건조시점부터 서서히 수축이 생긴다. (　)

㉛ 연륜에 직각으로 제재하면 곧은결 무늬가 나타난다. (　)

㉜ 변재는 심재보다 수축이 크다. (　)

㉝ 함수율 변화에 의한 신축률이 매우 크다. (　)

㉞ 비강도(강도/비중)가 매우 작다. (　)

㉟ 목재의 심재는 변재보다 건조에 의한 수축이 적다. (　)

㊱ 함수율이 크면 강도는 작다. (　)

㊲ 목재의 함수율은 상태에 따라 다르나 보통 기건상태에서 함수율은 25% 내외이다. (　)

㊳ 목재의 함수율이 섬유포화점 이하로 될때부터 수축하기 시작한다. (　)

㊴ 활엽수는 일반적으로 침엽수에 비해 단단한 것이 많아 경재(硬材)라 부른다. (　)

㊵ 인장강도는 응력방향이 섬유방향에 수직인 경우에 최대가 된다. (　)

㊶ 불에 타는 단점이 있으나 열전도도가 아주 낮아 여러가지 보온재료로 사용된다. (　)

㊷ 섬유포화점 이상의 함수상태에서는 함수율의 증감에도 불구하고 신축을 일으키지 않는다. (　)

㊸ 석재나 금속에 비하여 손쉽게 가공할 수 있다. (　)

㊹ 다른 재료에 비하여 열전도율이 매우 크다. (　)

㊺ 건조한 것은 타기 쉬우며 건조가 불충분한 것은 썩기 쉽다. (　)

㊻ 건조재는 전기의 불량 도체이나 함수율이 커질수록 전기전도율도 증가한다. (　)

㊼ 열전도율이 적으므로 보온, 방한, 방서성이 좋다. (　)

㊽ 가공성이 좋으며 음의 흡수, 차단성이 크다. (　)

㊾ 부패하기 쉽고 충해를 받기 쉽다. (　)

㊿ 흡수성이 적어 건습에 의한 신축변형이 거의 없다. (　)

51 석재나 금속에 비하여 가공하기가 쉽다. (　)

52 아름다운 색채와 무늬로 장식효과가 우수하다. (　)

53 비중이 적다. (　)

54 건조한 것은 불에 타기 쉽다. (　)

55 목재는 구조재로서 비강도(강도/비중)가 크고 가공성이 좋다는 장점이 있다. (　)

56 목재의 함유수분은 그 존재상태에 따라 자유수와 결합수로 대별된다. (　)

57 섬유포화점 이상의 함수상태에서는 함수율의 증감에도 불구하고 신축을 일으킨다. (　)

58 응력의 방향이 섬유에 평행할 경우 목재의 압축강도가 인장강도보다 크다. (　)

59 열전도율이 작아 보온성이 뛰어나다. (　)

60 온도에 대한 신축이 적다. (　)

61 비강도가 강재에 비하여 작다. (　)

62 음의 흡수 및 차단성이 크다. (　)

63 수분을 흡수하면 변형이 커진다. (　)

64 열전도율이 큰 재료이다. (　)

65 인화성이 강하다. (　)

66 가연성이다. (　)

67 진동 감속성이 작다. (　)

68 섬유포화점 이하에서 함수율 변동에 따라 변형이 크다. (　)

69 콘크리트 등 다른 건축재료에 비해 내구성이 약하다. (　)

70 가공성이 좋다. (　)

[03①]

002 **건축재료로서 목재가 지니는 장점에 해당하는 것을 체크하시오.**

① 보수 유지의 경제성이 크다. (　)

② 마감질 등 가공이 용이하고, 시공성이 우수하다. (　)

③ 재질 및 섬유방향에 따라 강도의 차이가 있다. (　)

④ 종류가 다양하고 외관이 아름답다. (　)

[11①, 18②]

003 **목재의 조직에 대한 설명으로 올바른지 체크하시오.**

① 수간의 중심부에는 수심이라 불리는 약한 부분이 있다. (　)

② 심재는 색이 진하고 수분이 적고 강도가 크다. (　)

③ 봄에 이루어진 목질부를 춘재라 한다. (　)

④ 수간의 둘레에 씌워져 있는 껍질을 형성층이라 한다. (　)

[04③]

004 **목재에 대한 설명으로 올바른지 체크하시오.**

① 춘재부와 추재부가 수간횡단면상에 나타나는 동심원형의 조직을 나이테라 한다. (　)

② 수령이 증가할수록 심재는 점차 변재로 변한다. (　)

③ 심재는 변재보다 강도, 내구성 및 내후성이 크다. (　)

④ 목재는 불에 타는 단점이 있으나 열전도도는 낮다. (　)

[02①]

005 **활엽수의 수종(樹種)을 판별하는 데 가장 적당한 세포를 체크하시오.**

① 목세포 (　)　　　　② 수선 (　)

③ 도관 (　)　　　　④ 수지구 (　)

006 목재의 결점에 해당하는 것을 체크하시오.

① 옹이 (　)
② 지선 (　)
③ 입피(껍질박이) (　)
④ 소편 (　)
⑤ 도관 (　)

007 목재의 역학적 성질에 영향을 미치는 요인을 체크하시오.

① 함수율 (　)　　② 비중 (　)
③ 가력방향 (　)　　④ 나이테 (　)

008 목재의 강도에 영향을 주는 요소를 체크하시오.

① 수종 (　)　　② 색깔 (　)
③ 비중 (　)　　④ 함수율 (　)

009 목재의 강도에 영향을 미치는 제요소에 대한 설명으로 올바른지 체크하시오.

① 목재의 강도는 비중이 증가할수록 커진다. (　)
② 가력방향이 섬유에 평행한 경우 목재의 압축강도는 인장강도보다 크다. (　)
③ 섬유포화점 이상에서는 함수율이 증가하더라도 강도는 일정하다. (　)
④ 목재의 각종 상처는 목재의 강도에 영향을 미친다. (　)

010 목재의 강도 중 가장 큰 것을 체크하시오. (단, 섬유에 평행한 가력 방향임)

① 인장강도 (　)　　② 휨 강도 (　)
③ 압축강도 (　)　　④ 전단강도 (　)

011 목재의 강도 중 가장 높은 것을 체크하시오.

① 응력의 방향이 섬유에 평행할 경우의 압축강도
(　)
② 응력의 방향이 섬유에 평행할 경우의 전단강도
(　)
③ 응력의 방향이 섬유에 평행할 경우의 인장강도
(　)
④ 응력의 방향이 섬유에 수직일 경우의 휨 강도
(　)

012 응력의 방향이 섬유방향에 평행할 경우 목재의 강도 중 가장 약한 것을 체크하시오.

① 압축강도 (　)　　② 휨 강도 (　)
③ 인장강도 (　)　　④ 전단강도 (　)

013 일반적으로 목재의 강도 중 가장 작은 것을 체크하시오.

① 압축강도 (　)　　② 전단강도 (　)
③ 인장강도 (　)　　④ 휨 강도 (　)

★중요　　

014 목재의 함수율 중 압축강도가 가장 높은 것을 체크하시오.

① 10% (　)　　② 15% (　)
③ 20% (　)　　④ 30% (　)

★중요　　

015 목재의 역학적 성질 중 강도에 대한 설명으로 올바른지 체크하시오.

① 섬유 평행방향의 휨 강도와 전단강도는 거의 같다. (　)
② 강도와 탄성은 가력방향과 섬유방향과의 관계에 따라 현저한 차이가 있다. (　)
③ 섬유에 평행방향의 인장강도는 압축강도보다 크다. (　)
④ 목재의 강도는 일반적으로 비중에 비례한다.
(　)
⑤ 비중이 큰 목재가 강도도 크다. (　)
⑥ 함수율이 클수록, 높을수록 강도가 크다. (　)
⑦ 가력방향과 섬유방향과의 관계에 따라 현저한 차이가 있다. (　)
⑧ 심재가 변재보다 강도가 크다. (　)
⑨ 목재를 기둥으로 사용할 때 일반적으로 목재는 섬유의 평행방향으로 압축력을 받는다. (　)

⑩ 추재의 강도가 춘재보다 크다. (　　)

⑪ 절건 비중이 클수록 강도가 크다. (　　)

⑫ 목재의 제강도 중 섬유 평행방향의 인장강도가 가장 크다. (　　)

⑬ 목재의 인장강도 시험 시 죽은 옹이의 면적을 뺀 것을 재단면으로 가정한다. (　　)

⑭ 함수율이 섬유포화점 이상으로 클 경우 함수율 변동에 따른 강도 변화가 크다. (　　)

[08①, 14③]

016 목재의 심재와 변재에 대한 설명으로 올바른지 체크하시오.

① 심재는 변재보다 강도가 크다. (　　)

② 변재는 흡수성이 커서 신축이 크다. (　　)

③ 심재는 목질부 중 수심 부근에서 위치한다. (　　)

④ 심재는 변재보다 다량의 수액을 포함하고 있다. (　　)

⑤ 변재는 심재보다 비중이 적다. (　　)

⑥ 변재는 심재보다 신축성이 크다. (　　)

⑦ 일반적으로 변재는 심재보다 강도가 약하다. (　　)

⑧ 변재는 심재보다 내후성, 내구성이 강하다. (　　)

[02③]

017 목재의 열에 대한 성질로 올바른지 체크하시오.

① 목재의 평균 인화점 온도는 240℃ 정도이다. (　　)

② 수분이 많을수록 열전도율이 높다. (　　)

③ 목재의 평균 발화점 온도는 600℃ 정도이다. (　　)

④ 목재는 100℃ 이상에서 일산화탄소, 메탄, 수소 등의 가연성가스를 발생한다. (　　)

★중요　　　[06①, 15②, 17①, 24③]

018 목재의 기건상태에서의 함수율은 평균 얼마 정도인지 체크하시오.

① 15% (　　)

② 30% (　　)

③ 45% (　　)

④ 50% (　　)

★중요　　　[04①, 06②③, 07①, 10③, 16②, 18①, 19②, 20②, 24③]

019 목재의 함수율에 관한 설명으로 올바른지 체크하시오.

① 함수율이 30% 이상에서는 함수율의 증감에 따라 강도의 변화가 거의 없다. (　　)

② 보통 생재의 함수율은 변재부에서 40~100% 정도, 심재부에서 80~200% 정도이다. (　　)

③ 기건재의 함수율은 15% 정도이다. (　　)

④ 함수율 30% 정도를 섬유포화점이라 한다. (　　)

⑤ 섬유포화점 이상의 함수상태에서는 함수율의 증감에도 불구하고 신축을 일으키지 않는다. (　　)

⑥ 목재가 통상 대기의 온도, 습도와 평형된 수분을 함유한 상태를 기건상태라 한다. (　　)

⑦ 목재의 일반적인 섬유포화점은 10~15%이며, 이 점을 경계로 목재의 성질이 크게 변화한다. (　　)

⑧ 목재 내부가 모두 수분으로 완전히 포화된 상태를 포수상태라 하며 이때의 함수율을 최대함수율이라고 한다. (　　)

⑨ 목재의 함유수분 중 자유수는 목재의 중량에는 영향을 끼치지만 목재의 물리적 또는 기계적 성질과는 관계가 없다. (　　)

⑩ 침엽수의 경우 심재의 함수율은 항상 변재의 함수율 보다 크다. (　　)

⑪ 기건상태란 목재가 통상 대기의 온도, 습도와 평형된 수분을 함유한 상태를 말하며, 이때의 함수율은 15% 정도이다. (　　)

⑫ 함수율이 30% 이상에서는 함수율의 증감에 따라 강도의 변화가 거의 없다. (　　)

⑬ 목재의 진비중은 일반적으로 2.54 정도이다. (　　)

⑭ 함수율이 30% 이상에서는 함수율의 증감에 따라 강도의 변화가 심하다. (　　)

⑮ 목재의 진비중은 일반적으로 1.54 정도이다. (　　)

⑯ 목재는 비중과 함수율에 따라 강도가 수축에 영향을 받는다. (　　)

⑰ 기건 상태는 목재의 수분이 전혀 없는 상태를 말한다. (　　)

⑱ 함수율이란 절건상태인 목재중량에 대한 함수량의 백분율이다. (　　)

020 목재의 방부제에 해당하는 것을 체크하시오.

① 황산동 1% 용액 (　　)

② 산화철 2% 용액 (　　)

③ 염화아연 4% 용액 (　　)

④ 불화소다 2% 용액 (　　)

021 목재의 유용성 방부제에 해당하는 것을 체크하시오.

① 유성페인트 (　　)

② PCP (　　)

③ 크레오소트 오일 (　　)

④ 수성페인트 (　　)

022 목재의 방부제에 관한 설명으로 올바른지 체크하시오.

① PCP는 유용성 방부제로 방부력이 우수하다.
(　　)

② 황산동 1% 용액은 수용성 방부제로 철을 부식시킨다. (　　)

③ 크레오소트 오일은 방부력이 우수하고 악취가 없으나 독성이 많아 인체에 유해하다. (　　)

④ 유성 페인트를 칠하면 방습, 방부효과가 있다.
(　　)

023 목재의 방부제 처리법 중 가장 침투깊이가 깊어 방부효과가 크고 내구성이 양호한 것을 체크하시오.

① 침지법 (　　)　　　　② 도포법 (　　)

③ 가압주입법 (　　)　　④ 상압주입법 (　　)

024 목재를 수중에 완전 침수시키는 목적에 해당하는 것을 체크하시오.

① 가공하기 쉽게 하기 위하여 (　　)

② 강도를 강하게 하기 위하여 (　　)

③ 부패하지 않게 하기 위하여 (　　)

④ 열전도율을 작게 하기 위하여 (　　)

★중요　　　　　　　　　　　　　　　　

025 목재의 부패 조건에 관한 설명으로 올바른지 체크하시오.

① 목재의 변재부가 청색으로 변하는 것을 속칭 청부라 하는데, 청부는 목재의 강도에 거의 영향을 미치지 않는다. (　　)

② 상수면하에 박은 기초말뚝 또는 수중에 완전침수시킨 목재는 습기로 인해 쉽게 부패한다. (　　)

③ 대부분의 부패균은 섭씨 약 20~40℃ 사이에서 가장 활동이 왕성하다. (　　)

④ 대다수의 균은 CO_2량이 80% 이상이 되면 발육이 거의 중지된다. (　　)

⑤ 목재의 증기 건조법은 살균효과도 있다. (　　)

⑥ 부패균의 활동은 습도는 약 90% 이상에서 가장 활발하고 약 20% 이하로 건조시키면 번식이 중단된다. (　　)

⑦ 수중에 잠겨진 목재는 습도가 높기 때문에 부패균의 발육이 왕성하다. (　　)

★중요　　　　　　　　　　　

026 목재는 화재가 발생하면 순간적으로 불이 확산하여 큰 피해를 주는데, 이를 억제하는 방법을 체크하시오.

① 목재의 표면에 플라스터로 피복한다. (　　)

② 염화비닐수지로 도포한다. (　　)

③ 방화페인트로 도포한다. (　　)

④ 인산암모늄 약제로 도포한다. (　　)

⑤ 유성페인트로 도포한다. (　　)

⑥ 난연 처리한다. (　　)

⑦ 불연성 막이나 층으로 피복한다. (　　)

⑧ 부재를 대단면화한다. (　　)

⑨ 부재를 소단면화한다. (　　)

★중요　　　　　　

027 목재 건조의 목적 및 효과에 해당하는 것을 체크하시오.

① 중량의 경감 (　　)

② 목재의 강도 증진 (　　)

③ 가공성 증진 (　　)

④ 균류 발생의 방지 (　　)

⑤ 도료, 주입제 및 접착제의 효과 증대 (　　)

⑥ 수지낭(resin pocket)과 연륜의 제거 (　　)

⑦ 목재의 자중을 가볍게 함 (　　)

⑧ 변색, 부패나 충해를 방지 (　　)

⑨ 변형을 증가시킴 (　　)

⑩ 도장을 용이하게 하고, 도장성을 개선함 (　　)

⑪ 목재 수축에 의한 손상 방지 (　　)

⑫ 못, 나사 부착력의 감소 (　　)

⑬ 열전도성 개선 (　　)

⑭ 옹이 제거 (　　)

⑮ 방부제 등 약제 주입이 용이함 (　　)

[17①]

028 목재의 건조속도에 관한 설명으로 올바른지 체크하시오.

① 습도가 높을수록 건조속도는 늦어진다. (　　)

② 온도가 높을수록 건조속도가 빠르다. (　　)

③ 목재의 비중이 클수록 건조속도는 빠르다. (　　)

④ 목재의 두께가 두꺼울수록 건조시간이 길어진다.

(　　)

[17②, 19③]

029 목재 건조방법 중 인공건조법에 해당하는 것을 체크하시오.

① 증기건조법 (　　) 　　② 수침법 (　　)

③ 훈연건조법 (　　) 　　④ 진공건조법 (　　)

⑤ 주입건조법 (　　) 　　⑥ 공기건조법 (　　)

⑦ 송풍건조법 (　　)

[14②]

030 목재의 자연건조 시 주의사항으로 올바른지 체크하시오.

① 건조시간의 절약을 위해 가능한 한 마구리를 노출한다. (　　)

② 목재 상호간의 간격을 충분히 하고 지면에서는 20cm 이상 높이의 굄목을 놓고 쌓는다. (　　)

③ 건조를 균일하게 하기 위해 때때로 상하 좌우로 환적한다. (　　)

④ 뒤틀림을 막기 위해 오림목을 고루 괴어둔다.

(　　)

[20②]

031 목재의 건조에 관한 설명으로 올바른지 체크하시오.

① 대기건조 시 통풍이 잘되게 세워 놓거나, 일정 간격으로 쌓아올려 건조시킨다. (　　)

② 마구리부분은 급격히 건조되면 갈라지기 쉬우므로 페인트 등으로 도장한다. (　　)

③ 인공건조법으로 건조 시 기간은 통상 약 5~6주 정도이다. (　　)

④ 고주파건조법은 고주파 에너지를 열에너지로 변화시켜 발열현상을 이용하여 건조한다. (　　)

[09①]

032 목재의 단판(veneer)제법 중 원목을 회전시키면서 연속적으로 얇게 벗기는 것으로 넓은 단판을 얻을 수 있고 원목의 낭비가 적은 것을 체크하시오.

① 로터리 베니어 (　　)

② 슬라이스드 베니어 (　　)

③ 소오드 베니어 (　　)

④ 반 소오드 베니어 (　　)

[07②, 14②, 17③, 19②, 23①]

★중요

033 목재제품 중 합판(plywood)에 대한 설명으로 올바른지 체크하시오.

① 목재를 얇은 판, 즉 단판으로 만들어 이들을 섬유 방향이 서로 직교되도록 적층하면서 접착시킨 판이다. (　　)

② 함수율 변화에 따른 팽창·수축의 방향성이 없다.

(　　)

③ 단판의 매수는 일반적으로 2겹, 4겹, 6겹 등 짝수 매수로 한다. (　　)

④ 뒤틀림이나 변형이 적은 비교적 큰 면적의 평면 재료를 얻을 수 있다. (　　)

⑤ 방향성이 있다. (　　)

⑥ 신축변형이 적다. (　　)

⑦ 곡면가공시에도 균열이 적다. (　　)

⑧ 곡면 가공이 어렵다. (　　)

⑨ 함수율이 변화에 따른 신축변형이 적다. (　　)

⑩ 합판 제조 시 목재의 손실이 많다. (　　)

⑪ 곡면가공 시 균열이 발생하기 때문에 곡면가공이 불가능하다. (　　)

⑫ 함수율 변화에 따른 팽창·수축의 방향성이 크다.

(　　)

⑬ 표면가공법으로 흡음효과를 낼 수 있다. (　　)

⑭ 내수성이 매우 작기 때문에 내장용으로만 사용된다. (　　)

034 섬유판(fiber board)을 만드는 주원료에 해당하는 것을 체크하시오.

① 시멘트 (　)
② 목재펄프 (　)
③ 퍼티(putty) (　)
④ 카세인 (　)

★중요　　　　　　　　　　[03①, 13③, 19③, 24①]

035 목재의 가공제품인 MDF에 대한 설명으로 올바른지 체크하시오.

① 샌드위치 판넬이나 파티클보드 등 다른 보드류 제품에 비해 매우 경량이다. (　)
② 습기에 약한 결점이 있다. (　)
③ 다른 보드류에 비하여 곡면가공이 용이하다. (　)
④ 가공성 및 접착성이 우수하여 깔끔한 마감에 사용된다. (　)

[02①]

036 목재 섬유를 소편(小片)으로 하여 접착제로 제판한 보드(board)를 체크하시오.

① 하드보드(hard board) (　)
② 파이버보드(fiber board) (　)
③ 파티클보드(paticle board) (　)
④ 연질섬유판(insulation board) (　)

[03②, 05②]

037 파티클보드(particle board)에 대한 설명으로 올바른지 체크하시오.

① 강도는 섬유의 방향에 따라 차이가 크다. (　)
② 경질 파티클보드는 변형이 적다. (　)
③ 내력적으로 사용하는데 적당하며 상판, 칸막이벽, 가구 등에 이용된다. (　)
④ 경량 파티클보드는 흡음성, 열차단성이 크다. (　)

★중요　　　　　　　[02②, 07③, 17②③, 25③]

038 마루판(Flooring) 재료로서 적합한 것을 체크하시오.

① 플로어링 보드(Flooring Board) (　)
② 파아키트리 보드(Parquetry Board) (　)

③ 파아키트리 블럭(Parquetry Block) (　)
④ 코펜하겐 리브(Copenhagen Rib) (　)

[05④]

039 음(흡)의 조절판으로서 적당한 것을 체크하시오.

① 연질 섬유판 (　)
② 코펜하겐 리브 (　)
③ 코르크 보드 (　)
④ 파키트리 보드 (　)

[15③]

040 코펜하겐 리브판에 관한 설명으로 올바른지 체크하시오.

① 두께 50mm, 나비 100mm 정도의 판을 가공한 것이다. (　)
② 집회장, 강당, 영화관, 극장에 붙여 음향조절 효과를 낸다. (　)
③ 열의 차단성이 우수하며 강도도 커서 외장용으로 주로 사용된다. (　)
④ 원래 코펜하겐의 방송국 벽에 음향효과를 내기 위해 사용한 것이 최초이다. (　)

[09③]

041 목재 제품의 용도가 올바르게 연결된 것을 체크하시오.

① 파티클 패널 : 마루판재 (　)
② 코르크 보드 : 보온재 (　)
③ 파티클보드 : 칸막이벽 (　)
④ 코펜하겐 리브 : 바닥장식재 (　)

★중요　　　[05③, 08②, 18③, 19③, 24①]

042 집성목재의 특징에 대한 설명으로 올바른지 체크하시오.

① 응력에 따라 필요로 하는 단면의 목재를 만들 수 있다. (　)
② 목재의 강도를 인공적으로 자유롭게 조절할 수 있다. (　)
③ 3장 이상의 단판인 박판을 홀수로 섬유방향이 직교하도록 접착제로 붙여 만든 것이다. (　)
④ 외관이 미려한 박판 또는 치장합판, 프린트합판을 붙여서 구조재, 마감재, 화장재를 겸용한 인공목재의 제조가 가능하다. (　)

⑤ 옹이, 균열 등의 각종 결점을 제거하거나 이를 적당히 분산시켜 되도록 균질한 조직의 인공목재를 제조 할 수 있다. ( )

⑥ 보, 기둥, 아치, 트러스 등의 구조재료로 사용할 수 있다. ( )

⑦ 직경이 작은 목재들을 접착하여 장대재(長大材)로 활용할 수 있으므로 자원을 절약할 수 있다.

( )

⑧ 소재를 약제처리 후 집성 접착하므로 양산이 어려우며 건조균열 및 변형 등을 피할 수 없다.

( )

[16②]

043 수장용 집성재(KS F 3118)의 품질기준 항목에 해당하는 것을 체크하시오.

① 접착력 ( )

② 난연성 ( )

③ 함수율 ( )

④ 굽음 및 뒤틀림 ( )

[17①]

044 목재 중 실내 치장용으로 사용하기에 적합한 것을 체크하시오.

① 느티나무 ( )

② 단풍나무 ( )

③ 오동나무 ( )

④ 소나무 ( )

[02③, 16②, 21③]

045 목재 이음부 긴결 시 볼트와 함께 사용되어 주로 전단력에 저항하는 금속제품을 체크하시오.

① 꺾쇠 ( )

② 띠쇠 ( )

③ 안장쇠 ( )

④ 듀벨 ( )

[16②]

001 목재가 건조과정에서 방향에 따른 수축률의 차이로 나이테에 직각방향으로 갈라지는 결함을 쓰시오.

[04②]

002 보통목재의 인화점(引火点)은 대략 몇 도인지를 쓰시오.

[09③, 14③]

003 침엽수에 있어서 가도관 역할을 하는 목세포가 수목 전체적의 차지하는 비율(%)을 쓰시오.

🔧 **해설** 침엽수의 나무섬유세포는 헛물관(가도관)이라고 하며 수목 전용적의 90~97%를 차지한다.

★중요 [02①, 09①, 13①]

004 목재의 함수율이 섬유포화점이라 하면 함수율 얼마 정도를 의미하는 것인지 쓰시오.

★중요 [04③, 10②, 20①, 23③]

005 목재의 수용성 방부제 중 방부효과는 좋으나 목질부를 약화시켜 전기전도율이 증가되고 비내구성인 방부제를 쓰시오.

[09①]

006 방부성이 우수하고 철류의 부식이 적으나 외관이 미려하지 않아 토대, 기둥, 도리 등에 널리 사용되는 유성방부제를 쓰시오.

[12②]

007 목재 또는 기타 식물질을 절삭 또는 파쇄하여 소편으로 하여 충분히 건조시킨 후 합성수지 접착제와 같은 유기질의 접착제를 첨가하여 열압제판한 것을 쓰시오.

★중요 [06①, 08③, 13③, 20①, 22①]

008 목재 및 기타 식물의 섬유질소편에 합성수지 접착제를 도포하여 가열압착 성형한 판상제품을 쓰시오.

★중요

[07③, 12③, 15②, 18①, 25③]

009 긴 판을 가공하여 극장 및 영화관 등의 실내천장 또는 강당, 집회장 등의 음향조절용으로 쓰이거나 일반건물의 벽 수장재로 사용하여 음향효과를 거둘 수 있는 목재제품을 쓰시오.

[09②]

010 두께 1.5cm~3cm의 널(board)을 우수한 접착제를 사용하여 섬유 평행방향으로 겹쳐 붙여서 만든 목재를 쓰시오.

[14①, 19①]

011 목재 가공품 중 판재와 각재를 접착하여 만든 것으로 보, 기둥, 아치, 트러스 등의 구조부재로 사용되는 것을 쓰시오.

|정답|

001 할렬　002 180℃ 전후　003 90~97%　004 30%　005 염화아연 4% 용액　006 크레오소트 오일　007 파티클보드
008 파티클보드　009 코펜하겐 리브　010 집성목재　011 집성목재

★중요
[03②③, 04①, 05①②③, 06③, 08①, 09③, 18②, 24①]

001 절건상태의 비중(r)이 0.75인 목재의 공극률(공간율)을 구하시오.

> ⚙ **해설**
>
> $$V(\text{목재의 공극률}) = \left[1 - \frac{w(\text{목재의 전건 비중})}{1.54(\text{세포 자체의 비중})} \right] \times 100(\%)$$
>
> 그런데, 목재의 절건 비중이 0.75이므로,
>
> $$V = (1 - \frac{w}{1.54}) \times 100(\%) = (1 - \frac{0.75}{1.54}) \times 100(\%) = 51.2987 \fallingdotseq 51.30\%$$

[14③, 18③]

002 전건(全乾)목재의 비중이 0.4일 때, 이 전건(全乾)목재의 공극률을 구하시오.

> ⚙ **해설**
>
> $$V(\text{목재의 공극률}) = \left[1 - \frac{w(\text{목재의 전건 비중})}{1.54(\text{세포 자체의 비중})} \right] \times 100(\%)$$
>
> 그런데, 목재의 절건 비중이 0.75이므로,
>
> $$V = (1 - \frac{w}{1.54}) \times 100(\%) = (1 - \frac{0.4}{1.54}) \times 100(\%) = 74.0259 \fallingdotseq 74.03\%$$

★중요
[12②, 17③]

003 어떤 목재의 건조 전 질량이 200g, 건조 후 전건질량이 150g일 때, 이 목재의 함수율을 구하시오.

> ⚙ **해설**
>
> 목재의 함수율은 절건 중량에 대한 목재 내부의 물의 양의 비를 말한다.
>
> 즉, 목재의 함수율 $= \dfrac{\text{물의 중량}}{\text{절건 중량}} \times 100(\%) = \dfrac{\text{건조 전의 중량} - \text{건조 후의 중량}}{\text{건조 후의 중량}} \times 100(\%)$이다.
>
> 그러므로, 목재의 함수율 $= \dfrac{\text{건조 전의 중량} - \text{건조 후의 중량}}{\text{건조 후의 중량}} \times 100(\%)$
>
> $$= \frac{200 - 150}{150} \times 100(\%) = 33.333 \fallingdotseq 33.3\%$$

[16③]

004 9cm × 9cm × 210cm 목재의 건조 전 질량이 7.83kg이고 건조 후 질량이 6.8kg이었다면 이 목재의 대략적인 함수율을 구하시오. (단, 절대건조상태가 될 때까지 건조)

> 🔧 **해설**
>
> 목재의 함수율은 절건 중량에 대한 목재 내부의 물의 양의 비를 말한다.
>
> 즉, 목재의 함수율 $= \dfrac{물의\ 중량}{절건\ 중량} \times 100(\%) = \dfrac{건조\ 전의\ 중량 - 건조\ 후의\ 중량}{건조\ 후의\ 중량} \times 100(\%)$ 이다.
>
> 그러므로, 목재의 함수율 $= \dfrac{물의\ 중량}{절건\ 중량} = \dfrac{건조\ 전의\ 중량 - 건조\ 후의\ 중량}{건조\ 후의\ 중량} \times 100(\%)$
>
> $\qquad\qquad = \dfrac{7.83 - 6.8}{6.8} \times 100 = 15.147 ≒ 15.15\%$

[03②③]

★중요

005 3치각 12자인 목재 1,000본의 재적을 구하시오.

> 🔧 **해설**
>
> 목재의 재적(부피)산정
>
> 1재($才$, 사이) $= 1$치 $\times 1$치 $\times 12$자이므로, 3치 $\times 3$치 $\times 12$자 $= \dfrac{3치}{1치} \times \dfrac{3치}{1치} \times \dfrac{12자}{12자} = 9$재($才$)
>
> 즉, 나무 1본이 9재($才$)이므로 1,000본의 재적 $= 9 \times 1,000 = 9,000$재($才$, 사이)

01 진위형 문제

▶ 해설편 146p

※ 다음 문제를 읽고, 옳으면 ○, 틀리면 ✕를 괄호 안에 표기하시오.

★중요   [03①②, 04②③, 05②③, 10①, 14①③, 16②, 21③]

001 점토의 일반적 성질에 관한 설명으로 올바른지 체크하시오.

① 비중은 일반적으로 2.5~2.6 정도이다. ( )

② 점토의 가소성은 입자가 미세할수록 저하한다. ( )

③ 점토는 미세입자 외에 모래 크기의 입자가 포함된다. ( )

④ 점토는 건조하면 수분의 방출로 수축한다. ( )

⑤ 건조 수축, 소성 변형이 크다. ( )

⑥ 점토의 압축강도는 인장강도의 약 5배이다. ( )

⑦ 좋은 점토일수록 가소성이 작다. ( )

⑧ 흡수량은 내부의 공극률에 관계된다. ( )

⑨ 소성수축은 점토의 조직 및 용융도 등과 관계가 있다. ( )

⑩ 인장강도는 점토의 종류, 입자크기 등에 의해서 크게 영향을 받는다. ( )

⑪ 수분에 의한 가소성이 있다. ( )

⑫ 기공률은 점토전용적의 백분율로 표시하며, 보통 상태에서 50% 내외이다. ( )

⑬ 압축강도와 인장강도는 비슷하다. ( )

⑭ 색상은 철산화물 또는 석회물질에 의해 나타난다. ( )

⑮ 알루미나가 많은 점토는 가소성이 좋다. ( )

⑯ 양질의 점토는 건조상태에서 현저한 가소성을 나타내며 가소성이 너무 작은 경우에는 모래 등을 첨가하여 조절한다. ( )

⑰ 점토의 비중은 일반적으로 2.5~2.6의 범위이나 Al_2O_3가 많은 점토는 3.0에 이른다. ( )

⑱ 강도는 점토의 종류에 따라 광범위하며, 압축강도는 인장강도의 약 5배 정도이다. ( )

⑲ 점토는 불순물이 많을수록 흡수율이 크며, 강도와 비중은 감소한다. ( )

⑳ 점토의 주성분은 SiO_2, Al_2O_3, Fe_2O_3, CaO, MgO 등 이다. ( )

㉑ 화학적으로 순수한 점토를 카올린, 구워진 점토 분말을 샤모트라고 한다. ( )

㉒ 침적점토는 바람이나 물에 의해 멀리 운반되어 침적되므로 입자가 크며 가소성이 적다. ( )

㉓ 양질의 점토는 습윤 상태에서 현저한 가소성을 나타낸다. ( )

㉔ 점토는 수성암에서만 생성된다. ( )

㉕ 점토의 주성분은 실리카(SiO_2), 알루미나(Al_2O_3) 등이다. ( )

㉖ 점토의 가소성이 너무 큰 경우에는 모래나 샤모트 등을 혼합하여 조절한다. ( )

㉗ 보통벽돌, 기와, 토관의 원료로는 주로 석회질 점토가 사용된다. ( )

㉘ 점토의 소성온도 측정법으로 제게르 콘(Seger Cone) 법이 있다. ( )

㉙ 순수한 점토일수록 용융점이 높고 강도도 크다. ( )

㉚ 불순 점토일수록 비중이 크다. ( )

★중요   [02①, 09②, 18①, 23②]

002 점토재료에서 SK번호의 의미를 체크하시오.

① 내화벽돌의 강도 ( )

② 점토제품의 종류 ( )

③ 내화벽돌의 원료 ( )

④ 소성하는 가마의 종류를 표시 ( )

⑤ 소성온도를 표시 ( )

⑥ 점토의 성분을 표시 ( )

[07①]

003 점토제품의 특징 중 SK와 관련이 깊은 것을 체크하시오.

① 강도 ( )   ② 흡수율 ( )

③ 소성온도 ( )   ④ 시유도 ( )

[03③]

004 건축용 점토제품의 제조 공정으로 올바른지 체크하시오.

① 원료조합 → 숙성 → 반죽 → 성형 → 건조 → 소성 → 시유 ( )

② 원료조합 → 반죽 → 숙성 → 성형 → 건조 → 소성 → 시유 ( )

③ 원료조합 → 반죽 → 숙성 → 건조 → 성형 → 시유 → 소성 ( )

④ 원료조합 → 반죽 → 성형 → 숙성 → 건조 → 소성 → 시유 ( )

★중요   [15③, 20①]

005 점토제품 제조에 관한 설명으로 올바른지 체크하시오.

① 원료조합에는 필요한 경우 제점제를 첨가한다. ( )

② 반죽과정에서는 수분이나 경도를 균질하게 한다. ( )

③ 숙성과정에서는 반죽덩어리를 되도록 크게 뭉쳐 둔다. ( )

④ 성형은 건식, 반건식, 습식 등으로 구분한다. ( )

[08①]

006 건축용 점토제품에 요구되는 성질을 체크하시오.

① 색채 ( )   ② 물리적 강도 ( )

③ 내동결성 ( )   ④ 연성 ( )

★중요   [03③, 12③, 20②, 23③]

007 건축용 소성 점토벽돌의 색채에 영향을 주는 주요한 요인을 체크하시오.

① 철화합물 ( )   ② 망간화합물 ( )

③ 소성온도 ( )   ④ 산화나트륨 ( )

★중요   [09①, 18①]

008 보통 벽돌이 적색 또는 적갈색을 띠고 있는 원인을 체크하시오.

① 산화철 ( )

② 산화규소 ( )

③ 산화칼륨 ( )

④ 산화나트륨 ( )

[15③]

009 점토벽돌(KS L 4201)의 성능 시험방법과 관련된 항목을 체크하시오.

① 겉모양 ( )

② 압축강도 ( )

③ 내충격성 ( )

④ 흡수율 ( )

★중요   [13③, 17①, 19②, 22②]

010 점토소성제품의 흡수성이 큰 순서부터 올바르게 나열된 것을 체크하시오.

① 토기 〉 도기 〉 석기 〉 자기 ( )

② 토기 〉 도기 〉 자기 〉 석기 ( )

③ 도기 〉 토기 〉 석기 〉 자기 ( )

④ 도기 〉 토기 〉 자기 〉 석기 ( )

[18①]

011 점토재료 중 자기에 관한 설명으로 올바른지 체크하시오.

① 소지는 적색이며, 다공질로써 두드리면 탁음이 난다. ( )

② 흡수율이 5% 이상이다. ( )

③ 1,000℃ 이하에서 소성된다. ( )

④ 위생도기 및 타일 등으로 사용된다. ( )

[06③, 16③, 21①]

012 점토의 종류별 특성과 용도에 대한 설명으로 올바른지 체크하시오.

① 자토는 백색으로 가소성이 부족하며 도자기 원료로 쓰인다. ( )

② 석기점토는 유색의 견고하고 치밀한 구조로 내화도가 높으며 유색도기의 원료로 쓰인다. ( )

③ 석회질 점토는 용해되기가 어려우며 경질도기의 원료로 쓰인다. ( )

④ 내화점토는 회백색 또는 담색이며 내화벽돌, 유약원료로 쓰인다. ( )

[17①]

013 점토광물 중 적갈색으로 내화성이 부족하고 보통벽돌, 기와, 토관의 원료로 사용되는 것을 체크하시오.

① 석기점토 ( )   ② 사질점토 ( )

③ 내화점토 ( )   ④ 자토 ( )

014 아치벽돌, 원형벽체를 쌓는 데 쓰이는 원형벽돌과 같이 형상, 치수가 규격에서 정한 바와 다른 벽돌로서 특수한 구조체에 사용될 목적으로 제조되는 것을 체크하시오.

① 오지벽돌 (　) 　　② 이형벽돌 (　)

③ 포도벽돌 (　) 　　④ 다공벽돌 (　)

015 과소품(過燒品) 벽돌의 특징을 체크하시오.

① 강도가 약하다. (　)

② 형태가 고르지 못하다. (　)

③ 균열이 많이 보인다. (　)

④ 색채가 고르지 못하다. (　)

016 보통벽돌에 관한 설명으로 올바른지 체크하시오.

① 일반적으로 잘 구워진 것일수록 치수가 작아지고 색이 엷어지며, 두드리면 탁음이 난다. (　)

② 건축용 점토소성벽돌의 적색은 원료의 산화철성분에서 기인한다. (　)

③ 보통벽돌의 기본치수는 190 × 90 × 57mm이다.
　　　　　　　　　　　　　　　　　　　　(　)

④ 진흙을 빚어 소성하여 만든 벽돌로서 점토벽돌이라고도 한다. (　)

017 테라코타에 대한 설명으로 올바른지 체크하시오.

① 도토, 자토 등을 반죽하여 형틀에 넣고 성형하여 소성한 속이 빈 대형의 점토제품이다. (　)

② 석재보다 가볍다. (　)

③ 압축강도는 화강암과 거의 비슷하다. (　)

④ 화강암보다 내화도가 높으며 대리석보다 풍화에 강하다. (　)

018 점토의 종류와 제품과의 연결이 올바른지 체크하시오.

① 토기 – 벽돌 (　)

② 자기 – 기와 (　)

③ 도기 – 내장타일 (　)

④ 석기 – 외장타일 (　)

019 점토제품의 원료와 그 역할이 올바르게 연결되었는지 체크하시오.

① 규석, 모래 – 점성 조절 (　)

② 장석, 석회석 – 균열 방지 (　)

③ 샤모트(chamotte) – 내화성 증대 (　)

④ 식염, 붕사 – 용융성 조절 (　)

020 내화벽돌에 관한 설명으로 올바른지 체크하시오.

① 내화점토를 원료로 하여 소성한 벽돌로서, 내화도는 600~800℃의 범위이다. (　)

② 표준형(보통형)벽돌의 크기는 250×120×60mm이다. (　)

③ 내화벽돌의 종류에 따라 내화 모르타르도 반드시 그와 동질의 것을 사용하여야 한다. (　)

④ 내화도는 일반벽돌과 동등하며 고온에서보다 저온에서 경화가 잘 이루어진다. (　)

021 타일의 제조공정에서 건식제법에 대한 설명으로 올바른지 체크하시오.

① 내장타일은 주로 건식제법으로 제조된다. (　)

② 제조능률이 높다. (　)

③ 치수 정도(精度)가 좋다. (　)

④ 복잡한 형상의 것에 적당하다. (　)

★중요

022 타일에 대한 설명으로 올바른지 체크하시오.

① 타일은 용도에 따라 내장타일, 외장타일, 바닥타일 등으로 분류할 수 있다. (　)

② 내부 바닥용 타일은 단단하고 마모에 강하며 흡수성이 적은 것이 좋다. (　)

③ 일반적으로 모자이크타일 및 내장타일은 습식법, 외장타일은 건식법에 의해 제조된다. (　)

④ 시유타일은 일반적으로 바닥용으로 사용하지 않는다. (　)

⑤ 일반적으로 모자이크타일 및 내장타일은 건식법, 외장 타일은 습식법에 의해 제조된다. (　)

⑥ 바닥타일, 외부타일로는 주로 도기질 타일이 사용된다. (　)

⑦ 내부벽용 타일은 흡수성과 마모저항성이 조금 떨어지더라도 미려하고 위생적인 것을 선택한다.
（　　）

⑧ 타일은 경량, 내화, 형상과 색조의 자유로움 등의 우수한 특성이 있다. （　　）

⑨ 타일은 점토 또는 암석의 분말을 성형, 소성하여 만든 박판제품을 총칭한 것이다. （　　）

⑩ 타일의 백화현상은 수산화석회와 공기 중 탄산가스의 반응으로 나타난다. （　　）

[19①]

023 표면에 여러 가지 직물무늬 모양이 나타나게 만든 타일로서 무늬, 형상 또는 색상이 다양하여 주로 내장타일로 쓰이는 것을 체크하시오.

① 폴리싱타일 （　　）

② 태피스트리타일 （　　）

③ 논슬립타일 （　　）

④ 모자이크타일 （　　）

[02③]

024 클링커타일의 사용처를 체크하시오.

① 건물의 내벽 （　　）

② 화장실 내벽 （　　）

③ 건물의 외부 바닥 （　　）

④ 화학실험실 바닥 （　　）

[04③]

025 점토제품인 위생도기의 구비조건을 체크하시오.

① 외관이 아름답고 청결할 것 （　　）

② 내산성 및 내알칼리성이 클 것 （　　）

③ 수세나 청소에 적합할 것 （　　）

④ 흡습성이 크며 시공이 용이할 것 （　　）

★중요　　　[04①, 05④, 06②, 08①, 09③, 15①, 16③, 19①, 22③]

026 점토 소성 제품에 관한 설명으로 올바른지 체크하시오.

① 흡수성의 크기는 "도기 〉 석기 〉 자기 〉 토기"의 순이다. （　　）

② 소성온도가 높을수록 흡수율이 낮다. （　　）

③ 토기는 주로 모자이크 타일로 사용된다. （　　）

④ 외장용 타일에 사용되는 것은 토기이다. （　　）

⑤ 자기질 타일은 내장타일, 외장타일, 바닥타일, 모자이크타일에 적용된다. （　　）

⑥ 테라코타는 주로 장식용으로 사용되며 난간벽, 돌림대, 창대, 주두 등에 사용된다. （　　）

⑦ 벽돌색이 적색 또는 적갈색을 띠는 것은 원료점토에 포함되어 있는 산화철에서 기인한다. （　　）

⑧ 포도벽돌이란 저급점토, 목탄가루, 톱밥 등으로 혼합, 성형한 후 소성한 것으로 점토벽돌 보다 가벼운 벽돌을 말한다. （　　）

⑨ 점토의 주요 구성 성분은 알루미나, 규산이다.
（　　）

⑩ 점토입자가 미세할수록 가소성이 좋으며 가소성이 너무 크면 샤모트 등을 혼합 사용한다. （　　）

⑪ 점토제품의 소성온도는 도기질의 경우 1,230~1,460℃ 정도이며, 자기질은 이보다 현저히 낮다.
（　　）

⑫ 소성온도는 점토의 성분이나 제품에 따라 다르며, 온도측정은 제게르 콘(Seger cone)으로 한다.
（　　）

⑬ 습식제법이 건식제법에 비해 타일의 치수정밀도가 좋다. （　　）

⑭ 도기질 제품으로 내장 타일이 있다. （　　）

⑮ 석기질 제품으로 클링커타일이 있다. （　　）

⑯ 외장타일은 습식제법으로 제조된다. （　　）

⑰ 테라코타는 속이 빈 대형점토 소성제품으로 난간벽, 주두 등에 사용된다. （　　）

⑱ 내부벽용 타일은 외부벽용에 비하여 내마모성이 강하고 흡수율이 적은 것을 사용해야 한다. （　　）

⑲ 점토 소성제품의 흡수성은 '토기, 자기, 석기, 도기' 순으로 크다. （　　）

⑳ 토관은 자기질의 고급점토를 원료로 하여 건조 소성시킨 제품이다. （　　）

㉑ 소지의 흡수율, 강도, 투명도 등에 따라 토기, 도기, 석기, 자기로 분류할 수 있다. （　　）

㉒ 소성온도는 토기가 가장 낮고 자기가 가장 높다.
（　　）

㉓ 도기의 흡수성은 석기에 비하여 작다. （　　）

㉔ 자기는 조직이 치밀하고 견고하여 주로 타일 및 위생 도기로 많이 사용된다. （　　）

3단원 점토재 247

[02①, 20①]

027 **점토제품의 종류에 해당하는 것을 체크하시오.**

① 위생도기 ( )

② 테라코타 ( )

③ 테라조 ( )

④ 타일 ( )

[07②, 14③]

028 **벽돌벽 두께 1.5B, 벽면적 40m² 쌓기에 소요되는 붉은벽돌의 소요매수를 체크하시오. (단, 벽돌은 표준형이며 할증률을 고려함)**

① 2,308매 ( )

② 4,615매 ( )

③ 6,147매 ( )

④ 9,229매 ( )

02 단답형 문제

★중요 [07①②③, 17②, 24①]

001 점토제품 4가지(토기, 도기, 석기, 자기) 중 흡수율이 가장 적은 것을 쓰시오.

★중요 [05②, 17②]

002 점토제품 4가지(토기, 도기, 석기, 자기) 중 소성온도가 가장 높은 것을 쓰시오.

★중요 [02③, 06①, 22②]

003 점토제품 4가지(토기, 도기, 석기, 자기) 중 가장 고온으로 소성되고 흡수율이 적으며 위생도기, 타일 등으로 이용되는 것을 쓰시오.

[04①]

004 토기의 종류인 기와나 적벽돌을 만드는 데 사용되는 원료를 쓰시오.

[15②]

005 내부에 몇 개의 구멍을 가진 벽돌로 단열, 방음을 위해 방음벽, 단열벽 등에 사용되며, 경량으로 칸막이벽에도 사용되는 것을 쓰시오.

[02②, 05③, 22①]

006 1종 점토벽돌의 압축강도(N/mm^2)를 쓰시오.

⚙ **해설** 점토벽돌의 품질 기준

품질	종류	
	1종	2종
흡수율(%)	10 이하	15 이하
압축 강도(N/mm^2, MPa)	24.50	14.70

[07②]

007 KS 규정에 의하면 1종 점토벽돌의 흡수율의 최대값을 쓰시오.

[18②]

008 점토벽돌 1종의 흡수율과 압축강도 기준을 쓰시오.

│정답│

001 자기   **002** 자기   **003** 자기   **004** 저급점토(사질 점토, 토기)   **005** 중공벽돌   **006** 24.50N/mm^2 **007** 10%
008 흡수율 10% 이하, 압축강도 24.50MPa 이상

009 표준형 점토벽돌의 규격에서 너비 치수의 허용오차의 한계(단위 : mm)를 쓰시오.

⚙ **해설** 벽돌의 치수 및 허용차(단위 : mm임)

항목	구분		
	길이	너비	두께
치수	190	90	57
	230	90	57
	290	90	48
허용차	±5.0	±3.0	±2.5

※ 표의 벽돌 치수 이외의 규격은 당사자 간의 협의에 따르며, 벽돌의 품질기준을 적용한다.

[08③]

010 점토벽돌에서 온장의 길이가 190mm라면 칠오토막의 길이를 구하시오.

⚙ **해설** 칠오토막의 벽돌은 길이의 75%를 의미하므로, 190 × 0.75 = 142.5mm이다.

[13②, 14②]

011 표준형 점토벽돌의 치수를 쓰시오.

012 표준형 내화벽돌의 보통형 치수를 쓰시오. (단, 치수는 길이×너비×두께 순이며, 단위는 mm임)

⚙ **해설** 내화 벽돌은 내화 점토를 원료로 하여 만든 점토제품으로 보통 벽돌보다 내화성이 크다. 보통 벽돌보다 치수가 크고, 줄눈은 작게 한다. 내화 벽돌을 쌓는 데에는 내화 점토를 사용하는데, 내화 벽돌의 크기는 230mm×114mm×65mm이다. 내화 벽돌을 쌓을 경우에 사용하는 접착제는 내화 점토이고, 내화 점토는 기건성이므로 물축이기를 하지 않는다. 또한, 내화도를 측정하는 기구는 제게르 콘(seger cone)을 사용한다.

★중요　　　[03②, 10②, 19②, 21③]

013 내화벽돌이 가진 내화도의 최소치(SK)를 쓰시오.

⚙ **해설** 내화벽돌의 내화도는 SK26부터 SK34까지 7종으로 구분하고 있다.

[13③]

014 내화벽돌에서 SK 29, 33, 42 등의 번호의 의미를 쓰시오.

[09②]

015 고온으로 충분히 소성한 석기질 타일로서, 표면은 거칠게 요철무늬를 넣고 두께는 2.5cm 정도로서 테라스, 옥상 등에 쓰이는 바닥용 타일을 쓰시오.

[09③]

016 내외벽 및 바닥에 사용되는 4cm 각 이하의 소형타일의 명칭을 쓰시오.

[18③]

017 벽돌면 내벽의 시멘트 모르타르 바름두께 표준을 쓰시오.

⚙ **해설** 시멘트 모르타르 바름(KCS 41 46 02의 기준)(단위 : mm)

바탕	바름 부분	바름 두께				
		초벌 및 라스먹임	고름 질	재벌	정벌	합계
콘크리트, 콘크리트 블록, 벽돌면	바닥				24	24
	내벽	7		7	4	18
	천장	6		6	3	15
	차양	6		6	3	15
	바깥벽	9		9	6	24
	기타	9		9	6	24

01 진위형 문제

▶ 해설편 151p

※ 다음 문제를 읽고, 옳으면 ○, 틀리면 ×를 괄호 안에 표기하시오.

★중요 [05③, 12③, 17①, 22①]

001 시멘트의 일반적인 성질에 대한 설명으로 올바른지 체크하시오.

① 보통포틀랜드시멘트의 비중은 3.1±0.05 정도이다. (　)

② KS규격에 의하면 포틀랜드시멘트의 초결은 60분 이상, 종결은 10시간 이하로 규정되어 있다. (　)

③ 시멘트의 분말도가 클수록 수화작용은 빠르다. (　)

④ 풍화된 시멘트는 응결이 빨라지고, 경화 후의 강도는 커진다. (　)

⑤ 시멘트의 수화반응에서 경화 이후의 과정을 응결이라 한다. (　)

⑥ 시멘트가 풍화되면 수화열이 감소된다. (　)

⑦ 시멘트는 풍화되면 비중이 작아진다. (　)

⑧ 콘크리트 강도는 물−시멘트비에 영향을 받지 않는다. (　)

⑨ 고로시멘트와 실리카시멘트는 보통포틀랜드시멘트보다 수화작용이 느려서 초기 강도가 작다. (　)

⑩ 시멘트의 분말도가 클수록 초기 콘크리트강도 발현이 빠르다. (　)

⑪ 알루미나시멘트, 고로시멘트, 실리카시멘트는 내해수성이 크다. (　)

[12①]

002 시멘트의 제조공정 순서에서 가장 먼저 하는 공정을 체크하시오.

① 주원료의 분쇄 (　)

② 혼합 (　)

③ 가열 및 소성 (　)

④ 석고첨가 (　)

★중요 [04③, 09③, 11③, 25①]

003 시멘트 제조 시 클링커(clinker)에 석고를 첨가하는 주된 이유를 체크하시오.

① 조기 강도의 증진 (　)

② 응결 속도의 조절 (　)

③ 시멘트 색깔의 조절 (　)

④ 내약품성의 증대 (　)

[09②, 10①]

004 포틀랜드시멘트를 구성하는 주요 화학성분이 아닌 소량으로 존재하는 성분을 체크하시오.

① 산화마그네슘(MgO) (　)

② 이산화규소(SiO_2) (　)

③ 산화제2철(Fe_2O_3) (　)

④ 산화칼슘(CaO) (　)

[07①, 10②]

005 시멘트의 주요 조성화합물 중에서 재령 28일 이후 시멘트수화물의 강도를 지배하는 것을 체크하시오.

① 규산제3칼슘 (　)

② 규산제2칼슘 (　)

③ 알루민산제3칼슘 (　)

④ 알루민산철제4칼슘 (　)

[05④, 16②]

006 시멘트에 물을 가하여 혼합하여 만들어진 시멘트 페이스트가 시간 경과에 따라 유동성을 잃고 응고하는 현상을 체크하시오.

① 응결 (　)　　② 수화 (　)

③ 건조수축 (　)　④ 위결 (　)

⑤ 중성화 (　)　　⑥ 풍화 (　)

⑦ 경화 (　)

[04①]

007 시멘트의 풍화와 가장 관계가 깊은 것을 체크하시오.

① 탄산가스 (　)

② 대기 중의 산소 (　)

③ 대기 중의 질소 (　)

④ 대기 중의 아황산가스 (　)

[03②, 17③, 22③]

008 풍화된 시멘트를 사용했을 경우에 대한 설명으로 올바른지 체크하시오.

① 응결이 늦어진다. (　)

② 수화열이 증가한다. (　)

③ 비중이 작아진다. (　)

④ 강도가 감소된다. (　)

[06②, 15③]

009 시멘트의 응결시험 방법을 체크하시오.

① 길모어 시험 (　)

② 오토클레이브 방법 (　)

③ 브레인법 (　)

④ 비비 시험 (　)

⑤ 비카 시험 (　)

[02②]

010 시멘트의 응결시간에 관한 설명으로 올바른지 체크하시오.

① 온도가 높을수록 빠르다. (　)

② 수량이 많을수록 빠르다. (　)

③ 분말도가 클수록 빠르다. (　)

④ 시멘트가 신선할수록 빠르다. (　)

★중요　[02①, 09①, 10②, 11③, 12②, 13③, 14②, 21②]

011 시멘트의 분말도(粉末度)가 높을 때 나타나는 특징을 체크하시오.

① 조기강도가 증진된다. (　)

② 초기강도가 크다. (　)

③ 수축균열이 적게 생긴다. (　)

④ 풍화되기 쉽다. (　)

⑤ 수화작용이 빠르다. (　)

⑥ 균열 발생의 염려가 적다. (　)

⑦ 수화 작용이 빠르고 수밀성이 크다. (　)

⑧ 균열 발생도가 낮다. (　)

⑨ 블리딩이 적어진다. (　)

⑩ 초기 강도의 발생이 빠르며 강도증진율이 높다. (　)

⑪ 수화작용이 촉진된다. (　)

⑫ 초기강도가 증대된다. (　)

⑬ 풍화작용이 억제된다. (　)

⑭ 초기에 균열이 많이 발생한다. (　)

[06①, 18①]

012 시멘트의 분말도에 관한 설명으로 올바른지 체크하시오.

① 시멘트의 분말도는 단위중량에 대한 표면적이다. (　)

② 분말도가 큰 시멘트일수록 물과 접촉하는 표면적이 증대되어 수화반응이 촉진된다. (　)

③ 분말도 측정은 슬럼프 시험으로 한다. (　)

④ 분말도가 지나치게 클 경우에는 풍화되기가 쉽다. (　)

⑤ 분말도가 클수록 수화작용이 빠르다. (　)

⑥ 분말도가 클수록 초기강도의 발생이 빠르다. (　)

⑦ 분말도 측정에는 주로 비비(vebe) 시험기가 사용된다. (　)

[06③]

013 시멘트의 분말도 시험방법을 체크하시오.

① 체분석법 (　)

② 로스앤젤레스방법 (　)

③ 피크노메타법 (　)

④ 브레인법 (　)

[11③, 17③]

014 시멘트의 안정성 시험에 해당하는 것을 체크하시오.

① 슬럼프 테스트 (　)

② 브레인법 (　)

③ 길모아시험 (　)

④ 오토클레이브 팽창도 시험 (　)

[02②]

015 물-시멘트비에 대한 설명으로 올바른지 체크하시오.

① 물-시멘트비가 크면 강도가 감소한다. (　)

② 물-시멘트비가 클수록 블리딩은 증가한다. (　)

③ 물-시멘트비는 물과 시멘트의 용적비이다. (　)

④ 물-시멘트비가 작을수록 작업능률은 떨어진다. (　)

016 [10③, 13②, 15①, 25①]

시멘트의 수화반응속도에 영향을 주는 요인을 체크하시오.

① 시멘트의 화학성분 (　)
② 골재의 강도 (　)
③ 분말도 (　)
④ 혼화재료 (　)
⑤ 물-시멘트비 (　)
⑥ 사용 자갈의 크기 (　)
⑦ 양생온도 (　)

017 [16①]

보통포틀랜드시멘트의 비중에 관한 설명으로 올바른지 체크하시오.

① 동일한 시멘트의 경우에 풍화한 것일수록 비중이 작아진다. (　)
② 일반적으로 3.15 정도이다. (　)
③ 르샤틀리에의 비중병으로 측정된다. (　)
④ 소성온도와 상관없이 일정하며, 제조 직후의 값이 가장 작다. (　)

018 [04①, 05①, 09②, 13①, 25②]

보통포틀랜드시멘트의 성질에 관한 설명으로 올바른지 체크하시오.

① 분말도는 시멘트의 수화반응, 블리딩, 초기강도 등에 큰 영향을 끼친다. (　)
② 분말도가 낮은 것일수록 응결경화 속도가 빨라진다. (　)
③ 분말도가 과도하게 미세한 것은 풍화되기 쉽다. (　)
④ 분말도가 클수록 시멘트 입자가 미세하며 강도발현이 빨라진다. (　)
⑤ 분말도가 큰 것일수록 풍화속도는 느려진다. (　)
⑥ 분말도가 큰 것일수록 초기강도의 발생이 빠르다. (　)
⑦ 분말도가 지나치게 크면 건조수축이 커져서 균열이 발생하기 쉽다. (　)
⑧ 주성분은 석회, 실리카, 알루미나, 산화철이다. (　)
⑨ 비중은 3.10~3.20 정도이며 단위용적중량은 일반적으로 1,500kg/m³이다. (　)

⑩ 분말도는 작을수록 수화작용이 촉진되고 응결이 빠르나 초기강도는 작아진다. (　)
⑪ 백색포틀랜드시멘트는 알루민산 철3석회를 극히 적게 하여 백색을 띤 시멘트이다. (　)
⑫ 시멘트의 분말도가 수화작용 속도에 큰 영향을 미친다. (　)
⑬ 시멘트의 분말도가 높으면 응결, 경화 속도가 빠르다. (　)
⑭ 온도와 습도가 높으면 응결시간이 느리며 경화가 지연된다. (　)
⑮ 혼합용수가 많으면 응결, 경화가 느리다. (　)

019 [04①, 13③, 14①, 17①, 19②③, 24①]

중용열포틀랜드시멘트에 대한 설명으로 올바른지 체크하시오.

① 수축이 작고 화학저항성이 일반적으로 크다. (　)
② 큰 단면공사 시 유리하다. (　)
③ 안정성(안전성)이 높다. (　)
④ 긴급공사, 동절기공사에 주로 사용된다. (　)
⑤ 수화열이 적어 한중공사에 적합하다. (　)
⑥ 단기강도는 조강포틀랜드시멘트보다 작다. (　)
⑦ 내구성이 크며 장기강도가 크다. (　)
⑧ 방사선 차단용 콘크리트에 적합하다. (　)
⑨ 수화발열량이 적다. (　)
⑩ 초기강도가 크다. (　)
⑪ 건조수축이 작다. (　)
⑫ 내구성이 우수하다. (　)
⑬ 수축이 작고 화학저항성이 일반적으로 크다. (　)
⑭ 건축용 매스콘크리트에 사용된다. (　)
⑮ 단기강도는 보통포틀랜드시멘트보다 낮다. (　)
⑯ 수화열이 작고 수화속도가 비교적 느리다. (　)
⑰ C_3A가 많으므로 내황산염성이 작다. (　)

020 [07③, 15②]

수화속도를 지연시켜 수화열을 작게 한 시멘트로, 건조수축이 작고 내황산염이 크며, 건축용 매스콘크리트 등에 사용되는 시멘트를 체크하시오.

① 중용열포틀랜드시멘트 (　)
② 조강포틀랜드시멘트 (　)
③ 초조강포틀랜드시멘트 (　)
④ 백색포틀랜드시멘트 (　)

[12③]

021 고로시멘트는 포틀랜드시멘트 클링커에 어떤 물질을 첨가한 것인지 체크하시오.

① 고로슬래그 (　　)

② 플라이애시 (　　)

③ 포졸란 (　　)

④ 알루미나 (　　)

[02②, 17②]

022 시멘트 중에 조기강도가 가장 큰 것을 체크하시오.

① 중용열포틀랜드시멘트 (　　)

② 고로시멘트 (　　)

③ 알루미나시멘트 (　　)

④ 실리카시멘트 (　　)

★중요　　　　**[09①, 11③, 16②, 23①]**

023 알루미나시멘트의 특징에 관한 설명으로 올바른지 체크하시오.

① 초기(조기)강도가 크다. (　　)

② 바닷물에 대한 화학적 저항성이 크다. (　　)

③ 응결, 경화 시에 발열량이 크다. (　　)

④ 내화 콘크리트용으로는 사용이 불가능하다.
　　　　　　　　　　　　　　　　(　　)

⑤ 내화 콘크리트의 시멘트로서 적합하다. (　　)

⑥ 콘크리트 내 철근의 부식방지효과가 뛰어나다.
　　　　　　　　　　　　　　　　(　　)

[03①]

024 바다 한가운데 암초가 있어 등대를 설치하고자 할 때 적절한 시멘트를 체크하시오.

① 보통포틀랜드시멘트 (　　)

② 고로시멘트 (　　)

③ 실리카시멘트 (　　)

④ 알루미나시멘트 (　　)

[07①, 15②]

025 시멘트를 조기강도가 큰 것부터 작은 순서대로 열거한 것으로 올바른지 체크하시오.

① 알루미나시멘트 – 고로시멘트 – 보통포틀랜드시멘트 (　　)

② 보통포틀랜드시멘트 – 고로시멘트 – 알루미나시멘트 (　　)

③ 알루미나시멘트 – 보통포틀랜드시멘트 – 고로시멘트 (　　)

④ 보통포틀랜드시멘트 – 알루미나시멘트 – 고로시멘트 (　　)

⑤ 보통포틀랜드시멘트 – 중용열포틀랜드시멘트 – 알루미나시멘트 (　　)

⑥ 알루미나시멘트 – 중용열포틀랜드시멘트 – 보통포틀랜드시멘트 (　　)

⑦ 중용열포틀랜드시멘트 – 알루미나시멘트 – 보통포틀랜드시멘트 (　　)

⑧ 알루미나시멘트 – 보통포틀랜드시멘트 – 중용열포틀랜드시멘트 (　　)

[03③, 17①]

026 시멘트 종류에 따른 설명이 올바르게 연결된 것을 체크하시오.

① 조강포틀랜드시멘트 – 한중공사 (　　)

② 중용열포틀랜드시멘트 – 매스콘크리트 및 댐공사 (　　)

③ 고로시멘트 – 타일 줄눈공사 (　　)

④ 내황산염포틀랜드시멘트 – 온천지대나 하수도공사 (　　)

⑤ 보통포틀랜드시멘트 – 석회석이 주원료이다.
　　　　　　　　　　　　　　　　(　　)

⑥ 알루미나시멘트 – 보크사이트와 석회석을 원료로 한다. (　　)

⑦ 실리카시멘트 – 수화열이 크고 내해수성이 작다.
　　　　　　　　　　　　　　　　(　　)

⑧ 고로시멘트 – 초기강도는 약간 낮지만 장기강도는 높다. (　　)

★중요　　**[08③, 12①, 13②, 16①, 21②]**

027 보통포틀랜드시멘트와 비교했을 때 고로(高爐)시멘트의 일반적 특성을 체크하시오.

① 내열성이 크고 수밀성이 양호하다. (　　)

② 수화열이 적어 매스콘크리트에 적합하다. (　　)

③ 초기강도가 크다. (　　)

④ 해수나 하수 등에 대한 저항성이 우수하다. (　　)

⑤ 장기강도가 크다. (　　)

⑥ 미분말로서 초기강도 발현이 용이하다. (　　)

⑦ 초기 수화열이 낮다. (　　)

★중요

028 댐 등 단면이 큰 구조물이나 매스콘크리트용으로 적합한 시멘트를 체크하시오.

① 조강포틀랜드시멘트 (　)

② 중용열포틀랜드시멘트 (　)

③ 고로시멘트 (　)

④ 플라이애시시멘트 (　)

[18③]

029 초속경시멘트의 특징에 관한 설명으로 올바른지 체크하시오.

① 주수 후 2~3시간 내에 100kgf/cm²(10MPa) 이상의 압축강도를 얻을 수 있다. (　)

② 응결시간이 짧으나 건조수축이 매우 큰 편이다. (　)

③ 긴급 공사 및 동절기 공사에 주로 사용된다. (　)

④ 장기간에 걸친 강도증진 및 안정성이 높다. (　)

★중요

[07①, 18②③, 24②]

030 각종 시멘트의 특성에 관한 설명으로 올바른지 체크하시오.

① 중용열포틀랜드시멘트는 수화 시 발열량이 비교적 크다. (　)

② 고로시멘트를 사용한 콘크리트는 보통콘크리트보다 초기강도가 작은 편이다. (　)

③ 알루미나시멘트는 내화성이 좋은 편이다. (　)

④ 실리카시멘트로 만든 콘크리트는 수밀성과 화학 저항성이 크다. (　)

⑤ 포틀랜드시멘트는 수화반응의 진행과 동시에 열을 발산한다. (　)

⑥ 시멘트의 안전성 측정은 오토클레이브 팽창도 시험 방법으로 행한다. (　)

⑦ 응결시간은 신선한 시멘트로서 분말도가 미세한 것일수록 짧아진다. (　)

⑧ 시멘트의 비중은 소성온도나 성분에 따라 다르며, 동일 시멘트인 경우에 풍화한 것일수록 커진다. (　)

⑨ 시멘트의 강도는 시멘트의 조성, 물–시멘트비, 재령 및 양생조건 등에 따라 다르다. (　)

⑩ 응결시간은 분말도가 미세한 것일수록, 또한 수

량이 작을수록 짧아진다. (　)

⑪ 시멘트의 풍화란 시멘트가 습기를 흡수하여 생성된 수산화칼슘과 공기 중의 탄산가스가 작용하여 탄산칼슘을 생성하는 작용을 말한다. (　)

⑫ 시멘트의 안정성은 단위중량에 대한 표면적에 의하여 표시되며, 브레인법에 의해 측정된다. (　)

[12①②]

031 콘크리트의 동결과 융해에 대한 저항성을 높이는 방법과 초기동해를 방지하는 방법에 해당하는 것을 체크하시오.

① AE제를 사용한다. (　)

② 빈배합의 콘크리트를 만든다. (　)

③ 물–시멘트비를 줄인다. (　)

④ 수밀한 콘크리트를 만든다. (　)

⑤ 적정량의 연행공기를 넣어준다. (　)

⑥ 보온양생을 충분히 한다. (　)

⑦ 조강포틀랜드시멘트를 사용한다. (　)

⑧ 물–시멘트비를 크게 한다. (　)

★중요

[05④, 09③, 13①, 25①]

032 콘크리트구조물의 크리프(Creep) 현상에 대한 설명으로 올바른지 체크하시오.

① 작용응력이 클수록 크리프는 크다. (　)

② 물–시멘트비가 클수록 크리프는 크다. (　)

③ 외부 습도가 높을수록 크리프는 작다. (　)

④ 구조부재의 치수가 클수록 크리프는 크다. (　)

⑤ 재하 시 재령이 빠를수록 크리프는 크다. (　)

⑥ 재하중의 건조 진행과 구조부재의 치수는 크리프와 관계가 없다. (　)

[10①, 11①]

033 콘크리트 중성화에 관한 설명으로 올바른지 체크하시오.

① pH가 5.0 정도의 산성인 콘크리트가 pH 7.0 정도의 중성을 띠게 되는 현상을 말한다. (　)

② 콘크리트의 중성화는 주로 공기 중의 이산화탄소 침투에 기인하는 것이다. (　)

③ 중성화가 진행되어도 콘크리트의 강도는 거의 변화가 없으나, 중성화되면 철근이 부식하기 쉽게 된다. (　)

④ 콘크리트의 중성화에 영향을 미치는 요인으로는
물-시멘트비, 시멘트와 골재의 종류, 혼화재료의
사용유무 등이 있다. (　　)

[13②]

034 콘크리트의 중성화 시험을 위해 사용하는 용액을
체크하시오.

① 질산은 용액 (　　)

② 황산나트륨 용액 (　　)

③ 페놀프탈레인 용액 (　　)

④ 탄산나트륨 용액 (　　)

[14①]

035 속빈 콘크리트 블록(KS F 4002)의 성능을 평가하
는 시험항목을 체크하시오.

① 기건 비중 시험 (　　)

② 전 단면적에 대한 압축강도 시험 (　　)

③ 내충격성 시험 (　　)

④ 흡수율 시험 (　　)

[05①, 10③]

036 속빈 콘크리트블록(KS F 4002)에 대한 설명으로
올바른지 체크하시오.

① 블록은 겉모양이 균일하고 비틀림, 해로운 균열
또는 홈 등이 없어야 하다. (　　)

② C종 블록은 전단면적에 대한 압축강도가 8N/
mm² 이상이어야 한다. (　　)

③ 기본 블록의 치수 허용차는 ±5mm이다. (　　)

④ 기본 블록의 두께의 치수로는 190mm, 150mm,
100mm가 있다. (　　)

⑤ 구멍을 제외한 실제 단면적에 가해진 하중으로
압축강도를 구한다. (　　)

⑥ A종 블록의 기건비중은 1.7 미만이다. (　　)

⑦ C종 블록의 흡수율은 10% 이하이다. (　　)

⑧ 모양 및 치수에 따라 기본블록과 이형블록으로
나뉜다. (　　)

[11③]

037 콘크리트의 혼화 재료에 해당하는 것을 체크하시오.

① 염화칼슘 (　　)　　② AE제 (　　)

③ 타르 (　　)　　④ 포졸란 (　　)

[16①]

038 시멘트 혼화재료 중 연행공기를 발생시켜 볼베어링
효과가 나타나도록 하는 것을 체크하시오.

① 포졸란 (　　)

② 플라이애시 (　　)

③ AE제 (　　)

④ 경화 촉진제 (　　)

[09③]

039 콘크리트의 응결 경화 촉진제로 쓰이는 것을 체크
하시오.

① 염화칼슘 (　　)

② 리그닌설폰산염 (　　)

③ 인산염 (　　)

④ 산화아연 (　　)

[15①]

040 콘크리트의 혼화재료와 그 작용의 연결이 올바른지
체크하시오.

① 염화칼슘 – 응결 경화 촉진 (　　)

② 포졸란 – 시공연도 증진 (　　)

③ 알루미늄 분말 – 발포, 경량 (　　)

④ 슬래그 분말 – 초기강도 증진 (　　)

★중요　　[04②, 08①, 12①, 22①]

041 특수모르타르의 일종으로서 광택 및 특수 치장용으
로 사용되는 것을 체크하시오.

① 규산질모르타르 (　　)

② 질석모르타르 (　　)

③ 석면모르타르 (　　)

④ 합성수지혼화모르타르 (　　)

[14②]

042 펄라이트 모르타르 바름에 대한 설명으로 올바른지
체크하시오.

① 재료는 진주암 또는 흑요석을 소성 팽창시킨 것
이다. (　　)

② 펄라이트는 비중 0.3 정도의 백색입자이다. (　　)

③ 내화피복재 바름으로 쓰인다. (　　)

④ 균열이 거의 발생하지 않는다. (　　)

사용한다. (　　)

⑪ 수밀성이 큰 콘크리트는 중성화작용이 적어진다.
　　　　　　　　　　　　　　　　　(　　)

⑫ 콘크리트의 열팽창계수는 철에 비해서 매우 작다. (　　)

★중요　　　　　　　　　[03①, 10③, 16①, 17②, 24②]

043 시멘트의 보관 및 저장에 관한 설명으로 올바른지 체크하시오.

① 마루는 지상 30cm 이상 높게 설치한다. (　　)

② 시멘트를 쌓아올리는 높이는 너무 압축력을 받지 않게 13포대 이하로 하는 것이 바람직하다. (　　)

③ 개구부를 만들 때는 채광과 통풍을 고려하여야 한다. (　　)

④ 공사에 지장이 없는 한 저장기간을 짧게 한다.
　　　　　　　　　　　　　　　　　(　　)

⑤ 3개월 이하 단기간 저장한 시멘트는 굳은 덩어리가 있더라도 사용이 가능하다. (　　)

⑥ 시멘트의 온도는 일반적으로 50℃ 정도 이하를 사용하는 것이 좋다. (　　)

⑦ 시멘트는 방습적인 구조로 된 사일로 또는 창고에 품종별로 구분하여 저장하여야 한다. (　　)

⑧ 통풍을 좋게 한다. (　　)

⑨ 3개월 이상 된 것은 재시험하여 사용한다. (　　)

⑩ 저장소는 방습구조로 한다. (　　)

[13③]

045 건설용 재료로서 콘크리트가 가지는 장점을 체크하시오.

① 압축강도와 인장강도가 모두 크다. (　　)

② 내구성 및 내화성이 좋다. (　　)

③ 자유로운 형태를 구현할 수 있다. (　　)

④ 재료의 확보가 용이하다. (　　)

[16②]

046 콘크리트 제조에 사용되는 일반적인 구성재료를 체크하시오.

① 혼화재료 (　　)　　　② 시멘트 (　　)

③ 염화물 (　　)　　　④ 골재 (　　)

[10①]

047 매스콘크리트에서 발열온도를 저감시키기 위한 대책을 체크하시오.

① 슬럼프를 작게 한다. (　　)

② 골재치수를 작게 한다. (　　)

③ 양질의 골재를 사용한다. (　　)

④ 양질의 혼화재를 사용한다. (　　)

★중요　　　　　　　　　[03①②, 17①, 24①]

044 콘크리트에 관한 설명으로 올바른지 체크하시오.

① 콘크리트 강도는 일반적으로 물-시멘트비가 증가하면 저하한다. (　　)

② AE제를 사용한 콘크리트는 시공연도가 좋아지고 강도가 증가한다. (　　)

③ 콘크리트와 이형철근의 부착강도는 콘크리트의 압축강도가 증가하면 커진다. (　　)

④ 콘크리트 균열의 원인이 되는 경화 건조수축은 수(水)량이 크면 커진다. (　　)

⑤ 골재의 공극율이 적을수록 콘크리트의 팽창 수축이 적다. (　　)

⑥ 콘크리트의 강도는 물-시멘트비에 의해 크게 좌우된다. (　　)

⑦ 워커빌리티는 굳지 않은 콘크리트의 성능평가에 관한 용어로 작업의 난이도를 총칭한다. (　　)

⑧ 콘크리트는 약한 산성을 가진 재료이다. (　　)

⑨ 화재 시 결합수를 방출하므로 강도가 저하된다.
　　　　　　　　　　　　　　　　　(　　)

⑩ 수밀 콘크리트를 만들려면 된 비빔 콘크리트를

[10②, 15③]

048 매스콘크리트의 타설 및 양생에 대한 설명으로 올바른지 체크하시오.

① 외기온이 영하로 내려가도 자체의 수화열만으로 충분히 양생 가능하므로 별도의 양생조치가 불필요하다. (　　)

② 내부 수화열에 의한 콘크리트의 온도 상승 및 하강 시 온도응력으로 인한 균열 발생 가능성이 있다. (　　)

③ 부재의 단면크기가 작기 때문에 건조수축에 의한 균열 발생 가능성이 가장 크다. (　　)

④ 매트기초의 경우 수화발열량이 커서 콘크리트 온도가 높으므로, 표면온도를 낮추기 위한 방안이 필요하다. (　　)

[10③, 14②]

049 매스콘크리트에서 균열 제어를 위한 대책을 체크하시오.

① 콘크리트 온도 상승을 적게 한다. (　)

② 굵은골재의 최대치수는 건조수축 등을 고려하여 되도록 작은 값을 사용한다. (　)

③ 급격한 온도 변화를 피한다. (　)

④ 저발열성 시멘트를 사용한다. (　)

★중요

[04②, 06①, 09②, 12②, 14①, 18③, 25③]

050 경량기포콘크리트인 ALC(Autoclave Lightweight Concrete) 제품의 특징을 체크하시오.

① 열전도율이 작다. (　)

② 내화성이 크다. (　)

③ 차음성이 크다. (　)

④ 흡수율이 적다. (　)

⑤ 경량으로 인력에 의한 취급이 가능하지만, 현장에서 절단 및 가공이 불가능하다. (　)

⑥ 열전도율은 보통콘크리트의 약 1/10 정도로서 단열성이 있다. (　)

⑦ 석면슬레이트나 석고보드 등의 박판상 제품에 비해 단열성, 차음성이 우수하다. (　)

⑧ 대형판 제조가 불가능하다. (　)

⑨ 시공이 용이하고 내화성이 크다. (　)

⑩ 제품 발포제로서 알루미늄 분말을 사용한다. (　)

⑪ 절건상태에서 비중이 0.45~0.55 정도이다. (　)

⑫ 주원료는 백색포틀랜드시멘트이다. (　)

⑬ 보통콘크리트에 비해 다공질이고 열전도율이 낮다. (　)

⑭ 물에 노출되지 않는 곳에서 사용하도록 한다. (　)

⑮ 경량제이므로 인력에 의한 취급이 가능하고 현장 가공 등 시공성이 우수하다. (　)

⑯ 열전도율이 낮다. (　)

⑰ 흡음률이 보통콘크리트에 비해 크다. (　)

⑱ 다공질로서 강도가 작다. (　)

⑲ 흡수성이 낮아 동해에 대한 저항성이 강하다. (　)

⑳ 흡수성이 크다. (　)

㉑ 단열성이 크다. (　)

㉒ 경량으로서 시공이 용이하다. (　)

㉓ 강알칼리성이며 변형과 균열의 위험이 크다. (　)

[02①, 06③]

051 ALC 제품의 가장 큰 단점을 체크하시오.

① 방음, 단열효과가 떨어진다. (　)

② 중량이 크다. (　)

③ 흡수성이 크다. (　)

④ 변형이나 균열의 발생이 많다. (　)

⑤ 휨강도에 비해 압축강도가 상당히 약하다. (　)

[17①]

052 콘크리트의 블리딩 현상에 대한 설명으로 올바른지 체크하시오.

① 콘크리트의 컨시스턴시가 클수록 블리딩은 증대한다. (　)

② AE콘크리트는 보통콘크리트에 비하여 블리딩 현상이 적다. (　)

③ 블리딩 현상에 의해 떠오른 미립물은 상호간 접착력을 증대시킨다. (　)

④ 콘크리트 면이 침하되어 콘크리트 균열의 원인이 된다. (　)

[02③, 05①]

053 콘크리트 타설 후 블리딩 및 침하에 대한 설명으로 올바른지 체크하시오.

① 물−시멘트비가 클 때 블리딩 현상 및 침하가 크다. (　)

② AE콘크리트는 보통콘크리트에 비하여 블리딩 현상 및 침하량이 적다. (　)

③ 블리딩 현상에 의해 떠오른 미립물이 침적된 것을 레이턴스라 한다. (　)

④ 블리딩과 침하는 단위수량이 적을수록 심해진다. (　)

⑤ 콘크리트의 컨시스턴시가 클수록 블리딩 및 침하는 증대한다. (　)

⑥ 타설 높이가 높을수록 침하의 절대량은 작아지나, 침하량의 비율은 커진다. (　)

[09②, 13②]

054 콘크리트에서 볼 수 있는 레이턴스 현상의 피해로 대표적인 것을 체크하시오.

① 콘크리트의 수축균열현상이 심화된다. (　)

② 콘크리트의 응결·경화가 지연된다. (　)

③ 경화 콘크리트 내부에 공극이 발생한다. (　)

④ 연속되는 콘크리트와의 부착력이 떨어진다.

(　)

[02①]

055 콘크리트 타설 후에 떠오른 미립물이 콘크리트 표면에 엷은 막으로 침적되는 현상에서, 이 미립물의 명칭을 체크하시오.

① 레이턴스(laitance) (　)

② 블리딩(bleeding) (　)

③ 분리(segregation) (　)

④ 침하(settling) (　)

[18②]

056 모래의 함수율과 용적변화에서 이넌데이트 (inundate) 현상에 대한 설명으로 올바른지 체크하시오.

① 함수율 0~8%에서 모래의 용적이 증가하는 현상

(　)

② 함수율 8%의 습윤상태에서 모래의 용적이 감소하는 현상 (　)

③ 함수율 8%에서 모래의 용적이 최고가 되는 현상

(　)

④ 절건상태와 습윤상태에서 모래의 용적이 동일한 현상 (　)

[02②]

057 세골재에 있어서 이넌데이트(inundate) 현상이란 서로 다른 함수상태에서 용적이 거의 같아지는 현상을 말한다. 용적이 같아지는 함수 상태를 체크하시오.

① 절건상태 – 기건상태 (　)

② 절건상태 – 포화상태 (　)

③ 기건상태 – 습윤상태 (　)

④ 기건상태 – 표건상태 (　)

★중요
[03③, 04③, 05①, 06①③, 07①, 13①, 16③, 23②]

058 콘크리트 골재에 관한 설명으로 올바른지 체크하시오.

① 골재는 콘크리트 체적의 약 70~80%를 차지한다. (　)

② 잔골재와 굵은골재의 구분은 절건비중 2.5를 기준으로 한다. (　)

③ 입도란 골재의 대소립이 혼합하여 있는 정도를 말한다. (　)

④ 실적률이란 일정 용기내에 골재입자가 차지하는 실용적의 백분율을 의미한다. (　)

⑤ 골재의 조립률이란 일정 용기 내에 골재가 차지하는 실제 용적의 비율이다. (　)

⑥ 일반적으로 비중이 큰 것은 공극, 흡수율이 적으므로 동결에 의한 손실도 적고 내구성이 크다.

(　)

⑦ 실적률이 클수록 골재의 입도분포가 적당하여 시멘트 페이스트량이 적게 든다. (　)

⑧ 알칼리 골재반응은 골재 중의 실리카질광물이 시멘트 중의 알칼리 성분과 화학적으로 반응하는 것이다. (　)

⑨ 골재 중의 유기불순물로서는 후민산과 탄닌산을 들수 있다. (　)

⑩ 부순 골재는 실적률이 크고 콘크리트에 사용될 때 워커빌리티가 좋아진다. (　)

⑪ 절건상태의 중량을 골재의 체적으로 나눈 값이 절건비중이다. (　)

⑫ 콘크리트 골재의 형상은 구(球)에 가까우면서 그 표면이 거친것이 좋다. (　)

⑬ 골재의 실적률은 용기에 골재를 채웠을 때 용기의 용적을 그 골재의 절대용적으로 나눈 값을 백분율로 표시한 것이다. (　)

⑭ 일반적으로 입형과 입도가 좋은 골재는 실적률이 크고 동일 슬럼프를 얻기 위한 단위 수량이 적다.

(　)

⑮ 골재의 비중이라고 하는 것은 실제 비중이 아니라 내부의 미세한 금과 표면이 가늘게 패인 것을 포함한 상태의 비중을 말한다. (　)

⑯ 부순돌은 실적률이 작고 콘크리트에 사용될 때 워커빌리티가 떨어진다. (　)

⑰ 골재는 시멘트 페이스트와의 부착이 강한 표면 구조를 가져야 한다. (　　)

⑱ 골재의 강도는 경화 시멘트 페이스트의 강도 이상이어야 한다. (　　)

⑲ 골재는 비중이 작은 것일수록 공극과 내부균열이 많다. (　　)

★중요　　　　　　　　　[04②, 05②④, 06②, 11③, 14①, 15①]
059 콘크리트용 골재에 요구되는 성질을 체크하시오.

① 청정, 내구적인 것으로 유해량의 먼지, 흙, 유기 불순물 등을 포함할 것 (　　)

② 구형이 가장 좋으며 표면이 매끄러운 것 (　　)

③ 입도는 조립에서 세립까지 연속적으로 균등히 혼합되어 있을 것 (　　)

④ 강도는 콘크리트 중의 경화시멘트 페이스트의 강도 이상일 것 (　　)

⑤ 원형에 가까운 골재일 것 (　　)

⑥ 굵은골재의 최대치수가 25mm 이하의 것 (　　)

⑦ 화강석 등 단단한 잔골재나 굵은골재일 것 (　　)

⑧ 표면이 유리알 모양으로 매끈한 골재일 것 (　　)

⑨ 콘크리트강도를 확보하는 강성(세기)을 지닐 것 (　　)

⑩ 골재의 입형은 편평, 세장할 것 (　　)

⑪ 잔골재는 유기불순물시험에 합격한 것 (　　)

⑫ 골재의 입형은 가능한 한 편평, 세장하지 않을 것 (　　)

⑬ 골재의 강도는 콘크리트 중의 경화시멘트 페이스트의 강도보다 작을 것 (　　)

⑭ 골재는 청정, 내구적인 것으로 유해량의 먼지, 흙, 유기불순물 등을 포함하지 않을 것 (　　)

⑮ 골재의 강도는 콘크리트 중의 경화시멘트 페이스트의 강도 이상일 것 (　　)

⑯ 골재의 입형은 세장하고, 표면이 매끈할 것 (　　)

⑰ 콘크리트의 유동성을 확보할 수 있도록 정방형의 입형과 적절한 입도일 것 (　　)

⑱ 물리적, 화학적으로 안정성을 가질 것 (　　)

⑲ 시멘트 페이스트의 강도보다 강할 것 (　　)

⑳ 유해한 물질을 함유하지 않을 것 (　　)

㉑ 견경한 것 (　　)

㉒ 구형에 가까운 것 (　　)

㉓ 청정한 것 (　　)

㉔ 표면이 매끈한 것 (　　)

★중요　　　　　　　　　　[06②, 11①, 14①, 24②]
060 실적률이 큰 골재를 사용한 콘크리트에 대한 설명으로 올바른지 체크하시오.

① 단위 시멘트량을 줄일 수 있다. (　　)

② 콘크리트의 마모저항의 증대를 기대할 수 있다. (　　)

③ 콘크리트의 내구성 및 강도를 높일 수 있다. (　　)

④ 콘크리트의 투수성이나 흡수성이 커진다. (　　)

[15①]
061 철근콘크리트 구조용 골재로 해사를 사용할 경우 우선 조치하여야 할 사항을 체크하시오.

① 해사를 충분히 건조시킨 후 사용한다. (　　)

② 물−시멘트비를 증가시킨다. (　　)

③ 조골재를 많이 넣어 잔골재율을 낮춘다. (　　)

④ 토사를 충분히 물에 씻어 사용한다. (　　)

[07③]
062 콘크리트용 보통골재에 관한 설명으로 올바른지 체크하시오.

① 잔골재의 염화물(NaCl) 허용한도는 0.04%이다. (　　)

② 골재의 절대건조밀도(g/cm³)는 2.5 이상이어야 한다. (　　)

③ 굵은골재의 최대치수는 철근간격의 4/5 이하로 해야 한다. (　　)

④ 잔골재의 조립률은 3~4 정도가 적당하다. (　　)

[14③]
063 골재의 입도와 최대치수에 대한 설명으로 올바른지 체크하시오.

① 골재의 입도는 골재의 입자 크기의 분포 정도를 나타낸다. (　　)

② 입도분포가 양호한 골재는 실적률이 낮다. (　　)

③ 단위용적당 굵은골재의 최대치수가 지나치게 크면 재료 분리 현상이 커진다. (　　)

④ 골재의 최대치수는 철근치수와 배근간격에 따라 결정된다. (　　)

[19②]

064 콘크리트용 골재의 입도에 관한 설명으로 올바른지 체크하시오.

① 입도란 골재의 작고 큰 입자의 혼합된 정도를 말한다. (　)

② 입도가 적당하지 않은 골재를 사용할 경우에는 콘크리트의 재료분리가 발생하기 쉽다. (　)

③ 골재의 입도를 표시하는 방법으로 조립률이 있다. (　)

④ 골재의 입도는 블레인 시험으로 구한다. (　)

[18③]

065 골재의 입도분포가 적정하지 않을 때 콘크리트에 나타날 수 있는 현상을 체크하시오.

① 유동성, 충전성이 불충분해서 재료분리가 발생할 수 있다. (　)

② 경화콘크리트의 강도가 저하될 수 있다. (　)

③ 콘크리트의 곰보 발생의 원인이 될 수 있다. (　)

④ 콘크리트의 응결과 경화에 크게 영향을 줄 수 있다. (　)

[15③]

066 철근콘크리트에 사용하는 굵은골재의 최대치수를 정하는 가장 중요한 이유를 체크하시오.

① 재료분리현상을 막기 위해서 (　)

② 콘크리트가 철근 사이를 자유롭게 통과할 수 있도록 하기 위해서 (　)

③ 균질한 콘크리트를 만들기 위해서 (　)

④ 사용골재를 줄이기 위해서 (　)

[18②]

067 체가름 시험을 하였을 때 각 체에 남는 누계량의 전체 시료에 대한 질량백분율의 합을 100으로 나눈 값을 체크하시오.

① 실적률 (　)　　　② 유효흡수율 (　)

③ 조립율 (　)　　　④ 함수율 (　)

★중요

[10①, 11③, 14③, 25③]

068 골재의 조립률(Fineness Modulus)에 관한 설명으로 올바른지 체크하시오.

① 모래보다 자갈의 조립률이 크다. (　)

② 자갈의 조립률이 2.6~3.1이면 입도가 좋은 편이

다. (　)

③ 같은 골재라도 입경이 크면 조립률은 커진다.

(　)

④ 조립률을 구하기 위해서 체가름 시험방법을 활용한다. (　)

[12③, 16③]

069 경량콘크리트 제작용 골재에 해당하는 것을 체크하시오.

① 자철광 (　)　　　② 중정석 (　)

③ 팽창혈암 (　)　　④ 갈철광 (　)

⑤ 펄라이트 (　)　　⑥ 화산암 (　)

⑦ 팽창질석 (　)

[11②, 17③]

070 골재로 사용할 수 있는 것을 체크하시오.

① 락크 울(rock wool) (　)

② 질석(vermiculite) (　)

③ 펄라이트(perlite) (　)

④ 화산자갈(volcanic gravel) (　)

[19③]

071 방사선 차폐용 콘크리트 제작에 사용되는 골재를 체크하시오.

① 흑요석 (　)　　　② 적철광 (　)

③ 중정석 (　)　　　④ 자철광 (　)

[10②]

072 골재의 함수상태에 대한 식으로 올바른지 체크하시오.

① 흡수량 = (표면건조상태의 중량) − (절대건조상태의 중량) (　)

② 유효흡수량 = (표면건조상태의 중량) − (기건상태의 중량) (　)

③ 표면수량 = (습윤상태의 중량) − (표면건조상태의 중량) (　)

④ 전체함수량 = (습윤상태의 중량) − (기건상태의 중량) (　)

[19③]

073 골재의 수량과 관련된 설명으로 올바른지 체크하시오.

① 흡수량 : 습윤상태의 골재 내외에 함유하는 전수량 (　)

② 표면수량 : 습윤상태의 골재표면의 수량 (　　)

③ 유효흡수량 : 흡수량과 기건상태의 골재 내에 함유된 수량의 차 (　　)

④ 절건상태 : 일정 질량이 될 때까지 110℃ 이하의 온도로 가열 건조한 상태 (　　)

[06②]

074 골재의 유효흡수량에 대한 설명으로 올바른지 체크하시오.

① 표면건조 포화상태의 골재가 습윤상태로 될 때까지 흡수되어지는 수량을 말한다. (　　)

② 공기 중 건조상태의 골재가 표면건조 포화상태로 될 때까지 흡수되어지는 수량을 말한다. (　　)

③ 절대건조상태의 골재가 습윤상태로 될 때까지 흡수되어지는 수량을 말한다. (　　)

④ 절대건조상태의 골재가 표면건조 포화상태로 될 때 까지 흡수되어지는 수량을 말한다. (　　)

[19②]

075 골재의 함수상태 사이의 관계를 나타낸 식으로 올바른지 체크하시오.

① 유효흡수량 = 표건상태 – 기건상태 (　　)

② 흡수량 = 습윤상태 – 표건상태 (　　)

③ 전함수량 = 습윤상태 – 기건상태 (　　)

④ 표면수량 = 기건상태 – 절건상태 (　　)

[09②]

076 콘크리트의 골재시험과 관련 있는 시험을 체크하시오.

① 단위 용적 중량시험 (　　)

② 안전성 시험 (　　)

③ 체가름 시험 (　　)

④ 크리프 시험 (　　)

★중요

[02①, 07③, 11③, 14②, 17②, 18③, 21①]

077 콘크리트 배합설계에 있어서 기준이 되는 골재의 함수 상태를 체크하시오.

① 절건상태 (　　)

② 기건상태 (　　)

③ 표건상태 (　　)

④ 습윤상태 (　　)

★중요

[05③, 08①, 11③, 13②, 19②, 20①, 21③]

078 콘크리트 혼화제 중 AE제를 사용하는 목적을 체크하시오.

① 콘크리트의 압축강도를 증대시킨다. (　　)

② 워커빌리티를 향상시킨다. (　　)

③ 동결융해 저항성능을 향상시킨다. (　　)

④ 블리딩 등의 재료분리를 작게 한다. (　　)

⑤ 단위수량을 감소시킨다. (　　)

⑥ 철근과의 부착강도를 증대시킨다. (　　)

⑦ 워커빌리티를 개선시킨다. (　　)

⑧ 마모에 대한 저항성을 증대시킨다. (　　)

⑨ 압축강도를 증가시킨다. (　　)

⑩ 플레인 콘크리트와 동일한 강도를 내기 위한 단위 시멘트량을 줄일 수 있다. (　　)

⑪ 단위시멘트량이 일정한 경우 플레인 콘크리트보다 강도를 증가시킬 수 있다. (　　)

⑫ 계면활성작용에 의해 시멘트페이스트의 유동성을 감소시킴으로써 콘크리트의 블리딩을 감소시킬 수 있다. (　　)

⑬ 플레인 콘크리트와 동일한 워커빌리티의 콘크리트를 만드는 데 필요한 단위수량을 감소시킬 수 있다. (　　)

⑭ 단위시멘트량을 감소시킨다. (　　)

⑮ 시공연도를 개선시킨다. (　　)

⑯ 단열성을 향상시킨다. (　　)

★중요

[03②, 05②, 10①, 22②]

079 AE콘크리트의 특징에 대한 설명으로 올바른지 체크하시오.

① 동결융해 저항성이 증가한다. (　　)

② 시공연도가 좋아진다. (　　)

③ 단위수량이 증가한다. (　　)

④ 철근과의 부착강도는 다소 적어지는 경향이 있다. (　　)

⑤ 공기량이 많을수록 슬럼프는 증대한다. (　　)

⑥ 염분 및 동결융해에 대한 저항성이 감소된다. (　　)

⑦ 콘크리트의 재료분리, 블리딩이 감소된다. (　　)

⑧ 콘크리트의 물–시멘트비가 일정한 경우 공기량을 증가시키면 압축강도는 저하된다. (　　)

080 혼화재료 중 사용량이 비교적 많아서 그 자체의 부피가 콘크리트 비비기 용적에 계산되는 혼화재를 체크하시오.

① 플라이애시 (　　)

② 팽창제 (　　)

③ 고성능 AE 감수제 (　　)

④ 고로슬래그 미분말 (　　)

★중요　　[03②, 06③, 15②, 22①]

081 콘크리트 혼화재료 중 플라이애시(Fly Ash)에 관한 설명으로 올바른지 체크하시오.

① 수밀성이 증대된다. (　　)

② 저알칼리시멘트의 효과를 나타낸다. (　　)

③ 콘크리트의 워커빌리티(workability)를 좋게 한다. (　　)

④ 초기강도는 증가하지만 장기강도는 감소된다.
(　　)

⑤ 콘크리트의 워커빌리티를 개선시키고 펌핑성을 향상시킨다. (　　)

⑥ 콘크리트의 수밀성을 향상시킨다. (　　)

⑦ 해수 중의 황산염에 대한 저항성을 높인다. (　　)

⑧ 콘크리트의 수화 초기 시의 발열량을 증가시킨다. (　　)

⑨ 주성분은 탄소(C)이다. (　　)

⑩ 콘크리트의 수화 초기 시의 발열량을 감소시킨다. (　　)

★중요　　[05②, 08②, 14③, 21②]

082 플라이애시를 혼입한 콘크리트의 특성으로 올바른지 체크하시오.

① 동일한 워커빌리티를 가진 보통콘크리트보다 많은 단위수량을 필요로 한다. (　　)

② 동일한 조건의 보통콘크리트보다 중성화 속도가 느리다. (　　)

③ 동일한 조건의 보통콘크리트보다 플라이애시를 사용한 콘크리트는 화학저항성이 증대된다.
(　　)

④ 초기강도는 증가되지만 장기강도에는 큰 영향을 미치지 않는다. (　　)

★중요　　[02③, 09①③, 24③]

083 프리팩트 콘크리트(prepacked concrete)의 특징을 체크하시오.

① 초기강도가 높다. (　　)

② 시멘트가 절약된다. (　　)

③ 건조수축률이 감소된다. (　　)

④ 동결·융해에 대한 내성이 크다. (　　)

⑤ 굵은골재를 사용하므로 재료의 분리나 수축이 보통콘크리트의 1/2 정도로 작다. (　　)

⑥ 높은 압력으로 모르타르를 주입하므로 수밀성이 크고 염류에 대한 내구성도 크다. (　　)

⑦ 보통콘크리트에 비해 초기강도가 매우 높으나 장기강도는 낮다. (　　)

⑧ 기성콘크리트나 암반 또는 철근과의 부착력이 커서 구조물의 수리 및 개조에 유리하다. (　　)

⑨ 굵은골재를 사용하므로 재료의 분리나 수축이 보통콘크리트보다 크다. (　　)

⑩ 초기강도는 작으나 장기강도는 보통 콘크리트와 별 차이가 없다. (　　)

[03①, 16①]

084 수밀콘크리트의 배합에 관한 설명으로 올바른지 체크하시오.

① 배합은 콘크리트의 소요품질이 얻어지는 범위 내에서 단위수량 및 물-결합재비를 가급적 적게 한다. (　　)

② 콘크리트의 소요 슬럼프는 가급적 크게 하고 210mm 이하가 되도록 한다. (　　)

③ 콘크리트의 워커빌리티를 개선시키기 위해 공기연행제, 공기연행감수제 또는 고성능 공기연행감수제를 사용하는 경우라도 공기량은 4% 이하가 되게 한다. (　　)

④ 물-결합재비를 60% 정도로 충분히 하여 밀실하게 다진다. (　　)

⑤ 이음부분을 최대한 적게 한다. (　　)

⑥ AE제 사용으로 시공연도를 높인다. (　　)

⑦ 진동다짐을 충분히 한다. (　　)

[16②]

085 콘크리트 내의 공극을 메워 조직을 치밀하게 하는 공극 충전에 이용되는 재료를 체크하시오.

① 포졸란계 (　　) 　　② 실리콘계 (　　)

③ 아스팔트계 (　　) 　　④ 물유리 (　　)

[04③]

086 부순모래를 이용한 콘크리트에 대한 설명으로 올바른지 체크하시오.

① 강모래를 이용한 콘크리트와 동일한 슬럼프를 얻기 위해서는 단위 수량이 더 필요하다. (　　)

② 미세한 분말량이 많아지면 슬럼프는 증가한다. (　　)

③ 미경화콘크리트의 재료분리와 블리딩이 많아질 때, 미세한 분말량을 증가시키면 그 정도가 작아진다. (　　)

④ 미세한 분말량이 많아짐에 따라 응결의 초결시간과 종결시간이 빨라진다. (　　)

[18③]

087 건설 구조용으로 사용하고 있는 각 재료에 관한 설명으로 올바른지 체크하시오.

① 레진콘크리트는 결합재로 시멘트, 폴리머와 경화제를 혼합한 액상 수지를 골재와 배합하여 제조한다. (　　)

② 섬유보강콘크리트는 콘크리트의 인장강도와 균열에 대한 저항성을 높이고 인성을 대폭 개선시킬 목적으로 만든 복합재료이다. (　　)

③ 폴리머함침콘크리트는 미리 성형한 콘크리트에 액상의 폴리머원료를 침투시켜 그 상태에서 고결시킨 콘크리트이다. (　　)

④ 폴리머시멘트콘크리트는 시멘트와 폴리머를 혼합하여 결합재로 사용한 콘크리트이다. (　　)

[03③]

088 콘크리트의 슬럼프 테스트를 하는 목적을 체크하시오.

① 콘크리트의 시공연도를 알기 위하여 (　　)

② 콘크리트의 강도를 알기 위하여 (　　)

③ 시멘트의 강도를 알기 위하여 (　　)

④ 물-시멘트비를 알기 위하여 (　　)

[05④]

089 콘크리트 슬럼프시험(Slump Test)에 관한 설명으로 올바른지 체크하시오.

① 컨시스턴시를 측정하는 방법으로 사용된다. (　　)

② 시험통의 치수는 윗지름 10cm, 아래지름 20cm, 높이 30cm이다. (　　)

③ 콘크리트를 시험통에 한 번에 넣고 충분히 다진다. (　　)

④ 슬럼프값이 클수록 연도가 좋은 콘크리트이다. (　　)

★중요　　　　　　　　　　[02③, 07②, 12③, 25②]

090 콘크리트의 시공연도 시험방법을 체크하시오.

① 비카트 침 시험(vicat test) (　　)

② 비비 시험(vee bee test) (　　)

③ 플로우 시험(flow test) (　　)

④ 슬럼프 시험(slump test) (　　)

⑤ 체가름 시험 (　　)

⑥ 리몰딩 시험 (　　)

[14①]

091 콘크리트 배합(mix proportion) 중 실제 현장골재의 표면수·흡수량 및 입도상태를 고려하여 시방배합을 현장상태에 적합하게 보정하는 배합을 체크하시오.

① 현장배합(job mix) (　　)

② 용적배합(volume mix) (　　)

③ 중량배합(weight mix) (　　)

④ 계획배합(specified mix) (　　)

[04①]

092 콘크리트 배합에 관한 설명으로 올바른지 체크하시오.

① 공기량을 증가시키면 시공연도는 개선된다. (　　)

② 동일 물-시멘트비에서는 슬럼프값이 클수록 단위시멘트량이 증가한다. (　　)

③ 절대용적배합은 각 재료를 콘크리트 $1m^3$당 중량으로 표시한 배합이다. (　　)

④ 배합강도는 일반적으로 설계기준강도보다 커야 한다. (　　)

093 콘크리트의 배합을 정할 때 목표로 하는 압축강도
로, 품질의 편차 및 양생온도 등을 고려하여 설계기
준강도에 할증한 강도를 체크하시오.

① 배합강도 (　　)

② 설계강도 (　　)

③ 호칭강도 (　　)

④ 소요강도 (　　)

094 콘크리트 강도의 변화를 가장 적게 하고 시공연도
를 조절하는 방법을 체크하시오.

① 물의 증감 (　　)

② 시멘트량의 증감 (　　)

③ 잔골재율의 증감 (　　)

④ 물−시멘트비의 증감 (　　)

095 콘크리트의 강도를 결정하는 변수에 대한 설명으로
올바른지 체크하시오.

① 물시멘트가 일정한 콘크리트에서 공기량 증가에
따른 콘크리트 강도는 감소한다. (　　)

② 물−시멘트비가 일정할 때 빈배합콘크리트가 부
배합의 경우보다 높은 강도를 낼 수 있다. (　　)

③ 콘크리트 비빔방법 중 손비빔으로 하는 것보다
기계비빔으로 하는 것이 강도가 커진다. (　　)

④ 물−시멘트비가 일정할 때 굵은골재의 최대 치수
가 클수록 콘크리트의 강도는 커진다. (　　)

096 철근콘크리트 구조의 부착강도에 관한 설명으로 올
바른지 체크하시오.

① 최초 시멘트페이스트의 점착력에 따라 발생한다.
(　　)

② 콘크리트 압축강도가 증가함에 따라 일반적으로
증가한다. (　　)

③ 거푸집강성이 클수록 부착강도의 증가율은 높아
진다. (　　)

④ 이형철근의 부착강도가 원형철근보다 크다.
(　　)

097 콘크리트의 재료 분리에 관한 설명으로 올바른지
체크하시오.

① 재료의 분리는 콘크리트 질을 저하시키는 원인으
로 각 재료의 비중 차이에 의해 발생한다. (　　)

② 단위수량이 적으면 적을수록 재료 분리가 발생하
지 않는다. (　　)

③ AE제는 콘크리트의 점성을 증가시켜 분리를 적
게하는 데 유효하다. (　　)

④ 사용한 콘크리트가 동일하더라도 굵은골재의 분
리는 시공에 의해 현저하게 변화한다. (　　)

098 굳지 않은 콘크리트의 재료분리 원인을 체크하시오.

① 굵은골재의 최대치수가 지나치게 큰 경우 (　　)

② 배합이 적절하지 않은 경우 (　　)

③ 단위수량이 너무 많은 경우 (　　)

④ AE제나 플라이애시를 첨가한 경우 (　　)

★중요　　　　　　　　　　　[05①, 07②, 20①, 25①]

099 콘크리트의 골재 분리현상에 대한 대책을 체크하
시오.

① 잔골재율을 증가시킨다. (　　)

② 물·시멘트비를 크게 한다. (　　)

③ 표면 활성제를 사용한다. (　　)

④ 단위수량을 감소시킨다. (　　)

⑤ 굵은골재의 최대치수를 크게 한다. (　　)

⑥ 잔골재율을 작게 한다. (　　)

⑦ AE제 플라이애시 등을 사용한다. (　　)

⑧ 바이브레이터로 최대한 진동을 가한다. (　　)

⑨ 단위수량을 크게 한다. (　　)

100 굳지 않은 콘크리트의 성질을 나타낸 용어로 올바
른지 체크하시오.

① 컨시스턴시(Consistency) − 콘크리트에 사용되
는 물의 양에 의한 콘크리트 반죽의 질기 (　　)

② 워커빌리티(Workability) − 콘크리트의 부어넣
기 작업시의 작업 난이도 및 재료분리에 대한 저
항성 (　　)

③ 피니셔빌리티(Finishability) – 굵은골재의 최대
치수, 잔골재율, 잔골재의 입도 등에 따른 마무리
작업의 난이도 (　　)
④ 플라스티시티(Plasticity) – 콘크리트를 펌핑하여
부어 넣는 위치까지 이동시킬 때의 펌핑성 (　　)

[05②]

101 **굳지 않은 콘크리트의 성질 중 플라스티시티
(plasticity)에 대한 설명으로 올바른지 체크하시오.**

① 수량에 의해 변화하는 유동성의 정도 (　　)
② 거푸집 등의 형상에 순응하여 채우기 쉽고 분리
가 일어 나지 않는 성질 (　　)
③ 마감성의 난이를 표시하는 성질 (　　)
④ 콘크리트의 작업성 난이 정도 (　　)

[08①, 13①]

102 **굳지 않은 콘크리트의 성질에 관한 설명으로 올바
른지 체크하시오.**

① 워커빌리티는 정량적인 수치로 표현하는 것이 용
이하다. (　　)
② 컨시스턴시는 콘크리트의 유동속도와 무관하다.
(　　)
③ 플라스티시티는 굵은골재의 최대치수, 잔골재율,
잔골재입도 등에 의한 마감성의 난이를 표시하는
성질이다. (　　)
④ 같은 슬럼프를 나타내는 컨시스턴시의 것이라도
워커빌리티가 동일하다고는 할 수 없다. (　　)

[06①]

103 **굳지 않은 콘크리트의 성질을 표시하는 용어를 체
크하시오.**

① 워커빌리티 (　　)
② 플라스티시티 (　　)
③ 슬럼프 (　　)
④ 피니셔빌리티 (　　)

[15②, 20②, 25②]

104 **콘크리트의 워커빌리티 측정법을 체크하시오.**

① 슬럼프시험 (　　)
② 다짐계수시험 (　　)
③ 비비시험 (　　)

④ 슈미트해머시험 (　　)
⑤ 오토클레이브 팽창도시험 (　　)

[09①]

105 **콘크리트 워커빌리티에 관한 설명으로 올바른지 체
크하시오.**

① 모가 진 깬자갈보다 둥글둥글한 강자갈을 사용하
면 워커빌리티가 좋아진다. (　　)
② 시멘트의 종류에 따라 워커빌리티가 다르다.
(　　)
③ 감수제를 첨가하면 단위수량을 감소시켜 워커빌
리티가 저하된다. (　　)
④ AE제를 첨가하면 워커빌리티가 좋아진다. (　　)

[14②, 19①]

106 **콘크리트의 워커빌리티에 영향을 주는 인자에 관한
설명으로 올바른지 체크하시오.**

① 단위수량이 많을수록 콘크리트의 컨시스턴시는
커진다. (　　)
② 일반적으로 부배합의 경우는 빈배합의 경우보다
콘크리트의 플라스티서티가 증가하므로 워커빌
리티가 좋다고 할 수 있다. (　　)
③ AE제나 감수제에 의해 콘크리트 중에 연행된 미
세한 공기는 볼베어링 작용을 통해 콘크리트의
워커빌리티를 개선한다. (　　)
④ 둥근 형상의 강자갈의 경우보다 편평하고 세장한
입형의 골재를 사용할 경우 워커빌리티가 개선된
다. (　　)
⑤ 단위수량이 증가하면 워커빌리티는 좋아지지만
재료의 분리가 발생하기 쉽다. (　　)
⑥ 골재로 강자갈을 사용한 경우가 깬자갈이나 깬모
래를 사용한 경우보다 워커빌리티가 나쁘다.
(　　)
⑦ 비빔시간이 과도하게 길면 콘크리트의 워커빌리
티는 나빠진다. (　　)

[15①]

107 **콘크리트의 워커빌리티(workability)에 영향을 주
는 요소를 체크하시오.**

① 시멘트의 성질 (　　)　　② 공기량 (　　)
③ 혼화재료 (　　)　　　　④ 풍향 (　　)

[08①]

108 경화콘크리트의 성질에 관한 설명으로 올바른지 체크하시오.

① 콘크리트의 강도는 물-시멘트비의 영향을 크게 받는다. (　)

② 압축강도는 콘크리트의 역학적 기능을 대표한다. (　)

③ 시멘트페이스트가 많을수록 크리프는 작다. (　)

④ 단위수량이 클수록 건조수축은 크게 된다. (　)

★중요　　　　　[05③, 07③, 08③, 11①, 15②, 20②, 23③]

109 콘크리트 건조수축에 관한 설명으로 올바른지 체크하시오.

① 공기량이 같은 조건하에서 단위골재량이 클수록 건조수축이 크다. (　)

② W/C비가 적을수록 건조수축이 크다. (　)

③ 골재의 크기가 일정할 때 슬럼프값이 클수록 건조수축은 작아진다. (　)

④ W/C비가 같은 경우 건조수축은 사용하는 단위시멘트량이 클수록 크다. (　)

⑤ 단위수량이 증가하면 건조수축량이 감소한다. (　)

⑥ 부재치수가 클수록 건조수축량이 적다. (　)

⑦ 골재 중에 포함한 미립분이나 점토는 건조수축을 감소시킨다. (　)

⑧ 습윤양생기간은 건조수축에 큰 영향을 준다. (　)

⑨ 단위시멘트량이 적을수록 커진다. (　)

⑩ 단위수량이 클수록 커진다. (　)

⑪ 골재가 경질이면 작아진다. (　)

[07②, 12①]

110 바다 모래 중의 염분에 의한 철근의 부식을 억제하기 위해 콘크리트에 첨가하는 혼화제의 주성분으로 가장 알맞은 것을 체크하시오.

① 규불화마그네슘 (　)

② 염화칼슘 (　)

③ 아초산염 (　)

④ 실리카흄 (　)

⑤ 페놀 (　)

⑥ 테레핀유 (　)

⑦ 염화칼슘 (　)

[07③, 18②]

111 미리 거푸집 속에 특정한 입도를 가지는 굵은골재를 먼저 채우고 난 후 그 간극에 특수혼화제를 섞어서 만든 모르타르를 주입하여 만드는 특수콘크리트를 체크하시오.

① AE 콘크리트 (　)

② 프리팩트 콘크리트 (　)

③ 진공 콘크리트 (　)

④ 중량 콘크리트 (　)

[08③]

112 트럭믹서에 재료만 공급받아서 현장으로 가는 도중에 혼합하여 사용하는 콘크리트를 체크하시오.

① 센트럴 믹스트 콘크리트 (　)

② 슈링크 믹스트 콘크리트 (　)

③ 트랜싯 믹스트 콘크리트 (　)

④ 배쳐플랜트 콘크리트 (　)

★중요　　　　　[12②, 14③, 15②, 20②, 22③]

113 건물의 바닥 충격음을 저감시키는 방법에 대한 설명으로 올바른지 체크하시오.

① 유리면 등의 완충재를 바닥공간 사이에 넣는다. (　)

② 부드러운 표면마감재를 사용하여 충격력을 작게 한다. (　)

③ 바닥을 띄우는 이중바닥으로 한다. (　)

④ 바닥슬래브의 중량을 작게 한다. (　)

02 단답형 문제

001 [09②]
시멘트(Cement)의 화학성분 중 가장 많이 함유되어 있는 것을 쓰시오.

002 [12①]
시멘트 클링커 구성화합물 중 아리트라고도 부르며, 수화반응이 비교적 빠르고 시멘트의 초기강도(3～28일 강도)를 지배하는 것을 쓰시오.

003 [19①, 24②]
시멘트 조성화합물 중 수화속도가 느리고 수화열도 작게 해주는 성분을 쓰시오.

004 [19③]
시멘트가 시간의 경과에 따라 조직이 굳어져 최종강도에 이르기까지 강도가 서서히 커지는 상태를 의미하는 용어를 쓰시오.

005 [13③]
시멘트가 공기 중의 수분을 흡수하여 일어나는 수화작용을 의미하는 용어를 쓰시오.

006 [11①]
시멘트의 비표면적을 구하는 블레인시험은 무엇을 측정하기 위한 시험인지를 쓰시오.

🔧 **해설** 시멘트 분말도 시험의 종류에는 체분석(표준체에 의한) 방법, 블레인법(공기투과장치에 의한 비표면적시험), 피크노메타법 등이 있다.

007 [02②]
보통 건축용 미경화 콘크리트에 있어서 수분상승(Bleeding) 현상이 일어나는 시간은 콘크리트타설 직후부터 시작하여 몇 분 정도에 끝나는지 쓰시오.

🔧 **해설** 보통 콘크리트의 경우, 블리딩(콘크리트 타설 후 시멘트, 골재 입자 등의 침하에 따라 물이 분리 상승하여 콘크리트 표면에 떠오르는 현상)이 일어나는 시간은 40～60분 사이이며, 블리딩에 의해 부상하는 물인 부상수의 양은 0.6～1.5% 정도이다.

| 정답 |

001 CaO(산화칼슘)　　**002** 규산 제3칼슘(C_3S)　　**003** 규산 제2칼슘　　**004** 경화　　**005** 풍화　　**006** 분말도　　**007** 40～60분

★중요

008 KS L 5201에 따른 1종 보통포틀랜드시멘트의 28일 압축강도 기준을 쓰시오.

⚙ **해설** 포틀랜드시멘트 물리 성능(KS L 5201)

항목		종류				
		1종 (보통)	2종 (중용열)	3종 (조강)	4종 (저열)	5종 (내황산염)
분말도	비표면적 (cm²/g)	2,800 이상		3,300 이상	2,800 이상	
안정도	오토클레이트 팽창도(%)	0.8% 이하				
안정도	르샤틀리에(mm)	10 이하				
응결 시간	초결(분)	60 이상		45 이상	60 이상	
응결 시간	종결(시간)	60 이상				
수화열 (J/g)	7일		290 이하		250 이하	
수화열 (J/g)	28일		340 이하		290 이하	
압축 강도 (MPa)	1일			10 이상		
압축 강도 (MPa)	3일	12.5 이상	7.5 이상	20.0 이상		10.0 이상
압축 강도 (MPa)	7일	22.5 이상	15.0 이상	32.5 이상	7.5 이상	20.0 이상
압축 강도 (MPa)	28일	42.5 이상	32.5 이상	47.5 이상	22.5 이상	40.0 이상
압축 강도 (MPa)	91일				42.5 이상	

★중요

009 보통포틀랜드시멘트의 품질규정(KS L 5201)에서 비카 시험의 초결시간과 종결시간을 쓰시오.

010 시멘트의 발열량을 저감시킬 목적으로 제조된 시멘트로, 건조수축이 작고 내황산염성이 크기 때문에 댐공사에 사용되는 시멘트를 쓰시오.

★중요

011 시멘트 중 소량의 안료를 첨가하여 건축물 내외장면의 마감, 각종 인조석 제조에 사용되는 것을 쓰시오.

★중요

012 보크사이트와 석회석을 원료로 하는 시멘트로, 화학저항성 및 내수성이 우수하며 조기에 극히 치밀한 경화체를 형성할 수 있어 긴급공사 등에 이용되는 시멘트를 쓰시오.

★중요

013 물을 가한 후 24시간 이내에 보통포틀랜드시멘트의 4주 강도의 정도가 발현되며, 내화성이 풍부한 시멘트를 쓰시오.

014 포틀랜드시멘트 클링커에 철용광으로부터 나온 슬래그를 급랭한 급랭슬래그를 혼합하여 이에 응결시간 조정용 석고를 분쇄한 것으로, 수화열량이 적어 매스 콘크리트용으로 사용이 가능한 시멘트를 쓰시오.

★중요 [13①, 15③, 23①]

015 P.S.콘크리트 부재 제작 시 프리스트레스(prestress)를 도입시키기 위해 개발된 시멘트를 쓰시오.

[05②]

016 콘크리트의 방수성, 내약품성, 변형성능의 향상을 목적으로 다량의 고분자재료를 혼입한 시멘트를 쓰시오.

[12②]

017 속빈 콘크리트 A종 블록의 전단면적에 대한 압축강도(MPa)의 최소값을 쓰시오. [단, 전 단면적이란 가압면(길이 × 두께)으로서, 속빈 부분 및 블록 양끝의 오목하게 들어간 부분의 면적도 포함함]

⚙️해설 속빈 콘크리트 블록의 품질(KS F 4002)

구분	기건 비중	전단면적에 대한 압축강도(MPa, N/mm^2)	흡수율 (%)
A종 블록	1.7 미만	4 이상	
B종 블록	1.9 미만	6 이상	
C종 블록		8 이상	10 이하

[03③]

018 속빈 콘크리트 C종 블록의 압축강도(MPa)의 최소값을 쓰시오.

★중요 [09③, 12③, 17②, 25①]

019 콘크리트의 건조수축 시 발생하는 균열을 보완, 개선하기 위하여 콘크리트 속에 다량의 거품을 넣거나 기포를 발생시키기 위해 첨가하는 혼화재를 쓰시오.

[14①, 18③]

020 콘크리트의 건조수축, 구조물의 균열 및 변형을 방지할 목적으로 사용되는 혼화재료를 쓰시오.

★중요 [05③, 15①, 17③, 18①, 23③]

021 보통 콘크리트에서 인장강도/압축강도의 비를 쓰시오.

⚙️해설 콘크리트의 인장강도는 압축강도의 거의 1/10~1/13 정도이고, 휨강도는 압축강도의 1/5~1/7 정도이다.

|정답|

008 42.5Mpa   009 초결시간 : 1시간, 종결시간 : 10시간 이내   010 중용열포틀랜드시멘트   011 백색포틀랜드시멘트
012 알루미나시멘트   013 알루미나시멘트   014 고로시멘트   015 팽창시멘트   016 폴리머시멘트   017 4Mpa
018 8MPa   019 팽창재(expansive producing admixtures)   020 팽창재(expansive producing admixtures)   021 1/10~1/13

022 철근콘크리트 1m³의 무게를 쓰시오.

🔧 **해설** 철근콘크리트 등의 비중

구분	무근 콘크리트	철근 콘크리트	철골철근 콘크리트
비중(무게)	2.3(2.3t)	2.4(2.4t)	2.5(2.5t)

023 생석회와 규사를 혼합하여 고온, 고압하에서 양생하면 수열반응을 일으킨다. 여기에 알루미늄 분말 등의 발포제를 혼합하면 경량화된 강도가 크고 수축이 적은 벽돌, 대형판 등의 제품을 만들 수 있다. 이 제품의 이름을 쓰시오.

024 골재의 실적률을 나타낸 식을 쓰시오. (단, 실적률 : d, 절대건조상태의 골재의 비중 : ρ, 단위용적중량 : W)

🔧 **해설** 실적률$(d) = \dfrac{W}{\rho} \times 100(\%)$

공극률$(V) = \left(1 - \dfrac{W}{\rho}\right) \times 100(\%)$

025 KS F 2503(굵은골재의 밀도 및 흡수율 시험방법)에 따른 흡수율 산정식은 다음과 같다. 여기에서 A가 의미하는 것을 쓰시오.

$$Q = \frac{B - A}{A} \times 100(\%)$$

🔧 **해설** $Q = \dfrac{B - A}{A} \times 100(\%)$

(여기서, A : 절대건조상태의 시료의 중량, B : 공기 중 표면건조포화상태의 시료의 중량, C : 시료의 수중질량)

⭐**중요**

026 KS에 규정된 콘크리트용 부순굵은골재와 부순잔골재의 품질 중 흡수율의 기준을 쓰시오.

🔧 **해설** 골재의 물리적 성질(KS F 2527)

구분	천연골재		부순골재	
	굵은골재	잔골재	굵은골재	잔골재
기호	NG	NS	CG	CS
절대건조밀도 (g/㎤)	2.5 이상			
흡수율(%)	3.0 이하			
안정성(%)	12 이하	10 이하	12 이하	10 이하
마모율(%)	40 이하		40 이하	
입자모양판정, 실적률(%)			55 이상	53 이상

[08②, 18①]

027 프리팩트(프리플레이스트) 콘크리트에서 주입용 모르타르에 쓰이는 모래의 조립률(FM값) 범위를 쓰시오.

⚙ **해설** 잔골재의 입도는 주입모르타르의 양호한 유동성과 보수성을 확보하기 위하여 다음 표의 범위를 표준으로 하며, 조립률은 1.4~2.2 범위로 한다. (KCS 14 20 50)

체의 호칭치수	2.5	1.2	0.6	0.3	0.15
체를 통과한 것의 질량 백분율(%)	100	90~100	60~80	20~50	5~30

[19③]

028 한중콘크리트의 계획배합 시 물-결합재비는 원칙적으로 얼마 이하로 해야 하는지 쓰시오.

⚙ **해설** 한중 콘크리트의 배합은 초기동해 피해 방지를 위한 소요 압축강도가 초기양생 기간 내에 얻어지고, 콘크리트의 설계기준압축강도가 소정의 재령에서 얻어지도록 정하여야 하며, 물-결합재비는 원칙적으로 60% 이하로 하여야 한다.

[03②]

029 철근콘크리트에 사용되는 모래의 경우 일반적인 염화물 중량비의 최대치를 쓰시오.

⚙ **해설** 잔골재의 유해물 함유량(질량 백분율)

종류		천연 잔골재(%)
점토 덩어리		1.0
0.8mm체 통과량	콘크리트 표면이 마모 작용을 받는 경우	3.0
	기타의 경우	5.0
석탄, 갈탄 등으로 밀도 2.0g/㎤의 액체에 뜨는 것	콘크리트의 외관이 중요한 경우	0.5
	기타의 경우	1.0
염화물(NaCl 환산량)		0.04

[13②]

030 굳지 않은 콘크리트의 성질 중 단위수량에 지배되는 묽기 정도를 나타내는 것으로 보통 슬럼프 값으로 표시되는 것을 쓰시오.

[06②]

031 굳지 않은 콘크리트의 성질을 표시하는 용어 중 굵은 골재의 최대치수, 잔골재율, 잔골재입도, 컨시스턴시 등에 의한 마감성의 난이를 표시하는 것을 쓰시오.

|정답|

022 2.4t　**023** ALC(Autoclave Lightweight Concrete, 경량기포 콘크리트)　**024** 실적률(d) = $\frac{W}{\rho} \times 100$(%)

025 절대건조상태의 시료의 중량　**026** 3% 이하　**027** 1.4~2.2　**028** 60%　**029** 0.04%

030 컨시스턴시(consistency, 반죽질기)　**031** 피니셔빌리티(finishability, 마감성)

032 굳지 않은 콘크리트의 성질을 표시하는 용어로, 주로 수량에 의해서 변화하는 유동성의 정도를 나타내는 것을 쓰시오.

035 수분 상승으로 인하여 콘크리트의 표면에 떠올라서 얇은 피막으로 되어 침적한 물질의 명칭을 쓰시오.

⚙ **해설** 레이턴스는 콘크리트 타설 후 블리딩(콘크리트가 타설된 후 비교적 가벼운 물이나 미세한 물질 등이 상승하고, 무거운 골재나 시멘트는 침하하는 현상)에 의해서 부상한 미립물은 콘크리트 표면에 얇은 피막이 되어 침적하는데 이러한 피막을 말한다.

033 용이하게 거푸집에 충전시킬 수 있으며 거푸집을 제거하면 서서히 형태가 변화하나, 재료가 분리되지 않아 굳지 않는 콘크리트의 성질을 쓰시오.

036 시멘트의 수화열에 의한 온도의 상승 및 하강에 따라 작용된 구속응력에 의해 균열이 발생할 위험이 있어 이에 대한 특수한 고려를 요하는 콘크리트를 쓰시오.

034 굳지 않은 콘크리트의 성질을 나타내는 용어로서 콘크리트 타설 작업의 난이도 정도 및 재료의 분리에 저항하는 정도를 나타내는 용어를 쓰시오.

037 환경문제 해결에 부응하는 특수 콘크리트 중 제올라이트(zeolite) 등을 콘크리트에 적용하여 습도상승 등을 억제하는 콘크리트를 쓰시오.

| 정답 |

032 컨시스턴시(consistency, 반죽질기)   033 플라스티서티(plasticity, 성형성)   034 워커빌리티(workability, 시공성)
035 레이턴스   036 매스콘크리트   037 조습성 콘크리트

03 계산형 문제

[07②]

001 물-시멘트비가 60%, 단위시멘트량이 300kg일 경우 필요한 단위수량을 구하시오.

> ⚙ **해설**
>
> 물의 중량 산정(단위수량) : 물시멘트 비 $= \dfrac{W(\text{물의 중량})}{C(\text{시멘트의 중량})} \times 100(\%)$
>
> 그러므로, 물의 중량 $= \dfrac{\text{물시멘트 비} \times C(\text{시멘트의 중량})}{100} = \dfrac{60 \times 300}{100} = 180kg$

[02③]

002 물-시멘트비가 50%일때 시멘트 10포를 쓴 콘크리트에 필요한 물의 양을 구하시오.

> ⚙ **해설**
>
> 물의 중량 산정(단위수량) : 물시멘트 비 $= \dfrac{W(\text{물의 중량})}{C(\text{시멘트의 중량})} \times 100(\%)$
>
> 그러므로, 물의 중량 $= \dfrac{\text{물시멘트 비} \times C(\text{시멘트의 중량})}{100} = \dfrac{50 \times (40 \times 10)}{100} = 200kg = 200\ell$
>
> 여기서, 시멘트 1포대의 무게는 40kg이다.

★중요

[03①, 07③, 16③, 19①, 24②]

003 물-시멘트비를 65%로 콘크리트 1m³를 만드는 데 필요한 물의 양(m³)을 구하시오. [단, 콘크리트 1m³당 시멘트 8 포대(1포대 = 40kg)임]

> ⚙ **해설**
>
> 물의 중량 산정(단위수량) : 물시멘트 비 $= \dfrac{W(\text{물의 중량})}{C(\text{시멘트의 중량})} \times 100(\%)$
>
> 그러므로, 물의 중량 $= \dfrac{\text{물시멘트 비} \times C(\text{시멘트의 중량})}{100} = \dfrac{65 \times (40 \times 8)}{100} = 208kg = 208\ell$
>
> $1m^3 = 1{,}000kg = 1{,}000\ell$ 이므로 $208\ell = 0.208m^3 \fallingdotseq 0.2m^3$

★중요

004 AE콘크리트의 절대용적배합을 나타낸 것이다. 이 콘크리트의 물–시멘트비를 구하시오. (단, 시멘트의 비중은 3.15)

- 단위수량(kg/m³) : 180
- 절대용적(ℓ/m³) : 시멘트 95, 모래 305, 자갈 380

⚙ 해설

$$\text{물시멘트 비} = \frac{\text{W(물의 중량)}}{\text{C(시멘트의 중량)}} \times 100(\%)$$

그런데, 단위수량 : $180kg/m^3$, 시멘트의 용적 : $95\ell/m^3$를 무게로 환산하여야 하므로,

시멘트의 중량 = 시멘트의 용적 × 비중 = $95\ell/m^3 \times 3.15kg/m^3 = 299.25kg/m^3$

그러므로, $\text{물시멘트 비} = \frac{\text{W(물의 중량)}}{\text{C(시멘트의 중량)}} \times 100(\%) = \frac{180}{299.25} \times 100 = 60.15\% \fallingdotseq 60\%$

★중요

005 콘크리트의 배합 설계 시 굵은골재의 절대용적이 500cm³, 잔골재의 절대용적이 300cm³라 할 때 잔골재율(%)을 구하시오.

⚙ 해설

$$\text{잔골재율} = \frac{\text{잔골재의 절대용적}}{\text{전체 골재의 절대용적}} \times 100(\%) = \frac{\text{잔골재의 절대용적}}{\text{잔골재의 절대용적 + 굵은 골재의 절대용적}} \times 100(\%)$$

그러므로, $\text{잔골재율} = \frac{\text{잔골재의 절대용적}}{\text{잔골재의 절대용적 + 굵은 골재의 절대용적}} \times 100(\%) = \frac{300}{300 + 500} \times 100 = 37.5\%$

★중요

006 골재의 함수상태에 따른 중량이 다음과 같을 경우 흡수율을 구하시오.

- 절대건조상태 : 490g,   · 표면건조상태 : 500g,   · 습윤상태 : 550g

⚙ 해설

흡수율이란 전건(절건)중량에 대한 흡수량이다.

즉, $\text{흡수율} = \frac{\text{흡수량}}{\text{절건(전건) 중량}} \times 100(\%) = \frac{\text{전함수량 – 표면수량}}{\text{절건(전건) 중량}} \times 100(\%)$

$\quad = \frac{\text{기건함수량 + 유효함수량}}{\text{절건(전건) 중량}} \times 100(\%)$이다.

그러므로, $\text{흡수율} = \frac{\text{전함수량 – 표면수량}}{\text{절건(전건) 중량}} \times 100(\%) = \frac{(550 - 490) - (550 - 500)}{490} \times 100(\%) = 2.04\%$

★중요

007 잔골재를 각 상태에서 계량한 결과 그 무게가 다음과 같을 때 이 골재의 유효 흡수율을 구하시오.

> • 절대건조상태 : 2,000g, • 기건상태 : 2,066g, • 표면건조상태 : 2,124g, • 습윤상태 : 2,152g

⚙ 해설

유효 흡수율의 산정 : 유효 흡수율이란 기건 중량에 대한 유효 흡수량이다.

즉, 유효 흡수율 $= \dfrac{\text{유효 흡수량}}{\text{절건(전건) 중량}} \times 100(\%) = \dfrac{\text{흡수량} - \text{기건 흡수량}}{\text{절건(전건) 중량}} \times 100(\%)$

$$= \dfrac{(2,124 - 2,000) - (2,066 - 2,000)}{2,066} \times 100(\%) = 2.807 ≒ 2.81\%$$

★중요

008 어떤 석재의 질량이 다음과 같을 때 이 석재의 표면건조 포화상태의 비중을 구하시오.

> • 건조 질량 : 400g, • 물 속 질량 : 300g, • 표면건조 포화상태의 질량 : 450g

⚙ 해설

골재의 밀도 산정

절대건조 상태의 밀도	$d = \dfrac{A}{B-C} \times \rho$	• A : 절대건조상태의 시료의 중량 • B : 공기 중 표면건조포화상태의 시료의 중량
표면건조 포화상태의 밀도	$d = \dfrac{B}{B-C} \times \rho$	• C : 시료의 수중질량 • ρ : 물의 밀도(=1)

위의 식에서, $d = \dfrac{B}{B-C} \times \rho = \dfrac{450}{450 - 300} = 3$

01 진위형 문제

▶ 해설편 168p

※ 다음 문제를 읽고, 옳으면 ○, 틀리면 ×를 괄호 안에 표기하시오.

[14②]

001 주철의 최대 장점인 주조성을 가지며, 또한 결점인 취성을 제거하여 강과 같이 단조할 수 있는 제품으로 듀벨, 창호철물, 파이프 등에 사용되는 것을 체크하시오.

① 고급주철 ( )　　② 강성주철 ( )

③ 가단주철 ( )　　④ 백주철 ( )

[18①]

002 구조용 강재에 관한 설명으로 올바른지 체크하시오.

① 탄소의 함유량을 1%까지 증가시키면 강도와 경도는 일반적으로 감소한다. ( )

② 구조용 탄소강은 보통 저탄소강이다. ( )

③ 구조용강 중 연강은 철근 또는 철골재로 사용된다. ( )

④ 구조용 강재의 대부분은 압연강재이다. ( )

[03①]

003 탄소강의 성질에 대한 설명으로 올바른지 체크하시오.

① 합금강에 비해 인장강도와 경도가 크다. ( )

② 보통 저탄소강이 구조용으로 쓰인다. ( )

③ 열처리를 해도 성질 변화가 없다. ( )

④ 탄소함유량이 많으면 많을수록 경도가 커진다.

( )

[06②]

004 압연에서 만든 단면이 ㄴ, ㄷ, H, I형 등의 일정한 모양을 이루고 있는 구조용 압연강재를 체크하시오.

① 형강 ( )

② 봉강 ( )

③ 선재 ( )

④ 강관 ( )

[04①]

005 연강의 용도로 적당한 것을 체크하시오.

① 강판 ( )

② 철근 ( )

③ 조선용 형강 ( )

④ 스프링 ( )

★중요　　[10①, 14③, 19②, 24①]

006 탄소함유량이 많은 순서대로 올바르게 나열한 것을 체크하시오.

① 연철 〉탄소강 〉주철 ( )

② 연철 〉주철 〉탄소강 ( )

③ 탄소강 〉주철 〉연철 ( )

④ 주철 〉탄소강 〉연철 ( )

[02②]

007 탄소강의 성질과 탄소함유량의 관계에 관한 설명으로 올바른지 체크하시오.

① 연신율은 탄소함유량의 증대에 따라 감소한다.

( )

② 인장강도는 탄소함유량의 증가에 따라 계속해서 증가한다. ( )

③ 압축과 인장의 허용강도는 같다. ( )

④ 경도는 탄소함유량의 증대에 따라 계속 증가하지 않는다. ( )

★중요　　[07③, 14①, 17①, 23①]

008 강(鋼)에 함유된 탄소 성분이 강재성질에 끼치는 영향을 체크하시오.

① 강도의 증감 ( )

② 연율(신율)의 증감 ( )

③ 내산, 내알칼리성의 증감 ( )

④ 경도의 증감 ( )

★중요　　[13③, 14②, 18③]

009 강의 물리적 성질 중 탄소함유량이 증가함에 따라 나타나는 현상을 체크하시오.

① 비중이 낮아진다. ( )

② 열전도율이 커진다. (　　)

③ 팽창계수가 낮아진다. (　　)

④ 비열과 전기저항이 커진다. (　　)

⑤ 경도가 높아진다. (　　)

⑥ 인성이 낮아진다. (　　)

⑦ 연성이 낮아진다. (　　)

⑧ 용접성이 좋아진다. (　　)

[16②]

010 금속의 기계적 성질에 대한 설명으로 올바른지 체크하시오.

① 강은 탄소의 함유량이 많을수록 강도가 작아진다. (　　)

② 신율은 탄소량이 증가할수록 비례해서 증가한다. (　　)

③ 경도는 탄소량 2%까지는 탄소량에 비례하고, 그 이상에서는 감소한다. (　　)

④ 봉강은 탄소량이 적을수록 연질이므로 굴곡가공이 용이하다. (　　)

[14②]

011 강재의 경우 저온에서 인장할 때 또는 결함부가 있게 되면 연신율과 단면수축률이 없이 파단되는 현상을 체크하시오.

① 연성파괴 (　　)

② 취성파괴 (　　)

③ 청열취성 (　　)

④ 저온취성 (　　)

[03③]

012 철재의 성질에 관한 설명으로 올바른지 체크하시오.

① 강재의 인장강도는 탄소량의 증가에 따라 상승하여 0.85% 정도에서 최대이지만 그 이상 탄소함유량이 증가하게 되면 감소한다. (　　)

② 강의 열처리에서 담금질은 경도를 감소시키고 내부응력을 제거하여 연성과 인성을 크게 하기 위해 실시한다. (　　)

③ 강의 영계수(Young's Modulus)는 콘크리트의 약 10배이다. (　　)

④ 강의 온도변화에 대한 팽창계수는 콘크리트의 팽창계수와 거의 유사하다. (　　)

[04③, 07③, 10①]

★중요

013 강(鋼)의 응력-변형도 곡선의 그림에서 A와 C점이 나타내는 것으로 올바른지 체크하시오.

① A : 탄성한도, C : 상항복점 (　　)

② A : 인장강도, C : 비례한도 (　　)

③ A : 비례한도, C : 하항복점 (　　)

④ A : 하항복점, C : 파괴점 (　　)

[03②, 05②, 14①, 16③]

★중요

014 연강의 인장시험에서 탄성에서 소성으로 변하는 경계를 체크하시오.

① 비례한도 (　　)　　　② 변형경화 (　　)

③ 항복점 (　　)　　　④ 파단점 (　　)

[02①③, 03②, 04②, 06①②, 07①③, 08①②, 09③, 12③, 13②, 14①, 16①, 18①, 19①, 25②]

★중요

015 알루미늄의 물리적 성질에 대한 설명으로 올바른지 체크하시오.

① 비중은 약 2.7, 융점은 약 660℃ 정도이다. (　　)

② 반사율이 크므로 열선(熱線) 등을 차단하여 열차단재로 쓰인다. (　　)

③ 열팽창율은 철과 거의 비슷하다. (　　)

④ 경량질인데 비하여 강도가 커서 준구조재로 사용된다. (　　)

⑤ 반사율이 극히 크므로 열차단재로 쓰인다. (　　)

⑥ 내화성이 적고 열팽창이 크다. (　　)

⑦ 산과 알칼리에 대한 내성이 강한 편이다. (　　)

⑧ 철(Fe)에 비해 융점이 낮다. (　　)

⑨ 동(Cu)보다 전기전도성이 작다. (　　)

⑩ 알칼리나 해수로 인해 부식된다. (　　)

⑪ 반사율이 낮아 태양열의 차단효과는 없다. (　　)

⑫ 용해주조도는 좋으나 내화성이 부족하다. (　　)

⑬ 알칼리나 해수에 약하다. (　　)

⑭ 내식도료로 광명단을 사용한다. (   )

⑮ 열·전기전도성이 크고 반사율이 높다. (   )

⑯ 반사율이 작으므로 열 차단재로 쓰인다. (   )

⑰ 상온에서 판, 선으로 압연가공하면 경도와 인장강도가 증가하고 연신율이 감소한다. (   )

⑱ 산과 알칼리에 약하여 콘크리트에 접하는 면에는 방식 처리를 요한다. (   )

⑲ 융점이 낮기 때문에 용해주조도는 좋으나 내화성이 부족하다. (   )

⑳ 알칼리나 해수에는 부식이 쉽게 일어나지 않지만 대기 중에서는 쉽게 침식된다. (   )

㉑ 비중이 철의 1/3 정도로 경량이다. (   )

㉒ 알칼리에 대하여 강한 성질을 가지고 있다. (   )

㉓ 압연, 인발 등의 가공성이 좋다. (   )

㉔ 내화성이 적다. (   )

㉕ 연질이기 때문에 손상되기 쉽다. (   )

㉖ Al-Cu계 합금은 내열성과 강도는 나쁘나 내식성이 좋다. (   )

㉗ 열·전기전도성이 낮고 반사율이 낮다. (   )

㉘ 250~300℃에서 풀림한 것은 콘크리트 등의 알칼리에 침식되지 않는다. (   )

㉙ 전연성이 좋고 내식성이 우수하다. (   )

㉚ 온도가 상승함에 따라 인장강도가 급히 감소하고 600℃에 거의 0이 된다. (   )

㉛ 전기와 열의 양도체이다. (   )

㉜ 알칼리에 침식된다. (   )

㉝ 융점은 640 ~ 660℃ 정도이다. (   )

㉞ 열에 의한 팽창계수는 콘크리트와 유사하다. (   )

㉟ 열·전기전도성이 우수하다. (   )

㊱ 가공성이 나빠서 복잡한 형상의 제작이 곤란하다. (   )

㊲ 내화성이 크다. (   )

㊳ 산, 알칼리 등에 강해서 콘크리트용으로 적합하다. (   )

[03①, 17③]

016 알루미늄의 용도로 적합한 것을 체크하시오.

① 창호철물 (   )

② 콘크리트에 면하는 마감재 (   )

③ 새시 (   )

④ 라디에이터 (   )

⑤ 벽 판넬용 (   )

⑥ 난간용 (   )

⑦ 주택 도어용 (   )

⑧ 콘크리트 매설철물용 (   )

★중요　　　　　[04②, 19①, 20①, 25③]

017 비철금속 중 동(銅)에 관한 설명으로 올바른지 체크하시오.

① 상온에서 연성, 전성이 풍부하다. (   )

② 열 및 전기전도율이 크다. (   )

③ 암모니아와 같은 약알칼리에 강하다. (   )

④ 황동은 구리와 아연을 주체로 한 합금이다. (   )

⑤ 맑은 물에는 침식되나 해수에는 침식되지 않는다. (   )

⑥ 전·연성이 좋아 가공하기 쉬운 편이다. (   )

⑦ 철강보다 내식성이 우수하다. (   )

⑧ 건축재료로는 아연 또는 주석 등을 활용한 합금을 주로 사용한다. (   )

[09③]

018 황동의 성질에 대한 설명으로 올바른지 체크하시오.

① 동과 주석의 합금이다. (   )

② 가공이 용이하고 내식성이 크다. (   )

③ 알칼리 및 암모니아에 침식되기 쉽다. (   )

④ 논슬립, 코너비드, 경첩 등으로 쓰인다. (   )

[08③]

019 동합금 중 청동(bronze)에 대한 설명으로 올바른지 체크하시오.

① 동(Cu)과 주석(Sn)을 주성분으로 한다. (   )

② 황동에 비해 내식성이 약하다. (   )

③ 황동에 비해 주조성이 뛰어나다. (   )

④ 건축물의 장식 부품 또는 미술 공예재로 사용된다. (   )

[05①, 15①]

020 납(Pb)에 대한 설명으로 올바른지 체크하시오.

① 방사선의 투과도가 낮아 건축에서 방사선 차폐용 벽체에 이용된다. (   )

② 비중이 11.4로 아주 크고 연질이며 전·연성이 크다. (   )

③ 콘크리트 중에 매입할 경우 적당히 표면을 피복할 필요가 있다. (　)

④ 증류수에 용해가 되지 않으나 인체에 유독하여 수도관에는 사용할 수 없다. (　)

[02③]

021 **연(鉛)의 화학적 성질로 올바른지 체크하시오.**

① 염산, 황산에는 침해되고 묽은 질산에는 녹지 않는다. (　)

② 알칼리에 약하며 콘크리트와 접촉되는 곳은 아스팔트 등으로 보호한다. (　)

③ 공기 중에는 습기와 CO_2에 의하여 표면에 $PbCO_3$ 등이 생겨 내부를 보호한다. (　)

④ 연을 가열하면 황색의 리사지라 불리우는 PbO가 되고 다시 가열하면 광명단이 된다. (　)

[02②, 17②]

022 **방사선 차단성이 큰 금속을 체크하시오.**

① 납 (　)　　　　② 알루미늄 (　)
③ 동 (　)　　　　④ 주철 (　)

[07①, 16③]

023 **금속의 종류 중 아연에 관한 설명으로 올바른지 체크하시오.**

① 청색을 띤 백색 금속이며, 비점이 비교적 낮다. (　)

② 건조한 공기 중에서는 거의 산화하지 않는다. (　)

③ 인장강도나 연신율이 높기 때문에 가공성이 좋다. (　)

④ 산, 알칼리 등은 아연의 부식을 촉진한다. (　)

⑤ 인장강도나 연신율이 낮은 편이다. (　)

⑥ 이온화 경향이 크고, 구리 등에 의해 침식된다. (　)

⑦ 아연은 수중에서 부식이 빠른 속도로 진행된다. (　)

⑧ 철판의 아연도금에 널리 사용된다. (　)

★중요　　　　　　　　　[05③, 12②, 15③, 24②]

024 **열 및 전기 전도율이 가장 큰 금속을 체크하시오.**

① 알루미늄 (　)　　　② 크롬 (　)

③ 니켈 (　)　　　　④ 구리 (　)

[12①]

025 **금속관 중 가장 내산성이 우수한 것을 체크하시오.**

① 연관 (　)　　　　② 동관 (　)
③ 알루미늄관 (　)　　④ 강관 (　)

[17①]

026 **비철금속에 관한 설명으로 올바른지 체크하시오.**

① 비철금속은 철 이외의 금속을 말한다. (　)

② 철금속에 비하여 내식성이 우수하고 경량이다. (　)

③ 가공이 용이하여 건축용 장식에도 사용된다. (　)

④ 비철금속의 종류는 철강과 탄소강이 있다. (　)

★중요　　[04①, 05①, 06③, 07②, 15①, 19③, 20②, 23②]

027 **비철금속에 대한 설명으로 올바른지 체크하시오.**

① 주석은 융점이 낮고 주조성, 단조성이 좋아 각종 금속과 합금이 유리하다. (　)

② 니켈은 구조용 특수강, 스테인레스강, 내열강 등의 합금원소로서 많이 사용된다. (　)

③ 알루미늄은 상온에서 판, 선으로 압연가공하면 경도와 인장강도가 감소하고 연신율이 증가한다. (　)

④ 동은 연성이고 가공성이 풍부하여 판재, 선 등으로 만들기가 용이하고, 냉간가공으로 적당한 강도를 낼 수 있다. (　)

⑤ 아연판은 철과 접촉하면 침식되므로 아연못을 사용한다. (　)

⑥ 동은 대기 중에서 내구성이 있으나 암모니아에 침식 된다. (　)

⑦ 연은 산과 알칼리에 강하므로 콘크리트에 직접 매설하여도 침식이 적다. (　)

⑧ 동은 전연성이 풍부하므로 가공하기 쉽다. (　)

⑨ 동은 연성이고 가공성이 풍부하여 판재, 선, 봉 등으로 만들기가 용이하다. (　)

⑩ 납은 비중이 아주 크고 연질이며 전·연성이 크고 융점이 낮다. (　)

⑪ 주석은 은백색의 연한 금속으로 주조성, 단조성이 좋아 각종 금속과 합금이 유리하다. (　)

⑫ 니켈은 아황산가스가 있는 공기에는 심하게 부식 된다. (　　)

⑬ 납은 내식성이 우수하고, 방사선의 투과도가 낮아 건축에서 방사선 차폐용 벽체에 이용된다.
(　　)

⑭ 알루미늄은 전기전도성이 크고 반사율이 높다.
(　　)

⑮ 알루미늄은 융점이 높기 때문에 용해주조도는 좋지 않으나 내화성이 우수하다. (　　)

⑯ 황동은 동과 주석 또는 기타의 원소를 가하여 합금한 것으로, 청동과 비교하여 주조성이 우수하다. (　　)

⑰ 니켈은 아황산가스가 있는 공기에서는 부식되지 않지만 수중에서는 색이 변한다. (　　)

⑱ 납은 내식성이 우수하고 방사선의 투과도가 낮아 건축에서 방사선 차폐용 벽체에 이용된다. (　　)

⑲ 청동은 동과 주석의 합금으로 건축장식철물 또는 미술공예재료에 사용된다. (　　)

⑳ 황동은 동과 아연의 합금으로 산에는 침식되기 쉬우나 알칼리나 암모니아에는 침식되지 않는다.
(　　)

㉑ 알루미늄은 광선 및 열의 반사율이 높지만 연질이기 때문에 손상되기 쉽다. (　　)

㉒ 연은 비중이 크고 전성, 연성이 풍부하며 산에는 저항성이 크나 알칼리에는 침식된다. (　　)

★중요　　　　　　　　　　　　　[03②, 08③, 15③, 21③]

028 특수강 중 하나인 스테인리스강에 대한 설명으로 올바른지 체크하시오.

① 스테인리스강은 탄소량이 많을수록 내식성이 커진다. (　　)

② 대기 중이나 물 속에서 녹슬지 않는다. (　　)

③ 벽체의 마감재, 조리대, 전기기구, 장식철물 등에 사용된다. (　　)

④ 탄소강에 크롬, 니켈 등을 포함시킨 합금(특수강)이다. (　　)

⑤ 강도가 높고 열에 대한 저항성이 크다. (　　)

⑥ 먼지가 잘 끼고 표면이 더러워지면 청소가 어렵다. (　　)

⑦ 크롬(Cr)의 첨가량이 증가할수록 내식성이 좋아진다. (　　)

⑧ 전기저항성이 크고 열전도율이 낮다. (　　)

⑨ 탄소량이 적고 내식성이 우수하다. (　　)

⑩ 경도에 비해 가공성이 좋으며 납땜도 가능하다.
(　　)

⑪ 크롬, 니켈 등이 주성분으로 구성되어 있다. (　　)

⑫ 전기저항이 작고 열전도율이 크다. (　　)

[09②, 11③]

029 스테인리스강(stainless steel)에 많이 포함되어 있는 성분의 금속을 체크하시오.

① 망간(Mn) (　　)　　　② 규소(Si) (　　)

③ 크롬(Cr) (　　)　　　④ 인(P) (　　)

★중요　　　　　　　　　[02②, 05②, 16③, 23③]

030 강의 열처리란 금속재료에 필요한 성질을 주기 위하여 가열 또는 냉각하는 조작을 말한다. 강의 열처리 방법에 해당하는 것을 체크하시오.

① 늘림 (　　)　　　② 불림 (　　)

③ 풀림 (　　)　　　④ 뜨임 (　　)

[04③]

031 강의 열처리와 그 효과가 올바르게 연결된 것을 체크하시오.

① 풀림 – 인장강도 증대 (　　)

② 담금질 – 경도 및 강도 증대 (　　)

③ 뜨임질 – 취도 및 경도 증대 (　　)

④ 불림 – 취도 증대 (　　)

[12②]

032 얇은 강판에 마름모꼴의 구멍을 연속적으로 뚫어 그물처럼 만든 것으로 천장, 벽 등의 미장 바탕에 쓰이는 것을 체크하시오.

① 메탈라스 (　　)　　　② 메탈 폼 (　　)

③ 루프 드레인 (　　)　　　④ 조이너 (　　)

★중요　　　　　　[10②, 11①, 16②, 19①, 25②]

033 미장공사에서 코너비드가 사용되는 곳을 체크하시오.

① 계단 손잡이 (　　)

② 기둥의 모서리 (　　)

③ 거푸집 가장자리 (　　)

④ 화장실 칸막이 (　　)

[11①]

034 철근 콘크리트 바닥판 밑에 반자틀이 계획되어 있음에도 불구하고 실수로 인하여 인서트(insert)를 설치하지 않았다고 할 때 인서트의 효과를 낼 수 있는 철물설치방법을 체크하시오.

① 익스팬션 볼트(expansion bolt) 설치 (　)

② 스크류 앵커(screw anchor) 설치 (　)

③ 드라이브 핀(drive pin) 설치 (　)

④ 개스킷(gasket) 설치 (　)

[10③, 15③, 22②]

035 천장에 달대를 고정시키기 위하여 사전에 매설하는 철물을 체크하시오.

① 인서트(insert) (　)

② 드라이브 핀(drive pin) (　)

③ 익스팬션 볼트(expansion bolt) (　)

④ 스크류 앵커(screw anchor) (　)

[09②]

036 금속제품과 그 용도를 짝지은 것으로 올바른지 체크하시오.

① 데크 플레이트 – 콘크리트 슬래브의 거푸집 (　)

② 조이너 – 천장, 벽 등의 이음새 노출방지 (　)

③ 코너비드 – 기둥, 벽의 모서리 미장바름 보호 (　)

④ 펀칭메탈 – 천장 달대를 고정시키는 철물 (　)

★중요　**[05③, 07②, 09①, 13①, 24③]**

037 창호용 철물에 해당하는 것을 체크하시오.

① 플로어 힌지(floor hinge) (　)

② 지도리(pivot) (　)

③ 걸쇠(latch) (　)

④ 인서트(Insert) (　)

⑤ 경첩 (　)

⑥ 도어 체크 (　)

⑦ 익스팬션 볼트 (　)

⑧ 안장쇠 (　)

⑨ 크레센트 (　)

⑩ 도어체인 (　)

⑪ 도어스톱 (　)

⑫ 레일 (　)

[12③]

038 창호 철물로서 도어체크를 달 수 있는 문에 해당하는 것을 체크하시오.

① 미닫이문 (　)　　② 여닫이문 (　)

③ 접이문 (　)　　④ 미서기문 (　)

★중요　**[03③, 13①, 17②, 25①]**

039 알루미늄창호(aluminium sash)에 대한 설명으로 올바른지 체크하시오.

① 기밀성이 좋다. (　)

② 여닫음이 경쾌하다. (　)

③ 알칼리성에 강하고 사용 수명이 길다. (　)

④ 스틸새시에 비하여 내화성이 약하다. (　)

⑤ 강재창호에 비하여 경량이다. (　)

⑥ 녹슬지 않아 유지관리가 쉽다. (　)

⑦ 가공이 쉽고 기밀성이 우수하다. (　)

⑧ 비중이 철의 1/3 정도이다. (　)

⑨ 이종 금속과 접촉하면 부식된다. (　)

⑩ 강성이 적고 열에 의한 팽창·수축이 크다. (　)

[10③]

040 습기가 있는 콘크리트나 모르타르에 알루미늄 새시를 직접 닿지 않도록 해야 하는데, 그 이유를 체크하시오.

① 연질이며 강도가 낮아서 (　)

② 내수성이 약해서 (　)

③ 산, 알칼리 등에 쉽게 침식되어서 (　)

④ 열팽창률이 달라서 (　)

[04③]

041 금속재료에 관한 설명으로 올바른지 체크하시오.

① 강은 탄소함유량의 증가에 따라 비중, 열팽창계수, 열전도율이 커진다. (　)

② 불림은 담금질한 강을 가열한 후로 내부에서 서서히 냉각하는 처리를 말한다. (　)

③ 스테인리스강 중 저탄소인 것일수록 녹이 잘 슬지 않지만 연질이고, 고탄소인 것은 약간 녹이 슬기 쉽지만 강도는 크다. (　)

④ 강의 강도는 100~200℃에서 최대가 되며, 300℃에서는 상온의 1/3 정도가 된다. (　)

[10②, 11①]

042 금속 중 이온화 경향이 가장 큰 것을 체크하시오.

① 아연 (　)

② 알루미늄 (　)

③ 철 (　)

④ 납 (　)

[15②]

043 금속 중 이온화 경향이 가장 큰 것을 체크하시오.

① Zn (　)

② Cu (　)

③ Ni (　)

④ Fe (　)

[13②]

044 철골부재로 쓰이는 형강은 주로 어떤 방법으로 제조하는지 체크하시오.

① 인발법 (　)

② 단조법 (　)

③ 주조법 (　)

④ 압연법 (　)

★중요

[05③④, 06③, 08①, 09①②, 11①, 12③, 14③, 18③, 19③, 20①, 23①]

045 금속 부식을 최소화하기 위한 방법을 체크하시오.

① 가능한 이종 금속을 인접 또는 접촉시키지 않는다. (　)

② 큰 변형을 준 것은 가능한 담금질을 하여 사용한다. (　)

③ 기밀 또는 수밀성 보호피막을 만들어야 한다. (　)

④ 부분적으로 녹이 나면 즉시 제거한다. (　)

⑤ 큰 변형을 준 것은 풀림(annealing)하지 않고 사용해야 한다. (　)

⑥ 철강은 물과 공기에 번갈아 접촉시키면 부식되기 쉽다. (　)

⑦ 방식법에는 철강의 표면을 Zn, Sn, Ni 등과 같은 내식성이 강한 금속으로 도금하는 방법이 있다. (　)

⑧ 일반적으로 산에는 부식되지 않으나 알칼리에는 부식된다. (　)

⑨ 가능한 한 두 종의 서로 다른 금속은 틈이 생기지 않도록 밀착시켜서 사용한다. (　)

⑩ 균질한 것을 선택하고 사용할 때 큰 변형을 주지 않도록 주의한다. (　)

⑪ 표면을 평활, 청결하게 하고 가능한 한 건조상태를 유지하며, 부분적인 녹은 빨리 제거한다. (　)

⑫ 큰 변형을 준 것은 가능한 한 풀림하여 사용한다. (　)

⑬ 토양 속에서의 강재부식은 전기전도도가 낮을수록, pH 값이 높을수록 빠르다. (　)

⑭ 철강의 표면은 대기중의 습기나 탄산가스와 반응하여 수산화제이철, 수산화제일철 및 탄산철 등으로 구성되는 녹을 발생시킨다. (　)

⑮ 물 특히 바닷물 속에서 부식되기 쉬우며, 물과 공기에 번갈아 접촉시키면 더욱 부식되기 쉽다. (　)

⑯ 철근콘크리트 중의 철근 부식은 콘크리트의 성질에 영향을 받는다. (　)

02 단답형 문제

[02①]

001 주철의 압축강도는 인장강도의 몇 배인지를 쓰시오.

⚙ **해설** 주철(탄소의 함유량이 1.70~6.67%인 철이나 보통 사용하고 있는 것은 탄소량이 2.5~4.5% 정도이다. 압축강도는 인장강도의 3~4배 정도로 큼은 기계적 가공(단조, 압연 등)은 할 수 없으나, 녹인 주물을 복잡한 모양으로 쉽게 부어 만들기를 할 수 있다는 특징이 있다.

[12①]

002 황동의 주성분을 쓰시오.

[06②, 08③]

003 두랄루민은 무엇의 합금인지를 쓰시오.

[07②, 14②]

004 구리와 주석의 합금으로 내식성이 크며 주조하기 쉽고 표면에 특유의 아름다운 청록색을 가지고 있어 건축 장식철물 또는 미술공예 재료에 사용되며, 또한 강도와 경도가 커서 기계 또는 건축용 철물로도 이용되는 것을 쓰시오.

★중요

[05④, 13③, 18②, 24③]

005 구리(Cu)와 주석(Sn)을 주체로 한 합금으로 주조성이 우수하고 내식성이 크며 건축 장식철물 또는 미술공예재료에 사용되는 금속을 쓰시오.

[02①]

006 동과 주석의 합금으로 내식성이 강하고 주물로 만들기 용이한 것으로 건축철물이나 장식철물에 이용되는 금속을 쓰시오.

[10②, 13①]

007 크롬·니켈 등을 함유하여 탄소량이 적고 내식성, 내열성이 뛰어나며 건축 재료로 다방면에 사용되는 특수강을 쓰시오.

[08②]

008 철강제품 중에서 내식성, 내마모성이 우수하고 강도가 높으며, 장식적으로도 광택이 미려한 Cr-Ni 합금의 비자성강(鋼)을 쓰시오.

| 정답 |

001 3~4배   002 구리와 아연   003 알루미늄 + 동 + 마그네슘 + 망간   004 청동   005 청동   006 청동
007 스테인리스강(Stainless steel)   008 스테인리스강(Stainless steel)

009 강을 800~1000°C로 가열하여 그 온도에서 수십 분 간 보존한 후 대기 중에서 서서히 냉각하는 열처리로 조직을 개선하고 결정을 미세화하기 위해 실시하는 열처리법을 쓰시오.

★중요 [05①, 06②, 19②, 24①]

010 불림하거나 담금질한 강을 다시 200~600℃로 가열한 후 공기 중에서 냉각하는 처리를 말하며, 경도를 감소시키고 내부응력을 제거하며 연성과 인성을 크게 하기 위해 실시하는 열처리법을 쓰시오.

[10③]

011 담금질을 한 강에 인성을 주기 위하여 변태점 이하의 적당한 온도에서 가열한 다음 냉각시키는 조작을 의미하는 것을 쓰시오.

★중요 [07①, 09③, 12②, 22③]

012 고온으로 가열하여 소정의 시간 동안 유지한 후에 냉수, 온수 또는 기름에 담가 냉각하는 처리로 강도 및 경도, 내마모성의 증진을 목적으로 실시하는 강의 열처리법을 쓰시오.

[04①, 17③]

013 금속성형 가공제품 중 천장, 벽 등의 모르타르 바름 바탕용으로 사용되는 것을 쓰시오.

[02②]

014 지름이 0.9, 1.2, 2.0mm 등의 철선으로 만들며 마름모꼴, 갑형, 원형 등의 형태를 가지고 있는 바름벽 바탕 용으로 쓰이는 금속제품을 쓰시오.

★중요 [04①②, 08③, 16①, 18①, 23②]

015 벽, 기둥 등의 모서리를 보호하기 위하여 미장바름질을 할 때 붙이는 보호용 철물을 쓰시오.

★중요 [06①, 09①, 11①, 21①]

016 실내의 라디에이터 커버, 환기구멍 등에 사용되는 금속 가공 제품을 쓰시오.

017 콘크리트 표면 등에 어떤 구조물 등을 달아 매기 위하여 콘크리트를 부어넣기 전에 미리 묻어 놓은 고정철물로 주철제 또는 철판 가공품의 명칭을 쓰시오.

[11③]

★중요

018 열려진 여닫이문이 저절로 닫히게 하는 장치를 쓰시오.

[03①, 06③, 12①, 22②]

019 창호철물 중 무거운 자재여닫이문을 저절로 닫히게 하는 철물을 쓰시오.

[03③]

020 금속제 용수철과 완충유와의 조합작용으로 열린문이 자동으로 닫히게 하는 것으로 바닥에 설치되며, 일반적으로 무게가 큰 중량창호에 사용되는 것을 쓰시오.

[18②]

| 정답 |

009 불림(소준)　　010 뜨임질(소려)　　011 뜨임질　　012 담금질(Quenching)　　013 메탈라스　　014 와이어라스　　015 코너비드
016 펀칭 메탈(punching meter)　　017 인서트　　018 도어 체크(도어 클로우저)　　019 플로어 힌지　　020 플로어 힌지

01 진위형 문제

▶해설편 176p

※ 다음 문제를 읽고, 옳으면 〇, 틀리면 ✕를 괄호 안에 표기하시오.

★중요 　[02②, 06②, 07②, 13①, 19①, 21①]

001 미장 재료 중에서 수경성인 것을 체크하시오.

① 소석회 (　　)
② 돌로마이트 플라스터 (　　)
③ 마그네시아 석회 (　　)
④ 소석고 (　　)
⑤ 회반죽 (　　)
⑥ 석고 플라스터 (　　)
⑦ 회사벽 (　　)
⑧ 보드용 석고 플라스터 (　　)
⑨ 인조석 바름 (　　)
⑩ 시멘트 모르타르 (　　)
⑪ 순석고 플라스터 (　　)
⑫ 경석고 플라스터 (　　)
⑬ 혼합석고 플라스터 (　　)

★중요 　[10①, 12③, 13③, 14③, 15①, 24①]

002 대기 중의 이산화탄소와 화합해서 경화하는 기경성 미장재료를 체크하시오.

① 시멘트 모르타르 (　　)
② 석고 플라스터 (　　)
③ 돌로마이트 플라스터 (　　)
④ 인조석 바름 (　　)
⑤ 소석회 (　　)
⑥ 경석고 플라스터 (　　)
⑦ 석회크림 (　　)
⑧ 진흙 (　　)
⑨ 회반죽 (　　)

[16①, 23①]

003 수경성 미장재료를 시공할 때의 주의사항을 체크하시오.

① 적절한 통풍을 필요로 한다. (　　)
② 물을 공급하여 양생한다. (　　)
③ 습기가 있는 장소에서 시공이 유리하다. (　　)
④ 경화 시 직사일광 건조를 피한다. (　　)

[03②]

004 물을 사용하는 부위에 적합한 미장재료를 체크하시오.

① 시멘트 (　　)
② 소석회 (　　)
③ 돌로마이트 플라스터 (　　)
④ 석고 플라스터 (　　)

★중요 　[04③, 11①]

005 회반죽은 공기 중의 무엇과 반응하여 화학변화를 일으켜 경화하는지 체크하시오.

① 산소 (　　)
② 질소 (　　)
③ 수소 (　　)
④ 탄산가스 (　　)

[16②]

006 돌로마이트 플라스터는 대기 중의 무엇과 화합하여 경화하는지 체크하시오.

① 이산화탄소(CO_2) (　　)
② 물(H_2O) (　　)
③ 산소(O_2) (　　)
④ 수소(H) (　　)

★중요 　[06①, 08③, 17③, 24②]

007 공기 중의 탄산가스와 화학반응을 일으켜 경화하는 미장재료를 체크하시오.

① 순석고 플라스터 (　　)
② 시멘트 모르타르 (　　)
③ 돌로마이트 플라스터 (　　)
④ 혼합석고 플라스터 (　　)

★중요 [05③, 15②]

008 경화속도가 가장 빠른 미장재료를 체크하시오.

① 시멘트 모르타르 (　　)

② 회반죽 (　　)

③ 돌로마이트 플라스터 (　　)

④ 석고 플라스터 (　　)

[19③]

009 균열 발생이 가장 적은 미장재료를 체크하시오.

① 회반죽 (　　)

② 시멘트 모르타르 (　　)

③ 경석고 플라스터 (　　)

④ 돌로마이트 플라스터 (　　)

[18③]

010 미장재료의 균열방지를 위해 사용되는 보강재료를 체크하시오.

① 여물 (　　)

② 수염 (　　)

③ 종려잎 (　　)

④ 강섬유 (　　)

[09②, 16③]

011 시멘트 모르타르 바름의 작업성이나 부착력 향상을 위해 첨가하는 혼화재를 체크하시오.

① 메틸셀룰로스(CMC) (　　)

② 합성수지에멀션 (　　)

③ 고무계 라텍스 (　　)

④ 에폭시 수지 (　　)

[07③]

012 미장바름에 쓰이는 착색제에 요구되는 성질을 체크하시오.

① 물에 녹지 않아야 한다. (　　)

② 내알칼리성이어야 한다. (　　)

③ 입자가 굵어야 한다. (　　)

④ 미장재료에 나쁜 영향을 주지 않는 것이어야 한다. (　　)

★중요 [03①, 05②, 09③, 16③, 21③]

013 미장공사에서 바탕청소를 하는 주요 목적을 체크하시오.

① 바름층의 경화 및 건조 촉진 (　　)

② 바탕층의 강도 증진 (　　)

③ 바름층과의 접착력 향상 (　　)

④ 바름층의 강도 증진 (　　)

★중요 [03②③, 05①, 14②, 18③, 25③]

014 석고 플라스터의 일반적인 특성에 관한 설명으로 올바른지 체크하시오.

① 경화가 빠르다. (　　)

② 경화되면서 팽창한다. (　　)

③ 킨즈 시멘트는 크림용 석고 플라스터를 말한다. (　　)

④ 수축균열의 위험이 적다. (　　)

⑤ 응결시간이 길고, 건조수축이 크다. (　　)

⑥ 가열하면 결정수를 방출하여 온도상승을 억제하기 때문에 내화성이 있다. (　　)

⑦ 물에 용해되므로 물과 접촉하는 부위에서의 사용은 부적합하다. (　　)

⑧ 일반적으로 소석고를 주성분으로 한다. (　　)

⑨ 해초풀을 섞어 사용한다. (　　)

⑩ 경화시간이 짧다. (　　)

⑪ 신축이 적다. (　　)

⑫ 내화성이 크다. (　　)

⑬ 초기에 경화반응이 느리다. (　　)

⑭ 공기 중의 탄산가스와 반응 경화한다. (　　)

⑮ 경화와 함께 팽창하기 때문에, 균열의 발생이 크다. (　　)

★중요 [04②, 06③, 09①, 17③, 20①, 21①]

015 고온소성의 무수석고를 특별히 화학처리한 것으로 경화 후 아주 단단하며, 킨스시멘트라고도 불리는 것을 체크하시오.

① 혼합 석고 플라스터 (　　)

② 보드용 석고 플라스터 (　　)

③ 경석고 플라스터 (　　)

④ 돌로마이트 플라스터 (　　)

016 석회암(CaCO$_3$)을 900~1200˚C 정도로 가열 소성하여 얻어지는 것을 체크하시오.

① 소석회 ( ) 　② 생석회 ( )
③ 무수석고 ( ) 　④ 마그네시아 석회 ( )

[17①]

017 흙바름재의 바탕에 바름하는 재래식 재료를 체크하시오.

① 진흙 ( ) 　② 새벽흙 ( )
③ 짚여물 ( ) 　④ 고무 라텍스 ( )

★중요　　　　　　　　　　　　　　[13①, 16③, 20②]

018 회반죽 바름의 주원료를 체크하시오.

① 소석회 ( ) 　② 점토 ( )
③ 모래 ( ) 　④ 해초풀 ( )

[17②, 19③]

019 미장재료인 회반죽을 혼합할 때 소석회와 함께 사용되는 것을 체크하시오.

① 카세인 ( ) 　② 아교 ( )
③ 목섬유 ( ) 　④ 해초풀 ( )

[07②, 11①]

020 회반죽에 여물을 넣는 가장 주된 이유를 체크하시오.

① 균열을 방지하기 위하여 ( )
② 강도를 높이기 위하여 ( )
③ 경화속도를 높이기 위하여 ( )
④ 경도를 높이기 위하여 ( )

[13③]

021 회반죽 바름 시 사용하는 해초풀은 채취 후 1~2년 경과된 것이 좋은데, 그 이유를 체크하시오.

① 점도가 높기 때문이다. ( )
② 알칼리도가 높기 때문이다. ( )
③ 색상이 우수하기 때문이다. ( )
④ 염분제거가 쉽기 때문이다. ( )

★중요　　　　　　　　　　　　　[06①②③, 24③]

022 회반죽에 관한 설명으로 올바른지 체크하시오.

① 회반죽은 소석회에 모래, 해초풀, 여물 등을 혼합한 재료이다. ( )

② 회반죽은 다른 미장재료에 비해 건조시일이 짧다. ( )

③ 회반죽 바름은 일반적으로 연약하고 비내수성이다. ( )

④ 건조에 의한 수축률이 크므로 여물로 균열을 분산, 경감시킨다. ( )

⑤ 경화, 건조에 의한 수축율이 크기 때문에 여물로서 균열을 분산, 경감시킨다. ( )

⑥ 해초풀을 넣는 것은 경화속도를 높이기 위한 것이다. ( )

⑦ 공기 중의 탄산가스와 표면부터 서서히 반응하여 경화한다. ( )

⑧ 돌로마이트 플라스터에 비해 조기강도 및 최종강도가 크다. ( )

⑨ 모래는 바름 두께가 작을수록 많이 넣어야 하며, 특히 정벌용에는 반드시 넣어야 한다. ( )

⑩ 소석회에 종석, 모래, 해초풀 등을 혼합하여 바르는 미장재료로서 내수성이 크다. ( )

★중요　　　　　[07①, 10②③, 13③, 17②, 18①②③, 23③]

023 돌로마이트 플라스터에 대한 설명으로 올바른지 체크하시오.

① 소석회에 비해 점성이 낮고, 작업성이 좋지 않다. ( )

② 여물을 혼합하여도 건조수축이 크기 때문에 수축균열을 발생하는 결점이 있다. ( )

③ 회반죽에 비해 조기강도 및 최종강도가 작다. ( )

④ 물과 반응하여 경화하는 수경성 재료이다. ( )

⑤ 풀이 필요하지 않아 변색, 냄새, 곰팡이가 없다. ( )

⑥ 소석회에 비해 점성이 낮으며, 약산성이므로 유성페인트 마감을 할 수 있다. ( )

⑦ 응결시간이 길다. ( )

⑧ 회반죽에 비하여 조기강도 및 최종강도가 크다. ( )

⑨ 돌로마이트에 모래, 여물을 섞어 반죽한 것이다. ( )

⑩ 소석회보다 점성이 크다. ( )

⑪ 회반죽에 비하여 최종강도는 작지만 착색이 쉽다. ( )

⑫ 점성이 커서 풀이 필요 없다. (　　)

⑬ 수경성 미장재료에 해당된다. (　　)

⑭ 냄새, 곰팡이가 없어 변색될 염려가 없다. (　　)

⑮ 건조수축이 크기 때문에 수축균열이 발생한다.
(　　)

[02①, 03③, 05②③④ 08①②,
12③, 14①③, 17①, 20②, 22①]

★중요

024 미장재료에 대한 설명으로 올바른지 체크하시오.

① 회반죽바름은 수경성 재료이며 소석회에 물과 풀을 넣고 여물을 섞어 바른다. (　　)

② 질석모르타르는 질석을 모르타르에 혼입한 것으로 내화피복용 바름재로 쓰인다. (　　)

③ 돌로마이트 플라스터는 기경성 재료이며 건조수축이 크다. (　　)

④ 석고 플라스터는 소석고를 주성분으로 한다.
(　　)

⑤ 회반죽은 물과 화학반응하여 경화하는 수경성재료이다. (　　)

⑥ 반수석고는 가수 후 20~30분에서 급속 경화하지만, 무수석고는 경화가 늦기 때문에 경화촉진제를 필요로 한다. (　　)

⑦ 소석회는 물을 첨가하여 혼합하여 섞은 다음 수분이 증발하면 대기중의 이산화탄소와 반응해서 경화한다. (　　)

⑧ 석고 플라스터는 가열하면 결정수를 방출하여 온도 상승을 억제하기 때문에 내화성이 있다. (　　)

⑨ 바라이트 모르타르는 방사선 방호용으로 사용된다. (　　)

⑩ 돌로마이트플라스터는 수축률이 크고 균열이 쉽게 생긴다. (　　)

⑪ 혼합 석고 플라스터는 약산성이며 석고라스 보드에 적합하다. (　　)

⑫ 회반죽의 주성분은 수산화칼슘[$Ca(OH)_2$]이다.
(　　)

⑬ 아스팔트 모르타르는 내산성이 크다. (　　)

⑭ 굵은 모래를 사용하면 바름면의 균열을 적게 할 수 있다. (　　)

⑮ 소석고 플라스터는 공기 중의 탄산가스를 흡수하여 경화한다. (　　)

⑯ 시멘트 모르타르는 시멘트를 결합재로 하고 모래를 골재로 하여 이를 물과 혼합하여 사용하는 수경성 미장재료이다. (　　)

⑰ 테라조 현장바름은 주로 바닥에 쓰이고 벽에는 공장제품 테라조판을 붙인다. (　　)

⑱ 소석회는 돌로마이트 플라스터에 비해 점성이 높고 작업성이 좋기 때문에 풀을 필요로 하지 않는다. (　　)

⑲ 석고 플라스터는 경화·건조시 치수안정성이 우수하며 내화성이 높다. (　　)

[07③]

025 석고보드의 일반적인 특징으로 올바른지 체크하시오.

① 수축률이 크고 단열성이 낮다. (　　)

② 방화성능 및 보온성이 우수하다. (　　)

③ 흡습되면 강도, 강성이 저하된다. (　　)

④ 부식이 안되고 충해를 받지 않는다. (　　)

[17②]

026 석고보드 공사에 관한 설명으로 올바른지 체크하시오.

① 석고보드는 두께 9.5mm 이상의 것을 사용한다.
(　　)

② 목조 바탕의 띠장 간격은 200mm 내외로 한다.
(　　)

③ 경량철골 바탕의 칸막이벽 등에서는 기둥, 샛기둥의 간격을 450mm 내외로 한다. (　　)

④ 석고보드용 평머리못 및 기타 설치용 철물은 용융 아연 도금 또는 유니크롬 도금이 된 것으로 한다. (　　)

[05①, 10①]

027 충분히 건조되고 질긴 삼, 어저귀, 종려털 또는 마닐라 삼을 쓰며, 바름벽이 바탕에서 떨어지는 것을 방지하는 역할을 하는 것을 체크하시오.

① 라프코트(rough coat) (　　)

② 수염 (　　)

③ 리신바름(lithin coat) (　　)

④ 테라조바름 (　　)

[16①]

028 콘크리트 바닥강화재의 사용목적을 체크하시오.

① 내마모성 증진 (   )

② 내화학성 증진 (   )

③ 분진방지성 증진 (   )

④ 내수성 증진 (   )

[12②]

029 천장, 내벽마감재의 보드 중 내습성은 좋지 않지만 방화성과 차음성이 우수한 것을 체크하시오.

① 석고 보드 (   )

② 플라스틱 보드 (   )

③ 섬유판 (   )

④ 파티클 보드 (   )

[12①]

030 섬유벽 바름에 대한 설명으로 올바른지 체크하시오.

① 주원료는 섬유상 또는 입상물질과 이들의 혼합재이다. (   )

② 균열발생은 크나, 내구성이 우수하다. (   )

③ 목질섬유, 합성 수지 섬유, 암면 등이 쓰인다. (   )

④ 시공이 용이하기 때문에 기존벽에 덧칠하기도 한다. (   )

02 단답형 문제

001 [10③]
석고계 플라스터 중 가장 경질이며 벽 바름 재료뿐만 아니라 바닥 바름 재료로도 사용되는 것을 쓰시오.

002 [05④]
다음 내용에서 괄호 안에 들어갈 말로 알맞은 용어를 순서대로 쓰시오.

> 응결시간 조절을 위해 미장 바름에 첨가되는 재료를 응결조정제라고 하는데, 응결조정제 중 응결시간을 단축시키는 것을 (㉠), 특히, 응결시간을 신속히 단축시키는 것을 (㉡), 반대로 응결시간을 연장시키는 것을 (㉢)라고 한다.

⚙ **해설** 응결시간 조절을 위해 미장 바름에 첨가되는 재료를 응결조정제라고 하는데, 응결조정제 중 응결시간을 단축시키는 것을 촉진제, 특히, 응결시간을 신속히 단축시키는 것을 급결제, 반대로 응결시간을 연장시키는 것을 지연제라고 한다.

003 [07①]
마그네시아시멘트모르타르에 탄성재인 코르크분말, 안료 등을 혼합한 것으로 바닥재료로 이용되는 것을 쓰시오.

004 [08③]
아마인유를 주원료로 하고 여기에 코르크와 톱밥, 안료 등을 혼합하여 압연성형한 타일을 쓰시오.

★중요 [09①②, 18②, 25①]
005 일종의 인조석바름으로 돌로마이트에 화강석 부스러기, 색모래, 안료 등을 섞어 정벌바름하고 충분히 굳지 않은 때에 표면에 거친솔, 얼레빗 등으로 긁어 거친면으로 마무리하는 것을 쓰시오.

★중요 [09③, 10①, 22③]
006 아마인유의 산화물인 리녹신에 수지, 고무질 물질, 코르크 분말, 안료 등을 섞어 종이 모양으로 압연 성형하여 탄력성이 있어 바닥 또는 벽의 수장재로 쓰이는 제품을 쓰시오.

|정답|

001 킨스시멘트(경석고 플라스터)　002 ㉠ 촉진제, ㉡ 급결제, ㉢ 지연제　003 리그노이드　004 리놀륨 타일　005 리신바름
006 리놀륨

01 진위형 문제

▶ 해설편 180p

※ 다음 문제를 읽고, 옳으면 ○, 틀리면 ✕를 괄호 안에 표기하시오.

★중요

[03②, 08①, 09②, 16②, 21②]

001 합성 수지의 일반적인 성질로 올바른지 체크하시오.

① 내열, 내화성이 우수하여 500℃ 이상에서 견딜 수 있다. (　　)
② 일반적으로 투명 또는 백색계통으로 안료 첨가 시 착색이 가능하다. (　　)
③ 마모가 크고 탄력성이 작으므로 바닥재료로 사용이 곤란하다. (　　)
④ 경량이며 강도가 크고 변형이 적기 때문에 구조재료로 유리하다. (　　)
⑤ 내산, 내알칼리 등의 내화학성이 우수하다. (　　)
⑥ 전성, 연성이 크고 피막이 강하다. (　　)
⑦ 내열성, 내화성이 적고 비교적 저온에서 연화, 연질된다. (　　)
⑧ 흡수성이 적고 거의 투수성이 없다. (　　)
⑨ 강성이 크고 탄성계수가 강재보다 크다. (　　)

[03①]

002 합성 수지의 장점을 체크하시오.

① 가공이 용이하다. (　　)
② 내화성이 크다. (　　)
③ 내수성이 좋다. (　　)
④ 용도가 다양하다. (　　)

★중요

[05④, 06③, 07①, 09①③,
12③, 13③, 15①, 17③, 18①, 20①, 25②]

003 플라스틱 재료의 일반적인 성질로 올바른지 체크하시오.

① 산이나 알칼리, 염류 등에 대한 저항성이 강재보다 약하다. (　　)
② 전기저항성이 불량하여 절연재료로 사용할 수 없다. (　　)

③ 폴리초산비닐 등 일부를 제외하고 내수성 및 내투습성은 극히 좋지 않다. (　　)
④ 흡수성이 적고 거의 투수성이 없다. (　　)
⑤ 전성, 연성이 크고 피막이 강하다. (　　)
⑥ 강성이 크며 온도변화에 대하여 변형이 적다. (　　)
⑦ 열에 의한 팽창 및 수축이 크며, 각종 변화가 다양하다. (　　)
⑧ 내수성 및 내투습성은 폴리초산비닐 등 일부를 제외하고는 극히 양호하다. (　　)
⑨ 투명성이 필요한 용도에는 사용할 수 없다. (　　)
⑩ 플라스틱의 강도는 목재보다 크며 인장강도가 압축강도보다 매우 크다. (　　)
⑪ 플라스틱은 상호간 계면 접착이 잘되며, 금속, 콘크리트, 목재, 유리 등 다른 재료에도 부착이 잘된다. (　　)
⑫ 플라스틱은 일반적으로 전기절연성이 양호하다. (　　)
⑬ 플라스틱은 열에 의한 팽창 및 수축이 크다. (　　)
⑭ 전기절연성이 양호하다. (　　)
⑮ 내열성 및 내후성이 강하다. (　　)
⑯ 착색이 자유롭고 높은 투명성을 가질 수 있다. (　　)
⑰ 내약품성이 있고 접착성이 우수하다. (　　)
⑱ 가공성이 우수하다. (　　)
⑲ 비강도가 콘크리트에 비해 크다. (　　)
⑳ 경도 및 내마모성이 강하다. (　　)
㉑ 내수성 및 내투습성이 양호하다. (　　)
㉒ 내열성 및 내후성이 약하다. (　　)
㉓ 내마모성 및 표면강도가 우수하다. (　　)

★중요

[03③, 05④, 09②, 10②, 15③, 18②, 24③]

004 열경화성 수지를 체크하시오.

① 페놀 수지 (　　)　　② 아크릴 수지 (　　)
③ 멜라민 수지 (　　)　　④ 알키드 수지 (　　)
⑤ 요소 수지 (　　)　　⑥ 폴리에틸렌 수지 (　　)

⑦ 실리콘 수지 (　) 　　⑧ 에폭시 수지 (　)
⑨ 초산비닐 수지 (　) 　　⑩ 염화비닐 수지 (　)

★중요　　　　　　　　　　[04②, 14①, 18③, 20②, 23②]
005 열가소성 수지의 종류를 체크하시오.
① 페놀 수지 (　)
② 요소 수지 (　)
③ 멜라민 수지 (　)
④ 염화비닐 수지 (　)
⑤ 아크릴 수지 (　)
⑥ 폴리우레탄 수지 (　)
⑦ 폴리프로필렌 수지 (　)
⑧ 폴리에틸렌 수지 (　)
⑨ 초산비닐 수지 (　)
⑩ 폴리스티렌 수지 (　)

★중요　　　　　　　　　　　　　[05③, 07③]
006 멜라민 수지에 관한 설명으로 올바른지 체크하시오.
① 무색투명하며 착색이 자유롭다. (　)
② 내열성이 600℃정도로 높다. (　)
③ 전기절연성이 우수하다. (　)
④ 판재류, 식기류, 전화기 등에 쓰인다. (　)

[04②]

007 에폭시 수지에 관한 설명으로 올바른지 체크하시오.
① 내수성이 우수하다. (　)
② 경화 수축률이 크다. (　)
③ 접착제와 도료로 사용된다. (　)
④ 내약품성이 크다. (　)
⑤ 금속, 유리, 목재나 콘크리트 등의 접착에 사용된다. (　)
⑥ 접착제의 성능을 지배하는 것은 경화제이다.
　　　　　　　　　　　　　　(　)
⑦ 내약품성, 전기절연성이 뛰어나고 경화할 때 휘발물의 발생이 없다. (　)
⑧ 알칼리 성분에 약하다. (　)

★중요　　　　　　　　　　　　[02③, 16①]
008 합성 수지 중 가장 투명도가 큰 것을 체크하시오.
① 페놀 수지 (　) 　　② 네오플렌 수지 (　)
③ ABS 수지 (　) 　　④ 메타크릴 수지 (　)

[02①, 15①]

009 폴리에스테르 수지에 관한 설명으로 올바른지 체크하시오.
① 포화 폴리에스테르 수지는 알키드 수지라 불리운다. (　)
② 포화 폴리에스테르 수지는 주로 도료용으로 쓰인다. (　)
③ 불포화 폴리에스테르 수지는 유리섬유로 보강하여 F.R.P를 만든다. (　)
④ 포화 폴리에스테르 수지는 열가소성 수지이다.
　　　　　　　　　　　　　　(　)
⑤ 전기절연성이 우수하다. (　)
⑥ 도료, 파이프 등에 사용된다. (　)
⑦ 건축용으로는 판상제품으로 주로 사용된다.
　　　　　　　　　　　　　　(　)
⑧ 불포화 폴리에스테르 수지는 열가소성 수지이다.
　　　　　　　　　　　　　　(　)

[02①]

010 보통 "스치로풀"이란 상품명으로 불리는 발포제품을 만드는 합성 수지를 체크하시오.
① 폴리스티렌 수지 (　)
② 염화비닐 수지 (　)
③ 폴리에틸렌 수지 (　)
④ 멜라민 수지 (　)

[17②]

011 유리 섬유를 불규칙하게 혼입하고 상온 가압하여 성형한 판으로, 설비재·내외수장재로 쓰이는 판을 체크하시오.
① 폴리에스테르 강화판 (　)
② 염화비닐판 (　)
③ 멜라민 치장판 (　)
④ 아크릴 평판 (　)

[14③]

012 고강도 콘크리트 건축물의 폭렬방지 대책으로 콘크리트에 혼입하여 사용하는 섬유를 체크하시오.
① 강섬유 (　)
② 탄소섬유 (　)
③ 아라미드섬유 (　)
④ 폴리프로필렌섬유 (　)

013 유리섬유보강콘크리트(GFRC)에 대한 설명으로 올바른지 체크하시오.

① 고강도이기 때문에 경량화가 가능하다. (　)

② 시멘트모르타르 또는 시멘트 페이스트 보강재로 내알칼리성 유리섬유를 넣어 만든다. (　)

③ 유리섬유의 혼입율은 10~20% 정도이다. (　)

④ 패널은 마감을 겸한 반영구적 거푸집으로도 사용될 수 있다. (　)

014 염화비닐 수지의 용도에 해당하는 것을 체크하시오.

① 파이프 (　)

② 타일 (　)

③ 도료 (　)

④ 유리 대용품 (　)

015 각종 합성 수지에 대한 설명으로 올바른지 체크하시오.

① 요소 수지는 아미노계에 속하는 열가소성 수지로 내수성이 크고 착색이 자유롭다. (　)

② 아크릴 수지는 평판 성형되어 글라스 대신 이용되는 경우가 많다. (　)

③ 실리콘 수지는 건축용으로는 글라스섬유로 강화된 평판 또는 판상제품으로 주로 사용되고 있다. (　)

④ 염화비닐 수지는 내열성·내한성이 우수한 열경화성 수지로 탄성을 가지며 내화학성이 아주 우수하다. (　)

⑤ 페놀 수지는 내열성·내수성이 양호하여 파이프, 덕트 등에 사용된다. (　)

⑥ 염화비닐 수지는 열가소성 수지에 속한다. (　)

⑦ 실리콘 수지는 전기적 성능은 우수하나 내약품성·내후성이 좋지 않다. (　)

⑧ 에폭시 수지는 내약품성이 양호하며 금속도료 및 접착제로 쓰인다. (　)

⑨ 요소 수지는 내수합판의 접착제로 널리 사용되며 도료, 마감재, 장식재로 쓰인다. (　)

⑩ 에폭시 수지는 내수성, 내약품성, 전기절연성이 우수하여 건축의 넓은 분야에 사용된다. (　)

⑪ 실리콘 수지는 발수성은 좋지 않으며, 기포성 제품으로 가공하여 보온재나 쿠션재로 사용된다. (　)

⑫ 아크릴 수지는 투명도가 높아 채광판, 도어판, 칸막이벽 등에 쓰인다. (　)

⑬ 아크릴 수지는 투명도가 높고, 열팽창성이 낮아 채광판으로 쓰이나 내충격강도는 낮다. (　)

⑭ 폴리스틸렌 수지는 기계적 강도, 내수성이 좋다. (　)

⑮ 실리콘 수지는 발수성이 높아 건축물, 전기 절연물 등의 방수에 쓰인다. (　)

⑯ 불소 수지는 −100℃의 저온에서도 성질의 변화가 거의 없다. (　)

★중요 　

016 합성 수지와 그 용도의 연결이 올바른지 체크하시오.

① 아크릴 수지 – 광고판 (　)

② 멜라민 수지 – 천장판 (　)

③ 폴리에스테르 수지 – 욕조 (　)

④ 염화비닐 수지 – 내수합판 접착제 (　)

⑤ 멜라민 수지 – 테이블용 (　)

⑥ 아크릴 수지 – 도어(door)용 (　)

⑦ 폴리에스테르 수지 – 타일용 (　)

⑧ 폴리스티렌 수지 – 단열용 (　)

⑨ 아크릴 수지 – 채광판 (　)

⑩ 폴리스티렌 수지 – 발포보온판 (　)

02 단답형 문제

★중요 [02②, 11③, 25②]

001 유리섬유로 보강하여 항공기, 차량 등의 구조재 뿐 아니라 욕조, 창호재 등으로 이용되는 합성 수지를 쓰시오.

[08③, 10③]

002 프탈산과 글리세린의 순수 수지를 각종 지방산, 유지, 천연 수지로 변성한 포화 폴리에스테르 수지로써 내후성, 밀착성, 가소성이 좋고, 내수·내알칼리성이 부족하나, 페인트, 바니시, 래커 등의 도료로 이용되는 것을 쓰시오.

★중요 [03②, 05①, 09①, 24②]

003 유리섬유로 보강하여 FRP(Fiber Reinforced Plastics)를 만드는 데 이용되는 수지를 쓰시오.

[03①]

004 금속과의 접착성이 크고 내약품성과 내열성이 우수하여 금속 도료 및 접착제, 콘크리트 균열 보수제 등으로 사용되는 열경화성 수지를 쓰시오.

[06②, 19③]

005 내열성·내한성이 우수한 열경화성 수지로 −60~260℃의 범위에서는 안정하고 탄성을 가지며 내후성 및 내화학성이 우수한 것을 쓰시오.

[20①]

006 내열성이 매우 우수하며 물을 튀기는 발수성을 가지고 있어서 방수재료는 물론 개스킷, 패킹, 전기절연재, 기타 성형품의 원료로 이용되는 합성 수지를 쓰시오.

★중요 [05①, 07②, 17①, 24①]

007 발포제로서 보드상으로 성형하여 단열재로 널리 사용되며 건축벽 타일, 천장재, 전기용품, 냉장고 내부 상자 등에 쓰이는 열가소성 수지를 쓰시오.

[03③, 14③]

008 열가소성 수지로서 두께가 얇은 시트를 만들어 건축용 방수재료로 이용되며, 내화학성의 파이프로도 쓰이지만, 도료로서의 사용은 곤란한 합성 수지를 쓰시오.

|정답|

001 포화 폴리에스테르(알키드) 수지   002 포화 폴리에스테르(알키드) 수지   003 불포화 폴리에스테르 수지   004 에폭시 수지

005 실리콘 수지   006 실리콘 수지   007 폴리스티렌 수지   008 폴리에틸렌 수지

[04①]

009 열을 받으면 연화하고 내수성, 내약품성, 전기절연성이 우수하여 급·배수용 파이프, 타일 등으로 널리 이용되는 열가소성 수지를 쓰시오.

[10①, 13①]

010 합성 수지 중 PVC라 불리우며 사용온도는 −10~60℃이고 판재, 타일, 파이프, 도료 등으로 사용되는 것을 쓰시오.

★중요   [04①, 07②, 12①, 24③]

011 투명도가 높아 유기유리라고도 불리우며, 착색이 자유롭고 내충격강도가 크며 채광판, 도어판, 칸막이벽 제조에 적합한 합성 수지를 쓰시오.

[06①]

012 합성 수지판류 중 색이나 투명도가 자유로우나 화재시 Cl_2 가스 발생이 큰 판을 쓰시오.

[05③]

013 강도 및 내구성이 좋고, 가공이 용이하며, 저렴하여 급·배수관으로 가장 널리 사용되는 파이프제품을 쓰시오.

[16①]

014 염화비닐과 질산비닐을 주원료로 하여 석면, 펄프 등을 충전제로 하고 안료를 혼합하여 롤러로 성형 가공한 것으로 폭 90cm, 두께 2.5mm 이하의 두루마리형으로 되어 있는 것을 쓰시오.

| 정답 |

009 염화비닐 수지　　010 염화비닐 수지　　011 아크릴 수지　　012 염화비닐판　　013 경질염화비닐관　　014 비닐 시트

01 진위형 문제

▶ 해설편 183p

※ 다음 문제를 읽고, 옳으면 ○, 틀리면 ×를 괄호 안에 표기하시오.

[13②]

001 도장재료의 주요 구성요소 중 도막에 색을 주거나 기계적인 성질을 보강하는 역할의 불용성 요소를 체크하시오.

① 안료 (　　)　　　② 전색제 (　　)
③ AE제 (　　)　　　④ 용제 (　　)

[18①]

002 도막의 일부가 하지로부터 부풀어 지름이 10mm가 되는 것부터 좁쌀 크기 또는 미세한 수포가 발생하는 도막결함을 체크하시오.

① 백화 (　　)　　　② 변색 (　　)
③ 부풀음 (　　)　　④ 번짐 (　　)

★중요　　　　　　　[10②, 15②, 18②, 25③]

003 목재의 무늬나 바탕의 특징을 잘 나타낼 수 있는 마무리 도료를 체크하시오.

① 유성페인트 (　　)
② 수성페인트 (　　)
③ 에나멜 래커 (　　)
④ 클리어 래커 (　　)

★중요　　　　　　　[15③, 17①, 25①]

004 콘크리트 면에 주로 사용하는 도장재료를 체크하시오.

① 염화비닐 수지 도료 (　　)
② 조합페인트 (　　)
③ 클리어래커 (　　)
④ 알루미늄페인트 (　　)
⑤ 오일페인트 (　　)
⑥ 합성 수지 에멀션페인트 (　　)
⑦ 래커에나멜 (　　)
⑧ 에나멜페인트 (　　)

★중요　　　　　　　[12①, 20①]

005 다음 재료 중 건물외벽에 사용이 적합한 것을 체크하시오.

① 유성페인트 (　　)
② 에나멜페인트 (　　)
③ 합성 수지 에멀션페인트 (　　)
④ 바니시 (　　)

★중요　　　　[10①②, 13①, 16①, 19②, 23③]

006 특수 도료 중 방청 도료의 종류를 체크하시오.

① 인광 도료 (　　)
② 광명단 도료 (　　)
③ 워시 프라이머 (　　)
④ 징크로메이트 도료 (　　)
⑤ 규산염 도료 (　　)
⑥ 오일서페이서 (　　)
⑦ 알루미늄 도료 (　　)
⑧ 오일스테인 (　　)
⑨ 역청질 페인트 (　　)
⑩ 광명단조합페인트 (　　)
⑪ 에칭프라이머 (　　)
⑫ 캐슈 수지 도료 (　　)

[11③]

007 드라이비트용 도료에 대한 설명으로 올바른지 체크하시오.

① 수용성 아크릴 수지와 천연골재가 주원료이다.
(　　)
② 도료 경화 후 무광택 래커나 폴리우레탄 래커 등으로 마감코팅 한다. (　　)
③ 단열성이 우수하고, 부착성이 좋다. (　　)
④ 내수성, 내약품성, 내구성이 우수하다. (　　)

008 도장공사에 사용되는 초벌 도료에 대한 설명으로 올바른지 체크하시오.

① 도장면과의 부착성을 높이고 재벌, 정벌 칠하기 작업이 원활하도록 만드는 것이 초벌 도료이다. (　)

② 철재면 초벌 도료는 방청 도료이다. (　)

③ 콘크리트, 모르타르 벽면에는 유성페인트로 초벌 칠을 한다. (　)

④ 목재면의 초벌 도료는 목재면의 흡수성을 막고, 부착성을 증진시키며, 아울러 수액이나 송진 등의 침출을 방지한다. (　)

★중요　　　　　　　　　　　[14①, 17③, 22①]

009 에폭시 도장에 대한 설명으로 올바른지 체크하시오.

① 내마모성은 우수하고 수축, 팽창이 거의 없다. (　)

② 내약품성, 내수성, 접착력이 우수하다. (　)

③ 자외선에 특히 강하여 외부에 주로 사용한다. (　)

④ Non-Slip 효과가 있다. (　)

[15①]

010 도료의 사용 용도에 관한 설명으로 올바른지 체크하시오.

① 아스팔트 페인트 : 방수, 방청, 전기절연용으로 사용 (　)

② 유성 바니시 : 내후성이 우수하여 외부용으로 사용 (　)

③ 징크로메이트 : 알루미늄판이나 아연철판의 초벌용으로 사용 (　)

④ 합성 수지페인트 : 콘크리트나 플라스터면에 사용 (　)

[16③]

011 각종 도료 및 도료의 원료에 관한 설명으로 올바른지 체크하시오.

① 알키드 수지를 활용한 도료는 건조 초기의 내수성이 떨어지며 내알칼리성이 좋지 못하다. (　)

② 바니시는 수지류를 건성유 또는 휘발성 용제로 용해한 것이다. (　)

③ 가소제는 건조된 도막에 탄성·교칙성 등을 줌으로써 내구력을 증가시키는 데 쓰이는 도막 형성 부요소이다. (　)

④ 시너(Thinner)는 도막형성재로서 도막의 주요소를 용해시킨다. (　)

[19①]

012 목재와 철강재 양쪽 모두에 사용할 수 있는 도료를 체크하시오.

① 래커에나멜 (　)

② 유성페인트 (　)

③ 에나멜페인트 (　)

④ 광명단 (　)

[18③]

013 도료와 사용부위별 페인트의 연결이 올바른지 체크하시오.

① 목재면 – 목재용 래커 페인트 (　)

② 모르타르면 – 실리콘 페인트 (　)

③ 외부 철재구조물 – 조합페인트 (　)

④ 내부 철재구조물 – 수성페인트 (　)

[08②, 12①, 21①]

014 건축용 접착제에 기본적으로 요구되는 성능을 체크하시오.

① 경화 시 체적수축 등의 변형을 일으키지 않을 것 (　)

② 취급이 용이하고 사용 시 유동성이 없을 것 (　)

③ 장기 하중에 의한 크리프가 없을 것 (　)

④ 진동, 충격의 반복에 잘 견딜 것 (　)

[19①]

015 천연 접착제를 체크하시오.

① 전분 (　)

② 아교 (　)

③ 멜라민 수지 (　)

④ 카세인 (　)

[12②, 18②, 21③]

016 단백질계 접착제 중 동물성 단백질계를 체크하시오.

① 카세인 (　　)

② 아교 (　　)

③ 알부민 (　　)

④ 아마인유 (　　)

[15③]

017 합성 수지계 접착제를 체크하시오.

① 비닐 수지 접착제 (　　)

② 에폭시 수지 접착제 (　　)

③ 요소 수지 접착제 (　　)

④ 카세인 (　　)

[02②]

018 에폭시 수지 접착제에 대한 설명으로 올바른지 체크하시오.

① 금속, 유리, 목재나 콘크리트 등의 접착에 사용된다. (　　)

② 접착제의 성능을 지배하는 것은 경화제이다. (　　)

③ 내약품성, 전기절연성이 뛰어나고 경화할때 휘발물의 발생이 없다. (　　)

④ 알칼리 성분에 약하다. (　　)

[16①]

019 접착제 중에서 내수성이 가장 강한 것을 체크하시오.

① 아교 (　　)

② 카세인 (　　)

③ 실리콘 수지 (　　)

④ 혈액알부민 (　　)

[12①]

020 접착제 중 고무상의 고분자물질로서 내유성 및 내약품성이 우수하며 줄눈재, 구멍메움재로 사용되는 것을 체크하시오.

① 천연고무 (　　)

② 치오콜 (　　)

③ 네오프렌 (　　)

④ 아교 (　　)

[14①, 19①, 25①]

021 접착제를 사용할 때의 주의사항을 체크하시오.

① 피착제의 표면은 가능한 한 습기가 없는 건조상태로 한다. (　　)

② 용제, 희석제를 사용할 경우 과도하게 희석시키지 않도록 한다. (　　)

③ 용제성의 접착제는 도포 후 용제가 휘발한 적당한 시간에 접착시킨다. (　　)

④ 접착처리 후 일정한 시간 내에는 가능한 한 압축을 피해야 한다. (　　)

[15①]

022 각종 접착제에 관한 설명으로 올바른지 체크하시오.

① 요소 수지 접착제는 요소와 포름알데히드를 사용하여 만들며 목공용에 적당하다. (　　)

② 멜라민 수지 접착제는 내수성이 우수하여 금속, 고무, 유리 등에 사용한다. (　　)

③ 실리콘 수지 접착제는 내수성이 대단히 크고 전기절연성도 우수하여 유리섬유판, 가죽 등의 접합에 사용된다. (　　)

④ 에폭시 수지 접착제는 내수성, 내약품성, 전기절연성이 모두 우수한 만능형 접착제이다. (　　)

[02③]

023 건축 재료에 관한 설명으로 올바른지 체크하시오.

① 목재의 섬유포화점은 함수율 30% 정도이다. (　　)

② 점토제품에서 SK표시는 소성온도를 의미한다. (　　)

③ 콘크리트제품은 산성을 띠며 이것은 수산화칼슘 때문이다. (　　)

④ 수성페인트는 내알카리성 및 내수성이 좋으며 희석재로서 물을 사용하므로 독성 및 화재발생 위험이 없다. (　　)

02 단답형 문제

★중요

001 천연 수지·합성 수지 또는 역청질 등을 건섬유와 같이 반응시켜 건조제를 넣고 용제에 녹인 도료를 쓰시오.

[20①, 25③]

002 건축물에 통상 사용되는 도료 중 내후성, 내알칼리성, 내산성 및 내수성이 가장 좋은 도료를 쓰시오.

[13②]

003 합성 수지와 체질 안료를 혼합한 입체 무늬 모양을 내는 뿜칠용 도료로서 콘크리트나 모르타르 바탕에 도장하는 도료를 쓰시오.

[10②]

004 접착제 중 모든 면에서 가장 우수한 것으로 금속, 플라스틱, 콘크리트 등의 접착제를 쓰시오.

★중요

005 기본 점성이 크고 내수성·내약품성·전기절연성이 우수하며 금속·플라스틱·도자기·유리·콘크리트 등의 접합에 사용되는 접착제를 쓰시오.

[19③]

006 경화제를 필요로 하는 접착제로서 그 양의 다소에 따라 접착력이 좌우되며 내산·내알칼리·내수성이 뛰어나고 금속 접착에 특히 좋은 접착제를 쓰시오.

[16③]

007 금속, 유리, 플라스틱, 목재, 도자기, 고무 등의 접착에 우수한 성질을 나타내며 특히 알루미늄과 같은 경금속 접착에 사용되는 접착제의 명칭을 쓰시오.

[14③]

008 습도와 물을 특별히 고려할 필요가 없는 장소에 설치하는 목재 창호용 접착제로 적합한 접착제를 쓰시오.

|정답|

001 바니시　　002 에폭시 수지 도료　　003 본타일　　004 에폭시 수지 접착제　　005 에폭시 수지 접착제　　006 에폭시 수지 접착제
007 에폭시 수지 접착제　　008 초산비닐 수지 에멀션 목재 접착제

01 진위형 문제

▶ 해설편 186p

※ 다음 문제를 읽고, 옳으면 ○, 틀리면 ×를 괄호 안에 표기하시오.

★중요   [02③, 03②, 05③, 06①③, 07②, 08①, 12②, 21③]

001 석재에 관한 설명으로 올바른지 체크하시오.

① 석재는 비중이 클수록 강도가 크다. (　)

② 대리석은 아황산이나 탄산가스를 포함한 우수에 침식당한다. (　)

③ 석재는 흡수율이 큰 것일수록 강도가 낮고 공극이 크다. (　)

④ 화강암은 내화성과 내구성이 모두 우수한 재료이다. (　)

⑤ 대리석은 석회석이 변화되어 결정화한 것으로 내화성이 크고 연질이다. (　)

⑥ 화강암은 내구성 및 강도는 크지만, 내화성이 약하다. (　)

⑦ 석회석은 석질은 치밀하고 강도가 크나 화학적으로 산에 약하다. (　)

⑧ 안산암은 강도, 경도, 비중이 크고 내화력도 우수하다. (　)

⑨ 석재는 압축 및 인장강도가 우수하고, 내구성 및 내화학성이 크다. (　)

⑩ 같은 종류라도 산지에 따라 강도 및 색조의 차이가 발생한다. (　)

⑪ 화강암은 화염에 노출되면 균열이 발생할 우려가 있다. (　)

⑫ 일반적으로 가공이 어려워 시공비가 비싸다. (　)

⑬ 내구성, 내화학성, 내마모성이 우수하다. (　)

⑭ 외관이 장중하고 석질이 치밀한 것을 갈면 미려한 광택이 난다. (　)

⑮ 압축강도에 비해 인장강도가 작다. (　)

⑯ 가공성이 좋으며 장대재를 얻기 용이하다. (　)

⑰ 압축강도가 크며 내구성, 내마모성 우수하다. (　)

⑱ 장대재를 얻기 쉽다. (　)

⑲ 밀도가 크고 가공성이 불량하다. (　)

⑳ 내화성이 약하다. (　)

㉑ 압축강도는 인장강도에 비해 매우 작아 장대재(長大材)를 얻기 어렵다. (　)

㉒ 비중이 커서 가공 작업이 불편하다. (　)

㉓ 석재의 강도는 비중과 흡수율이 클수록 커진다. (　)

㉔ 석재의 강도는 압축강도가 가장 크고 인장, 휨 및 전단 강도는 압축강도에 비하여 매우 작다. (　)

㉕ 일반적으로 규산분을 많이 함유한 석재는 내산성이 크다. (　)

㉖ 트래버틴은 대리석의 일정으로 탄산석회를 포함한 물에서 침전, 생성된 것이다. (　)

[08③]

002 석재의 장·단점으로 올바른지 체크하시오.

① 불연성이고 압축강도가 크다. (　)

② 내수성, 내화학성이 뛰어나다. (　)

③ 대부분의 석재는 비중이 크고 가공성이 좋지 않다. (　)

④ 화강암은 외관이 미려하며 내화성도 우수하다. (　)

[09①]

003 석재의 장점을 체크하시오.

① 불연성이며 압축강도가 크다. (　)

② 비중이 작으며 가공성이 좋다. (　)

③ 종류가 다양하고 색조와 광택이 있어 외관이 장중하고 미려하다. (　)

④ 내구성·내수성·내화학성이 풍부하다. (　)

[17③]

004 천연석에 해당하는 것을 체크하시오.

① 트래버틴 (　)   ② 대리석 (　)

③ 화강석 (　)   ④ 테라죠 (　)

⊙중요

005 화성암에 속하는 석재를 체크하시오.

① 화강암 (　　)

② 현무암 (　　)

③ 안산암 (　　)

④ 사암 (　　)

⑤ 부석 (　　)

⑥ 석회석 (　　)

⑦ 사문암 (　　)

[14①]

006 암석이 가장 쪼개지기 쉬운 면을 말하며 절리보다 불분명하지만 방향이 대체로 일치되어 있는 것을 체크하시오.

① 석리 (　　)

② 입상조직 (　　)

③ 석목 (　　)

④ 선상조직 (　　)

★중요　　　　　　　　　　[07②, 09②, 13①, 18①, 24①]

007 연질의 석재를 다듬을 때 쓰는 방법으로 양날 망치로 정다듬한 면을 일정 방향으로 찍어 다듬는 돌표면 마무리 방법을 체크하시오.

① 잔다듬 (　　)

② 도드락다듬 (　　)

③ 혹두기 (　　)

④ 거친갈기 (　　)

[18②]

008 석재를 대상으로 실시하는 시험의 종류를 체크하시오.

① 비중 시험 (　　)

② 흡수율 시험 (　　)

③ 압축강도 시험 (　　)

④ 인장강도 시험 (　　)

★중요　　　　　　　　　　　　[02①, 06②]

009 석재 중 흡수율이 큰 것부터 작은 것의 순서대로 나열한 것을 체크하시오.

① 응회암 → 화강암 → 사암 → 대리석 → 안산암
(　　)

② 사암 → 안산암 → 대리석 → 화강암 → 응회암
(　　)

③ 사암 → 대리석 → 화강암 → 안산암 → 응회암
(　　)

④ 응회암 → 사암 → 안산암 → 화강암 → 대리석
(　　)

[04①]

010 화강암의 흡수율과 가장 가까운 것을 체크하시오.

① 0.35~0.43 (　　)

② 1.80~3.00 (　　)

③ 7.00~18.00 (　　)

④ 0.04~0.18 (　　)

[02①]

011 내구성이 가장 좋은 석재를 체크하시오.

① 대리석 (　　)

② 석회석 (　　)

③ 화강석 (　　)

④ 사립사암 (　　)

[07③]

012 화강암, 응회암, 사암 등 3종류의 석재의 성질을 비교한 것으로 올바른지 체크하시오.

① 응회암의 비중이 가장 크다. (　　)

② 화강암의 압축강도가 가장 크다. (　　)

③ 사암의 흡수율이 가장 적다. (　　)

④ 화강암의 내화성이 가장 크다. (　　)

[02③, 08①, 22②]

013 석재 중에서 내화도가 가장 큰 것을 체크하시오.

① 석회암 (　　)　　　　② 대리석 (　　)

③ 트래버틴 (　　)　　　④ 응회석 (　　)

[04③]

014 구조재로 적합한 것을 체크하시오.

① 경질사암 (　　)

② 응회암 (　　)

③ 휘석안산암 (　　)

④ 화강암 (　　)

[08②, 15①]

015 보통 콘크리트용 쇄석의 원석으로 적당한 것을 체크하시오.

① 현무암 (　　)

② 안산암 (　　)

③ 화강암 (　　)

④ 응회암 (　　)

[02②]

016 변성암의 일종으로 석질이 불균일하고 다공질이며 황갈색의 반문이 있어 특수 실내 장식재로 사용되는 석재를 체크하시오.

① 대리석 (　　)

② 사문암 (　　)

③ 응회암 (　　)

④ 트래버틴 (　　)

[12①]

017 석재 중 화성암(火成巖)–심성암(深成巖)–현정질(顯晶質)에 해당하는 것을 체크하시오.

① 화강암 (　　)　　　② 안산암 (　　)

③ 응회암 (　　)　　　④ 편암 (　　)

[04②, 12①, 21②]

018 화강암에 관한 설명으로 올바른지 체크하시오.

① 내화도가 높으므로 벽난로 등에 좋다. (　　)

② 내마모성이 우수하다. (　　)

③ 콘크리트 골재로도 사용된다. (　　)

④ 구조재로 사용될 수 있다. (　　)

⑤ 내화도가 높아 가열 시 균열이 적다. (　　)

⑥ 절리의 거리가 비교적 커서 큰 판재를 생산할 수 없다. (　　)

[07①]

019 화강석의 용도로 올바른지 체크하시오.

① 견고하고 대형재가 생산되므로 구조재로 쓴다.　　　(　　)

② 도로포장용 자갈에 쓰이며 시멘트, 석회의 주원료로 사용된다. (　　)

③ 바탕색과 반점이 미려하므로 내, 외장재로 쓰인다. (　　)

④ 콘크리트의 골재로 쓰인다. (　　)

[14③]

020 백색시멘트와 종석, 안료를 혼합하여 천연석과 유사한 외관을 가진 인조석으로 만든 것으로서 의석 또는 캐스트스톤(cast stone)이라고도 하는 것을 체크하시오.

① 모조석(imitation stone) (　　)

② 리신바름(lithin coat) (　　)

③ 라프코트(rough coat) (　　)

④ 테라조 바름(terrazo finish) (　　)

⑤ 석면(asbestos) (　　)

★중요　　　　　　　　　[02①, 03①, 04③, 25②]

021 인조석 바름 재료에 관한 설명으로 올바른지 체크하시오.

① 인조석은 모르타르 바탕에 종석과 백시멘트, 안료, 돌가루를 배합 반죽한 것이다. (　　)

② 인조석 바름으로 한 마감면은 타 미장재료로 마감한 것보다 수밀성 및 내구성이 우수하다. (　　)

③ 캐스트스톤은 자연석과 유사하게 돌다듬으로 마감한 제품을 일컫는다. (　　)

④ 인조석 정벌바름 후 숫돌로 연마해서 매끈하게 마감하는 방법을 인조석 씻어내기라 한다. (　　)

⑤ 재료는 종석, 백색 포틀랜드 시멘트, 안료, 돌가루로 배합한다. (　　)

⑥ 돌가루는 균열을 방지하기 위해 혼입한다. (　　)

⑦ 안료는 물에 녹지 않고 내알칼리성이 있는 것을 사용한다. (　　)

⑧ 종석의 크기는 2.5mm체에 100% 통과하는 것으로 한다. (　　)

[03②, 17②]

022 인조석 및 석재가공제품에 대한 설명으로 올바른지 체크하시오.

① 테라죠는 대리석, 사문암 등의 종석을 백색시멘트나 수지로 결합시키고 가공하여 생산한다. (　　)

② 에보나이트는 주로 가구용 테이블 상관, 실내벽면 등에 사용된다. (　　)

③ 패블스톤은 조약돌의 질감을 내지만 백화현상의 우려가 있다. (　　)

④ 초경량 스톤패널은 로비(lobby) 및 엘리베이터의 내외장재로 사용된다. (　　)

023 인공석재에 대한 설명으로 올바른지 체크하시오.

① 인조석은 점토와 슬래그 미분말을 1,450℃에서 급랭하여 만든 것이다. (　)

② 펄라이트는 진주암을 분쇄하여 1,000℃ 정도로 가열시킨 경량골재이다. (　)

③ 질석은 운모계 광석을 1,000℃ 정도로 가열 팽창시킨 공질 경석이다. (　)

④ 암면은 현무암·안산암·사문암 등을 응용시켜 세공으로 분출시키면서 고압공기로 불어 날려 섬유화시킨 다음 냉각시켜 면상으로 만든 것이다.

(　)

[12③, 13②]

024 인조석이나 테라조 바름에 쓰이는 종석을 체크하시오.

① 화강석 (　)　　② 사문암 (　)

③ 대리석 (　)　　④ 샤모트 (　)

⑤ 현무암 (　)　　⑥ 감람석 (　)

⑦ 진주암 (　)

[10③]

025 현무암, 안산암, 사문암 등의 원료를 고열로 용융시킨 후 세공으로 분출시키면서 면상으로 만들어 냉수나 압축공기로 냉각시켜 섬유화한 것을 체크하시오.

① 암면 (　)　　② 펄라이트 (　)

③ 석면 (　)　　④ 유리섬유 (　)

★중요　　[03①③, 05②, 06②, 08②, 10②③, 11①, 17③, 24①]

026 대리석의 특징을 체크하시오.

① 석질이 치밀하고 견고하다. (　)

② 외관이 미려하여 조각재로도 사용된다. (　)

③ 강도는 높지만 실외용으로는 적합하지 않다.

(　)

④ 내화성이 높고 산성비에 강하다. (　)

⑤ 산과 열에 강하며 외장용으로 주로 사용된다.

(　)

⑥ 주성분은 탄산석회이다. (　)

⑦ 내화성이 낮고 풍화되기 쉽다. (　)

⑧ 변성암에 속한다. (　)

⑨ 석회석이 변화되어 결정화한 것이다. (　)

⑩ 대리석은 강도가 높아 표면 광택이 좋고 내산성, 내마모성이 크다. (　)

⑪ 석질이 치밀하고 외관이 미려하다. (　)

⑫ 트래버틴은 대리석의 일종이다. (　)

⑬ 석질이 치밀하고 판석으로서 지붕 외벽 등에 붙이고 비석, 숫돌로 이용된다. (　)

⑭ 석질이 견고하고 조적재, 기초석재, 장식용으로 쓰인다. (　)

⑮ 내화도는 높으나 조잡하여 경량골재, 내화재 등에 사용한다. (　)

⑯ 석질이 치밀하고 열, 산에는 약하지만 미려하므로 장식용으로 최고급 재료이다. (　)

[13③]

027 대리석을 붙이기 할 때 사용되는 모르타르로 가장 적합한 것을 체크하시오.

① 시멘트 모르타르 (　)

② 방수 모르타르 (　)

③ 석고 모르타르 (　)

④ 석회 모르타르 (　)

[03③, 14②]

028 대부분의 석재는 일반적으로 열에 약하다. 그중 석회암이 열에 약한 이유를 체크하시오.

① 석재 내부에서 열압력이 발생하여 균열이 생긴다. (　)

② 조암광물의 열팽창계수의 차이 때문이다. (　)

③ 조암광물의 융점의 차이 때문이다. (　)

④ 주성분이 열분해되기 때문이다. (　)

[19②]

029 화강암이 열을 받았을 때 파괴되는 가장 주된 원인을 체크하시오.

① 화학성분의 열분해 (　)

② 조직의 용융 (　)

③ 조암광물의 종류에 따른 열팽창계수의 차이

(　)

④ 온도상승에 따른 압축강도 저하 (　)

★중요 [04①, 05①③, 07①, 16①, 23②]

030 석재의 성질에 관한 설명으로 올바른지 체크하시오.

① 화강암은 온도상승에 의한 강도저하가 심하다. ( )

② 대리석은 산성비에 약해 광택이 쉽게 없어진다. ( )

③ 부석은 비중이 커서 물에 쉽게 가라앉는다. ( )

④ 사암은 함유광물의 성분에 따라 암석의 질, 내구성, 강도에 현저한 차이가 있다. ( )

⑤ 대리석은 강도가 매우 높지만 내화성이 낮고 풍화되기 쉬우며 산에 약하기 때문에 실외용으로 적합하지 않다. ( )

⑥ 점판암은 박판으로 채취할 수 있으므로 슬레이트로서 지붕 등에 사용된다. ( )

⑦ 화강암은 견고하고 대형재를 생산할 수 있으며 외장재로 사용이 가능하다. ( )

⑧ 응회암은 화성암의 일종으로 내화벽 또는 구조재 등에 쓰인다. ( )

⑨ 화강암은 실내외 재료로 많이 사용된다. ( )

⑩ 대리석은 실내장식재로 우수하나 산(酸)과 열에는 약하다. ( )

⑪ 화강암은 불연재이므로 화기가 닿는 곳에 사용하기에 적당한 재료이다. ( )

⑫ 트래버틴은 특수한 실내장식재로 대리석의 일종이다. ( )

⑬ 현무암은 내화성은 좋으나 가공이 어려우므로 부순돌로 많이 사용된다. ( )

⑭ 트래버틴은 화성암의 일종으로 실내장식에 쓰인다. ( )

⑮ 점판암은 얇은 판 채취가 용이하여 지붕재료로 사용된다. ( )

★중요 [13①, 15②, 16③, 24③]

031 석재 중 내장용으로는 적합하나, 외장용으로 가장 부적합한 것을 체크하시오.

① 대리석 ( )

② 화강석 ( )

③ 안산암 ( )

④ 점판암 ( )

★중요 [05④, 10①, 13③, 25③]

032 석재와 그 사용 용도의 연결이 올바른지 체크하시오.

① 사문암 – 실내장식재 ( )

② 대리석 – 테라조용 종석 ( )

③ 안산암 – 구조재 ( )

④ 점판암 – 콘크리트용 골재 ( )

⑤ 화강암 – 외장재 ( )

⑥ 점판암 – 지붕재 ( )

⑦ 대리석 – 조각재 ( )

⑧ 응회암 – 구조재 ( )

⑨ 대리석 – 내장재 ( )

⑩ 점판암 – 구조재 ( )

⑪ 석회암 – 콘크리트원료 ( )

[17①]

033 석재 백화현상의 원인을 체크하시오.

① 빗물처리가 불충분한 경우 ( )

② 줄눈시공이 불충분한 경우 ( )

③ 줄눈폭이 큰 경우 ( )

④ 석재 배면으로부터의 누수에 의한 경우 ( )

[04③, 11①]

034 석재의 선택이나 시공 시 주의사항을 체크하시오.

① 치수가 $1m^3$ 이상으로 지나치게 큰 것은 피하도록 한다. ( )

② 석재는 취약하므로 구조재는 직압력재로만 사용하도록 한다. ( )

③ 외부나 바닥에 사용할 때는 내수성 및 내구성에 주의하도록 한다. ( )

④ 석재의 모양은 예각으로 하고 재질에 따라 적당한 가공을 하도록 한다. ( )

[20②]

035 돌붙임공법 중에서 석재를 미리 붙여놓고 콘크리트를 타설하여 일체화시키는 방법을 체크하시오.

① 조적 공법 ( )

② 앵커긴결 공법 ( )

③ GPC 공법 ( )

④ 강재트러스 지지공법 ( )

★중요   [02②, 06①, 08②, 09①, 13②, 21①]

001 화성암의 일종으로 질이 단단하고 내구성 및 압축강도가 크며, 흡수율이 적어 외관이 수려하고, 절리의 거리가 비교적 커서 큰 판재를 생산할 수 있는 장점은 있으나 함유광물의 열팽창계수가 달라 내화성이 약하고 너무 단단하여 조각 등에는 부적당하다. 황등석, 경기석 등으로 유명한 이 석재의 명칭을 쓰시오.

[06③]

002 일명 부석(浮石)이라고 하며 화산에서 분출된 마그마가 급냉각하여 응고된 다공질로 경량골재나 내화재로 사용되는 석재를 쓰시오.

[04②]

003 강도·경도·비중이 크고, 내화력도 우수하여 구조용 석재로 널리 쓰이지만, 조직 및 색조가 균일하지 않고 석리가 있어 채석 및 가공이 용이하지만 대재를 얻기 어려운 석재를 쓰시오.

★중요   [03①, 05②, 09③, 11③, 24①]

004 흑색 또는 회색 등이 있고 얇은 판으로 뜰 수도 있어 천연슬레이트라고도 하며, 치밀한 방수성이 있어 지붕, 벽 재료로 쓰이는 석재를 쓰시오.

[12②]

005 석재 중 박판으로 재취할 수 있어 슬레이트 등에 사용되는 석재를 쓰시오.

★중요   [04①, 05④, 08③, 12②③, 24②]

006 석회암이 변화되어 결정화한 것으로 치밀·견고하여 색채와 반점이 아름다우며, 갈면 광택이나 실내장식재와 조각재로 사용되는 석재를 쓰시오.

★중요   [09③, 13③]

007 감람석이 변질된 것으로 암녹색 바탕에 흑백색의 무늬가 있고, 경질이나 풍화성으로 인하여 실내장식용으로서 대리석 대용으로 사용되는 암석을 쓰시오.

[15①]

008 감람석 또는 섬록암이 변질된 것으로, 색조는 암녹색 바탕에 흑백색의 아름다운 무늬가 있고, 경질이나 풍화성이 있어 외벽보다는 실내장식용으로 사용되는 석재를 쓰시오.

009 [09③]

백시멘트와 종석, 안료를 혼합하여 만든 것으로 천연석과 유사한 외관을 가진 인조석을 쓰시오.

010 [07③]

시멘트콘크리트 제품 중 대리석의 쇄석을 종석으로 하여 대리석과 같이 미려한 광택을 갖도록 마감한 것을 쓰시오.

011 [19②]

바닥 바름재료 백시멘트와 안료를 사용하며 종석으로 화강암, 대리석 등을 사용하고 갈기로 마감을 하는 것을 쓰시오.

012 [09②, 19②]

진주석 또는 흑요석 등을 900~1200℃로 소성한 후에 분쇄하여 소생팽창하면 만들어지는 작은 입자에 접착제 및 무기질 섬유를 균등하게 혼합하여 성형한 제품을 쓰시오.

| 정답 |

001 화강암   002 화산암   003 안산암   004 점판암   005 점판암   006 대리석   007 사문암   008 사문암
009 캐스트스톤(의석, 모조석)   010 테라조 바름   011 테라조 바름   012 펄라이트(perlite)

01 진위형 문제

▶ 해설편 191p

※ 다음 문제를 읽고, 옳으면 ○, 틀리면 ×를 괄호 안에 표기하시오.

★중요 [10①, 12③, 20②, 22①]

001 단열재의 선정조건으로 올바른지 체크하시오.

① 비중이 작을 것 (　)
② 투기성이 클 것 (　)
③ 흡수율이 낮을 것 (　)
④ 열전도율이 낮을 것 (　)
⑤ 비중이 클 것 (　)
⑥ 내화성이 좋을 것 (　)

★중요 [16①, 19①, 24②]

002 단열재의 특성에서 전열의 3요소를 체크하시오.

① 전도 (　)
② 대류 (　)
③ 복사 (　)
④ 결로 (　)

★중요 [10③, 13②, 16②, 21②]

003 규산칼슘판 단열재에 대한 설명으로 올바른지 체크하시오.

① 용융유리를 흡착법 등으로 수 μm의 가는 섬유로 만든 것 (　)
② 각종 슬래그에 석회암을 첨가하여 가는 섬유형태로 만든 것 (　)
③ 주원료인 식물섬유를 쪄서 분해한 밀도 0.4 미만인 것 (　)
④ 내열성과 내파손성이 우수하여 철골내화피복으로 사용되는 것 (　)

★중요 [15③, 18①]

004 건축용 단열재 중 무기질 재료를 체크하시오.

① 암면 (　)
② 유리섬유 (　)
③ 세라믹 파이버 (　)
④ 셀룰로즈 파이버 (　)
⑤ 유리면 (　)
⑥ 경질우레탄폼 (　)

[12②]

005 무기질 단열재료 중 규산질 분말과 석회분말을 오토클레이브 중에서 반응시켜 얻은 겔에 보강섬유를 첨가하여 프레스 성형하여 만드는 제품을 체크하시오.

① 유리면 (　)
② 세라믹 섬유 (　)
③ 펄라이트 판 (　)
④ 규산 칼슘판 (　)

[17③]

006 단열재료 중 가장 높은 온도에서 사용할 수 있는 것을 체크하시오.

① 세라믹 파이버 (　)
② 암면 (　)
③ 석면 (　)
④ 글래스울 (　)

[17③]

007 20°C 기건상태에서 단열성이 가장 우수한 것을 체크하시오.

① 화강암 (　)
② 판유리 (　)
③ 알루미늄 (　)
④ ALC (　)

[13①]

008 각종 단열재에 대한 설명으로 올바른지 체크하시오.

① 암면은 암석으로부터 인공적으로 만들어진 내열성이 높은 광물섬유를 이용하여 만드는 제품으로, 단열성·흡음성이 뛰어나다. (　)
② 세라믹 파이버의 원료는 실리카와 알루미나이며, 알루미나의 함유량을 늘이면 내열성이 상승한다. (　)

③ 경질 우레탄폼은 방수성, 내투습성이 뛰어나기 때문에 방습층을 겸한 단열재로 사용된다. (　)

④ 펄라이트 판은 천연의 목질섬유를 원료로 하며, 단열성이 우수하여 주로 건축물이 외벽 단열재 바름에 사용된다. (　)

[13②, 19②, 24②]

009 단열재료의 성질에 관한 설명으로 올바른지 체크하시오.

① 열전도율이 높을수록 단열 성능이 크다. (　)

② 같은 두께인 경우 경량재료가 단열에 더 효과적이다. (　)

③ 단열재는 밀도가 다르더라도 단열성능은 같다. (　)

④ 대부분 단열재는 흡음성이 떨어진다. (　)

⑤ 열전도율이 낮은 것일수록 단열효과가 좋다. (　)

⑥ 열관류율이 높은 재료는 단열성이 낮다. (　)

⑦ 같은 두께인 경우 경량재료인 편이 단열효과가 나쁘다. (　)

⑧ 단열재는 보통 다공질의 재료가 많다. (　)

[14②]

010 재료의 단열성에 영향을 미치는 요인을 체크하시오.

① 재료의 두께 (　)

② 재료의 밀도 (　)

③ 재료의 강도 (　)

④ 재료의 표면상태 (　)

[19②]

011 흡음재료에 해당하는 것을 체크하시오.

① 연질우레아폼 (　)

② 석고보드 (　)

③ 테라죠 (　)

④ 연질섬유판 (　)

[16①]

012 흡음재료의 특성으로 올바른지 체크하시오.

① 유공판재료는 재료 내부의 공기진동으로 고음역의 흡음효과를 발휘한다. (　)

② 판상재료는 뒷면의 공기층에 강제진동으로 흡음효과를 발휘한다. (　)

③ 다공질재료는 적당한 크기나 모양의 관통구멍을 일정 간격으로 설치하여 흡음효과를 발휘한다. (　)

④ 유공판재료는 연질섬유판, 흡음텍스가 있다. (　)

[14②]

013 1,000℃ 이상의 고온에서도 견디는 단열재료로, 최근 철골의 내화피복재로 많이 사용되는 것을 쓰시오.

① 규산칼슘판 (　)

② 펄라이트판 (　)

③ 세라믹섬유 (　)

④ 경질우레탄폼 (　)

10단원 단열재 및 흡음재　311

11단원 ▶ 방수 재료

---

01 진위형 문제

▶ 해설편 193p

※ 다음 문제를 읽고, 옳으면 ○, 틀리면 ×를 괄호 안에 표기하시오.

★중요   [04②, 07②, 09③, 22②]

001 천연 아스팔트를 체크하시오.

① 아스팔타이트(asphaltite) (   )

② 로크 아스팔트(rock asphalt) (   )

③ 레이크 아스팔트(lake asphalt) (   )

④ 블론 아스팔트(blown asphalt) (   )

[18①]

002 석유 아스팔트를 체크하시오.

① 블론 아스팔트 (   )

② 스트레이트 아스팔트 (   )

③ 아스팔타이트 (   )

④ 컷백 아스팔트 (   )

★중요   [05④, 08③, 13①, 21③]

003 지하방수나 아스팔트 펠트 삼투용(滲透用)으로 쓰이는 석유 아스팔트를 체크하시오.

① 아스팔타이트 (   )

② 스트레이트 아스팔트 (   )

③ 레이크 아스팔트 (   )

④ 로크 아스팔트 (   )

⑤ 블론 아스팔트 (   )

⑥ 아스팔트 컴파운드 (   )

⑦ 콜타르 (   )

[14①]

004 방수공사에서 아스팔트 품질 결정요소를 체크하시오.

① 침입도 (   )

② 신도 (   )

③ 연화점 (   )

④ 마모도 (   )

[02①]

005 스트레이트 아스팔트와 비교하여 블론 아스팔트의 특징을 설명한 것으로 올바른지 체크하시오.

① 내구력이 크다. (   )

② 연화점이 높다. (   )

③ 온도에 대한 신도(伸度)가 적다. (   )

④ 감온비가 크다. (   )

★중요   [02②, 03②]

006 스트레이트 아스팔트(A)와 블론 아스팔트(B)의 여러 성질상의 대소를 비교한 것으로 올바른지 체크하시오.

① 신도는 A〉B (   )

② 연화점은 A〈B (   )

③ 감온성은 A〉B (   )

④ 접착성은 A〈B (   )

⑤ 교착력은 A〉B (   )

[04①, 08①]

007 스트레이트 아스팔트와 블론 아스팔트의 성질을 비교한 것으로 올바른지 체크하시오.

① 침입도는 스트레이트 아스팔트가 더 크다. (   )

② 상온에서의 신도(伸度)는 블론 아스팔트가 더 크다. (   )

③ 탄력성은 블론 아스팔트가 더 크다. (   )

④ 감온비는 스트레이트 아스팔트가 더 크다. (   )

[11③, 14②]

008 아스팔트는 온도에 의한 반죽질기가 현저하게 변화하는데, 이러한 변화가 일어나기 쉬운 정도를 나타내는 용어를 체크하시오.

① 감온성 (   )

② 침입도 (   )

③ 신도 (   )

④ 연화점 (   )

---

009 [02③]
아스팔트방수를 시멘트 액체방수와 비교한 것으로 올바른지 체크하시오.

① 시공이 번잡하다. (　)
② 공기(工期)가 짧다. (　)
③ 보수가 불편하다. (　)
④ 내구성이 크다. (　)

010 [04③, 08②, 24③]
블론 아스팔트의 성능을 개량하기 위해 동식물성 유지와 광물질 분말을 혼입하여 제작한 것을 체크하시오.

① 아스팔트 프라이머 (　)
② 아스팔트 컴파운드 (　)
③ 아스팔트 코팅 (　)
④ 아스팔트 에멀젼 (　)

011 [03③]
종이섬유와 동식물성 섬유를 섞은 펠트 원지에 스트레이트 아스팔트를 먹인 방수지로 주로 아스팔트 방수 중간층재로 이용되는 것을 체크하시오.

① 콜타르 (　)
② 망상 아스팔트 루핑 (　)
③ 아스팔트 펠트 (　)
④ 합성 고분자 루핑 (　)
⑤ 아스팔트 싱글 (　)
⑥ 아스팔트 시트 (　)
⑦ 석면 아스팔트 펠트 (　)

012 [15②, 18①]
도막 방수에 관한 설명으로 올바른지 체크하시오.

① 복잡한 부위의 시공성이 좋다. (　)
② 신속한 작업 및 접착성이 좋다. (　)
③ 바탕면의 미세한 균열에 대한 저항성이 있다. (　)
④ 누수 시 결함 발견이 어렵고 국부적으로 보수가 어렵다. (　)
⑤ 내약품성이 우수하다. (　)
⑥ 시트 간의 접착이 불완전할 수 있다. (　)
⑦ 균일한 두께의 시공이 곤란하다. (　)

013 [20②]
용제 또는 유제상태의 방수제를 바탕면에 여러 번 칠하여 방수막을 형성하는 방수법을 체크하시오.

① 아스팔트 방수 (　)
② 도막 방수 (　)
③ 시멘트 방수 (　)
④ 시트 방수 (　)

★중요 [04③, 06②, 10①, 15③, 20②, 22③]
014 실(seal)재에 해당하는 것을 체크하시오.

① 코킹재 (　)
② 퍼티 (　)
③ 실링재 (　)
④ 트래버틴 (　)

★중요 [05③, 07③, 09①, 21③]
015 아스팔트와 피치(pitch)에 관한 설명으로 올바른지 체크하시오.

① 아스팔트의 단면은 광택이 있고 흑색이다. (　)
② 피치는 아스팔트보다 냄새가 강하다. (　)
③ 아스팔트는 피치보다 내구성이 있다. (　)
④ 아스팔트는 상온에서 유동성이 없지만 가열하면 피치보다 빨리 부드러워진다. (　)

★중요 [09①, 12①, 14②, 22①]
016 KS F 3211(건설용 도막방수재)에서 주요 원료에 따른 방수재의 종류를 체크하시오.

① 우레탄 고무계 방수재 (　)
② 아크릴 고무계 방수재 (　)
③ 에폭시 수지계 방수재 (　)
④ 고무 아스팔트계 방수재 (　)

017 [10①]
방수공법 중 멤브레인 방수공법을 체크하시오.

① 아스팔트 방수 (　)
② 시트 방수 (　)
③ 우레탄 방수 (　)
④ 무기질계 침투방수 (　)

018 멤브레인 방수공사와 관련된 용어에 대한 설명으로 올바른지 체크하시오.

① 멤브레인 방수층 – 불투수성 피막을 형성하는 방수층 (　)

② 절연용 테이프 – 바탕과 방수층 사이의 국부적인 응력집중을 막기 위한 바탕면 부착 테이프 (　)

③ 프라이머 – 방수층과 바탕을 견고하게 밀착시킬 목적으로 바탕면에 최초로 도포하는 액상 재료 (　)

④ 개량 아스팔트 – 아스팔트 방수층을 형성하기 위해 사용하는 시트 형상의 재료 (　)

019 KS F 4052에 따라 방수공사용 아스팔트는 사용용도에 따라 4종류로 분류된다. 이 중 감온성이 낮은 것으로서 주로 일반지역의 노출 지붕 또는 기온이 비교적 높은 지역의 지붕에 사용하는 것을 체크하시오.

① 1종(침입도 지수 3 이상) (　)

② 2종(침입도 지수 4 이상) (　)

③ 3종(침입도 지수 5 이상) (　)

④ 4종(침입도 지수 6 이상) (　)

020 아스팔트 방수공사 시 바탕처리에 관한 설명으로 올바른지 체크하시오.

① 바탕면을 충분히 건조시킬 것 (　)

② 바탕면에 물흘림 경사를 충분히 둘 것 (　)

③ 바탕면을 거칠게 마무리할 것 (　)

④ 구석, 모서리 등을 둥글게 처리할 것 (　)

02 단답형 문제

★중요

001 지하실 방수공사에 사용되며 아스팔트 펠트, 아스팔트 루핑 방수재료의 원료로 사용되는 것을 쓰시오.

★중요

002 블론아스팔트를 용제에 녹인 것으로 액상을 하고 있으며 아스팔트 방수의 바탕 처리재로 이용되는 것을 쓰시오.

★중요

003 솔, 롤러 등으로 용이하게 도포할 수 있도록 아스팔트를 휘발성 용제에 용해한 비교적 저점도의 액체로써, 방수시공의 첫째 공정에 쓰는 바탕처리재를 쓰시오.

★중요

004 유화제(乳化劑)를 써서 아스팔트를 미립자로 수중(水中)에 분산시킨 다갈색 액체로서 깬 자갈의 점결제(粘結劑) 등으로 쓰이는 아스팔트 제품을 쓰시오.

005 블론아스팔트에 내열성·내한성·내후성 등을 개량하기 위하여 동물섬유나 식물섬유를 혼합하여 유동성을 부여한 제품을 쓰시오.

[15①]

006 양모, 마사, 폐지 등을 원료로 하여 만든 원지에 연질의 스트레이트 아스팔트를 가열·용융시켜 충분히 흡수시킨 후 회전로에서 건조와 함께 두께를 조정하여 롤형으로 만든 것을 쓰시오.

★중요 [06①, 09②, 10③, 18③, 24②]

007 목면·마사·양모·폐지 등을 원료로 하여 만든 원지에 스트레이트 아스팔트를 먹인 방수지로 주로 아스팔트 방수 중간층재로 이용되는 것을 쓰시오.

[06③, 19①]

008 유기천연섬유 또는 석면 섬유를 결합한 원지에 연질의 스트레이트 아스팔트를 침투시킨 것으로 아스팔트방수 중간층재로 사용되는 것을 쓰시오.

[19③]

009 두꺼운 아스팔트 루핑을 4각형 또는 6각형 등으로 절단하여 경사지붕재로 사용되는 것을 쓰시오.

[20②]

010 내약품성, 내마모성이 우수하여 화학공장의 방수층을 겸한 바닥 마무리재로 가장 적합한 것을 쓰시오.

[07①, 19③]

011 퍼티, 코킹, 실런트 등의 총칭으로서 건축물의 프리패브공법, 커튼월 공법 등의 공장 생산화가 추진되면서 주목받기 시작한 재료를 쓰시오.

[11③, 18②]

012 실링재와 같은 뜻의 용어로 부재의 접합부에 충전하여 접합부를 기밀수밀하게 하는 재료를 쓰시오.

|정답|

001 스트레이트 아스팔트　　002 아스팔트 프라이머　　003 아스팔트 프라이머　　004 아스팔트 에멀전(asphalt emulsion)

005 아스팔트 컴파운드(asphalt compound)　　006 아스팔트 펠트　　007 아스팔트 펠트　　008 아스팔트 펠트

009 아스팔트 싱글　　010 에폭시 도막방수　　011 실링재　　012 코킹재

01 진위형 문제

▶ 해설편 198p

※ 다음 문제를 읽고, 옳으면 ○, 틀리면 ×를 괄호 안에 표기하시오.

★중요 [02③, 05①, 06③, 22③]

001 유리의 성질에 관한 설명으로 올바른지 체크하시오.

① 창유리의 강도는 휨강도를 말한다. (　　)

② 열선 반사유리는 판유리 표면에 금속피막을 입힌 것이다. (　　)

③ 보통유리의 열전도율은 콘크리트보다 약간 크다. (　　)

④ 방탄유리는 강화유리를 합유리화한 것이다. (　　)

⑤ 유리는 전기의 불량도체로 표면의 습도가 크면 클수록 그 저항이 커진다. (　　)

⑥ 염산, 황산, 질산 등에는 침식되지 않지만 약한 산에는 서서히 침식된다. (　　)

⑦ 일반판유리는 가시광선의 투과율은 거의 없으나 자외선 영역의 투과율은 높다. (　　)

⑧ 강화유리는 강도가 보통유리의 3~5배 정도이며, 파괴될 때도 안전하다. (　　)

⑨ 자외선, 라듐선, X-선 등은 유리를 침식해서 분해, 착색, 반점 등을 생기게 한다. (　　)

[17②]

002 화재 시 유리가 파손되는 원인을 체크하시오.

① 열팽창 계수가 크기 때문이다. (　　)

② 급가열 시 부분적 면내(面內) 온도차가 커지기 때문이다. (　　)

③ 응용온도가 낮아 녹기 때문이다. (　　)

④ 열전도율이 작기 때문이다. (　　)

★중요 [02②, 20②]

003 건축공사의 일반창유리로 사용되는 것을 체크하시오.

① 석영유리 (　　)　　　② 붕규산유리 (　　)

③ 칼리석회유리 (　　)　　④ 소다석회유리 (　　)

⑤ 물유리 (　　)　　　　　⑥ 연프린트유리 (　　)

⑦ 보헤미아유리 (　　)

[18①]

004 2장 이상의 판유리 사이에 강하고 투명하면서 집착성이 강한 플라스틱 필름을 삽입하여 제작한 안전유리를 체크하시오.

① 접합유리 (　　)　　　② 복층유리 (　　)

③ 강화유리 (　　)　　　④ 프리즘유리 (　　)

[19③]

005 유리 중 현장에서 절단 가공할 수 없는 것을 체크하시오.

① 망입 유리 (　　)

② 강화 판유리 (　　)

③ 소다석회 유리 (　　)

④ 무늬 유리 (　　)

[11③, 19②, 25②]

006 열선 흡수유리의 특징으로 올바른지 체크하시오.

① 여름철 냉방부하를 감소시킨다. (　　)

② 자외선에 의한 상품 등의 변색을 방지한다. (　　)

③ 단열효과가 크고 결로방지용으로 우수하다. (　　)

④ 채광을 요구하는 진열장에 이용된다. (　　)

⑤ 유리의 온도 상승이 매우 적어 실내의 기온에 별로 영향을 받지 않는다. (　　)

[10①]

007 각종 유리제품에 대한 설명으로 올바른지 체크하시오.

① 망입유리 – 깨어지는 경우에도 파편이 튀지 않는다. (　　)

② 스테인드 글라스 – 단열성과 빛 차단성이 우수하다. (　　)

③ 복층유리 – 방음성과 열차단성이 우수하다. (　　)

④ 유리블록 – 보통 유리창보다 균일한 확산광을 얻을 수 있다. (　　)

02 단답형 문제

★중요   [10③]

001 용융해가 쉽고, 산에는 강하나 알칼리에 약한 특성이 있으며 건축 일반용 창호유리, 병유리에 자주 사용되는 유리를 쓰시오.

★중요   [10③, 19②, 23①]

002 그물유리라고도 하며 주로 방화 및 방재용으로 사용되는 유리를 쓰시오.

[17②]

003 화재 시 개구부에서의 연소(筵蔬)를 방지하는 효과가 있는 유리를 쓰시오.

[12③]

004 유리 내부에 금속망을 삽입하고 압착 성형한 판유리로써, 깨어지는 경우에도 파편이 튀지 않고 연소도 방지할 수 있는 것을 쓰시오.

[18③]

005 판유리를 특수 열처리하여 내부 인장응력에 견디는 압축응력층을 유리 표면에 만들어 파괴강도를 증가시킨 유리를 쓰시오.

[19①, 22②]

006 유리를 600℃ 이상의 연화점까지 가열하여 특수한 장치로 균등히 공기를 내뿜어 급랭시킨 것으로 강하고 또한 파괴되어도 세립상으로 되는 유리를 쓰시오.

[20②]

007 일반적으로 철, 크롬, 망간 등의 산화물을 혼합하여 제조한 것으로 염색품의 색이 바래는 것을 방지하고 채광을 요구하는 진열장 등에 이용되는 유리를 쓰시오.

| 정답 |

001 소다석회 유리   002 망입유리   003 망입유리   004 망입유리   005 강화 판유리   006 강화 판유리   007 자외선 흡수유리

008 보통판유리에 미량의 금속산화물을 첨가한 것으로 열에 의한 온도차에 의해 파손될 우려가 있어 창면 일부만이 그늘지거나 온도차가 많이 나는 곳의 사용을 피하는 유리를 쓰시오.

★중요

[12②, 20①, 24③]

011 유리면에 부식액의 방호막을 붙이고 이 막을 모양에 맞게 오려내고 그 부분에 유리부식액을 발라 소요 모양으로 만들어 장식용으로 사용하는 유리를 쓰시오.

[19③]

009 열적외선을 반사하는 은소재 도막으로 코팅하여 방사율과 열관류율을 낮추고 가시광선 투과율을 높인 유리를 쓰시오.

[20①]

010 투사광선의 방향을 변화시키거나 집중 또는 확산시킬 목적으로 만든 이형 유리제품으로, 주로 지하실 또는 지붕 등의 채광용으로 사용되는 것을 쓰시오.

[10③]

012 각종 색유리의 작은 조각을 도안에 맞추어 절단하여 조합해서 만든 것으로 성당의 창 등에 사용되는 유리제품을 쓰시오.

| 정답 |

008 열선 흡수유리   009 로이유리   010 프리즘 유리   011 에칭 유리   012 스테인드글라스

01 진위형 문제

▶ 해설편 199p

※ 다음 문제를 읽고, 옳으면 ○, 틀리면 ✕를 괄호 안에 표기하시오.

★중요　[03①, 08③, 18③, 23①]

001 건설시공분야의 향후 발전방향으로 올바른지 체크하시오.

① 가설구조물의 강재화 (　　)

② 시공의 기계화 (　　)

③ 재료의 프리패브(pre-fab)화 (　　)

④ 공법의 습식화 (　　)

[05①, 17③]

002 건축생산 조직에 관한 설명으로 올바른지 체크하시오.

① CM은 시공자가 직접 공사의 타당성조사, 설계, 시공, 사용 등을 포함하는 건설공사 전 과정을 조정하는 것이다. (　　)

② EC화는 종래의 단순한 시공업과 비교하여 건설사업 전반에 걸쳐 종합, 기획, 관리하는 업무 영역의 확대를 말한다. (　　)

③ 발주자와 직접 공사계약을 하는 업자를 하도급자라고 한다. (　　)

④ 감리자란 시공자의 위탁을 받아 공사의 시공과정을 검사·승인하는 자를 말한다. (　　)

[02①, 06①]

003 시방서 작성에 관한 내용으로 올바른지 체크하시오.

① 시방서는 건축주가 작성한다. (　　)

② 시방서는 도급자가 작성한다. (　　)

③ 시방서는 건축설계자가 작성한다. (　　)

④ 시방서는 도급자와 건축주가 공동으로 작성한다. (　　)

★중요　[10③, 12①, 13②, 14③, 15③, 17③, 25③]

004 시방서(Specification)는 발주자가 의도하는 건축물을 건설하기 위하여 시공자에게 요구하는 모든 상황을 나타낸 것 중 도면을 제외한 모든 것이라 할 수 있다. 시방서 작성 시 서술내용을 체크하시오.

① 재료, 장비, 설비의 유형과 품질 (　　)

② 입찰참가 자격 평가기준 (　　)

③ 조립, 설치, 세우기의 방법 (　　)

④ 시험 및 코드요건 (　　)

⑤ 도면의 도해적 표현 (　　)

⑥ 사용재료의 품질시험방법 (　　)

⑦ 시공방법 및 시공정밀도 (　　)

⑧ 공사계약 조건 및 공종별 시공순서 (　　)

⑨ 시방서의 적용범위 및 사전준비사항 (　　)

⑩ 재료에 관한 사항 (　　)

⑪ 공법에 관한 사항 (　　)

⑫ 공사비에 관한 사항 (　　)

⑬ 검사 및 시험에 관한 사항 (　　)

★중요　[09③, 13③, 19①, 25①]

005 공사에 필요한 특기시방서에 기재하는 사항을 체크하시오.

① 인도 시 검사 및 인도시기 (　　)

② 각 부위별 시공방법 (　　)

③ 각 부위별 사용재료 (　　)

④ 사용재료의 품질 (　　)

[20①]

006 시방서에 관한 설명으로 올바른지 체크하시오.

① 설계도면과 공사시방서에 상이점이 있을 때는 주로 설계도면이 우선한다. (　　)

② 시방서 작성 시에는 공사 전반에 걸쳐 시공 순서에 맞게 빠짐없이 기재한다. (　　)

③ 성능시방서란 목적하는 결과, 성능의 판정기준, 이를 판별할 수 있는 방법을 규정한 시방서이다. (　　)

④ 시방서에는 사용재료의 시험검사방법, 시공의 일반사항 및 주의사항, 시공정밀도, 성능의 규정 및 지시 등을 기술한다. (　　)

007 각종 시방서에 대한 설명으로 올바른지 체크하시오.

① 자료시방서 : 재료나 자료의 제조업자가 생산제품에 대해 작성한 시방서 ( )

② 성능시방서 : 구조물의 요소나 전체에 대해 필요한 성능만을 명시해 놓은 시방서 ( )

③ 특기시방서 : 특정공사별로 건설공사 시공에 필요한 사항을 규정한 시방서 ( )

④ 개략시방서 : 설계자가 발주자에 대해 설계초기 단계에 설명용으로 제출하는 시방서로서, 기본설계도면이 작성된 단계에서 사용되는 재료나 공법의 개요에 관해 작성한 시방서 ( )

[14②, 17②]

008 민간자본 유치방식 중 간접시설을 설계, 시공한 후 소유권을 발주자에게 이양하고, 투자자는 일정기간 동안 시설물의 운영권을 행사하는 계약방식을 체크하시오.

① BOT(Build Operate Transfer) ( )

② BTO(Build Transfer Operate) ( )

③ BOO(Build Operate Own) ( )

④ BTL(Build Transfer Lease) ( )

[02②, 07①]

009 건설의 전 과정에서 프로젝트를 보다 효율적이고 경제적으로 수행하기 위하여 각 부분의 전문가들로 구성하여 통합된 관리기술을 건축주에게 서비스하는 것을 의미하는 용어를 체크하시오.

① CM ( )

② EC ( )

③ QC ( )

④ JV ( )

[16③]

010 순수형 CM의 공사단계별 기본업무 중 시공단계의 업무를 체크하시오.

① 품질검사 ( )

② 작업변화 승인 및 계약 변경 ( )

③ 기록문서의 제출 ( )

④ 시공사와 발주자 간 분쟁 해결 ( )

[13①]

011 건축공사 공정의 공기단축 기법으로 사용되는 것을 체크하시오.

① MCX(Minimum Cost Expedition) ( )

② TQC(Total Quality Control) ( )

③ TBM(Tool Box Meeting) ( )

④ CIC(Computer Integrated Construction) ( )

★중요　　　　　　　　　[06②, 14②, 17②, 20①, 23①]

012 VE(Value Engineering)에서 원가절감을 실현할 수 있는 대상 선정으로 올바른지 체크하시오.

① 수량이 많은 것 ( )

② 반복효과가 큰 것 ( )

③ 장시간 사용으로 숙달되어 개선효과가 큰 것 ( )

④ 내용이 간단한 것 ( )

⑤ 단가가 높은 공종 ( )

⑥ 지하공사 등의 어려움이 많은 공종 ( )

⑦ 공사비 금액이 큰 공종 ( )

⑧ 시행실적이 많은 공종 ( )

[16②]

013 공사 관리기법 중 VE(Value Engineering) 가치향상의 방법을 체크하시오.

① 기능은 올리고 비용은 내린다. ( )

② 기능은 많이 내리고 비용은 조금 내린다. ( )

③ 기능은 많이 올리고 비용은 약간 올린다. ( )

④ 기능은 일정하게 하고 비용은 내린다. ( )

[18②]

014 VE 적용 시 일반적으로 원가절감의 가능성이 가장 큰 단계를 체크하시오.

① 기획 설계 ( )

② 공사 착수 ( )

③ 공사 중 ( )

④ 유지관리 ( )

[12②, 16②]

015 건축식전 중 철골조와 목조건축에서는 지붕 대들보를 올릴 때 행하는 의식이며, 철근콘크리트조에서는 최상층의 거푸집 혹은 철근배근 시 또는 콘크리트를 타설한 후 행하는 식을 체크하시오.

① 상량식(上梁式) ( )

② 착공식(着工式) (　)

③ 정초식(定礎式) (　)

④ 준공식(竣工式) (　)

★중요　　　　　　　　　　　[12①, 14②, 17③, 23②]

016 공사 도급계약서의 내용을 체크하시오.

① 공사착수의 시기 (　)

② 시공정밀도 (　)

③ 계약에 관한 분쟁의 해결방안 (　)

④ 도급금액 (　)

⑤ 공사내용(공사명, 공사장소) (　)

⑥ 공법분석내용 (　)

⑦ 공사대금 지불방법 (　)

⑧ 재해방지대책 (　)

⑨ 천재지변 및 그 외의 불가항력에 의한 손해부담

(　)

★중요　　　　　　　[13③, 15②, 16①, 20①, 22②]

017 도급계약서에 첨부해야 하는 서류를 체크하시오.

① 설계도면 (　)　　② 공사시방서 (　)

③ 시공계획서 (　)　　④ 현장설명서 (　)

⑤ 도급계약서 (　)　　⑥ 공사 공정표 (　)

[09②, 15①]

018 건설공사 시공방식 중 직영공사의 장점을 체크하시오.

① 영리를 도외시한 확실성 있는 공사를 할 수 있다.

(　)

② 임기응변의 처리가 가능하다. (　)

③ 공사기일이 단축된다. (　)

④ 발주, 계약 등의 수속이 절감된다. (　)

[10③]

019 도급금액 결정방법에 따른 도급방식의 종류를 체크하시오.

① 정액도급 (　)

② 단가도급 (　)

③ 분할도급 (　)

④ 실비청산 보수가산도급 (　)

[14③, 18①]

020 정액도급 계약제도에 관한 설명으로 올바른지 체크하시오.

① 경쟁입찰로 공사비가 저렴하다. (　)

② 건축주와의 의견조정이 용이하다. (　)

③ 공사설계변경에 따른 도급액 증감이 곤란하다.

(　)

④ 이윤관계로 공사가 조잡해질 우려가 있다. (　)

★중요　　　　　[08②, 09①, 14①, 18①, 25③]

021 단가 도급계약 제도의 장·단점으로 올바른지 체크하시오.

① 시급한 공사인 경우 계약을 간단히 할 수 있다.

(　)

② 설계변경으로 인한 수량증감의 계산이 어렵고 일식 도급보다 복잡하다. (　)

③ 공사비가 높아질 염려가 있다. (　)

④ 총공사비를 예측하기 힘들다. (　)

⑤ 긴급공사 시 간편하게 계약할 수 있다. (　)

⑥ 설계변경에 의한 수량의 증감이 용이하다. (　)

⑦ 총공사비가 판명되어 건축주의 자금계획 수립이 용이하다. (　)

⑧ 공사수량이 불분명할 때 수급자가 고가로 견적할 수도 있다. (　)

[19③]

022 도급제도 중 긴급 공사일 경우에 가장 적합한 것을 체크하시오.

① 단가 도급 계약 제도 (　)

② 분할 도급 계약 제도 (　)

③ 일식 도급 계약 제도 (　)

④ 정액 도급 계약 제도 (　)

[16②]

023 공사의 진척에 따라 정해진 시기에 실비와 이 실비에 미리 계약된 비율로 곱한 금액을 보수로서 시공자에게 지불하는 실비정산식 시공계약제도를 체크하시오.

① 실비비율보수가산식 (　)

② 실비한정비율보수가산식 (　)

③ 실비정액보수가산식 (　)

④ 실비준동률보수가산식 (　)

024 실비정산보수가산계약(cost plus fee contract)을 보수를 지급하는 방식으로 분류할 때 해당하는 것을 체크하시오.

① 도급금액을 일정액으로 결정하여 계약하는 방식 (　)

② 공사의 진척에 따라 실제 공사비의 일정 비율을 보수로 지급하는 방식 (　)

③ 미리 일정액을 보수로 정하는 방식 (　)

④ 설계 변경에 관계되는 공사금액에 따라서 변동률을 적용하여 지급하는 방식 (　)

★중요　　　　　　　　　[03②, 05③, 16①, 24②]

025 발주자와 수급자의 상호신뢰를 바탕으로 팀을 구성하여 프로젝트의 성공과 상호이익 확보를 위하여 공동으로 프로젝트를 집행관리하는 공사계약 방식을 체크하시오.

① BOT 방식 (　)

② 파트너링 방식 (　)

③ CM 방식 (　)

④ 공동도급 방식 (　)

[18②]

026 공사계약제도에 관한 설명으로 올바른지 체크하시오.

① 일식도급계약제도는 전체 건축공사를 한 도급자에게 도급을 주는 제도이다. (　)

② 분할도급계약제도는 보통 부대설비공사와 일반공사로 나누어 도급을 준다. (　)

③ 공사진행 중 설계변경이 빈번한 경우에는 직영공사제도를 채택한다. (　)

④ 직영공사제도는 근로자의 능률이 상승한다. (　)

★중요　　　　[04①, 08①, 09②, 18③, 20②, 21②]

027 공동도급에 관한 설명으로 올바른지 체크하시오.

① 각 회사의 소요자금이 경감되므로 소자본으로 대규모 공사를 수급할 수 있다. (　)

② 각 회사가 위험을 분산하여 부담하게 된다. (　)

③ 상호기술의 확충을 통해 기술축적의 기회를 얻을 수 있다. (　)

④ 신기술, 신공법의 적용이 불리하다. (　)

⑤ 대기업에 유리하며 중소기업체에는 특히 불리하다. (　)

⑥ 정밀시공이 가능하다. (　)

⑦ 공사수급의 경쟁완화 수단이 된다. (　)

⑧ 일식도급공사의 경우보다 경비가 줄어든다. (　)

⑨ 기술, 자본 및 위험 등의 부담을 분산시킬 수 있다. (　)

[02③]

028 공동도급(JOINT VENTURE) 방식의 특징으로 올바른지 체크하시오.

① 손익분담의 공동계산 – 위험분산 (　)

② 시공의 불확실성 – 각 회사의 이익만 추구 (　)

③ 단일목적성 – 특정공사 (　)

④ 일시성 – 특정공사 완료 시 해체 (　)

★중요　　　　　　　[14②, 15①, 17①, 23③]

029 공동도급(Joint Venture Contract)의 이점을 체크하시오.

① 융자력의 증대 (　)

② 위험부담의 분산 (　)

③ 기술의 확충, 강화 및 경험의 증대 (　)

④ 이윤의 증대 (　)

[19③]

030 턴키도급(Turn-Key Base Contract)의 특징으로 올바른지 체크하시오.

① 공기, 품질 등의 결함이 생길 때 발주자는 계약자에게 쉽게 책임을 추궁할 수 있다. (　)

② 설계와 시공이 일괄로 진행된다. (　)

③ 공사비의 절감과 공기단축이 가능하다. (　)

④ 공사기간 중 신공법, 신기술의 적용이 불가하다. (　)

[10③, 14③]

031 일반적인 공사입찰의 순서로 올바른지 체크하시오.

① 입찰통지 → 현장설명 → 입찰 → 개찰 → 낙찰 → 계약 (　)

② 현장설명 → 입찰통지 → 입찰 → 개찰 → 낙찰 → 계약 (　)

③ 현장설명 → 입찰통지 → 입찰 → 낙찰 → 개찰 →
　계약 (　　)

④ 입찰통지 → 입찰 → 개찰 → 낙찰 → 현장설명 →
　계약 (　　)

[10②, 16③]

032 입찰의 절차에 있어 입찰공고에 포함되는 주요항목을 체크하시오.

① 계약에 관한 분쟁의 해결방법 (　　)

② 입찰의 일시와 장소 (　　)

③ 개략적인 공사의 특성, 유형 및 규모 (　　)

④ 발주자와 설계자의 명칭과 주소 (　　)

[03①, 07③]

033 공사입찰방식의 종류를 체크하시오.

① 파트너링방식 (　　)

② 공개경쟁방식 (　　)

③ 지명경쟁방식 (　　)

④ 수의계약방식 (　　)

[07②, 09②]

034 공개경쟁입찰인 경우 입찰조건을 현장에서 설명할 때의 내용을 체크하시오.

① 공사기간 (　　)

② 공사비 지불조건 (　　)

③ 도급자 결정방법 (　　)

④ 자재의 수량 (　　)

[05③, 15③, 22③]

035 건설도급회사의 공사실적 및 기술능력에 적합한 3~7개 정도의 시공회사를 입찰에 참여시키는 방법을 체크하시오.

① 특명입찰 (　　)

② 일반경쟁입찰 (　　)

③ 지명경쟁입찰 (　　)

④ 제한경쟁입찰 (　　)

[18②]

036 건설공사 입찰방식 중 공개경쟁입찰의 장점을 체크하시오.

① 유자격자는 모두 참가할 수 있는 기회를 준다.
(　　)

② 제한경쟁입찰에 비해 등록사무가 간단하다.
(　　)

③ 담합의 가능성을 줄인다. (　　)

④ 공사비가 절감된다. (　　)

[17②]

037 입찰방식에 관한 설명으로 올바른지 체크하시오.

① 공개경쟁입찰은 관보, 신문, 게시판등에 입찰공고를 하여야 한다. (　　)

② 지명경쟁입찰은 경쟁입찰에 의하지 않고 그 공사에 특히 적당하다고 판단되는 1개의 회사를 선정하여 발주하는 방식이다. (　　)

③ 제한경쟁입찰은 양질의 공사를 위하여 업체자격에 대한 조건을 만족하는 업체라면 입찰에 참가하는 방식이다. (　　)

④ 부대입찰은 발주자가 입찰참가자에게 하도급할 공종, 하도급 금액 등에 대한 사항을 미리 기재하게 하여 입찰시 입찰서류에 첨부하여 입찰하는 제도이다. (　　)

[10①, 13②, 17①, 25①]

★중요

038 설계·시공 일괄계약제도에 대한 설명으로 올바른지 체크하시오.

① 단계별 시공의 적용으로 전체 공사기간의 단축이 가능하다. (　　)

② 설계와 시공의 책임 소재가 일원화된다. (　　)

③ 발주자의 의도가 충분히 반영될 수 있다. (　　)

④ 계약 체결 시 총비용이 결정되지 않으므로 공사비용이 상승할 우려가 있다. (　　)

[19③]

039 경쟁입찰에서 예정가격 이하의 최저가격으로 입찰한 자 순으로 당해계약 이행능력을 심사하여 낙찰자를 선정하는 방식을 체크하시오.

① 제한적 평균가 낙찰제 (　　)

② 적격 낙찰제 (　　)

③ 최저가 낙찰제 (　　)

④ 저가 심의제 (　　)

★중요　[04②, 05④, 07③, 10①, 12②, 18③, 24②]
040 건설공사 원가 구성체계 중 직접공사비를 체크하시오.

① 자재비 (　　) ② 일반관리비 (　　)
③ 외주비 (　　) ④ 노무비 (　　)

[04②]
041 건축시공적 기술활동에 해당되는 것을 체크하시오.
① 설계 (　　) ② 명세견적 (　　)
③ 낙찰 (　　) ④ 입찰과 계약 (　　)

★중요　[06③, 10③, 14②, 17③, 22②]
042 건설공사 완료 후 불량시공부분에 보수 및 재시공을 보증하기 위하여 공사발주처, 은행 등에 예치하는 공사금액의 명칭을 체크하시오.
① 입찰보증금 (　　) ② 계약보증금 (　　)
③ 지체보증금 (　　) ④ 하자보증금 (　　)

[16③]
043 공사계약 방식 중 계약기간 및 예산에 따른 계약에서 계약의 이행에 수 년을 요하는 경우 체결하는 계약에 해당하는 것을 체크하시오.
① 단년도 계약 (　　) ② 개산 계약 (　　)
③ 장기계속 계약 (　　) ④ 총액 계약 (　　)

[13②, 16①]
044 현장개설 후 자재수급 계획 시 필요조건을 체크하시오.
① 자재 명세서 (　　) ② 납입 계획서 (　　)
③ 발주·구입시기 (　　) ④ 세금계산서 (　　)

★중요　[02③, 06①, 08②, 24③]
045 현장에서 공무적 현장관리에 해당하는 것을 체크하시오.
① 자재관리 (　　)
② 노무관리 (　　)
③ 위험 및 재해방지 (　　)
④ 공정표작성 (　　)

[15①]
046 착공 단계에서 공사 계획은 각 공사마다 고유의 여건에 맞게 수립되어야 한다. 공사 계획의 주요 내용을 체크하시오.

① 공정표의 작성 (　　)
② 실행예산의 편성 (　　)
③ 원척도의 작성 (　　)
④ 현장원의 편성 (　　)

[15②]
047 배치도에 나타난 건물의 위치를 대지에 표시하여 대지 경계선과 도로경계선 등을 확인하기 위한 것을 체크하시오.
① 수평규준틀 (　　) ② 줄쳐보기 (　　)
③ 기준점 (　　) ④ 수직규준틀 (　　)

[03②, 05③]
048 건설공사 준비로서 시공업자가 가장 먼저 고려해야 할 것을 체크하시오.
① 건설대지의 조성 (　　)
② 가설물의 건설 (　　)
③ 기계공구 및 건설장비의 정비 (　　)
④ 현장원의 편성 (　　)

★중요　[03③, 10①, 15③, 19①, 23②]
049 건축공사의 시공계획 시 우선 고려해야 하는 것을 체크하시오.
① 상세 공정표의 작성 (　　)
② 노무, 기계, 재료 등의 조달, 사용 계획에 따른 수송계획 수립 (　　)
③ 현장관리 조직과 인사계획 수립 (　　)
④ 시공도의 작성 (　　)
⑤ 설계서 및 지질조사 (　　)
⑥ 시공계획도의 작성 (　　)
⑦ 현치도의 작성 (　　)

[04①, 15②, 20②]
050 공종별 시공계획서에 기재되어야 할 사항을 체크하시오.
① 작업의 질과 양 (　　) ② 시공조건 (　　)
③ 사용재료 (　　) ④ 마감시공도 (　　)
⑤ 작업일정 (　　) ⑥ 투입인원수 (　　)
⑦ 품질관리기준 (　　) ⑧ 하자보수계획서 (　　)

051 건축공사 기간을 결정하는 요소 중 1차적으로 가장 큰 영향을 주는 것을 체크하시오. [16①]

① 건물의 구조 및 규모 (　)

② 시공자의 능력 (　)

③ 금융사정 및 노무사정 (　)

④ 발주자 측의 요구 (　)

052 건설공사에서 공사기간에 영향을 미치는 요인을 체크하시오. [02②]

① 구조(목조, 철골조 등) (　)

② 건물의 규모(건물면적, 층수 등) (　)

③ 건물 수용인원(사용인원의 수 및 인원 배분) (　)

④ 부지의 위치, 기초의 구조 등 (　)

053 공사계획에 있어서 공법 선택 시 고려할 사항을 체크하시오. [14①, 17①]

① 품질 확보 (　)

② 공기 준수 (　)

③ 작업의 안전성 확보와 제3자 재해의 방지 (　)

④ 공구 분할의 결정 (　)

054 건축공사의 일반적인 시공순서로 올바른지 체크하시오. [08②, 12③, 18③]

① 토공사 → 가설공사 → 기초공사 → 방수공사 → 구체공사 (　)

② 기초공사 → 가설공사 → 토공사 → 방수공사 → 구체공사 (　)

③ 가설공사 → 토공사 → 기초공사 → 구체공사 → 방수공사 (　)

④ 토공사 → 기초공사 → 가설공사 → 구체공사 → 방수공사 (　)

⑤ 토공사 → 방수공사 → 철근콘크리트공사 → 창호공사 → 마무리공사 (　)

⑥ 토공사 → 철근콘크리트공사 → 창호공사 → 마무리공사 → 방수공사 (　)

⑦ 토공사 → 철근콘크리트공사 → 방수공사 → 창호공사 → 마무리공사 (　)

⑧ 토공사 → 방수공사 → 창호공사 → 철근콘크리트공사 → 마무리공사 (　)

⑨ 흙막이 및 토공사 → 기초공사 → 방수공사 → 구체공사 → 지붕공사 → 마무리공사 (　)

⑩ 흙막이 및 토공사 → 기초공사 → 철근콘크리트공사 → 조적 및 미장공사 → 방수공사 → 지붕공사 → 마무리 공사 (　)

⑪ 흙막이 및 토공사 → 기초공사 → 조적 및 미장공사 → 철근콘크리트공사 → 지붕공사 → 방수공사 → 마무리 공사 (　)

⑫ 기초공사 → 흙막이 및 토공사 → 구체공사 → 미장공사 → 방수공사 → 마무리공사 → 지붕공사 (　)

055 건축공사의 착공식 이후 가장 먼저 착수해야 하는 공사에 해당하는 것을 체크하시오. [08③]

① 지붕 및 홈통공사 (　)

② 가설공사 (　)

③ 지정공사 (　)

④ 구체공사 (　)

056 공사계획을 수립할 때의 유의사항을 체크하시오. [18②]

① 마감공사는 구체공사가 끝나는 부분부터 순차적으로 착공하는 것이 좋다. (　)

② 재료입수의 난이, 부품제작 일수, 운반조건 등을 고려하여 발주시기를 조절한다. (　)

③ 방수공사, 도장공사, 미장공사 등과 같은 공정에는 일기를 고려하여 충분한 공기를 확보한다. (　)

④ 공사 전반에 쓰이는 모든 시공장비는 착공 개시 전에 현장에 반입되도록 조치해야 한다. (　)

[05①, 12①, 24③]

057 현장에서의 시공 준비사항 중 대지상황을 파악하는 일은 매우 중요하다. 대지상황 확인의 내용을 체크하시오.

① 공사가 착공되면 바로 대지경계선을 확인하고 표시나 사진을 남긴다. ( )

② 대지의 형상 및 높이를 설계도와 대비하여 실측하고 벤치마크(Bench Mark)를 설치한다. ( )

③ 공사에 영향을 미칠 수 있는 지하매설물이나 지상장애물을 조사한다. ( )

④ 지질조사가 충실한지를 확인하고 지층의 경사, 지하수 등의 자료를 조사한다. ( )

[07②]

058 공사계약에 관한 설명으로 올바른지 체크하시오.

① 계약은 쌍방이 대등한 위치에서 이루어져야 한다. ( )

② 법률상 유효한 계약이 되기 위해서는 상호동의, 당사자약정, 합법성, 정당한 계약서식 등의 요소가 만족되어야 한다. ( )

③ 계약이란 2인 이상의 당사자 사이에 체결되는 것으로서 법률에서 정하기 어려운 내용을 주로 다루므로 법적 구속력이 없는 경우가 일반적이다.
( )

④ 건설공사의 계약에서 수급자는 소정의 공사를 완성할 의무와 공사비를 청구할 권리가 있다. ( )

[02①]

059 건설공사의 원가계산에 관한 설명으로 올바른지 체크하시오.

① 직접노무비는 작업에 종사하는 종업원, 노무자의 기본급, 제수당, 퇴직급여 등이 포함된다. ( )

② 재료비는 공사목적물의 실체를 형성하는 것만을 말하며 크게 직접재료비, 가설재료비, 간접재료비로 나누어 계산한다. ( )

③ 공사원가란 시공과정에서 필요한 재료비, 노무비, 경비의 합계액이다. ( )

④ 노무비를 크게 나누면 직접노무비와 간접노무비로 나눈다. ( )

[02①]

060 창호와 창호용 철물과의 조합으로 올바른지 체크하시오.

① 미닫이문 – 호차와 창호레일 ( )

② 양여닫이문 – 후레쉬볼트와 문받이 ( )

③ 오르내리창 – 크레센트와 창도르레 ( )

④ 외여닫이문 – 도어클로저와 자유경첩 ( )

[18①]

061 건설공사용 공정표의 종류를 체크하시오.

① 횡선식 공정표 ( )

② 네트워크공정표 ( )

③ PDM기법 ( )

④ WBS ( )

★중요   [02①, 06③, 07③, 25①]

062 공사현장에서 공정관리에 의한 공정표를 작성함에 있어서 가장 기본이 되는 사항을 체크하시오.

① 천후 ( )

② 실행예산 ( )

③ 재료반입 및 노무공급계획 ( )

④ 각 공종별 공사량 ( )

⑤ 재료반입량 ( )

⑥ 노무출력량 ( )

⑦ 기후 및 기온 ( )

[16③]

063 공정계획에서 공정표 작성 시 주의사항을 체크하시오.

① 기초공사는 옥외 작업이기 때문에 기후에 좌우되기 쉽고 공정 변경이 많다. ( )

② 노무, 재료, 시공기기는 적절하게 준비할 수 있도록 계획한다. ( )

③ 공기를 단축하기 위하여 다른 공사와 중복하여 시공할 수 없다. ( )

④ 마감공사는 기후에 좌우되는 것이 적으나 공정단계가 많으므로 충분한 공기(工期)가 필요하다.
( )

064 **공정계획에 관한 설명으로 올바른지 체크하시오.** [17②]

① 지정된 공사기간 안에 완성시키기 위한 통제수단이다. (　)

② 사업성과 원가관리와는 관계는 없다. (　)

③ 공정표의 종류는 횡선식공정표, 네트워크 공정표 등이 있다. (　)

④ 우기와 혹한기 명절 등은 공정계획 시 반영한다. (　)

065 **공정관리에 있어서 자원배당의 대상을 체크하시오.** [16③]

① 인력 (　)　　② 장비 (　)

③ 자재 (　)　　④ 계약 (　)

066 **파내기 경사각이 가장 큰 지반을 체크하시오.** [02③, 16①]

① 습윤모래 (　)　　② 일반자갈 (　)

③ 건조 진흙 (　)　　④ 건조한 보통흙 (　)

067 **오픈 컷(Open Cut) 공법 중 경사면 오픈 컷 공법과 관련있는 것을 체크하시오.** [05④]

① 경사면 보호 (　)

② 흙의 휴식각 이용 (　)

③ 버팀대 사용 (　)

④ 지하수 처리 (　)

★중요

068 **건설공사에서 품질관리의 목적을 체크하시오.** [03①, 05②, 06②, 22②]

① 시공 능률의 향상 (　)

② 설계의 합리화 (　)

③ 작업의 표준화 (　)

④ 비용의 최소화 (　)

★중요

069 **공정계획 및 관리에 있어 작업의 집약화와 관계 있는 것을 체크하시오.** [03②, 06③, 15②, 24②]

① 부분공사로서 이미 자료화되어 있는 작업군 (　)

② 투입되는 자원의 종류가 다른 작업군 (　)

③ 관리외의 작업군 (　)

④ 현시점에서 관리상의 중요도가 적은 작업군 (　)

070 **Net work 공정표에서 결합점이 가지는 여유시간에 해당하는 것을 체크하시오.** [13②, 16①]

① 액티비티(Activity) (　)

② 더미(Dummy) (　)

③ 패스(Path) (　)

④ 슬랙(Slack) (　)

★중요

071 **네트워크 공정표에 관한 설명으로 올바른지 체크하시오.** [04②, 05①, 06②, 08①, 13②, 25②]

① 개개의 작업 관련이 도시되어 있어 프로젝트 전체 및 부분파악이 쉽다. (　)

② 작업순서관계가 명확하여 공사담당자간의 정보전달이 원활하다. (　)

③ 네트워크 기법의 표시상 제약으로 작업의 세분화 정도에는 한계가 있다. (　)

④ 공정표가 단순하여 경험이 적은 사람도 이용하기 쉽다. (　)

072 **네트워크 공정표에서 얻을 수 있는 정보를 체크하시오.** [10①, 15①]

① 작업방법과 능률의 파악 (　)

② 크리티칼패스(critiacal path)와 중점작업의 파악 (　)

③ 작업순서와 상호관계의 파악 (　)

④ 변경이 있을 때 전체에 대한 영향의 파악 (　)

073 **네트워크 공정표의 구성요소 중 부주공정(Semi-Critical Path)에 관한 설명으로 올바른지 체크하시오.** [17③]

① 여유시간이 상대적으로 적은 공정을 의미한다. (　)

② 공정이 부분적 또는 불연속적으로 발생한다. (　)

③ 공기단축 시 관리대상에서는 제외된다. (　)

④ 주공정화 할 가능성이 많은 공정이다. (　)

[04③, 07①, 22③]

074 공사관리의 3대 목표를 나열한 것으로 올바른지 체크하시오.

① 품질관리, 공정관리, 물가관리 (　　)

② 품질관리, 공정관리, 원가관리 (　　)

③ 품질관리, 원가관리, 안전관리 (　　)

④ 안전관리, 품질관리, 물가관리 (　　)

[07②]

075 공사관리의 목적에 관한 내용으로 올바른지 체크하시오.

① 원가관리 – 작업표준 및 작업원의 생산성 향상 (　　)

② 품질관리 – 건축물의 품질향상 및 문제점 예방 (　　)

③ 안전관리 – 위험성 예측 및 재해방지 (　　)

④ 공정관리 – 일정조정 및 경제적인 시공속도 관리 (　　)

[17②]

076 건축공사 관리에 관한 설명으로 올바른지 체크하시오.

① 공사현장의 관리에는 산업안전보건법령의 적용을 받지 않는다. (　　)

② 지급재료는 검수 후 도급자가 보관하되 다른 자재와 구분하여 보관한다. (　　)

③ 정기안전점검은 정해진 시기에 반드시 실시한다. (　　)

④ 현장에 반입한 재료는 모두 검사를 받아야 하나, KS표준에 의하여 제작된 합격품은 검사를 생략할 수 있다. (　　)

[04③, 06①, 23③]

077 건설공사의 클레임 유형을 체크하시오.

① 현장조건 변경에 따른 클레임 (　　)

② 공사지연에 의한 클레임 (　　)

③ 작업범위 관련 클레임 (　　)

④ 작업인원 축소에 관한 클레임 (　　)

[05②]

078 QC의 7대도구 중 불량품, 결점, 고장 등의 발생건수를 현상과 원인별로 분류하고 문제의 크기 순서로 나열하여 그 크기를 막대그래프로 표기하며, 크기를 순차적으로 누적하여 절선그래프로 나타낸 것을 체크하시오.

① 파레토도 (　　)　　　　② 히스토그램 (　　)

③ 산포도 (　　)　　　　④ 관리도 (　　)

[08③, 14②, 21①]

079 공사감리자에 대한 설명으로 올바른지 체크하시오.

① 시공계획의 검토 및 조언을 한다. (　　)

② 문서화된 품질관리에 대한 지시를 한다. (　　)

③ 품질하자에 대한 수정방법을 제시한다. (　　)

④ 건축의 형상, 구조, 규모 등을 정리한다. (　　)

[18①]

080 공사현장의 소음·진동 관리를 위한 내용으로 올바른지 체크하시오.

① 일정 면적 이상의 건축공사장은 특정공사 사전신고를 한다. (　　)

② 방음벽 등 차음·방진 시설을 설치한다. (　　)

③ 파일공사는 가능한 타격공법을 시행한다. (　　)

④ 해체공사 시 압쇄공법을 채택한다. (　　)

[20②]

081 건설현장에 설치되는 자동식 세륜시설 중 측면살수시설에 관한 설명으로 올바른지 체크하시오.

① 측면살수시설의 슬러지는 컨베이어에 의한 자동배출이 가능한 시설을 설치하여야 한다. (　　)

② 측면살수시설의 살수길이는 수송차량 전장의 1.5배 이상이어야 한다. (　　)

③ 측면살수시설은 수송차량의 바퀴부터 적재함 하단부 높이까지 살수할 수 있어야 한다. (　　)

④ 용수공급은 기 개발된 지하수를 이용하고, 우수 또는 공사용수의 활용을 금한다. (　　)

[03②, 07②]

082 D작업의 Total Float(총 여유시간)을 구하시오.

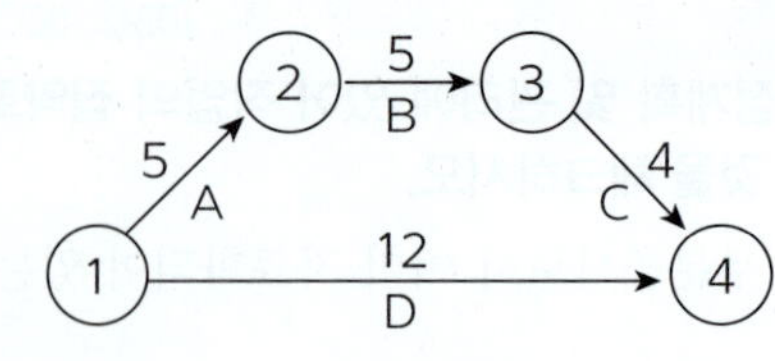

① 8일 (　　)　　　　② 10일 (　　)

③ 12일 (　　)　　　　④ 15일 (　　)

02 단답형 문제

[15③, 19②]

001 당해 공사의 특수한 조건에 따라 표준시방서에 대하여 추가, 변경, 삭제를 규정한 시방서를 쓰시오.

[03③, 06①]

002 특정공사를 위하여 작성된 시방서를 말하는 것으로, 실시 설계도면과 더불어 공사의 내용을 보여주는 시방서를 쓰시오.

★중요 　[02②, 04②, 06②, 08③, 11①, 13①, 15②, 17①, 23②]

003 수입을 수반한 공공 프로젝트에 있어서 자금을 조달하고 설계·엔지니어링·시공 전부를 도급받아 시설물을 완성하고, 그 시설을 10~30년 동안 운영하는 것으로, 운영수입으로부터 투자자금을 회수한 후 발주자에게 그 시설을 인도하는 방식을 쓰시오.

[19②]

004 계획과 실제의 작업상황을 지속적으로 측정하여 최종 사업비용과 공정을 예측하는 기법을 쓰시오.

[13①]

005 낭비를 최소화하는 가장 효율적인 건설생산 시스템을 의미하는 것을 쓰시오.

★중요 　[04③, 06③, 09③, 14③, 19①, 22③]

006 전체 공사의 진척이 원활하고 공사의 시공 및 책임 한계가 명확하여 공사관리가 쉽고 하도급의 선택이 용이한 도급 제도를 쓰시오.

[04①]

007 설계변경이 예상되는 공사나 긴급 공사로서 설계도서의 완성을 기다리지 않고 착공하고자 하는 경우에 적합하며, 실제 공사비와 보수를 분리하여 지불하는 계약방식을 쓰시오.

|정답|

001 특기시방서　　002 공사시방서　　003 BOT(Build Operate Transfer)　　004 EVMS(획득가치관리시스템)
005 린 건설(Lean Construction)　　006 일식도급 계약제도　　007 실비정산 보수가산계약제도

[10②, 14①]

008 발주자는 시공자에게 시공을 위임하고 실제로 시공에 소요된 비용, 즉 공사실비(cost)와 미리 정해 놓은 보수(fee)를 시공자가 받는 방식으로 발주자, 컨설턴트 또는 엔지니어 및 시공자 3자가 협의하여 공사비를 결정하는 도급 계약 방식을 쓰시오.

[03③, 05①④, 07③, 08①,
09②, 10②, 13①, 14①②, 18①, 19②, 21③]

★중요

009 도급계약 방식 중 주문받은 건설업자가 대상계획의 기업·금융, 토지조달, 설계, 시공, 기계기구 설치, 시운전 및 조업지도까지 주문자가 필요로 하는 모든 것을 조달하여 주문자에게 인도하는 도급계약 방식을 쓰시오.

[09①, 20②]

010 건축주가 시공회사의 신용, 자산, 공사경력, 보유기술 등을 고려하여 그 공사에 가장 적격한 단일 업체에게 입찰시키는 방법을 쓰시오.

[02③, 05④]

011 1956년 미국의 듀퐁사가 신규설비 및 투자자금의 효율적 사용을 위해 개발한 공정관리기법을 쓰시오.

[05②, 08①]

012 공정표 중 공사의 기성고를 표시하는 데 대단히 편리하고 공사의 지연에 대하여 조속히 대처할 수 있는 공정표를 쓰시오.

★중요   [08②, 09③, 13①, 21③]

013 QC의 7대 도구 중 결함부나 기타 시공불량 등 항목을 구분하여 크기순으로 나열한 것으로, 결함항목을 집중적으로 감소시키는데 효과적으로 사용되는 도구를 쓰시오.

[19③]

014 공사 또는 제품의 품질상태가 만족한 상태에 있는가의 여부를 판단하는 데 가장 적합한 품질관리 기법을 쓰시오.

|정답|

008 실비정산 보수가산계약   009 턴키(turn-key)도급   010 특명입찰(수의계약)   011 CPM기법   012 사선 공정표

013 파레토도   014 히스토그램

14단원 가설공사

※ 신규 출제기준에 맞춰 예상문제를 수록했습니다.

01 진위형 문제

▶ 해설편 210p

※ 다음 문제를 읽고, 옳으면 ○, 틀리면 ×를 괄호 안에 표기하시오.

001 가설공사에서 건물의 각부 위치, 기초의 너비 또는 길이 등을 정확히 결정하기 위한 것을 체크하시오.

① 벤치마크 (　)
② 수평 규준틀 (　)
③ 세로 규준틀 (　)
④ 현상측량 (　)

002 공사 현장의 가설건축물에 대한 설명으로 올바른지 체크하시오.

① 하도급자 사무실은 후속 공정에 지장이 없는 현장사무실과 가까운 곳에 둔다. (　)
② 시멘트 창고는 통풍이 되지 않도록 출입구 외에는 개구부 설치를 금하고, 벽, 천장, 바닥에는 방수, 방습처리한다. (　)
③ 변전소는 안전상 현장사무실에서 가능한 멀리 위치시킨다. (　)
④ 인화성 재료 저장소는 벽, 지붕, 천장의 재료를 방화 구조 또는 불연구조로 하고 소화설비를 갖춘다. (　)

003 건축공사 시 가설건축물에 대한 설명으로 올바른지 체크하시오.

① 시멘트 창고는 통풍이 되지 않도록 출입구 외에는 개구부 설치를 금한다. (　)
② 화기 위험물인 유류·도료 등의 인화성 재료 저장소는 벽, 지붕, 천장의 재료를 방화구조 또는 불연구조로 하고 소화설비를 갖춘다. (　)
③ 변전소의 위치는 안전을 고려하여 현장사무소에서 최대한 멀리 떨어진 곳이 좋다. (　)
④ 현장사무소의 경우 필요면적은 3.3m²/인 정도로 계획한다. (　)

004 가설공사에 관한 설명으로 올바른지 체크하시오.

① 비계 및 발판은 직접 가설공사에 속한다. (　)
② 비계 다리참의 높이는 7m마다 설치한다. (　)
③ 파이프 비계에서 비계 기둥 간 적재하중은 7kN 이하로 한다. (　)
④ 낙하물 방지망은 수평에 대하여 45° 정도로 하고, 높이는 지상 2층 바닥 부분부터 시작한다. (　)

005 공사 현장에 135명이 근무할 가설사무소를 건축할 때 기준면적으로 올바른 것을 체크하시오.

① 445.5m² (　)
② 405m² (　)
③ 420m² (　)
④ 400m² (　)

006 기준점(bench mark)에 대한 설명으로 올바른지 체크하시오.

① 바라보기 좋고 공사에 지장이 없는 곳에 설치한다. (　)
② 공사 착수 전에 설정되어야 한다. (　)
③ 이동의 우려가 없는 곳에 설치한다. (　)
④ 반드시 기준점은 1개만 설치한다. (　)

007 기준점(bench mark)에 관한 설명으로 올바른지 체크하시오.

① 신축할 건축물의 높이의 기준을 삼고자 설정하는 것으로 대개 발주자, 설계자 입회 하에 결정된다. (　)
② 바라보기 좋고 공사에 지장이 없는 1개소에 설치한다. (　)
③ 부동의 인접 도로 경계석이나 인근 건물의 벽 또는 담장을 이용한다. (　)
④ 공사가 완료된 뒤라도 건축물의 침하, 경사 등을 확인하기 위해 사용되는 경우가 있다. (　)

008 고층 건물공사 시 많은 자재를 올려 놓고 작업해야 할 외장공사용 비계로서 적합한 것을 체크하시오.

① 겹비계 (　　)

② 외줄비계 (　　)

③ 쌍줄비계 (　　)

④ 달비계 (　　)

009 강관비계 설치에 대한 설명으로 올바른지 체크하시오.

① 비계기둥의 간격은 도리 방향 1.5~1.8m, 간사이 방향 0.9~1.5m로 한다. (　　)

② 띠장의 간격은 1.8m 이내로 한다. (　　)

③ 지상 제1띠장은 지상에서 2m 이하의 위치에 설치한다. (　　)

④ 비계 장선의 간격은 1.5m 이내로 한다. (　　)

010 가설공사에서 강관비계 시공에 대한 내용으로 올바른지 체크하시오.

① 가새는 수평면에 대하여 40~60°로 설치한다. (　　)

② 강관비계의 기둥 간격은 띠장 방향 1.5~1.8m를 기준으로 한다. (　　)

③ 띠장의 수직 간격은 2.5m 이내로 한다. (　　)

④ 수직 및 수평 방향 5m 이내의 간격으로 구조체에 연결한다. (　　)

01 진위형 문제

▶ 해설편 211p

※ 다음 문제를 읽고, 옳으면 ○, 틀리면 ✕를 괄호 안에 표기하시오.

[02①]

001 토공사 흙막이 지보공 재료 중 강재 지보공의 특징으로 올바른지 체크하시오.

① 가설이나 철거가 비교적 용이하다. (　)

② 내구성이 풍부하다. (　)

③ 변형량이 크다. (　)

④ 전용해서 사용하므로 경제적이다. (　)

[18③]

002 시트 파일(sheet pile)이 쓰이는 공사에 해당하는 것을 체크하시오.

① 마감공사 (　)

② 구조체공사 (　)

③ 기초공사 (　)

④ 토공사 (　)

★중요　　　　　　　　　　　　　　[02②, 12①, 22①]

003 흙파기 공법 중 트렌치 컷 공법과 역순으로 하는 공법을 체크하시오.

① 아일랜드 공법 (　)

② 잠함 공법 (　)

③ 타이로드 공법 (　)

④ 어스앵커 공법 (　)

[14①]

004 트렌치 컷 공법에 관한 설명으로 올바른지 체크하시오.

① 온통파기를 할 수 없을 때, 히빙현상이 예상될 때 효과적이다. (　)

② 중앙부의 흙을 먼저 파내고 다음에 주위 부분의 흙을 파내는 공법이다. (　)

③ 면적이 넓을수록 효과적이다. (　)

④ 시공 깊이는 안전상 10m 내외로 한정된다. (　)

[14③]

005 아일랜드 컷(island cut) 공법에서 토압의 대부분을 저항하는 것을 체크하시오.

① 흙막이 벽의 자체강성 (　)

② 주변부 구조물 (　)

③ 앵커 인발력 (　)

④ 중앙부 구조물 (　)

★중요　　　　　　　　　　　　　　　[03③, 08①]

006 토공사의 굴착 공법 중 흙파기 공법을 체크하시오.

① 오픈 컷 공법 (　)

② 트렌치 컷 공법 (　)

③ 베노토 컷 공법 (　)

④ 아일랜드 컷 공법 (　)

[11①, 20①]

007 Earth Anchor 시공에서 앵커의 스트랜드의 정착 위치를 체크하시오.

① Angle Bracket (　)　② Packer (　)

③ Sheath (　)　　　　④ Anchor Head (　)

[05④]

008 흙막이 공사에 사용되는 어스앵커(Earth Anchor)의 세부 구조 내용에 해당하는 것을 체크하시오.

① 자유장 (　)　　　② 정착장 (　)

③ 압축재 (　)　　　④ 인장재 (　)

[10②]

009 흙파기 공법의 종류와 그에 대한 설명으로 올바른지 체크하시오.

① 어스앵커 공법 – 흙막이 후면에 구멍을 뚫고 로드(rod)를 앵커시켜 흙막이와 연결시키는 공법이다. (　)

② 역타 공법 – 지하·지상 병행 작업이 가능하므로 공기 단축도 가능하다. (　)

③ 트렌치 컷 공법 – 별도의 흙막이 벽이 필요하지 않다. (　)

④ 아일랜드 공법 – 대지 중앙부에 기초 구조물을 먼저 축조한다. (　)

010 흙막이 공법 중 지하연속벽 공법을 체크하시오.

① 이코스 공법 (　　)

② 웰 포인트 공법 (　　)

③ 오거파일 공법 (　　)

④ 슬러리월 공법 (　　)

011 흙막이벽체 공법 중 주열식 흙막이 공법을 체크하시오.

① 슬러리 월 공법 (　　)

② 엄지말뚝 + 토류판 공법 (　　)

③ CIP 공법 (　　)

④ 시트파일 공법 (　　)

★중요

012 지하연속벽(slurry wall) 공법에 관한 설명으로 올바른지 체크하시오.

① 시공 시 소음, 진동이 크다. (　　)

② 지수성이 우수하여 지하수가 많은 지반에서도 사용할 수 있다. (　　)

③ 다른 흙막이공사에 비해 공사비가 많다. (　　)

④ 강도, 강성이 우수하여 흙막이 변형이 적다. (　　)

⑤ 차수성이 높다. (　　)

⑥ 타 공법에 비하여 공기, 공사비 면에서 불리하다. (　　)

⑦ 시공 중 주위지반에 지장이 없고 안전성이 높다. (　　)

⑧ 도심지 공사에서 탑다운 공법과 같이 병행할 수 있다. (　　)

⑨ 단면강성이 높고 지수성이 뛰어나다. (　　)

⑩ 벽 두께를 자유로이 설계하기 어렵다. (　　)

⑪ 공사비가 비교적 높고 공기가 불리한 편이다. (　　)

⑫ 벽의 접합부가 구조적 연속성이 있어 지수성(止水性)이 높다. (　　)

⑬ 연약지반에서만 적용할 수 있다. (　　)

013 LW(Labiles Wasserglass) 공법에 관한 설명으로 올바른지 체크하시오.

① 물유리용액과 시멘트 현탁액을 혼합하면 규산수화물을 생성하여 겔(gel)화하는 특성을 이용한 공법이다. (　　)

② 지반강화와 차수목적을 얻기 위한 약액주입 공법의 일종이다. (　　)

③ 미세공극의 지반에서도 그 효과가 확실하여 널리 쓰인다. (　　)

④ 배합비 조절로 겔타임 조절이 가능하다. (　　)

014 건축공사의 착수 시 대지에 설정하는 기준점에 대한 설명으로 올바른지 체크하시오.

① 공사 중에 건축물 각 부위의 높이에 대한 기준을 삼고자 설정하는 것을 말한다. (　　)

② 건물의 그라운드 라인(Ground line)은 현장에서 공사 착수 시에 설정한다. (　　)

③ 기준점은 바라보기 좋고, 공사에 지장이 없는 곳에 설정한다. (　　)

④ 기준점은 대개 지정 지반면에서 0.5~1m의 위치에 두고 그 높이를 적어둔다. (　　)

015 널말뚝에 대한 설명으로 올바른지 체크하시오.

① 목재 널말뚝은 수밀성이 적어 지하수가 많이 나오는 곳에는 부적당하다. (　　)

② 강재 널말뚝은 용수가 많고 토압이 크고 기초가 깊을 때 쓰인다. (　　)

③ 널말뚝의 끝부분은 기초파기 바닥면에서 깊히 박히도록 하고 웰 포인트 공법 등에 의해서 지하수위를 낮춘다. (　　)

④ 널말뚝을 박을 때는 45° 경사로 박는다. (　　)

016 서로 관계가 있는 것끼리 연결되었는지 체크하시오.

① 시트파일 – 토공사 (　　)

② 드리프트 핀 – 철근콘크리트공사 (　　)

③ 디젤햄머 – 말뚝공사 (　　)

④ 스프레이건 – 도장공사 (　　)

017 수평버팀대식 흙막이 공법을 적용하는 것이 적절한 경우를 체크하시오. [06①, 11①]

① 폭이 넓고 길이가 긴 기초파기를 할 경우 (　　)

② 파낸 지반이 단단하고 넓은 대지인 경우 (　　)

③ 좁은 면적에서 깊은 기초파기를 할 경우 (　　)

④ 기초파기 깊이가 얕고 근접건물도 없을 경우

(　　)

018 흙막이 공법 선정 시 검토해야 할 사항을 체크하시오. [06①, 13①]

① 토질 및 주변 지하매설물 상태 (　　)

② 토공인원수와 숙련도 파악 (　　)

③ 인근주변의 소음 및 진동 (　　)

④ 공사기간과 경제성 검토 (　　)

⑤ 주변 구조물의 지하 매설물 상태 (　　)

⑥ 대지 주변의 유동인구 검토 (　　)

⑦ 지하수의 배수 및 치수 공법 검토 (　　)

019 강관비계에 관한 설명으로 올바른지 체크하시오. [09①]

① 비계기둥의 간격은 띠장방향 1.5~1.8m, 장선방향에서는 1.5m 이하로 한다. (　　)

② 띠장의 수직간격은 1.5m 이내로 한다. (　　)

③ 비계기둥 간의 적재하중은 400kg을 초과하지 아니하도록 한다. (　　)

④ 벽연결은 수직 및 수평방향 모두 10m 이내의 간격으로 연결한다. (　　)

020 가설공사 중 직접 가설공사 항목에 해당하는 것을 체크하시오. [14①]

① 시험설비 (　　)

② 규준틀 설치 (　　)

③ 비계 설치 (　　)

④ 건축물 보양 설비 (　　)

021 수평규준틀을 설치하는 목적에 해당하는 것을 체크하시오. [09①, 10②]

① 건축물의 기초의 너비 또는 길이 등을 표시 (　　)

② 도로경계의 확정 (　　)

③ 신축할 건축물의 높이의 기준 (　　)

④ 창문틀 위치의 정확성 확인 (　　)

022 지반정리 작업을 위한 장비에 해당하는 것을 체크하시오. [02①]

① 블도우저(Bulldozer) (　　)

② 드래그쇼벨(drag shovel) (　　)

③ 그레이더(grader) (　　)

④ 스크레이퍼(scraper) (　　)

★중요

023 건설기계의 사용용도가 올바른지 체크하시오. [02②, 03①③, 04②, 06①, 21①]

① 백호우(back-hoe) – 지반보다 낮은 곳의 흙을 굴삭 (　　)

② 클램쉘(clamshell) – 수직 및 수중굴삭 (　　)

③ 스크레이퍼(scraper) – 굴착 및 상차운반 (　　)

④ 그레이더(grader) – 굴착 및 적재 (　　)

⑤ 불도저 – 정지 및 배토 (　　)

⑥ 드래그쇼벨 – 지반보다 낮은 곳의 굴착 (　　)

⑦ 로더 – 정지작업 (　　)

⑧ 파워쇼벨 – 굴착 및 크레인 작업 (　　)

⑨ 불도저 – 굴착, 운반 (　　)

⑩ 드래그라인 – 기계가 서있는 곳 보다 낮은 곳의 굴착 (　　)

⑪ 컨베이어(conveyer) – 굴착토의 운반, 적재

(　　)

⑫ 스크레이퍼(scraper) – 배토작업 (　　)

⑬ 클램쉘(clamshell) – 좁은 곳의 수직굴착 (　　)

★중요

024 토공사에 사용되는 기계에 대한 설명으로 올바른지 체크하시오. [10③, 13①, 17③, 19①, 24③]

① 파워쇼벨(power shovel)은 위치한 지면보다 높은 곳의 굴착에 유리하다. (　　)

② 드래그쇼벨(drag shovel)은 주로 협소한 구역에서 지반보다 낮은 곳을 굴착하는 데 사용한다.

(　　)

③ 클램쉘(clam shell)은 연약 지반에는 사용이 가능하나 경질층에는 부적당하다. (　　)

④ 드래그라인(drag line)은 배토판을 부착시켜 정지 작업에 사용된다. ( )

⑤ 드래그쇼벨(drag shovel)은 대형기초굴착에서 협소한 장소의 줄기초파기, 배수관 매설공사 등에 다양하게 사용된다. ( )

⑥ 백호는 기체보다 낮은 곳을 굴착하는 데 사용한다. ( )

⑦ 드래그라인은 기체보다 낮은 곳의 흙을 긁어모으는 데 사용한다. ( )

⑧ 클램쉘은 기체보다 높은 곳의 흙과 자갈을 긁어내는 데 사용한다. ( )

[06③]

025 토공장비인 파워셔블(power shovel)에 대한 설명으로 올바른지 체크하시오.

① 지반보다 높은 곳의 굴착에 적합하며, 굴착은 디퍼(dipper)가 행한다. ( )

② 가장 일반적으로 사용되는 것으로 흙의 표면을 밀면서 깎아 단거리 운반을 하거나 정지하는 기계이다. ( )

③ 파헤쳐진 흙을 담는 데 사용되는 기계로서 쇼벨, 버킷을 장착한 트랙터 또는 크롤러 유형이 있다. ( )

④ 풀 쇼벨(pull shovel), 트렌치 호(trench hoe), 백호(back ho)라고도 하며, 주로 협소한 구역에서 지반보다 낮은 곳을 굴착하는 데 사용한다. ( )

★중요 [04①, 05③, 07②, 15①, 21③]

026 토공사용 장비를 체크하시오.

① 로더(loader) ( )
② 파워쇼벨(power shovel) ( )
③ 가이데릭(guy derrick) ( )
④ 클램쉘(clam shell) ( )
⑤ 불도저(Bulldozer) ( )
⑥ 트럭 크레인(Truck crane) ( )
⑦ 그레이더(Grader) ( )
⑧ 스크레이퍼(Scraper) ( )

[19②]

027 토공사에서 사면의 안정성 검토에 직접적으로 관계있는 요소를 체크하시오.

① 흙의 입도 ( )
② 사면의 경사 ( )
③ 흙의 단위체적 중량 ( )
④ 흙의 내부마찰각 ( )

★중요 [02③, 04②, 06①, 07②, 22①]

028 연약한 지반을 굴착할 때 기초저면 부분이 부풀어오르고, 흙막이 지보공을 파괴시켜 붕괴하는 현상을 체크하시오.

① 파이핑(piping) ( )
② 보일링(Boiling) ( )
③ 히빙(Heaving) ( )
④ 캠버(Camber) ( )

[03①, 18①]

029 토공사 시 발생하는 히빙파괴(heaving faliure)의 방지대책을 체크하시오.

① 강성이 높은 강력한 흙막이 벽의 밑끝을 양질의 지반속까지 깊게 밑둥넣기를 한다. ( )
② 저면지반의 개량 공법으로 개량한다. ( )
③ 지표면의 하중을 줄인다. ( )
④ 흙막이벽 재료를 강도가 높은 것을 사용하고 버팀대의 수를 증대시킨다. ( )
⑤ 흙막이벽의 근입깊이를 늘린다. ( )
⑥ 터파기 밑면 아래의 지반을 개량한다. ( )
⑦ 지하수위를 저하시킨다. ( )
⑧ 아일랜드컷 공법을 적용하여 중량을 부여한다. ( )

★중요 [13①, 15②, 17③, 23③]

030 보일링(boiling)이나 부풀어오름을 방지하기 위한 대책을 체크하시오.

① 흙막이벽의 타입깊이를 늘린다. ( )
② 흙막이 외부의 지반면을 진동 가압한다. ( )
③ 웰포인트로 지하수위를 낮춘다. ( )
④ 약액주입 등으로 굴착 지면의 지수를 한다. ( )
⑤ 안전율을 만족하도록 흙막이 벽의 타입 깊이를 늘린다. ( )

⑥ 지하수위를 저하하는 공법을 사용한다. ( )

⑦ 흙막이 벽의 배면 지하수위와 굴착저면과의 수위
차를 크게 한다. ( )

[13②, 17①]

031 흙막이벽 설계 시 고려해야 하는 사항을 체크하시오.

① 히빙(heaving) ( )

② 보일링(boiling) ( )

③ 파이핑(piping) ( )

④ 사운딩(sounding) ( )

★중요　　　　　　　　　　　　[03①, 04②, 06①, 21①]

032 흙막이 벽에 미치는 간극수압의 영향을 계측할 수
있는 장비를 체크하시오.

① Water level meter ( )

② Inclino meter ( )

③ Extension meter ( )

④ Piezo meter ( )

★중요　　　　　　　　　　[07③, 12①, 16②, 22③]

033 흙막이 벽에 사용되는 계측장비의 연결이 올바른지
체크하시오.

① 두부변형·침하 – 트랜싯 ( )

② 측압·수동토압 – 변형계 ( )

③ 응력 – 경사계 ( )

④ 중간부 변형 – 레벨 ( )

⑤ 간극수압의 변화 – piezo meter ( )

⑥ 지반의 수평변위 및 방향 측정 – load cell ( )

⑦ 인접구조물 기울기 측정 – lnclino meter ( )

⑧ 버팀대 변형 측정 – tilt meter ( )

★중요　　　　　　[06③, 09②, 10②, 13①, 17②, 24①]

034 흙을 이김에 따라 약해지는 정도를 표시한 것을 체
크하시오.

① 간극비 ( )

② 함수비 ( )

③ 예민비 ( )

④ 전단강도 ( )

★중요　　　　　　　　[08②, 15②, 19①, 24③]

035 용어에 대한 산정식이 올바른지 체크하시오.

① $\text{함수비} = \dfrac{\text{물의 무게}}{\text{토립자의 무게(건조중량)}} \times 100(\%)$
( )

② $\text{간극비} = \dfrac{\text{간극의 부피}}{\text{토립자의 부피}}$ ( )

③ $\text{포화도} = \dfrac{\text{물의 부피}}{\text{간극의 부피}} \times 100(\%)$ ( )

④ $\text{간극률} = \dfrac{\text{물의 부피}}{\text{전체의 부피}} \times 100(\%)$ ( )

[09①]

036 흙의 성질에 관한 설명으로 올바른지 체크하시오.

① 사질토는 점토에 비해 불교란 시료를 채취하기
쉽다. ( )

② 기초하중이 그 흙의 전단강도 이상이 되면 기초
가 침하 전도된다. ( )

③ 모래지반의 지내력은 함수비에 따라 큰 변화를
보인다. ( )

④ 투수계수가 클수록 침투량이 크며 점토는 사질토
보다 투수계수가 크다. ( )

[02③, 05①]

037 토질시험과 관계있는 용어를 체크하시오.

① 조립률 ( )

② 간극비 ( )

③ 함수비 ( )

④ 일축압축시험 ( )

[12①, 15②]

038 자연 함수비가 어떤 상태에 있을 때 점토지반이 가
장 안정한지 체크하시오.

① 소성한계 ( )

② 소성과 수축한계 사이 ( )

③ 액성한계 ( )

④ 수축한계 ( )

[10①, 15②]

039 토질시험 항목 중 흙속에 수분이 있어 끈기가 있는 상태의 정도를 알아내기 위해 실시하는 시험 항목을 체크하시오.

① 함수비 시험 (　　)

② 흙의 비중시험 (　　)

③ 흙의 액성한계시험 (　　)

④ 흙의 소성한계시험 (　　)

[18①]

040 토공사와 관련된 용어에 관한 설명으로 올바른지 체크하시오.

① 간극비 : 흙의 간극 부분 중량과 흙입자 중량의 비 (　　)

② 겔타임(gel-time) : 약액을 혼합한 후 시간이 경과하여 유동성을 상실하게 되기까지의 시간 (　　)

③ 동결심도 : 지표면에서 지하 동결선까지의 길이 (　　)

④ 수동활동면 : 수동토압에 의한 파괴 시토체의 활동면 (　　)

★중요　　　　　　　　[10①, 14③, 20②, 22①]

041 지하수가 많은 지반을 탈수하여 건조한 지반으로 개량하기 위한 공법을 체크하시오.

① 생석회말뚝(chemico pile) 공법 (　　)

② 페이퍼드레인(paper drain) 공법 (　　)

③ 잭파일(jacked pile) 공법 (　　)

④ 샌드드레인(sand drain) 공법 (　　)

[10③, 12①]

042 웰 포인트 공법에 관한 설명으로 올바른지 체크하시오.

① 기초공사에서 지반을 강화하기 위한 배수 공법이다. (　　)

② 흙막이의 토압이 경감된다. (　　)

③ 기초파기, 기초공사 등을 무수상태에서 시공하는 등의 목적으로 지하수위를 낮추는 공법이다. (　　)

④ 사질지반보다 점토지반에서 탈수효과가 크다. (　　)

⑤ 지하수위를 낮추는 공법이다. (　　)

⑥ 파이프의 간격은 1~3m 정도로 한다. (　　)

⑦ 일반적으로 사질지반에 이용하면 유효하다. (　　)

⑧ 점토질 지반에 이용 시 샌드파일을 사용한다. (　　)

[09②]

043 터파기를 하였을 때 파낸 흙의 부피증가가 가장 큰 토질을 체크하시오.

① 모래 (　　)

② 자갈 (　　)

③ 진흙 (　　)

④ 연암 (　　)

02 단답형 문제

★중요　　　　　　　　　　　　　　　[02③, 11①, 23③]

001 아일랜드 공법과 역순으로 흙파기 공사를 하는 공법을 쓰시오.

　　　　　　　　　　　　　　　　　　[06②]

002 구조물 위치 전체를 동시에 파내지 않고 측벽이나 주열선 부분만을 먼저 파내고 그 부분의 기초와 지하구조체를 축조한 다음 중앙부의 나머지 부분을 파내어 지하구조물을 완성하는 공법을 쓰시오.

★중요　　　　　　　　　　　　　　　[12②, 19②]

003 지상에서 일정 두께의 폭과 길이로 대지를 굴착하고 지반안정액으로 공벽의 붕괴를 방지하면서 철근콘크리트벽을 만들어 이를 가설 흙막이벽 또는 본구조물의 옹벽으로 사용하는 공법을 쓰시오.

　　　　　　　　　　　　　　　　　　[07①]

004 벤토나이트(Bentonite) 이수 등으로 굴착벽면의 붕괴를 방지하면서 지중에 벽체를 타설하는 공법을 쓰시오.

　　　　　　　　　　　　　　　　　　[12②]

005 지하 흙막이 공법 중 중앙부에서 주변부로 지하구조물이 2단계로 시공되어 이음부처리에 불리하고 공사기간이 길어질 수 있는 공법을 쓰시오.

★중요　　　　　　　　　　　　[02②, 06② 10①, 23①]

006 토류벽 공법 중에서 지반을 천공한 후 그 공 내에 H형강을 삽입하고 현장에서 파낸 흙과 시멘트를 섞어 주입하여 토류벽을 형성하는 공법을 쓰시오.

★중요　　　　　　　　　　　[03①, 05③, 13③, 25①]

007 기존 건축물의 기초지정을 보강하거나 또는 거기에 새로운 기초를 삽입하거나 지지면을 더깊은 지반에 옮기는 공사의 명칭을 쓰시오.

　　　　　　　　　　　　　　　　　　[16①]

008 지하 4층 상가건물 터파기공사 시 흙막이 오픈컷 방식을 적용하고 지보공 없이 넓은 작업공간을 확보하고 기계화 시공을 실시하여 공기단축을 하고자 할 때 가장 적합한 공법을 쓰시오.

|정답|

001 트렌치 컷(Trench Cut) 공법　　**002** 트렌치 컷(Trench Cut) 공법　　**003** 슬러리월 공법　　**004** 슬러리월 공법　　**005** 아일랜드 공법
006 소일시멘트 토류벽 공법　　**007** 언더피닝 공법(under pinning method)　　**008** 어스앵커 공법

009 흙막이 벽은 보통 버팀대로 지지되어 있으나 그 대신 어스앵커를 사용하기도 하는데, 어스앵커 내부에서 인장응력을 받는 가장 중요한 역할을 하는 재료를 쓰시오.

⚙️**해설** 어스앵커 공법에서 인장재는 주로 PC강선을 사용하여 가공 및 조립을 정확하게 하여야 한다.

010 'H-Pile + 토류판' 공법이라고도 하며 비교적 시공이 용이하나, 지하수위가 높고 투수성이 큰 지반에서는 차수 공법을 병행해야 하고, 연약한 지층에서는 히빙현상이 생길 우려가 있는 것을 쓰시오.

011 토류벽 공법 중에서 현장에서 천공하여 철근을 배근하고 콘크리트를 타설하여 토류벽을 형성하는 공법을 쓰시오.

012 흙막이벽 자체의 휨 강성과 밑넣기 부분의 가로저항에 의해 주동토압을 부담시키고 굴착하는 흙막이 공법을 쓰시오.

013 흙막이 벽의 강성이 가장 강한 공법을 쓰시오.

014 흙막이 벽은 보통 버팀대로 지지되어 있으나 그 대신 어스앵커를 사용하기도 하는데, 어스앵커의 PC강선에 가하는 힘의 종류를 쓰시오.

⚙️**해설** 어스앵커 공법에서 인장재는 주로 PC강선을 사용하며 가공 및 조립을 정확하게 하여야 한다. 즉, 인장력이다.

★중요　　　　　　　　　　

015 지하연속벽(slurry wall) 공법의 시공 내용을 순서대로 쓰시오.

> A. 트레미관을 통한 콘크리트 타설
> B. 굴착
> C. 철망의 조립 및 삽입
> D. Guide wall 설치
> E. End pipe 설치

⚙️**해설** 지하연속벽(slurry wall) 공법의 순서
Guide wall 설치 → 굴착 → End pipe 설치 → 철망의 조립 및 삽입 → 트레미관을 통한 콘크리트 타설

[04③]

016 토공사 시 흙막이의 버팀대 위치는 기초파기 밑바닥에서 그 깊이의 (　)지점의 높이가 가장 적당한 곳이다. 괄호 안에 알맞은 것을 쓰시오.

⚙ 해설 넓은 면적의 경우에는 버팀대의 설치가 매우 난이하므로 수평버팀대식 흙막이 공법은 주로 좁은 면적에서 깊은 기초파기를 할 경우에 사용하는 공법이다. 버팀대의 배치는 토압이 기초 밑바닥에서 그 깊이의 1/3점에 집중하는 것으로 생각할 수 있으므로 이 점에 버팀대를 설치하여야 한다. 특히, 작업자가 작업을 할 수 있도록 높이는 약 1.5m 이상이 되어야 한다.

[19②]

017 굴착, 상차, 운반, 정지 작업 등을 할 수 있는 기계로, 대량의 토사를 고속으로 운반하는데 적당한 기계를 쓰시오.

★중요 **[03②, 07①, 09①, 17①, 24②]**

018 수직굴착, 수중굴착 등 일반적으로 협소한 장소의 깊은 굴착에 적합한 것으로, 자갈 등의 적재에도 사용하는 토공장비를 쓰시오.

★중요 **[09③, 14① 16③, 23③]**

019 토공사용 굴착기계 중 위치한 지면보다 낮은 우물통과 같은 협소한 장소의 흙을 퍼올리는데 가장 적절한 장비를 쓰시오.

[18③]

020 기계가 서 있는 위치보다 낮은 곳, 넓은 범위의 굴착에 주로 사용되며 주로 수로, 골재 채취에 많이 이용되는 기계를 쓰시오.

[14③, 20②]

021 모래 채취나 수중의 흙을 퍼올리는 데 적당한 기계장비를 쓰시오.

[07①, 20①]

022 토공사용 기계장비 중 기계가 서 있는 위치보다 높은 곳의 굴착에 적합한 기계장비를 쓰시오.

[07③]

023 다음 설명에 해당하는 토공기계를 쓰시오.

> • 지반보다 높은 곳의 굴착에 적합하다.
> • 굴착은 디퍼가 행한다.
> • 파기면은 높이 1.5m가 가장 알맞고, 약 3m 높이까지 굴착할 수 있다.

|정답|

009 PC강선　　010 엄지말뚝 공법　　011 현장타설 콘크리트 토류벽 공법　　012 자립식 공법　　013 슬러리월(slurry wall)　　014 인장력

015 D → B → E → C → A　　016 1/3　　017 캐리올 스크레이퍼　　018 클램셸　　019 클램셸　　020 드래그라인　　021 드래그라인

022 파워셔블　　023 파워셔블

024 토공사용 건설기계로서 지반보다 낮은 곳의 도랑파기식 굴착에 가장 적당한 것을 쓰시오.

025 트렌치와 같은 도랑파기에 가장 적합한 장비명을 쓰시오.

026 파해쳐진 흙을 담아 올리거나 이동하는 데 사용하는 기계로 쇼벨, 버킷을 장착한 트랙터 또는 크롤러 형태의 기계를 쓰시오.

★중요

027 흙막이 공사 후 지표면의 재하 하중에 못 견디어 흙막이 벽이 붕괴되어 바깥에 있는 흙이 안으로 밀려 흙파기 저면이 불룩하게 솟아오르는 현상을 쓰시오.

028 연약한 점토질 지반의 흙막이 공사 중 흙막이 바깥 쪽의 흙이 지표 재하 하중 등의 원인으로 흙막이 안 쪽으로 밀려 부풀어 오르는 현상을 쓰시오.

029 사질지반에 널말뚝을 박고 배수하면서 기초파기를 행할 때 널말뚝 배면과 흙파기 저면의 지하수가 용출 하여 모래지반의 지지력이 상실되는 현상을 쓰시오.

030 인접건축물의 벽체나 슬래브 바닥에 설치하여 구조 물의 변형상태를 측정하는 장비를 쓰시오.

031 흙막이벽의 계측관리 중 지보공 버팀대에 작용하는 축력을 측정하는 장치의 이름을 쓰시오.

[12③]

032 지반개량 공법 중 투수성이 나쁜 점토질 연약지반에 적용하기 어려운 공법을 쓰시오.

[05②, 19②]

035 사질 지반에서 지하수를 강제로 뽑아내어 전체 지하수위를 낮추어서 기초공사를 하는 공법을 쓰시오.

[18②]

033 기초파기 저면보다 지하수위가 높을 때의 배수 공법으로 가장 적합한 공법을 쓰시오.

[08①, 16③, 25②]

034 배수에 의한 연약지반의 안정 공법 가운데 지름 3~5cm 정도의 파이프 끝에 여과기를 달아 1~2m 간격으로 때려 박고, 이를 수평으로 굵은 파이프에 연결하여 진공으로 물을 뽑아냄으로서 지하수위를 저하시키는 공법을 쓰시오.

|정답|

024 백호우(드래그쇼벨, drag shovel)　　025 백호우(드래그쇼벨, drag shovel)　　026 로더　　027 히빙(Heaving)
028 히빙(Heaving)　　029 보일링(boiling) 현상　　030 Tilt meter　　031 로드셀(load cell, 하중계)　　032 웰 포인트(well point) 공법
033 웰 포인트(well point) 공법　　034 웰 포인트(well point) 공법　　035 웰 포인트(well point) 공법

03 계산형 문제

★중요   [19②]

001 자연시료의 압축강도가 6 MPa이고, 이긴시료의 압축강도가 4 MPa이라면 예민비를 구하시오.

> ⚙ **해설**
>
> $$예민비 = \frac{자연시료의\ 강도}{이긴시료의\ 강도}\ 이다.\ 그러므로,\ 예민비 = \frac{자연시료의\ 강도}{이긴시료의\ 강도} = \frac{6}{4} = 1.5$$

★중요   [02①, 17③]

002 모래의 증가율이 15%이고, 굴토량이 261m³라면 잔토처리량을 구하시오.

> ⚙ **해설**
>
> 잔토처리량 = 굴토량 × (1 + 부피 증가율)
>
> 그런데, 굴토량은 261m³이고, 부피 증가율은 15%이므로,
>
> 잔토처리량 = 굴토량 × (1 + 부피 증가율) = 261 × (1 + 0.15) = 300.15m³

★중요   [08②, 16②]

003 토량 6,000m³을 8톤 트럭으로 운반할 때 필요한 트럭 대수를 구하시오. (단, 8톤 트럭 1대의 적재량 6m³이고 트럭은 5회 운행함)

> ⚙ **해설**
>
> $$총\ 운반횟수 = \frac{총\ 토량}{1회\ 운반토량} = \frac{6,000}{6} = 1,000회$$
>
> $$그런데,\ 트럭\ 1대가\ 5회를\ 운반하므로\ 트럭의\ 대수 = \frac{총\ 운반회수}{1회\ 운반회수} = \frac{1,000}{5} = 200대이다.$$
>
> (주의) 운반 시 흙의 부피와 무게를 반드시 구분할 것

★중요

004 그림과 같은 줄기초 파기에서 파낸 흙을 한번에 운반하고자 할 때 4ton 트럭의 소요 대수를 구하시오. (단, 파낸 흙의 부피증가율은 20%, 파낸 흙의 단위중량은 1.8t/m³)

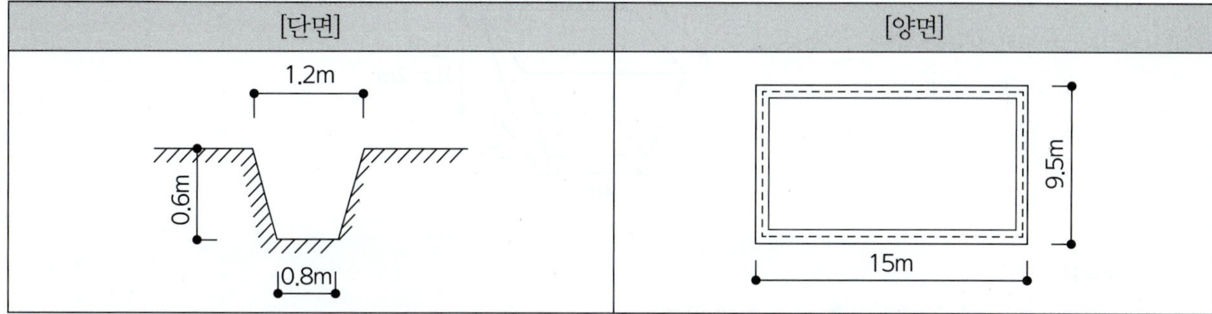

⚙ 해설

토량의 산출과 운반

① 토량의 산출량 = 줄기초의 면적 × 줄기초의 길이 = 사다리꼴의 면적 × 줄기초의 길이

$$= (\frac{0.8 + 1.2}{2}) \times 0.6 \times (15 + 9.5 + 15 + 9.5) = 29.4\text{m}^3$$

그런데, 파낸 흙의 부피증가율이 20%이므로 흙의 총 부피 = $29.4 \times (1 + 0.2) = 35.28\text{m}^3$이다.

여기서, 줄기초의 길이는 겹쳐지는 부분은 삭제하여야 하나, 간이식에서는 삭제를 하지 않고, 산정한다.

② 운반하고자 하는 트럭의 적재량은 무게로 주어졌으므로 흙의 부피를 흙의 무게로 산정하면, $35.28\text{m}^3 \times 1.8\text{t/m}^3 = 63.504\text{t}$이 됨을 알 수 있다.

③ 트럭의 운반대수 $= \dfrac{\text{운반 총무게}}{\text{1대의 적재량}} = \dfrac{63.504}{4} = 15.876 ≒ 16$대 이다.

※ 다른 풀이

위의 내용을 종합해서 풀이하면,

$$\text{트럭의 운반대수} = \frac{\text{운반 총무게}}{\text{1대의 적재량}} = \frac{\text{파낸 흙의 부피} \times (1 + \text{흙의 부피증가율}) \times \text{흙의 단위용적중량}}{\text{1대의 적재량}}$$

$$= \frac{\text{줄기초의 면적} \times \text{줄기초의 길이} \times (1 + \text{흙의 부피증가율}) \times \text{흙의 단위용적중량}}{\text{1대의 적재량}}$$

$$= \frac{(\frac{\text{사다리꼴의 윗변} + \text{사다리꼴의 밑변}}{2} \times \text{사다리꼴의 높이}) \times \text{줄기초의 길이} \times (1 + \text{흙의 부피증가율}) \times \text{흙의 단위용적중량}}{\text{1대의 적재량}}$$

$$= \frac{\frac{(1.2 + 0.8)}{2} \times 0.6 \times 49 \times (1 + 0.2) \times 1.8}{4} = 15.876 ≒ 16\text{대}$$

★중요

005 그림과 같은 독립기초의 흙파기량을 구하시오.

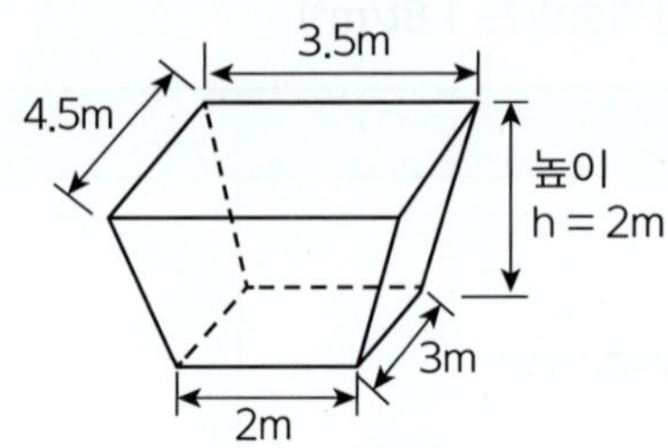

✿해설

독립기초의 터파기 토량 산출(다음 그림 참고)

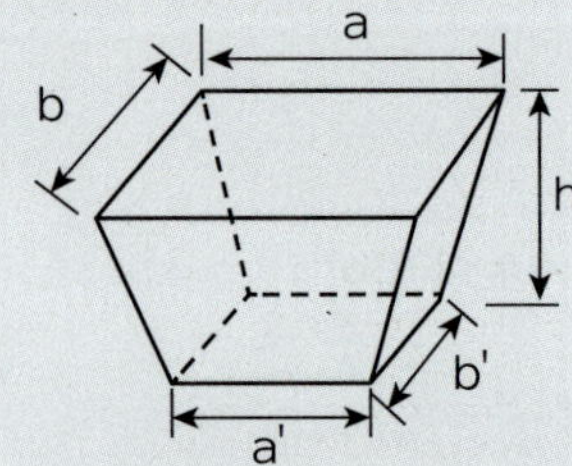

독립기초의 터파기 토량 $= \dfrac{h}{6}\left[(2a + a')b + (2a' + a)b'\right]$

$a = 3.5m,\ b = 4.5m,\ a' = 2m,\ b' = 3m,\ h = 2m$이다.

독립기초의 터파기 토량 $= \dfrac{h}{6}\left[(2a + a')b + (2a' + a)b'\right]$

$$= \dfrac{2}{6}\left[(2 \times 3.5 + 2) \times 4.5 + (2 \times 2 + 3.5) \times 3\right] = 21m^3$$

★중요

006 토공사에서 토량 변화율 L = 1.3, C = 0.8인 사질토를 가지고 성토하여 다진 후에 40,000m³를 만들기 위한 굴착 및 운반 토량을 구하시오.

✿해설

① 흐트러진 상태의 변화율$(L) = \dfrac{흐트러진\ 상태의\ 토량}{자연상태의\ 토량}$

② 다져진 상태의 변화율$(c) = \dfrac{다져진\ 상태의\ 토량}{자연상태의\ 토량}$

그런데, 굴착(자연)토량 $= \dfrac{다져진\ 상태의\ 토량}{다져진\ 상태의\ 변화율} = \dfrac{40,000}{0.8} = 50,000m^3$이고,

운반(흐트러진 상태)토량 = 굴착(자연)토량 × 흐트러진 상태의 변화율 $= 50,000 \times 1.3 = 65,000m^3$

★중요

007 흙막이가 없는 경우 그림과 같은 독립기초의 흙파기량을 구하시오. (단, 굴착 기울기 = 1:0.3)

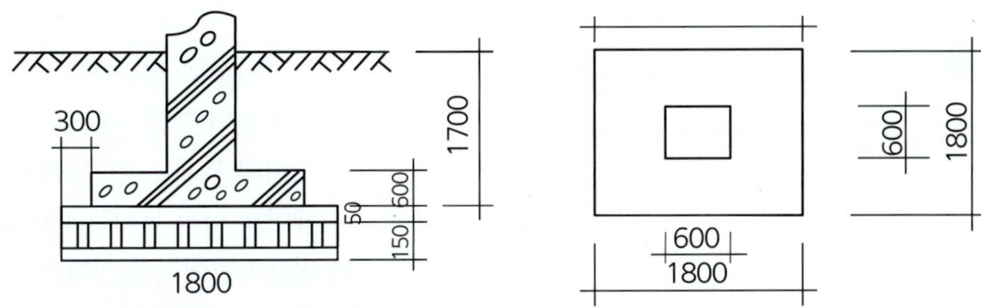

🔧 **해설**

독립기초의 터파기 형태를 보면, 다음 그림과 같다.

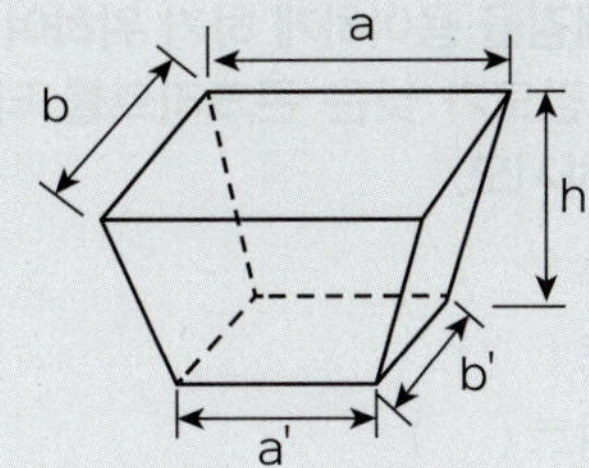

$a = 3.54m$, $b = 3.54m$, $a' = 2.4m$, $b' = 2.4m$, $h = 1.9m$

여기서, $a = b = (1.8 + 0.3 + 0.3 + 1.9 \times \dfrac{3}{10} \times 2) = 3.54m$, $a' = b' = (0.3 + 1.8 + 0.3) = 2.4m$

(0.3m는 밑변 터파기 여유임)

밑변 터파기 여유는 다음과 같다.

터파기 높이(m)	1m 이하	2m 이하	4m 이하	4m 초과
터파기 여유(m)	20cm	30cm	50cm	60cm

그러므로, 독립기초의 터파기 토량 $= \dfrac{h}{6}[(2a + a')b + (2a' + a)b']$

$= \dfrac{1.9}{6}[(2 \times 3.54 + 2.4) \times 3.54 + (2 \times 2.4 + 3.54) \times 2.4] = 16.965 ≒ 16.97m^3$

16단원 기초공사

01 진위형 문제

▶ 해설편 218p

※ 다음 문제를 읽고, 옳으면 O, 틀리면 ×를 괄호 안에 표기하시오.

[19①]

001 가장 깊은 기초지정을 체크하시오.

① 우물통식 지정 (　)
② 긴 주춧돌 지정 (　)
③ 잡석 지정 (　)
④ 자갈 지정 (　)

[20①]

002 기초공사의 지정공사 중 얕은 지정 공법을 체크하시오.

① 모래 지정 (　)
② 잡석 지정 (　)
③ 나무 말뚝 지정 (　)
④ 밑창콘크리트 지정 (　)

★중요　　　　　　　　　　[02①, 05①, 07③]

003 서로 관련있는 것끼리 연결되었는지 체크하시오.

① 어스오거(earth auger) – 말뚝지정공사 (　)
② 언더피닝(under pinning) – 철골공사 (　)
③ 올 케이싱(all casing) 공법 – 말뚝지정공사 (　)
④ 바이브로 콤포저(vibro composer) – 지반개량 공사 (　)

★중요　　　[02①, 04①, 08②, 09①, 17①, 21①]

004 표준관입시험에 대한 설명으로 올바른지 체크하시오.

① 추의 무게는 63.5kg 이다. (　)
② 추의 낙하 높이는 75cm이다. (　)
③ 관입에 따른 타격회수는 N/30으로 표시 (　)
④ 재하판 면적은 0.2m²이다. (　)
⑤ 연약 점토질 지반의 조사에 사용된다. (　)
⑥ N값은 표준샘플러를 30cm 관입시키는 데 필요한 타격 횟수이다. (　)

⑦ 토질시험의 일종이다. (　)
⑧ N의 값이 작을수록 밀실한 토질이다. (　)
⑨ 해머의 무게는 73.5±1kg이다. (　)
⑩ 해머의 낙하 높이는 100cm이다. (　)
⑪ 점토지반에서 실시하여도 높은 신뢰성을 얻을 수 있다. (　)
⑫ N값이 클수록 밀실한 토질이다. (　)

[20②]

005 기초하부의 먹매김을 용이하게 하기 위하여 60mm 정도의 두께로 강도가 낮은 콘크리트를 타설하여 만든 것을 체크하시오.

① 밑창콘크리트 (　)
② 매스콘크리트 (　)
③ 제자리콘크리트 (　)
④ 잡석지정 (　)

★중요　　[05②, 07①, 10①, 12③, 19③, 21②]

006 건설공사에서 래머(rammer)의 용도를 체크하시오.

① 철근절단 (　)
② 철근굴곡 (　)
③ 잡석다짐 (　)
④ 토사적재 (　)

[16②]

007 사운딩 시험방법과 관련 있는 시험을 체크하시오.

① 표준관입시험 (　)
② 공내재하시험 (　)
③ 콘관입시험 (　)
④ 베인전단시험 (　)

★중요　　　　　　　　　　[04①②, 10①]

008 지반의 토질시험 과정에서 보링구멍을 이용하여 + 자형 날개를 지반에 박고 이것을 회전시켜 점토의 점착력을 판별하는 토질시험방법을 체크하시오.

① 보링시험 (　)　　　② 베인전단시험 (　)
③ 지내력시험 (　)　　④ 압밀시험 (　)

★중요 [02①, 05①, 06②, 14③, 23③]

009 잡석지정에 관한 설명으로 올바른지 체크하시오.

① 잡석의 다짐은 손달고, 몽둥달고 등의 기구와 래머 등의 기계를 사용한다. (　)

② 견고한 자갈층에도 잡석지정을 해야 한다. (　)

③ 잡석지정의 폭은 기초의 폭보다 넓게 한다. (　)

④ 잡석지정은 이완된 지표면을 다지고 콘크리트의 두께를 절약한다. (　)

⑤ 지름 15~30cm 정도의 잡석을 깔고 사춤자갈, 쇄석 등으로 틈새를 메운다. (　)

⑥ 잡석은 눕혀서 깔고 충분히 다진다. (　)

⑦ 잡석지정은 견경한 자갈층, 굳은 사층, 견고한 롬(loam)층 등에서는 실시하지 않는다. (　)

⑧ 잡석지정은 세워서 깔아야 한다. (　)

⑨ 잡석지정은 지내력을 증진시키기 위해서 중앙에서 가장자리로 다진다. (　)

[13③]

010 자갈 지정에 관한 설명으로 올바른지 체크하시오.

① 자갈을 깔고 난 후 바이브로 래머 등으로 다진다. (　)

② 연약한 점토 지반에서 사용되는 공법이다. (　)

③ 지정은 두께 5~10cm 정도로 자갈깔기를 한다. (　)

④ 잘 다진 자갈 위에 밑창 콘크리트를 타설한다. (　)

★중요 [02①, 03③, 05②③, 08①, 15③, 23③]

011 기초의 종류 중 기초슬래브의 형식에 따른 분류를 체크하시오.

① 독립기초 (　)

② 줄기초 (　)

③ 복합기초 (　)

④ 직접기초 (　)

⑤ 연속푸팅기초(Continuous foundation) (　)

⑥ 잠함기초(Caisson foundation) (　)

⑦ 우물기초(Well foundation) (　)

⑧ 말뚝기초(Pile foundation) (　)

[06①]

012 깊은 기초 공법으로, 지하구조체의 바깥벽 밑에 끝날을 붙이고 지상에서 구축하여 중앙하부 흙을 파내어 구조체 자중으로 침하시켜 나가는 방법을 체크하시오.

① 페디스탈파일 공법 (　)

② 우물통식 공법 (　)

③ 용기잠함 공법 (　)

④ 개방잠함 공법 (　)

[07②, 11③]

013 기초를 얕은 기초와 깊은 기초로 나눌 때 얕은 기초의 종류를 체크하시오.

① 온통 기초 (　)

② 캔틸레버 기초 (　)

③ 말뚝 기초 (　)

④ 복합 기초 (　)

[12②]

014 직접기초 지정과 관계되는 것을 체크하시오.

① 제물치장 (　)

② 모래 (　)

③ 버림콘크리트 (　)

④ 잡석 (　)

★중요 [03①②, 06②, 16①, 22③]

015 피어(pier) 기초공사와 관계있는 것을 체크하시오.

① 트레미관 (　)

② 벤토나이트액 (　)

③ 디젤해머 (　)

④ 케이싱관 (　)

[16③]

016 말뚝 설치 공법을 타입 공법과 매입 공법으로 구분할 때, 타입 공법을 체크하시오.

① 진동 공법 (　)

② 중공굴착 공법 (　)

③ 선행굴착 공법 (　)

④ 워터제트 공법(Water Jet) (　)

017 말뚝 설치 공법 중 모래층 또는 진흙층 등에 고압으로 물을 분사시켜 수압에 의해 지반을 무르게 만든 다음 말뚝을 박는 공법을 체크하시오. [11①]

① 디젤 해머 공법 (　　)
② 진동 공법 (　　)
③ 압입 공법 (　　)
④ 워터 젯 공법 (　　)

★중요

018 말뚝박기 공사에 관한 설명으로 올바른지 체크하시오. [03③, 04③, 05③, 21②]

① 추의 낙하고는 높을수록 좋다. (　　)
② 다소 밀실한 지반에서 말뚝은 중앙에서 박기 시작하여 주변으로 향하게 박는다. (　　)
③ 추의 중량은 말뚝중량의 약 2배로 한다. (　　)
④ 박을 때 파손을 막기 위하여 말뚝머리를 철재링으로 보호한다. (　　)
⑤ 나무 말뚝은 말뚝머리가 상수면 위로 보이도록 박아야 한다. (　　)
⑥ 말뚝을 예정한 위치까지 도달시키려고 무리하게 쳐박을 때에는 말뚝 끝의 손상과 갈라짐에 주의한다. (　　)
⑦ 말뚝박기는 중단하지 않고 최종까지 계속적으로 박아야 한다. (　　)
⑧ 말뚝위치는 정확히 하고 수직으로 똑바로 박는다. (　　)

★중요

019 말뚝박기 기계 중 디젤 해머(diesel hammer)에 대한 설명으로 올바른지 체크하시오. [06①, 08③, 10③, 15①, 25①]

① 박는 속도가 빠르다. (　　)
② 타격음이 작다. (　　)
③ 타격에너지가 크다. (　　)
④ 운전이 용이하다. (　　)

020 말뚝의 이음 공법 중 강성이 가장 우수한 방식을 체크하시오. [14①, 18①]

① 장부식 이음 (　　)
② 충전식 이음 (　　)
③ 리벳식 이음 (　　)
④ 용접식 이음 (　　)

★중요

021 지반을 개량하여 형성되는 지정공사에 사용되는 공법을 체크하시오. [04②, 12①③, 18③, 22①]

① 다짐 공법 (　　)
② 압밀 공법 (　　)
③ 응결 공법 (　　)
④ 어스앵커 공법 (　　)
⑤ 탈수 공법 (　　)
⑥ 고결 공법 (　　)
⑦ 승화 공법 (　　)

022 지반개량 공법 중 점토질 지반에 주로 이용되는 것을 체크하시오. [07③, 14③]

① 웰포인트 공법 (　　)
② 바이브로플로테이션 공법 (　　)
③ 샌드드레인 공법 (　　)
④ 언더피닝 공법 (　　)

023 연한 점토질 지반의 토질시험에 가장 적합한 것을 체크하시오. [02②]

① 표준관입시험 (　　)
② 베인테스트(Vane test) (　　)
③ 전기적 탐사 (　　)
④ 삼축압축시험 (　　)

024 대상지역의 지반특성을 규명하기 위하여 실시하는 사운딩시험에 해당하는 것을 체크하시오. [18②]

① 함수비시험 (　　)
② 액성한계시험 (　　)
③ 표준관입시험 (　　)
④ 1축 압축시험 (　　)

★중요

025 토질시험의 항목을 체크하시오. [03①, 06②, 15③]

① 소성한계시험 (　　)
② 3축압축시험 (　　)

③ 할렬인장시험 (　　)

④ 비중시험 (　　)

[18③]

026 토질시험을 흙의 물리적 성질시험과 역학적 성질시험으로 구분할 때, 물리적 성질시험을 체크하시오.

① 직접전단시험 (　　)

② 비중시험 (　　)

③ 액성한계시험 (　　)

④ 함수량시험 (　　)

[09①, 13①]

027 표토를 제거하고 건물의 기둥 위치에 3~3.5m 지름의 우물을 파 기초를 축조하고, 그 기초 상부에 철골 기둥을 세우고 1층 바닥부터 콘크리트를 친 후 지하를 향해 공사해 나가는 흙파기 공법을 체크하시오.

① 심초 공법 (　　)

② 뉴매틱 웰 케이슨 공법 (　　)

③ 개방잠함 공법 (　　)

④ 탑다운 공법 (　　)

[11③]

028 말뚝의 종류에 있어서 재료상의 분류를 체크하시오.

① 철제 말뚝 (　　)

② 기성콘크리트 말뚝 (　　)

③ 지지 말뚝 (　　)

④ 제자리 콘크리트 말뚝 (　　)

[02③]

029 말뚝박기 간격에 대한 설명으로 올바른지 체크하시오.

① 나무 말뚝과 기성콘크리트 말뚝의 경우 최소 말뚝중심 간격은 말뚝 끝 마구리 지름의 2.5배 이상 (　　)

② 기초판 끝과 말뚝중심과의 거리는 1.5배 이상 (　　)

③ 나무 말뚝의 최소 말뚝중심 간격은 60㎝ 이상 (　　)

④ 제자리 콘크리트 말뚝의 최소 말뚝 중심간격은 '직경 + 1m' 이상 (　　)

★중요　　　　　　　　**[12②, 17③, 20①, 22②]**

030 기성콘크리트 말뚝에 대한 설명으로 올바른지 체크하시오.

① 공장에서 미리 만들어진 말뚝을 구입하여 사용하는 방식이다. (　　)

② 말뚝간격은 2.5d 이상 또는 750mm 이상 중 큰 값을 택한다. (　　)

③ 말뚝이음 부위에 대한 신뢰성이 매우 우수하다. (　　)

④ 시공과정상의 항타로 인하여 자재균열의 우려가 높다. (　　)

⑤ 적재 장소는 시공장소와 가깝고 배수가 양호하고 지반이 견고한 곳이어야 한다. (　　)

⑥ 2단 이하로 저장하고 말뚝받침대는 동일선상에 위치하여야 파손이 적다. (　　)

⑦ 시공순서는 주변 다짐효과를 높이기 위하여 주변부에서 중앙부로 박는다. (　　)

[18②]

031 기성 콘크리트 말뚝설치 공법 중 진동 공법에 관한 설명으로 올바른지 체크하시오.

① 정확한 위치에 타입이 가능하다. (　　)

② 타입은 물론 인발도 가능하다. (　　)

③ 경질지반에서는 충분한 관입깊이를 확보하기 어렵다. (　　)

④ 사질지반에서는 진동에 따른 마찰저항의 감소로 인해 관입이 쉽다. (　　)

[02②, 08②]

032 내외관을 소정의 깊이까지 박은 후 내관을 빼내고, 외관 내에 콘크리트를 투입하여 내관으로 다지면서 점차 외관도 뽑아 올려 콘크리트를 구근형으로 만들어 완성하는 현장 타설 콘크리트 파일을 체크하시오.

① 심플렉스파일 (　　)

② 컴프레솔파일 (　　)

③ 페데스탈파일 (　　)

④ 레이몬드파일 (　　)

033 굴착구멍 내에 지하수위보다 2m 이상 높게 물을 채워 굴착벽면에 2t/m² 이상의 정수압에 의해 벽면붕괴를 방지하며 굴착한 후 형성시킨 제자리콘크리트 말뚝을 체크하시오.

① 리버스 서큘레이션 말뚝 (　)

② 베노토 말뚝 (　)

③ 프랭키 말뚝 (　)

④ 레이몬드 말뚝 (　)

034 프리팩트파일의 일종으로 지중에 스크루 오거를 삽입하여 소정의 깊이까지 굴착한 후 흙과 오거를 뽑아 올리면서 오거 중심부에 있는 선단을 통하여 모르타르나 콩자갈 콘크리트를 주입하여 말뚝을 만드는 공법을 체크하시오.

① PIP (　)

② MIP (　)

③ CIP (　)

④ RCD (　)

035 PHC 말뚝에 대한 설명으로 올바른지 체크하시오.

① 압축강도가 80MPa 이상이다. (　)

② 재령 1~2일에 사용가능하다. (　)

③ 선단부의 구조는 중굴 공법에서는 폐쇄형을 사용한다. (　)

④ 양생은 고온고압 증기양생을 이용한다. (　)

★중요

036 강 말뚝(H형강, 강관 말뚝)에 관한 설명으로 올바른지 체크하시오.

① 깊은 지지층까지 도달시킬 수 있다. (　)

② 휨강성이 크고 수평하중과 충격력에 대한 저항이 크다. (　)

③ 부식에 대한 내구성이 뛰어나다. (　)

④ 재질이 균일하고 절단과 이음이 쉽다. (　)

⑤ 강한 타격에도 견디며 다져진 중간지층의 관통도 가능하다. (　)

⑥ 중량이 가볍고, 단면적이 작다. (　)

⑦ 이음이 강하며 길이 조절이 용이하다. (　)

⑧ 상부구조와의 결합이 용이하지 않으며 재료비가 저렴하다. (　)

⑨ 지지력이 크고 이음이 안전하고 강하며 확실하므로 장척 말뚝에 적당하다. (　)

⑩ 길이의 조절이 용이하고 경량이기 때문에 운반취급이 편리하다. (　)

★중요

037 기초공사를 하기 위하여 땅을 파는 일을 기초파기 또는 흙파기라 하는데, 흙파기 모양에 따라 구분한 용어를 체크하시오.

① 구덩이파기(pit excavation) (　)

② 줄기초파기(trenching) (　)

③ 온통기초파기(overall excavation) (　)

④ 톱다운 공법(top-down method) (　)

038 지반조사과정에서 지내력시험을 하는 가장 큰 이유를 체크하시오.

① 말뚝의 종류를 결정하기 위해서 (　)

② 가장 적합한 기초구조를 결정하기 위해서 (　)

③ 건물의 부동침하를 방지하기 위해서 (　)

④ 지층의 상태를 측정하기 위해서 (　)

039 지내력시험에 대한 설명으로 올바른지 체크하시오.

① 실제 기초판이 놓일 부분의 재하판의 크기는 60~75cm 각이다. (　)

② 총 침하량이 2mm에 달했을 때까지의 하중을 그 지반에 대한 단기허용 지내력도라 한다. (　)

③ 침하의 증가량이 2시간에 약 0.1mm 이하의 변화를 보일 때 침하가 정지한 것으로 본다. (　)

④ 매 회의 재하는 5ton 이하 또는 예정파괴하중의 1/5 이하로 한다. (　)

⑤ 재하판의 크기는 75cm × 75cm의 정방형 판을 사용한다. (　)

⑥ 단기허용지내력도는 총 침하량이 2mm에 달했을 때까지의 하중을 적용한다. (　)

⑦ 장기하중에 대한 허용지내력은 단기하중 허용지내력의 1/2이다. (　)

040 평판재하시험용 시험기구를 체크하시오. [18①]

① 잭(jack) (　)

② 틸트미터(tilt mater) (　)

③ 로드셀(Load cell) (　)

④ 다이얼 게이지(Dial gauge) (　)

★중요

041 기존 건물에 근접하여 구조물을 구축할 때 기존건물의 균열 및 파괴를 방지할 목적으로 지하에 실시하는 보강 공법을 체크하시오. [03②, 06③, 07②, 11③, 19①, 24②]

① 베노토 공법 (　)

② BH(Boring Hole) 공법 (　)

③ 심초 공법 (　)

④ 언더피닝(Under Pinning) 공법 (　)

042 언더피닝(Under Pinning) 공법에 해당하는 것을 체크하시오. [17②]

① 2중널 말뚝 공법 (　)

② 강재 말뚝 공법 (　)

③ 웰 포인트 공법 (　)

④ 모르타르 및 약액 주입법 (　)

043 기존 건물의 파일 머리보다 깊은 건물을 건설할 때, 지하수면의 이동이 일어나거나 기존 건물 기초의 침하나 이동이 예상될 때 지하에 실시하는 보강 공법을 체크하시오. [18③]

① 리버스 서큘레이션 공법 (　)

② 프리보링 공법 (　)

③ 베노토 공법 (　)

④ 언더피닝(Under Pinning) 공법 (　)

⑤ BH(Boring Hole) 공법 (　)

⑥ 심초 공법 (　)

⑦ 샌드드레인 공법 (　)

⑧ 바이브로플로테이션 공법 (　)

⑨ 웰포인트 공법 (　)

⑩ 그라우팅 공법 (　)

⑪ 콤포저 공법 (　)

★중요

044 언더피닝(under pinning) 공법으로 보강해야 할 경우를 체크하시오. [10③, 11①, 13②, 17①]

① 인접 지상구조물의 철거 시 (　)

② 지하구조물 밑에 지중구조물을 설치할 때 (　)

③ 기존 구조물의 근접한 굴착시 구조물의 침하나 경사를 미연에 방지할 경우 (　)

④ 기존 구조물의 지지력 부족으로 건물에 침하나 경사가 생겼을 때 이것을 복원하는 경우 (　)

⑤ 기존 건물에 근접하여 구조물을 구축할 경우 (　)

⑥ 기존 건물의 파일머리보다 깊은 구조물을 건설할 경우 (　)

⑦ 지하수면의 이동이 발생하거나 파일두부가 파손되어 지층내력이 약화된 경우 (　)

⑧ 기존 건물의 기초가 침하하여 보나 기둥을 보강할 경우 (　)

045 점토질 지반에서 지반개량의 목적을 체크하시오. [10②, 11③]

① 연약지반 강화 (　)

② 예민비 개선 (　)

③ 부등침하 방지 (　)

④ 지반의 지지력 증대 (　)

★중요

046 지반개량 공법의 종류를 체크하시오. [04①, 06③, 08③, 14①, 15①, 23①]

① 탈수다짐법 (　)

② 치환법 (　)

③ 표준관입시험법 (　)

④ 약액주입법 (　)

⑤ 아일랜드 공법 (　)

★중요

047 지반개량 공법 중에서 강제압밀 공법을 체크하시오. [03③, 05③, 07②, 23②]

① 성토 공법 (　)

② 고결 공법 (　)

③ 수위저하법 (　)

④ 샌드드레인 공법 (　)

048 연약지반 개량 공법 중 동결 공법의 특징을 체크하시오.

① 동토의 역학적 강도가 우수하다. (　)

② 지하수 오염과 같은 공해 우려가 있다. (　)

③ 동토의 차수성과 부착력이 크다. (　)

④ 동토형성에는 일정 기간이 필요하다. (　)

049 거리 측량 방법에서 정밀도가 가장 높은 것을 체크하시오.

① 스타디아 측량 (　)

② 천줄자 (　)

③ 노끈 (　)

④ 강재줄자 (　)

050 기초공사에 대한 설명으로 올바른지 체크하시오.

① 지정 또는 지정공사라 함은 일반적으로 기초슬래브 하부에 설치하는 버림콘크리트, 자갈다짐, 잡석다짐등 구조체를 떠받치는 지반개량을 의미한다. (　)

② 지반이 상부구조를 지지할 만한 내력을 갖지 못했을 때는 말뚝이나 케이슨을 사용하여, 하부의 양질지반에 지지시키거나 지반을 개량하여 필요한 내력을 갖게 한다. (　)

③ 직접기초형식 중 가장 오래된 형식인 나무 말뚝은 항상 지하수면하에 있어야 지지력을 유지할 수 있다. (　)

④ 설계용의 지반조사 자료가 불충분하거나 없는 경우에는 공사에 필요한 조사를 다시 하는 것이 좋다. (　)

051 지반조사에서 지지층과 기초구조의 형식이 결정된 후에 필요한 조사항목과 조사방법을 결정 또는 선택하는 조사단계를 체크하시오.

① 본조사 (　)

② 추가조사 (　)

③ 사전조사 (　)

④ 예비조사 (　)

052 지반조사 방법을 체크하시오.

① 터파보기 (　)

② 물리적 탐사법 (　)

③ 탐사간 (　)

④ 우물통 공법 (　)

★중요　

053 지질조사를 위한 보링(boring) 계획에 대한 설명으로 올바른지 체크하시오.

① 보링의 깊이는 경미한 건물의 경우 기초폭의 1.5~2.0배 정도로 한다. (　)

② 간격은 약 60m 정도로 하고, 중간지점은 물리적 지하 탐사법에 의해 보충한다. (　)

③ 부지 내에서 3개소 이상 행하는 것이 바람직하다. (　)

④ 채취시료는 잠시라도 햇빛에 방치해서는 안 되며 충분한 양생을 취한다. (　)

⑤ 보링은 지질이나 지층의 상태를 비교적 깊은 곳까지도 정확하게 확인할 수 있다. (　)

⑥ 충격식 보링은 토사를 분쇄하지 않고 연속적으로 채취할 수 있으므로 가장 정확한 방법이다. (　)

⑦ 회전식보링은 불교란시료 채취, 암석 채취 등에 많이 쓰인다. (　)

⑧ 수세식 보링은 30m까지의 연질층에 주로 쓰인다. (　)

★중요　

054 탑다운(top down) 공법에 관한 설명으로 올바른지 체크하시오.

① 1층 바닥을 조기에 완성하여 작업장 등으로 사용할 수 있다. (　)

② 지하층·지상층을 동시에 시공하여 공기단축이 가능하다. (　)

③ 소음·진동·주변구조물의 침하의 우려가 크다. (　)

④ 기둥 등 수직부재의 구조이음에 기술적 어려움이 있다. (　)

⑤ 완전역타, 부분역타, 보 및 거더식 역타 공법 등이 있다. (　)

⑥ 설계변경은 언제나 가능하고, 급배기 환기시설 등이 불필요하다. (　)

⑦ 도심지 공사에서 1층 작업장을 활용하고자 할 때 적용한다. (　)

⑧ 지하굴착 공사장에는 중장비 때문에 급배기환기시설이 필요하다. (　)

⑨ 기둥 천공 시 슬라임 처리가 완벽해야 한다. (　)

⑩ 지하연속벽과 구조체와의 연결철근의 위치가 정확히 유지되어 있어야 한다. (　)

⑪ 한 현장에 지하연속벽과 강성이 다른 흙막이벽을 병행 조성하는 것이 안전상 유리하다. (　)

[06③]

055 **말뚝공사에서 프리보링(Preboring) 공법의 순서로 올바른지 체크하시오.**

① 어스오거로 지반천공 – 말뚝압입 – 모르타르 주입 (　)

② 제트파이프 삽입 – 고압수 분출 – 말뚝압입 또는 타격 (　)

③ 말뚝중공부 오거 삽입 – 선단부 굴착 – 말뚝침하 매립 (　)

④ 말뚝설치 – 해머낙하로 타격 – 말뚝 지중관입 (　)

[07①, 12②]

056 **점토에서 분사현상(Quick sand)이 잘 일어나지 않는 이유를 체크하시오.**

① 흙의 공극이 크기 때문 (　)

② 점토 입자의 비중이 크기 때문 (　)

③ 입자가 너무 작기 때문 (　)

④ 점착력이 있기 때문 (　)

[07②]

057 **부동침하의 원인을 체크하시오.**

① 건물이 이질지반에 걸쳐있는 경우 (　)

② 다른 종류의 기초구조를 혼용한 경우 (　)

③ 지반구조상 연약층의 두께가 상이한 경우 (　)

④ 이웃 건물과의 거리가 먼 경우 (　)

★중요　　　　　　　　[07③, 11③, 12①, 22③]

058 **어스앵커(Earth Anchor) 공법에 의한 기초 흙막이에 대한 설명으로 올바른지 체크하시오.**

① 하중을 산정할 때 예상되는 수위는 항상 평균수위로 고려하여야 한다. (　)

② 앵커체는 수평에서 하향 10°~45° 범위 내에서 경제성과 안전성을 고려하여 경사각을 결정한다. (　)

③ 앵커의 내역을 확인하기 위하여 각 앵커에 작용하는 설계하중의 1.2배로 긴장하여 그 지지력을 확인한 후 설계하중으로 장착한다. (　)

④ 장착부의 해체는 채택된 방법에 맞는 것으로 하고, 긴장력을 급격히 푸는 것은 피한다. (　)

⑤ 작업공간에 대형기계의 반입이 용이하다. (　)

⑥ 공기단축과 동시에 안전관리도 용이하다. (　)

⑦ 지반조건 변화에 대해 설계변경이 어렵다. (　)

⑧ 시가지 공사 시 매설물에 주의해야 한다. (　)

[18②]

059 **독립 기초판(3.0m × 3.0m) 하부에 말뚝머리지름이 40cm인 기성콘크리트 말뚝을 9개 시공하려고 할 때 말뚝의 중심간격을 체크하시오.**

① 80cm 이상 (　)

② 75cm 이상 (　)

③ 90cm 이상 (　)

④ 100cm 이상 (　)

02 단답형 문제

★중요 [09③, 13②, 18①]

001 표준관입시험은 63.5kg의 추를 76cm 높이에서 자유 낙하시켜 샘플러가 일정 깊이까지 관입하는 데 소요되는 타격회수(N)로 시험하는데, 그 깊이(cm)를 쓰시오.

⚙**해설** 표준관입시험은 사질지반의 밀실도를 측정할 때 사용되는 방법이며, 표준 샘플러를 관입량 30cm에 박는 데 요하는 타격횟수 N을 구한다. 이 때 추는 63.5kg, 낙하고는 76cm로 한다. 다만, KS규정(KSF 2307)에서는 추는 (63.5±0.5)kg, 낙하고는 (760±10)mm의 값으로 규정하고 있다.

[13③]

002 다음 내용에서 괄호 안에 들어갈 내용을 순서대로 쓰시오.

> 표준관입시험은 (㉠)지반의 밀실도를 측정할 때 사용되는 방법이며, 표준 샘플러를 관입량 (㉡)cm에 박는 데 요하는 타격횟수 N을 구한다. 이 때 추는 (㉢)kg, 낙하고는 (㉣)cm로 한다.

⚙**해설** 표준관입시험은 사질지반의 밀실도를 측정할 때 사용되는 방법이며, 표준 샘플러를 관입량 30cm에 박는데 요하는 타격횟수 N을 구한다. 이 때 추는 63.5kg, 낙하고는 76cm로 한다. 다만, KS규정(KSF 2307)에서는, 추는 (63.5±0.5)kg, 낙하고는 (760±10)mm의 값으로 규정하고 있다.

★중요 [03②, 08③, 14③, 17②, 21①]

003 지반의 토질시험 중에서 무게 63.5kg의 추를 76cm 높이에서 낙하시켜 샘플러가 30cm 관입되는 저항치를 측정하는 시험법을 쓰시오.

[11①, 16③]

004 2개 이상의 기둥을 한 개의 기초판으로 받치는 기초를 쓰시오.

[05④, 12②]

005 지상에서 구조체를 미리 축조하여 침하시켜 만드는 기초 공법을 쓰시오.

[07③]

006 케이싱을 직접 타격하여 땅 속에 박는 것으로 지내력의 증대를 위하여 말뚝의 선단에 구근을 형성하는 타격식 현장 콘크리트 말뚝을 쓰시오.

★중요 [05②, 07①, 14②, 17②, 23②]

007 주로 연약한 점토질 지반에서 진흙의 점착력을 판별하는 토질시험을 쓰시오.

★중요 [05③, 07③, 08①, 12③, 16③, 25②]

008 + 자형의 저항날개를 로드선단에 붙여 지중에 눌러 박아가면서 회전시켜 삽입하며, 그 때의 최대저항치로 지반의 전단강도를 구하는 지반조사법을 쓰시오.

★중요 [05④, 08③, 10①, 12③, 22②]

009 토질시험 중 흙의 강도 및 변형계수를 결정하는 시험으로 고무막에 넣은 원통형의 시료에 일정한 측압을 가하면서 수직하중을 가하여 파괴시키는 시험을 쓰시오.

★중요 [05①, 09③, 17①]

010 토질시험 중 흙속에 수분이 거의 없고 바삭바삭한 상태의 정도를 알아보기 위한 시험을 쓰시오.

[17①, 20②]

011 기성콘크리트 말뚝을 타설할 때 그 중심간격의 기준을 쓰시오.

[03②, 09①]

012 기초 말뚝박기 공사에서 나무 또는 기성콘크리트 말뚝간격의 최소 한도를 쓰시오. (단, d는 말뚝의 직경임)

⚙ 해설 말뚝의 배치 및 간격

말뚝의 종류	나무	기성 콘크리트 말뚝	현장 타설 (제자리) 콘크리트	강재
말뚝의 간격	말뚝 직경의 2.5배 이상		말뚝 직경의 2배 이상 (폐단 강관 말뚝 : 2.5배)	
	60cm 이상	75cm 이상	(직경 + 1m) 이상	75cm 이상

[08③]

013 외관을 지중에 박아 관속에 콘크리트를 넣고 추로 다져 구근을 만들며 외관을 조금씩 빼내서 만드는 현장 콘크리트 말뚝을 쓰시오.

★중요 [02③, 04②, 06③]

014 내외관을 소정의 깊이까지 박은 후에 내관을 빼낸 후, 외관에 콘크리트를 부어 넣어 지중에 콘크리트 말뚝을 형성시키는 파일(Pile)의 명칭을 쓰시오.

|정답|

001 30cm   **002** ㉠ 사질, ㉡ 30, ㉢ 63.5, ㉣ 76   **003** 표준관입시험   **004** 복합기초   **005** 잠함기초

006 페디스탈파일(Pedestal concrete pile)   **007** 베인테스트   **008** 베인시험   **009** 삼축압축시험   **010** 소성한계시험

011 말뚝머리 지름의 2.5배 이상이며 750mm 이상   **012** 2.5d   **013** 심플렉스 파일(Simplex pile)   **014** 페디스털 파일(Pedestal pile)

★중요   [08①, 09③, 15①, 19②, 25②]

015 굴착토사와 안정액 및 공수 내의 혼합물을 드릴 파이프 내부를 통해 강제로 역순환시켜 지상으로 배출하는 공법으로 다음과 같은 특징이 있는 현장타설 콘크리트 말뚝 공법을 쓰시오.

> • 점토, 실트층 등에 적용한다.
> • 시공 심도는 통상 30~70m까지로 한다.
> • 시공 직경은 0.9~3m 정도까지로 한다.

★중요   [04③, 08②, 11②]

016 제자리 콘크리트 말뚝을 시공할 때 목표지점까지 케이싱튜브(casing tube)로 공벽(孔壁)을 보호하면서 굴착하는 공법을 쓰시오.

[09③, 12②]

017 표토붕괴를 방지하기 위하여 스탠드 파이프를 박고 그 이하는 케이싱을 사용하지 않고 회전식 버킷을 이용하여 굴삭하는 공법을 쓰시오.

[05②, 08③]

018 프리팩트 파일의 일종으로 어스오거로 굴착한 후에 철근을 넣고 모르타르 주입관을 삽입한 다음 자갈을 충전하고 모르타르를 주입하여 지지 말뚝을 만드는 것을 쓰시오.

[09③]

019 프리팩트파일의 종류 중 파이프회전축의 선단에 커터를 장치하여 흙을 뒤섞으며 지중을 굴착한 다음, 파이프 선단으로 모르타르를 분출시켜 흙과 모르타르를 혼합하여 소일 콘크리트 말뚝을 형성하는 것을 쓰시오.

[19③]

020 대형봉상진동기를 진동과 워터젯에 의해 소정의 깊이까지 삽입하고 모래를 진동시켜 지반을 다지는 연약지반 개량 공법을 쓰시오.

★중요   [04③, 06②, 10②, 24③]

021 기존 건물 또는 공작물의 기초나 지정을 보강하거나 또는 거기에 새로운 기초를 삽입하거나 지지면을 더 깊은 지반에 옮겨 안전하게 하기 위한 공법을 쓰시오.

★중요

[10②, 11③, 15①, 23②]

022 점토지반에 모래를 깔고 그 위에 성토에 의해 하중을 가하면 장기간에 걸쳐 점토 중의 물이 샌드파일을 통하여 지상에 배수되어 지반을 압밀·강화시키는 공법을 쓰시오.

[05③, 11③]

023 지하구조물의 시공순서를 지상에서부터 시작하여 점차 깊은 지하로 진행하여 가면서 완성하는 구체 흙막이 공법을 쓰시오.

[05②, 15②]

024 지형과 지반의 상태에 따라 지하수가 펌프 사용 없이 물이 솟아나는 자분샘물의 용어를 쓰시오.

|정답|

015 리버스 서큘레이션 공법　016 베노토(benoto) 말뚝 공법　017 어스드릴 공법(Earth drill method)
018 CIP(Cast-In-Place pile) 말뚝　019 MIP(Mixed In Place pile) 말뚝　020 바이브로플로테이션(Vibro Floatation, 진동다짐) 공법
021 언더피닝(Under Pinning) 공법　022 샌드드레인 공법　023 탑다운(top down, 역타 공법) 공법　024 피압수

01 진위형 문제

▶ 해설편 228p

※ 다음 문제를 읽고, 옳으면 ○, 틀리면 ✕를 괄호 안에 표기하시오.

[03③]

001 조적용 모르타르의 강도 중 가장 중요한 것을 체크하시오.
① 휨 강도 (   )
② 인장강도 (   )
③ 전단강도 (   )
④ 접착강도 (   )

[10②]

002 콘크리트의 중심온도를 10~20℃ 정도로 낮출 수 있기 때문에 단면이 큰 초고층 건축물 등에 많이 사용되고, 초유 등 콘크리트의 제조에도 유리하다고 알려진 시멘트를 체크하시오.
① 조강포틀랜드시멘트 (   )
② 보통포틀랜드시멘트 (   )
③ 저발열포틀랜드시멘트 (   )
④ 백색포틀랜드시멘트 (   )

[14②]

003 KS L 5201(포틀랜드시멘트)에 규정되어 있는 포틀랜드시멘트의 종류를 체크하시오.
① 중용열포틀랜드시멘트 (   )
② 고로포틀랜드시멘트 (   )
③ 조강포틀랜드시멘트 (   )
④ 내황산염포틀랜드시멘트 (   )

[18①]

004 중용열포틀랜드시멘트의 특성으로 올바른지 체크하시오.
① 블리딩 현상이 크게 나타난다. (   )
② 장기강도 및 내화학성의 확보에 유리하다. (   )
③ 모르타르의 공극 충전효과가 크다. (   )
④ 내침식성 및 내구성이 크다. (   )

[04②]

005 시멘트에 관한 설명으로 올바른지 체크하시오.
① 시멘트시험의 종류에는 비중시험, 분말도시험, 안정성시험, 강도시험 등이 있다. (   )
② 분말도는 수화작용 속도에 큰 영향이 미치고 시공연도, 공기량, 내구성에도 영향을 주며 분말도가 클수록 풍화되기 어렵다. (   )
③ 포틀랜드시멘트는 실리카, 알루미나, 산화철 및 석회를 혼합하여 가공한다. (   )
④ 시멘트의 종류마다 비중, 분말도, 응고시간, 강도, 물리적 특성 등이 다르다. (   )

[15①]

006 재료분리를 일으키지 않고 타설, 다지기 등의 작업이 용이하게 될 수 있는 정도를 나타내는 굳지 않은 콘크리트의 성질을 체크하시오.
① 워커빌리티 (   )
② 피니셔빌리티 (   )
③ 펌퍼빌리티 (   )
④ 플라스티시티 (   )

★중요

[04③, 08②, 11③]

007 철근콘크리트공사에서 컨시스턴시(consistency)의 정의를 체크하시오.
① 반죽질기 여하에 따르는 작업의 난이도 정도 및 재료 분리에 저항하는 정도를 나타내는 굳지 않은 콘크리트의 성질 (   )
② 주로 수량의 다소에 따르는 반죽의 되고 진 정도를 나타내는 굳지 않은 콘크리트의 성질 (   )
③ 거푸집에 쉽게 다져 넣을 수 있고, 거푸집을 제거하면 천천히 변하는 굳지 않은 콘크리트의 성질 (   )
④ 굵은 골재의 최대치수 등에 따르는 마무리하기 쉬운 정도를 나타내는 굳지 않은 콘크리트의 성질 (   )

[03③, 05②③, 09②, 13③, 17①, 18③, 24①]

008 굳지 않은 콘크리트에 실시하는 시험을 체크하시오.

① 슬럼프 시험(　　)

② 플로우 시험(　　)

③ 슈미트해머 시험(　　)

④ 리몰딩 시험(　　)

⑤ 다짐계수 시험(　　)

⑥ 프록타 관입 시험(　　)

⑦ 캐리볼 시험(　　)

⑧ 비비시험기에 의한 컨시스턴시 시험(　　)

⑨ 공기실 압력시험(　　)

⑩ 전기전도도 시험(　　)

⑪ 비비 시험(　　)

⑫ 블리딩 시험(　　)

⑬ 공기량 시험(　　)

⑭ 블레인 공기투과 시험(　　)

[06③]

009 공사현장에 반입되는 콘크리트의 검사에서 슬럼프 시험을 실시하는 주된 목적을 체크하시오.

① 반죽질기를 평가하기 위하여 (　　)

② 콘크리트의 압축강도를 측정하기 위하여 (　　)

③ 콘크리트의 내구성을 측정하기 위하여 (　　)

④ 콘크리트의 경제성을 측정하기 위하여 (　　)

[04①]

010 콘크리트의 워커빌리티에 영향을 미치는 요소에 대한 설명으로 올바른지 체크하시오.

① 분말도가 높은 시멘트일수록 워커빌리티가 좋다.
(　　)

② 부배합의 경우가 빈배합보다 워커빌리티가 좋다.
(　　)

③ 비빔온도가 높을수록 워커빌리티가 저하한다.
(　　)

④ 공기량을 증가시키면 워커빌리티가 좋아진다.
(　　)

[04③, 07①]

011 블리딩(Bleeding)에 대한 설명으로 올바른지 체크하시오.

① 콘크리트가 굳어가는 현상 (　　)

② 아직 굳지 않는 콘크리트의 이상 응결정도 (　　)

③ 양생 초기 단계에서 생기는 미세한 물질 (　　)

④ 현장 콘크리트 타설 중 수분이 상승하는 현상
(　　)

[11③, 20②]

012 콘크리트의 건조수축을 크게 하는 요인을 체크하시오.

① 분말도가 큰 시멘트를 사용할 경우 (　　)

② 부재의 단면치수가 클 때 (　　)

③ 흡수량이 많은 골재를 사용할 때 (　　)

④ 온도가 높을 경우, 습도가 낮을 경우 (　　)

★중요　　[03①③, 04②, 06①③, 13①, 19②, 24①]

013 콘크리트 강도에 가장 큰 영향을 미치는 것을 체크하시오.

① 자갈의 입도 (　　)

② 물-시멘트비 (　　)

③ 골재의 배합비 (　　)

④ 시멘트 사용량 (　　)

[08③, 13③]

014 콘크리트의 압축강도를 측정하기 위한 비파괴시험 방법으로서 가장 일반적으로 사용되고 있는 방법을 체크하시오.

① 슈미트해머 시험 (　　)

② 슬럼프 시험 (　　)

③ 코어 시험 (　　)

④ 초음파 탐상시험 (　　)

[13①, 15②]

015 콘크리트 비파괴검사 중에서 강도를 추정하는 측정 방법을 체크하시오.

① 슈미트 해머법 (　　)

② 초음파 속도법 (　　)

③ 인발법 (　　)

④ 방사선 투과법 (　　)

[06③]

016 물·시멘트비의 결정요인을 체크하시오.

① 내화성 (　　)　　　② 내구성 (　　)

③ 수밀성 (　　)　　　④ 압축강도 (　　)

[03②, 06①]

017 주로 바닥판 슬래브, 보 및 계단거푸집을 설계할 때 고려하여야 할 연직방향 하중을 체크하시오.

① 콘크리트의 자중 (　　)

② 거푸집의 자중 (　　)

③ 충격하중 (　　)

④ 작업하중 (　　)

★중요　[06③, 10①③, 14①, 15②, 18③, 21③]

018 바닥판, 보 밑 거푸집 설계에서 고려하는 하중을 체크하시오.

① 아직 굳지 않은 콘크리트 중량 (　　)

② 작업하중 (　　)

③ 충격하중 (　　)

④ 측압 (　　)

⑤ 거푸집의 자중 (　　)

[12②]

019 수산화석회는 시간이 경과와 함께 콘크리트의 표면으로부터 공기 중의 탄산가스의 영향을 받아서 서서히 탄산석회로 변화하여 알칼리성을 상실하는데, 이와 같은 현상을 체크하시오.

① 알칼리 골재 반응 (　　)

② 중성화 현상 (　　)

③ 동결융해 현상 (　　)

④ 염해 현상 (　　)

[08②, 14①]

020 철근콘크리트 구조물의 내구성 저하 요인을 체크하시오.

① 백화(百花) (　　)

② 염해 (　　)

③ 중성화 (　　)

④ 동해 (　　)

[09①, 14②]

021 콘크리트 공사에서 발생하는 결함을 체크하시오.

① 재료분리 (　　)

② cold joint의 발생 (　　)

③ construction joint의 발생 (　　)

④ 동해에 의한 콘크리트 강도 저하 (　　)

[11①, 18②]

022 콘크리트 타설 공사와 관련된 장비를 체크하시오.

① 피니셔(Finisher) (　　)

② 진동기(Vibrator) (　　)

③ 콘크리트 분배기(concrete distributor) (　　)

④ 항타기(Air hammer) (　　)

⑤ 믹서(Mixer) (　　)

★중요　[02①, 06③, 09①, 12③, 15①, 16③, 25②]

023 콘크리트 타설 작업의 기본원칙을 체크하시오.

① 타설구획 내의 가까운 곳부터 타설한다. (　　)

② 타설구획 내의 콘크리트는 휴식시간을 가지면서 타설한다. (　　)

③ 낙하높이는 크게 한다. (　　)

④ 타설위치에 가까운 곳까지 펌프, 버킷 등으로 운반하여 타설한다. (　　)

⑤ 부어넣기는 '기둥(벽) → 보 → 슬래브' 순으로 한다. (　　)

⑥ 한 구획의 타설이 시작되면 콘크리트가 일체가 되도록 연속적으로 부어 넣는다. (　　)

⑦ 비비는 장소 또는 플로어호퍼에서 가까운 곳부터 부어 넣는다. (　　)

⑧ 콘크리트의 자유낙하 높이는 콘크리트가 분리되지 않도록 가능한 한 낮게 타설한다. (　　)

⑨ 콘크리트는 미리 계획된 작업구획을 끝낼 때까지 계속하여 부어넣는다. (　　)

⑩ 일반적으로 보는 그 밑바닥에서 윗면까지 한 번에 부어 넣는다. (　　)

⑪ 콘크리트는 비빔장소에서 가까운 곳에서부터 부어 넣기 시작한다. (　　)

⑫ 벽, 기둥 등 진동기로 다지기 곤란한 곳에서는 거푸집의 바깥을 가볍게 두드리는 것이 좋다. (　　)

★중요　[13②, 14①, 18③, 19①, 22②]

024 콘크리트 타설 작업에 있어 진동 다짐을 하는 목적을 체크하시오.

① 콘크리트 점도를 증진시켜 준다. (　　)

② 시멘트를 절약시킨다. (　　)

③ 콘크리트의 동결을 방지하고 경화를 촉진시킨다.
　　　　　　　　　　　　　　　　　　　　 (　　)

④ 콘크리트의 거푸집 구석구석까지 충전시킨다.
（　）

⑤ 재료분리를 방지한다. （　）

⑥ 작업능률을 증진시킨다. （　）

⑦ 경화작용을 촉진한다. （　）

⑧ 콘크리트 밀실화를 유지한다. （　）

[04③]

025 콘크리트 타설 시 다짐을 위해 사용하는 진동다짐기의 종류를 체크하시오.

① 막대형 진동기 （　）　　② 거푸집 진동기 （　）

③ 표면 진동기 （　）　　④ 원형 진동기 （　）

[04②, 06②]

026 내부(봉형)진동기의 사용법상 주의사항을 체크하시오.

① 한 곳에 오랫동안 사용하여 콘크리트의 밀실한 타설을 도모한다. （　）

② 진동기 선단을 철근이나 거푸집에 자주 접촉시켜 진동효과를 상승시킨다. （　）

③ 진동기는 가능한 수직으로 삽입하고, 삽입간격은 50cm 이하로 한다. （　）

④ 진동기 끝부분은 이미 타설된 콘크리트 층에 30cm 이상 넣어다진다. （　）

⑤ 진동기는 가능한 수직으로 삽입하고, 삽입간격은 100cm 이하로 한다. （　）

⑥ 진동다지기를 할 때에는 내부진동기를 하층의 콘크리트속으로 10cm 정도 찔러 넣는다. （　）

★중요　　　　　[06②, 07①, 10②, 17①, 18②, 22②]

027 콘크리트 타설 시 다짐에 대한 설명으로 올바른지 체크하시오.

① 내부진동기는 슬럼프가 15cm 이하일 때 사용하는 것이 좋다. （　）

② 슬럼프가 클수록 오래 다지도록 한다. （　）

③ 진동기를 인발할 때에는 진동을 주면서 천천히 뽑아 콘크리트에 구멍을 남기지 않도록 한다.
（　）

④ 콘크리트 다짐 시 철근에 진동을 주지 않는다.
（　）

⑤ 타설한 콘크리트는 거푸집 안에서 횡방향으로 이동시켜도 좋다. （　）

⑥ 콘크리트 타설은 타설기계로부터 가까운 곳부터 타설한다. （　）

⑦ 이어치기 기준시간이 경과되면 콜드조인트의 발생 가능성이 높다. （　）

⑧ 노출콘크리트에는 다짐봉으로 다지는 것이 두드림으로 다지는 것보다 품질관리상 유리하다.
（　）

⑨ 콘크리트 펌프압송이 곤란한 슬럼프는 15cm 이하이다. （　）

⑩ 콘크리트 타설은 운반거리가 가까운 곳부터 타설한다. （　）

⑪ 이어치기 기준시간이 경과되면 콜드조인트의 발생 가능성이 높다. （　）

⑫ 내부진동기를 사용함을 원칙으로 한다. （　）

⑬ 슬럼프가 작으면 공기량의 손실은 적다. （　）

[19③]

028 콘크리트를 타설하는 펌프차에서 사용하는 압송장치의 구조방식을 체크하시오.

① 압축공기의 압력에 의한 방식 （　）

② 피스톤으로 압송하는 방식 （　）

③ 튜브 속의 콘크리트를 짜내는 방식 （　）

④ 물의 압력으로 압송하는 방식 （　）

★중요　　　　　[10①, 13③, 16②, 23①]

029 초고층 건물의 콘크리트 타설 시 가장 많이 이용되고 있는 방식을 체크하시오.

① 자유낙하에 의한 방식 （　）

② 피스톤으로 압송하는 방식 （　）

③ 튜브속의 콘크리트를 짜내는 방식 （　）

④ 물의 압력에 의한 방식 （　）

[14②]

030 콘크리트를 타설하는 데 사용하는 것으로 콘크리트가 흘러내려 가는 유도로로서, 길이는 가능한 짧게 또 굴곡이 없도록 하며 된비빔 콘크리트에서는 사용하기 어려운 것을 체크하시오.

① 버킷 （　）　　　　② 호퍼 （　）

③ 슈트 （　）　　　　④ 카트 （　）

★중요　　　　　　　　　　　　　　　　[02②, 05①②]

031 **콘크리트의 배합설계순서로 올바른지 체크하시오.**

① 소요강도 결정 – 배합강도 결정 – 물시멘트비 결정 – 시멘트강도 결정 – 슬럼프값 결정 – 굵은 골재 최대치수 결정 – 잔골재율 결정 – 단위수량 결정 – 시방배합산출 및 조정 – 현장배합 (　　)

② 소요강도 결정 – 배합강도 결정 – 시멘트강도 결정 – 물시멘트비 결정 – 슬럼프값 결정 – 굵은 골재 최대치수 결정 – 잔골재율 결정 – 단위수량 결정 – 시방배합산출 및 조정 – 현장배합 (　　)

③ 소요강도 결정 – 배합강도 결정 – 시멘트강도 결정 – 슬럼프값 결정 – 물시멘트비 결정 – 굵은 골재 최대치수 결정 – 잔골재율 결정 – 단위수량 결정 – 시방배합산출 및 조정 – 현장배합 (　　)

④ 소요강도 결정 – 배합강도 결정 – 시멘트강도 결정 – 물시멘트비 결정 – 슬럼프값 결정 – 잔골재율 결정 – 굵은골재 최대치수 결정 – 단위수량 결정 – 시방배합산출 및 조정 – 현장배합 (　　)

[08②, 15③]

032 **콘크리트 배합을 결정하는 데 있어서 직접적인 요인을 체크하시오.**

① 물–시멘트비 (　　)
② 골재의 강도 (　　)
③ 단위시멘트량 (　　)
④ 슬럼프값 (　　)

[05②]

033 **제치장(제물치장) 콘크리트에 관한 설명으로 올바른지 체크하시오.**

① 자갈은 될 수 있는 대로 잔 것이 좋고, 최대 지름은 25mm 이하로 한다. (　　)
② 배합은 될 수 있는 대로 빈배합으로 한다. (　　)
③ 벽 기둥은 한 번에 꼭대기까지 부어 넣는다. (　　)
④ 제치장 콘크리트용 거푸집에는 박리제를 충분히 사용한다. (　　)
⑤ 철근 피복두께는 구조 내력상 1cm 정도 두껍게 한다. (　　)
⑥ 가설비, 즉 거푸집 비용을 절감할 수 있다. (　　)

[05①, 13③]

034 **경량콘크리트의 특징에 대한 설명으로 올바른지 체크하시오.**

① 자중이 적고 건물 중량이 경감된다. (　　)
② 강도가 적다. (　　)
③ 건조수축이 적다. (　　)
④ 내화성이 크고 열전도율이 적으며 방음효과가 크다. (　　)

★중요　　　　　　　　　　　　[03①, 05④, 07①, 09③, 21②]

035 **경량골재콘크리트 공사에 관한 설명으로 올바른지 체크하시오.**

① 슬럼프값은 180mm 이하로 한다. (　　)
② 경량골재는 배합 전 완전히 건조시켜야 한다. (　　)
③ 보와 바닥판의 콘크리트는 벽이나 기둥의 콘크리트가 충분히 안정된 후에 부어넣어야 한다. (　　)
④ 물–시멘트비의 최대값은 60%로 한다. (　　)
⑤ 철근의 이음길이를 보통콘크리트에 비하여 길게 하여야 한다. (　　)
⑥ 직접 흙 또는 물에 항상 접하는 부분에는 경량콘크리트의 시공을 금해야 한다. (　　)

★중요　　　　　　　　　　　　　[09③, 14①, 17②]

036 **경량콘크리트(Lightweight Concrete)에 대한 설명으로 올바른지 체크하시오.**

① 기건비중은 2.0 이하, 단위중량은 1,700kg/m³ 정도이다. (　　)
② 열전도율은 보통 콘크리트와 유사하나 단열성은 우수하다. (　　)
③ 물과 접하는 지하실 등의 공사에는 부적합하다. (　　)
④ 경량이어서 인력에 의한 취급이 용이하고, 가공도 쉽다. (　　)

[03③]

037 **콘크리트의 종류 중 열을 차단하는 데 유리하고 기건비중 1.4~2.0, 단위중량 1,700kg/m³ 정도인 콘크리트를 체크하시오.**

① 보통콘크리트 (　　)
② 경량콘크리트 (　　)

③ 다공콘크리트 (　　)
④ 기포콘크리트 (　　)

★중요　　　　　　　[05④, 08②, 10③, 17③, 23①]
038 혼화제인 AE제가 콘크리트의 물성에 미치는 영향으로 올바른지 체크하시오.
① 동결융해에 대한 저항성이 크게 된다. (　　)
② 철근과의 부착강도는 커지는 경향이 있다. (　　)
③ 시공연도가 향상되고, 좋아진다. (　　)
④ 단위 수량이 적게 된다. (　　)
⑤ 내구성, 수밀성이 증대된다. (　　)
⑥ 블리딩 현상이 증가한다. (　　)
⑦ 건조수축이 감소한다. (　　)
⑧ 표면이 매끈하여 제물치장에 효과적이다. (　　)
⑨ 강재와의 부착력이 약간 증가한다. (　　)

[03③]
039 혼화제 중 콘크리트의 시공연도를 좋게 하고 내동해성을 증가시키는 것을 체크하시오.
① 염화칼슘 (　　)
② 알루미늄 분말 (　　)
③ 석고분말 (　　)
④ AE제 (　　)

★중요　　　[05①, 09①, 10①, 11①, 12③, 18③, 24①]
040 혼화제인 AE제를 콘크리트 비빔할 때 투입했을 경우 콘크리트의 공기량의 변화로 올바른지 체크하시오.
① AE제에 의한 공기량은 기계비빔이 손비빔보다 증가한다. (　　)
② AE제에 의한 공기량은 진동을 주면 감소한다. (　　)
③ AE제에 의한 공기량은 온도가 높아질수록 증가한다. (　　)
④ AE제에 의한 공기량은 자갈의 입도에는 거의 영향이 없고, 잔골재의 입도에는 영향이 크다. (　　)
⑤ AE제를 넣을수록 공기량은 증가한다. (　　)
⑥ AE 공기량은 온도가 높아질수록 감소한다. (　　)
⑦ AE 공기량은 진동을 주면 증가한다. (　　)
⑧ AE 공기량은 모래의 입도에 의한 영향이 있다. (　　)

⑨ 공기량은 AE제의 양이 증가할수록 감소하나 콘크리트의 강도는 증대한다. (　　)
⑩ 공기량은 비빔시간이 길수록 증가한다. (　　)
⑪ 공기량은 잔골재의 미립분이 많을수록 증가한다. (　　)
⑫ 공기량은 잔골재의 입도에 영향을 받는다. (　　)
⑬ 공기량은 비빔 초기에는 기계비빔이 손비빔의 경우보다 적다. (　　)

[02②③]
041 응결·경화촉진제로 사용되는 염화칼슘을 혼입한 콘크리트의 특징으로 올바른지 체크하시오.
① 적정량을 사용하면 마모에 대한 저항성이 커진다. (　　)
② 건습에 대한 팽창·수축이 작아진다. (　　)
③ 황산염에 대한 저항성이 커진다. (　　)
④ 알칼리 골재반응을 촉진시킨다. (　　)

[16①]
042 시멘트 혼화재로써 규소합금 제조 시 발생하는 폐가스를 집진하여 얻어진 부산물의 초미립자($1\,\mu m$ 이하)로서 고강도 콘크리트를 제조하는 데 사용하는 혼화재를 체크하시오.
① 플라이 애쉬 (　　)
② 실리카 흄 (　　)
③ 고로 슬래그 (　　)
④ 포졸란 (　　)

[06②]
043 콘크리트용 혼화재 중에서 포졸란을 사용한 콘크리트의 효과로 올바른지 체크하시오.
① 워커빌리티가 좋아지고 블리딩 및 재료 분리가 감소된다. (　　)
② 수밀성이 크다. (　　)
③ 강도 증진은 늦으나 단기강도는 크다. (　　)
④ 해수 등에 화학적 저항이 크다. (　　)

044 발포제의 한 종류로 시멘트와의 화학반응에 의해 특수한 가스를 발생시켜 기포를 도입하는 혼화제를 체크하시오.

① 알루미늄 분말 (　　)

② 포졸란 (　　)

③ 플라이애쉬 (　　)

④ 실리카흄 (　　)

045 혼화재료에 대한 설명으로 올바른지 체크하시오.

① AE제는 콘크리트의 워커빌리티를 향상시키는 데 사용된다. (　　)

② 지연제는 서중콘크리트의 발열 억제나 콜드조인트의 방지에 유효하다. (　　)

③ 실리카흄은 고강도콘크리트의 제조에 사용된다. (　　)

④ 플라이애시는 콘크리트의 초기강도 증진에 사용된다. (　　)

046 혼화재(混和材)에 관한 설명으로 올바른지 체크하시오.

① 시멘트량의 1% 정도 이하로 배합설계에서 그 자체의 용적을 무시한다. (　　)

② 종류로는 플라이애시, 고로슬래그, 실리카퓸 등이 있다. (　　)

③ 포졸란 반응이 있는 것은 플라이애시, 고로슬래그, 규산백토 등이 있다. (　　)

④ 인공산으로는 플라이애시, 고로슬래그, 소성점토 등이 있다. (　　)

★중요

047 콘크리트용 혼화재 중 포졸란을 사용한 콘크리트의 효과로 올바른지 체크하시오.

① 워커빌리티가 좋아지고 블리딩 및 재료 분리가 감소된다. (　　)

② 수밀성이 크다. (　　)

③ 조기강도는 매우 크나 장기강도의 증진은 낮다. (　　)

④ 해수 등에 화학적 저항성이 크다. (　　)

---

⑤ 강도 증진이 늦어지므로 장기강도가 낮아진다. (　　)

★중요

048 AE 콘크리트에 관한 설명으로 올바른지 체크하시오.

① AE제는 계량의 정확을 기하기 위하여 희석액으로 하여 사용한다. (　　)

② 공기량이 많을수록 slump는 감소된다. (　　)

③ 공기량은 온도가 높을수록 감소한다. (　　)

④ 시공하는 동안은 공기량을 air-meter로 항상 측정하여 소정의 공기량을 갖도록 유의한다. (　　)

⑤ 공기량은 AE제의 양이 증가할수록 감소하나 콘크리트의 강도는 증대한다. (　　)

⑥ 공기량은 기계비빔이 손비빔의 경우보다 적다. (　　)

⑦ 공기량은 비벼놓은 시간이 길수록 증가한다. (　　)

⑧ 공기량은 잔골재의 미립분이 많을수록 증가한다. (　　)

⑨ 공기량이 많을수록 slump는 증가한다. (　　)

⑩ 공기량이 1% 증가함에 따라 콘크리트의 압축강도는 다소 증가한다. (　　)

⑪ 동일 slump를 얻기 위해서 AE콘크리트는 사용 수량이 증가한다. (　　)

⑫ 적당량의 AE제를 사용하면 동결융해 저항성이 다소 감소한다. (　　)

★중요

049 다음과 같은 문제점을 갖는 콘크리트에 해당하는 것을 체크하시오.

> • 슬럼프 저하 등 워커빌리티의 변화가 생기기 쉽다.
> • 동일 슬럼프를 얻기 위한 단위수량이 많아진다.
> • 콜드조인트가 발생하기 쉽다.
> • 초기강도의 발현을 빠르지만 장기강도의 증진이 작다.

① 한중콘크리트 (　　)

② 서중콘크리트 (　　)

③ 매스콘크리트 (　　)

④ 팽창콘크리트 (　　)

★중요 [07③, 09①, 11③, 16①, 21②]

050 서중콘크리트의 특징으로 올바른지 체크하시오.

① 콘크리트의 단위수량이 증가한다. (　)

② 콘크리트의 응결이 촉진된다. (　)

③ 균열이 발생하기 쉽다. (　)

④ 슬럼프 로스가 발생하지 않는다. (　)

⑤ 서중콘크리트란 일 평균 기온 20도를 초과하는 시기에 시공되는 콘크리트를 말한다. (　)

⑥ 서중콘크리트는 초기강도 발현이 빠르기 때문에 장기 강도가 높다. (　)

⑦ 부어넣을 때의 콘크리트 온도는 40도 이하로 한다. (　)

⑧ 혼화제는 AE감수제 지연형 또는 감수제 지연형을 사용한다. (　)

[03②, 11③]

051 방사선차폐와 가장 관계 깊은 콘크리트를 체크하시오.

① 경량콘크리트 (　)

② 중량콘크리트 (　)

③ 수밀콘크리트 (　)

④ 팽창콘크리트 (　)

★중요 [11①, 20①②, 25①]

052 한중콘크리트에 관한 설명으로 올바른지 체크하시오.

① 골재가 동결되어 있거나 골재에 빙설이 혼입되어 있는 골재는 그대로 사용할 수 없다. (　)

② 재료를 가열할 경우, 시멘트를 직접 가열하는 것으로 하며, 물 또는 골재는 어떠한 경우라도 직접 가열할 수 없다. (　)

③ 한중 콘크리트에는 공기연행콘크리트를 사용하는 것을 원칙으로 한다. (　)

④ 단위수량은 초기동해를 적게 하기 위하여 소요의 워커빌리티를 유지할 수 있는 범위 내에서 되도록 적게 정하여야 한다. (　)

⑤ 동결한 골재나 눈·얼음이 포함된 골재는 사용해서는 안 된다. (　)

⑥ 재료를 가열할 경우 직접 불꽃에 대어 가열 효과를 높이는 것이 좋다. (　)

⑦ 시멘트는 믹서 내 재료의 온도가 40℃ 이하가 될 때 투입한다. (　)

⑧ AE제, AE감수제 등을 사용하고 공기량을 크게 한다. (　)

⑨ 하루의 평균기온이 4℃ 이하가 예상되는 조건일 때는 콘크리트가 동결할 염려가 있으므로 한중콘크리트로 시공하여야 한다. (　)

⑩ 기상조건이 가혹한 경우나 부재 두께가 얇을 경우에는 타설할 때의 콘크리트의 최저온도는 10℃ 정도를 확보하여야 한다. (　)

⑪ 콘크리트를 타설할 마무리된 지반이 이미 동결되어 있는 경우에는 녹이지 않고 즉시 콘크리트를 타설하여야 한다. (　)

⑫ 타설이 끝난 콘크리트는 양생을 시작할 때까지 콘크리트 표면의 온도가 급랭할 가능성이 있으므로, 콘크리트를 타설한 후 즉시 시트나 적당한 재료로 표면을 덮는다. (　)

[02②, 05①]

053 오토클레이브 양생으로 만들어지는 콘크리트제품의 특징으로 올바른지 체크하시오.

① 동결융해에 대한 저항성이 크며 내약품성이 증대된다. (　)

② 용적변화가 적다. (　)

③ 고강도를 만들므로 양생시간이 오래 걸린다.
(　)

④ 백화의 발생이 적다. (　)

★중요 [02③, 04③, 07②, 13③, 23③]

054 모르타르 혹은 콘크리트를 호스를 사용하여 압축공기로 시공면에 뿜는 공법을 체크하시오.

① 프리팩트공법 (　)　② 진공탈수공법 (　)

③ 숏크리트공법 (　)　④ 슬립폼공법 (　)

[03②]

055 프리캐스트 철근콘크리트 공사에 대한 설명으로 올바른지 체크하시오.

① 콘크리트의 슬럼프는 15cm 이하로 한다. (　)

② 단위 시멘트량의 최소값은 300kg/m³으로 한다.
(　)

③ 물−시멘트비는 60% 이하로 한다. (　)

④ 콘크리트에 함유되는 염화물량은 염소이온량으로써 0.5kg/m³ 이하로 한다. (　)

[04①, 19③]

056 콘크리트의 내구성을 저하시키는 주요 요인으로 콘크리트의 중성(탄산)화를 지목하는데, 콘크리트의 중성(탄산)화에 대한 설명으로 올바른지 체크하시오.

① 일반적으로 혼합시멘트의 혼합비율이 높은 것과 경량콘크리트는 중성화의 속도를 늦출 수 있다.

(　　)

② 경화한 콘크리트의 수산화석회가 공기중의 탄산가스의 영향을 받아 탄산석회로 변화하는 현상을 콘크리트의 중성화라 한다. (　　)

③ 콘크리트의 중성화에 의해 강재표면의 보호피막이 파괴되어 철근의 녹이 발생하고, 궁극적으로 피복 콘크리트를 파괴한다. (　　)

④ 조강포틀랜드시멘트를 사용하면 탄산화를 늦출 수 있다. (　　)

⑤ 일반적으로 경량콘크리트는 탄산화의 속도가 매우 느리다. (　　)

★중요　　　　　　　　　　　　　　[04①, 07①, 12①]

057 콘크리트 공사에서 골재중의 수량을 측정할 때 표면수는 없지만 내부는 포화상태로 함수되어 있는 골재의 상태를 체크하시오.

① 절건상태 (　　)　　　② 표건상태 (　　)

③ 기건상태 (　　)　　　④ 습윤상태 (　　)

[12③]

058 콘크리트의 재료로 사용되는 골재에 관한 설명으로 올바른지 체크하시오.

① 골재는 견고하고 내구적이며, 유해물질의 함유량이 적어야 한다. (　　)

② 골재의 입형은 예각으로 된 것은 좋지 않다. (　　)

③ 골재의 강도는 경화시멘트페이스트의 강도 이하이어야 한다. (　　)

④ 골재는 물리적·화학적으로 안정되어야 한다.

(　　)

[04①]

059 수밀콘크리트의 사용목적으로 올바른지 체크하시오.

① 콘크리트의 방수성을 높이기 위하여 (　　)

② 콘크리트의 조기강도를 높이기 위하여 (　　)

③ 수중콘크리트용으로 부어넣기 위하여 (　　)

④ 비나 눈이 오는 날의 콘크리트용으로 부어넣기 위하여 (　　)

[08③, 13③]

060 수밀콘크리트의 제작 방법으로 올바른지 체크하시오.

① 틈새가 없는 질이 우수한 거푸집을 사용한다.

(　　)

② 가급적이면 물-결합재비를 크게 한다. (　　)

③ 이음치기를 하지 않는 것이 좋다. (　　)

④ 양생을 충분히 하는 것이 좋다. (　　)

★중요　　　　　　　　[07②, 12①, 20①②, 23②]

061 수밀콘크리트의 배합에 관한 설명으로 올바른지 체크하시오.

① 배합은 콘크리트의 소요의 품질이 얻어지는 범위 내에서 단위수량 및 물-결합재비는 되도록 크게 하고, 단위 굵은 골재량은 되도록 작게 한다. (　　)

② 콘크리트의 소요 슬럼프는 되도록 작게 하여 180mm를 넘지 않도록 하며, 콘크리트 타설이 용이할 때에는 120mm 이하로 한다. (　　)

③ 콘크리트의 워커빌리티를 개선시키기 위해 공기연행제, 공기연행감수제 또는 고성능공기연행감수제를 사용하는 경우라도 공기량은 4% 이하가 되게 한다. (　　)

④ 물-결합재비는 50% 이하를 표준으로 한다.

(　　)

⑤ 배합은 콘크리트의 소요의 품질이 얻어지는 범위 내에서 단위수량 및 물-결합재비는 되도록 작게 하고, 단위 굵은 골재량은 되도록 크게 한다.

(　　)

⑥ 소요 슬럼프는 되도록 크게 하되, 210mm를 넘지 않도록 한다. (　　)

⑦ 연속 타설 시간간격은 외기 온도가 25℃ 이하일 경우에는 2시간을 넘어서는 안 된다. (　　)

⑧ 타설과 관련하여 연직 시공 이음에는 지수판 등 물의 통과 흐름을 차단할 수 있는 방수처리재 등의 재료 및 도구를 사용하는 것을 원칙으로 한다.

(　　)

062 [10①] 고강도콘크리트에 관한 설명으로 올바른지 체크하시오.

① 보통콘크리트의 경우 설계기준강도가 40MPa 이상이다. ( )

② 물−시멘트비는 50% 이하로 한다. ( )

③ 골재의 최대크기는 40mm 이하로서 가능한 25mm 이하를 사용하도록 한다. ( )

④ 플라이애시, 고로슬래그 등의 혼화재는 사용을 억제한다. ( )

★중요 [04②, 06②, 17②]

063 콘크리트에 관한 설명으로 올바른지 체크하시오.

① 진동다짐한 콘크리트의 경우 보통콘크리트보다 강도가 커진다. ( )

② 공기연행제는 콘크리트의 시공연도를 좋게 한다. ( )

③ 물−시멘트비가 커지면 콘크리트의 강도가 커진다. ( )

④ 굵은골재의 크기가 작아지면 콘크리트의 강도가 좋아진다. ( )

⑤ 양생온도가 높을수록 콘크리트의 강도 발현이 빨라지고 조기강도는 증대된다. ( )

064 [04②, 16②] 레디믹스트 콘크리트 중 믹싱플랜트에서 어느 정도 비빈 것을 트럭 믹서에 실어 운반 도중 완전히 비벼 만드는 것을 체크하시오.

① 제네럴믹스트 콘크리트 ( )

② 센트럴믹스트 콘크리트 ( )

③ 슈링크믹스트 콘크리트 ( )

④ 트랜시트믹스트 콘크리트 ( )

065 [04③] 콘크리트제품의 양생방법의 분류를 체크하시오.

① 습윤 양생 ( )   ② 건조 양생 ( )

③ 증기 양생 ( )

④ 오토클레이브 양생 ( )

066 [17②] 콘크리트를 양생하는 데 있어서 양생분(養生紛)을 뿌리는 목적을 체크하시오.

① 빗물의 침입을 막기 위해서 ( )

② 표면의 양생분을 경화시키기 위해서 ( )

③ 표면에 떠 있는 물을 양생분으로 제거하기 위해서 ( )

④ 혼합수(混合水)의 증발을 막기 위해서 ( )

067 [15②] 콘크리트 보양에 관한 설명으로 올바른지 체크하시오.

① 경화 온도를 높이기 위하여 직사일광에 노출시킨다. ( )

② 수화작용이 충분히 일어나도록 항상 습윤상태를 유지한다. ( )

③ 콘크리트를 부어넣은 후 1일간은 원칙적으로 그 위를 보행해서는 안 된다. ( )

④ 평균기온이 연속적으로 2일 이상 5℃ 미만인 경우, 담당원 또는 책임기술자의 지시에 따라 가열 보온양생을 고려해야 한다. ( )

068 [05①] 재료 실험명과 실험기구의 연결이 올바른지 체크하시오.

① 공기량 측정 – 워싱턴 미터 ( )

② 마모도 측정시험 – 로스앤젤레스 시험기 ( )

③ 시멘트 비중시험 – 워세크리터 ( )

④ 분말도 시험 – 블레인 공기투과장치 ( )

069 [05②, 18③] 거푸집 내에 자갈을 먼저 채우고, 공극부에 유동성이 좋은 모르타르를 주입해서 일체의 콘크리트가 되도록 한 공법을 체크하시오.

① 수밀콘크리트 ( )   ② 진공콘크리트 ( )

③ 숏콘크리트 ( )

④ 프리팩트콘크리트 ( )

★중요 [05③, 10③, 13①, 19①, 25①]

070 시공과정상 불가피하게 콘크리트를 이어치기할 때 발생하는 시공불량 이음부의 명칭을 체크하시오.

① 콘스트럭션 조인트(construction joint) ( )

② 콜드 조인트(cold joint) ( )

③ 콘트롤 조인트(control joint) ( )

④ 익스팬션 조인트(expansion joint) ( )

071 온도 및 습도의 변화에 따라 발생하는 콘크리트 내부의 큰 응력에 대비하여 부재의 신축이 자유롭게 되도록 설치하는 신축이음(Expansion joint)을 두는 경우를 체크하시오.

① 기존 건축물과 증축건물과의 접합부 ( )

② 건축물의 한 끝에 달린 날개형 건물 사이 ( )

③ 두 고층 사이에 있는 짧은 저층건축물 ( )

④ 건축평면이 ㄱ·ㄷ·+·T형의 교차부분 ( )

072 구조물의 시공과정에서 발생하는 구조물의 팽창 또는 수축과 관련된 하중으로, 신축량이 큰 장경간, 연도, 원자력발전소 등을 설계할 때나 또는 일교차가 큰 지역의 구조물에서 고려해야 하는 하중을 체크하시오.

① 시공 하중 ( )

② 충격 및 진동하중 ( )

③ 온도 하중 ( )

④ 이동 하중 ( )

★중요

073 콘크리트 재료적 성질에 기인하는 콘크리트 균열의 원인을 체크하시오.

① 알칼리 골재반응 ( )

② 콘크리트의 중성화 ( )

③ 시멘트의 수화열 ( )

④ 혼화재료의 불균일한 분산 ( )

★중요

074 콘크리트의 이어치기에 대한 설명으로 올바른지 체크하시오.

① 슬래브와 보는 스팬의 중앙 혹은 단부의 1/4 부분에서 이어치기한다. ( )

② 기둥은 기초판·연결보 또는 바닥판 위에서 수평으로 이어붓는다. ( )

③ 캔틸레버보는 단부의 1/4에서 이어치기한다. ( )

④ 콘크리트의 어어치기는 원칙적으로 응력이 적은 곳에서 한다. ( )

⑤ 캔틸레버보는 지점부분에서 수직으로 한다. ( )

⑥ 보, 바닥판 이음은 그 스팬의 중앙 부근에서 수직으로 한다. ( )

⑦ 바닥판은 그 간사이의 중앙부에 작은보가 있는 때에는 작은보 너비의 2배 정도 떨어진 곳에서 이어붓는다. ( )

⑧ 캔틸레버로 내민보나 바닥판은 간사이의 중앙부에 수직으로 이어붓는다. ( )

⑨ 보 및 슬래브는 전단력이 작은 스팬의 중앙부에 수직으로 이어 붓는다. ( )

⑩ 기둥 및 벽에서는 바닥 및 기초의 상단 또는 보의 하단에 수평으로 이어 붓는다. ( )

⑪ 기둥 이음의 기둥은 중간에서 수평으로 한다. ( )

⑫ 아치의 이음은 아치축에 직각으로 설치한다. ( )

⑬ 벽은 개구부 등 끊기 좋은 위치에서 수직 또는 수평으로 한다. ( )

075 프리스트레스트 콘크리트(Prestressed concrete)의 공법에서 포스트텐션(post-tension) 방식에 관한 설명으로 올바른지 체크하시오.

① 주로 설비가 좋은 공장에서 제조되므로 품질에 대한 신뢰도가 높다. ( )

② PSC강재가 콘크리트부재와 일체로 되도록 부착되어 있는 부착시킨 공법과 부착시키지 않는 공법으로 분류할 수 있다. ( )

③ 주로 현장에서 프리스트레스를 도입하는 방법이다. ( )

④ 콘크리트 경화 후에 PSC강재에 긴장력을 작용시키고 끝부분을 콘크리트에 정착시켜 프리스트레스를 준다. ( )

076 벽식 프리캐스트 철근콘크리트조를 시공하는 공법으로 중층의 공동주택에 폭넓게 채용되는 PC공법을 체크하시오.

① WPC공법 ( )

② HPC공법 ( )

③ RPC공법 ( )

④ Half PC공법 ( )

★중요   [08③, 13②, 19②, 21①]

077 지중보의 역할에 대한 설명으로 올바른지 체크하시오.

① 흙의 허용 지내력도를 크게 한다. (　　)

② 주각을 서로 연결시켜 고정상태로 하여 부동침하를 방지한다. (　　)

③ 지반을 압밀하여 지반강도를 증가시킨다. (　　)

④ 콘크리트의 허용 지내력도를 크게 한다. (　　)

[15①]

078 숏크리트(shotcrete) 공정이 필요한 공법을 체크하시오.

① 강재널말뚝 공법 (　　)

② 엄지말뚝식 흙막이공법 (　　)

③ 지하연속벽 공법 (　　)

④ 소일네일링 공법 (　　)

★중요   [10②, 13①, 15②, 23③]

079 철근콘크리트 보강 블록공사에 대한 설명으로 올바른지 체크하시오.

① 보강근이 들어간 부분은 블록 2단마다 콘크리트나 모르타르를 충분히 충전시켜 철근이 녹스는 것을 방지한다. (　　)

② 블록 쌓기 시 되도록 고저차가 없도록 수평이 되게 쌓아 올린다. (　　)

③ 벽의 세로근은 원칙적으로 이음을 만들지 않고 기초의 테두리보에 정착시킨다. (　　)

④ 블록의 빈속을 철근과 콘크리트로 보강하여 장막벽을 구성하는 것이다. (　　)

★중요   [02③, 05②, 09②, 16③, 21②]

080 공업화 공법(PC공법)에 의한 콘크리트 공사의 특징과 관련이 있는 것을 체크하시오.

① 프리패브 공법이기 때문에 현장에서의 공정이 단축된다. (　　)

② 천후·기상의 영향을 덜 받는다. (　　)

③ 현장에서의 노무가 감소된다. (　　)

④ 품질의 균질성을 기대하기 어렵다. (　　)

[07①, 15①]

081 돌공사의 공사방법 중 건식공법의 장점을 체크하시오.

① 동결, 백화현상이 없다. (　　)

② 고층건물에 유리하다. (　　)

③ 겨울철공사가 가능하다. (　　)

④ 구조체와 긴결이 매우 쉬운 편이다. (　　)

[09③, 16②]

082 철근콘크리트 구조용으로 쓰이는 철근의 종류를 체크하시오.

① 용접철망(wire mesh) (　　)

② 원형철근(round bar) (　　)

③ 이형철근(deformed bar) (　　)

④ 메탈라스(metal lath) (　　)

[17①]

083 철근공사의 철근트러스 입체화 공법의 특징에 해당하는 것을 체크하시오.

① 현장조립의 거푸집공사를 공장제 기성품으로 대체 (　　)

② 구조적 안정성 확보 (　　)

③ 가설작업장의 면적 증가 (　　)

④ Support 감소, 지보공수량 감소로 작업의 안전성 (　　)

[14①]

084 철근 피복 두께에 대한 설명으로 올바른지 체크하시오.

① 철근 피복 두께는 콘크리트의 표면에서 가장 가까운 주근의 표면까지의 거리이다. (　　)

② 철근을 피복하는 목적은 내구성, 내화성, 콘크리트 타설 시 유동성 확보 등에 있다. (　　)

③ 흙에 접하는 D16 이하의 철근을 사용한 내력벽의 최소 피복 두께는 40mm이다. (　　)

④ 과다한 피복 두께는 콘크리트 균열을 유발시켜 구조물의 사용수명을 감소시킨다. (　　)

[16③]

085 철근콘크리트 공사에서 철근의 최소 피복 두께를 확보하는 이유를 체크하시오.

① 콘크리트 산화막에 의한 철근의 부식 방지 (　　)

② 콘크리트의 조기 강도 증진 (　　)

③ 철근과 콘크리트의 부착응력 확보 (　　)

④ 화재, 염해, 중성화 등으로부터의 보호 (　　)

086 철근콘크리트 바닥철근에 관한 설명으로 올바른지 체크하시오.

① 바닥판의 두께는 10cm 이상 또는 그 단변의 길이의 1/30 이상으로 한다. (　　)

② 바닥철근의 최대간격은 주근 20cm 이하, 배력근은 30cm 이하로 한다. (　　)

③ 주근은 바깥에, 부근은 안에 두는 것을 원칙으로 한다. (　　)

④ 한 바닥판의 짧은 간사이에 방향을 주근으로 한다. (　　)

087 철근콘크리트 슬래브의 배근 기준에 관한 설명으로 올바른지 체크하시오.

① 1방향 슬래브는 장변의 길이가 단변 길이의 1.5배 이상되는 슬래브이다. (　　)

② 건조수축 또는 온도변화에 의하여 콘크리트 균열이 발생하는 것을 방지하기 위해 수축·온도철근을 배근한다. (　　)

③ 2방향 슬래브는 단변방향의 철근을 주근으로 본다. (　　)

④ 2방향 슬래브는 주열대와 중간대의 배근방식이 다르다. (　　)

★중요

088 철근콘크리트 공사에서 철근의 정착위치에 대한 설명으로 올바른지 체크하시오.

① 기둥의 주근은 벽에 정착한다. (　　)

② 보의 주근은 벽체에 정착한다. (　　)

③ 지중보 철근은 기초, 기둥에 정착한다. (　　)

④ 기둥하부 철근은 큰 보, 작은 보에 정착한다. (　　)

⑤ 벽철근은 기둥, 보, 바닥판에 정착한다. (　　)

⑥ 바닥철근은 보 또는 벽체에 정착한다. (　　)

⑦ 바닥철근은 기둥에 정착한다. (　　)

⑧ 큰 보의 주근은 기둥에, 작은 보의 주근은 큰 보에 정착한다. (　　)

⑨ 기둥의 주근은 기초에 정착한다. (　　)

⑩ 작은 보의 주근은 기둥에 정착한다. (　　)

089 철근의 이음방식을 체크하시오.

① 용접 이음 (　　)　　　② 겹침 이음 (　　)

③ 갈고리 이음 (　　)　　　④ 기계적 이음 (　　)

090 철근의 이음방법 중 용접 이음의 종류를 체크하시오.

① 아크(Arc)용접 (　　)

② 플러시 버트(Flush Butt)용접 (　　)

③ Cad Welding (　　)

④ 가스(Gas)압접 (　　)

091 철근이음의 종류 중 기계적 이음에 해당하는 것을 체크하시오.

① 나사식 이음 (　　)

② 가스압접 이음 (　　)

③ 충전식 이음 (　　)

④ 압착식 이음 (　　)

★중요

092 철근이음공법 중 지름이 큰 철근을 이음할 경우 철근의 재료를 절감하기 위하여 활용하는 공법을 체크하시오.

① 가스압접이음 (　　)

② 맞댄용접이음 (　　)

③ 나사식커플링이음 (　　)

④ 겹친이음 (　　)

093 철근 배근의 오류 중에서 구조적으로 가장 위험한 것을 체크하시오.

① 보늑근의 겹침 (　　)

② 기둥주근의 겹침 (　　)

③ 보하부 주근의 처짐 (　　)

④ 기둥대근의 겹침 (　　)

094 철근콘크리트공사 과정에서 철근의 이음 및 정착에 관한 설명으로 올바른지 체크하시오.

① 이음은 동일개소에서 철근수의 반 이상을 이어서는 안된다. (　　)

② 이음의 겹침길이는 갈고리 중심간의 거리로 한다. (　　)

③ 주근의 이음은 구조부재에 있어서 압축력이 가장 작은 부분에 둔다. (　　)

④ 경미한 압축근의 이음길이는 철근지름의 20배로 할 수도 있다. (　　)

[19②]

095 **KCS에 따른 철근 가공 및 이음 기준으로 올바른지 체크하시오.**

① 철근은 상온에서 가공하는 것을 원칙으로 한다. (　　)

② 철근상세도에 철근의 구부리는 내면 반지름이 표시되어 있지 않은 때에는 콘크리트 구조설계기준에 규정된 구부림의 최소 내면 반지름 이상으로 철근을 구부려야 한다. (　　)

③ D32 이하의 철근은 겹침이음을 할 수 없다. (　　)

④ 장래의 이음에 대비하여 구조물로부터 노출시켜 놓은 철근은 손상이나 부식이 생기지 않도록 보호하여야 한다. (　　)

★중요　　　　　　　[11③, 12①, 14②, 17③, 19②, 21③]

096 **철근콘크리트구조에서 철근이음 시 유의사항에 해당하는 것을 체크하시오.**

① 동일한 곳에 철근 수의 반 이상을 이어야 한다. (　　)

② 이음의 위치는 응력이 큰 곳을 피하고 엇갈리게 잇는다. (　　)

③ 주근의 이음은 인장력이 가장 작은 곳에 두어야 한다. (　　)

④ 지름이 다른 주근을 잇는 경우에는 작은 주근의 지름을 기준으로 한다. (　　)

⑤ 철근의 이음위치는 되도록 응력이 큰 곳을 피한다. (　　)

⑥ 이음을 할 때는 한 곳에서 철근 수의 반 이상을 이어야 한다. (　　)

⑦ 철근이음에는 겹침이음, 용접이음, 기계적이음 등이 있다. (　　)

⑧ 철근이음은 힘의 전달이 연속적이고, 응력집 등 부작용이 생기지 않아야 한다. (　　)

★중요　　　　　　　　　　　[09①, 12③, 15③]

097 **철근의 가스압접이음에 대한 설명으로 올바른지 체크하시오.**

① 접합전에 압접면을 그라인더로 평탄하게 가공해야 한다. (　　)

② 이음공법 중 접합강도가 아주 큰 편이며 성분원소의 조직변화가 적다. (　　)

③ 철근의 항복점 또는 재질이 다른 경우에도 적용 가능하다. (　　)

④ 이음위치는 인장력이 가장 적은 곳에서 하고 한 곳에 집중해서는 안 된다. (　　)

[19①]

098 **철근의 이음을 검사할 때 가스압접이음의 검사항목을 체크하시오.**

① 이음 위치 (　　)　　　② 이음 길이 (　　)

③ 외관 검사 (　　)　　　④ 인장 시험 (　　)

[20②]

099 **철근이음의 종류에 따른 검사시기와 횟수의 기준으로 올바른지 체크하시오.**

① 가스압접 이음 시 외관검사는 전체개소에 대해 시행한다. (　　)

② 가스압점 이음 시 초음파탐사검사는 1검사 로트마다 30개소 발취한다. (　　)

③ 기계적 이음의 외관검사는 전체개소에 대해 시행한다. (　　)

④ 용접이음의 인장시험은 700개소마다 시행한다. (　　)

★중요　　　　　　[03①, 05②, 08①, 18①, 24①]

100 **일반적인 건축물의 철근 조립순서로 올바른지 체크하시오.**

① 기초철근 → 기둥철근 → 벽철근 → 보철근 → 슬래브철근 → 계단철근 (　　)

② 기둥철근 → 기초철근 → 보철근 → 벽철근 → 계단철근 → 슬래브철근 (　　)

③ 기초철근 → 기둥철근 → 보철근 → 슬래브철근 → 벽철근 → 계단철근 (　　)

④ 기둥철근 → 기초철근 → 보철근 → 슬래브철근 → 계단철근 → 벽철근 (　　)

[05③, 07③, 12③, 13①, 22①]

101 **이형철근가공 시 갈고리(hook)를 설치해야 하는 곳을 체크하시오.**

① 슬래브의 상부근 (　)

② 원형철근의 말단부 (　)

③ 굴뚝의 철근 (　)

④ 지중보의 돌출부분의 철근 (　)

⑤ 기둥 및 보(지중보는 제외)의 돌출부분의 철근 (　)

⑥ 스터럽 및 띠철근 (　)

[16①, 17②③, 18③]

102 **철근의 가공에 관한 설명으로 올바른지 체크하시오.**

① 한 번 구부린 철근은 다시 펴서 사용해서는 안 된다. (　)

② 철근은 시어 커터(shear cutter)나 전동톱에 의해 절단한다. (　)

③ 인력에 의한 절곡은 규정상 불가하다. (　)

④ 철근은 열을 가하여 절단하거나 절곡해서는 안 된다. (　)

⑤ D35 이상의 철근은 산소절단기를 사용하여 절단한다. (　)

⑥ 공장가공은 현장가공에 비해 절단손실을 줄일 수 있다. (　)

⑦ 표준갈고리를 가공할 때에는 정해진 크기 이상의 곡률 반지름을 가져야 한다. (　)

⑧ 대지의 여유가 없어도 정밀도 확보를 위해 현장가공을 우선적으로 고려한다. (　)

⑨ 철근 가공은 현장가공과 공장가공으로 나눌 수 있다. (　)

⑩ 공장가공은 현장가공보다 운반비가 높은 경우가 많다. (　)

⑪ 공장가공은 현장가공에 비해 절단손실을 줄일 수 있다. (　)

[07③, 08①, 11①, 13②, 15③, 19③, 25①]

103 **철근공사 작업 시 유의사항에 해당하는 것을 체크하시오.**

① 철근공사 착공 전 구조도면과 구조계산서를 대조하는 확인작업을 수행한다. (　)

② 도면오류를 파악한 후 정정을 요구하거나 철근상세도를 구조평면도에 표시하여 승인 후 시공한다. (　)

③ 품질이 규격값 이하이거나 6% 이상의 단면 결손철근의 사용을 배제한다. (　)

④ 구부러진 철근은 다시 펴는 가공작업을 거친 후 재사용한다. (　)

⑤ 철근의 정착에서 기둥의 주근은 기초에 보의 주근은 기둥에 벽철근은 기둥보 또는 바닥판에 바닥 철근은 보 또는 벽에 정착한다. (　)

⑥ 철근의 이음길이는 갈고리 끝부분 간의 거리로 한다. (　)

⑦ 철근콘크리트 구조물에서 철근은 인장력에 유효하게 작용한다. (　)

⑧ 현장에 반입된 철근은 직접 지면에 닿지 않게 하고 습기로부터 보호해야 한다. (　)

⑨ 철근은 지름별 및 길이별로 구분하여 정리한다. (　)

⑩ 철근은 조립 전에 부착력 확보를 위해 노력한다. (　)

⑪ 원형철근의 공칭직경은 D로 표시한다. (　)

⑫ 공작도(Shop Drawing)는 현장가공을 용이하게 한다. (　)

[16①, 20①]

104 **철근보관 및 취급에 관한 설명으로 올바른지 체크하시오.**

① 철근고임대 및 간격재는 습기방지를 위하여 직사일광을 받는 곳에 저장한다. (　)

② 철근저장은 물이 고이지 않고 배수가 잘되는 곳이어야 한다. (　)

③ 철근저장 시 철근의 종별, 규격별, 길이별로 적재한다. (　)

④ 저장장소가 바닷가 해안 근처일 경우에는 창고 속에 보관하도록 한다. (　)

[07③, 16①]

105 **철근콘크리트 공사에서 거푸집의 역할에 해당하는 것을 체크하시오.**

① 콘크리트의 압축강도를 조기에 구현한다. (　)

② 콘크리트가 굳기까지 형상 및 치수를 확보한다.
( )

③ 철근의 피복두께 확보를 위한 스페이서 간격을 유지한다. ( )

④ 굳지 않은 콘크리트의 흐트러짐을 방지한다.
( )

⑤ 콘크리트의 응결과 경화를 촉진시킨다. ( )

⑥ 콘크리트를 일정한 형상과 치수로 유지시킨다.
( )

⑦ 콘크리트의 수분누출을 방지한다. ( )

⑧ 콘크리트에 대한 외기의 영향을 방지한다. ( )

[07①]

106 철근콘크리트공사에서 거푸집 조립순서로 올바른지 체크하시오.

① 기둥 → 벽 → 보 → 바닥판 ( )

② 벽 → 기둥 → 보 → 바닥판 ( )

③ 기둥 → 보 → 벽 → 바닥판 ( )

④ 기둥 → 벽 → 바닥판 → 보 ( )

★중요 [02①, 05①, 08①, 09②, 16③, 24②]

107 거푸집공사의 발전방향에 해당하는 것을 체크하시오.

① 소형 패널 위주의 거푸집 제작 ( )

② 설치의 단순화를 위한 유닛(unit)화 ( )

③ 높은 전용 횟수 ( )

④ 부재의 경량화 ( )

⑤ 거푸집의 소형화 ( )

⑥ 설치의 단순화 ( )

★중요 [02②, 03③, 04③, 05③, 07②, 14③, 16②, 19①, 22②]

108 벽식 철근콘크리트 구조를 시공할 경우 벽과 바닥의 콘크리트 타설을 한 번에 가능하게 하기 위하여 벽체용 거푸집과 슬랩 거푸집을 일체로 제작하여 한번에 설치하고 해체할 수 있도록 한 시스템거푸집에 해당하는 것을 체크하시오.

① 갱폼 ( )　　　② 클라이밍폼 ( )

③ 슬립폼 ( )　　　④ 터널폼 ( )

[20②]

109 벽체전용 시스템 거푸집에 해당하는 것을 체크하시오.

① 갱폼 ( )　　　② 클라이밍폼 ( )

③ 슬립폼 ( )　　　④ 테이블폼 ( )

[14①, 19②]

110 슬라이딩 폼에 관한 설명으로 올바른지 체크하시오.

① 곡물창고, 굴뚝, 사일로, 교각 등에 사용한다.
( )

② 공기단축이 가능하다. ( )

③ 내·외부에 비계발판을 설치하여 시공한다. ( )

④ 연속적으로 콘크리트를 부어 넣어 일체성을 확보할 수 있다. ( )

⑤ 내·외부 비계발판을 따로 준비해야 하므로 공기가 지연될 수 있다. ( )

⑥ 활동(滑動)거푸집이라고도 하며, 사일로 설치에 사용할 수 있다. ( )

⑦ 요오크로 서서히 끌어 올리며 콘크리트를 부어 넣는다. ( )

⑧ 구조물의 일체성 확보에 유효하다. ( )

★중요 [02③, 05③, 16③, 23①]

111 콘크리트 공사에서 거푸집 설계 시 고려사항에 해당하는 것을 체크하시오.

① 콘크리트의 측압 ( )

② 콘크리트 타설 시의 하중 ( )

③ 콘크리트 타설 시의 충격과 진동 ( )

④ 콘크리트 시공 시의 온도 ( )

⑤ 콘크리트의 강도 ( )

[04②, 06②]

112 철근콘크리트공사에서 거푸집 조립 시 측압력은 부담하지 않고 거푸집판의 간격이 좁아지지 않게 사용하는 격리재를 체크하시오.

① 세퍼레이터 ( )

② 플랫타이 ( )

③ 폼타이 ( )

④ 컬럼밴드 ( )

[03①]

113 거푸집공사에 긴결재로 사용되는 것을 체크하시오.

① 동바리 ( )

② 폼타이 ( )

③ 플랫타이 ( )

④ 컬럼밴드 ( )

[02③]

114 콘크리트 공사에서 세퍼레이터(separater)를 사용하는 목적을 체크하시오.

① 거푸집과 거푸집의 간격을 바르게 유지하고 변형을 막아준다. (　)

② 철근의 간격을 바르게 유지한다. (　)

③ 거푸집이 벌어지지 않게 하기 위해 사용된다. (　)

④ 거푸집 제거를 편리하게 하기 위해 사용한다. (　)

[14③]

115 거푸집 탈형 시 콘크리트와 거푸집판의 분리를 원활하게 해 주는 것을 체크하시오.

① 보강재 (　)　　② 박리제 (　)

③ 긴결재 (　)　　④ 지지재 (　)

[18①]

116 거푸집 박리제 시공 시 유의사항을 체크하시오.

① 박리제가 철근에 묻어도 부착강도에는 영향이 없으므로 충분히 도포하도록 한다. (　)

② 박리제의 도포 전에 거푸집면의 청소를 철저히 한다. (　)

③ 콘크리트 색조에는 영향이 없는지 확인 후 사용한다. (　)

④ 콘크리트 타설 시 거푸집의 온도 및 탈형 시간을 준수한다. (　)

[15①]

117 거푸집공사의 부속자재에 대한 설명으로 올바른지 체크하시오.

① 폼타이 – 거푸집의 간격을 유지하고 측압에 의해 벌어지는 것을 방지함 (　)

② 세퍼레이터 – 거푸집이 오그라드는 것을 방지하고 상호간의 간격을 유지시킴 (　)

③ 스페이서 – 슬래브와 벽체 등에 배근되는 철근이 거푸집에 밀착되는 것을 방지함 (　)

④ 인서트 – 바닥판, 보의 중앙부에 매립하여 처짐을 방지함 (　)

[05④, 15②]

118 콘크리트 부어넣기에 앞서 거푸집에 물뿌리기를 하는 가장 큰 이유를 체크하시오.

① 거푸집이 콘크리트의 수분 흡수를 방지하기 위하여 (　)

② 거푸집 내부의 불순물을 청소하기 위하여 (　)

③ 거푸집의 휨을 방지하기 위하여 (　)

④ 콘크리트 경화완결 후에 거푸집 철거를 용이하게 하기 위하여 (　)

[14③]

119 무지주공법 중 보우 빔(Bow beam)의 특징을 체크하시오.

① 안보가 있어 스팬의 조정이 가능하다. (　)

② 층고가 높고 큰 스팬에 유리하다. (　)

③ 무폼타이 거푸집이다. (　)

④ 구조적으로 안전성이 확보된다. (　)

★중요　[05③, 11①③, 15③, 17②, 20①, 22③]

120 콘크리트의 경화 후 거푸집 제거 작업의 주의사항을 체크하시오.

① 진동, 충격 등을 주지 않고 콘크리트가 손상되지 않도록 순서에 맞게 거푸집을 제거한다. (　)

② 지주를 바꾸어 세우는 동안에는 상부의 작업을 제한하여 적재하중을 적게 하고, 집중하중을 받는 부분의 지주는 그대로 둔다. (　)

③ 제거한 거푸집은 재사용할 수 있도록 적당한 장소에 정리하여 둔다. (　)

④ 구조물의 손상을 고려하여 제거 시 찢어져 남은 거푸집 쪽널은 그대로 두고 미장공사를 한다. (　)

⑤ 제거한 거푸집은 재사용을 위해 묻어 있는 콘크리트를 제거한다. (　)

⑥ 높은 곳에 위치한 거푸집은 제거하지 않고 미장공사를 실시한다. (　)

[06①]

121 거푸집에 대한 설명으로 올바른지 체크하시오.

① 거푸집은 거푸집널, 동바리 및 부속 철물류로 구성된다. (　)

② 거푸집의 역할은 콘크리트를 성형하는 주목적 외에도 작업자가 안전하면서 생산성 높게 작업할

수 있게 구성되어야 한다. (　　)

③ 철제 거푸집의 경우는 전용횟수(全用回數)가 100회 정도까지 되므로 짜기 쉽게 하기보다는 떼내기 쉽게 짜는 것이 유리하다. (　　)

④ 거푸집은 보통 "기둥 → 바닥 → 보"의 순서로 조립이 행해지므로, 상기 순서에 따라 거푸집 설계를 하도록 하며, 거푸집 설계 전 콘크리트 구조체도를 작성하는 것이 좋다. (　　)

[06②, 14②]

122 거푸집 존치기간의 결정요인을 체크하시오.

① 시멘트의 종류 (　　)

② 골재의 입도 (　　)

③ 구조물 부위 (　　)

④ 기온 (　　)

★중요　　[08①, 10②, 11③, 12③, 16①②, 18①, 24③]

123 철근콘크리트 공사에서 콘크리트 타설 후 거푸집 존치기간이 가장 긴 곳을 체크하시오.

① 보 옆 (　　)

② 기둥 (　　)

③ 외벽 (　　)

④ 바닥판 밑 (　　)

★중요　　[02①, 08③, 15③, 17②]

124 굳지 않은 콘크리트의 측압에 영향을 주는 요소를 체크하시오.

① 굳지 않은 콘크리트의 다지기 방법 (　　)

② 온도 및 대기의 습도 (　　)

③ 콘크리트 부어넣기 속도 (　　)

④ 콘크리트 발열 (　　)

⑤ 콘크리트 강도 (　　)

⑥ 콘크리트의 슬럼프 (　　)

⑦ 콘크리트 타설 높이 (　　)

★중요　　[03①③, 04③, 07①②③, 08①,
　　　　09①, 12①③, 14①, 17③, 18③, 19①, 20①, 25②]

125 거푸집에 작용하는 콘크리트측압에 관한 설명으로 올바른지 체크하시오.

① 온도가 낮을수록 측압은 커진다. (　　)

② 콘크리트가 부배합일수록 측압은 작아진다. (　　)

③ 거푸집 표면이 평활할수록 측압이 커진다. (　　)

④ 온도가 낮으면 경화속도가 느리기 때문에 측압은 약해진다. (　　)

⑤ 슬럼프가 크면 측압은 커진다. (　　)

⑥ 묽은 콘크리트일수록 측압이 낮다. (　　)

⑦ 거푸집의 수평단면이 작을수록 측압이 작다. (　　)

⑧ 철골 또는 철근량이 많을수록 측압은 작아진다. (　　)

⑨ 치기속도가 빠를수록 측압이 작아진다. (　　)

⑩ 슬럼프가 작을수록 측압이 커진다. (　　)

⑪ 진동기를 사용하면 측압은 커진다. (　　)

⑫ 진동기를 사용하여 다질수록 측압이 작다. (　　)

⑬ 부배합일수록 크다. (　　)

⑭ 기온이 높을수록 크다. (　　)

⑮ 타설속도가 빠를수록 측압이 작아진다. (　　)

⑯ 철골 또는 철근량이 많을수록 측압이 커진다. (　　)

⑰ 온도가 높을수록 측압이 작아진다. (　　)

⑱ 묽은비빔 콘크리트가 측압은 크다. (　　)

⑲ 온도가 높을수록 측압은 크다. (　　)

⑳ 콘크리트의 타설 속도가 빠를수록 측압은 크다. (　　)

㉑ 측압은 굳지 않은 콘크리트의 높이가 높을수록 커지는 것이나 어느 일정한 높이에 이르면 측압의 증대는 없다. (　　)

㉒ 콘크리트 타설속도가 빠를수록 측압이 크다. (　　)

㉓ 단면이 클수록 측압이 크다. (　　)

㉔ 이어붓기 속도가 빠를수록 측압이 크다. (　　)

㉕ 벽두께가 얇을수록 측압이 작아진다. (　　)

㉖ 부어넣기 속도가 빠를수록 측압이 크다. (　　)

㉗ 콘크리트의 비중이 클수록 측압이 크다. (　　)

㉘ 콘크리트의 온도가 높을수록 측압이 작다. (　　)

★중요 [13①, 16①, 19③]

126 콘크리트 공사 시 거푸집 측압의 증가 요인에 관한 설명으로 올바른지 체크하시오.

① 콘크리트의 타설 속도가 빠를수록 증가한다. (　)

② 콘크리트의 슬럼프가 클수록 증가한다. (　)

③ 콘크리트에 대한 다짐이 적을수록 증가한다. (　)

④ 콘크리트의 경화속도가 늦을수록 증가한다. (　)

[20②]

127 알루미늄거푸집에 관한 설명으로 올바른지 체크하시오.

① 거푸집 해체 시 소음이 매우 적다. (　)

② 패널과 패널간 연결부위의 품질이 우수하다. (　)

③ 기존 재래식 공법과 비교하여 건축폐기물을 억제하는 효과가 있다. (　)

④ 패널의 무게를 경량화하여 안전하게 작업이 가능하다. (　)

[15③]

128 섬유재 거푸집에 관한 설명으로 올바른지 체크하시오.

① 탈수효과로 표면강도가 약간 감소한다. (　)

② 경화시간이 단축된다. (　)

③ 동결융해 저항성이 향상된다. (　)

④ 통기효과로 인한 블리딩 감소 및 잉여수의 배출로 미관이 좋아진다. (　)

[12①, 17③]

129 거푸집 검사에 있어 받침기둥(지주의 안전하중) 검사 사항을 체크하시오.

① 서포트 수직 여부 및 간격 (　)

② 폼타이 등 조임철물의 재질 (　)

③ 서포트의 편심, 처짐 및 나사의 느슨한 정도 (　)

④ 수평연결대의 설치 여부 (　)

02 단답형 문제

[11①]

001 석회와 알루미나 성분을 많이 포함한 시멘트로서 보통 포틀랜드시멘트의 7일 강도를 3일만에 발현시킬 수 있는 시멘트를 쓰시오.

[05②]

002 슬럼프테스트는 무엇을 측정하기 위한 실험인지를 쓰시오.

★중요

[12②, 16①, 21②]

003 콘크리트의 슬럼프를 측정할 때 다짐봉으로 모두 몇 번을 다져야 하는지를 쓰시오.

⚙ **해설** 콘크리트 슬럼프시험(Slump Test)
① 콘크리트를 몰드 용적의 1/3(약 바닥에서 7cm)만 넣어서 다짐대로 단면 전체에 골고루 25회 다진다. 이때는 다짐대를 약간 기울여서 다짐 횟수의 약 절반을 둘레 따라 다지고, 그 다음에 다짐대를 수직으로 하여 중심을 향해서 나선상으로 다져 나간다.
② 몰드 용적의 약 2/3(바닥에서 약 16cm)까지만 시료를 넣어 다짐대로 이 층의 깊이와 아래층에 약간 관입되도록 25회 골고루 다진다.
③ 최상층을 채워서 다질 때에는 슬럼프 몰드 위에 높이 쌓고서 25회 다진다. 즉, 콘크리트를 총용량의 1/3씩 나누어 3회에 넣고 1회당 25회를 다짐대로 다지므로 총 75회(= 25 × 3)를 다진다.

★중요

[12②, 15③]

004 콘크리트 타설 시 물과 다른 재료와의 비중 차이로 콘크리트 표면에 물과 함께 유리석회 유기불순물 등이 떠오르는 현상을 쓰시오.

[03②]

005 콘크리트용 부순 굵은골재의 입형판정실적률은 얼마 이상이어야 하는지를 쓰시오.

⚙ **해설** 골재의 공극률과 실적률

구분	모래	자갈	쇄석
실적률(%)	55~70	60~65	55~65
공극률(%)	45~30	40~35	45~35

[03②]

006 건축공사표준시방서 내용 중 보통콘크리트에서 내구성을 확보하기 위한 재료 및 배합에 관한 규정에서 $1m^3$의 콘크리트 중에 포함되는 단위수량의 최소치를 쓰시오.

⚙ **해설** 배합(KCS 14 20 01)
① 단위수량은 원칙적으로 $185kg/m^3$ 이하로 하며, 소요 강도, 내구성, 수밀성, 균열저항성 및 작업에 적합한 워커빌리티를 갖는 범위 내에서 단위수량을 가능한 적게 하여야 한다.
② 저탄소콘크리트는 시멘트가 혼화재로 대량 치환되는 콘크리트이므로 재령초기의 강도발현을 고려하여 시험 배합에 따라 단위 결합재량을 결정하여야 한다.
③ 배합 시 단위 시멘트량은 $125kg/m^3$ 이상, 단위 결합재량은 $250kg/m^3$ 이상으로 한다.

| 정답 |

001 조강포틀랜드시멘트 **002** 콘크리트 시공연도(워커빌리티) **003** 75회 **004** 블리딩(bleeding) **005** 55% **006** 185kg/m³

007 일정한 지속하중에 있는 콘크리트가 하중은 변함이 없는데도 불구하고 시간이 경과하면서 변형이 점차 증가하는 현상을 쓰시오.

008 콘크리트의 수축을 방지하기 위하여 알루미늄분말을 섞어 시멘트풀에 기포가 생기게 하는 혼화제를 쓰시오.

★중요

009 한중 콘크리트 공사에서 콘크리트의 초기 동해 방지에 필요한 압축강도(Mpa)를 쓰시오.

⚙️**해설** 한중 콘크리트(cold weather concrete) : 콘크리트 타설 후의 양생기간에 콘크리트가 동결할 우려가 있는 시기에 시공되는 콘크리트로서, 타설일의 일평균기온이 4℃ 이하 또는 콘크리트 타설 완료 후 24시간 동안 일최저기온 0℃ 이하가 예상되는 조건이거나 그 이후라도 초기동해 위험이 있는 경우 한중 콘크리트로 시공하여야 한다. 특히, 한중 콘크리트의 초기 동해 방지에 필요한 압축강도는 5Mpa(=50kg/cm²) 이상이어야 한다.

★중요

010 한중 콘크리트 공사에서 콘크리트의 물·결합재비의 최대값을 쓰시오.

⚙️**해설** 한중 콘크리트 공사에서 물·결합재비는 원칙적으로 60% 이하로 하여야 한다.

011 다음은 수밀콘크리트의 배합에 대한 내용이다. 괄호 안에 적합한 수치를 순서대로 쓰시오.

> 물·시멘트 비는 (㉠)% 이하를 표준으로 한다. 콘크리트의 소요 슬럼프는 가급적 적게하고, (㉡)mm를 넘지 않도록 하며, 타설이 용이할 때는 (㉢)mm 이하로 한다.

⚙️**해설** 수밀콘크리트의 배합(KCS 14 20 30 규정)
① 배합은 콘크리트의 소요의 품질이 얻어지는 범위 내에서 단위수량 및 물–결합재비는 되도록 작게 하고, 단위 굵은 골재량은 되도록 크게 한다.
② 콘크리트의 소요 슬럼프는 되도록 작게 하여 180mm를 넘지 않도록 하며, 콘크리트 타설이 용이할 때에는 120mm 이하로 한다.
③ 콘크리트의 워커빌리티를 개선시키기 위해 공기연행제, 공기연행감수제 또는 고성능공기연행감수제를 사용하는 경우라도 공기량은 4% 이하가 되게 한다.
④ 물–결합재비는 50% 이하를 표준으로 한다.

012 콘크리트 양생법 중 170~215℃ 사이의 온도에 8.0kg/cm² 정도의 증기압을 가하여 조기에 재령 1년의 강도와 거의 같게 할 수 있는 양생 방법을 쓰시오.

013 콘크리트 타설 후 콘크리트의 소요 강도를 단기간에 확보하기 위하여 고온·고압에서 양생하는 방법을 쓰시오.

014 [06①, 19②]
콘크리트 보양방법 중 초기강도가 크게 발휘되어 거푸집을 가장 빨리 제거할 수 있는 방법을 쓰시오.

★중요
015 [05①, 06③, 09①, 12①, 18③, 22③]
보통 콘크리트 공사에서 콘크리트에 포함된 염화물량은 염소이온량으로서 얼마 이하로 하는지를 쓰시오.

⚙ **해설** 보통 콘크리트 공사에서 콘크리트에 포함된 염화물량은 염소이온량으로서 0.3kg/m³ 이하로 하여야 한다.

016 [13②]
콘크리트 부재에 균열이 생길만한 곳에 미리 줄눈을 설치하고, 그 결함부위로 균열이 집중적으로 생기게 하여 다른 부분의 균열을 방지하는 줄눈을 쓰시오.

★중요
017 [07②, 10①, 12②, 18②, 21②]
프리스트레스트 콘크리트를 프리텐션방식으로 프리스트레싱 할 때에 있어서 콘크리트의 압축강도의 최소값을 쓰시오.

⚙ **해설** 프리스트레싱을 할 때의 콘크리트 압축강도는 어느 정도의 안전도를 확보하기 위하여 프리스트레스를 준 직후, 콘크리트에 발생하는 최대 압축응력의 1.7배 이상이어야 한다. 다만, 시험 등을 통해 성능이 입증된 경우에는 책임기술자의 승인을 얻은 후에 완화될 수 있다. 또한, 프리텐션 방식에 있어서 콘크리트의 압축강도는 30MPa 이상이어야 한다. 실험이나 기존의 적용 실적 등을 통해 안전성이 증명된 경우, 이를 25MPa로 하향 조정할 수 있다. (KCS 14 20 53 규정)

018 [08③, 10③]
콘크리트를 수직부재인 기둥과 벽, 수평 부재인 보, 슬래브를 구획하여 타설하는 공법을을 쓰시오.

019 [09③]
철근콘크리트공사에서 일반적인 경우로서 구조용 부재 중 기둥에 사용되는 자갈의 최대크기를 쓰시오.

⚙ **해설** 굵은 골재의 최대 치수

구조물의 종류	일반적인 경우	단면이 큰 경우	무근 콘크리트
굵은 골재의 최대치수(mm)	20 또는 25	40	40 (부재최소치수의 1/4을 초과해서는 안됨)

| 정답 |

007 크리프 현상　　008 발포제　　009 5Mpa 이상　　010 60%　　011 ㉠ 50, ㉡ 180, ㉢ 120　　012 오토클레이브양생
013 오토클레이브양생　　014 증기 양생(보양)　　015 0.3kg/m³　　016 조절줄눈(control joint)　　017 30Mpa
018 V.H 분리타설 공법　　019 25mm

020 450m³의 콘크리트를 타설할 경우 강도시험용 1회의 공시체는 몇 m³마다 제작하는지를 쓰시오.

⚙**해설** 1회/일, 구조물의 중요도와 공사의 규모에 따라 120m³마다 1회, 또는 배합이 변경될 때마다 공시체를 제작한다.

021 프리스트레스하지 않는 부재의 현장치기 콘크리트에서 다음과 같은 조건을 가진 부재의 최소 피복두께를 쓰시오.

> • 옥외의 공기나 흙에 접하지 않는 콘크리트
> • 보, 기둥

⚙**해설** 피복두께의 규정

구분	수중에서 치는 콘크리트	흙에 접하여 콘크리트를 친 후 영구히 흙에 묻히는 콘크리트	흙에 접하거나 옥외공기에 직접 노출되는 콘크리트		옥외의 공기나 흙에 접하지 않는 콘크리트			
			D19 이상	D16 이하, 16mm 이하 철선	슬래브, 벽체, 장선구조		보, 기둥	셸, 절판 부재
					D35 초과	D35 이하		
피복두께	100	75	50	40	40	20	40	20

※ 보와 기둥의 경우 콘크리트의 설계기준압축강도(fck)가 40MPa 이상인 경우에는 규정된 값에서 10mm를 저감할 수 있다.

022 주로 해안구조물과 교량의 상판, 난간벽체 등의 지지구조물, 내구성이 요구되는 건축물 등에 쓰이며, 탄소강 철근에 비해 내식성이 5~10배 정도 좋은 철근을 쓰시오.

023 철근단면을 맞대고 산소−아세틸렌염으로 가열하여 접합단면을 녹이지 않고 적열상태에서 부풀려 가압, 접합하는 철근이음방식을 쓰시오.

024 한 구획 전체의 벽판과 바닥판을 ㄱ자형 또는 ㄷ자형으로 짜서 이동시키는 형태의 기성재 거푸집 명칭을 쓰시오.

025 무량판구조에 사용되는 특수상자 모양의 기성재 거푸집 명칭을 쓰시오.

026 주로 이음이 필요한 지중보 등에서 특수 리브라스(Rib Lath)와 목재 프레임을 부속철물로 고정하고 콘크리트를 타설함으로써 거푸집 해체작업이 필요 없는 거푸집 명칭을 쓰시오.

027 [20①]
벽체로 둘러싸인 구조물에 적합하고 일정한 속도로 거푸집을 상승시키면서 연속하여 콘크리트를 타설하며 마감작업이 동시에 진행되는 거푸집 명칭을 쓰시오.

028 [04①, 09③]
벽체용 거푸집으로 거푸집과 벽체 마감공사를 위한 비계 틀을 일체로 제작한 거푸집의 명칭을 쓰시오.

029 [13③]
무량판 구조 또는 평판구조에서 2방향 장선 구조가 가능토록 제작된 시스템 거푸집의 명칭을 쓰시오.

030 [05④]
거푸집공법 중 수평적 또는 수직적으로 반복된 구조물을 시공이음이 없이 균일한 형상으로 시공하기 위하여 거푸집을 연속적으로 이동시키면서 콘크리트를 타설하여 시공하는 공법으로 주로 사일로(Silo), 전단벽 건물, 유틸리티코어 등에 사용되는 거푸집의 명칭을 쓰시오.

031 [10②, 19③]
거푸집 공법에서 타워크레인 등의 시공장비에 의해 한 번에 설치하고 탈형만 하므로 사용할 때마다 부재의 조립 및 분해를 반복하지 않아, 평면상 상하부 동일단면의 벽식 구조인 아파트 건축물에 적용효과가 큰 대형 벽체거푸집의 명칭을 쓰시오.

★중요 [05④, 08③, 13②, 16②, 25③]
032 콘크리트공사에서 비교적 간단한 구조의 합판거푸집을 적용할 때 사용되며 측압력을 부담하지 않고 단지 거푸집의 간격만 유지시켜 주는 역할을 하는 것을 쓰시오.

033 [08②, 19②]
철근콘크리트공사에서 수직 거푸집의 상호간 간격을 유지하는 데 사용하는 것을 쓰시오.

|정답|

020 120m³   021 40mm   022 스테인리스철근   023 가스압접이음   024 터널폼(Tunnel Form)   025 워플폼   026 메탈라스폼
027 슬라이딩폼   028 클라이밍폼(Climbing form)   029 와플폼(waffle Form)   030 슬라이딩폼(Sliding form)
031 갱폼(gang form)   032 세퍼레이터(separater, 격리제)   033 세퍼레이터(separator, 격리재)

034 거푸집 공사에서 거푸집 상호간의 간격을 유지하는 것으로서 보통 철근제, 파이프제를 사용하는 것을 쓰시오.

035 벽체와 기둥의 거푸집이 굳지 않은 콘크리트 측압에 저항할 수 있도록 최종적으로 잡아주는 부재를 쓰시오.

★중요

[09②, 12③, 15②, 16③, 23①]

036 기둥거푸집의 고정 및 측압 버팀용으로 사용되는 부속재료를 쓰시오.

[09②, 15①, 21③]

037 보통포틀랜드시멘트를 사용한 기둥에서 거푸집널 존치 기간 중의 평균 기온이 20℃ 이상인 경우 콘크리트의 재령이 최소 며칠 이상 경과하면 압축강도 시험을 하지 않고 거푸집을 떼어낼 수 있는지를 쓰시오

⚙ **해설** 콘크리트의 압축강도를 시험하지 않을 경우 거푸집널의 해체시기(기초, 보, 기둥 및 벽의 측면)

구분	조강 포틀랜드 시멘트	보통포틀랜드시멘트 고로슬래그시멘트 (1종) 포틀랜드포졸란 시멘트(1종) 플라이애시시멘트 (1종)	고로슬래그시멘트 (2종) 포틀랜드포졸란 시멘트(2종) 플라이애시시멘트 (2종)
20℃ 이상	2일	4일	5일
10℃ 이상 20℃ 미만	3일	6일	8일

[18②, 19①]

038 콘크리트의 압축강도를 시험하지 않을 경우 거푸집널의 해체 시기를 쓰시오. (단, 조강포틀랜드시멘트를 사용한 기둥으로서 평균기온이 20℃ 이상일 경우임)

|정답|

034 세퍼레이터(separator, 격리재)　**035** 폼타이(form tie)　**036** 컬럼밴드　**037** 4일　**038** 2일

03 계산형 문제

★중요 [04②]

001 직경 16mm인 철근의 일반적인 압축측 이음길이(cm)를 구하시오.

> ⚙ 해설
>
> 압축측 이음길이는 직경의 25배 이상이므로 25 × 16 = 400mm = 40cm 이상이다.

★중요 [17②, 25①]

002 보통의 철근콘크리트 구조에서 콘크리트 $1m^3$당 필요한 거푸집의 개략 면적을 쓰시오.

> ⚙ 해설
>
> 거푸집의 개산 면적은 콘크리트 $1m^3$당 $6\sim8m^2$이고, 건축물 연면적 $1m^2$당 $4\sim5m^2$ 정도이다.

01 진위형 문제

▶ 해설편 246p

※ 다음 문제를 읽고, 옳으면 ○, 틀리면 ×를 괄호 안에 표기하시오.

[19③]

001 강구조물에 실시하는 녹막이 도장에서 도장하는 작업 중이거나 도료의 건조기간 중 도장하는 장소의 환경 및 기상조건이 좋지 않아 공사감독자가 승인할 때까지 도장이 금지되는 상황을 체크하시오.

① 주위의 기온이 5℃ 미만일 때 (　　)

② 상대습도가 85% 이하일 때 (　　)

③ 안개가 끼었을 때 (　　)

④ 눈 또는 비가 올 때 (　　)

[02②]

002 철골공사에서 리벳에 관한 설명으로 올바른지 체크하시오.

① 리벳의 배치는 정열배치와 엇모배치가 있으나 일반적으로 엇모배치가 많이 쓰인다. (　　)

② 리벳의 최소 피치는 3.0d이다. (　　)

③ 리벳과 재단까지의 거리는 옆남기 1.5d 이상, 끝남기 2.0d 이상이다. (　　)

④ 리벳의 최대 피치 및 압축재에 치는 연속리벳의 피치는 8d 이하, 또는 결합재 중의 가장 얇은판 두께의 15배 이하로 한다. (　　)

★중요　　　　　　　　[03②, 06①, 07③, 22②]

003 철골조에 관한 설명으로 올바른지 체크하시오.

① 정밀한 가공을 요한다. (　　)

② 내화적이다. (　　)

③ 철근콘크리트조에 비해 경량이다. (　　)

④ 고층 및 대규모 건물에 적합하다. (　　)

★중요　　[02③, 03③, 04②, 05①, 06②③, 07①, 08①②, 10②③,
　　　11①, 12②, 13②③, 14①, 18②③, 19②, 20②, 21③]

004 철골공사의 용접에서 용접결함에 해당하는 것을 체크하시오.

① 언더 컷(under cut) (　　)

② 오버랩(overlap) (　　)

③ 위핑(weeping) (　　)

④ 블로홀(blow hole) (　　)

⑤ 루트(root) (　　)

⑥ 슬래그(slag) 감싸들기 (　　)

⑦ 공기구멍(blow hole) (　　)

⑧ 스켈롭(scallop) (　　)

⑨ 크랙(crack) (　　)

⑩ 크레이터(crater) (　　)

⑪ 가우징(Gouging) (　　)

⑫ 비드(bead) (　　)

⑬ 엔드탭(End Tab) (　　)

⑭ 피트(Pit) (　　)

⑮ 콜드조인트(Cold Joint) (　　)

[19③]

005 용접 시 나타나는 결함에 관한 설명으로 올바른지 체크하시오.

① 위핑홀(weeping hole) : 용접 후 냉각 시 용접부위에 공기가 포함되어 공극이 발생되는 것 (　　)

② 오버랩(overlap) : 용접금속과 모재가 융합되지 않고 겹쳐지는 것 (　　)

③ 언더컷(undercut) : 모재가 녹아 용착금속이 채워지지 않고 홈으로 남게 된 부분 (　　)

④ 슬래그(Slag)감싸기 : 용접봉의 피복재 심선과 모재가 변하여 생긴 회분이 용착금속 내에 혼입된 것 (　　)

★중요　　　　　　[07③, 13①, 15②, 25②]

006 철골 공사에서 각 용접부의 명칭에 관한 설명으로 올바른지 체크하시오.

① 앤드 탭(End Tab) : 모재 양 쪽에 모재와 같은 개선 형상을 가진 판 (　　)

② 뒷댐재 : 루트 간격 아래에 판을 부착한 것 (　　)

③ 스캘럽 : 용접선의 교차를 피하기 위하여 부채꼴과 같이 오목, 들어가게 파 놓은 것 (　　)

④ 스패터 : 모살 용접이 각진 부분에서 끝날 경우 각진 부분에서 그치지 않고 연속적으로 그 각을 돌아가며 용접하는 것 (　　)

⑤ 모살용접 : 목두께의 방향이 모재의 면과 45° 또는 거의 45°의 각을 이루는 용접 (　　)

⑥ 슬래그(slag) : 용접부에 잔류하는 산화물 등의 비금속 물질이 용접금속 속에 녹아 있는 것 (　　)

⑦ 블로 홀(blow hole) : 비드의 가장자리에서 모재가 깊이 먹어들어간 것처럼 된 것 (　　)

⑧ 오버랩(over lap) : 용접금속이 모재에 융착되지 않고 단순히 겹쳐 있는 용접 (　　)

[04②, 19②]

007 철골 용접 관련 용어 중 스패터(spatter)에 관한 설명으로 올바른지 체크하시오.

① 전단절단에서 생기는 뒤꺾임 현상 (　　)

② 수동 가스절단에서 절단선이 곧지 못하여 생기는 잘록한 자국의 흔적 (　　)

③ 철골용접에서 용접부의 상부를 덮는 불순물 (　　)

④ 철골용접 중 튀어나오는 슬래그 및 금속입자 (　　)

★중요　　　　　[05③, 09②③, 14①, 15②, 17②, 20②, 24②]

008 용접작업에서 용접봉을 용접방향에 대하여 서로 엇갈리게 움직여서 용가금속을 용착시키는 운봉방법을 체크하시오.

① 가용접 (　　)

② 개선 (　　)

③ 레그 (　　)

④ 위빙 (　　)

★중요　　　　　[03③, 05④, 07①, 10①, 23①]

009 형강 또는 판 등의 겹침이음, T자 이음, 각이음 등에 쓰이며, 철판과 철판이 겹치든가 맞닿는 부분의 각을 이루는 부분을 용접하는 방식을 체크하시오.

① 모살용접 (　　)

② 맞댐용접 (　　)

③ 플레이용접 (　　)

④ 플래그용접 (　　)

[13①]

010 용접방식 중 용접기구에 의한 분류를 체크하시오.

① 아크 수동용접 (　　)

② 일렉트로 슬래그 용접 (　　)

③ 가스 압접 (　　)

④ 필렛 용접 (　　)

[12③, 15②]

011 철골공사의 용접작업 시 맞댄용접의 앞벌림 모양을 체크하시오.

① I자형 (　　)

② U자형 (　　)

③ Z자형 (　　)

④ H자형 (　　)

[14②]

012 철골공사의 접합방법 중 용접시공에 관한 사항으로 올바른지 체크하시오.

① 항상 용접열의 분포가 균등하도록 조치하고 일시에 다량의 열이 한 곳에 집중되지 않도록 해야 한다. (　　)

② 용접자세는 가능한 한 회전지그를 이용하여 아래보기 또는 수평자세로 한다. (　　)

③ 아크 발생은 필히 용접부 내에서 일어나도록 해야 한다. (　　)

④ 부재이음에 용접과 볼트를 불가피하게 병용할 경우에 는 볼트를 조인 후에 용접하는 것을 원칙으로 한다. (　　)

★중요　　　　　[05③, 11③, 13③, 14③, 18③, 20①, 24②]

013 공정별 검사항목 중 용접 전 검사를 체크하시오.

① 트임새모양 (　　)

② 비파괴검사 (　　)

③ 모아대기법 (　　)

④ 용접자세의 적부 (　　)

⑤ 개선 정도 검사 (　　)

⑥ 개선면의 오염 검사 (　　)

⑦ 가부착 상태 검사 (　　)

⑧ 구속법 (　　)

⑨ 용접봉 (　　)

⑩ 운봉 (　　)

014 철골구조의 용접 결함에 대한 검사방법을 체크하시오.

① 자연전극 전위법 (　　)
② 육안검사 (　　)
③ 염색침투 탐상검사 (　　)
④ 초음파 탐상검사 (　　)

015 철골공사에서 용접검사 중 초음파 탐상법의 특징을 체크하시오.

① 기록성이 없다. (　　)
② 미소한 blow-hole의 검출이 가능하다. (　　)
③ 검사속도가 빠른 편이다. (　　)
④ 인체에 위험을 미치지 않는다. (　　)

016 용접 접합에 관한 설명으로 올바른지 체크하시오.

① 가스용접은 충분한 강도를 기대할 수 없으나 절단용으로는 중요하다. (　　)
② 철골의 용접은 주로 금속 전기 아크 용접이 쓰인다. (　　)
③ 전기 저항 용접은 강구조접합에 쓰인다. (　　)
④ 아크 용접은 모재와 용접봉에 전류를 통하면 3,500℃의 고열을 내는 아크를 발생시킨다. (　　)

017 철골공사의 접합방법 중 용접에 관한 주의사항으로 올바른지 체크하시오.

① 기온이 −5℃ 이하의 경우는 용접해서는 안된다. (　　)
② 기온이 −5~5℃인 경우에는 접합부로부터 100mm 범위의 모재 부분을 적절하게 가열하여 용접할 수 있다. (　　)
③ 용접에 지장을 주는 슬래그는 제거한다. (　　)
④ 기둥, 보 접합부에 설치한 엔드탭은 반드시 절단하여야 한다. (　　)

★중요

018 철골조 용접공작에서 용접봉의 피복재 역할로 올바른지 체크하시오.

① 함유 원소를 이온화하여 아크를 안정시킨다. (　　)
② 용착 금속에 합금 원소를 가한다. (　　)
③ 용착 금속의 산화를 촉진하여 고열을 발생시킨다. (　　)
④ 용융 금속의 탈산, 정련을 한다. (　　)

019 방청도료 중 보일드유(boil)의 특징으로 올바른지 체크하시오.

① 금속바탕과 잘 맞는다. (　　)
② 도장작업이 간단하다. (　　)
③ 도막이 강하다. (　　)
④ 건조시간이 길다. (　　)

020 철골구조에서 소성설계와 관계있는 것을 체크하시오.

① 형상계수 (　　)
② 응력도의 탄성영역 (　　)
③ 하중계수 (　　)
④ 소성단면계수 (　　)

021 철골조 건축물의 공장 가공순서로 올바른지 체크하시오.

① 원척도 → 금매김 → 본뜨기 → 구멍뚫기 → 절단 → 리벳치기 → 가조립 → 검사 → 운반 (　　)
② 원척도 → 가조립 → 구멍뚫기 → 절단 → 금매김 → 본뜨기 → 리벳치기 → 검사 → 운반 (　　)
③ 원척도 → 본뜨기 → 금매김 → 절단 → 구멍뚫기 → 가조립 → 리벳치기 → 검사 → 운반 (　　)
④ 원척도 → 본뜨기 → 구멍뚫기 → 금매김 → 절단 → 가조립 → 리벳치기 → 검사 → 운반 (　　)

022 철골공사에서 원척도를 그릴 때 리벳을 배치하는 위치로 가장 적당한 것을 체크하시오.

① 부재의 중심선 (　　)
② 게이지 라인 (　　)
③ 부재의 응력중심선 (　　)
④ 피치라인 (　　)

023 [17③] 강재면에 강필로 볼트구멍 위치와 절단 개소 등을 그리는 일을 체크하시오.

① 원척도 (　　)　　　　② 본뜨기 (　　)
③ 금매김 (　　)　　　　④ 변형바로잡기 (　　)

024 [19②] 강구조물 제작 시 마킹(금긋기)에 관한 설명으로 올바른지 체크하시오.

① 강판 절단이나 형강 절단 등, 외형 절단을 선행하는 부재는 미리 부재 모양별로 마킹 기준을 정해야 한다. (　　)
② 마킹검사는 띠철이나 형판 또는 자동가공기(CNC)를 사용하여 정확히 마킹되었는가를 확인한다. (　　)
③ 주요 부재의 강판에 마킹할 때에는 펀치(punch) 등을 사용한다. (　　)
④ 마킹 시 용접열에 의한 수축 여유를 고려하여 최종 교정, 다듬질 후 정확한 치수를 확보할 수 있도록 조치해야 한다. (　　)

025 [15①] 철골공사에서의 용접작업 시 유의사항으로 올바른지 체크하시오.

① 용접자세는 하향자세로 하는 것이 좋다. (　　)
② 수축량이 작은 부분부터 용접하고 수축량이 큰 부분은 최후에 용접한다. (　　)
③ 용접 전에 용접 모재 표면의 수분, 슬래그, 도료 등 용접에 지장을 주는 불순물을 제거한다. (　　)
④ 감전방지를 위해 안전홀더를 사용한다. (　　)

★중요

026 [02①, 05③, 15③, 25③] 공장에서 가공 또는 조립을 완료한 철골부재에 대하여 녹막이 도장이 제외되는 곳을 체크하시오.

① 콘크리트에 묻히는 부분 (　　)
② 리벳머리 (　　)
③ 고력볼트 마찰 접합부의 마찰면 (　　)
④ 조립에 의하여 면맞춤 되는 부분 (　　)
⑤ 현장 용접하는 부분 (　　)
⑥ 개방형 단면을 한 부재 (　　)

★중요

027 [08②, 12①, 14③, 18①, 22③] 철골공사의 녹막이칠에 대한 설명으로 올바른지 체크하시오.

① 초음파탐상검사에 지장을 미치는 범위는 녹막이칠을 하지 않는다. (　　)
② 바탕만들기를 한 강재표면은 녹이 생기기 쉽기 때문에 즉시 녹막이칠을 하여야 한다. (　　)
③ 기계깎기 마무리한 면의 녹막이 칠은 그리이스(grease)칠을 하는 것을 원칙으로 한다. (　　)
④ 공장가공 후 현장으로 운반하기 전 녹막이칠을 1~2회 정도 한다. (　　)
⑤ 콘크리트에 묻히는 부분에는 반드시 녹막이칠을 한다. (　　)
⑥ 현장 용접부분은 용접부에서 100mm 이내에 녹막이 칠을 하지 않는다. (　　)

★중요

028 [06①, 08②, 11①, 15③, 21①] 현장용접 시 발생하는 화재에 대한 예방조치로 올바른지 체크하시오.

① 용접기의 완전한 접지(earth)를 한다. (　　)
② 용접부분 부근의 가연물이나 인화물을 치운다. (　　)
③ 착의, 장갑, 구두 등을 건조상태로 한다. (　　)
④ 불꽃이 비산하는 장소에 주의한다. (　　)

029 [05④] 철골 구조는 일반적으로 부재를 접합하여 뼈대를 구성하는 가구식 구조로 분류되며 공장에서 제작한 부재를 현장으로 운반해서 조립하여 접합함으로써 건축물의 구조가 완성된다. 이때 접합부의 유의사항을 체크하시오.

① 접합부의 위치는 역학적으로 응력이 가능한 한 큰 곳에서 해야 한다. (　　)
② 구조상 주요한 부재의 접합부에는 존재응력이 작더라도 고장력 볼트접합의 경우 최소 2개 이상 배치한다. (　　)
③ 부재 중심축과 접합의 중심축을 일치시키며, 일치되지 않을 때는 편심에 대한 영향을 고려한다. (　　)
④ 축방향력을 받는 부재는 각 재의 중심축이 1점에 모이도록 한다. (　　)

030 철골부재의 절단 및 가공조립에 사용되는 기계의 연결이 올바른지 체크하시오.

① 메탈터치부위 가공 – 페이싱머신(facing machine) (　)

② 형강류 절단 – 해크소(hack saw) (　)

③ 판재류 절단 – 플레이트 쉐어링기(plate shering) (　)

④ 볼트접합부 구멍 가공 – 로터리 플레이너(rotary planer) (　)

031 철골공사 강재 절단 시 고려해야 할 사항을 체크하시오.

① 수동절단은 경미한 공사에는 거의 사용되지 않는다. (　)

② 절단면은 도면에 특기가 표시된 것 외에는 측선에 수직이어야 한다. (　)

③ 절단면은 심한 톱날흠, 절삭남김, 파형, 슬래그부착 등이 있을 때 그라인더로 갈아서 제거한다. (　)

④ 강재의 절단은 자동가스절단 또는 Frame Planner로 절단하며, 전단 절단하는 경우 강재의 판 두께는 13mm 이하로 한다. (　)

032 철골보의 처짐을 적게 하는 데 관련한 설명으로 올바른지 체크하시오.

① 부재의 단면 2차 모멘트(I)값을 크게 한다. (　)

② SM, TMCP 강을 적용한다. (　)

③ 하부 플랜지(Flange)를 상부 플랜지보다 크게 한다. (　)

④ 웨브(Web) 단면적을 크게 한다. (　)

033 철골공사와 직접적으로 관련 있는 용어를 체크하시오.

① 토크렌치 (　)

② 너트 회전법 (　)

③ 베인 테스트 (　)

④ 스터드 (　)

034 철골기둥과 주각부 접합에 사용되는 철골 부재를 체크하시오.

① 베이스플레이트(Base Plate) (　)

② 필러(Filler) (　)

③ 사이드앵글(Side angle) (　)

④ 앵커볼트(Anchor bolt) (　)

035 철골조에서 판보(plate girder)의 보강재를 체크하시오.

① 커버 플레이트 (　)

② 윙 플레이트 (　)

③ 필러 플레이트 (　)

④ 스티프너 (　)

036 철골공사에서 내화피복 공법의 종류를 체크하시오.

① 성형판 붙임공법 (　)

② 뿜칠공법 (　)

③ 미장공법 (　)

④ 나중매입공법 (　)

★중요　

037 철골 내화피복공사 중 멤브레인 공법에 사용되는 재료를 체크하시오.

① 경량콘크리트 (　)

② 철망 모르타르 (　)

③ 뿜칠 플라스터 (　)

④ 암면 흡음판 (　)

038 철골부재의 내화피복에 관한 설명으로 올바른지 체크하시오.

① 뿜칠공법은 큰 면적의 내화피복을 단시간에 시공할 수 있다. (　)

② 성형판 붙임공법은 주로 기둥과 보의 내화피복에 사용된다. (　)

③ 타설공법은 임의의 치수와 형상의 내화피복이 가능하다. (　)

④ 미장공법은 바탕작업이 단순하고 양생에 소요되는 시간이 짧다. (　)

[13③]

039 철골공사에서 기둥 축소량(Column Shortening)에 대한 설명으로 올바른지 체크하시오.

① 방지대책으로 전체 건물의 층을 몇 절로 등분하여 변위 차이를 최소화한다. ( )

② 철골기둥의 높이 증가와 하중의 증가로 인해 수직하중이 증대되어 발생되는 기둥의 수축량이다. ( )

③ 기둥축소에 따른 영향으로 슬래브, 보와 같은 수평부재의 초기 위치가 변화된다. ( )

④ 방지대책으로 가조립 후 곧바로 본조립을 실시한다. ( )

[19③]

040 강구조공사 시 볼트의 현장시공에 관한 설명으로 올바른지 체크하시오.

① 볼트 조임 작업 전에 마찰접합면의 녹, 밀스케일 등은 마찰력 확보를 위하여 제거하지 않는다. ( )

② 마찰내력을 저감시킬 수 있는 틈이 있는 경우에는 끼움판을 삽입해야 한다

③ 현장조임은 1차 조임, 마킹, 2차 조임(본조임), 육안검사의 순으로 한다. ( )

④ 1군의 볼트조임은 중앙부에서 가장자리의 순으로 한다. ( )

[15①]

041 T.S Bolt를 체결작업할 때의 유의사항으로 올바른지 체크하시오.

① 부재와 부재의 접합면은 완전히 밀착되어야 한다. ( )

② 용접과 볼트를 병행이음 할 경우에는 용접 완료 후에 체결한다. ( )

③ 볼트의 표면온도가 250℃ 이상일 경우 기계적 성질에 변할 수 있으므로 볼트 주변에서 용접 시 주의한다. ( )

④ 1차 조임을 한 볼트의 본 체결은 2일 정도의 시간적 여유를 두고 나서 한다. ( )

[15①, 19①]

042 고력볼트 접합에서 축부가 굵게 되어 있어 볼트 구멍에 빈틈이 남지 않도록 고안된 볼트에 해당하는 것을 체크하시오.

① TC볼트 ( )

② PI볼트 ( )

③ 그립볼트 ( )

④ 지압형 고장력볼트 ( )

★중요

[09②, 12②, 14①, 16②, 19③, 23①]

043 철골공사 중 고력볼트접합에 관한 설명으로 올바른지 체크하시오.

① 현장에서의 시공설비가 간편하다. ( )

② 접합부재 상호간의 마찰력에 의하여 응력이 전달된다. ( )

③ 불량개소의 수정이 용이하지 않다. ( )

④ 작업 시 화재의 위험이 적다. ( )

⑤ 고장력볼트란 항복강도 700MPa 이상, 인장강도 900MPa 이상인 볼트다. ( )

⑥ 접합방식의 종류는 마찰접합, 지압접합, 인장접합이 있다. ( )

⑦ 볼트의 호칭지름에 의한 분류는 D16, D20, D22, D24로 한다. ( )

⑧ 조임은 토크관리법과 너트회전법에 따른다. ( )

⑨ 고력볼트 세트의 구성은 고력볼트 1개, 너트 1개 및 와셔 2개로 구성한다. ( )

[02②]

044 고층건물 시공 시 재료와 인력의 수직이동을 위해 설치하는 장비를 체크하시오.

① 리프트카 ( )

② 데릭 ( )

③ 윈치 ( )

④ 크레인 ( )

045 철골공사와 관련된 전반적인 사항에 대한 설명으로 올바른지 체크하시오.

① 윙플레이트는 철골기둥과 보를 연결하는 데 사용한다. (　)

② 고력볼트의 접합은 마찰접합, 지압접합, 인장접합이 있다. (　)

③ 용접의 품질은 용접공의 기능도에 좌우되지는 않는다. (　)

④ 내화피복 습식공법은 PC판, ALC판 등을 활용한다. (　)

046 철골구조물에 콘크리트슬래브를 설치하기 위한 구조재료로서 거푸집을 대용할 수 있는 것을 체크하시오.

① 액세스플로어(access floor) (　)

② 데크 플레이트(deck plate) (　)

③ 커튼 월(curtain wall) (　)

④ 익스팬션 조인트(expansion joint) (　)

047 데크플레이트에 관한 설명으로 올바른지 체크하시오.

① 합판거푸집에 비해 중량이 큰 편이다. (　)

② 별도의 동바리가 필요하지 않다. (　)

③ 철근 트러스형은 내화피복이 불필요하다. (　)

④ 시공환경이 깨끗하고 안전사고 위험이 적다. (　)

048 철골 공사와 관계가 있는 것을 체크하시오.

① 가이데릭(Gay derrick) (　)

② 고력 볼트(High tension bolt) (　)

③ 맞댐 용접(Butt welding) (　)

④ 램머(Rammer) (　)

049 철골공사에 관한 설명으로 올바른지 체크하시오.

① 현장용접 시 기온과 관계없이 부재를 예열하지 않는다. (　)

② 세우기 장비는 철골구조의 형태 및 총중량을 고려한다. (　)

③ 철골 세우기는 가조립 후 변형 바로잡기를 한다. (　)

④ 가조립 시 최소 2개 이상 가볼트 조임한다. (　)

050 소규모의 철골양중작업에 많이 사용되는 것으로 펜트하우스와 같은 돌출부에도 사용하는 것을 체크하시오.

① 타워크레인 (　)

② 진폴 (　)

③ 트럭크레인 (　)

④ 가이데릭 (　)

★중요　[02②, 04③, 05②, 06②, 08③, 10②, 11③, 19①③, 25②]

051 철골세우기용 장비를 체크하시오.

① 진폴(gin pole) (　)

② 가이데릭(guy derrick) (　)

③ 드래그라인(drag line) (　)

④ 타워크레인(tower crane) (　)

⑤ 앵글 도저(angle dozer) (　)

⑥ 모터 그레이더(motor grader) (　)

⑦ 캐리올 스크레이퍼(carryall scraper) (　)

⑧ 트럭크레인(truck crane) (　)

⑨ 크램셸(clam shell) (　)

⑩ 파워쇼벨(power shovel) (　)

⑪ 스크레이퍼(scraper) (　)

052 철골 세우기 장비의 종류 중 이동식 세우기 장비를 체크하시오.

① 타워 크레인 (　)

② 크롤러 크레인 (　)

③ 러핑형 타워 크레인 (　)

④ 지브 크레인 (　)

⑤ 가이데릭 (　)

⑥ 스티프 레그 데릭 (　)

053 철골부재 양중장비 중 고층건물에 가장 적합한 것을 체크하시오. [13③]

① 가이데릭(Guy Derrick) (　)

② 타워크레인(Tower Crane) (　)

③ 트럭크레인(Truck Crane) (　)

④ 진폴(Gin Pole) (　)

★중요 [03①, 07②, 14③, 15②, 21①]

054 철골조립 및 설치에 사용되는 기계를 체크하시오.

① 진폴(Gin-pole) (　)

② 윈치(Winch) (　)

③ 타워크레인(Tower crane) (　)

④ 리버스 서큘레이션 드릴(Reverse circulation drill) (　)

⑤ 토크렌치(torque wrench) (　)

⑥ 임팩트 렌치(impact wrench) (　)

⑦ 트렌치 컷(Trench cut) (　)

055 철골공사 시 앵커볼트 매입공법을 체크하시오. [04③, 12③]

① 고정매입 공법 (　)

② 가동매입 공법 (　)

③ 나중매입 공법 (　)

④ 중심매입 공법 (　)

⑤ 이동매입 공법 (　)

★중요 [06②, 17②, 20①, 21③]

056 철골공사에서 철골세우기 계획을 수립할 때 철골제작공장과 협의해야 할 사항을 체크하시오.

① 철골 세우기 검사 일정 확인 (　)

② 반입 시간의 확인 (　)

③ 반입 부재수의 확인 (　)

④ 부재 반입의 순서 (　)

⑤ 반입 철골의 중량 (　)

★중요 [07③, 10①, 20②, 22①]

057 철골조 건물의 연면적이 5,000m^{2}일 때 철골의 개산견적 소요량을 체크하시오.

① 350~450t (　)

② 500~750t (　)

③ 800~850t (　)

④ 900~950t (　)

02 단답형 문제

★중요   [02②③]

001 철골공사에서 직경 16mm 이상의 현장 리벳치기의 적절한 가열 온도의 범위를 쓰시오.

⚙ **해설** 리벳 접합은 미리 부재에 구멍을 뚫고, 800~1,000℃ 정도로 가열된 리벳을 조리벳터나 뉴머틱리벳터로 충격을 주어 접합하는 방법으로 검사는 외관의 관찰 또는 검사 망치로 리벳 머리를 두들겨 손끝에서 느끼는 감각으로 가부를 결정한다. 특히, 1,100℃를 초과하면 강재의 변질이 발생하므로 초과 가열을 금지한다.

★중요   [05②, 08③, 12③, 21③]

002 철골부재의 용접에서 용접상부에 따라 모재(母材)가 녹아서 용착 금속이 채워지지 않고 홈으로 남게 된 부분의 용어를 쓰시오.

★중요   [03②, 05④, 11③, 12②, 20①, 24①]

003 철골공사에서 홈을 파기 위한 목적으로 한 화구(火口)로서 산소아세틸렌 불꽃을 이용하여 녹여 깎은 재의 뒷부분을 깨끗이 깎는 것의 명칭을 쓰시오.

[11①]

004 철골 부재 간 사이를 트이게 한 홈인 개선부를 뜻하는 용어를 쓰시오.

★중요   [04③, 08③, 21①]

005 철골공사의 구멍뚫기에 있어서 앵커볼트의 공칭 축 직경(d)에 대한 구멍지름에 직경(d)에 몇 mm를 더하는지를 쓰시오.

⚙ **해설** 볼트 구멍의 직경

명칭	보통 볼트	앵커 볼트	고력 볼트	
지름 (mm)	모든 직경		27mm 미만	27mm 이상
허용치	직경 + 0.5mm	직경 + 5mm	직경 + 2mm	직경 + 3mm

[16①]

006 철골공사에 활용되는 고력볼트 M24의 표준구멍의 직경을 쓰시오.

⚙ **해설** 고장력 볼트의 직경과 표준 구멍의 직경

볼트의 직경	M16	M20	M22	M24	M27	M30
표준구멍 직경(mm)	18	22	24	27	30	33
	(고력볼트의 직경 + 2)			(고력볼트의 직경 + 3)		

[07①]

007 커튼월 공사의 작업흐름 중 괄호 안에 가장 적합한 것을 쓰시오.

> 시공도 작성 → 먹매김 → 구제 부착물 위치 확인 → (   ) → 본조립 → 실링

⚙ **해설** 커튼월 공사의 작업흐름 순서
시공도 작성 → 먹매김 → 구제 부착물 위치 확인 → 가조립 → 본조립 → 실링

[12①, 15③]

008 금속커튼월 공사의 작업흐름 중 괄호 안에 가장 적합한 것을 쓰시오.

> 기준먹매김 → ( ) → 커튼 월 설치 및 보양 → 부속 재료의 설치 → 유리 설치

⚙ **해설** 금속커튼월 공사의 작업흐름의 순서
기준먹매김 → 구체 부착철물의 설치 → 커튼 월 설치 및 보양 → 부속 재료의 설치 → 유리 설치

[09②]

009 다음 내용에서 괄호 안에 적당한 숫자를 쓰시오.

> 내화뿜칠피복공사의 시공 후 검사는 매 층마다 바닥면적 ( )m²마다 뿜칠 등 작업조건이 바뀔때마다 1회 이상 검사하여야 한다.

⚙ **해설** 내화뿜칠 피복공사의 시공검사(KCS 41 43 02의 규정)
① 내화뿜칠 피복공사는 시공하는 뿜칠재료에 따른 한국산업표준 또는 공인시험기관에서 인정한 내화성능별 두께, 밀도, 부착강도, 분진량 등의 적정품질로 시공되었는지를 검사하여야 한다.
② 검사는 매층마다, 바닥면적 500m²마다, 뿜칠 등 작업조건이 바뀔 때마다 1회 이상 검사하여야 한다.

[13③]

010 철골구조에서 최상층으로부터 4개 층에 해당하는 바닥의 내화요구시간 기준을 쓰시오.

⚙ **해설** 건축물의 피난·방화구조 등의 기준에 관한 규칙 제3조 제8호, 별표 1

★중요   [03②, 05④, 07①, 21②]

011 철골 세우기용 장비 중 수평이동이 용이하고 건물의 층수가 적은 긴 평면일 때 또는 당김줄을 마음대로 맬 수 없을 때 가장 유리한 장비를 쓰시오.

[02①]

012 연약지반의 공사장 주변을 원활하게 이동하면서 철골 세우기가 가능한 장비를 쓰시오.

[12①]

013 가이데릭의 붐 회전범위(°)를 쓰시오.

⚙ **해설** 가이데릭(guy derrick)은 철골공사의 세우기에 사용되는 장비로서 가장 많이 쓰이는 기중기이고, 능력이 크며, 중량물의 장내 운반, 공사 전체에 유효하게 사용되는 장비이다. 기계 대수는 평면 높이의 가동 범위, 조립 능력과 공사 기간에 따라 결정한다. 특히, 붐(Boom)의 회전 범위는 360°이다.

[10③, 13①, 23①]

014 기초콘크리트에 앵커볼트를 묻을 구멍을 내 두었다가 큰 콘크리트가 경화한 뒤 볼트에 그라우트 모르타르로 충전하면서 고정하는 공법으로, 소규모 앵커볼트 매입에 적당한 공법을 쓰시오.

|정답|

001 800~1,000℃   002 언더 컷(Under Cut)   003 가스가우징(gas gouging)   004 그루브(Groove)   005 5mm
006 27mm   007 가조립   008 구체 부착철물의 설치   009 500m²   010 1시간   011 스티프레그데릭   012 크로울러 크레인
013 360°   014 가동매입공법

[07②]

015 철골세우기 공사의 시공순서를 쓰시오.

> ㉠ 앵커볼트의 매입
> ㉡ 철골 세우기
> ㉢ 앵커볼트 본조임
> ㉣ 현장 리벳 치기
> ㉤ 리벳 검사

⚙ 해설 철골세우기 공사의 시공순서

앵커볼트의 매입 → 철골 세우기 → 앵커볼트 본조임 → 현장 리벳 치기 → 리벳 검사

[08①, 14②]

016 철골기둥세우기의 순서를 쓰시오.

> ㉠ 기둥 세우기
> ㉡ 주각 모르타르 채움
> ㉢ 기둥 중심선 먹매김
> ㉣ 기초 볼트 위치 점검

⚙ 해설 철골기둥세우기의 순서

기둥 중심선 먹매김 → 기초 볼트 위치 점검 → 기둥 세우기 → 주각 모르타르 채움

| 정답 |

015 ㉠ → ㉡ → ㉢ → ㉣ → ㉤   **016** ㉢ → ㉣ → ㉠ → ㉡

※ 신규 출제기준에 맞춰 예상문제를 수록했습니다. 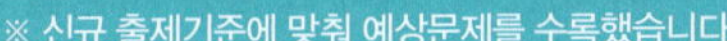

01 진위형 문제
▶ 해설편 255p

※ 다음 문제를 읽고, 옳으면 ○, 틀리면 ×를 괄호 안에 표기하시오.

001 철근콘크리트 구조물의 해체를 위한 장비를 체크하시오.

① 램머(Rammer) ( )
② 압쇄기 ( )
③ 철제 해머 ( )
④ 핸드 브레이커(Hand Breaker) ( )
⑤ 스크레이퍼 ( )
⑥ 잭 ( )

002 해체작업용 기계 기구를 체크하시오.

① 압쇄기 ( )
② 핸드 브레이커 ( )
③ 철햄머 ( )
④ 진동 롤러 ( )

003 해체(철거)용 장비로서 작은 부재의 파쇄에 유리하고 소음·진동 및 분진이 발생되므로 작업원이 보호구를 착용하여야 하고, 특히 작업원의 작업시간을 제한하여야 하는 장비를 체크하시오.

① 압쇄기 ( )
② 철재 해머 ( )
③ 대형 브레이커 ( )
④ 핸드 브레이커 ( )

004 구조물 해체방법으로 사용되는 공법을 체크하시오.

① 압쇄공법 ( )
② 잭공법 ( )
③ 절단공법 ( )
④ 진공공법 ( )

005 도심지 폭파해체공법에 대한 설명으로 올바른지 체크하시오.

① 장기간 발생하는 진동, 소음이 적다. ( )
② 해체 속도가 빠르다. ( )
③ 주위의 구조물에 영향이 적다. ( )
④ 많은 분진 발생으로 민원을 발생시킬 우려가 있다. ( )

006 해체공사에 따른 직접적인 공해방지대책을 수립해야 되는 대상을 체크하시오.

① 소음 및 분진 ( )
② 폐기물 ( )
③ 지반침하 ( )
④ 수질오염 ( )

007 해체공사 시 작업용 기계기구의 취급 안전기준에 관한 설명으로 올바른지 체크하시오.

① 압쇄기의 중량 등을 고려 자체에 무리를 초래하는 중량의 압쇄기 부착을 금지하여야 한다. ( )
② 팽창제 사용 천공직경은 50~60mm 정도를 유지하여야 한다. ( )
③ 팽창제 천공간격은 콘크리트 강도에 의하여 결정되나 30~70cm 정도가 적당하다. ( )
④ 압쇄기 부착과 해체에는 경험이 풍부한 사람이 해야 한다. ( )
⑤ 철제햄머와 와이어로프의 결속은 경험이 많은 사람으로서 선임된 자에 한하여 실시하도록 하여야 한다. ( )
⑥ 팽창제 천공간격은 콘크리트 강도에 의하여 결정되나 70~120cm 정도를 유지하도록 한다. ( )
⑦ 쐐기타입으로 해체 시 천공구멍은 타입기 삽입부분의 직경과 거의 같아야 한다. ( )
⑧ 화염방사기로 해체작업 시 용기 내 압력은 온도에 의해 상승하기 때문에 항상 40℃ 이하로 보존해야 한다. ( )

008 해체작업을 하는 때에는 미리 해체계획을 작성하여 야 하는데, 이에 포함될 사항을 체크하시오.

① 해체의 방법 및 해체순서도면 (　　)
② 사업장 내 연락방법 (　　)
③ 작업구역 내 관계근로자 외의 자의 출입금지 조 치 (　　)
④ 해체작업용 기계·기구 등의 작업계획서 (　　)
⑤ 악천후 시 작업계획 (　　)
⑥ 주변 민원 처리계획 (　　)
⑦ 악천후 시 작업조치계획서 (　　)
⑧ 해체물의 처분 계획 (　　)
⑨ 해체방법 및 해체순서 도면 (　　)
⑩ 가설설비, 방호설비, 환기설비 등의 방법 (　　)

009 해체공사에 있어서 발생되는 진동공해에 대한 설명 으로 올바른지 체크하시오.

① 진동수의 범위는 1~90Hz이다. (　　)
② 일반적으로 연직진동이 수평진동보다 작다.

(　　)

③ 진동의 전파거리는 예외적인 것을 제외하면 진동 원에서부터 100m 이내이다. (　　)
④ 지표에 있어 진동의 크기는 일반적으로 지진의 진도계급이라고 하는 미진에서 강진의 범위에 있 다. (　　)

010 발파작업 안전에 관한 사항으로 올바른지 체크하시오.

① 점화 후 장전된 화약류가 폭발하지 아니한 경우 또는 장전된 화약류의 폭발 여부를 확인하기 곤 란한 경우에는 전기뇌관에 의한 경우에는 발파모 선을 점화기에서 떼어 그 끝을 단락시켜 놓는 등 재점화되지 않도록 조치하고 그 때부터 5분 이상 경과한 후가 아니면 화약류의 장전장소에 접근시 키지 않도록 할 것 (　　)
② 화약류를 수납하는 용기는 나무 기타 전기의 부 도체로 만든 견고한 구조로 하고 내부에는 철재 류가 드러나지 않도록 할 것 (　　)
③ 사용하다 남은 화약은 즉시 소각하거나 매설하여 위험을 방지할 것 (　　)

④ 얼어붙은 다이나마이트는 화기에 접근시키거나 그 밖의 고열물에 직접 접촉시키는 등 위험한 방 법으로 융해되지 않도록 할 것 (　　)

011 해체 공법에 대한 설명으로 올바른지 체크하시오.

① 압쇄기와 대형 브레이커(Breaker)는 파워쇼벨 등 에 설치하여 사용한다. (　　)
② 철제 햄머(Hammer)는 크롤러 크레인 등에 설치 하여 사용한다. (　　)
③ 핸드 브레이커(Hand breaker) 사용 시 수직보다 는 경사를 주어 파쇄하는 것이 적절하다. (　　)
④ 절단톱의 회전날에는 접촉방지 커버를 설치하여 야 한다. (　　)

건설공사 안전 관리

01 진위형 문제

▶해설편 258p

※ 다음 문제를 읽고, 옳으면 ○, 틀리면 ×를 괄호 안에 표기하시오.

[02③]

001 작업환경측정 대상작업을 체크하시오.

① 화학적인자 (　)

② 물리적 인자 (　)

③ 채석 (　)

④ 분진 (　)

[15①, 21①]

002 재해발생과 관련된 건설공사의 주요 특징으로 올바른지 체크하시오.

① 재해 강도가 높다. (　)

② 추락재해의 비중이 높다. (　)

③ 근로자의 직종이 매우 단순하다. (　)

④ 작업 환경이 다양하다. (　)

[15③]

003 건설재해 방지대책으로 올바른지 체크하시오.

① 공사 계획 시부터 적정한 공법 및 공기를 선택하여 안전 관리상에 무리가 없도록 한다. (　)

② 하도급을 줄 때 안전관리 책임한계를 명확히 한다. (　)

③ 매일 작업 시작 전에 안전보건에 관한 교육을 정기적 또는 수시로 실시한다. (　)

④ 작업시간을 자유롭게 하여 근로자의 편의를 도모한다. (　)

[19③]

004 건설공사현장에서 재해방지를 위한 주의사항을 체크하시오.

① 야간작업을 할 때나 어두운 곳에서 작업할 때 채광 및 조명설비는 작업에 지장이 있더라도 물건을 식별할 수 있을 정도의 조도만을 확보, 유지하면 된다. (　)

② 불안전한 가설물이 있나 확인하고 특히 작업발판, 안전난간 등의 안전을 점검한다. (　)

③ 과격한 노동으로 심히 피로한 노무자는 휴식을 취하게 하여 피로회복 후 작업을 시킨다. (　)

④ 작업장을 잘 정돈하여 안전사고 요인을 최소화한다. (　)

[03①, 23①]

005 공사현장에서 안전관리계획 수립원칙으로 올바른지 체크하시오.

① 실천 가능할 것 (　)

② 회사방침과 일관성이 있을 것 (　)

③ 해당공사 현장의 특성에 적합하고 구체적일 것 (　)

④ 시공기술, 기계·자재 등 제 관리계획과 불균형일 것 (　)

[07③]

006 공사현장 안전관리계획 작성 시 고려사항을 체크하시오.

① 입지 및 환경조건 (　)

② 안전관리 중점목표 (　)

③ 공정, 공종별 위험요소 판단 (　)

④ 공사성과의 분석 및 개선방법 (　)

[16①]

007 건설공사관리의 주요 기능을 체크하시오.

① 안전관리 (　)

② 공정관리 (　)

③ 품질관리 (　)

④ 재고관리 (　)

[19①, 25①]

008 지반조사의 방법 중 지반을 강관으로 천공하고 토사를 채취 후 여러 가지 시험을 시행하여 지반의 토질 분포, 흙의 층상과 구성 등을 알 수 있는 것을 체크하시오.

① 보링 (　)

② 표준관입시험 (　　)

③ 베인테스트 (　　)

④ 평판재하시험 (　　)

[10①]

009 지반조사 방법 중 작업현장에서 인력으로 간단하게 실시할 수 있는 것으로, 얕은 깊이(사질토의 경우 약 3~4m)의 토사 채취를 활용하는 방법을 체크하시오.

① 오거 보링(auger boring) (　　)

② 수세식 보링(wash boring) (　　)

③ 회전식 보링(rotary boring) (　　)

④ 충격식 보링(percussion boring) (　　)

[18③]

010 굴착공사를 위한 기본적인 토질조사 시 조사내용을 체크하시오.

① 주변에 기 절토된 경사면의 실태조사 (　　)

② 사운딩 (　　)

③ 물리탐사(탄성파조사) (　　)

④ 반발경도시험 (　　)

★중요　　　　　　　　　　　　　　　[03②, 16③, 25①]

011 기존 건물에서 인접된 장소에서 새로운 깊은 기초를 시공하고자 한다. 이때 기존 건물의 기초가 얕아 안전상 보강하려고 할 때 적당한 것을 체크하시오.

① 압성토 공법 (　　)

② 언더피닝 공법 (　　)

③ 선행 재하 공법 (　　)

④ 치환 공법 (　　)

★중요　　　　　　　　　　　　　　　[03②, 08②, 23②]

012 압밀에 대한 설명으로 올바른지 체크하시오.

① 압밀이란 흙의 간극 속에서 물이 배수됨으로써 오랜 시간에 걸쳐 압축되는 현상을 말한다. (　　)

② 압밀시험의 목적은 지반의 침하 속도와 침하량을 추정해서 설계 시공의 자료를 얻는 데 있다. (　　)

③ 일반적으로 점토는 투수계수가 작아 압밀이 장시간에 걸쳐 일어나나, 간극비가 작아 침하량은 작다. (　　)

④ 압밀이 완료되면 과잉간극수압(U_e)은 0이 된다.

(　　)

★중요　　　　　　　　　　　　　[04①, 12③, 13②, 21③]

013 점성토 지반의 개량 공법을 체크하시오.

① 치환 공법 (　　)

② 샌드드레인 공법 (　　)

③ 페이퍼드레인 공법 (　　)

④ 언더피닝 공법 (　　)

⑤ 생석회말뚝 공법 (　　)

⑥ 바이브로플로테이션 공법 (　　)

⑦ 프리로딩 공법 (　　)

[12①]

014 지반개량 공법 중 고결안정 공법을 체크하시오.

① 생석회 말뚝 공법 (　　)

② 동결 공법 (　　)

③ 동다짐 공법 (　　)

④ 소결 공법 (　　)

★중요　　　　　　　　　　　　　[04③, 10②, 23①]

015 연약한 지반 위에 성토를 하거나 직접기초를 건설하고자 할 때 지중 점토층의 압밀을 촉진시키기 위한 탈수 공법의 종류를 체크하시오.

① 샌드드레인 공법 (　　)

② 웰포인트 공법 (　　)

③ 약액 주입 공법 (　　)

④ 페이퍼드레인 공법 (　　)

[11①]

016 연약지반처리 공법 중 압밀에 의해 강도를 증가시키는 방법을 체크하시오.

① 여성토 공법 (　　)

② 샌드드레인 공법 (　　)

③ 고결 공법 (　　)

④ 페이퍼드레인 공법 (　　)

[16①, 24③]

017 말뚝박기 해머(hammer) 중 연약지반에 적합하고 상대적으로 소음이 적은 것을 체크하시오.

① 드롭 해머(drop hammer) (　　)

② 디젤 해머(diesel hammer) (　　)

③ 스팀 해머(steam hammer) (　　)

④ 바이브로 해머(vibro hammer) (　　)

018 기초공사에서 안전조건을 체크하시오.

① 균등침하조건 (　)

② 구조물을 안전하게 지지하는 조건 (　)

③ 내구성 조건 (　)

④ 어느 정도 부동침하를 허용하는 조건 (　)

★중요　　　　　　　　　　[10②, 12③, 21③]

019 점착성이 있는 흙의 함수량을 변화시킬 때 액성, 소성, 반고체, 고체의 상태로 변화하는 흙의 성질을 의미하는 것을 체크하시오.

① 간극비 (　)　　　② 연경도 (　)

③ 예민비 (　)　　　④ 포화도 (　)

[04②, 15②, 24①]

020 흙의 간극비의 정의를 체크하시오.

① $\dfrac{공기의\ 부피}{흙입자의\ 부피}$ (　)

② $\dfrac{공기와\ 물의\ 부피}{흙입자의\ 부피}$ (　)

③ $\dfrac{공기와\ 물의\ 부피}{공기,\ 물,\ 흙입자의\ 부피}$ (　)

④ $\dfrac{공기의\ 부피}{물,\ 흙입자의\ 부피}$ (　)

★중요　　　[04②, 06②, 09①, 25②]

021 입경이 가늘고 비교적 균일하면서 느슨하게 쌓여 있는 모래 지반이 물로 포화되어 있을 때 지진이나 충격을 받으면 일시적으로 전단강도를 잃어버리는 현상을 체크하시오.

① 모관 현상 (　)

② 보일링 현상 (　)

③ 틱소트로피 현상 (　)

④ 액화 현상 (　)

★중요　　[06③, 10①, 17①, 18①, 20②, 21①]

022 굴착공사 중 암질변화구간 및 이상암질 출현 시에는 암질판별시험을 수행하는데, 이 시험의 기준과 관련 있는 것을 체크하시오.

① 함수비 (　)　　　② RQD (　)

③ 탄성파 속도 (　)　④ 일축압축강도 (　)

⑤ 지표침하량 (　)　⑥ RMR (　)

⑦ 하중계(Load Cell) (　)

[11③, 18①, 21③]

023 흙의 연경도에서 반고체 상태와 소성상태의 한계를 의미하는 것을 체크하시오.

① 액성한계 (　)

② 소성한계 (　)

③ 수축한계 (　)

④ 반수축한계 (　)

[05①, 23①]

024 깊은 기초인 케이슨(Caisson) 기초의 종류를 체크하시오.

① 우물통 기초(Open caisson) (　)

② 공기케이슨 기초(Pneumatic caisson) (　)

③ 상자형 케이슨 기초(Box caisson) (　)

④ 피어 기초(Pier caisson) (　)

[05②④]

025 지반의 굴착 전 사전조사 사항을 체크하시오.

① 흙막이 지보공의 설치 유무 (　)

② 소화설비의 유무 (　)

③ 지반의 지하수위 상태 (　)

④ 유도자의 배치 유무 (　)

[05④, 24①]

026 노천굴착작업을 실시하기 전에 조사하여야 할 사항 중 지하 매설물을 체크하시오.

① 상하수도관 (　)

② 가스, 송유관 (　)

③ 지층, 토질 (　)

④ 전기, 전화, 전선케이블 (　)

[05③]

027 지하수의 유량계산을 위한 Darcy의 법칙에서 투수계수에 대한 설명으로 올바른지 체크하시오.

① 모래는 진흙보다 투수계수가 크다. (　)

② 투수계수는 모래에서 평균입자지름(유효 입경)의 제곱에 비례한다. (　)

③ 투수계수는 현장시험을 통하여 구할 수 있다.

(　)

④ 투수계수는 간극의 크기가 작을수록 증가한다.

(　)

★중요 [08③, 09③, 13③, 16②, 25②]

028 지반의 투수계수에 영향을 주는 인자를 체크하시오.

① 유체의 점성계수 (　　)
② 토립자의 단위중량 (　　)
③ 토립자의 공극비 (　　)
④ 유체의 밀도 (　　)
⑤ 입경 (　　)
⑥ 압축지수 (　　)

[08①]

029 기초의 안전상 부동침하를 방지하는 대책으로 올바른지 체크하시오.

① 구조물의 전체 하중이 기초에 균등하게 분포되도록 한다. (　　)
② 기초 상호간의 지중보로 연결한다. (　　)
③ 한 구조물의 기초는 2종류 이상의 복합적인 기초형식으로 한다. (　　)
④ 기초 지반 아래의 토질이 연약할 경우는 연약지반처리 공법으로 보강한다. (　　)

[18③, 23③]

030 토중수(soil water)에 관한 설명으로 올바른지 체크하시오.

① 화학수는 원칙적으로 이동과 변화가 없고 공학적으로 토립자와 일체로 보며 100℃ 이상 가열하여 제거할 수 있다. (　　)
② 자유수는 지하의 물이 지표에 고인 물이다. (　　)
③ 모관수는 모관작용에 의해 지하수면 위쪽으로 솟아 올라온 물이다. (　　)
④ 흡착수는 이동과 변화가 없고 110±5℃ 이상으로 가열해도 제거되지 않는다. (　　)

[10①]

031 모래지반의 내부 마찰각을 구할 수 있는 시험방법을 체크하시오.

① 웰포인트 (　　)
② 표준관입시험 (　　)
③ 지내력시험 (　　)
④ 베인테스트 (　　)

[11①, 13③, 24③]

032 흙의 다짐효과에 대한 설명으로 올바른지 체크하시오.

① 흙의 투수성이 증가한다. (　　)
② 동상 현상이 감소한다. (　　)
③ 전단강도가 감소한다. (　　)
④ 흙의 밀도가 낮아진다. (　　)
⑤ 흙의 밀도가 높아진다. (　　)
⑥ 흙의 투수성이 감소한다. (　　)
⑦ 지반의 지지력이 증가한다. (　　)
⑧ 동상 현상이나 팽창 작용 등이 감소한다. (　　)

★중요 [05②, 14②, 15①, 21③]

033 흙의 동상을 방지하기 위한 대책으로 올바른지 체크하시오.

① 물의 유통을 원활하게 하여 지하수위를 상승시킨다. (　　)
② 모관수의 상승을 차단하기 위하여 지하수위 상층에 조립토층을 설치한다. (　　)
③ 지표의 흙을 화학약품으로 처리한다. (　　)
④ 흙속에 단열재료를 매입한다. (　　)
⑤ 동결되지 않는 흙으로 치환한다. (　　)
⑥ 세립토층을 설치하여 모관수의 상승을 촉진시킨다. (　　)

[11①]

034 점성토의 성질과 관련 있는 것을 체크하시오.

① 예민비(Sensitivity ratio) (　　)
② 리칭 현상(Leaching phenomenon) (　　)
③ 틱소트로피 현상(Thixotropy phenomenon) (　　)
④ 액상화 현상(Liquefaction) (　　)

[12②, 22①]

035 흙을 크게 분류하면 사질토와 점성토로 나눌 수 있는데, 그 차이점으로 올바른지 체크하시오.

① 흙의 내부 마찰각은 사질토가 점성토보다 크다. (　　)
② 지지력은 사질토가 점성토보다 크다. (　　)
③ 점착력은 사질토가 점성토보다 작다. (　　)
④ 장기 침하량은 사질토가 점성토보다 크다. (　　)

036 건설안전의 위험성에 대한 예측 설명으로 올바른지 체크하시오.

① 과거의 경험 (　)
② 정보의 수집 (　)
③ 측정 및 관측 (　)
④ 구성 기준의 준수 (　)

★중요　[10③, 13②, 19③, 22③]

037 유해·위험방지계획서 제출 시 첨부해야 하는 서류를 체크하시오.

① 건축물 각 층의 평면도 (　)
② 기계·설비의 배치도면 (　)
③ 기계·설비의 개요를 나타내는 서류 (　)
④ 비상조치계획서 (　)
⑤ 원재료 및 제품의 취급, 제조 등의 작업방법의 개요 (　)

★중요　[05④, 08①, 11①, 18①, 20②, 24①]

038 건설공사 유해위험방지계획서 제출 시 공통적으로 제출(공사 개요 및 안전보건관리계획)하여야 할 첨부서류를 체크하시오.

① 공사개요서 (　)
② 전체 공정표 (　)
③ 산업안전보건관리비 사용계획서 (　)
④ 가설도로계획서 (　)
⑤ 안전관리 조직표 (　)
⑥ 보호장비 폐기계획 (　)
⑦ 공사현장의 주변 현황 및 주변과의 관계를 나타내는 도면 (　)
⑧ 재해 발생 위험 시 연락 및 대피방법 (　)
⑨ 근로자 건강진단 실시계획 (　)

★중요　[02②, 03②, 04①③, 05②, 06③, 07③, 09①③, 12②, 13①③, 14③, 15③, 16③, 17①, 18②③, 19①②, 25②]

039 유해위험방지 계획서를 제출해야 하는 대상공사를 체크하시오.

① 지상 높이가 31m 이상인 건축물 또는 공작물의 건설, 개조 또는 해체공사 (　)
② 터널의 건설 등의 공사 (　)
③ 깊이 7m 이상인 굴착공사 (　)

④ 지상높이 31m 이상인 건축물 건설 등 공사 (　)
⑤ 제방높이 30m 이상인 댐 건설공사 (　)
⑥ 굴착깊이 10.5m 이상인 굴착공사 (　)
⑦ 지상높이가 20m 이상인 건축물의 해체공사 (　)
⑧ 깊이 5.5m 이상인 굴착공사 (　)
⑨ 지상높이가 21m인 건축물 건설 등 공사 (　)
⑩ 최대 지간길이가 40m인 다리의 건설 등 공사 (　)
⑪ 제방높이가 10m인 댐 건설공사 (　)
⑫ 최대 지간길이 30m 이상인 다리의 건설 등 공사 (　)
⑬ 깊이 10m 이상인 굴착공사 (　)
⑭ 다목적댐, 발전용댐 및 저수용량 20,000,000톤 이상의 용수 전용 댐, 지방상수도 전용 댐 건설 등 공사 (　)
⑮ 지상높이 35m인 인공구조물 건설 등 공사 (　)
⑯ 최대 지간길이가 60m인 교량건설 공사 (　)
⑰ 저수용량 10,000,000톤인 용수전용 댐 (　)
⑱ 깊이 5m인 굴착공사 (　)
⑲ 최대 지간길이가 45m인 다리의 건설 등 공사 (　)
⑳ 제방 높이가 50m인 다목적댐 건설공사 (　)
㉑ 깊이가 8m인 굴착공사 (　)
㉒ 지상높이 10m 이상인 건축물의 건설 등 공사 (　)
㉓ 최대 지간길이가 50m 이상인 다리의 건설 등 공사 (　)
㉔ 연면적 30,000m² 이상인 건축물 건설 등 공사 (　)
㉕ 다목적댐, 발전용댐 및 저수용량 10,000,000톤 이상의 용수전용댐 등의 건설 등 공사 (　)
㉖ 최대지간거리가 50m인 다리의 건설등의 공사 (　)
㉗ 연면적 5,000m²인 동물원 건설 등 공사 (　)
㉘ 깊이가 9m인 굴착공사 (　)
㉙ 연면적 5,000m² 이상의 관공숙박시설의 해체공사 (　)

㉚ 저수용량 5,000톤 이상의 지방상수도 전용댐 건설 등 공사 (　　)

㉛ 길이 10m 이상인 굴착공사 (　　)

㉜ 깊이가 15m인 굴착공사 (　　)

㉝ 지상높이가 25m인 건축물의 건설 등 공사 (　　)

㉞ 최대 지간길이가 55m인 다리의 건설 등 공사 (　　)

㉟ 깊이 12m 이상인 굴착공사 (　　)

㊱ 지상높이가 20m인 건축물의 해체공사 (　　)

㊲ 깊이 9.5m인 굴착공사 (　　)

㊳ 깊이 12m인 굴착공사 (　　)

[07①, 14②, 23③]

040 유해위험방지계획서를 작성하는 자와 검토자의 자격 요건을 체크하시오.

① 건설안전분야 산업안전지도사 (　　)

② 건설안전기술사 (　　)

③ 건설안전산업기사 이상으로서 실무경력 7년인 자 (　　)

④ 건설안전기사로서 실무경력 4년인 자 (　　)

⑤ 건설안전기사로서 실무경력 3년인 자 (　　)

02 단답형 문제

★중요 [04③]

001 현장 토질시험으로 + 자형 날개를 회전시켜 점토질 지반의 점착력을 판별하는 시험 방법을 쓰시오.

[17②, 24②]

002 지반의 조사방법 중 지질의 상태를 가장 정확히 파악할 수 있는 보링방법을 쓰시오.

[11①, 21①]

003 낙하추나 화약의 폭발 등으로 인공진동을 일으켜 지반의 종류, 지층 및 강성도 등을 알아내는 데 활용되는 지반조사 방법을 쓰시오.

[10①]

004 흙의 상태는 함수량에 따라 액체, 소성, 반고체, 고체 등으로 변화하는데, 이러한 흙의 성질을 쓰시오.

★중요 [03③, 10②, 23①]

005 표준관입시험(SPT)에서의 N값은 외경 5.1cm, 내경 3.5cm, 길이 81cm의 스플릿스푼샘플러를 63.5kg 해머로 흐트러지지 않을 지반에 몇 cm 관입하는 데 필요한 타격횟수인지 쓰시오.

⚙ **해설** 표준관입시험이란 보링공을 이용하여 로드의 선단에 표준관입시험용 샘플러를 단 것을 무게 63.5kg의 쇠뭉치로 76cm의 높이에서 자유낙하시켜 샘플러의 관입깊이 30cm에 해당하는 매입에 필요한 타격횟수 N을 측정하는 시험으로 모래지반의 내부 마찰각을 구할 수 있는 시험방법이다.

[12③]

006 다음 내용에서 괄호 안에 알맞은 수치를 순서대로 쓰시오.

> 표준관입시험이란 보링공을 이용하여 로드의 선단에 표준관입시험용 샘플러를 단 것을 무게 (㉠)kg의 쇠뭉치로 76cm의 높이에서 자유낙하시켜 샘플러의 관입깊이가 (㉡)cm에 해당하는 매입에 필요한 타격횟수 N을 측정하는 시험이다.

⚙ **해설** 표준관입시험이란 보링공을 이용하여 로드의 선단에 표준관입시험용 샘플러를 단 것을 무게 63.5kg의 쇠뭉치로 76cm의 높이에서 자유낙하시켜 샘플러의 관입깊이 30cm에 해당하는 매입에 필요한 타격횟수 N을 측정하는 시험이다.

[13②, 25②]

007 모래질 지반에서 포화된 가는 모래에 충격을 가하면 모래가 약간 수축하여 정(+)의 공극수압이 발생하며, 이로 인하여 유효응력이 감소하여 전단강도가 떨어져 순간침하가 발생하는 현상을 쓰시오.

★중요　　　　　　　　　　　　　　　　　　[02②, 03①, 22①]

008 유해위험방지계획서를 제출해야 하는 경우, 언제 누구에게 제출해야 하는지를 쓰시오. (단, 유해하거나 위험한 작업 또는 장소에서 사용하거나 건강장해를 방지하기 위하여 사용하는 기계·기구 및 설비로서 대통령령으로 정하는 기계·기구 및 설비를 설치·이전하거나 그 주요 구조부분을 변경하려는 경우임)

⚙ **해설**　제출서류 등(규칙 제42조)

사업주가 유해위험방지계획서를 제출할 때에는 사업장별로 제조업 등 유해위험방지계획서에 서류(건축물 각 층의 평면도, 기계·설비의 개요를 나타내는 서류, 기계·설비의 배치도면, 원재료 및 제품의 취급, 제조 등의 작업방법의 개요, 그 밖에 고용노동부장관이 정하는 도면 및 서류 등)를 첨부하여 해당 작업 시작 15일 전까지 공단에 2부를 제출해야 한다. 이 경우 유해위험방지계획서의 작성기준, 작성자, 심사기준, 그 밖에 심사에 필요한 사항은 고용노동부장관이 정하여 고시한다.

|정답|

001 베인 테스트　　**002** 회전식 보링(rotary boring)　　**003** 탄성파탐사(탄성파식 지하탐사)　　**004** 흙의 연경도　　**005** 30cm

006 ㉠ 63.5, ㉡ 30　　**007** 액상화 현상　　**008** 해당 작업 시작 15일 전까지, 산업안전보건공단

★중요   [18③, 21②]

001 지반을 구성하는 흙의 지내력시험을 한 결과 총 침하량이 2cm가 될 때까지의 하중(P)이 32tf이다. 이 지반의 허용 지내력을 구하시오. (단, 이때 사용된 재하판은 40cm × 40cm임)

> ⚙ **해설**
>
> $$\text{허용 지내력} = \frac{\text{하중}}{\text{단면적}} = \frac{32tf}{0.4m \times 0.4m} = 200tf/m^2$$

★중요   [02②, 09②]

002 함수비 20%, 공극비 0.8, 흙의 비중이 2.6일 때 포화도를 구하시오.

> ⚙ **해설**
>
> 포화도는 간극의 부피에 대한 물의 부피의 비율로, 포화도 $= \dfrac{\text{물의 부피}}{\text{간극(물 + 공기)의 부피}} \times 100(\%)$이다.
>
> 그러므로 포화도 $= \dfrac{\text{비중} \times \text{함수비}(\%)}{\text{공극비}} = \dfrac{2.6 \times 20}{0.8} = 65\%$

★중요   [10②, 13①, 20①, 22③]

003 포화도 80%, 함수비 28%, 흙 입자의 비중 2.7일 때 공극비를 구하시오.

> ⚙ **해설**
>
> $$\text{공극비} = \frac{\text{비중} \times \text{함수비}(\%)}{\text{포화도}} = \frac{2.7 \times 28}{80} = 0.945$$

01 진위형 문제

▶ 해설편 265p

※ 다음 문제를 읽고, 옳으면 ○, 틀리면 ✕를 괄호 안에 표기하시오.

[02②, 21②]

001 추락의 위험이 있는 개구부 주위에서 작업할 때 편리한 안전대를 체크하시오.

① 1종 안전대 (　　)　　② 2종 안전대 (　　)

③ 3종 안전대 (　　)　　④ 4종 안전대 (　　)

[06①, 23②]

002 안전시설비 등으로 사용되는 내역 중에서 추락방지용 안전시설비를 체크하시오.

① 안전난간 (　　)

② 안전대 부착설비 (　　)

③ 방호장치 (　　)

④ 방호선반 (　　)

[02②]

003 해체작업 중의 추락과 관계 있는 것을 체크하시오.

① 강풍 하에서 작업을 했다. (　　)

② 해체작업 순서가 잘못 되었다. (　　)

③ 구명줄, 안전모, 안전대를 사용하지 않았다. (　　)

④ 지반이 나빴다. (　　)

★중요　　　　　　　　　　[06①②, 10②, 21③]

004 해체작업을 수행하기 전에 해체계획에 포함되어야 하는 사항을 체크하시오.

① 부재 손상·변형·부식 등에 관한 조사계획서 (　　)

② 해체작업용 기계·기구 등의 작업계획서 (　　)

③ 해체의 방법 및 해체순서 도면 (　　)

④ 해체작업용 화약류 등의 사용계획서 (　　)

⑤ 중량물 종류 및 형상 (　　)

⑥ 사업장 내의 연락방법 (　　)

⑦ 해체물의 처분계획 (　　)

⑧ 발파 방법 (　　)

[10②]

005 해체공사 시 안전사항 준수내용으로 올바른지 체크하시오.

① 사용기계기구 등을 인양하거나 내릴 때에는 와이어로프로 묶어서 작업한다. (　　)

② 적정한 위치에 대피소를 설치하여야 한다. (　　)

③ 전도작업을 수행할 때는 작업자 이외의 다른 작업자를 대피시킨 후 전도시키도록 한다. (　　)

④ 강풍, 폭우, 폭설 등 악천후 시에는 작업을 중지한다. (　　)

★중요　　　　[03①, 06③, 10③, 12①, 18②, 23①]

006 구조물 해체작업용 기계·기구의 종류를 체크하시오.

① 포크 리프트(Fork lift) (　　)

② 압쇄기 (　　)

③ 대형 브레이커 (　　)

④ 쐐기 타입기(Rock jack) (　　)

⑤ 핸드브레이커 (　　)

⑥ 착암기 (　　)

⑦ 데릭 (　　)

⑧ 쇄석기 (　　)

[07①]

007 해체작업용 화약류를 체크하시오.

① 저폭속 파쇄약 (　　)　　② 저폭속 폭약 (　　)

③ 팽창제 (　　)　　　　　　④ 다이나마이트 (　　)

[09②]

008 해체 공법 중 핸드브레이커 공법의 특징으로 올바른지 체크하시오.

① 좁은 장소의 작업에 유리하고 타 공법과 병행하여 사용할 수 있다. (　　)

② 분진 발생이 거의 없어 그 밖에 보호구가 불필요하다. (　　)

③ 파괴력이 크고 공기단축 및 노동력 절감에 유리하다. (　　)

④ 소음, 진동은 없으나 기둥과 기초물 해체 시에는 사용이 불가능하다. (　　)

009 해체공사에 사용되는 핸드브레이커의 장점으로 올바른지 체크하시오.

① 방진마스크, 보안경 등이 불필요하며, 수동공구에 비하여 작업 능률이 좋다. (　)
② 진동, 파편의 비산이 적으며 위험성이 적다. (　)
③ 운반이 편리하며 다목적으로 사용이 가능하다. (　)
④ 좁은 장소나 구조물 파쇄에 유리하고 타 공법과 병행하여 사용할 수 있다. (　)

010 해체용 기계·기구의 취급에 대한 설명으로 올바른지 체크하시오.

① 해머는 적절한 직경과 종류의 와이어로프로 매달아 사용해야 한다. (　)
② 압쇄기는 셔블(shovel)에 부착·설치하여 사용한다. (　)
③ 차체에 무리를 초래하는 중량의 압쇄기 부착을 금지한다. (　)
④ 해머 사용 시 충분한 견인력을 갖춘 도저에 부착하여 사용한다. (　)

011 핸드 브레이커 취급 시 안전에 관한 유의사항으로 올바른지 체크하시오.

① 기본적으로 현장 정리가 잘 되어 있어야 한다. (　)
② 작업 자세는 항상 하향 45° 방향으로 유지하여야 한다. (　)
③ 작업 전 기계에 대한 점검을 철저히 한다. (　)
④ 호스의 교차 및 꼬임 여부를 점검하여야 한다. (　)

012 철도의 위를 가로질러 횡단하는 콘크리트 고가교가 노후화되어 이를 해체하려고 한다. 철도의 통행을 최대한 방해하지 않고 해체하는데 가장 적당한 해체용 기계·기구를 체크하시오.

① 철제햄머 (　)
② 압쇄기 (　)
③ 핸드브레이커 (　)
④ 절단기 (　)

013 채석작업을 하는 때에 해체계획서 작성 시 포함할 사항을 체크하시오.

① 굴착면의 높이와 기울기 (　)
② 기둥침하의 유무 및 상태 확인 (　)
③ 암석의 분할방법 (　)
④ 표토 또는 용수의 처리방법 (　)

014 발파 공법으로 해체작업 시 화약류 취급상 안전기준으로 올바른지 체크하시오.

① 화약류에 의한 발파파쇄 해체 시에는 사전에 시험발파에 의한 폭력, 폭속, 진동치속도 등에 파쇄능력과 진동, 소음의 영향력을 검토하여야 한다. (　)
② 시공순서는 건설공사 표준시방서에 의한다. (　)
③ 소음으로 인한 공해, 진동, 파편에 대한 예방대책이 있어야 한다. (　)
④ 화약류 취급에 대하여는 총포도검화약류 등 단속법과 산업안전보건법 등 관계법의 규제를 받는다. (　)

015 발파작업 시 안전담당자의 직무를 체크하시오.

① 대피장소 및 경로를 지시한다. (　)
② 근로자가 대피한 것을 확인한다. (　)
③ 자신이 직접 점화한다. (　)
④ 발파 후 불발장약을 점검한다. (　)

016 발파작업 시 유의사항으로 올바른지 체크하시오.

① 적절한 경보를 하여 근로자와 제3자의 대피조치를 취한다. (　)
② 화약류, 뇌관 등은 충격을 주지 말고 화기에 접근을 금지한다. (　)
③ 발파 후에는 불발 잔약의 확인과 진동에 의한 2차 붕괴 여부를 확인한다. (　)

④ 낙반, 부석처리 완료 후 작업을 재개한다. (　)

⑤ 발파공의 충진재료로 모래를 사용한다. (　)

⑥ 화약과 뇌관은 분리하여 저장한다. (　)

⑦ 화약 장전에 구멍을 막는 작업에 철근을 사용한다. (　)

⑧ 발파 작업 후 불발 뇌관의 유무를 확인한다. (　)

★중요　　　　　　　　　　　[07②, 17③, 18②, 25①]

017 발파작업에 종사하는 근로자가 준수하여야 할 사항으로 올바른지 체크하시오.

① 장전구는 마찰·충격·정전기 등에 의한 폭발의 위험이 없는 안전한 것을 사용해야 한다. (　)

② 발파공의 충진재료는 점토·모래 등 발화성 또는 인화성의 위험이 없는 재료를 사용해야 한다.
(　)

③ 얼어붙은 다이나마이트는 화기에 접근시키거나 그 밖의 고열물에 직접 접촉시켜 단시간 안에 융해시킬 수 있도록 해야 한다. (　)

④ 전기뇌관에 의한 발파의 경우 점화하기 전에 화약류를 장전한 장소로부터 30m 이상 떨어진 안전한 장소에서 전선에 대하여 저항측정 및 도통시험을 해야 한다. (　)

⑤ 벼락이 떨어질 우려가 있는 경우에는 화약 또는 폭약의 장전 작업을 중지하고 근로자들을 안전한 장소로 대피시켜야 한다. (　)

⑥ 근로자가 안전한 거리로 피난할 수 없는 경우에는 앞면과 상부를 견고하게 방호한 피난장소를 설치하여야 한다. (　)

⑦ 전기뇌관 외의 것에 의하여 점화 후 장전된 화약류의 폭발여부를 확인하기 곤란한 때에는 점화한 때부터 15분 이내에 신속히 확인하여 처리하여야 한다. (　)

★중요　　　　　　[02③, 07①, 12①, 14①, 15②, 21②]

018 추락재해 방지설비의 종류를 체크하시오.

① 추락방지망 설치 (　)

② 안전난간 (　)

③ 개구부 덮개 (　)

④ 수직보호망 (　)

⑤ 작업발판 설치 (　)

⑥ 버팀대 (　)

⑦ 근로자에게 안전대 착용 (　)

⑧ 안전망 (　)

⑨ 투하설비 설치 (　)

[02③]

019 추락사고를 예방하기 위한 방지대책으로 올바른지 체크하시오.

① 안전담당자를 지정하여 지도·감독 (　)

② 안전대 착용 및 추락방지망 설치 (　)

③ 작업대나 비계에 작업발판과 난간대 설치 (　)

④ 높이 3미터 이상인 장소에서 악천후로 인하여 위험이 예상될 때 당해 작업을 중지 (　)

[13①]

020 추락에 의한 위험을 방지하기 위한 안전방망의 설치 기준으로 올바른지 체크하시오.

① 안전방망의 설치위치는 가능하면 작업면으로부터 가까운 지점에 설치할 것 (　)

② 건축물 등의 바깥쪽으로 설치하는 경우 망의 내민길이는 벽면으로부터 2m 이상이 되도록 할 것
(　)

③ 안전방망은 수평으로 설치하고, 망의 처짐은 짧은 변 길이의 12% 이상이 되도록 할 것 (　)

④ 작업면으로부터 망의 설치지점까지의 수직거리는 10m를 초과하지 아니할 것 (　)

[19②, 25③]

021 근로자가 추락하거나 넘어질 위험이 있는 장소에서 추락방호망의 설치 기준으로 올바른지 체크하시오.

① 망의 처짐은 짧은 변 길이의 10% 이상이 되도록 할 것 (　)

② 추락방호망은 수평으로 설치할 것 (　)

③ 건축물 등의 바깥쪽으로 설치하는 경우 추락방호망의 내민 길이는 벽면으로부터 3m 이상 되도록 할 것 (　)

④ 추락방호망의 설치위치는 가능하면 작업면으로부터 가까운 지점에 설치하여야 하며, 작업면으로부터 망의 설치지점까지의 수직거리는 10m를 초과하지 아니할 것 (　)

022 추락 방지용 방망에 표시해야 할 사항을 체크하시오.

① 신품인 때의 방망의 강도 (　　)

② 망사의 직경 (　　)

③ 제조자명 (　　)

④ 그물코 (　　)

023 추락의 위험이 있을 때 설치하는 방망의 정기시험에 대한 설명으로 올바른지 체크하시오.

① 사용개시 후 1년 이내에 처음 실시하고 1년에 1회 실시한다. (　　)

② 사용개시 후 6개월 이내에 처음 실시하고 1년에 1회 실시한다. (　　)

③ 사용개시 후 1년 이내에 처음 실시하고 6개월에 1회 실시한다. (　　)

④ 사용개시 후 6개월 이내에 처음 실시하고 6개월에 1회 실시한다. (　　)

024 추락의 정의로 가장 올바른 것을 체크하시오.

① 고소에 위치한 자재, 도구, 공구 등이 하부로 떨어지는 것 (　　)

② 계단 경사로 등에서 굴러 떨어지는 것 (　　)

③ 고소 근로자가 위치 에너지의 상실로 인해 하부로 떨어지는 것 (　　)

④ 고소에 위치한 가설물의 일부가 붕괴하는 것 (　　)

★중요

025 구조물 작업에서의 위험요인과 재해형태의 연결이 올바른지 체크하시오.

① 자재적재 및 통로 미확보 – 전도 (　　)

② 개구부 안전난간 미설치 – 추락 (　　)

③ 벽돌 등 중량물 취급 작업 – 협착 (　　)

④ 항만 하역 작업 – 질식 (　　)

⑤ 암반의 절취법면 – 낙하 (　　)

⑥ 흙막이 지보공 설치 작업 – 붕괴 (　　)

⑦ 암석의 발파 – 비산 (　　)

⑧ 흙막이 지보공 토류판 설치 – 접촉 (　　)

★중요

026 작업발판 및 통로의 끝이나 개구부로서 근로자가 추락할 위험이 있는 장소에서의 방호조치를 체크하시오.

① 안전난간 설치 (　　)

② 와이어로프 설치 (　　)

③ 울타리 설치 (　　)

④ 수직형 추락방망 설치 (　　)

⑤ 교차가새 (　　)

⑥ 안전대 (　　)

⑦ 방호선반 (　　)

027 높이 2m 이상인 높은 작업장의 개구부에서 근로자가 추락할 위험이 있는 경우 이를 방지하기 위한 설비를 체크하시오.

① 안전난간 (　　)

② 방호선반 (　　)

③ 비계 (　　)

④ 수직보호망 (　　)

028 비계로부터의 추락 원인과 관계 있는 것을 체크하시오.

① 작업발판의 폭이 좁았다. (　　)

② 덮개가 없었다. (　　)

③ 비계 위로 올라 갔다. (　　)

④ 난간이 없었다. (　　)

029 근로자의 추락 등의 위험을 방지하기 위하여 설치하는 안전난간의 기준으로 올바른지 체크하시오.

① 안전난간의 높이(작업바닥면에서 상부난간의 끝단까지의 높이)는 90cm 이상으로 한다. (　　)

② 띠장목과 작업바닥면 사이의 틈은 10mm 이하로 한다. (　　)

③ 폭목과 중간대, 중간대와 상부난간대 등의 내부 간격은 각각 60cm를 넘지 않도록 설치한다. (　　)

④ 난간기둥의 중심간격은 2m 이하로 한다. (　　)

★중요 [05③, 09①, 15②, 23①]

030 철골작업 시 추락재해를 방지하기 위한 설비를 체크하시오.

① 안전대 및 구명줄 (　　)

② 트렌치 박스 (　　)

③ 안전난간 (　　)

④ 추락방지용 방망 (　　)

⑤ 어스 앵커 (　　)

⑥ 승강용 트랩 (　　)

[07③, 18②, 23③]

031 근로자의 추락 위험이 있는 장소에서 발생하는 추락재해의 원인으로 볼 수 있는 것을 체크하시오.

① 안전대를 부착하지 않았다. (　　)

② 덮개를 설치하지 않았다. (　　)

③ 투하설비를 설치하지 않았다. (　　)

④ 안전난간을 설치하지 않았다. (　　)

⑤ 작업대의 발판이 좁았다. (　　)

⑥ 토사를 안전한 기울기로 굴착하지 않았다. (　　)

[07②, 09②, 25①]

032 추락재해를 방지하기 위한 안전대책으로 올바른지 체크하시오.

① 높이가 2m를 초과하는 장소에는 승강설비를 설치한다. (　　)

② 이동식 사다리 구조의 폭은 30cm 이상으로 한다. (　　)

③ 이동식 사다리를 설치한 바닥면에서 높이 3m 이하의 장소에서만 작업한다. (　　)

④ 슬레이트 지붕에서 발이 빠지는 등 추락 위험이 있을 경우 폭 30cm 이상의 발판을 설치한다. (　　)

⑤ 안전모를 착용하되, 작업 높이가 2.5m 이상인 경우에는 안전모와 안전대를 함께 착용한다. (　　)

[14①, 18③, 25③]

033 토사붕괴 재해의 발생 원인으로 올바른지 체크하시오.

① 부석의 점검을 소홀히 했다. (　　)

② 지질조사를 충분히 하지 않았다. (　　)

③ 굴착면 상하에서 동시작업을 했다. (　　)

④ 안식각으로 굴착했다. (　　)

[05②]

034 토사붕괴재해의 예방대책으로 올바른지 체크하시오.

① 경사면의 상단부에 압성토 등 보강 공법으로 활동에 대한 저항대책을 강구하여야 한다. (　　)

② 적절한 경사면의 기울기를 계획하여야 한다. (　　)

③ 활동할 가능성이 있는 토석은 제거하여야 한다. (　　)

④ 말뚝(강관, H형강, 철근 콘크리트)을 타입하여 지반을 강화시킨다. (　　)

★중요 [10③, 14③, 16③, 22②]

035 지반의 붕괴, 구축물의 붕괴 또는 토석의 낙하 등에 의하여 근로자가 위험해질 우려가 있는 경우 그 위험을 방지하기 위하여 취해야 할 조치로 올바른지 체크하시오.

① 지반의 붕괴 또는 토석의 낙하 원인이 되는 빗물이나 지하수 등을 배제할 것 (　　)

② 높이가 2m 이상인 장소로부터 물체를 투하하는 때에는 투하설비를 설치하거나 감시인을 배치할 것 (　　)

③ 갱내의 낙반·측벽(側壁) 붕괴의 위험이 있는 경우에는 지보공을 설치하고 부석을 제거하는 등 필요한 조치를 할 것 (　　)

④ 지반은 안전한 경사로 하고 낙하의 위험이 있는 토석을 제거하거나 옹벽, 흙막이 지보공 등을 설치할 것 (　　)

⑤ 흙막이 지보공 제거 (　　)

⑥ 인근의 항타 작업으로 침하가 발생하여 구축물의 붕괴위험이 예상될 경우 안전성평가를 실시함 (　　)

⑦ 갱내에서의 측벽의 붕괴에 의하여 근로자에게 위험을 미칠 우려가 있을 때에는 지보공을 설치함 (　　)

⑧ 작업으로 인하여 물체가 낙하 또는 비래할 위험이 있을 때에는 방호선반의 설치 등 필요한 조치를 함 (　　)

[04②]

036 다음 그림과 같이 굴착하는 도갱을 체크하시오.

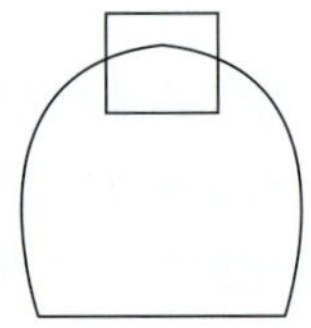

① 저부도갱 (　　) ② 정부도갱 (　　)
③ 측변도갱 (　　) ④ 저하도갱 (　　)

[02①, 19②, 23①]

037 굴착면 붕괴의 원인을 체크하시오.

① 사면경사의 증가 (　　)
② 성토 높이의 감소 (　　)
③ 공사에 의한 진동하중의 증가 (　　)
④ 굴착높이의 증가 (　　)

 [02①, 05②, 06②, 12②, 16①, 17③, 19③, 24②]

038 토사 붕괴의 외적 원인을 체크하시오.

① 토석의 강도 저하 (　　)
② 절토 및 성토 높이의 증가 (　　)
③ 사면, 법면의 경사 및 기울기 증가 (　　)
④ 지표수 및 지하수의 침투에 의한 토사 중량 증가
　　(　　)
⑤ 진동 및 각종 하중 작용 (　　)
⑥ 지진, 차량, 구조물의 중량 (　　)
⑦ 공사에 의한 진동 및 반복 하중의 증가 (　　)
⑧ 절토 사면의 토질, 암질 (　　)

 [15①②, 16②, 18①, 25③]

039 토사붕괴의 내적 원인을 체크하시오.

① 사면의 경사 증가 (　　)
② 공사에 의한 진동, 하중의 증가 (　　)
③ 절토 및 성토 높이의 증가 (　　)
④ 토석의 강도 저하 (　　)
⑤ 사면, 법면의 경사 및 기울기 증가 (　　)
⑥ 지표수 및 지하수의 침투에 의한 토사 중량 증가
　　(　　)

[06①]

040 일반적인 토석붕괴의 형태를 체크하시오.

① 절토면의 붕괴 (　　)

② 미끄러져 내림(sliding) (　　)
③ 성토 법면의 붕괴 (　　)
④ 깊은 심층의 붕괴 (　　)

[11①, 20①, 22①]

041 토사 붕괴 유형 중 유한사면의 종류를 체크하시오.

① 사면 천단부 붕괴 (　　)
② 사면 중심부 붕괴 (　　)
③ 사면 하단부 붕괴 (　　)
④ 적립 사면부 붕괴 (　　)

 [10③, 12③, 13②, 16②, 24①]

042 비탈면 붕괴 방지를 위한 붕괴방지 공법과 관련 있는 것을 체크하시오.

① 배토 공법 (　　)
② 압성토 공법 (　　)
③ 앵커에 의한 방지 공법 (　　)
④ 웰포인트 공법 (　　)
⑤ 집수정 공법 (　　)
⑥ 공작물의 설치 (　　)

[11③, 17①]

043 굴착작업을 하는 경우 지반의 붕괴 또는 토석의 낙하에 의한 근로자의 위험을 방지하기 위하여 관리감독자로 하여금 작업시작 전에 점검하도록 해야 하는 사항을 체크하시오.

① 부석·균열의 유무 (　　)
② 함수·용수 (　　)
③ 동결상태의 변화 (　　)
④ 시계의 상태 (　　)

 [06②, 13③, 18①, 25①]

044 잠함 또는 우물통의 내부에서 근로자가 굴착작업을 하는 경우의 준수사항으로 올바른지 체크하시오.

① 산소결핍 우려가 있는 경우에는 산소의 농도를 측정하는 사람을 지명하여 측정하도록 할 것 (　　)
② 근로자가 안전하게 오르내리기 위한 설비를 설치할 것 (　　)
③ 굴착깊이가 20m를 초과하는 경우에는 해당 작업장소와 외부와의 연락을 위한 통신설비 등을 설치할 것 (　　)

④ 바닥으로부터 천장 또는 보까지의 높이는 3m 이
내로 할 것 (　　)

⑤ 잠함 또는 우물통의 급격한 침하에 의한 위험을
방지하기 위하여 바닥으로부터 천장 또는 보까지
의 높이는 2m 이내로 할 것 (　　)

⑥ 산소농도를 측정할 것 (　　)

⑦ 승강설비를 설치할 것 (　　)

⑧ 굴착깊이 10m 초과 시 통신설비를 설치할 것
(　　)

⑨ 굴착깊이 20m 초과 시 송기설비를 설치할 것
(　　)

[08②]

045 터널굴착 작업 시 시공계획의 내용을 체크하시오.

① 터널굴착방법 (　　)

② 터널지보공 및 복공의 시공방법과 용수처리방법
(　　)

③ 자동경보장치의 설치방법 (　　)

④ 환기 또는 조명시설을 하는 때에는 그 방법 (　　)

[02①, 18①, 21①]

046 도심지에서 주변에 주요시설물이 있을 때 침하와
변위를 적게 할 수 있는 적당한 흙막이 공법을 체크
하시오.

① 동결 공법 (　　)

② 강널말뚝 공법 (　　)

③ 지하연속벽 공법 (　　)

④ 뉴매틱케이슨 공법 (　　)

[02②, 22②]

047 터널작업 시 작업면에 대한 조도기준으로 올바른지
체크하시오.

① 막장구간 70 lux 이상 (　　)

② 수직구구간 30 lux 이상 (　　)

③ 터널중간구간 50 lux 이상 (　　)

④ 터널입출구구간 20 lux 이상 (　　)

[06③, 09①, 22③]

048 터널식 굴착방법을 체크하시오.

① TBM (　　)

② NATM (　　)

③ 실드 공법 (　　)

④ 어스앵커(Earth Anchor) (　　)

[07①, 20①, 23②]

049 터널 공법 중 전단면 기계 굴착에 의한 공법을 체크
하시오.

① ASSM(American Steel Supported Method)
(　　)

② NATM(New Austrian Tunneling Method) (　　)

③ TBM(Tunnel Boring Machine) (　　)

④ 개착식 공법 (　　)

[06①, 15②, 24②]

050 옹벽 안정조건의 검토 사항을 체크하시오.

① 활동(sliding)에 대한 안전검토 (　　)

② 전도(overturning)에 대한 안전검토 (　　)

③ 지반 지지력(settlement)에 대한 안전검토 (　　)

④ 보일링(boiling)에 대한 안전검토 (　　)

⑤ 좌굴에 대한 안전검토 (　　)

[20①]

051 옹벽 축조를 위한 굴착작업에 관한 설명으로 올바
른지 체크하시오.

① 수평 방향으로 연속적으로 시공한다. (　　)

② 하나의 구간을 굴착하면 방치하지 말고 기초 및
본체구조물 축조를 마무리한다. (　　)

③ 절취경사면에 전석, 낙석의 우려가 있고 혹은 장
기간 방치할 경우에는 숏크리트, 록볼트, 넷트,
캔버스 및 모르타르 등으로 방호한다. (　　)

④ 작업위치의 좌우에 만일의 경우에 대비한 대피통
로를 확보하여 둔다. (　　)

[03①]

052 사질지반의 굴착면의 구배와 높이가 맞게 짝지어진
것을 체크하시오.

① 1 : 1.8 − 5m 미만 (　　)

② 1 : 1.5 − 5m 미만 (　　)

③ 1 : 1.8 − 2m 미만 (　　)

④ 1 : 1.5 − 2m 미만 (　　)

[05①, 06②, 09②③, 10②, 13①,
14①②, 15②, 18①, 19②, 21①]

★중요

053 토사 굴착 시 굴착면의 기울기 기준으로 올바른지 체크하시오.

① 모래 – 1 : 1.8 (　)
② 풍화암 – 1 : 1.0 (　)
③ 연암 – 1 : 1.0 (　)
④ 그 밖의 흙 – 1 : 1.5 (　)
⑤ 경암 – 1 : 0.5 (　)

[03②, 05③, 21③]

054 흙의 안식각이 의미하는 것을 체크하시오.

① 자연경사각 (　)　　② 비탈면각 (　)
③ 시공경사각 (　)　　④ 계획경사각 (　)

[19③]

055 흙의 휴식각에 관한 설명으로 올바른지 체크하시오.

① 흙의 마찰력으로 사면과 수평면이 이루는 각도를 말한다. (　)
② 흙의 종류 및 함수량 등에 따라 다르다. (　)
③ 흙파기의 경사각은 휴식각의 1/2로 한다. (　)
④ 안식각이라고도 한다. (　)

[03②, 04①, 06①②, 07②,
08③, 10③, 13①, 19①, 20②, 22③]

★중요

056 흙막이 지보공을 설치할 때 붕괴 등의 위험방지를 위한 정기점검사항을 체크하시오.

① 침하의 정도 (　)
② 버팀대의 긴압의 정도 (　)
③ 형상 지질 및 지층의 상태 (　)
④ 부재의 손상·변형·부식·변위 및 탈락의 유무와 상태 (　)
⑤ 부재의 설치방법과 순서 (　)
⑥ 부재의 접속부·부착부 및 교차부의 상태 (　)
⑦ 버팀대 강도 (　)
⑧ 발판의 지지 상태 (　)

[03③]

057 흙막이 공법의 종류를 체크하시오.

① 세미 실드(semi-shield) 공법 (　)
② 자립식 흙막이 공법 (　)

③ 수평버팀 공법 (　)
④ 타이로드 및 어스앵커 공법 (　)

[04③, 06③, 23③]

058 비탈면 붕괴를 방지하기 위한 방법을 체크하시오.

① 배토공 (　)　　　　② 배수공 (　)
③ 압성토공 (　)
④ 절토 높이의 증가 (　)

[15①]

059 암반사면의 파괴 형태에 해당하는 것을 체크하시오.

① 평면파괴 (　)　　② 압축파괴 (　)
③ 쐐기파괴 (　)　　④ 전도파괴 (　)

[04③, 08①, 09③, 25③]

★중요

060 지반의 굴착작업에 있어 지반의 붕괴 또는 매설물 등의 손괴 등에 의하여 근로자에게 위험이 미칠 우려가 있을 때 미리 작업장소 및 주변에 대하여 조사하여 굴착시기와 작업순서를 정하여야 한다. 이때의 조사사항에 해당하는 것을 체크하시오.

① 주변의 도로 분포 상태 (　)
② 작업 장소의 부석·균열의 유무 (　)
③ 작업 장소 주변의 부석·균열의 유무 (　)
④ 함수(含水)·용수(湧水) 및 동결의 유무 또는 상태의 변화 (　)
⑤ 흙막이 지보공 상태 (　)

[05①, 08③, 16②, 21②]

★중요

061 터널작업 중 낙반 등에 의한 위험방지를 위해 취할 수 있는 조치사항을 체크하시오.

① 터널지보공 설치 (　)　② 록볼트 설치 (　)
③ 부석의 제거 (　)　　④ 산소의 측정 (　)

[07③, 10②, 11③, 17①, 22②]

★중요

062 터널 지보공을 설치한 경우에 수시로 점검하여야 할 사항을 체크하시오.

① 부재의 손상·변형·부식·변위 탈락의 유무 및 상태 (　)
② 통신설비의 상태 (　)
③ 부재의 접속부 및 교차부의 상태 (　)
④ 기둥침하의 유무 및 상태 (　)
⑤ 부재의 긴압 정도 (　)
⑥ 매설물 등의 유무 또는 상태 (　)

063 터널 작업 시 터널 지보공을 조립하거나 변경하는 경우의 조치사항을 체크하시오. [13③, 23①]

① 주재(主材)를 구성하는 1세트의 부재는 동일 평면 내에 배치할 것 (   )

② 목재의 터널 지보공은 그 터널 지보공의 각 부재의 긴압 정도가 위치에 따라 차이나도록 할 것 (   )

③ 강(鋼)아치 지보공의 조립에서 낙하물이 근로자에게 위험을 미칠 우려가 있는 경우에는 널판 등을 설치할 것 (   )

④ 기둥에는 침하를 방지하기 위하여 받침목을 사용하는 등의 조치를 할 것 (   )

064 토사붕괴 시 조치사항과 직접적인 관계가 있는 것을 체크하시오. [06②]

① 대피통로 및 공간의 확보 (   )

② 동시작업의 금지 (   )

③ 2차 재해방지 (   )

④ 지하 매설물 파악 (   )

065 굴착작업에 있어서 지반의 붕괴 또는 토석의 낙하에 의하여 근로자에게 위험을 미칠 우려가 있는 경우에 사전에 필요한 조치를 체크하시오. [15①]

① 인화성 가스의 농도 측정 (   )

② 방호망의 설치 (   )

③ 흙막이 지보공의 설치 (   )

④ 근로자의 출입금지 조치 (   )

066 붕괴사고의 직접적인 방지대책을 체크하시오. [07①, 24①]

① 우수(雨水), 지하수 등의 사전배제 (   )

② 가스분출 검사 (   )

③ 안전경사 유지 (   )

④ 토사유출 방지 (   )

067 사질토 지반 굴착 시 모래의 보일링 현상에 의한 흙막이공의 붕괴를 예방하기 위한 대책을 체크하시오. [08①]

① 흙막이벽의 근입장 증가 (   )

② 주변의 지하수위 저하 (   )

③ 투수거리를 길게 하기 위한 지수벽 설치 (   )

④ 굴착 주변의 상재 하중 증가 (   )

068 채석작업을 하는 경우 지반의 붕괴 또는 토석의 낙하로 인하여 근로자에게 발생할 우려가 있는 위험을 방지하기 위하여 취하여야 할 조치를 체크하시오. [15②, 25①]

① 작업 시작 전 작업장소 및 그 주변 지반의 부석과 균열이 유무와 상태 점검 (   )

② 함수·용수 및 동결상태의 변화 점검 (   )

③ 진동치 속도 점검 (   )

④ 발파 후 발파장소 점검 (   )

069 채석작업시 붕괴 또는 낙하에 의해 근로자에게 위험의 우려가 있을 때 설치해야 하는 것을 체크하시오. [08②, 21①]

① 건널다리 (   )   ② 천막덮개 (   )

③ 손잡이 (   )   ④ 방호망 (   )

070 흙막이벽 개굴착(open cut) 공법에 해당하는 것을 체크하시오. [10①]

① 자립흙막이벽 공법 (   )

② 수평버팀 공법 (   )

③ 어스앵커 공법 (   )

④ 비탈면 개굴착 공법 (   )

071 하수종말처리시설 신축공사 현장에서 층고 5.4m인 배수펌프장 상부슬래브를 타설하는 과정에서 붕괴사고가 발생했다. 붕괴의 원인이 될 수 있는 것을 체크하시오. [10②, 22①]

① 동바리로 사용하는 파이프서포트를 4본으로 이어 사용하였다. (   )

② 수평연결재를 높이 1.5m마다 견고하게 설치하였다. (   )

③ 조립도를 작성하지 않고 목수의 경험에 의해 지보공을 설치하였다. (   )

④ 콘크리트를 한 곳에 집중적으로 타설하였다. (   )

072 굴착작업 시 근로자의 위험을 방지하기 위하여 해당 작업, 작업장에 대한 사전조사를 실시하여야 하는데, 이 사전조사 항목에 해당하는 것을 체크하시오.

① 지반의 지하수위 상태 (　　)
② 형상·지질 및 지층의 상태 (　　)
③ 굴착기의 이상 유무 (　　)
④ 매설물 등의 유무 또는 상태 (　　)

073 인력에 의한 굴착작업 시 준수해야 할 사항으로 올바른지 체크하시오.

① 지반의 종류에 따라서 정해진 굴착면의 높이와 기울기로 진행시켜야 한다. (　　)
② 굴착면 및 굴착심도 기준을 준수하여 작업 중 붕괴를 예방하여야 한다. (　　)
③ 굴착토사나 자재 등을 경사면 및 토류벽 천단부 주변에 쌓아두어 하중을 보강한다. (　　)
④ 용수 등의 유입수가 있는 경우 배수시설을 한 뒤에 작업을 하여야 한다. (　　)

074 낙하물 방지설비 중 제3자 보호설비를 체크하시오.

① 양생철망 (　　)　　② 양생시트 (　　)
③ 방호선반 (　　)　　④ 석면포 (　　)

075 낙하·비래 재해 방지설비에 대한 설명으로 올바른지 체크하시오.

① 투하설비는 높이 10m 이상 되는 장소에서만 사용한다. (　　)
② 투하설비의 이음부는 충분히 겹쳐 설치한다. (　　)
③ 투하입구 부근에는 적정한 낙하방지설비를 설치한다. (　　)
④ 물체를 투하시에는 감시인을 배치한다. (　　)

★중요　　

076 낙하물방지망 또는 방호선반의 설치 시 준수하여야 할 기준으로 올바른지 체크하시오.

① 높이는 10m 이내마다 설치할 것 (　　)
② 내민길이는 벽면으로부터 2m 이상으로 할 것 (　　)
③ 수평면과의 각도는 20° 이상 30° 이하를 유지할 것 (　　)
④ 내민길이는 벽면으로부터 1m 이상으로 한다. (　　)
⑤ 수평면과의 각도는 10° 내지 20°를 유지한다. (　　)
⑥ 수평면과의 각도는 45°를 유지한다. (　　)

077 작업으로 인하여 물체가 낙하 또는 비래할 위험이 있는 경우 위험방지를 위해 취해야 할 조치사항을 체크하시오.

① 낙하물 방지망 또는 방호선반의 설치 (　　)
② 출입금지구역의 설정 (　　)
③ 보호구의 착용 (　　)
④ 감시인 배치 (　　)

078 작업으로 인하여 물체가 떨어지거나 날아올 위험이 있을 때 위험방지 조치 및 설치 준수사항으로 올바른지 체크하시오.

① 낙하물방지망, 수직보호망 또는 방호선반 등을 설치한다. (　　)
② 낙하물방지망의 내민 길이는 벽면으로부터 2m 이상으로 한다. (　　)
③ 낙하물방지망의 수평면과 각도는 20° 이상 30° 이하를 유지한다. (　　)
④ 낙하물방지망은 높이 15m 이내마다 설치한다. (　　)
⑤ 낙하물방지망 설치 높이는 10m 이상마다 설치한다. (　　)

★중요　　

079 건설공사 중에 물체가 떨어지거나 날아올 위험이 있을 때 또는 고소작업을 할 때 재료나 공구 등의 낙하로 인한 피해를 방지하기 위해 설치하는 설비를 체크하시오.

① 낙하물 방지망 (　　)
② 수직보호망 (　　)

③ 안전난간 (　　)

④ 방호선반 (　　)

⑤ 보호구의 착용 (　　)

⑥ 출입금지구역의 설정 (　　)

[13②]

080 작업조건과 보호구의 연결이 올바른지 체크하시오.

① 안전대 : 높이 또는 깊이 2m 이상의 추락할 위험이 있는 장소에서의 작업 (　　)

② 보안면 : 물체가 흩날릴 위험이 있는 작업 (　　)

③ 안전화 : 물체의 낙하·충격, 물체에의 끼임, 감전 또는 정전기의 대전(帶電)에 의한 위험이 있는 작업 (　　)

④ 보안면 : 용접 시 불꽃이나 물체가 흩날릴 위험이 있는 작업 (　　)

⑤ 안전모 : 물체의 낙하·충격, 물체에의 끼임, 감전 또는 정전기의 대전(帶電)에 의한 위험이 있는 작업 (　　)

⑥ 방열복 : 고열에 의한 화상 등의 위험이 있는 작업 (　　)

[06②]

081 안전대의 보관장소로 올바른지 체크하시오.

① 부식성 물질이 없는 곳 (　　)

② 화기 등이 근처에 없는 곳 (　　)

③ 직사광선이 닿지 않는 곳 (　　)

④ 통풍이 안 되어 습기가 많은 곳 (　　)

★중요

[08①, 12②, 16③, 21③]

082 건설공사에서 발코니 단부, 엘리베이터 입구, 재료 반입구 등과 같이 벽면 혹은 바닥에 추락의 위험이 우려되는 장소를 가리키는 용어를 체크하시오.

① 비계 (　　)　　② 개구부 (　　)

③ 가설구조물 (　　)　　④ 연결통로 (　　)

★중요

[02②, 05④, 08③, 10①, 15②, 22②]

083 감전재해의 방지대책을 직접접촉에 대한 방지와 간접접촉에 대한 방지로 구분할 때, 직접접촉에 대한 방지 대책을 체크하시오.

① 보호절연 (　　)

② 보호접지(기기외함의 접지) (　　)

③ 충전부에 방호망 또는 절연덮개 설치 (　　)

④ 안전전압 이하의 전기기기 사용 (　　)

[03①]

084 충전전로 근접작업 시 안전조치 사항을 체크하시오.

① 충전전로 이설 (　　)

② 충전전로에 절연용 방호구 설치 (　　)

③ 경고표지 등 안전표지를 설치 (　　)

④ 근로자에게 절연용 방호구 착용 (　　)

[03②]

085 건설공사 중 임시분전반의 안전조치 불량으로 감전 재해가 발생하면 중대 재해로 이어질 수 있다. 임시 분전반의 안전조치 사항을 체크하시오.

① 전기사용장소에는 임시분전반을 설치하여 반드시 콘센트에서 플러그로 전원을 인출해야 한다. (　　)

② 분기회로에는 감전보호용 지락만 설치하면 누전 차단기는 설치하지 않아도 된다. (　　)

③ 충전부가 노출되지 않도록 내부보호판을 설치하고 콘센트에 100V, 220V 등의 전압을 표시해야 한다. (　　)

④ 철재분전함의 외함은 반드시 접지시켜야 한다. (　　)

[03③, 22③]

086 전기설비의 전압구분에서 교류의 고압에 해당하는 것을 체크하시오.

① 1.5kV 초과 7kV 이하 (　　)

② 1.5kV 이하 (　　)

③ 1kV 이하 (　　)

④ 1kV 초과 7kV 이하 (　　)

[05④, 23②]

087 특별고압 활선작업 시 충전전로의 사용전압에 대한 접근 한계거리가 올바른지 체크하시오. (사용전압 : 한계거리)

① 0.3kV 초과 0.75kV 이하 : 25cm (　　)

② 0.75kV 초과 2kV 이하 : 45cm (　　)

③ 2kV 초과 15kV 이하 : 65cm (　　)

④ 15kV 초과 37kV 이하 : 85cm (　　)

088 산업안전보건법령에서 정의하는 산소결핍증의 의미로 올바른지 체크하시오.

① 산소가 결핍된 공기를 들여 마심으로써 생기는 증상 (　)

② 유해가스로 인한 화재·폭발 등의 위험이 있는 장소에서 생기는 증상 (　)

③ 밀폐공간에서 탄산가스·황화수소 등의 유해물질을 흡입하여 생기는 증상 (　)

④ 공기 중의 산소농도가 18% 이상 23.5% 미만의 환경에 노출될 때 생기는 증상 (　)

089 산소결핍에 의한 재해의 예방대책으로 올바른지 체크하시오.

① 작업시작 전 산소농도를 측정한다. (　)

② 공기호흡기 등의 필요한 보호구를 작업 전에 점검한다. (　)

③ 산소결핍장소에서는 공기호흡용 보호구를 착용한다. (　)

④ 산소결핍의 위험이 있는 장소에서는 산소농도가 10% 이상 유지되도록 한다. (　)

090 산소결핍위험장소인 밀폐공간 내의 작업조치사항으로 올바른지 체크하시오.

① 작업시작 전 공기 중의 산소농도 측정 (　)

② 작업을 할 때 산소농도를 18% 이상 유지 (　)

③ 방진마스크 착용 (　)

④ 산소결핍장소에서 근로자를 구출할 때 공기 호흡기 착용 (　)

091 꽂음접속기의 설치 사용 시 준수사항으로 올바른지 체크하시오.

① 해당 꽂음접속기에 잠금장치가 있을 때에는 접속 후 잠그고 사용할 것 (　)

② 습윤한 장소에서 사용되는 꽂음접속기는 방수형 등의 적합한 것을 사용할 것 (　)

③ 근로자가 꽂음접속기 취급 시 땀 등에 의한 젖은 손으로 취급하지 않도록 할 것 (　)

④ 서로 다른 전압의 꽂음접속기는 상호 접속된 구조의 것을 사용할 것 (　)

02 단답형 문제

★중요 [02①, 05③, 12③, 17①③, 20②, 24③]

001 다음 내용에서 괄호 안에 들어갈 수치를 순서대로 쓰시오.

> 낙하물 방지를 위하여 비계의 외부에 설치하는 방호선반의 내민 길이는 (㉠)m 이상으로 해야 하며, 수평면과의 각도는 (㉡) 이상 (㉢) 이하를 유지해야 한다.

⚙ **해설** 낙하물에 의한 위험의 방지(안전보건규칙 제14조 제3항) 낙하물 방지망 또는 방호선반을 설치하는 경우에는 다음의 사항을 준수하여야 한다.
① 높이 10미터 이내마다 설치하고, 내민 길이는 벽면으로부터 2m 이상으로 할 것
② 수평면과의 각도는 20° 이상 30° 이하를 유지할 것

[08①]

002 안전대의 등급을 4개로 분류할 때 작업장 작업발판을 설치하기 곤란할 때 착용하는 1개걸이 전용 안전대의 등급을 쓰시오.

⚙ **해설** 2종 안전대는 작업장 작업발판을 설치하기 곤란할 때 착용하는 1개 걸이 전용으로서 작업을 할 경우, 안전대에 의지하지 않아도 작업할 수 있는 발판이 확보되었을 때 사용한다.

★중요 [05③, 09②, 21②]

003 건설공사 중 추락 재해예방을 위한 추락방지용 방망(사각 또는 마름모)의 그물코 크기의 최대치를 쓰시오.

⚙ **해설** 그물코는 사각 또는 마름모로서 그 크기는 10cm 이하이어야 한다. (추락재해방지 표준안전작업지침 제3조)

[17①]

004 추락방지망의 방망 지지점은 최소 얼마 이상의 외력에 견딜 수 있는 강도를 보유하여야 하는지를 쓰시오.

⚙ **해설** 방망 지지점은 600kg의 외력에 견딜 수 있는 강도를 보유하여야 한다. 다만, 연속적인 구조물이 방망 지지점인 경우의 외력이 다음 식에 계산한 값에 견딜 수 있는 것은 제외한다. $F = 200B$[F는 외력(단위 : kg), B는 지지점 간격(단위 : m)] (추락재해방지 표준안전작업지침 제8조)

[16③, 18②, 23②]

005 산업안전보건법령에 따른 추락의 방지를 위하여 설치하는 추락방지망에 관한 내용에서 괄호 안에 들어갈 내용을 쓰시오.

> 추락방호망은 수평으로 설치하고, 망의 처짐은 짧은 변의 길이의 ( )% 이상이 되도록 할 것

⚙ **해설** 추락방호망은 수평으로 설치하고, 망의 처짐은 짧은 변 길이의 12% 이상이 되도록 할 것(안전보건규칙 제42조)

|정답|

001 ㉠ 2, ㉡ 20°, ㉢ 30° **002** 2종 **003** 10cm **004** 600kg **005** 12

★중요 　　　　　　　　　　　　　　　　　　[19①②③, 24②]
006 추락방지용 방망을 구성하는 그물코의 모양과 최대 크기를 쓰시오.

⚙ **해설** 그물코의 모양과 크기는 사각 또는 마름모로서 그 크기는 10cm 이하이어야 한다.

　　　　　　　　　　　　　　　　　　　　[13③, 17①]
007 추락방지용 방망을 건축물의 바깥쪽으로 설치하는 경우 벽면으로부터 망의 내민 길이는 최소 얼마 이상이어야 하는지 쓰시오.

⚙ **해설** 건축물 등의 바깥쪽으로 설치하는 경우 추락방호망의 내민 길이는 벽면으로부터 3m 이상 되도록 할 것. 다만, 그물코가 20mm 이하인 추락방호망을 사용한 경우에는 낙하물 방지망을 설치한 것으로 본다. (안전보건규칙 제42조)

★중요 　　　　　[03①, 04②, 05③, 07①, 09①③, 10③, 21②]
008 추락에 의하여 근로자에게 위험을 미칠 우려가 있는 때에는 비계를 조립하는 등의 방법에 의하여 작업발판을 설치하여야 하는 작업장소의 최소 높이기준을 쓰시오.

⚙ **해설** 사업주는 비계(달비계, 달대비계 및 말비계는 제외)의 높이가 2m 이상인 작업장소에 기준에 맞는 작업발판을 설치하여야 한다. (안전보건규칙 제56조)

　　　　　　　　　　　　　　　　　　　　　[18②]
009 추락재해 방지용 방망의 신품에 대한 인장강도의 최소값을 쓰시오. (단, 그물코의 크기가 10cm이며, 매듭 없는 방망인 경우임)

⚙ **해설** 방망사의 신품에 대한 인장강도

그물코의 크기 (단위 : cm)	방망의 종류(단위 : kg 이상)	
	매듭없는 방망	매듭 방망
10	240	200
5		110

　　　　　　　　　　　　　　　　　[08③, 22②]
010 추락방지용 방망의 그물코 크기가 10cm인 신품 매듭방망사의 인장강도의 최소값을 쓰시오.

　　　　　　　　　　　　　　　　　　　　[04③]
011 다음 내용에서 괄호 안에 들어갈 용어를 순서대로 쓰시오.

> 사업주는 작업발판 및 통로의 끝이나 개구부로서 근로자가 추락할 위험이 있는 장소에는 (㉠), 울타리, 수직형 추락방망 또는 (㉡) 등(이하에서 "난간 등"이라 함)의 방호 조치를 충분한 강도를 가진 구조로 튼튼하게 설치하여야 하며, (㉡)를 설치하는 경우에는 뒤집히거나 떨어지지 않도록 설치하여야 한다. 이 경우 어두운 장소에서도 알아볼 수 있도록 개구부임을 표시해야 하며, 수직형 추락방망은 한국산업표준에서 정하는 성능기준에 적합한 것을 사용해야 한다.

⚙ **해설** 사업주는 작업발판 및 통로의 끝이나 개구부로서 근로자가 추락할 위험이 있는 장소에는 안전난간, 울타리, 수직형 추락방망 또는 덮개 등(이하에서 "난간 등"이라 함)의 방호 조치를 충분한 강도를 가진 구조로 튼튼하게 설치하여야 하며, 덮개를 설치하는 경우에는 뒤집히거나 떨어지지 않도록 설치하여야 한다. 이 경우 어두운 장소에서도 알아볼 수 있도록 개구부임을 표시해야 하며, 수직형 추락방망은 한국산업표준에서 정하는 성능기준에 적합한 것을 사용해야 한다. (안전보건규칙 제43조)

012 [17②, 20②, 23②]

추락에 의한 위험방지와 관련된 승강설비의 설치에 관한 사항에서 괄호 안에 들어갈 내용을 쓰시오.

> 사업주는 높이 또는 깊이가 (　)m를 초과하는 장소에서 작업하는 경우 해당 작업에 종사하는 근로자가 안전하게 승강하기 위한 건설용 리프트 등의 설비를 설치해야 한다.

해설 사업주는 높이 또는 깊이가 2m를 초과하는 장소에서 작업하는 경우 해당 작업에 종사하는 근로자가 안전하게 승강하기 위한 건설용 리프트 등의 설비를 설치해야 한다. 다만, 승강설비를 설치하는 것이 작업의 성질상 곤란한 경우에는 그렇지 않다. (안전보건규칙 제46조)

013 ★중요 [10①, 11③, 16①, 17①, 18①, 25①]

지붕 위에서의 위험방지를 위한 내용에서 괄호 안에 알맞은 수치를 쓰시오.

> 사업주는 근로자가 지붕 위에서 작업을 할 때에 추락하거나 넘어질 위험이 있는 경우에는 지붕의 가장자리에 규정에 따른 안전난간을 설치하고, 채광창에는 견고한 구조의 덮개를 설치하며, 슬레이트 등 강도가 약한 재료로 덮은 지붕에는 폭 (　)cm 이상의 발판을 설치할 것

해설 사업주는 근로자가 지붕 위에서 작업을 할 때에 추락하거나 넘어질 위험이 있는 경우에는 지붕의 가장자리에 규정에 따른 안전난간을 설치하고, 채광창에는 견고한 구조의 덮개를 설치하며, 슬레이트 등 강도가 약한 재료로 덮은 지붕에는 폭 45cm 이상의 발판을 설치할 것(안전보건규칙 제45조)

014 ★중요 [12①, 16③, 19②, 25③]

슬레이트, 선라이트 등 강도가 약한 재료로 덮은 지붕 위에서 작업을 할 때 발이 빠지는 등의 위험을 방지하기 위한 산업안전보건법령에 따른 작업발판의 최소 폭 기준을 쓰시오.

015 [02①]

다음 내용에서 괄호 안에 알맞는 수치를 쓰시오.

> 수직갱에 가설된 통로의 길이가 (　㉠　)m 이상인 때에는 (　㉡　)m 이내마다 계단참을 설치할 것

해설 수직갱에 가설된 통로의 길이가 15m 이상인 경우에는 10m 이내마다 계단참을 설치할 것(안전보건규칙 제23조)

016 [02③, 07①, 22①]

수직갱에 가설된 통로의 길이가 15m 이상인 때에는 매 10m 마다 무엇을 설치해야 하는지를 쓰시오.

017 [02①]

도갱의 중앙부에서 최초로 폭발시키는 구멍을 무엇이라 하는지 쓰시오.

해설 도갱의 폭파순서는 "심빼기 구멍 → 측면 구멍 → 상면 구멍"의 순이다.

|정답|

006 사각 또는 마름모, 10cm　　007 3m　　008 2m　　009 240kg　　010 200kg　　011 ㉠ 안전난간, ㉡ 덮개　　012 2　　013 45
014 30cm　　015 ㉠ 15, ㉡ 10　　016 계단참　　017 심빼기구멍

★중요

018 사면이 가장 위험한 때가 언제인지 쓰시오.

해설 사면의 붕괴란 경사면의 내부로 지표수나 지하수, 빗물 등이 침투하거나, 전단강도가 저하하므로 경사면이 붕괴된다.

[16③, 19①]

019 유한사면에서 사면 기울기가 비교적 완만한 점성토에서 주로 발생되는 사면붕괴의 형태를 쓰시오.

★중요

[03②, 05④, 10①, 13②, 24②]

020 옹벽의 안정기준에서 활동에 대하여 안전하기 위하여서는 활동에 대한 저항력이 수평력보다 몇 배 이상되어야 하는지를 쓰시오.

[04②]

021 기초공사를 위하여 굴착작업을 계획하고 있다. 현장의 토사는 시험굴착 해보니 그 밖의 흙이다. 이때 적용할 수 있는 굴착면의 기울기 기준을 쓰시오.

해설 굴착면의 기울기 기준

지반의 종류	모래	연암, 풍화암	경암	그 밖의 흙
굴착면의 기울기	1 : 1.8	1 : 1.0	1 : 0.5	1 : 1.2

[04①, 13③, 25③]

022 산업안전보건기준에 관한 규칙에 따른 풍화암 지반의 굴착면 기울기 기준을 쓰시오.

[08②, 14③, 21①]

023 굴착공사 표준안전작업지침에 의하면 인력굴착 작업 시 굴착면이 계단식 굴착을 할 때 소단의 폭은 수평거리 얼마 정도로 하여야 하는지 쓰시오.

해설 굴착면이 높은 경우는 계단식으로 굴착하고 소단의 폭은 수평거리 2m 정도로 하여야 한다. (굴착공사 표준안전작업지침 제7조)

[13②]

024 트렌치 굴착 시 흙막이 지보공을 설치하지 않는 경우 굴착 깊이는 몇 m 이하로 해야 하는지 쓰시오.

해설 트렌치 굴착 시 흙막이 지보공을 설치하지 않는 경우 굴착 깊이는 1.5m 이하로 하여야 한다.

★중요

[09③, 11①, 15②, 19②, 22①]

025 공사현장에서 낙하물 방지망 또는 방호선반을 설치할 때 설치높이 및 벽면으로부터 내민 길이의 기준을 쓰시오.

해설 낙하물 방지망 또는 방호선반을 설치하는 경우에는 높이 10m 이내마다 설치하고, 내민 길이는 벽면으로부터 2m 이상, 수평면과의 각도는 20° 이상 30° 이하를 유지할 것

[08①, 22③]

026 건물 외부에 설치하는 안전방망의 수평면과의 설치 각도 기준을 쓰시오.

[16①]

027 작업으로 인하여 물체가 떨어지거나 날아올 위험이 있는 경우에 조치하여야 하는 사항에서 괄호 안에 알맞은 내용을 쓰시오.

> 낙하물 방지망 또는 방호선반을 설치하는 경우 높이 10m 이내마다 설치하고, 내민 길이는 벽면으로부터 (   )m 이상으로 할 것

⚙ 해설 낙하물 방지망 또는 방호선반을 설치하는 경우에는 높이 10m 이내마다 설치하고, 내민 길이는 벽면으로부터 2m 이상, 수평면과의 각도는 20° 이상 30° 이하를 유지할 것

★중요   [06②, 09③, 13①, 23②]

028 물체의 낙하·충격, 물체에의 끼임, 감전 또는 정전기의 대전(帶電)에 의한 위험이 있는 작업 시 공통으로 근로자가 착용하여야 하는 보호구로 적합한 것을 쓰시오.

[20①]

029 물체가 떨어지거나 날아올 위험 또는 근로자가 추락할 위험이 있는 작업 시 착용하여야 할 보호구를 쓰시오.

[06③, 24②]

030 다음 내용에서 괄호 안에 알맞은 수치를 순서대로 쓰시오.

> 유자격자가 아닌 근로자가 충전전로 인근의 높은 곳에서 작업할 때에 근로자의 몸 또는 긴 도전성 물체가 방호되지 않은 충전전로에서 대지전압이 (㉠)kV이하인 경우에는 (㉡)cm 이내로, 대지전압이 (㉠)kV를 넘는 경우에는 10kV당 (㉢)cm씩 더한 거리 이내로 각각 접근할 수 없도록 할 것

⚙ 해설 유자격자가 아닌 근로자가 충전전로 인근의 높은 곳에서 작업할 때에 근로자의 몸 또는 긴 도전성 물체가 방호되지 않은 충전전로에서 대지전압이 50kV 이하인 경우에는 300cm 이내로, 대지전압이 50kV를 넘는 경우에는 10kV당 10cm씩 더한 거리 이내로 각각 접근할 수 없도록 할 것.

즉, $300cm + \left(\dfrac{\text{대지전압} - 50kV}{10kV}\right) \times 10cm$이다. (안전보건규칙 제321조)

|정답|

018 사면의 수위가 급격히 하강할 때   019 사면 하단부(저부) 붕괴   020 1.5배   021 1 : 1.2   022 1 : 1.0   023 2m 정도
024 1.5m   025 설치높이 : 10m 이내마다, 내민 길이 : 2m 이상   026 20° 이상 30° 이하   027 2   028 안전화   029 안전모
030 ㉠ 50, ㉡ 300, ㉢ 10

[06①]

001 추락 시 로프의 지지점에서 최하단까지의 거리(h)를 구하는 식을 쓰시오.

> **⚙ 해설**
>
> 신체의 최하단까지의 거리(h) = 로프의 길이 × (1 + 신장률) + (신장의 $\frac{1}{2}$)

★중요

[02②, 06③, 20②, 23①]

002 추락 시 로프의 지지점에서 최하단까지의 거리 h를 구하시오. (단, 로프 길이 150cm, 로프 신율 30%, 근로자 신장 170cm)

> **⚙ 해설**
>
> 신체의 최하단까지의 거리(h) = 로프의 길이 × (1 + 신장률) + (신장의 $\frac{1}{2}$) = 1.5 × (1 + 0.3) + (1.7 × $\frac{1}{2}$)
> = 2.8m

★중요

[14②, 17②, 19①, 23③]

003 추락방지망의 달기로프를 지지점에 부착할 때 지지점의 간격이 1.5m인 경우 지지점의 강도의 최소값을 구하시오. (단, 연속적인 구조물이 방망지지점인 경우임)

> **⚙ 해설**
>
> 연속적인 구조물이 방망 지지점인 경우의 외력은 다음 식에 의해 구한다.
> F = 200B [F는 외력(단위 : kg), B는 지지점간격(단위 : m)]
> 그러므로, F = 200B = 200 × 1.5 = 300kg

[04①, 07③, 16①, 24③]

★중요

004 추락재해를 방지하기 위하여 10cm 그물코인 방망을 설치할 때 방망과 바닥면 사이의 최소 높이를 구하시오. (단, 설치된 방망의 단변 방향 길이 L = 2m, 설치된 방망의 지지간격 A = 3m)

⚙ **해설**

방망의 허용낙하높이(작업발판과 방망 부착위치의 수직거리, 추락재해방지 표준안전작업지침 제7조)

조건 \ 높이	낙하높이		방망과 바닥면 높이		방망의 처짐길이
	단일 방망	복합 방망	10cm 그물코	5cm 그물코	
$L < A$	$\dfrac{1}{4}(L + 2A)$	$\dfrac{1}{5}(L + 2A)$	$\dfrac{0.85}{4}(L + 3A)$	$\dfrac{0.95}{4}(L + 3A)$	$\dfrac{1}{12}(L + 2A)$
$L \geq A$	$\dfrac{3L}{4}$	$\dfrac{3L}{5}$	$0.85L$	$0.95L$	$\dfrac{L}{4}$

L : 방망의 단변방향 최소길이(m), A : 장변방향의 방망의 지지간격(m)

그런데, $L = 2m < A = 3m$인 경우, $\dfrac{0.85}{4}(L + 3A) = \dfrac{0.85}{4}(2 + 3 \times 3) = 2.3375m ≒ 2.4m$

[02①, 05①, 06①, 08①, 11③, 14①, 17③, 25①]

★중요

005 보통 흙의 굴착공사에서 굴착높이가 5m, 굴착기초면의 폭이 5m인 경우 양단면 굴착을 할 때 상부 단면의 폭을 구하시오. (단, 굴착구배는 1 : 1로 함)

⚙ **해설**

상부 단면의 폭 = 굴착 부분의 좌측의 폭(b) + 굴착 부분의 우측의 폭(c) + 굴착 기초면의 폭(a)
굴착 부분의 좌측 = 5m, 굴착 부분의 우측 = 5m, 굴착 기초면의 폭 = 5m이므로,
상부 단면의 폭 = 5m + 5m + 5m = 15m

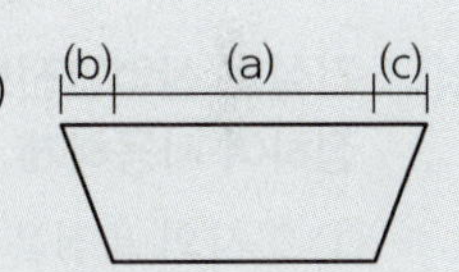

[16②, 20①]

★중요

006 다음 그림은 산업안전보건기준에 관한 규칙에 따른 풍화암에서 토사붕괴를 예방하기 위한 기울기를 나타낸 것이다. X의 값을 구하시오.

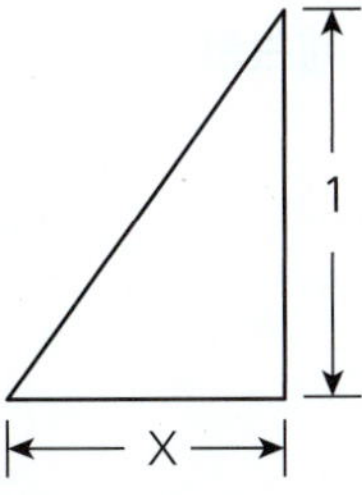

⚙ **해설**

풍화암에서 토사붕괴를 예방하기 위한 기울기는 1 : 1로, 수평과 수직의 길이가 동일하므로, X = 1

01 진위형 문제

▶ 해설편 278p

※ 다음 문제를 읽고, 옳으면 ○, 틀리면 ×를 괄호 안에 표기하시오.

★중요 [16①, 20①, 21③]

001 공사종류 및 규모별 안전관리비 계상기준표에서 공사종류의 명칭을 체크하시오.
① 건축공사 ( ) ② 경건설공사 ( )
③ 중건설공사 ( ) ④ 특수건설공사 ( )

[07②, 09③]

002 건설업 산업안전보건관리비를 계산할 때 대상액에 곱해주는 비율이 가장 작은 공사종류를 체크하시오.
① 건축공사 ( )
② 중건설공사 ( )
③ 중건설공사 ( )
④ 특수건설공사 ( )

[05③]

003 건설업 산업안전보건관리비 계상 및 사용기준을 제정하여 사용하게 된 직접적인 동기를 체크하시오.
① 공사의 품질을 좋게 하기 위함이다. ( )
② 공사의 원가를 절감하기 위함이다. ( )
③ 공사시에 근로자의 생명과 안전을 지키기 위함이다. ( )
④ 공사 중 공사기간을 단축하기 위함이다. ( )

★중요 [08③, 13②, 15②, 19③, 20②, 23③]

004 건설업산업안전보건관리비의 사용항목을 체크하시오.
① 안전관리자의 인건비 ( )
② 안전관리계획서 작성비용 ( )
③ 안전시설비 ( )
④ 안전보건진단비 ( )
⑤ 사업장의 안전보건진단비 ( )
⑥ 접대비 ( )
⑦ 근로자의 건강관리비 ( )

⑧ 본사 일반관리비 ( )
⑨ 개인보호구 구입비 ( )

★중요 [09②, 12②, 18③, 22③]

005 산업안전보건관리비 중 안전관리자·보건관리자의 임금 등의 항목을 체크하시오.
① 교통 통제를 위한 교통정리 신호수의 인건비 ( )
② 안전관리 또는 보건관리 업무만을 전담하는 안전관리자 또는 보건관리자의 임금과 출장비 전액(지방고용노동관서에 선임 보고한 날부터 발생한 비용에 한정) ( )
③ 안전관리 또는 보건관리 업무를 전담하지 않는 안전관리자 또는 보건관리자의 임금과 출장비의 각각 1/2에 해당하는 비용(지방고용노동관서에 선임 보고한 날부터 발생한 비용에 한정) ( )
④ 안전관리자를 선임한 건설공사 현장에서 산업재해 예방 업무만을 수행하는 작업지휘자, 유도자, 신호자 등의 임금 전액 ( )

★중요 [09②, 11③, 17①②, 19①, 20①, 23②]

006 산업안전보건관리비 중 추락방지용 안전시설비의 항목을 체크하시오.
① 안전난간 ( )
② 작업발판 ( )
③ 추락방호망 ( )
④ 안전대 부착설비 ( )
⑤ 외부인 출입금지, 공사장 경계표시를 위한 가설 울타리 ( )
⑥ 스마트 안전장비 구입·임대 비용 ( )
⑦ 절토부 및 성토부 등의 토사유실 방지를 위한 설비 ( )
⑧ 공사 목적물의 품질 확보 또는 건설장비 자체의 운행 감시, 공사 진척상황 확인, 방범 등의 목적을 가진 CCTV 등 감시용 장비 ( )
⑨ 개구부 덮개 ( )
⑩ 화재 위험작업 시 사용하는 소화기의 구입·임대 비용 ( )

⑪ 안전시설의 구입·임대 및 설치 등을 위해 소요되는 비용 (　　)

⑫ 공사의 수행에 필요한 안전통로 (　　)

⑬ 안전난간, 추락 방호망, 안전대 부착설비 (　　)

⑭ 방호장치(기계·기구와 방호장치가 일체로 제작된 경우, 방호장치 부분의 가액에 한함) (　　)

[05④, 06③, 25②]

007 안전보건진단비 등의 항목으로 사용할 수 있는 것을 체크하시오.

① 유해위험방지계획서의 작성 등에 소요되는 비용 (　　)

② 안전보건진단에 소요되는 비용 (　　)

③ 작업환경 측정에 소요되는 비용 (　　)

④ 보호구의 구입·수리·관리 등에 소요되는 비용 (　　)

[19②, 21③]

008 산업안전보건관리비에 관한 설명으로 올바른지 체크하시오.

① 발주자는 계상한 산업안전보건관리비를 입찰공고 등을 통해 입찰에 참가하려는 자에게 알려야 한다. (　　)

② 발주자와 건설공사도급인 중 자기공사자를 제외하고 발주자로부터 해당 건설공사를 최초로 도급받은 수급인("도급인")은 공사계약을 체결할 경우 계상된 산업안전보건관리비를 공사도급계약서에 별도로 표시하여야 한다. (　　)

③ 하나의 사업장 내에 건설공사 종류가 둘 이상인 경우(분리발주한 경우를 제외)에는 공사금액이 가장 큰 공사종류를 적용한다. (　　)

④ 발주자 또는 자기공사자는 설계변경 등으로 대상액의 변동(공사금액이 800억 원 이상으로 증액된 경우에는 증액된 대상액을 기준)이 있는 경우 별표에 따라 산업안전보건관리비를 공사 완료 후 정산하여야 한다. (　　)

[02②]

009 건설공사 안전보건교육비 등으로 사용할 수 있는 것을 체크하시오.

① 실시하는 의무교육이나 이에 준하여 실시하는 교육을 위해 건설공사 현장의 교육 장소 설치·운영 등에 소요되는 비용 (　　)

②「응급의료에 관한 법률에 따른 안전보건교육 대상자 등에게 구조 및 응급처치에 관한 교육을 실시하기 위해 소요되는 비용 (　　)

③ 건설공사 현장에서 근로자 심폐소생을 위해 사용되는 자동심장충격기(AED) 구입에 소요되는 비용 (　　)

④ 안전보건관리책임자, 안전관리자, 보건관리자가 업무수행을 위해 필요한 정보를 취득하기 위한 목적으로 도서, 정기간행물을 구입하는 데 소요되는 비용 (　　)

[04①, 07①, 23②]

010 건설업 산업안전보건관리비 사용내역 중 근로자 건강장해예방비 등에 해당하는 것을 체크하시오.

① 건설공사 현장의 유해·위험요인을 제보하거나 개선방안을 제안한 근로자를 격려하기 위해 지급하는 비용 (　　)

② 법·영·규칙에서 규정하거나 그에 준하여 필요로 하는 각종 근로자의 건강장해 예방에 필요한 비용 (　　)

③ 중대재해 목격으로 발생한 정신질환을 치료하기 위해 소요되는 비용 (　　)

④ 법 등에 따른 휴게시설을 갖춘 경우 온도, 조명 설치·관리기준을 준수하기 위해 소요되는 비용 (　　)

[07①]

011 안전보건총괄책임자를 두어야 할 건설업의 규모 기준으로 올바른 것을 체크하시오.

① 총공사금액 5억원 이상 (　　)

② 총공사금액 10억원 이상 (　　)

③ 총공사금액 15억원 이상 (　　)

④ 총공사금액 20억원 이상 (　　)

02 단답형 문제

★중요 [17③]

001 건설산업기본법 시행령에 따른 토목공사업에 해당되는 건설 건설공사현장에서 안전관리자 최소 1인을 두어야 하는 공사금액의 최소 기준을 쓰시오.

⚙ **해설** 공사금액 120억 원 이상(「건설산업기본법 시행령」 별표 1 제1호 가목의 토목공사업의 경우에는 150억 원 이상 800억 원 미만)인 경우 안전관리자를 1명 이상 두어야 한다. (영 16조, 별표 3)

[07②, 25①]

002 공사금액이 500억 원인 공사에서 선임해야 할 최소 안전관리자 수를 쓰시오.

003 옥내사업장에는 비상시에 근로자에게 신속하게 알리기 위한 경보용 설비 또는 기구를 설치하여야 하는데, 그 설치기준(연면적, 상시 근로자 수)을 쓰시오.

⚙ **해설** 사업주는 연면적이 400m² 이상이거나 상시 50명 이상의 근로자가 작업하는 옥내작업장에는 비상시에 근로자에게 신속하게 알리기 위한 경보용 설비 또는 기구를 설치하여야 한다. (안전보건규칙 제19조)

[17②, 21③]

004 건설업 산업안전보건관리비 계상 및 사용기준을 적용하는 총공사금액 기준을 쓰시오. (단, 「산업재해보상보험법」 제6조에 따라 「산업재해보상보험법」의 적용을 받는 공사임)

⚙ **해설** 이 고시는 건설공사 중 총공사금액 20,000,000원 이상인 공사에 적용한다. 다만, 단가계약에 의하여 행하는 공사에 대하여는 총계약금액을 기준으로 적용한다. (건설업 산업안전보건관리비 계상 및 사용기준 제3조)

| 정답 |

001 150억 원   **002** 1명   **003** 연면적 : 400m² 이상, 상시 근로자 수 : 50명 이상   **004** 20,000,000원

03 계산형 문제

★중요 [05②, 18①, 21③]

001 건축공사에서 재료비가 30억, 직접노무비가 50억일 때 예정가격상의 안전관리비를 구하시오.

> ⚙ 해설
>
> 공사 종류 및 규모별 산업안전보건관리비 계상 기준표
>
> | 구분 | | 건축공사 | 토목공사 | 중건설공사 | 특수건설공사 |
> |---|---|---|---|---|---|
> | 대상액 5억원 미만 | | 3.11% | 3.15% | 3.64% | 2.07% |
> | 대상액 5억원 이상 50억원 미만 | 적용비율 | 2.28% | 2.53% | 3.05% | 1.59% |
> | | 기초액 | 4,325,000원 | 3,300,000원 | 2,975,000원 | 2,450,000원 |
> | 대상액 50억원 이상 | | 2.37% | 2.60% | 3.11% | 1.64% |
> | 보건관리자 선임 대상 건설공사 | | 2.64% | 2.73% | 3.39% | 1.78% |
>
> 안전관리비 = 대상액 × 계상 기준표의 비율 = (재료비 + 직접노무비) × 계상 기준표의 비율
> $$= (3,000,000,000 + 5,000,000,000) \times 0.0237 = 189,600,000원$$

★중요 [18②]

002 산업안전보건관리비 계상을 위한 대상액이 56억원인 교량공사의 산업안전보건관리비를 구하시오. (단, 토목공사에 해당)

> ⚙ 해설
>
> 안전관리비 = 대상액 × 계상 기준표의 비율 = (재료비 + 직접노무비) × 계상 기준표의 비율
> 토목공사의 비율은 2.60%(0.026)이므로, $5,600,000,000 \times 0.026 = 145,600,000원$

01 진위형 문제

▶ 해설편 280p

※ 다음 문제를 읽고, 옳으면 ○, 틀리면 ✕를 괄호 안에 표기하시오.

[02①, 22①]

001 블리딩(Bleeding)이 발생하는 원인을 체크하시오.

① 거푸집을 빨리 제거하여 발생 (　　)

② 물을 많이 사용했기 때문에 발생 (　　)

③ 철근의 이음이 잘못되어 발생 (　　)

④ 부적당한 골재나 지나치게 작은 자갈을 사용했기 때문에 발생 (　　)

[02①]

002 철근콘크리트에 있어서 부착응력에 대하여 검토해야 할 철근을 체크하시오.

① 압축철근 (　　)

② 인장철근 (　　)

③ 절곡철근 (　　)

④ 배력철근 (　　)

[02②, 05②, 24①]

003 콘크리트 배합 시 품질에 직접 영향을 주는 요소를 체크하시오.

① 철근의 품질 (　　)

② 골재의 입도 (　　)

③ 물-시멘트비 (　　)

④ 시멘트 강도 (　　)

[10②, 12②, 22①]

004 콘크리트의 유동성과 묽기를 시험하는 방법을 체크하시오.

① 다짐시험 (　　)

② 슬럼프시험 (　　)

③ 압축강도시험 (　　)

④ 평판시험 (　　)

★중요

[02③, 03①, 05③, 06①③, 08③, 12②, 14②③, 15②, 17②, 23③]

005 콘크리트를 타설할 때 거푸집에 작용하는 측압의 크기에 관한 설명으로 올바른지 체크하시오.

① 콘크리트의 타설속도가 빠를수록 측압이 커진다. (　　)

② 콘크리트의 타설 시 온도가 높을수록 측압이 커진다. (　　)

③ 콘크리트의 슬럼프값이 클수록 측압이 커진다. (　　)

④ 진동기로 콘크리트를 다지면 측압이 커진다. (　　)

⑤ 콘크리트의 슬럼프치가 크면 클수록 측압은 커진다. (　　)

⑥ 콘크리트의 타설 온도가 높으면 높을수록 측압은 커진다. (　　)

⑦ 기둥이 가장 크고 그 다음은 벽이다. (　　)

⑧ 콘크리트의 타설속도가 클수록 크다. (　　)

⑨ 배근된 철근량이 적을수록 크다. (　　)

⑩ 벽 두께가 두꺼울수록 측압은 커진다. (　　)

⑪ 콘크리트 단위중량이 작을수록 크다. (　　)

⑫ 거푸집의 수평단면이 클수록 크다. (　　)

⑬ 타설속도가 빠를수록 크다. (　　)

⑭ 거푸집의 강성이 클수록 작다. (　　)

⑮ 슬럼프가 작을수록 측압이 크다. (　　)

⑯ 단위 폭당 단면적이 클수록 측압이 크다. (　　)

⑰ 콘크리트의 단위중량(밀도)이 작을수록 측압이 크다. (　　)

⑱ 부어 넣는 속도가 빠를수록 측압은 커진다. (　　)

⑲ 대기 온도가 높을수록 측압은 커진다. (　　)

⑳ 거푸집의 강성이 클수록 측압이 크다. (　　)

㉑ 철근량이 많을수록 측압이 작다. (　　)

㉒ 타설속도가 느릴수록 측압이 크다. (　　)

㉓ 부재의 단면이 클수록 크다. (　　)

㉔ 거푸집 속의 콘크리트 온도가 낮을수록 크다. (　　)

㉕ 붓는 속도가 빠를수록 크다. (　　)

㉖ 단면이 클수록 크다. (　　)

★중요 [09①②, 11③, 14①, 15③, 16②, 20②, 24②]

006 콘크리트를 타설할 때 거푸집에 작용하는 콘크리트 측압에 크게 영향을 미치는 것을 체크하시오.

① 콘크리트의 타설 속도 (　)

② 콘크리트의 타설 높이 (　)

③ 콘크리트 설계기준강도 (　)

④ 콘크리트의 단위용적중량 (　)

⑤ 콘크리트의 컨시스턴시 (　)

⑥ 대기의 온도 및 습도 (　)

⑦ 콘크리트의 강도 (　)

⑧ 슬럼프 (　)

⑨ 거푸집의 종류 (　)

[14②, 17③, 25③]

007 다음 내용에서 괄호 안에 들어갈 말로 옳은 것을 체크하시오.

> 콘크리트 측압은 콘크리트 타설속도, (　), 단위용적중량, 온도, 철근 배근상태 등에 따라 달라진다.

① 타설 높이 (　)　　② 골재의 형상 (　)

③ 콘크리트 강도 (　)　　④ 박리제 (　)

★중요 [09③, 10①, 13②, 16②, 18②, 19③, 22①]

008 거푸집에 작용하는 연직방향 하중을 체크하시오.

① 고정하중 (　)

② 작업원의 작업하중 (　)

③ 충격하중 (　)

④ 콘크리트측압 (　)

⑤ 거푸집의 중량 (　)

⑥ 굳지 않은 콘크리트의 중량 (　)

★중요 [13①③, 17①, 20①, 23③]

009 콘크리트 타설작업을 하는 경우에 준수해야 할 사항으로 올바른지 체크하시오.

① 당일의 작업을 시작하기 전에 해당 작업에 관한 거푸집 동바리 등의 변형·변위 및 지반의 침하 유무 등을 점검하고 이상이 있으면 보수할 것 (　)

② 작업 중에는 감시자를 배치하는 등의 방법으로 거푸집 및 동바리의 변형·변위 및 침하 유무 등

을 확인해야 하며, 이상이 있으면 작업을 중지하고 근로자를 대피시킬 것 (　)

③ 콘크리트 타설작업 시 거푸집 붕괴의 위험이 발생할 우려가 있으면 충분한 보강조치를 할 것

(　)

④ 콘크리트를 타설하는 경우에는 밀실한 충전을 위해 최대한 편심이 발생하도록 집중하여 타설할 것 (　)

⑤ 콘크리트 콜드조인트 발생을 억제하기 위하여 한 곳부터 집중타설할 것 (　)

⑥ 타설순서 및 타설속도를 준수할 것 (　)

⑦ 콘크리트 타설 도중에는 동바리, 거푸집 등의 이상유무를 확인하고 감시인을 배치할 것 (　)

⑧ 진동기의 지나친 사용은 재료분리를 일으킬 수 있으므로 적절히 사용할 것 (　)

★중요 [03③, 04①, 08①, 10①, 11①, 12①③, 13②, 15①③, 16②③, 19②, 24①]

010 콘크리트 타설 작업 시 준수사항으로 올바른지 체크하시오.

① 바닥 위에 흘린 콘크리트는 완전히 청소한다.

(　)

② 가능한 높은 곳으로부터 자연낙하시켜 콘크리트를 타설한다. (　)

③ 지나친 진동기 사용은 재료분리를 일으킬 수 있으므로 금해야 한다. (　)

④ 최상부의 슬래브는 이어붓기를 되도록 피하고 일시에 전체를 타설하도록 한다. (　)

⑤ 타설구획 순서는 계획대로 실시한다. (　)

⑥ 타설속도는 하계 1.0m/h, 동계 1.5m/h를 표준으로 한다. (　)

⑦ 높은 곳으로부터 콘크리트를 세게 거푸집 내에 넣지 않는다. (　)

⑧ 타설시 공동이 발생되지 않도록 밀실하게 부어 넣는다. (　)

⑨ 콘크리트는 한 곳으로 치우쳐 타설하여야 한다.

(　)

⑩ 콘크리트 타설작업 시 거푸집 붕괴의 위험이 발생할 우려가 있더라도 타설작업을 우선 완료하고 나서 상황을 판단한다. (　)

⑪ 바닥 위에 흘린 콘크리트는 그대로 양생하도록 한다. (　　)

⑫ 콘크리트 타설작업 중 이상이 있으면 작업을 중지하고 근로자를 대피시켜야 한다. (　　)

⑬ 콘크리트를 타설하는 경우에는 편심을 유발하여 콘크리트를 거푸집 내에 밀실하게 채워야 한다. (　　)

⑭ 설계도서상의 콘크리트 양생기간을 준수하여 거푸집동바리 등을 해체해야 한다. (　　)

⑮ 콘크리트 타설작업 시 거푸집 붕괴의 위험이 발생할 우려가 있으면 충분한 보강조치를 해야 한다. (　　)

⑯ 최상부의 슬래브는 되도록 이어붓기를 하고 여러 번에 나누어 콘크리트를 타설한다. (　　)

⑰ 타설속도는 현장의 여건에 따라 임의로 조정할 수 있다. (　　)

⑱ 콘크리트 타설작업은 효율성을 높이기 위해 한쪽부터 타설하고 다음 곳을 타설한다. (　　)

⑲ 콘크리트 다짐효과를 위하여 최대한 높은 곳에서 타설한다. (　　)

⑳ 콘크리트를 치는 도중에는 거푸집, 동바리 등의 이상유무를 확인하여야 한다. (　　)

㉑ 진동기 사용 시 지나친 진동은 거푸집 도괴의 원인이 될 수 있으므로 적절히 사용해야 한다. (　　)

㉒ 타워에 연결되어 있는 슈트의 접속은 확실한지 확인한다. (　　)

[03①, 15③]

011 펌프카에 의한 타설 작업 시 주의사항으로 올바른지 체크하시오.

① 레미콘 차에 유도자를 배치한다. (　　)

② 후렉시블 호스는 반경 1m 이하로 구부리지 않는다. (　　)

③ 압력은 5kgf/cm²로 조정하여 사용하여야 한다. (　　)

④ 타설 배관의 두께는 0.5mm 이상의 것을 사용한다. (　　)

⑤ 타설 순서는 계획에 의거하여 실시한다. (　　)

⑥ 타설 순서 및 속도를 준수한다. (　　)

⑦ 장비사양의 적정호스 길이 초과 시 압송관을 연결한다. (　　)

⑧ 펌프카 전후에는 식별이 용이한 안전표지판을 설치한다. (　　)

[07③, 14①, 25③]

012 벽체 콘크리트 타설 시 거푸집이 터져서 콘크리트가 쏟아진 사고가 발생하였다. 사고의 주요원인으로 추정할 수 있는 것을 체크하시오.

① 콘크리트를 부어넣는 속도가 빨랐다. (　　)

② 진동기를 사용하지 않았다. (　　)

③ 철근 사용량이 적었다. (　　)

④ 시멘트 사용량이 많았다. (　　)

★중요　　　　　　　　　　　[03②, 14①, 16③, 22①]

013 콘크리트의 재료분리현상 없이 거푸집 내부에 쉽게 타설할 수 있는 정도를 나타내는 것을 체크하시오.

① Workability (　　)

② Bleeding (　　)

③ Consistency (　　)

④ Finishability (　　)

⑤ Filtration (　　)

[13②, 19②, 23③]

014 철근콘크리트 공사 시 거푸집의 필요조건을 체크하시오.

① 콘크리트의 하중에 대해 뒤틀림이 없는 강도를 갖출 것 (　　)

② 콘크리트 내 수분 등에 대한 물빠짐이 원활한 구조를 갖출 것 (　　)

③ 최소한의 재료로 여러 번 사용할 수 있는 전용성을 가질 것 (　　)

④ 거푸집은 조립·해체·운반이 용이하도록 할 것 (　　)

[04②]

015 철근 콘크리트 공사에서 거푸집의 존치기간에 대한 설명으로 올바른지 체크하시오.

① 조강포틀랜드시멘트는 보통포틀랜드시멘트보다 존치기간이 길다. (　　)

② 온도가 낮을수록 일반적으로 존치기간은 길다. (　　)

③ 슬래브 및 보의 밑면은 일반적으로 기둥이나 측벽보다 존치기간이 짧다. (　)

④ 슬래브 밑면 거푸집의 존치기간은 1~2일이 적당하다. (　)

[06③, 20①, 25②]

016 철근 콘크리트 공사에서 거푸집동바리의 해체시기를 결정하는 요인을 체크하시오.

① 시방서 상의 거푸집 존치기간의 경과 (　)

② 콘크리트 강도시험 결과 (　)

③ 일정한 양생 기간의 경과 (　)

④ 후속공정의 착수시기 (　)

[03①]

017 포틀랜드시멘트를 사용한 콘크리트 바닥슬래브 밑의 거푸집 존치기간에 대한 설명으로 올바른지 체크하시오.

① 콘크리트 압축강도 5Mpa 이상 (　)

② 설계기준강도의 2/3 이상 (　)

③ 평균기온이 20℃ 이상일 때 재령 4일 이상 (　)

④ 평균기온이 10℃ 이상 20℃ 미만일 때 재령 6일 이상 (　)

[13③, 23①]

018 거푸집 존치기간의 결정요인을 체크하시오.

① 시멘트의 종류 (　)　② 골재의 입도 (　)

③ 압축강도 (　)　④ 평균 기온 (　)

⑤ 구조물의 부위 (　)

[18①]

019 층고가 높은 슬래브 거푸집 하부에 적용하는 무지주 공법을 체크하시오.

① 보우빔(bow beam) (　)

② 철근일체형 데크플레이트(deck plate) (　)

③ 페코빔(pecco beam) (　)

④ 솔져시스템(soldier system) (　)

★중요

[03③, 07③, 18②, 24②]

020 콘크리트 구조물에 적용하는 해체작업 공법의 종류를 체크하시오.

① 연삭 공법 (　)　② 발파 공법 (　)

③ 오픈컷 공법 (　)　④ 유압 공법 (　)

⑤ 전도 공법 (　)　⑥ 화약 발파 공법 (　)

⑦ 팽창압 공법 (　)

[04①, 06①]

021 하루의 평균기온이 4℃ 이하로 될 것이 예상되는 기상조건에서 낮에도 콘크리트가 동결의 우려가 있는 경우에 사용되는 콘크리트를 체크하시오.

① 고강도 콘크리트 (　)

② 경량 콘크리트 (　)

③ 서중 콘크리트 (　)

④ 한중 콘크리트 (　)

⑤ 프리팩트콘크리트 (　)

⑥ 섬유보강콘크리트 (　)

[05④, 12①, 21②]

022 '콘크리트 타설 후 물이나 미세한 불순물이 분리 상승하여 콘크리트 표면에 떠오르는 현상을 가리키는 용어'와 '이때 표면에 발생하는 미세한 물질을 가리키는 용어'를 순서대로 나열한 것을 체크하시오.

① 블리딩 – 레이턴스 (　)

② 보링 – 샌드드레인 (　)

③ 히빙 – 슬라임 (　)

④ 블로홀 – 슬래그 (　)

[07②, 15①, 22②]

023 철근 콘크리트 공사에서 슬래브에 대한 거푸집 동바리 설치 시 고려해야 할 사항을 체크하시오.

① 철근콘크리트의 고정하중 (　)

② 타설시의 충격하중 (　)

③ 콘크리트의 측압에 의한 하중 (　)

④ 작업인원과 장비에 의한 하중 (　)

[19②]

024 철근콘크리트 슬래브에 발생하는 응력에 대한 설명으로 올바른지 체크하시오.

① 전단력은 일반적으로 단부보다 중앙부에서 크게 작용한다. (　)

② 중앙부 하부에는 인장응력이 발생한다. (　)

③ 단부 하부에는 압축응력이 발생한다. (　)

④ 휨응력은 일반적으로 슬래브의 중앙부에서 크게 작용한다. (　)

025 콘크리트 슬럼프 시험 방법에 대한 설명으로 올바른지 체크하시오.

① 슬럼프 시험기구는 강제평판, 슬럼프 테스트 콘, 다짐막대, 측정기기로 이루어진다. ( )

② 콘크리트 타설 시 작업의 용이성을 판단하는 방법이다. ( )

③ 슬럼프 콘에 비빈 콘크리트를 같은 양의 3층으로 나누어 25회씩 다지면서 채운다. ( )

④ 슬럼프는 슬럼프 콘을 들어 올려 강제평판으로부터 콘크리트가 무너져 내려앉은 높이까지의 거리를 mm로 표시한 것이다. ( )

[16①, 24③]

026 콘크리트의 양생 방법을 체크하시오.

① 습윤 양생 ( ) 　② 건조 양생 ( )

③ 증기 양생 ( ) 　④ 전기 양생 ( )

[16②]

027 콘크리트의 비파괴 검사방법을 체크하시오.

① 반발경도법 ( ) 　② 자기법 ( )

③ 음파법 ( ) 　④ 침지법 ( )

★중요　　　　　　　　　　　　[02①, 06②, 16①, 21①]

028 철골공사 중 리벳치기나 볼트작업을 하기 위하여 구조체인 철골에 매어달아 작업발판을 만드는 비계로서 상하 이동을 시킬 수 없는 것을 체크하시오.

① 달대비계 ( ) 　② 말비계 ( )

③ 이동식 비계 ( ) 　④ 달비계 ( )

[02②]

029 철골구조에서 플렌지에 커버 플레이트를 대는 이유를 체크하시오.

① 전단력을 보강하기 위해 ( )

② 부재의 토션을 방지하기 위해 ( )

③ 부재의 좌굴을 방지하기 위해 ( )

④ 휨 모멘트의 부족을 보충하기 위해 ( )

[02②]

030 건설장비 중 그 선회각이 270°인 것을 체크하시오.

① 정치식 타워크레인 ( )

② 가이데릭 ( )

③ 삼각데릭 ( )

④ 진폴데릭 ( )

[04①, 08③, 24①]

031 건물의 층수가 적은 긴 평면일 때 또는 당김줄을 마음대로 맬 수 없을 때 작업이 용이하며 수평 이동을 하면서 세우기를 할 수 있는 기계설비를 체크하시오.

① 가이 데릭(guy derrick) ( )

② 스티프 레그 데릭(stiff-leg derrick) ( )

③ 트럭 크레인(truck crane) ( )

④ 진폴(gin pole) ( )

★중요　　　　　　　　[04③, 07①②, 11①, 25②]

032 공사현장에서 철골을 세우기 위한 건설기계를 체크하시오.

① 크레인 ( ) 　② 가이데릭 ( )

③ 이동식 크레인 ( ) 　④ 항발기 ( )

⑤ 트렌처 ( ) 　⑥ 타워크레인 ( )

⑦ 진폴 ( ) 　⑧ 케이블 데릭 ( )

⑨ 삼각 데릭 ( ) 　⑩ 항타기 ( )

[12①]

033 크레인의 종류를 체크하시오.

① 자주식 트럭 크레인 ( )

② 크롤러 크레인 ( )

③ 타워 크레인 ( )

④ 가이 데릭 ( )

[02③, 12②, 21①]

034 곤돌라형 달비계를 설치할 경우 사용이 금지되는 와이어로프의 조건으로 올바른지 체크하시오.

① 이음매가 있는 것 ( )

② 와이어로프의 한가닥에서 소선의 수가 7% 이상 절단된 것 ( )

③ 지름의 감소가 공칭지름의 7%를 초과하는 것 ( )

④ 꼬인 것 ( )

⑤ 이음매가 없는 것 ( )

⑥ 와이어로프의 한 꼬임에서 끊어진 소선의 수가 10% 이상인 것 ( )

⑦ 심하게 변형 또는 부식된 것 ( )

[03①]

035 크레인 등의 고리걸이 와이어로프의 사용금지 규정으로 올바른지 체크하시오.

① 지름의 감소가 공칭지름의 7% 초과 (　　)

② 지름의 감소가 공칭지름의 8% 초과 (　　)

③ 지름의 감소가 공칭지름의 9% 초과 (　　)

④ 지름의 감소가 공칭지름의 10% 초과 (　　)

[10②, 23②]

036 양중기계의 와이어로프에 대한 설명으로 올바른지 체크하시오.

① 와이어로프의 안전계수는 근로자가 탑승하는 경우 그렇지 않은 경우보다 더 높아야 한다. (　　)

② 이음매가 있는 와이어로프가 이음매가 없는 와이어로프에 비해 많이 이용된다. (　　)

③ 와이어로프의 절단은 기계적 방법을 피하고 가스용단에 의해서만 절단한다. (　　)

④ 지름의 감소가 공칭지름의 10%인 와이어로프도 사용 가능하다. (　　)

[03①]

037 크레인의 도괴 또는 전도에 의한 재해원인을 체크하시오.

① 권과방지장치가 고장 났다. (　　)

② 크레인의 설치방법이 나쁘다. (　　)

③ 이동식 크레인을 연약지반에서 지반보강재를 사용하지 않고 운반했다. (　　)

④ 규정 이상의 중량물을 적재하고 운행했다. (　　)

[17③, 20②, 24③]

038 산업안전보건법령에 따른 크레인을 사용하여 작업을 하는 때 작업시작 전 점검사항을 체크하시오.

① 권과방지장치·브레이크·클러치 및 운전장치의 기능 (　　)

② 주행로의 상측 및 트롤리(trolley)가 횡행하는 레일의 상태 (　　)

③ 원동기 및 풀리(pulley) 기능의 이상 유무 (　　)

④ 와이어로프가 통하고 있는 곳의 상태 (　　)

★중요

[08①, 14②, 17①, 21①]

039 크레인을 사용하여 양중작업을 하는 때에 안전한 작업을 위한 준수사항으로 올바른지 체크하시오.

① 인양할 하물(荷物)을 바닥에서 끌어당기거나 밀어 정위치 작업을 할 것 (　　)

② 가스통 등 운반 도중에 떨어져 폭발 가능성이 있는 위험물 용기는 보관함에 담아 매달아 운반할 것 (　　)

③ 인양 중인 하물이 작업자의 머리 위로 통과하게 하지 아니할 것 (　　)

④ 인양할 하물이 보이지 아니하는 경우에는 어떠한 동작도 하지 아니할 것(신호하는 사람에 의하여 작업을 하는 경우는 제외) (　　)

⑤ 유류드럼이나 가스통 등 운반 도중에 떨어져 폭발하거나 누출될 가능성이 있는 위험물 용기는 보관함(또는 보관고)에 담아 안전하게 매달아 운반할 것 (　　)

⑥ 미리 근로자의 출입을 통제하여 인양 중인 하물이 작업자의 머리 위로 통과하지 않도록 할 것 (　　)

[08①]

040 크레인의 조립 또는 해체작업 시 취해야 할 조치를 체크하시오.

① 작업순서를 정하고 그 순서에 따라 작업을 할 것 (　　)

② 비, 눈, 그 밖에 기상상태의 불안정으로 날씨가 몹시 나쁜 경우에는 그 작업을 중지시킬 것 (　　)

③ 작업장소는 안전한 작업이 이루어질 수 있도록 충분한 공간을 확보하고 장애물이 없도록 할 것 (　　)

④ 작업구역에는 자격증을 보유한 자만 출입시킬 것 (　　)

[03①, 22②]

041 철골공사에서 안전을 위하여 사전 검토 또는 계획 수립을 해야 하는 내용을 체크하시오.

① 추락방지망의 설치 (　　)

② 사용기계의 용량 및 사용대수 (　　)

③ 기상조건의 검토 (　　)

④ 지하매설물 조사 (　　)

042 크레인의 방호장치를 체크하시오.   [04③, 05③, 09①, 20②, 24②]

① 과부하방지장치 (   )
② 비상정지장치 (   )
③ 권과방지장치 (   )
④ 자동전력방지장치 (   )
⑤ 충격흡수장치 (   )
⑥ 자동경보장치 (   )
⑦ 제동장치 (   )
⑧ 버켓장치 (   )

043 건설장비 크레인의 해지(Hedge)장치에 대한 설명으로 올바른지 체크하시오.   [05②]

① 중량초과 시 부저(Buzzer)가 울리는 장치이다. (   )
② 훅으로부터 벗겨지는 것을 방지하기 위한 장치이다. (   )
③ 일정거리 이상을 권상하지 못하도록 제한시키는 장치이다. (   )
④ 크레인 자체에 이상이 있을 때 운전자에게 알려주는 신호 장치이다. (   )

044 크레인 작업 시 지켜야 할 안전수칙으로 올바른지 체크하시오.   [03③, 06②, 25②]

① 급회전 금지 (   )
② 작업반경내 접근 금지 (   )
③ 작업 중인 운전자에게 연락사항 수신호 금지 (   )
④ 고압선으로부터 3m 이내 크레인 접근 금지 (   )

045 리프트의 안전장치에 해당하는 것을 체크하시오.   [10①, 14①, 21②]

① 권과방지장치 (   )
② 비상정지장치 (   )
③ 과부하방지장치 (   )
④ 조속기 (   )

046 리프트의 조립·해체작업을 지휘하는 자가 취해야 할 조치를 체크하시오.   [06③, 22①]

① 작업방법과 근로자의 배치 결정 (   )
② 리프트의 상·하 운행 작동 (   )
③ 기구 및 공구의 기능 점검 (   )
④ 작업 중 보호구 착용 감시 (   )

047 리프트(Lift) 사용 중 조치사항으로 올바른지 체크하시오.   [14③]

① 운반구 내부에 탑승조작장치가 설치되어 있는 리프트를 사람이 타지 않은 상태에서 작동하였다. (   )
② 리프트 조작반은 관계근로자가 작동하기 편리하도록 항상 개방시켰다. (   )
③ 피트 청소 시에 리프트 운반구를 주행로 상에 달아 올린 상태에서 정지시키고 작업하였다. (   )
④ 순간풍속이 초당 35m를 초과하는 태풍이 온다 하여 붕괴 방지를 위한 받침수를 증가시켰다. (   )

048 크레인의 와이어로프가 일정 한계 이상 감기지 않도록 작동을 자동으로 정지시키는 장치를 체크하시오.   [08③, 13①, 17③, 23①]

① 훅해지장치 (   )
② 권과방지장치 (   )
③ 비상정지장치 (   )
④ 과부하방지장치 (   )

049 철골공사 작업 중 작업을 중지해야 하는 기후조건의 기준으로 올바른지 체크하시오.   [03②, 04③, 09①, 11①, 12②, 15①③, 18①, 23③]

① 풍속 : 10m/sec 이상, 강우량 : 1mm/h 이상 (   )
② 풍속 : 5m/sec 이상, 강우량 : 1mm/h 이상 (   )
③ 풍속 : 5m/sec 이상, 강우량 : 2mm/h 이상 (   )
④ 풍속 : 10m/sec 이상, 강우량 : 0.5mm/h 이상 (   )

★중요　　　　　[05①④, 07①, 12①, 13②, 16②, 19①, 24③]

050 철골작업을 중지하여야 하는 제한 기준으로 올바른지 체크하시오.

① 풍속이 초당 10m 이상인 경우 (　　)
② 강우량이 시간당 1mm 이상인 경우 (　　)
③ 강설량이 시간당 1cm 이상인 경우 (　　)
④ 소음이 65dB 이상인 경우 (　　)
⑤ 겨울철 기온이 영하 4℃ 이상인 경우 (　　)
⑥ 풍속이 6m/sec인 경우 (　　)
⑦ 풍속이 9m/sec인 경우 (　　)
⑧ 강우량이 0.5mm/h인 경우 (　　)
⑨ 강우량이 1mm/h인 경우 (　　)
⑩ 풍속이 10m/s 이상인 경우 (　　)
⑪ 지진이 진도 3 이상인 경우 (　　)
⑫ 강설량이 1cm/h 이상인 경우 (　　)
⑬ 풍속이 초당 30m 이상인 경우 (　　)
⑭ 강설량이 분당 1mm 이상의 경우 (　　)
⑮ 강설량이 분당 1cm 이상의 경우 (　　)

★중요　　　　　[08②, 09①, 20②, 25①]

051 항타기 및 항발기를 조립하는 때의 사용 전 점검사항을 체크하시오.

① 과부하장치 및 제동장치의 이상 유무 (　　)
② 권상장치의 브레이크 및 쐐기장치 기능의 이상 유무 (　　)
③ 본체의 연결부의 풀림 또는 손상의 유무 (　　)
④ 권상기의 설치상태의 이상 유무 (　　)
⑤ 권상용 와이어로프·드럼 및 도르래의 부착상태의 이상 유무 (　　)
⑥ 이동 제동장치 기능의 이상 유무 (　　)

[18③]

052 항타기 및 항발기의 무너짐 방지를 위하여 준수해야 할 기준으로 올바른지 체크하시오.

① 버팀대만으로 상단부분을 안정시키는 경우에는 버팀대는 2개 이상으로 하고 그 하단 부분은 견고한 버팀·말뚝 또는 철골 등으로 고정시킬 것
(　　)
② 상단 부분은 버팀대·버팀줄로 고정하여 안정시키고, 그 하단 부분은 견고한 버팀·말뚝 또는 철골 등으로 고정시킬 것 (　　)
③ 아웃트리거·받침 등 지지구조물이 미끄러질 우려가 있는 경우에는 말뚝 또는 쐐기 등을 사용하여 해당 지지구조물을 고정시킬 것 (　　)
④ 연약한 지반에 설치하는 경우에는 아웃트리거·받침 등 지지구조물의 침하를 방지하기 위하여 깔판·받침목 등을 사용할 것 (　　)

★중요　　　　　[03②, 04②, 06③, 09①, 14②, 21②]

053 항타기 및 항발기의 권상용 와이어로프로 사용 가능한 것을 체크하시오.

① 이음매가 있는 것 (　　)
② 필러선을 제외한 와이어로프의 한 가닥에서 소선의 수가 8% 절단된 것 (　　)
③ 지름의 감소가 공침지름의 8%인 것 (　　)
④ 심하게 변형되거나 부식된 것 (　　)
⑤ 지름의 감소가 공칭지름의 5%인 것 (　　)
⑥ 와이어로프의 한 꼬임에서 소선의 수가 10% 이상 절단된 것 (　　)
⑦ 와이어의 한 꼬임에서 끊어진 소선의 수가 7%인 것 (　　)
⑧ 지름의 감소가 공칭지름의 7%를 초과한 것 (　　)
⑨ 와이어로프의 한 꼬임에서 끊어진 소선의 수가 5%인 것 (　　)

[15③]

054 항타기 또는 항발기에서 와이어로프의 절단하중 값과 와이어로프에 걸리는 하중의 최대값이 다음과 같을 때 사용 가능한 경우를 체크하시오.

① 와이어로프의 절단하중 값 : 10ton, 와이어로프에 걸리는 하중의 최대값 : 2ton (　　)
② 와이어로프의 절단하중 값 : 15ton, 와이어로프에 걸리는 하중의 최대값 : 4ton (　　)
③ 와이어로프의 절단하중 값 : 20ton, 와이어로프에 걸리는 하중의 최대값 : 6ton (　　)
④ 와이어로프의 절단하중 값 : 25ton, 와이어로프에 걸리는 하중의 최대값 : 8ton (　　)

055 철골구조물의 건립 순서를 계획할 때 일반적인 주의사항으로 올바른지 체크하시오.

① 철골건립에 있어서는 현장건립순서와 공장제작 순서가 일치되도록 계획하고 제작검사의 사전실시, 현장운반계획 등을 확인하여야 한다. (　　)

② 건립기계의 작업반경과 진행방향을 고려하여 조립순서를 결정하고 조립 설치된 부재에 의해 후속작업이 지장을 받지 않도록 계획하여야 한다. (　　)

③ 건립 중 가볼트 체결은 가급적 체결기간을 연장하여 안정을 기한다. (　　)

④ 연속기둥 설치 시 기둥을 2개 세우면 기둥 사이의 보를 동시에 설치하도록 한다. (　　)

[03③, 23①]

056 다음에 제시된 와이어로프의 클립 체결 방법 중 가장 적합한 것을 체크하시오.

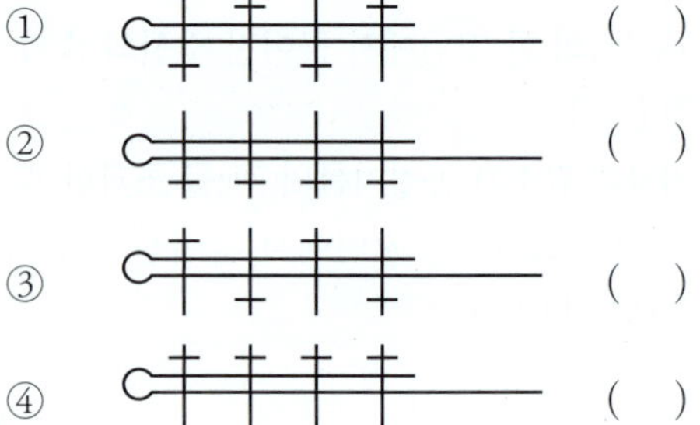

① 　　(　　)

② 　　(　　)

③ 　　(　　)

④ 　　(　　)

[04②]

057 그림과 같이 양단의 지지 조건이 다른 기둥들에 대하여 좌굴에 대한 유효길이로 올바른지 체크하시오.

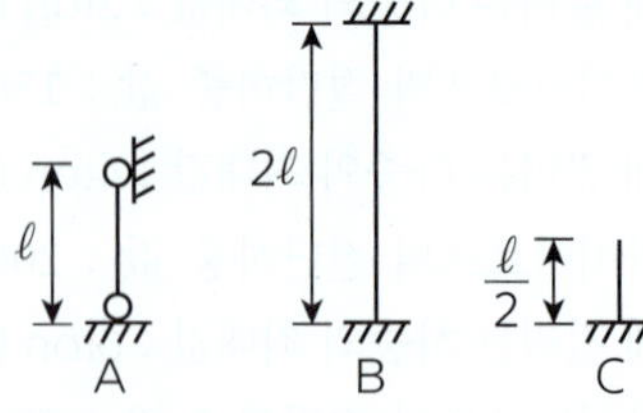

① A가 최대, C가 최소이다. (　　)
② B가 최대, C가 최소이다. (　　)
③ C가 최대, A가 최소이다. (　　)
④ A, B, C가 모두 같다. (　　)

058 양끝이 힌지(Hinge)인 기둥에 수직하중을 가하면 기둥이 수평방향으로 휘게 되는 현상을 체크하시오.

① 피로한계 (　　)　　② 파괴한계 (　　)

③ 좌굴 (　　)　　④ 부재의 안전도 (　　)

⑤ 탄성변형 (　　)　　⑥ 한계변형 (　　)

⑦ 휨변형 (　　)

[03③, 25①]

059 트러스(Truss frame) 구조를 가장 잘 설명한 것을 체크하시오.

① 각 절점이 강하게 접합되어 있는 구조이며 역학적으로 휨재, 압축재, 인장재가 결합되어 있는 형식 (　　)

② 골조의 각 절점이 모두 핀으로 접합되어 있으며 일반적으로 각 부재가 삼각형을 구성하는 골조 (　　)

③ 상부에서 오는 수직 압력이 아치의 축선에 따라 좌우로 나누어져 밑으로 직압력만 전달되는 구조로 부재의 하부에 인장력이 생기지 않는 구조 (　　)

④ 한쪽만 고정시키고 다른 끝은 돌출시켜 그 위에 하중을 지지하도록 한 구조 (　　)

[13①, 17③]

060 철골보 인양작업 시 준수사항으로 올바른지 체크하시오.

① 인양용 와이어로프의 체결지점은 수평부재의 1/4 지점을 기준으로 한다. (　　)

② 인양용 와이어로프의 매달기 각도는 양변 60°를 기준으로 한다. (　　)

③ 흔들리거나 선회하지 않도록 유도 로프로 유도하며 장애물에 닿지 않도록 주의하여야 한다. (　　)

④ 크램프의 정격용량 이상 매달지 않아야 한다. (　　)

⑤ 인양 와이어로프는 후크의 중심에 걸어야 하며 후크는 용접의 경우 용접장 등 용접규격을 확인하여 인양 시 연성파괴에 의한 탈락을 방지하여야 한다. (　　)

⑥ 유도 로프는 확실히 매야 한다. (　　)

⑦ 철골보의 와이어로프 체결지점은 수평부재의 1/3 지점을 기준으로 한다. (　　)

061 [04②, 19③, 21③]
철골공사 등의 용접작업 시 사용되는 가스용기의 취급상 주의사항으로 올바른지 체크하시오.

① 용기는 통풍 또는 환기가 잘되는 장소에 보관한다. (　　)

② 용기의 온도는 40℃ 이하로 유지한다. (　　)

③ 가스를 사용 시 밸브의 개폐는 신속히 하여야 한다. (　　)

④ 용해 아세틸렌 용기는 세워서 보관한다. (　　)

⑤ 전도의 위험이 없도록 해야 한다. (　　)

⑥ 운반하는 경우에는 캡을 씌워야 한다. (　　)

062 [04③, 15③, 22③]
양중기를 사용하는 작업에서 운전자가 보기 쉬운 곳에 부착하여야 하는 사항을 체크하시오.

① 작업위치 (　　)

② 운전속도 (　　)

③ 정격하중 (　　)

④ 경고표시 (　　)

063 [05④]
양중 장비에 대한 설명으로 올바른지 체크하시오.

① 승객용 엘리베이터는 사람의 운송에 적합하게 제조·설치된 엘리베이터이다. (　　)

② 화물용 엘리베이터는 화물 운반에 적합하게 제조·설치된 엘리베이터로서 조작자 또는 화물취급자 1명은 탑승할 수 있는 것이다(적재용량이 300kg 미만인 것은 제외). (　　)

③ 리프트는 동력을 이용하여 화물을 운반하는 기계설비로서 사람의 탑승은 금지된다. (　　)

④ 크레인은 동력을 사용하여 중량물을 매달아 상하 및 좌우(수평 또는 선회)로 운반하는 것을 목적으로 하는 기계 또는 기계장치이다. (　　)

★중요

064 [06①, 09②, 13③, 14①, 15②, 18③, 23②]
철골구조물 중 강풍에 의한 풍압 등 외압에 대한 내력이 설계에 고려되었는지 확인해야 하는 것을 체크하시오.

① 연면적당 철골량이 일반건물보다 많은 경우 (　　)

② 기둥에 H형강을 사용하는 경우 (　　)

③ 이음부가 공장용접인 경우 (　　)

④ 높이가 20m 이상인 건물 (　　)

⑤ 연면적당 철골량 70kg/m²인 구조물 (　　)

⑥ 이음부가 현장용접인 구조물 (　　)

⑦ 높이 30m인 구조물 (　　)

⑧ 구조물의 폭과 높이의 비가 1 : 4인 구조물 (　　)

⑨ 단면구조가 일정한 구조물 (　　)

⑩ 연면적당 철골량이 45kg/m²인 건물 (　　)

065 [12①, 14②]
타워크레인을 벽체에 지지하는 경우 서면심사 서류 등이 없거나 명확하지 아니할 때 설치를 위해서는 특정 기술자의 확인을 필요로 하는데, 그 기술자에 해당하는 경우를 체크하시오.

① 건설안전기술사 (　　)

② 기계안전기술사 (　　)

③ 건축시공기술사 (　　)

④ 건설안전분야 산업안전지도사 (　　)

066 [05①, 24②]
타워크레인의 구조 명칭에 해당하는 것을 체크하시오.

① 밸런스 웨이트(Balance Weight) (　　)

② 에이프런(apron) (　　)

③ 지브(jib) (　　)

④ 마스트(mast) (　　)

067 [12①]
양중기의 와이어로프 등 달기구의 안전계수 기준으로 올바른지 체크하시오.

① 화물의 하중을 직접 지지하는 달기와이어로프는 5 이상 (　　)

② 화물의 하중을 직접 지지하는 달기체인은 4 이상 (　　)

③ 훅, 샤클, 클램프, 리프팅 빔은 3 이상 (　　)

④ 근로자가 탑승하는 운반구를 지지하는 달기체인은 10 이상 (　　)

068 기계장비에서 와이어로프 등의 안전계수를 가장 잘 설명한 것을 체크하시오.

① 와이어로프의 절단 하중 값을 그 와이어로프에 걸리는 하중의 최대값으로 나눈 값을 말한다. (　)

② 와이어로프에 걸리는 하중의 최대값을 그 와이어로프의 절단 하중 값으로 나눈 값을 말한다. (　)

③ 와이어로프의 절단 하중값을 그 와이어로프에 걸리는 하중의 평균값으로 나눈 값을 말한다. (　)

④ 와이어로프에 걸리는 하중의 평균값을 그 와이어로프의 절단 하중 값으로 나눈 값을 말한다. (　)

★중요　　　　　　　　　　　[05①, 09②, 18③, 21②]

069 양중기의 종류를 체크하시오.

① 크레인 (　)　　　② 곤돌라 (　)
③ 항타기 (　)　　　④ 리프트 (　)

[12①]

070 철골공사 중 트랩을 이용해 승강할 때 안전과 관련된 항목을 체크하시오.

① 수평구명줄 (　)　　② 수직구명줄 (　)
③ 안전벨트 (　)　　　④ 추락방지대 (　)

★중요　　　　　[13①, 14③, 18①, 19①, 22②]

071 철골공사에서 용접작업을 실시함에 있어 전격예방을 위한 안전조치로 올바른지 체크하시오.

① 보호구와 복장을 구비하고, 기름기가 묻었거나 젖은 것은 착용하지 않을 것 (　)

② 작업 중지의 경우에는 스위치를 떼어 놓을 것 (　)

③ 개로 전압이 높은 교류 용접기를 사용할 것 (　)

④ 좁은 장소에서의 작업에서는 신체를 노출시키지 않을 것 (　)

⑤ 전격방지를 위해 자동전격방지기를 설치할 것 (　)

⑥ 우천, 강설시에는 야외작업을 중단할 것 (　)

⑦ 개로 전압이 낮은 교류 용접기는 사용하지 않을 것 (　)

⑧ 절연 홀더(Holder)를 사용할 것 (　)

[08③]

072 철골구조의 조립에서 이음(connection)의 종류를 체크하시오.

① 고장력 볼트이음 (　)
② 리벳이음 (　)
③ 와이어이음 (　)
④ 용접이음 (　)

★중요　　　　　　[09③, 14②, 17①, 23③]

073 철골공사에서 나타나는 용접결함의 종류를 체크하시오.

① 오버랩 (　)　　　② 언더컷 (　)
③ 블로우 홀 (　)　　④ 가우징 (　)

[10③]

074 철골공사의 작업조건과 재해방지설비의 연결이 올바른지 체크하시오.

① 추락자를 보호할 수 있는 것으로서 작업대 설치가 어렵거나 개구부 주위로 난간설치가 어려운 것 – 추락방지용 방망 (　)

② 작업자의 신체를 보호하기 위한 것으로서 안전한 작업대나 난간설비를 할 수 없는 곳 – 안전대 (　)

③ 불꽃 비산 방지를 위한 것으로 용접, 용단을 수반하는 작업 시 – 안전모 (　)

④ 상부에서 낙하된 것을 막는 것으로서 철골 건립, 볼트 체결 등의 작업 시 – 방호울타리 (　)

★중요　　　　　　[11③, 14②, 19③, 24②]

075 철근가공작업에서 가스절단을 할 때의 유의 및 확인사항으로 올바른지 체크하시오.

① 가스절단 작업 시 호스는 겹치거나 구부러지거나 밟히지 않도록 한다. (　)

② 호스, 전선 등은 작업효율을 위하여 다른 작업장을 거치는 곡선상의 배선이어야 한다. (　)

③ 작업장에서 가연성 물질에 인접하여 용접작업할 때에는 소화기를 비치하여야 한다. (　)

④ 가스절단 작업 중에는 보호구를 착용하여야 한다. (　)

[20②]

076 철근콘크리트 현장타설공법과 비교한 PC(Precast Concrete) 공법의 장점으로 올바른지 체크하시오.

① 기후의 영향을 받지 않아 동절기 시공이 가능하고, 공기를 단축할 수 있다. (　)
② 현장작업이 감소되고, 생산성이 향상되어 인력절감이 가능하다. (　)
③ 공사비가 매우 저렴하다. (　)
④ 공장 제작이므로 콘크리트 양생 시 최적조건에 의한 양질의 제품생산이 가능하다. (　)

★중요　　　　　　[03③, 07③, 14③, 15①, 20①, 25①]

077 PC(Precast Concrete) 조립 시 안전대책으로 올바른지 체크하시오.

① 신호수를 지정한다. (　)
② 인양 PC 부재 아래에 근로자 출입을 금지한다. (　)
③ 크레인에 PC 부재를 달아 올린 채 주행한다. (　)
④ 달아 올린 부재의 아래에서 정확한 상황을 파악하고 전달하여 작업한다. (　)
⑤ 운전자는 부재를 달아 올린 채 운전대를 이탈해서는 안 된다. (　)
⑥ 신호는 사전 정해진 방법에 의해서만 실시한다. (　)
⑦ 크레인 사용시 PC관의 중량을 고려하여 아웃리거를 사용한다. (　)

★중요　　　　　　[04③, 07③, 12②, 25③]

078 프리캐스트 부재의 현장야적에 대한 설명으로 올바른지 체크하시오.

① 오물로 인한 부재의 변질을 방지한다. (　)
② 벽 부재는 수평으로 포개 쌓아 놓는다. (　)
③ 부재의 제조번호, 기호 등을 식별하기 쉽게 야적한다. (　)
④ 받침대를 설치하여 휨, 균열 등이 생기지 않게 한다. (　)

[08①]

079 교류아크 용접기에 부착해야 할 방호장치를 체크하시오.

① 권과방지장치 (　)
② 과부하방지장치 (　)
③ 자동전격방지장치 (　)
④ 양수조작식방호장치 (　)

[14③]

080 석재가공 동력 공구 중 진동드릴 사용 시 주의사항을 체크하시오.

① 드릴비트의 경도는 최대한 높은 것을 사용한다. (　)
② 진동드릴의 손잡이는 충격완화를 위해 두꺼운 고무로 씌운다. (　)
③ 작업 중인 작업자의 앞에 접근하지 않는다. (　)
④ 작업자는 안전화를 착용한다. (　)

[02①, 21②]

081 승강기의 종류를 체크하시오.

① 승객용승강기 (　)
② 에스컬레이터 (　)
③ 화물용승강기 (　)
④ 리프트 (　)

[17②]

082 셔블계 굴착장비 중 좁고 깊은 굴착에 가장 적합한 장비를 체크하시오.

① 드래그라인(dragline) (　)
② 파워셔블(power shovel) (　)
③ 백호(back hoe) (　)
④ 클램셸(clam shell) (　)

[14②]

083 굴착기계 중 주행기면보다 하방의 굴착에 적합한 것을 체크하시오.

① 드래그라인 (　)
② 파워셔블 (　)
③ 백호 (　)
④ 클램셸 (　)

084 셔블계 굴착기계를 체크하시오.

① 파워셔블(power shovel) (　)

② 크램셸(clamshell) (　)

③ 스크레이퍼(scraper) (　)

④ 드래그라인(dragline) (　)

[18②]

085 드럼에 다수의 돌기를 붙여 놓은 기계로 점토층의 내부를 다지는 데 적합한 것을 체크하시오.

① 탠덤 롤러 (　)

② 타이어 롤러 (　)

③ 진동 롤러 (　)

④ 탬핑 롤러 (　)

★중요 [02③, 05③, 09①, 10③, 15③, 23①]

086 스크레이퍼의 용도를 체크하시오.

① 토사 다짐 (　)　　② 토사 하역 (　)

③ 토사 굴착 (　)　　④ 토사 운반 (　)

⑤ 적재 (　)　　⑥ 양중 (　)

[12③]

087 갈퀴 형태의 배토판을 부착한 건설장비로서 나무뿌리 제거용이나 지상청소에 사용하는 데 적합한 불도저를 체크하시오.

① 스트레이트도저 (　)

② 틸트도저 (　)

③ 레이크도저 (　)

④ 앵글도저 (　)

[14③, 23③]

088 건설기계 중 굴착 장비를 체크하시오.

① 파워쇼벨 (　)

② 모터그레이더 (　)

③ 백호우 (　)

④ 드래그라인 (　)

[02①]

089 양중기의 종류를 체크하시오.

① 크레인 (　)　　② 곤돌라 (　)

③ 승강기 (　)　　④ 항타기 (　)

★중요 [06①, 11①③, 14①, 15②, 24②]

090 굴착용 기계의 용도에 관한 설명으로 올바른지 체크하시오.

① 파워쇼벨은 지반면보다 높은 곳의 흙파기(굴착)에 적합하다. (　)

② 드레그쇼벨은 깊은 지하굴착공사에 많이 이용된다. (　)

③ 클램셸은 좁은 곳의 수직파기에 적합하다. (　)

④ 드래그라인은 지반면보다 낮은 경질의 흙파기에 적합하다. (　)

⑤ 드래그쇼벨은 지반면보다 낮은 곳의 굴착에 적합하다. (　)

⑥ 드래그라인은 지반면보다 낮은 경질지반의 굴착에 적당하다. (　)

⑦ 클램셸은 우물통과 같은 협소한 장소의 흙을 퍼 올리는 데 적합하다. (　)

⑧ 백호우는 장비가 위치한 지면보다 높은 곳의 땅을 파는 데에 적합하다. (　)

⑨ 바이브레이션 롤러는 노반 및 소일시멘트 등의 다지기에 사용된다. (　)

⑩ 파워쇼벨은 지면에 구멍을 뚫어 낙하해머 또는 디젤 해머에 의해 강관말뚝, 널말뚝 등을 박는 데 이용된다. (　)

⑪ 가이데릭은 지면을 일정한 두께로 깎는 데에 이용된다. (　)

⑫ 불도저는 일반적으로 거리 60m 이하의 배토작업에 사용된다. (　)

⑬ 파워쇼벨은 기계가 위치한 면보다 낮은 곳을 파낼 때 유용하다. (　)

⑭ 백호우는 5~6m 정도를 파낼 때 편리하다. (　)

[15①]

091 건설기계의 명칭과 각 용도가 올바르게 연결된 것을 체크하시오.

① 드래그라인 – 암반굴착 (　)

② 드래그쇼벨 – 흙 운반작업 (　)

③ 클램셸 – 정지작업 (　)

④ 파워쇼벨 – 지반면보다 높은 곳의 흙파기 (　)

★중요 [03①, 05①, 07②, 17②, 25①]

092 차량계 건설기계의 작업계획서 작성 시 포함되어야 할 사항을 체크하시오.

① 사용하는 차량계 건설기계의 종류 및 성능 (　)
② 차량계 건설기계의 운행 경로 (　)
③ 차량계 건설기계에 의한 작업방법 (　)
④ 브레이크 및 클러치 등의 기능 점검 (　)
⑤ 차량계 건설기계의 점검 및 보수방법 (　)
⑥ 제동장치 및 조정장치 기능의 이상 유무 (　)
⑦ 차량계 건설기계의 제작 비용 (　)

[15②]

093 차량계 건설기계의 작업 시 작업시작 전 점검사항을 체크하시오.

① 권과방지장치의 이상 유무 (　)
② 브레이크 및 클러치의 기능 (　)
③ 슬링·와이어 슬링의 매달린 상태 (　)
④ 언로드밸브의 이상 유무 (　)

[08②, 14③, 25②]

094 차량계 건설기계를 사용하여 작업을 하는 경우에 당해 기계의 전도 또는 전락 등에 의한 근로자의 위험을 방지하기 위해 취해야 할 조치사항을 체크하시오.

① 갓길의 붕괴방지 (　)
② 지반의 부동침하 방지 (　)
③ 도로폭의 유지 (　)
④ 버킷, 디퍼 등 작업장치를 지면에 고정 (　)
⑤ 울, 손잡이 설치 (　)

★중요 [06①, 08③, 16③, 17②, 21①]

095 산업안전보건법에서 규정한 차량계 건설기계를 체크하시오.

① 배쳐플랜트 (　)　　② 모터그레이더 (　)
③ 크롤러드릴 (　)　　④ 탠덤롤러 (　)
⑤ 곤돌라 (　)
⑥ 항타기 및 항발기 (　)
⑦ 어스드릴 (　)
⑧ 앵글도저 (　)
⑨ 불도저 (　)
⑩ 파워셔블 (　)

⑪ 크레인 (　)
⑫ 천공기 (　)
⑬ 타워크레인 (　)

[17③]

096 차량계 건설기계 중 도로포장용 건설기계를 체크하시오.

① 아스팔트 살포기 (　)
② 아스팔트 피니셔 (　)
③ 콘크리트 피니셔 (　)
④ 어스오거 (　)

★중요 [03②, 12③, 13①, 16②, 21②]

097 굴착기의 전부장치를 체크하시오.

① 붐(Boom) (　)
② 암(Arm) (　)
③ 버킷(Bucket) (　)
④ 블레이드(Blade) (　)

★중요 [04②, 07③, 09③, 22①]

098 수중굴착 작업 시 가장 적합한 공법을 체크하시오.

① 아일랜드(Island) 공법 (　)
② 트랜치 컷(Trench Cut) 공법 (　)
③ 케이슨(Caisson) 공법 (　)
④ 플로팅(Floating) 공법 (　)

[20①]

099 건설현장에서 사용하는 공구 중 토공용에 해당하는 것을 체크하시오.

① 착암기 (　)
② 포장 파괴기 (　)
③ 연마기 (　)
④ 점토 굴착기 (　)

[05④, 16②, 22②]

100 차량계 건설기계의 운전자가 운전위치를 이탈할 때 행하여야 할 조치사항을 체크하시오.

① 브레이크를 걸어둔다. (　)
② 버킷은 지상에서 1m 정도의 위치에 둔다. (　)
③ 디퍼는 지면에 내려둔다. (　)
④ 원동기를 정지시킨다. (　)

101 건설현장의 중장비 작업 시 일반적인 안전수칙을 체크하시오.

① 승차석 외의 위치에 근로자를 탑승시키지 아니한다. (　)

② 중기 및 장비는 항상 사용 전에 점검한다. (　)

③ 중장비는 사용법을 확실히 모를 때는 관리감독자가 현장에서 시운전을 해본다. (　)

④ 경우에 따라 취급자가 없을 경우에는 사용이 불가능하다. (　)

102 무한궤도식 장비와 타이어식(차륜식) 장비의 차이점으로 올바른지 체크하시오.

① 무한궤도식은 기동성이 좋다. (　)

② 타이어식은 승차감과 주행성이 좋다. (　)

③ 무한궤도식은 경사지반에서의 작업에 부적당하다. (　)

④ 타이어식은 땅을 다지는 데 효과적이다. (　)

103 다음 그림에서 클램셸(Clam shell) 장비에 해당하는 기호를 체크하시오.

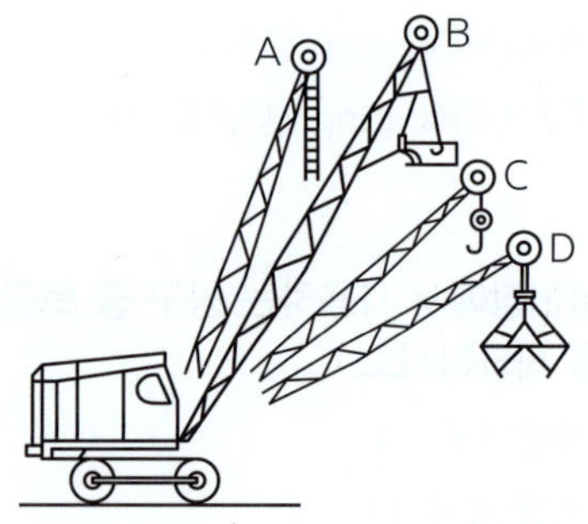

① A (　)

② B (　)

③ C (　)

④ D (　)

104 셔블계 굴착기계의 운행 안전수칙으로 올바른지 체크하시오.

① 작업 시 항상 사람의 접근에 주의한다. (　)

② 주위를 살핀 후 스윙붐의 작동을 행한다. (　)

③ 고압선 주위에서 작업 시 전선과 장치의 안전간격을 유지한다. (　)

④ 장치에 오르내릴 때에는 반드시 한 손으로 손잡이를 이용하여 오르내린다. (　)

105 정기안전점검 결과 건설공사의 물리적·기능적 결함 등이 발견되어 보수·보강 등의 조치를 하기 위하여 필요한 경우에 실시하는 점검을 체크하시오.

① 자체안전점검 (　)

② 정밀안전점검 (　)

③ 상시안전점검 (　)

④ 품질관리점검 (　)

02 단답형 문제

★중요   [12①, 14②, 25②]

001 주행 크레인 및 선회 크레인과 건설물 사이에 통로를 설치하는 경우, 그 폭의 최소값을 쓰시오. (단, 건설물의 기둥에 접촉하지 않는 부분인 경우)

⚙️ **해설** 사업주는 주행 크레인 또는 선회 크레인과 건설물 또는 설비와의 사이에 통로를 설치하는 경우 그 폭을 0.6m 이상으로 하여야 한다. 다만, 그 통로 중 건설물의 기둥에 접촉하는 부분에 대해서는 0.4m 이상으로 할 수 있다. (안전보건규칙 제144조)

                         [20①]

002 크레인의 운전실을 통하는 통로의 끝과 건설물 등의 벽체와의 간격은 최대 얼마 이하로 하여야 하는지를 쓰시오.

⚙️ **해설** 건설물 등의 벽체와 통로의 간격 등(안전보건규칙 제145조)

사업주는 다음의 간격을 0.3m 이하로 하여야 한다. 다만, 근로자가 추락할 위험이 없는 경우에는 그 간격을 0.3m 이하로 유지하지 아니할 수 있다.

① 크레인의 운전실 또는 운전대를 통하는 통로의 끝과 건설물 등의 벽체의 간격

★중요   [03①, 08③, 11③, 14①, 21③]

003 건설용 리프트의 폭풍에 의한 도괴를 방지하는 조치를 하여야 하는 순간 풍속(m/s) 기준을 쓰시오.

⚙️ **해설** 붕괴 등의 방지(안전보건규칙 제154조)

① 사업주는 지반침하, 불량한 자재사용 또는 헐거운 결선(結線) 등으로 리프트가 붕괴되거나 넘어지지 않도록 필요한 조치를 하여야 한다.

② 사업주는 순간풍속이 35m/s를 초과하는 바람이 불어올 우려가 있는 경우 건설용 리프트(지하에 설치되어 있는 것은 제외)에 대하여 받침의 수를 증가시키는 등 그 붕괴 등을 방지하기 위한 조치를 하여야 한다.

★중요   [13③, 17②, 23③]

004 건설작업용 리프트에 대하여 강풍이 불어올 우려가 있는 때에는 붕괴 방지를 하기 위한 조치를 하여야 하는데 이때의 순간풍속 기준을 쓰시오.

                         [11①]

005 근로자가 안전하게 승강하기 위한 건설용리프트 등의 설비를 설치하여야 하는 장소에 대한 높이 또는 깊이의 기준을 쓰시오.

⚙️ **해설** 사업주는 높이 또는 깊이가 2m를 초과하는 장소에서 작업하는 경우 해당 작업에 종사하는 근로자가 안전하게 승강하기 위한 건설용 리프트 등의 설비를 설치해야 한다. 다만, 승강설비를 설치하는 것이 작업의 성질상 곤란한 경우에는 그렇지 않다. (안전보건규칙 제46조)

|정답|

001 0.6m   **002** 0.3m   **003** 35m/s 초과   **004** 35m/s 초과   **005** 2m 초과

★중요 [06③, 10③, 13①③, 16③, 17③, 19③, 24③]

006 철골작업 시 강우량에 대해 작업을 중단하는 기준을 쓰시오.

★중요 [12③, 14③, 16①, 25③]

007 철골작업을 중지하여야 하는 강설량 기준을 쓰시오.

[06②]

008 철골작업을 중지하여야 하는 악천후의 조건이다. 괄호 안에 적합한 내용을 순서대로 쓰시오.

> - 풍속이 초당 (㉠)m 이상인 경우
> - 강우량이 시간당 (㉡)mm 이상인 경우
> - 강설량이 시간당 (㉢)cm 이상인 경우

⚙️**해설** 작업의 제한(안전보건규칙 제383조)
사업주는 다음의 어느 하나에 해당하는 경우에 철골작업을 중지하여야 한다.
① 풍속이 초당 10m 이상인 경우
② 강우량이 시간당 1mm 이상인 경우
③ 강설량이 시간당 1cm 이상인 경우

[18②, 22③]

009 강풍 시 타워크레인의 설치·수리·점검 또는 해체 작업을 중지하여야 하는 순간풍속 기준을 쓰시오.

⚙️**해설** 사업주는 순간풍속이 초당 10m를 초과하는 경우 타워크레인의 설치·수리·점검 또는 해체 작업을 중지하여야 하며, 순간풍속이 초당 15m를 초과하는 경우에는 타워크레인의 운전작업을 중지하여야 한다. (안전보건규칙 제37조)

[19①]

010 타워크레인의 운전작업을 중지하여야 하는 순간풍속 기준을 쓰시오.

[16②, 18③, 23③]

011 철골기둥 건립 작업 시 붕괴·도괴 방지를 위하여 베이스 플레이트의 하단은 기준 높이 및 인접기둥의 높이에서 얼마 이상 벗어나지 않아야 하는지를 쓰시오.

⚙️**해설** 베이스 플레이트의 하단은 기준 높이 및 인접기둥의 높이에서 3mm 이상 벗어나지 않을 것(철골공사 표준안전작업지침 제5조 제2호 라목)

[09①, 16①, 24②]

012 철골공사에서 기둥의 건립작업 시 앵커볼트의 매립에 있어 요구되는 정밀도에서 기둥중심은 기준선 및 인접 기둥의 중심으로부터 얼마 이상 벗어나지 않아야 하는지를 쓰시오.

[16③]

013 항타기 또는 항발기의 권상용 와이어로프의 안전계수 최소기준을 쓰시오.

⚙️**해설** 사업주는 항타기 또는 항발기의 권상용 와이어로프의 안전계수가 5 이상이 아니면 이를 사용해서는 아니 된다. (안전보건규칙 제211조)

[08③, 15②, 21①]

014 이음매가 있는 권상용 와이어로프의 사용금지 규정에서 괄호 안에 알맞은 숫자를 쓰시오.

> 항타기 또는 항발기의 권상용 와이어로프의 한 꼬임에서 소선의 수가 (　)% 이상 절단된 것을 사용하면 안 된다.

⚙ **해설** 와이어로프의 한 꼬임[(스트랜드(strand)]에서 끊어진 소선[필러(pillar)선은 제외)]의 수가 10% 이상(비자전로프의 경우에는 끊어진 소선의 수가 와이어로프 호칭지름의 6배 길이 이내에서 4개 이상이거나 호칭지름 30배 길이 이내에서 8개 이상)인 것

★중요

[04①, 09③, 16①, 23②]

015 옥외에 설치되어 있는 주행크레인에 대하여 폭풍에 의한 이탈방지 조치를 해야할 순간 최소풍속을 쓰시오.

⚙ **해설** 사업주는 순간풍속이 30m/s를 초과하는 바람이 불어올 우려가 있는 경우 옥외에 설치되어 있는 주행 크레인에 대하여 이탈방지장치를 작동시키는 등 이탈 방지를 위한 조치를 하여야 한다. (안전보건규칙 제140조)

★중요

[05②, 07②, 16③, 22②]

016 가설구조물 부재의 강성이 부족하여 가늘고 긴 부재가 압축력에 의하여 파괴되는 현상을 쓰시오.

[05②]

017 다음 내용에서 괄호 안에 알맞은 수를 쓰시오.

> 사업주는 근로자가 수직방향으로 이동하는 철골부재(鐵骨部材)에는 답단(踏段) 간격이 (　)cm 이내인 고정된 승강로를 설치하여야 하며, 수평방향 철골과 수직방향 철골이 연결되는 부분에는 연결작업을 위하여 작업발판 등을 설치하여야 한다.

⚙ **해설** 사업주는 근로자가 수직방향으로 이동하는 철골부재(鐵骨部材)에는 답단(踏段) 간격이 30cm 이내인 고정된 승강로를 설치하여야 하며, 수평방향 철골과 수직방향 철골이 연결되는 부분에는 연결작업을 위하여 작업발판 등을 설치하여야 한다.

★중요

[07②, 12③, 16①, 23③]

018 철골공사의 용접, 용단작업에 사용되는 가스의 용기는 최대 몇 ℃ 이하로 보존해야 하는지를 쓰시오.

⚙ **해설** 용기의 온도를 40℃ 이하로 유지할 것(안전보건규칙 제234조)

|정답|

006 시간당 1mm 이상인 경우	**007** 1cm/시간 이상	**008** ㉠ 10, ㉡ 1, ㉢ 1	**009** 10m/s 초과	**010** 15m/s 초과	**011** 3mm
012 5mm	**013** 5	**014** 10	**015** 30m/s 초과	**016** 좌굴 현상	**017** 30	**018** 40℃

019 산업안전보건기준에 관한 규칙에 따른 추락에 의한 위험 방지와 관련된 다음 내용에서 괄호 안에 들어갈 숫자를 쓰시오.

> 사업주는 높이 또는 깊이가 (　　)m를 초과하는 장소에서 작업하는 경우 해당 작업에 종사하는 근로자가 안전하게 승강하기 위한 건설용 리프트 등의 설비를 설치해야 한다. 다만, 승강설비를 설치하는 것이 작업의 성질상 곤란한 경우에는 그렇지 않다

🔧 **해설** 사업주는 높이 또는 깊이가 2m를 초과하는 장소에서 작업하는 경우 해당 작업에 종사하는 근로자가 안전하게 승강하기 위한 건설용 리프트 등의 설비를 설치해야 한다. 다만, 승강설비를 설치하는 것이 작업의 성질상 곤란한 경우에는 그렇지 않다. (안전보건규칙 제46조)

[02②, 24③]

020 토공기계 중 지반면보다 높은 곳의 흙파기에 가장 적당한 장비를 쓰시오.

[16①, 25①]

021 기계가 서 있는 지면보다 높은 곳을 파는 작업에 가장 적합한 굴착기계를 쓰시오.

[18③]

022 낮은 지면에서 높은 곳을 굴착하는 데 가장 적합한 굴착기를 쓰시오.

★중요　　　　　　　　[05①, 12③, 16②, 21②]

023 수중굴착 및 구조물의 기초바닥, 잠함 등과 같은 협소하고 깊은 범위의 굴착과 호퍼작업에 가장 적합한 건설장비를 쓰시오.

[13②]

024 쇼벨계 굴착기에 부착하며, 유압을 이용하여 콘크리트의 파괴, 빌딩해체, 도로파괴 등에 쓰이는 것을 쓰시오.

[02③, 14③, 22②]

025 아스팔트 포장도로의 파쇄굴착 또는 암석제거에 적절한 장비를 쓰시오.

[08②]

026 지면을 절삭하여 평활하게 다듬는 장비로서 노면의 성형과 정지작업에 가장 적당한 장비를 쓰시오.

[11①]

027 블레이드를 레버로 조정할 수 있으며, 좌우를 상하 25~30°까지 기울일 수 있는 불도저를 쓰시오.

[06②, 17①, 24①]

028 아스팔트 포장도로의 노반의 파쇄 또는 토사 중에 있는 암석제거에 가장 적당한 장비를 쓰시오.

★중요 　　　　　　　　[05②, 07③, 13①, 20②, 24③]

029 불도저의 종류 중 다음 설명에 해당하는 불도저의 명칭을 쓰시오.

> 블레이드의 길이가 길고 낮으며 블레이드의 좌우를 전후로 25~30° 각도로 회전시킬 수 있어 흙을 측면으로 보낼 수 있는 불도저이다.

★중요 　　　　　　　　[09②, 10①, 17①, 25②]

030 다음 설명에 해당하는 롤러를 쓰시오.

> 앞, 뒤 두 개의 차륜이 있으며(2축 2륜) 각각의 차축이 평행으로 배치된 것으로 찰흙, 점성토 등의 두꺼운 흙을 다짐하는 데는 적당하나 단단한 각재를 다지는 데는 부적당한 로드 롤러이다.

[04②]

031 롤러의 표면에 돌기를 만들어 부착한 것으로 돌기가 전압층에 매입되어 풍화암을 파쇄하고 흙속의 간극수압을 제거하는 롤러의 명칭을 쓰시오.

[19①, 21①]

032 굴착이 곤란한 경우 발파가 어려운 암석의 파쇄굴착 또는 암석제거에 적합한 장비를 쓰시오.

[03③, 05③, 22①]

033 굴착기계로 채석작업 시 작업장에 후진하여 접근하거나 전락할 우려가 있을 때 사고를 방지하기 위하여 배치하여야 하는 사람을 쓰시오.

|정답|

019 2　　020 파워셔블　　021 파워셔블　　022 파워셔블　　023 클램셸(clam shell)　　024 브레이커　　025 리퍼(Ripper)
026 모터 그레이더　　027 틸트도저　　028 리퍼(Ripper)　　029 앵글도저　　030 탠덤 롤러(Tandem Roller)
031 탬핑 롤러(Tamping roller)　　032 리퍼　　033 유도자

03 계산형 문제

★중요

[07①]

001 단면이 20cm × 20cm, 길이가 7m인 기둥에 10ton의 압축력이 축방향으로 작용할 때 압축응력을 구하시오.

> **해설**
>
> $$\rho(압축응력) = \frac{P(하중)}{A(단면적)} = \frac{10}{0.2 \times 0.2} = 250ton/m^2$$

★중요

[16①, 18③, 23②]

002 화물용 승강기를 설계하면서 와이어로프의 안전하중은 10ton이라면 로프의 가닥수를 구하시오. (단, 와이어로프 한 가닥의 파단강도는 4ton이며, 화물용 승강기의 와이어로프의 안전율은 6으로 함)

> **해설**
>
> $S(안전률) \times Q(하중) = N(로프 가닥수) \times P(로프의 파단강도)$이다.
>
> 즉, $SQ = NP$에서 $N = \dfrac{SQ}{P} = \dfrac{6 \times 10}{4} = 15$가닥

01 진위형 문제

▶ 해설편 297p

※ 다음 문제를 읽고, 옳으면 ○, 틀리면 ×를 괄호 안에 표기하시오.

[02③, 22②]

001 가설 공사에 해당하는 것을 체크하시오.
① 비계 설치 (　　)
② 규준틀 설치 (　　)
③ 콘크리트 타설 (　　)
④ 현장사무실 축조 (　　)

[03②]

002 가설공사에서 동력을 사용할 때에 대한 설명으로 올바른지 체크하시오.
① 동력은 전동기 또는 내연기관이 많이 쓰인다.
(　　)
② 전력에 관한 사항은 전력회사 방침에 따라야 한다. (　　)
③ 동력을 사용할 때는 변압기, 변전실, 배전반 등을 전문업자의 시공으로 설비해야 한다. (　　)
④ 전력은 임시 가설이므로 현장원이 가설할 수 있다. (　　)

[06②, 16②, 21①]

003 가설공사와 관련된 안전율에 대한 정의를 체크하시오.
① 재료의 파괴응력도와 허용응력도의 비율이다.
(　　)
② 재료가 받을 수 있는 허용응력도이다. (　　)
③ 재료의 변형이 일어나는 한계응력도이다. (　　)
④ 재료가 받을 수 있는 허용하중을 나타내는 것이다. (　　)

★중요　　　　　　　　[03①, 05①, 07②③, 19②, 22②]

004 가설구조물이 갖추어야 할 구비요건을 체크하시오.
① 영구성 (　　)　　　② 경제성 (　　)
③ 작업성 (　　)　　　④ 안전성 (　　)

[20①]

005 가설구조물의 특징으로 올바른지 체크하시오.
① 연결재가 적은 구조로 되기 쉽다. (　　)
② 부재결합이 불완전할 수 있다. (　　)
③ 영구적인 구조설계의 개념이 확실하게 적용된다.
(　　)
④ 단면에 결함이 있기 쉽다. (　　)

[04①, 07③, 24①]

006 가설비계의 종류를 체크하시오.
① 단관비계 (　　)
② 달대비계 (　　)
③ 사다리비계 (　　)
④ 이동식비계 (　　)

[12③]

007 통나무 비계를 조립하는 경우에 준수사항으로 올바른지 체크하시오.
① 비계 기둥의 이음이 겹침 이음인 경우에는 이음 부분에서 1m 이상을 서로 겹쳐서 두 군데 이상을 결속하여야 한다. (　　)
② 작업대에는 안전난간을 설치하여야 한다. (　　)
③ 비계기둥의 간격은 3.5m 이하로 하여야 한다.
(　　)
④ 기둥간격은 띠장방향에서 1.5m 내지 1.8m 이하, 장선 방향에서는 1.5m 이하이어야 한다. (　　)

[02②, 22②]

008 고층건물공사의 마무리작업 및 외부청소작업 등에 주로 이용되는 달비계의 안전지침으로 올바른지 체크하시오.
① 지름의 감소가 공칭지름의 7% 이상인 것 (　　)
② 달기체인의 길이가 달기체인이 제조된 때의 길이의 5%를 초과한 것 (　　)
③ 링의 단면지름이 달기체인이 제조된 때의 해당 링의 지름의 10%를 초과하여 감소한 것 (　　)
④ 열과 전기충격에 의해 손상된 것 (　　)

[14①]

009 비계발판의 크기를 결정하는 기준을 체크하시오.

① 비계의 제조회사 (　)

② 재료의 부식 및 손상정도 (　)

③ 지점의 간격 및 작업 시 하중 (　)

④ 비계의 높이 (　)

★중요

[04②, 06③, 09②, 10③, 11①, 18②, 24②]

010 기상상태의 악화로 비계에서의 작업을 중지시킨 후나 비계를 조립, 해체하거나 또는 변경한 후 그 비계에서 작업을 다시 시작하기 전에 점검해야 할 사항을 체크하시오.

① 기둥의 침하·변형·변위 또는 흔들림 상태 (　)

② 손잡이의 탈락 여부 (　)

③ 격벽의 설치 여부 (　)

④ 발판재료의 손상 여부 및 부착 또는 걸림 상태
(　)

⑤ 최대 적재하중으로 재하시험을 함 (　)

⑥ 연결재료 및 연결철물의 손상 또는 부식 상태를 점검 (　)

⑦ 해당 비계의 연결부 또는 접속부의 풀림 상태를 확인 (　)

[13③]

011 건설현장에서 사용하는 단관비계 결속재의 종류를 체크하시오.

① 고정형 클램프 (　)　② 잭 베이스 (　)

③ 자유형 클램프 (　)　④ 특수형 클램프 (　)

[10②]

012 통로발판의 설치 기준으로 올바른지 체크하시오.

① 작업발판의 최대폭은 1.2m 이내이어야 한다.
(　)

② 발판 1개에 대한 지지물은 2개 이상이어야 한다.
(　)

③ 발판을 겹쳐 이음하는 경우 장선 위에서 이음을 하고 겹침길이는 20cm 이상으로 하여야 한다.
(　)

④ 작업발판 위에는 돌출된 못, 옹이, 철선 등이 없어야 한다. (　)

★중요

[03②, 05④, 06②, 17③, 20②, 22②]

013 강관비계의 조립 시 안전지침으로 올바른지 체크하시오.

① 비계기둥의 간격은 띠장 방향에서 2m, 장선 방향에서 2m 이상이 되도록 할 것 (　)

② 지상에서 첫 번째 띠장의 높이는 2m 이하의 위치에 설치할 것 (　)

③ 비계기둥의 적재하중은 400kg을 초과하지 아니하도록 할 것 (　)

④ 벽면과의 연결은 수직 5m, 수평 5m 이내마다 견고하게 설치할 것 (　)

⑤ 비계기둥의 간격은 띠장 방향에서 1.5m 내지 1.8m, 장선방향에서는 1.5m 이하로 할 것 (　)

⑥ 지상 첫 번째 띠장은 3m 이하 기타는 1.5m 이내마다의 위치에 설치할 것 (　)

⑦ 비계기둥의 최고로부터 31m 되는 지점 밑 부분의 비계기둥은 2본의 강관으로 묶어 세울 것
(　)

⑧ 비계기둥의 간격은 장선(長線) 방향에서는 1.0m 이하로 할 것 (　)

⑨ 띠장 간격은 2.0m 이하로 할 것 (　)

⑩ 비계기둥 간의 적재하중은 100kg을 초과하지 아니하도록 할 것 (　)

[03③]

014 비계의 설치 기준으로 올바른지 체크하시오.

① 강관비계의 기둥 간격 – 띠장방향 : 1.5~1.8m, 장선방향 : 1.5m 이하 (　)

② 통나무비계의 기둥 간격 – 띠장방향 : 1.5~1.8m, 장선방향 : 1.5m 이하 (　)

③ 통나무비계의 첫 번째 띠장 – 지상으로부터 3.0m 이하 (　)

④ 강관비계의 첫 번째 띠장 – 지상으로부터 2.5m 이하 (　)

[07③, 24①]

015 강관틀비계 조립 시 준수사항으로 올바른지 체크하시오.

① 전체 높이는 40m를 초과할 수 없으며, 20m를 초과할 경우 주틀의 높이를 2m 이내로 하고 주틀간의 간격은 1.8m 이하로 하여야 한다. (　)

② 주틀 간에 교차 가새를 설치하고 최하층 및 6층 이내마다 수평재를 설치하여야 한다. (　)

③ 수직방향으로 6m, 수평방향으로 8m 이내마다 벽이음을 하여야 한다. (　)

④ 띠장방향으로 길이가 4m 이하이고 높이 10m를 초과하는 경우 높이 10m 이내마다 띠장방향으로 버팀기둥을 설치하여야 한다. (　)

[06①]

016 강관비계 및 강관틀비계의 구조에 관한 설명으로 올바른지 체크하시오.

① 강관비계에서 비계기둥의 장선 방향 간격은 1.8m 이하로 하여야 한다. (　)

② 강관비계에서 비계기둥의 최고부로부터 31m 되는 지점 밑부분의 비계기둥은 2본의 강관으로 묶어 세워야 한다. (　)

③ 강관비계에서 비계기둥 간의 적재하중은 400kg을 초과하지 아니하여야 한다. (　)

④ 강관틀비계에서 주틀간에 교차가새를 설치하고 최상층 및 5층 이내마다 수평재를 설치하여야 한다. (　)

[04②, 07②, 25③]

017 강관비계의 종류에 따른 조립간격으로 올바른지 체크하시오.

① 단관비계 – 수직방향 – 5m (　)

② 단관비계 – 수평방향 – 5m (　)

③ 강관틀비계 – 수직방향 – 8m (　)

④ 강관틀비계 – 수평방향 – 8m (　)

★중요　[03②, 04②, 05②, 06②, 22②]

018 와이어로프 등 달기구의 안전계수로 올바른지 체크하시오.

① 근로자가 탑승하는 운반구를 지지하는 달기와이어로프 또는 달기체인의 경우 : 10 이상 (　)

② 화물의 하중을 직접 지지하는 달기와이어로프 또는 달기체인의 경우 : 7 이상 (　)

③ 훅, 샤클, 클램프, 리프팅 빔의 경우 : 3 이상 (　)

④ 그 밖의 경우 : 4 이상 (　)

★중요　[04③, 08②, 13①, 14②, 24③]

019 건물 외벽의 도장작업을 위하여 섬유로프 등의 재료로 상부지점에서 작업용 발판을 매다는 형식의 비계를 체크하시오.

① 달비계 (　)　　　② 단관비계 (　)

③ 브라켓비계 (　)　④ 이동식 비계 (　)

★중요　[05③, 10③, 18②, 25①]

020 달비계에 사용하는 와이어로프의 기준으로 올바른지 체크하시오.

① 와이어로프의 한 꼬임에서 끊어진 소선의 수가 8% 이상 절단된 것은 사용할 수 없다. (　)

② 지름의 감소가 공칭지름의 7%를 초과하는 것은 사용할 수 없다. (　)

③ 심하게 변형되거나 부식된 것은 사용할 수 없다. (　)

④ 열과 전기충격에 의해 손상된 것은 사용할 수 없다. (　)

⑤ 이음매가 없는 것은 사용할 수 없다. (　)

⑥ 와이어로프의 한 꼬임에서 끊어진 소선(素線)의 수가 10% 이상인 것은 사용할 수 없다. (　)

[15②]

021 달비계 설치 시 달기체인의 사용 금지 기준으로 올바른지 체크하시오.

① 달기체인의 길이가 달기체인이 제조된 때의 길이의 5%를 초과한 것 (　)

② 균열이 있거나 심하게 변형된 것 (　)

③ 이음매가 있는 것 (　)

④ 링의 단면지름이 달기체인이 제조된 때의 해당 링의 지름의 10%를 초과하여 감소한 것 (　)

[08③]

022 비계의 높이가 2m 이상인 작업장소에 설치하는 작업발판의 설치 기준으로 올바른지 체크하시오.

① 발판재료 간의 틈은 3cm 이하로 하여야 한다. (　)

② 작업발판의 폭은 30cm 이상이어야 한다. (　)

③ 추락의 위험성이 있는 장소에는 안전난간을 설치하여야 한다. (　)

④ 작업발판 재료는 2 이상의 지지물에 연결하거나 고정하여야 한다. (　)

★중요

[08③, 11③, 19①②, 22③]

023 말비계를 조립하여 사용할 때의 준수사항으로 올바른지 체크하시오.

① 지주부재의 하단에는 미끄럼 방지장치를 할 것 (　)

② 말비계의 높이가 2m를 초과하는 경우에는 작업발판의 폭을 30cm 이상으로 할 것 (　)

③ 지주부재와 수평면의 기울기를 75° 이하로 할 것 (　)

④ 지주부재와 지주부재 사이를 고정시키는 보조부재를 설치할 것 (　)

⑤ 지주부재와 수평면과의 기울기는 85° 이하로 할 것 (　)

⑥ 말비계의 높이가 2m를 초과할 경우에는 작업발판의 폭을 40cm 이상으로 할 것 (　)

⑦ 근로자는 양측 끝부분에 올라서서 작업할 것 (　)

[14③, 15①, 23②]

024 달비계 또는 높이 5m 이상의 비계를 조립·해체하거나 변경하는 작업 시 준수사항으로 올바른지 체크하시오.

① 근로자가 관리감독자의 지휘에 따라 작업하도록 할 것 (　)

② 조립·해체 또는 변경의 시기·범위 및 절차를 그 작업에 종사하는 근로자에게 주지시킬 것 (　)

③ 비계재료의 연결해체작업을 하는 경우에는 폭 10cm 이상의 발판을 설치할 것 (　)

④ 비, 눈, 그 밖의 기상상태의 불안정으로 날씨가 몹시 나쁜 경우에는 그 작업을 중지시킬 것 (　)

⑤ 비계재료의 연결·해체작업을 하는 경우에는 폭 20cm 이상의 발판을 설치할 것 (　)

[16③]

025 비계의 설치작업 시 유의사항으로 올바른지 체크하시오.

① 항상 수평, 수직이 유지되도록 한다. (　)

② 파괴, 도괴(무너짐), 동요에 대한 안전성을 고려하여 설치한다. (　)

③ 비계의 도괴(무너짐) 방지를 위해 가새 등 경사재는 설치하지 않는다. (　)

④ 외줄 비계와 같은 특수비계는 문제점을 충분히 검토하여 설치한다. (　)

[02③, 05①, 25①]

026 비계의 안전사항에 대한 설명으로 올바른지 체크하시오.

① 사용재료는 손상, 변형, 부식 등이 되지 않은 것이어야 한다. (　)

② 비계의 구조 및 재료에 따른 평균적재하중을 초과하지 않아야 한다. (　)

③ 부재의 접속부, 교차부는 확실하게 연결해야 한다. (　)

④ 폭풍, 폭우 후에는 손상여부와 각 부분의 연결상태를 점검해야 한다. (　)

⑤ 동바리로 사용하는 파이프서포트는 3본 이상 이어서 사용하지 않는다. (　)

[19①②, 21②]

027 가설통로를 설치하는 경우 준수해야 할 기준으로 올바른지 체크하시오.

① 경사는 45° 이하로 할 것 (　)

② 경사가 15°를 초과하는 경우에는 미끄러지지 아니하는 구조로 할 것 (　)

③ 추락할 위험이 있는 장소에는 안전난간을 설치할 것 (　)

④ 수직갱에 가설된 통로의 길이가 15m 이상인 경우에는 10m 이내마다 계단참을 설치할 것 (　)

⑤ 견고한 구조로 할 것 (　)

⑥ 경사는 30° 이하로 할 것 (　)

⑦ 경사가 30°를 초과하는 경우에는 미끄러지지 아니하는 구조로 할 것 (　)

[03①, 05①, 07③, 10②, 12①③,
13③, 14②, 15③, 16③, 18③, 19①③, 21③]

★중요

028 사다리식 통로를 설치할 때의 준수사항으로 올바른지 체크하시오.

① 견고한 구조로 할 것 (　)

② 사다리식 통로의 기울기는 80° 이하로 할 것 (　)

③ 재료는 심한 손상·부식 등이 없는 재료를 사용할 것 (　)

④ 발판의 간격은 일정하게 할 것 ( )
⑤ 발판과 벽과의 사이는 15cm 이상의 간격을 유지할 것 ( )
⑥ 사다리의 상단은 걸쳐놓은 지점으로부터 40cm 이상 올라가도록 할 것 ( )
⑦ 폭은 30cm 이상으로 할 것 ( )
⑧ 사다리식 통로의 기울기는 75° 이하로 할 것 ( )
⑨ 사다리의 상단은 걸쳐놓은 지점으로부터 60cm 이상 올라가도록 할 것 ( )
⑩ 사다리식 통로의 길이가 10m 이상인 경우에는 7m 이내마다 계단참을 설치할 것 ( )
⑪ 접이식 사다리 기둥은 사용 시 접혀지거나 펼쳐지지 않도록 철물 등을 사용하여 견고하게 조치할 것 ( )
⑫ 발판과 벽과의 사이는 25cm 이상의 간격을 유지할 것 ( )
⑬ 사다리식 통로의 길이가 10m 이상인 경우에는 5m 이내마다 계단참을 설치할 것 ( )
⑭ 폭은 20cm 이상의 간격을 유지할 것 ( )
⑮ 기둥과 수평면과의 각도는 85° 이하로 할 것 ( )
⑯ 다리부분은 미끄럼방지장치를 설치할 것 ( )
⑰ 발판과 벽과의 사이는 15cm 이하의 간격을 유지할 것 ( )
⑱ 사다리가 넘어지거나 미끄러지는 것을 방지하기 위한 조치를 할 것 ( )
⑲ 사다리식 통로의 길이가 5m 이상일 경우에는 3m 마다 계단참을 설치할 것 ( )

★중요　　　　[03②, 10③, 13①, 17①, 19③, 20①, 23②]

029 **이동식비계를 조립하여 작업을 할 때의 준수사항으로 올바른지 체크하시오.**

① 비계의 최상부에서 작업을 할 때에는 안전난간을 설치할 것 ( )
② 이동식비계의 바퀴에는 뜻밖의 갑작스러운 이동 또는 전도를 방지하기 위하여 브레이크·쐐기 등으로 바퀴를 고정시킨 다음 비계의 일부를 견고한 시설물에 고정하거나 아웃트리거를 설치하는 등의 조치를 할 것 ( )

③ 승강용 사다리는 견고하게 설치할 것 ( )
④ 지주부재와 수평면과의 기울기를 75° 이하로 하고 지주부재 사이를 고정시키는 보조부재를 설치할 것 ( )
⑤ 최대 적재하중을 명시할 것 ( )
⑥ 이동을 방지하기 위한 제동장치는 생략 가능함 ( )
⑦ 작업발판은 항상 수평을 유지하고 작업발판 위에서 안전난간을 딛고 작업을 하지 않도록 하며, 대신 받침대 또는 사다리를 사용하여 작업할 것 ( )
⑧ 작업발판의 최대적재하중은 250kg을 초과하지 않도록 할 것 ( )
⑨ 이동 시 작업지휘자가 이동식비계에 탑승하여 이동하며 안전여부를 확인할 것 ( )
⑩ 비계를 이동시키고자 할 때는 바닥의 구멍이나 머리 위의 장애물을 사전에 점검할 것 ( )
⑪ 작업발판은 항상 수평을 유지하고 작업발판 위에서 안전난간을 딛고 작업을 하거나 받침대 또는 사다리를 사용하여 작업하지 말 것 ( )

★중요　　　　[12③, 14③, 15①, 19②, 23②]

030 **시스템 비계의 구조에 대한 설명으로 올바른지 체크하시오.**

① 수직재와 수직재의 연결철물은 이탈되지 않도록 견고한 구조로 할 것 ( )
② 수직재·수평재·가새재를 견고하게 연결하는 구조가 되도록 할 것 ( )
③ 수직재와 받침철물의 연결부의 겹침길이는 받침철물 전체길이의 1/4 이상이 되도록 할 것 ( )
④ 수평재는 수직재와 직각으로 설치하여야 하며, 체결 후 흔들림이 없도록 견고하게 설치할 것 ( )

031 이동식 사다리를 설치하여 사용하는 경우 준수해야 하는 기준으로 올바른지 체크하시오.

① 견고한 구조로 할 것 (　　)

② 재료는 심한 손상, 부식 등이 없는 것으로 할 것 (　　)

③ 각부에서 미끄럼방지 장치 등 전위 방지조치를 할 것 (　　)

④ 폭은 60cm 이내로 할 것 (　　)

⑤ 길이가 6m를 초과하지 않을 것 (　　)

⑥ 다리의 벌림은 벽 높이의 1/4 정도가 되도록 할 것 (　　)

⑦ 미끄럼방지 발판은 인조고무 등으로 마감한 실내용을 사용할 것 (　　)

⑧ 벽면 상부로부터 최소한 90cm 이상의 연장길이가 있을 것 (　　)

032 건설공사 현장에서 주로 사용하는 이동식 사다리를 조립할 때에 준수사항으로 올바른지 체크하시오.

① 이동식 사다리의 제조사가 정하여 표시한 이동식 사다리의 최대사용하중을 초과하지 않는 범위 내에서만 사용할 것 (　　)

② 이동식 사다리를 설치한 바닥면에서 높이 3.5m 이하의 장소에서만 작업할 것 (　　)

③ 이동식 사다리의 최상부 발판 및 그 하단 디딤대에 올라서서 작업하지 않을 것. 다만, 높이 1m 이하의 사다리는 제외함 (　　)

④ 안전모를 착용하되, 작업 높이가 3m 이상인 경우에는 안전모와 안전대를 함께 착용할 것 (　　)

033 사다리를 설치하여 사용함에 있어 사다리 지주 끝에 사용하는 미끄럼 방지 재료를 체크하시오.

① 고무 (　　)　　② 코르크 (　　)

③ 가죽 (　　)　　④ 비닐 (　　)

★중요

034 산업안전보건기준에 관한 규칙에서 규정하는 현장에서 고소작업대 사용 시 준수사항으로 올바른지 체크하시오.

① 작업자가 안전모·안전대 등의 보호구를 착용하도록 할 것 (　　)

② 관계자 외의 자가 작업구역 내에 들어오는 것을 방지하기 위하여 필요한 조치를 할 것 (　　)

③ 작업을 지휘하는 자를 선임하여 그 자의 지휘 하에 작업을 실시할 것 (　　)

④ 안전한 작업을 위하여 적정수준의 조도를 유지할 것 (　　)

⑤ 작업대를 와이어로프 또는 체인으로 올리거나 내릴 경우에는 와이어로프 또는 체인이 끊어져 작업대가 떨어지지 아니하는 구조여야 하며, 와이어로프 또는 체인의 안전율은 3 이상일 것 (　　)

⑥ 작업대를 유압에 의해 올리거나 내릴 경우에는 작업대를 일정한 위치에 유지할 수 있는 장치를 갖추고 압력의 이상저하를 방지할 수 있는 구조일 것 (　　)

⑦ 작업대에 끼임·충돌 등 재해를 예방하기 위한 가드 또는 과상승방지장치를 설치할 것 (　　)

⑧ 작업대에 정격하중(안전율 5 이상)을 표시할 것 (　　)

⑨ 바닥과 고소작업대는 가능하면 수평을 유지하도록 할 것 (　　)

⑩ 이동하는 경우에는 작업대를 가장 높게 올릴 것 (　　)

⑪ 이동통로의 요철상태 또는 장애물의 유무 등을 확인할 것 (　　)

⑫ 갑작스러운 이동을 방지하기 위하여 아웃트리거 또는 브레이크 등을 확실히 사용할 것 (　　)

035 작업장에 설치하는 계단에 대한 설명으로 올바른지 체크하시오.

① 계단 및 계단참은 400kgf/m² 이상의 하중에 견딜 수 있어야 한다. (　　)

② 계단참은 그 높이가 3.5m를 초과하여 설치해서는 안 된다. (　　)

③ 사업주는 계단을 설치하는 경우 그 폭을 1m 이상으로 하여야 한다. 다만, 급유용·보수용·비상용 계단 및 나선형 계단이거나 높이 1m 미만의 이동식 계단인 경우에는 그러하지 아니하다. (　　)

④ 사업주는 높이 1.2m 이상인 계단의 개방된 측면에 안전난간을 설치하여야 한다. (　　)

[09③]

036 철재사다리의 설치 및 사용 시 준수사항으로 올바른지 체크하시오.

① 수직재와 발 받침대는 횡좌굴을 일으키지 않도록 충분한 강도를 가진 것으로 하여야 한다. (　　)

② 발 받침대는 미끄러짐을 방지하기 위한 미끄럼방지 장치를 하여야 한다. (　　)

③ 받침대의 간격은 10~25cm로 하여야 한다. (　　)

④ 사다리 몸체 또는 전면에 기름 등과 같은 미끄러운 물질이 묻어 있어서는 아니 된다. (　　)

★중요

[04①, 06③, 07①③, 09②, 12①, 15③, 25①]

037 안전난간의 구조 및 설치요건에 대한 기준으로 올바른지 체크하시오.

① 안전난간은 구조적으로 가장 취약한 지점에서 가장 취약한 방향으로 작용하는 50kg 이상의 하중을 견딜 수 있는 구조일 것 (　　)

② 발끝막이판은 바닥면으로부터 10cm 이상의 높이를 유지할 것 (　　)

③ 난간대는 지름 2cm 이상의 금속제파이프나 그 이상의 강도를 가진 재료로 할 것 (　　)

④ 안전난간은 구조적으로 가장 취약한 지점에서 가장 취약한 방향으로 작용하는 100kg의 이상의 하중을 견딜 수 있는 튼튼한 구조일 것 (　　)

⑤ 난간대는 지름 1.5cm 이상의 금속제 파이프나 그 이상의 강도를 가진 재료일 것 (　　)

⑥ 난간기둥은 상부난간대와 중간난간대를 견고하게 떠받칠 수 있도록 적정한 간격을 유지할 것 (　　)

⑦ 상부난간대와 중간난간대는 난간 길이 전체에 걸쳐 바닥면 등과 평행을 유지할 것 (　　)

⑧ 안전난간은 상부난간대, 중간난간대, 발끝막이판, 난간 기둥으로 구성할 것 (　　)

⑨ 상부난간대는 바닥면 등으로부터 90~120cm 이하에 설치하고, 중간난간대는 그 중간에 설치할 것 (　　)

⑩ 발끝막이판은 바닥면 등으로부터 20cm의 높이를 유지할 것 (　　)

⑪ 안전난간은 구조적으로 가장 취약한 지점에서 가장 취약한 방향으로 작용하는 80kg 이상의 하중에 견딜 수 있는 튼튼한 구조로 할 것 (　　)

⑫ 난간의 높이는 90cm~120cm가 되도록 할 것 (　　)

⑬ 난간은 계단참을 포함하여 각 층의 계단 전체에 걸쳐서 설치할 것 (　　)

⑭ 금속제 파이프로 된 난간은 2.7cm 이상의 지름을 갖는 것일 것 (　　)

⑮ 상부난간대는 경사로의 표면으로부터 90cm 이상 120cm 이하에 설치할 것 (　　)

⑯ 난간대는 지름 5cm 이상의 금속제 파이프나 그 이상의 강도를 가진 재료일 것 (　　)

★중요

[04①②, 05①④, 06③, 08①②, 10②③, 12①②③, 13③, 15③, 16①, 21②]

038 가설통로의 설치 기준으로 올바른지 체크하시오.

① 비탈면의 경사각은 30° 이내이어야 한다. (　　)

② 수직갱에 가설된 통로엔 5m 이내마다 계단참을 설치한다. (　　)

③ 경사가 15°를 초과하는 경우 미끄러지지 아니하는 구조로 한다. (　　)

④ 건설공사에 사용하는 높이 8m 이상인 비계다리에는 7m 이내마다 계단참을 설치한다. (　　)

⑤ 수직갱에 가설된 통로의 길이가 15m 이상인 때에는 5m 이내마다 계단참을 설치한다. (　　)

⑥ 경사로의 폭은 최소 90cm 이상이어야 한다. (　　)

⑦ 경사가 10°를 초과하는 때에는 미끄러지지 아니하는 구조로 한다. (　　)

⑧ 추락의 위험이 있는 장소에는 안전난간을 설치한다. (　　)

⑨ 수직갱에 가설된 통로의 길이가 15m 이상인 때에는 10m 이내마다 계단참을 설치한다. (　　)

⑩ 건설공사에 사용하는 높이 8m 이상인 비계다리에는 5m 이내마다 계단참을 설치한다. (　　)

⑪ 발판 폭은 40cm 이상이어야 하고, 틈은 3cm 이내로 설치하여야 한다. (　　)

⑫ 경사로의 지지 기둥은 5m 이내로 설치한다. (　　)

⑬ 가설통로의 경사가 15° 이내일 때 손잡이를 설치하여야 한다. ( )

⑭ 수직갱에 가설된 통로의 길이가 10m를 초과하면 8m 이내에 계단참을 설치하여야 한다. ( )

⑮ 경사각이 15° 미만이면 일반적으로 미끄럼방지 장치를 하지 않아도 된다. ( )

⑯ 높이가 7m인 비계다리에는 6m 이내마다 계단참을 설치하여야 한다. ( )

⑰ 높이가 2m 미만인 경우 튼튼한 손잡이를 설치할 때 경사는 30°를 초과할 수 있다. ( )

⑱ 높이 10m 이상인 비계다리에는 8m 이내마다 계단참을 설치한다. ( )

⑲ 건설공사에 사용하는 높이 15m 이상인 비계다리에는 10m 이내마다 계단참을 설치한다. ( )

⑳ 건설공사에 사용하는 높이 8m 이상인 비계다리에는 10m 이내마다 계단참을 설치한다. ( )

[16②]

039 가설통로 중 경사로를 설치, 사용함에 있어 준수해야 할 사항으로 올바른지 체크하시오.

① 경사로의 폭은 최소 90cm 이상이어야 한다. ( )

② 비탈면의 경사각은 45° 내외로 한다. ( )

③ 높이 7m 이내마다 계단참을 설치하여야 한다. ( )

④ 추락방지용 안전난간을 설치하여야 한다. ( )

[14③, 22③]

040 경사각에 따른 경사로의 미끄럼막이 간격으로 올바른지 체크하시오.

① 30° – 30cm ( )

② 27° – 33cm ( )

③ 22° – 40cm ( )

④ 17° – 45cm ( )

[12③]

041 위험물질을 제조·취급하는 작업장과 그 작업장이 있는 건축물에서의 비상구설치 기준으로 올바른지 체크하시오.

① 출입구와 같은 방향에 있지 아니하고, 출입구로부터 2m 이상 떨어져 있을 것 ( )

② 작업장의 각 부분으로부터 하나의 비상구 또는 출입구까지의 수평거리가 50m 이하가 되도록 할 것 ( )

③ 비상구의 너비는 0.75m 이상으로 하고, 높이는 1.5m 이상으로 할 것 ( )

④ 비상구의 문은 피난방향으로 열리도록 하고, 실내에서 항상 열 수 있는 구조로 할 것 ( )

[20①, 24③]

042 콘크리트용 거푸집의 재료를 체크하시오.

① 철재 ( ) ② 목재 ( )

③ 석면 ( ) ④ 경금속 ( )

★중요　　　[02①, 03③, 04①, 07①, 08②, 09②, 13①, 19①, 25③]

043 콘크리트 거푸집을 설계할 때 고려해야 하는 연직하중을 체크하시오.

① 작업원의 작업하중 ( )

② 콘크리트 자중 ( )

③ 가설설비의 충격하중 ( )

④ 풍하중 ( )

⑤ 거푸집의 자중 ( )

⑥ 콘크리트의 측압 ( )

⑦ 작업자 중량 ( )

⑧ 기계, 차량 등이 적재되는 경우 그 하중 ( )

[07②]

044 거푸집 동바리에 작용하는 횡하중의 종류를 체크하시오.

① 콘크리트 측압 ( )

② 풍하중 ( )

③ 자중 ( )

④ 지진하중 ( )

[15②, 21③]

045 일반 거푸집 설계 시 강도상 고려해야 할 사항을 체크하시오.

① 고정하중 ( )

② 풍압 ( )

③ 콘크리트 강도 ( )

④ 측압 ( )

046 [13②]
콘크리트의 압축강도를 시험하지 않을 경우 다음과 같은 조건에서의 거푸집널 해체시기를 체크하시오.

> • 기초, 보, 기둥 및 벽의 측면의 경우
> • 평균기온 20℃ 이상
> • 조강포틀랜드시멘트 사용

① 1일 (　) ② 2일 (　)
③ 3일 (　) ④ 4일 (　)

047 [09③]
거푸집 존치기간의 결정요인을 체크하시오.

① 시멘트의 종류 (　)
② 골재의 입도 (　)
③ 하중 (　)
④ 평균기온 (　)

048 [16①, 24①]
강재 거푸집과 비교한 합판 거푸집의 특성으로 올바른지 체크하시오.

① 외기 온도의 영향이 적다. (　)
② 녹이 슬지 않음으로 보관하기가 쉽다. (　)
③ 중량이 무겁다. (　)
④ 보수가 간단하다. (　)

049 [20②]
동바리로 사용하는 파이프서포트에 관한 설치 기준으로 올바른지 체크하시오.

① 파이프서포트를 3개 이상 이어서 사용하지 않도록 할 것 (　)
② 파이프서포트를 이어서 사용하는 경우에는 4개 이상의 볼트 또는 전용철물을 사용하여 이을 것 (　)
③ 높이가 3.5m를 초과하는 경우에는 높이 2m 이내마다 수평연결재를 2개 방향으로 만들고 수평연결재의 변위를 방지할 것 (　)
④ 파이프서포트 사이에 교차가새를 설치하여 수평력에 대하여 보강 조치할 것 (　)

★중요 **050** [04①, 06①②, 08①②, 11①, 18②, 25②]
거푸집 동바리 등을 조립하는 경우의 준수사항으로 올바른지 체크하시오.

① 동바리로 사용하는 파이프서포트는 최소 3개 이상 이어서 사용해야 한다. (　)
② 동바리의 상하 고정 및 미끄러짐 방지 조치를 해야 한다. (　)
③ 동바리의 이음은 같은 품질의 재료를 사용해야 한다. (　)
④ 파이프서포트는 3본 이상 이어서 사용하지 않는다. (　)
⑤ 동바리로 사용하는 조립강주의 경우에는 조립강주의 높이가 5m를 초과하는 경우에는 높이 4m 이내마다 수평연결재를 2개 방향으로 설치하고 수평연결재의 변위를 방지해야 한다. (　)
⑥ 강관틀을 지주로 사용할 때는 강관틀과 강관틀의 사이에 교차가새를 설치한다. (　)
⑦ 동바리로 파이프서포트를 사용하는 경우, 높이가 3.5m를 초과하는 경우에는 높이 2m 이내마다 수평연결재를 2개 방향으로 만들고 수평연결재의 변위를 방지해야 한다. (　)
⑧ 동바리로 파이프서포트를 사용하는 경우, 높이가 3.5m를 초과하는 경우에는 높이 3m 이내마다 수평연결재를 2개 방향으로 설치한다. (　)
⑨ 파이프서포트를 이어서 사용할 때는 4개 이상의 볼트 또는 전용철물을 사용한다. (　)
⑩ 받침목이나 깔판의 사용, 콘크리트 타설, 말뚝박기 등 동바리의 침하를 방지하기 위한 조치를 해야 한다. (　)
⑪ 강재와 강재와의 접속부 및 교차부는 볼트, 클램프 등 전용철물을 사용하여 단단히 연결한다. (　)
⑫ 동바리로 사용하는 조립강주의 경우에는 조립강주의 높이가 5m를 초과하는 경우에는 높이 2m 이내마다 수평연결재를 2개 방향으로 설치하고 수평연결재의 변위를 방지해야 한다. (　)

051 콘크리트 거푸집 해체 작업 시의 안전 유의사항으로 올바른지 체크하시오.

① 해당 작업을 하는 구역에는 관계 근로자가 아닌 사람의 출입을 금지할 것 (　)

② 비, 눈, 그 밖의 기상상태의 불안정으로 날씨가 몹시 나쁜 경우에는 그 작업을 중지할 것 (　)

③ 안전모, 안전대, 산소마스크 등을 착용할 것 (　)

④ 재료, 기구 또는 공구 등을 올리거나 내리는 경우에는 근로자로 하여금 달줄 또는 달포대 등을 사용하도록 할 것 (　)

⑤ 낙하·충격에 의한 돌발적 재해를 방지하기 위하여 버팀목을 설치하고 거푸집동바리등을 인양 장비에 매단 후에 작업을 하도록 하는 등 필요한 조치를 할 것 (　)

⑥ 재료, 기구 또는 공구 등을 올리거나 내리는 경우에는 근로자로 하여금 리프트 등을 사용하도록 할 것 (　)

⑦ 거푸집 및 지보공(동바리)의 해체는 순서에 의하여 실시하여야 하며 안전담당자를 배치할 것 (　)

⑧ 해체된 거푸집이나 각목 등에 박혀있는 못 또는 날카로운 돌출물은 일단 저장을 한 후 제거할 것 (　)

⑨ 거푸집 해체 때 구조체에 무리한 충격이나 큰 힘에 의한 지렛대 사용은 금지할 것 (　)

⑩ 거푸집 및 지보공(동바리)의 해체는 순서에 의하여 실시하여야 하며 안전담당자를 배치할 것 (　)

⑪ 상하 동시 작업은 원칙적으로 금지하여 부득이한 경우에는 긴밀히 연락을 취하며 작업을 할 것 (　)

⑫ 거푸집 해체가 용이하지 않을 때에는 큰 힘을 줄 수 있는 지렛대를 사용할 것 (　)

⑬ 해체된 거푸집이나 각목은 재사용 가능한 것과 보수하여야 할 것을 선별, 분리하여 적치하고 정리정돈을 할 것 (　)

⑭ 작업위치의 높이가 2m 이상일 경우에는 작업발판을 설치하거나 안전대를 착용하게 하는 등 위험 방지를 위하여 필요한 조치를 할 것 (　)

⑮ 거푸집 및 지보공(동바리)은 콘크리트 자중 및 시공 중에 가해지는 기타 하중에 충분히 견딜만한 강도를 가질 때까지는 해체하지 아니할 것 (　)

⑯ 양중기로 철근을 운반할 경우에는 중앙의 1군데 이상을 묶어 수평으로 운반할 것 (　)

052 2가지의 거푸집 중 먼저 해체해야 하는 것으로 올바른지 체크하시오.

① 기온이 높을 때 타설한 거푸집과 낮을 때 타설한 거푸집 – 높을 때 타설한 거푸집 (　)

② 조강 시멘트를 사용하여 타설한 거푸집과 보통 시멘트를 사용하여 타설한 거푸집 – 보통 시멘트를 사용하여 타설한 거푸집 (　)

③ 보와 기둥 – 보 (　)

④ 스팬이 큰 빔과 작은 빔 – 큰 빔 (　)

053 거푸집 동바리를 고정하거나 조립 또는 해체작업을 할 때 안전담당자의 유해·위험방지업무를 체크하시오.

① 안전한 작업방법을 결정하고 작업을 지휘하는 일 (　)

② 재료, 기구의 결함유무를 점검하고 불량품을 제거하는 일 (　)

③ 작업 중 안전대 및 안전모 등 보호구 착용상황을 감시하는 일 (　)

④ 거푸집 동바리의 강도를 측정하는 일 (　)

⑤ 주변 작업자 간의 연락조정을 행하는 일 (　)

⑥ 전반적인 작업공정과 공기를 결정하고 지시하는 일 (　)

054 철근콘크리트 공사에서 거푸집의 사용 시 고려해야 할 사항을 체크하시오.

① 거푸집 존치기간 (　)

② 작업순서 (　)

③ 시공시간 (　)

④ 콘크리트의 워커빌리티 (　)

[05③, 23②]

055 **거푸집동바리의 수평변위를 방지하기 위한 수평연결재에 대한 기준으로 올바른지 체크하시오.**

① 강관지주를 사용하는 경우 높이가 3.6m 이상의 경우에는 높이 1.8m 이내마다 수평연결재를 2개 방향으로 설치하고 수평연결재의 변위가 일어나지 아니하도록 이음 부분은 견고하게 연결하여 좌굴을 방지하여야 한다. (　　)

② 파이프서포트를 사용하는 경우 높이가 3.5m를 초과할 때 높이 2m 이내마다 수평연결재를 2개 방향으로 설치한다. (　　)

③ 조립강주를 사용하는 경우 높이가 4m를 초과할 때 높이 4m 이내마다 수평연결재를 2개 방향으로 설치한다. (　　)

④ 목재를 사용하는 경우 높이 4m 이내마다 수평연결재를 2개 방향으로 설치한다. (　　)

★중요

[07①, 10①, 11③, 24②]

056 **거푸집동바리 조립도에 명시해야 할 사항을 체크하시오.**

① 부재의 재질 (　　)

② 단면규격 (　　)

③ 설치간격 (　　)

④ 작업 환경 조건 (　　)

⑤ 개구부 위치 (　　)

⑥ 덧댐목의 위치 (　　)

⑦ 작업하중 (　　)

⑧ 동바리 등 부재의 재질 및 단면규격 (　　)

[07①, 13①, 25②]

057 **거푸집동바리 등을 조립할 때 강재와 강재의 접속부 또는 교차부를 연결시키기 위한 전용철물을 체크하시오.**

① 가새 (　　)　　　　② 샤클 (　　)

③ 클램프 (　　)　　　④ 장선 (　　)

[09③, 11③, 24③]

058 **거푸집 작업에서 연결재를 선정할 때 고려해야 할 사항을 체크하시오.**

① 조합 부품 수가 적은 것 (　　)

② 회수, 해체하기 쉬울 것 (　　)

③ 충분한 강도가 있는 것 (　　)

④ 박리제를 칠한 것 (　　)

★중요

[10③, 13③, 18②, 19③, 21①]

059 **거푸집 작업 시 주의사항으로 올바른지 체크하시오.**

① 보 또는 슬래브의 거푸집 모서리는 정확하게 조립되어야 한다. (　　)

② 보 또는 슬래브의 거푸집 하부에 청소구가 있는가를 확인한다. (　　)

③ 보 또는 슬래브의 거푸집 중앙부는 약간의 솟음을 두어야 한다. (　　)

④ 보 또는 슬래브의 거푸집 벌어짐에 견딜 수 있도록 견고해야 한다. (　　)

⑤ 거푸집 조립 시 거푸집이 이동하지 않도록 비계 또는 기타 공작물과 직접 연결한다. (　　)

⑥ 거푸집 치수를 정확하게 하여 시멘트 모르타르가 새지 않도록 한다. (　　)

⑦ 거푸집 해체가 쉽게 가능하도록 박리제 사용 등의 조치를 한다. (　　)

⑧ 측압에 대한 안전성을 고려한다. (　　)

⑨ 목재거푸집 사용 시 흠집 및 옹이가 많은 거푸집과 합판은 사용을 금지한다. (　　)

⑩ 강재거푸집 사용 시 형상이 찌그러진 것은 교정한 후에 사용한다. (　　)

⑪ 지보공재는 변형, 부식이 없는 것을 사용한다. (　　)

⑫ 연결재는 연결부위의 다양한 형상에 적응 가능한 소철선을 사용한다. (　　)

[14③, 19②, 22①]

060 **연약지반을 굴착할 때, 흙막이벽 뒤쪽 흙의 중량이 바닥의 지지력보다 커지면, 굴착저면에서 흙이 부풀어 오르는 현상을 체크하시오.**

① 슬라이딩(Sliding) (　　)

② 보일링(Boiling) (　　)

③ 파이핑(Piping) (　　)

④ 히빙(Heaving) (　　)

061 연약점토 굴착 시 발생하는 히빙 현상의 효과적인 방지대책을 체크하시오.

[18③]

① 언더피닝 공법 적용 (　　)

② 샌드드레인 공법 적용 (　　)

③ 아일랜드 공법 적용 (　　)

④ 버팀대 공법 적용 (　　)

062 흙막이 가시설 공사 중 발생할 수 있는 히빙(heaving) 현상에 관한 설명으로 올바른지 체크하시오.

[14②]

① 흙막이 벽체 내·외의 토사의 중량차에 의해 발생한다. (　　)

② 연약한 점토 지반에서 굴착면의 융기로 발생한다. (　　)

③ 연약한 사질토 지반에서 주로 발생한다. (　　)

④ 흙막이벽의 근입장 깊이가 부족할 경우 발생한다. (　　)

★중요

063 히빙(heaving) 현상이 잘 발생하는 토질 지반을 체크하시오.

[08②, 15③, 20②, 23③]

① 연약한 점토 지반 (　　)

② 연약한 사질토 지반 (　　)

③ 견고한 점토 지반 (　　)

④ 견고한 사질토 지반 (　　)

064 히빙의 안전대책을 체크하시오.

[03③, 10③, 24③]

① 주변수위를 저하시킨다. (　　)

② 근입심도를 확보한다. (　　)

③ 적정한 굴착방법으로 대체한다. (　　)

④ 굴착주변 상재하중을 제거한다. (　　)

⑤ 굴착주변의 상재하중을 증가시킨다. (　　)

⑥ 시트파일 등의 근입심도를 검토한다. (　　)

⑦ 케이슨 공법을 채택한다. (　　)

⑧ 굴착주변을 웰포인트 공법과 병행한다. (　　)

★중요

065 사질지반에 흙막이를 하고 터파기를 실시하면 지반수위와 터파기 저면과의 수위차에 의해 보일링(boiling) 현상이 나타나는데, 이를 방지하기 위한 대책을 체크하시오.

[03①, 07②, 11③, 13①, 18①, 25③]

① 굴착배면의 지하수위를 낮춘다. (　　)

② 토류벽의 근입깊이를 깊게 한다. (　　)

③ 토류벽 상단부에 버팀대(strut)를 보강한다. (　　)

④ 토류벽 선단에 코아 및 필터층을 설치한다. (　　)

⑤ 흙막이 말뚝의 밑둥넣기를 깊게 한다. (　　)

⑥ 굴착 저면보다 깊은 지반을 불투수로 개량한다. (　　)

⑦ 굴착 밑 투수층에 만든 피트(pit)를 제거한다. (　　)

⑧ 흙막이벽 주위에서 배수시설을 통해 수두차를 적게 한다. (　　)

⑨ 흙막이벽의 저면타입깊이를 크게 한다. (　　)

⑩ 차수성이 높은 흙막이벽을 사용한다. (　　)

⑪ 웰포인트로 지하수면을 낮춘다. (　　)

⑫ 주동토압을 크게 한다. (　　)

066 파이핑(piping) 현상에 의한 흙댐(earth dam)의 파괴를 방지하기 위한 안전대책으로 올바른지 체크하시오.

[17③]

① 흙댐의 하류측에 필터를 설치한다. (　　)

② 흙댐의 상류측에 차수판을 설치한다. (　　)

③ 흙댐 내부에 점토코아(core)를 넣는다. (　　)

④ 흙댐에서 물의 침투 유도 길이를 짧게 한다. (　　)

067 굴착공사에 사용되는 흙막이 공법의 종류를 체크하시오.

[03②]

① 어스앵커 공법 (　　)

② 자립흙막이 공법 (　　)

③ 아일랜드 공법 (　　)

④ 자연사면 굴착공법 (　　)

[14②, 21③]

068 건설공사 시 계측관리의 목적에 해당하는 것을 체크하시오.

① 지역의 특수성보다는 토질의 일반적인 특성파악을 목적으로 한다. (　　)

② 시공 중 위험에 대한 정보제공을 목적으로 한다.
(　　)

③ 설계 시 예측치와 시공 시 측정치와의 비교를 목적으로 한다. (　　)

④ 향후 거동 파악 및 대책 수립을 목적으로 한다.
(　　)

[16③, 22③]

069 웰포인트, 샌드드레인 공법 작업 전에는 압밀침하를 예상하여 간극수압을 측정하여야 한다. 이 간극수압을 측정하는 기구를 체크하시오.

① Piezometer (　　)

② Tiltmeter (　　)

③ Inclinometer (　　)

④ Water level meter (　　)

[14③]

070 깊이 10.5m 이상의 깊은 굴착의 경우 흙막이 구조의 안전을 예측하기 위해 설치해야 할 계측기기를 체크하시오.

① 수위계 (　　)

② 경사계 (　　)

③ 하중 및 침하계 (　　)

④ 내공변위 측정계 (　　)

★중요

[03①, 04②, 07②, 08②, 15①, 17②, 18②, 23①]

071 개착식 굴착공사(Open cut)의 흙막이 공법 중 버팀보 공법을 적용하여 굴착할 때 지반붕괴를 방지하기 위하여 사용하는 계측장치를 체크하시오.

① 지하수위계 (　　)

② 지중경사계 (　　)

③ 록볼트 응력계 (　　)

④ 변형률계 (　　)

⑤ 응력계 (　　)

⑥ 내공변위계 (　　)

[15②, 25③]

001 근로자가 탑승하는 운반구를 지지하는 달기와이어로프 또는 달기체인의 경우 안전계수의 최소값을 쓰시오.

⚙**해설** 와이어로프 등 달기구의 안전계수(안전보건규칙 제163조)
- 근로자가 탑승하는 운반구를 지지하는 달기와이어로프 또는 달기체인의 경우 : 10 이상
- 훅, 샤클, 클램프, 리프팅 빔의 경우 : 3 이상

[02①, 22②]

002 양중기의 와이어로프 등 달기구의 훅, 샤클, 클램프, 리프팅 빔의 경우 안전계수의 최소값을 쓰시오.

[20②]

003 비계를 조립하여 사용하는 경우 작업발판 설치에 관한 기준에서 괄호 안에 들어갈 수치를 쓰시오.

> 사업주는 비계(달비계, 달대비계 및 말비계는 제외)의 높이가 (　　)m 이상인 작업장소에 다음의 기준에 맞는 작업발판을 설치하여야 한다.
> ① 발판재료는 작업할 때의 하중을 견딜 수 있도록 견고한 것으로 할 것
> ② 작업발판의 폭은 40cm 이상으로 하고, 발판재료 간의 틈은 3cm 이하로 할 것

⚙**해설** 사업주는 비계(달비계, 달대비계 및 말비계는 제외)의 높이가 2m 이상인 작업장소에 다음의 기준에 맞는 작업발판을 설치하여야 한다. (안전보건규칙 제56조)

★중요 [06③, 15①, 24①]

004 비계(달비계, 달대비계 및 말비계 제외)의 높이가 2m 이상인 작업장소에 적합한 작업발판의 폭은 얼마 이상이어야 하는지를 쓰시오.

⚙**해설** 작업발판의 폭은 40cm 이상으로 하고, 발판재료 간의 틈은 3cm 이하로 할 것. 다만, 외줄비계의 경우에는 고용노동부장관이 별도로 정하는 기준에 따른다. (안전보건규칙 제56조)

★중요 [05④, 08①, 25①]

005 현장에서 비계설치 시 작업하중을 견딜 수 있는 견고한 작업발판을 설치하여야 하는 작업장소의 최소 높이를 쓰시오.

★중요 [02②, 08①, 21①]

006 2m 이상의 비계(달비계, 달대비계 및 말비계 제외)에서 작업할 때 작업발판의 폭과 발판 재료간의 틈에 대한 기준을 쓰시오.

★중요 [02②, 08③, 14①, 17③, 21③]

007 강관비계 중 단관비계의 조립간격(벽체와의 연결간격)을 수직, 수평방향으로 구분하여 쓰시오.

⚙**해설** 강관비계의 조립(벽이음)간격

비계의 종류		단관비계	틀비계(높이 5m 미만 제외)
조립(벽이음)	수직방향	5m 이내	6m 이내
간격	수평방향	5m 이내	8m 이내

[18①]

008 비계발판용 목재재료의 강도상의 결점에 대한 조사 기준에서 괄호 안에 들어갈 내용을 쓰시오.

> 발판의 폭과 동일한 길이 내에 있는 결점치수의 총합이 발판폭의 (   )을 초과하지 않을 것.

⚙ **해설** 발판의 폭과 동일한 길이 내에 있는 결점치수의 총합이 발판폭의 1/4을 초과하지 않을 것(가설공사 표준안전작업지침 제3조 제3호)

[02③, 04③, 05①③, 06③, 08①, 10②, 11③, 12③, 15①, 16②, 17②, 23①]

★중요

009 현장에서 강관을 사용하여 비계를 구성하는 때에 비계기둥 간의 적재하중은 얼마를 초과해서는 안되는지를 쓰시오.

⚙ **해설** 강관비계의 비계기둥 간의 적재하중은 400kg을 초과하지 아니하도록 하여야 한다. (가설공사 표준안전작업지침 제15조 제5호)

[15③]

010 강관을 사용하여 비계를 구성하는 경우 띠장 방향에서의 비계기둥의 간격 기준을 쓰시오.

⚙ **해설** 비계기둥 간격은 띠장 방향에서는 1.5m 내지 1.8m, 장선 방향에서는 1.5m 이하이이어야 하며, 비계기둥의 최고부로부터 아래방향으로 31m를 넘는 비계 기둥은 2본의 강관으로 묶어 세워야 한다. (가설공사 표준안전작업지침 제8조 제2호)

[14②, 24①]

011 다음 내용에서 괄호 안에 알맞은 숫자를 순서대로 쓰시오.

> 강관비계의 경우 띠장간격은 (㉠)m 이하로 설치하여야 하며, 지상에서 첫 번째 띠장은 높이 (㉡)m 이하의 위치에 설치하여야 한다.

⚙ **해설** 띠장간격은 1.5m 이하로 설치하여야 하며, 지상에서 첫 번째 띠장은 높이 2m 이하의 위치에 설치하여야 한다. (가설공사 표준안전작업지침 제8조 제3호)

★중요

[08③, 13③, 15①, 24③]

012 강관비계를 설치할 때 첫 번째 띠장은 지상으로부터 얼마 이하의 위치에 설치하여야 하는지를 쓰시오.

★중요

[07①, 19①, 25②]

013 강관틀비계 조립 시 높이가 몇 m를 초과하는 경우에 주틀 간의 간격을 1.8m 이하로 하여야 하는지를 쓰시오.

⚙ **해설** 전체 높이는 40m를 초과할 수 없으며, 20m를 초과할 경우 주틀의 높이를 2m 이내로 하고 주틀 간의 간격은 1.8m 이하로 하여야 한다. (가설공사 표준안전작업지침 제9조 제2호)

|정답|

001 10   002 3   003 2   004 40cm   005 2m   006 작업발판의 폭 : 40cm 이상, 발판재료 간의 틈 : 3cm 이하
007 수직방향 : 5m 이내, 수평방향 5m 이내   008 1/4   009 400kg   010 1.5m 내지 1.8m   011 ㉠ 1.5, ㉡ 2   012 2m   013 20m

014 강관틀비계를 조립하여 사용하는 경우 벽이음의 수직방향 조립간격을 쓰시오.

> ⚙ **해설** 강관틀비계를 조립하여 사용하는 경우, 수직방향으로 6m, 수평방향으로 8m 이내마다 벽이음을 하여야 한다. (가설공사 표준안전작업지침 제9조 제4호)

★중요   [05①, 09①, 12③, 18①, 19③, 23③]

015 근로자가 탑승하는 운반구를 지지하는 달기와이어로프 또는 달기체인의 경우의 안전계수 최소 기준을 쓰시오.

★중요   [15①, 16③, 22③]

016 양중기의 와이어로프 등 달기구의 안전계수 최소 기준을 쓰시오. (단, 화물의 하중을 직접 지지하는 달기와이어 로프 또는 달기체인의 경우)

★중요   [08②, 16②, 18③, 23①]

017 달비계에 설치되는 작업발판의 폭에 대한 최소 기준을 쓰시오.

> ⚙ **해설** 달비계에 설치되는 작업발판은 폭을 40cm 이상으로 하고 틈새가 없도록 할 것 (안전보건규칙 제63조)

★중요   [06①, 17②]

018 달비계에 사용하는 와이어로프는 지름 감소가 공칭지름의 몇 %를 초과할 경우에 사용할 수 없도록 규정되어 있는지를 쓰시오.

> ⚙ **해설** 지름의 감소가 공칭지름의 7%를 초과하는 것은 와이어로프를 달비계에 사용해서는 아니 된다. (안전보건규칙 제63조)

★중요   [10②, 13②, 17①, 24①]

019 현장에서 말비계를 조립하여 사용할 때 준수사항에서 괄호 안에 적합한 것을 쓰시오.

> 말비계의 높이가 2m를 초과하는 경우에는 작업발판의 폭을 (   )cm 이상으로 할 것

> ⚙ **해설** 말비계의 높이가 2m를 초과하는 경우에는 작업발판의 폭을 40cm 이상으로 할 것(안전보건규칙 제56조)

[09①]

020 비계조립에 관한 사항에서 괄호 안에 적합한 것을 쓰시오.

> 사업주는 강관비계 또는 통나무비계를 조립하는 경우 쌍줄로 하여야 한다. 다만, 별도의 (   )을 설치할 수 있는 시설을 갖춘 경우에는 외줄로 할 수 있다.

> ⚙ **해설** 사업주는 강관비계 또는 통나무비계를 조립하는 경우 쌍줄로 하여야 한다. 다만, 별도의 작업발판을 설치할 수 있는 시설을 갖춘 경우에는 외줄로 할 수 있다. (안전보건규칙 제57조)

[03①, 19③, 25②]

021 건설현장에서 가설 계단 및 계단참을 설치하는 경우 안전율의 최소값을 쓰시오.

⚙ **해설** 사업주는 계단 및 계단참을 설치하는 경우 500kg/m² 이상의 하중에 견딜 수 있는 강도를 가진 구조로 설치하여야 하며, 안전율[안전의 정도를 표시하는 것으로서 재료의 파괴응력도(破壞應力度)와 허용응력도(許容應力度)의 비율)]은 4 이상으로 하여야 한다. (안전보건규칙 제26조)

[14①]

022 가설계단 및 계단참의 하중에 대한 지지력의 최소값을 쓰시오.

[18②]

023 산업안전보건기준에 관한 규칙 중 가설통로의 구조에 관한 사항에서 괄호 안에 들어갈 내용을 쓰시오.

> 수직갱에 가설된 통로의 길이가 15m 이상인 경우에는 10m 이내마다 (   )을 설치할 것

⚙ **해설** 수직갱에 가설된 통로의 길이가 15m 이상인 경우에는 10m 이내마다 계단참을 설치할 것(안전보건규칙 제23조)

[19③, 22①]

024 가설통로를 설치하는 경우 준수하여야 할 사항에서 괄호 안에 들어갈 내용을 순서대로 쓰시오.

> 수직갱에 가설된 통로의 길이가 (㉠)m 이상인 경우에는 (㉡)m 이내마다 계단참을 설치할 것

[20①]

025 가설통로 설치 시 경사가 몇 도를 초과하면 미끄러지지 않는 구조로 설치하여야 하는지를 쓰시오.

[18②, 19②, 23①]

026 사다리식 통로 등을 설치하는 경우 발판과 벽과의 사이는 최소 얼마 이상의 간격을 유지하여야 하는지를 쓰시오.

⚙ **해설** 발판과 벽과의 사이는 15cm 이상의 간격을 유지할 것 (안전보건규칙 제24조)

| 정답 |

014 6m 이내　　**015** 10　　**016** 5　　**017** 40cm　　**018** 7%　　**019** 40　　**020** 작업발판　　**021** 4　　**022** 500kg/m²　　**023** 계단참
024 ㉠ 15, ㉡ 10　　**025** 15°　　**026** 15cm

★중요

027 사다리식 통로를 설치할 때 사다리의 상단은 걸쳐 놓은 지점으로부터 얼마 이상 올라가도록 하여야 하는지를 쓰시오.

⚙ **해설** 사다리식 통로를 설치할 때 사다리의 상단은 걸쳐놓은 지점으로부터 60cm 이상 올라가도록 할 것(안전보건규칙 제24조)

028 이동식비계 조립 시 준수하여야 할 사항에서 괄호 안에 알맞은 것을 쓰시오.

> 이동식비계의 바퀴에는 뜻밖의 갑작스러운 이동 또는 전도를 방지하기 위하여 (㉠), (㉡) 등으로 바퀴를 고정시킨 다음 비계의 일부를 견고한 시설물에 고정하거나 아웃트리거를 설치하는 등 필요한 조치를 할 것

⚙ **해설** 이동식비계의 바퀴에는 뜻밖의 갑작스러운 이동 또는 전도를 방지하기 위하여 브레이크·쐐기 등으로 바퀴를 고정시킨 다음 비계의 일부를 견고한 시설물에 고정하거나 아웃트리거를 설치하는 등 필요한 조치를 할 것(안전보건규칙 제68조)

029 고정사다리 설치 시 수평면에 대한 경사각의 최대값을 쓰시오.

⚙ **해설** 사다리식 통로의 기울기는 75° 이하로 할 것. 다만, 고정식 사다리식 통로의 기울기는 90° 이하로 하고, 그 높이가 7m 이상인 경우에는 다음의 구분에 따른 조치를 할 것(안전보건규칙 제24조)

030 고소작업대를 설치하는 경우에 대한 내용에서 괄호 안에 알맞은 숫자를 쓰시오.

> 작업대를 와이어로프 또는 체인으로 올리거나 내릴 경우에는 와이어로프 또는 체인이 끊어져 작업대가 떨어지지 아니하는 구조여야 하며, 와이어로프 또는 체인의 안전율은 ( ) 이상일 것

⚙ **해설** 작업대를 와이어로프 또는 체인으로 올리거나 내릴 경우에는 와이어로프 또는 체인이 끊어져 작업대가 떨어지지 아니하는 구조여야 하며, 와이어로프 또는 체인의 안전율은 5 이상일 것(안전보건규칙 제186조)

031 건설현장에서 계단을 설치하는 경우 계단의 높이가 최소 몇 m 이상일 때 계단의 개방된 측면에 안전난간을 설치하여야 하는지를 쓰시오.

⚙ **해설** 사업주는 높이 1m 이상인 계단의 개방된 측면에 안전난간을 설치하여야 한다. (안전보건규칙 제30조)

032 근로자의 추락 등의 위험을 방지하기 위하여 안전난간을 설치하는 경우 안전난간은 구조적으로 가장 취약한 지점에서 가장 취약한 방향으로 작용하는 얼마 이상의 하중(kg)에 견딜 수 있는 튼튼한 구조이어야 하는지를 쓰시오.

⚙ **해설** 안전난간은 구조적으로 가장 취약한 지점에서 가장 취약한 방향으로 작용하는 100kg 이상의 하중에 견딜 수 있는 튼튼한 구조일 것(안전보건규칙 제13조)

★중요   [11③, 14②, 15①, 22③]

033 안전난간 설치 시 발끝막이판은 바닥면으로부터 최소 얼마 이상의 높이를 유지해야 하는지를 쓰시오.

⚙️ **해설** 발끝막이판은 바닥면 등(바닥면·발판 또는 경사로의 표면)으로부터 10cm 이상의 높이를 유지할 것. 다만, 물체가 떨어지거나 날아올 위험이 없거나 그 위험을 방지할 수 있는 망을 설치하는 등 필요한 예방 조치를 한 장소는 제외한다. (안전보건규칙 제13조)

[10③]

034 안전난간의 구조 및 설치요건에서 금속제 파이프 계단의 난간은 지름이 최소 얼마 이상 이어야 하는지를 쓰시오.

⚙️ **해설** 안전 난간대는 지름 2.7cm 이상의 금속제 파이프나 그 이상의 강도가 있는 재료일 것(안전보건규칙 제13조)

[09①, 24③]

035 가설통로 중 경사로에 설치되는 발판의 폭 및 틈새 기준을 쓰시오.

⚙️ **해설** 가설통로 중 경사로에 설치하여야 하는 발판은 폭 40cm 이상으로 하고, 틈은 3cm 이내로 설치하여야 한다. (가설공사 표준안전작업지침 제14조)

[17②]

036 건설공사현장에 가설통로를 설치하는 경우 경사는 몇 도 이하를 원칙으로 하는지를 쓰시오.

⚙️ **해설** 건설공사현장에 가설통로를 설치하는 경우 경사는 30° 이하로 할 것. 다만, 계단을 설치하거나 높이 2m 미만의 가설통로로서 튼튼한 손잡이를 설치한 경우에는 그러하지 아니하다. (가설공사 표준안전작업지침 제14조)

★중요   [04③, 08②, 10①②, 13②, 14①, 16③, 25①]

037 현장에서 근로자가 안전하게 통행할 수 있도록 통로에 설치해야 하는 조명시설은 최소 몇 Lux 이상인지를 쓰시오.

⚙️ **해설** 사업주는 근로자가 안전하게 통행할 수 있도록 통로에 75Lux 이상의 채광 또는 조명시설을 하여야 한다. 다만, 갱도 또는 상시 통행을 하지 아니하는 지하실 등을 통행하는 근로자에게 휴대용 조명기구를 사용하도록 한 경우에는 그러하지 아니하다. (안전보건규칙 제21조)

★중요   [04②, 05③, 10④, 14③, 19③, 20①②, 23①]

038 부두 또는 안벽의 선을 따라 통로를 설치할 경우 폭은 얼마 이상으로 하여야 하는지를 쓰시오.

⚙️ **해설** 부두 또는 안벽의 선을 따라 통로를 설치하는 경우에는 폭을 90cm 이상으로 할 것(안전보건규칙 제390조)

│정답│

027 60cm **028** ㉠ 브레이크, ㉡ 쐐기 **029** 90° **030** 5 **031** 1m **032** 100kg **033** 10cm **034** 2.7cm
035 폭 : 40cm 이상, 틈 : 3cm 이내 **036** 30° **037** 75Lux **038** 90cm

039 산업안전보건기준에 관한 규칙에 따라 사업주가 계단 및 계단참을 설치할 때에는 매 m²당 몇 kg 이상의 하중에 견딜 수 있는 강도를 가진 구조로 설치하여야 하는지를 쓰시오.

⚙ **해설** 사업주는 계단 및 계단참을 설치하는 경우 500kg/m² 이상의 하중에 견딜 수 있는 강도를 가진 구조로 설치하여야 하며, 안전율[안전의 정도를 표시하는 것으로서 재료의 파괴응력도(破壞應力度)와 허용응력도(許容應力度)의 비율)]은 4 이상으로 하여야 한다. (안전보건규칙 제26조)

[06②]

040 계단과 계단참은 얼마 이상의 안전율을 가진 구조로 설치하여야 하는지를 쓰시오.

★중요   [11③, 13③, 18①, 21③]

041 산업안전보건법령에 따른 작업장에서의 투하설비 등에 관한 사항에서 괄호 안에 들어갈 내용을 쓰시오.

> 사업주는 높이가 (　　)m 이상인 장소로부터 물체를 투하하는 경우 적당한 투하설비를 설치하거나 감시인을 배치하는 등 위험을 방지하기 위하여 필요한 조치를 하여야 한다.

⚙ **해설** 사업주는 높이가 3m 이상인 장소로부터 물체를 투하하는 경우 적당한 투하설비를 설치하거나 감시인을 배치하는 등 위험을 방지하기 위하여 필요한 조치를 하여야 한다. (안전보건규칙 제15조)

[05④, 08②, 24②]

042 건물 내부의 쓰레기를 청소하여 외부로 반출하기 위해 투하설비를 설치하고자 한다. 높이가 몇 m 이상인 장소로부터 물체를 투하하는 때에 투하설비를 설치하여야 하는지를 쓰시오.

★중요   [08①, 12①, 17③, 21②]

043 공사용 가설도로를 설치하는 경우 일반적으로 허용되는 최고 경사도(%)를 쓰시오.

⚙ **해설** 공사용 가설도로의 일반적으로 허용되는 최고 경사도는 부득이한 경우를 제외하고는 10%를 넘어서는 안 된다. (안전보건규칙 제379조)

★중요   [05④, 07②, 09②, 10③, 21③]

044 현장에서 지게차, 구내운반차, 화물자동차 등의 차량계하역운반기계 및 고소(高所)작업대를 사용하여 작업을 하는 때에는 작업계획을 작성하고 작업지휘자를 지정하고 작업계획에 따라 작업을 실시하도록 하여야 하는데, 고소작업대의 경우는 몇 m 이상의 높이에서 운용하는 것에 한하는지 쓰시오.

[12②, 14①, 25②]

045 거푸집의 조립 순서를 순서대로 나열하시오.

㉠ 기둥	㉡ 보받이 내력벽	㉢ 기초	㉣ 외벽
㉤ 바닥	㉥ 큰보	㉦ 작은보	㉧ 내벽

⚙ **해설** "기초 → 기둥 → 보받이 내력벽 → 큰보 → 작은보 → 바닥 → 내벽 → 외벽"의 순이다. 또한, 해체 순서는 조립 순서의 역순이다.

[18③]

046 동바리로 사용하는 파이프서포트의 높이가 3.5m를 초과하는 경우 수평연결재의 설치 높이 기준을 쓰시오.

해설 사업주는 동바리를 조립할 때 동바리로 사용하는 파이프서포트의 경우 높이가 3.5m를 초과하는 경우에는 높이 2m 이내마다 수평연결재를 2개 방향으로 만들고 수평연결재의 변위를 방지할 것(안전보건규칙 제332조의2)

[09①, 24①]

047 거푸집동바리 등을 조립하는 때 동바리로 사용하는 파이프서포트에 대하여는 다음 사항에 따라 설치하여야 한다. 괄호 안에 적합한 것을 순서대로 쓰시오

- 파이프서포트를 (㉠)개 이상 이어서 사용하지 않도록 할 것
- 파이프서포트를 이어서 사용하는 경우에는 (㉡)개 이상의 볼트 또는 전용철물을 사용하여 이을 것

해설 동바리로 사용하는 파이프서포트의 경우(안전보건규칙 제332조의2)
① 파이프서포트를 3개 이상 이어서 사용하지 않도록 할 것
② 파이프서포트를 이어서 사용하는 경우에는 4개 이상의 볼트 또는 전용철물을 사용하여 이을 것

[17③]

048 산업안전보건법령 중 계단 형상으로 조립하는 거푸집 동바리에 관한 사항에서 괄호 안에 들어갈 내용을 쓰시오.

> 거푸집의 형상에 따른 부득이한 경우를 제외하고는 깔판이나 받침목은 ( ) 이상 끼우지 않도록 할 것

해설 거푸집의 형상에 따른 부득이한 경우를 제외하고는 깔판이나 받침목은 2단 이상 끼우지 않도록 할 것(안전보건규칙 제332조)

[06③, 12②, 25③]

049 연질의 점토지반 굴착 시 흙막이 바깥에 있는 흙의 중량과 지표 위의 적재하중 등에 의해 저면 흙이 붕괴되고 흙막이 바깥에 있는 흙이 안으로 밀려 불룩하게 되는 현상을 의미하는 용어를 쓰시오.

[05①, 12①, 22②]

050 연약한 점토층을 굴착하는 경우 흙막이 지보공을 견고히 조립하였음에도 불구하고, 흙막이 바깥에 있는 흙이 안으로 밀려들어 불룩하게 융기되는 현상의 용어를 쓰시오.

┃정답┃

039 500kg/m² 　040 4 　041 3 　042 3m 　043 10% 이하 　044 10m 　045 ㉢ → ㉠ → ㉡ → ㉮ → ㉯ → ㉭ → ㉤ → ㉢
046 2m 이내마다 　047 ㉠ 3, ㉡ 4 　048 2단 　049 히빙(heaving) 　050 히빙(heaving)

[11③, 17②, 25③]

051 토류벽에 거치된 어스 앵커의 인장력을 측정하기 위한 계측기의 명칭을 쓰시오.

[07①, 19①]

053 흙막이 가시설 버팀대(Strut)의 변형을 측정하는 계측기의 명칭을 쓰시오.

[17①]

052 버팀대(Strut)의 축하중 변화 상태를 측정하는 계측기의 명칭을 쓰시오.

|정답|

051 하중계(Load cell)   052 하중계(Load cell)   053 변형률계(Strain gauge)

03 계산형 문제

[04③, 20②, 22①]

★중요

001 15층 아파트 신축공사 현장에서 강관으로 외부비계를 설치할 때 비계기둥의 최고 높이가 45m라면 규정에 따라 비계기둥을 2본으로 보강하여야 하는 높이는 지상으로부터 얼마까지인지 구하시오.

> ⚙ 해설
>
> 비계기둥의 최고부로부터 아래방향으로 31m를 넘는(31m를 포함하지 않음) 비계기둥은 2본의 강관으로 묶어 세워야 한다. 그러므로, 45 − 31 = 14m 이하(14m를 포함함)

[02③]

★중요

002 근로자가 탑승하는 운반구를 지지하는 달기와이어로프에 50kg의 하중을 재하하고자 할때 와이어로프의 허용하중을 구하시오.

> ⚙ 해설
>
> 근로자가 탑승하는 운반구를 지지하는 달기와이어로프 또는 달기체인의 경우의 안전계수는 10 이상이다.
>
> 또한, 안전계수 $= \dfrac{\text{파괴 하중}}{\text{허용 하중}}$ 이므로, 파괴 하중 = 안전계수 × 허용 하중이다.
>
> 문제에서 안전계수는 10, 허용하중은 50kg이므로,
>
> 파괴 하중 = 안전계수 × 허용 하중 = 10 × 50 = 500kg

[03③, 05③, 19③, 24①]

★중요

003 비계의 수평재의 최대 휨모멘트가 50,000 × 10²N·mm, 수평재의 단면 계수가 5x10⁶N·mm³일 때 휨응력(σ)을 구하시오.

> ⚙ 해설
>
> $$\sigma(\text{휨응력}) = \frac{M(\text{휨모멘트})}{Z(\text{단면계수})} = \frac{50,000 \times 10^2}{5 \times 10^6} = 1N/mm^2 = 1MPa$$

⭐중요 [03②]

004 높이 2m인 거푸집에서 콘크리트 측압을 구하시오. (단, 콘크리트 단위중량 = 2.4tonf/m³)

> **해설**
>
> P(콘크리트의 측압) = W(콘크리트의 단위용적중량) × H(타설 높이)
>
> $P = WH = 2.4 \times 2 = 4.8 tonf/m^2$이다.

⭐중요 [06②, 08③, 25②]

005 흙의 함수비 측정시험을 하였다. 먼저 용기의 무게를 잰 결과 10g이었다. 시료를 용기에 넣은 후에 총 무게는 40g, 그대로 건조시킨 후 무게는 30g이었다. 함수비를 구하시오.

> **해설**
>
> $$흙의\ 함수비 = \frac{물의\ 중량}{토립자(흙입자)의\ 중량} \times 100(\%) = \frac{총무게 - 건조무게}{건조무게 - 용기무게} \times 100(\%)$$
>
> $$= \frac{40 - 30}{30 - 10} \times 100(\%) = 50\%$$

⭐중요 [07②, 09①, 15③, 16②, 25③]

006 액성한계(LL)가 32%, 소성한계(PL)가 12%일 경우 소성지수(IP)를 구하시오.

> **해설**
>
> 소성지수 = 액성한계 − 소성한계 [∵ 소성지수(IP)는 액성한계(LL)와 소성한계(PL)의 차이]
>
> 소성지수 = 32% − 12% = 20%

01 진위형 문제

▶ 해설편 310p

※ 다음 문제를 읽고, 옳으면 ○, 틀리면 ×를 괄호 안에 표기하시오.

[03③]

001 지게차의 장점으로 올바른지 체크하시오.

① 하역을 위한 마스트(mast)가 주행시야를 넓게 한다. ( )

② 하역, 운반 작업 시 작업자는 운전자 1명으로도 가능하다. ( )

③ 하역, 운반 시의 안전성이 다른 운송기계에 비해 우수하다. ( )

④ 50m 이내의 운반거리에서는 하역량을 극대화 시킬 수 있다. ( )

★중요   [05④, 07③, 22③]

002 지게차의 작업 시작 전 점검사항을 체크하시오.

① 제동장치 및 조종장치 기능의 이상 유무 ( )

② 하역장치 및 유압장치 기능의 이상 유무 ( )

③ 바퀴의 방법 및 고정상태의 이상 유무 ( )

④ 전조등, 후미등, 방향지시기 및 경보장치기능의 이상 유무 ( )

★중요   [09③, 12②]

003 지게차 헤드가드에 대한 설명으로 올바른지 체크하시오.

① 상부틀의 각 개구의 폭 또는 길이가 16cm 미만일 것 ( )

② 운전자가 앉아서 조작하는 경우 지게차의 헤드가드는 한국산업표준에서 정하는 높이 기준 이상일 것 ( )

③ 운전자가 서서 조작하는 경우 지게차의 헤드가드는 한국산업표준에서 정하는 높이 기준 이상일 것 ( )

④ 강도는 지게차의 최대하중의 1배의 값의 등분포 정하중에 견딜 수 있는 것일 것 ( )

⑤ 상부틀의 각 개구부의 폭 또는 길이가 16cm 이상일 것 ( )

⑥ 지게차의 최대하중의 2배의 등분포 하중에 견딜 수 있을 것 ( )

[18②, 19①, 21②]

004 중량물의 취급작업 시 근로자의 위험을 방지하기 위하여 사전에 작성하여야 하는 작업계획서의 내용으로 올바른지 체크하시오.

① 추락위험을 예방할 수 있는 안전대책 ( )

② 낙하위험을 예방할 수 있는 안전대책 ( )

③ 전도위험을 예방할 수 있는 안전대책 ( )

④ 침수위험을 예방할 수 있는 안전대책 ( )

⑤ 위험물 누출위험을 예방할 수 있는 안전대책 ( )

[12②, 15③]

005 중량물을 들어올리는 자세에 대한 설명으로 올바른지 체크하시오.

① 다리를 곧게 펴고 허리를 굽혀 들어 올린다. ( )

② 되도록 자세를 낮추고 허리를 곧게 편 상태에서 들어 올린다. ( )

③ 무릎을 굽힌 자세에서 허리를 뒤로 젖히고 들어 올린다. ( )

④ 다리를 벌린 상태에서 허리를 숙여서 서서히 들어 올린다. ( )

[04①, 05②, 24③]

006 인력운반으로 물건을 이동시킬 때 지켜야 할 규칙사항으로 올바른지 체크하시오.

① 짐을 몸으로부터 멀리해서 든다. ( )

② 짐을 이동할 때는 몸을 반듯이 편다. ( )

③ 가능하면 운반대 등과 같은 보조구를 사용한다. ( )

④ 등을 반드시 편 상태에서만 짐을 들어올리고 내린다. ( )

⑤ 길이가 긴 물건은 뒷쪽을 높게 하여 운반한다. ( )

⑥ 등을 편 상태에서 물건을 들어올린다. ( )

⑦ 물건은 가능한 몸에서 멀리 떼어서 들어올린다.
( )

⑧ 무거운 물건일수록 보조기구는 피하는 것이 좋다. ( )

[16③, 19③, 23①]

007 인력에 의한 하물 운반 시 준수사항으로 올바른지 체크하시오.

① 수평거리 운반을 원칙으로 하며, 여러 번 들어 움직이거나 중계 운반, 반복운반을 하여서는 아니 된다. ( )

② 운반 시의 시선은 진행 방향을 향하고 뒷걸음 운반을 하여서는 아니 된다. ( )

③ 쌓여 있는 하물을 운반할 때에는 중간 또는 하부에서 뽑아내어서는 아니 된다. ( )

④ 어깨 높이보다 낮은 위치에서 하물을 들고 운반하여서는 아니 된다. ( )

[06①]

008 운반차에 물건을 실을 경우 무거운 물건의 중심 위치는 어디에 두는 곳이 좋은지 체크하시오.

① 상부 ( )   ② 하부 ( )

③ 중간부 ( )   ④ 상관없다. ( )

★중요

[09②, 11①, 17②, 22③]

009 철근을 인력으로 운반할 때의 주의사항으로 올바른지 체크하시오.

① 긴 철근은 2인 1조가 되어 같은 쪽의 어깨매기로 하여 운반한다. ( )

② 긴 철근을 부득이 1인이 운반할 때는 철근의 한쪽을 어깨에 매고 다른 한쪽 끝을 땅에 끌면서 운반한다. ( )

③ 1인이 1회에 운반할 수 있는 적당한 무게한도는 운반자의 몸무게 정도이다. ( )

④ 운반 시에는 항상 양끝을 묶어 운반한다. ( )

⑤ 양끝은 묶어서 운반한다. ( )

⑥ 1회 운반 시 1인당 무게는 50kg 정도로 한다.
( )

⑦ 공동작업 시 신호에 따라 작업한다. ( )

[20①]

010 운반작업 중 요통을 일으키는 인자를 체크하시오.

① 물건의 중량 ( )

② 작업자세 ( )

③ 작업시간 ( )

④ 물건의 표면마감 종류 ( )

[05③, 13①, 24③]

011 화물자동차에 짐을 싣는 작업 또는 내리는 작업을 하는 때에 추락에 의한 근로자의 위험을 방지하기 위하여 안전하게 상승 또는 하강하기 위한 설비를 설치하여야 하는 기준으로 올바른지 체크하시오.

① 바닥으로부터 짐 윗면까지의 높이가 2m 이상일 때 ( )

② 바닥으로부터 짐 아래면까지의 높이가 2m 이상일 때 ( )

③ 바닥으로부터 짐 윗면까지의 높이가 1m 이상일 때 ( )

④ 바닥으로부터 짐 아래면까지의 높이가 1m 이상일 때 ( )

[15②, 19②, 21①]

012 차량계 하역운반기계에 화물을 적재할 때의 준수사항으로 올바른지 체크하시오.

① 하중이 한쪽으로 치우치지 않도록 적재할 것
( )

② 구내운반차 또는 화물자동차의 경우 화물의 붕괴 또는 낙하에 의한 위험을 방지하기 위하여 화물에 로프를 거는 등 필요한 조치를 할 것 ( )

③ 운전자의 시야를 가리지 않도록 화물을 적재할 것 ( )

④ 제동장치 및 조정장치 기능의 이상 유무를 점검할 것 ( )

[18②]

013 차량계 하역운반기계 등을 사용하는 작업을 할 때, 그 기계가 넘어지거나 굴러떨어짐으로써 근로자에게 위험을 미칠 우려가 있는 경우에 이를 방지하기 위한 조치사항으로 올바른지 체크하시오.

① 유도자 배치 ( )

② 지반의 부동침하 방지 ( )

③ 상단부분의 안정을 위하여 버팀줄 설치 (　)
④ 갓길 붕괴 방지 (　)

[13②, 17②, 22③]

014 차량계 하역운반기계 등을 이송하기 위하여 지주 또는 견인에 의하여 화물자동차에 싣거나 내리는 작업을 할 때에 준수하여야 할 사항으로 올바른지 체크하시오.

① 발판을 사용하는 경우에는 충분한 길이·폭 및 강도를 가진 것을 사용할 것 (　)
② 지정운전자의 성명·연락처 등을 보기 쉬운 곳에 표시하고 지정운전자 외에는 운전하지 않도록 할 것 (　)
③ 가설대 등을 사용하는 경우에는 충분한 폭 및 강도와 적당한 경사를 확보할 것 (　)
④ 싣거나 내리는 작업을 할 때는 편의를 위해 경사지고 견고한 지대에서 할 것 (　)

[05①, 15②]

015 차량계 하역운반기계의 운전자가 운전위치를 이탈하는 경우 조치해야 할 내용으로 올바른지 체크하시오.

① 포크, 버킷, 디퍼 등의 장치를 가장 높은 위치에 두어 근로자 통행을 방해하지 않도록 하였다. (　)
② 원동기를 정지시켰다. (　)
③ 브레이크를 걸어두고 확인하였다. (　)
④ 운전석을 이탈하는 경우에는 시동키를 운전대에서 분리시켰다. (　)
⑤ 점멸등을 반드시 작동시켰다. (　)
⑥ 경사지의 경우, 갑작스러운 주행이 되지 않도록 바퀴에 블록 등을 고였다. (　)

★중요
[10①②, 14②, 24②]

016 차량계 하역운반기계에 단위화물의 무게가 100kg 이상인 화물을 싣는 작업을 할 때 작업의 지휘자를 지정하여 준수하도록 하여야 하는 사항으로 올바른지 체크하시오.

① 작업순서 및 그 순서마다의 작업방법을 정하고 작업을 지휘할 것 (　)
② 기구 및 공구를 점검하고 불량품을 제거할 것 (　)

③ 해당 작업을 행하는 장소에는 출입제한을 두지 않을 것 (　)
④ 로프를 풀거나 덮개를 벗기는 작업을 행하는 때에는 적재함의 화물이 낙하할 위험이 없음을 확인한 후에 해당 작업을 하도록 할 것 (　)
⑤ 해당 작업을 행하는 장소에 관계근로자외의 자의 출입을 금지할 것 (　)
⑥ 총 화물량을 산출할 것 (　)

★중요
[09①, 12①, 14①, 18①, 19①, 21①]

017 화물취급작업 중 화물적재 시 준수사항으로 올바른지 체크하시오.

① 침하의 우려가 없는 튼튼한 기반 위에 적재할 것 (　)
② 중량의 화물은 건물의 칸막이나 벽에 기대어 적재할 것 (　)
③ 불안정할 정도로 높이 쌓아 올리지 말 것 (　)
④ 하중이 한쪽으로 치우치지 않도록 쌓을 것 (　)
⑤ 건물의 칸막이나 벽 등이 화물의 압력에 견딜 만큼의 강도를 지니지 아니한 경우에는 칸막이나 벽에 기대어 적재하지 않도록 할 것 (　)
⑥ 편하중이 발생하도록 쌓을 것 (　)
⑦ 화물의 압력정도와 관계없이 건물의 벽이나 칸막이 등을 이용하여 화물을 기대어 적재할 것 (　)

★중요
[07③, 13③, 16③, 22③]

018 기계운반하역 시 걸이 작업의 준수사항으로 올바른지 체크하시오.

① 와이어로프 등은 크레인이 후크 중심에 걸어야 한다. (　)
② 인양 물체의 안정을 위하여 2줄 걸이 이상을 사용하여야 한다. (　)
③ 매다는 각도는 70° 정도로 한다. (　)
④ 근로자를 매달린 물체 위에 탑승시키지 않아야 한다. (　)
⑤ 걸이작업의 매다는 각도는 90°를 표준으로 한다. (　)

★중요

[04②]

001 다음 내용에서 괄호 안에 적합한 것을 쓰시오.

> 바닥으로부터 짐 윗면까지의 높이가 (   )m 이상인 화물자동차에 짐을 싣는 작업 또는 내리는 작업을 하는 때에는 추락에 의한 근로자의 위험을 방지하기 위해 안전하게 상승 또는 하강하기 위한 설비를 설치하여야 한다.

⚙해설 사업주는 바닥으로부터 짐 윗면까지의 높이가 2m 이상인 화물자동차에 짐을 싣는 작업 또는 내리는 작업을 하는 경우에는 근로자의 추가 위험을 방지하기 위하여 해당 작업에 종사하는 근로자가 바닥과 적재함의 짐 윗면 간을 안전하게 오르내리기 위한 설비를 설치하여야 한다. (안전보건규칙 제187조)

[05②, 21①]

002 다음 설명에 적합한 용어를 순서대로 쓰시오.

> - (㉠) : 부두 위의 화물에 훅(hook)을 걸어 선(船) 내에 적재하기까지의 작업을 말한다
> - (㉡) : 선 내의 화물을 부두 위에 내려 놓고 훅을 풀기까지의 작업을 말한다

⚙해설 양화장치 등을 사용하여 화물의 적하[부두 위의 화물에 훅(hook)을 걸어 선(船) 내에 적재하기까지의 작업을 말한다] 또는 양하(선 내의 화물을 부두 위에 내려 놓고 훅을 풀기까지의 작업을 말한다)를 하는 경우에는 통행하는 근로자에게 화물이 떨어지거나 충돌할 우려가 있는 장소에는 울타리를 설치하는 등 관계 근로자가 아닌 사람의 출입을 금지해야 한다. (안전보건규칙 제20조 제17호)

[11③]

003 다음 내용에서 괄호 안에 알맞은 것을 쓰시오.

> 사업주는 차량계 하역운반기계 등에 단위화물의 무게가 (   )kg 이상인 화물을 싣는 작업(로프 걸이 작업 및 덮개 덮기 작업을 포함) 또는 내리는 작업(로프 풀기 작업 또는 덮개 벗기기 작업을 포함)을 하는 경우에 해당 작업의 지휘자에게 다음 각 호의 사항을 준수하도록 하여야 한다.
> 1. 작업순서 및 그 순서마다의 작업방법을 정하고 작업을 지휘할 것
> 2. 기구와 공구를 점검하고 불량품을 제거할 것
> 3. 해당 작업을 하는 장소에 관계 근로자가 아닌 사람이 출입하는 것을 금지할 것
> 4. 로프 풀기 작업 또는 덮개 벗기기 작업은 적재함의 화물이 떨어질 위험이 없음을 확인한 후에 하도록 할 것

★중요

[08①, 09③, 22③]

004 화물을 차량계 하역운반 기계ㆍ기구에 싣고 내리는 작업 시 작업 지휘자를 지정하여야 하는 것은 단위화물 중량이 얼마 이상일 때를 기준으로 하는지를 쓰시오.

|정답|

001 2 **002** ㉠ 적하, ㉡ 양하 **003** 100 **004** 100kg

03 계산형 문제

★중요
[08③, 22②]

001 지게차에 설치된 헤드가드가 등분포정하중에 대해 견뎌야하는 최소 강도를 구하시오. (단, 지게차의 최대하중은 2ton임)

> ⚙ **해설**
>
> 강도는 지게차의 최대하중의 2배 값(4t을 넘는 값에 대해서는 4t)의 등분포정하중에 견딜 수 있어야 한다. (안전보건규칙 제180조)
>
> 그러므로, 최소 강도 = 최대하중 × 2 = 2t × 2 = 4t (4t을 넘는 값에 대해서는 4t이나, 4t을 넘지 않으므로 4t임)

[02③]

002 그림과 같이 무게 500kN의 화물을 인양하려고 한다. 이때 와이어로프 1가닥에 작용되는 장력을 구하시오.

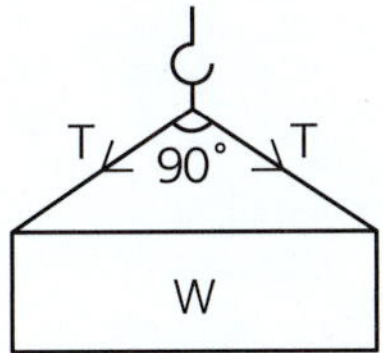

> ⚙ **해설**
>
> 힘의 비김조건 중 $\Sigma Y = 0$(수직 방향의 힘의 합이 0이다)에 의해서, $2T\cos45° + W = 0$, $2T\cos45° + 500 = 0$이다.
>
> 따라서, $T = \dfrac{500}{2\cos45°} = \dfrac{500}{2 \times \dfrac{\sqrt{2}}{2}} = 353.55 ≒ 353kN$

★중요

003 그림과 같이 무게 500kN의 화물을 인양하려고 한다. 이때 와이어로프의 1가닥에 작용되는 장력(T)을 구하시오.

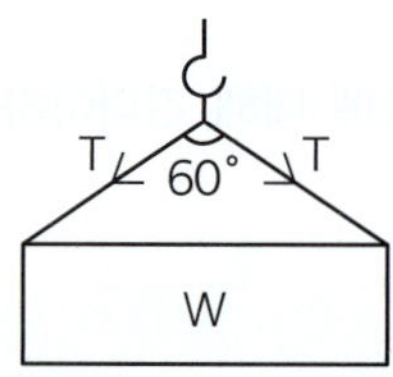

⚙ 해설

힘의 비김조건 중 $\Sigma Y = 0$(수직 방향의 힘의 합이 0이다)에 의해서, $2T\cos 30° + W = 0$, $2T\cos 30° + 500 = 0$이다.

따라서, $T = \dfrac{500}{2\cos 30°} = \dfrac{500}{2 \times \dfrac{\sqrt{3}}{2}} = 288.68 ≒ 289kN$

★중요

004 단면적이 800mm²인 와이어로프에 의지하여 체중 800N인 작업자가 공중작업을 하고 있다면, 이때 로프에 걸리는 인장응력을 구하시오.

⚙ 해설

$\sigma(\text{인장응력}) = \dfrac{P(\text{하중})}{A(\text{단면적})} = \dfrac{800}{800} = 1N/mm^2 = 1MPa$

Industrial Engineer Construction Safety

건설안전
산업기사 필기

정하정 지음

유형별 총정리 기출문제집

해설편

제1과목

산업재해예방 및 안전보건교육

001 ① × ② ○ ③ ○ ④ ○	**002** ① × ② ○ ③ ○ ④ ○
003 ① × ② ○ ③ × ④ × ⑤ × ⑥ ○	**004** ① ○ ② ○ ③ ○ ④ × ⑤ × ⑥ ○
005 ① ○ ② × ③ ○ ④ ×	**006** ① × ② ○ ③ ○ ④ ○
007 ① ○ ② ○ ③ ○ ④ ×	**008** ① ○ ② ○ ③ ○ ④ × ⑤ ○ ⑥ ×
009 ① × ② × ③ ○ ④ ×	**010** ① ○ ② ○ ③ ○ ④ × ⑤ ○ ⑥ ○ ⑦ × ⑧ ○
011 ① ○ ② × ③ ○ ④ ○ ⑤ ○ ⑥ ○ ⑦ × ⑧ ○ ⑨ ○ ⑩ ○ ⑪ ○ ⑫ ×	
012 ① × ② × ③ × ④ ○	**013** ① × ② ○ ③ ○ ④ ○
014 ① ○ ② ○ ③ × ④ ○ ⑤ ○	**015** ① × ② ○ ③ ○ ④ ○
016 ① ○ ② ○ ③ × ④ ○ ⑤ ○ ⑥ ○ ⑦ ×	**017** ① ○ ② ○ ③ × ④ ○
018 ① ○ ② ○ ③ ○ ④ ○	**019** ① ○ ② ○ ③ ○ ④ × ⑤ × ⑥ ○ ⑦ ×
020 ① ○ ② ○ ③ ○ ④ ○ ⑤ × ⑥ ○ ⑦ ○ ⑧ ○ ⑨ ○ ⑩ ○ ⑪ ○ ⑫ ○ ⑬ × ⑭ ×	
021 ① ○ ② ○ ③ ○ ④ × ⑤ × ⑥ ○	**022** ① ○ ② × ③ × ④ ×
023 ① ○ ② ○ ③ ○ ④ × ⑤ ○ ⑥ ○ ⑦ ○ ⑧ ×	**024** ① ○ ② ○ ③ ○ ④ ○
025 ① ○ ② ○ ③ ○ ④ ×	**026** ① × ② ○ ③ ○ ④ ○
027 ① × ② ○ ③ ○ ④ ○	**028** ① × ② × ③ ○ ④ ×
029 ① ○ ② ○ ③ ○ ④ × ⑤ ×	**030** ① ○ ② × ③ ○ ④ ○
031 ① ○ ② ○ ③ × ④ ○	**032** ① ○ ② ○ ③ × ④ ○ ⑤ ×
033 ① × ② ○ ③ × ④ ×	**034** ① × ② × ③ × ④ ○
035 ① ○ ② ○ ③ ○ ④ ×	**036** ① ○ ② ○ ③ ○ ④ ○
037 ① × ② ○ ③ ○ ④ ○ ⑤ × ⑥ × ⑦ ○ ⑧ × ⑨ ○ ⑩ ○ ⑪ ○ ⑫ × ⑬ ○ ⑭ ×	
038 ① × ② × ③ × ④ ○	**039** ① ○ ② ○ ③ ○ ④ ×
040 ① ○ ② × ③ ○ ④ ○	**041** ① ○ ② ○ ③ ○ ④ ×
042 ① ○ ② ○ ③ ○ ④ ○ ⑤ ○ ⑥ × ⑦ × ⑧ ×	**043** ① ○ ② ○ ③ × ④ ○
044 ① × ② ○ ③ × ④ ○	**045** ① × ② × ③ ○ ④ ○
046 ① × ② ○ ③ × ④ ○	**047** ① ○ ② ○ ③ × ④ × ⑤ ×
048 ① ○ ② ○ ③ × ④ ○	**049** ① × ② × ③ ○ ④ ×
050 ① × ② × ③ ○ ④ ×	**051** ① × ② × ③ × ④ ○
052 ① × ② ○ ③ × ④ ○	**053** ① × ② × ③ × ④ ○
054 ① × ② ○ ③ × ④ ×	**055** ① ○ ② × ③ × ④ ×
056 ① ○ ② ○ ③ × ④ ×	
057 ① × ② × ③ × ④ ○ ⑤ × ⑥ ○ ⑦ ○ ⑧ ○ ⑨ × ⑩ × ⑪ ○ ⑫ ×	
058 ① ○ ② ○ ③ ○ ④ × ⑤ ○ ⑥ ○ ⑦ × ⑧ × ⑨ ○ ⑩ × ⑪ ○ ⑫ ○ ⑬ ○ ⑭ ○ ⑮ ○ ⑯ × ⑰ ○ ⑱ ○ ⑲ ○ ⑳ ×	
059 ① ○ ② ○ ③ ○ ④ ○ ⑤ ○ ⑥ ○ ⑦ ○ ⑧ ×	**060** ① × ② ○ ③ ○ ④ ×
061 ① ○ ② × ③ × ④ × ⑤ × ⑥ × ⑦ ×	**062** ① ○ ② ○ ③ ○ ④ ×
063 ① ○ ② × ③ × ④ ×	**064** ① × ② ○ ③ ○ ④ ○
065 ① × ② × ③ × ④ ○	**066** ① ○ ② ○ ③ × ④ ○
067 ① × ② ○ ③ ○ ④ ○	**068** ① ○ ② ○ ③ ○ ④ ×
069 ① × ② ○ ③ ○ ④ ○ ⑤ ×	**070** ① × ② × ③ ○ ④ ×

No.														No.								
071	①×	②○	③×	④×										072	①×	②×	③○	④×				
073	①○	②×	③○	④○										074	①×	②×	③○	④×				
075	①×	②×	③○	④×										076	①×	②○	③×	④×				
077	①×	②○	③×	④×										078	①×	②×	③○	④×				
079	①○	②○	③○	④×										080	①×	②×	③○	④×				
081	①×	②×	③○	④×	⑤×	⑥×								082	①×	②○	③○	④○				
083	①×	②×	③○	④×										084	①×	②×	③×	④○				
085	①○	②○	③×	④○										086	①○	②○	③○	④×	⑤○	⑥×	⑦○	⑧○
087	①×	②○	③○	④○										088	①×	②○	③×	④○				
089	①×	②×	③○	④×										090	①○	②×	③×	④×				
091	①○	②○	③×	④○										092	①○	②○	③×	④○				
093	①○	②○	③×	④○																		
094	①○	②○	③○	④×	⑤×	⑥○	⑦×	⑧×	⑨×	⑩×	⑪×											
095	①×	②×	③×	④○										096	①○	②○	③×	④○	⑤×			
097	①○	②○	③○	④×										098	①○	②○	③○	④×				
099	①○	②○	③×	④○										100	①○	②×	③×	④×				
101	①×	②×	③×	④○																		
102	①×	②○	③×	④×	⑤×	⑥○	⑦○	⑧○	⑨×	⑩×	⑪○	⑫×	⑬○	⑭○								
103	①×	②○	③○	④○	⑤○	⑥×	⑦○	⑧○						104	①×	②○	③×	④×				
105	①×	②×	③○	④×										106	①○	②○	③○	④×	⑤×			
107	①×	②○	③○	④×										108	①×	②○	③○	④○				
109	①×	②○	③×	④×										110	①○	②○	③○	④×				
111	①○	②○	③○	④×										112	①×	②×	③○	④×				
113	①×	②○	③×	④×										114	①×	②×	③×	④○				
115	①○	②○	③×	④○										116	①×	②○	③×	④×				
117	①○	②×	③×	④×										118	①×	②×	③×	④○				
119	①○	②○	③×	④○										120	①○	②○	③○	④×	⑤○	⑥○	⑦○	⑧×
121	①○	②○	③○	④×										122	①○	②×	③×	④×				
123	①×	②○	③○	④○										124	①×	②○	③×	④×				
125	①○	②○	③○	④×										126	①○	②×	③×	④×				
127	①○	②×	③○	④○																		

001 작업지시 기법에 있어 작업 포인트에 대한 지시 및 확인 사항은 5W1H로서, When, Who, Where, What, Why, How 등이 있다.

002 보안경의 종류(보호구 자율안전확인 고시 제6조, 별표 2)
- 유리 보안경 : 비산물로부터 눈을 보호하기 위한 것으로 렌즈의 재질이 유리인 것
- 플라스틱 보안경 : 비산물로부터 눈을 보호하기 위한 것으로 렌즈의 재질이 유리인 것
- 도수렌즈 보안경 : 비산물로부터 눈을 보호하기 위한 것으로 도수가 있는 것

003 산업안전보건법령상 자율안전확인대상에 해당하는 방호장치에는 아세틸렌 용접장치용 또는 가스집합 용접장치용 안전기, 교류 아크용접기용 자동전격방지기, 롤러기 급정지장치, 연삭기 덮개, 목재 가공용 둥근톱 반발 예방장치와 날 접촉 예방장치, 동력식 수동대패용 칼날 접촉 방지장치, 추락·낙하 및 붕괴 등의 위험 방지 및 보호에 필요한 가설기자재(가설기자재는 제외)로서 고용노동부장관이 정하여 고시하는 것 등이 있다. (법 제89조, 영 제77조)

004 관리 사이클의 4단계

계획(Plan)	제품 규격, 작업 표준, 생산 계획
실시(Do)	규격, 표준에 의한 작업 실시
검토(Check)	검토, 계측, 측정
조치(Action)	검토 결과에 따른 조치

005 ② 클로즈분석(Close Analysis) : 2개 이상의 문제 관계를 분석하는 데 사용되며, 데이터를 집계하고 표로 표시하여 요인별 결과 내용을 교차한 크로스 그림을 작성하여 분석하는 것으로, 사고의 유형이나 기인물 등의 분류 항목이 큰 것부터 작은 순으로 도표화한 것이다.
③ 특성요인도(Cause & Effect Diagram) : 사고조사를 할 때 사고결과에 대한 원인요소 및 상호의 관계를 인과(因果)관계로 결부하여 나타내는 통계적 원인 분석방법이다.
④ 관리도(Control Chart) : 공정이 안정한 상태에 있는가 아닌가를 조사하기 위해 또는 공정을 안정한 상태로 유지하기 위해 사용하는 도면이다.

006~007 안전관리의 정의와 목적

정의	재해가 발생하지 않는 상태, 생산성의 향상, 인간의 생명과 재산을 재해로부터 보호하기 위한 활동이다.
목적 (중요성)	인간 존중에 의한 안전 제일, 기업의 경제적 손실예방, 기업의 이미지 개선, 바람직한 노사관계 형성, 재해로부터 인적·물적 손실 예방, 생산성 향상(증대) 및 품질 향상 등이 있다.

008 ④ 안전관리조직은 부서간의 충돌을 방지하기 위하여 생산 라인과 관계가 깊은 조직이어야 한다.
⑥ 안전관리조직은 생산조직과 관계가 깊은 조직이 되도록 하여 효율성을 높인다.

009 기업조직의 원리
- 책임과 권한의 원리 : 지시에 따라 최선을 다해서 주어진 임무나 기능을 수행하는 원리
- 권한 위임의 원리 : 책임의 완수를 위한 수단을 상사로부터 위임받는 원리
- 전문화의 원리 : 조직의 각 구성원이 가능한 한 가지 특수 직무만을 담당하도록 하는 원리

010
- 직계식(Line) 조직 : 계획에서 실시에 이르기까지의 모든 안전관리가 생산조직을 통하여 이루어지게 하는 관리 방식으로 안전에 관한 조치나 지시가 신속하고 확실하게 전달되는 이점이 있으나, 조직에 안전관리 담당자가 없으므로 안전의 전문지식이나 정보가 부족하여 안전활동이 불충분하기 쉽다. 또한, 100인 미만의 소규모 사업장에 적합한 형식이다.
- 참모식(Staff) 조직 : 안전관리를 전담하는 참모를 두어 안전관리의 계획, 조사, 검토, 권고 및 보고 등을 관리하는 방식으로 생산 부서의 명령 체계가 생산과 안전으로 이원화되므로 안전 관계 지시의 전달이 확실하지 못하게 되기 쉽다.
- 직계 참모식(Line-Staff) 조직 : 직계식 조직과 참모식 조직의 장점을 취하여 절충한 조직으로 많은 사업장에서 적용되고 있으며, 안전 대책을 참모 부서에서 기획하고 생산 부서에서 실행한다.

011 ② 참모식(Staff) 조직은 경영자의 조언과 자문 역할을 한다.
⑦ 직계 참모식(Line-Staff)은 안전관리 전담 요원을 별도로 지정한다.
⑫ 참모식(Staff) 조직은 책임과 권한을 명백히 이해할 수 없다.

012 안전조직에서 직계식 조직(line system)은 100인 미만의 소규모 사업장에 적용된다.

013 직계식 조직(line system)은 모든 명령이 생산계통을 따라 이루어진다.

014 직계식 조직(line system)은 모든 안전관리 업무를 생산라인을 통하여 직선적으로 이루어지도록 편성된 조직이다.

015 라인-스텝 조직(직계식 조직의 장점과 전문적인 직능에 대한 참모의 조언을 받도록 한 조식)은 지휘나 명령이 하나의 계통으로 이루어지는 동시에 전문화의 원칙도 이룰 수 있다는 장점이 있어, 권한의 분쟁이나 조정으로 인해 시간과 노력이 소모될 수 있으나, 이는 안전관리의 바람직한 방향으로 나가기 위한 과정이다.

016 산업안전보건위원회를 구성해야 할 사업의 종류 및 사업장의 상시근로자 수(영 제34조, 별표 9)

사업의 종류	사업장의 상시근로자 수
① 토사석 광업 ② 목재 및 나무제품 제조업 ; 가구 제외 ③ 화학물질 및 화학제품 제조업 ; 의약품 제외(세제, 화장품 및 광택제 제조업과 화학섬유 제조업은 제외) ④ 비금속 광물제품 제조업 ⑤ 1차 금속 제조업 ⑥ 금속가공제품 제조업(기계 및 가구 제외) ⑦ 자동차 및 트레일러 제조업 ⑧ 기타 기계 및 장비 제조업(사무용 기계 및 장비 제조업은 제외한다) ⑨ 기타 운송장비 제조업(전투용 차량 제조업은 제외)	상시근로자 50명 이상
⑩ 농업 ⑪ 어업 ⑫ 소프트웨어 개발 및 공급업 ⑬ 컴퓨터 프로그래밍, 시스템 통합 및 관리업 ⑭ 영상·오디오물 제공 서비스업 ⑮ 정보서비스업 ⑯ 금융 및 보험업 ⑰ 임대업 ; 부동산 제외 ⑱ 전문, 과학 및 기술 서비스업(연구개발업은 제외) ⑲ 사업지원 서비스업 ⑳ 사회복지 서비스업	상시근로자 300명 이상
㉑ 건설업	공사금액 120억 원 이상(「건설산업기본법 시행령」의 종합공사를 시공하는 업종의 건설업종란 토목공사업의 경우에는 150억 원 이상)
㉒ ①부터 ⑬까지, ⑭ 및 ⑮부터 ⑳까지의 사업을 제외한 사업	상시근로자 100명 이상

017 고용노동부장관은 ①·②·④ 이외에도 직업성 질병자가 연간 2명 이상 발생한 사업장으로서 산업재해 예방을 위하여 종합적인 개선조치를 할 필요가 있다고 인정되는 사업장의 사업주에게 고용노동부령으로 정하는 바에 따라 그 사업장, 시설, 그 밖의 사항에 관한 안전 및 보건에 관한 개선계획("안전보건개선계획")을 수립하여 시행할 것을 명할 수 있다. (법 제49조)

018 해당 사업장 안전교육계획의 수립 및 안전교육 실시에 관한 보좌 및 지도·조언 등은 안전관리자의 업무이다. (영 제18조)

019 안전보건관리 규정의 작성(법 제25조)

> 사업주는 사업장의 안전 및 보건을 유지하기 위하여 다음의 사항이 포함된 안전보건관리규정을 작성하여야 한다.
> ① 안전 및 보건에 관한 관리조직과 그 직무에 관한 사항
> ② 안전보건교육에 관한 사항
> ③ 작업장의 안전 및 보건 관리에 관한 사항
> ④ 사고 조사 및 대책 수립에 관한 사항
> ⑤ 그 밖에 안전 및 보건에 관한 사항

020 안전관리자의 업무에는 ①·③·④·⑥·⑦·⑧·⑨·⑪·⑭ 이외에도 업무 수행 내용의 기록·유지 등이 있다. (법 제18조)
② 작업장 내에서 사용되는 전체 환기장치 및 국소 배기장치 등에 관한 설비의 점검과 작업방법의 공학적 개선에 관한 보좌 및 지도·조언 등은 보건관리자의 업무이다.
⑤ 안전관리자와 보건관리자를 지휘, 감독하는 책임은 안전보건관리책임자의 업무이다.
⑩ 물질안전보건자료의 게시 또는 비치에 관한 보좌 및 조언·지도는 보건관리자의 업무이다.
⑫·⑬·⑭는 관리감독자의 업무이다.

021~022 산업재해발생의 기본 요인(4M)

Man (사람)	재해의 원인이 사람이 되는 경우로서, 심리적 원인(착오, 걱정, 망각 등)과 생리적 원인(피로, 질병 등), 인간 관계 및 의사 소통 등이 있다.
Management (관리)	재해의 원인으로 관리 조직의 결함, 관리 규정의 부재, 안전 교육의 미비 등이 있다.
Machine (도구로서, 기계, 설비 장비 등)	재해의 원인으로 기계, 설비의 결함 발생과 점검 부족, 위험에 따른 방호시설의 부재 등이 있다.
Media (사고 발생의 과정)	재해의 원인으로는 작업의 공간, 작업 정보의 부적합 및 환경적 문제 등이 있고, 인간과 기계를 연결하는 매개체이다.

023 "중대재해"란 산업재해 중 사망 등 재해 정도가 심하거나 다수의 재해자가 발생한 경우로서 다음에 해당하는 재해를 말한다. (규칙 제3조)
- 사망자가 1명 이상 발생한 재해
- 3개월 이상의 요양이 필요한 부상자가 동시에 2명 이상 발생한 재해
- 부상자 또는 직업성 질병자가 동시에 10명 이상 발생한 재해

024 기본 방침은 경영자의 재해방지를 위한 굳은 신념을 나타내는 것으로, 사업장의 연간 안전보건관리계획 수립의 구성 요소 중 핵심적 요소이다.

025 최신화된 안전관리 모델에서 단기의 안전관리의 문제와 고려 요건에는 안전규칙, 분석, 장비 등이 있다. 관리양식과 는 무관하다.

026 안전점검표의 작성 시 유의사항에는 ②·③·④ 이외에도 위험성이 높고 중요도가 높은 순, 긴급을 요하는 순으로 작성하고, 사업장에 적합한 독자적인 내용으로 작성하며, 점검 항목은 넓은 범위를 검토해야 하는 것 등이 있다.

027 ① 페일 세이프(fail safe) : 기계나 인간의 과오에도 큰 사고가 발생하지 않도록 이중, 삼중의 통제장치를 설치하는 것을 말하며, 기계 혹은 장치의 일부에 고장이 있을 경우, 안전한 측면으로 동작하는 기법을 말한다.

③ 풀 프루프(fool proof) : 사람이 시스템에서 틀리기 어렵고 틀리게 조작하더라도 안전하게 되도록 하는 기법을 말한다. 인간의 실수가 있어도 안전장치가 설치되어 사고나 재해로 연결되지 않는 구조를 말한다.

④ 페일 소프트(fail soft) : 기계, 장치 일부가 고장이 났을 때, 기능의 저하를 가져오더라도 전체로서는 그 기능이 정지하지 않는 기법이다.

028 공장 내에 안전표지를 부착하는 주된 이유는 인간 행동의 변화 통제이다.

029 **산업안전보건위원회의 구성(영 제35조)**

> ① 산업안전보건위원회의 근로자위원은 다음의 사람으로 구성한다.
>
> ㉮ 근로자대표
> ㉯ 명예산업안전감독관이 위촉되어 있는 사업장의 경우 근로자대표가 지명하는 1명 이상의 명예산업안전감독관
> ㉰ 근로자대표가 지명하는 9명(근로자인 ㉯의 위원이 있는 경우에는 9명에서 그 위원의 수를 제외한 수를 말한다) 이내의 해당 사업장의 근로자
> ② 산업안전보건위원회의 사용자위원은 다음의 사람으로 구성한다. 다만, 상시근로자 50명 이상 100명 미만을 사용하는 사업장 에서는 ㉺에 해당하는 사람을 제외하고 구성할 수 있다.
> ㉮ 해당 사업의 대표자(같은 사업으로서 다른 지역에 사업장이 있는 경우에는 그 사업장의 안전보건관리책임자를 말한다. 이하 같다)
> ㉯ 안전관리자(제16조제1항에 따라 안전관리자를 두어야 하는 사업장으로 한정하되, 안전관리자의 업무를 안전관리전문기관 에 위탁한 사업장의 경우에는 그 안전관리전문기관의 해당 사업장 담당자를 말한다) 1명
> ㉰ 보건관리자(제20조제1항에 따라 보건관리자를 두어야 하는 사업장으로 한정하되, 보건관리자의 업무를 보건관리전문기관 에 위탁한 사업장의 경우에는 그 보건관리전문기관의 해당 사업장 담당자를 말한다) 1명
> ㉱ 산업보건의(해당 사업장에 선임되어 있는 경우로 한정한다)
> ㉲ 해당 사업의 대표자가 지명하는 9명 이내의 해당 사업장 부서의 장

030 안전인증대상기계 등이 아닌 유해·위험기계 등의 안전인증의 표시 및 표시방법에는 ①·③·④ 이외에도 표시의 표 상을 명백히 하기 위하여 필요한 경우에는 표시 주위에 한글·영문 등의 글자로 필요한 사항을 덧붙여 적을 수 있다 는 점이 포함된다. 표시는 테두리와 문자를 파란색, 그 밖의 부분을 흰색으로 표현하는 것을 원칙으로 하되, 안전인 증표시의 바탕색 등을 고려하여 테두리와 문자를 흰색, 그 밖의 부분을 파란색으로 표현할 수 있다. 이 경우 파란색 의 색도는 2.5PB 4/10으로, 흰색의 색도는 N9.5로 한다[색도기준은 한국산업표준(KS)에 따른 색의 3속성에 의한 표 시방법(KS A 0062)에 따른다]. (규칙 제114조, 별표 15)

031 자율검사프로그램을 인정받으려는 자는 자율검사프로그램 인정신청서에 ①·②·④ 이외에도 검사원 보유 현황과 검사를 할 수 있는 장비 및 장비 관리방법(자율안전검사기관에 위탁한 경우에는 위탁을 증명할 수 있는 서류를 제출 한다), 과거 2년간 자율검사프로그램 수행 실적(재신청의 경우만 해당한다)의 내용이 포함된 자율검사프로그램을 확인할 수 있는 서류 2부를 첨부하여 공단에 제출해야 한다.

032 안전보건개선계획의 제출 등(규칙 제61조)

> ① 안전보건개선계획서를 제출해야 하는 사업주는 안전보건개선계획서 수립·시행 명령을 받은 날부터 60일 이내에 관할 지방고
> 용노동관서의 장에게 해당 계획서를 제출(전자문서로 제출하는 것을 포함)해야 한다.
> ② 안전보건개선계획서에는 시설, 안전보건관리체제, 안전보건교육, 산업재해 예방 및 작업환경의 개선을 위하여 필요한 사항이
> 포함되어야 한다.

033 안전관리자 등의 증원·교체임명 명령(규칙 제12조)

> ① 지방고용노동관서의 장은 다음의 어느 하나에 해당하는 사유가 발생한 경우에는 사업주에게 안전관리자·보건관리자 또는 안
> 전보건관리담당자("관리자")를 정수 이상으로 증원하게 하거나 교체하여 임명할 것을 명할 수 있다. 다만, 제4호에 해당하는 경
> 우로서 직업성 질병자 발생 당시 사업장에서 해당 화학적 인자를 사용하지 않은 경우에는 그렇지 않다.
>   1. 해당 사업장의 연간재해율이 같은 업종의 평균재해율의 2배 이상인 경우
>   2. 중대재해가 연간 2건 이상 발생한 경우. 다만, 해당 사업장의 전년도 사망만인율이 같은 업종의 평균 사망만인율 이하인 경
>   우는 제외한다.
>   3. 관리자가 질병이나 그 밖의 사유로 3개월 이상 직무를 수행할 수 없게 된 경우
>   4. 화학적 인자로 인한 직업성 질병자가 연간 3명 이상 발생한 경우. 이 경우 직업성 질병자의 발생일은 요양급여의 결정일로
>   한다.

034 안전보건관리규정을 작성해야 할 사업의 종류 및 상시근로자 수(규칙 제25조, 별표 2)

사업의 종류	상시근로자 수
① 농업, ② 어업, ③ 소프트웨어 개발 및 공급업, ④ 컴퓨터 프로그래밍, 시스템 통합 및 관리업, ⑤ 영상·오디오물 제공 서비스업, ⑥ 정보서비스업, ⑦ 금융 및 보험업, ⑧ 임대업 ; 부동산 제외, ⑨ 전문, 과학 및 기술 서비스업(연구개발업은 제외한다), ⑩ 사업지원 서비스업, ⑪ 사회복지 서비스업	300명 이상
⑫ ①부터 ⑩까지의 사업을 제외한 사업	100명 이상

035 안전보건개선계획의 수립·시행 명령(법 제49조)

> 고용노동부장관은 다음의 어느 하나에 해당하는 사업장으로서 산업재해 예방을 위하여 종합적인 개선조치를 할 필요가 있다고
> 인정되는 사업장의 사업주에게 고용노동부령으로 정하는 바에 따라 그 사업장, 시설, 그 밖의 사항에 관한 안전 및 보건에 관한 개
> 선계획("안전보건개선계획")을 수립하여 시행할 것을 명할 수 있다.
> ① 산업재해율이 같은 업종의 규모별 평균 산업재해율보다 높은 사업장
> ② 사업주가 필요한 안전조치 또는 보건조치를 이행하지 아니하여 중대재해가 발생한 사업장
> ③ 직업성 질병자가 연간 2명 이상 발생한 사업장
> ④ 유해인자의 노출기준을 초과한 사업장

036 "근로자대표"란 근로자의 과반수로 조직된 노동조합이 있는 경우에는 그 노동조합을, 근로자의 과반수로 조직된 노동조합이 없는 경우에는 근로자의 과반수를 대표하는 자를 말한다. (법 제2조)

037 유해하거나 위험한 기계·기구·설비로서 프레스, 전단기, 크레인(정격 하중이 2톤 미만인 것은 제외), 리프트, 압력용기, 곤돌라, 국소 배기장치(이동식은 제외), 원심기(산업용만 해당), 롤러기(밀폐형 구조는 제외), 사출성형기[형체결력 294KN 미만은 제외], 고소작업대(화물자동차 또는 특수자동차에 탑재한 고소작업대로 한정), 컨베이어, 산

업용 로봇 등("안전검사대상기계 등")을 사용하는 사업주(근로자를 사용하지 아니하고 사업을 하는 자를 포함)는 안전검사대상기계 등의 안전에 관한 성능이 고용노동부장관이 정하여 고시하는 검사기준에 맞는지에 대하여 고용노동부장관이 실시하는 검사("안전검사")를 받아야 한다. 이 경우 안전검사대상기계 등을 사용하는 사업주와 소유자가 다른 경우에는 안전검사대상기계 등의 소유자가 안전검사를 받아야 한다. (영 제78조)

038 안전보건총괄책임자를 지정해야 하는 사업의 종류 및 사업장의 상시근로자 수는 관계수급인에게 고용된 근로자를 포함한 상시근로자가 100명(선박 및 보트 건조업, 1차 금속 제조업 및 토사석 광업의 경우에는 50명) 이상인 사업이나 관계수급인의 공사금액을 포함한 해당 공사의 총공사금액이 20억 원 이상인 건설업으로 한다. (영 제52조)

039 안전인증대상기계 등(영 제74조)

기계 또는 설비	프레스, 전단기 및 절곡기, 크레인, 리프트, 압력용기, 롤러기, 사출성형기, 고소(高所) 작업대, 곤돌라
방호장치	프레스 및 전단기 방호장치, 양중기용 과부하 방지장치, 보일러 압력방출용 안전밸브, 압력용기 압력방출용 안전밸브, 압력용기 압력방출용 파열판, 절연용 방호구 및 활선작업용기구, 방폭구조 전기기계·기구 및 부품, 추락·낙하 및 붕괴 등의 위험 방지 및 보호에 필요한 가설기자재로서 고용노동부장관이 정하여 고시하는 것, 충돌·협착 등의 위험 방지에 필요한 산업용 로봇 방호장치로서 고용노동부장관이 정하여 고시하는 것
보호구	추락 및 감전 위험방지용 안전모, 안전화, 안전장갑, 방진마스크, 방독마스크, 송기마스크, 전동식 호흡보호구, 보호복, 안전대, 차광 및 비산물 위험방지용 보안경, 용접용 보안면, 방음용 귀마개 또는 귀덮개

040 산업안전보건법상 프레스 작업 시 작업시작 전 점검사항에는 ①·③·④ 이외에도 랭크축·플라이휠·슬라이드·연결봉 및 연결나사의 풀림여부, 슬라이드 또는 칼날에 의한 위험방지기구의 기능, 방호장치의 기능, 전단기의 칼날 및 테이블의 상태 등이 있다. (안전보건규칙 제35조, 별표 3)
② 매니퓰레이터(manipulator) 작동의 이상 유무는 로봇의 작동범위에서 그 로봇에 관하여 교시 등(로봇의 동력원을 차단하고 하는 것은 제외)의 작업을 할 때 점검하는 사항이다.

041 ④ 작성된 물질안전보건자료의 게시 또는 비치에 관한 보좌 및 조언·지도는 보건관리자의 업무 내용이다.

> **관리감독자의 업무 등(영 제15조)**
> ① 사업장 내 관리감독자가 지휘·감독하는 작업("해당작업")과 관련된 기계·기구 또는 설비의 안전·보건 점검 및 이상 유무의 확인
> ② 관리감독자에게 소속된 근로자의 작업복·보호구 및 방호장치의 점검과 그 착용·사용에 관한 교육·지도
> ③ 해당 작업에서 발생한 산업재해에 관한 보고 및 이에 대한 응급조치
> ④ 해당 작업의 작업장 정리·정돈 및 통로 확보에 대한 확인·감독
> ⑤ 사업장의 다음 각 목의 어느 하나에 해당하는 사람의 지도·조언에 대한 협조
>   ㉮ 안전관리자 또는 안전관리자의 업무를 안전관리전문기관에 위탁한 사업장의 경우에는 그 안전관리전문기관의 해당 사업장 담당자
>   ㉯ 보건관리자 또는 보건관리전문기관에 위탁한 사업장의 경우에는 그 보건관리전문기관의 해당 사업장 담당자
>   ㉰ 안전보건관리담당자 또는 안전보건관리담당자의 업무를 안전관리전문기관 또는 보건관리전문기관에 위탁한 사업장의 경우에는 그 안전관리전문기관 또는 보건관리전문기관의 해당 사업장 담당자
>   ㉱ 산업보건의
> ⑥ 위험성평가에 관한 다음의 업무
>   ㉮ 유해·위험요인의 파악에 대한 참여
>   ㉯ 개선조치의 시행에 대한 참여
> ⑦ 그 밖에 해당 작업의 안전 및 보건에 관한 사항으로서 고용노동부령으로 정하는 사항

042 근로자안전보건교육(규칙 제26조, 제28조, 별표 4)

교육과정	교육대상		교육시간
가. 정기교육	사무직 종사 근로자		매반기 6시간 이상
	그 밖의 근로자	판매업무에 직접 종사하는 근로자	매반기 6시간 이상
		판매업무에 직접 종사하는 근로자 외의 근로자	매반기 12시간 이상
나. 채용 시 교육	일용근로자 및 근로계약기간이 1주일 이하인 기간제근로자		1시간 이상
	근로계약기간이 1주일 초과 1개월 이하인 기간제근로자		4시간 이상
	그 밖의 근로자		8시간 이상
다. 작업내용 변경 시 교육	일용근로자 및 근로계약기간이 1주일 이하인 기간제근로자		1시간 이상
	그 밖의 근로자		2시간 이상
라. 특별교육	일용근로자 및 근로계약기간이 1주일 이하인 기간제근로자 : 별표 5 제1호라목(제39호는 제외한다)에 해당하는 작업에 종사하는 근로자에 한정한다.		2시간 이상
	일용근로자 및 근로계약기간이 1주일 이하인 기간제근로자 : 별표 5 제1호라목제39호에 해당하는 작업에 종사하는 근로자에 한정한다.		8시간 이상
	일용근로자 및 근로계약기간이 1주일 이하인 기간제근로자를 제외한 근로자 : 별표 5 제1호라목에 해당하는 작업에 종사하는 근로자에 한정한다.		• 16시간 이상(최초 작업에 종사하기 전 4시간 이상 실시하고 12시간은 3개월 이내에서 분할하여 실시 가능) • 단기간 작업 또는 간헐적 작업인 경우에는 2시간 이상
마. 건설업 기초안전·보건교육	건설 일용근로자		4시간 이상

043 산업안전보건법령상 특별교육 대상 작업별 교육 작업 기준에 의하면, 동력에 의하여 작동되는 프레스기계를 5대 이상 보유한 사업장에서 해당 기계로 하는 작업(규칙 제26조, 별표 5)

044 재해란 안전사고의 결과로 일어난 인명과 재산의 손실을 말한다.

045 "산업재해"란 노무를 제공하는 사람이 업무에 관계되는 건설물·설비·원재료·가스·증기·분진 등에 의하거나 작업 또는 그 밖의 업무로 인하여 사망 또는 부상하거나 질병에 걸리는 것을 말한다. (법 제2조)

046~047 하인리히의 도미노이론

1단계(기초원인)	2단계(2차원인)	3단계(1차원인)	4단계	5단계
사회적 환경과 유전적 요소	개인적 결함	불안전한 행동과 상태 (직접원인)	사고	상해(재해)

048~050 버드의 도미노이론

1단계	2단계	3단계	4단계	5단계
제어의 부족(관리)	기본원인 (기원)	직접원인 (징후)	사고 (접촉)	상해 (손실)

051 버드(F. E. Bird's Jr)의 사고 구성 비율

비율	1	10	30	600
재해 구성	중상 또는 폐질	경상 (물적·인적 손실)	무상해 사고 (물적 손실)	무상해, 무사고 고장 (위험 순간)

052~054 재해 발생의 사고연쇄반응이론

구분	1단계	2단계	3단계	4단계	5단계
하인리히의 도미노이론	사회적 환경과 유전 적 요소	개인적 결함	불안전한 행동과 상 태(직접원인)	사고	상해(재해)
버드의 도미노이론	제어의 부족(관리)	기본원인 (기원)	직접원인 (징후)	사고 (접촉)	상해 (손실)
아담스 이론	관리 구조의 결함	작전적 에러	전술적 에러	사고	상해(손해)
웨버의 이론	유전과 환경	인간의 결함	불안전한 행동과 불안전한 상태	사고	상해

055 ②는 제2단계, ③은 제3단계, ④는 제4단계에 대한 내용이다. 재해조사의 순서는 다음과 같다.

전제 조건	재해 상황의 파악	재해 발생 일시 및 장소 등, 상해 및 물적 피해 상황, 피해 근로자의 특성, 사고의 형태, 가해물, 기인물, 재해 현장의 도면 등
제1단계	사실의 확인	객관적으로 재해 요인을 확인
제2단계	문제점의 발견	분석 및 검토(인적, 물적, 관리적 요인 등), 연구 내용(작업 명령, 작업 표준, 사내 규정, 법규 등)
제3단계	근본적 문제점 결정	재해의 중심인 근본적 문제, 재해 원인의 결정
제4단계	대책의 수립	동종 및 유사 대책의 수립

056 기계 작업 중 정전되었을 때 책임자가 꼭 하여야 하는 것은 기계와 작업자의 안전을 위하여 전원 스위치를 끈다.

057~059 재해 발생의 직접 원인은 불안전한 상태(물적 원인)과 불안전한 행동(인적 원인)으로 구분할 수 있으며, 주요 원인을 보면 다음과 같다.

불안전한 상태 (물적 원인)	물적 자체의 결함, 안전 방호장치의 결함, 복장 및 보호구의 결함, 물적의 배치 및 작업장소의 불량, 작업 환경 의 결함, 생산 공정의 결함, 작업 순서의 결함 등이 있다.
불안전한 행동 (인적 원인)	위험 장소로의 접근, 안전장치 기능의 제거, 복장 및 보호구의 잘못된 사용, 기계, 기구의 잘못된 사용, 운전 중 기계장치의 손질, 불안전한 속도 조작, 위험물의 취급 부주의, 불안전한 상태의 방치, 불안전한 자세 및 동작, 감독 및 연락 불충분 등이 있다.

060 부주의(무의식적인 행위 또는 무의식에 가까운 의식의 주변에서 행해지는 행위에서 나타나는 현상)는 불안전한 행동와 불안전한 상태에도 적용되는 것이다.

061 재해 발생의 직접 원인은 불안전한 상태(물적 원인)과 불안전한 행동(인적 원인)으로 구분할 수 있고, 사고 발생의 비율은 다음과 같다.

직접 원인		간접 원인
불안전한 행동	불안전한 상태	
88%	10%	2%

062~064 재해 발생의 간접 원인

기초 원인	• 학교 교육적 원인 • 관리적 원인 : 안전관리조직의 결함, 인사 배치와 작업 지시의 부적당, 작업 준비 불충분, 안전 수직의 미제정, 책임감 부족, 근로 의욕의 침체, 작업 환경 조건의 불량 등이 있다.
2차 원인	• 기술적 원인 : 건물 및 기계의 설계 불량, 구조 및 재료의 부적합, 생산 공정(방법)의 부적당, 점검, 정비 보존의 불량 등이다. • 교육적 원인 : 안전 지식과 경험의 부족, 경험 훈련의 미숙, 안전교육 미시행, 안전 수칙의 오해, 작업 방법 및 유해·위험작업의 교육 불충분 등이다. • 정신적 원인 : 태만, 초조, 불안, 긴장, 공포, 반항 등이다. • 신체적 원인 : 스트레스, 피로, 수면 부족 등이다.

※ 불안전한 상태(물적 원인, 보호구의 미착용)와 불안전한 행동(인적 원인)은 직접 원인에 속한다.

065 심리적 원인에는 태만, 초조, 불안, 긴장, 공포, 반항, 적성, 동기 및 의욕 고민, 착각과 착시 등이 있다. ④의 "적성에 안 맞는 작업이어서 재미가 없었다."는 심리적 요인에 속한다.

066 재해발생의 심리학적 요소에는 병리적 요인(pathological factors), 신체적 요인(physical factors), 사회심리적 요인(social psychological factors) 등이 있다.

067 산업재해조사표에 기재하는 재해발생 원인

인적 요인	무의식 행동, 착오, 피로, 연령, 커뮤니케이션 등
설비적 요인	기계·설비의 설계상 결함, 방호장치의 불량, 작업표준화의 부족, 점검·정비의 부족 등
작업·환경적 요인	작업정보의 부적절, 작업자세·동작의 결함, 작업방법의 부적절, 작업환경 조건의 불량 등
관리적 요인	관리조직의 결함, 규정·매뉴얼의 불비·불철저, 안전교육의 부족, 지도감독의 부족 등

068 산업안전보건법령상 산업재해 조사표에 기록되어야 할 내용에는 사업장 정보, 재해정보, 재해발생개요 및 원인, 재발 방지 계획 등이 있다. 안전 교육 계획과는 무관하다.

069 산업 재해의 발생 유형

사슬형	어떤 요인이 발생하면 이것이 원인이 되어 다음의 요인이 발생하고, 또 연속적으로 하나하나의 요인을 일으켜 결국에는 사고를 일으키는 형태이다.
집중(단순자극)형	사고가 특정한 장소에서 동일한 시간에 여러 가지 요인이 상호자극에 의하여 순간적으로 재해가 발생하는 유형으로, 재해가 일어난 장소나 그 시점에 일시적으로 요인이 집중하는 형태이다.
복합(혼합)형	사슬형과 집중형이 혼합된 상태로, 요인이 하나 또는 2개 이상 모여서 어떤 시기 또는 어떤 장소에서 한꺼번에 사고가 일어나는 형태이다.

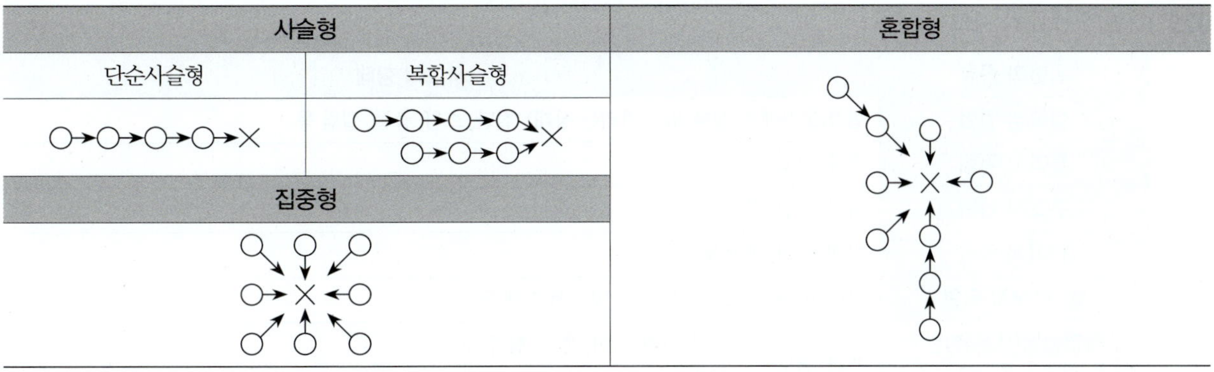

사슬형		혼합형
단순사슬형	복합사슬형	
○→○→○→○→×	○→○→○→○→×	
집중형		

070 일조의 직접적인 효과

적외선은 열(일사) 효과, 가시광선은 광 효과, 자외선(화학선)은 생리적 효과, 즉 생물에 대한 생육 작용, 살균 작용 및 사진 화학 반응을 한다. 인간의 건강과 깊은 관계가 있는 건강선인 자외선을 도르노선(2,900~3,200Å의 범위의 자외선)이라고 한다. 특히, 유해 광선인 자외선(유리공 백내장)은 안구의 수정체에 특이한 변화를 일으켜 시력의 감퇴를 유발하거나 심할 경우에는 시력을 잃게 된다.

071 ① 재해 : 재해란 안전사고의 결과로 일어난 인명과 재산의 손실을 말한다.

③ 직업병 : 특정한 직업에 종사하는 직업인이 근로 조건이 원인이 되어 걸리는 질병을 말한다.

④ 부주의 : 주의력이 저하되거나 산만해진 상태를 말하며, 바람직하지 않은 정신 상태를 총칭하고, 부주의 현상에는 의식의 단절, 의식의 우회, 의식수준의 저하, 의식의 과잉 등이 있다.

072 재해의 발생 형태

추락	사람이 인력(중력)에 의하여 건축물, 구조물, 가설물, 수목, 사다리 등의 높은 장소에서 떨어지는 것이다.
전도(넘어짐)	사람이 거의 평면, 경사면, 계단 등에서 구르거나 넘어짐 또는 미끄러진 경우와 물체가 전도·전복된 경우이다.
충돌(부딪힘)	재해자 자신의 움직임, 동작으로 인하여 기인물에 접촉 또는 부딪히거나, 물체가 고정부에서 이탈하지 않은 상태로 움직임(규칙 또는 불규칙) 등에 의해 접촉·충돌한 경우이다.
낙하·비래(맞음)	구조물, 기계 등에 고정되어 있던 물체가 여러 힘(중력, 원심력, 관성력 등)에 의해 고정부에서 이탈하거나 또는 설비 등으로부터 물질이 분출되어 사람을 가해하는 경우이다. 특히, 물건이 주체가 되어 사람이 상해를 입는 경우이다.
붕괴·도괴	적재물, 비계, 건축물이 무너진 경우이다.
협착	물건에 낀 상태 또는 말려든 상태가 된 경우로서 움직임이 있는 부분들 사이나 움직임이 없는 고정 부분과 왕복 운동을 하는 기계 부품과의 사이에서 발생한다.

073 정적 형태에는 낙하, 붕괴, 추락 등이 있다. 충돌(부딪힘)은 재해자 자신의 움직임, 동작으로 인하여 기인물에 접촉 또는 부딪히거나, 물체가 고정부에서 이탈하지 않은 상태로, 움직임(규칙 또는 불규칙)등에 의해 접촉·충돌한 경우이다. 즉, 동적 형태이다.

074 ① 추락 : 사람이 인력(중력)에 의하여 건축물, 구조물, 가설물, 수목, 사다리 등의 높은 장소에서 떨어지는 것이다.

② 전도(넘어짐) : 사람이 거의 평면, 경사면, 계단 등에서 구르거나 넘어짐 또는 미끄러진 경우와 물체가 전도·전복된 경우이다.

④ 충돌(부딪힘) : 재해자 자신의 움직임, 동작으로 인하여 기인물에 접촉 또는 부딪히거나, 물체가 고정부에서 이탈하지 않은 상태로 움직임(규칙 또는 불규칙)등에 의해 접촉·충돌한 경우이다.

위험의 종류	사고의 형태	
접촉점 위험	협착(물건에 낀 상태 또는 말려든 상태), 절단, 스침, 충돌, 찔림 등	
물리적 위험	추락, 전도, 충돌 등	
구조적 위험	파괴, 파열, 절단 등	
전기적 위험	화재, 감전, 과열 등	
열, 화학적 위험	화상, 이상온도 노출, 눈 또는 방사선 장해 등	
작업방법(내용)위험	추락, 전도	비래, 낙하, 충돌, 협착 등
장소적 위험		붕괴 등

076 • 가해물 : 직접 근로자(사람)에게 접촉되어 위해를 가하는 물체로서 구조물, 물체, 물질, 기계, 장치 환경 등을 의미한다. "가스"가 폭발 사고를 일으켰으므로 가해물은 가스이다
- 기인물 : 직접적으로 재해를 일으키거나, 영향을 끼친 요소(열, 전기, 위치, 운동 등)를 지닌 구조물, 물체, 물질, 기계, 장치 환경 등을 의미한다. "가스관"의 가스가 폭발 사고를 일으켰으므로 기인물은 가스관이다.

077 • 기인물 : 직접적으로 재해를 일으키거나, 영향을 끼친 요소(열, 전기, 위치, 운동 등)를 지닌 구조물, 물체, 물질, 기계, 장치 환경 등을 의미한다. "감전"에 의해서 지면으로 떨어졌으므로 기인물은 전기이다.
- 가해물 : 직접 근로자(사람)에게 접촉되어 위해를 가하는 물체로서 구조물, 물체, 물질, 기계, 장치 환경 등을 의미한다. "지면"으로 떨어져서 골절 상해를 입었으므로 가해물은 지면이다.

078 • 사고 유형 : 근로자(사람)와 물체와의 접촉현상 (예 "걸어가다 넘어짐"은 "전도"이다)
- 기인물 : 불안전한 상태에 있는 물체 또는 환경 (예 "바닥에 기름이 흘려진 복도"는 "기름"이다)
- 가해물 : 근로자(사람)에게 직접 접촉되어 위해를 가한 물체 (예 "벽기계에 부딪혀 머리를 다친 재래"는 기계이다)

079 상해의 종류에는 골절, 부종, 타박상(뼘, 좌상), 중독, 질식, 베임(창상), 뇌진탕, 피부병, 시력 장애, 청력 장애, 익사, 화상, 찰과상, 절단, 찔림(자상), 동상 등이 있다. 감전은 재해의 발생형태에 속한다.

080 ① 찰과상 : 스치거나 문질러서 벗겨진 상해이다. 창, 칼 등에 베인 상해는 창상(베임)이다.
② 창상(베임) : 창, 칼 등에 베인 상해이다. 스치거나 문질러서 피부가 벗겨진 상해는 찰과상이다.
④ 좌상(뼘, 좌상) : 피부의 표면보다는 근육 부분 또는 피하 조직을 다친 상해이다. 국부의 혈액순환의 이상으로 몸이 퉁퉁 부어오르는 상해는 부종이다.

081 하인리히의 사고연쇄반응이론(도미노 이론)의 단계는 "제1단계(사회적 환경 및 유전적 요소) → 제2단계(개인적 결함) → 제3단계[불안전한 행동 및 상태(직접 원인)] → 제4단계(사고) → 제5단계[상해(재해)]"의 순이다.

082 사고의 본질적 특성

사고의 시간성	사고의 본질에 있어서, 공간적인 것이 아니라 시간적인 것이다.
우연성 중의 법칙성	모든 사고는 우연히 발생하는 것이 아니라 미연에 방지할 수 있는 법칙에 의해 발생하는 것이다.
필연성 중의 우연성	착오로 인하여 사고의 기회가 조성되고, 웅녀성은 복합적으로 되어 사고의 기회는 증가된다.
사고의 재현 불가능성	지나간 시간을 사건 발생의 시간으로 되돌려 원상태로 재현시킬 수 없다는 것이다.
사고의 무작위성	모든 사고는 예상하지 못하여 발생하며, 근무 경력에 대한 변화도 별로 없다는 것이다.

083 재해발생 시 긴급처리 순서는 "사고 시 사용 중인 기계의 정지 → 재해자의 응급조치 → 관계자에게 통보 → 2차 재해 방지 → 현장 보존"의 순이다.

084 재해 발생 시 조치사항 중 대책 수립의 목적은 같은 종류(동종) 및 유사한 재해 방지이다.

085 ③ 각종 건물·설비의 배치도는 공정안전보고서의 공정안전자료에 속한다.

공정안전보고서의 세부 내용 중 안전운전계획(규칙 제50조)
• 안전운전지침서   • 설비점검·검사 및 보수계획, 유지계획 및 지침서 • 안전작업허가   • 도급업체 안전관리계획 • 근로자 등 교육계획   • 가동 전 점검지침 • 변경요소 관리계획   • 자체감사 및 사고조사계획 • 그 밖에 안전운전에 필요한 사항 등

086 ④ 목격자의 증언과 추측의 말을 모두 반영하지 말아야 한다.
⑥ 목격자가 제시한 사실 이외의 추측되는 말은 분석할 필요가 없다.

087 재해사례연구는 객관적이며 정확성이 있어야 하며, 조사자는 반드시 2인 이상으로 하여야 한다.

088 ① 연천인율 : 1년 동안 근로자 1,000명당 발생하는 사상자수

$$\text{연천인율} = \frac{\text{연간 사상자(재해자)수}}{\text{연 평균근로자수}} \times 1,000 \ \text{또는 연천인율} = 2.4 \times \text{도수(빈도)율}$$

③ 강도율 : 연간 총 근로시간의 합계 1,000시간당 재해로 인한 근로손실일수

$$\text{강도율} = \frac{\text{총 근로손실일수}}{\text{연간 총근로시간수}} \times 1,000$$

④ 종합재해지수(FSI) : 사업장에서 각 부서별로 안전경쟁제도를 실시할 때 위험도를 비교하여 안전관심을 높이는 데 효과적인 것이다.

089 1) 국제노동기구(ILO)의 근로불능 상해의 종류

분류	정의
사망	안전사고로 사망하거나 또는 사고의 결과로 생명을 잃는 것으로서 근로손실일수는 7,500일이다.
영구 전노동불능상해	부상 결과로 노동기능을 완전히 잃게 되는 부상으로서 신체장해등급 제1급에서 제3급에 해당하고, 근로손실일수는 7,500일이다.
영구 일부노동불능상해	부상 결과로 신체 부분의 일부가 노동기능을 상실한 부상으로서, 신체장해등급 제4급에서 제14급에 해당하는 상해이다.
일시 전노동불능상해	의사의 진단에 따라 일정기간 정규 노동에 종사할 수 없는 상해로서, 신체장해가 남지 않는 일반적인 휴업 재해이다.
일시 일부노동불능상해	의사의 진단으로 일정기간 정규 노동에 종사할 수 없으나, 휴무 상태가 아닌 상해로서 일시 가벼운 노동에 종사하는 경우의 상해이다.

2) 신체장해등급별 근로손실일수

신체장해등급	4	5	6	7	8	9	10	11	12	13	14
근로손실일수	5,500	4,000	3,000	2,200	1,500	1,000	600	400	200	100	50

①은 영구 전노동불능상해, ②는 영구 일부노동불능상해, ④는 일시 일부노동불능상해에 해당된다.

090 용어 설명

종합재해지수(FSI)	• 사업장에서 각 부서별로 안전경쟁제도를 실시할 때 위험도를 비교하여 안전관심을 높이는 데 효과적인 것이다. • 종합재해지수 $= \sqrt{\text{도수율} \times \text{강도율}}$
FR(도수(빈도)율)	• 산업재해의 발생빈도를 의미하고, 연 근로시간 합계 1,000,000시간당 발생하는 재해 건수를 의미한다. • 도수(빈도)율 $= \dfrac{\text{연간 재해발생건수}}{\text{연간 총 근로시간수}} \times 10^6$
연천인율	• 1년 동안 근로자 1,000명당 발생하는 사상자수 • 연천인율 $= \dfrac{\text{연간 사상자(재해자) 수}}{\text{연 평균근로자수}} \times 1,000$ 또는 연천인율 $= 2.4 \times$ 도수(빈도)율
강도율	• 연간 총 근로시간의 합계 1,000시간당 재해로 인한 근로손실일수 • 강도율 $= \dfrac{\text{총 근로손실일수}}{\text{연간 총근로시간수}} \times 1,000$
세이프 티 스코어 (SAFE-T-SCORE)	안전에 관한 과거와 현재의 중대성 차이를 비교하고자 사용하는 통계방식 또는 기업의 산업재해에 대한 과거와 현재의 안전성적을 비교, 평가한 점수로 안전관리의 수행도를 평가하는 데 유용한 것이다.

091 Safe-T-score에 따른 평가

Safe-T-score	+2.00 이상	+2.00 ~ -2.00	-2.00 이하
평가	과거에 비해 심각하게 나빠졌음	별 차이 없음	과거보다 좋아짐

092 재해통계 작성 시 유의할 점으로는 ①·②·④ 이외에도 재해통계는 정량적인 표현의 도표나 그림으로 표시하여야 한다는 것이 있다.

093 재해의 분류 방법에는 통계적 분류, 상해 종류에 의한 분류, 상해 정도별 분류, 재해 형태별 분류 등의 4가지가 있다.

통계적 분류	무상해사고, 경상, 중상, 사망 등
상해 종류에 의한 분류	골절, 부종, 타박상(뼘, 좌상), 중독, 질식, 베임(창상), 뇌진탕, 피부병, 시력 장애, 청력 장애, 익사, 화상, 찰과상, 절단, 찔림(자상), 동상 등
상해 정도별 분류	사망, 영구 전노동불능상해, 영구 일부노동불능상해, 일시 전노동불능상해, 일시 일부노동불능상해, 응급(구급)조치상해 등
재해 형태별 분류	추락, 전도(넘어짐), 충돌(부딪힘), 낙하·비래(맞음), 붕괴·도괴, 협착 등

094 재해 예방의 4원칙

예방 가능의 원칙	재해는 원인을 제거하면 모든 재해(자연 재해는 제외)는 예방이 가능하다.
손실 우연의 원칙	재해의 손실은 사고가 발생한 경우 사고 대상의 조건에 따라 달라지며, 사고의 결과로 생긴 재해의 손실은 우연적이다. 즉, 사고와 손실의 관계는 우연적인 관계이다.
원인 연계의 원칙	사고(재해 발생)에는 반드시 원인이 있다. 즉, 사고와 손실과의 관계는 우연적인 관계이나, 사고와 원인과의 관계는 필연적인 관계이다.
대책 선정의 원칙	사고(재해 발생)을 위한 안전대책은 반드시 존재한다.

095 ①은 원인 연계의 원칙, ②는 손실 우연의 원칙, ③은 예방 가능의 원칙에 대한 설명이다.

096 하베이(Harvery)의 3E(재해 예방 대책의 선정 원칙)

기술적 대책 (Engineering)	기계 장치의 설계로부터 설치, 운전에 이르기까지의 모든 대책으로 공장의 계획이나 공정의 내용을 포함한다. 즉, 안전 설계, 점검 보존의 확립, 환경설비의 개선 등이 있다.
교육적 대책 (Education)	위험을 찾아 위험이 어떻게 되면 사고로 전이될 수 있는지를 알고, 그 대책을 수립할 수 있도록 하는 구체적인 안전 교육(안전 수칙의 준수)과 기술적인 내용을 관계자에게 알려주는 대책이다.
관리적 대책 (규제, Enforcement)	국가와 행정 기관이 규정하는 안전에 관한 법률, 규칙 및 조례와 사규의 내용을 근로자에게 강제적으로 준수하도록 하는 대책이다.

097 하베이(Harvery)의 3E(재해 예방 대책의 선정 원칙) 중 관리(규제, Enforcement)적 대책은 국가와 행정 기관이 규정하는 안전에 관한 법률, 규칙 및 조례와 사규의 내용, 동기부여와 사기 향상, 경영자 및 관리자의 솔선수범 등을 근로자에게 강제적으로 준수하도록 하는 대책이다.

098~101 하인리히의 안전사고 예방대책의 5단계

단계	과정	내용
1단계	안전관리조직 (안전관리조직의 구성)	경영층의 참여(안전 목표의 설정), 안전활동방침 및 계획의 수립. 안전관리자의 선임, 조직을 통한 안전활동의 전개
2단계	사실의 발견 (불안전한 요소의 발견)	사고 조사, 각종 사고 및 안전활동기록의 검토, 작업 분석, 안전 점검 및 검사, 안전회의 및 토의, 근로자의 건의 및 여론조사
3단계	분석 및 평가 (사고의 직·간접 원인의 규명)	사고 원인 및 경향 분석, 인적·물적·사회적·환경적 조건 분석, 작업공정의 분석, 교육 및 훈련의 분석, 안전수칙 및 보호구의 적합성 판단 등
4단계	시정방법(대책)의 선정 (효과적인 개선 방법의 선정)	기술·교육·훈련·안전 행정·규정·수칙·제도의 개선, 안전 운동의 개선, 작업 배치의 조정
5단계	시정대책의 적용	3E(기술, 교육, 관리의 대책)를 완성

102 직접손실비와 간접손실비

직접손실비 (산재보상비)	요양급여, 휴양급여, 장해급여, 간병급여, 유족급여, 직업재활급여, 상해보상연금, 장의비, 기타 비용 등이다.
간접손실비	생산 손실(생산의 저하와 작업 중지에 따른 손실), 임금 손실(본인과 제3자의 임금 손실), 영업 손실, 인적·물적손실, 시간손실 등이다.

103 하인리히의 재해손실비용에 있어서 직접손실비 : 간접손실비 = 1 : 4에서 1에 해당하는 것이란 직접비에 해당하는 것을 의미한다. 치료비, 재해자에게 지급된 급료, 재해보상 보험금, 휴업보상비, 장해보상비, 유족보상비 등은 직접손실비(산재보상비)에 속한다.

104 하인리히의 재해손실비용에 있어서, 재해손실 총비용 = 직접손실비(산재보상비) + 간접손실비(직접비의 4배)이고, 직접손실비 : 간접손실비 = 1 : 4이다.

105 ①은 하인리히와 버즈의 계산방식이고, ②는 컴파스의 계산방식이다.

> **재해손실비의 산정방법에 있어 시몬즈 방식에 의한 계산방법**
> 총 재해 cost = 산재보험 보상비 + (A × 휴업상해건수) + (B × 통상상해건수) + (C × 응급조치건수) + (D × 무상해건수)
> ※ A, B, C, D는 장해 정도별 비보험 코스트의 평균치

114 하인리히의 재해발생 5단계 이론 중 재해 국소화 대책은 제4단계인 시정방법(대책)의 선정(효과적인 개선 방법의 선정)에서 제5단계인 시정대책의 적용의 단계이다.

115 산업재해사례 연구순서에서 "사실의 확인"에서 확인 사항에는 사람, 물건, 관리 등이 있다. 정보와는 무관하다.

116 비파괴검사의 종류에는 육안, 누설, 침투, 초음파, 자기탐상(자분탐사), 음향(타진법), 방사선투과검사 등이 있다.
　② 인장검사(Tention test)는 소정의 검사편에 천천히 인장력을 가함으로써 기계적 성질(비례한도, 탄성한도, 탄성계수, 항복점, 내력, 인장강도, 신장률 등)을 알아내는 방법으로 파괴검사이다.

117 ② 통계 분석 : 통계에 의한 분석으로 파레토도, 특성요인도, 체크시트(집중도), 각종 그래프, 산점도(산포도 또는 상관도), 층별(부분집단도) 등이 있다.
　③ 클로즈 분석(Close Analysis) : 2개 이상의 문제 관계를 분석하는 데 사용되며, 데이터를 집계하고 표로 표시하여 요인별 결과 내용을 교차한 크로스 그림을 작성하여 분석하는 것으로 사고의 유형이나 기인물 등의 분류 항목이 큰 것부터 작은 순으로 도표화한 것이다.
　④ 직접 분석 : 분석자가 직접 현장에 나가서 작업을 관찰하고, 시간을 측정하거나, 동작을 분석하여 데이터를 얻는 방법으로 시간 연구, 동작 연구, 작업 표준화, 작업 샘플링 등이 있다. 목적은 비효율적인 작업요소의 발견, 표준시간의 설정, 작업 방법의 개선, 공정의 균등화, 인력 배치의 최적화 등이다.

118 ① 입증(증명, 거증) 책임 : 소송상 어느 증명을 요하는 사실의 존부가 확정되지 않을 때에(진실인지 허위인지 진위불명) 당해사실이 존재하지 않는 것으로 취급되어 법률판단을 받게 되는 당사자 일방의 위험 또는 불이익을 말한다.
　② 담보 책임 : 매매의 목적인 권리 또는 재산에 하자가 있는 경우, 매도인이 매수인에 대하여 지는 책임을 통틀어서 일컫는 말이다.
　③ 연대 책임 : 여러 채무자가 동일한 채무에 대해 각각 독립적으로 전부의 급부를 해야 하는 법적 개념이다. 즉, 여러 명의 채무자는 채권자에게 채무 전부를 이행할 의무가 있으며, 한 채무자가 채무를 이행하면 다른 채무자의 채무도 소멸되며, 채무자 간의 책임이 서로 연결되어 있음을 의미한다.

119 산업재해 통계에는 산업재해 통계에 있어서, 통계보다는 재해 통계에 의한 성질과 경향의 활동을 중요시하여야 하며, 동종유의 업종과 비교하여 집중할 점을 확인하여야 한다.

120 안전점검(안전을 확보하기 위해 실태를 정확하게 파악하는 것으로서 불안전한 상태와 행동을 발생시키는 결함을 사전에 발견 또는 안전 상태를 확인하는 행동)의 목적은 기기 및 설비의 결함이나 불안전한 상태의 제거로 사전에 안전성을 확보, 기기 및 설비의 안전상태 유지 및 본래의 성능을 유지, 재해 방지를 위하여 그 재해 요인의 대책과 실시를 계획적으로 하기 위함이다.

121 안전점검 시 점검자가 갖추어야 할 태도 및 마음가짐에는 ①·②·③ 이외에도 점검결과의 즉각적이고 성실한 통보 등이 있다.

122 안전점검(안전을 확보하기 위해 실태를 정확하게 파악하는 것으로서 불안전한 상태와 행동을 발생시키는 결함을 사전에 발견 또는 안전 상태를 확인하는 행동)의 순서는 "실태(현상)의 파악 → 결함의 발견 → 대책의 결정 → 대책의 실시"이다.

123 안전점검의 분류

분류	내용
정기 점검	기계설비의 안전에 있어서 중요 부분의 피로, 마모, 손상, 부식 등에 대한 장치의 변화 유무 등을 일정 기간마다 정기적으로 기계·기구의 상태를 점검하는 것을 말하며 매주, 매월, 매분기 등 법적 기준에 맞도록 또는 자체 기준에 따라 해당 책임자가 실시하는 점검이다.
수시(일상) 점검	작업현장에서 매일 작업 전, 작업 중, 작업 후에 시설과 작업동작 등에 대하여 실시하는 점검으로서 현장 작업자(작업자, 작업 책임자, 관리감독자) 스스로가 정해진 사항에 대하여 이상 여부를 확인하는 안전점검이다.
특별 점검	천재지변 또는 중대재해가 발생한 후 또는 안전강조기간 내 주로 실시하며, 기계·기구·설비 등의 신설·변경 또는 고장 시에 실시하는 점검으로, 기술책임자가 실시한다. 또한, 태풍, 폭우 등의 이상사태 발생 시 관리자나 감독자가 기계·기구·설비 등의 기능상 이상 유무에 대하여 점검하는 것이다.
임시 점검	정기점검과 정기검사의 기간 사이에 실시하는 점검으로 이상 발견 시 임시로 실시하는 점검이다.

124 ① 외관점검 : 기기의 외관(변형, 균열, 부식, 손상, 볼트, 설치 상태 및 적당한 배치 등)에서 시각 및 촉감에 의해 조사하고, 점검 기준에 의해 양호, 불량 등을 확인하는 점검이다.

③ 기술(기능)점검 : 대상 기기의 기능, 기술의 양호와 불량을 확인하는 점검으로 간단한 조작에 의해 행한다.

④ 종합점검 : 일정한 조건 아래에서 기기의 조작에 의해 그 기계설비의 종합적인 기능을 확인하는 점검으로 규정된 점검 기준에 의해 측정과 검사를 행한다.

125 자체검사의 종류

구분	검사 대상	검사 방법
종류	형식, 규격, 기능 검사	육안, 기능, 계기, 시험에 의한 검사

126 안전검사의 주기와 합격표시 및 표시방법(규칙 제126조)

안전검사대상기계 등의 안전검사 주기는 다음과 같다.
① 크레인(이동식 크레인은 제외), 리프트(이삿짐운반용 리프트는 제외) 및 곤돌라 : 사업장에 설치가 끝난 날부터 3년 이내에 최초 안전검사를 실시하되, 그 이후부터 2년마다(건설현장에서 사용하는 것은 최초로 설치한 날부터 6개월마다)
② 이동식 크레인, 이삿짐운반용 리프트 및 고소작업대 : 「자동차관리법」에 따른 신규등록 이후 3년 이내에 최초 안전검사를 실시하되, 그 이후부터 2년마다
③ 프레스, 전단기, 압력용기, 국소 배기장치, 원심기, 롤러기, 사출성형기, 컨베이어, 산업용 로봇, 혼합기, 파쇄기 또는 분쇄기 : 사업장에 설치가 끝난 날부터 3년 이내에 최초 안전검사를 실시하되, 그 이후부터 2년마다(공정안전보고서를 제출하여 확인을 받은 압력용기는 4년마다)

127 점검 항목은 일반적이면서 폭넓게 작성한다.

▶ 문제편 52p

001 ① ○ ② × ③ ○ ④ ○

002 ① ○ ② × ③ ○ ④ ○ ⑤ ○ ⑥ × ⑦ ○ ⑧ × ⑨ ○ ⑩ ×

003 ① × ② × ③ ○ ④ ×   **004** ① ○ ② ○ ③ × ④ ○

005 ① ○ ② ○ ③ × ④ ○   **006** ① × ② ○ ③ ○ ④ ○ ⑤ ×

007 ① × ② ○ ③ ○ ④ ○   **008** ① × ② × ③ ○ ④ ×

009 ① ○ ② ○ ③ × ④ ○   **010** ① × ② ○ ③ × ④ ×

011 ① × ② ○ ③ × ④ ×   **012** ① × ② × ③ ○ ④ ×

013 ① ○ ② ○ ③ ○ ④ ×   **014** ① ○ ② × ③ ○ ④ ○

015 ① ○ ② × ③ ○ ④ ○   **016** ① ○ ② × ③ ○ ④ ○

017 ① × ② × ③ × ④ ○   **018** ① × ② ○ ③ ○ ④ ○

019 ① ○ ② × ③ ○ ④ ○   **020** ① × ② × ③ ○ ④ ×

021 ① ○ ② × ③ ○ ④ ○   **022** ① × ② ○ ③ ○ ④ ○

023 ① ○ ② ○ ③ ○ ④ ×   **024** ① × ② ○ ③ ○ ④ ○

025 ① ○ ② ○ ③ ○ ④ ×   **026** ① ○ ② × ③ × ④ ×

027 ① ○ ② ○ ③ ○ ④ × ⑤ ○ ⑥ ×   **028** ① ○ ② ○ ③ × ④ ○

029 ① × ② ○ ③ × ④ ×   **030** ① × ② × ③ × ④ ○

031 ① ○ ② × ③ × ④ ×   **032** ① ○ ② ○ ③ × ④ ○

033 ① × ② ○ ③ × ④ ×   **034** ① × ② ○ ③ × ④ ×

035 ① × ② ○ ③ × ④ ×   **036** ① × ② × ③ × ④ ○

037 ① × ② × ③ ○ ④ × ⑤ ○ ⑥ ○ ⑦ ○   **038** ① ○ ② ○ ③ × ④ ○ ⑤ ○ ⑥ ○ ⑦ ×

039 ① ○ ② × ③ × ④ ○   **040** ① × ② ○ ③ × ④ ○

041 ① ○ ② ○ ③ × ④ ○   **042** ① ○ ② ○ ③ ○ ④ × ⑤ ×

043 ① ○ ② × ③ × ④ × ⑤ × ⑥ × ⑦ × ⑧ ○   **044** ① ○ ② ○ ③ ○ ④ ○

045 ① × ② × ③ × ④ ○   **046** ① ○ ② × ③ × ④ ×

047 ① ○ ② ○ ③ ○ ④ × ⑤ × ⑥ × ⑦ ○ ⑧ × ⑨ × ⑩ ○ ⑪ × ⑫ ×

048 ① ○ ② × ③ × ④ ×

---

001 보호구의 구비 조건
- 외관이 아름답고, 구조 및 표면 가공성이 좋을 것
- 재료의 품질이 우수하며, 착용이 간단하고, 착용 시 작업이 용이할 것
- 유해 위험물에 대한 방호가 완전(방호 성능이 충분)할 것

002~003 안전모의 시험성능기준 항목에는 내관통성, 충격흡수성, 내전압성, 내수성, 난연성, 턱 끈 풀림 등이 있다. (보호구 안전인증 고시 제4조, 별표 1)

항목	시험 성능 기준
내관통성	AE, ABE종 안전모는 관통거리가 9.5mm 이하이고, AB종 안전모는 관통거리가 11.1mm 이하이어야 한다.
충격흡수성	최고전달충격력이 4,450N을 초과해서는 안 되며, 모체와 착장체의 기능이 상실되지 않아야 한다.

내전압성	AE, ABE종 안전모는 교류 20kV에서 1분간 절연파괴 없이 견뎌야 하고, 이때 누설되는 충전전류는 10mA 이하이어야 한다.
내수성	AE, ABE종 안전모는 질량증가율이 1% 미만이어야 한다.
난연성	모체가 불꽃을 내며 5초 이상 연소되지 않아야 한다.
턱 끈 풀림	150N 이상 250N 이하에서 턱 끈이 풀려야 한다.

004 안전모의 구성요소에는 모체, 착장체(머리받침끈, 머리고정대, 머리받침고리), 충격흡수재, 턱 끈, 챙(차양) 등이 있다. (보호구 안전인증 고시 제3조)

005 선심(safety toecap)은 안전화의 부품으로 일정한 충격과 압축하중에서 착용자의 발끝을 보호하는 부품을 말한다.

006 "착장체"란 머리받침끈, 머리고정대 및 머리받침고리로 구성되어 추락 및 감전 위험방지용 안전모("안전모") 머리부위에 고정시켜 주며, 안전모에 충격이 가해졌을 때 착용자의 머리부위에 전해지는 충격을 완화시켜주는 기능을 갖는 부품을 말한다. (보호구 안전인증 고시 제3조)
① 턱 끈 : 모체가 착용자의 머리부위에서 탈락하는 것을 방지하기 위한 부품을 말한다.
⑤ 모체 : 착용자의 머리부위를 덮는 주된 물체로서 단단하고 매끄럽게 마감된 재료를 말한다.

007 안전모의 구조

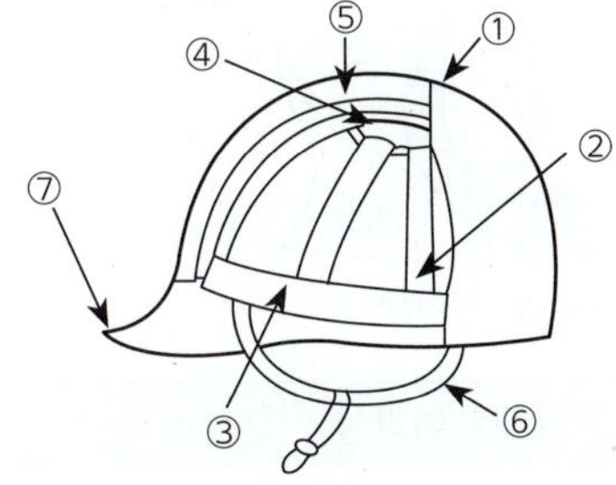

①	모체	
②	착장체	머리받침끈
③		머리받침(고정)대
④		머리받침고리
⑤	충격흡수재	
⑥	턱 끈	
⑦	모자 챙(차양)	

008 안전화의 종류(보호구 안전인증 고시 제5조, 별표 2)

종류	성능
가죽제 안전화	물체의 낙하, 충격 또는 날카로운 물체에 의한 찔림 위험으로부터 발을 보호하기 위한 것
고무제 안전화	물체의 낙하, 충격 또는 날카로운 물체에 의한 찔림 위험으로부터 발을 보호하고 내수성을 겸한 것
정전기 안전화	물체의 낙하, 충격 또는 날카로운 물체에 의한 찔림 위험으로부터 발을 보호하고 정전기의 인체대전을 방지하기 위한 것
발등 안전화	물체의 낙하, 충격 또는 날카로운 물체에 의한 찔림 위험으로부터 발 및 발등을 보호하기 위한 것
절연화	물체의 낙하, 충격 또는 날카로운 물체에 의한 찔림 위험으로부터 발을 보호하고 저압의 전기에 의한 감전을 방지하기 위한 것
절연장화	고압에 의한 감전을 방지 및 방수를 겸한 것
화학물질용 안전화	물체의 낙하, 충격 또는 날카로운 물체에 의한 찔림 위험으로부터 발을 보호하고 화학물질로부터 유해위험을 방지하기 위한 것

009 가죽제 안전화의 성능시험 항목에는 은면결렬시험, 인열강도시험, 선심의 내부길이, 내부식성시험, 겉창 시편의 채취방법, 인장강도시험 및 신장율, 내유성시험, 내압박성시험, 내충격성 시험, 박리저항시험, 내답발성시험 등이 있다. (보호구 안전인증 고시 제5조, 별표 2)

010 방진마스크의 선정기준
- 중량이 가볍고(경량), 안면 밀착성이 좋을 것
- 피부 접촉 부위의 재료(고무질)가 좋고, 유효 공간(사용 공간)이 적을 것
- 여과(분진 포집)효율이 좋고, 흡기와 배기의 저항이 낮을 것
- 시야는 다음 표와 같다. (보호구 안전인증 고시 제11조, 별표 4)

형태		시야(%)	
		유효시야	겹침시야
전면형	1안식	70% 이상	80% 이상
	2안식		20% 이상

011 방진마스크의 형태(보호구 안전인증 고시 제11조, 별표 4)

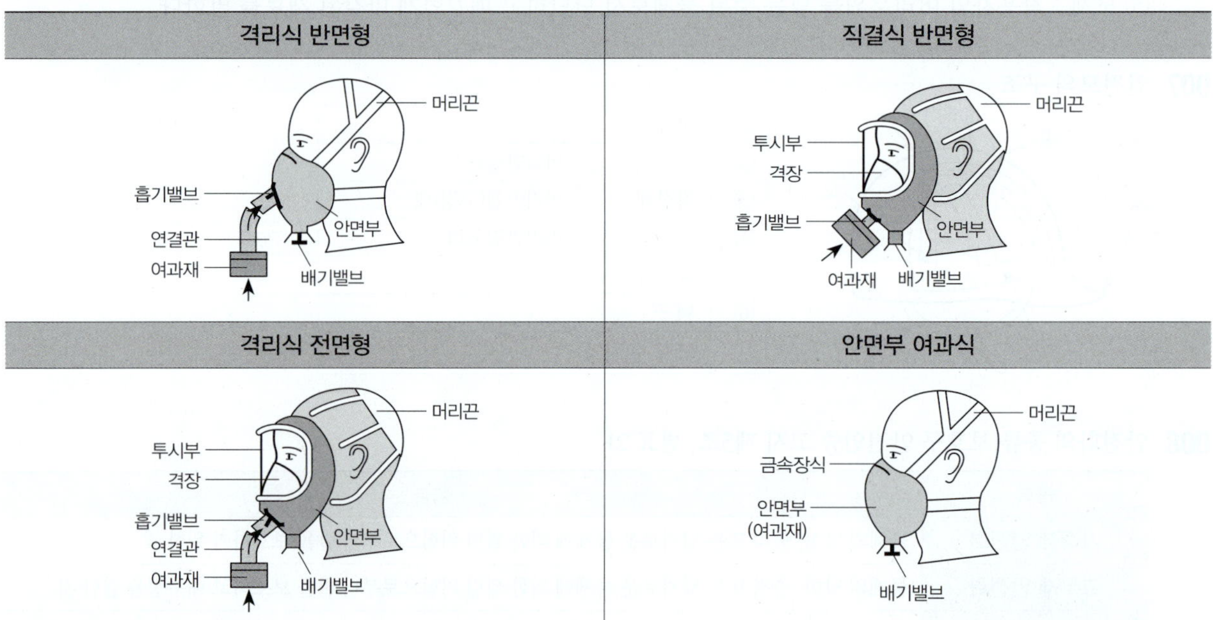

012 방독마스크의 등급

등급	사용장소
고농도	가스 또는 증기의 농도가 100분의 2(암모니아에 있어서는 100분의 3) 이하의 대기 중에서 사용하는 것
중농도	가스 또는 증기의 농도가 100분의 1(암모니아에 있어서는 100분의 1.5) 이하의 대기 중에서 사용하는 것
저농도 및 최저농도	가스 또는 증기의 농도가 100분의 0.1 이하의 대기 중에서 사용하는 것으로서 긴급용이 아닌 것

※ 방독마스크는 산소농도가 18% 이상인 장소에서 사용하여야 하고, 고농도와 중농도에서 사용하는 방독마스크는 전면형(격리식, 직결식)을 사용해야 한다.

013 정화통 외부 측면의 표시 색상

종류	표시 색상
유기화합물용 정화통	갈색
할로겐용 정화통	회색
황화수소용 정화통	회색
시안화수소용 정화통	회색
아황산용 정화통	노랑색
암모니아용 정화통	녹색
복합용 및 겸용의 정화통	• 복합용의 경우 : 해당 가스 모두 표시(2층 분리) • 겸용의 경우 : 백색과 해당 가스 모두 표시(2층 분리)

※ 증기밀도가 낮은 유기화합물 정화통의 경우 색상표시 및 화학물질명 또는 화학기호를 표기한다.

014 방독마스크의 종류와 시험가스

종류	시험가스
유기화합물용	시클로헥산(C_6H_{12})
유기화합물용	디메틸에테르(CH_3OCH_3)
유기화합물용	이소부탄(C_4H_{10})
할로겐용	염소가스 또는 증기(Cl_2)
황화수소용	황화수소가스(H_2S)
시안화수소용	시안화수소가스(HCN)
아황산용	아황산가스(SO_2)
암모니아용	암모니아가스(NH_3)

015 정의(보호구 안전인증 고시 제13조)
- 파과시간은 어느 일정농도의 유해물질 등을 포함한 공기를 일정 유량으로 정화통에 통과하기 시작부터 파과가 보일 때까지의 시간을 말한다.
- 파과곡선은 파과시간과 유해물질 등에 대한 농도와의 관계를 나타낸 곡선을 말한다.
- 반면형 방독마스크는 유해물질 등으로부터 안면부의 입과 코를 덮을 수 있는 구조의 방독마스크를 말한다.
- 복합용 방독마스크는 두 종류 이상의 유해물질 등에 대한 제독능력이 있는 방독마스크를 말한다.

016 안전대의 부품 재료(보호구 안전인증 고시 제27조, 별표 9)

부품	재료
벨트, 안전그네, 지탱벨트	나일론, 폴리에스테르 및 비닐론 등의 합성섬유
죔줄, 보조죔줄, 수직구명줄 및 D링 등 부착부분의 봉합사	합성섬유(로프, 웨빙 등) 및 스틸(와이어로프 등)
링류(D링, 각링, 8자형링)	KS D 3503(일반구조용 압연강재)에 규정한 SS400 또는 이와 동등 이상의 재료
훅 및 카라비너	KS D 3503(일반구조용 압연강재)에 규정한 SS400 또는 KS D 6763(알루미늄 및 알루미늄합금봉 및 선)에 규정하는 A2017BE-T4 또는 이와 동등 이상의 재료

부품	재료
버클, 신축조절기, 추락방지대 및 안전블록	KS D 3512(냉간 압연강판 및 강재)에 규정하는 SCP1 또는 이와 동등 이상의 재료
신축조절기 및 추락방지대의 누름금속	KS D 3503(일반구조용 압연강재)에 규정한 SS400 또는 KS D 6759(알루미늄 및 알루미늄합금 압출형재)에 규정하는 A2014-T6 또는 이와 동등 이상의 재료
훅, 신축조절기의 스프링	KS D 3509에 규정한 스프링용 스테인레스강선 또는 이와 동등 이상의 재료

017 안전대의 종류(보호구 안전인증 고시 제27조, 별표 9)

종류	사용구분
벨트식 안전그네식	1개 걸이용
	U자 걸이용
	추락방지대
	안전블록

※ 추락방지대 및 안전블록은 안전그네식에만 적용한다.

018 안전대의 죔줄(로프)의 구비조건 : 내마모성·내열성·완충성이 높아야 하고, 습기나 약품류에 잘 손상되지 않아야 한다.

019 버클은 벨트 또는 안전그네를 신체에 착용하기 위해 그 끝에 부착한 금속장치를 말한다. 벨트 또는 안전그네와 신축조절기를 연결하기 위한 사각형의 금속 고리를 각링이라고 한다. (보호구 안전인증 고시 제26조)

020 보안경은 물체가 흩날릴 위험이 있는 작업에 지급되는 보호구로서, 근로자의 인체에 급성적 상해를 주는 에너지를 방호하기 위해 사용되는 보호구이다.

021 자율안전확인대상 보안경 중 사용구분에 따른(비산물로부터 눈을 보호) 종류에는 유리 보안경(렌즈의 재질이 유리인 것), 플라스틱 보안경(렌즈의 재질이 플라스틱인 것), 도수렌즈 보안경(도수가 있는 것) 등이 있다. 자외선용 보안경은 차광보안경의 일종이다.

022 차광보안경의 사용구분에 따른 종류

종류	사용구분
자외선용	자외선이 발생하는 장소
적외선용	적외선이 발생하는 장소
복합용	자외선 및 적외선이 발생하는 장소
용접용	산소용접작업등과 같이 자외선, 적외선 및 강렬한 가시광선이 발생하는 장소

023 귀마개의 일반 구조
- 귀마개는 사용수명 동안 피부자극, 피부질환, 알레르기 반응 혹은 그 밖에 다른 건강상의 부작용을 일으키지 않을 것

- 귀마개 사용 중 재료에 변형이 생기지 않을 것
- 귀마개를 착용할 때 귀마개의 모든 부분이 착용자에게 물리적인 손상을 유발시키지 않을 것
- 귀마개를 착용할 때 밖으로 돌출되는 부분이 외부의 접촉에 의하여 귀에 손상이 발생하지 않을 것
- 귀(외이도)에 잘 맞고, 사용 중 심한 불쾌함이 없으며, 사용 중에 쉽게 빠지지 않을 것

024 폐수 맨홀청소(유독 가스의 발생)에는 방독마스크를 사용하여야 한다.

025 방진마스크의 선정기준
- 중량이 가볍고(경량), 안면 밀착성이 좋을 것
- 피부 접촉 부위의 재료(고무질)가 좋고, 유효 공간(사용 공간)이 적을 것
- 여과(분진 포집)효율이 좋고, 흡기와 배기의 저항이 낮을 것

026 공장 내에 안전·보건표지를 부착하는 주된 이유는 안전의식을 고취시키기 위함이다.

027 산업안전보건법에서 정하는 산업안전보건표지의 종류에는 금지표지, 경고표지, 지시표지, 안내표지, 관계자외출입 금지표지 등이 있다. 보호표지와 위험표지는 규정에 없다.

028 안전·보건표지의 기본모형

구분	금지표지	경고표지	지시표지	안내표지
기본 모형	원형	마름모형, 삼각형	원형	직사각형, 정사각형

029~030 안전·보건표지의 색채 등

구분	금지표지	경고표지	지시표지	안내표지	
바탕	흰색	흰색, 노란색	파란색	흰색	녹색
기본모형	빨간색	빨간색, 검은색	–	–	–
관련부호 및 그림	검은색	검은색	흰색	녹색	흰색

031 금지표지는 바탕은 흰색, 기본 모형은 빨간색, 관련부호 및 그림은 검은색으로 색채를 구성한다. 즉, ①은 금지표지 (사용금지), ②는 경고표지(고압전기경고), ③은 지시표지(보안경착용), ④는 안내표지(비상구)이다.

032 금지표지의 종류

출입금지	보행금지	차량통행금지	사용금지	탑승금지	금연	화기금지	물체이동금지

033 안전보건표지

안전복착용	출입금지	고온경고	비상구

034~036 경고표지

인화성 물질 경고	산화성 물질 경고	폭발성 물질 경고	급성독성물질 경고	부식성 물질경고	방사성 물질 경고	고압전기 경고	매달린 물체 경고
낙하물 경고	고온경고	저온경고	몸균형 상실경고	레이저 광선경고	발암성·변이원성·생식독성·전신 독성·호흡기 과민성 물질 경고		위험장소 경고

037 안전·보건표지

고온경고	방사성 물질경고	인화성 물질경고	레이저 광선경고	산화성 물질경고	화기금지	탑승금지

038 경고표지(직접 위험한 것 및 장소 또는 상태에 대한 것을 표시하는데 사용되는 표지)에는 인화성물질 경고, 산화성물질 경고, 폭발성물질 경고, 급성독성물질경고, 부식성물질경고, 방사성물질 경고, 고압전기 경고, 매달린 물체 경고, 낙하물 경고, 고온경고, 저온경고, 몸균형 상실경고, 레이저광선 경고, 발암성·변이원성·생식독성·전신독성·호흡기 과민성 물질 경고, 위험장소 경고 등이 있다. 추락 경고와 차량통행 경고는 안전·보건표지 중 경고표지와 무관하다.

039 폭발성물질 경고의 표지는 다음 그림과 같다.

 바탕은 흰색, 기본모형은 빨간색, 관련 부호 및 그림은 검은색이다.

040~041 지시표지

보안경 착용	방독마스크 착용	방진마스크 착용	보안면 착용	안전모 착용	귀마개 착용	안전화 착용	안전장갑 착용	안전복 착용

042 안내표지

녹십자 표지	응급구호 표지	들것	세안장치	비상용 기구	비상구	좌측 비상구	우측 비상구

043 ②의 금연과 ③의 화기엄금은 금지표지, ④의 안전모 착용은 지시표지, ⑤의 폭발성 물질 경고는 경고표지, ⑥의 비상구가 좌측에 있음을 알려야 하는 장소는 안내표지, ⑦의 보안경을 착용해야만 작업 또는 출입을 할 수 있는 장소는 지시표지에 속한다.

044~045 안전보건표지의 색도기준 및 용도(규칙 별표 8)

색채	색도 기준	용도	사용례
빨간색	7.5R 4/14	금지	정지신호, 소화설비 및 그 장소, 유해행위의 금지
	7.5R 4/14	경고	화학물질 취급장소에서의 유해·위험 경고
노란색	5Y 8.5/12	경고	화학물질 취급장소에서의 유해·위험 경고 이외의 위험경고, 주의표지 또는 기계 방호물
파란색	2.5PB 4/10	지시	특정 행위의 지시 및 사실의 고지
녹색	2.5G 4/10	안내	비상구 및 피난소, 사람 또는 차량의 통행 금지
흰색	N9.5		파란색 또는 녹색에 대한 보조색
검은색	N0.5		문자 및 빨간색 또는 노란색에 대한 보조색

046 안전완장에 바탕 색깔은 노란색이고, 표시하여야 할 내용은 직책이다.

047 ④ 야간에 필요한 안전보건표지는 야광물질을 사용하는 등 쉽게 알아볼 수 있도록 제작해야 한다. (규칙 제40조)
⑤ 안내표지는 녹색의 원형, 직사각형, 정사각형, 바탕에 백색으로 표시되어 있으며 8종류가 있다. (규칙 제38조, 별표 6)
⑥ "인화성물질의 경고" 표시는 빨간색 마름모 모양의 흰색의 바탕색을 사용한다.
⑧ 안전·보건표지에 사용되는 기본모형의 색채 중 빨강은 금지와 경고표지에 사용할 수 있다.
⑨ "위험장소"는 경고표지로서 바탕은 노란색, 기본모형과 그림은 검은색으로 한다.
⑪ "녹십자표지"는 안내표지로서 바탕은 흰색, 기본모형과 그림은 녹색으로 한다.
⑫ "안전모착용"은 지시표지로서 바탕은 파란색, 관련 그림은 흰색으로 한다.

048 안전보건표지판 크기 및 표준기준(규칙 제40조, 별표 9)

안내표지	경고표지	금지표지

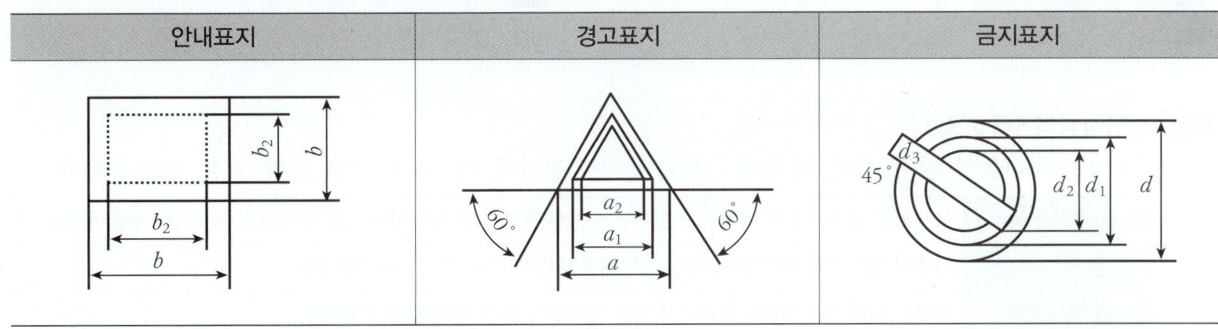

001	①×	②○	③○	④○	⑤×	⑥○	⑦×	⑧× ⑨×
003	①○	②○	③○	④×				
005	①○	②○	③○	④×				
007	①○	②○	③○	④×				
009	①×	②×	③○	④×				
011	①○	②×	③○	④○				
013	①○	②○	③×	④○				
015	①×	②○	③×	④×				
017	①×	②○	③○	④×				
019	①○	②○	③○	④×				
021	①○	②×	③×	④×	⑤×			
023	①○	②×	③○	④×				
025	①×	②○	③○	④×				
027	①×	②○	③○	④○				
029	①○	②○	③○	④×				
031	①○	②○	③×	④○				
033	①×	②×	③○	④×				
035	①○	②×	③○	④○				
037	①○	②○	③×	④○	⑤×			
039	①×	②○	③○	④○				
041	①×	②×	③○	④×				
043	①×	②×	③○	④×				
045	①×	②○	③×	④×				
047	①×	②○	③×	④×				
049	①×	②○	③○	④○				
051	①×	②×	③×	④○				

002	①×	②×	③×	④○				
004	①○	②×	③×	④×				
006	①○	②×	③○	④○				
008	①○	②×	③×	④×				
010	①○	②×	③×	④○				
012	①○	②○	③○	④×				
014	①×	②○	③○	④○				
016	①○	②○	③×	④×				
018	①○	②○	③×	④○	⑤○			
020	①×	②○	③×	④×				
022	①×	②×	③×	④○				
024	①×	②○	③○	④×				
026	①○	②○	③○	④×				
028	①○	②○	③○	④×	⑤○	⑥×	⑦○	⑧○
030	①×	②○	③○	④×				
032	①×	②×	③○	④×				
034	①○	②×	③×	④×				
036	①○	②○	③×	④○				
038	①○	②×	③×	④×				
040	①×	②×	③×	④○				
042	①×	②×	③○	④×				
044	①×	②○	③○	④○	⑤○	⑥×		
046	①×	②×	③×	④○				
048	①×	②○	③×	④×				
050	①○	②×	③×	④×				
052	①○	②○	③×	④○				

001 산업심리의 5대 요소

습관의 4요소(동기, 감정, 습성, 기질)에 습관을 추가한 것이다. 즉, 동기, 감정, 습성, 기질, 습관 등이다.

동기(Motive)	능동적인 감각에 의한 자극에서 일어난 사고의 결과로서, 사람의 마음을 움직이는 원동력과 행동이 되는 것이다.
감정(Emotion)	특수한 상황(희로애락 등)에서 인간의 내면에 발생하는 기분이나 느낌이다.
습성(Habit)	습관이 되어버린 사람의 성질로서 행동 양식과 생활 양식에 의해 발생한다.
기질(Temper)	개인적인 특성(개인의 성격, 능력 등)으로 주위 환경과 생활 환경에 따라 개인마다 달라지기도 한다.
습관(Custom)	일상적으로 반복되는 자동화된 행동으로 무의식적으로 행동하게 된다.

002 허세이의 피로와 회복 대책

피로의 종류	회복 대책
신체 활동	작업의 교대, 기계의 힘을 사용, 휴식, 목적 이외의 동작을 배제
정신적 노력	휴식, 양성 훈련
정신적 긴장	작업 계획의 수립과 이행을 주도 면밀, 동적으로 함. 불필요한 마찰을 배제
신체적 긴장	운동 및 휴식을 통한 긴장을 해소
천후	기후 요소(온도, 습도 및 통풍 등)를 조절
환경과의 관계	작업장에서의 적절하지 못한 제 관계를 배제, 가정과 직장의 위생 교육
영양 및 배설의 불충분	식사의 습관 감시, 보건식량의 준비, 신체의 위생 교육과 운동의 필요성 계몽
질병	유해한 작업상의 조건을 개선, 신속하고 적절한 치료, 예방법의 교육 등
권태감, 단조감	휴식을 제공, 일의 가치와 동작의 교대를 교육

003 ① 주관적 피로 : 근로자 스스로가 느끼는 자각 증상으로 권태감, 단조감 또는 포화감이 뒤따르므로 주의가 산만하고, 초조와 불안감으로 인하여 의지적인 노력이 없이는 직무나 직장을 포기하기도 하는 피로이다.
② 객관적 피로 : 피로에 의해서 근로자의 작업 리듬을 잃고, 주의가 산만하며, 작업 수행의 의지력과 힘이 부족하여 생산 성적(생산의 수량과 품질)이 떨어지는 피로이다.
③ 생리(기능)적 피로 : 생리적 검사를 통하여 생체의 제 기능 또는 물질의 변화 등에 의해 추측하는 피로로서, 작업 능력의 저하를 가져온다.

004 ② 육체(신체)피로 : 근육 등에서 일어나는 신체피로이다.
③ 만성(축적)피로 : 오랜 기간(약 6개월 정도) 축적된 피로로서 휴식에 의해 회복이 되지 않는 피로이다.
④ 급성피로 : 단기간(약 1개월 정도)의 정상피로, 건강피로라고도 하며 보통 휴식에 의해 회복되는 피로이다.

005 피로의 직접적인 원인(요인)

기계적 요인	기계의 종류와 색채, 조작 부분의 배치와 감축, 기계 이해의 어려움 등
인간적 요인	작업속도·태도·환경·내용·시간, 사회적 환경, 신체적·정신적 상태, 생체적 리듬 등

006 피로의 직접적인 원인(요인) 중 기계적 요인은 기계의 중량과는 무관하다.

007 피로의 내·외부 요인

구분	내용
외부 요인	작업 조건, 환경 조건, 생활 조건, 대인 관계
내부 요인	신체적 특징, 호흡기, 순환기, 뇌신경 질환, 성별, 연령, 성격, 기질, 감정, 경험, 습관, 영양, 책임감 등

008 요인의 구성

피로	동기 저하	단조로움	근육 긴장
생리적, 심리적, 작업면의 변화	심리적, 육체적	심리적	생리적, 육체적

구분	검사항목
심리학적 방법	변별 역치, 정신 작업, 피부(전위)저항, 동작 분석, 행동 기록(자세의 변화), 연속 반응시간, 집중 유지기능, 전신자각증상 등
생화학적 방법	혈색소 농도, 요단백, 요교질 배설량, 혈단백, 혈액 수분, 응혈시간, 혈액, 요전해질, 부신피질 기능
생리적 방법	근력(정적근력), 근활동(동적근력), 대뇌피질활동(신경적 작업), 호흡순환기능, 플리커법에 의한 인지 역치

012 피로 측정에 관한 감각기능검사의 측정대상 항목에는 근력, 근활동, 반사 역치, 대뇌피질 활동(뇌파), 플리커, 안구운동, 호흡 순환 기능, 인지 역치 등이 있다. 체온·피부온도와는 무관하다.

013 에너지대사율(RMR)은 특정 작업을 수행하는 데 있어서 생리적 부하를 측정하는 지표이다.

014 자세의 변화는 심리학적 방법으로 정신적 변화를 이용하는 측정방법이다.

015 ② 플리커법(CFF법, flicker fusion frequency, 점멸융합과수) : 빛의 단속(광원의 앞에 사이가 벌어진 원판을 회전속도를 변화시켜서 눈에 들어오는 빛을 단속)과 융합(회전속도가 느리면 빛이 아른거리다가 빨라지면 융합되어 하나의 광점으로 보임)의 경계에서 빛의 단속주기를 플리커치라 한다. 피로도 측정(검사)방법 중 생리적 방법에 속한다.
　① 바이오리듬(biorhythm) : 인체에 신체, 감성, 지성의 세 가지 주기가 있으며 이 세 가지 주기가 생년월일의 입력에 따라 어떤 패턴으로 나타나고 이 패턴의 조합에 따라 능력이나 활동 효율에 차이가 있다는 주장이다.
　③ TLV(Threshold Limit Value) : 근로자가 유해인자에 노출되는 경우 거의 모든 근로자에게 건강상 나쁜 영향을 미치지 아니하는 수준이다.
　④ 에너지대사율(RMR) : 특정 작업을 수행하는 데 있어서 생리적 부하를 측정하는 지표이다.

016 피로의 증상

신체(생리)적 증상	• 작업에 대한 몸의 자세가 흐트러지고 지치게 된다. • 작업에 대한 무감각·무표정·경련 등이 일어난다.	• 작업의 효과나 작업량이 감퇴 및 저하된다. • 반사기능, 대사기능, 대사물의 질량 변화, 순환기능, 감각기능 등
정신(심리)적 증상	• 주의력의 감소 또는 경감된다. • 태만, 권태, 흥미감, 관심도가 상실된다. • 사고의 활동, 정서, 작업의 태도·자세·동작경로 등	• 긴장감이 감소되고, 불쾌감이 상승된다. • 심리적인 불안감(두통, 짜증, 졸음, 싫증 등)

017 질병에 의한 피로의 방지 대책에는 유효하고 적절한 치료를 신속히 하고, 유해한 작업상의 조건 및 환경을 개선하며, 질병을 예방할 수 있는 교육을 실시할 것 등이 있다.
　허세이의 피로 회복법에 의하면, ①은 신체활동에 의한 피로 회복법, ②는 단조감, 권태감에 의한 피로 회복법, ④는 환경과의 관계에 의한 피로 회복법이다.

018 피로의 예방과 회복대책에는 ①·②·④·⑤ 이외에도 작업부하를 작게 할 것 등이 있다.

019 생체리듬(Biorhythm)의 종류

구분	표기 방법	주기	특징
육체적(Physical) 리듬	P(청색), 실선	23일	신체적 컨디션의 율동적인 발현(소화력, 식욕, 지구력, 활동력 등)이 증대된다.
감성적(Sensitivity) 리듬	S(적색), 점선	28일	신경 조직의 모든 기능을 통하여 발현되는 감정(주의력, 창조력, 감정, 희로애락 등)이 증대된다.
지성적(Intellectual) 리듬	I(녹색), 일점쇄선	33일	기억력, 인지력, 상상력, 사고력, 판단력 등이 증대된다.

※ 육체적 리듬 주기는 23일(육체적 활동기간 : 11.5일, 휴식기간 : 11.5일)

※ 감성적 리듬 주기는 28일(감성이 예민한 기간 : 14일, 감정이 둔감한 기간 : 14일)

※ 지성적 리듬 주기는 33일(사고능력의 발휘기간 : 16.5일, 사고능력의 휴식기간 : 16.5일)

020 생체리듬은 3개[P(육체적 리듬), S(감성적 리듬), I(지성적 리듬)]의 리듬이 안정기와 불안정기를 교대와 반복을 하면서 사인 곡선을 그려나가는데, (−)리듬에서 (+)리듬으로, 또는 (+)리듬에서 (−)리듬으로 변화하는 점을 영(Zero) 또는 위험일(한 달에 6일 정도 발생)이라고 하며, 1년에 1~3회 정도 생기는 리듬(육체적, 감성적, 지성적 리듬)의 위험일이 겹치는 날에는 실수가 발생하여 사고로 이어진다.

021 바이오 리듬

구분	체온, 혈압, 맥박수	체중, 소화분비액	말초운동 기능	혈액의 수분, 혈액의 염분량	피로의 자각증상
주간	증가			감소	
야간	감소			증가	

022 손다이크(Thorndike)의 시행착오설에 의한 학습법칙

• 연습 또는 반복의 법칙(the law of exercise or repetition) : 모든 학습은 연습과 반복으로 바람직한 행동의 변화와 진보되고 향상된다는 법칙이다.

• 효과(결과)의 법칙(the law of effect) : 과제를 계획하고 실천하여 그 결과가 자신에게 만족스러운 상태에 된다면 더욱 더 그 학습을 계속하고 하는 의욕이 발생한다는 법칙이다.

• 준비성의 법칙(the law of readiness) : 준비성(학습을 하려는 모든 행동이 준비가 된 상태)이 사전에 충분히 갖추어진 학습 활동은 원하는 정도의 성취를 이룰 수 있으나, 준비성이 갖추어지지 않은 상태면 실패하기 쉽다는 법칙으로, 문제 상자 안에 굶주린 고양이를 넣은 것이 준비성의 법칙에 속한다.

023 1) 작업 강도의 구분

경(가벼운)작업	보통 작업	중(힘든)작업	굉장히 힘든 작업
0~2RMR	2~4RMR	4~7RMR	7RMR 이상

2) 에너지대사율(RMR) 특징

㉮ 에너지대사율(RMR) : 특정 작업을 수행하는 데 있어서 생리적 부하를 측정하는 지표이다.

㉯ 동적근력작업이나 정적근력작업의 강도를 측정하여 연속작업이 가능한 시간을 예측하기 위해 사용하는 지표이다.

㉰ $RMR = \dfrac{운동대사량}{기초대사량} = \dfrac{운동시\ 산소소모량 - 안정시\ 산소소모량}{기초대사량(산소소비량)}$ 이고, RMR의 값이 커짐에 따라서 작업 시간은 짧아진다.

024 에너지대사율(RMR)은 특정 작업을 수행하는 데 있어서 생리적 부하를 측정하는 지표로서, 에너지대사율(RMR)이 높은 작업의 사고 예방대책으로는 휴식시간을 증대시켜야 한다는 점이 있다.

025 ① 스트레스 상황에 직면하는 기회가 많을수록 스트레스 발생가능성은 높아진다.

③ 스트레스는 부정적인 측면뿐만 아니라 긍정적인 측면도 있다.

④ 스트레스는 나쁜 일뿐만 아니라 좋은 일에서도 발생한다.

026 스트레스 주요 원인

내적 요인	자존심의 손상, 업무상의 죄책감, 현실에서의 부적응, 출세욕의 좌절감과 자만심의 충돌, 재물에 대한 욕심과 좌절감 등
외적 요인	직장에서의 대인 관계상의 갈등과 대립, 자신의 건강 문제, 경제적인 어려움, 가족 관계의 갈등, 가족의 질병과 죽음

027 산업 스트레스의 요인 중 직무특성과 관련된 요인에는 작업 속도, 근무 시간, 업무의 반복성, 작업 교대 등이 있다. 조직 구조와는 무관하다.

028 ④ 출세에 조급한 마음을 가지지 않는다.
　　⑥ 자기의 감정을 무시하지 않고, 표현을 한다.

029~030 슈퍼(Super. D. E)의 역할이론

역할 연기 (Role playing)	자아탐색인 동시에 자아실현의 수단으로 실제에 대비한 대처 방법을 습득하기 위하여 현실의 장면을 설정하고 각자의 맡은 역할을 연기하는 것이다.
역할 조성 (Role shaping)	개인에게 여러 개의 역할기대가 있을 경우, 그중에서 어떤 역할기대는 불응 또는 거부할 수도 있으며, 다른 역할을 해내기 위해 다른 일을 구할 수도 있다.
역할 갈등 (Role conflict)	한 직무의 역할 수행이 다른 역할과 모순되는 현상으로 이때에 갈등이 발생하게 된다.
역할 기대 (Role expectation)	자기의 역할을 기대하고 감수하는 사람은 그 직업에 충실할 것이다.

031 직무 만족도는 교육수준이 높을수록 직무 만족을 나타낸다.

032 ① 망각현상 : 개인의 장기 기억에 저축한 지식을 잃는 현상으로 자발적 또는 서서히 낡은 기억을 생각해 낼 수 없게 된다.
　　③ 피로현상 : 일정한 시간 동안 작업 활동을 계속하면 객관적으로 생리적(주의력 감소, 착오의 증가), 심리적(권태, 불안감), 작업적인 면(흥미의 상실, 작업능률의 감퇴 및 저하)에서 변화가 발생하는 현상이다.
　　④ 착각현상 : 어떤 사물이나 사실을 실제와 다르게 지각하거나 의식하는 현상을 말한다.

033 감각차단현상은 단조로운 업무가 장시간 지속될 때 작업자의 감각기능 및 판단능력이 둔화 또는 마비되는 현상이다.

034 ② 피로는 주관적 피로, 객관적 피로, 생리적 피로로 구분되며, 피로감은 주관적 피로의 요소이다.
　　③ 열압박이란 열에 의한 신체가 받는 압박으로 체심 온도가 38.8℃만 되면 열압박으로 인해 기진하게 된다.
　　④ 조도는 광원으로부터 1foot 떨어진 곡면에서 발산하는 빛의 양이다. 광속발산도는 어떤 면에서 단위 시간 동안 단위 면적을 통과하여 방출되는 전체 광속(빛의 양)을 말한다.

035 인간의 착오를 일으키는 내적 조건에는 감정의 불안정, 욕구 및 경험 등이 있다. 조명의 불충분은 외적 조건에 속한다.

036~037 착오의 분류

구분	내용
인지과정의 착오	• 생리적, 심리적 능력의 한계 • 정보량 저장의 한계 • 감각 차단 현상 : 단조로운 업무, 반복 작업 • 정서 불안정 : 불만, 불평, 공포

판단과정의 착오	• 능력 부족 • 정보 부족 • 자기 합리화 • 작업(환경) 조건의 불량
조치과정의 착오	• 피로 • 작업경험(기술)부족 • 작업자의 기능 미숙

038 ② 근도(지름길)반응 : 보행 통로가 있음에도 불구하고 심리적으로 가까운 길을 택하는 가까운 길에 대한 유혹으로 인한 반응이다.

③ 생략행위 : 귀찮은 생각에 해야 할 과정을 빠뜨리고 하는 상황으로 객관적 판단력이 약화된 상태로서 정해진 규칙을 무시하는 행위이다.

④ 초조반응 : 정보를 감지하여 판단하고 행동하지 않고 판단 과정을 거치지 않는 반응이다. 즉, 지각, 판단, 행동의 순서를 거치지 않고, 즉시 행동하는 반응이다.

039 리스크 테이킹(Risk taking, 억측 판단, 위험 감수)은 객관적인 위험을 본인 의사대로 판단하고, 의지 결정을 하여 실천(행동)하는 현상(부적절한 태도)으로, 리스크 테이킹이 적은 사람은 안전 태도가 양호하다. 안전 태도의 수준이 동일한 경우 리스크 테이킹의 정도가 변화하는 요인에는 작업의 달성 동기(과거의 성공한 경험), 적성 배치, 심리 상태(초조한 심정), 성격(희망적 관측), 일의 능률 등이 있다.

040 착시현상

구분	그림	현상
헤링(Hering)의 착시		가운데의 두 직선이 곡선으로 보인다.
퀼러(Kohler)의 착시		평행한 호를 먼저 본 다음에 직선을 보면, 반대 방향으로 굽어보인다.
뮬러-라이어(Muler-Lyer)의 착시	a b	실제의 길이는 a=b 이나, a가 b보다 길게 보인다.

041 ①은 뮬러-라이어(Muler-Lyer)의 착시, ②는 헬호츠(Helmholz)의 착시, ④는 포겐도르프(Poggendorf)의 착시이다.

042 ③ 윤곽착오 : 퀼러(Kohler)의 착시이다.

① 동화착오 : 뮬러-라이어(Muler-Lyer)의 착시이다.

② 분할착오 : Herling의 착시이다.

④ 방향착오 : Zoller의 착시이다.

구분	그림	현상
헬호츠(Helmholz)의 착시	a b	a는 세로로 길어보이고, b는 가로로 길어보인다.
퀼러(Kohler)의 착시		평행한 호를 먼저 본 다음에 직선을 보면, 반대 방향으로 굽어보인다.
포겐도르프(Poggendorf)의 착시	a b c	a와 c가 일직선으로 보이나, 실제는 a와 b가 일직선이다.

044 ① 학습된 내용은 학습 직후의 망각률이 가장 높다(망각률이 41.8%).

⑥ 기억된 내용의 망각은 시간의 경과에 비례하여 서서히 높아진다. 즉, 망각률은 커진다.

※ 파지율과 망각률은 다음 표와 같으며, '파지율 + 망각률 = 100(%)'이다.

경과시간	0.33	1	8.8	24	48	6 × 24	31 × 24
파지율(%)	58.2	44.2	35.8	33.7	27.8	25.4	21.1
망각률(%)	41.8	55.8	64.2	66.3	72.2	74.6	78.9

045~046 기억의 과정

기명(memorizing, 마음속에 사물의 인상을 간직) → 파지(retention, 획득한 행동이나 내용이 지속되는 것) → 재생(recall, 간직된 인상을 다시 의식) → 재인(recognition, 지난날에 경험했던 것과 유사한 상태에 부딪혔을 때 생각나는 것)

파지는 기억의 과정 중 과거의 학습경험을 통해서 학습된 행동이 현재와 미래에 지속되는 것 또는 과거에 경험하였던 것과 비슷한 상태에 부딪혔을 때 과거의 경험이 떠오르는 것이다.

047 ① 가현(가상)운동 : 인간의 착각현상 가운데 객관적으로 정지하고 있는 대상물이 급속히 나타나거나 소멸하는 것으로 인하여 일어나는 운동으로, 마치 대상물이 운동하는 것처럼 인식되는 현상을 말한다. 영화 영상의 방법으로 쓰이는 이와 같은 현상의 운동을 가현운동(β운동)이라 한다.

③ 자동운동 : 착시현상 중 암실 내에서 하나의 광점을 보고 있으면 그 광점이 움직이는 것처럼 보이는 현상이다.

④ 지각운동 : 지구의 지각이 이동하고 변형되는 현상이다.

048 ①·③ 047 해설 참조

④ 플리커현상 : 형광등과 텔레비전의 화면에서 흔들림과 같은 광도의 주기적인 변화가 사람의 시각으로 느껴지는 현상이다.

049 인간의 실수 및 과오의 요인
- 환경조건의 부적당 : 작업 조건, 제반 규칙의 불충분, 표준의 불량, 의사소통 및 연락의 불량 등이 있다.
- 주의의 부족 : 관습성, 개성, 감정의 불안정 등이 있다.
- 능력의 부족 : 지식, 기술, 적성 및 인간관계 등이 있다.

050 ② 사고 : 스트레스의 한계를 넘은 사상으로 원하지 않고, 비효율적이며, 변형된 사상이다. 또한, 인체의 상해, 사망, 질병을 유발시키거나 시설과 장비에 손상을 일으킨다.
③ 상해 : 인명 피해만을 초래한 경우로서, 업무 수행 중에 사망, 질병, 부상을 초래하는 상태이다.
④ 재해 : 안전 사고로 인하여 발생한 인명과 재산에 손실이 발생하는 것이다.

051~052 군화의 법칙(물건의 정리)
①은 동류(유사성)의 요인으로, 유사한 성질의 요소들은 서로 이격되어 있어도 동일한 집단으로 느끼는 요인이다.
②는 근접성의 요인으로, 서로 인접하고 있는 것들을 동일한 집단으로 느끼는 요인이다.
③은 연속성의 요인으로, 진행방향과 배열에 있어서 비슷한 요소끼리 연속되어 있을 때, 집단으로 느끼는 요인이다.
④는 폐합성의 요인으로, 실제로는 닫혀있지 않은 도형에 있어서 심리적으로 무리지어 있거나, 닫혀있는 것처럼 느끼는 요인이다.

001	① ○ ② × ③ × ④ ×
002	① ○ ② × ③ × ④ ×
003	① ○ ② × ③ × ④ ×
004	① × ② × ③ × ④ ○
005	① × ② ○ ③ × ④ ○ ⑤ ×
006	① ○ ② ○ ③ ○ ④ ×
007	① × ② ○ ③ ○ ④ ○
008	① ○ ② × ③ × ④ ×
009	① ○ ② × ③ × ④ ×
010	① ○ ② × ③ × ④ ○
011	① × ② × ③ × ④ ○
012	① ○ ② ○ ③ ○ ④ ×
013	① × ② × ③ × ④ ×
014	① × ② ○ ③ ○ ④ ○
015	① × ② ○ ③ ○ ④ ○
016	① ○ ② ○ ③ × ④ ○ ⑤ × ⑥ × ⑦ ○ ⑧ ×
017	① × ② ○ ③ × ④ ×
018	① ○ ② ○ ③ ○ ④ ×
019	① × ② × ③ × ④ ○
020	① ○ ② ○ ③ ○ ④ × ⑤ × ⑥ ○
021	① ○ ② × ③ × ④ × ⑤ ○ ⑥ ○ ⑦ ×
022	① ○ ② × ③ ○ ④ ○
023	① ○ ② × ③ × ④ ×
024	① × ② ○ ③ × ④ ×
025	① ○ ② × ③ ○ ④ ○
026	① × ② × ③ × ④ ×
027	① ○ ② ○ ③ ○ ④ × ⑤ ○ ⑥ × ⑦ ○ ⑧ ×
028	① ○ ② ○ ③ × ④ ○
029	① × ② × ③ ○ ④ ×
030	① × ② ○ ③ × ④ ×
031	① × ② × ③ ○ ④ ×
032	① ○ ② × ③ ○ ④ ○
033	① ○ ② × ③ × ④ × ⑤ ○ ⑥ × ⑦ × ⑧ ×
034	① ○ ② ○ ③ ○ ④ ×
035	① × ② ○ ③ × ④ ×
036	① × ② ○ ③ × ④ ×
037	① ○ ② ○ ③ ○ ④ × ⑤ × ⑥ ×
038	① ○ ② ○ ③ × ④ ○
039	① ○ ② × ③ ○ ④ ○
040	① ○ ② × ③ × ④ ×
041	① ○ ② ○ ③ ○ ④ ×
042	① × ② ○ ③ ○ ④ ○
043	① × ② × ③ × ④ ○
044	① × ② × ③ ○ ④ ×
045	① ○ ② × ③ × ④ ×
046	① × ② ○ ③ ○ ④ ×
047	① ○ ② × ③ × ④ ×
048	① × ② × ③ ○ ④ ×
049	① × ② × ③ ○ ④ ×
050	① ○ ② × ③ × ④ ×
051	① × ② ○ ③ × ④ ×
052	① × ② ○ ③ ○ ④ ○
053	① × ② ○ ③ ○ ④ ○
054	① ○ ② ○ ③ ○ ④ × ⑤ ×
055	① ○ ② × ③ × ④ ×
056	① × ② × ③ ○ ④ ×
057	① ○ ② ○ ③ × ④ ○ ⑤ × ⑥ × ⑦ × ⑧ ○ ⑨ ○ ⑩ ×
058	① ○ ② × ③ × ④ ×
059	① × ② × ③ × ④ ○
060	① ○ ② ○ ③ ○ ④ ×
061	① ○ ② ○ ③ ○ ④ ×
062	① × ② × ③ × ④ ○
063	① ○ ② ○ ③ ○ ④ ×
064	① × ② × ③ × ④ ○
065	① ○ ② ○ ③ × ④ ○ ⑤ × ⑥ ○
066	① ○ ② ○ ③ × ④ ○

001 인간 행동 변화의 전개과정은 자극 → 욕구 → 판단 → 행동의 순이다.

002 인간의 행동 변화 4단계에서 변화가 쉬운 것부터 어려운 것의 순으로 나열하면, "지식의 변화 → 태도의 변화 → 개인의 행동 변화 → 집단 또는 조직의 행동 변화"의 순이다.

003 작업태도 분석에 의한 동기 파악방법의 연구과정은 "요인 → 태도 → 결과"의 순이다.

004 허츠버그(Herzberg)는 동기–위생 이론, 하인리히(Heinrich)는 도미노 이론 5단계, 맥그리거(McGreor)는 X–Y이론을 발표하였다.

005~009 매슬로우(Maslow)의 욕구단계

단계	매슬로우 욕구단계이론	허즈버그의 위생–동기요인
제1단계	생리(신체)적 욕구(인간의 가장 기본적인 욕구인 종족 보존, 기아, 갈증, 호흡, 배설, 성욕 등)	위생 요인
제2단계	안전 욕구(안전을 구하려는 욕구로서 기술적 능력 등)	
제3단계	사회적 욕구(애정적, 소속감 욕구 등)	
제4단계	존경과 긍지에 대한 욕구(인정받으려는 욕구로서, 포괄적 능력과 승인의 욕구인 자존심, 명예, 성취 등)	동기 요인
제5단계	자아실현(성취) 욕구(잠재적인 능력을 실현하고자 하는 욕구로서, 종합적인 능력, 성취 욕구)	

매슬로우(Maslow)의 욕구단계이론 중 안전에 대한 욕구는 인간에게 영향을 줄 수 있는 불안, 공포, 전쟁, 재해, 질병 등으로 부터 초래되는 위협이나 위험으로부터 해방되고자 하는 욕구를 의미한다.

010 대체적으로 인생이나 경력의 초기에는 제1단계(생리(신체)적 욕구)와 제2단계(안전 욕구)가 우세하게 나타난다.

011 ①의 매슬로우(Maslow)는 욕구위계이론, ②의 맥그리거(McGregor)는 X–Y이론을 주장했다. ③의 테일러(Taylor)는 경영 관리 연구로서 과학적 관리기법(계획화, 표준화, 통제화 등)으로 생산성 향상과 합리화를 이루었고, 시간 연구(작업동작, 작업시간, 작업여건의 상호 관계를 합리적인 방법으로 결합하고, 이를 작업자의 소요 시간과 피로도에 따른 여유시간을 추가하여 표준시간을 설정)를 주장했다.

012 알더퍼(Alderfer)의 ERG 이론

생존(존재, Existence) 욕구	생존 욕구와 안전 욕구의 유지를 위한 생리(신체)적 욕구이다.
관계(Relatedness) 욕구	대인 관계에 대한 욕구로서 타인과의 상호 작용을 통해 이루어지는 욕구이다.
성장(Growth) 욕구	존경과 자아실현(성취) 욕구로서 개인적인 발전과 증진에 관한 욕구이다.

013 동기 요소간의 상호 관계

매슬로우 욕구단계이론	생리(신체)적 욕구	안전 욕구		사회적 욕구	존경 욕구	자아실현(성취) 욕구
		신체적	대인적			
알더퍼의 ERG 이론	생존(존재, Existence)	관계(Relatedness)		성장(Growth)		

014~017 맥그리거(Mcgregor)의 X−Y이론과 관리처방

구분	X이론(인간의 부정적 측면)	Y이론(인간의 긍정적 측면)
이론의 특징	• 인간의 불신감 • 성악설 • 인간은 원래 게으르고 태만하여 남의 지배를 받기를 원한다. • 물질 욕구(저차원의 욕구) • 명령 통제에 의한 관리 • 저개발국형	• 상호 신뢰감 • 성선설 • 인간은 부지런하고 근면, 적극적이며, 자주적이다. • 정신 욕구(고차원 욕구) • 목표 통합과 자기 통제에 의한 자율 관리 • 선진국형
이론의 관리처방	• 경제적 보상체제의 강화 • 권위주의적 리더십의 확립 • 면밀한 감독과 엄격한 통제 • 상부 책임제도의 강화 • 조직 구조의 고층성	• 분권화와 권한의 위임(책임감과 창조력) • 민주적 리더십의 확립 • 목표에 의한 관리 • 직무 확장 • 비공식적 조직의 활용 • 자체평가제도의 활성화

018 동작분석[작업자의 동작을 분해가능한 최소한의 단위, 특히 미세동작으로 분석하고, 비능률적인 동작(무리, 낭비, 불합리한 동작)을 제거해서 최선의 작업방법으로 개선하기 위한 기법]의 목적은 작업을 함에 있어서 가장 경제적인 방법을 발견하기 위해 그 작업에 종사하는 작업자의 동작을 분석하여 개선, 표준 동작의 설계, motion mind의 체질화 등을 하는 것이다.

019 교육이란 "인간 행동의 계획적 변화"로 정의할 수 있다. 여기서 인간의 행동이 의미하는 것은 내현적, 외현적 행동 모두 포함한다.

020 ④ 타 규정과 위배되지 않아야 한다.
⑤ 표현은 구체적으로 나타내야 한다.

021 레윈(Lewin)의 행동 방정식
- 인간의 행동(B)은 그 사람이 가진 자질 즉, 개체(P)와 심리학적 환경(E)과의 상호 함수관계에 있다고 하였다. 그러므로, $B = f(P \cdot E)$이다. [B : 인간의 행동, f : 함수관계, P(Person) : 개체로서 연령·경험·성격·지능·심신 상태 등, E(Environment) : 심리적 환경으로 인간 관계와 작업 환경 등]
- P와 E에 의해서 성립되는 심리학적인 상태 S를 심리학적 생활공간 또는 생활공간이라고 한다. 그러므로, $B = f(L \cdot S \cdot P)$이다.

협력	대립	도피	융합
조력, 분업	공격, 경쟁	고립, 정신병, 자살	강제 타협, 통합

② 투사(projection)는 합리화의 유형에 있어 자기의 실패나 결함을 다른 대상에게 책임을 전가시키는 유형으로, 자기의 잘못에 대해 조상 탓을 하거나 축구선수가 공을 잘못 찬 후 신발 탓을 하는 등에 해당한다.

023 ② 패닉(Panic) : 방어적 행동의 집단적인 도주현상으로 위험(생명, 생활 등)을 회피하기 위해서 일어난다.
③ 모방(Imitation) : 행동이나 판단에 있어서 어떤 사람을 롤 모델로 하여 그와 동일하거나 유사하게 행동하려는 것이다.
④ 심리적 전염(Mental Epidemic) : 군중 속의 롤 모델을 따라 군중들이 감정이나 행동을 따라 가려는 것으로 일종의 군중 심리이다.

024 ② 상황성 누발자 : 기초적 지식은 습득되어 있으나, 우발적 변화에 대응하지 못하여 사고를 유발하는 자로서, 작업과 작업의 자세가 어렵고, 심신에 근심이 있으며, 기계 설비의 결함과 환경상 주의력 집중이 곤란하여 발생하는 재해이다.
① 소질성 누발자 : 낮은 지능, 소심한 성격, 비협조성, 주의력 산만 및 주의력 지속 불능, 감각(시각, 청각, 촉각, 미각, 후각)기능 등의 선천적으로 위험에 대응하지 못하는 자로서, 예를 들면, 기계치, 무감각 등이 있다.
③ 습관성 누발자 : 한 번의 사고 또는 재해를 일으켰음에도 불구하고, 불안전한 상태(물적 원인)를 인지하고 있으면서 개념 없이 행동함으로써 반복적으로 유사한 사고를 일으키는 자이다.
④ 미숙성 누발자 : 어떤 작업이나 업무를 시작할 때, 기초(기본)적인 지식 없이 작업을 행하다가 재해를 일으키는 자로서, 기능 및 환경에 익숙하지 못한 자, 예를 들면, 초보 운전 등이 있다.

025 ②는 소질성 누발자의 재해유발원인이다.

026 ③ 소질성 누발자 : 낮은 지능, 소심한 성격, 비협조성, 도덕성의 결여, 주의력 산만 및 주의력 지속 불능, 감각(시각, 청각, 촉각, 미각, 후각)기능 등의 선천적으로 위험에 대응하지 못하는 자로서 예를 들면, 기계치, 무감각 등이 있다.
① 상황성 누발자 : 작업과 작업의 자세가 어렵고, 심신에 근심이 있으며, 기계 설비의 결함과 환경상 주의력 집중이 곤란하여 발생하는 재해이다.
② 습관성 누발자 : 한 번의 사고 또는 재해를 일으켰음에도 불구하고, 불안전한 상태(물적 원인)를 인지하고 있으면서 개념 없이 행동함으로써 반복적으로 유사한 사고를 일으키는 자이다.

027 ④ 기능의 숙달과 안전 사고 방지를 위한 동기부여와는 무관하다.
⑥ 결과의 지식을 알려주고 공유하도록 한다.
⑧ 동기유발의 최적 수준을 유지하도록 한다.

028 동기부여(Motivation)는 활성화(개인의 힘), 지속성(강도와 방향을 가진 행동을 유지), 통로화(노력의 투입으로 한 방향으로 지향) 등의 성질을 갖는다.

029 호손의 실험은 메이오에 의한 실험으로, 작업자의 생산성 향상(작업 능률)은 물리적 작업환경 이외에 심리적 요인이 영향을 미친다는 것이다. 즉, 물리적인 작업 조건보다는 근로자의 감정, 심리적인 태도를 규제하는 인간 관계에 의해 결정됨을 밝혔다. 즉, 작업태도의 연구가 가장 우수한 연구 방법이다.

030 ① 위생요인은 유지욕구, 직무환경, 직무불만족 등이다. 동기요인은 만족욕구, 직무내용, 직무만족 등이다.

③ 위생요인은 매슬로우 욕구단계 중 생리(신체)적 욕구, 안전 욕구(신체적, 대인적), 사회적 욕구와 유사하다.

④ 동기요인은 매슬로우 욕구단계 중 존경 욕구, 자아실현(성취) 욕구와 유사하다.

매슬로우의 욕구단계이론	생리(신체)적 욕구	안전 욕구		사회적 욕구	존경 욕구	자아실현(성취) 욕구
		신체적	대인적			
허즈버그의 2요인이론	위생요인 (유지욕구, 직무환경, 직무불만족)				동기요인 (만족욕구, 직무내용, 직무만족)	

031~033 허츠버그(Herzberg)의 위생-동기이론

구분	정의	요소
위생요인 (유지욕구, 직무환경, 직무불만족)	인간의 동물적 욕구를 반영하는 것으로 매슬로우의 생리적, 안전, 사회적 욕구와 유사하다.	회사의 정책, 관리, 감독, 개인의 대인 관계, 작업 조건, 임금, 지위(권력), 승진 등
동기요인 (만족욕구, 직무내용, 직무만족)	자아 실현을 하려는 인간의 독특한 성향을 반영하는 것으로 매슬로우의 존경, 자아실현 욕구와 유사하다.	작업 자체(일의 내용), 성취감(자기발전), 책임감, 도전과 보람, 성장과 발달, 안정감, 상사로부터의 인정, 자율성 부여와 권한위임 등

034 직무행동의 동기(motive)가 복잡한 이유는 일을 하는데 있어서 여러 가지 이유를 갖기 때문이고, 고정 관념이 많기 때문이며, 시간에 따라서 행동하는 이유가 달라지기 때문이다.

④의 "실제 작업행동과 직접 관련 있는 다른 행동 때문"은 단순한 이유에 해당한다.

035 ① 위생요인 : 허즈버그(Herzberg)의 동기·위생이론 중 위생요인(유지욕구, 직무환경, 직무불만족)은 인간의 동물적 욕구를 반영하는 것으로 매슬로우의 생리적, 안전, 사회적 욕구와 유사하다. 요소에는 회사의 정책, 관리, 감독, 개인의 대인 관계, 작업 조건, 임금, 지위(권력), 승진 등이 있다.

③ 성숙-미성숙 : 경영 조직론에 있어서 아지리스의 미성숙-성숙이론은 조직이 자신의 목표를 추구하는 것과 구성원의 발전을 도모하고, 개인의 발전이 없는 조직의 발전은 있을 수 없다는 이론이다.

④ 자아실현 : 매슬로우의 욕구 5단계 이론 중 5단계의 욕구이다.

036 의식 레벨의 단계

단계	제0단계	제1단계	제2단계	제3단계	제4단계
의식의 모드	무의식, 실신	정상 이하, 의식 몽롱함	정상, 이완 상태	정상, 상쾌한 상태	초긴장, 과긴장 상태
주의 작용	없음	부주의	수동적 마음이 안쪽으로 향함	능동적, 시야가 넓다, 앞으로 향하는 주의	일점 집중, 판단 정지
생리적 상태	수면, 뇌발작	피로, 단조, 졸음, 술취함	안정 기거 휴식, 정례작업	적극 활동 시	긴급 방위반응, 당황, 흥분
신뢰성	0	0.99 이하	0.99~0.99999 이하	0.999999 이상	0.9 이하

037 주의의 특성

변동성	주의에는 주기적으로 부주의적 리듬이 존재하는 기능
선택성	여러 가지의 자극을 지각할 때 소수의 특정한 지각에 한하여 선택하는 기능
방향성	공간적으로 보면 시선의 주시점만을 인지하는 기능으로, 한 지점에 주의를 집중하면 다른 곳의 주의는 약해지는 기능
단속성	강도가 높은 주의는 장시간 집중이 곤란하다는 기능
주의력의 중복집중곤란	동시에 방향을 2개 이상 잡지 못하는 기능

038 주의의 수준

수준	현상
0(zero) 레벨	수면 중이거나, 자극에 의한 반응 시간 내
중간 레벨	다른 곳에 주의를 기울이고 있을 때, 일상과 같은 조건일 경우 가시시야 내 부분
고 레벨	주시 부분이거나, 예기 레벨이 높은 경우

039 인간의식의 레벨(level)

- 24시간의 생리적 리듬의 계곡에서 tension level은 낮에는 높고 밤에는 낮다.
- 피로 시의 tension level은 저하 정도가 크지 않다.
- 졸았을 때는 의식상실의 시기로 tension level은 0이다.

040~041 부주의 현상(원인)

현상	의식수준	내용
의식의 단절 감각의 차단		지속적인 의식의 흐름에 단절이 생기고 공백상태가 나타나는 경우로서 특수한 질병이 있다.
의식의 우회	Phase 0 상태	• 의식의 흐름이 사잇길로 빗나가는 경우로서, 작업도중 걱정, 고뇌, 욕구불만에 의해 발생한다.(내적 조건, 카운슬링에 의해 부주의 방지 가능) • 작업을 하고 있을 때 걱정거리, 고민거리, 욕구불만 등에 의해 다른데 정신을 빼앗기는 부주의 현상이다. • 눈으로는 작업 내용을 보고 손과 발로는 습관적으로 작업을 하고 있지만 머릿속에는 고민이나 공상으로 가득 차 있어서 작업에 필요한 주의력이 점차 약화되고 작업자가 눈으로 보고 있는 작업 상황이 의식에 전달되지 않는 상태를 의미한다.
의식수준의 저하	Phase Ⅰ 이하 상태	긴장상태에서 일정시간이 경과하면 피로가 발생하여 의식이 점차적으로 이완되는 현상이다.
의식의 혼란		외적 조건(외부의 자극이 약할 때와 강할 때)에 의해 의식의 혼란, 분산되어 위험요인에 대응할 수 없는 경우에 발생한다.
의식의 과잉	Phase Ⅳ 상태	긴급이상 상태, 돌발 사태 직면 시 일시적으로 의식이 긴장하고, 한 쪽 방향으로만 집중하는 주의의 일점집중 현상(판단력 정지, 긴급 방위반응)이 발생한다.

042 인간 의식의 공통적인 경향에 있어서, 의식은 단속되는 경향이 있다.

043 ①은 의식 수준의 저하, ②는 의식의 과잉, ③은 의식의 단절을 의미한다.

044 ① BS(Basic Study, 기초연구)는 산업 공학의 실험이나 분석의 기초 단계를 의미한다.

② TBM(Tool Box Meeting)은 위험예지 훈련에 적용한다.

④ STOP(Safety Training Observaion Program) 기법은 듀폰사 사내의 행동중심 안전관리기법으로 관리감독자의 안전관찰 훈련으로 현장에서 주로 실시하고, 재해 발생의 직접 원인 중 불안전한 행동(인적 원인)을 자기 스스로 개선하며, 안전한 행동은 관찰과 대화를 통해 칭찬하는 기법이다.

045 부주의 현상의 예방 대책

현상	경험, 미경험자	작업 순서의 부적당	적성 배치	의식의 우회	작업 환경의 조건 불량
예방 대책	안전 교육	표준작업제도 도입	소질적 문제	상담(카운슬링)	환경 정비

046 주의의 특성

선택성	여러 가지의 자극을 지각할 때 소수의 특정한 지각에 한하여 선택하는 기능을 말한다.
방향성	공간적으로 보면 시선의 주시점만을 인지하는 기능으로 한 지점에 주의를 집중하면 다른 곳의 주의는 약해지는 기능을 말한다.
단속성	강도가 높은 주의는 장시간 집중이 곤란하다는 기능을 말한다.
변동성	주의에는 주기적으로 부주의적 리듬이 존재하는 기능을 말한다.

047 ② 분열인격 : 자폐적이고, 말이 없으며, 친근한 인간 관계를 거부하는 성격으로 대인 관계의 결핍 등 다양한 양상을 보인다.

③ 무력인격 : 항상 비관적인 인격으로 모든 일에 무력감을 호소하는 양상을 보인다.

④ 강박인격 : 강박하는 인격, 즉 매사에 기준에 벗어나지 않으려고 하고, 철두철미한 인격으로 완벽주의를 추구하는 양상을 보인다.

048 리더십의 유형

유효성 변수	행동방식	리더와 집단과의 관계	집단행위의 특성	리더부재 시 구성원 행동	생산성 (성과)
민주적	집단의 토론과 결정, 조직의 환경상태 불확실	매우 호의적	안정적, 응집력이 큼	계속 작업유지	장기적 효과, 우위결정 어려움
권위 (전제)적	지도자가 모든 권한 행사를 독단적으로 처리	주의환기를 요하고, 수동적	노동이 많고, 공격적, 냉담	좌절감을 가짐	단기적 효과, 우위결정 용이
자유 방임적	명목상 구성원에게 자유를 부여	리더에 무관심	초조하고, 냉담	불만족, 불변	혼란과 갈등, 최악

049 ①과 ④는 자유방임적 리더십, ②는 권위(전제)적 리더십에 대한 설명이다.

050 리더십의 유형 중 권위주의적 리더 행동이 적합한 사업장은 회사의 창업직후 또는 부하의 교육수준이 낮은 사업장이다.

051 리더의 유형

민주형 리더	권력형 리더

052 관료주의의 특성
- 구성원 사이에 상·하구조인 위계 질서를 갖고 있고, 상관의 지시에 따라 행동한다.
- 관료주의는 안정성, 엄격함, 영속성 등이 있고, 인간을 조직 내의 한 구성원으로만 취급한다.
- 개인의 성장이나 자아실현의 기회가 주어지지 않고, 사회적 여건이나 기술의 변화에 신속하게 대응하기 어렵다.

053 관료주의에 있어서 의사결정에는 작업자의 참여가 허용되지 않고, 오직 지도자가 집단의 모든 권한 행사를 단독적으로 처리한다.

054 리더십의 유효성(有效性)을 증대시키는 1차적 요소는 리더십의 함수 관계에 의해서, 리더 자신(Leader), 추종자 집단(Followers), 상황적 변수(Situation) 등으로 구성된다.

055 리더의 상황적 합성이론에 의해서, L.P.C(least preferred coworker) 점수는 리더에게 "함께 일하기에 가장 싫은 동료에 대하여 어떻게 평가하느냐"에 대한 질문으로 관계지향적 리더의 L.P.C 점수는 높고, 과업지향적 리더의 L.P.C 점수는 낮다.

056 ① 개방적(자유방임형) 리더는 리더는 명목상 리더의 자리만을 지키고, 종업원 중심이 되고, 집단 구성원 간의 합의가 안 되는 경우 혼란이 발생한다.
② 개성적 리더는 독재적 리더와 유사한 형식이고, 종업원 중심은 개방적(자유방임형) 리더에 대한 설명이다.
④ 독재적(권력, 권위형) 리더는 부하 직원이 정책 결정에 참여하는 것을 거부하고, 모든 권한 행사를 지도자가 독단적으로 처리하는 개인 중심(일부 집단의 중심)으로 구성원 간의 적대감과 불신감이 증대된다.

057 ③ 조직원과의 사회적 간격이 좁다.
⑤ 권한여부는 밑으로부터 동의로 부여한다.
⑥ 구성원과의 관계는 개인적인 영향이다.
⑦ 권한근거는 개인적으로 부여된다.
⑩ 좁은 부하와의 사회적 간격이다.

058 리더 행동의 4가지 범주

구분	지시(주도)적 리더	지원(후원)적 리더	참여적 리더	성취지향적 리더
내용	부하에게 작업지시와 작업 계획을 지휘하고, 절차를 지키도록 요구한다.	집단 분위기(부하들의 욕구, 안정, 온정 등)를 친밀하게 조성한다.	의사 결정에 있어서 부하의 의견을 존중(부하와 정보 공유)한다.	목표에 대한 자신감, 부하와 최대한 목표설정, 수준 높은 작업 수행을 강조하는 리더이다.

 1) 조직이 리더에게 부여한 권한

보상적 권한	조직의 리더들은 그들의 부하에게 보상할 수 있는 권한으로 부하들의 통제와 행동에 영향을 끼칠 수 있는 권한이다.
합법적 권한	조직의 규정에 의해 리더의 권한이 합법화(리더의 권한과 이 권한을 받아들여야 하는 부하들의 의무를 합법화)한 권한이다.
강압적 권한	부하들을 처벌, 임금 삭감을 할 수 있는 권한으로 지도자들이 부여받은 권한 중에서 보상적 권한 만큼 중요한 권한이다.

2) 리더 자신이 리더에게 부여한 권한

전문성의 권한	집단의 목표 성취를 위한 분야에 리더가 갖고 있는 지식이 얼마나 많은가에 연관된 권한이다.
위임된 권한	지도자가 추구하는 계획과 목표를 부하직원이 자신의 것으로 받아들여 자발적으로 참여하게 하는 리더십의 권한 또는 목표 달성을 위하여 부하 직원들이 상사를 존경하여 상사와 함께 일하고자 할 때 상사에게 부여되는 권한이다.

061 French와 Ravend의 리더가 가지고 있는 세력의 유형에는 보상세력(직책과 상여금 등), 합법세력(인사권의 확보), 전문세력(전문적인 지식), 강압세력(조직내의 처벌 등), 참조(준거)세력(타인의 존경심) 등이 있다.

062 소시오그램은 집단 구성원들 간의 선호, 무관심, 거부의 관계를 도표로 나타낸 그림으로써 선택지위지수(구성원 수에 대한 개인이 선택된 수)를 통해 구성원들 사이에서 지위의 흐름을 파악할 수 있다. 리더는 K(구성원들의 선호가 가장 많고, 거부가 적은 경우)이다.

063 성공적인 리더가 갖추어야 할 특성에는 ①·②·③ 이외에도 자신과 상사에 대한 긍정적인 태도, 원만한 사교성과 정확하고 빠른 판단 능력, 공격적인 도전과 활동적 행동, 조직에 대한 충성심, 자신의 건강 등이 있다.

064 ① 강요 : 보상(포상, 보너스 등)을 전제로 하여 구성원에게 심리적 압박을 가하는 방법이다.
② 모범 : 구성원이 자기 스스로 지도자를 따를 수 있도록 지도자가 스스로 모범을 보이는 방법이다.
③ 제언 : 구성원이 따를 수 있도록 지도자가 의견을 제시하는 방법이다.

065 ③·⑤ 헤드십은 구성원(부하)과의 사회적 간격이 넓다.

066 리더십과 헤드십의 특징

개인과 상황변수	권한 행사	권한 부여	권한 근거	권한 귀속	상사와 부하의 관계	부하와 사회적 관계	책임 귀속	지휘 형태
헤드십	임명	상부 위임	법적	공식화된 규정	지배적	넓다	상사	권위주의적
리더십	선출	하부 동의	개인적	목표에 공로 인정	개인적인 영향	좁다	상사와 부하	민주적

특히, 리더십은 집단 구성원에 의해 사내에서 선출된 리더로 사실상의 리더십을, 헤드십은 외부(집단 구성원은 제외)에 의해 선출 또는 임명된 리더로 명목상 리더십을 말한다.

5단원 안전보건교육의 내용 및 방법

▶ 문제편 82p

001	① ○	② ×	③ ×	④ ×							
002	① ×	② ○	③ ○	④ ○							
003	① ×	② ×	③ ○	④ ×							
004	① ×	② ×	③ ×	④ ○							
005	① ×	② ○	③ ○	④ ○							
006	① ×	② ×	③ ×	④ ○	⑤ ○	⑥ ○					
007	① ×	② ×	③ ○	④ ×							
008	① ×	② ×	③ ○	④ ×							
009	① ○	② ×	③ ○	④ ○							
010	① ○	② ○	③ ×	④ ○							
011	① ○	② ○	③ ○	④ ×							
012	① ○	② ○	③ ○	④ ×							
013	① ○	② ×	③ ○	④ ○	⑤ ○	⑥ ○	⑦ ×	⑧ ×	⑨ ×		
014	① ○	② ×	③ ○	④ ○							
015	① ○	② ×	③ ○	④ ○	⑤ ○	⑥ ○	⑦ ×	⑧ ○	⑨ ○	⑩ ×	⑪ ○
016	① ○	② ○	③ ×	④ ○							
017	① ○	② ×	③ ○	④ ○							
018	① ○	② ○	③ ○	④ ×	⑤ ×	⑥ ○	⑦ ○	⑧ ×			
019	① ×	② ×	③ ○	④ ×							
020	① ○	② ×	③ ○	④ ○	⑤ ×	⑥ ○	⑦ ○				
021	① ○	② ○	③ ○	④ ×							
022	① ○	② ×	③ ○	④ ○							
023	① ○	② ×	③ ○	④ ○							
024	① ×	② ○	③ ○	④ ○	⑤ ○	⑥ ○	⑦ ○	⑧ ×	⑨ ○		
025	① ×	② ○	③ ○	④ ×							
026	① ○	② ○	③ ○	④ ×							
027	① ×	② ×	③ ×	④ ○							
028	① ×	② ×	③ ×	④ ○							
029	① ○	② ○	③ ×	④ ○							
030	① ×	② ×	③ ○	④ ×							
031	① ○	② ○	③ ○	④ ×	⑤ ×						
032	① ×	② ○	③ ×	④ ×							
033	① ○	② ×	③ ×	④ ×							
034	① ○	② ×	③ ×	④ ×							
035	① ○	② ×	③ ○	④ ○	⑤ ×	⑥ ○					
036	① ○	② ×	③ ○	④ ○							
037	① ○	② ○	③ ○	④ ×							
038	① ×	② ○	③ ×	④ ×							
039	① ×	② ○	③ ○	④ ○							
040	① ×	② ×	③ ○	④ ×							
041	① ×	② ×	③ ○	④ ×							
042	① ○	② ○	③ ○	④ ×							
043	① ×	② ×	③ ×	④ ○							
044	① ○	② ○	③ ×	④ ×							
045	① ○	② ○	③ ○	④ ×							
046	① ○	② ×	③ ○	④ ×							
047	① ○	② ×	③ ×	④ ×							
048	① ×	② ×	③ ○	④ ×							
049	① ×	② ×	③ ○	④ ×							
050	① ×	② ×	③ ×	④ ○							
051	① ○	② ○	③ ○	④ ×							
052	① ○	② ○	③ ×	④ ○	⑤ ×						
053	① ○	② ○	③ ○	④ ×							
054	① ○	② ○	③ ○	④ ×							
055	① ×	② ○	③ ○	④ ○	⑤ ○						
056	① ×	② ×	③ ×	④ ○							
057	① ○	② ×	③ ○	④ ○							
058	① ○	② ×	③ ×	④ ×	⑤ ○	⑥ ○					
059	① ×	② ×	③ ×	④ ○							
060	① ○	② ○	③ ○	④ ×							
061	① ○	② ○	③ ○	④ ×							
062	① ○	② ×	③ ×	④ ×							
063	① ×	② ○	③ ○	④ ○	⑤ ×	⑥ ○	⑦ ○	⑧ ×	⑨ ○	⑩ ×	⑪ ×
064	① ×	② ○	③ ○	④ ○							
065	① ×	② ×	③ ○	④ ×							
066	① ○	② ○	③ ×	④ ○							
067	① ○	② ○	③ ○	④ ×							
068	① ○	② ○	③ ○	④ ×							
069	① ○	② ○	③ ○	④ ×							

070	①○ ②× ③○ ④○								071	①× ②× ③○ ④×
072	①○ ②○ ③× ④○ ⑤○ ⑥× ⑦×								073	①× ②○ ③× ④×
074	①○ ②× ③○ ④○ ⑤○ ⑥○ ⑦× ⑧○ ⑨○ ⑩×									
075	①○ ②× ③○ ④○ ⑤○ ⑥× ⑦○ ⑧○									
076	①○ ②○ ③○ ④× ⑤○ ⑥× ⑦○ ⑧○ ⑨× ⑩○ ⑪○ ⑫×									
077	①○ ②○ ③○ ④×								078	①× ②× ③× ④○ ⑤○ ⑥○ ⑦○ ⑧×
079	①× ②× ③× ④○								080	①× ②○ ③○ ④○
081	①× ②× ③× ④○								082	①× ②○ ③× ④×
083	①× ②× ③× ④○								084	①× ②× ③× ④○
085	①× ②○ ③○ ④○								086	①○ ②○ ③○ ④×
087	①× ②× ③× ④○								088	①○ ②○ ③○ ④×
089	①○ ②○ ③○ ④× ⑤× ⑥○ ⑦○ ⑧○								090	①○ ②○ ③× ④○ ⑤○ ⑥○ ⑦○
091	①× ②× ③○ ④×								092	①○ ②× ③○ ④○
093	①× ②○ ③× ④×								094	①○ ②○ ③× ④○ ⑤○ ⑥× ⑦○
095	①× ②○ ③× ④× ⑤×								096	①× ②○ ③○ ④○
097	①○ ②× ③× ④×								098	①× ②× ③× ④○
099	①○ ②× ③○ ④○								100	①× ②× ③○ ④×
101	①× ②× ③× ④○									

001~002 인간의 특성에 관한 측정검사에 대한 과학적 타당성을 갖기 위하여 반드시 구비해야 할 조건에는 타당성, 신뢰성, 객관성, 표준화, 규준 등이 있다.

타당성	근로자의 근무평가척도와 근로자의 검사 점수가 상호 연관시키는 타당성을 갖추어야 한다.
신뢰성	검사에 대한 일관성이 있는 결과로 신뢰성을 갖추어야 한다.
객관성	인사권자의 주관적인 요소를 제외한 객관적인 요소를 바탕으로 평가하여야 한다.
표준화	검사의 표준화(절차에 있어서 통일성과 일관성, 관리를 위한 조건 등)가 갖추어져야 한다.
규준	개인의 성적과 타인의 성적을 비교할 수 있는 기준이 마련되어야 한다.

003 ① 세이프 테이킹(safe taking) : 위험을 선택적으로 평가하거나 적극으로 평가하는 개념과는 별개로 안전을 추구하는 행동을 의미한다.

② 액션 테이킹(action taking) : 위험을 선택적으로 평가하거나 적극적으로 평가하는 개념과는 별개로 행동 자체에 초점을 맞춘 행동을 의미한다.

④ 휴먼 테이킹(human taking) : 위험 판단과 행동과는 직접적인 관련성은 없으며, 불합리하고 특정한 의미를 갖지 않는 용어이다.

004 학습의 정도(학습시킬 내용의 범위와 정도)의 4요소에는 인지(~을 인지하여야 한다), 지각(~을 알아야 한다), 이해(~을 이해하여야 한다), 적용(~을 ~에 적용할 줄 알아야 한다) 등이 있다.

인지 학습은 필요성을 인식시키는 습관화 교육훈련 또는 학습자의 의식구조 변경을 위한 교육의 방법으로, ④가 해당된다.

005~006 1) 적응 기제의 분류

구분	방어적 기제	도피적 기제	공격적 기제
종류	보상, 합리화, 동일화, 승화, 투사	고립, 공격, 퇴행, 억압, 백일몽, 암시	직접적 공격 기제, 간접적 공격 기제

2) 방어적 기제(갈등을 이겨내려는 적극성과 능동성)

보상 (Compensation)	자신의 결함과 무능에 의하여 생긴 열등감이나 긴장을 해소시키기 위하여 장점 같은 것으로 그 결함을 보충하려는 행동 또는 자신의 약점이나 무능력, 열등감을 위장하여 유리하게 보호함으로써 안정감을 찾으려는 적응기제이다.
합리화 (Rationalization)	자기의 난처한 입장이나 실패의 결점을 이유나 변명으로 일관하는 행위 또는 실제의 행위나 상태보다 훌륭하게 평가되기 위하여 구실을 내세우는 행위이다. 또한, 자기의 행동이 정당하며 실제의 행위나 상태보다도 훌륭하게 평가되기 위하여 사회적으로 인정되는 구실을 적용하여 증명하고자 하는 행위이다.
동일화 (Identification)	인간관계의 메커니즘 중 다른 사람의 행동 양식이나 태도를 투입시키거나, 다른 사람 가운데서 자기와 비슷한 것을 발견한 행위이다.
승화 (Subimation)	욕구를 충족하는 기제로서 개인적으로나 사회적으로 본능적인 에너지를 용납되는 형태로 변화시켜 사용하는 것이다.
투사 (Projection)	자신의 불만이나 불안을 해소시키기 위해 남에게 뒤집어씌우는 식의 적응기제에 해당하는 행위 또는 자신조차도 승인할 수 없는 욕구를 타인이나 사물로 전환시켜 바람직하지 못한 욕구로부터 자신을 지키려는 행위이다.

3) 도피적 기제(갈등을 해결하지 않고 소극성과 수동성)

고립 (Isolation)	자신감이 없는 경우 현재의 상황을 피함으로써 곤란한 상황을 벗어나 본인의 내부로 도피하려는 행동이다.
퇴행 (Regression)	발전단계를 역행함으로써 욕구를 충족하려는 행동으로 심한 스트레스나 좌절을 당한 경우, 현재의 발전단계보다 이전의 발달단계로 후퇴하는 것이다.
억압 (Repression)	현실적인 욕망, 감정, 충동 및 생각을 무의식 속에 머물 수 있도록 하여 자신의 안정을 유지하려는 행동이다.
백일몽 (Day-dream)	현실에서는 도저히 만족시킬 수 없는 사항, 즉 욕구나 소원을 상상의 세계에서 이루려고 하는 도피의 한 방식이다.
암시 (Suggestion)	인간관계 메커니즘 중에서 다른 사람으로부터의 판단이나 행동을 무비판적으로 논리적, 사실적 근거 없이 받아들이는 적응기제이다.

4) 공격적 기제

직접적 공격기제	힘에 의한 싸움, 폭행, 기물 파손 등을 말한다.
간접적 공격기제	말에 의한 폭언, 욕설, 비난, 중상모략, 조소 등을 말한다.

007~008 ①은 합리화, ②는 승화, ④는 퇴행의 사례이다.

009 인간관계의 매커니즘 적응기제

- 투사 : 자신의 억압된 것을 다른 사람의 것으로 생각함
- 동일화 : 다른 사람의 행동 양식이나 태도를 투입함
- 모방 : 남의 행동이나 판단을 표본으로 따라함
- 승화 : 억압당한 욕구를 다른 가치 있는 목적을 위해 노력하여 충족함

- 보상 : 자신의 무능에 따른 열등감과 긴장을 해소하기 위해 장점 같은 것으로 결함을 보충함
- 합리화 : 자신의 실패를 그럴듯한 이유를 들어 남에게 비난받지 않도록 함
- 커뮤니케이션 : 타인과의 의사소통을 함

010~011 교육방법(교육지도 원칙)에는 상대방의 입장이 되어서 가르치고, 쉬운 것에서 어려운 것으로 가르치며, 중요한 것은 반복해서 가르치고, 가능하면 일반적인 용어를 사용하며, 5관을 활용하고, 동기 부여와 강한 인상, 기능적 이해를 도울 것 등이 있다.

012 안전관리자가 수행해야 할 역할 가운데 요구되는 기량에 해당되는 것은 위험의 분석 및 예지, 재해예방 대책의 결정, 피해의 최소와 대책 등이 있다. 안전관리 방침의 설정은 사업주의 기량이다.

013 ②·⑦·⑧·⑨는 정기교육의 내용이다.

> **안전보건교육 교육대상별 교육내용 중 채용 시 교육 및 작업내용 변경 시 교육내용(규칙 제26조, 별표 5)**
> - 산업안전 및 사고 예방에 관한 사항
> - 산업보건 및 직업병 예방에 관한 사항
> - 위험성 평가에 관한 사항
> - 산업안전보건법령 및 산업재해보상보험 제도에 관한 사항
> - 직무스트레스 예방 및 관리에 관한 사항
> - 직장 내 괴롭힘, 고객의 폭언 등으로 인한 건강장해 예방 및 관리에 관한 사항
> - 기계·기구의 위험성과 작업의 순서 및 동선에 관한 사항
> - 작업 개시 전 점검에 관한 사항
> - 정리정돈 및 청소에 관한 사항
> - 사고 발생 시 긴급조치에 관한 사항
> - 물질안전보건자료에 관한 사항

014 안전보건교육을 자체적으로 실시하는 경우에 교육을 할 수 있는 사람은 다음의 어느 하나에 해당하는 사람으로 한다. (규칙 제26조)

> ① 다음의 어느 하나에 해당하는 사람
>   ㉮ 안전보건관리책임자, 관리감독자, 산업보건의
>   ㉯ 안전관리자(안전관리전문기관에서 안전관리자의 위탁업무를 수행하는 사람을 포함)
>   ㉰ 보건관리자(보건관리전문기관에서 보건관리자의 위탁업무를 수행하는 사람을 포함)
>   ㉱ 안전보건관리담당자(안전관리전문기관 및 보건관리전문기관에서 안전보건관리담당자의 위탁업무를 수행하는 사람을 포함)
> ② 공단에서 실시하는 해당 분야의 강사요원 교육과정을 이수한 사람
> ③ 산업안전지도사 또는 산업보건지도사("지도사")
> ④ 산업안전보건에 관하여 학식과 경험이 있는 사람으로서 고용노동부장관이 정하는 기준에 해당하는 사람

015 안전보건교육 교육대상별 교육내용(규칙 제26조, 별표 5)
②·⑩ 전압이 75V 이상인 정전 및 활선작업
⑦ 화학설비 중 반응기, 교반기, 추출기의 사용 및 세척 작업, 화학설비의 탱크 내 작업이 안전보건교육 교육대상별 작업에 속한다.

016 아세틸렌 용접장치 또는 가스집합 용접장치를 사용하는 금속의 용접·용단·용단 또는 가열 작업(발생기·도관 등에 의하여 구성되는 용접장치만 해당)자에게 특별안전·보건교육을 시키고자 할 때의 교육내용은 ①·②·④ 이외에도 가스용접기, 압력조정기, 호스 및 취관두(불꽃이 나오는 용접기의 앞부분) 등의 기기점검에 관한 사항, 화재예방 및 초기대응에 관한사항, 그 밖에 안전·보건관리에 필요한 사항 등이 있다. (규칙 제26조, 별표 5)

017 밀폐된 장소(탱크 내 또는 환기가 극히 불량한 좁은 장소)에서 하는 용접작업 또는 습한 장소에서 하는 전기용접 작업자에 대한 교육내용은 ①·③·④ 이외에도 환기설비에 관한 사항, 작업환경 점검에 관한 사항, 그 밖에 안전·보건관리에 필요한 사항 등이 있다. (규칙 제26조, 별표 5)

018 근로자 정기안전·보건교육 내용(규칙 제26조, 별표 5)

> ① 산업안전 및 사고 예방에 관한 사항
> ② 산업보건 및 직업병 예방에 관한 사항
> ③ 위험성 평가에 관한 사항
> ④ 건강증진 및 질병 예방에 관한 사항
> ⑤ 유해·위험 작업환경 관리에 관한 사항
> ⑥ 산업안전보건법령 및 산업재해보상보험 제도에 관한 사항
> ⑦ 직무스트레스 예방 및 관리에 관한 사항
> ⑧ 직장 내 괴롭힘, 고객의 폭언 등으로 인한 건강장해 예방 및 관리에 관한 사항

019 관리감독자 정기안전·보건교육 내용(규칙 제26조, 별표 5)

> ① 산업안전 및 사고 예방에 관한 사항
> ② 산업보건 및 직업병 예방에 관한 사항
> ③ 위험성평가에 관한 사항
> ④ 유해·위험 작업환경 관리에 관한 사항
> ⑤ 산업안전보건법령 및 산업재해보상보험 제도에 관한 사항
> ⑥ 직무스트레스 예방 및 관리에 관한 사항
> ⑦ 직장 내 괴롭힘, 고객의 폭언 등으로 인한 건강장해 예방 및 관리에 관한 사항
> ⑧ 작업공정의 유해·위험과 재해 예방대책에 관한 사항
> ⑨ 사업장 내 안전보건관리체제 및 안전·보건조치 현황에 관한 사항
> ⑩ 표준안전 작업방법 결정 및 지도·감독 요령에 관한 사항
> ⑪ 현장근로자와의 의사소통능력 및 강의능력 등 안전보건교육 능력 배양에 관한 사항
> ⑫ 비상시 또는 재해 발생 시 긴급조치에 관한 사항
> ⑬ 그 밖의 관리감독자의 직무에 관한 사항

020 안전보건교육 교육대상별 교육내용(규칙 제26조, 별표 5)

> ① 근로자의 안전·보건교육(정기 교육, 채용 시 교육 및 작업내용 변경 시 교육, 특별 교육대상 작업별 교육)
> ② 관리감독자 안전·보건교육(정기 교육, 채용 시 교육 및 작업내용 변경 시 교육, 특별 교육대상 작업별 교육)
> ③ 건설업 기초안전보건교육
> ④ 안전보건관리책임자 등에 대한 교육
> ⑤ 특수형태 근로종사자에 대한 교육(최초 노무 제공 시 교육, 특별 교육대상 작업별 교육)
> ⑥ 검사원 성능검사 교육
> ⑦ 물질안전보건자료에 관한 교육

021 1) 근로자 안전보건교육(규칙 제26조 제1항, 제28조 제1항 관련)

교육과정	교육대상		교육시간
정기교육	사무직 종사 근로자		매반기 6시간 이상
	그 밖의 근로자	판매업무에 직접 종사하는 근로자	매반기 6시간 이상
		판매업무에 직접 종사하는 근로자 외의 근로자	매반기 12시간 이상
채용 시 교육	일용근로자 및 근로계약기간이 1주일 이하인 기간제근로자		1시간 이상
	근로계약기간이 1주일 초과 1개월 이하인 기간제근로자		4시간 이상
	그 밖의 근로자		8시간 이상
작업내용 변경 시 교육	일용근로자 및 근로계약기간이 1주일 이하인 기간제근로자		1시간 이상
	그 밖의 근로자		2시간 이상
건설업 기초 안전·보건교육	건설 일용근로자		4시간 이상

※ 여기서, 매반기는 상·하반기를 뜻하고, 종료일로부터 10일까지를 의미한다.

2) 관리감독자 안전보건교육(규칙 제26조, 별표 4)

교육과정	교육시간
정기교육	연간 16시간 이상
채용 시 교육	8시간 이상
작업내용 변경 시 교육	2시간 이상
특별교육	• 16시간 이상(최초 작업에 종사하기 전 4시간 이상 실시하고, 12시간은 3개월 이내에서 분할하여 실시 가능) • 단기간 작업 또는 간헐적 작업인 경우에는 2시간 이상

022 안전교육은 불안전한 행동(인적 원인)과 정신의 안전화, 불안전한 상태(물적 원인)에서 기계 설비와 작업 환경의 안전화를 목적으로 한다.

023 교육훈련의 직접 목적에는 인재 육성, 인간 완성, 능률 향상 등이 있다. 기업의 계속 유지 발전은 교육훈련의 간접 목적에 속한다.

024 ① 교육준비사항에 속한다.
⑧ 법 규정에 의한 교육에 한정하지 않고, 일반적인 사항도 고려하여야 한다.

> **안전·보건교육계획의 수립 시 고려하여야 할 사항**
> • 교육의 목표
> • 교육 장소 및 교육 방법
> • 교육의 과목 및 교육 내용
> • 교육의 종류와 교육대상
> • 교육 담당자 및 강사
> • 필요한 정보, 현장의 의견, 안전교육 시행 체계와의 관련을 고려한다.

025 교육 기법의 종류

종류	내용
포럼 (Forum)	토의식 교육방법의 종류 중 새로운 자료나 교재를 제시하고 피교육자로 하여금 문제점을 제기하게 하거나 여러 가지 방법으로 의견을 발표하게 하고 청중과 토론자 간의 활발한 의견개진과 충돌로 합의를 도출해 내는 방법
패널 디스커션 (Panel discussion)	교육과제에 정통한 전문가 4~5명이 피교육자 앞에서 자유로이 토의를 실시한 다음에 피교육자 전원이 참가하여 사회자의 사회에 따라 토의하는 방법
심포지엄 (Symposium)	토의식 교육방법 중 몇 사람의 전문가에 의하여 과제에 관한 견해가 발표된 뒤 참가자로 하여금 의견이나 질문을 하게 하여 토의하는 방식
버즈 세션 (Buzz session)	토의(회의)방식 중 참가자가 다수인 경우에 전원을 토의에 참가시키기 위하여 소집단으로 나누어 진행하는 방식
케이스 메소드 (Case method)	어떤 상황의 판단능력과 사실의 분석 및 문제의 해결능력을 키우기 위하여 먼저 사례를 조사하고, 문제적 사실들과 그의 상호 관계에 대하여 검토하고, 대책을 토의하도록 하는 교육기법
롤 플레잉 (Role playing)	집단 심리요법의 하나로서 자기 해방과 타인 체험을 목적으로 하는 체험활동을 통해 대인관계에 있어서의 태도변용이나 통찰력, 자기이해를 목표로 개발된 교육기법

026 토의식 안전 교육은 집단을 대상으로 하는 교육으로, 참가자에게 동기부여가 용이하여 참가자가 자주적·적극적이 되기 쉽고, 상호 통행적·상호 개발적이다. 교육내용(기능, 태도 등)을 일정한 시일에 참가자 전원에 철저하게 주의시키기 쉽지만, 참가자에게 미지의 분야에 대한 지식을 일정한 시일에 습득시킬 수는 없다.

027 집단을 대상으로 한 안전교육에 있어 가장 효율적인 교육방법은 토의에 의한 교육 방법이다.

028 STOP 기법은 듀폰사 사내의 행동중심 안전관리기법이며, 관리감독자의 안전관찰 훈련으로 현장에서 주로 실시한다. 재해 발생의 직접 원인 중 불안전한 행동(인적 원인)을 자기 스스로 개선하며, 안전한 행동은 관찰과 대화를 통해 칭찬하는 기법이다.

029 수강자와 교재 중심의 개별학습에는 발견학습, 과제학습, 프로그램 학습 등이 있다. 집합교육에는 수용학습이 적합하다.

030 안전교육의 단계

단계	구분	형식	특성
제1단계	지식 형성	제시	• 취급하는 기계, 설비의 구조, 기능, 성능의 개념형성을 위하여 실시하여야 하는 교육 • 작업의 종류나 내용에 따라 교육범위나 정도가 달라지는 이론 교육 방법 • 작업자가 직면하는 구체적인 설비조건에 대하여 조작상의 위험성 및 잠재 위험성 등에 관하여 알게 하는 교육
제2단계	기능 숙련	실습	안전교육 과정 중 "할 수 있다"라는, 즉 피교육자가 그것을 스스로 행함으로서만 얻어지는 교육내용
제3단계	태도 개발	참가	• 안전행동을 실행해 낼 수 있는 동기를 부여하는 데 가장 적절한 교육 • 안전교육의 단계에 있어 안전한 마음가짐을 몸에 익히는 심리적인 교육 • 안전교육의 3단계에서 생활지도, 작업동작지도 등을 통한 안전의 표준작업방법의 습관화를 위한 교육 • 안전교육의 단계에 있어 안전한 마음가짐을 몸에 익히는 심리적인 교육 • 알고 있으나 그대로 하지 않는 사람에게 교육 • 작업자가 직면하는 구체적인 설비조건에 대하여 조작상의 위험성 및 잠재 위험성 등에 관하여 알게 하는 교육

031 특성에 따른 안전교육의 3단계에는 안전지식 교육, 안전기능 교육, 안전태도 교육 등이 있다. 안전실시 교육 또는 직무 교육과는 무관하다.

032 안전태도의 결함은 "근로자가 안전작업 표준을 이행하지 않는다"는 결함이다.

033 인간의 안전교육 형태에서 행위나 난이도가 낮은 것부터 높은 것(교육의 시간 소요가 짧은 것부터 긴 것)의 순서로 나열하면, "지식 → 태도변형 → 개인행위 → 집단행위"의 순이다.

034 교육 과목에 따른 학습 평가방법

구분	관찰	면접	노트	질문	평가시험	테스트
지식교육	보통	보통	부적합	보통	적합	적합
기능교육		부적합	적합	부적합	부적합	
태도교육	적합	적합	부적합	보통	보통	부적합

035 교육과목에 따른 교육훈련 평가방법에는 관찰법, 면접법, 노트법, 질문법, 평가시험법, 자료 분석법, 테스트법 등이 있다.
② 모의법은 안전보건교육의 방법으로 인위적으로 만들어진 실제의 상태와 장면을 매우 비슷한 사태 속에서 학습하도록 하는 교육방법이다.
⑤ 안전교육방법 중 실연법은 학습자가 시범을 보거나, 설명을 들음으로써 알게 된 지식과 기능을 교사의 지도와 감독 하에서 연습에 적용해보는 교육 방법이다. 특수 시설이나 설비가 요구되므로 시설유지비가 많이 들고, 학생들의 참여가 자유로우며, 학생들의 사회성이 증대된다.

036 교육훈련학습 평가방법(교육훈련의 학습을 극대화시키고, 개인의 능력 개발을 극대화시켜 주는 평가방법)에는 ①·③·④ 이외에도 면접법, 질문지법, 테스트법 등이 있다.

037 교육평가방법 중 태도교육 평가방법으로는 관찰과 면접은 적합하고, 질문과 평가시험은 보통이며, 테스트와 노트는 부적합하다.

038~040 안전 훈련 기법의 형식

단계	구분	형식(훈련 방식)
제1단계	지식 형성	제시
제2단계	기능 숙련	실습
제3단계	태도 개발	참가, 토의식

041 ① 강의식 : 단시간에 많은 내용과 학습자(최적 인원 40~50명)를 교육하는 방법으로, 교육 자료와 교육 순서에 의해 진행하는 교육 방법이다.
② 프로그램 학습법 : 학습자가 단독으로 프로그램 자료를 이용하여 학습하도록 하는 교육 방법으로, 학습 원리에 의해 프로그램이 만들어지고, 학습자가 자기 능력에 따라 학습 속도를 조절할 수 있는 방법이다.
④ 문답식 : 안전교육 3단계 중 2단계인 기능교육의 효과를 높이기 위해 가장 바람직한 교육방법으로, 문답에 의해

학습 활동이 전개되므로 흥미와 동기가 유발되나, 사고 영역의 한정으로 학습 속도가 지연될 수 있는 방법이다.

042~045 안전태도 교육의 기본과정

단계	제1단계	제2단계	제3단계	제4단계	제5단계
내용	청취한다.	이해하고, 납득한다.	시범(모범)을 보인다.	권장하고, 평가한다.	상과 벌을 준다.

046 하버드 학파의 5단계

단계	제1단계	제2단계	제3단계	제4단계	제5단계
내용	준비 (Preparation)	교시 (Presentation)	연합 (Association)	총괄 (Generalization)	응용 (Application)

047 안전교육의 진행 4단계

단계	제1단계	제2단계	제3단계	제4단계
내용	준비(도입)	제시(실연, 설명)	적용(실습, 응용)	확인(평가, 총괄)

048 ① 도입(준비) : 마음을 안정시키고, 작업을 말해주며, 작업에 대한 이해 정도를 확인한다. 또한, 작업을 배우고자 하는 동기를 부여하고, 위치를 고정한다.
② 제시(실연, 설명) : 주요 단계를 나누어 설명하고, 이해시키며, 요점을 강조한다. 확실하고, 빠짐이 없으며, 끈기 있게 지도한다. 또한, 이해할 수 있는 이상을 강요하지 않고, "새로운 지식이나 기능을 설명하고 실연하는 단계"에 해당된다.
④ 확인(평가, 총괄) : 과제 및 시험 등을 통하여 교육 내용을 정확히 이해하고 있는지를 확인하고, 결과에 따라 교육 내용 등을 개선한다.

049 안전지식교육 실시 4단계 중 적용의 단계는 지식을 실제의 상황에 맞추어 문제를 해결해 보고 그 수법을 이해시키는 단계, 즉 과제를 주어 문제해결을 시키거나 습득시키는 단계이다. ①은 준비단계, ②는 제시단계, ④는 평가단계에 해당된다.

050 교육훈련 평가의 4단계
제1단계(반응 : 만족도를 평가) → 제2단계(학습 : 이해도를 평가) → 제3단계(행동 : 학습의 전이도를 평가) → 제4단계(결과 : Return On Investment에 의한 평가)

051 학습평가의 기본적인 기준은 타당도(확실성), 신뢰도(신용성, 신뢰성), 객관도(객관성), 실용도(실용성), 경제성 등이 있다.

타당도(확실성)	측정하고자 하는 원래의 목적과 일치하는지의 정도를 나타내는 것이다.
신뢰도(신용성)	측정의 오차가 얼마나 적은지를 나타내는 것이다.
객관성(객관도)	측정의 결과에 대해 어느 누가 보아도 일치되는 의견이 나올 수 있는 성질이다.
간이성(실용도)	용이하게 적용시킬 수 있고, 사용이 편리한 것이 실용도가 높은 것을 의미한다.

학습 목표의 3요소	학습 정도의 4요소
• 학습 목표 • 학습 주제 • 학습 정도(강의계획에서 주제를 학습시킬 범위와 내용의 정도)	• 인지(~을 인지하여야 한다) • 지각(~을 알아야 한다) • 이해(~을 이해하여야 한다) • 적용(~을 ~에 적용할 줄 알아야 한다)

054 학습(교육)지도의 원리

자기활동(자발성)의 원리	학습자 자신이 자기 스스로 학습에 참여하는 데 중점을 두고 있는 원리이다.
개별화(계열성)의 원리	학습자가 갖고 있는 각자의 요구와 능력 등에 적합한 학습활동의 기회를 마련해 주어야 한다는 원리이다.
사회화의 원리	사회의 사상과 문제를 기반으로 하는 학습내용을 학교와 사회에서 경험한 내용을 교류시키고 공동학습을 통해서 우호적이고 협력적인 학습을 진행한다는 원리이다.
통합(통합성)의 원리	동시 학습 원리와 동일한 원리로서 학습을 총체적인 전체로서 교육한다는 원리이다.
직관의 원리	구체적 사물을 제시하거나 경험시킴으로써 효과를 보게 되는 학습지도의 원리이다.
목적의 원리	학습자가 적극적이고 자발적인 학습활동을 할 수 있도록 학습목표가 확실하게 인식되어야 한다는 원리이다.
기타의 원리	생활화의 원리, 과학화의 원리, 자연화의 원리 등

055 학업 성취에 직접적인 영향을 미치는 요인에는 개인차, 준비도(Readiness), 동기유발(Motivating), 기억과 망각(Memory, Forgetting) 등이 있다. 적성(흥미, 지능 등)은 간접적인 영향을 끼치는 요소에 속한다.

056 학습동기 유발방법 중 가장 좋은 방법은 가장 인원이 많을 때 해야 하는 칭찬이다.

057 학습의 전개 단계에서 주제를 논리적으로 체계화하는 방법에는 ①·③·④ 이외에도 전체적인 것에서 부분적인 것으로, 쉬운 것부터 어려운 것으로, 과거에서 현재·미래의 순으로 등이 있다.

058 ① Thorndike의 시행착오설 : 손다이크(Thorndike)의 시행착오설에 의한 학습법칙에는 연습 또는 반복의 법칙(the law of exercise or repetition), 효과의 법칙(the law of effect), 준비성의 법칙(the law of readiness) 등이 있고, 동일성의 법칙(The law of identity)은 서로 다른 것들이 완전히 동일한 성질을 가지지 않을 수 있음을 나타내며, 이 법칙은 형식론적 논리의 기본 원칙 중 하나이다.
② 쾰러(Kohler)의 통찰설 : 인지 이론에 해당하고, 학습자가 문제 해결에 대한 통찰력을 얻을 수 있는 이론이며, 문제의 요소들을 재구성함으로써 갑작스럽게 해결이 이루어지는 인지주의 학습이론으로 형태주의 심리학에 근거를 두고 있다.
③ 톨만(Tolman)의 기호형태설 : 형태이론으로 학습자는 의미 자체를 학습하고, 학습과정 첫 단계의 인지 구조를 바탕으로 학습하려는 것으로 인지, 각성, 기대를 중요시하는 이론이다. 즉, 한 자극이 나타나면 후에 어떤 자극이 뒤따를 것이라는 기대를 얻는다.
④ 레빈(Lewin)의 장이론 : 위상심리학으로 인간은 목적 지향적이고, 목표 달성에 대해 인지구조를 통찰하여 재구성한다는 이론이다. 인지는 분석적으로 이루어지는 것이 아니라 정체적인 장의 관계로 이루어진다는 이론으로, 인지주의 학습이론이다.

⑤ Pavlov의 조건반사설 : 파블로프(Pavlov)의 조건반사설(학습이론의 원리)에는 시간의 원리, 강도의 원리, 일
　 관성의 원리, 계속성의 원리 등이 있다.
⑥ Skinner의 도구적 조건화설 : S−R(자극과 반응)이론 중에서 긍정적 강화, 부정적 강화, 처벌 등이 이 이론의
　 원리에 속하며, 사람들이 바람직한 경과를 이끌어 내기 위해 단지 어떤 자극에 대해 수동적으로 반응하는 것이
　 아니라 환경상의 어떤 능동적인 행위를 한다는 이론이다.

059 ① Thorndike의 "연습(반복)의 법칙"(the law of exercise or repetition) : 모든 학습은 연습과 반복으로 바람직한
　 행동의 변화와 진보되고 향상된다는 법칙이다.
② Thorndike의 "준비성의 법칙"(the law of readiness) : 준비성(학습을 하려는 모든 행동이 준비가 된 상태)이
　 사전에 충분히 갖추어진 학습 활동은 원하는 정도의 성취를 이룰 수 있으나, 준비성이 갖추어지지 않은 상태면
　 실패하기 쉽다는 법칙이다.
③ Pavlov의 "강도의 원리" : 먼저 준 자극의 정도에 비해 같거나, 강한 자극을 주어야 원하는 결과를 얻을 수 있
　 어야 조건반사적인 행동이 이루어진다는 원리이다.

060 파블로프(Pavlov)의 조건반사설의 학습원리

구분	내용
시간의 원리	강화가 잘 된다는 원리로서, 조건자극이 무조건자극보다 시간적으로 동시 또는 조금 앞서서 주어야 한다는 원리
강도의 원리	먼저 준 자극의 정도에 비해 같거나, 강한 자극을 주어야 원하는 결과를 얻을 수 있어야 조건반사적인 행동이 이루어진다는 원리
일관성의 원리	조건반사적인 행동이 이루어지려면 조건 자극은 일관된 자극물을 사용해야 한다는 원리
계속성의 원리	조건화가 잘 형성되려면 자극과 반응과의 관계를 반복되는 횟수가 증대되도록 하여야 한다는 원리

061 ④ 일관성의 원리는 조건반사적인 행동이 이루어지려면 조건 자극은 일관된 자극물을 사용해야 한다는 원리이다.

> **손다이크(Thorndike)의 시행착오설에 의한 학습법칙**
> • 연습 또는 반복의 법칙(the law of exercise or repetition) : 모든 학습은 연습과 반복으로 바람직한 행동의 변화와 진보되고
> 　향상된다는 법칙이다.
> • 효과(결과)의 법칙(the law of effect) : 과제를 계획하고 실천하여 그 결과가 자신에게 만족스러운 상태에 된다면 더욱 더 그 학
> 　습을 계속하고 하는 의욕이 발생한다는 법칙이다.
> • 준비성의 법칙(the law of readiness) : 준비성(학습을 하려는 모든 행동이 준비가 된 상태)이 사전에 충분히 갖추어진 학습 활
> 　동은 원하는 정도의 성취를 이룰 수 있으나, 준비성이 갖추어지지 않은 상태면 실패하기 쉽다는 법칙이다.

062~064 교육의 3대 요소

교육의 주체		교육의 객체	교육의 매개체
형식적 교육	비형식적 교육		
강사, 교사	사회인사, 형, 선배, 부모 등	피교육자 (수강자, 학습자 등)	교육용 자료로서 교재, 교육 내용, 교육 자료 등

065 인간관계 관리방식 중 테크니컬 스킬즈(technical skills)는 사물을 인간에게 유리하게 처리하는 능력이다. ①은
　 인간적 능력(human skill), ②는 기술적 능력(technical skill), ④는 소셜 스킬즈(social skills)에 대한 설명이다.

066 직업적성검사의 기본 방침은 적성검사를 하여 능력을 평가하고, 직무를 평가하여 자격수준을 결정하며, 주관적인 감정요소를 배제한다. 또한, 인사관리원칙에 준하고, 직무에 영향을 줄 수 있는 환경적 제요소를 검토하며, 직업에 대한 장래의 가능성을 나타내고, 소질적 능력을 검사한다. 직업적성은 특정 직종에 대한 적성이다. 직업적성과 특정 직업과는 무관하다.

067 적성검사할 때 포함되어야 할 주요 요소에는 IQ 검사, 형태식별 능력, 운동속도 및 손작업 능력, 시각의 적응력 등이 있다.
④ 플리커(flicker, 점멸융합주파수) 검사 : 빛의 단속(광원의 앞에 사이가 벌어진 원판을 회전속도를 변화시켜서 눈에 들어오는 빛을 단속)과 융합(회전 속도가 느리면 빛이 아른거리다가 빨라지면 융합되어 하나의 광점으로 보임)의 경계에서 빛의 단속주기를 플리커치라 한다. 감각기능검사(정신·신경기능검사)의 측정대상이다.

068 크루즈 지수(Kruse's Index)는 신장에 대한 가슴둘레의 제곱의 비로 나타내는 체격판정지수로,

$$\text{크루즈 지수} = \frac{(\text{가슴둘레})^2}{\text{신장}} \times 100(\%)\text{이다.}$$

069 인사심리(직업적성)검사의 구비조건

표준화	조건과 절차가 통일성과 일관성을 구비해야 하므로, 검사장소, 환경, 시간에 따라 차이가 발생하므로 표준화가 필요하다.
신뢰성	반복검사 시에도 재현성을 나타내고, 측정하고자 하는 심리적 개념을 일관성 있게 측정하는 정도를 의미한다.
실용성	검사를 실시하고, 채점하기가 쉽다.
타당성	선발 후에 검사점수와 직무수행 능력의 상관관계를 유지한다.
객관성	채점자의 편견이나 주관성을 제외한다.
기준(규준)성	개인의 성적을 타인과 비교할 수 있는 참조 또는 비교의 기준을 정립한다.

070 적성배치 시 작업과 작업자의 특성

작업의 특성	작업의 조건·내용·형태, 환경적 조건, 법적 제한 및 자격 등
작업자의 특성	지적 능력, 업무 수행능력(경력), 신체적 특성(태도), 성격, 기능, 연령적 특성 등

071 안전교육방법의 종류
- TWI(Training Within Industry) : 기업 내 정형교육으로 감독자를 대상으로 실시하는 것으로 작업을 가르치는 법, 작업의 개선방법 및 대인관계 능력 등을 주로 교육하는 것이다.
- ATT(American Telephone &Telegram co.) : 기업 내 정형교육 중 대상으로 하는 계층이 한정되어 있지 않고, 한 번 훈련을 받은 관리자는 그 부하인 감독자에 대해 지도원이 될 수 있는 교육방법이다.
- MTP(Management Training Program) : FEAF(Far East Air Force)라고도 하며, 10~15명을 한 반으로 2시간씩 20회에 걸쳐 훈련하고, 관리의 기능, 조직의 원칙, 조직의 운영, 시간 관리, 훈련의 관리 등을 교육 내용으로 한다.
- CCS(Civil Communication Section) : ATP(Administration Training Program)이라고도 하며, 당초에는 일부 회사의 톱 매니지먼트(Top Management)에 대해서만 행하여졌으나 그 후에 널리 보급되었으며, 정책의 수립·조직·통제 및 운영 등의 교육 내용을 가지고 있는 방법이다.

072 TWI(Training Within Industry)의 교육 내용과 목적
- 작업방법훈련(Job Method Training, JMT) : 작업 개선
- 작업지도훈련(Job Instruction Training, JIT) : 작업 지도 및 지시
- 인간관계훈련(Job Relatons Training, JRT) : 부하의 통솔
- 작업안전훈련(Job Safety Training, JST) : 작업 안전

073 ① 통찰(Insight) : 특정 맥락 내에서 특정 원인과 효과를 이해하는 것을 의미한다.
③ 반사(Reflex) : 앞에 실시한 학습의 효과가 뒤에 실시하는 새로운 학습에 직접적으로 영향을 주는 현상이다.
④ 반응(Reaction) : 실시한 학습의 결과가 새로운 학습에 새로운 현상으로 영향을 주는 현상이다.

074 학습의 전이는 학습한 결과의 어떤 내용이 다른 학습이나 반응에 영향을 끼치는 현상을 말한다. 전이에 영향을 끼치는 요인에는 학습 방법과 정도, 학습자의 태도와 지능, 선행학습의 정도, 학습 자료의 유사성, 선행학습과 학습 후의 시간적 간격 등이 있다.

075 ② 참가(학습)자의 참여와 흥미를 지속시키기 위한 기회가 전혀 없으므로 참가자가 수동적으로 참가한다.
⑥ 참가자는 부정적이며, 수동적 입장에 놓인다.

076 ④ 다량의 사실을 체계적으로 전달이 불가능하다.
⑥ 내용에 대한 사전 지식이 필요하다.
⑨ 강의식은 시간의 계획과 통제가 가능하다.
⑫ 강의식은 전체적인 교육내용을 제시하는 데 유리하다.

077 시청각 교육 방법은 교수 및 학습 활동에서 최대의 효과를 얻기 위한 교육 방법으로 교육 대상자수가 많고, 교육 대상자의 학습 능력의 차이가 큰 경우 집단안전 교육방법으로서 가장 효과적인 방법이며, 교육 과정에 시청각적 교육 매체를 적절하게 활용하는 방법이다. 시청각 교육방법의 특성에는 ①·②·③ 이외에도 개별 진로수업은 가능하게 한다는 점이 있다. 그러나 표준화되어 있는 교재를 사용하므로 개인차를 최대한으로 고려할 수는 없다.

078 ① 학습의 속도가 느리다. 즉, 시간이 오래 걸린다.
② 의사 결정의 중요성을 알리지 못한다.
③ 준비가 복잡하나, 어디서나 가능하다.
⑧ 원칙과 규정의 체계적 습득이 난이하다(어렵다).

079 안전교육방법 중 실연법은 학습자가 시범을 보거나, 설명을 들으면서 알게 된 지식과 기능을 교사의 지도와 감독하에서 연습에 적용해보는 교육 방법이다. 특성으로는 특수 시설이나 설비가 요구되므로 시설유지비가 많이 들고, 학생들의 참여가 자유로우며, 학생들의 사회성이 증대된다는 점 등이 있다.

080 모랄 서베이(morale survey, 사기·태도 조사)는 근로자의 태도와 의욕을 측정하고 조사하는 것으로 조직 또는 구성원의 성과를 비교·분석하는 것이 아니다. 측정방법으로는 관찰법과 태도조사법이 사용된다.

081 모랄 서베이(Morale Survey)의 주요 방법 중 태도(의견)조사법에는 질문지법, 면접(문답)법, 투사법, 집단토의법 등이 있다.

082~083 1) 오감(5관)의 교육 효과

구분	시각	청각	촉각	미각	후각
교육효과(%)	60	20	15	3	2

2) 이해의 정도

구분	귀	눈	귀 + 눈	입	머리 + 손발
이해도(%)	20	40	20 + 40 = 60	80	90

084 하버드 대학의 교육기법은 사례연구법[문제해결능력(판단력, 분석력, 협상력, 의사결정능력 등)이나 직무수행능력을 체험적으로 함양시키는 교육이고, 특정 개체의 문제점이나 특성을 종합적으로 기술·분석하는 연구]에 중점을 두고 있다.

085 분습법과 전습법의 장점(이점) 비교

구분	분습법	전습법
정의	학습 자료의 단위를 작게 나누어서 작은 부분을 학습하는 방법으로 반복적·점진적·소수 분습법 등이 있다.	학습 자료를 전체를 하나로 묶어서 학습하는 방법
장점	• 길고 복잡한 학습에 알맞다. • 어린이는 분습법을 좋아한다. • 주의와 집중력의 범위가 적어서 적합하다. • 학습효과가 빨리 나타난다.	• 망각, 학습에 필요한 반복, 시간과 노력이 적다. • 연합이 발생한다.

086 Off.J.T(Off the Job Training)는 전문가를 강사로 초빙하여 현장 외의 한 장소에 다수의 교육생을 소집하여 집중적, 일괄적, 조직적으로 집체 교육하는 방법이다. 그 특징으로는 ①·②·③ 이외에도 특별 설비기구를 이용하는 것이 가능하고, 훈련에만 전념하게 되나, 교육훈련목표에 대하여 집단적인 노력이 흐트러질 수 있다는 점 등이 있다. ④는 O.J.T(On the Job Training)의 특성이다.

087 O.J.T(On the Job Training)는 직장 상사(관리감독자 등)가 일상 업무를 통하여 부하 직원에 대하여 지식, 기능, 태도, 문제해결능력 등을 교육하는 방법으로, 추가 지도나 개별 지도가 가능한 교육방식이다.

088 Off.J.T(Off the Job Training)는 전문가를 강사로 초빙하여 현장 외의 한 장소에 다수의 교육생을 소집하여 집중적, 일괄적, 조직적으로 집체 교육하는 방법이다.

089 ④ 직장 상사(관리감독자 등)가 일상 업무를 통하여 교육을 함으로, 통일된 내용과 동일 수준의 훈련이 될 수 없다.
⑤ 즉시 업무에 연결되므로 훈련에만 전념할 수 없다.

090 ③은 Off.J.T(Off the Job Training)에 대한 설명이다.

091 O.J.T(On the Job Training)는 직장 상사(관리감독자 등)가 일상 업무를 통하여 부하 직원에 대하여 지식, 기능, 태도, 문제해결능력 등을 교육하는 방법으로, 추가 지도나 개별지도가 가능한 교육방식이며 직장의 실정에 맞게 실제적 훈련이 가능하다. ①·②·④는 Off.J.T(Off the Job Training)에 대한 설명이다.

092 기능교육의 3원칙에는 준비, 위험작업의 규제, 안전작업 표준화 등이 있다.

093~095 하버드 학파(Havard School)의 학습지도법의 5단계

단계	제1단계	제2단계	제3단계	제4단계	제5단계
내용	준비 (Preparation)	교시 (Presentation)	연합 (Association)	총괄 (Generalization)	응용 (Application)

096 프로그램학습법(Programmed self-instrucion method)은 학습자가 단독으로 프로그램 자료를 이용하여 학습하도록 하는 교육 방법으로 학습 원리에 의해 프로그램이 만들어지고, 학습자가 자기 능력에 따라 학습 속도를 조절할 수 있는 방법이다.

장점	단점
• 개인차(지능, 학습속도 등)를 충분히 고려할 수 있다. • 학습자가 흥미를 가질 수 있도록 매 반응마다 피드백이 있다. • 학습자의 학습 과정을 쉽게 이해할 수 있다.	• 개발비가 많이 들어 쉽게 적용할 수 없다. • 교육 내용이 고정화되어 있고, 개발된 프로그램은 변경이 불가능하다. • 학습에 많은 시간이 걸리고, 집단 사고의 기회가 없다.

097 프로그램학습법(Programmed self-instrucion method)은 학습자가 단독으로 프로그램 자료를 이용하여 학습하도록 하는 교육 방법이다. 학습 원리에 의해 프로그램이 만들어지고, 학습자가 자기 능력에 따라 학습 속도를 조절할 수 있는 방법으로, 기본 개념학이나 논리적 학습에 유리하다.
② 여러 가지 수업 매체를 동시에 활용할 수 없다.
③ 사실, 사상을 시간, 장소의 제한 없이 제시할 수 없다.
④ 학습자의 태도, 정서 등의 감화를 위한 학습에 효과적이지 못하다. 즉 비효과적이다.

098 구안법(Project method)은 학생이 마음속에 생각하고 있는 것을 외부에 구체적으로 실현하고 형상화하기 위하여 자기 스스로가 계획을 세워 수행하는 학습활동으로 이루어지는 학습지도의 형태이다. 구안법의 4단계는 "목적 → 계획 → 수행 → 평가"의 순이다.

099 카운슬링(Counseling)

카운슬링의 순서	상황의 장면을 구성한다 → 상담자와 대화를 한다. → 상담자의 의견을 재분석한다. → 상담자의 감정을 표현한다. → 상담자의 감정을 명확하게 정리한다.
개인적 카운슬링의 방법	• 안전 수직 불이행 시에 매우 적합한 방식으로 직접적으로 충고한다. • 설득적 방법과 설명적 방법 등이 있다.
카운슬링의 효과	정신적 스트레스가 해소되고, 안전에 대한 태도가 형성되며, 동기 부여가 발생한다.

100 리스크 테이킹(Risk taking, 억측 판단, 위험 감수)은 객관적인 위험을 본인 의사대로 판단하고, 의지 결정을 하여 실천(행동)하는 현상(부적절한 태도)으로, 리스크 테이킹이 적은 사람은 안전 태도가 양호하다. 안전 태도의 수준이 동일한 경우 리스크 테이킹의 정도가 변화하는 요인에는 작업의 달성 동기, 적성 배치, 심리 상태, 성격, 일의 능률 등이 있다. 또한, 리스크 테이킹은 부적절한 태도 또는 안전태도가 불량한 사람에게서 발생한다.

101 집중발상법(brain storming, 브레인 스토밍)의 4원칙은 자유 분방, 비판 금지, 대량 발언, 수정 발언 등의 4가지이다. 또한, 비판 금지 원칙에 의해 아이디어 산출과정에서 모든 아이디어는 어떤 방식으로든 평가해서는 안 된다.

6단원 산업안전관계법규

번호	정답
001	①O ②X ③X ④O ⑤O ⑥X ⑦X ⑧X ⑨X
002	①O ②X ③X ④X
003	①O ②X ③X ④X ⑤O ⑥O ⑦O ⑧O ⑨X ⑩O ⑪X ⑫O ⑬O ⑭O ⑮X ⑯O
004	①O ②O ③X ④O ⑤X ⑥X ⑦X ⑧X ⑨X ⑩X ⑪X ⑫X ⑬X
005	①X ②O ③O ④X ⑤O ⑥X ⑦O ⑧X ⑨X ⑩O ⑪O ⑫X ⑬O ⑭O ⑮O ⑯X ⑰X
006	①O ②O ③X ④O ⑤X ⑥X ⑦X
007	①X ②X ③X ④O
008	①X ②X ③X ④O
009	①X ②O ③X ④X
010	①O ②O ③X ④X ⑤O ⑥O ⑦X ⑧O ⑨X ⑩O ⑪X ⑫X ⑬O ⑭X ⑮X ⑯O
011	①X ②O ③O ④O ⑤O ⑥O ⑦X ⑧O ⑨X ⑩O ⑪X ⑫X ⑬O ⑭O ⑮X ⑯X ⑰X ⑱X ⑲X
012	①O ②O ③X ④O
013	①X ②O ③O ④O ⑤O ⑥O ⑦O
014	①X ②X ③O ④X
015	①X ②O ③X ④X
016	①O ②O ③O ④O
017	①O ②O ③O ④O
018	①O ②O ③X ④X
019	①O ②X ③O ④O ⑤O ⑥O
020	①X ②O ③X ④X
021	①O ②X ③O ④O
022	①O ②O ③O ④X
023	①X ②O ③O ④X ⑤O ⑥X ⑦O ⑧O ⑨X ⑩O
024	①X ②O ③O ④X ⑤O ⑥O ⑦O ⑧O ⑨X ⑩O
025	①X ②O ③O ④O ⑤O ⑥X ⑦X
026	①O ②O ③O ④O ⑤X ⑥X ⑦O ⑧O
027	①O ②X ③X ④X
028	①X ②O ③O ④O
029	①O ②O ③O ④O
030	①X ②X ③X ④X ⑤O ⑥X ⑦O ⑧X ⑨X ⑩O ⑪O ⑫O
031	①O ②X ③X ④X
032	①X ②O ③O ④O ⑤X ⑥O ⑦X ⑧X ⑨X
033	①O ②O ③O ④X
034	①O ②O ③O ④X
035	①O ②O ③X ④O
036	①O ②O ③O ④O ⑤X ⑥O ⑦O ⑧O ⑨X ⑩X ⑪X ⑫O ⑬X
037	①O ②O ③O ④X
038	①X ②O ③O ④O
039	①O ②O ③O ④O ⑤O ⑥O ⑦X ⑧O ⑨O ⑩O
040	①X ②O ③O ④O ⑤X ⑥O ⑦O ⑧O ⑨X ⑩X ⑪X
041	①O ②X ③O ④X
042	①X ②O ③O ④O ⑤O
043	①O ②O ③O ④X ⑤O ⑥X ⑦O ⑧X ⑨X ⑩X ⑪O ⑫O ⑬O ⑭O ⑮X ⑯O
044	①O ②X ③O ④O
045	①O ②X ③X ④O ⑤O ⑥O ⑦X
046	①X ②O ③X ④X
047	①O ②O ③O ④X
048	①O ②X ③O ④X
049	①O ②X ③X ④X
050	①X ②X ③O ④X
051	①X ②X ③O ④X
052	①O ②X ③O ④O
053	①O ②O ③O ④X ⑤O ⑥X ⑦O

No.								No.				
054	① ○	② ×	③ ×	④ ×				**055**	① ×	② ○	③ ×	④ ×
056	① ×	② ○	③ ○	④ ○	⑤ × ⑥ ○ ⑦ ○ ⑧ ○			**057**	① ○	② ○	③ ×	④ ○
058	① ○	② ○	③ ×	④ ○				**059**	① ×	② ×	③ ○	④ ×
060	① ○	② ○	③ ×	④ ○				**061**	① ○	② ×	③ ×	④ ×
062	① ○	② ○	③ ×	④ ○				**063**	① ○	② ×	③ ×	④ ×
064	① ×	② ×	③ ○	④ ×				**065**	① ×	② ○	③ ○	④ × ⑤ ○ ⑥ ×
066	① ×	② ×	③ ○	④ ×				**067**	① ○	② ○	③ ○	④ ×
068	① ○	② ○	③ ○	④ ×				**069**	① ×	② ×	③ ×	④ ○
070	① ○	② ○	③ ×	④ ○	⑤ ×							

001 ②·⑥ "근로자대표"란 근로자의 과반수로 조직된 노동조합이 있는 경우에는 그 노동조합을, 근로자의 과반수로 조직된 노동조합이 없는 경우에는 근로자의 과반수를 대표하는 자를 말한다.

③·⑨ "중대재해"란 산업재해 중 사망 등 재해 정도가 심하거나 다수의 재해자가 발생한 경우로서 다음에서 정하는 재해를 말한다.

㉮ 사망자가 1명 이상 발생한 재해

㉯ 3개월 이상의 요양이 필요한 부상자가 동시에 2명 이상 발생한 재해

㉰ 부상자 또는 직업성 질병자가 동시에 10명 이상 발생한 재해

⑦ "도급인"이란 물건의 제조·건설·수리 또는 서비스의 제공, 그 밖의 업무를 도급하는 사업주를 말한다. 다만, 건설공사발주자는 제외한다.

⑧ "안전보건진단"이란 산업재해를 예방하기 위하여 잠재적 위험성을 발견하고 그 개선대책을 수립할 목적으로 조사·평가하는 것을 말한다.

002 "산업재해"란 노무를 제공하는 사람이 업무에 관계되는 건설물·설비·원재료·가스·증기·분진 등에 의하거나 작업 또는 그 밖의 업무로 인하여 사망 또는 부상하거나 질병에 걸리는 것을 말한다. (법 제2조 제1호)

003 중대재해(법 제2조 제2호, 규칙 제3조)

②·④·⑪ 중대재해는 부상자 또는 직업성 질병자가 동시에 10명 이상 발생한 재해이다.

⑨·⑮ 중대재해는 3개월의 요양이 필요한 부상자가 동시에 2명 발생한 재해이다.

004 사업주 등의 의무(법 제5조)

> 사업주(특수형태근로종사자로부터 노무를 제공받는 자와 물건의 수거·배달 등을 중개하는 자를 포함)는 다음의 사항을 이행함으로써 근로자의 안전 및 건강을 유지·증진시키고 국가의 산업재해 예방정책을 따라야 한다.
> ① 이 법과 이 법에 따른 명령으로 정하는 산업재해 예방을 위한 기준
> ② 근로자의 신체적 피로와 정신적 스트레스 등을 줄일 수 있는 쾌적한 작업환경의 조성 및 근로조건 개선
> ③ 해당 사업장의 안전 및 보건에 관한 정보를 근로자에게 제공

005 안전관리자 등의 증원·교체임명 명령(규칙 제12조)

> 지방고용노동관서의 장은 다음의 어느 하나에 해당하는 사유가 발생한 경우에는 사업주에게 안전관리자·보건관리자 또는 안전
> 보건관리담당자를 정수 이상으로 증원하게 하거나 교체하여 임명할 것을 명할 수 있다.
> ① 해당 사업장의 연간재해율이 같은 업종의 평균재해율의 2배 이상인 경우
> ② 중대재해가 연간 2건 이상 발생한 경우. 다만, 해당 사업장의 전년도 사망만인율이 같은 업종의 평균 사망만인율 이하인 경우
> 　는 제외한다.
> ③ 관리자가 질병이나 그 밖의 사유로 3개월 이상 직무를 수행할 수 없게 된 경우
> ④ 화학적 인자로 인한 직업성 질병자가 연간 3명 이상 발생한 경우. 이 경우 직업성 질병자의 발생일은 「산업재해보상보험법 시
> 　행규칙」에 따른 요양급여의 결정일로 한다. 다만, 직업성 질병자 발생 당시 사업장에서 해당 화학적 인자를 사용하지 않은 경
> 　우에는 그렇지 않다.

006 공표대상 사업장(법 제10조, 영 제10조)

> 고용노동부장관은 산업재해를 예방하기 위하여 다음에서 정하는 사업장의 근로자 산업재해 발생건수, 재해율 또는 그 순위 등을
> 공표하여야 한다.
> ① 산업재해로 인한 사망자가 연간 2명 이상 발생한 사업장
> ② 사망만인율(연간 상시근로자 1만명당 발생하는 사망재해자 수의 비율)이 규모별 같은 업종의 평균 사망만인율 이상인 사업장
> ③ 중대산업사고가 발생한 사업장
> ④ 산업재해 발생 사실을 은폐한 사업장
> ⑤ 산업재해의 발생에 관한 보고를 최근 3년 이내 2회 이상 하지 않은 사업장

007 산업안전보건법령상 사회복지 서비스업의 경우, 안전보건관리규정을 작성하여야 할 사업의 규모는 상시근로자 300
명 이상을 사용하는 사업이다.

008~009 안전보건관리책임자를 두어야 하는 사업의 종류 및 사업장의 상시근로자 (법 제25조 제1항 관련, 별표 2)

사업의 종류		사업장의 상시근로자 수
1. 토사석 광업	2. 식료품 제조업, 음료 제조업	상시근로자 50명 이상
3. 목재 및 나무제품 제조업; 가구 제외	4. 펄프, 종이 및 종이제품 제조업	
5. 코크스, 연탄 및 석유정제품 제조업	6. 화학물질 및 화학제품 제조업; 의약품 제외	
7. 의료용 물질 및 의약품 제조업	8. 고무 및 플라스틱제품 제조업	
9. 비금속 광물제품 제조업	10. 1차 금속 제조업	
11. 금속가공제품 제조업; 기계 및 가구 제외	12. 전자부품, 컴퓨터, 영상, 음향 및 통신장비 제조업	
13. 의료, 정밀, 광학기기 및 시계 제조업	14. 전기장비 제조업	
15. 기타 기계 및 장비 제조업	16. 자동차 및 트레일러 제조업	
17. 기타 운송장비 제조업	18. 가구 제조업	
19. 기타 제품 제조업	20. 서적, 잡지 및 기타 인쇄물 출판업	
21. 해체, 선별 및 원료 재생업	22. 자동차 종합 수리업, 자동차 전문 수리업	
23. 농업	24. 어업	상시근로자 300명 이상
25. 소프트웨어 개발 및 공급업	26. 컴퓨터 프로그래밍, 시스템 통합 및 관리업	
26의2. 영상·오디오물 제공 서비스업	27. 정보서비스업	
28. 금융 및 보험업	29. 임대업; 부동산 제외	
30. 전문, 과학 및 기술 서비스업(연구개발업은 제외)		
31. 사업지원 서비스업	32. 사회복지 서비스업	
33. 건설업		공사금액 20억원 이상
34. 1.부터 26.까지, 26의2. 27.부터 33.까지의 사업을 제외한 사업		상시근로자 100명 이상

010 안전보건관리책임자의 업무(법 제15조)

사업주는 사업장을 실질적으로 총괄하여 관리하는 사람에게 해당 사업장의 다음의 업무를 총괄하여 관리하도록 하여야 한다.
① 사업장의 산업재해 예방계획의 수립에 관한 사항
② 안전보건관리규정의 작성 및 변경에 관한 사항
③ 안전보건교육에 관한 사항
④ 작업환경측정 등 작업환경의 점검 및 개선에 관한 사항
⑤ 근로자의 건강진단 등 건강관리에 관한 사항
⑥ 산업재해의 원인 조사 및 재발 방지대책 수립에 관한 사항
⑦ 산업재해에 관한 통계의 기록 및 유지에 관한 사항
⑧ 안전장치 및 보호구 구입 시 적격품 여부 확인에 관한 사항
⑨ 그 밖에 근로자의 유해·위험 방지조치에 관한 사항으로서 고용노동부령으로 정하는 사항

011 안전관리자의 업무(영 제18조)

① 산업안전보건위원회 또는 안전 및 보건에 관한 노사협의체에서 심의·의결한 업무와 해당 사업장의 안전보건관리규정 및 취업
   규칙에서 정한 업무
② 위험성평가에 관한 보좌 및 지도·조언
③ 안전인증대상기계 등과 자율안전확인대상기계 등 구입 시 적격품의 선정에 관한 보좌 및 지도·조언
④ 해당 사업장 안전교육계획의 수립 및 안전교육 실시에 관한 보좌 및 지도·조언
⑤ 사업장 순회점검, 지도 및 조치 건의
⑥ 산업재해 발생의 원인 조사·분석 및 재발 방지를 위한 기술적 보좌 및 지도·조언
⑦ 산업재해에 관한 통계의 유지·관리·분석을 위한 보좌 및 지도·조언
⑧ 법 또는 법에 따른 명령으로 정한 안전에 관한 사항의 이행에 관한 보좌 및 지도·조언
⑨ 업무 수행 내용의 기록·유지
⑩ 그 밖에 안전에 관한 사항으로서 고용노동부장관이 정하는 사항

012 ③ 해당 사업장 안전교육계획의 수립 및 안전교육 실시에 관한 보좌 및 지도·조언은 안전관리자의 업무에 속한다.

관리감독자의 업무 등(법 제16조, 영 제15조)
① 사업장 내 관리감독자가 지휘·감독하는 작업과 관련된 기계·기구 또는 설비의 안전·보건 점검 및 이상 유무의 확인
② 관리감독자에게 소속된 근로자의 작업복·보호구 및 방호장치의 점검과 그 착용·사용에 관한 교육·지도
③ 해당작업에서 발생한 산업재해에 관한 보고 및 이에 대한 응급조치
④ 해당작업의 작업장 정리·정돈 및 통로 확보에 대한 확인·감독
⑤ 사업장의 다음의 어느 하나에 해당하는 사람의 지도·조언에 대한 협조
　㉮ 안전관리자 또는 안전관리자의 업무를 같은 항에 따른 안전관리전문기관에 위탁한 사업장의 경우에는 그 안전관리전문기
　　관의 해당 사업장 담당자
　㉯ 보건관리자 또는 보건관리자의 업무를 같은 항에 따른 보건관리전문기관에 위탁한 사업장의 경우에는 그 보건관리전문기
　　관의 해당 사업장 담당자
　㉰ 안전보건관리담당자 또는 안전보건관리담당자의 업무를 안전관리전문기관 또는 보건관리전문기관에 위탁한 사업장의 경
　　우에는 그 안전관리전문기관 또는 보건관리전문기관의 해당 사업장 담당자
　㉱ 산업보건의
⑥ 위험성평가에 관한 다음의 업무
　㉮ 유해·위험요인의 파악에 대한 참여
　㉯ 개선조치의 시행에 대한 참여
⑦ 그 밖에 해당작업의 안전 및 보건에 관한 사항으로서 고용노동부령으로 정하는 사항

013 ① 상시근로자가 1,000명 이상인 통신업은 안전관리자를 2인 이상 선임하여야 한다. (영 제16조)

014 건설업 관련 안전관리자의 선임(영 16조, 별표 3)

공사 금액	안전관리자의 수
공사금액 50억원 이상(관계수급인은 100억원 이상) 120억원 미만(「건설산업기본법 시행령」 별표 1 제1호 가목의 토목공사업의 경우에는 150억원 미만)	1명 이상
공사금액 120억원 이상(「건설산업기본법 시행령」 별표 1 제1호 가목의 토목공사업의 경우에는 150억원 이상) 800억원 미만	
공사금액 800억원 이상 1,500억원 미만	2명 이상. 다만, 전체 공사기간을 100으로 할 때 공사 시작에서 15에 해당하는 기간과 공사 종료 전의 15에 해당하는 기간(이하 "전체 공사기간 중 전·후 15에 해당하는 기간"이라 한다) 동안은 1명 이상으로 한다.
공사금액 1,500억원 이상 2,200억원 미만	3명 이상. 다만, 전체 공사기간 중 전·후 15에 해당하는 기간은 2명 이상으로 한다.
공사금액 2,200억원 이상 3천억원 미만	4명 이상. 다만, 전체 공사기간 중 전·후 15에 해당하는 기간은 2명 이상으로 한다.
공사금액 3천억원 이상 3,900억원 미만	5명 이상. 다만, 전체 공사기간 중 전·후 15에 해당하는 기간은 3명 이상으로 한다.
공사금액 3,900억원 이상 4,900억원 미만	6명 이상. 다만, 전체 공사기간 중 전·후 15에 해당하는 기간은 3명 이상으로 한다.
공사금액 4,900억원 이상 6천억원 미만	7명 이상. 다만, 전체 공사기간 중 전·후 15에 해당하는 기간은 4명 이상으로 한다.
공사금액 6천억원 이상 7,200억원 미만	8명 이상. 다만, 전체 공사기간 중 전·후 15에 해당하는 기간은 4명 이상으로 한다.
공사금액 7,200억원 이상 8,500억원 미만	9명 이상. 다만, 전체 공사기간 중 전·후 15에 해당하는 기간은 5명 이상으로 한다.
공사금액 8,500억원 이상 1조원 미만	10명 이상. 다만, 전체 공사기간 중 전·후 15에 해당하는 기간은 5명 이상으로 한다.
1조원 이상	11명 이상[매 2천억원(2조원 이상부터는 매 3천억원)마다 1명씩 추가한다]. 다만, 전체 공사기간 중 전·후 15에 해당하는 기간은 선임 대상 안전관리자 수의 2분의 1(소수점 이하는 올림한다) 이상으로 한다.

015 운수 및 창고업은 상시근로자수가 50명 이상 500명 미만인 경우에는 안전관리자의 수는 1명 이상, 상시근로자수가 500명 이상인 경우에는 안전관리자의 수는 2명 이상이다. (영 제16조 제1항, 별표 3)

016 제조업, 임업, 하수·폐수 및 분뇨 처리업, 폐기물 수집·운반·처리 및 원료 재생업, 환경 정화 및 복원업 사업의 사업주는 상시근로자 20명 이상 50명 미만인 사업장에 안전보건관리담당자를 1명 이상 선임해야 한다. 건설업은 공사금액에 따라 안전보건관리담당자를 선임하여야 한다. (법 제19조, 영 제24조)

017 ② 보호구의 구입 시 적격품의 선정은 안전보건관리담당자의 업무이다.

> **명예산업안전감독관의 업무(영 제32조 제2항)**
> ① 사업장에서 하는 자체점검 참여 및 「근로기준법에 따른 근로감독관이 하는 사업장 감독 참여
> ② 사업장 산업재해 예방계획 수립 참여 및 사업장에서 하는 기계·기구 자체검사 참석
> ③ 법령을 위반한 사실이 있는 경우 사업주에 대한 개선 요청 및 감독기관에의 신고
> ④ 산업재해 발생의 급박한 위험이 있는 경우 사업주에 대한 작업중지 요청
> ⑤ 작업환경측정, 근로자 건강진단 시의 참석 및 그 결과에 대한 설명회 참여
> ⑥ 직업성 질환의 증상이 있거나 질병에 걸린 근로자가 여러 명 발생한 경우 사업주에 대한 임시건강진단 실시 요청
> ⑦ 근로자에 대한 안전수칙 준수 지도
> ⑧ 안전·보건 의식을 북돋우기 위한 활동 등에 대한 참여와 지원
> ⑨ 그 밖에 산업재해 예방에 대한 홍보 등 산업재해 예방업무와 관련하여 고용노동부장관이 정하는 업무

018 산업안전보건위원회를 구성해야 할 사업의 종류 및 사업장의 상시근로자 수(영 제34조, 별표 9)

사업의 종류	사업장의 상시근로자 수
1. 토사석 광업 2. 목재 및 나무제품 제조업; 가구 제외 3. 화학물질 및 화학제품 제조업; 의약품 제외(세제, 화장품 및 광택제 제조업과 화학섬유 제조업은 제외한다) 4. 비금속 광물제품 제조업 5. 1차 금속 제조업 6. 금속가공제품 제조업; 기계 및 가구 제외 7. 자동차 및 트레일러 제조업 8. 기타 기계 및 장비 제조업(사무용 기계 및 장비 제조업은 제외한다) 9. 기타 운송장비 제조업(전투용 차량 제조업은 제외한다)	상시근로자 50명 이상
10. 농업 11. 어업 12. 소프트웨어 개발 및 공급업 13. 컴퓨터 프로그래밍, 시스템 통합 및 관리업 13의2. 영상·오디오물 제공 서비스업 14. 정보서비스업 15. 금융 및 보험업 16. 임대업; 부동산 제외 17. 전문, 과학 및 기술 서비스업(연구개발업은 제외한다) 18. 사업지원 서비스업 19. 사회복지 서비스업	상시근로자 300명 이상
20. 건설업	공사금액 120억원 이상
20.2. 종합적인 계획·관리 및 조정에 따라 토목공작물을 설치하거나 토지를 조성·개량하는 공사에 따른 토목공사업	공사금액 150억원 이상
21. 제1부터 제13까지, 제13의2 및 제14부터 제20까지의 사업을 제외한 사업	상시근로자 100명 이상

019 산업안전보건위원회의 구성(영 제35조 제2항)

> 산업안전보건위원회의 사용자위원은 다음의 사람으로 구성한다. 다만, 상시근로자 50명 이상 100명 미만을 사용하는 사업장에
> 서는 ⑤에 해당하는 사람을 제외하고 구성할 수 있다.
> ① 해당 사업의 대표자(같은 사업으로서 다른 지역에 사업장이 있는 경우에는 그 사업장의 안전보건관리책임자)
> ② 안전관리자(안전관리자를 두어야 하는 사업장으로 한정하되, 안전관리자의 업무를 안전관리전문기관에 위탁한 사업장의 경우
>   에는 그 안전관리전문기관의 해당 사업장 담당자를 말한다) 1명
> ③ 보건관리자(보건관리자를 두어야 하는 사업장으로 한정하되, 보건관리자의 업무를 보건관리전문기관에 위탁한 사업장의 경우
>   에는 그 보건관리전문기관의 해당 사업장 담당자) 1명
> ④ 산업보건의(해당 사업장에 선임되어 있는 경우로 한정)
> ⑤ 해당 사업의 대표자가 지명하는 9명 이내의 해당 사업장 부서의 장

020~021 산업안전보건위원회의 회의는 정기회의와 임시회의로 구분하되, 정기회의는 분기마다 산업안전보건위원회의
위원장이 소집하며, 임시회의는 위원장이 필요하다고 인정할 때에 소집한다. (영 제37조 제1항)

022 산업안전보건위원회의 위원장은 산업안전보건위원회에서 심의·의결된 내용 등 회의 결과와 중재 결정된 내용 등을
사내방송이나 사내보, 게시 또는 자체 정례조회, 그 밖의 적절한 방법으로 근로자에게 신속히 알려야 한다. (영 제39조)

023 안전보건총괄책임자의 직무(영 제53조)

> ① 위험성평가의 실시에 관한 사항
> ② 작업의 중지
> ③ 도급 시 산업재해 예방조치
> ④ 산업안전보건관리비의 관계수급인 간의 사용에 관한 협의·조정 및 그 집행의 감독
> ⑤ 안전인증대상기계 등과 자율안전확인대상기계 등의 사용 여부 확인

024 산업안전보건위원회의 심의·의결 사항(법 제24조 제2항)

> 사업주는 다음의 사항에 대해서는 산업안전보건위원회의 심의·의결을 거쳐야 한다.
> ① 사업장의 산업재해 예방계획의 수립에 관한 사항
> ② 안전보건관리규정의 작성 및 변경에 관한 사항
> ③ 안전보건교육에 관한 사항
> ④ 작업환경측정 등 작업환경의 점검 및 개선에 관한 사항
> ⑤ 근로자의 건강진단 등 건강관리에 관한 사항
> ⑥ 산업재해에 관한 통계의 기록 및 유지에 관한 사항
> ⑦ 산업재해의 원인 조사 및 재발 방지대책 수립에 관한 사항 중 중대재해에 관한 사항
> ⑧ 유해하거나 위험한 기계·기구·설비를 도입한 경우 안전 및 보건 관련 조치에 관한 사항
> ⑨ 그 밖에 해당 사업장 근로자의 안전 및 보건을 유지·증진시키기 위하여 필요한 사항

025 ① 산업재해 사례 및 대책에 관한 사항, ⑥ 산업재해손실비용 분석방법에 관한 사항, ⑦의 산업재해보상보험에 관한
사항은 안전보건관리규정에 포함되지 않는 사항이다. (법 제25조)

026 유해위험방지계획서의 작성·제출 등(법 제42조, 영 제42조)

> 사업주는 다음의 어느 하나에 해당하는 경우에는 이 법 또는 이 법에 따른 명령에서 정하는 유해·위험 방지에 관한 사항을 적은 계획서를 작성하여 고용노동부령으로 정하는 바에 따라 고용노동부장관에게 제출하고 심사를 받아야 한다.
> ① 지상높이가 31m 이상인 건축물 또는 인공구조물, 연면적 30,000m² 이상인 건축물, 연면적 5,000m² 이상인 시설로서 문화 및 집회시설(전시장 및 동물원·식물원은 제외), 판매시설, 운수시설(고속철도의 역사 및 집배송시설은 제외), 종교시설, 의료시설 중 종합병원, 숙박시설 중 관광숙박시설, 지하도상가, 냉동·냉장 창고시설 등 건축물 또는 시설 등의 건설·개조 또는 해체 공사
> ② 연면적 5,000m² 이상인 냉동·냉장 창고시설의 설비공사 및 단열공사
> ③ 최대 지간(支間)길이(다리의 기둥과 기둥의 중심사이의 거리)가 50m 이상인 다리의 건설 등 공사
> ④ 터널 건설 등 공사
> ⑤ 다목적댐, 발전용댐, 저수용량 2천만톤 이상의 용수 전용 댐 및 지방상수도 전용 댐의 건설 등 공사
> ⑥ 깊이 10m 이상인 굴착공사

027 사업주는 안전보건개선계획을 수립할 때에는 산업안전보건위원회의 심의를 거쳐야 한다. 다만, 산업안전보건위원회가 설치되어 있지 아니한 사업장의 경우에는 근로자대표의 의견을 들어야 한다. (법 제49조 제2항)

028 근로자의 정기 안전보건교육 내용(규칙 제26조, 별표 5)

> ① 산업안전 및 사고 예방에 관한 사항
> ② 산업보건 및 직업병 예방에 관한 사항
> ③ 위험성 평가에 관한 사항
> ④ 건강증진 및 질병 예방에 관한 사항
> ⑤ 유해·위험 작업환경 관리에 관한 사항
> ⑥ 산업안전보건법령 및 산업재해보상보험 제도에 관한 사항
> ⑦ 직무스트레스 예방 및 관리에 관한 사항
> ⑧ 직장 내 괴롭힘, 고객의 폭언 등으로 인한 건강장해 예방 및 관리에 관한 사항

029 안전보건개선계획서에는 시설, 안전보건관리체제, 안전·보건교육, 산업재해 예방 및 작업환경의 개선을 위하여 필요한 사항이 포함되어야 한다. (법 제49조, 규칙 제61조)

030~031 안전보건개선계획의 수립·시행 명령(법 제49조, 영 제49조)

> 안전보건진단을 받아 안전보건개선계획을 수립하여 시행할 것을 명할 수 있다.
> ① 산업재해율이 같은 업종 평균 산업재해율의 2배 이상인 사업장
> ② 사업주가 필요한 안전조치 또는 보건조치를 이행하지 아니하여 중대재해가 발생한 사업장
> ③ 직업성 질병자가 연간 2명 이상(상시근로자 1천명 이상 사업장의 경우 3명 이상) 발생한 사업장
> ④ 그 밖에 작업환경 불량, 화재·폭발 또는 누출 사고 등으로 사업장 주변까지 피해가 확산된 사업장으로서 고용노동부령으로 정하는 사업장

032 안전보건개선계획의 수립·시행 명령(법 제49조)

> 고용노동부장관은 다음의 어느 하나에 해당하는 사업장으로서 산업재해 예방을 위하여 종합적인 개선조치를 할 필요가 있다고
> 인정되는 사업장의 사업주에게 고용노동부령으로 정하는 바에 따라 그 사업장, 시설, 그 밖의 사항에 관한 안전 및 보건에 관한 개
> 선계획을 수립하여 시행할 것을 명할 수 있다.
> ① 산업재해율이 같은 업종의 규모별 평균 산업재해율보다 높은 사업장
> ② 사업주가 필요한 안전조치 또는 보건조치를 이행하지 아니하여 중대재해가 발생한 사업장
> ③ 직업성 질병자가 연간 2명 이상 발생한 사업장
> ④ 유해인자의 노출기준을 초과한 사업장

033 안전보건개선계획서를 제출해야 하는 사업주는 안전보건개선계획서 수립·시행 명령을 받은 날부터 60일 이내에 관할
지방고용노동관서의 장에게 해당 계획서를 제출(전자문서로 제출하는 것을 포함)해야 한다. (법 제50조, 규칙 제61조)

034 사업주는 중대재해가 발생한 사실을 알게 된 경우에는 지체 없이 발생 개요 및 피해 상황, 조치 및 전망, 그 밖의 중
요한 사항을 사업장 소재지를 관할하는 지방고용노동관서의 장에게 전화·팩스 또는 그 밖의 적절한 방법으로 보고
해야 한다. (법 제54조, 규칙 제67조)

035 산업재해 발생 은폐 금지 및 보고 등(법 제57조)

> ① 사업주는 산업재해가 발생하였을 때에는 그 발생 사실을 은폐해서는 아니 된다.
> ② 사업주는 고용노동부령으로 정하는 바에 따라 산업재해의 발생 원인 등을 기록하여 보존하여야 한다.
> ③ 사업주는 고용노동부령으로 정하는 산업재해에 대해서는 그 발생 개요·원인 및 보고 시기, 재발방지 계획 등을 고용노동부령
> 으로 정하는 바에 따라 고용노동부장관에게 보고하여야 한다.

036 안전보건총괄책임자를 지정해야 하는 사업의 종류 및 사업장의 상시근로자 수는 관계수급인에게 고용된 근로자를
포함한 상시근로자가 100명(선박 및 보트 건조업, 1차 금속 제조업 및 토사석 광업의 경우에는 50명) 이상인 사업이
나 관계수급인의 공사금액을 포함한 해당 공사의 총공사금액이 20억원 이상인 건설업으로 한다. (법 제62조, 영 제
52조)

037~038 노사협의체 구성(법 제75조, 영 제64조)

1) 노사협의체는 다음과 같이 근로자위원과 사용자위원으로 구성한다.

근로자위원	• 도급 또는 하도급 사업을 포함한 전체 사업의 근로자대표 • 근로자대표가 지명하는 명예산업안전감독관 1명(다만, 명예산업안전감독관이 위촉되어 있지 않은 경우에는 근로자대표가 지명하는 해당 사업장 근로자 1명) • 공사금액이 20억원 이상인 공사의 관계수급인의 각 근로자대표
사용자위원	• 도급 또는 하도급 사업을 포함한 전체 사업의 대표자 • 안전관리자 1명 • 보건관리자 1명(보건관리자 선임대상 건설업으로 한정) • 공사금액이 20억원 이상인 공사의 관계수급인의 각 대표자

2) 노사협의체의 근로자위원과 사용자위원은 합의하여 노사협의체에 공사금액이 20억원 미만인 공사의 관계수
급인 및 관계수급인 근로자대표를 위원으로 위촉할 수 있다.

3) 노사협의체의 근로자위원과 사용자위원은 합의하여 「건설기계관리법」에 따라 등록된 건설기계를 직접 운전하는 사람을 노사협의체에 참여하도록 할 수 있다.

039 ③·⑦ 노사협의체의 회의는 정기회의와 임시회의로 구분하여 개최하되, 정기회의는 2개월마다 노사협의체의 위원장이 소집하며, 임시회의는 위원장이 필요하다고 인정할 때에 소집한다. (법 제75조, 영 제64조, 제65조)

040 안전인증대상 기계 또는 설비, 방호장치, 보호구(법 제84조, 영 제74조)

> ① 산업안전보건법상 안전인증대상 기계 또는 설비에는 프레스, 전단기 및 절곡기, 크레인, 리프트, 압력용기, 롤러기, 사출성형기, 고소작업대, 곤돌라 등이 있다.
> ② 산업안전보건법상 안전인증대상 방호장치에는 프레스 및 전단기 방호장치, 양중기용 과부하 방지장치, 보일러 압력방출용 안전밸브, 압력용기 압력방출용 안전밸브 및 파열판, 절연용 방호구 및 활선작업용 기구, 방폭구조 전기기계·기구 및 부품, 추락·낙하 및 붕괴 등의 위험 방지 및 보호에 필요한 가설기자재로서 고용노동부장관이 정하여 고시하는 것, 충돌·협착 등의 위험 방지에 필요한 산업용 로봇 방호장치로서 고용노동부장관이 정하여 고시하는 것 등이 있다.
> ③ 산업안전보건법상 안전인증대상 보호구에는 추락 및 감전 위험방지용 안전모, 안전화, 안전장갑, 방진마스크, 방독마스크, 송기마스크, 전동식 호흡보호구, 보호복, 안전대, 차광 및 비산물 위험방지용 보안경, 용접용 보안면, 방음용 귀마개 또는 귀덮개 등이 있다.

041 ①·②·④는 안전인증대상 기계 또는 설비 등에 속한다.

042 자율안전확인대상 기계·설비, 방호장치, 보호구 등(법 제84조, 영 제77조)

> ① 산업안전보건법령상 자율안전확인대상 기계 또는 설비는 연삭기 또는 연마기(휴대형은 제외), 산업용 로봇, 혼합기, 파쇄기 또는 분쇄기, 식품가공용 기계(파쇄·절단·혼합·제면기만 해당), 컨베이어, 자동차정비용 리프트, 공작기계(선반, 드릴기, 평삭·형삭기, 밀링만 해당), 고정형 목재가공용 기계(둥근톱, 대패, 루타기, 띠톱, 모떼기 기계만 해당), 인쇄기 등이 있다.
> ② 산업안전보건법령상 자율안전확인대상 방호장치에는 아세틸렌 용접장치용 또는 가스집합 용접장치용 안전기, 교류 아크용접기용 자동전격방지기, 롤러기 급정지장치, 연삭기 덮개, 목재 가공용 둥근톱 반발 예방장치와 날 접촉 예방장치, 동력식 수동대패용 칼날 접촉 방지장치, 추락·낙하 및 붕괴 등의 위험 방지 및 보호에 필요한 가설기자재(추락·낙하 및 붕괴 등의 위험 방지 및 보호에 필요한 가설기자재는 제외)로서 고용노동부장관이 정하여 고시하는 것 등이 있다.
> ③ 산업안전보건법령상 자율안전확인대상 보호구에는 안전모(추락 및 감전 위험방지용 안전모는 제외), 보안경(차광 및 비산물 위험방지용 보안경은 제외), 보안면(용접용 보안면은 제외) 등이 있다.

043 안전검사대상기계 등에는 프레스, 전단기, 크레인(정격 하중이 2톤 미만인 것은 제외), 리프트, 압력용기, 곤돌라, 국소 배기장치(이동식은 제외), 원심기(산업용만 해당), 롤러기(밀폐형 구조는 제외), 사출성형기[형 체결력(型 締結力) 294KN 미만은 제외], 고소작업대(화물자동차 또는 특수자동차에 탑재한 고소작업대), 컨베이어, 산업용 로봇, 혼합기, 파쇄기 또는 분쇄기 등이 포함된다. (법 제93조, 영 제78조)

044 유해·위험작업에 대한 근로시간 제한 등(법 제139조, 영 제99조)

> ① 갱 내에서 하는 작업
> ② 다량의 고열물체를 취급하는 작업과 현저히 덥고 뜨거운 장소에서 하는 작업
> ③ 다량의 저온물체를 취급하는 작업과 현저히 춥고 차가운 장소에서 하는 작업
> ④ 라듐방사선이나 엑스선, 그 밖의 유해 방사선을 취급하는 작업
> ⑤ 유리·흙·돌·광물의 먼지가 심하게 날리는 장소에서 하는 작업
> ⑥ 강렬한 소음이 발생하는 장소에서 하는 작업
> ⑦ 착암기(바위에 구멍을 뚫는 기계) 등에 의하여 신체에 강렬한 진동을 주는 작업
> ⑧ 인력으로 중량물을 취급하는 작업
> ⑨ 납·수은·크롬·망간·카드뮴 등의 중금속 또는 이황화탄소·유기용제, 그 밖에 고용노동부령으로 정하는 특정 화학물질의 먼지·증기 또는 가스가 많이 발생하는 장소에서 하는 작업

045 사업주는 산업재해가 발생한 때에는 사업장의 개요 및 근로자의 인적사항, 재해 발생의 일시 및 장소, 재해 발생의 원인 및 과정, 재해 재발방지 계획을 기록·보존해야 한다. 다만, 산업재해조사표의 사본을 보존하거나 요양신청서의 사본에 재해 재발방지 계획을 첨부하여 보존한 경우에는 그렇지 않다. (규칙 제72조)

046 도급인은 작업장 순회점검을 다음의 구분에 따라 실시해야 한다. (규칙 제80조)

사업의 종류	① 건설업, 제조업, 토사석 광업, 서적, 잡지 및 기타 인쇄물 출판업, 음악 및 기타 오디오물 출판업, 금속 및 비금속 원료 재생업	①의 사업을 제외한 사업
순회점검횟수	2일에 1회 이상	1주일에 1회 이상

047 안전인증심사의 종류 및 방법(규칙 제110조)

> 유해·위험기계 등이 안전인증기준에 적합한지를 확인하기 위하여 안전인증기관이 하는 심사는 다음과 같다.
> ① 예비심사 : 기계 및 방호장치·보호구가 유해·위험기계 등 인지를 확인하는 심사(법 제84조제3항에 따라 안전인증을 신청한 경우만 해당한다)
> ② 서면심사 : 유해·위험기계 등의 종류별 또는 형식별로 설계도면 등 유해·위험기계 등의 제품기술과 관련된 문서가 안전인증기준에 적합한지에 대한 심사
> ③ 기술능력 및 생산체계 심사 : 유해·위험기계 등의 안전성능을 지속적으로 유지·보증하기 위하여 사업장에서 갖추어야 할 기술능력과 생산체계가 안전인증기준에 적합한지에 대한 심사. 다만, 다음 각 목의 어느 하나에 해당하는 경우에는 기술능력 및 생산체계 심사를 생략한다.
> ㉮ 방호장치 및 보호구를 고용노동부장관이 정하여 고시하는 수량 이하로 수입하는 경우
> ㉯ 개별 제품심사를 하는 경우
> ㉰ 안전인증(형식별 제품심사를 하여 안전인증을 받은 경우로 한정)을 받은 후 같은 공정에서 제조되는 같은 종류의 안전인증대상기계등에 대하여 안전인증을 하는 경우
> ④ 제품심사 : 유해·위험기계 등이 서면심사 내용과 일치하는지와 유해·위험기계 등의 안전에 관한 성능이 안전인증기준에 적합한지에 대한 심사. 다만, 다음의 심사는 유해·위험기계등별로 고용노동부장관이 정하여 고시하는 기준에 따라 어느 하나만을 받는다.
> ㉮ 개별 제품심사 : 서면심사 결과가 안전인증기준에 적합할 경우에 유해·위험기계 등 모두에 대하여 하는 심사(안전인증을 받으려는 자가 서면심사와 개별 제품심사를 동시에 할 것을 요청하는 경우 병행할 수 있다)
> ㉯ 형식별 제품심사 : 서면심사와 기술능력 및 생산체계 심사 결과가 안전인증기준에 적합할 경우에 유해·위험기계 등의 형식별로 표본을 추출하여 하는 심사(안전인증을 받으려는 자가 서면심사, 기술능력 및 생산체계 심사와 형식별 제품심사를 동시에 할 것을 요청하는 경우 병행할 수 있다)

048 ①은 예비심사, ②는 제품심사 중 형식별 제품심사, ③은 서면심사에 대한 설명이다.

049 국가통합인증마크 기본모형의 색채는 테와 문자는 남색(5PB 2/8)을 사용하고, 기타 부분은 백색이다. (국가표준기본법 시행령 15조의6 별표 6, 산업안전보건법 시행규칙 별표 14)

050 ①은 공정위험성평가서 및 잠재위험에 대한 사고예방·피해 최소화 대책에, ②·④는 안전운전계획에 속한다.

> **공정안전자료의 세부내용 등(규칙 제50조)**
> 공정안전자료의 세부 내용은 다음과 같다.
> ① 취급·저장하고 있거나 취급·저장하려는 유해·위험물질의 종류 및 수량
> ② 유해·위험물질에 대한 물질안전보건자료
> ③ 유해하거나 위험한 설비의 목록 및 사양
> ④ 유해하거나 위험한 설비의 운전방법을 알 수 있는 공정도면
> ⑤ 각종 건물·설비의 배치도
> ⑥ 폭발위험장소 구분도 및 전기단선도
> ⑦ 위험설비의 안전설계·제작 및 설치 관련 지침서

051 안전검사의 주기와 합격표시 및 표시방법(규칙 제126조)

> ① 크레인(이동식 크레인은 제외), 리프트(이삿짐운반용 리프트는 제외) 및 곤돌라 : 사업장에 설치가 끝난 날부터 3년 이내에 최초 안전검사를 실시하되, 그 이후부터 2년마다(건설현장에서 사용하는 것은 최초로 설치한 날부터 6개월마다)
> ② 이동식 크레인, 이삿짐운반용 리프트 및 고소작업대 : 신규등록 이후 3년 이내에 최초 안전검사를 실시하되, 그 이후부터 2년마다
> ③ 프레스, 전단기, 압력용기, 국소 배기장치, 원심기, 롤러기, 사출성형기, 컨베이어, 산업용 로봇, 혼합기, 파쇄기 또는 분쇄기 : 사업장에 설치가 끝난 날부터 3년 이내에 최초 안전검사를 실시하되, 그 이후부터 2년마다(공정안전보고서를 제출하여 확인을 받은 압력용기는 4년마다)

052 같은 종류 업무 근속기간은 과거 다른 회사의 경력부터 현직 경력(동일·유사 업무 근무경력)까지 합하여 적는다. (질병의 경우, 관련 작업근무기간) (규칙 별지제30호서식)

053 양중기에는 크레인[호이스트(hoist)를 포함], 이동식 크레인, 리프트(이삿짐운반용 리프트의 경우에는 적재하중이 0.1톤 이상인 것), 곤돌라, 승강기 등이 있다. (안전보건규칙 제132조)
④ 항타기는 건설기계 등에 포함된다.
⑥ 컨베이어와 양중기는 무관하다.

054 개구부 덮개는 방호장치로서 산업안전보건관리비로 사용할 수 있다.

도급인과 자기공사자는 산업안전보건관리비를 산업재해예방 목적으로 다음 기준에 따라 사용하여야 한다.

① 안전관리자·보건관리자의 임금 등
- ㉮ 안전관리 또는 보건관리 업무만을 전담하는 안전관리자 또는 보건관리자의 임금과 출장비 전액(지방고용노동관서에 선임 보고한 날부터 발생한 비용에 한정한다.)
- ㉯ 안전관리 또는 보건관리 업무를 전담하지 않는 안전관리자 또는 보건관리자의 임금과 출장비의 각각 1/2에 해당하는 비용 (지방고용노동관서에 선임 보고한 날부터 발생한 비용에 한정한다.)
- ㉰ 안전관리자를 선임한 건설공사 현장에서 산업재해 예방 업무만을 수행하는 작업지휘자, 유도자, 신호자 등의 임금 전액
- ㉱ 별표 1의2에 해당하는 작업을 직접 지휘·감독하는 직·조·반장 등 관리감독자의 직위에 있는 자가 영 제15조제1항에서 정하는 업무를 수행하는 경우에 지급하는 업무수당(임금의 1/10 이내)

② 안전시설비 등
- ㉮ 산업재해 예방을 위한 안전난간, 추락방호망, 안전대 부착설비, 방호장치(기계·기구와 방호장치가 일체로 제작된 경우, 방호장치 부분의 가액에 한함) 등 안전시설의 구입·임대 및 설치 등을 위해 소요되는 비용
- ㉯ 「산업재해예방시설자금 융자금 지원사업 및 보조금 지급사업 운영규정」에 따른 "스마트안전장비 지원사업" 및 「건설기술진흥법」에 따른 스마트 안전장비 구입·임대 비용. 다만, 제4조에 따라 계상된 산업안전보건관리비 총액의 1/10를 초과할 수 없다.
- ㉰ 용접 작업 등 화재 위험작업 시 사용하는 소화기의 구입·임대비용

③ 보호구 등
- ㉮ 보호구의 구입·수리·관리 등에 소요되는 비용
- ㉯ 근로자가 보호구를 직접 구매·사용하여 합리적인 범위 내에서 보전하는 비용
- ㉰ 안전관리자 등의 업무용 피복, 기기 등을 구입하기 위한 비용
- ㉱ 안전관리자 및 보건관리자가 안전보건 점검 등을 목적으로 건설공사 현장에서 사용하는 차량의 유류비·수리비·보험료

④ 안전보건진단비 등
- ㉮ 유해위험방지계획서의 작성 등에 소요되는 비용
- ㉯ 안전보건진단에 소요되는 비용
- ㉰ 작업환경 측정에 소요되는 비용
- ㉱ 그 밖에 산업재해예방을 위해 법에서 지정한 전문기관 등에서 실시하는 진단, 검사, 지도 등에 소요되는 비용

⑤ 안전보건교육비 등
- ㉮ 의무교육이나 이에 준하여 실시하는 교육을 위해 건설공사 현장의 교육 장소 설치·운영 등에 소요되는 비용
- ㉯ 산업재해 예방이 주된 목적인 교육을 실시하기 위해 소요되는 비용
- ㉰ 「응급의료에 관한 법률」에 따른 안전보건교육 대상자 등에게 구조 및 응급처치에 관한 교육을 실시하기 위해 소요되는 비용
- ㉱ 안전보건관리책임자, 안전관리자, 보건관리자가 업무수행을 위해 필요한 정보를 취득하기 위한 목적으로 도서, 정기간행물을 구입하는 데 소요되는 비용
- ㉲ 건설공사 현장에서 안전기원제 등 산업재해 예방을 기원하는 행사를 개최하기 위해 소요되는 비용. 다만, 행사의 방법, 소요된 비용 등을 고려하여 사회통념에 적합한 행사에 한한다.
- ㉳ 건설공사 현장의 유해·위험요인을 제보하거나 개선방안을 제안한 근로자를 격려하기 위해 지급하는 비용

⑥ 근로자 건강장해예방비 등
- ㉮ 법·영·규칙에서 규정하거나 그에 준하여 필요로 하는 각종 근로자의 건강장해 예방에 필요한 비용
- ㉯ 중대재해 목격으로 발생한 정신질환을 치료하기 위해 소요되는 비용
- ㉰ 「감염병의 예방 및 관리에 관한 법률」에 따른 감염병의 확산 방지를 위한 마스크, 손소독제, 체온계 구입비용 및 감염병병원체 검사를 위해 소요되는 비용
- ㉱ 휴게시설을 갖춘 경우 온도, 조명 설치·관리기준을 준수하기 위해 소요되는 비용
- ㉲ 건설공사 현장에서 근로자 심폐소생을 위해 사용되는 자동심장충격기(AED) 구입에 소요되는 비용
- ㉳ 온열·한랭질환으로부터 근로자 건강장해를 예방하기 위한 임시 휴게시설 설치·해체·임대 비용 및 냉·난방기기의 임대 비용

056 안전관리계획의 수립(건설기술진흥법 시행령 제98조)

안전관리계획을 수립해야 하는 건설공사는 다음과 같다. 이 경우 원자력시설공사는 제외하며, 해당 건설공사가 「산업안전보건법」에 따른 유해위험방지계획을 수립해야 하는 건설공사에 해당하는 경우에는 해당 계획과 안전관리계획을 통합하여 작성할 수 있다.

① 「시설물의 안전 및 유지관리에 관한 특별법」 1종시설물 및 2종시설물의 건설공사(유지관리를 위한 건설공사는 제외)

② 지하 10m 이상을 굴착하는 건설공사. 이 경우 굴착 깊이 산정 시 집수정(물저장고), 엘리베이터 피트 및 정화조 등의 굴착 부분은 제외하며, 토지에 높낮이 차가 있는 경우 굴착 깊이의 산정방법은 「건축법 시행령」을 따른다.

③ 폭발물을 사용하는 건설공사로서 20m 안에 시설물이 있거나 100m 안에 사육하는 가축이 있어 해당 건설공사로 인한 영향을 받을 것이 예상되는 건설공사

④ 10층 이상 16층 미만인 건축물의 건설공사

⑤ 다음의 리모델링 또는 해체공사

  ⑦ 10층 이상인 건축물의 리모델링 또는 해체공사

  ④ 「주택법」에 따른 수직증축형 리모델링

⑥ 「건설기계관리법」에 따라 등록된 천공기(높이가 10m 이상인 것만 해당), 항타 및 항발기, 타워크레인에 해당하는 건설기계가 사용되는 건설공사

⑦ 다음의 가설구조물을 사용하는 건설공사

  ⑦ 높이가 31m 이상인 비계

  ④ 브라켓(bracket) 비계

  ⑤ 작업발판 일체형 거푸집 또는 높이가 5m 이상인 거푸집 및 동바리

  ⑥ 터널의 지보공(支保工) 또는 높이가 2m 이상인 흙막이 지보공

  ⑩ 동력을 이용하여 움직이는 가설구조물

  ⑪ 높이 10m 이상에서 외부작업을 하기 위하여 작업발판 및 안전시설물을 일체화하여 설치하는 가설구조물

  ⓢ 공사현장에서 제작하여 조립·설치하는 복합형 가설구조물

  ⑩ 그 밖에 발주자 또는 인·허가기관의 장이 필요하다고 인정하는 가설구조물

⑧ 앞의 건설공사 외의 건설공사로서 다음의 어느 하나에 해당하는 공사

  ⑦ 발주자가 안전관리가 특히 필요하다고 인정하는 건설공사

  ④ 해당 지방자치단체의 조례로 정하는 건설공사 중에서 인·허가기관의 장이 안전관리가 특히 필요하다고 인정하는 건설공사

057 시설물의 안전 및 유지관리계획의 수립·시행(시설물안전법 제6조 제2항)

> 시설물관리계획에는 다음의 사항이 포함되어야 한다.
> - 시설물의 적정한 안전과 유지관리를 위한 조직·인원 및 장비의 확보에 관한 사항
> - 긴급상황 발생 시 조치체계에 관한 사항
> - 시설물의 설계·시공·감리 및 유지관리 등에 관련된 설계도서의 수집 및 보존에 관한 사항
> - 안전점검 또는 정밀안전진단의 실시에 관한 사항
> - 보수·보강 등 유지관리 및 그에 필요한 비용에 관한 사항(시장·군수·구청장이 시설물관리계획을 수립하는 경우는 제외함)

058 시설물의 종류(법 제7조, 영 제4조, 별표 1)

시설물의 구분	시설물의 종류
제1종시설물 : 공중의 이용편의와 안전을 도모하기 위하여 특별히 관리할 필요가 있거나 구조상 안전 및 유지관리에 고도의 기술이 필요한 대규모 시설물로서 다음 각 목의 어느 하나에 해당하는 시설물 등 대통령령으로 정하는 시설물	① 고속철도 교량, 연장 500m 이상의 도로 및 철도 교량 ② 고속철도 및 도시철도 터널, 연장 1,000m 이상의 도로 및 철도 터널 ③ 갑문시설 및 연장 1,000m 이상의 방파제 ④ 다목적댐, 발전용댐, 홍수전용댐 및 총저수용량 1천만톤 이상의 용수전용댐 ⑤ 21층 이상 또는 연면적 50,000m² 이상의 건축물 ⑥ 하구둑, 포용저수량 8천만톤 이상의 방조제 ⑦ 광역상수도, 공업용수도, 1일 공급능력 30,000t 이상의 지방상수도
제2종시설물 : 제1종시설물 외에 사회기반시설 등 재난이 발생할 위험이 높거나 재난을 예방하기 위하여 계속적으로 관리할 필요가 있는 시설물로서 다음 각 목의 어느 하나에 해당하는 시설물 등 대통령령으로 정하는 시설물	① 연장 100m 이상의 도로 및 철도 교량 ② 고속국도, 일반국도, 특별시도 및 광역시도 도로터널 및 특별시 또는 광역시에 있는 철도터널 ③ 연장 500m 이상의 방파제 ④ 지방상수도 전용댐 및 총저수용량 1백만톤 이상의 용수전용댐 ⑤ 16층 이상 또는 연면적 30,000m² 이상의 건축물 ⑥ 포용저수량 1천만톤 이상의 방조제 ⑦ 1일 공급능력 30,000t 미만의 지방상수도
제3종시설물 : 제1종시설물 및 제2종시설물 외에 안전관리가 필요한 소규모 시설물로서 지정·고시된 시설물	

059~060 "안전점검"이란 경험과 기술을 갖춘 자가 육안이나 점검기구 등으로 검사하여 시설물에 내재되어 있는 위험요인을 조사하는 행위를 말하며, 점검목적 및 점검수준을 고려하여 정기안전점검 및 정밀안전점검으로 구분한다. (법 제11조, 영 제8조)

정기안전점검	시설물의 상태를 판단하고 시설물이 점검 당시의 사용요건을 만족시키고 있는지 확인할 수 있는 수준의 외관조사를 실시하는 안전점검
정밀안전점검	시설물의 상태를 판단하고 시설물이 점검 당시의 사용요건을 만족시키고 있는지 확인하며 시설물 주요부재의 상태를 확인할 수 있는 수준의 외관조사 및 측정·시험장비를 이용한 조사를 실시하는 안전점검
긴급안전점검	시설물의 붕괴·전도 등으로 인한 재난 또는 재해가 발생할 우려가 있는 경우에 시설물의 물리적·기능적 결함을 신속하게 발견하기 위하여 실시하는 점검

061~063 안전점검, 정밀안전진단 및 성능평가의 실시시기(영 제8조, 제10조, 제28조, 별표 3)

안전등급	정기안전점검	정밀안전점검		정밀안전진단	성능평가
		건축물	건축물 외 시설물		
A 등급	반기(6개월)에 1회 이상	4년에 1회 이상	3년에 1회 이상	6년에 1회 이상	5년에 1회 이상
B·C 등급		3년에 1회 이상	2년에 1회 이상	5년에 1회 이상	
D·E 등급	1년에 3회 이상	2년에 1회 이상	1년에 1회 이상	4년에 1회 이상	

064 조도(안전보건규칙 제8조)

사업주는 근로자가 상시 작업하는 장소의 작업면 조도(照度)를 다음의 기준에 맞도록 하여야 한다. 다만, 갱내 작업장과 감광재료를 취급하는 작업장은 그러하지 아니하다.

구분	초정밀작업	정밀작업	보통작업	그 밖의 작업
조도 기준	750럭스(lux) 이상	300럭스 이상	150럭스 이상	75럭스 이상

065~070 작업시작 전 점검사항(안전보건규칙 제35조 제2항, 별표 3)

작업의 종류	점검내용
1. 공기압축기를 가동할 때	가. 공기저장 압력용기의 외관 상태 나. 드레인밸브(drain valve)의 조작 및 배수 다. 압력방출장치의 기능 라. 언로드밸브(unloading valve)의 기능 마. 윤활유의 상태 바. 회전부의 덮개 또는 울 사. 그 밖의 연결 부위의 이상 유무
2. 크레인을 사용하여 작업을 하는 때	가. 권과방지장치·브레이크·클러치 및 운전장치의 기능 나. 주행로의 상측 및 트롤리(trolley)가 횡행하는 레일의 상태 다. 와이어로프가 통하고 있는 곳의 상태
3. 이동식 크레인을 사용하여 작업을 할 때	가. 권과방지장치나 그 밖의 경보장치의 기능 나. 브레이크·클러치 및 조정장치의 기능 다. 와이어로프가 통하고 있는 곳 및 작업장소의 지반상태
4. 리프트(자동차정비용 리프트를 포함한다)를 사용하여 작업을 할 때	가. 방호장치·브레이크 및 클러치의 기능 나. 와이어로프가 통하고 있는 곳의 상태
5. 곤돌라를 사용하여 작업을 할 때	가. 방호장치·브레이크의 기능 나. 와이어로프·슬링와이어(sling wire) 등의 상태
6. 양중기의 와이어로프·달기체인·섬유로프·섬유벨트 또는 훅·샤클·링 등의 철구(이하 "와이어로프 등"이라 한다)를 사용하여 고리걸이작업을 할 때	와이어로프 등의 이상 유무
7. 지게차를 사용하여 작업을 하는 때	가. 제동장치 및 조종장치 기능의 이상 유무 나. 하역장치 및 유압장치 기능의 이상 유무 다. 바퀴의 이상 유무 라. 전조등·후미등·방향지시기 및 경보장치 기능의 이상 유무

8. 구내운반차를 사용하여 작업을 할 때	가. 제동장치 및 조종장치 기능의 이상 유무 나. 하역장치 및 유압장치 기능의 이상 유무 다. 바퀴의 이상 유무 라. 전조등·후미등·방향지시기 및 경음기 기능의 이상 유무 마. 충전장치를 포함한 홀더 등의 결합상태의 이상 유무
9. 고소작업대를 사용하여 작업을 할 때	가. 비상정지장치 및 비상하강 방지장치 기능의 이상 유무 나. 과부하 방지장치의 작동 유무(와이어로프 또는 체인구동방식의 경우) 다. 아웃트리거 또는 바퀴의 이상 유무 라. 작업면의 기울기 또는 요철 유무 마. 활선작업용 장치의 경우 홈·균열·파손 등 그 밖의 손상 유무
10. 화물자동차를 사용하는 작업을 하게 할 때	가. 제동장치 및 조종장치의 기능 나. 하역장치 및 유압장치의 기능 다. 바퀴의 이상 유무
11. 컨베이어등을 사용하여 작업을 할 때	가. 원동기 및 풀리(pulley) 기능의 이상 유무 나. 이탈 등의 방지장치 기능의 이상 유무 다. 비상정지장치 기능의 이상 유무 라. 원동기·회전축·기어 및 풀리 등의 덮개 또는 울 등의 이상 유무
12. 근로자가 반복하여 계속적으로 중량물을 취급하는 작업을 할 때	가. 중량물 취급의 올바른 자세 및 복장 나. 위험물이 날아 흩어짐에 따른 보호구의 착용 다. 카바이드·생석회(산화칼슘) 등과 같이 온도상승이나 습기에 의하여 위험성이 존재하는 중량물의 취급방법 라. 그 밖에 하역운반기계 등의 적절한 사용방법

제2과목

인간공학 및 위험성 평가·관리

번호	답		번호	답
001	①○ ②× ③○ ④○ ⑤○ ⑥○ ⑦× ⑧×		002	①○ ②× ③○ ④○
003	①○ ②○ ③○ ④× ⑤○ ⑥× ⑦×		004	①○ ②○ ③× ④○
005	①○ ②× ③○ ④○ ⑤○ ⑥○ ⑦○ ⑧×		006	①○ ②○ ③○ ④× ⑤× ⑥○
007	①× ②○ ③○ ④○		008	①○ ②× ③○ ④○ ⑤× ⑥○ ⑦○ ⑧○
009	①○ ②○ ③× ④○			
010	①○ ②○ ③× ④○ ⑤× ⑥○ ⑦○ ⑧○ ⑨× ⑩× ⑪×			
011	①○ ②○ ③× ④○		012	①× ②○ ③× ④×
013	①○ ②○ ③× ④○		014	①× ②○ ③× ④×
015	①○ ②× ③○ ④○ ⑤× ⑥×		016	①× ②○ ③○ ④○
017	①○ ②○ ③× ④○		018	①○ ②○ ③× ④○
019	①○ ②× ③○ ④○			
020	①× ②○ ③× ④× ⑤○ ⑥× ⑦○ ⑧○ ⑨× ⑩○ ⑪○ ⑫○ ⑬× ⑭× ⑮×			
021	①× ②○ ③× ④×		022	①○ ②○ ③○ ④×
023			024	①○ ②○ ③× ④○ ⑤○
025	①○ ②○ ③○ ④× ⑤×		026	①○ ②○ ③○ ④×
027	①× ②× ③× ④○		028	①× ②× ③× ④○
029	①○ ②○ ③× ④○ ⑤×		030	①○ ②○ ③× ④○
031	①× ②× ③○ ④×		032	①× ②○ ③○ ④○ ⑤×
033	①○ ②○ ③× ④○ ⑤×		034	①○ ②○ ③× ④○
035	①× ②○ ③○ ④×		036	①○ ②○ ③○ ④×
037	①○ ②○ ③○ ④○		038	①× ②○ ③× ④×
039	①○ ②○ ③○ ④×		040	①○ ②○ ③○ ④×
041	①× ②○ ③× ④×		042	①○ ②× ③× ④× ⑤× ⑥○ ⑦×
043	①○ ②○ ③○ ④○		044	①× ②× ③○ ④×
045	①○ ②○ ③○ ④×		046	①○ ②○ ③× ④○
047	①○ ②○ ③○ ④×		048	①× ②× ③○ ④×
049	①○ ②○ ③× ④○		050	①○ ②○ ③○ ④×
051	①○ ②× ③○ ④○		052	①○ ②○ ③○ ④×
053	①○ ②× ③× ④×		054	①× ②○ ③× ④×

001 인간공학의 궁극적인 목적

- 사고 방지와 안전성 향상
- 기계조작의 조작성과 능률성의 향상(생산성 증대)
- 작업 환경의 쾌적성

이상의 궁극적인 목적은 안전성 및 효율성의 향상이다.

002 인간공학이란 인간이 사용할 수 있도록 설계하는 과정으로, 인간의 특성, 능력과 한계에 기계와 기계의 조작 및 환경 조건이 잘 조화될 수 있도록 설계하기 위한 수단을 연구하는 것을 의미한다.

003 인간기준(Human Criteria)의 기본유형에는 인간의 성능 척도(자연성, 지속성, 빈도수 등), 주관적 반응(개인 성능 연구), 생리학적 지표(동공 확장 등의 연구), 사고 및 과오 빈도 등이 있다.

004 ③ 피실험자의 안전은 실험실 연구가 유리하다.

현장 및 실험실 연구의 장·단점

구분	현장 연구	실험실 연구
장점	• 실험실 실험과는 달리 현실적이어서 결과의 일반화 가능성이 높다. • 현실적인 작업변수 설정이 가능하므로 인과적 결론을 내리는 것도 가능하다. • 실제 상황의 복잡한 행동들에 관해 많은 자료를 얻을 수 있다.	• 비용 절감과 정확한 자료수집이 가능하다. • 실험 조건 등의 조절이 쉽다.
단점	• 실험과정 전체를 통제하는 것이 어렵기 때문에 연구결과의 내적 타당성이 적다. • 실제 현장상황에서 연구자들이 실험을 하는 데 필요한 협조를 얻는 것이 매우 어렵다.	일반화가 불가능하고, 현실성이 떨어진다.

005 ② 생산성을 높이기 위해 인간의 특성을 작업에 맞추는 것이 아니라 인간의 특성과 한계점을 기본으로 하여 작업을 설계하는 것이다.

⑧ 산업안전 분야에서 안전, 효율 및 생산성 향상을 위하여 인간공학을 적용하는 것이고, 인간-기계체의 설계 개선을 위한 기금의 축적과 무관하다.

006 사업장에서 인간공학의 적용 분야

• 작업환경개선을 위한 작업관련성 유해·위험 작업분석
• 장비·공구·설비의 설계 및 배치와 같은 제품 설계에 있어서 인간에 대한 안전성 평가
• 작업 공간의 설계와 재해 및 질병 예방
• 인간-기계 계면(인터페이스) 설계

007 인간에게 쓸모가 있는 사물·기계 등을 만들되, 설계자가 아니라 항상 사용자가 최우선이다.

008 ② 인력 이용률의 증가

⑤ 훈련비용의 절감 및 감소

009 안전가치 분석의 특징은 ①·③·④ 이외에도 전체 위험의 분석을 위주로 한다는 점이 있다.

010 인간-기계 시스템의 기본적인 기능

정보 보관(저장)

정보입력	감지 (정보 수용)	정보처리 및 의사결정	행동 기능 (신체 제어 및 통신)	출력

011 인간-기계 시스템의 기본적인 기능에는 정보 입력, 정보 보관[(정보 감지, 정보 수용), 정보처리 및 의사결정, 행동 기능(신체제어 및 통신, 내려진 의사결정의 결과로 발생하는 조작 행위를 일컫는 기능)], 출력[제품의 변화, 전달된 통신, 제공된 용역(Service)과 같은 것]의 기능이 있다.

012 인간-기계 시스템의 기본적인 기능

정보 저장 (보관)	인간	기억된 학습내용	감지기능	인간	감각기관 (시각, 청각, 촉각 등)
				기계	감지장치 (전자, 사진, 음파탐지기 등)
	기계	물리적기구 (자기 테이프, 형판, 기록, 자료표 등)	정보처리 및 의사결정 기능	인간	행동 실천
				기계	정보를 토대로 반응
			행동기능	물리적 행위	물체나 물건을 취급, 이동, 변경 등, 조종장치 작동
				통신 행위	음성(사람의 경우), 신호, 기록 등

013 체계기준(system criteria)은 시스템이 목적하는 바를 어느 정도 달성하였는지를 반영하고, 시스템의 성능이나 산출물에 관한 기준으로 신뢰도, 사용상의 용이성, 운용비용, 보전성 등이 있다. 사고빈도는 인간 기준에 해당된다.

014 ① 독립변수(independent variable) : 관찰하고자 하는 현상의 주요 원인이라고 추측되는 변수를 말한다.
③ 확률변수(random variable) : 확률 현상에 의해 결과의 값이 확률적으로 정해지는 변수를 말한다.
④ 통제변수(control variable) : 독립변수에 의해 종속변수에 나타나는 변화를 정확히 분석하기 위해 고려되는 변수를 말하고, 종속변수에 영향을 주는 변수를 통제하여 독립변수와 종속변수 간의 관계를 정확히 확인한다.

015 인간-기계 체계(Man-Machine System)의 구분과 동력원 등

시스템 유형 및 운용 방식	정의	동력원
수동시스템, 사용자 조작	인간이 사용자나 동력원으로 기능하는 것	사람
기계시스템, 운전자 조정	고도로 통합된 부품들로 구성된 동력 공작기계와 같이 반자동 시스템으로 인간은 제어 기능을 담당한다. 즉, 기계를 작동시키고 정지시키며 중간 과정을 조정한다.	기계
자동시스템, 미리 고정 또는 프로그램됨	• 선, 도관, 지레 등으로 이루어진 제어회로에 의해서 부품들이 연결된 기계체계 • 체계가 감지, 정보보관, 정보처리 및 의사결정, 행동을 포함한 모든 임무를 수행하는 체계 • 감지되는 모든 우발상황에 대하여 적절한 행동을 취하게 완전히 프로그램화되어 있으며, 인간은 주로 감시, 프로그램, 정비유지 등의 기능을 수행하는 인간·기계 체계	

016 인간과 기계능력에 대한 실용성 한계에 있어서, 일반적인 인간과 기계 비교가 항상 적용되지 않고, 조건[정보입력, 정보 보관(정보 감지, 정보 수용), 정보처리 및 의사결정, 행동 기능(신체제어 및 통신, 내려진 의사결정의 결과로 발생하는 조작 행위를 일컫는 기능), 출력의 기능 등]이 주어져야 한다.

017 반복작업인 경우는 인간의 신뢰도는 기계보다 뒤진다. 즉, 기계의 신뢰도는 인간보다 앞선다.

018 기계는 인간보다 물리적 힘을 빠르고 지속적으로 적용한다.

019 "완전히 새로운 해결책을 찾아낸다."는 인간이 기계를 능가하는 경우이다.

020 ① 기계가 위험한 환경에서 업무수행이 가능하다.
③ 기계가 인간보다 연관이 없는 외부요인에는 둔감하다.
④ 기계가 인간보다 각기 다른 과업을 동시에 수행할 수 있다.
⑥ 기계가 인간보다 반복적인 작업을 신뢰성 있게 수행하는 기능이 있다.
⑨ 기계가 인간보다 여러 개의 프로그램된 활동을 동시에 수행한다.
⑬ 기계가 인간보다 소음 등 주위가 불안정한 상황에서도 효율적으로 작동한다.
⑭ 기계가 인간보다 암호화된 정보를 신속하게 대량으로 보관한다.
⑮ 기계가 인간보다 입력신호에 대해 신속하고 일관성 있는 반응을 한다.

021 인간의 정보처리 방법은 귀납적(귀납은 개별적인 특수한 사실이나 현상에서 그러한 사례들이 포함되는 일반적인 결론을 이끌어내는 추리의 방법) 기능, 기계의 정보처리방법은 연역적(연역적은 전제, 새로운 판단의 결론은 이미 알고 있는 판단을 근거로 새로운 판단을 유도하는 추론으로 명제들 간의 관계와 논리적 타당성을 따진다. 즉, 연역 추론으로는 전제들로부터 절대적인 필연성을 가진 결론을 이끌어 낼 수 있음) 기능이다.

022 인간공학적 해석방법의 종류

링크해석법	작업자가 수행하는 동작들 간의 관계를 분석하는 기법으로 작업 중에 손이나 눈이 한 대상(기구, 버튼, 화면 등)에서 다른 대상으로 얼마나 자주 이동하는지를 분석하는 방법으로, 작업의 효율을 높이고 피로를 줄이기 위한 기법이다.
웨이트식 중요빈도법	인간공학적 방법으로, 작업이나 조작요소의 중요도와 사용빈도에 따라 배치의 우선 순위를 정하는 기법이다.
공간지수법	작업자가 사용하는 작업 공간의 크기와 형태가 인체에 얼마나 적합한지를 수치로 나타내는 평가법이다.

④의 워크샘플링 방법은 작업자의 활동이나 상태를 무작위로 순간 관찰하여 특정 활동에 소요되는 시간의 비율을 통계적으로 추정하는 기법이다.

023 ① 비상제어장치 : 작업 중에 위험한 상황이 발생한 경우, 즉시 기계나 설비의 작동을 멈추거나 제어할 수 있는 장치이다.
② 인터록 장치(Interlock system) : 기계 또는 인간과 기계 사이에 두는 안전장치를 의미한다. 예로서, 안전제어 장치 중 사출기의 도어에 설치되어 도어가 열려 있는 경우에는 사출기가 동작되지 않도록 하는 것이다.
③ 인트라록 장치(Intralock system) : 인간의 내면에 존재하는 통제장치를 의미한다.
④ 트랜스록 장치(Translock system) : interlock과 intralock 사이에 두는 안전장치를 의미한다.

024 fail safety system(페일 세이프 시스템)은 기계나 그 부품에 파손·고장이나 기능 불량이 발생하여도 항상 안전하게 작동할 수 있는 구조와 기능을 가진 시스템이다. 구조에 따른 분류에는 다경로하중구조, 분할구조, 중복구조, 하중해방 구조, 교대구조, 하중경감구조 등이 있고, 기능에 따른 분류에는 fail-passive, fail-active, fail-operational 등이 있다.
③ 격리구조는 집적회로에서 요소들 사이를 전기적으로 절연시키는 구조이다.

025 ① Lock system : Interlock system(기계 또는 인간과 기계 사이에 두는 안전장치), Intralock system(인간의 내면에 존재하는 통제장치), Translock system(interlock과 intralock 사이에 두는 안전장치를 의미)의 3가지가 있다.

　② fail safety system(페일 세이프 시스템) : 기계나 그 부품에 파손·고장이나 기능 불량이 발생하여도 항상 안전하게 작동할 수 있는 구조와 기능을 가진 시스템이다

　③ Fool proof system : 작업자가 실수하고 싶어도 실수할 수 없도록 하거나, 혹시 실수가 일어났다고 하더라도 경보음 같은 것을 울려 그 피해를 최소로 하거나 없도록 하는 시스템이나 장치를 말한다.

　④ risk assessment(위험성 평가, risk management) system은 현장에 잠재되어 있는 유해 및 위험 요인을 찾아내어 이로 인한 사고의 발생 가능성을 감소시키기 위한 과정으로, 인간-기계 시스템에서의 신뢰도 유지 방안과는 무관하다.

　⑤ 제어시스템(control system) : 어떤 시스템의 동작이나 출력을 원하는 상태로 유지하거나 조정하는 시스템으로, 산업공학·기계공학·자동제어·전기전자공학 등에 많이 사용되는 시스템이다.

026 페일-세이프(fail-safe) 설계는 기계설비나 작업방법 등에 결함(기계나 그 부품에 파손·고장이나 기능 불량)이 있다고 하더라도 사고가 발생이 되지 않도록 2중 또는 3중으로 제어하는 것을 의미하며, 종류는 다음과 같다.

fail-passive	부품에 고장이 발생하면 기계는 정지하는 방향으로 이동한다.
fail-active	부품에 고장이 발생하면 기계는 짧은 시간 동안의 운전이 가능하고, 경보를 울린다.
fail-operational	병렬 계통 또는 대기 여분(stand-by redundancy) 계통으로 한 것으로 부품에 고장이 발생하면 기계는 추후의 보수가 될 때까지 안전한 기능을 유지한다.
fail-soft	장치 또는 기계설비의 고장이 발생한 경우에 기능의 저하는 발생하나, 기능 전체를 정지시키지 않는 방법이다.
템퍼-프루프 (temper-proof) 설계	산업현장에서 사용하는 생산설비의 경우 안전장치가 부착되어 있으나 생산성을 위해 제거하고 사용하는 경우를 대비하여 설계 시 안전장치를 제거하면 작동이 안 되는 구조를 채택하고 있다.

　④ Trap system : 사람이 부주의나 습관으로 빠지는 오류의 패턴을 관리하기 위한 시스템을 의미한다.

027 ① 페일-세이프(fail-safe) 설계 : 기계설비나 작업방법 등에 결함이 있다고 하더라도 사고가 발생이 되지 않도록 2중 또는 3중으로 제어하는 것을 의미한다. 그 예로는 과전압이 걸리면 전기를 차단하는 차단기, 퓨즈 등을 설치하여 오류가 재해로 이어지지 않도록 사고를 예방하는 설계 원칙 등이 있다.

　② 풀-프루프(fool-proof) 설계 : 작업자가 실수하고 싶어도 실수할 수 없도록 하거나, 혹시 실수가 일어났다고 하더라도 경보음 같은 것을 울려 그 피해를 최소로 하거나 없도록 하는 시스템이나 장치를 말한다.

　③ 락 아웃(Lock Out) : 자동잠금장치를 총칭하는 것을 의미하며, 오류가 발생하였더라도 피해를 최소화하는 설계이다.

028 페일-세이프(fail-safe) 설계는 기계설비나 작업방법 등에 결함(기계나 그 부품에 파손·고장이나 기능 불량)이 있다고 하더라도 사고가 발생이 되지 않도록 2중 또는 3중으로 제어하는 것을 의미하며, 오류가 발생하였더라도 피해를 최소화하는 설계이다.

029 인간-기계 인터페이스(human-machine interface, 계면)의 조화성에는 인지적 조화성, 신체(형태)적 조화성, 감성적 조화성 등이 있다. 인지적 조화성과 신체(형태)적 조화성은 기계나 제품의 인상과 관련이 있다.

030 공정(Process)분석은 인간-기계 체계에서 시스템 활동의 흐름과정을 탐지 분석하는 방법으로, 특정 공정별 분석(가동분석, 운반공정분석, 사무공정분석 등)을 의미한다.

신뢰도분석은 주어진 운용조건 아래에서 사용기간 중 부품 또는 체계가 의도한 목적에 맞게 작동할 확률로서 신뢰도 평가지수와 관계가 깊다.

031 입력 시 출력응답이 이루어지고, 정지상태(표시램프의 점멸, 사이렌소리, 기계의 기능 정지 등), 레버의 조작은 운동상태(출력응답에 속하는 반응)이다.

032 ① 제품 책임을 명시하는 것은 사후보전(장치의 고장이 발생한 후에 장치의 작동가능상태로 회복하기 위하여 하는 보전방식) 방법으로, 제품을 안전하게 만드는 기본수법과는 무관하다.
⑤ 제품의 기능을 최소한 간단하게 한다.

033 인간-기계 시스템의 설계과정

단계	내용	설명
제1단계	목표 및 성능 설정	목적이나 존재 이유는 통상 개괄적으로 표현하며, 체계가 설계되기 전에 한다.
제2단계	시스템의 정의	제1단계 후 목적을 달성하기 위해 어떤 기본적인 기능이 필요한지 결정한다.
제3단계	기본 설계	기능의 할당, 인간 성능 요건 명세, 직무분석, 작업설계 등이다.
제4단계	계면(인터페이스) 설계	작업공간, 표시장치, 조종장치, 제어, 컴퓨터대화 등이 포함된다.
제5단계	촉진(보조)물 설계	지시수첩, 성능보조자료 및 훈련도구와 계획이 있다.

인간-기계시스템의 설계 단계 6단계 중 3단계(기본 설계)의 내용에는 직무 분석, 작업 설계, 기능의 할당, 인간 성능 요건 명세 등이 있다. 인터페이스(계면) 설계는 제4단계이고, 보조물 설계 결정은 제5단계의 내용이다.

034 인간-기계 시스템 설계 과정의 주요 6단계 중 제4단계인 계면설계 시 인간요소 자료에는 ①·②·④ 이외에도 상대적인 정량적 자료, 수학적 함수와 등식, 원칙, 도식적 설명물, 설계 표준 및 기준 등이 있다.

035 계면(界面) 설계할 때 감성적인 부문을 고려하지 않으면 진부감(사상, 표현, 행동 따위가 낡아서 새롭지 못함 또는 고리타분함)이 나타난다.

036 계면(interface)설계에서 계면에는 작업 공간, 화면 설계, 표시 장치 및 조종 장치 등이 있다. 조명 시설은 계면과 무관하다.

037 인간과 기계가 모두 복수인 경우, 종합적인 효과보다 인간(사람)을 우선적으로 고려하여야 한다.

038 인간-기계 시스템에 있어서, 기계 쪽은 신뢰도가 가장 높고, 인간(사람, 작업자)쪽은 신뢰도가 가장 낮다. 장치 조작의 인간실수 발생빈도가 적은 것부터 많은 것의 순으로 나열하면, "시간관련 → 제어장치 → 표시장치 → 정보관련"의 순이다.

039 • 직렬연결구조의 신뢰도 = $R = R_1 R_2 R_3 \cdots R_n = \prod_{i=1}^{n} R_i$ 이다.

• 병렬연결구조의 신뢰도 = $1 - \{(1 - R_1)(1 - R_2)(1 - R_3)\cdots(1 - R_n)\} = 1 - \prod_{i=1}^{n}(1 - R_i)$ 이다.

040 직렬 구조를 갖는 시스템의 특성에서 시스템의 수명은 요소 중에서 수명이 가장 짧은 것으로 정해진다.

041 ① 직렬연결구조 : 현실적으로 시스템을 사용하는 때에는 정비나 보수가 필수 불가결하며, 이러한 작업들로 인해 시스템의 신뢰도 함수가 가장 크게 영향을 받는 구조이다.

② 병렬연결구조 : 구성 부품 전체가 동시에 고장이 나면 시스템은 고장이나, 구성부품 중 1개 이상 작동하면 시스템은 작동하는 구조로서, 일반적으로 가장 신뢰도가 높은 시스템의 구조이다.

042 ① 3개의 바퀴 중 하나가 고장나면 자전거의 운행이 불가하므로 직렬 구조이다.

⑥ 자동차의 네 바퀴 중 하나가 고장나면 자동차의 운행이 불가하므로 직렬 구조이다.

② 건물 내의 스프링클러 설비는 화재가 발생한 층 어느 층에서나 작동이 가능하므로 병렬 구조이다.

③ 검사 인원의 중복 투입은 한 검사가 실수를 한다고 하더라도 다른 검사가 실수를 찾아낼 수 있는 구조이므로 병렬 구조이다.

④ 자동차의 브레이크 시스템은 한 바퀴의 브레이크가 고장이 났다고 하더라고 나머지 3바퀴의 브레이크가 작동하므로 병렬 구조이다.

⑤ 요원 중복은 한 요원이 실수를 한다고 하더라도 다른 요원이 실수를 찾아낼 수 있는 구조이므로 병렬 구조이다.

⑦ 2개의 연결된 회로 차단기는 한 개의 회로 차단기가 고장이 난다고 하더라도 다른 하나의 회로 차단기로 연결되어 작동되므로 병렬 구조이다.

043 병렬계 시스템의 특성은 요소의 중복도가 증가할수록 계의 수명은 길어진다.

044 ①은 직렬구조, ②는 병렬구조, ③은 요소의 병렬구조, ④는 시스템의 병렬구조의 신뢰도를 구하는 식이다.

045 시스템 신뢰도를 증가시킬 수 있는 방법에는 페일 세이프 설계, 풀 프루프 설계, 중복 설계 등이 있다.

Lock system은 Interlock system(기계 또는 인간과 기계 사이에 두는 안전장치), Intralock system(인간의 내면에 존재하는 통제장치), Translock system(interlock과 intralock 사이에 두는 안전장치를 의미)의 3가지가 있다.

046 신뢰도의 개선 방법에는 간단한 설계, 여유 용량, 안전 계수 등의 충분한 설계, 부품 개선, 중복 설계(시스템의 신뢰도를 증가시키는 방법 가운데 주어진 시스템과 동일한 시스템을 설치하여 신뢰도를 증가시키는 것으로, 종류는 전체의 시스템을 중복설치하는 체계중복과 각 부품을 개별적으로 중복설치하는 부품 중복이 있음), 절충 설계 등이 있다.

047 체계(system)의 특성

집합성	관련성	환경 적응성	목적 추구성
요소의 집합에 의해 구성	시스템 간에 관계를 유지	정해진 조건 하에서 적응	목적 달성을 위하여 활동하는 집합체

048 시스템(기계설비)의 고장 유형

초기 고장기간	• 디버깅(debugging)기간이라고 하며, 불량제조나 생산과정에서의 품질관리 미비로 인하여 발생하는 결함을 찾아내어 고장률을 안정시키는 기간으로, 점검작업이나 시운전 등으로 사전에 방지할 수 있는 고장이며, 감소형이다. • 특히 물품을 일정시간 가동시켜 결함을 찾아내고 제거하여 고장률을 안정시키는 기간이다. • 설계 및 제조의 오류, 부적절한 설치나 시동 때문에 발생한다. • 비행기의 경우에는 3년 이상 시운전, 욕조곡선은 예방보전(디버깅, 번인, 에이징)을 하지 않는 경우의 곡선은 서양식 욕조 모양과 비슷하게 나타나는 현상이다.

우발 고장기간	• 시스템의 수명곡선에서 고장의 발생형태가 일정하게 나타나는 기간이다. • 설계 강도 이상의 급격한 스트레스에 의해 발생하는 고장에 해당하는 기간이다. • 실제로 사용하는 상태에서 예측이 불가능한 때에 발생하는 고장으로 초기고장과 같이 시운전, 점검작업 등으로 사전에 방지할 수 없는 고장이며, 일정형이다. • 우발 고장의 원인으로는 사용자의 과오, 안전계수가 낮음, 최선의 검사방법으로도 탐지되지 않는 결함 등이 있다.
마모 고장기간	시스템의 수명곡선(욕조곡선)에서 안전진단 및 적당한 보수에 의해 방지할 수 있는 고장의 형태 또는 제품을 구성하고 있는 부품 등이 마모나 노화 등에 의해 수명이 다 되어 어느 시기에 집중적으로 일어나는 고장으로, 안전진단 및 보수에 의해 방지할 수 있는 고장이며, 증가형이다.

049 "부적절한 설치나 시동"은 초기고장의 원인이다.

050 "설계 및 제조의 오류, 부적절한 설치나 시동 등이 고장의 원인이며, 과부하가 걸리지 않도록 해야 한다."는 초기고장에 대한 설명이다.

051 고장의 형에는 ① · ③ · ④ 이외에도 기동 및 정지의 고장, 운전 계속의 고장 등이 있다.

052 현장 중심의 사용하기 쉬운 설계에는 입력 설계, 코드 설계, 출력 설계 등이 있다. 파일 설계와는 무관하다.

053 기계와 인간의 상대적 수행도에 있어서 시스템의 재설계(제품의 설계에 있어서 오류로 인하여 다시 설계를 하는 것)의 영역이라 함은 기계나 인간의 수행이 불만족인 경우에 해당된다. 수행도에서 기계 수행의 불만족 영역과 인간 수행의 불만족 영역은 ⓐ영역이다.

054 기계설비의 본질 안전화를 진전시키기 위하여 검토하여야 할 사항은 작업자측에 실수나 잘못이 있어도 기계설비측에서 이를 배제하여 안전을 확보할 것 등이다.

001 ① × ② × ③ × ④ ○	**002** ① ○ ② × ③ × ④ ×
003 ① × ② ○ ③ ○ ④ ○	**004** ① ○ ② ○ ③ ○ ④ ×
005 ① ○ ② ○ ③ ○ ④ × ⑤ × ⑥ × ⑦ ×	**006** ① ○ ② × ③ ○ ④ ×
007 ① × ② ○ ③ × ④ ×	**008** ① × ② ○ ③ ○ ④ ×
009 ① × ② ○ ③ × ④ ×	**010** ① ○ ② ○ ③ ○ ④ ×
011 ① ○ ② ○ ③ × ④ ○	**012** ① × ② × ③ × ④ ○
013 ① × ② × ③ × ④ ○	**014** ① ○ ② ○ ③ ○ ④ ○
015 ① ○ ② ○ ③ ○ ④ ×	**016** ① ○ ② × ③ ○ ④ ○
017 ① ○ ② ○ ③ ○ ④ ×	**018** ① ○ ② ○ ③ ○ ④ × ⑤ ○ ⑥ ○ ⑦ ×
019 ① ○ ② × ③ × ④ ×	**020** ① ○ ② ○ ③ × ④ ○
021 ① ○ ② × ③ × ④ ×	**022** ① × ② ○ ③ ○ ④ ○
023 ① × ② × ③ ○ ④ ×	**024** ① × ② ○ ③ × ④ ×
025 ① × ② ○ ③ ○ ④ ○	**026** ① × ② ○ ③ ○ ④ ×
027 ① ○ ② × ③ × ④ ○	**028** ① ○ ② ○ ③ ○ ④ ×
029 ① × ② × ③ ○ ④ ×	**030** ① × ② × ③ × ④ ○
031 ① × ② ○ ③ × ④ ×	**032** ① × ② ○ ③ ○ ④ ○
033 ① × ② × ③ × ④ ○	**034** ① × ② ○ ③ ○ ④ ○
035 ① × ② × ③ × ④ ○	**036** ① ○ ② × ③ ○ ④ ○
037 ① ○ ② ○ ③ ○ ④ ×	**038** ① × ② × ③ ○ ④ ○
039 ① ○ ② ○ ③ ○ ④ ×	**040** ① × ② × ③ × ④ ○
041 ① × ② ○ ③ × ④ ×	**042** ① ○ ② ○ ③ × ④ ○
043 ① × ② ○ ③ ○ ④ ×	**044** ① ○ ② ○ ③ × ④ ○
045 ① ○ ② × ③ × ④ ×	**046** ① ○ ② ○ ③ × ④ ○
047 ① × ② × ③ × ④ ○	**048** ① ○ ② × ③ ○ ④ ○
049 ① ○ ② ○ ③ ○ ④ ×	**050** ① ○ ② ○ ③ ○ ④ ×
051 ① ○ ② ○ ③ ○ ④ × ⑤ ○ ⑥ ×	**052** ① × ② ○ ③ ○ ④ ○
053 ① ○ ② ○ ③ ○ ④ ×	**054** ① ○ ② × ③ ○ ④ ○
055 ① × ② ○ ③ ○ ④ ○	**056** ① × ② ○ ③ × ④ ×
057 ① ○ ② ○ ③ × ④ ○	

001 ① $A(A \cdot B) = A \cdot AB$ ($\because$ 멱등법칙에 의해, $A \cdot A = A$)

$\qquad = A \cdot AB = A(1 \cdot B)$ ($\because$ 분배법칙에 의해)

$\qquad = A \cdot AB = A(A \cdot B) = AB$ ($\because$ 항등정리에 의해, $1 \cdot B = B$)

② $A + B \neq A \cdot B$

③ $A + A \cdot B = A \cdot 1 + A \cdot B$ ($\because$ 항등정리에 의해, $A \cdot 1 = A$)

$\qquad = A \cdot 1 + A \cdot B = A(1 + B)$ [$\because$ 분배법칙에 의해, $A(1 + B) = A \cdot 1 + AB$]

$\qquad = A \cdot 1 + A \cdot B = A(1 + B) = A(1)$ ($\because$ 항등정리에 의해, $1 + B = 1$)

$\qquad = A \cdot 1 + A \cdot B = A(1 + B) = A(1) = A$ ($\because$ 항등정리에 의해, $A \cdot 1 = A$)

002 1) 논리 연산표

연산	의미	연산식
AND	두 개의 입력이 1일 때 1 출력 (교집합)	$Y = A \cdot B$
OR	한 개 이상 입력이 1일 때, 1 출력 (합집합)	$Y = A + B$
NOT	입력과 반대 출력 (여집합)	$Y = \overline{A}$
XOR	두 개의 입력이 서로 다를 때, 1 출력	$Y = A \oplus B = \overline{A}B + A\overline{B}$
NAND	AND에 NOT을 연결	$Y = \overline{(A \cdot B)} = \overline{A} + \overline{B}$
NOR	OR에 NOT을 연결	$Y = \overline{(A+B)} = \overline{A} \cdot \overline{B}$
XNOR	XOR에 NOT을 연결	$Y = \overline{(A \oplus B)} = \overline{A} \cdot \overline{B} + AB$

2) 진리표

연산	AND			OR			NOT		XOR			NAND			NOR			XNOR		
	입력		출력	입력		출력	입력	출력	입력		출력	입력		출력	입력		출력	입력		출력
진리표	A	B	Y	A	B	Y	A	Y	A	B	Y	A	B	Y	A	B	Y	A	B	Y
	0	0	0	0	0	0	0	1	0	0	0	0	0	1	0	0	1	0	0	1
	0	1	0	0	1	1	1	0	0	1	1	0	1	1	0	1	0	0	1	0
	1	0	0	1	0	1			1	0	1	1	0	1	1	0	0	1	0	0
	1	1	1	1	1	1			1	1	0	1	1	0	1	1	0	1	1	1

003 시스템의 정의에 포함되는 조건은 ② · ③ · ④ 이외에도 "정해진 조건 하에서 수행" 등이 있다.

004 귀납적(개별적인 특수한 현상이나 사실에서 알 수 있는 사례들이 포함되는 일반적인 결론은 이끌어내는 추리의 방법)과 연역적(이미 알고 있는 판단을 근거로 새로운 판단을 유도하는 추론) 추리를 통해서 결함사상을 빠짐없이 도출하여야 한다.

005 ④ 예비사고분석(PHA)은 모든 시스템의 안전 프로그램의 최초 단계의 분석으로 시스템 내의 위험 요소가 어느 정도의 위험한 상태에 존재하는가를 정성적으로 평가하는 것이다.
⑤ 해석의 수리적 방법에 따라 정성적, 정량적 해석 방법이 있다.
⑥ 해석의 논리적 견지에 따라 귀납적, 연역적 해석 방법이 있다.
⑦ FMEA(Failure Mode and Effect Analysis, 고장의 형과 영향 분석)는 전체 요소의 고장을 유형별로 분석하여 그 영향을 분석하는 기법으로, 정성적 · 귀납적이고, 서브시스템, 구성요소, 기능 등의 잠재적 고장형태에 따른 시스템의 위험을 파악하는 위험 분석 기법이다. 또한, 정량화를 위해 C.A(위험도 분석)를 함께 사용하는 것이 좋다. 인간과오율 추정법은 THERP(Technique for Human Error Rate Prediction, 인간−기계시스템에서의 여러 가지 인간 에러와 그것으로 인해 생길 수 있는 위험성의 예측과 개선을 위한 기법)이다.

006 시스템 안전 필요사항을 충족시키고 확인된 위험을 해결하기 위한 우선권을 정하는 순서는 "최소리스크를 위한 설계 → 안전장치 설치 → 경보장치 설치 → 절차 및 교육훈련 개발"의 순이다.

 시스템의 평가척도

신뢰성	일정한 결과는 유사한 조건에서 얻을 수 있어야 하는 척도로서 반복성을 의미한다.
적절성	척도가 의도된 목적에 적합하다고 판단되는 정도를 의미한다.
측정의 민감도	피실험자 사이에서 나타날 수 있는 예상 차이점에 비례하는 단위로 측정하여야 한다.
무오염성	기준 척도는 다른 변수의 영향이 없는 측정하고자 하는 변수이어야 한다.
타당성	시스템의 목표를 잘 반영하는가를 나타내는 척도이다.

008 시스템 수명 5단계(5주기)

구상 단계 (제1단계, Concept)	예비위험분석(PHA)이 적용되는 단계로서 생산물의 적합성을 검토하는 단계이다.
정의 단계 (제2단계, Definition)	예비설계와 생산기술을 확인하는 단계로서 SSHA(System Safety Hazard Analysis, 시스템 안전성 위험 분석) 및 생산물의 적합성을 검토한다.
개발 단계 (제3단계, Deployment)	최종 생산물(설계)의 수용여부 결정을 위해 완벽한 검토가 필요한 단계로서 FMEA(Failure Mode and Effect Analysis, 고장의 형과 영향 분석), HAZOP(위험 및 운전성 검토) 등이 실시되는 단계이다.
생산 단계 (제4단계, Production)	전체 교육이 실시되는 단계이다.
운전(운용) 단계 (제5단계, Deployment)	• 여러 가지의 사항(시스템 안전프로그램, 교육 훈련의 진행, 설계(기술)변경의 검토, 고객을 통한 최종 성능 검사, 안전 담당자의 사고조사 참여 등)을 안전점검 기준에 따라 평가하는 단계이다. • 시스템 수명주기 단계 중 이전 단계들에서 발생되었던 사고 또는 사건으로부터 축적된 자료에 대해 실증을 통한 문제를 규명하고 이를 최소화하기 위한 조치를 마련하는 단계이다.

009 시스템 수명 5단계(5주기) 중 구상 단계(제1단계)는 예비위험분석(PHA)이 적용되는 단계로서 생산물의 적합성을 검토하는 단계이다.

① FTA(Fault Tree Analysis, 결함수 분석) : 결함수 분석법으로 재해 원인의 정량적, 연역적(Top Down) 예측이 가능한 기법이다.

③ FMEA(Failure Mode and Effect Analysis) : 전체 요소의 고장을 유형별로 분석하여 그 영향을 분석하는 기법으로 정성적·귀납적이고, 서브시스템·구성요소·기능 등의 잠재적 고장형태에 따른 시스템의 위험을 파악하는 위험 분석 기법이다. 또한, 정량화를 위해 C.A(위험도 분석)를 함께 사용하는 것이 좋다.

④ ETA(Event Tree Analysis, 사건수 분석) : 시스템의 안전도를 나타내는 시스템 모델로서 사상의 안전도를 사용하고, 재해의 확대 요인을 분석하는 데 적합한 방법으로 디시전 트리를 이용하며, 위험 상태 요소에 대해 정량적·귀납적으로 평가하는 방법이다.

010 시스템 수명주기(Life Cycle)의 5단계에서 운전(운용)단계(제5단계)는 여러 가지의 사항[시스템 안전프로그램, 교육 훈련의 진행, 설계(기술)변경의 검토, 고객에 의한 최종 성능검사, 안전 담당자의 사고조사 참여 등]을 안전점검 기준에 따라 평가하는 단계이다.

④ 최종 생산물(설계)의 수용여부 결정은 개발 단계(제3단계)의 내용이다.

011 운용상의 시스템안전에서 검토 및 분석해야 할 사항에는 ① · ② · ④ 이외에도 시스템 안전프로그램 또는 보수 및 폐기, 설계(기술) 변경의 검토, 산업 자료 정보 등이 있다.
③ ECR 제안 제도는 과오원인 제거법으로 직접 작업을 하는 작업자 자신이 자기의 부주의 이외에 제반 오류의 원인을 생각함으로써 개선을 하도록 한다는 것으로 운용상의 시스템안전과는 무관하다.

012 안전성 평가의 기본원칙 6단계

단계	제1단계	제2단계	제3단계	제4단계	제5단계	제6단계
내용	관계자료의 정비검토	정성적 평가	정량적 평가	안전대책 수립	재해사례(정보)에 의한 평가	FTA에 의한 재평가

013 시스템 안전은 시스템에 있어서 여러 가지의 제약 조건(기능, 시간, 코스트 등) 하에서 설비나 작업자(인원)가 당하는 손상 및 상해를 최소한으로 감소시키려는 것이다. 시스템의 안전관리와 안전공학을 명확하게 적용시키는 것이 필요하고, 이를 달성하기 위해 시스템의 "계획 → 설계 → 제조 → 운용" 등의 단계를 거친다.

014 시스템 안전관리는 시스템 안전에 대한 목표를 유효하게 적절한 시기에 실현시키기 위한 시스템 안전업무(프로그램의 해석, 검토 및 평가 등)를 수행하는 데 필요한 시스템 관리의 한 분야이다.
③ 생산성 향상을 위한 중점 관리는 시스템 안전관리와 무관하다.

015 시스템 안전을 위한 업무의 수행 요건은 ① · ② · ③ 이외에도 다른 시스템 프로그램과의 영역 조정, 시스템 안전에 대한 목표를 실현하기 위한 프로그램 해석, 검토 및 평가 등이 있다.

016 시스템 안전계획의 수립 및 작성 시 반드시 기술하여야 하는 것은 ① · ③ · ④ 등이 있다. ②의 시스템의 신뢰성 분석 비용과는 무관하다.

017 인간 커뮤니케이션(인간들이 정보를 통해 의미를 두 사람 이상이 한 가지를 공동으로 소유하거나 이용하는 과정) Link의 4가지 종류에는 방향성 Link, 통신계 Link, 시각 Link 및 장치 Link 등이 있다. 구성 요소에는 메시지, 채널, 송수신자, 피드백, 잡음 등이 있다.

018 안전성 평가를 위한 방법에는 체크리스트에 의한 방법, FMEA(Failure Mode and Effect Analysis, 전체 요소의 고장을 유형별로 분석하여 그 영향을 분석하는 기법으로 정성적 · 귀납적이고, 서브시스템, 구성요소, 기능 등의 잠재적 고장형태에 따른 시스템의 위험을 파악하는 위험 분석 기법), FTA[Fault Tree Analysis, 결함수 분석법으로 재해 원인의 정량적, 연역적(Top Down) 예측이 가능한 기법] 등이 있다.
④ DT(Decision Tree, 의사결정수)는 귀납적이고, 정량적인 분석 방법으로 요소의 신뢰도를 이용하여 시스템의 신뢰도를 나타내는 시스템 모델의 하나이다.
⑦ 재해정보에 의한 평가는 안전성 평가의 기본 원칙의 단계별에는 속하는 내용이다, 안전성 평가 방법에는 속하지 않는다.

019 ①은 PHA(Preliminary Hazards Analysis, 예비사고 위험분석), ②는 CA(Criticality Analysis, 위험도 분석), ③은 FHA(Fault Hazards Analysis, 결함사고 위험분석), ④는 MORT(Management Oversight and Risk Tree, 경영소홀 및 위험수 분석)에 대한 설명이다.

020 FMEA 실시를 위한 기본방침의 결정사항에는 ①·②·④ 이외에도 System의 Hard Ware 구성 요소의 고장 원인 등을 분명하게 하여야 한다는 것 등이 있다.

021~022 FMEA의 장점과 단점
- 장점 : FTA[Fault Tree Analysis, 결함수분석, 재해 원인의 정량적, 연역적(Top Down)예측이 가능한 기법]에 비해서 간단한 서식을 사용하고, 비교적 적은 노력으로 특별한 훈련을 받지 않아도 분석이 가능하다.
- 단점 : 요소는 물체로 한정되어 있으므로 인원 원인을 분석하는 데 어렵고, 논리성이 단일(한 가지뿐)하며, 각 요소 간의 영향 분석이 어려우므로 두 가지 이상의 요소가 고장이 나는 경우에는 분석이 매우 어렵다.

023 FMEA의 위험성 분류

Category (범주)	분류	해당 재난
I	파국적 (catastrophic)	생명 또는 가옥의 상실 (사망 또는 시스템의 상실)
II	중대재해 (위험, critical)	사명 수행의 실패 (중상, 직업병 또는 중요시스템 손상)
III	경미재해 (한계적, marginal)	활동의 지연 (경상, 경미한 직업병 또는 시스템의 가벼운 손상)
IV	무시재해 (negligible)	영향 없음 (사소한 상처, 직업병 또는 시스템 손상)

024 시스템의 안전 분석의 방법의 비교

구분	FMEA	ETA	DT	FTA	MORT	PHA, FHA	CA, THERP
논리적	귀납적			연역적			
수리적	정성적	정량적				정성적	정량적

PHA	• Preliminary Hazards Analysis, 예비사고 위험분석 • 시스템의 구상단계에서 시스템 고유의 위험 상태를 식별하고 예상되는 재해의 위험 수준을 결정하는 시스템 안전분석 기법이다. • 시스템 안전프로그램에 있어 제일 첫 번째(최초) 단계의 분석으로 시스템내의 위험요소가 어떤 상태에 있는가를 정성적으로 분석·평가하는 기법이다. • 시스템의 구상단계에서 이루어진 결정 사항에 따라서 정해진 최적 시스템에 대하여 발생될 수 있을 것으로 생각되는 사고를 광범위하게 최초로 정의하는 위험 분석 방법이다. • 최초 단계의 분석으로 시스템 내의 위험 상태 요소에 대해서 정성적, 귀납적으로 평가한 분석법이다.
FMEA	• Failure Mode and Effect Analysis, 고장의 형과 영향 분석 • 시스템이나 서브시스템 위험분석을 위하여 일반적으로 사용되는 전형적인 정성적, 귀납적 분석기법으로 시스템에 영향을 미치는 모든 요소의 고장을 형태별로 분석하여 그 영향을 검토하는 분석기법이다. • 시스템에 영향을 미치는 모든 요소의 고장을 형태별로 분석하여 그 영향을 검토하는 시스템안전 분석기법이다. • 전체 요소의 고장을 유형별로 분석하여 그 영향을 분석하는 기법으로 정성적, 귀납적이고, 서브시스템, 구성요소, 기능 등의 잠재적 고장형태에 따른 시스템의 위험을 파악하는 위험 분석 기법이다. 또한, 정량화를 위해 C.A(위험도 분석)를 함께 사용하는 것이 좋다.
SSHA	• System Safety Hazard Analysis, 시스템안전성위험분석 • 예비위험분석(PHA)를 발전시킨 시스템 해석 방법으로 PHA에 의해 식별된 사고가 발생될 가능성이 있을 경우, 각 서브 시스템이 어느 정도를 기여하고 있는지를 계통적으로 평가하는 방법이다.

ETA	• Event Tree Analysis, 사건수 분석 • 사고의 발단이 되는 초기 사상이 발생할 경우 그 영향이 시스템에서 어떤 결과(정상 또는 고장)로 진전해 가는지를 나뭇가지가 갈라지는 형태로 분석하는 방법이다. • 사고 시나리오에서 연속된 사건들의 발생경로를 파악하고 평가하기 위한 귀납적이고 정량적인 시스템안전 분석기법이다. • 시스템의 안전도를 나타내는 시스템 모델로서 사상의 안전도를 사용하고, 재해의 확대 요인을 분석하는 데 적합한 방법으로 디시전 트리를 이용하며, 위험 상태 요소에 대해 정량적, 귀납적으로 평가하는 방법이다.

025 DYNAMO는 말 그대로 사용자가 직접 만들어 가는 도구로서, 시각적 프로그래밍 프로세스에 관여하거나, 광범위한 사용자 및 참여자 커뮤니티에 참여하는 경우가 있을 수 있다.

026 FMEA(failure modes and effects analysis)의 실시 순서

순서	개념	주요 내용
제1단계	대상 시스템의 분석	• 기기·시스템의 구성 및 기능의 전반적 파악 • FMEA 실시를 위한 기본 방침의 결정 • 기능 블록과 신뢰성 블록의 작성
제2단계	고장형태와 그 영향의 해석	• 고장형태의 예측과 설정 • 고장원인의 상정과 고장 등급의 평가 • 상위 체계의 고장 영향의 검토 • 고장 검지법의 검토 • 고장에 대한 보상법이나 대응법 검토 • FMEA 워크시트에 기입
제3단계	치명도 해석과 개선책의 검토	• 치명도의 해석 • 해석 결과의 정리와 설계 개선의 제언

027 ①은 MORT(Management Oversight and Risk Tree), ②는 THERP(Technique for Human Error Rate Prediction), ③은 FHA(Fault Hazards Analysis, 결함사고 위험분석)에 대한 설명이다.

028 FMEA에서 고장 평점을 결정하는 5가지 평가요소
C_s(평가요소의 전부를 사용한 경우의 고장 평점) $= C_1 \cdot C_2 \cdot C_3 \cdot C_4 \cdot C_5$
[C_1 : 기능적 고장의 영향 중요도, C_2 : 영향을 미치는 시스템의 범위, C_3 : 고장발생의 빈도, C_4 : 고장방지의 가능성, C_5 : 신규 설계의 정도]

029 ① 직무 위급도 분석(TCRAM, Task Criticality Rating Analysis Method) : 인간의 에러를 4등급(파국적, 중대, 경미, 안전)으로 분류하고, 실수 위급도의 평점을 통해 분석하는 방법으로 심각성과 빈도를 동시에 고려하여야 한다.
② 인간 실수(과오)율 예측기법 : THERP(Technique for Human Error Rate Prediction)는 시스템에 있어서 인간의 과오를 정량적으로 분석하는 방법이다. 사고원인 가운데 인간의 과오에 기인된 원인분석, 확률을 계산함으로서 제품의 결함을 감소시키고, 인간공학적 대책을 수립하는 데 사용되는 분석기법이다.
④ 인간 실수 자료은행(Human Error Rate Bank) : Data Store에 의한 전자 장비 운용 직무와 SHERB에 의한 산업 공정의 인간 착오율을 데이터베이스화한 것이다.

030 PHA(Preliminary Hazards Analysis, 예비사고 위험분석)
- 시스템의 구상단계에서 시스템 고유의 위험 상태를 식별하고 예상되는 재해의 위험 수준을 결정하는 시스템 안전분석 기법이다.
- 시스템 안전프로그램에 있어 제일 첫 번째 단계의 분석으로 시스템내 의 위험요소가 어떤 상태에 있는가를 정성적으로 분석·평가하는 기법이다.
- 시스템의 구상단계에서 이루어진 결정 사항에 따라서 정해진 최적 시스템에 대하여 발생될 수 있을 것으로 생각되는 사고를 광범위하게 최초로 정의하는 위험 분석 방법이다.
- 최초 단계의 분석으로 시스템 내의 위험 상태 요소에 대해서 정성적·귀납적으로 평가한 분석법이다.

031 유인어란 창조적 사고를 유도하고, 자극하여 이상을 발견하고 의도를 한정하기 위하여 사용되는 간단한 용어이다.

NOT 또는 NO	설계의도의 완전한 부정을 의미한다.
REVERSE	설계의도와 논리적인 역을 의미한다.
PART OF	성질상의 감소, 일부 변경으로 어떤 의도는 성취되나, 어떤 의도는 성취가 되지 않음을 의미한다.
OTHER THAN	완전한 대체(설계 의도가 완전히 바뀜)를 의미한다.
AS WELL AS	성질상 증가를 나타내는 것으로 부가적인 행위(설계의도와 운전조건 등)와 함께 일어나는 것을 의미한다.
MORE, LESS	양(압력, 반응, 온도, 유량 등의 정량적인 면)의 증가 또는 감소로 양과 성질을 동시에 나타내는 것을 의미한다.

032 HAZOP(위험 및 운전성 검토)는 각각의 장비에 대해 잠재된 위험이나 기능 저하, 운전 잘못 등과 전체로서의 시설에 결과적으로 미칠 수 있는 영향 등을 평가하기 위하여 설계도나 공정 등에 체계적이고 비판적인 검토를 행하는 것으로 간단한 기법이지만 전문 인력(5~7명)이 필요하므로 노력과 시간이 많이 요구된다. 즉, 긴 시간에 고가의 비용으로 분석이 가능하다. 특히, 화학설비의 공정 위험성을 평가하는 기법이다.

033 ①의 FMEA(Failure Mode and Effect Analysis)는 고장의 형과 영향 분석이고, ②의 HAZOP는 위험 및 운전성 검토이며, ③의 페일세이프(fail safe)의 개념은 인간 또는 기계가 동작상의 실패가 있어도 사고를 발생시키지 않도록 하는 통제 기능으로서, 기능의 3단계는 fail-passive, fail-active, fail-operational이다.

034 ②의 ETA(Event Tree Analysis, 사건수 분석), ③의 FMEA(Failure Mode and Effect Analysis, 고장의 형과 영향 분석), ④의 MORT(Management Oversight and Risk Tree, 경영소홀 및 위험수 분석)는 시스템의 위험분석기법이다. ① RULA(Rapid Upper Limb Assessment)는 근골격계질환의 분석기법으로 상지(목, 손목, 어깨, 팔목 등)를 기준으로 하여 작업자세로 인한 작업부하를 신속하고 용이하게 평가하기 위한 평가기법이다.

035 안전성 평가의 기본원칙 6단계
제1단계(관계자료의 정비검토) → 제2단계(정성적 평가) → 제3단계(정량적 평가) → 제4단계(관리적 대책, 설비 등에 관한 대책 등의 안전대책 수립) → 제5단계(재해사례(정보)에 의한 평가) → 제6단계(FTA에 의한 재평가)

036 제2단계는 정성적 평가로서, 설계관계(입지조건, 공장내 배치(레이 아웃), 건조물, 소방설비 등)과 운전관계(원재료, 중간 제품, 공정, 수송, 저장, 공정기기 등)에 대한 평가이다.

037~038 화학설비의 안전성 평가 과정에서 제3단계인 정량적 평가 항목에는 취급물질, 화학설비의 용량, 압력, 온도 및 조작 등이 있다.

039 시스템 안전의 최종분석 단계에서 위험을 고려하는 결정인자에는 효율성, 피해 가능성, 비용 산정 등이 있다. 시스템 고장모드(고장 발생의 최소화를 위한 분석 요인으로 제품의 개발 및 설계 단계에서 고려함)와는 무관하다.

040 ① 예비위험분석(PHA) : 시스템안전 위험분석을 수행하기 위한 예비적인 최초의 작업으로, 위험요소가 얼마나 위험한지를 평가한다.
② 위험성 평가 : 유해·위험요인을 파악하고 해당 유해·위험요인에 의해 부상 또는 질병의 발생 가능성(빈도)과 중대성(강도)을 추정·결정하고 감소대책을 수립하여 실행하는 일련의 과정을 말한다.
③ 안전분석 : 주요 단계별로 작업을 구분하여 단계에 따른 위험 요인과 잠재적 사고를 파악하고, 사고의 최소화, 위험요인과 사고를 제거 및 최소화, 예방을 위한 대책을 강구하는 기법이다.

041 안전성 평가에서 위험관리의 사명(목적)은 손해에 대한 자금 융통이며, 위험관리의 내용에는 위험의 파악, 위험의 처리, 사고의 발생확률 예측 등이 있다.

042 위험도분석(CA)의 위험도 분류

Category (범주)	I	II	III	IV
상태	생명의 상실 (파국적)	작업의 실패 (위험)	운영의 지연 또는 손실 (한계적)	극단적인 계획 외의 관리 (무시 가능)

043 ③ 한계적(marginal) : 작업자의 경미한 상해와 시스템의 성능 저하 단계로서, 위험분석상의 강도를 분류할 시에 환경, 인원의 과오, 절차의 결함, 요소의 고장 또는 기능 불량이 시스템의 성능을 저하시키지만 인적·물적의 중대한 손해를 초래하지 않고 대처 또는 제어할 수 있는 상태이다. 즉, 시스템의 성능 저하가 인원의 부상이나 시스템 전체에 중대한 손해를 입히지 않고 제어가 가능한 상태의 위험강도이다.
① 파국적(catastrophic) : 작업자의 사망과 시스템의 손상 단계로서, 시스템의 고장 또는 작업자의 부상 등으로 인하여 시스템의 성능이 저하되어 시스템에 중대한 손실이 발생한 상태이다.
② 위험(중대, critical) : 작업자의 심각한 상해와 시스템의 중대 손상 단계로서, 시스템의 고장 또는 작업자의 부상 등으로 인하여 시스템의 중대한 손실이 발생하거나, 시스템의 고장 또는 작업자의 생존을 유지하기 위해서 수정 조치가 필요한 상태이다.
④ 무시가능(negligible) : 작업자의 경미한 상해와 시스템 저하가 없는 단계로서, 시스템의 고장 또는 작업자의 부상 등이 전혀 발생하지 않는 상태이다.

044 예비위험분석(PHA)에서 위험의 정도를 분류하는 4가지 범주에는 파국적(catastrophic), 위험(중대, critical), 한계적(marginal), 무시가능(negligible) 등이 있다.

045 ①의 catastrophic-remote은 파국적·재앙적, ②의 critical-probable은 중대재해·위험, ③의 marginal-occasional은 경미재해·한계적, ④의 negligible-frequent은 무시재해이다. 그러므로, 위험성 평가에서 위험수위가 가장 높은 것은 ①의 catastrophic-remote이다.

046 위험도분석(CA)의 위험도 분류

Category (범주)	분류	해당 재난
I	파국적 (재앙적, catastrophic)	생명 또는 가옥의 상실 (사망 또는 시스템의 상실)
II	중대재해 (위험, critical)	사명 수행의 실패(임계수준, 위험) (중상, 직업병 또는 중요시스템 손상)
III	경미재해 (한계적, marginal)	활동의 지연 (경상, 경미한 직업병 또는 시스템의 가벼운 손상)
IV	무시재해 (negligible)	영향 없음(무시 가능) (사소한 상처, 직업병 또는 시스템 손상)

047 Chapanis의 위험확률 수준

위험 확률 수준	위험 발생률
전혀 발생하지 않는(impossible)	10^{-8}/day 초과
극히 발생할 것 같지 않는(extremely unlikely)	10^{-6}/day 초과
거의 발생하지 않는(remote)	10^{-5}/day 초과
가끔 발생하는(occasional)	10^{-4}/day 초과
합리적으로 가능성 있는(reasonably probable)	10^{-3}/day 초과

048 시스템 설계자가 통상적으로 하는 평가방법에는 기능 평가, 성능 평가, 신뢰성 평가, 융통성 평가 및 용량 평가 등이 있다.

049 위험작업분석 시 고려해야 할 사항에는 육체적 요구조건, 작업환경 조건, 보건상 위험성 등이 있다.

050 위험관리의 단계는 "위험의 파악 → 위험의 분석(사고의 발생 확률 예측) → 위험의 평가 → 위험의 처리"의 순이다. 발생빈도보다는 손실에 중점을 두며 기업 간 의존도, 한 가지 사고가 여러 가지 손실을 수반하는 것에 대해 유의하여 안전에 미치는 영향의 강도를 평가하는 것은 위험의 분석 및 평가 단계에서 이루어진다.

051 위험조정(처리)기술의 4가지

위험의 회피 (Avoidance)	예상되는 위험과 연관된 행동을 하지 않는 경우로서 예상되는 위험을 차단하는 방법이다.
위험의 제거 (경감, 감축, Reduction)	• 위험의 방지 : 위험의 발생건수와 손실을 감소시키는 예방하는 방법이다. • 위험의 분산 : 집중화(설비, 시설 등)를 방지하고, 분산하거나 재료의 분리 저장으로 위험 단위를 증대시키는 방법이다. • 위험의 결합 : 합병이나 협정 등으로 규모를 확대시키므로 위험 단위를 증대시키는 방법이다. • 위험의 제한 : 기업의 위험을 제한(계약서, 서식 등을 작성)하는 방법이다.
위험의 보류 (Retention)	위험을 확인하고 보류하는 적극적 보류와 무지로 인한 소극적인 보류이다.
위험의 전가 (Transfer)	보증, 보험, 공제 및 기금 제도 등을 이용하여 제거나 회피가 불가능한 경우 전가시키는 방법이다.

052 위험을 처리하기 위한 대책 수립 시에는 재정적, 즉, 비용 문제를 포함한다.

053 시스템안전프로그램계획(SSPP, System Safety Program Plan)에서 완성해야 할 시스템안전업무에는 정성 해석, 운용 해석, 프로그램 심사의 참가 등이 있다. 시스템안전프로그램계획에 포함되어야 할 사항에는 계획의 개요, 계약 조건, 안전조직, 안전성의 평가, 안전자료의 수집과 갱신, 시스템 안전의 기준 및 해석, 경과와 결과의 보고 등이 있다.

054 시스템안전프로그램계획(SSPP)을 이행하는 과정 중 최종분석단계에서 위험의 결정인자에는 가능 효율성, 피해가능성, 폭발빈도, 비용산정 등이 있다.

055 안전성의 관점에서 시스템을 분석 평가하는 접근방법에는 객관적, 직관적, 귀납적, 연역적인 방법 등이 있다.
① "이런 일은 금지한다."의 상식과 사회기준에 따른 객관적인 방법 즉, 검증과 가설에 의한 규칙의 파악이다.
② "어떤 일은 하면 안 된다."라는 점검표를 사용하는 직관적인 방법이다.
③ "어떤 일이 발생하였을 때 어떻게 처리하여야 안전한가?"의 귀납적인 방법 즉, 이론과 가설에 의한 검증을 목적으로 한다.
④ "어떻게 하면 무슨 일이 발생할 것인가?"의 연역적인 방법 즉, 안전성과 규칙성을 중시하고, 객관적인 실체가 존재한다는 조건하에서의 방법이다.

056 유연생산시스템(FMS, Flexible Manufacturing System)은 생산성, 유연성, 신뢰성이 높은 자동화생산 라인으로, 생산성 등의 감소가 발생되지 않으면서 다양한 제품을 가공 처리할 수 있는 시스템이다. 가장 적합한 배치법은 유자(U)형 배치로서 작업장의 밀집으로 공간을 적게 차지하고, 작업자의 이동과 운반을 최소화하며, 작업자 간의 의사소통이 용이한 배치법이다.

057 유연생산시스템(FMS, Flexible Manufacturing System)은 기능적인 분류와는 무관하다.

001	① ○ ② × ③ ○ ④ ○	002	① ○ ② ○ ③ × ④ ○
003	① × ② × ③ ○ ④ ×	004	① ○ ② ○ ③ ○ ④ ×
005	① × ② × ③ × ④ ○	006	① × ② ○ ③ ○ ④ ○
007	① ○ ② × ③ ○ ④ ○	008	① × ② ○ ③ ○ ④ ○
009	① ○ ② × ③ × ④ ×	010	① × ② × ③ ○ ④ ×

001 윤활관리시스템에서 준수해야 하는 4가지 원칙

- 기계에 필요한 윤활제(적합한 유류, 즉 적유)
- 윤활기간의 올바른 준수(적당한 시기의 급유, 즉 적시)
- 올바른 윤활법의 선택(올바른 방법의 급유, 즉 적법)
- 적정량 준수(적당한 양의 급유, 즉 적량)

이를 요약하면, 4가지 원칙은 적유, 적시, 적법, 적량이다.

002 보전성 설계 시 고려사항

> - 고장이나 결함이 발생한 부분에 접근성이 좋을 것
> - 고장이나 결함의 징조를 쉽게 검출할 수 있을 것
> - 고장, 결합부품 및 재료의 교환이 신속하고 쉬울 것

③의 '경험이 풍부하고 수리에 숙련되어 능력이 충분할 것'은 보전성[수리 가능한 시스템이나 부품을 규정된 시간에 보전(수리 가능한 시스템이나 부품의 고장이나 결함을 회복시키고, 사용 가능한 상태로 유지시키기 위한 활동 또는 제반 조치)을 종료할 수 있는 확률 또는 성질] 설계의 고려사항과는 무관하다.

003 설비의 보전 방법

일상 보전	설비보전 방법 중 설비의 열화를 방지하고 그 진행을 지연시켜 수명을 연장하기 위한 점검, 청소, 주유 및 교체 등의 활동을 하는 보전방식이다.
예방 보전 (preventive maintenance)	장치를 사용 가능한 상태로 유지하거나, 장치의 사용 중 고장의 발생을 미연에 방지하기 위하여 계획적으로 하는 보전방식이다. 즉, 고장 손실에 따른 피해가 큰 중점 설비가 대상일 때 가장 적합한 보전방식이다. 또한, 설비를 항상 정상, 양호한 상태로 유지하기 위한 정기적인 검사와 초기의 단계에서 성능의 저하나 고장을 제거하거나 조정(調整) 또는 수복(修復)하기 위한 설비의 보수 활동을 의미한다.
개량 보전 (corrective maintenance)	설비고장 대책으로 그 원인을 조사·해석하여 고장을 미연에 방지하기 위하여 설비 개조, 설계단계에서의 조치 등 설비의 체질개선을 도모하는 설비보전이다.
사후 보전 (break-down maintenance)	설비의 성능저하 또는 고장에 의한 정지 때문에 수리하는 설비보전 방법 또는 장치의 고장이 발생한 후에 장치의 작동가능상태로 회복하기 위하여 하는 보전방식이다.
생산 보전	미국의 GE사가 처음으로 사용한 보전으로 설계에서 폐기에 이르기까지 기계설비의 전과정에서 소요되는 설비의 열화손실과 보전비용을 최소화하며 생산성을 향상시키는 보전방법이다.
보전 예방 (maintenance prevention)	설비보전 정보와 신기술을 기초로 신뢰성, 조작성, 보전성, 안전성, 경제성 등이 우수한 설비의 선정, 조달 또는 설계를 통하여 궁극적으로 설비의 설계, 제작 단계에서 보전활동이 불필요한 체제를 목표로 한 설비보전 방법이다. 특히, 교체 주기와 가장 밀접한 관련성이 있는 보전방식이다.

004 생산시스템 신뢰성 유지와 설비 보전은 관계가 있다.

005 ① MTTF(고장까지의 평균시간, Mean Time to Failures) : 고장이 발생하면 수명이 없어지는 제품으로 고장이 일어 나기까지의 동작 시간 평균치이다. $MTTF = \dfrac{총\ 작동시간}{고장\ 갯수}$

② MTBF(평균고장간격, Mean Time Between Failures) : 고장이 발생한다고 하더라도 수리해서 사용할 수 있는 제품으로 무고장 시간의 평균을 의미한다.

　㉮ 평균고장간격(설비의 보전과 가동에 있어 시스템의 고장과 고장 사이의 시간 간격)으로서 고장 사이의 작동시간의 평균값으로 보전성 개선에 목적을 둔다.

　㉯ 정상상태에 머무르는 무고장 동작 시간의 평균값을 의미한다.

　㉰ $MTBF = (\dfrac{1}{\lambda} + \dfrac{1}{2\lambda} + \dfrac{1}{3\lambda} + \cdots\cdots \dfrac{1}{n\lambda})$, 고장률($\lambda$) $= \dfrac{고장(불량품)\ 건수}{총\ 가동시간}$ (건/시간)

③ MDT(평균동작 불능시간, Mean Down Time) : 예방보전과 사후보전을 모두 실시할 때 보전성의 척도로 사용되는 것이다.

006 보전용 자재 원칙에는 ②·③·④ 이외에도 다음과 같은 원칙이 포함된다.

> - 보전자재는 연간 사용빈도가 낮으며, 소비속도가 늦은 것이 많다.
> - 자재의 구입, 품목, 수량, 시기계획을 수립하기 곤란하다.
> - 불요자재의 발생 가능성이 크다.

① 보전용 자재는 소비속도가 느려 순환사용이 불가능하나 폐기시켜야 할 정도의 자재에 포함되지는 않는다.

007 P–Q 분석은 품종(P)과 생산량(Q)을 비교하는 분석으로, 공정분석에 해당된다. 또한, P–Q 분석도에 의한 고장대책으로 빈도가 낮은 고장에 대하여 근본적인 대책을 수립한다.

008 신뢰성과 보전성 개선을 목적으로 한 효과적인 보전기록자료에는 MTBF분석표, 설비이력카드, 고장원인대책표 등이 있다.

009 위험조정(처리)기술의 4가지

위험의 회피	예상되는 위험과 연관된 행동을 하지 않는 경우로서 예상되는 위험을 차단하는 방법이다.
위험의 제거(경감)	• 위험의 방지 : 위험의 발생건수와 손실을 감소시키는 예방 • 위험의 분산 : 집중화(설비, 시설 등)를 방지하고, 분산하거나 재료의 분리 저장으로 위험 단위를 증대시키는 방법이다. • 위험의 결합 : 합병이나 협정 등으로 규모를 확대시키므로 위험 단위를 증대시키는 방법이다. • 위험의 제한 : 기업의 위험을 제한(계약서, 서식 등을 작성)하는 방법이다.
위험의 보류	위험을 확인하고 보류하는 적극적 보류와 무지로 인한 소극적인 보류이다.
위험의 전가	보증, 보험, 공제 및 기금 제도 등을 이용하여 제거나 회피가 불가능한 경우 전가시키는 방법이다.

010 위험통제의 단계

단계	제1단계	제2단계	제3단계	제4단계	제5단계
내용	위험원의 제거	위험원의 격리	위험원의 방호	위험원에 대한 기계의 방호	위험원에 대한 인간의 보강대책
대책	제거 또는 대체	자동화 원격조정	위험점 이격, 안전거리 확보	덮게, 후드 설치, 인터록 방호장치	교육, 훈련 실시

번호	답		번호	답
001	① ○ ② × ③ ○ ④ ○		002	① × ② ○ ③ ○ ④ ○ ⑤ ×
003	① ○ ② ○ ③ × ④ ○		004	① ○ ② ○ ③ ○ ④ × ⑤ ○ ⑥ ○ ⑦ ○
005	① ○ ② × ③ × ④ ×		006	① ○ ② ○ ③ × ④ ○
007	① × ② × ③ ○ ④ ×		008	① × ② × ③ × ④ ○
009	① ○ ② ○ ③ ○ ④ ×		010	① ○ ② × ③ × ④ ×
011	① × ② ○ ③ × ④ ×		012	① ○ ② × ③ × ④ ×
013	① ○ ② ○ ③ × ④ ○		014	① × ② ○ ③ × ④ ×
015	① ○ ② ○ ③ × ④ ○ ⑤ × ⑥ ○ ⑦ × ⑧ × ⑨ × ⑩ ○			
016	① × ② ○ ③ ○ ④ ○		017	① ○ ② × ③ ○ ④ ○
018	① ○ ② × ③ × ④ ×		019	① × ② × ③ ○ ④ ×
020	① ○ ② ○ ③ ○ ④ ×		021	① ○ ② ○ ③ ○ ④ ×
022	① × ② ○ ③ ○ ④ ○			
023	① ○ ② ○ ③ ○ ④ × ⑤ × ⑥ × ⑦ ○ ⑧ × ⑨ × ⑩ × ⑪ ×			
024	① ○ ② ○ ③ × ④ ○ ⑤ ○ ⑥ × ⑦ ○ ⑧ ○ ⑨ × ⑩ ○			
025	① ○ ② ○ ③ ○ ④ ×		026	① × ② × ③ ○ ④ ×
027	① × ② × ③ × ④ ○		028	① ○ ② × ③ × ④ ×
029	① × ② ○ ③ ○ ④ ×		030	① × ② × ③ × ④ ○
031	① × ② × ③ ○ ④ ×		032	① × ② ○ ③ × ④ ×
033	① × ② ○ ③ ○ ④ ○		034	① ○ ② × ③ ○ ④ ○
035	① ○ ② ○ ③ ○ ④ ×		036	① ○ ② ○ ③ ○ ④ × ⑤ ○ ⑥ × ⑦ ○ ⑧ ○
037	① ○ ② ○ ③ ○ ④ × ⑤ ○ ⑥ ○ ⑦ ○ ⑧ × ⑨ ○ ⑩ ○ ⑪ ×			
038	① × ② ○ ③ ○ ④ ○		039	① × ② ○ ③ ○ ④ ○
040	① ○ ② × ③ ○ ④ ○		041	① ○ ② ○ ③ × ④ ○
042	① × ② ○ ③ × ④ ×		043	① × ② ○ ③ × ④ ×
044	① ○ ② ○ ③ ○ ④ ×		045	① ○ ② ○ ③ ○ ④ × ⑤ ○ ⑥ ○ ⑦ ○ ⑧ ×
046	① ○ ② ○ ③ ○ ④ ×		047	① ○ ② × ③ × ④ ×
048	① × ② ○ ③ ○ ④ ○		049	① ○ ② × ③ × ④ ×
050	① × ② ○ ③ × ④ ×		051	① × ② × ③ ○ ④ ×
052	① ○ ② ○ ③ × ④ ○		053	① × ② ○ ③ ○ ④ ○
054	① ○ ② ○ ③ × ④ ○		055	① ○ ② × ③ × ④ ×
056	① ○ ② × ③ ○ ④ ○		057	① × ② × ③ ○ ④ ×
058	① × ② ○ ③ × ④ ×		059	① ○ ② × ③ ○ ④ ○
060	① ○ ② ○ ③ × ④ ○		061	① × ② ○ ③ × ④ ×
062	① ○ ② ○ ③ × ④ ○		063	① ○ ② ○ ③ ○ ④ ×
064	① × ② ○ ③ ○ ④ ○		065	① × ② × ③ ○ ④ ×
066	① ○ ② × ③ ○ ④ ○		067	① ○ ② ○ ③ ○ ④ ×
068	① × ② × ③ × ④ ×		069	① × ② ○ ③ ○ ④ ○

001 인간은 글씨보다 색깔을 더 빨리 인식하고, 인간의 감각은 태양 빛 아래의 환경에서 시각적 기능이 발달함으로써, 인간은 단시간에 정보를 반사, 흡수적으로 행동하는 데 있어서 문자나 형보다 색이 효과적이다.

002~004 인체계측 자료의 응용 원칙 3가지에는 최대치수와 최소치수(극단적인 사람을 위한) 설계, 조절(조정)범위 설계, 평균치를 기준으로 한 설계 등이 있다.

최대치수와 최소치수 (극단적인 사람을 위한) 설계	• 최대치수 : 인체 측정 변수의 상위 백분위수를 기준으로 90, 95, 99%를 사용하고, 공간의 여유 결정(통로, 출입문, 의자 사이의 간격, 침대의 길이 등)과 최소지지 중량(강도)(줄사다리, 그네 등), 울타리 등이 있다. • 최소치수 : 인체 측정 변수의 하위 백분위수를 기준으로 1, 5, 10%를 사용하고, 선반의 높이, 조정 장치까지의 거리, 지하철 또는 버스의 손잡이, 조작자와 제어버튼 사이의 거리, 조작에 필요한 힘, 안내 데스크 등에 사용된다.
조절(조정)범위 설계	자동차 시트의 전후, 상하 조절, 사무실 의자의 높낮이 조절 등에 사용된다.
평균치를 기준으로 한 설계	최대치수와 최소치수 조절식으로 하기 어려운 경우에는 평균치를 기준으로 하여 설계한다. 공구, 은행 창구, 슈퍼마켓의 계산대 등에 사용한다.

005 인체측정치 응용원칙 중 고려해야 하는 원칙의 우선순위는 "조절(조정)식 → 극단치(최대, 최소치수) → 평균치"의 순이다.

006 출입문의 설계를 위하여 5%의 상위 백분위 수를 사용하였고, 최대치수나 최소치수를 기준으로 설계하기도 부적절하고 조절식으로 하기도 불가능할 때 평균치를 기준(은행의 계산대)으로 설계를 한다.

007 인체치수는 정적 인체치수(구조적 치수, 고정된 자세를 고려한 인체치수)와 동적 인체치수(기능적 치수, 움직이는 몸의 자세를 고려한 인체치수)의 두 가지로 구분할 수 있다.

008 ①·②·③은 동적 인체치수(기능적 치수, 움직이는 몸의 자세를 고려한 인체치수)에 대한 설명이다.

009 인체계측치를 활용한 설계는 인간의 안락과 성능수행 모두에 영향을 미친다.

010 ①은 동적 인체치수(기능적 치수, 움직이는 몸의 자세를 고려한 인체치수)에 속한다. ②·③·④는 정적 인체치수(구조적 치수, 고정된 자세를 고려한 인체치수)이다.

011 ① 조절(조정)식 설계를 기준으로 한 설계를 제일 먼저 고려한다.
③ 의자의 깊이와 너비는 큰 사람(최대치수)을 기준으로 설계한다.
④ 큰 사람(최대치수)을 기준으로 한 설계는 인체측정치의 95%tile[%tile = 평균값 ± (표준편차 × %tile 계수)]을 사용한다.

012 의자 좌판의 높이를 설계 시에는 조절(조정)식 설계를 원칙으로 하나, 조절(조정)식이 불가능한 경우에는 모든 사람이 사용하는 데 불편이 없도록 하기 위하여 최소 집단치를 위한 설계를 한다.

013 인체계측 자료에서 주로 사용하는 변수에는 평균치, 5백분위수(5%), 95백분위수(95%)를 변수로 사용한다.

014 ② 인체계측 방법 중 동적(기능적)인체 치수는 움직이는 몸의 자세를 고려한 인체치수로 체위의 움직임이나 하지나 상지의 운동에 따른 상태에서의 계측, 즉 특정작업에 국한한다.
①·③·④는 인체 측정치 중 정적(구조적) 인체치수에 속한다.

015 ③ 손가락 전체를 사용한다.
⑤ 손잡이는 접촉면적을 가능하면 크게 하여 설계하고, 사용자의 손의 특성과 사용 조건에 따라 결정된다.
⑦ 정밀 작업용 수공구의 손잡이는 직경을 5~12mm로 한다.
⑧ 힘을 요하는 수공구의 손잡이는 직경을 50~60mm로 한다.
⑨ 손잡이는 손바닥 면에 압력이 가해지지 않도록 접촉면적이 크게 설계한다.

016 신체의 안정성을 증대시키기 위해서는 기저를 크게 하여 몸의 무게중심을 기저에 들게 한다.

017 중립적인 위치의 자세는 온몸의 힘을 완전히 빼고, 편안하고 바르게 있을 때의 자세이다. 각 관절에 운동 범위의 한 가운데를 말하는 자세로 굴절이나 신전 없이 각 관절에 운동 범위의 한 가운데, 즉, 중립에 위치했을 때의 자세이며, 팔꿈치는 90~110°로 굽히고, 몸통 가까운 곳에 위치한다.

018 양립성의 정의와 종류
양립성은 자극들 간, 반응들 간 혹은 자극과 반응조합의 관계가 인간의 기대와 모순되지 않는 것을 의미하며, 종류는 다음과 같다.

공간(spatial) 양립성	• 조정장치나 표시장치에서의 공간적 배치와 물리적 형태를 의미하고, 표시장치와 이에 대응하는 조종장치 간의 위치 또는 배열이 인간의 기대와 모순되지 않아야 한다. • 다수의 표시장치(디스플레이)를 수평으로 배열할 경우 해당 제어장치를 각각의 표시장치 아래에 배치하면 좋아지는 양립성이다.
양식(modality) 양립성	직무에 대하여 청각적 자극 제시에 대한 음성 응답을 하도록 할 때를 의미한다.
운동(movement, 이동) 양립성	• 조정장치의 방향과 표시장치의 움직이는 방향이 사용자의 기대와 일치하는 것을 의미한다. • 자동차를 운전하는 과정에서 우측으로 회전하기 위하여 핸들을 우측으로 돌린다. • 항공기의 경우 일반적으로 이동 부분의 영상은 고정된 눈금이나 좌표계에 나타내는 것이 바람직하다.
개념(conceptual) 양립성	• 개념적인 연상으로 이미 사용자들이 학습을 통해 알고 있는 것을 의미하고, 어떠한 신호가 전달하려는 내용과 연관성이 있어야 하는 것으로 정의된다. • 예 위험신호는 빨간색, 주의신호는 노란색, 안전신호는 파란색으로 표시하는 것이다.

019 주로 통신에서 잡음 중의 일부를 제거하기 위해 여과기(filter)를 사용했다면 신호의 검출성을 향상시키기 위한 것이다.

020 근로 능력 중 지식적 능력에 속하는 것은 이해력과 판단력 등의 사고능력과 표현력 등의 대인능력 등이 있다.

021 착오의 요인에는 크게 인지과정착오, 판단과정착오, 조치과정착오 등이 있다. 세부적인 내용을 보면 인지과정착오에는 정서불안정, 심리·생리적 한계, 정보량의 한계, 감각차단현상 등이 있고, 판단과정착오에는 자기 과신, 정보와 능력의 부족, 환경조건의 불량, 합리화 등이 있으며, 조치과정착오에는 합리적인 조치의 불이행, 오류의 정보취득 등이 있다.

022 피드백(feed back) 제어는 폐회로로 구성된 방식이다. 일정한 압력을 유지하기 위하여 출력과 입력을 항상 비교하는 방식으로, 목표치를 일정하게 정해 놓은 제어(실내 온도, 전압, 보일러 압력, 펌프의 압력, 비행기의 레이더 추적 등) 방식이다. ①은 개방제어계(open loop system)에 대한 설명으로 입력값에 따라 순서대로 동작하나, 출력의 결과에 따라 수정이나 피드백 조정이 이루어지지 않는 제어계를 의미한다.

023 부품(공간)배치의 4원칙

중요성의 원칙	• 부품성능이 시스템 목표달성의 긴요도에 따라 우선순위를 설정하는 부품배치 원칙이다. • 부품을 작동하는 성능이 체계의 목표달성에 긴요한 정도를 고려하여 우선순위를 설정하는 원칙이다. • 부품의 일반적인 위치를 결정하기 위한 기준이다.
사용빈도의 원칙	• 부품의 사용 빈도에 따라 우선순위를 설정하는 원칙이다. • 부품의 일반적인 위치를 결정하기 위한 기준이다.
사용순서의 원칙	사용 순서에 따라 부품들을 근접시켜 배치하는 원칙이다.
기능별 배치의 원칙	조정장치, 표시장치 등과 같이 기능적으로 관련된 부품들을 통합하여 배치한다.

※ 중요성과 사용빈도의 원칙은 일반적 위치를 결정하고, 사용순서와 기능별 배치의 원칙은 배치 결정이다.

024 ③ 개인차의 반영에 관한 사항은 의자설계의 원칙에서 고려해야 할 사항이 아니다.
⑥ 허리 강화를 위하여 쿠션을 설치하여야 한다.
⑨ 의자 등판의 높이는 의자설계의 원칙에서 고려해야 할 사항이 아니다.

025 요부 받침의 높이는 15.2~22.9cm로 하고 폭은 30.5cm, 등받이로부터 5cm 정도의 두께로 한다. 또한, 등받이 각도가 90°일 때, 4cm의 요추 받침을 사용하는 것이 좋다.

026 작업자의 요구나 관심이 한 가지에 집중되는 의식 우회의 문제가 깊거나 많은 경우, 작업자에 대한 감독자의 적절한 조치는 카운슬링(counseling)이다.

027 ① Chunking : 단기기억을 머릿속에 저장하는 방법 또는 기억이나 이해, 처리의 효율을 높이는 방법을 의미한다.
② Stimulus Range(자극범위) : 자극의 범위는 개인이 변화를 감지할 수 있는 강도의 한계를 의미하고, 적응은 시간이 지남에 따라 일정한 자극에 대한 민감도가 점진적으로 감소하는 것을 포함한다.
③ 신호검출이론(SDT : Signal Detection Theory) : 소음이 정규분포를 따르고, 잡음이 신호검출에 미치는 영향이다.

028 신체 부위에 따른 공명진동수(Hz)

신체 부위	경부골(목)	안구(눈)	전신, 요추골(상체)	머리, 어깨
공명진동수 (Hz)	3~4	60~90	5Hz 이하에서도 영향이 크다.	20~30

029 인간의 감각기관 및 반응시간

감각기관	청각	촉각	시각	미각	통각
반응시간	0.17초	0.18초	0.20초	0.29초	0.70초

030 분당 평균에너지가 5kcal인 작업을 계속해서 하는 경우 어떤 종류의 작업이든 간에 휴식은 반드시 필요하므로 적절한 휴식을 취해야 한다. 즉, 휴식 시간을 가져야 한다.

031~033 작업 공간의 종류와 특성

파악 한계역	• 많은 작업자가 앉아서 수작업을 하는 경우 기능을 편히 할 수 있는 공간의 외곽 한계이다. • 인간이 외부 자극, 즉 시각, 청각, 촉각 등을 인식할 수 있는 한계 범위(최소와 최대의 한계)를 나타내는 범위이다.
정상 작업역	• 인간이 앉아서 작업대 위에 손을 움직여 나타나는 평면 작업 중 팔을 굽히고도 편하게 작업을 하면서 좌우의 손을 움직여 생기는 작은 원호형의 영역이다. • 윗팔(상완)은 자연스럽게 수직으로 늘어뜨린 채, 아래팔(전완)만을 편하게 뻗어 작업할 수 있는 범위이고, 작업역은 34~45cm 정도이다.
최대 작업역	• 수평 작업대에서 윗팔과 아래팔을 곧게 뻗어서 파악할 수 있는 작업 영역이다. • 전완과 상완을 곧게 펴서 파악할 수 있는 영역이다.
작업공간 포락면	한 장소에 앉아서 수행하는 작업 활동에 있어서의 작업에 사용하는 공간이다.
최소작업역	사람이 몸을 움직이지 않고 자연스러운 자세, 즉 팔꿈치를 몸에 붙인 상태에서 손만으로 작업할 수 있는 범위로서, 인체의 피로를 가장 적게 하면서 작업할 수 있는 최소한의 작업 공간이다.

034 서서 작업하는 작업공간에서 신체의 균형에 제한을 받으면 뻗침길이가 한계치보다 늘어나므로 신체의 균형을 잃게 된다.

035 작업방법의 개선 원칙(ECRS)에는 제거(Eliminare, 작업요소의 불필요한 사항 제거), 결합(Combine, 작업요소의 결합), 재배치(Rearrange, 작업순서의 재배치) 및 단순화(Simplity, 작업요소의 단순화) 등이 있다.

036 입식작업대의 높이를 결정하는 요소에는 인체 측정자료, 작업의 정밀도, 무게중심의 결정, 작업자의 신장, 작업물의 크기 및 무게 등이 있다. 작업의 빈도와 파악 한계역(많은 작업자가 앉아서 수작업을 하는 경우 기능을 편히 할 수 있는 공간의 외곽 한계)은 입식작업대의 높이를 결정하는 것과는 무관하다.

037 ④ 작업대의 높이는 기준을 지켜야 하므로 높낮이가 조절되어야 한다.
⑧ 정밀한 작업이나 장기간 수행하여야 하는 작업은 입식 작업대보다는 좌식 작업대가 더 바람직하다.
⑪ 부피가 큰 작업물을 취급하는 경우에는 힘이 많이 들고, 신장이 작은 작업자의 접근이 어려우므로 최소치 설계를 기본으로 한다.
※ 작업대의 높이 기준(팔꿈치 높이)은 다음 표와 같다.

기준	경조립(작업)	중조립(작업)	정밀작업
팔꿈치 높이보다	5~10cm 낮게	10~20cm 낮게	0~10cm 높게

038 신체적 안정감이 필요한 경우는 선 자세 작업보다 앉은 자세 작업이 더 좋다.

039 가슴이 압박받는 자세는 작업대나 테이블이 낮은 경우에 발생한다.

040 작업의 자세를 결정하는 조건에는 작업의 정밀도, 작업 기술과 작업자의 능률, 작업자와 작업점의 거리 및 높이 등이 있다. '작업의 중요성'은 작업의 자세를 결정하는 것과는 무관하다.

041 작업조건을 고려한 재배치 또는 위치조정 시 고려사항에는 작업자, 작업대, 작업 공구 이외에도 작업반경 또는 조작거리를 고려한 작업위치(작업점)의 조정가능성이 있다.

042 작업설계를 할 때 인간 요소적 접근방법은 능률과 생산성을 강조하는 것이다.

043 ② 회내(pronation)는 요골과 척골이 서로 꼬이게 하는 운동으로 손바닥이 보인 상태에서 손등이 보이도록 하는 동작이고, 후유장애 판정 시 운동의 감도 상태를 측정하기 위함이다.

신체 부위의 기본적인 동작

구분		내용
손운동	하향(pronation)	손바닥을 아래로
	상향(supination)	손바닥을 위로
발운동	내선(medial rotation)	몸의 중심선으로의 회전
	외선(lateral rotation)	몸의 중심선으로부터의 회전
팔, 다리운동	내전(adduction, 모으기)	몸의 중심선(방향)으로의 이동
	외전(abduction, 벌리기)	몸의 중심선(방향)으로부터의 밖으로 이동
팔꿈치운동	굴곡(flexion, 굽히기)	관절을 중심으로 두 부위 간의 각도가 감소
	신전(extension, 펴기)	부위 간의 각도가 증가

044 진전이 일어나기 쉬운 조건은 떨지 않도록 노력할 때이며, 진전이 가장 많이 일어나는 운동은 수직운동이고, 진전이 적게 일어나는 운동은 손이 심장 높이에 있을 때이다.

045 ④ 대사작용은 생리 작용(호흡, 소화, 순환, 매설 및 생식 등)의 기능이므로, 골격(뼈)과는 무관하다.
⑧ 유기질을 저장하는 역할은 골격(뼈)과는 무관하다.

046 산업재해와 화재는 절대적으로 구분되어야 할 사항이므로, 화재예방 시스템 설계·검토는 산업재해 방지 역할과 무관하다.

047 시스템(제품)의 고유 신뢰도를 높이고, 안전을 위해서 가장 중요한 것은 설계 개선이다.

048 산업현장에서 요통재해를 일으키는 작업적 요소에는 정적작업자세, 인양 및 비틀림작업, 과도한 중량물의 육체적 작업, 중량물 취급 시 작업범위가 어깨보다 높거나 무릎보다 낮아 팔을 길게 뻗고 하는 작업, 몸의 자세가 허리를 많이 구부리거나 비틀린 채 하는 작업 등이 있다. 국소진동작업은 누적손실장애(CTDS)의 원인이다.

049 ① RULA(Rapid Upper Limb Assessment) : 근골격계질환의 분석기법으로 상지(목, 손목, 어깨, 팔목 등)를 기준으로 하여 작업자세로 인한 작업부하를 신속하고 용이하게 평가하기 위한 영국에서 개발된 평가기법이다.
② OWAS 기법 : 전신(목, 다리, 허리 및 몸통 등을 대상) 작업에 대한 인간공학적 평가기법이다.
③ NIOSH의 들기작업 지침 : NIOSH(미국 국립산업안전보건연구원) lifting guideline에 대한 인간공학적 평가기법이다.
④ Grag 에너지소비량 예측 모델 : 실제 현장에서 적용이 용이한 평가 기법으로, 작업의 생리적 부하의 예측이 가능하기 때문에 활용할 수 있다.

050~051 에너지 대사율, 체내 수분의 손실량, 흡기량의 억제도 등은 긴장수준을 측정하기 위한 요소이다. 인간의 신뢰성 3요소는 주의력, 의식수준(경험, 지식, 기술 등), 관찰력 등이다.

052~054 누적손실장애(CTDS)

정의	• 손과 같은 신체부위(손가락, 손목, 팔, 어깨 등)를 반복적으로 사용하기 때문에 발생하는 질환들의 모음이다. • 오랜 시간 동안 반복 발생하는 질환들의 모음으로서 외부 스트레스에 의해 발생한다.
종류	• 인대에서 발생 : 어깨에서부터 손가락까지 여러 종류가 있고, 건염, 건초염, 결절증이 있다. • 신경 혈관 계통에서의 발생 : 목과 어깨 사이의 혈관과 신경, 추운 환경에서의 오랜 시간 동안 진동 작업에 의한 백색 수지증 등이 있다. • 신경 계통에서 발생 : 손목 인대와 손목 뼈들 사이의 터널 모양의 공간 사이로 지나는 힘줄들이 정중 신경을 압박하므로서 생기는 질환이다.
원인	누적손실장애(CTDS)의 원인에는 장시간 정적작업(오랜 시간 진동 공구의 사용, 과도한 힘, 부적절한 자세, 반복성 등), 접촉 스트레스, 기타 요인(조명, 온도 등) 등이 있다.
예방대책	• 손의 사용과 피로를 줄이고, 손과 팔의 작업 범위를 최적화한다. • 손목의 자연 상태 유지와 손가락 전체를 사용하여 물건을 잡는다. • 작업의 최적화와 작업 강도와 속도를 적당하게 한다.

055 근골격계 질환

질환 부위	질환의 종류
목	경추자세 및 근막통 증후군
어깨	극상근 건염, 상완이두 건막염, 견봉하점액낭염, 근막통 증후군 등
팔꿈치	지연성 척골 신경마비, 이상과염, 내상과염, 척골관 증후군 등
허리	요부 염좌, 추간판 탈출증, 척추 분리증, 근막통 증후군 등
손과 목	수근관 증후군, 결절증, 방아쇠 손가락, 수완진동 증후군, 철골관 증후군

056 근골격계 질환 예방을 위한 유해요인 수시조사를 해야 할 경우는 근골격계 질환자 발생, 새로운 설비의 도입, 작업환경의 변경 등이 있다. 작업자 변경과는 무관하다.

057 누적손실장애(CTDS)의 예방대책

구분	예방 대책
관리적 대책	단시간의 잦은 휴식, 단시간의 직무(작업) 전환, 직무 운동, 직무(작업) 순환, 적절한 수공구의 사용 등
공학적 대책	자동화 작업, 수공구, 직무 및 작업장의 재설계, 직무(작업)의 순환배치 등
치료적 대책	충분한 휴식, 보호구 착용, 초음파 적용, 영양분 섭취, 수술과 투약 등

058 ① EEG(뇌전도)는 생리적 스트레스를 측정하는 방법으로 수면 뇌파를 이용한다.
③ 심전도(ECG)는 심장 근육의 활동정도를 측정하는 전기 생리신호로, 신체적 작업 부하 평가 등에 사용할 수 있는 방법이다.
④ 점멸융합주파수(VFF)는 중추신경계의 피로, 즉 정신피로의 척도로 사용되는 것으로서 점멸률을 점차 증가(감소)시키면서 피실험자가 불빛이 계속 켜져 있는 것으로 느끼는 주파수를 측정하는 방법이다. 신호 및 경보 등 설계 시 점멸 속도는 점멸융합주파수보다 훨씬 적어야 하고, 초당 3~10회의 점멸 속도와 지속 시간은 0.05초 이상이 적당하다.

 생리적 척도

정신적 활동	JND(Just Noticeable Difference, 차이식역), 점멸융합주파수(VFF), 뇌전도(EEG), 심박수, 부정맥
육체적 활동	근전도(EMG), 맥박수, 심박수, 산소 소비량, 에너지 소비량, 폐활량, 작업량 등

062 ③ 혈액 성분은 생리적 스트레인의 척도로 화학적 변화의 측정 대상이다.

피로의 측정 방법

생리적 긴장	화학적	성분(혈액, 요), 산소(소비량), 결손, 회복 등), 열량 등
	전기적	근전도(EMG), 안전도(EOG), 심전도(ECG), 뇌전도(EEG), 전기피부반응(GSR)
	신체적	혈압, 심박수, 맥박수, 부정맥, 박동 결손과 박동량, 호흡수, 신체 온도 등

063 생리적 스트레스를 전기적으로 측정하는 방법에는 뇌전도(EEG), 근전도(EMG, 국부적 근육 활동의 척도로 가장 적합한 변수이며, 인간의 생리적 스트레스의 척도), 전기 피부 반응(GSR) 등이 있다.

④ 안구 반응(EOG)는 눈의 전위도 검사로서, 망막 질환을 진찰하는 데 사용하며, 안구의 반복 수평 운동 시 양쪽 전극 간의 전위변화를 추적한 것이다.

064 시각적 점멸융합주파수(VFF)는 조명 강도의 대수치에 선형적으로 비례한다.

065 ① ATP(Adenosine Triphosphate) : 생물이 직접적으로 사용 가능한 에너지를 저장한 물질로서 아데노신 3인산을 말한다.

② 에너지 대사율(RMR, Relative Metabolic Rate) : 작업을 수행하기 위하여 소비되는 산소소모량이 기초대사량의 몇 배에 해당되는지를 나타내는 지수로서, 작업의 강도와 깊은 관계가 있다.

$$RMR = \frac{운동시\ 산소소모량\ -\ 안정시\ 산소소모량}{기초대사량} = \frac{작업(활동)대사량}{기초대사량}$$

④ 산소최대섭취능 : 운동의 능력 중 심폐지구력이나 유산소성 능력을 판정하는 지표로서, 단위시간 내에 산소를 최대한 섭취할 수 있는 정도를 말한다.

066 NIOSH(미국 국립산업안전보건연구원) lifting guideline에서 권장무게한계(RWL) 산출에 사용되는 평가 요소

무게	들기 작업 시 물체의 중량(무게)를 의미한다.
수평위치	손에서 두 발목의 중심점까지의 거리이다.
수직거리	손에서 바닥까지의 거리이다.
수직이동거리	들기 작업 시 수직으로 움직인 거리이다.
비대칭 각도	물체가 작업자의 정시 상면으로부터 어느 정도 떨어져 있는가를 나타내는 각도를 말한다.
들기빈도	15분 동안에 평균적인 분당 들어올리는 횟수(회/분)를 의미한다.
커플링 분류	손과 드는 물체의 연결 상태, 또는 물체를 드는 경우, 떨어뜨리거나 미끄러지지지 않도록 하는 손잡이 등의 상태를 의미한다.

067 인간 공학 연구의 기준 척도

인간 성능 기준	인간과 관계가 있는 특성을 측정하기 위한 것으로 인간 성능척도(빈도수, 지속성, 자연성 척도 등), 주관적 반응, 생리학적 지표, 사고 빈도 등이 있다.
시스템 성능 기준	시스템이 지향하는 목표를 얼마나 정확하게 달성하는가를 반영하는 산출물에 관한 기준이나 시스템의 성능으로 보전성, 신뢰성, 사용성, 운영비 등이 있다.

068 인간공학 연구조사에 사용되는 기준의 구비조건

적절성	수단 및 연구방법의 적합도를 의미한다.
무오염성	기준 척도는 측정하고자 하는 변수 외의 다른 변수들의 영향을 받아서는 안 된다.
신뢰성	반복성(검사 응답의 일관성)을 의미하는 것이다.
변별성	다른 암호 표시와 구분이 되어야 한다.
타당성	기준 척도는 측정하고자 하는 것을 실제로 측정하는 것을 의미한다.
민감도	피실험자 사이에서 볼 수 있는 예상 차이점에 비례하여 단위로 측정하는 것을 의미한다.
검출성	주어진 상황에서 사람이나 감지 장치가 감지할 수 있는 정보를 암호화한 자극이어야 한다.
표준화	검사의 절차와 검사를 위한 조건은 통일성과 일관성을 표준화하여야 한다.
객관성	어떤 사람이 채점하여도 동일한 결과를 가져올 수 있도록 채점자의 주관성과 편협된 생각이 배제되어야 한다.
규준	비교할 수 있는 비교와 참조의 틀을 제공하는 것은 검사결과를 해석하기 위함이다.

069 근골격계부담작업(근골격계부담작업의 범위 및 유해요인조사 방법에 관한 고시 제3조)

근골격계부담작업이란 다음의 어느 하나에 해당하는 작업을 말한다. 다만, 단기간작업 또는 간헐적인 작업은 제외한다.
① 하루에 4시간 이상 집중적으로 자료입력 등을 위해 키보드 또는 마우스를 조작하는 작업
② 하루에 총 2시간 이상 목, 어깨, 팔꿈치, 손목 또는 손을 사용하여 같은 동작을 반복하는 작업
③ 하루에 총 2시간 이상 머리 위에 손이 있거나, 팔꿈치가 어깨 위에 있거나, 팔꿈치를 몸통으로부터 들거나, 팔꿈치를 몸통 뒤쪽에 위치하도록 하는 상태에서 이루어지는 작업
④ 지지되지 않은 상태이거나 임의로 자세를 바꿀 수 없는 조건에서, 하루에 총 2시간 이상 목이나 허리를 구부리거나 트는 상태에서 이루어지는 작업
⑤ 하루에 총 2시간 이상 쪼그리고 앉거나 무릎을 굽힌 자세에서 이루어지는 작업
⑥ 하루에 총 2시간 이상 지지되지 않은 상태에서 1kg 이상의 물건을 한 손의 손가락으로 집어 옮기거나, 2kg 이상에 상응하는 힘을 가하여 한 손의 손가락으로 물건을 쥐는 작업
⑦ 하루에 총 2시간 이상 지지되지 않은 상태에서 4.5kg 이상의 물건을 한 손으로 들거나 동일한 힘으로 쥐는 작업
⑧ 하루에 10회 이상 25kg 이상의 물체를 드는 작업
⑨ 하루에 25회 이상 10kg 이상의 물체를 무릎 아래에서 들거나, 어깨 위에서 들거나, 팔을 뻗은 상태에서 드는 작업
⑩ 하루에 총 2시간 이상, 분당 2회 이상 4.5kg 이상의 물체를 드는 작업
⑪ 하루에 총 2시간 이상 시간당 10회 이상 손 또는 무릎을 사용하여 반복적으로 충격을 가하는 작업

번호	정답	번호	정답
001	①○ ②○ ③○ ④×	002	①× ②× ③○ ④×
003	①× ②○ ③× ④×	004	①× ②○ ③× ④×
005	①○ ②× ③× ④×	006	①× ②× ③○ ④×
007	①× ②× ③× ④○	008	①× ②× ③○ ④×
009	①× ②○ ③× ④×	010	①○ ②× ③× ④×
011	①× ②× ③× ④○	012	①× ②× ③× ④○
013	①× ②○ ③× ④×	014	①○ ②○ ③○ ④× ⑤× ⑥○
015	①○ ②× ③× ④×	016	①× ②○ ③× ④×
017	①○ ②× ③× ④×	
018	①○ ②× ③○ ④○ ⑤○ ⑥○ ⑦× ⑧× ⑨× ⑩○	
019	①× ②× ③× ④○ ⑤× ⑥× ⑦× ⑧×	020	①× ②○ ③○ ④○
021	①○ ②○ ③○ ④×	022	①○ ②○ ③× ④○ ⑤○ ⑥○ ⑦× ⑧○
023	①○ ②○ ③× ④○	024	①× ②○ ③○ ④○
025	①○ ②× ③○ ④○ ⑤○ ⑥×	026	①○ ②○ ③× ④○
027	①× ②× ③○ ④×	028	①× ②○ ③× ④×
029	①○ ②○ ③× ④○	030	①○ ②○ ③× ④○
031	①○ ②○ ③× ④○	032	①× ②× ③○ ④×
033	①× ②○ ③○ ④○	034	①× ②× ③○ ④×
035	①× ②○ ③○ ④○ ⑤○ ⑥○ ⑦×	036	①○ ②× ③○ ④○
037	①○ ②× ③○ ④○	

001~004 FT도의 논리기호

기호	명칭	의미
	결함사상	일반적으로 최하단에 사용되지 않는 사상으로 정상 사상과 중간 사상에 사용되고, 논리 게이트의 입력과 출력이 되며, 결함이 재해로 연결되는 사실 상황 또는 현상을 나타낸다.
	기본사상	말단사상으로 더 이상 전개되지 않는 기본사상(작업자의 오동작, 기계의 결함)이다.
	생략의 결함사상	더 이상 전개할 수 없는 사상(해석 기술의 부족 및 정보 부족 등으로 인한 사상)이나, 해석이 가능하거나 정보가 충족되면 다시 전개를 한다.
	통상사상	시스템의 정상적인 가동 상태에서 일어날 것이 기대되는 사상으로, 결함사상이 아닌 발생이 예상되는 사상기호 또는 기계의 상태 또는 작업에 있어서 재해의 발생 원인이 되는 요소가 있는 것을 의미한다.
(in) (out)	전이기호	FT도 상에서 다른 부분으로의 이행 또는 연결을 의미하고, 전입(삼각형 정상의 선)과 전출(삼각형 옆의 선)을 의미한다.

기호	명칭	설명
출력 / 입력 (AND gate 기호)	AND gate	부울 대수를 이용하여 FT(결함수)를 수식화할 때 논리곱의 관계를 표시한다.
출력 / 입력 (OR gate 기호)	OR gate	여러 가지의 입력사상 중 하나가 발생되어도 출력사상이 발생하는 것을 의미한다.
출력 / 조건 / 입력 (수정기호)	수정기호	입력사상과 어떤 조건을 나타내는 사상이 동시에 발생하는 경우에만 출력사상이 발생하는 것을 의미한다.

005 ①은 결함사상, ②는 기본사상, ③은 전이기호, ④는 통상사상의 기호이다. 또한, 전이기호는 다음과 같이 세분한다.

전이기호(IN)	전이기호(OUT)	전이기호(수량이 다름)

006~008 001~004 해설 참조

009 기호의 표시 중 실선인 경우에는 생략사상(사상과 원인의 관계에서 해석의 기술이 불충분 또는 정보가 부족한 경우로서 이것을 더 이상 전개할 수 없는 말단사상)을 의미하고, 파선인 경우에는 생략사상(인간의 실수)이다. 생략사상의 기호는 다음과 같다.

생략사상	생략사상의 간소화	생략사상의 조작자의 간과

010 공사상은 발생할 수 없는 사상을 의미한다.

통상사상의 기호

기본사상	통상사상	심층분석사상

011 ①은 결함사상, ②는 기본사상, ③은 전이(이행) 기호를 나타낸다.

012 ①은 결함사상, ②는 기본사상, ③은 통상사상을 나타내는 기호이다.
④ AND gate의 기호로서 입력 사상과 발생 확률의 곱으로 나타내고, 입력 사상이 전부 발생하는 경우(모든 입력 사상이 공존할 경우)에 한해서 출력 사상이 발생되는 게이트이다.

013 수정기호

기호	명칭	의미
출력 입력	OR 게이트	여러 가지의 입력사상 중 하나가 발생되어도 출력사상이 발생하는 것을 의미한다.
a b c (동시 발생 안됨)	배타적 OR 게이트	OR Gate로 2개 이상의 입력이 동시에 존재하는 경우에는 출력사상이 발생하지 않는 게이트로서 "동시에 발생 안됨"이라고 표시한다.
a b c (언젠가 2개)	조합 AND 게이트	3개 이상의 입력사상 중 2개의 입력사상이 발생하면 출력사상이 발생하는 것을 의미한다.
ai aj ak (ai, aj, ak 순으로)	우선적 AND 게이트	여러 개의 입력사상 가운데 어떤 사상이 다른 사상보다 먼저 발생한 경우 출력사상이 발생하는 것을 의미한다.
	억제 게이트	입력사상이 발생하여 조건을 만족하면 출력사상이 발생하고, 조건이 만족되지 않으면 출력사상이 발생하지 않는 것을 의미한다.
A	부정 게이트	입력현상의 반대현상이 출력되는 게이트를 의미한다.

014 결함수분석법에서 사용되는 논리게이트의 종류에는 (배타적, 조합) OR 게이트, 우선적 AND 게이트, 억제 게이트, 부정 게이트 등이 있다.

015 ①은 AND 게이트, ②는 OR 게이트, ③은 결함사상, ④는 통상사상에 대한 기호이다.

016 ① 조합 AND 게이트 : 입력 사상이 3개 이상인 경우로서 이 중에서 2개만 일어나면 출력 사상이 발생하는 게이트이다.
③ 배타적 OR 게이트 : OR Gate로 2개 이상의 입력이 동시에 존재하는 경우에는 출력사상이 발생하지 않는 게이트로서 "동시에 발생 안됨"이라고 표시한다.
④ 억제 게이트 : 입력 현상이 일어나 조건을 만족시키면 출력이 발생하고, 조건이 만족되지 않으면 출력이 발생하지 않는다.

017 FTA에 의한 재해사례 연구순서

단계	제1단계	제2단계	제3단계	제4단계	제5단계
내용	톱사상의 선정, 시스템의 정의	사상마다 재해 요인 및 요인 규명	FT도 작성	개선 계획 작성 (정성·정량적 평가)	개선안 실시계획

018 시스템의 위험을 분석할 경우 기대 효과에는 ①·③·④·⑤·⑥·⑩ 이외에도 사고 원인 분석의 일반화, 노력 및 시간의 절감 등이 있다.

② 사고원인 규명의 연역적 해석 가능
⑦ 시스템의 결함 비용 분석과는 무관하다.
⑧ 사고 원인의 분석
⑨ 연역적 전개가 가능

019 ① 기본사상 : 작업자의 오동작 또는 기계의 결함으로 해석의 필요가 없다는 말단 사상, 또는 더 이상 전개가 되지 않는 기본적인 사상이다.
② 통상사상 : 작업자의 동작 또는 기계의 상태에 재해 발생의 요인이 존재하는 것으로 발생이 예상되는 사상이다.
③ AND GATE : 모든 입력사상이 일어나야 출력사상이 발생한다. 또한, 입력사상 발생 확률의 곱이다.
④ OR GATE : 논리 중에서 입력사상 중 어느 하나만이라도 발생하게 되면 출력사상이 발생한다. 또한, 입력사상 발생 확률의 합이다.
⑤ 억제 게이트 : 입력사상이 발생하여 조건을 만족시키는 경우에는 출력이 발생하나, 조건을 만족시키지 못하는 경우에는 출력이 발생하지 않는다.
⑥ 조합 AND 게이트 : FTA의 논리게이트 중에서 3개 이상의 입력사상 중 2개가 일어나면 출력이 나오는 것이다.
⑦ 배타적 OR 게이트 : OR gate로 2가지 이상의 입력이 동시에 존재하는 경우에는 출력사상이 발생하지 않는다.
⑧ 우선적 AND 게이트 : FTA의 논리게이트 중에서 여러 개의 입력사상이 정해진 순서에 따라 순차적으로 발생해야만 결과가 출력되는 것이다.

020 FTA 분석을 위한 기본적인 가정에는 ②·③·④ 이외에도 중복사상이 있어도 무관하다는 점이 있다(∵ 중복사상이 있으면, 불대수에 의해 간소화화면 되기 때문).

021 FTA는 구체적인 초기사건에 대하여 하향식(Top-Down) 접근방식으로 재해 경로를 분석하는 정성적 평가를 한 후 정량적 평가를 하는 예측이 가능한 분석 방법이다.

022 ③ 안전성 평가의 기본원칙 6단계

단계	제1단계	제2단계	제3단계	제4단계	제5단계	제6단계
내용	관계자료의 정비 검토	정성적 평가	정량적 평가	안전대책 수립	재해사례(정보)에 의한 평가	FTA에 의한 재평가

⑦ 결함수 분석기법(FTA)의 일반적인 절차
㉮ 분석 대상의 기구 및 시스템의 구성, 작동, 기능 등의 조사와 방법을 파악한다.
㉯ 정상 사상을 파악하고, 1차 요인을 정상 사상 하단에 열거하며, 정상 사상과 1차 요인을 논리기호로 연결한다.
㉰ 1차 요인마다 2차, 3차, 4차, n차 요인을 열거하고, 상위의 요인과 논리기호로 연결하여 FT도를 작성한다.
㉱ 불대수를 이용하여 FT도를 간략하게 하고, 각 요인의 발생 확률을 배당한다.
㉲ 논리기호에 의해 정상 사상의 발생 확률을 산정한다.
㉳ 정상 사상의 발생 확률이 요구 수준에 미달이 되는 경우에는 이에 대한 대책을 수립하여야 한다. 즉, 대책을 강구한다.

023 결함수 분석(FTA, 재해의 정량적 예측이 가능한 분석 방법으로 연역적 방법으로 원인을 파악)을 적용하는 경우는 ①·②·④이다.
③ 설계특성상 바람직하지 않은 사상이 시스템에 영향을 주지 않는 경우는 적용할 필요가 없다.

024 1차 사상은 정상 사상이 발생하는 직접적인 원인으로 서로 독립적인 사상이고, 기기나 시스템의 기본 기능을 달성하기 위한 기본적인 원인(내적인 원인)으로 부수 기능 달성을 위한 요인은 제외한다.

025 반복되는 사건이 많이 있는 경우에 FTA의 최소 컷셋을 구하는 알고리즘에는 Boolean Algorithm(최소 컷셋을 불대수를 이용하여 구함), MOCUS Algorithm(중복 및 잉여 컷셋을 불대수를 이용하는 방법으로 쌍대수 FT를 작성 후 적용), Limnios & Ziani Algorithm(최소 컷셋을 반복과 반복되지 않는 이벤트로 분리하여 구함), Fussell Algorithm(OR 또는 AND gate를 활용하여 컷셋과 최소 컷셋을 구함) 등이 있다.
Monte Carlo Algorithm(많은 수의 난수를 반복시켜 답을 구함)과 Generic Algorithm(컨테이너의 기능을 정리)은 최소 컷셋과는 무관하다.

026 결함수분석법에서 일정 조합 안에 포함되어 있는 기본사상들이 모두 발생하지 않으면 틀림없이 정상사상(top event)이 발생되지 않는 조합 또는 시스템이 고장나지 않도록 하는 사상의 조합은 패스셋(Path set)이다.
컷셋(cut set)은 모든 기본사상이 일어났을 때 톱(top)사상을 일으키는 기본사상의 집합이다.

027 ①·④는 최소 컷셋(minimal cut set), ②는 컷셋(cut set)을 의미한다.

028 ① 컷셋(Cut set) : FTA에서 모든 기본사상이 일어났을 때 톱(top)사상을 일으키는 기본사상의 집합이다.
② 패스셋(Path set) :
 ㉮ 어떤 결함수의 쌍대결함수를 구하여 컷셋을 구하면 이 컷셋은 본래 결함수이다.
 ㉯ 결함수분석법에서 일정 조합 안에 포함되어 있는 기본사상들이 모두 발생하지 않으면 틀림없이 정상사상(top event)이 발생되지 않는 조합이다.
 ㉰ 시스템이 고장나지 않도록 하는 사상의 조합이다.
 ㉱ 정상사상(top event)이 발생하지 않게 하는 기본사상들의 집합이다.
 ㉲ 시스템을 성공적으로 작동시키는 경로의 집합을 시스템 신뢰도 측면에서의 용어이다.
③ 최소 컷셋 : 시스템의 위험성을 표시하는 것으로 고장이나 실수가 발생하면 재해가 발생하는 것이다. 정상사상을 일으키기 위한 필요한 최소한의 컷셋으로, 일반적으로 Fussell Algorithm을 이용하여 구한다.
④ 최소 패스셋(minimal path set) :
 ㉮ 어떤 결함수의 쌍대결함수를 구하고, 컷셋을 찾아내어 결함(사고)을 예방할 수 있는 최소의 조합을 의미하는 용어이다.
 ㉯ FTA에서 어떤 고장이나 실수를 일으키지 않으면 정상사상(top event)은 일어나지 않는다고 하는 것으로 시스템의 신뢰성을 표시하는 용어이다.

029 Fussell Algorithm에 의해 구한 BICS(Boolean Indicated Cut Sets)는 올바른 미니멀 컷이라 할 수 없고, 이들 컷 속의 중복사상이나 컷을 제거(OR 또는 AND gate를 활용)해야 올바른 미니멀 컷이 된다. 즉, 컷 속의 중복사상이나 컷을 제거하여야 하므로 중복되는 사건이 많은 경우 매우 복잡하고 적용하기 부적합하다.

030 최소 컷셋은 정상사상을 일으키는 최소한의 사상 집합을 의미한다.

031 컷셋에서 구한 정상사상의 발생확률이 그 시스템의 위험도이다. 패스셋(Path set)은 시스템을 성공적으로 작동시키는 경로의 집합을 의미하며, 시스템 신뢰도 측면에서의 용어이다.

032 컷셋은 FT도 중에서 특정한 집합 중의 기본사상들이 동시에 고장이 발생하면 틀림없이 정상사상의 고장이 발생하는 조합이며, 최소 패스셋은 시스템의 신뢰성을 나타내는 것으로 어떤 고장이나 실수를 일으키지 않으면 재해는 일어나지 않는다는 것이다.

033 1) 시간 연구 : 테일러에 의해 개발된 것으로 생산성 향상으로 생산량 증대를 위한 4가지의 관리 원칙을 강조하였다.

> • 작업의 각 요소에 대한 과학적 방법을 발전시켜야 한다.
> • 작업자는 과학적으로 배치하여야 한다.
> • 작업자를 과학적으로 교육하고 개발해야 한다.
> • 경영 관리자는 항상 작업자들과 보다 친밀한 관계를 유지해야 하다.

2) 동작 연구 : 작업을 각 요소 동작으로 분해하여 이들 요소의 동작 중에서 필요하지 않은 동작을 제거하고, 꼭 필요한 동작만으로 작업하도록 하는 방법으로 그 목적은 표준 시간 설정에 있다.

034 시간–동작 연구는 분업과 작업의 자동화에 영향을 끼쳤다.

035 ① 동작의 범위는 작업상 필요한 동작 범위 내에서 최소로 할 것
⑦ 동작은 부드럽고, 연속적이며, 자연스러운 리듬이 생기도록 동작을 배치할 것

036 직무분석의 기법에는 관찰법, 면접법, 질문(설문)지에 의한 기법 및 혼합 방식 등이 있다.

037 작업설계를 함에 있어서 작업 만족도를 얻기 위한 수단에는 4가지 요소에는 작업 순환, 작업 확대, 작업 윤택화, 작업 만족도 등이 있다.

번호	답		번호	답
001	① ○ ② × ③ × ④ ×		002	① ○ ② ○ ③ ○ ④ ×
003	① ○ ② ○ ③ ○ ④ ×		004	① ○ ② × ③ × ④ ×
005	① ○ ② × ③ × ④ ×		006	① ○ ② ○ ③ ○ ④ × ⑤ ○ ⑥ ○
007	① ○ ② × ③ × ④ ×		008	① × ② × ③ × ④ ○
009	① ○ ② × ③ × ④ ×		010	① ○ ② × ③ × ④ ×
011	① × ② ○ ③ ○ ④ ○		012	① × ② ○ ③ ○ ④ ○
013	① × ② ○ ③ ○ ④ ○		014	① ○ ② ○ ③ ○ ④ ×
015	① × ② ○ ③ ○ ④ ×		016	① × ② ○ ③ × ④ ×
017	① ○ ② × ③ ○ ④ ○		018	① ○ ② × ③ × ④ ×
019	① × ② ○ ③ ○ ④ ○		020	① × ② × ③ ○ ④ ×
021	① × ② × ③ × ④ ○ ⑤ ○ ⑥ ○ ⑦ ○ ⑧ ○ ⑨ ×		022	① ○ ② × ③ ○ ④ ○
023	① ○ ② × ③ ○ ④ ○		024	① × ② ○ ③ × ④ × ⑤ ○ ⑥ ○ ⑦ ○ ⑧ ×
025	① × ② ○ ③ × ④ ×		026	① ○ ② × ③ ○ ④ ○
027	① × ② ○ ③ × ④ ×		028	① ○ ② ○ ③ × ④ ○
029	① ○ ② × ③ × ④ ×		030	① × ② × ③ × ④ ○
031	① ○ ② × ③ × ④ ×		032	① ○ ② × ③ × ④ ×
033	① × ② × ③ ○ ④ ×		034	① ○ ② × ③ × ④ ×
035	① ○ ② × ③ × ④ ×		036	① × ② ○ ③ ○ ④ ○
037	① × ② ○ ③ × ④ ×		038	① ○ ② ○ ③ × ④ ○ ⑤ ○ ⑥ ○ ⑦ × ⑧ ×
039	① × ② ○ ③ × ④ ×		040	① ○ ② × ③ × ④ ×
041	① ○ ② × ③ ○ ④ ○		042	① × ② ○ ③ ○ ④ ○
043	① × ② ○ ③ × ④ ×		044	① ○ ② × ③ ○ ④ ○
045	① × ② ○ ③ × ④ ×		046	① × ② ○ ③ ○ ④ ○
047	① ○ ② × ③ ○ ④ ×		048	① ○ ② × ③ × ④ ×
049	① × ② × ③ × ④ ○		050	① ○ ② × ③ ○ ④ ○
051	① × ② ○ ③ × ④ ×		052	① ○ ② × ③ × ④ ×
053	① × ② ○ ③ × ④ ×		054	① × ② × ③ × ④ ○
055	① ○ ② ○ ③ ○ ④ × ⑤ × ⑥ ○ ⑦ ○		056	① ○ ② × ③ × ④ ×
057	① ○ ② ○ ③ × ④ ○		058	① × ② ○ ③ × ④ ×
059	① ○ ② ○ ③ × ④ ○		060	① × ② ○ ③ × ④ ○
061	① ○ ② × ③ ○ ④ ○		062	① ○ ② × ③ × ④ ×
063	① ○ ② ○ ③ ○ ④ ×		064	① × ② × ③ ○ ④ ×
065	① × ② × ③ ○ ④ ×		066	① × ② ○ ③ × ④ ×
067	① × ② ○ ③ ○ ④ ○		068	① × ② × ③ × ④ ○ ⑤ ○ ⑥ ○ ⑦ ×
069	① ○ ② ○ ③ × ④ ○		070	① ○ ② × ③ ○ ④ ○ ⑤ ○ ⑥ ○ ⑦ × ⑧ ×
071	① ○ ② × ③ × ④ ×		072	① ○ ② × ③ × ④ ×
073	① ○ ② × ③ ○ ④ ○		074	① × ② × ③ × ④ ○
075	① × ② ○ ③ × ④ ×		076	① ○ ② × ③ ○ ④ ○
077	① ○ ② ○ ③ ○ ④ ×			

001~002 에너지 대사율(RMR, Relative Metabolic Rate)은 작업을 수행하기 위하여 소비되는 산소소모량이 기초 대사량(신체기능만을 유지하는 데 필요한 대사량)의 몇 배에 해당되는지를 나타내는 지수로서, 작업의 강도와 깊은 관계가 있다.

003 증발(evaporation)은 공기 온도나 피부 온도에 관계없이 그 온도에서 공기 중의 포화증기압 이내이면 증발이 일어나고, 포화증기압 이상이면 증발은 일어나지 않는다. 온도와 관계없이 포화증기압과 관계가 깊다.

004 ② RMR(Relative Metabolic Rate) : 작업을 수행하기 위하여 소비되는 산소소모량이 기초 대사량의 몇 배에 해당되는지를 나타내는 지수이다.
③ GSR(Galvanic Skin Reflex) : 피부의 두 곳에 전극을 장착, 전류를 통하게 하고 어떤 정신적 자극을 주었을 때 나타나는 일과성의 전류변화이다.
④ EMG(electromyogram) : 근육활동의 전위차를 기록한 것이다.

005 ② 열사병(heat stroke) : 많은 땀에 의한 수분과 염분의 손실로 발생하고, 갑자기 쇼크(의식 장애)가 발생할 수 있다.
③ 열쇠약(heat prostration) : 고열에 의한 만성 체력소모를 말하며, 고온 작업자에게 나타나는 만성형 건강장애이다.
④ 열피로(heat exhaustion) : 증상(두통, 구역감, 현기증, 무기력증, 갈증 등)이 발생하고, 땀을 많이 흘려 염분과 수분손실이 많을 때 발생한다.
참고로, 열중독증의 강도를 작은 것부터 큰 것의 순으로 나열하면, "열발진 → 열경련 → 열소모 → 열사병"의 순이다.

006 고온 작업자의 고온 스트레스로 인해 발생하는 생리적 영향으로는 피부 온도·혈액량·직장온도·발한·심박출량 등은 모두 증가하거나 올라간다. 또한 근육에서의 젖산 증가로 인해 근육통과 근육피로가 증가한다.

007 ② 생존한계는 피부온도 섭씨 28도이다.
③ 추위압박(cold stress)보다 진동이 추적작업에 더 큰 영향을 미친다.
④ 더위압박보다 더 위험하다.

008 ① 보온율 : clo는 의류의 열절연성(단열성)을 나타내는 단위로서 온도 21℃, 상대습도 50%에 있어서 기류속도가 5cm/s 이하인 실내에서 인체 표면에서의 방열량이 1met의 대사와 평행되는 착의상태를 기준으로 한다.
즉, 보온율(clo 단위의 유동율 $= \dfrac{A(\text{단면적})\ \Delta T(\text{온도차})}{clo(\text{보온율})}$)이다.
② 열압박지수(HSI, Heat Stress Index) : 온도환경과 관련된 지수로서, 신체의 열평형을 유지하기 위해 증발해야 하는 발한량으로, HSI $= \dfrac{E(\text{요구되는 증발량})}{E_{max}(\text{최대 증발량})} \times 100(\%)$이다.
③ 옥스퍼드(Oxford, 습건)지수 : 건구·습구온도의 가중 평균한 값으로서 옥스퍼드(Oxford, 습건)지수 = 0.85W(습구온도) + 0.15d(건구온도)이다.

009 섭씨(℃)의 경우에는 불쾌지수 = 0.72 × (건구온도 + 습구온도) + 40.6이고, 건구온도와 습구온도의 단위는 ℃(섭씨온도)이다. 불쾌지수의 값이 75이면 약간의 더위를 느끼고 주민의 10%가 불쾌감을 느끼며, 불쾌지수의 값이 80이면 땀이 나고 거의 모든 사람이 불쾌감을 느끼며, 불쾌지수의 값이 85이면 견딜 수 없을 정도로 더위를 느끼게 된다. 또한, 화씨(°F)의 경우에는 불쾌지수 = 0.4 × (건구온도 + 습구온도) + 15이다.

010 먼저 불쾌지수를 구한 후, 불쾌지수에 의한 불쾌감을 확인하여야 한다.

불쾌지수 = 0.72 × (건구온도 + 습구온도) + 40.6이고, 건구온도와 습구온도의 단위는 ℃(섭씨온도)이다. 그러므로, 불쾌지수 = 0.72 × (건구온도 + 습구온도) + 40.6 = 0.72 × (30 + 27) + 40.6 = 81.64이다.
불쾌지수의 값이 75이면 약간의 더위를 느끼고 주민의 10%가 불쾌감을 느끼며, 불쾌지수의 값이 80이면 땀이 나고 거의 모든 사람이 불쾌감을 느끼며, 불쾌지수의 값이 85이면 견딜 수 없을 정도로 더위를 느끼게 된다.

011 실효온도(ET, effective temperature)는 온도, 습도, 기류의 3가지 요소의 조합에 의한 체감을 표시하는 척도로서, 상대습도 100%, 풍속 0m/s인 임의의 온도를 기준으로 정의한 온도이므로 21℃이다.

012 ① 카타온도(kata temperature) : 체감에 대한 기온과 기류와 복사열의 총합 작용을 표시하기 위해 기류에 의한 냉각 작용을 응용한 것이다.
② Oxford 지수(wet-dry index) : 건구온도와 습구온도를 가중평균한 값이다.
③ 실효온도(effective temperature) : 온도, 습도, 기류의 3가지 요소의 조합에 의한 체감을 표시하는 척도이다.
④ 열 스트레스 지수(열압박 지수, heat stress index) : 온도환경과 관련된 지수로서, 신체의 열평형을 유지하기 위해 증발해야 하는 발한량이다.

013 생리학적 측정법

구분	측정 방법
정적 근력 작업	에너지 대사량, 맥박(심박)수, 근전도(EMG)
동적 근력 작업	에너지 대사량, 산소소비량, CO_2 배출량, 호흡량, 맥박수, 근전도 등
신경적 작업	매회 평균호흡진폭, 맥박(심박)수, 피부전기반사(GSR) 등
심적 작업	플리커값
작업부하, 피로	호흡량, 근전도, 플리커값, 긴장감을 측정하는 데는 맥박(심박)수, GSR

014 정신적 작업 부하에 관한 생리적 척도에는 부정맥 지수, 점멸융합주파수, 뇌파도, 뇌전도(EEG), 심박수, J.N.D(Just-Noticeable difference) 등이 있다.
GOMS척도는 Goals, Operators, Methods, Selection rules의 4가지 구성요소로 이루어진 것으로 인간-컴퓨터 상호작용 분야에서 사용되는 인지 모델 중 하나이다.

015 조도는 어떤 물체나 표면에 도달하는 빛의 단위 면적당 밀도로서, 조도의 단위는 Lux 또는 lumen/m²이다.

① fL은 휘도의 단위로서, $1fL = \frac{1}{\pi}\,(cd/ft^2)$이고, $1cd/m^2 = 0.2919fL$이다.
② diopter는 굴절률을 의미하는 것과 동시에 초점거리와의 관계는 다음과 같다. $diopter = \dfrac{1}{초점거리(m)}$
③ lumen은 광속(단위 시간당 흐르는 광속의 에너지량, 빛이라는 방사에너지가 어느 면을 통과하는 비율 또는 어떤 광원으로부터 방출되는 빛의 양)의 단위이다.

016~017 ① 광량 : 광속(단위 시간당 흐르는 광속의 에너지량, 빛이라는 방사에너지가 어느 면을 통과하는 비율 또는 어떤 광원으로부터 방출되는 빛의 량)의 적분으로 구하고, 단위는 lm·h이다.
③ 광도 : 단위면적당 표면에서 반사되는 광량(光量)을 말하고, 단위는 Lambert(L), foot-Lambert, nit(cd/m²) 등을 사용한다.

④ 반사율 : 물체가 빛을 받았을 때 반사하는 정도를 나타내는 단위로서, 반사율은 입사되는 전자기파에 대한 반사량으로 계산되며, 일반적으로 0%에서 100%로 표현된다.

018 ② fc(foot-candle)은 조도의 단위, ③ nit는 광도의 단위, ④ Lux는 조도의 단위이다.

019 휘도(luminance, 광도의 투영면적밀도 또는 발산면의 단위투영면적당 단위입체각당의 발산광속)의 척도 단위(unit)는 fL(푸드람베르트), mL(밀리-람베르트), cd/m²(nit) 등이 있다. fc(foot-candle)는 조도의 단위이다.

020 휘광이란 눈부심, 현휘 현상을 일으키는 광원으로 눈에 불쾌감, 눈부심이 발생하는 광원을 말한다. 휘광에 의해 가시도와 시성능이 저하한다.

021 ① 광원의 휘도를 줄이고 광원의 수를 늘린다.
② 광원을 시선에서 멀리 위치시킨다.
③ 휘광원 주위를 밝게 하여 광속발산비, 휘도비, 광도비를 줄인다.
⑨ 휘광원 주위를 밝게 한다.

022 휘광(눈부심, 현휘 현상으로서 반사광 또는 직사광으로 인하여 눈부심과 눈에 불쾌감을 주는 현상)을 처리하기 위해서는 직접 및 간접조명 수준을 낮추어야 한다.

023 작업장의 인공조명 설계 시 광색은 주광색(낮의 햇빛과 유사한 흰색 계통의 색)이 적합하고, 따뜻한 색의 광색은 조도가 낮은 경우에 적합하며, 차가운 색의 광색은 조도가 높은 경우에 적합하다.

024 ①은 광도, ③은 휘광(눈부심, 현휘 현상), ④는 광속에 대한 설명이다.

⑧ 조도는 광도에 비례하고, 거리의 제곱에 반비례한다. 즉, 조도 $= \dfrac{광도}{(거리)^2}$

조명의 용어

구분	조도	광속	광도	휘도
정의	작업면의 밝기	빛의 양	빛의 세기	광원 표면의 밝기

025 ① 작업영역에 따라 휘도의 차이를 작게 한다. (∵ 작업자의 눈의 피로도를 감소시키기 위함)
③ 실내표면의 반사율은 천장에서 바닥의 순으로 감소시킨다. (∵ 반사율은 "천장 〉 벽 〉 가구 〉 바닥"의 순)
④ 작업환경의 추천 휘도비는 3 : 1이다.

026 VDT(Visual Display Terminal) 작업을 위한 조명의 일반원칙 중 일반적인 휘도의 권장사항은 화면과 그 주변 간에 1 : 3, 화면과 화면에서 먼 주위 간에 1 : 10이다.

027 ① 매슬로우의 욕구 5단계

단계	제1단계	제2단계	제3단계	제4단계	제5단계
내용	생리적 욕구	안전 욕구	사회적 욕구	존경의 욕구	자아실현의 욕구

② X-Y 이론 : 맥그리거의 인간분석이론(인간의 욕구와 동기부여이론)의 관리처방

③ 인적자원개발효과 : 근로자의 능력을 개발하고, 조직 전체의 효율을 높이기 위한 효과로서 인간의 특성에 맞게 작업 환경, 설비 및 조직 등을 설계하여야 한다.

028 소집단 활동을 통해 얻을 수 있는 결과에는 ①·②·③ 이외에도 인간을 능동적으로 만드는 것이 있다.

029 ② 공정도 : 공정관리의 표준이 되는 문서로서 제품의 설계와 생산에 관한 내용을 다루고, 제품의 생산자가 당사의 품질 기준을 올바르게 세워, 품질의 체계적인 개선을 목적으로 한다.

③ 관리도 : 재해발생 건수 등의 추이에 대해 한계선을 설정하여 재해원인을 체계적으로 분석하여 산업재해를 예방하는 재해분석 기법이다.

④ 특성요인도 : 재해라고 하는 결과에 미치게 하는 원인요소와의 관계를 상호의 인과관계만으로 결부시켜 작성된 것이다.

030 반사율이 높은 것부터 낮은 것의 순으로 나열하면, "천장(80~90%) → 벽(40~60%) → 가구(25~45%) → 바닥(20~40%)"의 순이다.

031 추천 반사율

장소	천장	벽	가구, 사무용 기기	바닥
반사율	80~90%	40~60%	25~45%	20~40%

천장과 바닥의 반사 비율은 최소한 3 : 1 이상을 유지하는 것이 바람직하다.

032 흰 모양이 주위의 검은 배경으로 번져 보이는 현상은 광삼(irradiation) 현상으로, 획폭비(문자나 숫자의 높이에 대한 획 굵기의 비)와 관계가 깊다.

033 음의 단위

구분	음의 세기	음의 세기 레벨	음압	음압 레벨	음의 크기	음의 크기 레벨
단위	W/m^2	dB	N/m^2	dB	sone	phon

룩스(lux)는 조도의 단위, 파운드(lb)는 무게의 단위, 피에스아이(PSI)는 압력의 단위이다.

034 ③의 hertz는 주파수의 단위이며, ④의 diopter는 렌즈나 렌즈 계통에 있어서 초점거리의 역수로서, 빛의 굴절을 측정하는 단위이다.

035 ② 지멘스(S) : 전기 저항의 단위(Ω)의 역수로서 컨덕턴스의 단위이다.

③ 루멘(lumen) : 휘도의 단위이다.

④ 거스트(Gust) : 거스트 계수에 평균 풍속을 곱하여 순간 최대풍속을 구할 때 사용하는 계수이다.

036 작업장 소음의 영향에는 주위 산만 효과, 각성 효과 및 작업능률감소 효과 등이 있다.

청력손실은 진동수가 높아짐에 따라 심해지고, 정신적인 압박(stress)이나 비직업적인 소음으로부터 영향을 받는다.

037~040 가장 적극적인 소음대책은 소음원을 제거하는 것이고, 보호구(귀마개, 귀덮개 등)의 착용은 가장 소극적인 소음대책이다. 그 밖의 소음대책으로는 소음의 격리, 소음수준 감소, 소음원 통제, 차폐장치 및 흡음재 사용, 설비의 적절한 배치 등이 있다.

041 사람의 귀는 주파수에 따라 음의 세기에 상이하게 반응한다.

042 높은 소음으로 생긴 생리적 변화에는 ②·③·④ 이외에도 갑작스런 큰 소음에 의한 근육 이상의 발생이 있다. 근육이완은 쉬거나 긴장을 푼 경우에 발생하는 것이다.

043 ① 음압 : 음파에 의한 압력 변화이다. 단위는 파스칼($Pa = N/m^2$)를 사용한다.
　③ 지속시간 : 음고 또는 음조가 울리는 시간이다. 음표는 1초 미만이 될 수 있는 반면 교향곡은 1시간 이상 지속
　　될 수 있다.
　④ 명료도 : 화자가 말한 내용이 얼마나 명료하게 들리는가, 즉 청자가 얼마나 알아들을 수 있는가를 뜻한다.

044 중이는 귀의 구조에서 고막에 가해지는 미세한 압력의 변화를 증폭하는 곳을 말하며, 외이와 내이 사이에 위치한다. 중이는 고막, 이소골(추골, 침골, 등골), 이관(유스타키오관), 그리고 이를 포함하는 공기로 이루어진 고실(중이강)로 이루어져 있다.

045 ① 귀마개는 주변의 모든 음을 완벽히 차단하지는 못한다.
　③ 음성수준이 85dB 이상인 경우에 통화이해도를 증가시켜 준다.
　④ 귀마개와 통화이해도와는 관계가 있다.

046 색의 진출과 후퇴, 팽창과 수축

구분	명도		채도		한색	난색
	높음	낮음	높음	낮음		
진출과 후퇴	진출	후퇴	진출	후퇴	후퇴	진출
팽창과 수축	팽창	수축	팽창	수축		

또한, 명도가 높을수록 크게 보이고, 명도가 낮을수록 작게 보인다.

047 색채조절이 적합하지 못한 경우에 나타나는 상황은 ①·②·③ 이외에도 다양한 색채를 사용하면 작업자의 집중도가 낮아진다는 점이 있다.

048 명도가 높은 색은 팽창색으로, 색의 순서를 나타내면 "백색 → 황색 → 녹색 → 등색 → 자색 → 적색 → 청색 → 흑색"의 순이다.

049 ① 황반(혹은 중심와, fovea)은 망막의 중심부로서 시세포가 집중되어 있어 상이 뚜렷하게 맺히는 곳이다.
　② 간상(rod)세포는 망막의 주변에 분포되어 있고, 조도의 수준이 낮은 경우 기능을 하며, 흑백의 음영을 구분하는 기능이 있다. 색을 구별하는 기능을 가지고 있는 것은 원추체(cone)이다.
　③ 빛이 처음으로 도달하는 곳은 각막이다.

050 40세 이후 노화에 의한 인체의 시지각 능력 변화는 ①·③·④ 이외에도 대비(표적판에서 과녁과 배경의 휘도 차이)에 대한 민감도의 저하 등이 있다.

051 ① 표적 물체가 움직이거나 관측자가 움직이면 시각의 역치(시각의 역치는 300~700nm이며, 이는 감각에 필요한 최소량의 에너지 또는 눈이 어떤 시각적 자극, 즉 색, 형태, 거리, 밝기 등을 인지할 수 있는 최소한의 자극 세

기)는 증가하고, 시력 감지는 감소한다.

③ 대비는 표적판에서 과녁과 배경의 휘도의 차이를 나타낸다.

④ 관측자의 시야 내에 있는 주시영역과 그 주변 영역의 휘도의 비를 휘도비라 하고, 밝은 곳과 어두운 곳의 조도의 비를 조도비라고 한다.

052 ② 에너지의 양이 증가할수록 차이식 역치는 증가한다.

③ 표시장치를 설계할 때는 신호의 강도를 역치 이상으로 설계하여야 한다.

④ 표시장치의 설계와 역치는 관계가 깊고, 역치가 작을수록 예민하며, 조작자는 오차가 인식역치를 넘을 때까지는 반응하지 못한다.

053 ① vernier acuity(배열시력) : 하나의 수직선에 있어서 중간 부분이 끊겨 아랫 부분이 좌우로 옮겨진 경우 이러한 미세한 치우침을 구분할 수 있는 능력이다.

③ dynamic visual acuity(동체시력) : 이동하고 있는 물체를 빠르고 정확하게 인지할 수 있는 능력이다.

④ minimum percptible acuity(최소지각시력) : 배경과 구별하여 최소의 점 또는 한 점을 볼 수 있는 능력이다.

054 ① 적응은 순응이라고도 하며, 밝은 곳에서 어두운 곳으로 이동하면 물체가 보이지 않다가 시간이 경과하면 물체가 보이게 되는 현상으로, 동공(홍채의 중앙 구멍)이 작용에 의해 결정된다.

② 시야(한 눈 또는 두 눈으로 보는 공간적 범위)는 눈으로 볼 수 있는 좌우의 영역을 의미하고, 안구의 구조, 동공의 크기에 따라 달라진다.

③ 망막은 카메라의 필름에 해당되고, 카메라의 렌즈는 수정체에 해당된다.

④ 시간의 순응

구분	시각의 완전 암조응 시간	시각의 완전 명조응 시간
시간	30~40분	1~2분

055 ④ 진동의 영향을 받는 인간 성능에는 시신경의 영향(진폭에 비례하여 시신경의 손상을 초래하고, 가장 심한 경우는 10~25Hz임), 운동신경의 영향(진폭에 비례하여 추적 능력의 손상을 초래하고, 가장 심한 경우는 5Hz 이하임), 신경계의 영향[중앙 신경 처리(감시, 반응시간, 형태식별 등)에 의한 임무는 진동의 영향을 덜 받음] 등이 있다.

⑤ 진동의 영향의 운동신경의 영향은 진폭에 비례하여 추적 능력의 손상을 초래하고, 가장 심한 경우는 5Hz 이하이다.

056 진동과 인간 성능에 있어서, 진동의 영향의 운동 신경의 영향은 진폭에 비례하여 추적 능력의 손상을 초래하고, 가장 심한 경우는 5Hz 이하이다.

057 "가능한 한 식염(食鹽)을 많이 섭취한다."는 고온 환경에서 작업 시의 대책이다.

058 통제표시비(C/D비, 통제비)는 조정장치(통제기기)와 표시장치의 이동비율을 나타내는 것으로 통제비의 의미는 다음과 같다.

- 통제비가 작다 : 수행시간이 짧으나(1보다 낮게 조절), 민감한 장치로 미세한 조정이 어렵다.
- 통제비가 크다 : 수행시간이 길어지나, 둔감한 장치로 미세한 조정이 쉽다.

059 통제표시비(C/D비, 통제비)는 조정장치(통제기기)와 표시장치의 이동비율을 나타내는 것으로 연속조정장치(노브, 크랭크, 핸들, 레버, 페달 등)에만 적용되는 개념이다.
③ Maslow의 이론은 욕구이론이고, 통제표시비는 젠킨스(W. L. Jenkins)와 Paul fitts에 의해 정립되었다.

060 계기의 조절시간이 짧게 소요[통제비가 작다는 것은 수행시간이 짧으나(1보다 낮게 조절), 민감한 장치로 미세한 조정이 어려움을 의미함]되도록 계기의 크기(size)는 통제표시비(1.18~2.42)를 검토하여 설계한다.

061 통제표시비(C/D비 또는 C/R비)는 조정장치(통제기기)의 표시장치의 이동비율에 대한 비율을 나타내는 것으로, 조종장치(통제기기)의 이동거리(변위량)를 표시장치의 이동거리(변위량)으로 나눈 값이다.

$$\frac{C}{D} = \frac{X[조정장치(통제기기)의\ 변위량]}{Y(표시장치의\ 변위량)}$$

회전운동을 하는 조종장치의 X값을 구하기 위한 식은 다음과 같다.

$$X = 원둘레 \times \frac{\alpha^\circ}{360} = 2\pi r(반경) \times \frac{\alpha^\circ}{360}$$

062 인간-기계 체계(Man-Machine System)의 구분과 동력원 등

시스템 유형 및 운용 방식	융통성	부품	부품 간의 연결장치	예	동력원
수동시스템, 사용자 조작	있음	손공구 보조물	사용자(인간)	가수와 앰프, 장인과 공구	사람
기계시스템, 운전자 조정	없음	명확히 구분할 수 없고, 상호 관련도가 매우 높은 부품 및 연결장치로 구성	공작기계, 엔진, 자동차	기계
자동시스템, 미리 고정 또는 프로그램됨		동력 기계시스템	제어회로(도관, 지레, 전선 등)	컴퓨터, 자동교환대, NC공작기계, 자동화된 처리공장	

063~068 기계의 통제기능 3가지
- 양의 조절에 의한 통제 : 투입되는 양(전류, 전압, 저항 등의 전기량, 연료량, 회전량, 음량 등)을 조절하여 통제하는 장치로서, 연속 조절(노브, 크랭크, 핸들, 레버, 페달 등)이다.
- 개폐에 의한 통제 : 켜고 끄는 것으로 동작을 시작하거나 중단하도록 통제하는 장치로서, 불연속 조절[(수동, 발) 푸시 버튼, 토글 스위치, 로터리 선택 스위치 등]이다.
- 반응에 의한 통제 : 신호, 감각 또는 계기에 의해 통제하는 장치로서, 예로는 자동경보시스템 등이 있다.

069 인간공학적으로 조종구(ball control)를 설계할 때 고려하여야 할 사항에는 마찰력, 탄성력, 관성력 등이 있다. 중량감과는 무관하다.

070 통제표시비를 설계할 때 고려해야 할 5가지 요소에는 계기의 크기, 공차, 방향성, 조작 시간, 목측 거리 등이 있다.

071 통제표시비(C/D비 또는 C/R비)는 조정장치(통제기기)와 표시장치의 이동비율을 나타내는 것이다.

$$\frac{C}{D} = \frac{X[\text{조정장치(통제기기)의 변위량}]}{Y(\text{표시장치의 변위량})}$$

X를 구하기 위해서 다음 식을 활용한다.

$$X = \text{원둘레} \times \frac{a^{\circ}}{360} = 2\pi r(\text{반경}) \times \frac{a^{\circ}}{360}$$

072 조정 및 이동 시간과 통제표시비(C/D비 또는 C/R비)의 관계

조종시간은 통제표시비에 반비례[통제표시비(C/D비 또는 C/R비)가 증가할수록 조종시간은 급격히 감소하다가 안정됨]하고, 이동시간은 통제표시비에 비례[통제표시비(C/D비 또는 C/R비)가 감소할수록 조종시간은 급격히 감소하다가 안정됨]한다.

073 기계의 통제를 위한 통제기기의 선택조건에는 ① · ③ · ④ 이외에도 중요도를 조작력과 세팅범위로 하는 경우에는 통제표시비(1.18~2.42)를 검토하여야 하고, 식별이 쉬운 통제기기를 선택해야 한다는 점 등이 있다.

074 ① 직무 윤택화는 직무의 내적 동기를 높이는 제도의 하나로서 근로자에게 성취감, 발전성, 자율성, 책임감 등의 기회를 부여하는 제도이다.

② 직무 순환은 조직의 구성원이 종전에 수행하던 다른 기능과 책무를 수행하는 직무와 직위로 수평적인 이동을 하는 것이다.

③ 직무 충실은 종업원의 직무에 업무가 좀 더 만족스러운 직무가 되도록 종전의 직무에 보다 의미있는 과업을 추가하는 것이다.

075 ① Work Factor : 기준 시간치를 결정하는 표준 자료법으로 신체부위에 따른 동작시간을 움직인 거리와 작업요소인 중량, 동작의 난이도에 따라 결정한다.

③ Method Time Measurement : 정미시간을 구하는 절차로서, 사람이 행하는 작업을 기본동작으로 분석하고, 각 기본동작의 성질과 조건에 따라 미리 정해진 시간치를 적용한다.

④ RULA(Rapid Upper Limb Assessment) : 근골격계질환의 분석기법으로 상지(목, 손목, 어깨, 팔목 등)를 기준으로 하여 작업자세로 인한 작업부하를 신속하고 용이하게 평가하기 위한 평가기법이다.

076~077 작업기억은 제한되어 있는 정보를 일시적으로 기억하는 형태로서 특수한 작업을 수행하기 위한 의식적이고 정신적인 노력을 추가한 기억이다. 정보 코드화에는 의미, 음성 및 시각 코드화 등이 있다.

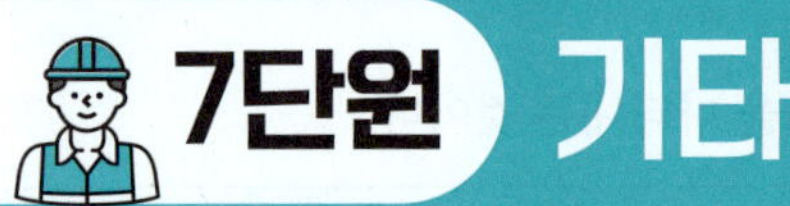

▶ 문제편 213p

001 ① ○ ② × ③ ○ ④ ○		**002** ① × ② × ③ × ④ ○
003 ① ○ ② × ③ × ④ ×		**004** ① ○ ② × ③ × ④ ×
005 ① × ② ○ ③ × ④ ×		**006** ① × ② × ③ ○ ④ ×
007 ① × ② ○ ③ ○ ④ ○		**008** ① ○ ② × ③ ○ ④ ○ ⑤ × ⑥ ○ ⑦ × ⑧ ○
009 ① × ② × ③ ○ ④ ×		**010** ① ○ ② × ③ × ④ ×
011 ① ○ ② × ③ ○ ④ ○		**012** ① × ② ○ ③ × ④ ×
013 ① × ② × ③ ○ ④ ×		**014** ① ○ ② × ③ × ④ ×
015 ① ○ ② ○ ③ × ④ ○		**016** ① × ② ○ ③ ○ ④ ○
017 ① × ② × ③ ○ ④ ×		**018** ① × ② × ③ × ④ ○
019 ① ○ ② ○ ③ ○ ④ ×		**020** ① × ② ○ ③ ○ ④ ○
021 ① ○ ② × ③ × ④ ×		**022** ① ○ ② ○ ③ ○ ④ ×
023 ① × ② × ③ ○ ④ ×		**024** ① × ② ○ ③ × ④ ×
025 ① ○ ② × ③ × ④ ×		**026** ① × ② × ③ × ④ ○
027 ① ○ ② ○ ③ ○ ④ ×		**028** ① ○ ② × ③ × ④ ×
029 ① ○ ② ○ ③ × ④ ○		**030** ① ○ ② × ③ × ④ ×
031 ① ○ ② × ③ × ④ × ⑤ × ⑥ ○ ⑦ × ⑧ ×		**032** ① × ② ○ ③ ○ ④ ○
033 ① × ② × ③ × ④ ○ ⑤ ○ ⑥ × ⑦ × ⑧ ○ ⑨ ○ ⑩ × ⑪ ○ ⑫ × ⑬ ×		
034 ① ○ ② ○ ③ ○ ④ ×		**035** ① × ② × ③ ○ ④ ×
036 ① ○ ② × ③ ○ ④ ○		**037** ① × ② × ③ × ④ ○
038 ① × ② × ③ ○ ④ ×		**039** ① ○ ② ○ ③ × ④ ○
040 ① × ② × ③ × ④ ○		**041** ① ○ ② × ③ × ④ ×
042 ① ○ ② ○ ③ ○ ④ ×		**043** ① ○ ② ○ ③ × ④ ○
044 ① ○ ② × ③ × ④ ×		**045** ① × ② × ③ × ④ ○
046 ① ○ ② ○ ③ ○ ④ ○		**047** ① × ② × ③ × ④ ○
048 ① × ② ○ ③ × ④ ×		**049** ① × ② ○ ③ × ④ ×
050 ① × ② × ③ × ④ ○		**051** ① × ② ○ ③ ○ ④ ○ ⑤ ×
052 ① × ② × ③ × ④ ○		**053** ① ○ ② ○ ③ ○ ④ ×
054 ① ○ ② ○ ③ ○ ④ ×		**055** ① × ② ○ ③ ○ ④ ○
056 ① ○ ② ○ ③ ○ ④ ×		**057** ① × ② × ③ × ④ ○
058 ① ○ ② ○ ③ ○ ④ ×		**059** ① × ② × ③ ○ ④ ×
060 ① ○ ② ○ ③ ○ ④ ×		**061** ① × ② ○ ③ ○ ④ ○
062 ① × ② ○ ③ ○ ④ ○		**063** ① ○ ② ○ ③ × ④ ○
064 ① ○ ② ○ ③ ○ ④ × ⑤ ○ ⑥ ×		**065** ① ○ ② × ③ × ④ ×
066 ① ○ ② × ③ × ④ ×		**067** ① ○ ② × ③ × ④ ×
068 ① × ② × ③ × ④ ○		**069** ① × ② × ③ × ④ ○

001 시각적 식별이 가능한 차원은 형태, 위치, 구성 등이 있다. 강도는 청각적 식별이 가능한 차원이다.

002 표시장치 구분

아날로그 표시장치	• 정침동목형 : 지침이 고정되어 있고, 눈금이 움직이는 형이다. • 정목동침형 : 눈금이 고정되어 있고, 지침이 움직이는 형이다.
디지털 표시장치	• 숫자로 표시되는 계수형으로 수치를 정확하고 충분히 읽어야 하는 경우에 사용하며, 원형표시장치보다 판독 시간이 짧고 판독 오차가 적다. • 또한, 계수형은 정확한 수치를 읽는데 있어서 최소의 시간과 최소의 판독오차를 가지는 표시장치이고, 정확한 정보 전달 측면에서 가장 우수한 장치이다.

003 정량적 표시장치의 눈금은 눈금의 수열로 1, 2, 3과 같은 가장 인식하기 쉬운 것을 사용하는 것이 좋다.

004 ② 온도계나 고도계에 사용되는 눈금이나 지침은 수직표시가 바람직하다.

③ 눈금의 증가는 시계 방향이 적합하다.

④ 이동요소의 수동조절이 필요할 때에는 눈금보다 지침을 조절할 수 있어야 한다.

005 정량적(동적)표시장치에는 정침동목형(지침이 고정되어 있고, 눈금이 움직이는 형), 정목동침형(눈금이 고정되어 있고, 지침이 움직이는 형) 및 계수형(숫자로 표시되는 형으로 수치를 정확하고 충분히 읽어야 하는 경우에 사용하며, 원형표시장치보다 판독 시간이 짧고 판독 오차가 적음) 등이 있다.

④ 점멸형 표시장치는 점멸하는 등불, 즉 불이 짧은 시간마다 꺼졌다 켜졌다 하는 표시를 의미한다.

006 시각적 표시장치의 구분

정량적 표시	정성적 표시
• 디지털 온도계 • 자동차 속도 계기판 • 은행의 대기 인원 표시등	• 교통 신호등의 좌회전 신호 • 미리 정해진 몇 개의 한계 신호 • 비행기 고도의 변화율 • 자동차 시속을 일정한 수준으로 유지 • 색이나 형상을 암호화하여 설계할 때

007 "전력계와 같이 신속 정확한 값을 알고자 할 때"는 계수형 표시장치를 사용한다.

008 시각적 표시장치 설계지침에는 ①·③·④·⑥·⑧ 이외에도 선각이 약 20° 정도 되는 뾰족한 지침을 사용하고, 시차를 없애기 위해 지침의 끝은 눈금과 일치해야 하며, 지침을 눈금면에서 최대한 밀착시킨다 등이 있다.

②·⑤ 시차를 없애기 위해 지침의 끝은 눈금과 일치해야 하나, 겹치지 않도록 한다. 지침을 눈금면에서 최대한 밀착시킨다.

⑦ 뾰족한 지침의 선각은 약 20° 정도를 사용한다.

009 ① 정성적 표시장치는 연속적으로 변하는 변수의 근사값, 변화경향 등을 나타냈을 때 사용한다. 정량적 표시장치는 동적변수(온도나 속도 등)나 정적변수(길이 값 등)에 관한 정보를 제공한다.

② 계기가 고정되어 있고, 지침이 움직이는 표시장치를 정목동침형(moving pointer) 장치라고 한다.

④ 정량적 표시장치의 눈금은 눈금의 수열로 1, 2, 3 등과 같은 가장 인식하기 쉬운 것을 사용하는 것이 좋다.

010 ②·③·④의 경우에는 청각적 제시가 적합하다.

011 정침동목형은 조작상의 실수 없이 쉽게 조작할 수 없으므로 생산설비에 많이 사용되지 않고 있다.

012 인간의 기억은 감각기억(감각보관), 감각신호(시각, 청각, 촉각, 후각 등)에 의해 정보가 매우 짧은 시간(시각정보 1초, 청각정보 4초) 동안 기억되는 과정으로, 수많은 정보의 일부가 단기기억과 작업기억으로 저장된다.

013 안전보건표지의 색도기준 및 용도(규칙 별표 8)

색채	색도 기준	용도	사용례
빨간색	7.5R 4/14	금지	정지신호, 소화설비 및 그 장소, 유해행위의 금지
		경고	화학물질 취급장소에서의 유해·위험 경고
노란색	5Y 8.5/12	경고	화학물질 취급장소에서의 유해·위험 경고 이외의 위험경고, 주의표지 또는 기계 방호물
파란색	2.5PB 4/10	지시	특정 행위의 지시 및 사실의 고지
녹색	2.5G 4/10	안내	비상구 및 피난소, 사람 또는 차량의 통행 금지
흰색	N9.5	–	파란색 또는 녹색에 대한 보조색
검은색	N0.5	–	문자 및 빨간색 또는 노란색에 대한 보조색

014 안전색채와 표시사항

색채	빨간색	노란색	파란색	녹색
용도	금지, 경고	경고	지시	안내

015 경계 및 경보신호 설계 시 지침
- 귀는 중음역에 가장 민감하므로 500~3,000Hz의 진동수를 사용
- 고음은 멀리가지 못하므로 300m 이상 장거리용으로는 1,000Hz 이하의 진동수 사용
- 신호가 장애물을 돌아가거나 칸막이를 통과해야 할 때는 500Hz 이하의 진동수 사용
- 배경소음의 진동수와 다른 신호를 사용하고 신호는 최소한 0.5~1초 동안 지속함
- 주변 소음에 대한 은폐효과를 막기 위해 500~1,000Hz 신호를 사용하며, 적어도 30dB 이상 차이가 나야 함

016 항공자세 표시장치 종류

항공기 이동(외견)형	지면은 고정되고, 항공기가 경사각의 변화에 따라 움직인다.
지평선 이동(내견)형	항공기는 고정되고, 상대적으로 지평선이 움직인다.
빈도 분리형	지평선 이동(내견)형과 항공기 이동(외견)형의 혼합형이다.

017 CRT(Cathode–Ray Tube), LCD(Liquid Crystal Display), LED(Light–Emitting Diode)는 영상표시 장치(TV 모니터 화면)의 종류이다. HUD(Head Up Display)는 항공기나 자동차의 앞유리나 차양판에 정보를 중첩 투사하는 표시장치로서 묘사적이고, 정성적 표시장치이다.

018 묘사적 표시장치는 대부분 위치나 구조가 변하는 경향이 있는 요소를 배경에 중첩시켜서 변화되는 상황을 나타내는 장치로서, 안전보건표지와 같이 사물·지역·구성 등을 사진이나 그래프로 표시하며, 항공기의 횡경사각 표시에 사용된다.

019 에빙하우스(Ebbinghaus)의 파지와 망각률

경과시간	0.33	1	8.8	24(1일)	48(2일)	144(6일)	744(31일)
망각률	41.8	55.8	64.2	66.3	72.2	74.6	78.9
파지율(%)	58.2	44.2	35.8	33.7	27.8	25.4	21.1

※ 망각률 + 파지율 = 100%

020 ① 기능에 기초한 행동(Skill–based Behavior) : 가장 높은 숙련도가 자동화된 형태로서, 망각과 실수로부터 구분되는 오류이다.
② 규칙에 기초한 행동(Rule–based Behavior) : 행동 규칙에 의한 형태로서, 잘못된 규칙 또는 잘못된 규칙의 적용에 의해 발생하는 오류이다.
④ 사고에 기초한 행동(Accident–based Behavior) : 작업자가 습관적으로 행동하는 것이 아니고, 자신의 경험, 판단, 지식에 따른 상황을 인식하고 상황에 맞게 의식적으로 행동하는 오류이다.

021 정보의 측정단위인 1비트(bit)란 실현가능성이 동일한 2개의 대안이 있고 그중 하나가 명시되었을 때 얻는 정보량이다.

022~024 암호체계 사용상 일반적 지침

지침	의미
암호의 검출성	사람이나 감지장치에 의해 검출되어야 한다.
암호의 변별성	인접 자극의 다른 점에 영향이 있다. 모든 암호의 표시는 다른 암호 표시와 구분될 수 있어야 한다.
암호의 양립성	인간의 기대(자극-반응간, 자극간, 반응간 등)와 모순되지 않아야 한다.
부호의 의미	사용자가 분명하게 암호의 뜻을 알아야 한다.
암호의 표준화	암호를 표준화하여야 한다.
다차원 암호의 사용	정보전달의 촉진을 위해 2가지 이상의 암호 차원을 조합한다.

025 시각적 부호의 유형 3가지

임의적 부호	경고표지는 삼각형, 안내표지는 사각형, 지시표지는 원형 등으로 부호가 고안되어 있다. 이처럼 부호가 이미 고안되어 있는 교통표지판 같이 배워야 하는 부호로서 이미 규정(고안)되어 있는 부호이다.
묘사적 부호	위험표지판(해골, 뼈 등)과 도로표지판(걷는 사람)과 같이 사물의 행동을 정확하고, 단순하게 묘사한 부호이다.
추상적 부호	별자리를 나타내는 12궁도 또는 전해지는 언어(남·녀의 표시)의 기본적인 요소를 도식적으로 압축한 부호이다.

026 표시 장치

정적 표시장치	인쇄물처럼 시간에 따라 변화하지 않는 것		간판, 도표, 지도, 인쇄물, 그래프, 도로표지판, 안전표지판 등
동적 표시장치	어떤 상황이나 변수를 표시		기압계, 온도계, 고도계, 속도계, 습도계, 교차로의 신호등 등
	음극선관(CRT) 표시장치		레이더, 음파 탐지기 등
	전파용 정보를 제시하는 표시장치		TV, 영화, 전축 등
	어떤 변수를 맞추거나, 조정하는 것을 돕기 위한 것		전기 후라이팬의 온도 조절기 등

027 조종장치 운동방향은 좌·우(왼쪽 오른쪽)로, 전·후(앞, 뒤)로, 상·하(위 아래)의 방향으로 한다.

028 ② 관성저항 : 가속도에 따라 달라지고, 물체의 질량에 의한 움직이는 방향에 대한 저항으로 우발적인 작동 가능성
이 감소하고, 원활한 제어를 돕는다.
③ 마찰(미끄럼 및 정지)저항 : 마찰에 의해 생기는 저항으로 움직이는 물체와 그 물체에 접촉하는 물질 사이에
발생한다. 변위나 속도에 무관하고, 제어 동작에 도움이 되지 않으며, 인간 성능을 저하시킨다. 특히, 조종장치
의 우발적인 동작 가능성과 손떨림이 줄임으로써 조종장치를 일정한 곳에 유지시키는 데 도움이 된다.
④ 탄성저항 : 체계적인 관례와 변위에 대한 궤환이 저항력을 갖는 것이 유리하고, 조종장치의 변위에 따라 변화
한다.

029 시신호의 경우, 잘 보이도록 하기 위하여 신호가 나타날 수 있는 구역이 가능한 한 좁아야 한다.

030 청각과 시각 장치의 비교

조건	청각장치(음성전달)의 사용	시각장치의 사용
전언	간단하고, 짧을 때	복잡하고, 길 때
	재참조되지 않는 경우	재참조되는 경우
	시간적인 사상을 다룰 경우	공간적인 위치를 다룰 경우
	즉각적인 행동을 요구하는 경우	즉각적인 행동을 요구하지 않는 경우
수신자	시각계통이 과부하 상태	청각계통이 과부하 상태
수신장소	역조응(너무 밝거나), 암조응 유지가 필요할 경우	너무 시끄러운 경우
직무상수신자	자주 움직이는 경우	한 곳에 머무르는 경우

031 ②·③·④·⑤·⑦·⑧은 청각 장치를 사용하는 것이 더 유리하다.

032 메시지가 복잡한 경우에는 시각 장치를 사용하는 것이 더 유리하다.

033 ①·②·③·⑥·⑦·⑩·⑫·⑬은 시각 장치를 사용하는 것이 효과적인 경우이다.

034 경계 및 경보신호의 설계지침에서 귀는 중음역에 가장 민감하므로 500~3,000Hz의 진동수를 사용하고, 고음은 멀
리 가지 못하므로 300m 이상의 장거리용으로는 1,000Hz 이하의 진동수를 사용한다.

035 ① AI(Articulation Index, 조음지수) : 언어음을 산출하는 총발음들, 즉 자음과 모음을 포함한 것을 말한다.
② JND(Just Noticeable Difference, 차이식역) : 신호의 강도, 진동수에 의한 신호의 상대 식별 등 물리적 자극
의 변화여부를 감지할 수 있는 최소의 자극 범위를 의미하는 것이다.
④ PNC(Preferred Noise Criteria) : NC곡선(실내소음을 평가하는 지표) 중 저주파 주위를 낮게 수정한 것을 말
한다.

036 청각신호의 수신과 관련된 인간의 기능

- 검출(detection) : 신호의 존재 여부를 확인하는 과정이다.
- 위치 판별(directional judgement) : 신호음의 위치를 판별한다.
- 절대적 식별(absolute judgement) : 특정 신호의 식별이다.
- 상대적 식별(relative judgement) : 잡음이 신호음과 동시에 작용할 때, 신호음을 구분하는 것이다.

037 청각적 신호의 절대 식별

차원	강도	진동수	지속 시간	음의 방향	강도 및 진동수
수준수	3~5	4~7	2~3	좌우(2개)	9

038 ①·②·④는 시각 장치를 사용하는 것이 효과적이다.

039 우수한 화자(speaker)의 조건으로는 말할 때 기본 음성주파수의 변화가 크다는 점이 있다.

040 음성 인식의 이해도

- 음소 및 단어 등의 사용 어휘 : 익숙한 단어가 통화 이해도가 크고, 긴 단어가 짧은 단어보다 이해도가 높으며, 어휘 수가 적을수록 인지율이 높아진다.
- 문맥 구조 : 단어의 배열을 유의적 순서로 하고, 문장의 구조가 독립 음절보다 이해도가 높으며, 문맥의 정보를 제공한다.

041 인간에 대한 모니터링의 법칙

- Self-monitoring 방법 : 감각으로 자신의 상태를 파악하고, 지각(자극, 고통, 피로, 권태, 이상 등)에 의하여 자신의 상태를 알고 행동하는 감시 방법이다.
- 생리학적 monitoring 방법 : 인간 자체의 상태(맥박, 호흡 속도, 체온, 뇌파, 혈압 등)를 생리적으로 감시하는 방법이다.
- Visual monitoring 방법 : 동작자의 태도를 보고 동작자의 상태를 파악하는 방법이다. 졸음은 생리학적으로 분석하는 것보다 태도를 보고 상태를 파악하는 것이 쉽고 정확한 방법이다.
- 반응에 대한 monitoring 방법 : 인간에게 어떤 자극(시각적, 청각적 등)을 가해 이에 대한 반응을 보고 정상, 비정상을 판단하는 방법이다.
- 환경에 대한 monitoring 방법 : 간접적 monitoring 방법으로 환경 조건의 개선을 통하여 인체의 기분 등을 좋게 해 정상 작업을 할 수 있도록 하는 방법이다. 특히, 부하측정의 직접적인 방법이 아니다.

042 부하측정의 직접적인 방법에는 생리학적 모니터링 방법, 반응에 의한 모니터링 방법, 육안 모니터링(Visual monitoring) 방법 등이 있다.
환경의 모니터링 방법은 간접적 monitoring 방법으로 환경 조건의 개선을 통하여 인체의 기분 등을 좋게 해 정상 작업을 할 수 있도록 하는 방법이다.

043 신호검출 이론의 응용분야는 품질검사, 의료진단, 증인증언 등이 있다. 의사결정과는 무관하다.

044~045 ①은 단회전용 조종장치[빙글빙글 돌릴 수 있는 조절 범위가 1회전 미만이고, 연속조절에 사용하는 놉(knob)
의 위치가 제어 조작의 정보로 중요함]이다.

②와 ③은 다회전용 조종장치[빙글빙글 돌릴 수 있는 조절 범위가 1회전 이상이고, 연속조절에 사용하는 놉(knob)
의 위치가 제어 조작의 정보로 별로 중요하지 않음]이다.

④는 이산멈춤 위치용으로, 연속조절에 사용하는 놉(knob)의 위치가 제어 조작의 정보로 중요 정보가 되는 것이
다. 분산 설정 제어장치로 이용된다.

046 조종장치의 촉각적 암호화를 위하여 고려하는 특성에는 형상, 크기 및 표면 촉감 등이 있다. 무게와는 무관하다.

047 촉각적 표시장치 중 인간의 자극에는 표면촉감, 맥동전류 자극, 전기자극 등이 있으며, 기계적 자극에는 진동기 등이
있다.

048 표시장치의 기본 정보 수용기

구분	시각적 표시장치	청각적 표시장치	후각적 표시장치	촉각적 표시장치
신체 부위	눈	귀	코	손

049 피부감각기관의 감각수용기를 순서대로 나열하면, "압각 → 온각 → 통각 → 냉각"의 순이다.

050 이동전화의 인터페이스(계면)

사용자 인터페이스	한글, 영문, 기호의 입력 방식
제품 인터페이스	전화기의 모양과 색깔, 버튼의 크기와 간격

051 ① FMEA(Failure Mode and Effect Analysis)는 고장의 유형과 영향 분석기법으로, 전체 요소의 고장을 유형별로
분석하여 그 영향을 분석하는 기법이다. 정성적·귀납적이며, 서브시스템, 구성요소, 기능 등의 잠재적 고장형태
에 따른 시스템의 위험을 파악하는 위험 분석 기법이다. 또한, 정량화를 위해 C.A(위험도 분석)를 함께 사용하는
것이 좋다.

⑤ 인간실수자료은행 : 동일 또는 유사한 사고 예방과 인간기계 시스템의 안전성을 높이기 위한 자료의 모음으
로, 실수로 인한 사고나 이상 사례를 체계적으로 수집·분석·분류한다.

052 ① FMEA : 051 해설 참조

② MORT(Management Oversight and Risk Tree) : 1970년 이후 미국의 W. G. Johnson에 의해 개발된 최신
시스템 안전프로그램으로서 원자력 산업의 고도 안전 달성을 위해 개발된 분석기법이다. 관리, 설계, 생산, 보
전 등 광범위한 안전을 도모하기 위하여 개발된 분석기법이다.

③ FHA(Fault Hazards Analysis, 결함사고 위험분석) : 복잡한 시스템에서 몇 명의 공동 계약자가 각각의 서브
시스템을 분담하고, 통합 계약업자가 각각의 서브 시스템을 통합함으로써 각 서브 시스템 해석에 사용되며, 시
스템 내의 위험 상태 요소에 대해서 정량적·연역적으로 평가한 위험 분석법이다.

053 인간의 실수 중 개인능력에는 긴장수준, 피로상태, 교육훈련 등이 있다. 자질은 개인의 능력에는 속하나, 인간의 실수와는 무관하다.

054 인간성능과 압박(stress)은 선형관계를 가져 압박이 최대일 때 성능수준이 가장 높다.

055 인간 실수확률 추정기법에는 위급사건기법, 직무 위급도 분석, 조작자 행동나무(OAT, Operator Action Tree), THERP(Technique for Human Error Rate Prediction), 간헐적 사건의 결함수 분석 등이 있다.
　① 계층 분석법은 여러 가지의 요소들을 계층화하고, 서로 관련이 있는 요소들을 비교하며, 전략적 의사결정을 위한 근거로 제공하고, 완전히 정성분석을 사용할 수 없으며, 쉽게 계량되지 않고, 구조적으로 복잡한 의사결정 문제에 적용된다.

056 실수를 한 사람에게 주의나 경고를 주는 것은 인간의 실수(Human Errors)를 감소시킬 수 있는 방법으로는 부적합하다. 작업 환경의 개선, 작업자의 변경, 시스템의 영향 감소 등을 통하여 감소시킬 수 있도록 하여야 한다.

057 인간 실수의 발생 착오

구분	내용
입력 착오	외부로부터 자료를 받아들일 때 착오가 발생함으로 인하여 처리 및 출력시에 오류가 발생하는 착오로서, 감각 착오와 입력 착오가 있다.
출력 착오	외부로부터 자료를 받아들일 때는 정확하였으나, 처리 결과를 외부로 보낼 때 오류가 발생하는 착오로서, 신체적 반응의 착오이다.
처리 착오	외부로부터 자료를 받아들일 때는 정확하였으나, 처리 시에 오류가 발생하는 착오로서, 정보 저리 착오이다.

058 인류의 오류 모형

착오(Mistake)	상황해석을 잘못하거나 틀린 목표를 착각하여 행하는 인간의 실수이다.
실수(Slip)	상황이나 목표의 해석은 정확하나 의도와는 다른 행동을 한 경우의 실수 또는 객관적 실재와 주관적 인식이 일치하지 않는 것이다.
건망증(Lapse)	잊어버리거나 기억하지 못하는 정도로서 기억 장애의 하나이다.
위반(Violation)	알고 있음에도 의도적으로 따르지 않거나 무시한 경우이다.

059 1) Swain에 의한 심리적 분류의 휴먼에러(인간실수, 독립행동)의 분류

Omission Error (생략에러, 부작위 실수)	• 직무 또는 어떤 단계를 수행하지 않은 에러이다. • 작업자가 직무를 수행하는 과정에서 해야 할 것을 하지 않은 즉 직무를 생략하여 발생한 형태의 휴먼에러이다.
Commission Error (실행에러, 작위 실수)	선택, 시간, 순서, 정성적 착오 등의 필요한 작업이나 절차를 불확실하게 수행한 것이다.
Time Error (시간에러, 지연 오류)	계획된 시간 내에 직무 수행을 실패(너무 늦거나, 일찍 수행)한 것이다.

Sequential Error (순서에러, 순서적 과오)	필요한 임무나 절차의 순서 착오로 인하여 발생하는 오류이다.
Extraneous Error (과잉행동에러, 불필요한 과오)	• 불필요한 작업 또는 절차를 수행함으로써 기인한 에러 또는 수행되지 않아야 할 수행이다. • 자동차 운전 중 습관적으로 손을 창문 밖으로 내어 놓았다가 다쳤다면 다음 중 이때 운전자가 행한 에러이다.

2) 원인의 레벨적 에러

primary error (1차 에러)	• 작업자 자신으로부터 발생한 에러이다. • 어떤 장치의 이상을 알려주는 경보기가 있어서 그것이 울리면 일정시간 이내에 장치를 정지하고 상태를 점검하여 필요한 조치를 하게 된다. 그런데 담당 작업자가 정지조작을 잘못하여 장치에 고장이 발생하였다. 이때 작업자가 조작을 잘못한 실수이다. • 안전교육을 통하여 제거할 수 있는 에러이다.
secondary error (2차 에러)	작업의 조건이나 작업의 형태 중에서 다른 문제가 생겨 그 때문에 필요한 사항을 실행할 수 없는 오류이다.
command error (지시 오류)	작업자가 기능을 움직이려 해도 필요한 물건, 정보, 에너지 등의 공급이 없는 것처럼 작업자가 움직이려 해도 움직일 수 없어서 발생하는 오류이다.

060 commission error(실행에러, 작위 실수)는 선택, 시간, 순서, 정성적 착오 등의 필요한 작업이나 절차를 불확실하게 수행한 것으로, ①·②·③이 그에 해당한다.
④ "부품을 빠뜨리고 조립하였다."는 직무의 한 단계 또는 전체직무를 누락시킬 때 발생하는 에러이므로 omission error(부작위 실수)에 해당된다.

061 운전자가 직무를 수행하지만 틀리게 수행함으로써 발생하는 작위(commission) 실수의 범주에는 시간착오, 순서착오, 정성적 착오 등이 있다.
Omission Error(생략에러, 부작위 실수)는 직무 또는 어떤 단계를 수행하지 않은 에러이다. 작업자가 직무를 수행하는 과정에서 해야 할 것을 하지 않은, 즉 직무를 생략하여 발생한 형태의 휴먼에러이다.

062 인간에러 방지대책

대책	활동 내용
기술교육	신입사원교육, DJT, 교육훈련센터 등
착각 방지	표지, 착오에 대한 연구와 지식 보급 등
미스 예지·예측 활동	위험예측, 시험예지, 미스 오퍼레이션 예지훈련 등
단결력, 경쟁심에 의한 안전의식	소집단 활동, 전원참가 등
긴급 시 대책	교육훈련센터, 긴급 시 조작 매뉴얼, 상식교육 등
연락 미스 방지	휴대 무전기, 책임분담의 명확화, 작업표준 등
멀티플 체크	휴대 무선기, 체크리스트, 지치호칭 등

기술교육은 목적을 기술능력 향상에 두고 있고, Morale교육은 사기(의욕, 협동심, 태도 등)를 앙양시켜 조직에 대한 협동심과 충성심, 작업 의욕을 높여 인간의 실수를 예방하기 위한 교육으로, 기술교육과 Morale교육은 무관하다.

063 인간의 과오의 배후 요인 4요소에는 Man(본인을 제외한 사람), Machine(물적 요인으로 장치나 기기 등), Media(인간-기계의 관계로서, 작업방법, 작업순서, 작업정보, 작업환경과 관련이 깊음), Management(법규 준수, 점검 및 단속 등) 등이 있다.

064 ④ 기능 정도는 신체적 요소에 속한다.
⑥ 생산성의 강조는 정신적 요소와 무관하다.

065 인적 오류로 인한 사고예방대책

내적원인 대책	작업의 모의 훈련
설비 및 환경적대책	정보의 피드백 및 설비의 위험요인 개선, 적합한 인체측정치 적용

066 시스템 퍼포먼스(SP)와 휴먼에러(HE)와의 관계

K(상수)	K ≒ 1	K 〈 1	K ≒ 0
HE가 SP에 끼치는 영향	중대한 영향을 끼친다.	위험(Risk)을 준다.	아무런 영향을 주지 않는다.

067 자극 정보량을 $H(x)$, 반응 정보량을 $H(y)$라고 할 경우, 다음과 같다.
- 전달된 정보량 : $H(x \cap y) = H(x) + H(y) - H(x \cup y)$이다.
- 손실 정보량 : $H(x \cap \overline{y}) = H(x) - H(x \cap y)$은 입력정보가 손실되어 출력에 반영한다.
- 소음 정보량 : $H(\overline{x} \cap y) = H((y) - H(x \cap y)$은 불필요한 소음정보가 추가되어 반응으로 발생한다.

068 ① 영문의 소문자 또는 대소문자가 섞인 문장은 대문자로만 이루어진 문장보다 읽는 속도가 빠르다.
② 자간을 좁히는 것이 보통일 때보다 더 많은 단어를 읽을 수 있다.
③ 행간은 넓혀(글자 크기의 1/3~1/5 정도)주는 것이 가독성에 유리하다.

069 의사결정 방법
- 대립 상태 하에서 의사결정 : 두 명 이상의 의사결정자가 서로 간의 경쟁력 이해 관계의 상충에 의한 환경 속에서의 의사결정을 말한다.
- 위험한 상황 하에서 의사결정 : 의사결정은 발생 가능한 여러 가지의 결과와 그 결과가 발생할 확률은 알고 있는 환경 속에서의 의사결정을 말한다.
- 확실한 상황하에서의 의사결정 : 모든 상황에 대한 확실한 정보와 대안을 정확하게 알고 있는 경우의 의사결정을 말한다.

제3과목

건설재료 및 시공

▶ 문제편 230p

001	① ○	② ○	③ ○	④ ×	⑤ ○	⑥ ○	**002**	① ○	② ×	③ ×	④ ×	
003	① ×	② ×	③ ○	④ ×			**004**	① ×	② ○	③ ×	④ ×	
005	① ○	② ×	③ ×	④ ×			**006**	① ×	② ×	③ ○	④ ×	
007	① ×	② ×	③ ○	④ ×			**008**	① ○	② ○	③ ○	④ ×	
009	① ○	② ○	③ ○	④ ×								

001~002 건축재료의 화학 조성에 의한 분류

구분	무기 재료		유기 재료	
	비금속	금속	천연 재료	합성수지
종류	석재, 흙, 시멘트 콘크리트, 도자기	철재, 구리, 알루미늄	목재, 대나무, 아스팔트, 콜타르, 섬유판	플라스틱재, 도장재, 실링재, 접착재, 합성고무

003 ① 정적강도 : 정하중(인장, 압축, 전단, 굽힘 및 비틀림 등)을 느린 속도로 가할 때 측정된 강도로서 보통 재료의 강도를 의미한다.

② 피로 : 구조용 강재에 반복하중이 작용하여 항복점 이하의 강도에서도 파단되는 현상이다.

④ 인성 : 압연강, 고무와 같은 재료는 파괴에 이르기까지 고강도의 응력에 견딜 수 있고 동시에 큰 변형을 나타내는 성질 또는 재료가 외력을 받아 파괴될 때까지의 에너지 흡수 능력이 큰 성질로서 큰 외력을 받아 변형을 나타내면서도 파괴되지 않고 견딜 수 있는 성질을 말한다.

004 ① 열용량 : 물체에 열을 저장할 수 있는 용량을 말하고, 비열×비중으로 구하며, 단위는 Kcal/℃ 또는 J/K이다.

③ 비열 : 단위 질량의 물질을 온도 1℃ 올리는 데 필요한 열량을 말하고, 단위는 cal/g℃ 또는 J/g℃이다.

④ 열팽창계수 : 온도의 변화에 따라 물체가 팽창, 수축하는 비율을 말하고, 단위는 /℃이다.

005 비강도는 물질의 강도를 비중(밀도)로 나눈 값으로 같은 질량의 물질이 얼마나 강도가 큰가를 나타내는 지수이다. 즉, 비강도가 높으면 가벼우면서도 강한 물질을 의미한다. 일반적으로 비강도를 큰 것부터 작은 것의 순으로 나열하면, "소나무 → 비철금속(알루미늄) → 철금속(강철) → 합성수지(비닐) → 유리 → 석재 → 콘크리트"의 순이다. 특히, 목재의 비강도가 가장 크다.

006 압축강도를 비교하면 "화강암(145~200MPa) → 참나무(64.1MPa) → 보통콘크리트(24~30MPa) → 시멘트벽돌(8MPa)"의 순이다.

007 차음재료(차음성이 높은 재료 즉, 투과음이 적은 재료)의 요구 성능으로는 비중과 밀도가 크고, 단단하고 무거우며 정밀하여야 하는 등이 있다. 또한, STC(음의 투과손실)가 높을수록 소음이 투과되는 것을 막는 효과가 높으므로 음의 투과손실이 커야 한다.

④ 다공질 또는 섬유질이어야 할 것은 흡음재료의 요구성능에 속한다.

008 체적팽창계수의 단위는 $/\text{℃}$ 또는 $/\text{°K}$이고, $W/m \cdot /K$은 열전도율의 단위이다.

009 ① 환경표지 인증제도 : 환경 오염을 적게 일으키거나 자원을 절약할 수 있는 제품에 대하여 인증을 부여하는 제도이다.

② GR(Good Recycle) 인증제도 : 우수재활용제품인증제도는 정부(산업통상자원부)직접인증제도로 시행하고 있는 제도로서, 제품별 표준 및 품질인증기준을 제정하여 제품 전과정에서의 종합적 품질관리시스템뿐만 아니라 품질 및 성능, 환경성이 우수한 재활용제품에 대하여 GR인증을 부여하고 있다.

③ 탄소성적표지 인증제도 : 탄소성적표지 인증제도의 목적은 '제품과 서비스의 생산 및 수송·유통·사용·폐기 등의 과정에서 발생하는 온실가스의 배출량을 제품에 표기하여 소비자에게 제공함으로써 시장 주도로 저탄소 소비문화 확산에 이바지하기 위한 것'이다. 탄소성적표지제도는 법적으로 강제하는 인증제도가 아니라 기업의 자발적 참여에 의한 임의적인 인증제도이다.

④ GD(Good Design)마크 인증제도 : 산업디자인진흥법에 의거하여 상품의 외관, 기능, 재료, 경제성 등을 종합적으로 심사하여 디자인의 우수성이 인정된 상품에 GOOD DESIGN 마크를 부여하는 제도이다.

2단원 목재
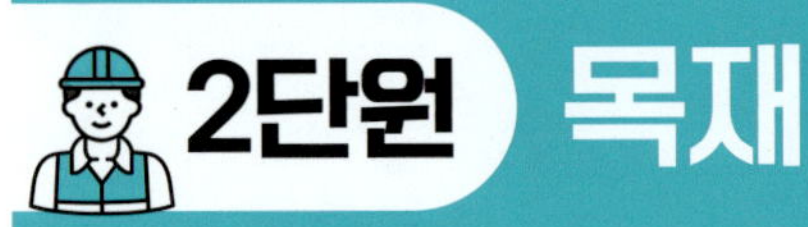

번호	해답
001	①○ ②○ ③× ④○ ⑤× ⑥○ ⑦○ ⑧○ ⑨○ ⑩○ ⑪× ⑫○ ⑬× ⑭○ ⑮○ ⑯○ ⑰○ ⑱○ ⑲× ⑳○ ㉑○ ㉒○ ㉓× ㉔○ ㉕○ ㉖○ ㉗○ ㉘× ㉙○ ㉚× ㉛○ ㉜○ ㉝○ ㉞× ㉟○ ㊱○ ㊲× ㊳○ ㊴○ ㊵× ㊶○ ㊷○ ㊸○ ㊹× ㊺○ ㊻○ ㊼○ ㊽○ ㊾○ ㊿× 51○ 52○ 53○ 54○ 55○ 56○ 57× 58× 59○ 60○ 61× 62○ 63○ 64× 65○ 66○ 67× 68○ 69○ 70○
002	①○ ②○ ③× ④○
003	①○ ②○ ③○ ④×
004	①○ ②× ③○ ④○
005	①× ②× ③○ ④×
006	①○ ②○ ③○ ④× ⑤×
007	①○ ②○ ③○ ④×
008	①○ ②× ③○ ④○
009	①○ ②× ③○ ④○
010	①○ ②× ③○ ④○
011	①× ②× ③○ ④×
012	①× ②× ③○ ④○
013	①× ②○ ③× ④×
014	①○ ②× ③× ④×
015	①× ②○ ③○ ④○ ⑤○ ⑥× ⑦○ ⑧○ ⑨○ ⑩○ ⑪○ ⑫○ ⑬○ ⑭×
016	①○ ②○ ③○ ④× ⑤○ ⑥○ ⑦○ ⑧×
017	①○ ②○ ③× ④○
018	①○ ②× ③○ ④×
019	①○ ②× ③○ ④○ ⑤○ ⑥○ ⑦× ⑧○ ⑨○ ⑩× ⑪○ ⑫○ ⑬× ⑭× ⑮○ ⑯○ ⑰× ⑱○
020	①○ ②× ③○ ④○
021	①× ②○ ③× ④×
022	①○ ②○ ③○ ④○
023	①× ②× ③○ ④×
024	①× ②× ③○ ④×
025	①○ ②× ③○ ④○ ⑤○ ⑥○ ⑦×
026	①○ ②× ③○ ④○ ⑤× ⑥○ ⑦○ ⑧○ ⑨×
027	①○ ②○ ③× ④○ ⑤○ ⑥× ⑦○ ⑧○ ⑨× ⑩○ ⑪○ ⑫× ⑬○ ⑭× ⑮○
028	①○ ②○ ③× ④○
029	①○ ②× ③○ ④○ ⑤× ⑥○ ⑦○
030	①× ②○ ③○ ④○
031	①○ ②○ ③× ④○
032	①○ ②× ③○ ④○
033	①○ ②○ ③○ ④○ ⑤× ⑥○ ⑦○ ⑧× ⑨○ ⑩× ⑪× ⑫× ⑬○ ⑭×
034	①× ②○ ③○ ④×
035	①× ②○ ③○ ④○
036	①× ②× ③○ ④×
037	①× ②○ ③○ ④○
038	①○ ②○ ③○ ④×
039	①○ ②○ ③○ ④×
040	①○ ②○ ③○ ④○
041	①○ ②○ ③○ ④×
042	①○ ②○ ③× ④○ ⑤○ ⑥○ ⑦○ ⑧×
043	①○ ②× ③○ ④○
044	①○ ②○ ③○ ④×
045	①× ②× ③× ④○

001
③ 생재를 건조하면 수축하기 시작하고 함수율이 섬유포화점 이하로 되면 수축이 계속된다.
⑤ 활엽수가 침엽수보다 일반적으로 비중이 크다.
⑪ 비중에 비해 강도가 큰 편이다. 즉, 비강도(강도/비중)가 크다.
⑬ 목재의 무게가 기건상태 80g, 전건상태 72g일 때 함수율은 11.11%이다.

목재의 함수율은 절건 중량에 대한 목재 내부의 물의 량의 비를 말한다.

즉, 목재의 함수율 $= \frac{\text{물의 중량}}{\text{절건 중량}} \times 100(\%) = \frac{\text{건조 전의 중량} - \text{건조 후의 중량}}{\text{건조 후의 중량}} \times 100(\%)$이다.

그러므로, 목재의 함수율 $= \frac{\text{건조 전의 중량} - \text{건조 후의 중량}}{\text{건조 후의 중량}} \times 100(\%) = \frac{80 - 72}{72} \times 100 = 11.111 ≒ 11.1\%$

⑲ 열전도율이 작아서 보온재료로 사용이 가능하다.

㉓ 기건상태에 있는 목재의 함수율은 15% 정도이다.

㉘ 목재의 압축 및 인장강도는 섬유방향에 평행인 경우보다 직각인 경우가 더 작다.

㉚ 생재를 건조하면 섬유포화점(30%) 이상에서는 변화가 없으나, 섬유포화점 이하에서는 서서히 수축이 생긴다.

㉞ 비강도(강도/비중)가 매우 크다.

㊲ 목재의 함수율은 상태에 따라 다르나 보통 기건상태에서 함수율은 15% 내외이다.

㊵ 인장강도는 응력방향이 섬유방향에 수직인 경우에 최소가 된다.

㊹ 다른 재료에 비하여 열전도율이 매우 작다.

㊿ 흡수성이 커서 건습에 의한 신축변형이 매우 심하다.

(57) 섬유포화점 이상의 함수상태에서는 함수율의 증감에도 불구하고 신축을 일으키지 않는다.

(58) 응력의 방향이 섬유에 평행할 경우 목재의 압축강도가 인장강도보다 작다.

(61) 비강도가 강재에 비하여 크다.

(64) 열전도율이 작은 재료이다.

(67) 진동 감속성이 크다.

002 "재질 및 섬유방향에 따라 강도의 차이가 있다."는 단점에 속한다.

003 수간의 둘레에 씌워져 있는 껍질을 수피라고 한다. 형성층은 목재(안쪽으로 분열)와 수피(바깥쪽으로 분열) 사이에 위치한 세포 분열층으로 나무의 굵기 증가와 나이테를 형성한다.

004 목재의 수령이 증가할수록 변재는 점차 심재로 변화한다.

005 ③ 도관(물관)세포는 주로 활엽수에 있는 세포로 섬유세포보다 크고 굵은 세포가 섬유세포와 같은 방향으로 들어있는 세포이다. 변재에서의 도관은 물을 운반하는 역할을 하나, 심재에는 그 기능이 없고 수지, 광물질 등으로 채워져 있다.

① 나무섬유세포(목세포)는 침엽수에서는 헛물관(가도관)이라고 하며 수목 전용적의 90~97%를 차지한다. 수액과 양분의 통로와 수목의 견고성 역할을 하고, 활엽수에서는 목섬유라고도 하며 수목 전용적의 40~75%를 차지한다. 수목의 견고성 역할을 한다.

② 수선세포는 활엽수에는 잘 나타나나, 침엽수에는 거의 없는 세포이다.

④ 수지구(수지관)은 수지의 이동이나 저장을 하는 곳으로서, 나무 줄기와 직각방향으로 나타나며 주로 침엽수에만 있는 세포이다.

006 목재의 흠(결점)

옹이	수목이 성장하는 도중에 줄기에서 가지가 생기게 되면 나뭇가지와 줄기가 붙은 곳에 줄기 세포와 가지 세포가 교차되어 생기는 목재의 흠이다.
껍질박이(입피)	수목이 성장 도중 세로방향의 외상으로 수피가 말려 들어간 목재의 흠이다.

지선	소나무에 많으며, 송진과 같은 수지가 모인 부분의 비정상 발달에 따라 목질부에서 수지가 흘러나오는 구멍이 생겨서 목재가 건조한 후에도 수지가 마르지 않고, 사용 중에도 계속 나오는 곳으로 목재의 흠이다.
컴프레션페일러	벌채시의 충격이나 그 밖의 생리적 원인으로 인하여 세로축에 직각으로 섬유가 절단된 형태를 의미하는 목재의 흠이다.
혹	섬유가 집중되어 볼록하게 된 부분으로 뒤틀리기 쉬우며 가공하기 어려운 목재의 흠이다.
썩정이	부패균이 목재의 내부에 침입하여 섬유를 파괴시킴으로써 갈색이나 흰색으로 변색, 부패되어 무게, 강도 등이 감소된 목재의 흠이다.
갈래	수목이 성장할 때 심재부의 나무섬유세포가 죽으면 점차 함수량이 줄어들면서 수축되므로 심재부는 방사상으로 갈라지는 현상(심재 갈래)이고, 심재와 변재의 경계부분에 반달형으로 갈라지는 현상(원형 갈래)이며, 벌목한 후에 변재가 건조, 수축하면 변재 부분이 겉껍질로부터 심재를 향하여 방사상으로 갈라지는 현상(변재 갈래) 등이 있다.
할렬	목재가 건조과정에서 방향에 따른 수축률의 차이로 나이테에 직각방향으로 갈라지는 결함이다

소편은 작은 조각, 도관(물관)은 활엽수에만 있는 세포, 뒤틀림은 목재의 건조 시나 건조 후에 발생하는 결함, 수지관은 수지의 이동이나 저장을 하는 곳으로서, 나무 줄기와 직각방향으로 나타나며 주로 침엽수에만 있는 세포이다.

007~008 재료의 역학적 성질은 강도, 경도, 응력과 변형, 탄성 계수, 푸아송비, 탄성, 소성, 점성, 연성, 전성, 인성, 취성에 대한 성질을 의미한다.

목재의 강도는 비중(강도는 비중과 비례), 함수율(섬유포화점 이하에서 함수율이 낮을수록 강도는 커진다), 흠(결점), 가력방향, 수종 등에 따라 달라진다.

009 가력방향이 섬유에 평행한 경우 목재의 압축강도는 인장강도보다 작다. 즉, 인장강도가 압축강도보다 크다.

010~013 목재의 강도를 큰 것부터 작은 순서로 나열하면 "섬유 방향과 평행 방향의 인장 강도 → 섬유 방향과 평행 방향의 압축 강도 → 섬유 방향과 직각 방향의 인장 강도 → 섬유 방향과 직각 방향의 압축 강도"의 순이고, 또한 "인장 강도 → 휨 강도 → 압축 강도 → 전단 강도"의 순이다.

014 목재의 강도는 섬유 포화점 이상에서는 함수율이 변하더라도 강도가 일정하나, 섬유 포화점 이하에서는 함수율의 감소에 따라 강도가 증가한다.

015 ① 섬유 평행방향의 휨 강도는 전단강도보다 크다.
⑥ 함수율이 클수록 강도가 작다.
⑭ 함수율이 섬유포화점 이상으로 클 경우 함수율 변동에 따른 강도 변화가 없다.

016 ④ 변재(80~100%, 양분을 함유한 수액을 보내어 수목을 자라게 하거나 양분을 저장)는 심재(40~100%)보다 다량의 수액을 포함하고 있다.
⑧ 변재는 심재(수지가 함유되어 있을수록 내구성이 큼)보다 내후성, 내구성이 약하다.

017 목재의 연소 상태

구분	100℃	인화점	착화점(화재 위험 온도)	자연 발화점
온도	100℃	180℃ 전후	260~270℃	400~450℃

현상	수분 증발	가연성 가스 발생	화원에 의해 분해 가스에 인화되어 목재에 착염되고 연소를 시작	화기가 없어도 발화

018 목재의 함수율

구분	전건재	기건재	섬유 포화점
함수율	0%	10~15%(12~18%)	30%
비고		습기와 균형	섬유 세포에만 수분 함유, 강도가 커지기 시작하는 함수율

019 ② 보통 생재의 함수율은 변재부에서 80~100% 정도, 심재부에서 40~100% 정도이다.

⑦ 목재의 일반적인 섬유포화점(목재의 세포조직과 관련한 물 중에서 섬유 간의 공간 등 쉽게 빠져나갈 수 있는 물은 모두 건조되고, 세포를 구성하는 물만이 남아있는 상태)은 약 30%정도이며, 이 점을 경계로 목재의 성질이 크게 변화한다.

⑩ 침엽수의 경우 심재의 함수율은 항상 변재의 함수율보다 작다. 즉, 변재의 함수율이 매우 크다.

⑬ 목재의 진비중은 일반적으로 1.54 정도이다.

⑭ 함수율이 30% 이상에서는 함수율의 증감에 관계없이 강도는 일정하다. 즉, 변화가 없다.

⑰ 기건 상태는 목재가 통상 대기의 온도, 습도와 평형된 수분을 함유한 상태로 함수율은 15% 정도를 말하고, 목재의 수분이 전혀 없는 상태를 전건(절건)상태라고 한다.

020~022 목재의 방부제

방부제의 종류에는 유성 방부제(크레오소트, 콜타르, 아스팔트 및 페인트 등)와 수용성 방부제(황산구리 용액, 염화아연 용액, 염화제2수은 용액 및 플루오르화나트륨 용액 등) 및 유용성 방부제(펜타클로로페놀)이 있다.

1) 유성 방부제

크레오소트 오일	• 방부성이 우수하고 철류의 부식이 적으나 외관이 미려하지 않아 토대, 기둥, 도리 등에 널리 사용되는 유성 방부제이다. • 흑갈색의 용액으로서 방부력이 우수하고, 내습성이 있으며, 가격이 싸다. 일반적으로 미관을 고려하지 않는 외부에 많이 사용하나, 페인트를 그 위에 칠할 수 없고, 좋지 않은 냄새가 나므로 실내에서는 사용할 수 없으며, 독성이 없어 인체에 무해하다. • 토대, 기둥 및 도리 등에 사용한다. 특히, 침투성이 좋아서 목재에 깊게 주입할 수 있다.
콜타르	가열하여 칠하면 방부성이 좋으나, 목재를 흑갈색으로 만들고 페인트칠도 불가능하므로 보이지 않는 곳이나 가설재 등에 이용한다.
아스팔트	열을 가해 녹여서 목재에 도포하면 방부성이 우수하나, 흑색으로 착색되어 페인트칠이 불가능하므로 보이지 않는 곳에서만 사용할 수 있다.
페인트	유성 페인트를 목재에 바르면 피막을 형성하여 목재 표면을 감싸 주므로 방습·방부 효과가 있고, 색올림이 자유로우므로 외관을 아름답게 하는 효과도 겸하고 있다.

2) 유용성 방부제

펜타클로로페놀(Penta Chloro Phenol, PCP) : 목재의 방부제 중 PCP는 무색이고, 방부력이 가장 우수하며, 그 위에 페인트를 칠할 수 있다. 그러나 크레오소트에 비하여 가격이 비싸며, 석유 등의 용제로 녹여서 사용하여야 한다.

3) 수용성 방부제

황산구리 용액	남색의 결정체로서 1% 정도의 수용액을 만들어 사용하는데, 방부성은 좋으나 철을 부식시키는 결점이 있다.
염화아연 용액	• 2~5%의 수용액은 살균 효과가 큰 반면에, 흡수성이 있고 목질부를 약화시키며 전기 전도율이 증가되고, 그 위에 페인트칠을 할 수 없다는 결점이 있다. • 목재의 수용성 방부제 중 방부효과는 좋으나 목질부를 약화시켜 전기전도율이 증가되고 비내구성인 방부제이다.
염화제이수은 용액	1%의 수용액으로 방부 효과는 우수하나, 철재를 부식시키고 인체에 유해하다.
플루오르화나트륨 용액	황색의 분말을 2% 수용액으로 만들어 사용하는데, 방부 효과가 우수하고 철재나 인체에 무해하며, 페인트 도장도 가능하지만, 내구성이 부족하고 가격이 고가이다.

023 방부제 처리법

침지법	상온의 크레오소트 오일 등에 목재를 몇 시간 또는 며칠간 담그는 것으로서 액을 가열하면 15mm 정도까지 침투한다.
도포법	가장 간단한 방법으로 목재를 충분히 건조시킨 다음, 균열이나 이음부 등에 주의하여 솔 등으로 바르는 것인데, 크레오소트 오일을 사용할 때에는 80~90℃ 정도로 가열하면 침투가 용이하게 된다. 이 법은 침투 깊이 5~6mm를 넘지 못한다.
상압 주입법	침지법과 유사하며, 80~120℃의 크레오소트 오일액 중에 3~6시간 담근 뒤 다시 찬액 중에 5~6시간 담그면 15mm 정도까지 침투한다.
가압 주입법	원통 안에 방부제를 넣고 7~31kg/cm^2 정도로 가압하여 주입하는 것으로, 70℃의 크레오소트 오일액을 쓴다. 특히, 가장 침투깊이가 깊어 방부효과가 크고 내구성이 양호한 방법이다.
생리적 주입법	벌목 전에 나무 뿌리에 약액을 주입하여 나무 줄기로 이동하게 하는 방법이나, 별로 효과가 없는 것으로 알려져 있다.

024 균류의 작용에 의한 것으로 목재 섬유질을 용해 또는 감소시키므로 비중과 강도(비중 감소율의 약 4~5배 저하)는 저하되고, 목질은 변질·분해되며, 부패의 조건은 다음과 같다.
  • 적당한 온도 : 부패균은 25~35℃ 사이에서 가장 활동이 왕성하고, 4℃ 이하에서는 발육할 수 없다. 또 부패균은 55℃ 이상에서 30분 이상이면 거의 사멸된다.
  • 적당한 수분 : 습도는 90% 이상으로 목재의 함수율이 30~60%일 때 균의 발육에 적당하다.
  • 양분 : 균사가 분비하는 효소에 의하여 목질을 용해(목질부의 리그닌과 섬유소)시켜 양분으로 섭취한다.
  • 공기(산소) : 부패균의 필수적인 조건 중 하나만 결여되더라도 번식할 수 없다. 따라서, 완전히 수중에 잠긴 목재는 공기가 없으므로 부패되지 않는다.

025 ② 공기(산소)는 부패균의 필수적인 조건 중 하나만 결여되더라도 번식할 수 없다. 따라서, 완전히 수중에 잠긴 목재는 공기가 없으므로 부패되지 않는다. 즉, 상수면하에 박은 기초말뚝 또는 수중에 완전침수시킨 목재는 절대로 부패하지 않는다.
  ⑦ 수중에 잠겨진 목재는 습도가 높기 때문에 부패균의 번식이 불가능하므로 절대로 부패하지 않는다.

026 ② 방화페인트(화재시 열에 의해 가스를 발생시키거나 산소 차단작용이 있는 용융물, 발포질의 단열층을 생성하는 안료를 첨가한 도료)를 도포한다.
  ⑤ 유성페인트 대신에 방화페인트나 가성소다를 도포한다.
  ⑨ 부재를 대단면화한다.
  이외의 방화법으로는 물리적인 작용(방화제가 목재의 빈틈을 메워 주어 내부로 불이 침투하지 못하도록 하여 방

화 효과를 주는 작용, 껍질부에 막을 형성하여 방화성능을 주는 작용, 열의 발산이나 탄화층을 형성하여 내부까지 타들어가는 것을 막는 작용)과 화학적인 작용(약제의 분해 또는 목재의 분해과정에서 흡열반응으로 온도를 낮춰 주고, 불에 타지 않은 가스를 발생시켜 불길을 끊어 주는 등 방화 성능을 나타내게 한다.) 등이 있다.

027 ③ 강도의 증가로 인하여 가공성이 감소된다.
⑥ 수지낭(resin pocket)과 연륜의 제거와 목재의 건조와는 무관하다.
⑨ 변형(수축균열, 비틀림 등)을 감소시킨다.
⑫ 못, 나사 부착력의 증대된다.
⑭ 옹이 제거와 목재의 건조와는 무관하다.

028 목재의 비중이 클수록 목재의 공간이 작아지므로 건조속도는 느려진다.

029 ② 수침법은 건조전 처리 방법(수침법, 자비법, 증기법 등)의 일종으로 원목을 2주간 이상 물에 담그는 것으로 계속 흐르는 물이 좋으며, 바닷물보다 민물인 담수가 좋고, 목재의 전신을 수중에 잠기게 하거나 상하를 돌려서 고르게 침수시키지 않으면 부식할 우려가 있다.
⑤ 주입 건조법 : 목재의 인공건조법과는 관계가 없는 방법이다.

목재의 건조 방법

자연건조법	옥외에 잘 건조되고 변형이 생기지 않도록 쌓거나, 옥내에서 일광이나 비에 직접 닿지 않도록 쌓아 건조시키는 방법으로 가장 간단한 방법이다.		
인공 건조법	건조실에 제재품을 쌓아 넣고 처음에는 저온 다습의 열기를 통과시키다가 점차로 고온 저습으로 조절하여 건조시키는 인공 건조 방법이다.		
	증기건조법	건조실을 증기로 가열하여 건조시키는 방법	
	열기(공기)건조법	건조실 내의 공기를 가열하거나 가열 공기를 넣어 건조시키는 방법	
	훈연건조법	연기(짚이나 톱밥 등을 태운)를 건조실에 도입하여 건조시키는 방법	
	진공건조법	원통형의 탱크 속에 목재를 넣고 밀폐하여 고온, 저압 상태하에서 수분을 빼내는 방법	

030 나무 마구리에서의 급속한 건조로 인하여 균열이 발생하는 등의 단점이 있으므로 마구리 부분의 일광을 막거나, 경우에 따라서는 마구리에 페인트를 칠한다. 즉, 가능한 한 마구리를 노출하지 않는다.

031 자연건조법은 시간이 많이 걸린다는 단점이 있다(3cm의 침엽수재 3~6개월, 활엽수재 6~12개월). 자연건조법에 비해 인공건조법은 건조 시간이 매우 짧다.

032 단판(veneer)의 제조법
단판의 제조법에는 로터리 베니어, 슬라이스드 베니어 및 소드 베니어 등이 있다.

로터리 베니어	일정한 길이로 자른 원목 양마구리의 중심을 축으로 하여 원목이 회전함에 따라 넓은 기계 대패로 나이테에 따라 두루마리를 펴듯이 연속적으로 벗기는 것이다. 얼마든지 넓은 베니어를 얻을 수 있고, 원목의 낭비가 적은 반면에 널결만이어서 표면이 거칠며, 생산 능률이 높으므로 80~90%가 이 방식에 의존하고 있다.
슬라이스드 베니어	상하 또는 수평으로 이동하는 너비가 넓은 대팻날로 얇게 절단한 것으로 합판의 표면에 곧은결 등의 아름다운 결을 장식적으로 사용할 때 사용하나, 원목 지름 이상의 넓은 단판이 불가능하다.
소드 베니어	판재를 만드는 것과 같이 얇게 톱으로 켜내는 베니어로서 아름다운 결을 얻을 수 있다.

033 ③ 단판의 매수는 일반적으로 3매 이상의 3, 5, 7 등의 홀수 매수로 한다.

⑤ 단판을 섬유 방향이 다른 각도(90°)로 교차되므로 방향성이 없다.

⑧ 곡면 가공이 매우 쉽다.

⑩ 합판 제조 시 목재의 손실이 거의 없다.

⑪ 곡면가공 시 균열이 발생하지 않기 때문에 곡면가공이 가능하다.

⑫ 함수율 변화에 따른 팽창·수축의 방향성이 작다.

⑭ 내수합판은 내수성이 매우 크기 때문에 내장용뿐만 아니라 외장용으로도 사용된다.

034 섬유판이란 식물성 재료(조각낸 목재 톱밥, 대팻밥, 볏짚, 보릿짚, 펄프 찌꺼기, 종이 등)를 원료로 하여 펄프를 만든 다음 접착제, 방부제 등을 첨가하여 제판한 것으로, 비중이 0.8 이상이다. 한국산업규격에는 연질 섬유판, 중질 섬유판 및 경질 섬유판 등이 있다.

연질 섬유판	건축의 내장 및 보온을 목적으로 성형한 밀도 0.4g/cm^3 미만인 판이다.
중질 섬유판 (MDF)	밀도 0.4g/cm^3 이상 0.8g/cm^3 미만인 판으로 내수성이 작고, 팽창이 심하며, 재질도 약하고 습도에 의한 신축이 크나 비교적 가격이 싸므로 건축용으로 사용되고 있다.
경질 섬유판	밀도 0.8g/cm^3 이상인 판으로 방향성을 고려할 필요가 없고, 내마모성이 큰 편이며, 비틀림이 적다. 특히, 휨강도에 따라 450형(450kg/cm^2 이상), 350형(350kg/cm^2 이상) 및 200형(200kg/cm^2 이상) 등이 있다.

① 시멘트 : 석회와 점토를 적당한 비율로 충분히 혼합하고, 그 일부가 용융할 때까지 소성하여 얻은 클링커에 적당량의 비율의 석고를 가하여 분쇄하여 만든 것이다.

③ 퍼티(putty) : 유지 또는 수지와 탄산칼슘, 연백, 티탄백 등의 충진제를 혼합하여 만든 것으로, 창유리를 끼우는 데 주로 사용하며, 도장 바름 바탕에 사용된다.

④ 카세인 : 우유 중에 포함되어 있는 단백질로서, 소석회와 결합된 상태로 우유 중에 존재하고 있으며, 적당량의 물을 섞으면 점성이 있는 풀이 된다.

035 중질 섬유판(MDF)은 샌드위치 판넬이나 파티클보드 등 다른 보드류 제품에 비해 매우 중량이다.

036 파티클보드의 제법과 특성

정의	• 목재 또는 기타 식물질(가는 원목, 짧은 원목, 폐목, 톱밥, 볏짚, 대팻밥 등)을 절삭 또는 파쇄하여 소편으로 하여 충분히 건조시킨 후 합성수지 접착제와 같은 유기질의 접착제를 첨가하여 열압 제판한 것이다. • 목재 및 기타 식물의 섬유질소편에 합성수지 접착제를 도포하여 가열압착 성형한 판상제품이다.
특징	• 강도에 방향성이 없고, 큰 면적의 판을 만들 수 있으며, 두께는 비교적 자유로이 선택할 수 있다. 특히 방부·방충성이 있다. • 표면이 평활하고 경도가 크고, 균일한 판을 대량으로 제조할 수 있다. • 가공성이 비교적 양호하며, 방충·방부성이 크고, 못이나 나사못의 지보력은 목재와 거의 같다.

① 하드보드(hard board) : 목재 펄프만을 압축하여 만든 것으로 비중이 0.8 이상이고, 강도, 경도가 비교적 크며, 구멍뚫기, 구부림 등의 2차 가공도 용이하여 수장판으로 사용한다.

② 파이버보드(fiber board) : 식물 섬유질(볏짚, 톱밥, 목펄프, 파지, 파목 등)을 주원료로 하여 이를 섬유화, 펄프화 하여 합성수지와 접착제를 섞어 판상으로 만든 것이다.

④ 연질섬유판(insulation board) : 식물 섬유를 주원료로 하여 주로 건물의 내장 및 흡음·단열·보온을 목적으로 성형한 비중이 0.4 미만의 보드로서 한국산업규격에 규정되어 있다.

037 파티클보드(particle board)의 강도는 섬유의 방향에 따라 차이가 거의 없다. 즉, 강도에 방향성이 없다.

038 ① 플로어링 보드(Flooring Board) : 표면 가공, 제혀 쪽매 및 필요한 가공을 하고, 마루 귀틀 위에 단독으로 시공하여도 마루널로서 필요한 강도를 가질 수 있는 바닥 판재이다.

② 파아키트리 보드(Parquetry Board) : 견목재판을 두께 9~15mm, 나비 600mm, 길이는 나비의 3~5배로 한 것으로 제혀쪽매로 하고, 표면은 상대패로 마감한 판재이다.

③ 파아키트리 블럭(Parquetry Block) : 파키트리 보드 단판(두께 9~15mm, 폭 6cm)을 3~5장씩 접착하여 18cm 각, 30cm 각으로 만들어 접합하여 방수처리한 것으로 사용시에는 철물과 모르타르를 써서 콘크리트 마루에 깐다.

④ 코펜하겐 리브(Copenhagen Rib) : 두께 5cm, 너비 10cm 정도로 만든 긴 판으로서 표면을 자유 곡면으로 깎아 수직 평행선이 되게 리브를 만든 것이며, 강당, 집회장, 극장 등의 음향조절용 또는 일반 건물의 벽수장재로 사용하며 음향 효과와 장식 효과가 있다.

039 파키트리 보드(Parquetry Board)는 견목재판을 두께 9~15mm, 나비 600mm, 길이는 나비의 3~5배로 한 것으로 제혀쪽매로 하고, 표면은 상대패로 마감한 판재로서, 마루판의 재료로 사용된다.

040~041 코펜하겐 리브(Copenhagen Rib)는 두께 5cm, 너비 10cm 정도로 만든 긴 판으로서 표면을 자유 곡면으로 깎아 수직 평행선이 되게 리브를 만든 것이다. 극장 및 영화관 등의 실내천장 또는 강당, 집회장 등의 음향조절용으로 쓰이거나 일반건물의 벽 수장재로 사용하여 음향효과를 거둘 수 있는 목재제품으로, 음향 효과와 장식 효과가 있다. 또한, 코펜하겐 리브는 열의 차단성이 거의 없고 강도도 작아서 내장용으로 주로 사용된다.

042 집성 목재는 두께 15~50mm의 단판을 제재하여 섬유 방향을 거의 평행이 되게 여러 장 겹쳐서 접착한 목재 또는 소판이나 소각재의 부산물 등을 이용하여 접착, 접합에 의하여 필요한 치수와 형상으로 만든 인공 목재로서, 합판과의 차이점은 겹치는 장수가 홀수가 아니라도 된다는 점이다.

③ 3장 이상의 단판인 박판을 홀수로 섬유방향이 직교하도록 접착제로 붙여 만든 것은 합판이다.

⑧ 소재를 약제처리 후 집성 접착하므로 양산이 어려우며 건조균열 및 변형 등을 피할 수 없다.

043 수장용 집성재의 품질기준(KS F 3118-1, KS F 3118-2)에는 접착력, 함수율, 폼알데하이드의 방출량, 굽음, 비틀림, 옹이, 수심, 수지구, 무결점 재면, 기타 결점 등이 있다.

044 침엽수(소나무, 전나무, 잣나무, 낙엽송, 편백나무, 가문비나무 등)는 목질이 무른 것이 많으므로 연목재라고도 하며, 구조 용재로 사용한다. 활엽수(참나무, 느티나무, 오동나무, 단풍나무, 밤나무, 사시나무, 벚나무 등)는 목질이 단단하므로 경목재라고도 하며, 장식 용재(치장재, 가구재)로 사용한다.

045 ① 꺽쇠 : 강봉 토막의 양 끝을 뾰족하게 하고 ㄷ자형으로 구부려 2부재를 연결 또는 엇갈리게 고정시킬 때 사용하는 철물이다.

② 띠쇠 : 띠모양으로 된 이음 철물이며, 좁고 긴 철판을 적당한 길이로 잘라 양쪽에 볼트, 가시못 구멍을 뚫은 철물로서 두 부재의 이음새, 맞춤새에 대어 두 부재가 벌어지지 않도록 보강하는 철물을 말한다. 왕대공과 ㅅ자보의 맞춤 또는 도리(처마도리, 깔도리 등) 등의 직각 부분에 사용한다.

③ 안장쇠 : 안장 모양으로 한 부재에 걸쳐 놓고 다른 부재를 받게 하는 맞춤의 보강 철물로 큰 보에 걸쳐 작은 보를 받게 하거나, 귓보와 귀잡이보 등을 접합하는 데 사용한다.

④ 듀벨 : 볼트와 함께 사용하는데 듀벨은 전단력에, 볼트는 인장력에 작용시켜 접합재(목재와 목재 사이에 끼워서 전단에 대한 저항 작용을 목적으로 한 철물) 상호간의 변위를 막는 강한 이음을 얻는 데 사용하는 긴결 철물이다. 큰 간사이의 구조, 포갬보 등에 사용하며, 파넣기식과 압입식이 있다.

3단원 점토재

001	① ○	② ×	③ ○	④ ○	⑤ ○	⑥ ○	⑦ ×	⑧ ○	⑨ ○	⑩ ○	⑪ ○	⑫ ○	⑬ ×	⑭ ○	⑮ ○	⑯ ×	⑰ ○
	⑱ ○	⑲ ○	⑳ ○	㉑ ○	㉒ ×	㉓ ○	㉔ ×	㉕ ○	㉖ ○	㉗ ×	㉘ ○	㉙ ○	㉚ ×				

002	① ×	② ×	③ ×	④ ×	⑤ ○	⑥ ×		003	① ×	② ×	③ ○	④ ×
004	① ×	② ○	③ ×	④ ×				005	① ○	② ○	③ ×	④ ○
006	① ○	② ○	③ ○	④ ×				007	① ○	② ○	③ ○	④ ×
008	① ○	② ×	③ ○	④ ×				009	① ○	② ○	③ ×	④ ○
010	① ○	② ○	③ ○	④ ○				011	① ×	② ×	③ ×	④ ○
012	① ○	② ○	③ ×	④ ○				013	① ×	② ○	③ ×	④ ×
014	① ×	② ○	③ ○	④ ×				015	① ×	② ○	③ ○	④ ○
016	① ×	② ○	③ ○	④ ○				017	① ○	② ○	③ ×	④ ○
018	① ○	② ×	③ ○	④ ○				019	① ○	② ○	③ ×	④ ○
020	① ×	② ×	③ ○	④ ×				021	① ○	② ○	③ ○	④ ×

022	① ○	② ○	③ ×	④ ○	⑤ ○	⑥ ×	⑦ ○	⑧ ○	⑨ ○	⑩ ○

023	① ×	② ○	③ ×	④ ×		024	① ×	② ×	③ ○	④ ×
025	① ○	② ○	③ ○	④ ×						

026	① ×	② ○	③ ×	④ ×	⑤ ○	⑥ ○	⑦ ○	⑧ ×	⑨ ○	⑩ ○	⑪ ×	⑫ ○	⑬ ×	⑭ ○	⑮ ○	⑯ ○	⑰ ○
	⑱ ×	⑲ ×	⑳ ×	㉑ ○	㉒ ○	㉓ ×	㉔ ○	㉕ ×	㉖ ○	㉗ ×	㉘ ×						

027	① ○	② ○	③ ×	④ ○		028	① ×	② ×	③ ×	④ ○

001 ② 점토의 가소성은 입자가 미세할수록 증대한다.

⑦ 좋은 점토일수록 가소성이 크다.

⑬ 압축 강도는 인장 강도의 약 5배 정도이다.

⑯ 양질의 점토는 습윤 상태에서 현저한 가소성을 나타내며 가소성이 너무 큰 경우에는 모래 또는 샤모트 등을 첨가하여 조절한다.

㉒ 침적점토(2차 점토)는 바람이나 물에 의해 멀리 운반되어 침적되므로 입자가 작으며 가소성이 크다.

㉔ 점토는 화성암에서 생성된다. 특히, 화성암이 지구 표면에서 오랜 세월을 거치는 동안 비, 바람과 대기 중에서 여러 종류의 가스 등에 의해서 기계적, 화학적으로 조금씩 파괴 및 분해되어 점토가 생성된다.

㉗ 보통벽돌, 기와, 토관의 원료로는 주로 저급(사질)점토 또는 토기가 사용된다. 석회질 점토는 석회 성분이 포함된 점토로 유약과의 결합이 좋고, 내구성이 뛰어나며, 내열성이 요구되는 도자지 제품에 사용된다. 특히, 고온에서의 안전성이 있다.

㉚ 불순 점토일수록 비중이 작고, 알루미나분이 많을수록 크다.

002~003 점토제품에서 SK번호는 소성온도를 표시한다.

004 점토제품의 공정은 "원토 처리 → 원료 배합 → 반죽 → 숙성 → 성형 → 건조 → 소성 → 시유 → 소성 → 냉각 → 검사 및 선별"의 순이다. 시유는 소성의 전, 후에 실시한다.

005 숙성과정에서는 유기물의 부패, 발효로 가스가 발생하면, 산성화하여 가소성(점착력을 높이고 성형성을 개선)이 증대되기 때문에 반죽덩어리를 되도록 작게 뭉쳐 둔다.

006 건축용 점토제품에 요구되는 성질에는 색채, 경도, 내마모성, 물리적 강도, 백화 현상, 화학적 안정성, 수화 팽창, 내 동결성 등이 있다. 연성(어떤 재료에 인장력을 가하였을 때, 파괴되기 전에 큰 늘음 상태를 나타내는 성질)과는 무관 하다.

007~008 점토제품의 색상은 철화합물, 망간화합물, 소성온도 등과 관계가 깊고, 철 산화물 또는 석회 물질에 의해 나타 나며, 철 산화물이 많으면 적색이 되고, 석회 물질이 많으면 황색을 띠게 된다.

009 점토벽돌(KS L 4201)의 성능 시험방법과 관련된 항목에는 겉모양, 치수(치수와 허용차), 흡수율, 압축강도 등이 있다.

010 점토제품의 분류와 특성

| 종류 | 소성 온도(℃) | 소지 | | 투명도 | 건축 재료 | 비고 |
		흡수성	빛깔			
토기 (사질점토)	790~1,000	크다. (20% 이상)	유색	불투명	기와, 벽돌, 토관	최저급 원료(전답토)로 취약하다.
도기	1,100~1,230	약간 크다. (10%)	백색 유색	불투명	타일, 위생도기, 테라코타 타일	다공질로서, 흡수성이 있고, 질이 굳으며, 두드리면 탁음이 난다. 유약을 사용한다.
석기	1,160~1,350	작다. (3~10%)	유색	불투명	마루 타일 클링커 타일	시유약은 쓰지 않고 식염유를 쓴다.
자기	1,230~1,460	아주 작다. (0~1%)	백색	투명	위생 도기, 자기질 타일	양질의 도토 또는 장석분을 원료로 하고, 두드리면 금속음이 난다.

흡수율이 작은 것부터 큰 것의 순으로 나열하면, "자기 〈 석기 〈 도기 〈 토기"이고, 소성 온도가 낮은 것부터 높 은 것의 순으로 나열하면, "토기 〈 도기 〈 석기 〈 자기"이다.

011 ① 소지는 백색이며, 다공질로써 두드리면 금속음이 난다.
② 흡수율이 0~1% 정도로 매우 작다.
③ 토기는 790~1000℃에서 소성되고, 자기는 1,230~1,460℃ 정도로 소성된다.

012 석회질 점토는 용해되기 쉽고, 연질도기의 원료로 쓰인다.

013 ② 사질점토는 토기를 의미한다.
① 석기점토 : 마루 타일과 클링커 타일에 사용되고, 가소성이 크고, 내화도가 중간 정도이다.
③ 내화점토 : 내화성이 있는 흙으로 내화벽돌 쌓기와 단열 처리 등에 사용되고, 원료로는 황색 광물질(알루미늄, 규소 등), 철분이 비교적 적고, 가소성, 소고성, 내화성이 풍부하여 내화재료의 원료가 된다.
④ 자토(카올린, $Al_2O_3 2SiO_2 2H_2O$) : 자기의 원료가 되고, 화학적으로 순수한 점토이나 완전히 순수한 점토는 별 로 없고, 이것에 알루미나, 규산, 기타 광물질이 포함되어 있다.

014 벽돌의 종류

내화벽돌	내화 점토(알루미나, 실리카, 마그네사이트 등을 포함한 납석)를 원료로 하여 만든 점토제품이다.
보통벽돌	저급 점토(전답토)를 사용하여 탈점제(모래나 샤모트를 가하거나, 색 조절용 석회)를 섞어서 만든 벽돌이다.
이형벽돌	아치벽돌, 원형벽체를 쌓는 데 쓰이는 원형벽돌과 같이 형상, 치수가 규격에서 정한 바와 다른 벽돌로서 특수한 구조체에 사용될 목적으로 제조되는 벽돌이다.
중공벽돌	내부에 몇 개의 구멍을 가진 벽돌로 단열, 방음을 위해 방음벽, 단열벽 등에 사용되며, 경량으로 칸막이벽에도 사용되는 벽돌이다.
다공질 벽돌	원료인 점토에 톱밥, 분탄 등의 유기질 가루(30~50%)를 혼합하여 성형 소성한 것으로, 비중은 1.5 정도로서 보통 벽돌의 2.0보다 작고, 절단(톱질)과 못박기의 가공성이 우수하며, 단열과 방음성 및 흡음성이 있으나 강도는 약하다. 특히, 강도가 약하므로 구조용으로의 사용은 불가능하고, 규격은 보통 벽돌과 동일하다.
광재벽돌	슬래그에 소석회를 혼합하여 경화시켜 만든 벽돌로서 단열, 보온용으로 쓰이고, 가벼워서 경량 재료로 사용한다.
날벽돌	굽지 않은 날 흙의 벽돌로서 강도가 낮고, 흡수율이 높으나, 열전도율이 낮은 장점이 있다.
포도벽돌	경질이며 흡습성이 적은 특성이 있으며 도로나 마룻바닥에 까는 두꺼운 벽돌로서 원료로 연와토 등을 쓰고 식염유로 시유소성한 벽돌이다.
치장벽돌	외부에 노출되는 마감용 벽돌로써 벽돌면의 색깔, 형태, 표면의 질감 등의 효과를 얻기 위한 벽돌이다.
오지벽돌	벽돌에 오지물을 칠해 소성한 벽돌이다.

015 과소품 벽돌(지나치게 높은 온도로 구워낸 벽돌)은 흡수율이 매우 작고 압축 강도가 매우 크고, 형태가 고르지 못하며, 균열이 많이 보인다. 또한, 색채가 고르지 못하고, 기초쌓기나 특수 장식용으로 이용된다.

016 일반적으로 잘 구워진 것일수록 치수가 작아지고 색이 짙어지며, 두드리면 청음이 난다.

017 테라코타는 석재 조각물 대신에 사용되는 장식용 공동의 대형 점토 소성 제품으로서 속을 비게 하여 가볍게 만들고, 건축물의 패러핏, 버팀벽, 주두, 난간벽, 창대, 돌림띠 등의 장식에 사용한다. 일반 석재보다 가볍고, 압축 강도는 $800~900kg/cm^2$로서 화강암의 1/2 정도이며, 화강암보다 내화력이 강하고 대리석보다 풍화에 강하므로 외장에 적당하다. 또한, 1개의 크기는 제조와 취급상 $0.5m^3$ 또는 $0.3m^3$ 이하로 하는 것이 좋고, 단순한 제품의 경우 압축 성형 및 압출 성형 등의 방법을 사용한다.

018 점토제품의 분류

구분	토기	도기	석기	자기
제품	기와, 벽돌, 토관	타일, 테라코타 타일, 위생도기	마루 타일, 클링커 타일	자기질 타일

또한, 각종 타일의 소지질에 있어서, 내장 타일은 자기, 석기, 도기질이고, 외장 및 바닥 타일은 자기, 석기질이며, 모자이트 타일은 자기질이다.

019 점토제품의 원료와 역할

원료	규석, 모래, 샤모트	장석, 석회석	고령토질 재료	식염, 붕사
역할	점성(가소성)조절용	용융성 조절용	내화성 증대	표면시유제

020 ① 내화점토를 원료로 하여 소성한 벽돌(내화 벽돌)로서, 저급 내화 벽돌[SK 26(1,580℃) ~ SK 29(1,650℃)], 중급 내화 벽돌[SK 30(1,670℃) ~ SK 33(1,730℃)], 고급 내화 벽돌[SK 34(1,750℃) ~ SK 42(2,000℃)]이 있다. 1,580℃ 이상 2,000℃ 이하의 범위이다.

② 표준형(보통형)벽돌의 크기는 190×90×57mm이다.

④ 내화도는 일반벽돌과 달리 고온에서 경화가 잘 이루어진다.

021 타일의 제조방법

제법	성형방법	제조 가능 형태	정밀도	용도
건식(압축)법	가압 성형	간단한 형태	치수, 정밀도가 높고, 고능률이다.	내장 및 바닥타일, 모자이크 타일
습식(압출)법	압출 성형	복잡한 형태	정밀도가 낮다	외장 및 바닥타일

022 ③ 일반적으로 모자이크타일 및 내장타일은 건식법, 외장타일은 습식법에 의해 제조된다.

⑥ 바닥타일, 외부타일로는 주로 석기질 및 자기질 타일이 사용된다.

023 ① 폴리싱타일 : 표면을 연마하여 고광택을 유지하도록 만든 시유타일로 대형 타일에 많이 사용되며, 천연화강석의 색깔과 무늬가 표면에 나타나게 만들 수 있는 타일이다.

③ 논슬립타일 : 계단 디딤판의 끝에 붙여 미끄럼막이 역할을 하는 타일이다.

④ 모자이크타일 : 내외벽 및 바닥에 사용되는 4cm 각 이하의 소형타일이다.

024 클링커타일은 고온으로 충분히 소성한 석기질 타일로서 표면은 거칠게 요철무늬를 넣고 두께는 2.5cm 정도로서 테라스, 옥상 등에 쓰이는 바닥용 타일이다. 색깔은 진한 다갈색이고 요철을 넣어 바닥 등에 사용하는 외부 바닥용의 특수 타일이다.

025 점토제품인 위생도기의 구비조건으로는 ①·②·③ 이외에도 흡습성이 작고(위생도기는 주로 물과 접촉하는 상태이므로), 시공이 용이할 것 등이 있다.

026 ① 흡수성의 크기는 "토기 〉 도기 〉 석기 〉 자기"의 순이다.

③ 자기는 주로 모자이크 타일로 사용된다.

④ 외장용 타일에 사용되는 것은 자기, 석기이다.

⑧ 다공질 벽돌이란 저급점토, 목탄가루, 톱밥 등으로 혼합, 성형한 후 소성한 것으로 점토벽돌보다 가벼운 벽돌을 말한다. 포도벽돌은 경질이며 흡습성이 적은 특성이 있으며 도로나 마룻바닥에 까는 두꺼운 벽돌로서, 원료로 연와토 등을 쓰고, 식염유로 시유소성한 벽돌이다.

⑪ 점토제품의 소성온도는 도기질의 경우 1,100~1,230℃ 정도이며, 자기질(1,230~1,460℃)은 이보다 현저히 높다.

⑬ 건식제법이 습식제법에 비해 타일의 치수정밀도가 좋다.

⑱ 외부벽용 타일은 내부벽용에 비하여 내마모성이 강하고 흡수율이 적은 것을 사용해야 한다.

⑲ 점토 소성제품의 흡수성은 "토기 〉 도기 〉 석기 〉 자기"의 순으로 크다.

⑳ 토관은 토기질의 저급점토를 원료로 하여 건조 소성시킨 제품이다.

㉓ 도기의 흡수성은 석기에 비하여 크다.

㉕ 내열성 및 전기절연성이 우수하다.

㉗ 백화현상(벽에 침투한 빗물에 의해서 모르타르의 석회분이 공기 중의 탄산가스(CO_2)와 결합하여 벽돌이나 조적 벽면을 하얗게 오염시키는 현상 또는 콘크리트나 벽돌을 시공한 후 흰 가루가 돋아나는 현상) 발생의 우려가 많다.

㉘ 연성(어떤 재료에 인장력을 가하였을 때, 파괴되기 전에 큰 늘음 상태를 나타내는 성질)이 없고 가공이 난이하다.

027 점토제품의 종류에는 벽돌, 기와, 타일, 내화 벽돌, 위생도기, 모자이크 타일 및 테라코타 등이 있다.

테라조는 인조석의 종석을 대리석의 쇄석으로 사용하여 대리석 계통의 색조가 나도록 표면을 물갈기한 것을 말하며, 테라조의 원료는 대리석의 쇄석, 백색 시멘트, 강모래, 안료, 물 등이다.

028 1) 벽돌벽 두께 1.5B의 소요매수는 1m²당 224매이다.

2) 벽면적 40m²이고, 할증률(3%)을 고려한다.

3) 벽돌의 소요 매수 = 1m²당 소요매수 × 벽면적 × (1 + 할증률)

∴ 224 × 40 × (1 + 0.03) = 9,228.8 ≒ 9,229매

001	① ○ ② ○ ③ ○ ④ × ⑤ × ⑥ ○ ⑦ ○ ⑧ × ⑨ ○ ⑩ ○ ⑪ ○
002	① ○ ② × ③ × ④ ×
003	① × ② ○ ③ × ④ ×
004	① ○ ② × ③ ○ ④ ×
005	① ○ ② ○ ③ × ④ ×
006	① ○ ② × ③ × ④ × ⑤ × ⑥ × ⑦ ×
007	① ○ ② × ③ × ④ ×
008	① ○ ② × ③ ○ ④ ○
009	① ○ ② × ③ × ④ × ⑤ ○
010	① ○ ② × ③ ○ ④ ○
011	① ○ ② ○ ③ × ④ ○ ⑤ ○ ⑥ × ⑦ ○ ⑧ × ⑨ ○ ⑩ ○ ⑪ ○ ⑫ ○ ⑬ × ⑭ ○
012	① ○ ② ○ ③ × ④ ○ ⑤ ○ ⑥ ○ ⑦ ×
013	① ○ ② × ③ ○ ④ ○
014	① × ② ○ ③ ○ ④ ○
015	① ○ ② ○ ③ × ④ ○
016	① ○ ② × ③ ○ ④ ○ ⑤ ○ ⑥ × ⑦ ○
017	① ○ ② ○ ③ ○ ④ ×
018	① ○ ② ○ ③ ○ ④ ○ ⑤ × ⑥ ○ ⑦ ○ ⑧ ○ ⑨ ○ ⑩ × ⑪ ○ ⑫ ○ ⑬ ○ ⑭ × ⑮ ○
019	① ○ ② ○ ③ ○ ④ × ⑤ × ⑥ ○ ⑦ ○ ⑧ ○ ⑨ ○ ⑩ × ⑪ ○ ⑫ ○ ⑬ ○ ⑭ ○ ⑮ ○ ⑯ ○ ⑰ ×
020	① ○ ② × ③ × ④ ×
021	① ○ ② × ③ × ④ ×
022	① × ② × ③ ○ ④ ×
023	① ○ ② ○ ③ ○ ④ × ⑤ ○ ⑥ ×
024	① × ② ○ ③ ○ ④ ○
025	① × ② ○ ③ ○ ④ × ⑤ × ⑥ ○ ⑦ × ⑧ ○
026	① ○ ② ○ ③ × ④ ○ ⑤ ○ ⑥ ○ ⑦ × ⑧ ○
027	① ○ ② ○ ③ × ④ ○ ⑤ ○ ⑥ × ⑦ ○
028	① × ② ○ ③ ○ ④ ○
029	① ○ ② × ③ ○ ④ ○
030	① × ② ○ ③ ○ ④ ○ ⑤ ○ ⑥ ○ ⑦ ○ ⑧ × ⑨ ○ ⑩ ○ ⑪ ○ ⑫ ×
031	① ○ ② × ③ ○ ④ ○ ⑤ ○ ⑥ ○ ⑦ ○ ⑧ ×
032	① ○ ② ○ ③ ○ ④ × ⑤ ○ ⑥ ×
033	① × ② ○ ③ ○ ④ ○
034	① × ② × ③ ○ ④ ×
035	① ○ ② ○ ③ ○ ④ ○
036	① ○ ② ○ ③ ○ ④ ○ ⑤ × ⑥ ○ ⑦ ○ ⑧ ○
037	① ○ ② ○ ③ × ④ ○
038	① × ② × ③ ○ ④ ×
039	① ○ ② ○ ③ ○ ④ ×
040	① ○ ② ○ ③ ○ ④ ×
041	① × ② ○ ③ × ④ ○
042	① ○ ② ○ ③ ○ ④ ×
043	① ○ ② ○ ③ ○ ④ ○ ⑤ × ⑥ ○ ⑦ ○ ⑧ × ⑨ ○ ⑩ ○
044	① ○ ② × ③ ○ ④ ○ ⑤ ○ ⑥ ○ ⑦ ○ ⑧ × ⑨ ○ ⑩ ○ ⑪ ○ ⑫ ×
045	① × ② ○ ③ ○ ④ ○
046	① ○ ② ○ ③ × ④ ○
047	① ○ ② × ③ ○ ④ ○
048	① × ② ○ ③ × ④ ×
049	① ○ ② × ③ ○ ④ ○
050	① ○ ② ○ ③ ○ ④ × ⑤ × ⑥ ○ ⑦ ○ ⑧ × ⑨ ○ ⑩ ○ ⑪ ○ ⑫ × ⑬ ○ ⑭ ○ ⑮ ○ ⑯ ○ ⑰ ○ ⑱ ○ ⑲ × ⑳ ○ ㉑ ○ ㉒ ○ ㉓ ×
051	① × ② × ③ ○ ④ × ⑤ ×
052	① ○ ② ○ ③ × ④ ○
053	① ○ ② ○ ③ ○ ④ × ⑤ ○ ⑥ ×
054	① × ② × ③ × ④ ○
055	① ○ ② × ③ × ④ ×
056	① × ② × ③ × ④ ○
057	① × ② ○ ③ × ④ ×
058	① ○ ② × ③ ○ ④ ○ ⑤ × ⑥ ○ ⑦ ○ ⑧ ○ ⑨ ○ ⑩ × ⑪ ○ ⑫ ○ ⑬ ○ ⑭ ○ ⑮ ○ ⑯ ○ ⑰ ○ ⑱ ○ ⑲ ○
059	① × ② × ③ ○ ④ ○ ⑤ ○ ⑥ ○ ⑦ ○ ⑧ × ⑨ ○ ⑩ × ⑪ ○ ⑫ ○ ⑬ × ⑭ ○ ⑮ ○ ⑯ × ⑰ × ⑱ ○ ⑲ ○ ⑳ ○ ㉑ ○ ㉒ ○ ㉓ ○ ㉔ ×

번호	해답		번호	해답
060	①○ ②○ ③○ ④×		061	①× ②× ③× ④○
062	①○ ②○ ③○ ④×		063	①○ ②× ③○ ④○
064	①○ ②○ ③○ ④×		065	①○ ②○ ③○ ④×
066	①× ②○ ③× ④×		067	①× ②× ③○ ④×
068	①○ ②× ③○ ④○		069	①○ ②× ③○ ④× ⑤○ ⑥○ ⑦○
070	①× ②○ ③○ ④○		071	①× ②○ ③○ ④○
072	①○ ②○ ③○ ④×		073	①× ②○ ③○ ④○
074	①× ②○ ③× ④×		075	①○ ②× ③× ④×
076	①○ ②○ ③○ ④×		077	①× ②× ③○ ④×
078	①× ②○ ③○ ④○ ⑤○ ⑥× ⑦○ ⑧○		079	①○ ②○ ③× ④○ ⑤○ ⑥× ⑦○ ⑧○
	⑨× ⑩○ ⑪○ ⑫× ⑬○ ⑭○ ⑮○ ⑯×		080	①○ ②○ ③× ④○
081	①○ ②○ ③○ ④× ⑤○ ⑥○ ⑦○ ⑧× ⑨× ⑩○			
082	①× ②× ③○ ④×			
083	①× ②○ ③○ ④○ ⑤○ ⑥○ ⑦× ⑧○ ⑨× ⑩○			
084	①○ ②× ③○ ④× ⑤○ ⑥○ ⑦○		085	①○ ②× ③× ④×
086	①○ ②× ③○ ④○		087	①× ②○ ③○ ④○
088	①○ ②× ③× ④×		089	①○ ②○ ③○ ④○
090	①× ②○ ③○ ④○ ⑤× ⑥○		091	①○ ②× ③× ④×
092	①○ ②○ ③○ ④○		093	①○ ②× ③× ④×
094	①× ②× ③○ ④×		095	①○ ②○ ③○ ④×
096	①○ ②○ ③× ④○		097	①○ ②× ③○ ④○
098	①○ ②○ ③○ ④×		099	①○ ②× ③○ ④○ ⑤× ⑥× ⑦○ ⑧× ⑨×
100	①○ ②○ ③○ ④○		101	①× ②○ ③× ④×
102	①× ②○ ③× ④○		103	①○ ②○ ③× ④○
104	①○ ②○ ③○ ④× ⑤×		105	①○ ②○ ③× ④○
106	①○ ②○ ③○ ④× ⑤○ ⑥× ⑦○		107	①○ ②○ ③○ ④×
108	①○ ②○ ③× ④○			
109	①× ②× ③× ④○ ⑤× ⑥○ ⑦× ⑧× ⑨× ⑩○ ⑪○			
110	①× ②× ③○ ④× ⑤× ⑥× ⑦×		111	①× ②○ ③× ④×
112	①× ②× ③○ ④×		113	①○ ②○ ③○ ④×

001 ④ 풍화된 시멘트는 응결이 늦어지고, 경화 후의 강도는 작아진다.
⑤ 시멘트의 수화반응에서 응결 이후의 과정을 경화라고 한다.
⑧ 콘크리트 강도는 물–시멘트비에 가장 큰 영향을 받는다.

002 시멘트의 제조 공정은 "주원료(석회석, 점토)의 분쇄 → 혼합 → 가열 및 소성 → 냉각 → 석고를 첨가 → 미분쇄 → 포장 → 저장"의 순이다.

003 시멘트 제조 시 클링커(clinker)에 응결 시간을 조절(응결 시간의 지연)하기 위하여 석고(약 3% 정도)를 첨가한다.

004 포틀랜드시멘트의 주요 화학 성분에는 실리카, 석회, 산화철, 알루미나, 마그네시아 및 무수황산 등이 있으며, 시멘트 종류에 따른 성분의 비율은 다음과 같다.

종류 \ 성분	실리카 (SiO_2)	알루미나 (Al_2O_3)	석회 (CaO)	산화철 (Fe_2O_3)	마그네시아 (MgO)	무수황산 (SO_2)
보통포틀랜드시멘트	21~23	5~6	63~66	3~4	1~2	1~1.6
조강포틀랜드시멘트	20~22	4~6	65~67	2~3	1~2	1~1.7
중용열포틀랜드시멘트	23~24	4~5	63~65	4~5	1~2	1~1.4

005 시멘트의 조성 화합물과 그 특성

명칭	분자식	약호	수화반응 속도	강도	수화열	수축	화학 저항성
규산삼칼슘 (Alite)	$3CaO \cdot SiO_2$	C_3S	빠름	재령 28일 이내 강도 지배	약간 높음	중간	
규산이칼슘 (Belite)	$2CaO \cdot SiO_2$	C_2S	느림	재령 28일 이후 강도 지배	낮음	중간	
알루민산삼칼슘 (Celite)	$3CaO \cdot Al_2O_3$	C_3A	아주 빠름	재령 1일 이내에 조기강도 지배	아주 높음	크다	낮음
알루민산철사칼슘 (Felite)	$4CaO \cdot Al_2O_3Fe_2O_3$	C_4AF	비교적 빠름	강도와 관계없음	낮음	작다	

006 ② 수화(수화반응) : 시멘트가 물에 닿으면 시멘트 중의 수경화합물과 물이 화학반응을 일으키는 반응을 말한다.

③ 건조수축 : 습윤상태의 콘크리트가 건조하여 수축하는 현상으로 보통은 200×10^{-6} 정도이고, 건조수축의 현상은 다음과 같다.

㉮ 단위시멘트량과 단위수량이 클수록 크게 되나, 단위수량의 영향이 크고, 이것이 증가하면 수축량이 크게 된다.

㉯ 골재가 경질이고 탄성계수가 클수록 적게 된다.

㉰ 건조개시 재령의 영향은 거의 받지 않는다.

④ 위결(위응결, 2중 응결) : 시멘트에 따라서는 물과 혼합하면 발열하지 않고 10~20분만에 굳어졌다가 그 후 다시 풀리면서 정상적으로 응결하는 현상이다.

⑤ 중성화 : 수화반응에 의하여 생기는 수산화칼슘이 서서히 탄산칼슘으로 변하여 알칼리성을 잃어가는 현상을 말한다.

⑥ 풍화 : 시멘트가 공기 중의 수분과 탄산가스가 시멘트와 결합하여 일어나는 수화작용을 의미한다. 시멘트가 공기 중의 습기를 받아 천천히 수화 반응을 일으켜 작은 알갱이 모양으로 굳어졌다가, 이것이 계속 진행되면 주변의 시멘트와 달라붙어 결국에는 큰 덩어리로 굳어지는 현상이다.

⑦ 경화 : 시멘트가 시간의 경과에 따라 조직이 굳어져 최종강도에 이르기까지 강도가 서서히 커지는 상태를 말한다.

007 시멘트를 대기 중에 저장하면 풍화한다. 시멘트의 풍화는 공기 중의 습기와 탄산가스가 시멘트와 결합하여 이를 입상 또는 괴상으로 고화시키는 등 변질시킨다. 풍화의 과정은 시멘트의 입자가 공기 중의 수분과 반응을 일으켜 수산화칼슘이 되며, 이것이 공기 중의 탄산가스와 반응을 일으켜 물로 분해되고, 이 물이 다시 내부에서 가수분해를 계속하여 풍화가 진행된다. 풍화의 반응식은 다음과 같다.

- $CaO + H_2O = Ca(OH)_2$
- $2C_3S + 6H_2O = C_3S_2 \cdot 3H_2O + 3Ca(OH)_2$
- $Ca(OH)_2 + CO_2 = CaCO_3 + H_2O$

008 풍화된 시멘트를 사용했을 경우 응결이 늦어지고, 수화열이 감소하며, 비중이 작아진다. 또한, 강도가 감소된다.

009 시멘트의 응결(시멘트의 물을 가하여 혼합하여 만들어진 시멘트 페이스트가 시간 경과에 따라 유동성을 잃고 응고하는 현상) 시험 방법에는 길모어 침에 의한 시험법(KS L 5103)과 비카트 침에 의한 시험법(KS L 5108) 등이 있다. 오토클레이브 방법은 시멘트의 안정성 시험, 브레인법은 분말도 시험법, 비비 시험은 콘크리트의 워커빌리티 시험법이다.

010 시멘트의 응결시간은 수량이 많을수록 느리다.

011 ③ 수축균열이 많이 생긴다.
⑥ 균열 발생의 염려가 많다.
⑧ 균열 발생도가 높다.
⑬ 풍화작용이 촉진된다.

012 시멘트 분말도 시험의 종류에는 체분석(표준체에 의한)방법, 블레인법(공기투과장치에 의한 비표면적시험), 피크노메타법 등이 있다.
③·⑦ 슬럼프 시험과 비비(vebe) 시험은 워커빌리티 시험법이다.

013 시멘트 분말도 시험의 종류에는 체분석(표준체에 의한)방법, 블레인법(공기투과장치에 의한 비표면적시험), 피크노메타법 등이 있다. 로스엔젤레스법은 굵은골재의 마모저항 시험법이다.

014 ①의 슬럼프 테스트는 시공연도의 측정, ②의 브레인법은 시멘트의 분말도 시험, ③의 길모아시험은 시멘트의 응결 시험에 사용되는 방법이다.

015 물–시멘트비는 물과 시멘트의 중량비이다. 즉, 물–시멘트비 $= \dfrac{\text{물의 중량}}{\text{시멘트의 중량}} \times 100(\%)$

016 시멘트의 수화반응속도에 영향을 주는 요인에는 시멘트의 종류(화학 성분), 화학 조성, 물–시멘트비, 분말도, 혼화재료, 양생 조건(온도는 $20\pm3\,^{\circ}\!\text{C}$, 습도는 80% 이상), 풍화의 정도 등이 있다.

017 시멘트의 비중은 소성 온도, 성분 등에 따라서 달라지는데, 보통 3.05~3.15이고, 제조 직후의 비중 값이 가장 크다.

018 ② 분말도가 높은 것일수록 응결경화 속도가 빨라진다.
⑤ 분말도가 큰 것일수록 풍화속도는 빨라진다.
⑩ 분말도는 작을수록 수화작용이 지연되고 응결이 느리며 초기강도는 작아진다.
⑭ 온도와 습도가 높으면 응결시간이 빨라지며 경화가 촉진된다.

019 ④ 중용열포틀랜드시멘트는 수화열이 작고, 단기 강도가 보통포틀랜드시멘트보다 작으나, 내침식성과 내구성이 대단히 크고, 수축률도 매우 작아서 댐공사, 콘크리트 포장, 방사능 차폐용 콘크리트로 많이 사용된다. 알루미나시멘트는 긴급공사, 동절기공사에 주로 사용된다.
⑤ 수화열이 적으나, 조강포틀랜드시멘트는 한중공사에 적합하다.
⑩ 초기강도가 작다.

⑰ C_3A가 적고 내황산염성이 크기 때문에 댐공사와 매스콘크리트에 사용된다.

020 ① 중용열포틀랜드시멘트 :
    ㉮ 수화속도를 지연시켜 수화열을 작게 한 시멘트로, 건조수축이 작고 내황산염이 크며, 건축용 매스콘크리트 등에 사용되는 시멘트이다.
    ㉯ 시멘트의 발열량을 저감시킬 목적으로 제조된 시멘트로 건조수축이 작고 내황산염성이 크기 때문에 댐공사에 사용되는 시멘트이다.
② 조강포틀랜드시멘트 : 원료 중에 규산삼칼슘(C_3S)의 함유량이 많아 보통포틀랜드시멘트에 비하여 경화가 빠르고, 조기 강도(낮은 온도에서도 강도 발현이 크다)가 크므로 재령 7일이면 보통포틀랜드시멘트의 28일 정도의 강도를 나타낸다. 또한, 조강포틀랜드시멘트는 분말도가 커서 수화열이 크며, 이 시멘트를 사용하면 공사 기간을 단축시킬 수 있다. 특히, 한중 콘크리트에 보온 시간을 단축하는 데 효과적이고, 분말도가 커서 점성이 크므로 수중 콘크리트를 시공하기에도 적합하다.
③ 초조강포틀랜드시멘트 : 수화성이 큰 시멘트 광물을 소성하여 수화활성을 잃지 않게 미분쇄한 시멘트이다. 단시간에 고강도를 발현하고, 장기에 있어서도 증진을 계속하며, 긴급공사　한중공사 등에 주로 사용되나, 비표면적이 커서 풍화가 심하므로 사용에 유의하여야 한다.
④ 백색포틀랜드시멘트 : 시멘트 중 소량의 안료를 첨가하여 건축물 내외장면의 마감, 인조석, 현장타설 착색콘크리트에 사용되는 시멘트이다.

021 고로시멘트는 포틀랜드시멘트 클링커에 철용광으로부터 나온 슬래그를 급랭한 급랭 고로슬래그를 혼합하여 이에 응결시간 조정용 석고를 분쇄한 것으로, 수화열량이 적어 매스콘크리트용으로 사용이 가능한 시멘트이다.
플라이애시는 플라이애시시멘트, 포졸란은 포졸란시멘트, 보크사이트(알루미나)는 알루미나시멘트에 첨가한 물질이다.

022 알루미나시멘트는 시멘트 중에 조기강도가 가장 큰 시멘트로서, 재령 1일이면 보통포틀랜드시멘트의 재령 28일 강도가 발휘된다.

023 ④ 알루미나시멘트는 내화성이 크므로, 내화 콘크리트용으로는 사용이 가능하다.
⑥ 알루미나시멘트의 pH(수소이온의 농도지수)가 4 정도여서 산성(0~7)이므로, 콘크리트 내 철근의 부식방지효과가 떨어진다.

024 혼합시멘트(고로시멘트, 실리카시멘트, 플라이애시시멘트 등)는 시멘트의 내구성, 장기강도의 발현, 화학적 저항성, 수밀성, 내수성 등의 성질을 향상시킨 시멘트이다. 알루미나시멘트는 산, 염류, 해수 등에 대한 화학적 침식에 대한 저항성이 큰 시멘트이다.
보통포틀랜드시멘트는 시멘트 중에서 가장 많이 사용되고, 품질이 우수하며, 공정이 간단하고 생산량이 많은 시멘트이다.

025 시멘트를 조기강도가 큰 것으로부터 작은 순서대로 열거하면, "알루미나시멘트 → 보통포틀랜드시멘트 → 중용열포틀랜드시멘트 → 고로시멘트"의 순이다.

026 ③ 고로시멘트는 댐공사, 해수공사에 사용하고, 백색포틀랜드시멘트는 표면 마무리(타일 줄눈공사) 및 도장 공사에 사용한다.

⑦ 실리카(포졸란)시멘트는 수화할 때 발열이 적어서 화학적 팽창에 뒤이은 수축이 적어서 종합적으로 균열이 적다. 댐공사, 해수공사(해수에 대한 저항성이 크다)에 사용된다.

027 고로시멘트의 특성
- 건조에 의한 수축은 일반 포틀랜드시멘트보다 크나, 수화할 때 발열이 적고, 화학적 팽창에 뒤이은 수축이 적어서 균열이 적으므로 매스콘크리트용으로 사용이 가능하다.
- 비중이 작고, 바닷물에 대한 저항(내식성과 내열성)이 크며, 풍화가 쉽게 된다.
- 응결 시간이 약간 느리고, 콘크리트 블리딩이 적어진다.
- 초기 강도는 약간 낮지만 장기 강도는 높고, 화학 저항성 또는 바닷물에 대한 저항성이 크다.

028 중용열포틀랜드시멘트, 혼합시멘트(고로시멘트, 플라이애시시멘트, 포졸란시멘트 등) 등은 댐공사와 매스콘크리트 구조물에 사용된다.
조강포틀랜드시멘트[원료 중에 규산삼칼슘(C_3S)의 함유량이 많아 보통포틀랜드시멘트에 비하여 경화가 빠르고, 조기 강도(낮은 온도에서도 강도 발현이 크다)가 크므로 재령 7일이면 보통포틀랜드시멘트의 28일 정도의 강도를 나타냄]는 댐 등 단면이 큰 구조물이나 매스콘크리트용에 부적합하다.

029 초속경(제트)시멘트는 응결시간이 짧고, 경화시 발열이 크며, 2~3시간만에 강도를 발현하고, 재령 1일 이후의 강도는 초조강포틀랜드시멘트와 거의 동일하다. 특히 건조수축이 매우 적은 편이고, 동기공사, 긴급공사, 시멘트 2차제품 및 그라우팅 등에 사용된다.

030 ① 중용열포틀랜드시멘트는 수화 시 발열량이 비교적 적다.
⑧ 시멘트의 비중은 소성온도나 성분에 따라 다르며, 동일 시멘트인 경우에 풍화한 것일수록, 소성이 불충분하고 이물질이 혼합되면 비중이 작아진다.
⑫ 시멘트의 분말도는 단위중량에 대한 표면적에 의하여 표시되며, 브레인법에 의해 측정된다. 안정성은 시멘트가 응결과 경화를 하는 과정에서 불안정하게 되면 이상 팽창이나 수축에 의한 갈라짐이 일어나는 현상이다.

031 ② 부배합(단위시멘트량을 많이 함)의 콘크리트를 만든다.
⑧ 물-시멘트비$(= \dfrac{물의\ 중량}{시멘트의\ 중량} \times 100(\%))$를 작게 한다.

032 ④ 구조부재의 치수가 클수록 크리프는 작다.
⑥ 재하중의 건조 진행과 구조부재의 치수는 크리프와 관계가 깊다.

크리프가 증가하는 요인	• 콘크리트가 아직 덜 굳었을 때(물·시멘트비가 큰 콘크리트 사용 시, 콘크리트가 건조한 상태로 노출될 때) • 시멘트페이스트가 많을수록 • 부재의 단면 치수가 작을수록 • 하중이 클수록 • 단위수량이 많을수록 • 재하 시 재령이 짧을수록
크리프가 감소하는 요인	• 콘크리트가 완전히 건조된 경우 • 콘크리트가 완전히 젖어 있는 경우

033 콘크리트의 중성화는 콘크리트가 시일이 경과함에 따라 공기 중의 탄산가스의 작용을 받아 수산화칼슘이 서서히 탄산칼슘으로 되면서 알칼리성을 잃어가는 현상을 말하며, pH가 12.5~13.5 정도의 알칼리성인 콘크리트가 pH 8.5~9.0 정도의 산성을 띄게 되는 현상이다.

034 콘크리트의 중성화 시험을 위해 페놀프탈레인 용액을 분사시켜 적색으로 변하는 영역을 측정한다.

035 속빈 콘크리트 블록(KS F 4002)의 성능을 평가하는 시험항목에는 기건 비중 시험, 전 단면적에 대한 압축강도 시험, 흡수율 시험 등이 있다.

036 속빈 콘크리트 블록의 모양, 치수 및 허용차(단위 : mm)

모양	치수			허용차
	길이	높이	두께	
기본블록	390	190	190 150 100	±2
이형블록	가로근용 블록, 모서리용 블록과 같이 기본 블록과 동일한 크기인 것의 치수 및 허용차는 기본 블록에 준한다. 다만, 그 외의 경우에는 당사자 사이의 협의에 따른다.			

종류	기건비중	전단면적에 대한 압축 강도(MPa)	흡수율(%)	투수성(cm)
A종	1.7 미만	4		8 이하 (방수블록에 한함)
B종	1.9 미만	6		
C종		8	10 이하	

③ 기본 블록의 치수 허용차는 ±2mm이다.
⑤ 전단면적에 대한 압축강도(MPa, N/mm²)의 산정에 있어서, 전단면적이란 가압면(길이×두께)으로서, 속 빈 부분 및 블록 양끝의 오목하게 들어간 부분의 면적도 포함한다.

037 시멘트의 혼화 재료 중 혼화재는 포졸란, 플라이애시, 실리카흄, 고로슬래그 미분말 및 팽창재 등이 있고, 혼화제에는 AE제, 감수제 및 유동화제, 응결경화촉진제 및 방동제(염화칼슘), 응결 경화시간 조절제, 방수제, 기포제, 발포제, 착색제 등이 있다.

038 ③ AE제 : 연행공기를 발생시켜 볼베어링 효과가 나타나도록 하는 것이다. 독립된 작은 기포(직경 0.025~0.05mm)를 콘크리트 속에 균일하게 분포(볼베어링 효과)시키기 위하여 사용하는 것으로 작업성, 동결 융해 작용에 대하여 저항(내구)성을 갖기 위하여 사용한다.
① 포졸란 : 포졸란을 사용하면 콘크리트의 작업성이 좋아지며, 비중 차에 의하여 부어 넣은 콘크리트에 물 등이 떠오르는 블리딩이 감소되고, 조기 강도는 작으나, 장기간 습율 양생하면 장기 강도, 수밀성 및 염류에 대한 화학적 저항성이 커진다. 또, 발열량이 적은 반면, 거친 입자나 극히 미세한 입자가 많은 것은 콘크리트의 단위 수량을 증가시키고, 건조수축도 커지게 하는 결점이 있다.
② 플라이애시 : 화력발전소 등에서 미분탄 사용 보일러의 연소 배기사스 중에 포함된 미세한 석탄재를 집진기로 포집한 것이다.
④ 경화 촉진제 : 한중 콘크리트의 초기 강도 발현에 유효하고, 시멘트 수화에 있어서 칼슘이온 강도를 높이는 것으로 염화칼슘이 사용되어 왔으나, 콘크리트 내부의 강재부식을 촉진시키는 염화칼슘 대신에 질산염, 아질산계의 무기염 및 규산 칼슘 등의 성분이 사용되고 있다.

039 응결 경화 촉진제로는 염화칼슘이 사용되어 왔으나, 콘크리트 내부의 강재부식을 촉진시키는 염화칼슘 대신에 질산염, 아질산계의 무기염 및 규산 칼슘 등의 성분이 사용되고 있다.
②의 리그닌설폰산염과 ③의 인산염, ④의 산화아연은 지연제로 사용된다.

040 슬래그 분말(알칼리 골재 반응의 억제와 수화열을 감소시킴)은 콘크리트의 초기강도가 낮고, 건조수축에 의한 영향을 많이 받는 경향이 있어 초기양생, 한중보온에 유의해야 하고, 일반적으로 건조수축이 크다.

041 ① 규산질모르타르 : 시멘트, 규산질 광물 분말, 모래를 섞어 만든 모르타르로서, 방수 모르타르의 충전용으로 사용되는 모르타르이다.
② 질석모르타르 : 질석[원광(운모계와 사문암계의 광석)을 800~1,000℃로 가열하면 부피가 5~6배로 팽창되어 비중이 0.2~0.4인 다공질의 경석]을 섞은 모르타르로서 경량, 방화, 단열, 흡음성이 뛰어나 미장 마무리 재료로 사용한다.
③ 석면모르타르 : 석면(사문암이나 각섬암이 열과 압력을 받아 변질되어 섬유상으로 된 변성암)을 섞은 모르타르로서 균열 방지용으로 사용한다.

042 펄라이트는 진주석, 흑요석, 송지석 또는 이에 준하는 석질(유리질 화산암)을 포함한 암석을 분쇄하여 소성, 팽창시켜 제조한 백색의 다공질 경석 등을 분쇄하여 가루로 한 것을 가열, 팽창시킨 백색 또는 회백색의 경골재이다. 경량, 단열, 흡음, 보온, 방화, 내화성이 우수하며, 특히 균열이 발생한다.

043 시멘트의 저장 방법
- 시멘트는 지상 30cm 이상 되는 마루 위에 적재해야 하는데, 그 창고는 방습 설비가 완전해야 하며, 검사에 편리하도록 적재해야 한다. 시멘트의 풍화를 방지하기 위하여 통풍을 막아야 한다.
- 포대에 들어 있는 시멘트는 13포대 이상 쌓으면 안 되며, 특히, 장기간 저장할 경우 7포대 이상 쌓지 않는다.
- 3개월 이상 저장한 시멘트 또는 3개월 이하라도 하더라도 습기를 받았다고 생각되는 시멘트는 반드시 사용 전에 재시험하여야 한다.
- 시멘트는 입하 순서에 따라 사용한다.

044 ② AE제를 사용한 콘크리트는 시공연도가 좋아지나, 강도는 감소(압축강도는 4~6%, 휨강도는 2~3%, 탄성계수는 $(7~8)×10^3 kg/cm^2$ 정도 감소)한다.
⑧ 콘크리트는 강한 알칼리성을 가진 재료이다.
⑫ 콘크리트($1×10^{-5}/℃$)의 열팽창계수는 철($1.2×10^{-5}/℃$)에 비해서 거의 동일하다.

045 콘크리트의 압축강도는 크나, 인장강도는 매우 작다. 즉, 인장강도는 압축강도의 1/10~1/13 정도이다.

046 콘크리트는 시멘트, 골재(잔골재, 굵은골재), 물 및 필요에 따라 혼화재료를 혼합한 것 또는 그 경화물을 말한다.
③ 염화물은 콘크리트의 유해물이다.

047 매스콘크리트에 관한 균열 방지 및 감소 대책

방법	구체적인 대책		
배합	발열온도의 저감	저발열성 시멘트 사용	
		시멘트량의 저감	• 양질의 혼화재료를 사용한다. • 슬럼프를 작게 한다. • 골재치수를 크게 한다. • 양질의 골재를 사용한다. • 강도판정의 재령을 연장한다.
시공	온도변화를 작게 한다.	보온(시트, 단열재), 가열양생	
	시공상 온도상승을 적게 한다.	• 파이프쿨링을 한다. • 리프트의 높이를 낮게한다. • 재료를 프리쿨링한다.	
설계	설계상 배근을 고려한다.	• 가능한 한 부재는 이음매를 설치한다. • 철근의 균열을 분산시킨다. • 별도의 방수 보강을 한다.	

048 ① 외기온이 영하로 내려가도 자체의 수화열만으로 충분히 양생 불가능하므로 별도의 양생조치(시트, 단열재의 보온과 가열양생)가 필요하다.

③ 부재의 단면크기가 크기 때문에 건조수축에 의한 균열 발생 가능성이 가장 크다.

④ 매트기초의 경우 콘크리트의 내·외부의 온도차에 의한 균열이 발생한다. 콘크리트 내부의 수화발열량이 커서 콘크리트 온도가 높으므로, 외부의 표면온도를 높혀 내·외부의 온도차를 줄이기 위한 방안이 필요하다.

049 매스콘크리트에서 균열 제어를 위한 대책으로는 ①·③·④ 이외에도 굵은골재의 최대치수는 건조수축 등을 고려하여 되도록 큰 값(골재)을 사용한다 등이 있다.

050 ④ 흡수율이 많다.

⑤ 경량으로 인력에 의한 취급이 가능하지만, 현장에서 절단 및 가공이 가능하다.

⑧ 대형판 제조가 가능하다.

⑫ 주원료는 석회(생석회, 공업용 석회)와 시멘트(포틀랜드시멘트, 고로슬래그시멘트, 실리카시멘트, 플라이애시시멘트 등)를 사용한다.

⑲ 흡수성이 높아 동해에 대한 저항성이 약하다. 즉, 동해에 대한 방수방습 처리가 필요하다.

㉓ 약알칼리성이며 변형과 균열의 위험이 적다.

051 ALC 제품의 가장 큰 단점은 다공질이기 때문에 흡수성이 크다는 것이다. 따라서, 동해에 대한 방수·방습처리를 하여야 하고, 또한, 미장마감을 하기 전에 흡수를 방지하기 위한 표면접착력을 강화한 바탕처리가 필수적이다.

052 콘크리트의 블리딩 현상에 의해 떠오른 미립물(레이턴스)은 상호간 접착력을 감소시킨다.

053 ④ 블리딩(콘크리트가 타설된 후 비교적 가벼운 물이나 미세한 물질 등이 상승하고, 무거운 골재나 시멘트는 침하하는 현상)과 침하를 적게 하기 위해서는 단위수량을 적게 하고, 골재의 입도가 적당해야 하며, 기타 적당한 혼화제(AE제, 분산감수제, 플라이애시 등)를 사용해야 한다. 즉, 블리딩과 침하는 단위수량이 적을수록 적어진다.

⑥ 타설 높이가 높을수록 침하의 절대량은 커지나, 침하량의 비율은 작아진다.

054 콘크리트의 블리딩 현상에 의해 떠오른 미립물(레이턴스)은 상호간 접착력을 감소시킨다. 즉, 연속되는 콘크리트와의 부착력이 떨어진다.

055 ② 블리딩(bleeding) : 콘크리트가 타설된 후 비교적 가벼운 물이나 미세한 물질 등이 상승하고, 무거운 골재나 시멘트는 침하하는 현상이다.

③ 분리(segregation) : 콘크리트는 비중과 입자의 크기 등이 다른 여러 종류의 제료로 구성되므로 비비기, 운반, 다지기 등의 시공 중에 재료 분리를 일으키기 쉬운 경향이 있다. 재료 분리를 일으키면 콘크리트는 불균질하게 되어 강도, 수밀성, 내구성 등이 저하된다.

④ 침하(settling) : 가라앉아 내리거나 꺼져 내려앉는 것으로 지반공학적 현상을 말한다.

056~057 세골재에 있어서 이넌데이트(inundate) 현상(서로 다른 함수상태에서 용적이 거의 같아지는 현상)은 절건상태와 습윤(포화)상태에서 모래의 용적이 동일한 현상이다.

058 ② 잔골재(비중 2.50~2.65)와 굵은골재(비중 2.55~2.70)의 구분은 굵은골재(coarse aggregate)는 5mm체에 다 남는 골재이고, 잔골재(fine aggregate)는 10mm 체를 전부 통과하고 5mm 체를 거의 다 통과하며 0.08mm 체에 모두 남는 골재이다. 즉, 굵은골재와 잔골재의 구분은 체의 통과로서 구분한다.

⑤ 골재의 조립률(골재의 입도를 정수로 표시하는 방법)은 체가름 시험 시에 10개의 체(0.15mm, 0.3mm, 0.6mm, 1.2mm, 2.5mm, 5mm, 10mm, 20mm, 40mm, 80mm)에 남아 있는 누계 무게 백분율의 합계를 100으로 나눈 값이다. "일정 용기 내에 골재가 차지하는 실제 용적의 비율"은 실적률이다.

⑩ 부순 골재는 실적률이 작고, 콘크리트에 사용될 때 워커빌리티가 나빠진다.

⑬ 골재의 실적률은 용기에 골재를 채웠을 때 그 용기 내에 골재립이 점하는 실용적의 백분율 또는 단위용적중량을 골재의 비중으로 나눈 백분율이다.

$$\text{즉, 골재의 실적률} = \frac{\omega(\text{단위용적중량})}{\rho(\text{골재의 비중})} \times 100 \text{이다.}$$

059 ① 청정, 내구적인 것으로 유해량의 먼지, 흙, 유기 불순물 등을 포함하지 않을 것

② 구형이 가장 좋으며 표면이 거친 것

⑧ 표면이 거친 골재일 것

⑩ 골재의 입형은 편평, 세장하지 않을 것

⑬ 골재의 강도는 콘크리트 중의 경화시멘트 페이스트의 강도보다 클 것

⑯ 골재의 입형은 세장하거나, 표면이 매끈하지 않을 것

⑰ 콘크리트의 유동성을 확보할 수 있도록 구형의 입형과 적절한 입도일 것

㉔ 표면이 거친 것

060 골재의 실적률(용기에 골재를 채웠을 때 그 용기내에 골재립이 점하는 실용적의 백분율 또는 단위용적중량을 골재의 비중으로 나눈 백분율)이 큰 골재는 투수성이나 흡수성이 작아진다.

061 철근콘크리트 구조용 골재로 해사를 사용할 경우, 바닷물에는 염분이 있어 철근의 부식을 촉진시키므로 토사를 깨끗한 물로 충분히 씻어 사용한다.

062 골재의 조립률(골재의 입도를 정수로 표시하는 방법)은 체가름 시험 시에 10개의 체(0.15mm, 0.3mm, 0.6mm, 1.2mm, 2.5mm, 5mm, 10mm, 20mm, 40mm, 80mm)에 남아 있는 누계 무게 백분율의 합계를 100으로 나눈 값으로, 잔골재는 2.6~3.1 정도, 굵은골재는 6~8 정도이다.

063 골재의 입도란 골재의 작고 큰 입자의 혼합된 정도로서, 소요 품질의 콘크리트를 경제적으로 만드는 데 필요한 성질 중에서 가장 중요한 것의 하나이다. 적당한 입도를 가진 골재를 사용하면 소요의 작업성을 가진 콘크리트를 만들 수 있어 단위수량이 적어지며 재료 분리 현상을 감소시키고, 실적률이 높으므로 적은 단위시멘트량으로 소요 품질의 콘 크리트를 만들 수 있다. 또한, 건조수축이 적어지며, 내수성도 증대된다.

064 골재의 입도는 체가름 시험으로 구한다. 블레인 시험과 표준체에 의한 시험은 시멘트의 분말도 시험에 사용한다.

065 적당한 입도를 가진 골재를 사용하면 소요의 작업성을 가진 콘크리트를 만들 수 있어 단위수량이 적어지며 재료분리 현상을 감소시키고, 실적률이 높으므로 적은 단위시멘트량으로 소요 품질의 콘크리트를 만들 수 있다. 또한, 건조수 축이 적어지며, 내수성도 증대된다.
④ 콘크리트의 응결과 경화에 가장 큰 영향을 주는 요인은 물-시멘트비이다.

066 철근콘크리트에 사용하는 굵은골재의 최대치수를 정하는 가장 중요한 이유는 콘크리트가 철근 사이를 자유롭게 통 과할 수 있도록 하기 위함이다.

067 ① 실적률 : 용기에 골재를 채웠을 때 그 용기 내에 골재립이 점하는 실용적의 백분율 또는 단위용적중량을 골재의 비중으로 나눈 백분율이다.
② 유효흡수율 : 표면건조 내부포수상태의 중량에서 기건상태의 중량을 뺀 값을 기건상태의 중량으로 나눈 값이다.
④ 함수율 : 습윤상태의 중량에서 절건상태의 중량을 뺀 값이다.

068 골재의 조립률(골재의 입도를 정수로 표시하는 방법)은 체가름 시험 시에 10개의 체(0.15mm, 0.3mm, 0.6mm, 1.2mm, 2.5mm, 5mm, 10mm, 20mm, 40mm, 80mm)에 남아 있는 누계 무게 백분율의 합계를 100으로 나눈 값 으로, 잔골재는 2.6~3.1 정도, 굵은골재는 6~8 정도이다.

069 제작용 골재

보통 골재	전건 비중이 2.5~2.7 정도의 것으로 강모래, 강자갈, 깬자갈 등
경량 골재	전건 비중이 2.0 이하의 것으로 천연 화산재(화산암), 팽창혈암(천연 혈암을 주 원료로 하여 이를 분쇄 후 1,200℃의 고온에서 소성 가공하여 만든 것), 경석, 인공의 질석(팽창 질석), 펄라이트 등
중량 골재	전건 비중이 2.8 이상의 것으로 중정석, 철광석(자철석, 갈철석, 황철석) 등

070 락크 울(rock wool, 암면)은 석회, 규산을 주성분으로 하는 내열성이 높은 광물질인 현무암, 안산암, 혈암, 돌로마이 트 등을 용융한 것을 원심력, 압축공기 또는 고압공기 등으로 섬유화시킨 것으로 일명 광석면이라고도 한다. 암면은 단열, 보온 및 흡음성 등이 우수하므로 내화성도 있어 절연재, 즉, 열이나 음의 차단재로서 이용되고 있다.
②의 질석(vermiculite), ③의 펄라이트(perlite), ④의 화산자갈(volcanic gravel) 등은 경량콘크리트 골재로 사용된다.

071 방사선 차폐용 콘크리트는 중량콘크리트(기건단위용적중량이 2.6t/m3 이상의 무거운 콘크리트)로서, 목표로 하는 중량에 따라 골재의 종류와 배합이 달라지는데, 일반적으로 중량 골재는 중정석, 자철광, 갈철광, 적철광 및 모래 모 양의 사철 등이 있다.
① 흑요석은 펄라이트의 재료로 사용되는 석재이다.

072 전체함수량 = (습윤상태의 중량) − (절건상태의 중량)

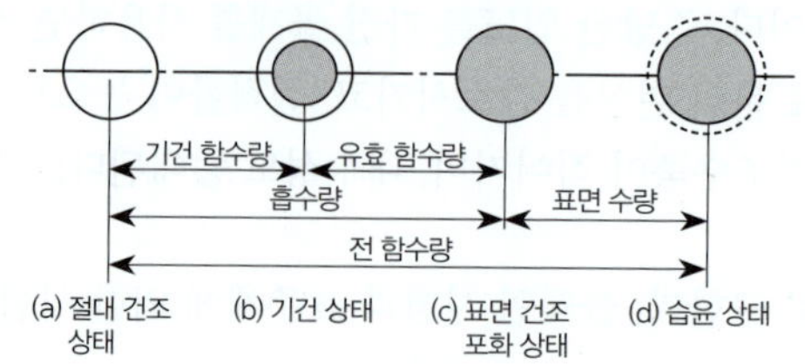

073 흡수량은 표면건조상태의 중량에서 절대건조상태의 중량을 뺀 수량이다. 습윤상태의 골재 내외에 함유하는 전수량을 전함수량이라고 한다.

074 ①은 표면수량, ②는 유효흡수(함수)량, ③은 전함수량, ④는 흡수량(기건함수량+유효함수량)에 대한 설명이다.

075 ② 흡수량 = 습윤상태의 수량(중량) − 표면건조포화상태의 수량(중량)

③ 전함수량 = 습윤상태의 수량(중량) − 절건상태의 수량(중량)

④ 표면수량 = 습윤상태의 수량(중량) − 표면건조포화상태의 수량(중량)

076 콘크리트의 골재시험에는 입도(체가름시험, 입도 범위와 체가름 곡선. 조립률), 비중, 흡수율, 단위용적중량, 실적률과 공극률, 안전성 시험, 내마멸성, 내화성 및 유해물 등이 있다.

④ 크리프(creep)는 콘크리트의 하중을 지속적으로 작용시켜 놓을 경우 하중의 증가가 없음에도 지속 하중에 의해 시간과 더불어 변형이 증대하는 현상을 말한다.

077 콘크리트 배합설계에 있어서 기준이 되는 골재의 함수 상태는 표면건조내부포화(포수)상태(골재의 표면은 건조하고 골재 내부의 공극이 완전히 물로 차 있는 상태)를 기준으로 한다.

078 ① 콘크리트의 압축강도를 감소시킨다.

⑥ 철근과의 부착강도를 감소시킨다.

⑨ 압축강도를 감소시킨다.

⑫ 계면활성작용에 의해 시멘트페이스트의 유동성을 증대시킴으로써 콘크리트의 블리딩을 감소시킬 수 있다.

⑯ 단열성 향상과는 무관하다.

> AE제는 독립된 작은 기포(직경 0.025~0.05mm)를 콘크리트 속에 균일하게 분포시키기 위하여 사용하는 것으로 작업성, 동결융해 작용에 대하여 저항(내구)성을 주기 위하여 사용한다.
> - 사용 수량을 줄일 수 있어서 블리딩과 침하가 감소, 시공한 면이 평활해지며, 제물치장 콘크리트의 시공에 적합하다. 특히, 화학 작용에 대한 저항성이 증대된다.
> - 탄성을 가진 기포는 동결융해, 수화 발열량의 감소 및 건습 등에 의한 용적 변화가 적고, 강도(압축강도, 인장 강도, 전단 강도, 부착 강도 및 휨강도 등)가 감소한다. 철근의 부착 강도가 떨어지며, 감소 비율은 압축강도보다 크다.
> - 시공연도가 좋아지고, 수밀성과 내구성이 증대하며, 수화 발열량이 낮아지고 재료 분리가 적어진다.

079 ③ 단위수량이 감소한다.

⑥ 염분 및 동결융해에 대한 저항성이 증대된다.

080 혼화재료 중 사용량이 비교적 많아서 그 자체의 부피가 콘크리트 비비기 용적에 계산되는 혼화재에는 플라이애시, 팽창재, 고로슬래그, 규산백노 미분말, 규산질 미분말, 광물질 미분말 등이 있고, 혼화제(사용량이 비교적 적어서 그 자체의 부피가 콘크리트 비비기 용적에 계산되지 않는 혼화재료)에는 AE제, 감수제, AE감수제, 고성능 감수제, 유동화제, 촉진제, 지연제, 급결제, 초지연제, 방수제, 기포제, 발포제, 소포제, 응집제 등이 있다.

081 ④ 초기강도는 다소 감소하지만 장기강도는 상당히 크다.
⑧ 콘크리트의 수화 초기 시의 발열량을 감소시킨다.
⑨ 주성분은 실리카(SiO_2)이다.

082 ① 동일한 워커빌리티를 가진 보통콘크리트보다 적은 단위수량을 필요로 한다. 즉, 단위수량을 감소시킨다.
② 동일한 조건의 보통콘크리트보다 중성화 속도가 빠르다.
④ 초기강도는 감소되지만 장기강도에는 큰 영향을 미친다.

083 ① 초기강도가 낮다.
⑦ 보통콘크리트에 비해 초기강도는 작으나, 장기강도는 별 차이가 없다.
⑨ 굵은골재를 사용하므로 재료의 분리나 수축이 보통 콘크리트의 1/2 정도로 적다.

084 ② 콘크리트의 소요 슬럼프는 되도록 작게 하여 180mm를 넘지 않도록 하며, 콘크리트 타설이 용이할 때에는 120mm 이하로 한다.(KCS 14 20 30)
④ 물−결합재비는 50% 이하를 표준으로 하고, 밀실하게 한다. (KCS 14 20 30)

085 콘크리트의 방수제는 대표적으로 보면, 파라핀과 폴리머의 수성디스퍼션 규산질 미분말이다.

> • 파라핀 : 시멘트의 물을 흡수하거나 건조시켜 콘크리트 속에서 굳어 발수층과 불투수층을 만드는 방식이다.
> • 폴리머의 수성디스퍼션 규산질 미분말 : 포졸란 반응, 즉 콘크리트 속의 수용성 수산화칼슘과 규산 및 물과 반응하여 불용성 규산칼슘 수화물을 만들어 조직을 치밀하게 만드는 방식이다.

②의 실리콘계는 극도의 혐수성으로 물을 튀기는 성질(발수성)이 있고, ③의 아스팔트계는 역청재료(천연 탄화수소, 인조 탄화수소 또는 이들의 비금속 유도체 또는 그의 화합물로 된 재료)는 방수성이 있다. ④의 물유리는 점성이 있는 액체 상태의 유리로서 도료, 방수제, 보색제 등으로 사용한다.

086 부순모래를 이용한 콘크리트는 미세한 분말량이 많아지면 슬럼프가 감소한다.

087 레진콘크리트는 결합재로 시멘트를 전혀 사용하지 않고, 합성수지(레진, 주로 에폭시, 폴리에스터 등)만을 사용한 콘크리트로서, 경화제를 가한 액상 수 지를 골재와 배합하여 제조한다. 보통콘크리트는 "시멘트+물+골재(잔골재, 굵은골재)"이고, 레진콘크리트는 "수지(레진)+경화제+골재"이다.

088 슬럼프 시험은 콘크리트 시공연도(워커빌리티) 시험법으로 주로 사용하는 방법이다.

089 ③ 콘크리트를 총용량(높이가 아님에 유의)의 1/3씩 나누어 3회에 넣고 다짐대로 다진다.

> **콘크리트 슬럼프시험(Slump Test)**
> ① 콘크리트를 몰드 용적의 1/3(바닥에서 약 7cm)만 넣어서 다짐대로 단면 전체에 골고루 25회 다진다. 이때는 다짐대를 약간 기울여서 다짐 횟수의 약 절반을 둘레 따라 다지고, 그 다음에 다짐대를 수직으로 하여 중심을 향해서 나선상으로 다져 나간다.
> ② 몰드 용적의 약 2/3(바닥에서 약 16cm)까지만 시료를 넣어 다짐대로 이 층의 깊이와 아래층에 약간 관입되도록 25회 골고루 다진다.
> ③ 최상층을 채워서 다질 때에는 슬럼프 몰드 위에 높이 쌓고서 25회 다진다.

090 시공연도(워커빌리티) 측정 시험 방법은 반죽 질기를 파악하고 물−시멘트비를 조절하여 시공연도를 조절하기 위한 방법이다. KS에 규정된 방법에는 슬럼프 시험, 비비 시험기에 의한 방법, 진동식 반죽 질기 측정기에 의한 방법, 다짐도에 의한 방법 등이 있고, KS에 규정되지 않은 방법에는 플로 시험, 리몰딩 시험, 낙하시험, 구관입 시험 등이 있다. ① 비카침 시험은 시멘트의 응결시험, ⑤ 체가름 시험은 골재의 입도 측정(조립률)에 사용된다.

091 ② 용적배합(volume mix) :

구분	절대용적배합	표준계량용적배합	현장계량용적배합	임의계량용적배합
정의	재료의 공극이 없는 상태로 계산한 절대 용적으로 배합을 표시	다짐 상태(시멘트 $1m^3$당 1,500kg)의 용적으로 배합을 표시	시멘트는 포대 수, 골재는 현장 계량 용적으로 배합을 표시	임의의 용적으로 배합을 표시
비고	$1m^3$의 콘크리트 제조에 소요되는 각 재료량을 배합하는 방법			

③ 중량배합(weight mix) : $1m^3$의 콘크리트 제조에 소요되는 각 재료량을 중량으로 배합을 표시하는 방법으로, 절대 용적 배합에서 구한 절대 용적에 비중을 곱하는 정밀한 배합이다. 실험실 배합과 레미콘 생산 배합에 사용한다.

④ 계획배합(specified mix) : 요구 성능의 설정으로부터 배합조건의 설정 및 재료의 선정을 거쳐 배합 조건으로 필요한 물시멘트의 비, 단위 수량, 잔골재율(단위 굵은골재의 용적), 혼화제의 양을 설정해 시험 비빔을 거쳐 확정된 배합이다.

092 중량배합은 각 재료를 콘크리트 $1m^3$당 중량으로 표시한 배합이다. 절대용적배합은 $1m^3$의 콘크리트 제조에 소요되는 각 재료량을 재료가 공극이 없는 상태로 계산한 절대 용적으로 배합을 표시한 것이다.

093 ② 설계기준강도 : 4주(재령 28일) 압축강도를 의미하고, 콘크리트의 부재 설계 시 기준이 되는 강도이다.
③ 호칭강도 : 설계기준강도와 동일하나, 콘크리트 강도를 구분하는 강도, 레미콘의 주문 시의 강도이다.
④ 소요강도 : 부재에 전달되는 강도로서 "소요강도 ≤ 설계강도"가 성립되어야 한다.

094 콘크리트 강도의 변화를 가장 적게 하고 시공연도를 조절하는 방법은 굵은골재와 잔골재의 증감(잔골재율은 잔골재의 용적과 굵은골재의 용적 합에 대한 잔골재의 용적이 차지하는 백분율)이다. 물·시멘트비의 증감, 물의 증감, 시멘트의 증감으로 인해 콘크리트의 강도가 변화한다.

095 물−시멘트비가 일정할 때 굵은골재의 최대 치수가 클수록 콘크리트의 강도는 작아진다.

096 철근콘크리트구조의 부착강도와 거푸집강성과는 무관하고, 거푸집의 강성이 클수록 콘크리트의 측압은 크다.

097 단위수량이 많으면 많을수록 재료 분리 현상(균질하게 비벼진 콘크리트는 구성 요소인 시멘트, 물, 잔·굵은골재의 구성 비율은 동일하여야 하나, 이 균질성이 소실되는 현상)이 발생한다. 재료 분리의 원인은 굵은골재의 치수가 지나치게 큰 경우, 입자가 거친 잔골재를 사용한 경우, 단위 골재량과 단위 수량이 너무 많은 경우, 배합이 적절하지 않는 경우, 비빔 시간이 길거나 부족한 경우 등이다.

098 "AE제나 플라이애시를 첨가한 경우"는 재료 분리의 대책에 속한다.

099 콘크리트의 골재 분리현상에 대한 대책에는 잔골재율(잔골재율은 잔골재의 용적과 굵은골재의 용적 합에 대한 잔골재의 용적이 차지하는 백분율)을 증가, 물·시멘트비를 작게, 단위수량을 작게, 굵은골재의 최대치수를 작게, 바이브레이터로 적당한 진동, 표면활성제(AE제, AE감수제 등)를 사용, 콘크리트의 점성 중대, 잔골재의 세립분(0.15~0.3mm)을 많게 함 등이 있다.

100 굳지 않은 콘크리트의 성질에는 컨시스턴시, 플라스티시티, 피니셔빌리티 및 워커빌리티 등이 있고, 요구되는 성질로는 거푸집 구석구석까지 잘 채워질 수 있어야 하고, 다지기 및 마무리가 용이하여야 하며, 시공 시 및 그 전후에 재료 분리가 적어야 한다는 것 등이 있다.

① 컨시스턴시(consistency, 반죽질기) :
  ㉮ 굳지 않은 콘크리트의 성질 중 단위수량에 지배되는 묽기 정도를 나타내는 것으로 보통 슬럼프 값으로 표시되는 것이다.
  ㉯ 콘크리트에 사용되는 물의 양(수량)에 의한 콘크리트 반죽의 질기(유동성)의 정도를 말하고, 단위 수량이 많으면 작업은 용이하나, 재료 분리 현상이 일어난다. 특히, 슬럼프 시험에 의한 시공연도의 양부를 판정하는 기준이 된다.

② 워커빌리티(workability, 시공성) : 컨시스턴시(반죽 질기의 정도)에 따라 부어 넣기 작업의 난이도 및 재료 분리에 저항하는 정도이다.

③ 피니셔빌리티(finishability, 마감성) : 콘크리트 표면을 끝막이할 때의 난이 정도로 굵은골재의 최대 치수, 잔골재율, 골재의 입도, 반죽 질기 등에 따라 마무리 작업의 난이도가 달라진다. 즉, 굳지 않은 콘크리트의 성질을 표시하는 용어 중 굵은골재의 최대치수, 잔골재율, 잔골재입도, 컨시스턴시 등에 의한 마감성의 난이를 표시하는 것이다.

④ 펌퍼빌리티(콘크리트를 펌핑하여 부어 넣는 위치까지 이동시킬 때의 펌핑성)에 대한 설명이다. 플라스티시티(plasticity, 성형성)는 다음과 같다.

> • 용이하게 거푸집에 충전시킬 수 있으며 거푸집을 제거하면 서서히 형태가 변화하나, 재료가 분리되지 않는 성질이다.
> • 거푸집 등의 현상에 순응하여 채우기 쉽고, 분리가 일어나지 않는 성질 또는 용이하게 성형되며, 풀기가 있어 재료의 분리가 생기지 않는 성질이다.

101 ①은 컨시스턴시(consistency, 반죽질기), ③은 피니셔빌리티(finishability, 마감성), ④는 워커빌리티(workability, 시공성)에 대한 설명이다.

102 ① 워커빌리티는 정성적인 것이므로 정량적인 수치로 표현하는 것이 어렵다.
② 컨시스턴시는 단위수량에 지배되는 묽기 정도를 나타내는 것으로 보통 슬럼프 값으로 표시되는 것이므로 콘크리트의 유동속도와 관계가 깊다.

③ 피니셔빌리티(finishability, 마감성)는 굵은골재의 최대치수, 잔골재율, 잔골재입도 등에 의한 마감성의 난이를 표시하는 성질이다. 플라스티시티는 용이하게 거푸집에 충전시킬 수 있으며 거푸집을 제거하면 서서히 형태가 변화하나, 재료가 분리되지 않는 성질이다.

103 굳지 않은 콘크리트의 성질에는 컨시스턴시, 플라스티시티, 피니셔빌리티 및 워커빌리티 등이 있다. 슬럼프는 슬럼프 시험에 있어서 콘크리트가 무너져 내려 앉는 현상이다.

104 굳지 않은 콘크리트의 워커빌리티 측정 방법에는 KS에 규정된 슬럼프 시험, 비비 시험기에 의한 방법, 진동식 반죽질기 측정기에 의한 방법, 다짐도(다짐계수)에 의한 방법 등이 있고, 기타 방법으로는 플로 시험, 리몰딩 시험, 낙하시험 및 구관입 시험 등이 있다.
④ 슈미트해머시험은 콘크리트의 비파괴검사법의 일종으로, 콘크리트의 압축강도를 추정하는 시험법이다.
⑤ 오토클레이브 팽창도시험은 시멘트의 안정성 시험에 사용하는 방법이다.

105 감수제(시멘트의 입자를 분산시켜 콘크리트의 소요 워커빌리티를 얻는 데 필요한 단위수량을 감소시키는 것을 목적으로 하는 혼화제)를 첨가하면 단위수량을 감소시키나 워커빌리티가 증대된다.

106 ④ 둥근형상의 강자갈의 경우보다 편평하고 세장한 입형의 골재를 사용할 경우 워커빌리티가 감소(악화)된다.
⑥ 골재로 강자갈을 사용한 경우가 깬자갈이나 깬모래를 사용한 경우보다 워커빌리티가 좋아진다.

107 콘크리트의 워커빌리티(workability, 굳지 않은 콘크리트의 성질을 나타내는 용어로서 콘크리트 타설 작업의 난이도 정도 및 재료의 분리에 저항하는 정도)에 영향을 주는 요소에는 단위 수량, 단위 시멘트량, 시멘트의 성질, 골재의 성질(골재의 입도와 입형), 모양, 배합 비율, 혼화재료의 종류와 양 및 비비기의 정도, 공기량, 혼합 후의 시간, 온도 등이 있다.

108 크리프가 증가하는 요인으로는 콘크리트가 아직 덜 굳었을 때(물·시멘트비가 큰 콘크리트 사용 시, 콘크리트가 건조한 상태로 노출될 때), 시멘트페이스트가 많을수록, 부재의 단면 치수가 작을수록, 하중이 클수록, 단위수량이 많을수록, 재하 시 재령이 짧을수록 등이 있다. 반면, 콘크리트가 완전히 건조했거나, 완전히 젖어 있으면 크리프는 거의 일어나지 않고, 콘크리트의 재령에 따라 감소한다.

109 ① 공기량이 같은 조건하에서 단위골재량이 클수록 건조수축이 작다.
② W/C비가 적을수록 건조수축이 작다.
③ 골재의 크기가 일정할 때 슬럼프값이 클수록 건조수축은 커진다.
⑤ 단위수량이 증가하면 건조수축량이 증가한다.
⑦ 골재 중에 포함한 미립분이나 점토는 건조수축을 증가시킨다.
⑧ 습윤양생기간은 건조수축에 영향을 주지 않는다.
⑨ W/C비가 같은 경우 건조수축은 단위 시멘트량이 클수록 커진다.

> 건조수축은 습윤상태의 콘크리트가 건조하여 수축하는 현상으로, 보통은 200×10^{-6} 정도이며, 건조수축의 현상은 다음과 같다.
> - 단위시멘트량과 단위수량이 클수록 크게 되나, 단위수량의 영향이 크고, 이것이 증가하면 수축량이 크게 된다.
> - 골재가 경질이고 탄성계수가 클수록 적게 된다.
> - 건조개시 재령의 영향은 거의 받지 않는다.

110 바다 모래 중의 염분에 의한 철근의 부식을 억제하기 위해 콘크리트에 첨가하는 혼화제는 방청제로서 아황산소다, 아초산염, 인산염, 염화제일주석, 리그닌설폰 염화칼슘염 등이 있다.

111 ① AE 콘크리트 : 콘크리트를 비빌 때 AE제를 넣어 인공적으로 미세한 기포가 생기게 하여 다공질로 만든 콘크리트이다.

③ 진공 콘크리트 : 보통 콘크리트를 시공한 후 진공매트 또는 진공패널에 의하여 콘크리트 표면을 진공으로 하여 물과 공기를 제거하고, 대기의 압력으로 콘크리트에 압력이 가해지도록 만든 콘크리트이다.

④ 중량(차폐용)콘크리트 : 방사능을 차폐하기 위하여 사용하는 콘크리트로서 중정석, 자철광 등의 골재를 사용한 콘크리트이다.

112 레디믹스트 콘크리트(ready-mixed concrete)란 주문에 의해 공장 생산 또는 믹싱카로 제조하여 사용 현장에 공급하는 콘크리트, 현장에 떨어져 있는 콘크리트 전문 제조 공장에 콘크리트를 배처 플랜트에 의해 생산하여 현장에 운반하여 사용하는 콘크리트로서 그 비비기와 운반 방식에 따라 다음과 같이 구분한다.

센트럴 믹스트 콘크리트 (central mixed concrete)	고정 믹서에서 비빔을 한 후 에지데이터 트럭(Agitator, 비빈 콘크리트의 재료분리를 방지하기 위한 목적으로 사용하는 트럭)으로 운반하여 사용하는 콘크리트이다.
슈링크 믹스트 콘크리트 (shrink mixed concrete)	고정 믹서에서 어느 정도 비빔을 한 후 운반하는 도중에 완전하게 비김을 하여 사용하는 콘크리트이다.
트랜싯 믹스트 콘크리트 (transit mixed concrete)	트럭믹서에 재료만 공급받아서 현장으로 가는 도중에 혼합하여 사용하는 콘크리트이다.

④ 콘크리트 배치 플랜트는 콘크리트를 생산하는 과정을 한 과정에 의해 자동으로 생산이 되도록 하는 기계설비를 말한다.

113 건물의 바닥 충격음에는 중량 충격음(지속시간이 길고, 무거운 충격음으로 슬래브의 두께, 구조 형식, 고정 조건 등에 따라 달라지며, 주로 보행의 소리, 어린이들의 뜀 등)과 경량 충격음(고·중주파 성분의 소음으로 가벼운 물건을 떨어뜨리거나, 의자를 끌 때 발생하는 소음) 등이 있다. 바닥 충격음을 방지하기 위한 방법으로는 ①·②·③ 이외에도 바닥 슬래브의 중량을 크게 하거나 바닥 슬래브의 두께를 두껍게 하는 등이 있다.

▶ 문제편 278p

문항	정답
001	①× ②× ③○ ④×
002	①× ②○ ③○ ④○
003	①× ②○ ③× ④×
004	①○ ②× ③× ④×
005	①○ ②○ ③○ ④×
006	①× ②× ③× ④○
007	①○ ②× ③○ ④○
008	①○ ②○ ③× ④○
009	①○ ②× ③○ ④○ ⑤○ ⑥○ ⑦○ ⑧×
010	①× ②× ③× ④○
011	①× ②○ ③× ④×
012	①○ ②× ③○ ④○
013	①× ②× ③○ ④×
014	①× ②× ③○ ④×
015	①○ ②○ ③× ④○ ⑤○ ⑥○ ⑦× ⑧○ ⑨○ ⑩○ ⑪× ⑫○ ⑬○ ⑭× ⑮○ ⑯× ⑰○ ⑱○ ⑲○ ⑳× ㉑○ ㉒× ㉓○ ㉔○ ㉕○ ㉖× ㉗× ㉘× ㉙○ ㉚○ ㉛○ ㉜○ ㉝○ ㉞× ㉟○ ㊱× ㊲× ㊳×
016	①○ ②× ③○ ④○ ⑤○ ⑥○ ⑦○ ⑧×
017	①○ ②○ ③× ④○ ⑤× ⑥○ ⑦○ ⑧○
018	①× ②○ ③○ ④○
019	①○ ②× ③○ ④○
020	①○ ②○ ③○ ④×
021	①× ②○ ③○ ④○
022	①○ ②× ③× ④×
023	①○ ②○ ③× ④○ ⑤○ ⑥○ ⑦× ⑧○
024	①× ②× ③× ④○
025	①○ ②× ③× ④×
026	①○ ②○ ③○ ④×
027	①○ ②○ ③× ④○ ⑤○ ⑥○ ⑦× ⑧○ ⑨○ ⑩○ ⑪○ ⑫○ ⑬○ ⑭○ ⑮× ⑯× ⑰× ⑱○ ⑲○ ⑳× ㉑○ ㉒○
028	①× ②○ ③○ ④○ ⑤○ ⑥× ⑦○ ⑧○ ⑨○ ⑩○ ⑪○ ⑫×
029	①× ②× ③○ ④×
030	①× ②○ ③○ ④○
031	①× ②○ ③× ④×
032	①○ ②× ③× ④×
033	①× ②○ ③× ④×
034	①○ ②○ ③○ ④×
035	①○ ②× ③× ④×
036	①○ ②○ ③○ ④×
037	①○ ②○ ③○ ④× ⑤○ ⑥○ ⑦× ⑧× ⑨○ ⑩○ ⑪○ ⑫×
038	①× ②○ ③× ④×
039	①○ ②○ ③× ④○ ⑤○ ⑥○ ⑦○ ⑧○ ⑨○ ⑩○
040	①× ②× ③○ ④×
041	①× ②× ③○ ④×
042	①× ②○ ③× ④×
043	①○ ②× ③× ④×
044	①× ②× ③× ④○
045	①○ ②× ③○ ④○ ⑤× ⑥○ ⑦○ ⑧× ⑨× ⑩○ ⑪○ ⑫○ ⑬× ⑭○ ⑮○ ⑯○

001 ③ 가단주철 : 백주철에 열처리를 하여 단조할 수 있도록 인성을 부여한 주철로서 규소 성분을 추가하여 주조시 세부 부분까지 정밀하게 표현할 수 있는 주철이다. 인장강도, 연율이 연강과 비슷하고 주조성을 갖고 있어 주조가 용이하여 자동차 부품, 관 이음 등에 사용된다.

① 고급주철 : 주성분은 탄소(2.0~3.2%)와 규소(1.2~2.0%) 등이고, 인장력은 30~40kg/mm^2 정도이며, 내마멸성(실린더, 피스톤 등), 내열성, 내산성, 인성, 인장강도 등이 우수하다.

② 강성주철: 탄소강으로 이뤄진 보통주강과 특수주강이 있고 주철에 비해 인성과 강도가 크며, 탄소량의 증가에 따라 강도는 증가되나 인성은 감소한다.

④ 보통주철의 성질

종류	색	비중	융해점	경도	인장 강도	수축	세로 탄성 계수
백선	은백색	7.5~7.7	1,100℃	주철 중에서 최대	비교적 크다.	2% 정도 주조 곤란	$(1.71{\sim}1.87)$ $\times 10^5$ MPa
회선	회색	7.0~7.1	1,225℃	연하여 가공하기 쉽다.	비교적 작다.	0.5~1.0% 주조하기 쉽다.	$(1.0{\sim}4.0)$ $\times 10^5$ MPa

002 구조용 강재의 강도와 경도는 탄소함유량이 0.85%에서 최대가 되고, 그 이상이 되면 다시 감소한다. 즉, 탄소의 함유량을 1%까지 증가시키면 강도와 경도는 일반적으로 증가한다.

003 ① 합금강에 비해 인장강도와 경도가 작다.
③ 열처리를 하면 성질 변화가 있다.
④ 탄소함유량이 많으면 많을수록 경도가 증가하나, 계속 증가하지 않는다.

004 ② 봉강 : 압연에 의한 봉강의 강재이다.
③ 선재 : 연강선재(철선, 와이어 메시, 와이어 라스, 못, 나사류 등), 경강선재(나사류, 강연선, 와이어 로프 등), 피아노선재(와이어 로프, PC강선, PC강연선 등), 아크 용접봉선재(연강용·고장력강용·주철용 피복아크 용접봉 등)로 분류한다.
④ 강관 : 강괴로부터 제강(전로, 평로, 전기로 등) 과정을 거쳐 용도에 따라 기계, 기구나 건축 재료로 가공(압연)한 철강 제품이다.

005 연강은 철골, 철근, 리벳, 관, 판재, 건축, 교량, 조선, 보일러 등에 사용된다. 스프링은 경강을 사용한다.

006 철강의 분류

종류	탄소 함유량(%)	용융점(℃)	비중
순철(연철)	0.25 이하	1,538	7.876
강	0.025~2.11	1,450 이상	7.871~7.830
주철(선철)	2.11~6.67	1,100~1,250	백주철 : 7.6, 회주철 : 7.1~7.3

007 탄소강은 강도(인장강도, 항복강도 등)는 탄소의 양이 증가함에 따라 상승하여 약 0.85%에서 최대가 되고, 그 이상이 되면 다시 내려가며, 이 사이의 신장률은 점차 작아진다.

008~009 강(鋼)에 함유된 탄소량이 증가함에 따라 비중, 열팽창계수, 열전도율, 내식성, 인성, 연성(신장률), 용접성 등은 감소하고 강도, 경도, 비열, 전기저항, 항장력 등은 증가한다.

010 ① 강은 탄소의 함유량이 많을수록 강도가 커진다.
② 신율은 탄소량이 증가할수록 비례해서 감소한다.
③ 경도는 탄소량 0.85%까지는 탄소량에 비례하고, 그 이상에서는 감소한다.

011 ① 연성파괴 : 금속이 하중을 받아서 충분한 소성변형을 일으킨 후에 파단하면 결정이 미끄럼변형의 영향을 받아서 가늘고 길게 늘어나며 파면이 미세한 회색이 되는 파괴를 말한다.

③ 청열취성 : 탄소강 중의 인(P)이 Fe과 결합하여 인화철(Fe₃P)을 만들어 연신율을 감소시키고 충격치가 낮아지는 청열취성의 원인이 된다. 이때 강의 표면이 청색의 산화막으로 푸르게 보인다.

④ 저온취성 : 금속재료의 강도와 경도는 온도가 저하됨에 따라 서서히 증가하지만, 어느 온도 이하에서 급격하게 취약하여 파괴되기 쉽게 되는 일이 있는데, 이 취화현상을 말한다.

012 강의 열처리에서 뜨임질은 경도를 감소시키고 내부응력을 제거하여 연성과 인성을 크게 하기 위해 실시한다. 담금질은 물 또는 기름 속에서 급히 식히는 것으로 강도와 경도가 증가하고, 저탄소강은 담금질이 어렵고, 담금질의 온도가 높아진다. 또한, 탄소함유량이 많을수록 담금질의 효과가 크다.

013 강재의 역학적 특성은 한국산업규격(KS)에서 규정하는 시험편 제작 및 시험방법에 따라 실시된 직접인장시험 결과, 즉 인장응력-변형도 관계를 근거로 결정된다.

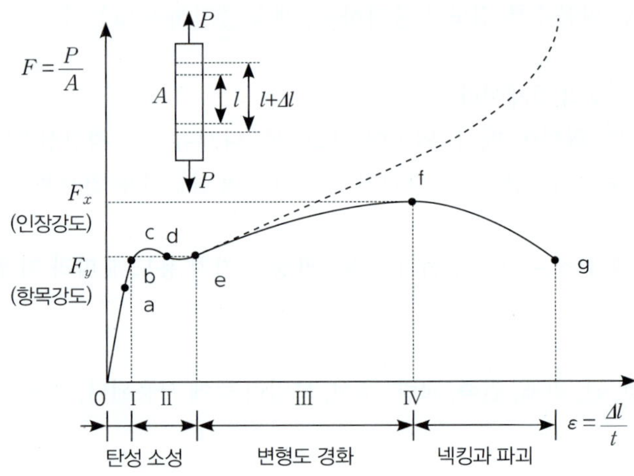

a점	비례한도로서, 응력과 변형도가 선형관계를 유지하는 한계점이다.
b점	탄성한도로서, 하중을 제거하면 원점으로 회복되는 탄성을 갖는 한계점이다.
c점	• 상위항복점으로서, 모든 강재에서 나타나는 특성은 아니다. • 문제에 제시된 그림에서 B점은 상위항복점이다.
d점	하위항복점으로서, 응력의 증가 없이 변형도가 크게 증가되는 지점이다.
e점	변형경화시점으로서, 항복이후 응력이 다시 증가되기 시작하는 지점이다.
f점	인장강도점으로서 시험편이 받을 수 있는 최대응력이다.
g점	파괴점으로서, 시험편이 파단되는 지점이다.
I 구간	탄성영역으로 하중을 제거하면 원점으로 돌아오는 구간이다.
II 구간	소성영역으로 하중을 제거하여도 원점으로 돌아오지 않고 잔류 변형이 발생되는 구간이다.
III 구간	변형 경화영역으로 소성영역 이후 변형도가 증가하면서 응력이 다시 증가되는 구간이다.
IV 구간	변형연화(넥킹과 파괴)영역으로 변형도가 증가됨에 따라 응력이 감소되는 구간이다.

014 탄성한도에서 하위항복점까지의 영역을 소성영역으로 하중을 제거하여도 원점으로 돌아오지 않고 잔류 변형이 발생되는 구간이다.

015 ③ 알루미늄(2.35×10^{-5}/℃)의 열팽창계수는 철(1.2×10^{-5}/℃)에 비해서 2배 정도 크다.

⑦ 알루미늄은 산이나 알칼리 및 해수에 약하므로(침식되기 쉬우므로) 콘크리트 및 해수에 접하거나 흙속에 매립될 경우에는 사용을 금하거나, 특히 주의하여 사용하여야 한다.

⑪ 반사율이 높아 태양열의 차단효과가 있다.

⑭ 내식도료로 징크로메이트 도료(크롬산 아연을 안료로 하고, 알키드 수지를 전색제로 한 것으로 녹막이 효과가 좋고, 알루미늄판이나 아연철관의 초벌용으로 가장 적합한 도료)를 사용하고, 광명단은 철재의 녹막이 도료로 사용한다.

⑰ 반사율이 크므로 열 차단재로 쓰인다.

⑳ 알칼리나 해수에는 부식이 쉽게 일어나나, 대기 중에서는 표면에 산화막이 생기면 내부를 보호하는 역할(내식성)을 하므로 침식되지 않는다.

㉒ 알루미늄은 산이나 알칼리 및 해수에 약하므로 침식되기 쉽다.

㉖ Al-Cu계 합금은 담금질과 시효(aging)에 의하여 강도가 증가하며, 내열성과 강도, 연신률, 절삭성 등이 좋으나, 내식성이 저하하고 고온 여림이 크며, 주물의 수축에 의한 균열 등의 결점이 있다.

㉗ 열·전기전도성이 크고 반사율이 높다.

㉘ 알루미늄은 산이나 알칼리 및 해수에 약하므로 침식되기 쉽다.

㉞ 알루미늄(2.35×10^{-5}/℃)의 열팽창계수는 콘크리트(1×10^{-5}/℃)에 비해서 2배 정도 크다.

㊱ 가공성이 좋아서 복잡한 형상의 제작이 용이하다.

㊲ 내화성이 작다.

㊳ 알루미늄은 산이나 알칼리 및 해수에 약하므로 침식되기 쉽다.

016 알루미늄은 새시, 창문, 문, 조작재료(손잡이, 논슬립 등), 내외장재료(블라인드, 루버, 창격자 등), 설비재료(배관, 라지에이터, 조명기구, 싱크대, 상하수관 등), 열절연재료, 가구재료 등으로 사용한다.

② 콘크리트에 면하는 마감재는 알칼리에 약해서 콘크리트와 알루미늄의 접촉은 부식을 촉진시키므로 사용하지 않는다.

⑧ 콘크리트 매설철물용 : 알루미늄은 산, 알칼리나 염에 약해서 금속 또는 콘크리트 등에 접하는 경우에는 방식 처리를 하여야 하므로 사용하지 않는다.

017 ③ 암모니아 등의 알칼리성 용액에는 잘 침식되고, 진한 황산 등에는 잘 용해된다.

⑤ 맑은 물에는 침식되지 않으나 해수(염수)에는 잘 침식되며, 부식률은 0.05mm/년이다.

018 • 황동(놋쇠) : 구리에 아연을 10~45% 정도 가하여 만든 합금으로 색깔은 주로 아연의 양에 따라 좌우되고, 구리보다 단단하며, 주조가 잘 된다. 또한 가공하기 쉽고, 내식성이 크며, 외관이 아름다워 창호 철물로 사용한다.

• 청동 : 구리(Cu)와 주석(Sn)을 주체로 한 합금으로, 주조성이 우수하고 내식성이 크다. 표면에 특유의 아름다운 청록색을 가지고 있어 건축 장식철물 또는 미술공예 재료에 사용되며, 또한 강도, 경도가 커서 기계 또는 건축용 철물로도 이용되는 비철금속이다.

• 구리의 합금

구분	황동(놋쇠)	청동	포금	두랄루민
합금	구리 + 아연	구리 + 주석	구리 + 주석 + 납 + 아연	알루미늄 + 구리 + 마그네슘 + 망간

019 청동은 구리와 주석의 합금으로, 황동보다 내식성이 크고 주조하기 쉬우며, 표면은 특유의 아름다운 청록색으로 되어 있어 건축 장식 철물, 미술 공예 재료로 사용한다.

020 증류수에 용해가 되고, 인체에 유독하며, 경수 및 천연수에서도 납은 불활성의 탄산염 피막이 생겨 그 이상은 용해되지 않으므로 수도관에는 사용할 수 있다.

021 연은 산이나 기타 약액에 대한 저항성이 크나, 알칼리에는 침식되므로 콘크리트에 직접 매설하여야 하는 경우에는 적당히 표면을 피복할 필요가 있다.

022 ① 납 : 납은 금속 중에서 비교적 비중(11.4)이 크고, 연한 금속이다. 주조 가공성과 단조성이 우수하며, 열전도율이 작으나 온도의 변화에 따른 신축이 크다. 공기 중에서는 그 표면에 탄산납의 피막이 생겨서 내부가 보호되고, 내산성은 크나, 알칼리에는 침식된다. 용도로는 송수관, 가스관, X선실 안벽 붙임(방사선실의 방사선 차폐용)에 사용한다.

② 알루미늄 : 알루미늄은 원광석인 보크사이트로부터 알루미나를 만들고, 이것을 다시 전기 분해하여 만든 은백색의 금속으로 전기나 열전도율이 크고, 전성과 연성이 크며, 가공하기 쉽고, 가벼운 정도에 비하여 강도가 크며, 공기 중에서 표면에 산화막이 생기면 내부를 보호하는 역할을 하므로 내식성이 크다. 특히, 가공성(압연, 인발 등)이 우수하다. 반면 산, 알칼리나 염에 약하므로 이질 금속 또는 콘크리트 등에 접하는 경우에는 방식처리를 하여야 한다. 용도로는 지붕이기, 실내 장식, 가구, 창호 및 커튼의 레일 등에 사용한다.

③ 동 : 구리는 원광석(휘동광, 황동광 등)을 용광로나 전로에서 거친 구리물(조동)로 만들고, 이것을 전기 분해하여 구리로 정련하며, 특성은 다음과 같다.

㉮ 연성과 전성이 커서 선재나 판재로 만들기가 쉽다.

㉯ 열이나 전기 전도율이 크고, 건조한 공기에서는 산화하지 않는다.

㉰ 습기를 받으면 이산화탄소의 작용으로 인하여 부식하여 녹청색을 띠나, 내부까지는 부식하지 않는다.

㉱ 암모니아 등의 알칼리성 용액에는 잘 침식되고, 진한 황산에는 잘 용해된다.

㉲ 용도로는 지붕이기(건축용으로 박판으로 제작), 홈통, 철사, 못, 철망 등의 제조에 사용된다.

④ 주철 : 강보다 용융점이 낮아서 복잡한 형태의 것이라도 주조하기 쉬우나 압연과 단조성이 없는 것이 단점이다. 주철은 92~96%의 철을 함유하고 있으며, 나머지는 크롬, 규소, 망간, 유황, 인 등으로 이들을 주철의 5원소라고 한다.

023 ③ 아연은 인장강도나 연신율이 낮기 때문에 열간가공으로 결정을 미세화하여 가공성을 높일 수 있다.

⑦ 아연은 물이나 탄산가스가 있으면 표면에 염기성 탄산아연의 피막을 만들어 부식이 내부로 진행하는 것을 막기 때문에 철판에 아연 도금을 한 것, 즉 함석을 만들어 사용한다.

024 ① 알루미늄($0.53cal/cmsec℃ = 221.9W/mK$)

② 크롬($0.038cal/cmsec℃ = 16W/mK$)

③ 니켈($0.22cal/cmsec℃ = 92.11W/mK$)

④ 구리($0.923cal/cmsec℃ = 386.44W/mK$)

이를 순서대로 나열하면, "구리 〉 알루미늄 〉 니켈 〉 크롬"의 순이다.

025 연(납)은 공기 중에서는 표면에 탄산염의 박층이 생겨 이로 인한 내식성이 증가되고, 산이나 기타 약액에 대한 저항성이 크지만 알칼리에는 침식된다. 동(구리), 알루미늄, 강관 등은 내산성이 매우 약하다.

026 비철금속(철강 이외의 금속재료)은 역학적 성질에 있어서 철강보다 떨어지기 때문에 구조용으로 사용되는 일은 적다. 그 종류로는 내식성, 전성, 연성, 열전도성, 전기전도성, 경량성 등의 특징을 갖고 있는 동(구리), 알루미늄, 아연, 주석, 납(연), 티탄 등이 있다.

④ 철강과 탄소강은 철금속에 속한다.

027 ③ 알루미늄은 상온에서 판, 선으로 압연가공하면 경도와 인장강도가 증가하고 연신율이 감소한다.

⑦ 연은 산이나 기타 약액에 대한 저항성이 크나, 알칼리에는 침식되므로 콘크리트에 직접매설 하여야 하는 경우에는 적당히 표면을 피복할 필요가 있다.

⑮ 알루미늄은 융점이 낮기 때문에 용해주조도는 좋으나 내화성이 부족하다.

⑯ 황동은 동과 아연 또는 기타의 원소를 가하여 합금한 것으로, 청동과 비교하여 주조성이 좋지 않다.

⑰ 니켈은 아황산가스가 있는 공기에서는 심하게 부식되지만 수중이나 기중에서는 색이 변한다.

⑳ 황동은 동과 아연의 합금으로 산, 알칼리 및 암모니아에는 침식되기 쉬우므로 사용에 특히 주의하여야 한다.

028 ① 스테인리스강은 탄소량이 적을수록 내식성이 커진다.

⑥ 먼지가 잘 끼지 않고 표면이 더러워지면 청소가 쉽다.

⑫ 전기저항이 크고 열전도율이 작다.

029 스테인리스강(stainless steel)은 크롬·니켈 등을 함유하여 탄소량이 적고 내식성, 내열성이 뛰어나며 건축 재료로 다방면에 사용되는 특수강이다. 즉, 철강제품 중에서 내식성, 내마모성이 우수하고 강도가 높으며, 장식적으로도 광택이 미려한 Cr-Ni 합금의 비자성강(鋼)이다.

030~031 강재의 열처리법

구분	불림(소준)	풀림(소순)	담금질(소입)	뜨임(소려)
가열 온도	800~1,000℃			200~600℃
냉각 장소	공기 중	노속	찬물, 기름 중	공기 중
냉각 속도	서랭		급랭	서랭
특성	결정의 미세화, 변형 제거, 조직의 균일화	결정의 미세화와 연화	강도와 경도의 증가, 담금이 어렵고, 담금질 온도의 상승	변형 제거, 강인한 강 제조

• 불림(소준, Normalizing) : 강을 800~1000˚C로 가열하여 그 온도에서 수십분 간 보존한 후 대기 중에서 서서히 냉각하는 열처리로 조직을 개선하고 결정을 미세화하기 위해 실시하는 열처리법이다.

• 풀림(소순, Annealing) : 불림에서와 같이 높은 온도로 가열된 강을 노 속에서 천천히 냉각시키는 열처리 방법으로 강의 결정이 미세화되는 동시에 연화되기도 한다.

• 담금질(소입, Quenching) : 고온으로 가열하여 소정의 시간동안 유지한 후에 냉수, 온수 또는 기름에 담가 냉각하는 처리로 강도 및 경도, 내마모성의 증진을 목적으로 실시하는 강의 열처리법이다.

• 뜨임(소려, Tempering) : 불림하거나 담금질한 강을 다시 변태점 이하의 적당한 온도(200~600℃)에서 가열한 후 공기 중에서 냉각하는 처리를 말하며, 경도를 감소시키고 내부응력을 제거하며 연성과 인성을 크게 하기 위해 실시하는 열처리법이다.

032 ① 메탈라스 : 얇은 강판에 마름모꼴의 구멍을 연속적으로 뚫어 그물처럼 만든 것으로 천장, 벽 등의 미장 바탕에 쓰이는 금속제품이다. 즉, 금속성형 가공제품 중 천장, 벽 등의 모르타르 바름 바탕용으로 사용되는 금속제품이다.

② 메탈 폼 : 강철, 금속재의 콘크리트용 거푸집으로서, 특히, 치장 콘크리트에 많이 사용된다.

③ 루프 드레인 : 평지붕의 빗물이 빠지는 구멍에 대는 주철제의 뚜껑식으로 된 거르개 철물이다.

④ 조이너 : 텍스, 보드, 금속판, 합성수지판 등의 줄눈에 대어 붙이는 것으로서 아연 도금 철판제, 알루미늄제, 황동제 및 플라스틱제가 있다.

033 미장공사에서 코너비드는 벽, 기둥 등의 모서리를 보호하기 위하여 미장바름질을 할 때 붙이는 보호용 철물이다.

034 익스팬션 볼트(expansion bolt, 스크류 앵커와 동일한 원리이다.) 설치, 스크류 앵커(screw anchor, 삽입된 연질 금속 플러그에 나사못을 끼운 것) 설치, 드라이브 핀(drive pin, 화약의 폭발에 의해 콘크리트·금속판 등에 쓰이는 특수못) 설치 등은 인서트와 같은 역할을 한다.

④ 개스킷(gasket)은 기계기구, 압력용기, 관플랜지 등의 고정결합면에 끼워 볼트 또는 기타의 방법으로 조여서 내부 유체(물, 가스 등)의 누출을 막는 작용을 하는 고무제품이다.

035 ② 드라이브 핀(drive pin) : 콘크리트나 강재 등의 드라이비트 타격총(drivit)이라는 일종의 못박기총(극소량의 화약을 사용하여 콘크리트, 철재 등에 드라이브 핀을 순간적으로 처박는 기계)을 사용하여 처박는 특수못이다.

③ 익스팬션 볼트(expansion bolt) : 콘크리트 표면 등에 띠장, 문틀 등의 다른 부재를 고정하기 위하여 묻어두는 특수형의 볼트로서 콘크리트 면에 뚫린 구멍에 볼트를 틀어 박으면 그 끝이 벌어지게 되어 있어 구멍의 안쪽면에 고정되도록 만든 것이다.

④ 스크류 앵커(screw anchor) : 8mm의 작은 타공으로 표면 손상을 최소화하고 너트, 와셔 해체 없이 드릴 작업 즉시 볼트 시공이 가능하므로 시공 시간을 크게 단축시킨다.

036 펀칭메탈은 두께 1.2mm 이하의 박강판을 여러 가지 무늬 모양으로 구멍을 뚫어 실내의 라디에이터 커버, 환기구멍 등에 사용되는 금속 제품이다. 천장 달대를 고정시키는 철물은 인서트이다.

037~038 창호용 철물

플로어 힌지 (floor hinge)	• 창호철물 중 무거운 자재여닫이 문을 저절로 닫히게 하는 철물이다. • 금속제 용수철과 완충유와의 조합작용으로 열린문이 자동으로 닫히게 하는 것으로 바닥에 설치되며, 일반적으로 무게가 큰 중량창호에 사용되는 창호 철물이다.
피벗 힌지	플로어 힌지를 사용할 때 문의 위촉의 돌대로 사용하는 철물을 말하며, 주로 양여닫이 문에 사용한다.
래버터리 힌지	• 스프링 힌지의 일종으로 공중용 변소, 전화실 출입문 등에 사용한다. • 저절로 닫히나 15cm 정도는 열려 있어 표시기가 없어도 비어 있는 것을 알 수 있고, 사용 시 내부에서 꼭 닫아 잠그게 되어 있다.
지도리(pivot)	장부가 구멍에 들어 끼어 돌게 된 철물이다.
걸쇠(latch)	문이 열리지 않게 돌리거나 꽂아서 거는 창호용 철물이다.
경첩(정첩)	문틀에 여닫이 창호를 달 때 한쪽은 문틀에, 다른 한쪽은 문짝에 고정하고 여닫는 지도리(축)가 되는 철물이다.
크레센트	• 초승달 모양으로 된 것으로 오르내리창의 윗막이대 윗면에 대어 다른 창의 밑막이에 걸리게 하는 걸쇠이다. • 즉, 오르내리창의 잠금 장치이다.
도어 체인	문을 함부로 열지 못하도록 문에 달아 놓은 쇠사슬이다.
도어 스톱	여닫이문이나 장치를 고정하는 철물로서 문을 열어 제자리에 머물러 있게 한다.
도어 체크 (도어 클로우저)	열려진 여닫이문이 저절로 닫히게 하는 장치이다.

④ 인서트(Insert)는 천장에 달대를 고정시키기 위하여 사전에 매설하는 철물 또는 콘크리트 타설 후 달대를 매달기 위하여 사전에 매설시키는 부품이다.

⑦ 익스팬션 볼트(expansion bolt)는 콘크리트 표면 등에 띠장, 문틀 등의 다른 부재를 고정하기 위하여 묻어두는 특수형의 볼트로서 콘크리트 면에 뚫린 구멍에 볼트를 틀어 박으면 그 끝이 벌어지게 되어 있어 구멍의 안쪽면에 고정되도록 만든 것이다.

⑧ 안장쇠는 띠쇠(띠모양으로 된 이음 철물)를 구부려서 안장형으로 만든 것으로 큰 보와 작은 보의 맞춤에 사용하고, T자형의 부분을 조이는 데 사용한다.

⑫ 레일은 창호에 쓰이는 철물로 창호의 테나 틀에 있어서 수평을 이룬다.

039~040 알루미늄은 맑은 물에는 거의 침식되지 않으나 염산에 침식되기 쉬우며, 또한, 가성소다나 가성칼리 및 수은염 등에도 쉽게 침식된다. 즉, 산과 알칼리에 약하고, 사용 수명이 길다.

041 ① 강은 탄소함유량의 증가함에 따라 비중, 열팽창계수, 열전도율, 내식성, 인성, 연성(신장률), 용접성 등은 감소하고, 강도, 경도, 비열, 전기저항, 항장력 등은 증가된다.

② 불림(소준, Normalizing)은 강을 800~1,000°C로 가열하여 그 온도에서 수십분 간 보존한 후 대기 중에서 서서히 냉각하는 열처리로, 조직을 개선하고 결정을 미세화하기 위해 실시하는 열처리법이다. 또한, 담금질은 강을 가열한 후 물 또는 기름 속에서 급히 식히는 것을 말한다.

④ 강의 강도는 250℃에서 최대가 되며, 600℃에서는 0℃ 강도의 1/3 정도가 된다.

042~043 금속의 부식원인(대기, 물, 흙속, 전기작용에 의한 부식) 중 서로 다른 금속이 접촉하고, 그곳에 수분이 있으면 전기분해가 일어나 이온화경향이 큰 쪽이 음극이 되어 전기부식작용을 받는다는 것이다. 이온화경향이 큰 것부터 나열하면 "Mg 〉 Al 〉 Cr 〉 Mn 〉 Zn 〉 Fe 〉 Ni 〉 Sn 〉 H 〉 Cu 〉 Hg 〉 Ag 〉 Pt 〉 Au"의 순이다.

044 ④ 압연법은 약 1,000~1,200℃로 가열한 강을 서로 반대로 회전하는 롤러 사이에 여러 번 통과시켜 정해진 치수로 눌러 늘이는 방법으로 형강, 강판, 봉강 등에 사용되는 방법이다.

① 인발법 : 못, 철사 등과 같이 지름이 5mm 이하의 철선은 어느 정도의 굵기까지는 열간가공으로 가늘게 만든 다음, 상온에서 다이스라는 형틀을 통하여 뽑아 내어 가공한다.

② 단조법 : 금속을 고온으로 가열하여 연화된 상태에서 힘을 가하여 변형, 가공하는 작업이다.

③ 주조법 : 용융된 주철을 주형에 주입, 냉각시켜 소요의 형상을 만드는 방법이다.

045 ② 큰 변형(가공 중에 생긴)을 준 것은 가능한 풀림, 뜨임을 하여 사용한다.

⑤ 큰 변형을 준 것은 풀림(소순, Annealing), 뜨임(소려, Tempering)을 하여 사용해야 한다.

⑧ 일반적으로 산에는 부식되나 알칼리에는 부식되지 않는다. (예 콘크리트속의 철근)

⑨ 가능한 한 두 종의 서로 다른 금속은 틈이 생기도록 하여 사용한다. 즉, 서로 잇대어(인접)사용하지 않는다.

⑬ 토양 속에서의 강재부식은 전기전도도가 높을수록, pH 값이 낮을수록 빠르다.

번호	정답
001	①× ②× ③× ④○ ⑤× ⑥○ ⑦× ⑧○ ⑨○ ⑩○ ⑪○ ⑫○ ⑬○
002	①× ②× ③○ ④× ⑤○ ⑥× ⑦○ ⑧○ ⑨○
003	①× ②○ ③○ ④○
004	①○ ②× ③× ④×
005	①× ②× ③× ④○
006	①○ ②× ③× ④×
007	①× ②× ③○ ④×
008	①× ②× ③× ④○
009	①× ②× ③○ ④×
010	①○ ②○ ③○ ④×
011	①○ ②○ ③○ ④×
012	①○ ②○ ③× ④○
013	①× ②× ③○ ④×
014	①○ ②○ ③× ④○ ⑤× ⑥○ ⑦○ ⑧○ ⑨× ⑩○ ⑪○ ⑫○ ⑬× ⑭× ⑮×
015	①× ②× ③○ ④×
016	①× ②○ ③○ ④○
017	①○ ②○ ③○ ④×
018	①○ ②○ ③○ ④○
019	①× ②× ③× ④○
020	①○ ②× ③× ④×
021	①× ②× ③× ④○
022	①○ ②× ③○ ④○ ⑤○ ⑥× ⑦○ ⑧× ⑨× ⑩×
023	①× ②○ ③× ④× ⑤○ ⑥× ⑦○ ⑧○ ⑨○ ⑩○ ⑪× ⑫○ ⑬× ⑭○ ⑮○
024	①× ②○ ③○ ④○ ⑤× ⑥○ ⑦○ ⑧○ ⑨○ ⑩○ ⑪× ⑫○ ⑬○ ⑭○ ⑮× ⑯○ ⑰○ ⑱× ⑲○
025	①× ②○ ③○ ④○
026	①○ ②× ③○ ④○
027	①× ②○ ③× ④×
028	①○ ②○ ③○ ④×
029	①○ ②× ③× ④×
030	①○ ②× ③○ ④○

001~002 미장 재료의 구분

- 수경성 : 수화 작용에 충분한 물만 있으면 공기 중에서나 수중에서 굳어지는 성질의 재료로 시멘트계와 석고계 플라스터 등이 있다.
- 기경성 : 충분한 물이 있더라도 공기 중에서만 경화하고, 수중에서는 굳어지지 않는 성질의 재료로 석회계 플라스터와 흙반죽, 섬유벽 등이 있다.

구분	분류		고결재
수경성	시멘트계	시멘트 모르타르, 인조석, 테라초 현장바름	포틀랜드 시멘트
	석고계 플라스터	혼합 석고, 보드용, 크림용 석고 플라스터, 킨스 시멘트	$CaSO_4 \cdot \frac{1}{2}H_2O,\ CaSO_4$
기경성	석회계 플라스터	회반죽, 돌로마이트 플라스터, 회사벽	돌로마이트, 소석회
	흙반죽, 섬유벽		점토, 합성 수지 풀
특수 재료	합성 수지 플라스터, 마그네시아 시멘트		합성 수지, 마그네시아

003 수경성(수화 작용에 충분한 물만 있으면 공기 중에서나 수중에서 굳어지는 성질)의 미장 재료는 물을 공급하여 양생하고, 습기가 있는 장소에서 시공이 유리하며, 경화 시 직사일광 건조를 피해야 한다. ①의 적절한 통풍을 필요로 하는 경우는 기경성의 미장재료 시공시 유의하여야 할 사항이다.

004 시멘트는 수경성(수화 작용에 충분한 물만 있으면 공기 중에서나 수중에서 굳어지는 성질)의 미장 재료로서 수중에서는 항상 수화작용을 일으켜서 강도가 증대되므로 물을 사용하는 부위에 적합한 미장재료이다. 특히, 소석회와 돌로마이트 플라스터는 기경성이고, 석고 플라스터는 수경성이나 습기나 물에 접촉되면 다시 수화작용을 일으켜 약해지는 성질이 있으므로 물을 사용하는 곳에 사용이 부적합하다.

005 회반죽은 기경성의 재료이므로 공기 중의 이산화탄소(탄산가스)와 화합하여 경화한다.

006~007 돌로마이트 플라스터는 기경성(충분한 물이 있더라도 공기 중에서만 경화하고, 수중에서는 굳어지지 않는 성질)의 미장 재료이므로 공기 중의 이산화탄소(탄산가스)와 화합하여 경화한다.

008 석고 플라스터는 소석고 또는 경석고를 주원료로 한 미장재료로서, 응결시간 범위도 40~80분(크림용 석고 플라스터) 정도로 경화속도가 매우 빠르다.

009 경석고 플라스터(킨즈 시멘트)는 무수축성(수축을 수반하지 않음)의 재료이므로 건조 시 균열이 가장 작다.

010 결합재는 고결재의 결점인 수축균열과 점성, 보수성의 부족을 보완 또는 응결경화시간을 조절을 목적으로 사용하는 재료로, 그 종류로는 여물(삼여물, 짚여물, 종이여물, 철여물, 종려 털여물), 풀, 수염 등이 있다.
④ 강섬유는 세라믹계 신재료 중 시멘트의 재료로서 세장할수록 섬유보강 콘크리트의 강도나 강인성에 주는 효과가 크다.

011 시멘트 모르타르 바름의 작업성이나 부착력 향상을 위해 첨가하는 혼화재에는 메틸셀룰로스(CMC), 합성수지에멀션, 고무계 라텍스 등이 있다. 에폭시 수지는 접착성이 매우 우수하고, 경화할 때 휘발물의 발생이 없으므로 용적의 감소가 극히 적으며, 금속(알루미늄과 같은 경금속의 접착), 유리, 플라스틱, 도자기, 목재, 고무 등에 우수한 접착성을 나타낸다. 주형재료, 접착제, 도료 등에 사용된다.

012 미장바름에 쓰이는 착색제에 요구되는 성질은 물에 녹지 않아야 하고, 내알칼리성이어야 하며, 미장재료에 나쁜 영향을 주지 않는 것이어야 한다. 또한, 입자가 가늘고(미분말) 부드러워야 하며, 충분한 강도와 산화, 변색이 없어야 한다는 점 등이 있다.

013 미장공사에서 바탕이란 미장마감층을 구조체에 결합하는 부분(바름층과의 접착력 향상)으로, 미장 마감을 장기·단기적으로 안전하게 지지하여 결합(마감의 균열, 박리 등)을 방지하고, 단열성, 차음성을 확보한다.

014 ③ 킨즈 시멘트는 경석고($CaSO_4$) 플라스터를 말한다.
⑤ 응결시간이 짧고(40~80분 정도), 건조수축이 작다.
⑨ 해초풀을 섞어 사용하는 것은 회반죽이다. 석고 플라스터는 혼화재(돌로마이트 플라스터, 점토 등), 접착제(풀 등), 응결시간조절제(아교질재 등) 등을 혼합한 플라스터이다.
⑬ 초기에 경화반응이 빠르다.
⑭ 석고 플라스터는 수경성이므로 물과 화합 반응하여 경화한다.
⑮ 경화와 함께 팽창하기 때문에, 균열의 발생이 작다.

015 ① 혼합 석고 플라스터 : 석고 플라스터 중에서 가장 많이 사용되는 것으로, 소석고에 적절한 작업성을 주기 위하여 소석회, 돌로마이트 플라스터, 응결지연제(아교질 재료)를 공장에서 미리 섞어 만든 것으로 현장에서 물, 필요한 경우에는 모래, 여물을 섞어서 사용할 수 있다.

② 보드용 석고 플라스터 : 혼합 석고 플라스터보다 소석고의 함유량을 많게 하여 접착성 강도를 크게 한 제품으로서 주로 석고 보드 바탕의 초벌 바름용 재료이다.

③ 킨즈 시멘트(경석고 플라스터) :
㉮ 고온소성의 무수석고를 특별히 화학처리한 것으로 경화 후 아주 단단하며, 킨스시멘트라고 불리우는 것이다.
㉯ 석고계 플라스터 중 가장 경질이며 벽 바름 재료뿐만 아니라 바닥 바름 재료로도 사용되는 것이다.
㉰ 경석고를 말하는 것으로서 응결, 경화가 소석고에 비하여 극히 늦기 때문에 명반, 붕사 등의 경화 촉진제를 섞어서 만든 것으로 경화한 것은 강도가 크고, 표면의 경도가 커서 광택이 있으며, 촉진제가 사용되므로 보통 산성을 나타내어 금속 재료를 부식시킨다.

④ 돌로마이트 플라스터 : 소석회보다 점성이 커서 풀이 필요 없고 변색, 냄새, 곰팡이가 없으며, 돌로마이트석회, 모래, 여물, 때로는 시멘트를 혼합하여 만든 바름 재료로서 마감 표면의 경도가 회반죽보다 크다. 그러나 건조, 경화 시에 수축률이 가장 커서 균열이 집중적으로 크게 생기므로 여물을 사용하는데, 요즘에는 무수축성의 석고 플라스터를 혼입하여 사용한다.

016 ① 소석회[Ca(OH)$_2$] : 생석회(CaO)에 물을 첨가(slaking, 이 조작을 소화)하면 소석회가 되며, 미장용 회반죽에 이 소석회가 사용된다.

② 생석회 : 석회암(CaCO$_3$)을 900~1200˚C 정도로 가열 소성하여 얻어지는 것이다.

③ 무수석고(CaSO$_4$) : 결정수가 없고, 석고보다 더 단단한 황산염 광물, 알갱이나 덩어리 모양으로 흔히 천연 석고와 함께 생산된다.

④ 마그네시아(돌로마이트) 석회 : 백운석(돌로마이트)을 약 1,000℃로 소성해 CaO·MgO를 만들고, 여기에 물을 가하면 돌로마이트 석회[Ca(OH)$_2$·Mg(OH)$_2$]가 된다.

017 흙벽 바름은 진흙(점토분), 모래, 짚여물 등을 물반죽하여 외바탕, 산자바탕 등에 바르는 재래식 공법이다. 새벽흙은 새벽(부드러운 점토질의 흙에 모래를 섞어 반죽하여 바른 벽)질을 하는데 사용하는 황갈색의 고운 흙 또는 고운 진흙에 잔모래가 섞인 빛깔이 누런 흙이다.

018~019 회반죽은 소석회에 모래, 해초풀, 여물 등을 혼합하여 바르는 미장재료로서 목조바탕, 콘크리트블록 및 벽돌바탕 등에 사용되는 미장재료이다.

020 회반죽은 기경성(공기 중의 이산화탄소와 반응하여 경화하는 성질)의 재료로 소석회, 풀, 여물(균열 및 박리 방지), 모래(초벌, 재벌 바름에만 섞고, 정벌 바름에는 사용하지 않음) 등을 혼합하여 바르는 미장 재료로서 건조, 경화할 때의 수축률이 크기 때문에 삼여물로 균열을 분산, 미세화하는 것이다.

021 회반죽 바름 시 사용하는 해초풀은 채취 후 1~2년 경과된 것이 좋은 이유는 염분제거가 쉽기 때문이다.

022 ② 회반죽은 다른 미장재료에 비해 건조시일이 길다.
⑥ 해초풀을 넣는 것은 도벽 재료에 점성을 주어 흙손질의 작업성을 좋게 하고, 점성을 주어 고착시키기 위한 것이다.
⑧ 돌로마이트 플라스터에 비해 조기강도 및 최종강도가 작다.
⑨ 모래는 바름 두께가 두꺼울수록 많이 넣어야 하며, 특히 정벌용에는 넣지 않는다.

⑩ 소석회에 종석, 모래, 해초풀 등을 혼합하여 바르는 미장재료로서 내수성이 작다.

023 ① 소석회에 비해 점성이 높고(크고), 작업성이 좋다.
③ 회반죽에 비해 조기강도 및 최종강도가 크다.
④ 공기 중의 이산화탄소와 반응하여 경화하는 기경성 재료이다.
⑥ 소석회에 비해 점성이 높으며, 알칼리성이므로 유성페인트 마감을 할 수 없다.
⑪ 회반죽에 비하여 최종강도는 크고, 착색이 쉽다.
⑬ 기경성 미장재료에 해당된다.

024 ① 회반죽바름은 기경성 재료(수화 작용에 충분한 물만 있으면 공기 중에서나 수중에서 굳어지는 성질)이며 소석회에 물과 풀을 넣고 여물을 섞어 바른다.
⑤ 회반죽은 기경성 재료(수화 작용에 충분한 물만 있으면 공기 중에서나 수중에서 굳어지는 성질)이다.
⑪ 보드용 플라스터는 약산성이며 석고라스 보드에 적합하다.
⑮ 소석고 플라스터(크림용(순석고), 혼합석고, 보드용석고)는 수경성(수화 작용에 충분한 물만 있으면 공기 중에서나 수중에서 굳어지는 성질)의 재료로서 물과 화합하여 경화한다.
⑱ 돌로마이트 플라스터는 소석회에 비해 점성이 높고 작업성이 좋기 때문에 풀을 필요로 하지 않는다.

025 석고보드는 방부성·방화성이 크고, 수축률(팽창, 수축의 변형)이 적으며, 열전도율이 작고, 난연성이다. 또한 가공이 쉽고, 유성페인트로 마감할 수 있으며, 단열성이 높다.

026 목조바탕의 띠장간격은 450mm 이내로 하고, 기둥 및 샛기둥에 따넣고, 못치기로 한다. 보드붙임은 보드 받음재 위에서 하고, 주위는 100mm 이내로, 기타 받음재마다 간격 150mm 이내로 보드용 평머리못을 쳐서 고정시킨다.

027 ① 라프코트(rough coat) : 시멘트, 모래, 잔자갈, 안료 등을 섞어 이긴 것을 뿌려 붙이거나 바르는 미장재료이다. 일종의 인조석 바름으로 거친 바름, 거친면 마무리라고도 한다.
③ 리신바름(lithin coat) : 일종의 인조석바름으로 돌로마이트에 화강석 부스러기, 색모래, 안료 등을 섞어 정벌바름하고 충분히 굳지 않은 때에 표면에 거친솔, 얼레빗 등으로 긁어 거친면으로 마무리하는 것이다.
④ 테라조바름 : 대리석, 화강석 등을 종석으로 하여 시멘트와 혼합하여 시공하고 경화 후 가공 연마하여 미려한 광택을 갖도록 마감한 것이다.

028 콘크리트 바닥강화재(hardner)는 콘크리트 바닥의 강도와 내구성, 내마모성, 내화학성, 분진 방지성 증진 등을 목적으로 하는 바닥재이다.

029 ② 플라스틱 보드 : 고분자 물질인 합성 수지를 이용하여 만든 판으로 합성 수지의 종류에 따라 특성이 다르다.
③ 섬유판(Fiber board) : 식물성 재료(조각낸 목재 톱밥, 대팻밥, 볏짚, 보릿짚, 펄프 찌꺼기, 종이 등)를 원료로 하여 펄프로 만든 다음 접착제, 방부제 등을 첨가하여 제판한 것이다.
④ 파티클 보드 : 목재 또는 기타 식물질을 절삭 또는 파쇄하고 소편으로 하여 충분히 건조시킨 후 합성 수지 접착제와 같은 유기질의 접착제를 첨가하여 열압제판한 보드로써 상판, 칸막이벽, 가구 등에 사용되는 목재 제품이다.

030 섬유벽 바름은 무기질계 재료 바름보다 균열이 적고, 방음과 단열성이 크며, 현장 작업이 용이하나, 내구성이 약하다.

001	① ×	② ○	③ ×	④ ×	⑤ ○	⑥ ○	⑦ ○	⑧ ○	⑨ ×								
002	① ○	② ×	③ ○	④ ○													
003	① ×	② ×	③ ×	④ ○	⑤ ○	⑥ ×	⑦ ○	⑧ ○	⑨ ×	⑩ ×	⑪ ○	⑫ ○	⑬ ○	⑭ ○	⑮ ×	⑯ ○	⑰ ○
	⑱ ○	⑲ ○	⑳ ×	㉑ ○	㉒ ○	㉓ ×											
004	① ○	② ×	③ ○	④ ○	⑤ ○	⑥ ×	⑦ ○	⑧ ○	⑨ ×	⑩ ×							
005	① ×	② ×	③ ×	④ ○	⑤ ○	⑥ ×	⑦ ○	⑧ ○	⑨ ○	⑩ ○							
006	① ○	② ×	③ ○	④ ○													
007	① ○	② ×	③ ○	④ ○	⑤ ○	⑥ ○	⑦ ○	⑧ ×									
008	① ×	② ×	③ ×	④ ○													
009	① ○	② ○	③ ○	④ ×	⑤ ○	⑥ ○	⑦ ○	⑧ ×									
010	① ○	② ×	③ ×	④ ×													
011	① ○	② ×	③ ×	④ ×													
012	① ×	② ×	③ ×	④ ○													
013	① ○	② ○	③ ×	④ ○													
014	① ○	② ○	③ ○	④ ×													
015	① ×	② ○	③ ×	④ ×	⑤ ○	⑥ ○	⑦ ×	⑧ ○	⑨ ○	⑩ ○	⑪ ×	⑫ ○	⑬ ×	⑭ ○	⑮ ○	⑯ ○	
016	① ○	② ○	③ ○	④ ×	⑤ ○	⑥ ○	⑦ ×	⑧ ○	⑨ ○	⑩ ○							

001 ① 내열, 내화성이 약하여 열가소성 수지는 60~80℃에서 연화되고, 열경화성 수지는 130~200℃에서 연화된다.

③ 마모가 크나 탄력성이 크므로 바닥재료로 사용이 용이하다.

④ 경량이며 강도가 크고 변형이 크기 때문에 구조재료로 불리하다.

⑨ 강성이 적고, 탄성계수가 강재보다 작다(강재의 $\frac{1}{20} \sim \frac{1}{30}$ 정도).

002 내열, 내화성이 약하여 열가소성 수지는 60~80℃에서 연화되고, 열경화성 수지는 130~200℃에서 연화된다. 또한, 실리콘 수지의 경우에는 -80℃~250℃의 범위에서 온도에 안정된다.

003 ① 산이나 알칼리, 염류 등에 대한 저항성이 강재보다 강하다.

② 전기저항성이 양호하여 절연재료로 사용할 수 있다.

③ 폴리초산비닐 등 일부를 제외하고 내수성 및 내투습성은 극히 양호하다.

⑥ 강성이 적고, 온도변화에 대하여 변형이 크다.　　⑨ 투명성이 필요한 용도에는 사용할 수 있다.

⑩ 플라스틱의 강도는 목재와 비슷하고, 인장강도가 압축강도보다 매우 작다.

⑮ 내열성 및 내후성이 약하다.　　⑳ 경도 및 내마모성이 약하다.

㉓ 내마모성 및 표면강도가 약하다.

004~005 합성 수지를 분류하면, 열경화성 수지(고형체로 된 후에 열을 가해도 연화되지 않는 수지)와 열가소성 수지(고형상의 것에 열을 가하면, 연화 또는 용융되어 가소성과 점성이 생기고 이를 냉각하면 다시 고형상으로 되는 수지)로 구분한다.

구분	종류
열경화성 수지	페놀(베이클라이트) 수지, 요소 수지, 멜라민 수지, 폴리에스테르 수지(알키드 수지, 불포화 폴리에스테르 수지), 실리콘 수지, 에폭시 수지, 폴리우레탄 수지 등
열가소성 수지	염화비닐 수지, 초산비닐 수지, 폴리에틸렌 수지, 폴리프로필렌 수지, 폴리스티렌 수지, ABS 수지, 아크릴산 수지, 메타 아크릴산 수지, 폴리아미드 수지, 폴리카보네이드 수지, 아세트산비닐 수지 등
섬유소계 수지	셀룰로이드, 아세트산 섬유소 수지

006 멜라민 수지는 요소 수지와 유사한 성질을 가지며, 그 성능이 보다 향상된 것으로 무색 투명하고 착색이 자유로우며, 빨리 굳고, 내수성·내약품성·내용제성이 뛰어난 것 외에 내열성도 우수(120℃~150℃)하며, 기계적 강도, 전기적 성질 및 내노화성도 우수하다.

007 에폭시 수지는 접착성이 매우 우수(희석제, 용제를 사용)하고, 경화할 때 휘발물의 발생이 없으므로 용적의 감소가 극히 적으며, 금속, 유리, 플라스틱, 도자기, 목재, 고무 등에 우수한 접착성을 나타낸다. 특히, 알루미늄과 같은 경금속의 접착에 가장 좋다. 내약품성, 내화학성, 내용제성이 뛰어나고, 산·알칼리에 강하다. 자연 경화 또는 저온 소부 시에는 경화 시간이 길어서 최고 강도를 나타내기에는 1주일 이상이 필요하다.
② 에폭시 수지는 경화할 때 휘발물의 발생이 없고, 따라서 용적의 감소가 극히 적다. 즉, 경화 수축률이 작다.
⑧ 내약품성이 양호하므로 알칼리 성분에 강하다.

008 ④ 메타크릴 수지는 투명도가 매우 높은 것으로 항공기의 방풍유리에 사용되며, 내후성이 뛰어나고 착색이 자유로우며 유기 유리라고 불린다.
① 페놀 수지 : 원료의 배합비, 촉매의 종류, 제조 조건에 따라 다르고, 또한 성형 재료, 도료, 접착제 등과 같은 제품의 종류에 따라 다르나 일반적으로 경화된 수지는 매우 굳고, 전기 절연성이 뛰어나며, 내후성도 양호하다. 페놀 수지는 내열성이 양호한 편이나 200℃ 이상에서 그대로 두면 탄화, 분해되어 사용할 수 없게 된다. 실용상의 사용 온도는 유기질 충전제(종이, 천, 펄프 등)를 혼합하였을 때에는 105℃까지, 무기질 충전제를 혼합하였을 때에는 125℃ 이하이다.
② 네오플렌 수지 : 내유성, 특히 탄화수소계에 대한 저항성을 고려한 석유 제품의 취급에 관계되는 호스, 튜브, 패킹에 쓰인다.
③ ABS 수지 : 충격성, 치수 안정성, 경도 등의 모든 점에서 우수하다.

009 ④ 포화 폴리에스테르 수지(알키드 수지)는 열경화성 수지이다.
⑧ 불포화 폴리에스테르 수지는 열경화성 수지이다.

010 각종 합성 수지의 특성

폴리에스테르(알키드) 수지	• 유리섬유로 보강하여 항공기, 차량 등의 구조재뿐만 아니라 욕조, 창호재 등으로 이용되는 합성 수지이다. • 프탈산과 글리세린의 순수 수지를 각종 지방산, 유지, 천연 수지로 변성한 포화폴리에스테르 수지로써 내후성, 밀착성, 가소성이 좋고, 내수·내알칼리성이 부족하나, 페인트, 바니시, 래커 등의 도료로 이용되는 합성 수지이다.
불포화 폴리에스테르 수지	유리섬유로 보강하여 FRP(Fiber Reinforced Plastics)를 만드는 데 이용되는 수지이다.
에폭시 수지	금속과의 접착성이 크고 내약품성과 내열성이 우수하여 금속 도료 및 접착제, 콘크리트 균열 보수제 등으로 사용되는 열경화성 수지이다.
실리콘 수지	• 내열성·내한성이 우수한 열경화성 수지로 −60~260℃ 의 범위에서는 안정하고 탄성을 가지며 내후성 및 내화학성이 우수한 수지이다. • 내열성이 매우 우수하며 물을 튀기는 발수성을 가지고 있어서 방수재료는 물론 개스킷, 패킹, 전기 절연재, 기타 성형품의 원료로 이용되는 합성 수지이다.
폴리스티렌 수지	• 보통 "스치로풀"이란 상품명으로 불리는 발포제품을 만드는 합성 수지이다. • 발포제로서 보드상으로 성형하여 단열재로 널리 사용되며 건축벽 타일, 천장재, 전기용품, 냉장고 내부상자 등에 쓰이는 열가소성 수지이다.
폴리에틸렌 수지	열가소성 수지로서 두께가 얇은 시트를 만들어 건축용 방수재료로 이용되며, 내화학성의 파이프로도 쓰이지만, 도료로서의 사용은 곤란한 합성 수지이다.

염화비닐 수지	• 열을 받으면 연화하고 내수성, 내약품성, 전기절연성이 우수하여 급·배수용 파이프, 타일 등으로 널리 이용되는 열가소성 수지이다. • 합성 수지 중 PVC라 불리우며 사용온도는 −10~60℃이고 판재, 타일, 파이프, 도료 등으로 사용되는 합성 수지이다.
아크릴 수지	투명도가 높아 유기유리라고도 불리우며 착색이 자유롭고 내충격강도가 크며 채광판, 도어판, 칸막이벽 제조에 적합한 합성 수지이다.

011 ② 염화비닐판 : 합성 수지판류 중 색이나 투명도가 자유로우나 화재 시 Cl_2 가스 발생이 큰 판이다.

③ 멜라민 치장판 : 두꺼운 종이에 페놀 수지를 침투시켜 부착시킨 바탕에 종이 등(색종이, 나무 무늬 등)을 붙이고 멜라민 수지를 침투시킨 종이를 붙여, 140℃에서 10MPa(100kg/cm²)로 가압하여 성형한 판으로 내약품성, 내마모성, 내열성 등이 있어 내장재 또는 가구재로 사용된다.

④ 아크릴 평판 : 입상의 아크릴 원료를 열압하여 성형한 얇은 판으로 무색과 착색의 반투명이 있고, 투광률이 90% 이상이며, 유리대용으로 사용된다(유리보다 가볍고, 깨지지 않음).

012 고강도 콘크리트 건축물의 폭렬현상(화재 시 급격한 고온에 의해 내부 수중기압이 발생하고, 이 수중기압이 콘크리트의 인장강도보다 크게 되면 콘크리트 부재 표면이 심한 폭음과 함께 박리 및 탈락하는 현상) 방지 대책으로 콘크리트에 혼입하여 사용하는 섬유는 폴리프로필렌섬유이다. 강섬유, 탄소섬유 및 아라미드섬유는 콘크리트의 보강에 사용되는 섬유이다.

013 유리섬유의 혼입율은 5~10% 정도이고, 유리섬유를 보강근(GFRP)으로 사용하는 경우에는 75% 이상으로 한다.

014 염화비닐 수지는 비중 1.4, 휨 강도 1,000kgf/cm², 인장 강도 600kgf/cm², 사용 온도 −10~60℃로서 전기 절연성, 내약품성이 양호하다. 경질성이지만, 가소제의 혼합에 따라 유연한 고무 형태의 제품을 만들 수 있다. 도료, 필름, 바닥용 타일. 시트, 판재, 파이프 등의 성형품을 만들 수 있다.

④ 유리 대용품으로는 아크릴 수지를 사용한다.

015 ① 요소 수지는 아미노계에 속하는 열경화성 수지로, 내수성이 약하고 착색이 자유롭다.

③ 불포화폴리에스테르 수지는 건축용으로는 글라스섬유로 강화된 평판 또는 판상제품으로 주로 사용되고 있다.

④ 멜라민 수지는 내열성 · 내한성이 우수한 열경화성 수지로, 탄성을 가지며 내화학성이 아주 우수하다.

⑦ 실리콘 수지는 금속 규소와 염소에서 염화 규소를 만들고, 여기에 그리냐르 시약을 가하여 단량체에 해당하는 클로로실란을 만들어 액체, 고무, 수지를 얻을 수 있다. 특성은 내후성, 내약품성, 내화학성, 내열성과 내한성이 우수하고, 온도에 안정되며(−80~250℃), 전기 절연성과 내수성이 좋다. 기름, 고무 및 수지로 사용하고, 접착제와 도료, 발수성 방수 도료로도 사용한다.

⑪ 실리콘 수지는 극도의 혐수성으로서, 발수성(물을 튀기는 성질)이 있고, 내열성이 우수하며, 온도에 안정되며(−80~250℃), 전기 절연성과 내수성이 좋다. 폴리스티렌(스티롤) 수지는 기포성 제품으로 가공하여 보온재나 쿠션재로 사용된다.

⑬ 아크릴 수지는 투명도가 높고(85~90%), 열팽창성이 높아(철이나 콘크리트 등의 7~8배 정도) 채광판으로 쓰이나 내충격강도는 높다(무기 유리의 8~10배).

016 ④ 염화비닐 수지로는 도료, 필름, 바닥용 타일. 시트, 판재, 파이프 등의 성형품을 만들 수 있다. 내수합판 접착제로는 페놀, 멜라민, 요소 수지를 사용한다.

⑦ 폴리에스테르 수지 중 포화폴리에스테르 수지는 도료(래커, 바니시, 페인트 등)로 사용하고, 불포화폴리에스테르 수지는 항공기, 선박, 차량재, 구조재(천장루버, 칸막이벽 등), 접착제, 도료, 성형품의 충진제 등에 사용한다. 타일용은 염화비닐 수지를 사용한다.

8단원 도료 및 접착제

001	① ○ ② × ③ × ④ ×							002	① × ② × ③ ○ ④ ×			
003	① × ② × ③ × ④ ○							004	① ○ ② × ③ × ④ × ⑤ × ⑥ ○ ⑦ × ⑧ ×			
005	① ○ ② ○ ③ ○ ④ ×											
006	① × ② ○ ③ ○ ④ ○ ⑤ ○ ⑥ × ⑦ ○ ⑧ × ⑨ ○ ⑩ ○ ⑪ ○ ⑫ ×											
007	① ○ ② × ③ ○ ④ ○							008	① ○ ② ○ ③ × ④ ○			
009	① ○ ② ○ ③ × ④ ○							010	① ○ ② × ③ ○ ④ ○			
011	① ○ ② ○ ③ ○ ④ ×							012	① ○ ② ○ ③ ○ ④ ×			
013	① ○ ② ○ ③ ○ ④ ×							014	① ○ ② × ③ ○ ④ ○			
015	① ○ ② ○ ③ × ④ ○							016	① ○ ② ○ ③ ○ ④ ×			
017	① ○ ② ○ ③ ○ ④ ×							018	① ○ ② ○ ③ ○ ④ ×			
019	① × ② × ③ ○ ④ ×							020	① × ② ○ ③ × ④ ×			
021	① ○ ② ○ ③ ○ ④ ×							022	① ○ ② × ③ ○ ④ ○			
023	① ○ ② ○ ③ × ④ ○											

001 ② 전색제 : 도막을 형성시켜 주는 유지, 수지 및 섬유소 등이 있다. 또는 도료가 액체 상태로 있을 때 안료를 분산, 현탁시키고 있는 매질의 부분이다.

③ AE제 : 혼화제로서 독립된 작은 기포(직경 0.025~0.05mm)를 콘크리트 속에 균일하게 분포시키기 위하여 사용하는 것으로 작업성, 동결융해 작용에 대하여 저항(내구)성을 주기 위하여 사용한다.

④ 용제 : 유동성과 전성을 주어 작업성을 편리하게 하는 것 또는 수지, 유지 및 도료를 용해하여 적당한 도료 상태로 조정하는 것이다.

002 ① 백화 : 도막이 건조 도중 또는 건조 직후에 뿌옇게 되는 현상으로, 건조가 늦는 리타드(Retard) 신나를 20~30% 정도 섞어 사용하면 현저하게 상태가 좋아진다.

② 변색 : 도료의 상태에서 초기의 색이 다른 색으로 변해버리는 현상으로, 수지의 산가 조절과 안료의 선별 사용에 유의하여야 한다.

④ 번짐 : 하도의 착색 안료가 상도 도료의 유기용제에 의해 용해되어 상도 도막 위로 용출하여 상도의 색이 다른 색으로 보이는 현상으로, 규정의 하도를 사용하고, 피도면의 소지를 청결하게 조정한다.

003 ① 유성페인트 : 건조성 지방유 등 유량을 늘리면 광택과 내구성이 증대되나, 건조 시간이 길다. 또한, 용제를 늘리면 건조가 빠르고 귀얄질이 잘 되나 옥외 도장 시 내구력이 떨어진다.

② 수성페인트 : 소석고, 안료, 접착제(카세인)를 혼합한 것으로 사용할 때 물에 녹여 이용하며, 광택이 없고, 마감면의 마멸이 크므로 내장 마감용으로 사용한다. 또한 속건성이어서 작업 시간을 단축할 수 있고, 내수·내후성이 좋아서 햇빛과 빗물에 강하다. 특히, 내알칼리성이어서 콘크리트 면에 밀착이 우수하다.

③ 에나멜 래커(enamel lacquer) : 유성 에나멜 페인트에 비하여 도막은 얇으나 견고하고, 기계적 성질도 우수하며, 닦으면 광택이 난다. 에나멜 래커는 불투명 도료이다.

004 합성 수지 도료(페놀수지, 알키드수지, 비닐수지, 폴리에스테르수지, 비닐계수지, 에폭시수지, 합성수지 에멀션페인드 등)는 합성 수지를 주체로 하여 만든 도료로서 건조 시간이 빠르고 도막이 단단하며, 도막은 인화할 염려가 없어서 더욱 방화성이 있다. 내산, 내알칼리성이 있어 콘크리트나 플라스터 면에 바를 수 있고, 투명한 합성 수지를 사용하면 더욱 선명한 색을 낼 수 있다.

005 바니시는 천연 수지·합성 수지 또는 역청질 등을 건섬유와 같이 반응시켜 건조제를 넣고 용제에 녹인 도료로서 천연 수지가 들어 있어 건조가 빠르고, 광택, 작업성, 접착성 등은 좋으나 내약품성이 나쁘다. 주로 옥내 목부 바탕의 투명 마감 도료로 사용된다.

006 방청 도료는 철재의 표면에 녹이 스는 것을 막고, 철재와의 부착성을 높이기 위해 사용하는 도료로서, 방청 초벌은 금속면에 접착이 잘 되고, 물·공기가 통하지 않으며, 굳은 도막을 만들어 정벌에 적합한 바탕을 이루고, 화학적인 방청력이 있어야 한다. 방청 도료에는 연단(광명단) 도료, 함연 방청 도료, 징크로메이트 도료, 에칭프라이머, 방청 산화철 도료, 규산염 도료, 알루미늄 도료, 역청질 도료, 크롬산 아연, 워시 프라이머 등이 쓰인다.
① 인광 도료는 발광 도료의 일종이다.
⑥ 오일서페이서는 유성 바탕용 도료이다.
⑧ 오일스테인은 목질 바탕(목재의 표면, 마룻 바닥 등)에 무늬가 드러나 보이도록 하기 위해 칠하는 유성 착색제로서, 유용성 염료를 유기용제에 용해하거나 기름 바니시를 혼합하여 만들며, 침투율이 크고 퇴색이 적은 특성이 있다.
⑫ 캐슈 수지 도료는 원료는 캐슈 열매의 액을 주원료로 하여 여기에 석탄산, 멜라민, 요소, 알키드 등과 알데히드로 공축합하여 제조한다. 성분은 칠과 유사하며 외관과 성능도 비슷하다. 탄성 또는 밀착성은 칠보다 떨어진다.

007 드라이비트용 도료는 도료 경화 후 무광택 래커나 폴리우레탄 래커 등으로 마감코팅이 필요하지 않다.

008 유성페인트는 목재, 석고판류의 도장에 무난하여 널리 사용되나, 알칼리에는 약하므로 콘크리트, 모르타르, 플라스터 면에는 별도의 처리 없이 바를 수 없다.

009 에폭시 도장은 내충격성·내오염성이 있고, 소지에 대한 접착력이 우수하며, 미관이 우수하고 색상의 선택과 도막 두께의 조정이 자유롭다. 반면 내후성(자외선)이 약해 외부의 적용이 제한적인 단점이 있다.

010 유성 바니시는 유용성 수지를 건성유에 가열 용해하여 이것을 휘발성 용제로 희석한 것으로, 무색 또는 담갈색의 투명 도료로서 일반적으로 목재부 도장에 사용한다. 일반적으로 유성페인트보다 내후성이 작아서 옥외에는 별로 사용하지 않는다.

011 시너(Thinner)는 희석제로서 도료의 점도를 저하시킴과 동시에 증발속도를 조절하는 데 사용한다. 도막형성재는 도포한 후 도막으로 남는 성분이다.

012 광명단은 철강재에 사용하는 방청 도료로서 보일드유에 녹인 유성페인트의 일종으로, 보일드유 대신 전색제를 사용하기도 한다. 광명단 등의 알칼리성 안료는 기름과 잘 반응하여 단단한 도막을 만들어 수분의 투과를 방지하나 안료 자체에는 큰 방청력이 없다.

013 수성페인트는 소석고, 안료, 접착제(카세인)를 혼합한 것으로 사용할 때 물에 녹여 이용하며, 광택이 없고, 마감면의 마멸이 크므로 내장 마감용으로 사용한다. 또한 속건성이어서 작업 시간을 단축할 수 있고, 내수·내후성이 좋아서 햇빛과 빗물에 강하다. 특히, 내알칼리성이므로 콘크리트 면에 밀착이 우수하다.

014 건축용 접착제에 기본적으로 요구되는 성능에는 ①·③·④ 이외에도 접합면을 잘 적실 수 있으며 유동성이 있을 것, 내수성·내알칼리성·내산성·내열성·내후성이 있을 것. 취급이 용이하고 독성이 없으며 값이 저렴할 것 등이 있다.

015~016 단백질계의 접착제 중 동물성 단백질계는 카세인, 아교, 알부민 등이 있고, 식물성 단백질계는 콩교, 밀단백질 등이 있다.
① 전분(녹말) : 많은 수의 포도당 단위체들이 글리코사이드 결합으로 연결된 중합체 탄수화물로서, 따뜻한 물에 대부분의 녹말을 혼합시키면 밀반죽과 같은 풀이 생성되어 증점안정제, 경화제, 접착제로 사용할 수 있다.
② 아교 : 수피(짐승의 가죽)를 삶아서 그 용액을 말린 반투명, 황갈색의 딱딱한 물질로서 합판, 목재의 창호, 가

구 등에 사용되는 접착제이다.

④ 카세인 : 지방질을 빼낸 우유를 자연 산화시키거나 황산, 염산 등을 가하여 카세인을 분리한 다음 물로 씻어 55℃정도의 온도로 건조시킨 것으로 알코올, 물, 에테르에 녹지 않고, 알칼리에는 잘 녹으며 목재, 리놀륨 접착, 수성페인트의 원료로 사용된다.

③ 멜라민 수지 : 주로 목재(합판)에 사용되는 합성수지 접착제이다.

017 합성 수지계 접착제의 종류에는 요소, 페놀, 레졸, 멜라민, 에폭시, 폴리우레탄, 푸란, 규산, 아세트산 비닐 수지 접착제, 니트릴고무, 네오프렌 접착제 등이 있다.

④ 카세인은 지방질을 뺀 우유로부터 젖산법, 산응고법 등에 의해 응고 단백질을 만든 건조 분말로 내수성 및 접착력이 양호한 동물질 접착제 또는 지방질을 뺀 우유를 자연 산화시키거나, 황산, 염산 등을 가하여 카세인을 분리한 다음 물로 씻어 55℃ 정도의 온도로 건조시킨 것으로 물, 알코올, 에테르에는 녹지 않고 알칼리에는 잘 녹는다. 산, 젖산을 넣으면 양질이 되고, 황산은 응결 시간을 단축시킨다. 목재, 리놀륨의 접착, 수성페인트의 원료가 된다.

018 에폭시 수지 접착제

- 접착제 중 모든 면에서 가장 우수한 것으로 금속, 플라스틱, 콘크리트 등의 접착제로 쓰인다.
- 금속, 유리, 플라스틱, 목재, 도자기, 고무 등의 접착에 우수한 성질을 나타내며, 특히 알루미늄과 같은 경금속 접착에 사용되는 접착제이다.
- 경화제를 필요로 하는 접착제로서 그 양의 다소에 따라 접착력이 좌우되며 내산, 내알칼리, 내수성이 뛰어나고 금속 접착에 특히 좋은 접착제이다.
- 기본 점성이 크고 내수성, 내약품성, 전기절연성이 우수하며 금속, 플라스틱, 도자기, 유리, 콘크리트 등의 접합에 사용되는 접착제이다.
- 에폭시 수지 접착제는 알칼리 성분에 강하다.

019 실리콘 수지는 금속 규소와 염소에서 염화 규소를 만들고, 여기에 그리냐르 시약을 가하여 단량체에 해당하는 클로로실란을 만들어 액체, 고무, 수지를 얻을 수 있다. 내후성, 내화학성, 내열성과 내한성이 우수하고, 온도에 안정($-80{\sim}250℃$)되며, 전기 절연성와 내수성이 좋다. 용도로는 기름, 고무 및 수지로 사용하고, 접착제와 도료, 발수성 방수 도료로 사용한다.

020 ① 천연고무 : 열대산 고무나무의 수액인 라텍스로부터 응고시켜 얻은 것으로서 천연고부에 벤졸이나 석유 에테르 등을 넣어 용해시켜 접착제로 사용한다. 가죽, 천, 목재, 종이 등의 접착에 사용되나 내수성이 작다.

③ 네오프렌 : 내수성, 내화학성, 내노화성이 우수한 접착제로서 고무, 금속, 콘크리트, 유리, 가죽 등의 접착제로 사용하며, 석유계 용제에 녹지 않는다.

④ 아교 : 수피(짐승의 가죽)를 삶아서 그 용액을 말린 반투명, 황갈색의 딱딱한 물질로서, 합판, 목재, 창호, 가구 등의 접착제로 사용하나 내수성이 작아 잘 사용하지 않고 있다.

021 접착제를 사용할 때의 주의사항에는 ①·②·③ 이외에도 피착제의 종류에 의해 적당한 프라이머를 사용하지 않으면 접착력이 나오지 않거나 현저하게 저하하는 점 등이 있다.

④ 접착처리 후 일정한 시간 내에는 현저한 저온은 피하고, 될 수 있는대로 가능한 한 압축을 가하는 것이 좋다.

022 멜라민 수지 접착제는 내수성이 우수하여 내수 합판용으로 사용되나, 금속, 고무, 유리 등에 사용하지 못한다.

023 콘크리트제품은 알칼리성을 띠며 이것은 석회석(CaO) 때문이고, 수산화칼슘($CaO + H_2O \rightarrow Ca(OH)_2$)은 석회석과 물이 화합하여 풍화현상을 일으키는 원인이 된다.

9단원 석재

001	①○ ②○ ③○ ④× ⑤× ⑥○ ⑦○ ⑧○ ⑨× ⑩○ ⑪○ ⑫○ ⑬○ ⑭○ ⑮○ ⑯× ⑰○ ⑱× ⑲○ ⑳○ ㉑× ㉒○ ㉓× ㉔○ ㉕○ ㉖○
002	①○ ②○ ③○ ④×
003	①○ ②× ③○ ④○
004	①○ ②○ ③○ ④×
005	①○ ②○ ③○ ④× ⑤○ ⑥× ⑦×
006	①× ②× ③○ ④×
007	①○ ②× ③× ④×
008	①○ ②○ ③○ ④×
009	①× ②× ③× ④○
010	①○ ②× ③× ④×
011	①× ②× ③○ ④×
012	①× ②○ ③× ④×
013	①× ②× ③× ④○
014	①○ ②× ③○ ④○
015	①○ ②○ ③○ ④×
016	①× ②× ③× ④○
017	①○ ②× ③× ④×
018	①× ②○ ③○ ④○ ⑤× ⑥○
019	①○ ②× ③○ ④○
020	①○ ②× ③× ④× ⑤×
021	①○ ②○ ③○ ④× ⑤○ ⑥○ ⑦○ ⑧×
022	①○ ②○ ③× ④○
023	①× ②○ ③○ ④○
024	①○ ②○ ③○ ④× ⑤× ⑥× ⑦×
025	①○ ②× ③× ④×
026	①○ ②○ ③○ ④× ⑤× ⑥○ ⑦○ ⑧○ ⑨○ ⑩× ⑪○ ⑫○ ⑬× ⑭× ⑮× ⑯○
027	①× ②× ③○ ④×
028	①× ②× ③× ④○
029	①× ②× ③○ ④×
030	①○ ②○ ③× ④○ ⑤○ ⑥○ ⑦○ ⑧× ⑨○ ⑩○ ⑪× ⑫○ ⑬○ ⑭× ⑮○
031	①○ ②× ③× ④×
032	①○ ②○ ③○ ④× ⑤○ ⑥○ ⑦○ ⑧× ⑨○ ⑩× ⑪○
033	①○ ②○ ③× ④○
034	①○ ②○ ③○ ④×
035	①× ②× ③○ ④×

001 ④ 화강암은 강도와 내구성이 모두 우수한 재료이나, 조암(함유)광물의 열팽창계수가 다르므로 내화성이 약하다.
⑤ 대리석은 석회석이 변화되어 결정화한 것으로 내화성이 낮고 경질이다.
⑨ 석재는 압축강도가 우수하나, 인장강도는 압축강도의 1/10~1/40 정도로 작고, 내구성 및 내화학성이 크다.
⑯ 가공성이 좋지 않으며 장대재를 얻기 난이(어렵다)하다.
⑱ 장대재를 얻기 어렵다.
㉑ 인장강도는 압축강도의 1/10~1/40 정도로 작고, 장대재(長大材)를 얻기 어렵다.
㉓ 석재의 강도는 비중이 클수록 커지나, 흡수율이 높을수록 작아진다.

002 화강암은 외관이 미려하며 조암(함유)광물의 열팽창계수가 다르므로 내화성이 약하다.

003 석재는 비중이 크고 가공성이 좋지 않다.

004 트래버틴과 대리석은 변성암, 화강석은 화성암에 속한다.
④ 테라죠는 대리석의 쇄석을 종석으로 하여 시멘트를 사용, 콘크리트판의 한쪽 면에 타설한 후 가공 연마하여 대리석과 같이 미려한 광택을 갖도록 마감한 것 또는 인조석의 종석을 대리석의 쇄석으로 사용하여 대리석 계통

의 색조가 나도록 표면을 물갈기한 것을 말한다. 원료는 종석(대리석의 쇄석), 백색 시멘트, 강모래, 안료, 물 등이다.

005 화성암의 종류에는 심성암(화강암, 섬록암, 반려암 등)과 화산암(부석)[안산암(휘석, 각섬, 운모, 석영 등), 석영, 조면암, 현무암 등] 등이 있다.
사암은 퇴적(수성)암의 쇄설성 퇴적암, 석회석은 퇴적(수성)암의 유기적 퇴적암, 사문암은 변성암의 화성암계이다.

006 ① 석리 : 석재 표면의 구성 조직으로 석재의 외관과 성질에 관계가 깊다. 종류로는 현정질(결정이 화강암과 같이 눈에 보이는 것), 미정질(안산암과 같이 볼수 없는 것), 유리질(현무암과 같이 결정을 이루지 않은 것) 등이 있다.
② 입상 조직(현정질 조직) : 육안으로 석재의 파편을 보았을 때, 광물 입자들이 하나하나 구별되어 보이는 조직으로 화강암에서 볼 수 있다.
④ 선상 조직 : 용착부에 생기는 특이한 파단면의 조직 또는 아주 미세한 주상 결정이 서릿발 모양으로 나란히 있고, 그 사이에 현미경으로 볼 수 있는 비금속 불순물이나 기공이 있다. 이 조직을 나타내는 파단면을 선상 파단면이라고 한다.
※ 절리 : 암석 중에 특유의 천연적으로 갈라진 금으로 모든 암석에 있으나 화성암에 특유하게 나타난다. 또한, 절리를 따라서 채석을 하게 되고, 암장이 냉각할 때 수축으로 인하여 발생한다.

007 석재의 가공 순서는 "혹두기(메다듬, 쇠메 망치, 마름돌의 거친 면의 돌출부를 쇠메 등으로 쳐서 면을 보기 좋게 다듬는 것) → 정다듬(정, 혹두기의 면을 정으로 곱게 쪼아 표면에 미세하고 조밀한 흔적을 내어 평탄하고 거친 면으로 만드는 것) → 도드락 다듬(도드락 망치, 거친 정다듬한 면을 도드락 망치로 더욱 평탄하게 다듬는 것) → 잔다듬(양날 망치, 도드락 다듬한 면을 양날 망치로 평행 방향으로 정밀하게 곱게 쪼아 표면을 더욱 평탄하게 만드는 것) → 물갈기(와이어 톱, 다이아몬드 톱, 글라인더 톱, 원반 톱, 플레이너, 글라인더로 잔다듬한 면에 금강사를 뿌려 철판, 숫돌 등으로 물을 뿌려 간 다음, 산화 주석을 헝겊에 묻혀서 잘 문질러 광택을 낸 것)" 순이다.

008 석재를 대상으로 실시하는 시험의 종류에는 비중 시험, 흡수율 시험, 공극률 시험, 강도 시험(압축, 휨 등), 마모 시험 등이 있다. 인장강도 시험은 금속재를 대상으로 실시하는 시험이다.

009~010 석재의 흡수율

구분	화강암	황화석	안산암	응회암	사암	대리석	사문석	점판암
흡수율(%)	0.33~0.5	26.2	1.83~3.2	13.5~18.2	13.2	0.09~0.12	0.37	0.24

011 ①의 대리석은 100년, ②의 석회석은 40년, ③의 화강석은 200년, ④의 사립사암은 15~100년 정도이다.

012 ① 비중은 화강암(2.62~2.69), 응회암(2.0~2.4), 사암(2.5)이므로 화강암의 비중이 가장 크다.
③ 흡수율은 화강암(0.33~0.5), 응회암(13.5~18.2), 사암(13.2)이므로 화강암의 흡수율이 가장 적다.
④ 내화성은 화강암(600℃), 응회암(1,000℃), 사암(1,000℃)이므로 화강암의 내화성이 가장 작다.

013 석재의 내화도

석재명	안산암·응회암·사암·화산암	대리석·석회암·트래버틴	화강암
내화도	1,000℃	600~800℃	800℃

014~015 응회암은 화산재, 화산 모래 등이 퇴적·응고되거나, 물에 의하여 운반되어 암석 분쇄물과 혼합되어 침전된 것으로 대체로 다공질이고, 강도·내구성이 작아 구조재로 적합하지 않으나, 내화성이 있으며, 외관이 좋고 조각하기 쉬우므로 내화재, 장식재로 많이 이용된다.

016 ① 대리석 : 석회암이 변화되어 결정화한 것으로 치밀, 견고하여 색채와 반점이 아름다우며 갈면 광택이 나서 실내 장식재와 조각재로 사용되는 석재이다.

 ② 사문암 :

  ㉮ 감람석이 변질된 것으로 암녹색 바탕에 흑백색의 무늬가 있고, 경질이나 풍화성으로 인하여 실내장식용으로서 대리석 대용으로 사용되는 암석이다.

  ㉯ 감람석 또는 섬록암이 변질된 것으로, 색조는 암녹색 바탕에 흑백색의 아름다운 무늬가 있고, 경질이나 풍화성이 있어 외벽보다는 실내장식용으로 사용되는 석재이다.

 ③ 응회암 : 화산재, 화산 모래 등이 퇴적·응고되거나, 물에 의하여 운반되어 암석 분쇄물과 혼합되어 침전된 것으로 대체로 다공질이고, 강도·내구성이 작아 구조재로 적합하지 않으나, 내화성이 있으며, 외관이 좋고 조각하기 쉬우므로 내화재, 장식재로 많이 이용된다.

017 화성암의 종류에는 심성암(화강암, 섬록암, 반려암 등)과 화산암[안산암(휘석, 각섬, 운모, 석영 등), 석영, 조면암 등] 등이 있다. 석리는 석재 표면의 구성 조직으로 석재의 외관과 성질에 관계가 깊고, 종류로는 현정질(결정이 화강암과 같이 눈에 보이는 것), 미정질(안산암과 같이 볼 수 없는 것), 유리질(현무암과 같이 결정을 이루지 않은 것) 등이 있다.

018 ① 화강암은 내화도가 낮으므로 벽난로 등에 좋지 않다.
 ⑤ 내화도가 낮아 가열 시 균열이 많다.

019 화강석은 외장, 내장, 구조재, 도로포장재, 콘크리트용 골재로 사용된다. 석회석은 도로포장용 자갈에 쓰이며 시멘트, 석회의 주원료로 사용된다.

020 ① 모조석(의석, 캐스트스톤)은 테라조 바름에 사용된 대리석의 쇄석 대신에 종석을 대리석 이외의 암석을 사용한 것이다.

 ② 리신바름(lithin coat) : 돌로마이트에 화강석 부스러기, 색모래, 안료 등을 섞어 정벌 바름하고 충분히 굳지 않은 때에 표면에 거친솔, 얼레빗 같은 것으로 긁어 거친 면으로 마무리한 미장 재료이다.

 ③ 라프코트(rough coat) : 시멘트, 모래, 잔자갈, 안료 등을 섞어 이긴 것을 뿌려 붙이거나 바르는 미장재료이다.

 ④ 테라조 바름(terrazo finish) :

  ㉮ 시멘트콘크리트 제품 중 대리석의 쇄석을 종석으로 하여 대리석과 같이 미려한 광택을 갖도록 마감한 석재 제품이다.

  ㉯ 대리석의 쇄석, 백색시멘트, 안료, 물을 혼합하여 매끈한 면에 타설후 가공 연마하여 대리석과 같은 광택을 내도록한 제품이다.

 ⑤ 석면(asbestos) : 사문암이나 각섬암이 열과 압력을 받아 변질되어 섬유상으로 된 변성암이다.

021 ④ 인조석 정벌바름 후 숫돌로 연마해서 매끈하게 마감하는 방법을 인조석 갈기라고 한다. 인조석 씻어내기는 인조석 바름이 굳어버리기 전에 분무기로 표면의 시멘트 페이스트를 씻어내어 종석을 노출시키는 마무리법이다.

 ⑧ 종석의 크기는 12mm체에 100% 통과하고, 5mm체에는 1/2 정도 통과하는 범위가 알맞다.

022 패블스톤(pebble stone)은 조약돌의 자연스러운 질감 효과를 위한 마감 재료로서 건축물의 내·외장에 사용되며, 질감이 자연석과 동일하고, 시공이 간편하며, 백화현상의 우려가 없다.

023 인조석은 대리석, 화강암, 사문암 등의 아름다운 쇄석(종석)과 백색 시멘트, 안료 등을 혼합하여 물로 반죽한 다음 색조나 성질이 천연 석재와 비슷하게 만든 것을 말한다. 인조석의 원료는 종석(대리석, 화강암 및 사문암의 쇄석), 백색 시멘트, 강모래, 안료, 물 등이다.

024 ④ 샤모트는 소성된 점토를 빻아 만든 것이다.
⑤ 현무암은 입자가 잘거나 치밀하며, 비중이 2.9~3.1 정도이고, 토대석, 석축 등에 사용하나, 근래에는 암면의 원료로 사용한다.
⑥ 감람석은 화상분출의 암장이 급냉, 응고된 석재로 내부에서 기체가 방출되어 유공질이 되며, 비중이 0.7 정도의 경석이다. 내화도가 높고 경량골재와 내화재로 사용된다.
⑦ 진주암은 펄라이트(진주암, 흑요암, 송지석 또는 이에 준하는 석질을 포함한 암석을 분쇄하여 소성, 팽창시켜 제조한 백색의 다공질 경석)의 제조에 사용한다.

025 ② 펄라이트(perlite) :
㉮ 진주석 또는 흑요석 등을 900~1200℃로 소성한 후에 분쇄하여 소생팽창하면 만들어지는 작은 입자에 접착제 및 무기질 섬유를 균등하게 혼합하여 성형한 제품이다.
㉯ 진주석, 흑요석, 송지석 또는 이에 준하는 석질(유리질 화산암)을 포함한 암석을 분쇄하여 소성, 팽창시켜 제조한 백색의 다공질 경석 등을 분쇄하여 가루로 한 것을 가열, 팽창시킨 백색 또는 회백색의 경량 골재로 석재 제품이다.
③ 석면 : 사문암이나 각섬암이 열과 압력을 받아 변질되어 섬유상으로 된 변성암이다.
④ 유리섬유 : 탄소 섬유와 동일한 강도를 가지고, 인성도 크며, 가격이 싼 장점이 있으나, 내알칼리성이 약하고, 단섬유(20~40mm)를 모르타르와 동시에 뿜칠 성형한 유리섬유보강콘크리트는 비교적 얇은 제품의 제조에 적합하며, 복잡한 형상이나 곡면이 많은 건축물의 외장커튼월에 이용된다. 흡음재, 단열재, 보온재, 전기 절연재 등으로 이용된다.

026 ④ 내화성이 낮고 산에 약하므로 산성비에 약하다.
⑤ 산과 열에 약하며 내장용으로 주로 사용된다.
⑩ 대리석은 강도가 높아 표면 광택이 좋고 내산성이 약하고, 내마모성이 크다.
⑬ 점판암은 석질이 치밀하고 판석으로서 지붕 외벽 등에 붙이고 비석, 숫돌로 이용된다.
⑭ 대리석은 석질이 견고하고 실내 장식용으로 쓰인다.
⑮ 부석은 내화도는 높으나 조잡하여 경량골재, 내화재 등에 사용한다.

027 ①의 시멘트 모르타르, ②의 방수 모르타르 및 ④의 석회 모르타르 등은 모두 석회를 함유하고 있으므로 백화현상을 일으킬 수 있으나, ③의 석고 모르타르는 석회 성분이 없어 백화현상을 일으키지 않으므로 대리석 공사에 적합한 모르타르이다.

028 석회암은 석질이 치밀하고 견고하나, 내산성·내화성이 부족하므로(700℃ 정도에서 주성분인 탄산석회가 열분해), 석재로 사용하기에는 부적당하므로, 석회나 시멘트의 원료로 사용된다.

029 화강암은 조암(함유)광물의 조암(함유)광물의 열팽창계수가 다르기 때문에 내화성이 약하다.

030 ③ 부석은 비중이 작아서 물에 쉽게 가라앉지 않는다.

⑧ 응회암은 수성암의 일종으로 내화벽 또는 토목용 석재 등에 쓰인다.

⑪ 화강암은 불연재이나 화기가 닿는 곳에 사용하기에 부적당한 재료이다. 조암(함유)광물의 열팽창계수가 다르기 때문에 내화성이 약하기 때문이다.

⑭ 트래버틴은 대리석의 일종으로 특수한 실내장식에 쓰인다.

031 각종 석재의 용도

종류	대리석	화강석	안산암	점판암
용도	실내 장식용, 조각재, 테라조의 종석	콘크리트용 골재 내·외장재, 구조재	구조용 석재	지붕재, 외벽, 마루, 숫돌, 비석

032 ④ 점판암은 지붕재, 외벽, 마루, 숫돌, 비석에 사용한다. 콘크리트용 골재로는 화강암 등이 사용된다.

⑧ 응회암은 토목용 석재로 사용한다. 구조재로는 화강암 등이 사용된다.

⑪ 점판암은 지붕재, 외벽, 마루, 숫돌, 비석에 사용한다. 구조재로는 화강암 등이 사용된다.

033 백화 현상은 벽에 침투한 빗물에 의해서 모르타르의 석회분이 공기 중의 탄산가스(CO_2)와 결합하여 벽돌이나 조적 벽면을 하얗게 오염시키는 현상 또는 콘크리트나 벽돌을 시공한 후 흰 가루가 돋아나는 현상이다. 방지 대책은 흡수율이 적고 소성이 잘된 벽돌을 사용하거나, 구조적으로 차양, 돌림띠 등의 비막이를 설치하며, 파라핀 도료 등의 뿜칠로서 벽면에 방수처리를 하는 것이다. 근본적으로 차양이나 루버 등으로 빗물을 차단하는 것으로 물과의 화학작용을 일으키지 않도록 한다.

034 석재의 모양이 예각인 경우에는 결손되기 쉬우므로 둔각으로 하여야 하나 풍화방지에 나쁘며, 재질에 따라 적당한 가공을 하도록 한다.

035 GPC(Granite veneer Precast Concrete) 공법은 거푸집에 화강석의 판석을 소요 치수에 맞게 배열한 후, 판석 뒷면에 미리 조립한 철근 및 각종 인서트를 설치하고, 그 위에 콘크리트를 타설하여 화강석 판석과 콘크리트를 일체화 하는 공법이다. 규격화에 의한 대량 생산이 가능하고 동결 및 배화현상 등을 막을 수 있으며, 건식 공법이므로 시공 속도가 빠르다.

① 조적 공법 : 습식 공법으로 석재의 상하 좌우의 맞댐 사이에 꺾쇠, 촉 등으로 안벽과 연결하여 고정시키고 모르타르로 붙여 나가는 공법이다.

② 앵커긴결 공법 : 석재의 붙임에 있어서 모르타르를 사용하지 않고 앵커, 볼트, 연결철물을 사용하여 석재와 구조체를 연결시키는 공법이다.

④ 강재트러스 지지공법 : 미리 조립된 강재 트러스에 여러 장의 석판재를 지상에서 짤 맞춘 후 이를 조립식으로 설치해 나가는 공법이다.

001	① ○	② ×	③ ○	④ ○	⑤ ×	⑥ ○		**002**	① ○	② ○	③ ○	④ ×	
003	① ×	② ×	③ ×	④ ○				**004**	① ○	② ○	③ ○	④ ×	⑤ ○	⑥ ×
005	① ×	② ×	③ ×	④ ○				**006**	① ○	② ×	③ ×	④ ×	
007	① ×	② ×	③ ○	④ ○				**008**	① ○	② ○	③ ○	④ ×	
009	① ×	② ○	③ ×	④ ×	⑤ ○	⑥ ○	⑦ ×	⑧ ○	**010**	① ○	② ○	③ ×	④ ○
011	① ○	② ○	③ ×	④ ○				**012**	① ×	② ○	③ ×	④ ×	
013	① ×	② ×	③ ○	④ ×									

001 단열재의 선정조건은 비중·투기(통기)성·흡수율·열전도율 등이 작고, 내화성이 좋을 것 등이다.

002 전열의 3요소에는 열의 이동에는 복사(어떤 물체에 발생하는 열에너지가 전달 매개체 없이 직접 다른 물체에 도달하는 현상), 대류(따뜻해진 공기가 팽창하여 비중이 가볍게 되어 위쪽으로 올라가고, 차가운 공기는 아래로 내려오는 현상) 및 전도(고체 내부의 고온부에서 저온부로 열을 전하는 현상) 등이 있다.
④ 결로는 습기가 높은 공기를 냉각할 경우 공기 중의 수분의 얼마 이상은 수증기로 존재할 수 없는 한계를 노점 온도라고 하며, 이 공기가 노점 온도 이하의 차가운 벽면에 닿으면 그 벽면에 물방울이 생기는 현상이다.

003 ①은 유리면, ②는 암면, ③은 연질 섬유판에 대한 설명이다.

004 단열재의 종류 중 무기질 단열재료에는 유리면, 암면, 세라믹파이버, 유리섬유, 펄라이트판, 규산칼슘판, 경량기포콘크리트 등이 있고, 유기질 단열재료에는 셀룰로스섬유판, 연질섬유판, 폴리스틸렌폼, 경질우레탄폼 등이 있다.

005 ① 유리면(Glass Wool) : 불규칙적으로 조합된 섬유 사이의 고정공기를 이용한 경량이며, 단열성과 흡음성이 있는 재료로서 암면과 비교하여 내열온도가 낮으며, 열전도율은 저밀도역에서 크게 변화하여 비중 0.03 이하가 되면 급상승하는 경향이 있다. 또한, 일반적으로 결로수가 부착하면 단열성이 크게 저하되므로 방습성이 있는 시트로 감싼 상태에서 사용한다.
② 세라믹 섬유 : 1,000℃ 이상의 고온에서도 견디는 단열재료로 최근 철골의 내화피복재로 많이 사용되는 것이다.
③ 펄라이트 판 : 천연 암석을 원료로 한 일종의 천연 유리질의 펄라이트 입자를 무기 바인더로 하여 프레스 성형하여 만들어진다. 내열성은 650℃로 높으므로 주로 배관용 단열재로 많이 사용된다.

006 단열재료의 최고사용온도를 보면, ①의 세라믹 파이버는 1,260℃, ②의 암면은 600℃, ③의 석면은 550℃, ④의 글래스울은 350℃ 정도이다.

007 각 재료의 열전도율을 보면, ①의 화강암은 10,467W/mK, ②의 판유리는 4,856.7W/mK, ③의 알루미늄은 820,612.8W/mK, ④의 ALC(경량기포콘크리트)는 502.42W/mK이다. 즉, 열전도율이 작은 것이 단열성이 가장 크다.

008 펄라이트 판은 천연 암석을 원료로 한 일종의 천연 유리질의 펄라이트 입자를 무기 바인더로 하여 프레스 성형하여 만들어진다. 내열성은 650℃로 높으므로 주로 배관용 단열재로 많이 사용된다. 셀룰로즈 섬유판은 천연의 목질섬유를 원료로 하며, 단열성이 우수하여 주로 건축물이 외벽 단열재 바름에 사용되고, 내구성, 발수성, 방수성 등을 부여하기 위한 약품 처리를 하여 만든다.

009 ① 열전도율이 높을수록 단열 성능이 작고, 열전도율이 낮을수록 단열 성능이 크다.
③ 단열재는 밀도가 다르더라도 단열성능도 다르다.
④ 대부분 단열재는 흡음성이 증대된다.
⑦ 같은 두께인 경우 경량재료인 편이 단열효과가 좋다.

010 재료의 단열성에 영향을 미치는 요인에는 재료의 두께, 재료의 밀도, 재료의 표면상태 등이 있다. 재료의 강도와는 무관하다.

011 ①의 연질우레아폼, ②의 석고보드, ④의 연질섬유판은 흡음재료에 속한다.
③ 테라죠는 인조석의 일종으로 대리석의 쇄석을 종석으로 하여 시멘트를 사용, 콘크리트판의 한쪽 면에 타설한 후 가공 연마하여 대리석과 같이 미려한 광택을 갖도록 마감한 것 또는 인조석의 종석을 대리석의 쇄석으로 사용하여 대리석 계통의 색조가 나도록 표면을 물갈기한 것을 말한다. 테라죠의 원료는 종석(대리석의 쇄석), 백색 시멘트, 강모래, 안료, 물 등이다.

012 ① 다공질재료는 재료 내부의 공기진동으로 고음역의 흡음효과를 발휘한다.
③ 유공판재료는 적당한 크기나 모양의 관통구멍을 일정 간격으로 설치하여 흡음효과를 발휘한다.
④ 다공질재료는 연질섬유판, 흡음텍스가 있다.

013 ① 규산칼슘판 : 경량이고 강도가 높으며 내열 및 내수성이 우수하다. 보온재 이외에 원자력 플랜트나 철골의 내화 피복재로 사용된다.
② 펄라이트판 : 가볍고, 단열성과 내화성이 크며, 흡수성이 있으므로 외부 마감재료로는 부적합하다. 단열재, 보온재, 흡음재 및 경량골재로 사용된다.
④ 경질우레탄폼 : 보드형과 현장 발포식으로 나뉘고, 발포제에 프레온 가스를 사용하므로 열전도율(0.021kcal/mh℃)이 낮은 것이 특성이고, 방수성·내투습성이 뛰어나므로 방습층을 겸한 단열재로 사용된다. 내약품성이 뛰어나나 접착성은 그다지 좋지 않다.

11단원 방수 재료

001	① ○ ② ○ ③ ○ ④ ×
002	① ○ ② ○ ③ × ④ ○
003	① × ② ○ ③ × ④ × ⑤ × ⑥ × ⑦ ×
004	① ○ ② ○ ③ ○ ④ ×
005	① ○ ② ○ ③ ○ ④ ×
006	① ○ ② ○ ③ ○ ④ × ⑤ ○
007	① ○ ② × ③ ○ ④ ○
008	① ○ ② × ③ × ④ ×
009	① ○ ② × ③ ○ ④ ○
010	① × ② ○ ③ × ④ ○
011	① × ② × ③ ○ ④ × ⑤ × ⑥ × ⑦ ×
012	① ○ ② ○ ③ ○ ④ × ⑤ ○ ⑥ × ⑦ ○
013	① ○ ② ○ ③ ○ ④ ×
014	① ○ ② ○ ③ ○ ④ ×
015	① ○ ② ○ ③ ○ ④ ×
016	① ○ ② ○ ③ × ④ ○
017	① ○ ② ○ ③ ○ ④ ×
018	① ○ ② ○ ③ ○ ④ ×
019	① × ② × ③ ○ ④ ×
020	① ○ ② ○ ③ × ④ ○

001 **1) 천연 아스팔트의 종류**

레이크 아스팔트	지구 표면의 낮은 곳에 괴어 반액체 또는 고체로 굳은 아스팔트이다.
로크 아스팔트	사암이나 석회암 또는 모래 등의 틈에 침투되어 있는 아스팔트이다.
아스팔타이트	많은 역청분을 포함한 검고, 견고한 아스팔트로서, 천연석유가 지층의 갈라진 틈과 암석의 깨진 틈에 침입한 후 지열이나 공기 등의 작용으로 장기간 그 내부에서 중합반응 또는 축합반응을 일으켜 탄성력이 풍부한 화합물로 된 것

2) 석유계 아스팔트의 종류

스트레이트 아스팔트	• 원유를 증류하고 피치가 되기 전에 유출량을 제한하여 잔류분을 반고체형으로 고형화시켜 만든 것으로, 지하실 방수 공사에 사용된다. • 아스팔트 펠트 삼투용(滲透用), 아스팔트 루핑 방수재료의 원료로 사용되는 것이다.
블론 아스팔트	점성이나 침투성은 작으나 온도에 의한 변화가 적어서 열에 대한 안정성이 크며, 아스팔트 프라이머의 제작과 옥상의 아스팔트 방수에 사용된다.
아스팔트 콤파운드	용제 추출 아스팔트로서 블론 아스팔트의 성능(내열성, 내한성 등)을 개량하기 위해 동식물성 유지와 광물질 분말을 혼입한 것으로, 일반지붕 방수 공사에 이용된다.

002 ① 블론 아스팔트 : 점성이나 침투성은 작으나 온도에 의한 변화가 적어서 열에 대한 안정성이 크며, 아스팔트 프라이머의 제작과 옥상의 아스팔트 방수에 사용된다.

② 스트레이트 아스팔트 : 원유를 증류하고 피치가 되기 전에 유출량을 제한하여 잔류분을 반고체형으로 고형화시켜 만든 것으로, 지하실 방수공사에 사용되며, 아스팔트 펠트 삼투용(滲透用), 아스팔트 루핑 방수재료의 원료로 사용되는 것이다.

④ 컷백(콜드)아스팔트 : 아스팔트를 가열하지 않고, 연화제를 사용하여 상온에서 아스팔트를 묽게하여 시공하는 경우의 아스팔트이다.

③ 아스팔타이트는 천연 아스팔트에 속한다.

003 ①·③·④ 레이크 아스팔트, 로크 아스팔트, 아스팔타이트 등은 천연아스팔트에 속한다.

⑤·⑥ 스트레이트 아스팔트[지하 방수나 아스팔트 펠트 삼투용(渗透用)], 블론 아스팔트, 아스팔트 컴파운드 등은 석유계 아스팔트에 속한다.

⑦ 콜타르는 가열하여 칠하면 방부성이 좋으나, 목재를 흑갈색으로 만들고 페인트칠도 불가능하므로 보이지 않는 곳이나 가설재 등에 이용한다.

004 아스팔트 품질 결정요소에는 침입도, 연화점, 이황화탄고 가용분, 감온비, 신도, 비중, 가열 감량, 인화점, 고정 탄소 등이 있다.

005~007 스트레이트 아스팔트와 블론 아스판트의 비교

구분	스트레이트 아스팔트	블론 아스팔트
상태	반고체	고체
비중	1.01~1.05	1.01~1.04
신도	크다	작다
연화점	35~60℃	60~85℃
감온성	크다	작다
인화점	높다	낮다
내구성	작다	크다
탄력성	작다	크다
비열	$0.487 cal/g℃$	
열전도율	$0.149 kcal/mh℃$	$0.139 kcal/mh℃$
체적팽창계수	$(6.0 \sim 6.3) \times 10^{-4}/℃$	
투수계수	$4.1 \times 10^{-9} gcm/cm^2 mmHgh$	$6.0 \times 10^{-9} gcm/cm^2 mmHgh$
침입도 지수	$-1 \sim +1$	$+1$ 이상
접착성	매우 크다	작다
유화성	좋다	나쁘다
유동성	크다	작다
내후성	좋다	매우 좋다

008 ② 침입도 : 온도 상승에 따라 증가하고, 스트레이트 아스팔트가 블론 아스팔트보다 변화의 정도가 현저하다. 아스팔트의 견고성을 침의 관입저항으로 평가하는 방법이다.

③ 신도 : 신도는 아스팔트의 연성을 나타내는 수치로서 온도의 변화와 함께 변화한다. 아스팔트의 점착성, 가동성, 내마모성 등과 관계가 있다. 또한, 신도의 측정 방법은 시료의 양단을 잡아당겨 시료가 끊어질 때까지의 늘어난 길이(cm) 단위로 나타낸다.

④ 연화점 : 아스팔트는 고체이나 일정한 융점을 나타내지 않는다. 가열하면 서서히 연화되어 액상으로 변한다. 아스팔트가 일정한 점성에 도달하였을 때의 온도로 나타낸다.

009 아스팔트 방수와 시멘트 액체방수의 비교

구분	아스팔트 방수	시멘트 액체방수
바탕 처리	완전건조, 보수처리 보통, 바탕 모르타르 바름	보통건조, 보수처리 엄밀히 함, 바탕바름 필요없음
외기에 대한 영향	적다	직감적이다
방수층의 신축성	크다	거의 없다
균열의 발생정도	비교적 안 생긴다	잘 생긴다
시공의 용이도	번잡하다	간단하다
시공기일	길다	짧다
보호 누름	절대 필요하다	않해도 된다
경제성	비싸다	싸다
방수성능 신용도	보통이다	의심이 든다
결합부 발견	난이하다	용이하다
보수와 보수비	불편하고, 비싸다	편하고, 싸다
내구성	크다	작다

010 ② 아스팔트 컴파운드 :
- ㉮ 블론 아스팔트의 성능을 개량하기 위해 동식물성 유지와 광물질 분말을 혼입하여 제작한 것이다.
- ㉯ 블론 아스팔트에 내열성·내한성·내후성 등을 개량하기 위하여 동물섬유나 식물섬유를 혼합하여 유동성을 부여한 것이다.
- ① 아스팔트 프라이머 :
  - ㉮ 블론 아스팔트를 용제에 녹인 것으로 액상을 하고 있으며 아스팔트 방수의 바탕 처리재로 이용되는 것이다.
  - ㉯ 솔, 롤러 등으로 용이하게 도포할 수 있도록 아스팔트를 휘발성 용제에 용해한 비교적 저점도의 액체로써 방수시공의 첫째 공정에 쓰는 바탕처리재이다.
- ③ 아스팔트 코팅 : 블론 아스팔트를 휘발성 용제에 녹여 석면, 광물 분말 등을 혼합한 점성이 있는 것으로 지붕 벽면의 방수 및 보호 등에 사용된다.
- ④ 아스팔트 에멀젼 : 유화제(乳化劑)를 써서 아스팔트를 미립자로 수중(水中)에 분산시킨 다갈색 액체로서 깬 자갈의 점결제(粘結劑) 등으로 쓰이는 아스팔트 제품이다.

011 ③ 아스팔트 펠트 :
- ㉮ 종이섬유와 동식물성 섬유를 섞은 펠트 원지에 스트레이트 아스팔트를 먹인 방수지로 주로 아스팔트 방수 중간층재로 이용되는 것이다.
- ㉯ 양모, 마사, 폐지 등을 원료로 하여 만든 원지에 연질의 스트레이트 아스팔트를 가열·용융시켜 충분히 흡수시킨 후 회전로에서 건조와 함께 두께를 조정하여 롤형으로 만든 것이다.
- ② 망상 아스팔트 루핑 : 망상으로 짠 원단에 아스팔트를 침투시켜 롤로 만든 것으로 원단의 눈이 아스팔트로 충전되어 있지 않으므로 상·하면의 아스팔트 층이 잘 융착되어 각 층 사이에 기포가 생기지 않은 이점이 있다.
- ④ 합성 고분자 루핑 : 고분자 재료(고무, 폴리이소프틸렌, 비닐계 수지, 폴리에틸렌, 아크릴 등)를 아스팔트에 혼합하여 아스팔트의 인성, 탄성, 감온성 등의 개선을 목적으로 한 것이다.

⑤ 아스팔트 싱글 : 아스팔트 펠트의 양면에 블론 아스팔트를 피복하고, 활석, 운모, 석회석, 규조토 등의 가루를 뿌려 붙인 것을 아스팔트 루핑이라고 하며, 이 아스팔트 루핑을 사각형, 육각형으로 잘라 주택 등의 경사지붕에 사용하는 것을 말한다.

⑥ 아스팔트 시트 : 원포를 합성수지 직포(폴리프로필렌 수지)로 하고, 아스팔트는 고무화 아스팔트 콤파운드를 사용하여 표면에는 규사, 뒷면에는 박리지를 붙여서 만든 것으로, 옥상 방수 및 지하 구조물의 방수에 사용한다.

⑦ 석면 아스팔트 펠트 : 석면 섬유의 펠트에 아스팔트를 침투시켜 롤러로 여분을 제거하여 압축한 것이다.

012 ④ 도막 방수는 용제 또는 유제 상태의 방수제를 바탕면에 여러 번 칠하여 상당한 살 두께의 방수막을 만드는 방수 방법으로, 누수 시 결함 발견이 쉽고, 국부적으로 보수가 쉽다.

⑥ 도막 방수는 시트 간의 접착과는 무관하다.

013 ① 아스팔트 방수 : 아스팔트 프라이머, 아스팔트와 아스팔트 펠트를 번갈아 적층하여 방수층을 형성하는 방수법이다.

③ 시멘트 액체 방수 : 방수제, 방수액 등을 혼합한 모르타르를 발라서 피막 방수층을 형성하는 방수법이다.

④ 시트(합성고분자) 방수 : 아스팔트 방수처럼 여러 겹으로 완성하는 것이 아니라 시트 1겹으로 방수처리하는 방수법이다.

014 실재는 퍼티, 코킹, 실런트 등의 총칭으로서 건축물의 프리패브공법, 커튼월 공법 등의 공장 생산화가 추진되면서 주목받기 시작한 재료이다.

④ 트래버틴은 대리석의 한 종류로서 다공질이며, 석질이 균일하지 못하고 암갈(황갈)색의 무늬가 있다. 석판으로 만들어 물갈기를 하면 평활하고 광택이 나는 부분과 구멍과 골이 진 부분이 있어 특수한 실내 장식재로 이용된다.

015 아스팔트는 상온에서 유동성이 없지만 가열하면 피치는 아스팔트보다 연화가 빠르다. 즉, 가열하면 피치가 아스팔트보다 빨리 부드러워진다.

016 건설용 도막방수재(KS F 3211)에서 주요 원료에 따른 방수재의 종류

- 우레탄 고무계 방수재 : 폴리이소시아네이트, 폴리올, 가교제를 주원료로 하는 우레탄 고무에 충전재 등을 배합한 방수재이다. 그 성능에 따라 1류와 2류로 구분한다.
- 아크릴 고무계 방수재 : 아크릴 고무를 주원료로 하여 충전재 등을 배합한 방수재이다.
- 실리콘 고무계 방수재 : 올가노 폴리실록산을 주원료로 하여 충전재 등을 배합한 방수재이다.
- 고무 아스팔트계 방수재 : 아스팔트와 고무를 주원료로 하는 방수재이다.
- 클로로프렌 고무계 방수재 : 클로로프랜 고무를 주원료로 충전재 등을 배합한 방수재이다.

017 멤브레인 방수는 지붕, 차양, 발코니, 외벽, 수조 등에 얇은 피막상의 방수층으로 전체의 면적을 덮는 방수법으로 시트 방수(개량아스팔트시트방수, 합성고분자시트방수, 우레탄 방수 등), 도막 방수 등이 있다.

④ 유기질계 또는 무기질계 침투 방수는 침투성 방수 공사(노출된 부위나 실내의 콘크리트, 조적조 및 미장 표면에 방수제를 침투시켜 방수효과를 기대하는 공법)의 일종이다.

018 ④는 아스팔트 루핑류(아스팔트 방수층을 형성하기 위해 사용하는 시트 형상의 재료로서, 아스팔트 루핑, 아스팔트 펠트, 직조망 아스팔트 루핑, 스트레치 아스팔트 루핑, 구멍 뚫린 아스팔트 루핑, 개량 아스팔트계 시트 등)에 대한 설명이다. 개량 아스팔트는 합성고무 또는 플라스틱을 첨가하여 성질을 개량한 아스팔트이다.

019 방수공사용 아스팔트의 구분(KS F 4052)

1종 (침입도 치수가 3 이상)	보통의 감온성을 갖고 있으며, 비교적 연질로서 공사 기간 중이나 그 후에도 알맞은 온도 조건에서 실내 및 지하 구조 부분에 사용한다.
2종 (침입도 치수가 4 이상)	비교적 낮은 감온성을 갖고 있으며, 일반 지역의 경사가 느린 보행용 지붕에 사용한다.
3종 (침입도 치수가 5 이상)	감온성이 낮은 것으로서 일반 지역의 노출 지붕 또는 기온이 비교적 높은 지역의 지붕에 사용한다.
4종 (침입도 치수가 6 이상)	감온성이 아주 낮으며, 비교적 연질의 것으로, 일반 지역 외에 주로 한냉 지역의 지붕, 그 밖의 부분에 사용한다.

※ 감온성이란 아스팔트의 경도 또는 점도 등이 온도의 변화에 따라 변화하는 성질을 말하고, 감온성을 정확히 나타내는 수치로는 침입도 지수가 있다.

020 아스팔트 방수공사 시 바탕처리는 그라인더 등의 연마기나 블라스터 클리닝 등을 사용하여 평활하고, 깨끗하게 마무리되어 있어야 한다.

12단원 기타 재료

001	① ○ ② ○ ③ × ④ ○ ⑤ × ⑥ × ⑦ × ⑧ ○ ⑨ ○

002	① ○ ② ○ ③ × ④ ○	003	① × ② × ③ × ④ ○ ⑤ × ⑥ × ⑦ ×
004	① ○ ② × ③ × ④ ×	005	① × ② ○ ③ × ④ ×
006	① ○ ② ○ ③ × ④ ○ ⑤ ×	007	① ○ ② × ③ ○ ④ ○

001 ③ 보통유리의 열전도율은 대리석, 타일보다 작으며, 콘크리트의 1/2 정도이다.

⑤ 유리는 전기의 불량도체이지만 표면의 습도가 크면 클수록 그 저항이 낮아진다.

⑥ 유리는 대기 중에서 일반 건축재료 중 화학적 성질이 비교적 우수한 편이며, 염산·황산·질산 등에는 서서히 침식되지만 약한 산에는 침식되지 않는다. 가성소다와 가성칼리 등에는 침식되어 성분 중의 규산분을 잃게 된다.

⑦ 일반판유리는 가시광선의 투과율은 약 90%의 광선을 투과시키고, 자외선 영역의 투과율은 거의 0%에 가깝다. 즉, 자외선을 투과하지 못한다.

002 유리는 열전도율이 작고, 팽창 계수나 비열이 크기 때문에 유리를 부분적으로 가열하면 비틀림이 발생하는데, 이로 인하여 유리의 인장 강도보다 큰 인장력이 발생하여 유리는 파괴된다.

003 성분에 의한 분류

종류	석영(고규산) 유리	칼리 석회 유리	칼리 납(연) 유리	소다 석회 유리	물유리
		칼리, 경질, 보헤미아 유리	납, 플린트, 크리스털 유리	소다, 보통, 크라운 유리	
용도	전구, 살균등용 (글라스울 원료)	고급용품, 이화학 기구, 기타 장식품, 공예품 및 식기	고급 식기, 광학용 렌즈류, 모조 보석 및 진공관용	건축일반 창유리, 기타 병류 등	방화도료 내산도료

004 ② 복층 유리(페어 글라스, 이중 유리) : 2장 또는 3장의 판유리를 일정한 간격으로 띄어 금속테로 기밀하게 테두리를 한 다음, 유리 사이의 내부를 진공으로 하거나 특수 기체를 넣은 유리로서 방음, 차음 및 단열의 효과가 크고, 결로 방지용으로도 우수하다. 또한, 현장에서 절단 가공이 불가능하다.

③ 강화판 유리(강화 유리) :

㉮ 판유리를 특수 열처리하여 내부 인장응력에 견디는 압축응력층을 유리 표면에 만들어 파괴강도를 증가시킨 유리이다.

㉯ 유리를 600℃ 이상의 연화점까지 가열하여 특수한 장치로 균등히 공기를 내뿜어 급랭시킨 것으로 강하고 또한 파괴되어도 세립상으로 되는 유리이다.

④ 프리즘 유리 : 투사광선의 방향을 변화시키거나 집중 또는 확산시킬 목적으로 만든 이형 유리제품으로 주로 지하실 또는 지붕 등의 채광용으로 사용되는 유리이다.

005 유리 중 현장에서 절단 가공할 수 없는 유리에는 강화 판유리, 복층 유리(페어 글라스, 이중 유리), 접합 유리 등이 있다.

006 ③ 복층유리(페어 글라스, 이중 유리)는 단열효과가 크고 결로방지용으로 우수하다.

⑤ 유리의 온도 상승이 매우 적어 실내의 기온에 영향을 많이 받는다(단열 유리로서, 열선을 흡수하므로 서향의 창, 차량의 창에 사용하고, 여름철 냉방부하를 감소).

007 스테인드 글라스는 각종 색유리의 작은 조각을 도안에 맞추어 절단하여 조합해서 만든 것으로, 성당의 창 등에 사용되는 유리제품이다. 단열성과 빛 차단성이 좋지 않다.

001	① ○ ② ○ ③ ○ ④ ×	**002** ① × ② ○ ③ × ④ ×
003	① × ② × ③ ○ ④ ×	
004	① ○ ② × ③ ○ ④ ○ ⑤ × ⑥ ○ ⑦ ○ ⑧ × ⑨ ○ ⑩ ○ ⑪ ○ ⑫ × ⑬ ○	
005	① × ② ○ ③ ○ ④ ○	**006** ① × ② ○ ③ ○ ④ ○
007	① ○ ② ○ ③ × ④ ○	**008** ① × ② ○ ③ × ④ ×
009	① ○ ② × ③ × ④ ×	**010** ① ○ ② ○ ③ × ④ ○
011	① ○ ② × ③ ○ ④ ×	**012** ① ○ ② ○ ③ ○ ④ × ⑤ ○ ⑥ ○ ⑦ ○ ⑧ ×
013	① ○ ② × ③ ○ ④ ○	**014** ① ○ ② × ③ × ④ ×
015	① ○ ② × ③ × ④ ×	**016** ① ○ ② × ③ ○ ④ ○ ⑤ ○ ⑥ × ⑦ ○ ⑧ × ⑨ ○
017	① ○ ② ○ ③ × ④ ○ ⑤ ○ ⑥ ×	**018** ① ○ ② ○ ③ × ④ ○
019	① ○ ② ○ ③ × ④ ○	**020** ① ○ ② ○ ③ ○ ④ ○
021	① ○ ② × ③ ○ ④ ○ ⑤ ○ ⑥ ○ ⑦ × ⑧ ○	**022** ① ○ ② × ③ × ④ ×
023	① ○ ② × ③ ○ ④ ×	**024** ① × ② ○ ③ ○ ④ ○
025	① × ② ○ ③ × ④ ×	**026** ① ○ ② ○ ③ ○ ④ ×
027	① ○ ② ○ ③ ○ ④ × ⑤ × ⑥ ○ ⑦ ○ ⑧ × ⑨ ○	
028	① ○ ② × ③ ○ ④ ○	**029** ① ○ ② ○ ③ ○ ④ ×
030	① ○ ② ○ ③ ○ ④ ×	**031** ① ○ ② × ③ ○ ④ ×
032	① × ② ○ ③ ○ ④ ○	**033** ① × ② ○ ③ ○ ④ ○
034	① ○ ② ○ ③ ○ ④ ×	**035** ① × ② × ③ ○ ④ ×
036	① ○ ② × ③ ○ ④ ○	**037** ① ○ ② × ③ ○ ④ ○
038	① ○ ② ○ ③ × ④ ○	**039** ① × ② ○ ③ × ④ ×
040	① ○ ② × ③ ○ ④ ○	**041** ① × ② ○ ③ × ④ ×
042	① × ② × ③ × ④ ○	**043** ① ○ ② × ③ ○ ④ ○
044	① ○ ② ○ ③ ○ ④ ×	**045** ① ○ ② ○ ③ ○ ④ ×
046	① ○ ② ○ ③ × ④ ○	**047** ① ○ ② ○ ③ × ④ ×
048	① × ② × ③ × ④ ○	**049** ① ○ ② ○ ③ ○ ④ × ⑤ ○ ⑥ ○ ⑦ ×
050	① ○ ② ○ ③ ○ ④ × ⑤ ○ ⑥ ○ ⑦ ○ ⑧ ×	**051** ① ○ ② × ③ ○ ④ ×
052	① ○ ② ○ ③ × ④ ○	**053** ① ○ ② ○ ③ ○ ④ ×
054	① × ② ○ ③ ○ ④ × ⑤ × ⑥ × ⑦ ○ ⑧ × ⑨ × ⑩ ○ ⑪ × ⑫ ×	
055	① × ② ○ ③ × ④ ×	**056** ① ○ ② ○ ③ ○ ④ ×
057	① × ② ○ ③ ○ ④ ○	**058** ① ○ ② ○ ③ × ④ ○
059	① ○ ② × ③ ○ ④ ○	**060** ① ○ ② ○ ③ ○ ④ ×
061	① ○ ② ○ ③ ○ ④ ×	**062** ① × ② × ③ × ④ ○ ⑤ × ⑥ × ⑦ ×
063	① ○ ② ○ ③ × ④ ○	**064** ① ○ ② × ③ ○ ④ ○
065	① ○ ② ○ ③ ○ ④ ×	**066** ① × ② × ③ ○ ④ ×
067	① ○ ② ○ ③ × ④ ○	**068** ① ○ ② ○ ③ ○ ④ ×
069	① ○ ② × ③ ○ ④ ○	**070** ① × ② × ③ × ④ ○
071	① ○ ② ○ ③ ○ ④ ×	**072** ① × ② ○ ③ ○ ④ ○
073	① ○ ② ○ ③ × ④ ○	**074** ① × ② ○ ③ × ④ ×

075	① × ② ○ ③ ○ ④ ○	076	① × ② ○ ③ ○ ④ ○
077	① ○ ② ○ ③ ○ ④ ×	078	① ○ ② × ③ × ④ ×
079	① ○ ② ○ ③ ○ ④ ×	080	① ○ ② ○ ③ × ④ ○
081	① ○ ② ○ ③ ○ ④ ×	082	① × ② × ③ ○ ④ ×

001 건설시공분야의 향후 발전방향에는 ①·②·③ 이외에도 공법의 건식화, 작업의 3S system(표준화, 단순화, 전문화), 건설생산의 공업화, 양산화 등이 있다. 특히, 습식화를 지양하고 건식화에 중점을 두고 있다.

002 ① CM은 전문가 그룹에 의해 설계와 시공을 통합관리하는 조직으로 직접 공사의 타당성조사, 설계, 시공, 사용 등을 포함하는 건설공사 전 과정을 조정하는 것이다.
③ 발주자와 직접 공사계약을 하는 업자를 원도급자라고 한다.
④ 감리자란 건축물과 설비, 공작물이 설계도서대로 시공되는지 여부를 확인·감독하는 자를 말한다.

003 시방서는 설계도면만으로는 나타낼 수 없는 부분에 대한 설계자의 의도를 시공자에게 전달하는 것을 목적으로, 설계도에 기재할 수 없는 사항을 기재하는 문서이다. 각 공사의 항목별로 명확히 기재하며, 설계자가 작성한다.

004 시방서의 기재 내용은 다음과 같다.

> • 사용 재료의 종류, 품질, 수량, 검사, 시험, 공법에 관한 사항
> • 재료, 장비, 설비의 유형과 품질
> • 조립, 설치, 세우기의 방법
> • 시험 및 코드(표준규격)요건
> • 사용재료의 품질시험방법
> • 시공방법 및 시공정밀도
> • 시방서의 적용범위 및 사전준비 사항
> • 적용 범위, 성능의 규정 및 지시 등

입찰참가 자격 평가기준, 도면의 도해적 표현, 공사계약 조건 및 공종별 시공순서, 공사비에 관한 사항 등은 시방서의 기재 내용과 무관하다.

005 특기시방서(당해 공사의 특수한 조건에 따라 표준시방서에 대하여 추가, 변경, 삭제를 규정한 시방서)의 기재 사항은 ②·③·④이다.
① "인도 시 검사 및 인도시기"는 계약서의 내용에 속한다.

006 설계도서 해석의 우선순위(건축물의 설계도서 작성기준 제9조)
설계도서·법령해석·감리자의 지시 등이 서로 일치하지 아니하는 경우에 있어 계약으로 그 적용의 우선순위를 정하지 아니한 때에는 "공사시방서 → 설계도면 → 전문시방서 → 표준시방서 → 산출내역서 → 승인된 상세시공도면 → 관계법령의 유권해석 → 감리자의 지시사항"의 순서를 원칙으로 한다. 즉, 설계도면과 공사시방서에 상이점이 있을 때는 공사시방서가 우선한다.

007 특기시방서는 당해 공사의 특수한 조건에 따라 표준시방서에 대하여 추가, 변경, 삭제를 규정한 시방서이고, 공사시방서는 특정공사별로 건설공사 시공에 필요한 사항을 규정한 시방서이다. 즉, ③은 공사시방서에 대한 설명이다.

008 ② BTO(Build Transfer Operate) 방식 : 민간자본 유치방식 중 간접시설을 설계, 시공한 후 소유권을 발주자에게 이양하고, 투자자는 일정기간 동안 시설물의 운영권을 행사하는 계약방식, 또는 사회 간접 시설의 확충을 위하여 민간이 자금 조달과 공사를 완성하여 공공에 양도하고, 투자한 자본의 회수를 위하여 일정 기간 운영하는 방식이다.

① BOT(Build Operate Transfer) 방식 : 수입을 수반한 공공 프로젝트에 있어서 자금을 조달하고 설계·엔지니어링, 시공전부를 도급받아 시설물을 완성하고, 그 시설을 10~30년 동안 운영하는 것으로 운영수입으로부터 투자자금을 회수한 후 발주자에게 그 시설을 인도하는 방식, 또는 사회 간접 시설의 확충을 위하여 민간이 자금 조달과 공사를 완성하고, 투자한 자본의 회수를 위하여 일정 기간 운영하고 공공에 양도하는 방식이다.

③ BOO 방식 : 사회 간접 시설의 확충을 위하여 민간이 자금 조달과 공사를 완성하여 시설물의 운영과 소유권을 민간이 소유하는 방식이다.

④ BTL(Build Transfer Lease) 방식 : 민간이 자금조달을 하여 시설을 준공한 후 소유권을 정부에 이전하되, 정부의 시설임대료를 통해 투자비를 회수하는 민간투자사업 계약방식이다.

009 ① CM(Construction Management, 건설관리제도) : 건설의 전 과정에서 프로젝트를 보다 효율적이고 경제적으로 수행하기 위하여 각 부분의 전문가들로 구성하여 통합된 관리기술을 건축주에게 서비스하는 것을 말한다.

② EC : 종합건설업 제도로서 건설 프로젝트를 하나의 흐름으로 보아 업무 영역을 사업 발굴, 기획, 타당성 조사, 설계, 시공, 유지관리까지 확장하는 것을 의미한다.

③ QC(Quality Control, 품질관리) : 설계도서에 표기되어 있는 품질에 만족하는 목적물을 경제석으로 만들기 위해 실시하는 관리수단이다.

④ JV(Joint Venture, 공동도급) : 대규모 공사의 시공에 대하여 시공자의 기술, 자본 및 위험 등의 부담을 분산 감소시킬 목적으로 수 개의 건설회사가 공동출자 기업체를 조직하여 한 회사의 입장에서 공사수급 및 시공을 하는 것을 말한다.

010 순수형 CM의 공사단계별 기본업무 중 시공단계의 업무에는 품질검사, 작업변화 승인 및 계약 변경, 시공사와 발주자 간 분쟁 해결, 자금 및 기성관리, 공정·품질·원가·안전관리 등이 있다. 기록 문서의 제출은 설계 단계의 업무이다.

011 ② TQC(Total Quality Control, 전사적 품질관리) : TQC 활동은 전 직원(최고경영자로부터 현장근로자에 이르기까지 모든 직원)이 참여해야 하는 품질관리로서 보다 좋은 품질을 경제적으로 생산할 수 있도록 기업의 전 직원(경영자, 관리자, 현장관리자)이 참여하여 품질향상을 도모하는 활동이다.

③ TBM(Tool Box Meeting) : 근로자의 불안전한 행동으로 인하여 발생하는 재해 예방을 위해 근로자의 안전의식을 증진시키기 위한 모임으로 경영자의 안전의식과 작업환경의 안전성 확보가 전제되어야 하며, 짧은 시간에 위험을 예측하고 의견을 모아 문제를 해결하기 위해 전원 참가로 선취하는 모임(5~15분), 문제해결은 4라운드, 8단계로 과정을 거치며, 작업 종료시 짧은 모임(3~5분)을 하고 작업을 마감하는 모임이다.

④ CIC(Computer Integrated Construction, 건설산업정보 통합화생산) : 건설 프로세스의 효율적인 운영을 위해 형성된 개념으로 건설 생산에 초점을 맞추고 이에 관련된 계획, 관리, 엔지니어링, 설계, 구매, 계약, 시공, 유지 및 보수 등의 요소들을 주요 대상으로 하는 시스템이다.

012~013 VE(Value Engineering, 가치공학)는 전 작업 과정에서 최소의 비용으로 최대한의 기능을 달성하기 위하여 기능분석과 개선에 기울이는 조직적인 노력으로 공사 현장에서 원가절감 요소를 찾아내는 개선활동이다. 즉, 기능을 향상 또는 유지하면서 비용을 최소화하여 가치를 극대화시키는 것이다. 선정하는 대상으로는 수량이 많은 것, 반복효과가 큰 것, 장시간 사용으로 숙달되어 개선효과가 큰 것, 공사 내용이 복잡한 것, 단가가 높은 공종, 지하공사 등의 어려움이 많은 공종, 공사비 금액이 큰 공종, 시행실적이 적은 공종, 원가 절감이 큰 것, 하자가 빈번한 것 등이 있다.

014 VE 적용 시 일반적으로 원가절감의 가능성이 가장 큰 단계는 기획 설계의 단계이다.

015 ② 착공식(着工式) : 건축 따위의 공사를 시작할 때에 하는 의식이다.
③ 정초식(定礎式) : 기초공사 완료 시 행해지는 식이다.
④ 준공식(竣工式) : 공사를 마친 것을 축하하는 의식이다.

016 공사 계약서의 내용은 공사내용(공사명, 공사장소), 도급금액 및 공사대금 지불방법, 공사착수의 시기 및 그 완성 시기, 계약에 관한 분쟁의 해결방안, 천재지변 및 그 외의 불가항력에 의한 손해부담 등이다.

017 공사 계약에 있어서 필요한 서류에는 공사(도급)계약서, 계약 약관, 설계 도서, 시공 계획서(공사 시방서, 현장 설명서도 포함) 등이 있다.

018 건설공사 시공방식 중 직영공사는 공사에서 건축주 자신이 재료의 구입, 작업원(기능공, 인부 등)의 고용, 기타 모든 실무를 담당하며 직접 공사를 지휘·감독하는 방식으로 도급업자에게 위탁하지 않는 방식이다. 단점으로는 시공관리 능력부족으로 공사기간이 연장되고, 공사비가 증대되며, 재료의 낭비와 남은 재료의 처리가 힘들다는 점 등이 있다.

019 도급공사 방식은 공사실시 방식에 따른 분류(일식도급, 분할도급, 공동도급 등)와 도급금액 결정방식에 따른 분류(정액도급, 단가도급, 실비정산(청산)보수가산도급 등)로 나눌 수 있다.

020 정액 도급 계약 제도는 우선적으로 공사비를 책정하고 입찰에 의해 최저입찰자와 계약을 체결하는 제도로서, 공사 변경에 의한 공사비 증감이 곤란하므로 건축주와 도급자 사이에 분쟁이 발생하기 쉽다. 즉, 건축주와의 의견 조정이 어렵다.

021 단가 도급 계약 제도는 단위공사 부분에 대한 단가만을 확정하고, 공사 완료 시 실시 수량의 확정에 따라 청산하는 방식이다.
② 설계변경으로 인한 수량증감의 계산이 용이하고 일식 도급보다 간단하고, 편리하다.
⑦ 총공사비의 예측이 어려우므로 건축주의 자금계획 수립이 어렵다.

022 ① 단가 도급 계약 제도 : 단위공사 부분에 대한 단가만을 확정하고, 공사 완료 시 실시 수량의 확정에 따라 청산하는 방식으로 긴급 공사, 공사를 빨리 착공할 수 있으며, 계약을 간단히 할 수 있다.
② 분할 도급 계약 제도 : 공사를 유형별(전문공사, 공정별, 공구별 등)로 분류하여 전문도급자를 선정하고 도급계약을 맺는 방식이다.
③ 일식 도급 계약 제도 : 공사의 전체를 한 도급자에게 맡겨 현장 시공업무 일체를 일괄하여 시행하는 방식으로 전체공사의 진척이 원활하며 공사의 시공 및 책임한계가 명확하여 공사관리가 쉽고 하도급의 선택이 용이한 도급 제도이다.
④ 정액 도급 계약 제도 : 우선적으로 공사비를 책정하고 입찰에 의해 최저입찰자와 계약을 체결하는 제도로서 공사 변경에 의한 공사비 증감이 곤란하므로 건축주와 도급자 사이에 분쟁이 발생하기 쉽다. 즉, 건축주와의 의견 조정이 어렵다.

023 ① 실비비율보수가산식 : 공사의 진척에 따라 정해진 시기에 실비와 이 실비에 미리 계약된 비율로 곱한 금액을 보수로서 시공자에게 지불하는 실비정산식 시공계약제도이다.

② 실비한정비율보수가산식 : 실비에 제한을 두고, 시공자에게 제한된 금액 안에서 공사를 완성시킬 책임을 지도록 하는 방식이다.

③ 실비정액보수가산식 : 실비의 여하를 막론하고 미리 계약된 일정액의 보수만을 지불하는 방식이다.

④ 실비준동률보수가산식 : 미리 여러 단계로 실비를 분할하여 공사비가 각 단계의 금액보다 증가될 때는 비율보수를 체감하는 방식이다.

024 실비정산보수가산계약는 발주자는 시공자에게 시공을 위임하고 실제로 시공에 소요된 비용, 즉 공사실비(cost)와 미리 정해 놓은 보수(fee)를 시공자가 받는 방식으로 발주자, 컨설턴트 또는 엔지니어 및 시공자 3자가 협의하여 공사비를 결정하는 도급 계약 방식이다. 설계변경이 예상되는 공사나 긴급 공사로서 설계도서의 완성을 기다리지 않고 착공하고자 하는 경우에 적합하며, 실제 공사비와 보수를 분리하여 지불하는 계약방식이다.
②는 실비비율 보수가산도급, ③은 실비정액 보수가산 도급, ④는 실비준동률 보수가산도급에 대한 설명이다.
① "도급금액을 일정액으로 결정하여 계약하는 방식"은 정액도급 계약제도에 대한 설명이다.

025 ① BOT(Build Operate Transfer) 방식 : 수입을 수반한 공공 프로젝트에 있어서 자금을 조달하고 설계·엔지니어링·시공 전부를 도급받아 시설물을 완성하고, 그 시설을 10~30년 동안 운영하는 것으로 운영수입으로부터 투자자금을 회수한 후 발주자에게 그 시설을 인도하는 방식 또는 사회 간접 시설의 확충을 위하여 민간이 자금 조달과 공사를 완성하고, 투자한 자본의 회수를 위하여 일정 기간 운영하고 공공에 양도하는 방식이다.

③ CM 방식 : 전문가 그룹에 의해 설계와 시공을 통합관리하는 조직으로 직접 공사의 타당성조사, 설계, 시공, 사용 등을 포함하는 건설공사 전 과정을 조정하는 것이다

④ 공동도급방식(joint venture) : 두 명 이상의 도급업자가 어느 특정한 공사에 한하여 협정을 체결하고 공동 기업체를 만들어 협동으로 공사를 도급하는 방식이다.

026 건설공사 시공방식 중 직영공사는 공사에 대해 건축주 자신이 재료의 구입, 작업원(기능공, 인부 등)의 고용, 기타 모든 실무를 담당하고 직접 공사를 지휘·감독하는 방식으로, 도급업자에게 위탁하지 않는 방식이다. 단점으로는 시공관리 능력부족으로 공사기간이 연장되고, 공사비가 증대되며, 재료의 낭비와 남은 재료의 처리가 힘들다는 것 등이 있다.

027 공동도급방식(joint venture)은 두 명 이상의 도급업자가 어느 특정한 공사에 한하여 협정을 체결하고 공동 기업체를 만들어 협동으로 공사를 도급하는 방식이다.
④ 신기술, 신공법의 적용이 유리하다.
⑤ "대기업에 유리하며 중소기업체에는 특히 불리하다."라는 특징은 턴기 베이스 도급의 단점으로, 공동도급과는 무관하다.
⑧ 일식도급공사의 경우보다 경비가 증대된다.

028~029 공동도급방식(joint venture)의 장점으로는 융자력의 증대, 위험부담의 분산, 기술의 확충, 강화 및 경험의 증대, 시공의 확실성 확보 등이 있다. 그러나 공동도급 구성원 상호 간의 이해 충돌이 많고, 현장 관리가 어려우며, 경비가 증가되므로 이윤이 감소한다.

030 턴키도급(Turn-Key Base Contract)은 주문받은 건설업자가 대상계획의 기업·금융, 토지조달, 설계, 시공, 기계기구 설치, 시운전 및 조업지도까지 주문자가 필요로 하는 모든 것을 조달하여 주문자에게 인도하는 도급계약 방식으로, 공사기간 중 신공법, 신기술의 적용이 가능하다.

031 입찰의 순서는 "입찰공고 또는 입찰통지 → 참가등록 → 설계도서 배부, 현장설명(입찰공고 후에 즉시 이루어짐), 질의응답, 적산 및 견적 → 입찰등록 → 입찰 → 개찰, 재입찰, 수의계약 → 낙찰 → 계약"의 순이다.

032 입찰공고에 포함되는 주요항목에는 공사명, 설계도서 열람장소, 입찰 보증금, 입찰 자격 및 방법, 입찰의 일시와 장소, 개략적인 공사의 특성, 유형 및 규모, 발주자와 설계자의 명칭과 주소 등이 있다.
① "계약에 관한 분쟁의 해결방법"은 도급계약서에 기재하여야 할 사항이다.

033 공사입찰방식에는 경쟁입찰방식(공개경쟁입찰, 지명경쟁입찰 등)과 특명입찰(수의계약)방식 등이 있다.
파트너링방식은 발주자와 수급자의 상호신뢰를 바탕으로 팀을 구성하여 프로젝트의 성공과 상호이익 확보를 위하여 공동으로 프로젝트를 집행관리하는 공사계약방식이다.

034 공개경쟁입찰인 경우 입찰조건을 현장에서 설명할 때의 사항에는 공사기간, 공사비 지불조건, 도급자 결정방법, 인접대지, 도로, 지상과 지하의 매설물, 대지의 고저, 지질 등이 있다. 자재의 수량은 현장설명과 무관하다.

035 ③ 지명경쟁입찰 : 건설도급회사의 공사실적 및 기술능력에 적합한 3~7개 정도의 시공회사를 입찰에 참여시키는 방법이다.
① 특명입찰(수의계약) : 건축주가 시공회사의 신용, 자산, 공사경력, 보유기술 등을 고려하여 그 공사에 가장 적격한 단일 업체에게 입찰시키는 방법이다.
② 공개(일반)경쟁입찰 : 공사시공자를 널리 공고(관보, 공보, 신문 등)하여 입찰시키는 방법으로 가장 민주적이며 관청공사에 많이 채용된다. 장단점은 다음과 같다.
㉮ 장점 : 경쟁에 의해서 공사비를 절감할 수 있고, 입찰자의 선정이 공정하며, 민주적인 방식으로 다수의 업체에 균등한 기회를 주고, 담합의 우려가 적다.
㉯ 단점 : 입찰사무가 많아질 우려가 있고, 부적격자에게 낙찰될 우려가 있으며, 경비가 증가되고, 지나친 경쟁으로 인하여 낙찰가격이 낮아지면 공사가 조잡해지고 시공의 정밀도가 떨어진다.
④ 제한경쟁입찰 : 제한 요건(지역, 특수 기술, 도급금액 및 자본금 제한 등)을 제시하여 입찰하는 방식이다.

036 공개(일반)경쟁입찰은 제한경쟁입찰[제한 요건(지역, 특수 기술, 도급금액 및 자본금 제한 등)을 제시하여 입찰하는 방식]에 비해 입찰참가자가 많은 경우에는 입찰사무가 많아질 우려가 있으며, 이는 공개경쟁입찰의 단점에 해당한다.

037 지명경쟁입찰은 건설도급회사의 공사실적 및 기술능력에 적합한 3~7개 정도의 시공회사를 입찰에 참여시키는 방법이고, 특명입찰(수의계약)은 경쟁입찰에 의하지 않고 그 공사에 특히 적당하다고 판단되는 1개의 회사를 선정하여 발주하는 방식이다. 즉, ②는 특명입찰(수의계약)방식이다.

038 설계·시공 일괄계약제도(턴키 도급)는 주문받은 건설업자가 대상계획의 기업·금융, 토지조달, 설계, 시공, 기계기구 설치, 시운전 및 조업지도까지 주문자가 필요로 하는 모든 것을 조달하여 주문자에게 인도하는 도급계약 방식으로 발주자(건축주)의 의도가 충분히 반영될 수 없다.

039 ② 적격 낙찰(심사)제 : 경쟁입찰에서 예정가격 이하의 최저가격으로 입찰한 자 순으로 당해계약 이행능력을 심사하여 낙찰자를 선정하는 방식이다.
① 제한적 평균가 낙찰제(부찰제) : 예정가격과 예정가격의 85% 이상 금액의 입찰자 사이에서 평균 금액을 산출하여 평균 금액 직하에 가장 근접한 입찰자를 선정하는 방식이다.

③ 최저가 낙찰제 : 예정가격 범위 내에서 최저가격으로 입찰자를 선정하는 방식이다.

④ 저가 심의제 : 예정가격 85% 이하의 업체 중 공사 수행능력을 심의하여 선정하는 방식이다.

040 총공사비는 총원가와 부가이윤으로 구성된다. 총원가는 공사원가와 일반관리비 부담금으로 구성된다. 공사원가는 직접공사비와 간접공사비로 구성되고, 직접공사비에는 재료비, 노무비, 외주비, 경비가 포함된다. 일반관리비는 직원의 인건비 등과 같이 기업을 유지하기 위한 관리 활동부분의 발생제비용이다.

041 설계는 건축계획적 기술활동이고, 낙찰, 입찰과 계약은 건축시공적 사무활동이라고 할 수 있다. 적산과 견적(개산견적, 명세견적)도 건축시공적 기술활동이다.

042 ① 입찰보증금 : 낙찰이 되어도 계약을 체결할 의지가 없는 자의 참가를 방지하기 위한 제도로서 만약 낙찰자가 계약을 이행하지 않을 경우에는 입찰 보증금을 반환하지 않는다.

② 계약보증금 : 도급자가 계약을 완전히 이해할 것을 보증하기 위한 것으로 도급 금액의 10% 정도이고, 공사가 완료된 후에 반환한다. 도급자가 계약을 이행하지 않을 경우에는 반환하지 않는다.

③ 지체보증금 : 시공자가 계약된 공사의 완료기간을 지키지 못한 경우에 발생하는 손해금으로 발주자(건축주, 건물주)에게 시공자가 보상하는 지체에 대한 손해배상금이다. 이 보증금의 목적은 발주자의 손해를 보전하고, 건축공사를 기간 내에 완료하도록 유도하며, 공정성을 확보하기 위한 방법의 하나이다.

④ 하자보증금 : 건설공사 완료 후 불량시공부분에 보수 및 재시공을 보증하기 위하여 공사발주처, 은행 등에 예치하는 공사금액의 명칭이다.

043 ① 단년도 계약 : 1년 이내인 계약 기간을 조건으로 하는 계약 방식이다.

② 개산 계약 : 상세한 계약의 내용이 결정되지 않은 상태에서 대략적인 금액으로 계약을 하고, 이후 계약 이행 중 또는 후에 최종 금액을 정산하는 방식으로 계약 금액을 미리 정하기 어려운 경우에 하는 방식이다.

④ 총액 계약 : 정액도급 계약제도와 같이 공사 전체에 대한 총액으로 계약 방식이다.

044 현장개설 후 자재수급 계획 시 필요조건에는 자재 명세서, 납입 계획서, 발주·구입시기 등이 있다. 세금계산서와는 무관하다.

045 공무적 현장(공장)관리로는 공사의 지도와 협조, 공사 추진과 능률 통제, 관리 사항(자재관리, 노무관리, 현장자산관리, 위험 또는 재해방지 기타 안전관리), 원가 계산과 예산 통제, 검사와 정비 등이 있다. 공정표 작성은 사무적 관리에 속한다.

046 공사 계획의 주요 내용에는 현장원의 편성, 공정표의 작성, 실행 예산의 편성, 가설물의 설치 계획 등이 있다. 착공 단계에서 공사 계획은 각 공사마다 고유의 여건에 맞게 수립되어야 한다. 또한, 원척도의 작성은 철골 공사의 공장 가공 순서의 일부이다.

047 ① 수평규준틀 : 기초파기와 기초공사를 할 때, 말뚝과 꿸대를 사용하여 공사의 수직과 수평의 기준이 되는 규준틀이다.

③ 기준점(벤치마크) : 고저 측량을 할 때 표고의 기준이 되는 점으로 이동될 염려가 없는 인근 건축물의 벽이나 담장을 이용한다.

④ 수직(세로)규준틀 : 조적공사(벽돌, 블록, 돌공사)에서 고저 및 수직면의 기준으로 사용하는 규준틀이다.

048 건설공사 준비로서 시공업자가 가장 먼저 고려해야 할 것은 공사를 수행하는 데 가장 중요한 인원 즉, 현장원의 편성이다.

049 ④ 시공도(기본 설계에 의한 본도면으로 시공 구조물의 제작 등을 표현하며, 공사발주, 허가 및 계약에 사용되는 도면)는 발주자의 의도에 따라 설계사무소에서 작성한다.
　⑦ 현치도(설계에 있어서 각 요소의 형과 끝맺음을 실체 치수로 기재한 것 또는 시공 도면에 있어서 실제의 치수로 그려진 도면)는 시공 중에 작성한다.

050 시공계획서는 공사 착수에 앞서 시공자가 주어진 기간 내에 안전하고 원활한 공사 추진을 위하여 실제적인 조직, 공정, 품질, 안전, 환경 등 공사 시공과 관련한 계획 전반(작업일정, 투입인원수, 품질관리기준 등)을 기술한 문서로, 시공 및 감독업무의 기반이 되는 매우 중요한 문서이다.

051~052 건축공사 기간을 결정하는 요소 중 1차적으로 가장 큰 영향을 주는 것은 공사량으로 건물의 구조(목조, 철골조 등) 및 규모(건물면적, 층수 등), 부지의 위치, 기초의 구조 등이다. 건물의 수용인원(사용 인원수 및 인원 배분)은 건축 계획(기획)의 단계의 내용이다.

053 공법의 선택 시 고려할 사항
- 기술과 지원을 정확히 파악할 수 있도록 프로젝트의 목적과 범위를 분명하게 한다.
- 공사비와 공사기간에 적절한 공법을 선택하여야 한다.
- 각 공법의 위험 요소를 분석, 방지 대책을 세운다.
- 환경 규제를 지키는 공법을 선택하여야 한다.
- 숙련된 인원과 장비의 확보가 되는 공법을 선택하여야 한다.

054~055 공사 도급계약 체결 후 공사순서는 "공사 착공 준비 → 가설공사 → 토공사 → 지정 및 기초공사 → 구조체공사 → 방수·방습공사 → 지붕 및 홈통공사 → 외벽 마무리공사 → 창호공사 → 내부 마무리공사"의 순이다.

056 공사계획을 수립할 때, 공사 전반에 쓰이는 시공장비는 각 공사의 시기에 맞추어 현장에 반입되도록 조치해야 한다.

057 현장 설명 시 설명사항에는 공사기간, 공사비 지불조건, 도급자 결정방법, 대지상황 파악(인접대지, 도로, 지상과 지하의 매설물, 대지의 고저, 지질 등) 등이 있다.

058 계약이란 2인 이상의 당사자 사이에 체결되는 것으로서 법률에서 정하기 어려운 내용을 주로 다루므로 법적 구속력이 있는 경우가 일반적이다.

059 재료비는 공사 목적물의 구성하는 것(재료) 또는 시공용의 가설설비(손료로 소비 가치를 계산하므로 엄밀히 말하면 경비의 성격을 가짐)에 쓰이는 재료, 반제품, 제품 등의 대가를 말하고, 크게 직접재료비, 간접재료비로 나누어 계산한다.

060 외여닫이문은 외여닫이(창문 또는 출입문이 한 짝으로 된 여닫이)로 된 문으로 정첩, 돌쩌귀 등을 문선틀의 한 쪽에만 달아 문이 한 개로 되어있는 여닫이문이다.
　도어클로저는 문 위틀과 문짝에 설치하여 문이 자동적으로 닫혀지게 하는 장치로서 도어 체크(door check)라고도 하고, 자유경첩은 축받이 관 속에 스프링을 장치하여 안팎으로 자유로이 여닫게 된 정첩으로 양여닫이문에 적합한 창호철물이다.

061 ④ WBS(Work Breakdown Structure, 작업분류체계)는 공사의 내용을 작업의 공종별로 분류한 것으로 공사 내용의 분류 방법이다.
① 횡선식 공정표 : 종축에는 공정별 공사를, 횡축에는 날짜를 표기하여 시간 경과에 따른 공정을 횡선으로 표기한 공정표이다.
② 네트워크공정표 : 작업의 상호 관계를 이벤트(작업의 결합점, 개시점 또는 종료점)와 액티비티(작업, 프로젝트를 구성하는 작업단위)에 의해서 망상으로 표시하고, 그 작업의 명칭, 작업량, 소요시간 등 공정상 계획 및 관리에 필요한 정보를 기입하여 대상 공사의 수행을 진척관리하는 공정표이다.
③ PDM기법 : 반복적이고 많은 작업이 동시에 일어날 때, 네트워크 작성이 더욱 효율적이고 이벤트(작업의 결합점, 개시점 또는 종료점) 안에 작업과 소요일수 등 공사의 관련 사항이 표기되는 공정표이다.

062 공사현장에서 공정관리에 의한 공정표를 작성함에 있어서 가장 기본이 되는 사항은 각 공종별 공사량이다.

063 공정계획에서 공정표 작성 시 공기를 단축하기 위하여 다른 공사와 중복하여 시공할 수 있다.

064 공정계획은 사업성 및 원가관리와 관계가 매우 깊다.

065 공정관리에 있어서 자원배당은 자원의 투입 가능량과 소요량을 상호조정하며, 자원의 비효율성을 제거하여 비용의 증가를 최소화하는 것으로, 자원배당은 자원을 평준화하는 것이다. 자원배당의 대상에는 인력(노무), 자재, 장비, 자금 등이 있다.

066 각종 지반에 따른 흙파기 경사각은 다음과 같다.
① 습윤모래 : 40°, ② 일반자갈 : 60°, ③ 건조 진흙 : 80°, ④ 건조한 보통흙 : 40°

067 경사면(비탈면) 오픈 컷 공법은 흙파기를 하고자 하는 비탈면에 사면의 안전을 확보하고, 기초 파기를 하는 공법으로 흙의 휴식각 이용, 지하수 처리, 비탈면 보양, 배수로, 집수정 설치하는 경미한 터파기 공법이다.
③ 버팀대 사용은 흙막이 오픈 컷 공법에 사용한다.

068 QC(Quality Control, 품질관리)는 설계도서에 표기되어 있는 품질에 만족하는 목적물을 경제적으로 만들기 위해 실시하는 관리수단이다. 그 목적에는 품질의 확보를 위한 시공 능률의 향상, 설계의 합리화, 작업의 표준화 등이 있다. 비용의 최소화는 품질관리의 목적과는 무관하다.

069 공정계획 및 관리에 있어 작업의 집약화
① 부분공사로서 이미 자료화되어 있는 작업군　　② 투입되는 자원의 종류가 동일한 작업군
③ 관리외의 작업군　　④ 현시점에서 관리상의 중요도가 적은 작업군

070 ④ 슬랙(Slack) : PERT 기법에서 이벤트(작업과 작업을 결합하는 점 및 개시점, 종료점)에서 발생하는 여유 시간을 말하고, 가장 빠른 시각(ET)과 가장 늦은 시각(LT)의 차이로 결합점이 가지는 여유 시간을 구한다.
① 액티비티(Activity) : 작업, 프로젝트를 구성하는 작업단위이다.

② 더미(Dummy) : 명목상 작업으로 작업의 중복을 피하거나 작업의 전후 관계를 규정하기 위한 것으로 시간의 소요가 없는 것을 말한다.

③ 패스(Path) : 네트워크 중 둘 이상의 작업이 이어지는 상태를 의미한다.

071 네트워크 공정표[작업의 상호 관계를 이벤트(작업의 결합점, 개시점 또는 종료점)와 액티비티(작업, 프로젝트를 구성하는 작업단위)에 의해서 망상으로 표시하고, 그 작업의 명칭, 작업량, 소요시간 등 공정상 계획 및 관리에 필요한 정보를 기입하여 대상 공사의 수행을 진척관리하는 공정표]는 작성 및 검사에 특별한 기능이 요구되므로, 공정표가 복잡하여 경험이 적은 사람은 이용하기 어렵다.

072 네트워크 공정표에서 얻을 수 있는 정보에는 작업순서와 상호관계, 크리티칼패스(주공정선, critiacal path)와 중점 작업, 변경이 있을 때 전체에 대한 영향 등이 있다.

073 ③ 부주공정선(Semi-Critical Path)은 공기단축 시 관리대상에 포함된다.

> **공기 단축의 순서**
> ① 주공정선을 구한다. → ② 작업별 여유시간의 산정 → ③ 각 작업별 단축 가능한 일수와 비용구배를 구한다. → ④ 주공정선 상의 작업 중 비용구배가 최소인 작업부터 단축한다. → ⑤ 부주공정선(Semi-Critical Path)상의 여유에 유의한다. → ⑥ 부주공정선(Semi-Critical Path)이 주공정선이 되면 주공정선 모두에 대하여 단축을 진행한다.

074 시공의 3대 관리에는 공정관리, 품질관리, 원가관리 등이 있다. 시공의 4대 관리에는 3대 관리에 안전관리를 추가하고, 5대 관리는 4대 관리(공정관리, 품질관리, 원가관리, 안전관리)에 환경관리를 추가한다.

075 원가관리는 실제로 공사에 사용되는 공사비용을 절감하기 위한 대책으로, 실행 예산에 중점을 두고하는 관리이다. 공무관리는 작업원의 생산성 향상을 위한 작업 표준을 관리하는 분야이다.

076 건축공사현장의 관리는 산업안전보건법령의 적용을 받는다. 특히, 산업안전보건기준에 관한 규칙에 상세하게 규정하고 있다.

077 건설공사의 클레임 유형에는 현장조건 변경에 따른 클레임, 공사지연에 의한 클레임, 작업범위 관련 클레임, 작업기간 단축에 대한 클레임 등이 있다.

078 QC의 7가지 도구

히스토그램 (분포도)	QC의 7가지 도구 중에서 공사 또는 제품의 품질상태가 만족한 상태에 있는가의 여부를 판단하는 데 가장 적합한 품질관리 기법이다.
체크시트 (집중도)	품질관리(TQC)를 위한 7가지 도구 중에서 불량수, 결점수 등 셀 수 있는 데이터를 분류하여 항목별로 나누었을 때 어디에 집중되어 있는 가를 알기 쉽도록 한 그림 또는 표이다.
파레토그램 (영향도)	• 불량품, 결점, 고장 등의 발생건수를 현상과 원인별로 분류하고, 여러 가지 데이터를 항목별로 분류해서 문제의 크기순서로 나열하여, 그 크기를 막대그래프로 표기한 품질관리 도구이다. • 결함부나 기타 시공불량 등 항목을 구분하여 크기순으로 나열한 것으로, 결함항목을 집중적으로 감소시키는 데 효과적으로 사용되는 도구이다. • QC의 도구 중에서 층별 요인이나 특성에 대한 불량점유율을 나타낸 그림으로서 가로축에는 층별 요인이나 특성을, 세로축에는 불량건수나 불량손실금액 등을 표시한 도구이다.

특성요인도 (원인결과도)	생선뼈 그림이라고도 하고, 결과(특성)에 대해 원인(요인)이 어떻게 관계 하는지를 알기 쉽게 작성한 그림이다.
산점도 (산포도, 산관도)	서로 대응되는 두 개의 짝으로 된 데이터를 그래프 용지에 점으로 나타낸 것이다.
관리도	공정의 상태를 나타내는 그래프로서 공정이 안정된 상태인지를 조사하기 위하여 사용하는 도구이다.
층별 (부분 집단도)	집단으로 구성하고 있는 데이터를 어떤 특징에 따라 몇 개의 부분 집단으로 나타낸 도구이다.

079 "건축의 형상, 구조, 규모 등을 정리한다."는 공사감리자[자기의 책임(보조자의 도움을 받는 경우를 포함)으로 건축법으로 정하는 바에 따라 건축물, 건축설비 또는 공작물이 설계도서의 내용대로 시공되는지를 확인하고, 품질관리·공사관리·안전관리 등에 대하여 지도·감독하는 자]의 업무가 아니라 건축사의 업무이다.

080 파일공사는 가능한 한 소음이 발생하지 않는 무소음, 무진동 공법을 시행한다. 파일공사의 무소음, 무진동 공법은 다음과 같다.

저소음 타격 공법	방음 커버 공법, 저소음 햄머 공법, 강관말뚝 박기 공법 등
저소음 기성말뚝 박기 공법	진동 공법, 압입 공법, 워터젯 공법, 프리보링 공법, 중공굴착 공법 등
현장콘크리트 말뚝 공법	관입 공법, 굴착 공법, 프리팩트 콘크리트 공법 등

타격 공법은 항타기로 말뚝을 직접 타격하여 소음이 발생하는 공법으로 파일의 종류, 총수량, 지반의 상태, 공사장의 위치, 항타기의 종류 등을 고려하여 적정한 햄머를 선정하여야 한다.

081 자동식 세륜시설 중 측면살수시설에 사용하는 용수공급은 우수 또는 공사용수의 활용을 원칙으로 하고, 기 개발된 지하수를 이용하기도 한다.

082 작업의 총 여유시간(TF, Total Float)은 작업을 EST(가장 빠른 개시시각)로 시작하고, LFT(가장 늦은 종료시각)로 완료할 때 생기는 여유시간을 말한다. 그런데, 일정 계산으로 보면, EST : 12일, LFT : 14일이므로 14 − 12 = 12일이다.

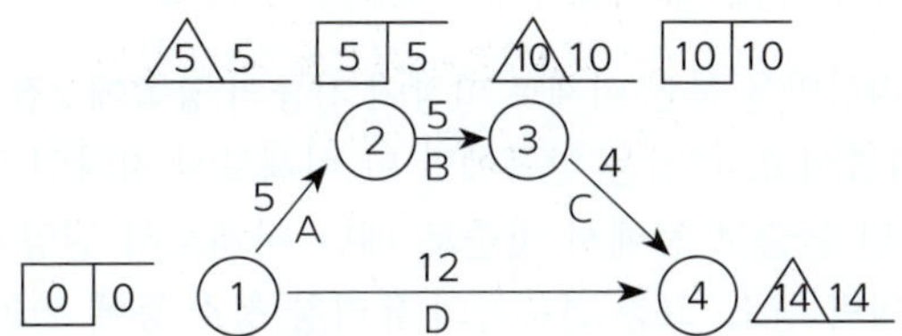

001	① ×	② ○	③ ×	④ ×	**002**	① ○	② ○	③ ×	④ ○
003	① ○	② ○	③ ×	④ ○	**004**	① ○	② ○	③ ×	④ ○
005	① ○	② ×	③ ×	④ ×	**006**	① ○	② ○	③ ○	④ ×
007	① ○	② ×	③ ○	④ ○	**008**	① ×	② ×	③ ○	④ ×
009	① ○	② ×	③ ○	④ ○	**010**	① ○	② ○	③ ×	④ ○

001 ② 수평 규준틀은 기초파기와 기초공사를 할 때, 말뚝과 꿸대를 사용하여 공사의 수직과 수평의 기준이 되는 규준틀이다.
① 벤치마크(기준점)는 고저 측량을 할 때 표고의 기준이 되는 점으로 이동될 염려가 없는 인근 건축물의 벽이나 담장을 이용한다.
③ 세로 규준틀은 조적공사(벽돌, 블록, 돌공사)에서 고저 및 수직면의 기준으로 사용하는 규준틀이다.

002~003 변전소의 위치는 안전을 고려하여 현장사무소에서 최대한 가까운 곳이 좋다.

004 파이프 비계에서 비계 기둥 간 적재하중은 4kN 이하로 한다.

005 사무소의 기준면적 = 3.3m² × 인원수 = 3.3 × 135 = 445.5m²

006 기준점(bench mark)은 공사 중에 높이를 잴 때의 기준으로 하기 위하여 설정하는 것이다. 기준점을 설치할 때 주의사항으로는 ①·②·③ 이외에도 건축물의 각 부에서 헤아리기 좋도록 2개소 이상 보조 기준점을 표시해 두어야 하며, 수직 규준틀에 설치하고, 공사 착수 전에 설정해야 하며, 공사 완료 시까지 존치되어야 한다는 것 등이 있다.

007 기준점(bench mark)은 건축물의 각 부에서 헤아리기 좋도록 2개소 이상 보조 기준점을 표시해 두어야 한다.

008 ① 겹비계는 하나의 기둥에 띠장만을 붙인 비계로 띠장이 기둥의 양쪽에 2겹으로 된 것이다.
② 외줄비계는 비계기둥이 1줄이고, 띠장을 한쪽에만 단 비계로서 경작업 또는 10m 이하의 비계에 이용된다.
④ 달비계는 건축물에 고정된 돌출보 등에서 밧줄로 매단 비계로서 권양기가 붙어 있어 위·아래로 이동시키는 비계이다. 외부 마무리, 외벽 청소, 고층 건축물의 유리창 청소 등에 쓰인다.

009 띠장의 간격은 1.5m 내외로 한다.

010 강관비계 설치에 있어서 띠장의 간격은 1.5m 내외로 하고 지표에서 첫 번째 띠장은 지상에서 2m 이하의 부분에 설치한다.

▶ 문제편 333p

번호	답													번호	답							
001	①○	②○	③×	④○										002	①×	②×	③×	④○				
003	①○	②×	③×	④×										004	①○	②×	③×	④×				
005	①×	②×	③×	④○										006	①○	②○	③×	④○				
007	①×	②×	③×	④○										008	①○	②○	③×	④○				
009	①○	②○	③×	④○										010	①○	②×	③○	④○				
011	①×	②×	③○	④×																		
012	①×	②○	③○	④○	⑤○	⑥○	⑦○	⑧○	⑨○	⑩×	⑪○	⑫○	⑬×									
013	①○	②○	③×	④○										014	①○	②×	③○	④○				
015	①○	②○	③○	④×										016	①○	②×	③○	④○				
017	①×	②×	③○	④×										018	①○	②×	③○	④○	⑤○	⑥×	⑦○	
019	①○	②○	③○	④×										020	①×	②○	③○	④○				
021	①○	②×	③×	④×										022	①○	②×	③○	④○				
023	①○	②○	③○	④×	⑤○	⑥○	⑦×	⑧○	⑨○	⑩○	⑪×	⑫×	⑬○									
024	①○	②○	③○	④×	⑤○	⑥○	⑦○	⑧×						025	①○	②×	③×	④×				
026	①○	②○	③×	④○	⑤○	⑥×	⑦○	⑧○						027	①×	②○	③○	④○				
028	①×	②×	③○	④×										029	①○	②○	③○	④×	⑤○	⑥○	⑦×	⑧○
030	①○	②×	③○	④○	⑤○	⑥○	⑦×							031	①○	②○	③○	④×				
032	①×	②×	③×	④○										033	①○	②×	③×	④×	⑤○	⑥×	⑦×	⑧×
034	①×	②×	③○	④×										035	①○	②○	③○	④×				
036	①×	②○	③×	④×										037	①×	②○	③○	④○				
038	①×	②×	③×	④○										039	①×	②×	③○	④×				
040	①×	②○	③○	④○										041	①○	②○	③×	④○				
042	①○	②○	③○	④×	⑤○	⑥○	⑦○	⑧×						043	①×	②×	③×	④○				

001 흙막이 지보공(땅이나 터널을 팔 때, 흙이 무너지지 않도록 임시로 나무 등을 짜서 버티는 버팀대)은 굴착 공사 중 흙막이벽을 지지하는 구조물로서, 목적은 굴착면의 안정성을 확보하고, 주변 지반과 구조물의 변형을 최소화하는 것이다. 지보공은 토압과 수압에 저항하여 흙막이벽체가 무너지지 않도록 지지하는 역할을 한다.
③ 흙막이 강재 지보공은 변형량이 매우 작다.

002 시트 파일(sheet pile)은 토공사에 사용되며, 흙파기 공사 시 주변 흙의 붕괴와 작업장으로 흙의 유출방지 및 지하수 유입을 막기 위하여 설치하는 것으로 목재널말뚝, 철근콘크리트 기성재 널말뚝, 강재널말뚝 등이 있다.

003 ① 아일랜드 공법 :
　㉮ 흙파기 공법 중 트렌치 컷 공법과 역순으로 하는 공법이다.
　㉯ 지하 흙막이 공법 중 중앙부에서 주변부로 지하구조물이 2단계로 시공되어 이음부처리에 불리하고 공사기간이 길어질 수 있는 공법이다.
② 잠함(Caisson) 공법 : 잠함(지상에서 구축한 철근콘크리트제의 상자나 통 형태의 지하구축물로써 그 밑을 굴착하여 소정의 위치까지 침하시키는 것)을 이용하여 실시하는 공법이다.

③ 타이로드 공법(Tie rod method) : 흙막이에 높은 인장 강도와 안정성을 제공하므로 상당한 토압을 견뎌야 하는 벽에 적합한 공법이다.

④ 어스앵커(Earth Anchor) 공법 :

㉮ 지하 4층 상가건물 터파기공사 시 흙막이 오픈컷 방식을 적용하고 지보공 없이 넓은 작업공간을 확보하고 기계화 시공을 실시하여 공기단축을 하고자 할 때 가장 적합한 공법이다.

㉯ 버팀대를 대신하여 흙막이벽 배면 지중에 앵커체를 설치하여 인장 내력을 주어 지지하는 흙막이 공법이다.

㉰ 널말뚝 후면부를 천공하고 인장재를 삽입하여 경질지반에 정착시킴으로서 흙막이널을 지지시키는 공법으로 굴착 공간을 넓게 확보할 수 있고, 대형 기계의 반입이 용이하며, 주변 지반의 변뤼를 감소시킬 수 있다. 또한, 경사지의 지하공사에 유리하고, 시공 도중에 조건변화가 있어도 설계 변경이 용이하다. 특히, 인근구조물이나 지중매설물로 인한 시공이 불가능하다.

004 ② 주변부의 흙을 먼저 파내고 다음에 중앙부 부분의 흙을 파내는 공법이다.

③ 굴착면적이 넓어 버팀대를 설치하여도 변형이 심히 우려되므로 면적이 넓을수록 비효과적이다.

④ 아일랜드 공법의 굴착 깊이는 10m 내외가 적합하나, 트렌치 컷의 시공 깊이는 안전상 20m 내외로 한정된다.

005 아일랜드 공법은 흙파기 공법 중 트렌치 컷 공법과 역순으로 하는 공법, 또는 지하 흙막이 공법 중 중앙부에서 주변부로 지하구조물이 2단계로 시공되어 이음부처리에 불리하고 공사기간이 길어질 수 있는 공법이다. 그러므로, 토압의 대부분을 중앙부의 구조물이 저항한다.

006 베노토(All casing) 공법은 요동 장치를 이용하여 케이싱 튜브를 왕복요동 회전시키면서 유압잭으로 경질의 지반까지 관입정착 시킨 후 그 내부를 해머그래브로 굴착하여 공간의 내부에 철근망을 삽입한 후 콘크리트를 타설하면서 케이싱 튜브를 뽑아내어 현장타설말뚝을 형성하는 공법이다. 즉, 제자리콘크리트 말뚝의 관입 공법이다.

007 ④ Anchor Head : 지압판, 브라켓 및 정착구로 구성된 부분이다.

① Angle Bracket : 정착 그라우팅과 어스 앵커를 연결하는 목적으로 설치한 부분이다.

② Packer : Earth Anchor 시공에서 정착부 Grout의 밀봉을 목적으로 설치하는 것이다.

③ Sheath : 강선을 삽입할 경우 흙과의 마찰을 줄이기 위하여 설치한 관이다.

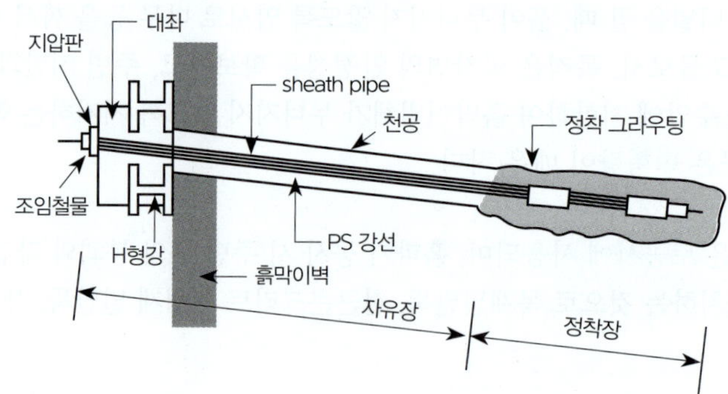

008 어스앵커(Earth Anchor)의 세부 구조 내용에는 자유장, 정착장, 인장재 등이 있다.

009 트렌치 컷(Trench Cut) 공법은 아일랜드 공법(지하 흙막이 공법 중 중앙부에서 주변부로 지하구조물이 2단계로 시공되어 이음부처리에 불리하고 공사기간이 길어질 수 있는 공법)과 역순으로 흙파기 공사를 하는 공법이므로, 별도의 흙막이벽이 필요하다.

010 지하연속벽(slurry wall) 공법은 지하에 크고 깊은 트렌치를 굴착하여 철근망을 삽입한 후 콘크리트를 타설한 판을 연속으로 축조해 나가거나, 원형 단면의 굴착공을 파서 연속된 주열을 형성시켜 지하벽을 축조하는 공법이다. 벽식과 주열식 공법 등이 있으며 지수벽, 구조체 등으로 이용된다. 그 종류에는 벽식으로는 오거파일 공법, 보링월, 이코스 등이 있고, 주열식으로는 SCW(Soil Cement Wall), 어스드릴 공법, 이코스 공법, 베노토 공법, 리버스 서큐레인션드릴 공법, 프리팩트 콘크리트 파일(CIP, PIP, MIP) 등이 있다.

② 웰 포인트 공법은 배수에 의한 연약 지반의 안정 공법에서 파이프 끝에 여과기를 달아 1~2m 간격으로 때려 박고, 이를 수평으로 굵은 파이프에 연결하여 진공으로 물을 빨아내므로써 지하수위를 저하시키는 공법이다.

011 지하연속벽(slurry wall) 공법의 주열식으로는 SCW(Soil Cement Wall), 어스드릴 공법, 이코스 공법, 베노토 공법, 리버스 서큐레인션드릴 공법, 프리팩트 콘크리트 파일(CIP, PIP, MIP) 등이 있다.

012 ① 시공 시 소음, 진동이 적다.

⑩ 벽 두께를 자유로이 설계하기 쉽다.

⑬ 지반 조건에 좌우되지 않으며, 어느 지반에서나 적용할 수 있다. 즉, 연약지반에서만 적용할 수 있는 공법이 아니다.

013 LW(Labiles Wasserglass) 공법은 지반개량 공법 중 저압주입 공법으로, 규산소다 용액과 시멘트의 현탁액을 Y자관으로 모아 지반에 주입시켜 지반강화와 차수목적을 얻기 위한 공법이며, 미세공극의 지반에서도 그 효과가 불확실하다. 또한, 물은 청정수를 사용하여야 하며, 주입 시 약액의 온도는 가능한 한 20℃를 유지하여야 하고, 염분 함량인 2% 이상인 지하수 또는 해수와 접촉이 예상되는 지역은 벤토나이트의 성능이 저하될 수 있으므로 염수용 벤토나이트를 사용하여야 하며, 주입재의 배합은 표준으로 하되 배합 시 겔타임은 통상 60~120초가 확보되어야 하며, 현장에서 시험시공 후 재조정할 수 있다.

014 기준점(벤치마크)은 고저 측량을 할 때 표고의 기준이 되는 점이다. 이동될 염려가 없는 인근 건축물의 벽이나 담장을 이용하고, 2개소 이상 여러 곳에 설치해 두는 것이 좋으며, 설계 시에 건축할 건물의 지반선(GL, Ground Line)은 현지에 지정되거나, 입찰 전 현장설명시에 지정된다.

015 널말뚝을 박을 때는 수직으로 똑바로 박는다.

016 드리프트 핀은 강재 접합부의 구멍 맞추기에 사용하는 공구로 끝이 가늘게 된 핀으로 각 강재편의 리벳 구멍이 일치되게 하기위하여 조립시 타입하는 핀이다. 즉, 철골공사의 리벳 접합에 사용된다.

017 넓은 면적인 경우에는 버팀대의 설치가 매우 난이하므로, 수평버팀대식 흙막이 공법은 주로 좁은 면적에서 깊은 기초파기를 할 경우에 사용하는 공법이다.

018 흙막이 공법 선정 시 검토해야 할 사항에는 토질 및 주변 지하매설물 상태, 인근주변의 소음 및 진동, 공사기간과 경제성 검토, 주변 구조물의 지하 매설물 상태, 지하수의 배수 및 치수 공법 검토 등이 있다.

토공인원수와 숙련도 파악, 대지 주변의 유동인구 검토는 흙막이 공법 선정 시 검토해야 할 사항과는 무관하다.

019 강관비계(가설공사 표준안전 작업지침 제8조)

사업주는 강관비계를 조립하여 사용함에 있어서 다음의 사항을 준수하여야 한다.
① 하단부에는 깔판(밑받침 철물), 받침목 등을 사용하고 밑둥잡이를 설치해야 한다.
② 비계기둥 간격은 띠장 방향에서는 1.5m 내지 1.8m, 장선 방향에서는 1.5m 이하이어야 하며, 비계기둥의 최고부로부터 아래 방향으로 31m를 넘는 비계 기둥은 2본의 강관으로 묶어 세워야 한다.
③ 띠장간격은 1.5m터 이하로 설치하여야 하며, 지상에서 첫 번째 띠장은 높이 2m 이하의 위치에 설치하여야 한다.
④ 장선간격은 1.5m 이하로 설치하고, 비계기둥과 띠장의 교차부에서는 비계기둥에 결속하고, 그 중간부분에서는 띠장에 결속한다.
⑤ 비계기둥간의 적재하중은 400kg을 초과하지 아니하도록 하여야 한다.
⑥ 벽연결은 수직으로 5m, 수평으로 5m 이내마다 연결하여야 한다.
⑦ 기둥간격 10m 마다 45°각도의 처마방향 가새를 설치해야 하며, 모든 비계기둥은 가새에 결속하여야 한다.
⑧ 작업대에는 안전난간을 설치하여야 한다.
⑨ 작업대의 구조는 추락 및 낙하물 방지조치를 설치하여야 한다.
⑩ 작업발판 설치가 필요한 경우에는 쌍줄비계이어야 하며, 연결 및 이음철물은 가설기자재 성능검정 규격에 규정된 것을 사용하여야 한다.

020 가설공사의 구분

공통 가설공사	공사 기간 전반에 걸쳐 공통으로 사용되는 공사용 기계 및 공사 관리에 필요한 사항으로 대지 조사, 가설 도로, 가설 울타리, 가설 건물, 공사용 동력, 용수 설비, 시험 설비, 공사용 장비, 인접 건물의 보상 및 보양, 양수 및 배수설비, 위험 방지설비, 통신설비, 냉난방 설비, 환기 설비 등이 있다.
직접 가설공사	본 공사의 직접적인 수행을 위한 보조적 시설로서 규준틀 설치, 비계 공사, 안전 시설, 건축물 보양, 건축물 현장 정리 등이 있다.

021 수평규준틀은 기초파기와 기초공사(건축물의 기초의 너비 또는 길이 등을 표시)를 할 때, 말뚝과 꿸대를 사용하여 공사의 수직과 수평의 기준이 되는 규준틀이고, 수직(세로)규준틀은 조적공사(벽돌, 블록, 돌공사)에서 고저 및 수직면의 기준(신축할 건축물의 높이의 기준, 창문틀 위치의 정확성 확인)으로 사용하는 규준틀이다.

022 ① 불도저(Bulldozer) : 흙의 표면을 밀면서 깎아 단거리 운반을 하며, 다지는 기계로서 배토판은 상하로만 작용되며, 최대 운반거리는 100m 이하(적정 거리는 50~60m 정도)이다.
③ 그레이더(grader) : 토공사의 부설 작업(주행 노면을 평활하게 정지)에 사용하고, 땅고르기, 절삭, 재료 부설, 측구 파기, 법면 처리, 재료 혼합 등의 기능이 있다.
④ 스크레이퍼(Scraper) : 굴착, 적재, 운반, 성토, 부설의 5가지 용도로 사용되는 장비이다.
② 드래그쇼벨(백호우, drag shovel) :
㉮ 토공사용 건설기계로서 지반보다 낮은 곳의 도랑파기식 굴착에 가장 적당한 장비이다.
㉯ 트렌치와 같은 도랑파기에 가장 적합한 장비이다.

023 ④ 그레이더(grader)는 땅고르기, 절삭, 재료 부설, 측구 파기, 법면 처리, 재료 혼합 등의 기능이 있고, 굴착은 파워셔블, 백호우, 드래그 라인, 클램쉘 등이 있으며, 적재에는 로더 등이 사용된다.
⑦ 로더는 집적된 토사, 쇄석, 기타 재료의 적재와 운반에 사용하고, 그레이더는 정지작업에 사용된다.
⑪ 컨베이어(conveyer)는 화물을 싣고 수평 또는 높은 곳으로 운반하고, 굴착토의 운반, 적재는 로더를 사용한다.
⑫ 스크레이퍼(scraper)는 굴착, 적재, 운반, 성토, 부설의 5가지 용도로 사용하고, 배토작업은 블도저를 사용한다.

024 ④ 블도저는 배토판을 부착시켜 정지 작업에 사용되고, 드래그라인(drag line)은 기체보다 낮은 곳의 굴착, 준설, 자갈 채취 등에 사용된다.

⑧ 파워셔블은 기체보다 높은 곳의 흙과 자갈을 긁어내는 데 사용한다. 클램쉘은 연속벽의 가늘고 긴 도랑을 파기에 적합하다.

025 ②는 불도저, ③은 로더, ④는 드래그셔블에 대한 설명이다.

026 ③ 가이데릭(guy derrick) : 가장 많이 쓰이는 기중기로서 중량물의 장내 운반에도 쓰이고, 하중 능력이 크며, 붐의 회전 범위는 360°이다.

⑥ 트럭 크레인(Truck crane) : 철골 조립, 자재의 적재, 운반, 항만 하역 등에 사용된다.

027 토공사에서 사면(경사면)의 안정성 검토에 직접적으로 관계가 있는 요소에는 사면의 경사, 흙의 단위체적 중량, 흙의 내부마찰각, 흙의 휴식(안식)각 이외에 흙의 점착력 등이 있다. 또한, 사면 파괴의 원인에는 중력의 작용, 지하수나 강우의 침투에 의한 침투력, 지진의 작용에 의한 관성력 등이 있다.

028 보일링, 히빙, 파이핑 비교

구분	현상	방지책
보일링	사질지반에 널말뚝을 박고 배수하면서 기초파기를 행할 때 널말뚝 배면과 흙파기 저면의 지하수가 용출하여 모래 지반의 지지력이 상실되는 현상	• 널말뚝 저면의 타설 깊이를 깊게 한다. • 널말뚝을 불투수성 점토질 지층까지 깊이 때려 박는다. • 웰 포인트 공법에 의하여 지하수면을 낮추어 용출하는 물의 압력을 감소시킨다.
히빙	• 연약한 지반을 굴착할 때 기초저면 부분이 부풀어 오르고, 흙막이 지보공을 파괴시켜 붕괴하는 현상 • 흙막이 공사 후 지표면의 재하 하중에 못 견디어 흙막이 벽이 붕괴되어 바깥에 있는 흙이 안으로 밀려 흙파기 저면이 불룩하게 솟아오르는 현상 • 연약한 점토질 지반의 흙막이 공사 중 흙막이 바깥쪽의 흙이 지표 재하 하중 등의 원인으로 흙막이 안쪽으로 밀려 부풀어 오르는 현상	• 설계 계획을 변경 또는 표토를 제거하여 하중을 적게 한다. • 굴착면에 하중을 가하거나 지반을 개량한다. • 트렌치 공법 또는 부분 굴착을 하거나, 케이슨이나 아일랜드 공법을 사용한다. • 가장 좋은 방법으로는 강성이 높고, 강력한 흙막이벽의 밑을 양질의 지반 속까지 깊이 박는다.
파이핑	흙막이벽의 부실 공사로 인하여 흙막이벽의 뚫린 구멍 또는 이음새를 통하여 물이 공사장 내부 바닥으로 파이프 작용을 하여 보일링 현상이 생기는 현상	흙막이벽의 강성을 높이고, 수밀성을 양호하게 한다.

④ 캠버(camber)는 콘크리트 타설 전 수평 부재(보나 슬래브 등)가 콘크리트의 하중에 의해서 쳐지는 것을 방지하기 위해 미리 위로 솟음을 주는 것이다.

029 ④ 흙막이벽 재료를 강도가 높은 것을 사용하고 버팀대의 수를 증대시키는 것은 히빙의 방지대책과는 무관하다.

⑦ 지하수위의 저하는 보일링의 방지 대책으로 히빙과는 무관하다.

> **히빙(heaving)의 방지대책**
> • 설계 계획을 변경 또는 표토를 제거하여 하중을 적게 한다.
> • 굴착면에 하중을 가하거나 지반을 개량한다.
> • 트렌치 공법 또는 부분 굴착을 하거나, 케이슨이나 아일랜드 컷 공법을 사용한다.
> • 가장 좋은 방법으로는 강성이 높고, 강력한 흙막이벽의 밑을 양질의 지반 속까지 깊게 밑둥넣기를 한다.

030 ②의 흙막이 외부의 지반면을 진동 가압하거나, ⑦의 흙막이 벽의 배면 지하수위와 굴착저면과의 수위차를 크게 하면, 보일링 현상이 촉진된다.

> **보일링(boiling)이나 부풀어오름을 방지하기 위한 대책**
> • 널말뚝 저면의 타설 깊이를 깊게 한다.
> • 널말뚝을 불투수성 점토질 지층까지 깊이 때려 박는다.
> • 웰 포인트 공법에 의하여 지하수면을 낮추어 용출하는 물의 압력을 감소시킨다.

031 사운딩(sounding)은 토층의 성상(상대적 밀도, 컨시스턴시 등)을 탐사하기 위한 것으로 로드에 붙인 저항체를 지중에 넣고, 관입, 회전, 인발 등의 저항으로부터 토층의 성상을 파악하는 방법이다.

032 ④ piezo meter(간극수압계) : 흙막이 벽에 미치는 간극수압의 영향을 계측할 수 있는 장비이다. 배면의 연약지반에 연약층 깊이별로 설치하고, 굴착에 따른 과잉간극수압의 변화를 측정하여 안전성을 판단한다.

① water level meter(지하수위계) : 흙막이벽 배면지반에 대수층까지 천공하여 설치하고, 지하수위 변화를 측정하여 지하수위의 변화 원인, 분석 및 대책을 수립한다.

② Inclino meter(경사계) : 흙막이벽 또는 배면지반에 굴착심도보다 깊게 부동층까지 천공하여 설치하고, 굴착 진행시 흙막이가 배면측압에 의해 기울어짐을 파악한다.

③ Extension meter(지중침하계) : 흙막이벽 또는 인접 구조물 주변에 굴착심도보다 깊게 부동층까지 천공하여 설치하고, 인접 지층의 각 층별 침하량의 변동 상태를 파악한다.

033 ② 측압·수동토압은 토압계(Soil Pressure Gauge)를 사용한다. 변형계는 스터드, 띠장, 각종 강재 등에 용접 또는 접착제로 설치하고, 굴착 작업에 따른 스터드, 띠장, 각종 강재 등의 변형 정도를 측정한다.

③ 응력은 로드셀(load cell, 하중계)을 사용한다. 경사계는 흙막이벽 또는 배면지반에 굴착심도보다 깊게 부동층까지 천공하여 설치하고, 굴착 진행시 흙막이가 배면측압에 의해 기울어짐을 파악한다.

④ 중간부 변형은 strain gauge(변형계)를 사용한다. 레벨은 수준 측량으로, 수준기를 사용하여 지표면의 두 점간이나 여러 점의 높이와 고저차를 측량하는 것이다.

⑥ 지반의 수평변위 및 방향 측정에는 Inclino meter(경사계)를 사용한다. load cell(하중계)은 응력 측정에 사용한다.

⑦ 인접구조물 기울기 측정에는 tilt meter(경사계)를 사용한다. Inclino meter(경사계)는 지반의 수평변위 및 방향 측정에 사용한다.

⑧ 버팀대 변형 측정에는 strain gauge(변형계)를 사용한다. tilt meter(경사계)는 인접구조물 기울기 측정에 사용한다.

034 ① 간극비는 토립자(흙입자)의 용적에 대한 간극의 용적이다. 간극비 $= \dfrac{\text{간극의 용적}}{\text{토립자(흙입자)의 용적}}$

② 함수비는 토립자(흙입자)의 중량에 대한 물의 중량이다. 함수비 $= \dfrac{\text{물의 중량}}{\text{토립자(흙입자)의 중량}}$

④ 전단강도(Shear Strength)란 재료에 서로 반대방향으로 힘이 작용할 때 재료가 전단방향으로 파과되지 않고 견디는 정도를 말한다.

035 ④ 함수율 $= \dfrac{\text{물의 부피}}{\text{전체의 부피}} \times 100(\%)$, 간극률 $= \dfrac{\text{(물 + 공기)의 부피}}{\text{전체의 부피}} \times 100(\%)$

036 ① 사질토는 점토에 비해 불교란 시료(지반조사시 토질이 자연상태로 흐트러지지 않게 채취하는 시료)를 채취하기 어렵다.

③ 모래지반의 지내력은 함수비에 따라 큰 변화를 보이지 않는다.

④ 투수계수가 클수록 침투량이 크며 점토는 사질토보다 투수계수가 작다.

037 간극비, 함수비, 일축압축시험(원통형태의 시료토에 가압판을 거쳐 상하에 압력을 가하여 일축 방향으로 압축하는 시험) 등은 토질시험과 관계가 깊다.

조립률은 골재의 입도를 판단하기 위한 시험으로 10종류의 체(0.15, 0.3, 0.6, 1.2, 2.5, 5, 10, 20, 40, 75mm)를 사용하여 체가름 시험을 했을 때, 각 체를 빠지지 않은 전부의 시료의 중량 백분율의 합을 100으로 나눈 값으로 잔골재는 2.6~3.1, 굵은 골재는 6~8이 적당하다.

038 수축한계는 함수량이 어느 양 이하로 감소해도 흙의 부피가 감소하지 않고, 그 양 이상으로 증대되면 흙의 부피가 증대하게 되는 한계의 함수비로서 점토지반이 가장 안정된 상태이다.

소성한계와 액성한계

바삭바삭 끈기없는 상태 (반고체상태) → <u>소성한계</u> 이 때의 함수비 → 끈기가 있고, 반죽할 수 있는 상태 (소성상태) → <u>액성한계</u> 이 때의 함수비 → 질컥한 액성상태 (액성상태)

039 함수비 시험은 토립자(흙입자)의 중량에 대한 물의 중량에 대한 시험이고, 흙의 비중 시험은 흙의 부피에 대한 중량의 비에 대한 시험이며, 흙의 소성한계시험은 흙이 반고체 상태로부터 소성상태로 옮겨지는 한계 또는 그 함수비에 대한 시험이다.

040 간극비는 토립자(흙입자)의 용적에 대한 간극의 용적이다. 간극비 $= \dfrac{\text{간극의 용적}}{\text{토립자(흙입자)의 용적}}$

041 ③ 잭파일(jacked pile) 공법 : 기초 부분의 보강 방법의 일종으로 기존 건축물의 기초 부분에 강관 말뚝을 추가로 설치하는 공법으로 강관의 내부에 콘크리트로 충전한다.

① 생석회말뚝(chemico pile) 공법 : 지반 내에 생석회에 의한 말뚝을 설치하여 흙을 고결화시켜 연약층의 강화를 도모하는 공법으로, 흙속의 물을 급속하게 탈수함과 동시에 말뚝 자신의 체적이 2배로 팽창하여 지반을 강제압밀시켜, 지지력의 증대와 말뚝 주변의 지반도 강화된다.

② 페이퍼드레인(paper drain) 공법 : 샌드드레인 공법의 공법과 원리는 같으나 모래 대신 카드 보드를 연약지반에 압입하여 압밀을 촉진시키는 공법이다.

④ 샌드드레인(sand drain) 공법 : 연약한 점토층의 수분을 빼내어 지반을 경화, 개량하는 공법으로 철관을 박고 철관 속에 모래를 다져넣어 모래 말뚝을 형성한 후 지표면에 하중을 가하여 진흙 중의 수분을 모래 말뚝을 통해 배출시키는 공법으로, 탈수 공법이다.

042 ④ 점토질지반보다 사질지반에서 탈수효과가 크다.

⑧ 점토질지반에 이용 시 파이프(집수관)을 사용한다.

043 흙의 부피 증가율

구분	모래	자갈	진흙	연암
증가율(%)	10~15	5~15	20~45	30~50

16단원 기초공사

번호	정답
001	① ○ ② × ③ × ④ ×
002	① ○ ② ○ ③ × ④ ○
003	① ○ ② × ③ ○ ④ ○
004	① ○ ② ○ ③ ○ ④ × ⑤ × ⑥ ○ ⑦ ○ ⑧ × ⑨ × ⑩ × ⑪ × ⑫ ○
005	① ○ ② × ③ × ④ ×
006	① × ② × ③ ○ ④ ×
007	① ○ ② × ③ ○ ④ ○
008	① × ② ○ ③ × ④ ×
009	① ○ ② × ③ ○ ④ ○ ⑤ ○ ⑥ × ⑦ ○ ⑧ ○ ⑨ ×
010	① ○ ② × ③ ○ ④ ○
011	① ○ ② ○ ③ ○ ④ × ⑤ ○ ⑥ × ⑦ × ⑧ ×
012	① × ② × ③ × ④ ○
013	① ○ ② ○ ③ × ④ ○
014	① × ② ○ ③ ○ ④ ○
015	① ○ ② ○ ③ × ④ ○
016	① ○ ② × ③ × ④ ×
017	① × ② × ③ × ④ ○
018	① × ② ○ ③ ○ ④ ○ ⑤ × ⑥ ○ ⑦ ○ ⑧ ○
019	① ○ ② × ③ ○ ④ ○
020	① × ② × ③ × ④ ○
021	① ○ ② ○ ③ ○ ④ × ⑤ ○ ⑥ ○ ⑦ ×
022	① × ② ○ ③ ○ ④ ○
023	① × ② ○ ③ × ④ ○
024	① × ② ○ ③ ○ ④ ×
025	① ○ ② ○ ③ × ④ ○
026	① × ② ○ ③ ○ ④ ○
027	① ○ ② ○ ③ × ④ ×
028	① ○ ② ○ ③ × ④ ○
029	① ○ ② × ③ ○ ④ ○
030	① ○ ② ○ ③ × ④ ○ ⑤ ○ ⑥ ○ ⑦ ×
031	① ○ ② ○ ③ ○ ④ ×
032	① × ② × ③ ○ ④ ×
033	① ○ ② × ③ × ④ ×
034	① ○ ② × ③ × ④ ×
035	① ○ ② ○ ③ × ④ ○
036	① ○ ② ○ ③ × ④ ○ ⑤ ○ ⑥ ○ ⑦ ○ ⑧ × ⑨ ○ ⑩ ○
037	① ○ ② ○ ③ ○ ④ ×
038	① × ② ○ ③ × ④ ×
039	① × ② × ③ ○ ④ × ⑤ × ⑥ × ⑦ ○
040	① ○ ② × ③ ○ ④ ○
041	① × ② × ③ × ④ ○
042	① ○ ② ○ ③ × ④ ○
043	① × ② × ③ × ④ ○ ⑤ × ⑥ × ⑦ × ⑧ × ⑨ × ⑩ × ⑪ ×
044	① × ② ○ ③ ○ ④ ○ ⑤ ○ ⑥ ○ ⑦ ○ ⑧ ×
045	① ○ ② × ③ ○ ④ ○
046	① ○ ② ○ ③ × ④ ○ ⑤ ×
047	① ○ ② × ③ ○ ④ ○
048	① ○ ② × ③ ○ ④ ○
049	① × ② × ③ × ④ ○
050	① ○ ② ○ ③ × ④ ○
051	① ○ ② × ③ × ④ ×
052	① ○ ② ○ ③ ○ ④ ×
053	① ○ ② × ③ ○ ④ ○ ⑤ ○ ⑥ × ⑦ ○ ⑧ ○
054	① ○ ② ○ ③ × ④ ○ ⑤ ○ ⑥ × ⑦ ○ ⑧ ○ ⑨ ○ ⑩ ○ ⑪ ×
055	① ○ ② × ③ × ④ ×
056	① × ② × ③ × ④ ○
057	① ○ ② ○ ③ ○ ④ ×
058	① × ② ○ ③ ○ ④ ○ ⑤ ○ ⑥ ○ ⑦ × ⑧ ○
059	① × ② × ③ × ④ ○

001~002 지정(기초 슬래브를 지지하기 위해 자갈, 호박돌, 말뚝을 박아 다진 부분)의 구분

얕은 지정	보통 지정	잡석 지정, 모래 지정, 자갈 지정, 긴주춧돌 지정, 밑창콘크리트 지정 등
깊은 지정	말뚝 지정	나무 말뚝, 기성 콘크리트 말뚝, 제자리 콘크리트 말뚝, 매설 말뚝, 철관 및 H형강 말뚝 등
	깊은 지정	피어(지반을 굴착하여 지상과 지하에 걸쳐 기둥 모양으로 만든 지정)기초, 잠함(용기잠함, 개방잠함)기초

003 언더피닝(under pinning, 기존 구조물의 기초를 보강 또는 새로이 기초를 삽입하는 공사의 총칭으로, 기초의 침하가 심할 때, 인접 대지에 현존 건물의 기초보다 깊은 지하실을 축조할 때, 기존 건물의 옥상에 증축할 때, 지하실 바닥을 높게 할 때 사용)은 철골공사와는 무관하다.

004 ④ 재하판 면적이 0.2m²인 것은 평판재하시험에 사용되는 재하판으로, 표준관입시험과는 무관하다.
⑤ 주로 모래질 지반의 조사에 사용된다.
⑧ N의 값이 클수록 밀실한 토질이다.
⑨ 해머의 무게는 63.5kg이다.
⑩ 해머의 낙하 높이는 76cm이다.
⑪ 모래질 지반에서 실시하는 것이 높은 신뢰성을 얻을 수 있다.

005 ② 매스콘크리트는 보통 부재단면의 최소치수가 80cm 이상이고, 하단이 구속된 경우에는 두께 50cm 이상의 벽체 등에 적용되는 콘크리트로서, 온도 균열(콘크리트의 표면과 내부의 건조수축의 차)에 유의해야 하며, 방지 대책으로는 냉각 공법이 있다.
④ 잡석지정은 건축물의 기초 또는 콘크리트 바닥 밑에 직경 10~25cm 정도의 막돌, 호박돌 등을 옆세워 깔고 사춤 자갈, 모래 반 섞인 자갈토로 틈막이를 하고 다지는 방법이다.

006 래머는 기관의 폭발에 의한 낙하의 충격으로 흙을 다지는 기계 또는 건물이나 구조물의 기초 등 좁은 면적(잡석 다짐)의 다지기를 할 수 있는 것이 특징이다.

007 사운딩(sounding)시험은 토층의 성상(상대적 밀도, 컨시스턴시 등)을 탐사하기 위한 것으로 로드에 붙인 저항체를 지중에 넣고, 관입, 회전, 인발 등의 저항으로부터 토층의 성상을 파악하는 방법이다. 그 종류로는 표준관입시험(사질 적용), 콘관입시험(연한 점토질 적용), 베인전단시험(연한 점토질 적용) 및 스웨덴식 사운딩(모든 토질 적용) 등이 있다.
② 공내재하시험은 지반의 특성을 원위치(현장의 건설장소)에서 직접 조사하는 시험법으로, 시추공의 공벽을 방사 방향으로 가압하고, 이 때 발생하는 공법의 변형량과 가해진 압력의 관계를 이용한 방법이다.

008 ② 베인전단시험 : 지반의 토질시험 과정에서 보링구멍을 이용하여 +자형 날개를 지반에 박고 이것을 회전시켜 점토의 점착력을 판별하는 토질시험방법이다.
① 보링시험 : 보링(지중에 철관을 꽂아 천공하여 그 내부의 토사를 채취, 관찰할 수 있는 지반 조사의 일종으로 지중의 초질 분포, 흙의 층상 및 구성 등을 알 수 있음)에 의한 시험이다.
③ 지내력(평판재하)시험 : 기초 저면까지 판 자리에서 직접 재하하여 허용지내력을 구하는 시험으로, 적합한 기초의 구조와 크기를 구하기 위한 시험이다.
④ 압밀시험 : 압밀(연약한 점토질 지반에 하중을 가하여 흙 속의 간극수가 제거되면서 압축되는 현상)에 의한 시험이다.

009 ② 견고한 자갈층에도 잡석지정을 하면, 오히려 지반을 약화시킨다.
⑥ 잡석은 전단력 유지 목적으로 옆세워 깔고 충분히 다진다.
⑨ 잡석지정은 지내력을 증진시키기 위해서 가장자리에서 중앙으로 다진다.

010 자갈 지정은 굳은 지반에 자갈을 얇게 펴고 다져서 밑창 콘크리트를 평평하게 고르며, 특히, 기초하부의 부분의 배수에 이용된다.

011 기초의 종류

1) 기초판 형식에 의한 분류

독립 기초	1개의 기초가 1개의 기둥을 지지하는 기초로서 기둥마다 구덩이 파기를 한 후에 그곳에 기초를 만드는 것으로서, 경제적이나 침하가 고르지 못하고, 횡력에 위험하므로 이음보, 연결보 및 지중보가 필요하다.
줄(연속)기초	벽 또는 일련의 기둥으로부터의 응력을 띠모양으로 하여 지반 또는 지정에 전달하도록 하는 기초 형식으로 주로 조적 구조의 기초에 사용하는 기초이다.
복합 기초	2개 이상의 기둥을 한 개의 기초에 연속되어 지지하는 기초로서 단독 기초의 단점을 보완한 기초이다.
온통 기초 (매트 슬래브, 매트 기초)	건축물의 전체 바닥에 철근 콘크리트 기초판을 설치한 기초로서 모든 하중이 기초판을 통하여 지반에 전달된다. 지반이 지나친 지내력 부담을 받지 않아 하중에 비하여 지내력이 작은 연약 지반에 사용한다.

2) 지정 형식에 의한 분류

보통 지정	잡석 지정, 모래 지정, 자갈 지정, 긴주춧돌 지정, 밑창콘크리트 지정 등이 있다.
깊은 지정	• 말뚝 지정 : 나무 말뚝, 기성 콘크리트 말뚝, 제자리 콘크리트 말뚝, 매설 말뚝, 철관 및 H형강 말뚝 등이 있다. • 깊은 지정 : 피어(지반을 굴착하여 지상과 지하에 걸쳐 기둥 모양으로 만든 지정)기초, 잠함(용기잠함, 개방잠함)기초 등이 있다.

012 ① 페디스탈파일 공법 : 케이싱을 직접 타격하여 땅 속에 박는 것으로 지내력의 증대를 위하여 말뚝의 선단에 구근을 형성하는 타격식 현장 콘크리트 말뚝이다.

② 우물통식 공법 : 현장에서 상하단이 개방된 철근콘크리트조의 우물통을 지상에서 만들어 내부를 굴착, 침하시킨 후 콘크리트를 타설하여 피어인 기초기둥을 구축하는 공법이다.

③ 용기잠함 공법 : 최하부의 작업실은 밀폐되어 이 공간에 지하 수압에 상응하는 고압 공기를 공급하여 지하수의 침입을 방지하면서 흙파기 작업을 하여 지하 구조체를 침하시키는 공법으로 깊은 기초를 구축하고, 용수량이 대단히 많은 경우에 사용된다.

013 온통 기초, 캔틸레버 기초, 복합 기초는 얕은 기초에 속하고, 말뚝 기초는 깊은 기초에 속한다.

014 직접기초 지정은 기초를 보강하거나 지반의 지지력을 보강하기 위한 작업이다. 종류로는 잡석 지정, 모래 지정, 자갈 지정, 긴주춧돌 지정, 밑창(버림)콘크리트 지정 등이 있다.

015 피어(pier, 지층에 형성되는 콘크리트 파일로서 현장타설 콘크리트 파일이나 우물통 공법에서 길이가 짧고 직경이 큰 파일을 의미함)기초 공사에는 트레미관(철관으로 상부에는 깔대기, 하부에는 철관 밑바닥을 끼우고, 콘크리트를 채워 철관을 들면 바닥이 빠져 콘크리트가 흐르게 되는 관), 벤토나이트액(토사 붕괴는 막는 안정액), 케이싱관(일종의 강관) 등이 사용된다.

③ 디젤해머는 타격 공법 중 말뚝박기용 해머이다.

016 말뚝 박기 공법의 분류

• 타격(타입) 공법(항타기로 직접 말뚝을 타격하여 박는 공법) : 디젤 해머, 스팀 해머, 드롭 해머, 유압 해머, 진동 공법 등이 있다.

• 매입 공법(기계 장치, 수압, 오거 등의 방법을 박는 공법) : 압입 공법, 중공굴착 공법, 워터제트(Water Jet) 공법, 선행굴착(Pre-Boring) 공법 등이 있다.

017 ① 디젤 해머 공법 : 공이의 낙하에 의해 말뚝머리를 타격하는 순간에 내부 연소실의 발파 폭발력으로 공이가 원래
의 높이까지 오르는 반작용으로 말뚝을 타격하는 공법이다.

② 진동 공법 : 말뚝의 중량과 해머의 자중을 이용하여 말뚝을 박는 공법으로 해머(Vibro Hammer)의 진동으로
선단 및 주변의 저항을 감소시킨다.

③ 압입 공법 : 압입 기계가 갖추어진 압입 장치의 반력을 이용하여 말뚝을 박는 공법이다.

018 ① 추의 낙하고는 말뚝 두부의 손실 등이 발생되지 않도록 적절한 높이가 좋다.

⑤ 나무 말뚝은 부패를 방지하기 위하여, 즉, 공기(산소)가 없도록 말뚝머리가 상수면 아래로 오도록 박아야 한다.

019 디젤 해머 공법은 공이의 낙하에 의해 말뚝머리를 타격하는 순간에 내부 연소실의 발파 폭발력으로 공이가 원래의
높이까지 오르는 반작용으로 말뚝을 타격하는 공법으로, 타격음이 큰 것이 단점이다.

020 ① 장부식(band식) 이음 : 이음부에 밴드를 채워서 이음하는 공법으로 구조가 간단하고 단시간 내에 시공이 가능하
며, 강성이 약해 연결 부위가 파손된다.

② 충전식 이음 : 말뚝 이음부의 철근을 파내어 용접한 후 상하부의 말뚝을 연결하는 방법으로 스틸 슬리브를 설
치하여 콘크리트를 충전하는 방법이고, 압축과 인장에 저항할 수 있다. 이음부의 길이는 말뚝 직경의 3배 이상
이다.

021 ④ 어스앵커 공법은 흙막이 공법의 일종으로 널 말뚝 후면부를 천공하고 인장재를 삽입하여 경질지반에 정착시킴으
로서 흙막이널을 지지시키는 공법이다.

⑦ 승화(sublimation)는 화학에서 어떤 물질이 액체의 과정을 거치지 않고, 고체에서 기체로 변하는 상전이
(phase transition) 현상으로, 지반개량 공법과 승화공법은 무관하다.

> **지반개량(안정) 공법의 분류**
> - 사질토의 경우 : 진동다짐(Vibro Floatation) 공법, 모래다짐 말뚝(Sand Compaction Pile) 공법, 폭파다짐 공법, 전기충격 공법,
>   약액주입 공법, 동압밀(동다짐, Dynamic Compaction) 공법 등이 있다.
> - 점성토의 경우 : 치환 공법, 압밀(재하) 공법, 탈수 공법, 배수 공법, 고결(응결) 공법, 동치환 공법(Dynamic Replacement), 전기
>   침투 공법, 침투압 공법, 대기압 공법, 표면처리 공법 등이 있다.
> - 혼합토(사질토+점성토)의 경우 : 입도조정 공법, 소일시멘트(Soil Cement) 공법, 화학약제 공법 등이 있다.

022 웰포인트 공법과 바이브로플로테이션 공법은 사질 지반에 사용된다. 언더피닝 공법은 기초 보강 공법이다.

023 베인테스트(Vane test)는 주로 연약한 점토질 지반에서 진흙의 점착력을 판별하는 토질시험 또는 +자형의 저항날개
를 로드선단에 붙여 지중에 눌러 박아가면서 회전시켜 삽입하며, 그 때의 최대저항치로 지반의 전단강도를 구하는
지반조사법이다.

① 표준관입시험은 사질지반의 밀실도를 측정할 때 사용되는 방법이다.

③ 전기적 탐사는 지반 조사법 중 하나로 토질의 전기저항을 측정, 지하수 상부의 건조 토질 공극률, 지하수위 이
하 토질의 공극수의 량과 그 속에 용해되어 있는 전해질의 량과 질에 의한 저항 변화를 감지하여 토질의 변화
와 심도의 판정이 가능한 방식이다.

④ 삼축압축시험(간접전단시험)은 고무막에 넣은 원통형의 시료에 일정한 축압(수직하중)을 가하여 파괴되는 것
을 측정하는 토질(점성토)시험법이다.

024 사운딩(Sounding)은 지반 조사의 일종으로 로드의 선단에 부착한 저항체를 지중에 매입하여 관입, 회전, 인발 등의 힘을 가하여 그 저항치에서 토층의 상태를 알 수 있는 방법이다. 종류로는 표준관입시험, 베인 테스트, 콘 관입시험(휴대용, 화란식, 동적 콘 관입시험 등), 스웨딘식 사운딩 등이 있다.

① 함수비[토립자(흙입자)의 중량에 대한 물의 중량]시험은 흙의 점조도의 측정에 사용한다.

② 액성한계시험은 소성상태와 액성상태의 함수비를 측정에 사용한다.

④ 1축 압축시험은 점성토의 일축압축강도, 예민비, 탄성계수를 측정할 때 사용한다.

025 토질 시험의 항목에는 토립자의 비중, 함수량 시험, 입도 시험, 액성한계, 소성한계, 원심함수당량, 수축 계수, 다지기시험, 투수도 시험, 모관 투수시험, 압밀시험, 압축시험, 전단시험, 삽축압축시험 등이 있다.

③ 할렬인장시험은 콘크리트의 인장강도를 구하는 방법이다.

026 흙의 역학적 성질 중 전단강도가 가장 중요하며, 그 시험 방법에는 직접전단시험과 간접전단시험이 있다.

> • 직접전단시험은 일면전단시험 장치에 의하여 수직력(σ)을 변화하여 이에 대응하는 전단력(τ)을 측정하고, 수직력과 전단력의 관계에서 점착력과 마찰각을 계산으로 구할 수 있다.
> • 간접전단(삼축압축)시험은 토질시험 중 흙의 강도 및 변형계수를 결정하는 시험으로, 고무막에 넣은 원통형의 시료에 일정한 측압을 가하면서 수직하중을 가하여 파괴시키는 시험이다.

또한, 토질의 물리적 성질시험에는 비중시험, 액성 및 소성한계시험, 간극비, 함수량(함수비)시험, 입도시험 등이 있고, 역학적 성질 시험에는 전단(직접, 간접)시험, 파괴 및 잔류강도 등이 있다.

027 ② 뉴매틱 웰 케이슨 공법(pneumatic well caisson, 용기잠함 공법) : 용수량이 대단히 많고 깊은 기초를 구축할 때 사용하는 공법으로, 최하부의 작업실은 밀폐되어 여기에 지하 수압에 상응하는 고압공기를 공급하여 지하수의 침입을 방지하면서 흙파기 작업을 하여 지하구조체를 침하시키는 공법이다.

③ 개방잠함 공법 : 지하 구조체를 지상에서 구축하여 바깥벽 밑에 끝날을 붙이고, 하부의 중앙 흙을 파내어 구조체의 자중으로 침하시키는 공법이다.

④ 탑다운(Top-down) 공법 : 흙막이벽으로 설치한 슬러리 월을 본 구조체의 벽체로 이용하고, 기둥과 기초를 시공한 다음 점차로 지하로 진행하면서 동시에 지상 구조물도 축조해가는 공법으로 지상, 지하의 공사가 동시에 진행되므로 공기단축에 유리한 공법이다.

028 말뚝의 분류

기능상 분류	지지 말뚝, 마찰 말뚝, 다짐 말뚝 등
재료상 분류	나무 말뚝, 기성콘크리트 말뚝(원심력 콘크리트 말뚝, 프리스트레스트 콘크리트 말뚝, PHC 말뚝 등), 현장콘크리트(제자리 콘크리트) 말뚝(관입 공법, 굴착 공법, 프리팩트 콘크리트 말뚝), 강재(철제) 말뚝 등

029 말뚝의 배치 및 간격

말뚝의 종류	나무	기성 콘크리트 말뚝	현장 타설(제자리) 콘크리트	강재
말뚝의 간격	말뚝 직경의 2.5배 이상		말뚝 직경의 2배 이상 (폐단 강관 말뚝 : 2.5배)	
	60cm 이상	75cm 이상	(직경+1m) 이상	75cm 이상

특히, 말뚝과 기초판 끝과의 거리는 말뚝 끝마구리 직경의 1.25배 이상으로 한다.

030 ③ 말뚝이음 부위에 대한 신뢰성이 매우 우수하지 못하다.

　⑦ 시공순서는 주변 다짐효과를 높이기 위하여 중앙부에서 주변부로 박는다.

031 사질지반에서는 진동에 의해 다짐이 이루어져 마찰저항이 증가하여 관입이 곤란(관입이 어려움)하므로 사질 지반에서의 사용은 피한다.

032 현장타설 콘크리트 말뚝의 분류 중 관입 공법의 종류

심플렉스 파일 (Simplex Pile)	• 외관(끝 부분에 쇠신을 댐)을 소정의 깊이까지 박고 콘크리트를 넣고 추로 다지면서 외관을 빼내는 공법이다. • 외관(철제의 쇠신) + 추
콤프레솔 파일 (Compressol Pile)	• 세 가지(뾰족한 추, 둥근 추, 편평한 추)의 추를 사용하여 구멍 속에 잡석과 콘크리트를 교대로 넣고, 중추로 다지면서 형성하는 공법이다. • 3개의 추
페데스탈 파일 (Pedestal Pile)	• 내외관을 소정의 깊이까지 박은 후 내관을 빼내고, 외관 내에 콘크리트를 투입하여 내관으로 다지면서 점차 외관도 뽑아 올려 콘크리트를 구근형으로 만들어 완성하는 현장 타설 콘크리트 파일이다. • 외관 + 내관, 구근의 형성
레이몬드 파일 (Raymond Pile)	• 내외관을 소정의 깊이까지 박은 후에 내관을 빼낸 후, 외관에 콘크리트를 부어 넣어 지중에 콘크리트 말뚝을 형성시키는 파일(Pile)이다. • 얇은 철관제 외관 + 심대
프랭키 파일 (Franky Pile)	• 외관을 지중에 박아 관속에 콘크리트를 넣고 추로 다져 구근을 만들며 외관을 조금씩 빼내서 만드는 현장 콘크리트 말뚝이다. • 외관 + 추

033 1) 현장타설 콘크리트 말뚝의 분류 중 굴착 공법의 종류

어스 드릴 공법 (Earth drill method)	• 표토붕괴를 방지하기 위하여 스탠드 파이프를 박고 그 이하는 케이싱을 사용하지 않고 회전식 버킷을 이용하여 굴삭하는 공법이다. • 회전식 드릴링 버킷으로 필요한 깊이까지 굴착하고 그 굴착공에 철근망을 삽입한 후 콘크리트를 타설하여 지름 1~2m 정도의 대구경 제자리콘크리트 말뚝을 만드는 공법으로 진동과 소음이 적고, 기계는 소형이나 굴착 속도가 빠르며 점토 지반에 적용된다.
베노토(All Casing) 공법	• 제자리 콘크리트 말뚝을 시공할때 목표지점까지 케이싱튜브(casing tube)로 공벽(孔壁)을 보호하면서 굴착하는 공법이다. • 강제 케이싱 튜브를 압입하는 동시에 윈치를 이용하여 버킷으로 흙을 파내어 말뚝의 구멍을 만들고, 그 속에 콘크리트를 채우며, 케이싱을 빼내어 현장콘크리트 말뚝을 시공하는 공법이다. 대구경의 긴 말뚝의 시공에 적합하다.
리버스 서큘레이션 공법 (Reverse Circulation Drill, 역순환 공법)	굴착구멍 내에 지하수위보다 2m 이상 높게 물을 채워 굴착벽면에 $2t/m^2$ 이상의 정수압에 의해 벽면 붕괴를 방지하며 굴착한 후 형성시킨 제자리콘크리트 말뚝이다.

2) 현장타설 콘크리트 말뚝의 분류 중 관입 공법의 종류

페디스탈(Pedestal)파일 (외관+내관, 구근형성)	심플렉스 파일을 개량하여 지내력 증대를 위해 말뚝의 선단에 구근을 형성하는 공법
심플렉스(Simplex)파일 (외관+추)	외관을 소정의 깊이까지 박고 콘크리트를 조금씩 넣어 추로 다지며 외관을 빼내는 공법
프랭키(Franky)파일 (외관+추, 합성파일)	외관을 추로 내려쳐서 소정의 깊이에 도달하면 내부의 마개와 추를 빼내고 콘크리트를 넣어 추로 다져 외관을 들어 올리면서 선단 구근 말뚝을 형성하는 공법.

<table>
<tr><td>레이몬드(Raymond)파일
(얇은 철판제 외관+심대)</td><td>얇은 철판제의 외관에 심대를 넣어 지지층까지 관입한 후 심대를 빼내고 외관 내에 콘크리트를 다져
넣어 말뚝을 형성하는 공법</td></tr>
<tr><td>컴프레솔(Compressol)파일
(3개의 추)</td><td>구멍 속에 잡석과 콘크리트를 교대로 넣고, 중추로 다지는 공법이다.</td></tr>
</table>

034 현장타설 콘크리트 말뚝의 분류 중 프리팩트 파일 공법의 종류
- CIP pile(Cast - In - Place pile) 말뚝 : 프리팩트 파일의 일종으로, 어스오거로 굴착한 후에 철근을 넣고 모르타르 주입관을 삽입한 다음 자갈을 충전하고 모르타르를 주입하여 지지 말뚝을 만드는 공법이다.
- PIP pile(Packed - In - Place pile) 말뚝 : 프리팩트 파일의 일종으로, 지중에 스크류 오거를 삽입하여 소정의 깊이까지 굴착한 후 흙과 오거를 뽑아 올리면서 오거 중심부에 있는 선단을 통하여 모르타르나 콩자갈 콘크리트를 주입하여 말뚝을 만드는 공법이다.
- MIP pile(mixed in place pile) 말뚝 : 프리팩트 파일의 종류 중 파이프회전축의 선단에 커터를 장치하여 흙을 뒤섞으며 지중을 굴착한 다음, 파이프 선단으로 모르타르를 분출시켜 흙과 모르타르를 혼합하여 소일 콘크리트 말뚝을 형성하는 공법이다.
- RCD(Reverse Circulation Drill, 역순환 공법) : 굴착구멍 내에 지하수위보다 2m 이상 높게 물을 채워 굴착벽 면에 $2t/m^2$ 이상의 정수압에 의해 벽면 붕괴를 방지하며 굴착한 후 형성시킨 제자리콘크리트 말뚝이다.

035 PHC 말뚝은 압축강도가 $800kgf/cm^2$(80Mpa) 이상인 고강도 콘크리트 말뚝으로, 프리텐션(미리 강선을 인장하여 콘크리트에 압축력을 작용시킨 후 콘크리트를 타설하는 방법)방식에 의한 원심력을 이용하여 제조된 말뚝이다. 파일의 직진성과 항타 단면에 대해 고려하여 강판제 플랫형 슈즈를 사용한다.

036 ③ 부식에 대한 내구성이 떨어진다.
⑧ 상부구조와의 결합이 용이하나, 재료비가 고가이다.

037 흙파기 공법의 모양에 의한 분류에는 구덩이파기(pit excavation), 줄기초파기(trenching), 온통기초파기(overall excavation) 등이 있다.
④ 톱다운 공법(top-down method, 흙막이벽으로 설치한 슬러리 월을 본 구조체의 벽체로 이용하고, 기둥과 기초를 시공한 다음 점차로 지하로 진행하면서 동시에 지상 구조물도 축조해가는 공법으로 지상, 지하의 공사가 동시에 진행되므로 공기단축에 유리한 공법)은 형식에 의한 분류에 속한다.

038 지내력(평판재하)시험은 기초 저면까지 판 자리에서 직접 재하하여 허용지내력을 구하는 시험으로, 적합한 기초의 구조와 크기를 구하기 위한 시험이다. 침하량의 측정은 다이얼 게이지를 이용한다.

039 ① 실제 기초판이 놓일 부분의 재하판의 크기는 45cm 각($2,000cm^2$)이다.
② 총 침하량이 2cm에 달했을 때까지의 하중을 그 지반에 대한 단기허용지내력도라 한다.
④ 매 회의 재하는 1ton 이하 또는 예정파괴하중의 1/5 이하로 한다.
⑤ 재하판의 크기는 45cm×45cm($2,000cm^2$)의 정방형 판을 사용한다.
⑥ 단기허용지내력도는 총 침하량이 2cm에 도달했을 때까지의 하중을 적용한다.

040 지내력(평판재하)시험은 기초 저면까지 판 자리에서 직접 재하하여 허용지내력을 구하는 시험으로 잭(jack), 로드셀(Load cell), 다이얼 게이지(Dial gauge) 등이 사용된다.
② 틸트미터(tilt mater)는 인접구조물 기울기 측정에 사용된다.

041~042 언더피닝 공법(under pinning method)

정의	• 기존 건물에 근접하여 구조물을 구축할 때 기존건물의 균열 및 파괴를 방지할 목적으로 지하에 실시하는 보강 공법이다. • 기존 건물 또는 공작물의 기초나 지정을 보강하거나 또는 거기에 새로운 기초를 삽입하거나 지지면을 더 깊은 지반에 옮겨 안전하게 하기 위한 공법이다.
종류	이중 널 말뚝박기 공법, 차단벽 공법, 피트(Pit) 공법, 현장콘크리트 말뚝 공법, 강재 말뚝 공법, 약액주입 공법 등이 있다.
적용	• 지하구조물 밑에 지중구조물을 설치할 경우 • 기존구조물의 근접한 굴착시 구조물의 침하나 경사를 미연에 방지할 경우 • 기존구조물의 지지력 부족으로 건물에 침하나 경사가 생겼을 때 이것을 복원하는 경우 • 기존 건축물이 이동할 경우

043 ① 리버스 서큘레이션(Reverse Circulation Drill, 역순환 공법) 공법 : 굴착구멍 내에 지하수위보다 2m 이상 높게 물을 채워 굴착벽면에 2t/m² 이상의 정수압에 의해 벽면 붕괴를 방지하며 굴착한 후 형성시킨 제자리콘크리트 말뚝이다.

② 프리보링(선행굴착) 공법 : 오거로 미리 구멍을 뚫어 기성콘크리트 말뚝을 삽입한 후, 압입 또는 경타(타격)에 의해 말뚝을 설치하는 공법이다.

③ 베노토(All Casing) 공법 : 강제 케이싱 튜브를 압입하는 동시에 윈치를 이용하여 버킷으로 흙을 파내어 말뚝의 구멍을 만들고, 그 속에 콘크리트를 채우며, 케이싱을 빼내어 현장콘크리트 말뚝을 시공하는 공법이다. 대구경의 긴 말뚝의 시공에 적합하다.

⑤ BH(Boring Hole) 공법 : 기초 공법 중 현장 콘크리트 말뚝(관입 공법, 굴착 공법, 프리팩트 콘크리트 파일 등)을 만들기 위해 구멍을 미리 파 놓은 말뚝 공법이다.

⑥ 심초 공법 : 표토를 제거하고 건물의 기둥 위치에 3~3.5m 지름의 우물을 파 기초를 축조하고, 그 기초 상부에 철골기둥을 세우고 1층 바닥부터 콘크리트를 친 후 지하를 향해 공사해 나가는 흙파기 공법이다.

⑦ 샌드드레인 공법 : 점토지반에 모래를 깔고 그 위에 성토에 의해 하중을 가하면 장기간에 걸쳐 점토 중의 물이 샌드파일을 통하여 지상에 배수되어 지반을 압밀·강화시키는 공법이다.

⑧ 바이브로플로테이션 공법(Vibro Floatation, 진동다짐) 공법 :
　㉠ 대형봉상진동기를 진동과 워터젯에 의해 소정의 깊이까지 삽입하고 모래를 진동시켜 지반을 다지는 연약지반 개량 공법이다.
　㉯ 사질토 지반을 개량하는 공법으로 바이브로 플로트(수평 방향으로 진동)를 이용하여 사수와 진동을 동시에 일으켜 지반을 다져 밀도를 크게 하여 지지력을 증대시키는 공법이다.

⑨ 웰포인트 공법(well point) : 배수에 의한 연약 지반의 안정 공법에서 지름 3~5cm 정도의 파이프 끝에 여과기를 달아 1~2m 간격으로 때려 박고, 이를 수평으로 굵은 파이프에 연결하여 진공으로 물을 빨아내므로써 지하수위를 저하시키는 공법이다.

⑩ 그라우팅 공법 : 연약 지반에 시멘트 페이스트를 압입하여 지반을 경화하는 공법으로, 그라우팅은 압력을 가하여 그라우트를 주입하는 일이다.

⑪ 콤포우저 공법 : 모래다짐 말뚝 공법의 대표적인 방법으로 지반에 모래다짐 말뚝을 조성하므로 지반의 지지력을 향상시킬 수 있는 공법이다.

044 Under Pinning 공법은 기존 건물에 근접하여 구조물을 구축할 때 기존 건물의 균열 및 파괴를 방지할 목적으로 지하에 실시하는 기초 보강 공법이다.

① 인접 지상구조물의 철거와 언더피닝과는 무관하다.

⑧ 기존 건물의 기초가 침하하여 기초를 보강할 경우에 언더피닝 공법을 사용한다.

045 지반개량의 목적은 지반의 지지력을 증대시키고, 연약 지반을 강화하며, 부동침하를 방지하는 것이다.

예민비는 흙을 이김에 의해서 약해지는 정도를 나타내는 흙의 성질이며, 예민비 $= \dfrac{\text{자연시료의 강도}}{\text{이긴시료의 강도}}$ 이다.

046 ③ 표준관입시험은 사질지반의 밀실도를 측정할 때 사용되는 방법이며, 표준 샘플러를 관입량 30cm에 박는데 요하는 타격횟수 N을 구한다. 이 때 추는 63.5kg, 낙하고는 76cm로 한다.

⑤ 아일랜드 공법은 먼저 중앙부를 정해진 깊이까지 파고 차츰 주변부로 파 나가는 공법으로 비교적 깊고 넓은 곳을 터파기할 때 적당하다.

지반개량(안정) 공법의 분류

- 사질토의 경우 : 진동다짐(Vibro Floatation) 공법, 모래다짐 말뚝(Sand Compaction Pile) 공법, 폭파다짐 공법, 전기충격 공법, 약액주입 공법, 동압밀(동다짐, Dynamic Compaction) 공법 등이 있다.
- 점성토의 경우 : 치환 공법, 압밀(재하) 공법, 탈수 공법, 배수 공법, 고결(응결) 공법, 동치환 공법(Dynamic Replacement), 전기침투 공법, 침투압 공법, 대기압 공법, 표면처리 공법 등이 있다.
- 혼합토(사질토+점성토)의 경우 : 입도조정 공법, 소일시멘트(Soil Cement) 공법, 화학약제 공법 등이 있다.

047 ① 성토 공법 : 토사의 측방에 압성토하거나 법면 구배를 작게 해서 활동에 저항하는 모멘트를 증가시키는 공법이다.

② 고결 공법 : 흙입자 사이의 공극에 고결재를 주입시켜 흙의 화학적 고결작용을 통하여 지반의 강도 증진, 투수성의 변화, 압축성의 억제를 촉진시키는 공법이다. 종류로는 동결 공법, 소결 공법, 생석회 말뚝 공법 등이 있다.

④ 샌드드레인 공법 : 점토지반에 모래를 깔고 그 위에 성토에 의해 하중을 가하면 장기간에 걸쳐 점토 중의 물이 샌드파일을 통하여 지상에 배수되어 지반을 압밀·강화시키는 공법이다.

③ 수위저하법 : 배수 공법 등을 통하여 수위를 저하시키는 공법이다.

048 연약지반 개량 공법 중 동결 공법은 일정 시간 동안 목적된 본 공사를 실시하는 일종의 가설 공법으로, 지중의 수분을 일시적으로 동결시켜 지반의 강도와 차수성을 향상시키기 위한 공법이다. 지하철 굴착공사, 지하 저장탱크, 상하수도 공사, 공장 기초 등에 사용되며, 지하수 오염과 같은 공해 우려가 없다.

049 거리 측량 방법에서 스타디아 측량, 천줄자 및 노끈은 정밀도가 낮은 것이고, 정밀도가 가장 높은 것은 강재줄자(신축 변형이 가장 적음)이다.

050 직접기초형식 중 가장 오래된 형식인 나무 말뚝은 항상 지하수면하에 있어야 부식을 방지할 수 있다.

051 ① 본조사 : 지반조사에서 지지층과 기초구조의 형식이 결정된 후에 필요한 조사항목과 조사방법을 결정 또는 선택하는 조사이다.

② 추가조사 : 재조사(추정 지지층 또는 기초구조형식에 부적당한 경우)와 보충조사(본조사의 결과를 보간, 보완하기 위하여 행하는 조사)가 있다.

③ 사전조사 : 대지의 매수 전에 또는 결정 후라도 문헌조사, 현지답사, 기존구조물의 조사 등으로 설계 건물의 중요도로서 그 개황을 추정한다.

④ 예비조사 : 대지 내에서 조사를 실시하고 지반구성의 개황을 직접 구하여 건물의 배치계획, 지반지지층과 기초 구조의 형식을 대강 결정할 수 있는 자료를 설계자에게 제공한다.

052 지반 조사법에는 시험 파기(터파보기), 짚어 보기(탐사간), 보링(수세식, 충격식, 회전식 보링)과 시료 채취법, 표준관입시험, 물리적 지하탐사법(탄성파식, 전기저항식 지하탐사법) 등이 있다. 우물통 공법은 피어 기초를 구축하는 공법이다.

053 ② 보링의 간격은 약 20~30m 정도로 하고, 중간지점은 물리적 지하탐사법에 의해 보충한다.
⑥ 충격식 보링은 와이어 로프의 끝에 충격날(percussion bit)의 상하작동에 의한 충격으로 토사, 암석을 파쇄 천공하여 파쇄된 토사를 베일러로 배출하는 방식이다. 공벽 토사의 붕괴를 방지할 목적으로 안정액(황색점토, 벤토나이트 등)을 사용한다.

054 ③ 소음·진동·주변구조물의 침하의 우려가 적다.
⑥ 설계변경은 거의 불가능하고, 급·배기 환기시설 등이 필요하다.
⑪ 한 현장에 지하연속벽 자체가 흙막이벽 역할을 하므로 흙막이벽은 불필요하다.

055 말뚝공사에서 프리보링(Preboring, 선행굴착) 공법의 순서는 어스오거로 미리 구멍을 뚫어 기성콘크리트 말뚝을 삽입한 후 압입 또는 경타에 의해 말뚝을 설치한 후 모르타르를 주입한다.

056 모래에서의 분사현상은 물과 함께 흙입자가 유출되는 현상으로 흙입자가 점착력이 없기 때문으로 상향침투수압에 의해 발생한다. 점토에서 분사현상(Quick sand)이 잘 일어나지 않는 이유는 점토 입자의 점착력이 있기 때문이다.

057 부동침하

원인	연약층, 경사지반, 이질지층, 낭떠러지, 증축, 지하수위 변경, 지하구멍, 메운땅 흙막이, 이질지정, 일부 지정 등이 있다.
방지대책	상부구조와의 관계(건축물의 경량화, 평균길이를 짧게 할 것, 강성을 높게 할 것, 이웃 건축물과 거리를 멀게 할 것, 건축물의 중량을 분배할 것 등)와 기초구조와의 관계(굳은 층(경질층)에 지지시킬 것, 마찰 말뚝을 사용할 것 및 지하실을 설치할 것 등)가 있다.

058 ① 하중을 산정할 때 예상되는 수위는 항상 최악수위로 고려하여야 한다.
⑦ 지반조건 변화에 대해 설계변경이 용이하다.

059 기성콘크리트 말뚝의 말뚝의 중심간격은 말뚝머리 지름의 2.5배 이상이며, 750mm 이상이다.
1) 말뚝머리 지름의 2.5배 이상 : 2.5 × 40 = 100cm 이상
2) 750mm(75cm) 이상 : 75cm 이상
그러므로, 1)과 2)를 모두 만족하는 말뚝의 중심간격은 100cm 이상이다.

001 ① × ② × ③ × ④ ○	**002** ① × ② × ③ ○ ④ ×
003 ① ○ ② × ③ ○ ④ ○	**004** ① × ② ○ ③ ○ ④ ○
005 ① ○ ② × ③ ○ ④ ○	**006** ① ○ ② × ③ × ④ ×
007 ① × ② ○ ③ × ④ ×	
008 ① ○ ② ○ ③ × ④ ○ ⑤ ○ ⑥ × ⑦ ○ ⑧ ○ ⑨ × ⑩ × ⑪ ○ ⑫ ○ ⑬ ○ ⑭ ×	
009 ① ○ ② × ③ × ④ ×	**010** ① × ② ○ ③ ○ ④ ○
011 ① × ② × ③ × ④ ○	**012** ① ○ ② × ③ ○ ④ ○
013 ① × ② ○ ③ × ④ ×	**014** ① ○ ② × ③ × ④ ×
015 ① ○ ② ○ ③ ○ ④ ×	**016** ① × ② ○ ③ ○ ④ ○
017 ① ○ ② × ③ ○ ④ ○	**018** ① ○ ② × ③ ○ ④ × ⑤ ×
019 ① × ② ○ ③ × ④ ×	**020** ① × ② ○ ③ ○ ④ ○
021 ① ○ ② ○ ③ × ④ ○	**022** ① ○ ② ○ ③ ○ ④ × ⑤ ○
023 ① × ② × ③ × ④ ○ ⑤ ○ ⑥ ○ ⑦ × ⑧ ○ ⑨ ○ ⑩ ○ ⑪ × ⑫ ○	
024 ① × ② × ③ × ④ ○ ⑤ × ⑥ × ⑦ × ⑧ ○	**025** ① ○ ② ○ ③ ○ ④ ×
026 ① × ② × ③ ○ ④ × ⑤ × ⑥ ○	
027 ① ○ ② × ③ ○ ④ ○ ⑤ × ⑥ × ⑦ ○ ⑧ × ⑨ × ⑩ × ⑪ ○ ⑫ ○ ⑬ ○	
028 ① ○ ② ○ ③ ○ ④ ×	**029** ① × ② ○ ③ × ④ ×
030 ① × ② ○ ③ ○ ④ ×	**031** ① × ② ○ ③ × ④ ×
032 ① ○ ② × ③ ○ ④ ○	**033** ① ○ ② × ③ ○ ④ ○ ⑤ ○ ⑥ ×
034 ① ○ ② ○ ③ × ④ ○	**035** ① ○ ② × ③ ○ ④ ○ ⑤ ○ ⑥ ○
036 ① ○ ② × ③ ○ ④ ○	**037** ① × ② ○ ③ × ④ ×
038 ① ○ ② × ③ ○ ④ ○ ⑤ ○ ⑥ × ⑦ ○ ⑧ ○ ⑨ ×	
039 ① × ② × ③ × ④ ○	
040 ① ○ ② ○ ③ × ④ ○ ⑤ ○ ⑥ ○ ⑦ × ⑧ ○ ⑨ × ⑩ × ⑪ ○ ⑫ ○ ⑬ ×	
041 ① ○ ② × ③ ○ ④ ○	**042** ① × ② ○ ③ × ④ ×
043 ① ○ ② ○ ③ × ④ ○	**044** ① ○ ② × ③ × ④ ×
045 ① ○ ② ○ ③ ○ ④ ×	**046** ① × ② ○ ③ ○ ④ ○
047 ① ○ ② ○ ③ × ④ ○ ⑤ ×	
048 ① ○ ② × ③ ○ ④ ○ ⑤ × ⑥ × ⑦ × ⑧ ○ ⑨ ○ ⑩ × ⑪ × ⑫ ×	
049 ① × ② ○ ③ × ④ ×	**050** ① ○ ② ○ ③ ○ ④ × ⑤ × ⑥ × ⑦ × ⑧ ○
051 ① × ② ○ ③ × ④ ×	
052 ① ○ ② × ③ ○ ④ ○ ⑤ ○ ⑥ × ⑦ ○ ⑧ ○ ⑨ ○ ⑩ ○ ⑪ × ⑫ ○	
053 ① ○ ② ○ ③ × ④ ○	**054** ① × ② × ③ ○ ④ ×
055 ① ○ ② ○ ③ ○ ④ ×	**056** ① × ② × ③ ○ ④ ○ ⑤ ×
057 ① × ② ○ ③ × ④ ×	**058** ① ○ ② ○ ③ × ④ ○
059 ① ○ ② × ③ × ④ ×	**060** ① ○ ② × ③ ○ ④ ○
061 ① × ② ○ ③ ○ ④ ○ ⑤ ○ ⑥ × ⑦ ○ ⑧ ○	**062** ① ○ ② ○ ③ ○ ④ ×
063 ① ○ ② ○ ③ × ④ ○ ⑤ ○	**064** ① × ② × ③ ○ ④ ×

No.	Answers	No.	Answers
065	① ○ ② × ③ ○ ④ ○	066	① × ② × ③ × ④ ○
067	① × ② ○ ③ ○ ④ ○	068	① ○ ② ○ ③ × ④ ○
069	① × ② × ③ × ④ ○	070	① × ② ○ ③ × ④ ×
071	① ○ ② ○ ③ × ④ ○	072	① × ② × ③ ○ ④ ×
073	① ○ ② ○ ③ ○ ④ ×		
074	① ○ ② ○ ③ × ④ ○ ⑤ × ⑥ ○ ⑦ ○ ⑧ × ⑨ ○ ⑩ ○ ⑪ × ⑫ ○ ⑬ ○		
075	① × ② ○ ③ ○ ④ ○	076	① ○ ② × ③ × ④ ×
077	① × ② ○ ③ × ④ ×	078	① × ② × ③ × ④ ○
079	① ○ ② ○ ③ ○ ④ ×	080	① ○ ② ○ ③ ○ ④ ×
081	① ○ ② ○ ③ ○ ④ ×	082	① ○ ② ○ ③ ○ ④ ×
083	① ○ ② ○ ③ × ④ ○	084	① × ② ○ ③ ○ ④ ○
085	① ○ ② × ③ ○ ④ ○	086	① × ② ○ ③ ○ ④ ○
087	① × ② ○ ③ ○ ④ ○		
088	① × ② × ③ ○ ④ × ⑤ ○ ⑥ ○ ⑦ × ⑧ ○ ⑨ ○ ⑩ ×		
089	① ○ ② ○ ③ × ④ ○	090	① ○ ② ○ ③ × ④ ○
091	① ○ ② × ③ ○ ④ ○	092	① ○ ② ○ ③ ○ ④ ×
093	① × ② × ③ ○ ④ ×	094	① ○ ② ○ ③ × ④ ○
095	① ○ ② ○ ③ × ④ ○	096	① × ② ○ ③ ○ ④ ○ ⑤ ○ ⑥ × ⑦ ○ ⑧ ○
097	① ○ ② ○ ③ ○ ④ ○	098	① ○ ② × ③ ○ ④ ○
099	① ○ ② ○ ③ ○ ④ ×	100	① ○ ② × ③ × ④ ×
101	① × ② ○ ③ ○ ④ × ⑤ ○ ⑥ ○		
102	① ○ ② ○ ③ × ④ ○ ⑤ × ⑥ ○ ⑦ ○ ⑧ × ⑨ ○ ⑩ ○ ⑪ ○		
103	① ○ ② ○ ③ ○ ④ × ⑤ ○ ⑥ × ⑦ ○ ⑧ ○ ⑨ ○ ⑩ ○ ⑪ × ⑫ ○		
104	① × ② ○ ③ ○ ④ ○	105	① × ② ○ ③ ○ ④ ○ ⑤ × ⑥ ○ ⑦ ○ ⑧ ○
106	① ○ ② × ③ ○ ④ ×	107	① × ② ○ ③ ○ ④ ○ ⑤ × ⑥ ○
108	① × ② × ③ × ④ ○	109	① ○ ② ○ ③ ○ ④ ×
110	① ○ ② ○ ③ × ④ ○ ⑤ × ⑥ ○ ⑦ ○ ⑧ ○	111	① ○ ② ○ ③ ○ ④ × ⑤ ×
112	① ○ ② × ③ × ④ ×	113	① × ② ○ ③ ○ ④ ○
114	① ○ ② ○ ③ × ④ ×	115	① ○ ② ○ ③ × ④ ×
116	① × ② ○ ③ ○ ④ ○	117	① ○ ② ○ ③ ○ ④ ×
118	① ○ ② × ③ × ④ ×	119	① × ② ○ ③ ○ ④ ○
120	① ○ ② ○ ③ ○ ④ × ⑤ ○ ⑥ ×	121	① ○ ② ○ ③ ○ ④ ×
122	① ○ ② × ③ ○ ④ ○	123	① × ② × ③ × ④ ○
124	① ○ ② ○ ③ ○ ④ × ⑤ × ⑥ ○ ⑦ ○		
125	① ○ ② × ③ ○ ④ × ⑤ ○ ⑥ × ⑦ ○ ⑧ ○ ⑨ × ⑩ × ⑪ ○ ⑫ × ⑬ ○ ⑭ × ⑮ × ⑯ × ⑰ ○ ⑱ ○ ⑲ × ⑳ ○ ㉑ ○ ㉒ ○ ㉓ ○ ㉔ ○ ㉕ ○ ㉖ ○ ㉗ ○ ㉘ ○		
126	① ○ ② ○ ③ × ④ ○	127	① × ② ○ ③ ○ ④ ○
128	① × ② ○ ③ ○ ④ ○	129	① ○ ② × ③ ○ ④ ○

001 조적(벽돌, 블록, 돌 등의 조적재)용 모르타르는 접착(부착)강도가 가장 중요한 모르타르이다.

002 ① 조강포틀랜드시멘트 : 석회와 알루미나 성분을 많이 포함한 시멘트로서 보통포틀랜드시멘트의 7일 강도를 3일만에 발현시킬 수 있는 시멘트이다.
② 보통포틀랜드시멘트 : 시멘트 중에 가장 많이 사용되고, 보편화된 시멘트로 공정이 비교적 간단하고 생산량이 많으며 용도로는 일반적으로 콘크리트 공사에 광범위하게 사용된다.
④ 백색포틀랜드시멘트 : 시멘트 중 소량의 안료를 첨가하여 건축물 내외장면의 마감, 인조석, 현장타설 착색콘크리트에 사용되는 시멘트이다.

003 KS L 5201(포틀랜드시멘트)에 규정되어 있는 포틀랜드시멘트의 종류에는 보통·조강·중용열·저열·내황산염포틀랜드시멘트 등이 있다.
고로시멘트는 KS L 5210에, 백색포틀랜드시멘트는 KS L 5204에, 플라이애시시멘트는 KS L 5211에, 포졸란시멘트는 KS L 5401에 규정되어 있다.

004 중용열포틀랜드시멘트는 수화열이 작고, 단기 강도가 보통포틀랜드시멘트보다 작으나, 내침식성과 내구성이 대단히 크고, 수축률도 매우 작아서 댐공사, 콘크리트 포장, 방사능 차폐용 콘크리트로 많이 사용된다. 특히, 블리딩 현상이 작게 나타난다.

005 분말도는 수화작용 속도에 큰 영향을 미치고 시공연도, 공기량, 내구성에도 영향을 준다. 분말도(시멘트의 클링커를 분쇄할 때의 그 입자의 고운 정도)가 클수록 풍화되기 쉽다.

006 굳지 않은 콘크리트의 성질에는 컨시스턴시, 플라스티시티, 피니셔빌리티 및 워커빌리티 등이 있다.

워커빌리티 (workability)	• 재료분리를 일으키지 않고 타설, 다지기 등의 작업이 용이하게 될 수 있는 정도를 나타내는 굳지 않은 콘크리트의 성질이다. • 반죽 질기의 정도에 따라 부어 넣기 작업의 난이도 및 재료 분리에 저항하는 정도이다.
피니셔빌리티 (finishability)	콘크리트 표면을 끝막이할 때의 난이 정도로 굵은 골재의 최대 치수, 잔골재율, 골재의 입도, 반죽 질기 등에 따라 달라진다.
플라스티시티 (plasticity)	용이하게 성형되며, 풀기가 있어 재료의 분리가 생기지 않는 성질이다.
컨시스턴시 (consistency)	• 주로 수량의 다소에 따르는 반죽의 되고 진 정도를 나타내는 굳지 않은 콘크리트의 성질이다. • 수량에 의해 변경되는 굳지 않은 콘크리트의 유동성만을 말하고, 단위 수량이 많으면 작업은 용이하나, 재료 분리 현상이 일어난다. 특히, 시공연도의 양부를 판정하는 기준이 된다.
레이턴스 (laitance)	콘크리트 타설 후 블리딩(콘크리트 타설 시 물과 다른 재료와의 비중 차이로 콘크리트 표면에 물과 함께 유리석회, 유기불순물 등이 떠오르는 현상)에 의해서 부상한 미립물은 콘크리트 표면에 얇은 피막이 되어 침적하는데 이러한 피막을 말한다.
블리딩 (bleeding)	콘크리트 타설 시 물과 다른 재료와의 비중 차이로 콘크리트 표면에 물과 함께 유리석회, 유기불순물 등이 떠오르는 현상이다.

007 ①은 워커빌리티(workability), ③은 플라스티시티(plasticity), ④는 피니셔빌리티(finishability)에 대한 설명이다.

008 시공연도(워커빌리티) 측정 시험 방법은 반죽 질기를 파악하고 물-시멘트비를 조절하여 시공연도를 조절하기 위한 방법으로 KS에 규정된 방법에는 슬럼프 시험, 비비 시험기에 의한 방법, 진동식 반죽 질기 측정기에 의한 방법, 다짐도에 의한 방법 등이 있고, KS에 규정되지 않은 방법에는 플로우 시험, 리몰딩 시험, 낙하시험, 구관입 시험, 캐리볼 시험 등이 있다.

　③ 슈미트해머시험은 콘크리트 비파괴 시험의 일종으로 콘크리트 표면을 타격하여 반발계수를 측정하여 콘크리트의 강도를 추정하는 시험법이다.

　⑥ 프록타 관입 시험은 콘크리트의 응결시간 측정에 사용되는 시험이다.

　⑨ 공기실 압력시험은 공기 함유량 측정법이다.

　⑩ 전기전도도 시험은 물(지표수, 지하수, 폐수)의 전기전도도를 측정한다.

　⑭ 블레인 공기투과시험은 시멘트의 분말도시험법이다.

009 시공연도(워커빌리티) 측정 시험 방법은 반죽 질기를 파악하고 물-시멘트비를 조절하여 시공연도를 조절하기 위한 방법으로 KS에 규정된 방법에는 슬럼프 시험, 비비 시험기에 의한 방법, 진동식 반죽 질기 측정기에 의한 방법, 다짐도에 의한 방법 등이 있고, KS에 규정되지 않은 방법에는 플로우 시험, 리몰딩 시험, 낙하시험, 구관입 시험, 캐리볼 시험 등이 있다.

010 분말도가 높은 시멘트일수록 시멘트 풀의 점성이 높아지므로 반죽질기(컨시스턴시)와 워커빌리티(시공연도)는 좋지 않다.

011 ①은 응결과 경화, ②는 위(허위)응결, ③은 레이턴스에 대한 설명이다.

012 콘크리트의 건조수축(콘크리트 경화 후 수분이 증발하면서 콘크리트의 체적 감소로 수축이 발생되는 현상)의 형태에는 경화수축, 건조수축, 탄산화수축 등이 있고, 건조수축의 요인에는 시멘트의 종류, 골재의 형태와 크기, 함수비, 배합비, 혼화재료, 부재의 크기 등이 있다. 즉, 원인에는 ①·③·④ 이외에도 부재의 단면(단면이 작을 때 건조수축은 크다.), 불량한 입도의 골재, 단위수량이 클수록, 혼화제(경화촉진제, 염화칼슘제 등)와 혼화재(포졸란계 등)의 사용 등이 있다.

013 콘크리트의 강도에 가장 큰 영향을 끼치는 요인은 물-시멘트비이고, 그 이외에 재료(물, 시멘트, 골재)의 품질, 시공방법(비비기 방법, 부어넣기 방법), 모양 및 재령과 시험법 등이 있다.

014 콘크리트 구조물의 비파괴 시험 방법에는 슈미트 해머법(타격법, 반발경도법, 콘크리트의 표면을 타격하여 반발계수를 측정하여 콘크리트의 강도를 추정하는 방법), 방사선법, 초음파(음속)법, 진동법, 인발법, 철근 탐사법 등이 있다. 슬럼프 시험은 콘크리트의 시공연도(워커빌리티) 측정, 코어 시험은 코어를 채취하여 압축강도를 측정(파괴 시험), 초음파 탐상시험은 용접의 결함을 파악하는 시험법이다.

015 방사선 투과법은 용접의 결함을 파악하는 시험법이다.

016 물·시멘트비는 시멘트 페이스트의 농도로서 시멘트의 중량에 대한 유효 수량의 중량 백분율이다. 물·시멘트비의 결정 요인에는 압축강도, 내구성(내동해성, 내화학성 등), 수밀성 등이 있다.

017 거푸집의 고려하여야 할 하중

부위	고려하여야 할 하중	
보, 슬래브 밑면	생콘크리트 중량	작업 하중, 충격 하중
벽, 기둥, 보 옆		생콘크리트 측압력

018 측압(생콘크리트 측압력)과 생콘크리트 중량은 벽, 기둥, 보 옆 부분 거푸집의 고려하여야 할 하중에 속하고, 아직 굳지 않은 콘크리트 중량(생콘크리트 중량), 작업하중, 충격하중은 바닥판, 보 밑 거푸집 설계에서 고려하여야 할 하중에 속한다.

019 ① 알칼리 골재 반응 : 시멘트 속의 알칼리 성분(수산화알칼리)이 골재 중에 포함된 실리카와 화학 반응을 일으켜 콘크리트가 과도하게 팽창한 결과, 콘크리트의 균열과 휨 붕괴가 유발되는 현상으로, 방지대책으로는 알칼리 반응성 물질이 적은 재료를 사용한다.
③ 동결융해 현상 : 경화가 되지 않은 콘크리트가 기온이 0℃ 이하일 때, 콘크리트 중의 물이 얼었다가 기온이 따뜻해지면 얼었던 물이 녹는 현상이다.
④ 염해 현상 : 대기 중의 염화물 이온과 콘크리트 중의 염화물의 침입으로 인해 철근을 부식시켜 구조체를 손상시키는 현상으로, 방지대책으로는 콘크리트의 재료(배합수, 골재, 시멘트 등)의 품질검사, 염도측정 등의 관리를 중요시하여야 한다.

020 백화 현상은 시멘트 중의 수산화칼슘이 공기 중의 이산화탄소와 반응하여 생기는 것으로써 벽돌벽 외부에는 공사 완료 후에 흰가루가 돋는 현상으로, 철근콘크리트 구조물의 내구성과는 무관하다.

021 construction joint(시공줄눈)는 콘크리트 부어넣기 작업을 일시 중지해야 할 경우에 만드는 계획된 줄눈으로, 콘크리트 공사에서 발생하는 결함에 속하지 않는다.

022 항타기는 기초공사용 기계의 하나로 말뚝 또는 널말뚝을 박기 위해 사용하는 기계와 부속 장치로서, 중량물을 높은 곳에서 떨어뜨려 그 힘에 의해서 말뚝을 박아 넣는다.

023 ① 타설구획 내의 먼 곳에서부터 가까운 곳으로 부어 넣는다.
② 한 구획내의 콘크리트는 타설이 완료될 때까지 연속해서 타설하여야 한다. 즉, 휴식시간을 주지 않아야 한다.
③ 거푸집의 높이가 높을 경우, 재료 분리를 막고 상부의 철근 또는 거푸집에 콘크리트가 부착하여 경화하는 것을 방지하기 위해 거푸집에 투입구를 설치하거나, 연직슈트 또는 펌프배관의 배출구를 타설면 가까운 곳까지 내려서 콘크리트를 타설하여야 한다. 이 경우 슈트, 펌프배관, 버킷, 호퍼 등의 배출구와 타설 면까지의 높이는 1.5 m 이하를 원칙으로 한다. 즉, 낙하 높이는 작게 한다.
⑦ 비비는 장소 또는 플로어호퍼에서 먼 곳에서부터 가까운 곳으로 부어 넣는다.
⑪ 콘크리트는 비빔장소에서 먼 곳에서부터 부어 넣기 시작한다.

024 콘크리트 타설 작업에 있어 진동 다짐의 목적은 콘크리트의 거푸집 구석구석까지 충전시키고, 밀실한 콘크리트를 만들기 위함이며, 빈배합 저슬럼프 콘크리트일수록 효과가 크다.

025 진동기는 내부 진동기와 외부 진동기로 분류하며, 내부 진동기에는 막대(봉상) 진동기, 외부 진동기에는 거푸집 진동기, 표면 진동기 등이 있다.

026 ① 1개소당 진동 시간은 다짐할 때 시멘트풀이 표면 상부로 약간 부상하기까지로 한다.

② 진동기 선단을 철근이나 거푸집에 접촉시키지 않고, 진동 효과를 상승시킨다.

④ 진동다지기를 할 때에는 내부진동기의 끝 부분을 하층의 콘크리트 속으로 0.1m 정도 찔러 넣는다.

⑤ 진동기는 가능한 수직으로 삽입하고, 그 간격은 진동이 유효하다고 인정되는 범위의 지름 이하로서 일정한 간격으로 한다. 삽입간격은 0.5m 이하로 한다.

027 ② 슬럼프가 작을수록(된비빔) 오래 다지도록 한다.

⑤ 타설한 콘크리트는 거푸집 안에서 횡방향으로 이동시켜서는 안 된다.

⑥ 콘크리트 타설은 타설기계로부터 먼 곳에서부터 가까운 곳으로 부어 넣는다.

⑧ 노출콘크리트에는 두드림으로 다지는 것이 다짐봉으로 다지는 것보다 품질관리상 유리하다.

⑨ 콘크리트 펌프압송이 용이한 슬럼프는 8~18cm 정도이다.

⑩ 콘크리트 타설은 운반거리가 먼 곳부터 타설한다.

028 펌프차에서 사용하는 압송장치의 구조방식에는 압축공기의 압력에 의한 방식, 피스톤으로 압송(초고층 건물의 콘크리트 타설시 가장 많이 이용되고 있는 방식)하는 방식, 튜브 속의 콘크리트를 짜내는 방식 등이 있다. 가설장치에 따른 분류에는 정치식과 트럭 탑재식이 있다.

029 펌프차에서 사용하는 압송장치의 구조방식

- 압축공기의 압력에 의한 방식 : 기밀 탱크 속에 일정량의 콘크리트를 넣고 컴프레서에서 압력조정 탱크를 통하여 기밀 탱크에 압축공기를 보내어 그 압력으로 콘크리트를 밀어 보내는 방식
- 피스톤으로 압송 : 피스톤의 왕복 운동에 의하여 실린더 중의 콘크리트를 밀어내는 것으로 초고층 건물의 콘크리트 타설시 가장 많이 이용되고 있는 방식이다.
- 튜브 속의 콘크리트를 짜내는 방식 : 고무롤러가 달린 회전자가 펌핑 튜브를 압박하면서 회전함에 따라 호퍼에서 받은 콘크리트가 펌핑 튜브 속에 빨아들임과 동시에 압송호스로 짜내지는 기구로 되어 있다.

030 ① 버킷 : 분체, 입체, 유체(비빔 콘크리트)의 자재를 넣어 운반하는 용기의 총칭이다.

② 호퍼 : 콘크리트를 부어넣을 곳의 부근에 임시적으로 장치하여 놓은 깔대기 형태로 된 재료 투입구이다.

④ 카트 : 타설하려는 콘크리트를 담아 운반하는 데 사용하는 일종의 손수레로서 운반 시 재료분리 현상에 유의하여야 한다.

031 콘크리트의 배합설계순서

소요강도(설계기준강도) 결정 – 배합강도 결정 – 시멘트강도 결정 – 물·시멘트비 결정 – 슬럼프값 결정 – 굵은 골재 최대치수 결정 – 잔골재율 결정 – 단위수량 결정 – 시방배합산출 및 조정 – 현장배합

032 콘크리트의 배합순서는 "설계기준강도 → 배합(콘크리트)강도 → 시멘트 강도의 결정 → 물·시멘트비의 결정 → 표준 배합표(골재의 크기 결정 → 슬럼프 값의 결정 → 배합비 결정) → 시험 비빔 → 계획 배합"의 순이다.

033 ② 배합은 될 수 있는 대로 부배합(단위용적에 대한 시멘트의 사용량이 많은 배합)으로 한다.

⑥ 가설비, 거푸집 공사의 정밀성이 요구되므로, 거푸집 비용을 절감할 수 없다.

034 경량콘크리트의 특징에는 ①·③·④ 이외에도 흡수성이 있고, 건조수축이 크며, 단열 및 방음성이 있다는 점 등이 있다.

035 경량골재는 배합 전에 충분히 습윤 상태가 되게 한 후, 표면건조 내부포수(포화)상태로 유지해야 한다.

036 경량콘크리트(Lightweight Concrete)의 열전도율은 보통 콘크리트의 1/10 정도이므로, 단열성은 매우 우수하다.

037 ① 보통콘크리트 : 콘크리트의 일종으로 강(강모래, 강자갈), 바다(바다모래, 바다자갈), 산(산모래, 산자갈)에서 나는 골재를 사용하여 만든 콘크리트이다.

③ 다공콘크리트 : 입경이 작은 굵은 골재만을 사용한 다공질의 투수성이 있는 콘크리트로서 내부에 많은 작은 구멍을 가지고 있어서 단열 및 보온 성능이 우수한 콘크리트이다.

④ 기포콘크리트 : 기포제를 콘크리트에 혼합하는 경우, 물리적 반응에 의해 기포를 발생시키거나, 발포제를 사용하여 화학적 작용에 의해 가스를 발생시켜 경량화한 콘크리트를 말한다.

038 AE제는 독립된 작은 기포(직경 0.025~0.05mm)를 콘크리트 속에 균일하게 분포시키기 위하여 사용하는 것으로 작업성, 동결 융해 작용에 대하여 저항(내구)성을 갖기 위하여 사용한다.

② 탄성을 가진 기포는 동결 융해, 수화 발열량의 감소 및 건습 등에 의한 용적 변화가 적고, 강도(압축 강도, 인장 강도, 전단 강도, 부착 강도 및 휨 강도 등)가 감소한다.

⑥ 블리딩 현상이 감소한다.

⑨ 강재와의 부착력이 감소한다(압축 강도, 인장 강도, 전단 강도, 부착 강도 및 휨 강도 등이 감소).

039 염화칼슘은 방동제, 경화촉진제로 사용, 알루미늄 분말은 기포제로 사용한다.

040 ③ AE제에 의한 공기량은 온도가 높아질수록 감소한다.

⑦ AE 공기량은 진동을 주면 감소한다.

⑨ 공기량은 A.E제의 양이 증가할수록 증가하나 콘크리트의 강도는 감소한다.

⑩ 공기량은 비빔시간이 길수록 감소한다. (비빔 시간이 3~5분까지는 증가)

⑬ 공기량은 비빔 초기에는 기계비빔이 손비빔의 경우보다 많다.

041 응결 · 경화촉진제로 사용되는 염화칼슘을 혼입한 콘크리트의 특징으로는 ① · ③ · ④ 이외에도 건습에 대한 팽창 · 수축이 커진다는 점이 있다.

042 ① 플라이 애쉬 : 화력발전소 등의 연소보일러에서 부산되는 석탄재로 연소 폐가스 중에 포함되어 집진기에 의해 회수된 미세한 입상의 잔사로서, 콘크리트의 초기강도 저하를 억제(약 10%이 혼합)하고, 수화열의 감소, 장기강도의 증진, 건조 수축의 감소를 목적으로 하고 있다.(약 20~30% 혼합)

③ 고로 슬래그 : 용용로 방식의 제철 작업에서 선철과 동시에 주로 알루미노 규산염으로 구성된 슬래그가 생성되며 용융상태의 고온 슬래그를 물, 공기 등으로 급냉하여 입상화된 것이다.

④ 포졸란 : 화산암, 화산회의 풍화물로 가용성 규산을 많이 포함하고 있으며, 수경성은 아니지만 물에 의해 석회와 화합하면 경화하는 성질이 있는 혼화재이다.

043 콘크리트에 포졸란을 사용하면 콘크리트의 작업성이 좋아지고, 블리딩 현상이 감소하며, 조기 강도는 작으나, 장기 강도 · 수밀성 및 염류에 대한 화학적 저항성 등이 커진다. 발열량이 적은 반면, 거친 입자나 극히 미세한 입자가 많은 것은 콘크리트의 단위 수량이 증가하고 건조 수축이 커진다.

044 발포제는 콘크리트의 수축을 방지하기 위하여 알루미늄 분말을 섞어 시멘트풀에 기포가 생기게 하는 혼화제이다.

045 플라이애시는 콘크리트의 초기강도 저하 억제에 사용된다.

046 시멘트 및 콘크리트의 혼화 재료
- 혼화제 : 사용량이 비교적 적어 약품적인 사용에 그치는 것으로 AE제, 감수제, 유동화제, 응결 시간 조정제, 방수제, 기포제, 발포제, 착색제 등이 있다.
- 혼화재 : 사용량이 비교적 많아 그 자체의 용적이 콘크리트의 배합 계산에 포함되는 것으로 포졸란, 플라이애시 및 팽창재 등이 있다.

047 포졸란을 사용한 콘크리트의 효과는 ①·②·④ 이외에도 발열량이 작은 반면에 거친 입자나 극히 미세한 입자가 많은 것은 콘크리트의 단위수량을 증대시키고 건조 수축도 커지는 단점이 있다. 특히, 조기강도는 작으나, 장기강도의 증진은 높다.

048 ② 공기량이 많을수록 slump는 증대된다.
⑤ 공기량은 AE제의 양이 증가할수록 증가하나 콘크리트의 강도는 감소한다.
⑥ 공기량은 기계비빔이 손비빔의 경우보다 많다.
⑦ 공기량은 비벼놓은 시간이 길수록 감소한다. (3~5분까지는 증대)
⑩ 공기량이 1% 증가함에 따라 콘크리트의 압축강도는 다소 감소한다.
⑪ 동일 slump를 얻기 위해서 AE콘크리트는 사용수량이 감소한다.
⑫ 적당량의 AE제를 사용하면 동결용해 저항성이 다소 증대한다.

049 ① 한중콘크리트 : 콘크리트 타설 후의 양생기간에 콘크리트가 동결할 우려가 있는 시기에 시공되는 콘크리트이다.
③ 매스콘크리트 : 시멘트의 수화열에 의한 온도의 상승 및 하강에 따라 작용된 구속응력에 의해 균열이 발생할 위험이 있어 이에 대한 특수한 고려를 요하는 콘크리트이다.
④ 팽창콘크리트 : 경화의 과정에서 물과 화학작용하여 팽창하는 성질의 시멘트 또는 혼화재료 등을 사용하여 만든 콘크리트로서, 균열(소성수축 균열, 침하 균열, 온도 변화와 건조 수축에 의한 균열)의 발생의 문제점이 있다.

050 서중콘크리트(높은 외부 기온으로 콘크리트의 슬럼프 저하 및 수분의 급격한 증발 등의 우려가 있는 경우에 시공되는 콘크리트)는 슬럼프 저하 등 워커빌리티의 변화가 생기기 쉽고, 동일 슬럼프를 얻기 위한 단위수량이 많아지며, 콜드조인트가 발생하기 쉽다. 특히, 초기강도의 발현을 빠르지만 장기강도의 증진이 작다.
④ 슬럼프 로스가 발생한다.
⑤ 하루 평균 기온이 25℃를 초과하는 것이 예상되는 경우 서중콘크리트로 시공하여야 한다.
⑥ 서중콘크리트는 초기강도 발현이 빠르지만 장기강도의 증진이 낮다.
⑦ 콘크리트를 타설할 때의 콘크리트의 온도는 35℃ 이하이어야 한다.

051 ② 중량(차폐용)콘크리트 : 비중(3.2~4.0)이 큰 중량골재를 사용하여 방사선(X선, 중성자선, γ 선)을 차폐할 목적으로 만든 콘크리트이다.
① 경량콘크리트 : 잔골재(모래)의 비중이 2.0 미만, 굵은 골재(자갈)의 비중이 1.6 이하인 경량 골재를 사용하여 만든 콘크리트로서 비중이 작고, 단열 및 방음성이 좋으며, 내동해성·시공연도가 향상되는 콘크리트이다.
③ 수밀콘크리트 : 콘크리트 중에서 특히 수밀성이 높은 콘크리트로서, 수밀성을 필요로 하는 공사(지하실, 수중 구조물, 정수장, 양수장, 수조, 지붕 슬래브 등)에 사용되는 콘크리트이다.

④ 팽창콘크리트 : 경화의 과정에서 물과 화학작용하여 팽창하는 성질의 시멘트 또는 혼화재료 등을 사용하여 만든 콘크리트로서, 균열(소성수축 균열, 침하 균열, 온도 변화와 건조 수축에 의한 균열)의 발생의 문제점이 있다.

052 ② 재료를 가열할 경우, 물 또는 골재를 가열하는 것으로 하며, 시멘트는 어떠한 경우라도 직접 가열할 수 없다. 골재의 가열은 온도가 균등하게 되고 또 건조되지 않는 방법을 적용하여야 한다.

⑥ 재료를 가열할 경우 어떠한 경우라도 직접 불꽃에 댈 수 없다.

⑪ 콘크리트를 타설할 마무리된 지반은 콘크리트 타설까지의 사이에 동결하지 않도록 시트 등으로 덮어놓아야 한다. 이미 지반이 동결되어 있는 경우에는 적당한 방법으로 이것을 녹인 후 콘크리트를 타설하여야 한다.

053 오토클레이브(ALC) 양생으로 만들어지는 콘크리트제품의 특징에는 ①·②·④ 이외에도 조기강도가 높고, 내구성이 좋으며, 황산염 반응에 저항성이 크다는 점 등이 있다. 또한 건조수축이 감소(일반 콘크리트의 1/6~1/3 정도)하고, 수분 이동이 감소하며, 크리프 변형이 감소한다. 특히, 고압증기양생으로 양생시간이 적게 걸린다.

반면, ALC 제품의 가장 큰 단점은 다공질이기 때문에 흡수성이 높다는 단점이 있다. 따라서, 동해에 대한 방수·방습처리를 하여야 하고, 또한, 미장마감을 하기 전에 흡수를 방지하기 위한 표면접착력을 강화한 바탕처리가 필수적이다.

054 ① 프리팩트공법 : 거푸집 내에 자갈을 먼저 채우고, 공극부에 유동성이 좋은 모르타르를 주입해서 일체의 콘크리트가 되도록 한 공법이다.

② 진공탈수공법 : 부어 넣은 콘크리트의 표면에 진공매트를 덮고 과잉 수분을 제거함과 통시에 다져서 콘크리트의 품질을 향상시키는 공법이다.

④ 슬립폼공법 : 슬라이딩폼을 사용하여 실시하는 공법으로, 단면의 변화가 있는 경우에 가능한 공법이다.

055 프리캐스트 철근콘크리트 공사의 굳지 않은 콘크리트 중의 염화물 함유량은 염소이온량(Cl^-)으로서 원칙적으로 0.3kg/m³ 이하로 하여야 한다.

056 콘크리트의 탄산(중성)회는 탄산가스, 산성비 등의 영향으로 콘크리트가 강알칼리인 수산화칼슘 상태에서 약알칼리인 탄산칼슘 상태로 변화하는 현상을 말한다. 중성화를 방지하기 위하여 양질의 재료와 적당한 강도가 확보되는 배합설계를 통하여 철저한 시공관리를 하여야 한다.

① 일반적으로 혼합시멘트의 혼합비율이 높은 것과 경량 콘크리트는 중성화의 속도를 늦출 수 없다.

⑤ 일반적으로 경량콘크리트는 기공률이 크므로 탄산화의 속도가 매우 빠르다.

057 골재의 함수 상태

① 절건상태 : 100~110℃에서 무게가 더 이상 변하지 않는 상태로 될 때까지 건조시킨 상태이다.

② 표면건조 내부포수(포화)상태(표건상태) : 골재중의 수량을 측정할 때 표면수는 없지만 내부는 포화상태로 함수되어 있는 골재의 상태이다.

③ 기건상태 : 골재를 공기 중에서 건조하여 내부는 수분이 포함된 상태이다.

④ 습윤상태 : 골재의 내부는 이미 포수(포화)상태이고, 표면에도 물이 묻어있는 상태이다.

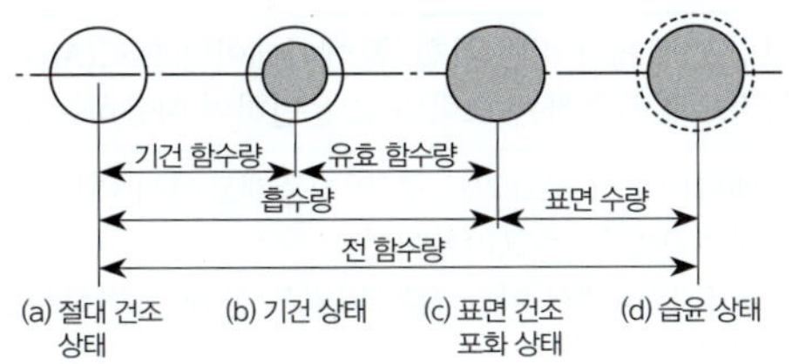

058 콘크리트 골재의 품질

- 골재의 강도는 단단하고 강한 것으로서, 시멘트 풀(페이스트)이 경화하였을 때 시멘트 풀의 최대 강도 이상이어야 한다.
- 골재는 표면이 거칠고, 모양이 구형에 가까운 것이 가장 좋으며, 표면이 매끄러운 것이나, 모양이 편평하거나 세장한 것은 좋지 않다. 함수량이 적고, 흡습성이 작아야 한다(잔골재는 3.5% 이하, 굵은 골재는 3.0% 이하로 규정).
- 골재는 유해량 이상의 염분(0.04% 이하)과, 유해물[진흙이나 유기 불순물(이분, 후민산 등)]이 포함되어 있지 않아야 한다. 특히, 바닷모래와 같이 염분한도를 초과하는 경우에는 피복 두께를 증가시키거나, 방청제 또는 아연 도금 철선을 사용하며, 물-시멘트비를 작게 한다.
- 운모가 다량으로 함유된 골재는 콘크리트 강도를 떨어뜨리고, 풍화되기도 쉽다.
- 골재는 마멸에 견딜 수 있고, 화재에 견딜 수 있는 성질을 갖추어야 하며, 잔골재와 굵은 골재가 골고루 혼합되어 있어야 한다.

059 수밀콘크리트는 콘크리트 중에서 특히 수밀성이 높은 콘크리트로서, 수밀성을 필요로 하는 공사(지하실, 수중 구조물, 정수장, 양수장, 수조, 지붕 슬래브 등)에 사용되는 콘크리트이다. 즉, 콘크리트의 방수성을 높이기 위해 사용하는 콘크리트이다.

060 수밀콘크리트 제작 방법으로는 ①·③·④ 이외에도 가급적 물-결합재비(50% 이하를 표준)를 작게 한다 등이 있다.

061 ① 수밀콘크리트의 배합은 콘크리트의 소요의 품질이 얻어지는 범위 내에서 단위수량 및 물-결합재비는 되도록 작게 하고, 단위 굵은 골재량은 되도록 크게 한다. (KCS 14 20 30 규정)
⑥ 소요 슬럼프는 되도록 작게 하되, 180mm를 넘지 않도록 한다. (KCS 14 20 30 규정)

062 고강도콘크리트는 플라이애시, 실리카품, 고로슬래그 미분말 등의 혼화재는 고강도 콘크리트를 제조하는 데 적절한 것인가를 시험배합을 거쳐 확인한 후 사용하여야 한다. (KCS 14 20 33 규정)

063 아브라함의 물-시멘트비설에 의하면, 콘크리트의 강도는 물-시멘트비가 커지면 작아지고, 물-시멘트비가 작으면 커진다. 즉, 콘크리트의 강도와 물-시멘트비는 반비례함을 알 수 있다.

064 레디믹스트 콘크리트(ready-mixed concrete)란 주문에 의해 공장 생산 또는 믹싱카로 제조하여 사용 현장에 공급하는 콘크리트를 말한다. 현장에 떨어져 있는 콘크리트 전문 제조 공장에 콘크리트를 배처 플랜트에 의해 생산하여 현장에 운반하여 사용하는 콘크리트로서, 그 비비기와 운반 방식에 따라 다음과 같이 구분한다.

센트럴 믹스트 콘크리트 (central mixed concrete)	고정 믹서에서 비빔을 한 후 에지데이터 트럭(Agitator, 비빈 콘크리트의 재료분리를 방지하기 위한 목적으로 사용하는 트럭)으로 운반하여 사용하는 콘크리트이다.
슈링크 믹스트 콘크리트 (shrink mixed concrete)	• 레디믹스트 콘크리트 중 믹싱플랜트에서 어느 정도 비빈 것을 트럭믹서에 실어 운반 도중 완전히 비벼 만드는 콘크리트이다. • 고정 믹서에서 어느 정도 비빔을 한 후 운반하는 도중에 완전하게 비김을 하여 사용하는 콘크리트 이다.
트랜싯 믹스트 콘크리트 (transit mixed concrete)	트럭 믹서에 재료만 공급받아서 현장으로 가는 도중에 혼합하여 사용하는 콘크리트이다.

참고로, 콘크리트 배치 플랜트는 콘크리트를 생산하는 과정을 한 과정에 의해 자동으로 생산이 되도록 하는 기계 설비를 말한다.

065 ① 습윤 양생 : 보양 시트, 거적, 스프링클러 등을 이용하여 습윤상태를 유지하는 양생이다.
③ 증기 양생 : 콘크리트 보양방법 중 초기강도가 크게 발휘되어 거푸집을 가장 빨리 제거할 수 있는 양생이다.
④ 오토클레이브 양생 : 콘크리트 양생법 중 170~215℃ 사이의 온도에 8.0kg/cm² 정도의 증기압을 가하여 조기에 재령 1년의 강도와 거의 같게 할 수 있는 양생이다. 콘크리트 타설 후 콘크리트의 소요 강도를 장기간에 확보하기 위하여 고온·고압에서 양생하는 것이다.

066 콘크리트 표면에 피막양생제를 뿌려 콘크리트 중의 수분(혼합수) 증발을 방지하는 양생 방법으로, 습윤 양생이 끝난 후 장기 양생이 필요한 경우에 사용한다.

067 콘크리트 보양(보호와 양생)을 위해서는 수분의 증발을 방지하여야 하므로 직사일광에 노출시키지 않는다.

068 시멘트 비중시험에는 르 샤틀리에 비중병이 사용된다. 워세크리터는 콘크리트 배합 시 모래와 자갈의 함수율의 영향을 피하기 위하여 먼저 시멘트 풀을 만들어 이것을 따로 계량한 모래, 자갈과 함께 믹서에 투입하도록 만든 기계이다.

069 ① 수밀콘크리트 : 콘크리트 중에서 특히 수밀성이 높은 콘크리트로서, 수밀성을 필요로 하는 공사(지하실, 수중 구조물, 정수장, 양수장, 수조, 지붕 슬래브 등)에 사용되는 콘크리트이다.
② 진공콘크리트(Vacuum Concrete) : 콘크리트를 타설한 후 진공 매트, 진공 펌프 등을 이용하여 콘크리트 속에 잔류해 있는 잉여수 및 기포 등을 제거함으로써 콘크리트의 강도를 증대시킨 콘크리트로서 초기 강도와 장기 강도가 증대되고, 표면 강도와 마모 저항성이 증대되며, 동해에 대한 저항성이 증대된다. 경화 수축이 감소한다.
③ 숏콘크리트 : 모르타르 혹은 콘크리트를 호스를 사용하여 압축공기로 시공면에 뿜는 공법이다.

070 ② cold joint(콜드 조인트) :
　㉮ 시공과정상 불가피하게 콘크리트를 이어치기할 때 발생하는 시공불량 이음부분이다.
　㉯ 1개의 PC 부재 제작 시 편의상 분할하여 부어넣을 때의 이어붓기 이음새 또는 먼저 부어넣은 콘크리트가 완전히 굳고 다음 부분을 부어넣는 줄눈으로 계획되지 않은 줄눈이다.
① construction joint(시공줄눈) : 콘크리트 부어넣기 작업을 일시 중지해야 할 경우에 만드는 줄눈이다.
③ control joint(조절줄눈) : 콘크리트 부재에 균열이 생길만한 곳에 미리 줄눈을 설치하고, 그 결함부위로 균열이 집중적으로 생기게 하여 다른 부분의 균열을 방지하는 줄눈이다.
④ expansion joint(신축줄눈) : 온도변화에 의한 부재(모르타르, 콘크리트 등)의 신축에 의한 균열·파괴를 방지하기 위하여 일정한 간격으로 줄눈이음을 하는 것이다.

071 신축이음(Expansion joint)을 두는 경우는 ①·②·④ 이외에도 두 고층 사이에 있는 긴 저층건축물, 저층의 긴 건물과 고층 건물의 접합부, 50~60m를 넘는 건축물 등이 있다.

072 건축물의 구조설계에 적용되는 설계하중은 고정하중, 활하중(活荷重), 지붕활하중, 적설하중, 풍하중, 지진하중, 토압 및 지하수압, 온도하중, 유체압 및 용기내용물하중, 운반설비 및 부속장치 하중, 그 밖의 하중 등이 있다. (건축물의 구조기준 등에 관한 규칙 제9조)

073 콘크리트 재료적 성질에 기인하는 콘크리트 균열의 원인은 알칼리 골재반응, 콘크리트의 중성화, 블리딩, 경화, 수축 등, 시멘트의 수화열, 이상 응결 및 팽창 등이 있다. 혼화재료의 불균일한 분산은 시공에 기인하는 콘크리트 균열의 원인이다.

074 ③·⑤·⑧ 캔틸레버 보는 이어붓지 않음을 원칙으로 한다.

⑪ 기둥 이음은 보, 바닥판 또는 기초의 윗면에서 수평으로 한다.

콘크리트의 이어치기 원칙
- 보, 바닥판의 이음은 그 간사이의 중앙부에 수직으로 한다.
- 캔틸레버로 내민보나 바닥판은 이어붓지 않는다.
- 바닥판의 경우 그 간사이의 중앙부에 작은보가 있을 경우 작은보 너비의 2배 정도 떨어진 곳에서 이어붓기를 한다.
- 기둥의 경우 기초판 연결보 또는 바닥판 위에서 수평으로 한다.
- 벽의 경우 문틀 등 끊기 좋고, 이음자리 막기와 떼어내기에 편리한 곳에서 수직, 수평으로 한다.
- 아치의 이음은 아치축에 직각으로 설치한다.

075 프리스트레스트 콘크리트(Prestressed concrete)의 공법

프리스트레스트 콘크리트는 특수 선재(고강도의 강재나 피아노선)를 사용하여 재축 방향으로 콘크리트에 미리 압축력을 준 콘크리트이다.

프리텐션 방식	콘크리트를 타설하기 전에 직경 5mm 이하의 선재에 인장력을 미리 준 다음 콘크리트를 타설하여 경화시킨 후에 콘크리트와 선재의 부착에 의한 자동 정착에 따라 콘크리트에 압축 프리스트레스를 받게 하는 방법이다.
포스트텐션 방식	거푸집에 미리 관을 설치한 다음 콘크리트를 부어 넣고, 콘크리트가 경화한 후에 선재를 삽입하여 인장력을 가하여 부재 단부의 정착 장치에 의해 압축력을 콘크리트에 전달하는 방식으로 공장이 아닌 현장에서 프리스트레스트를 도입하므로 품질에 대한 신뢰도가 낮다.

076 ① WPC공법 : 벽식 프리캐스트 철근콘크리트조를 시공하는 공법으로 중층의 공동주택에 폭넓게 채용되는 PC공법이다.

② HPC공법 : H형강의 기둥에 보, 벽, 슬래브의 프리캐스트 콘크리트 부재를 접합하고 기둥의 H형강의 주변에 철근을 배근하여 기둥의 콘크리트를 현장 타설하는 공법이다.

③ RPC공법 : 철근콘크리트 라멘구조의 주요구조부(기둥, 보 등)를 철골철근콘크리트 또는 철근콘크리트로 PC 부재화하여 현장에서 조립, 접합하여 건축물을 구축하는 공법이다.

④ Half PC공법 : 바닥 슬래브를 상부와 하부로 나누어, 하부는 공장 생산된 PC판을 사용하고, 상부는 현장타설 콘크리트로 일체화하여 바닥슬래브를 구축하는 공법이다.

077 지중보는 주각을 서로 연결시켜 고정상태로 하여 기초의 부동침하와 기둥의 이동을 방지하는 역할을 하는 보이다.

078 소일네일링 공법[흙막이나 사면을 보강하기 위해 철근(네일)을 흙 속에 삽입하고 그라우팅하여 지반을 안정화하는 공법]은 숏크리트(모르타르 혹은 콘크리트를 호스를 사용하여 압축공기로 시공면에 뿜는 공법) 공정에 필요한 공법이다. 강재널말뚝 공법, 엄지말뚝식 흙막이공법, 지하연속벽 공법 등은 흙막이 공법의 일종이다.

079 블록의 빈속을 철근과 콘크리트로 보강하여 내력벽(상부의 하중을 받아주는 벽)을 구성하는 것이다.

080 공업화 공법(PC공법)에 의한 콘크리트 공사의 품질 관리는 공장에서 생산하므로 품질의 균질성이 기대되고, 규격품의 생산으로 오차가 작다.

081 돌공사의 공사방법 중 건식공법은 구조체에 석재판을 붙일 때, 긴결철물(꽂임촉, 파스너, 앵커 등)을 사용하여 긴결하므로 습식공법에 비해 어려운 편이다.

082 철근콘크리트 구조용으로 쓰이는 철근의 종류

이형철근 (deformed bar)	표면에 돌기(마디와 리브 등)가 있는 봉강이다.
원형철근 (round bar)	표면에 돌기(마디와 리브 등)가 없는 봉강이다.
용접철망 (wire mesh)	4.19mm 철선 정도의 굵은 철선을 사각형으로 교차시켜 그물 모양으로 만들고, 교차점은 전기 용접을 하여 고정시킨 것으로, 울타리, 콘크리트의 철근 보강용으로 쓴다.
메탈라스 (metal lath)	금속제 라스의 총칭으로 얇은 강판에 많은 절목을 넣어 이를 옆으로 늘려서 만든 것으로 도벽 바탕(천장 및 벽의 미장 바탕)에 사용한다.
스테인리스 철근	주로 해안구조물과 교량의 상판, 난간벽체 등의 지지구조물, 내구성이 요구되는 건축물 등에 쓰이며, 탄소강 철근에 비해 내식성이 5~10배 정도 좋은 철근이다.
고강도 철근	일반적으로 항복 강도 350MPa(=3500kg/cm^2) 이상의 철근으로 탄소강에 소량의 스트론튬, 망간, 니켈 등을 첨가한 강도가 높은 철근이다.

083 철근트러스 입체화 공법은 공장에서 생산하여 현장에서 조립·설치하며, 그 특징으로는 ①·②·④ 이외에도 가설작업장의 면적 감소 등이 있다.

084 철근의 피복 두께란 철근의 표면으로부터 콘크리트의 표면까지의 거리를 말하고, 보에서는 늑근의 표면에서 콘크리트의 표면까지이며, 기둥에서는 대근의 표면에서 콘크리트의 표면까지의 거리이다.

085 철근의 최소 피복 두께를 확보하는 이유로는 ①·③·④ 이외에도 철근콘크리트 구조물의 내구성과 내화성을 유지하기 위함 등이 있다.

086 철근콘크리트 바닥판의 두께는 8cm 이상(경량 콘크리트의 경우 10cm 이상) 또는 다음 표에 의한다.
콘크리트슬래브의 최소두께(건축물의 구조기준 등에 관한 규칙 제53조, 별표 9)

(단위 : mm)

지지조건	주변이 고정된 슬래브	캔틸레버 슬래브
$\beta \leq 2$의 경우(2방향 슬래브)	$\ell n / (36 + 9\beta)$	–
$\beta > 2$의 경우(1방향 슬래브)	$\ell / 28$	$\ell / 10$

〈비고〉
- β : 슬래브의 단변에 대한 장변의 순경간(純徑間) 비
- ℓ n : 2방향슬래브 장변의 순경간(mm)
- ℓ : 1방향슬래브 단변의 보 중심간 거리(mm)

087 1방향 슬래브는 λ(변장비) $= \dfrac{l_y(장변방향의\ 순간사이)}{l_x(단변방향의\ 순간사이)} \rangle\ 2$이고,

2방향 슬래브는 λ(변장비) $= \dfrac{l_y(장변방향의\ 순간사이)}{l_x(단변방향의\ 순간사이)} \leq 2$이다.

그러므로, 1방향 슬래브는 장변의 길이가 단변 길이의 2배를 초과되는 슬래브이다.

088 ① 기둥의 주근은 기초 또는 바닥판에 정착한다.
② 보의 주근은 기둥 또는 큰 보에 정착하고, 보 밑에 기둥이 없는 경우에는 보 상호간 정착한다.
④ 기둥 하부 철근은 기초 또는 바닥판에 정착한다.
⑦ 바닥철근은 보 또는 벽체에 정착한다.
⑩ 작은 보의 주근은 큰 보 또는 직교하는 단부 보 밑에 정착한다.
이상의 내용을 종합하면, 다음과 같다.

구분	기둥	보	작은 보	지중보	벽	바닥
정착위치	기초, 바닥판	기둥, 큰 보	큰보, 직교하는 단부 보 밑	기초, 기둥	기둥, 보, 바닥판	보, 벽체

089 철근의 이음방식

용접 이음	금속의 고열에 의해 융합되는 성질 즉, 야금적 성질을 이용한 이음으로 아크 용접, 플러시 버트 용접, 가스 압점 등이 있다.
겹침 이음	철근의 이음할 1개소에 두 군데 이상의 결속선(#18~#20)으로 결속하는 이음이다.
Cad Welding	철근에 슬리브를 끼우고 화약과 합금의 혼합물을 넣어 순간 폭발에 의한 이음이다.
가스압접 이음	철근단면을 맞대고 산소-아세틸렌염으로 가열하여 접합단면을 녹이지 않고 적열상태에서 부풀려 가압, 접합하는 철근이음방식이다.
기계식 이음	• 나사식 이음 : 철근 단부의 표면과 커플러 내부에 나사산을 가공하여 철근을 이음하는 방식이다. • 충전식 이음 : 철근의 부위에 삽입한 커플러와 철근 사이에 충전재를 주입하여 철근을 이음하는 방식이다. • 압착식 이음 : 철근보다 큰 내경의 슬리브에 철근을 끼우고 압착기로 슬리브를 압착하여 이음하는 공법이다.

090 용접 이음은 금속의 고열에 의해 융합되는 성질, 즉 야금적 성질을 이용한 이음이다. 아크 용접과 플러시 버트 용접, 가스 압접 등이 있다.

아크(Arc)용접	전기를 사용하여 금속과 녹은 금속을 녹일만큼 충분한 열을 발생시켜 금속과 금속을 접합하는 공정을 의미한다.
플러시 버트(Flush Butt)용접	• 맞대기 저항용접의 일종이다. • 용접 시 두 소재의 끝 부분이 접촉시키면서 대전류를 흘릴 경우 접촉면에서 플래시(flash), 아크(Arc)가 발생하면서 열이 증가한다. 증가된 열로 인해서 재료는 가열되고 적당한 온도로 높아질 경우 접촉면은 금속 증기와 용융금속으로 덮여있는 상태가 된다. 이 상태에서 곧바로 축방향의 힘이 정해진 속도로 압력을 가하여 접합부를 용접하는 방법이다.
가스 압첩	철근단면을 맞대고 산소-아세틸렌염으로 가열하여 접합단면을 녹이지 않고 적열상태에서 부풀려 가압, 접합하는 철근이음방식이다.

091 ② 가스압접 이음은 용접 이음에 속한다.

> **기계식 이음**
> - 나사식 이음 : 철근 단부의 표면과 커플러 내부에 나사산을 가공하여 철근을 이음하는 방식이다.
> - 충전식 이음 : 철근의 부위에 삽입한 커플러와 철근 사이에 충전재를 주입하여 철근을 이음하는 방식이다.
> - 압착식 이음 : 철근보다 큰 내경의 슬리브에 철근을 끼우고 압착기로 슬리브를 압착하여 이음하는 공법이다.

092 철근이음공법 중 지름이 큰 철근을 이음할 경우 철근의 재료를 절감하기 위하여 활용하는 공법에는 가스압접이음, 맞댄용접이음, 나사식커플링이음 등이 있다.
겹친이음[철근의 이음할 1개소에 두 군데 이상의 결속선(#18~#20)으로 결속하는 이음]은 철근의 재료를 절감하기 위하여 활용하는 공법은 아니다.

093 보는 중앙부 하부와 단부의 상부에서 인장력에 견뎌야 하므로 보하부 주근의 처짐은 중앙부 하부의 인장력에 견디지 못하므로 보가 붕괴될 수 있다.

094 주근(인장력을 받는 철근)의 이음은 구조부재에 있어서 인장력이 가장 작은 부분에 두고, 경미한 압축근의 이음길이는 철근지름의 25배이나, 이 문제에서 ③의 내용이 가장 옳지 않으므로 정답을 ③으로 한다.

095 D35를 초과하는 철근은 겹침이음을 할 수 없다. 다만, 서로 다른 크기의 철근을 압축부에서 겹침이음하는 경우 D35 이하의 철근과 D35를 초과하는 철근은 겹침이음을 할 수 있다.

096 ① 이음은 동일개소에서 철근수의 반 이상을 이어서는 안 된다.
⑥ 이음을 할 때는 한 곳에서 철근 수의 반 이상을 이어서는 안 된다.

097 철근의 가스압접이음(철근단면을 맞대고 산소-아세틸렌염으로 가열하여 접합단면을 녹이지 않고 적열상태에서 부풀려 가압, 접합하는 철근이음방식)은 철근의 항복점 또는 재질이 다른 경우에도 압접의 적용성을 사전에 검토하여야 한다.

098 철근의 이음을 검사할 때 가스압접이음의 검사항목에는 이음 위치, 외관 검사, 초음파 탐상검사, 인장 시험 등이 있다. 이음 길이와 이음 위치는 겹침이음의 검사항목이다.

099 용접이음의 인장시험은 1검사 로트(원칙적으로 동일 작업반이 동일한 날에 시공한 압접 또는 용접개소로서 그 크기는 200개소 정도를 표준으로 함)마다 3개를 실시한다. (KCS 14 20 11 규정)

100 건축물의 철근 조립순서는 "기초철근 → 기둥철근 → 벽철근 → 보철근 → 슬래브철근 → 계단철근"의 순이다.

101 이형철근이라고 하더라도 갈고리(Hook)를 설치하여야 하는 경우는 원형철근, 기둥과 보(지중보 제외)의 돌출 부분의 철근, 보의 스터럽, 기둥의 띠철근, 굴뚝의 철근 등이다.

102 ③ 인력에 의한 절곡은 현장 사정상 가능하다.
⑤ 모든 철근은 기계적인 방법(절단기, 전동톱, 시어커터 등)을 사용하여 절단한다.
⑧ 대지의 여유가 없는 경우 정밀도 확보를 위해 공장가공을 우선적으로 고려한다.

103 ④ 구부러진 철근은 다시 펴는 가공작업을 거친 후 재사용하는 것을 반드시 피해야 한다.

⑥ 이음의 겹침길이는 갈고리 중심간의 거리로 한다.

⑪ 원형철근의 공칭직경은 $\emptyset$로 표시하고, 이형철근의 공칭직경은 D로 표시한다.

104 철근 및 용접철망은 직접 땅에 닿지 않도록 하고, 변형이 발생하지 않도록 적당한 간격으로 지지하여 창고 내에 저장하여야 한다. 옥외에 적치할 경우에는 방수기능이 있는 씌우개로 덮어서 저장하여야 한다.

105 거푸집은 콘크리트를 부어넣어 굳히기 위한 목적으로 만든 임시 구조물로서 콘크리트의 부어넣기 작업과 응결과 경화를 하는 동안 일정한 형상과 치수를 유지시켜 그 경화에 필요한 수분의 누출을 방지하고 외기의 영향을 방지할 목적으로 사용한다.

106 철근콘크리트공사에서 거푸집 조립순서는 "기초 → 기둥 → 내벽 → 큰 보 → 작은 보 → 바닥판 → 외벽"의 순이다.

107 ① 거푸집공사의 발전방향은 대형 패널 또는 대형 시스템 위주의 거푸집 제작이다.

⑤ 거푸집공사의 발전방향은 거푸집의 대형화, 경량화, 부재 단면의 효율화, 기계를 사용한 운반 설치 등이 있다.

108 ④ 터널폼(Tunnel Form) : 벽식 철근콘크리트 구조를 시공할 경우 벽과 바닥의 콘크리트 타설을 한 번에 가능하게 하기 위하여 벽체용 거푸집과 슬랩 거푸집을 일체로 제작하여 한번에 설치하고 해체할 수 있도록 한 시스템거푸집이다. 즉, 한 구획 전체의 벽판과 바닥판을 ㄱ자형 또는 ㄷ자형으로 짜서 이동시키는 형태의 기성재 거푸집이다.

① 갱폼(Gang Form) : 거푸집 공법에서 타워크레인 등의 시공장비에 의해 한 번에 설치하고 탈형만 하므로 사용할 때마다 부재의 조립 및 분해를 반복하지 않아, 평면상 상하부 동일단면의 벽식 구조인 아파트 건축물에 적용효과가 큰 대형 벽체거푸집이다.

② 클라이밍폼(Climbing Form) : 고층 구조물의 내부코어시스템에 가장 적당한 시스템 거푸집이다.

③ 슬립폼 : 거푸집공법 중 수평적 또는 수직적으로 반복된 구조물을 시공이음이 없이 균일한 형상으로 시공하기 위하여 거푸집을 연속적으로 이동시키면서 콘크리트를 타설하여 시공하는 공법으로 주로 사일로(Silo), 전단벽 건물, 유틸리티코어 등에 사용되는 거푸집이다. 슬라이딩 폼과 같이 연속거푸집으로서 단면의 형상에 변화가 있는 구조물에 적용하는 거푸집이다.

109 거푸집의 종류

구분	벽체전용	바닥판 전용	바닥+벽용 거푸집	무지주 공법
거푸집의 종류	클라이밍폼, 갱폼, 슬라이딩폼, 슬립폼 등	플라잉(테이블)폼, 워플폼, 데크플레이트	터널폼, 트레블링폼	보우빔, 페코빔

110 ③ 내·외부에 비계발판을 설치하지 않고 시공한다.

⑤ 내·외부 비계발판을 따로 준비하지 않으므로 공기가 단축될 수 있다.

111 거푸집의 고려하여야 할 하중

부위	고려하여야 할 하중	
보, 슬래브 밑면	생콘크리트 중량	작업 하중, 충격 하중
벽, 기둥, 보 옆		생콘크리트 측압력

112 ① 세퍼레이터(격리재) : 철근콘크리트공사에서 거푸집 조립 시 측압력은 부담하지 않고 거푸집판의 간격이 좁아지지 않게 사용하는 격리재이다. 철근콘크리트공사에서 수직 거푸집의 상호간 간격을 유지하는 데 사용하며(거푸집 상호간의 간격 유지, 측벽 두께를 유지하기 위한 격리재), 보통 철근제, 파이프제를 사용한다.

② 플랫타이(flat tie) : 유로폼과 유로폼 사이의 간격을 일정하게 유지하여, 건축물의 변형 방지와 안정적인 구조 유지 역할을 하는 것으로 벽의 콘크리트 타설 과정에서 필수적인 철물이다.

③ 폼타이(긴장재) : 벽체와 기둥의 거푸집이 굳지 않은 콘크리트 측압에 저항할 수 있도록 최종적으로 잡아주는 부재이다.

④ 컬럼밴드 : 기둥거푸집의 고정 및 측압 버팀용으로 사용되는 부속재료이다. 기둥의 체결재로서 기둥의 측압에 저항하는 역할을 한다.

113 폼타이(벽체와 기둥의 거푸집이 굳지 않은 콘크리트 측압에 저항할 수 있도록 최종적으로 잡아주는 부재), 플랫타이(유로폼과 유로폼 사이의 간격을 일정하게 유지), 컬럼밴드(기둥의 체결재로서 기둥의 측압에 저항하는 역할) 등은 거푸집 공사의 체결재(긴장재, 격리재 등)이다.

동바리(타설된 콘크리트가 소정의 강도를 얻기까지 고정하중 및 작업하중 등을 지지하기 위하여 설치하는 부재 또는 작업 장소가 높은 경우 발판, 재료 운반이나 위험물 낙하 방지를 위해 설치하는 임시 지지대)는 거푸집의 긴결재와는 무관하다.

114 ②는 스페이서(spacer), ③은 폼타이(form tie), ④는 박리제에 대한 설명이다.

115 보강재는 부족한 부분을 보강하는 부재이고, 긴결재는 부재와 부재를 긴밀하게 연결해주는 부재이며, 지지재는 상부의 하중을 받쳐주는 부재이다.

116 박리제는 콘크리트 표면에서 거푸집 널을 떼어내기 쉽게 하기 위하여 미리 거푸집 널에 도포하는 물질로서, 철근의 부착강도를 저하시킬 우려가 있으므로 이를 방지하기 위하여 철근에 묻지 않도록 하여야 한다.

117 인서트는 콘크리트 슬래브에 묻어 천장 달림재를 고정시키는 철물이다.

118 거푸집에 물뿌리기를 하는 가장 큰 이유는 콘크리트가 응결과 경화를 하는 데 필요한 수분의 흡수를 방지하기 위함이다.

119 무지주공법 중 보우 빔(Bow beam)은 하층의 작업공간을 확보하기 위하여 철골트러스와 유사한 경량 가설보를 설치하여 바닥 콘크리트를 타설하는 공법이다.

① 페코 빔(Pecco beam)은 보우 빔(스팬이 일정한 경우에만 사용 가능)과 유사한 것이나 안보가 있어 스팬의 조절이 자유로운 공법이다.

120 ④ 구조물의 손상을 고려하여 제거시 찢어져 남은 거푸집 쪽널은 제거하고 미장공사를 한다.

⑥ 높은 곳에 위치한 거푸집은 모두 제거하고 미장 공사를 실시한다.

121 철근콘크리트공사에서 거푸집 조립순서는 "기초 → 기둥 → 내벽 → 큰 보 → 작은 보 → 바닥판 → 외벽"의 순으로 거푸집 설계를 하도록 하며, 거푸집 설계 전 콘크리트 구조체도를 작성하는 것이 좋다.

122 거푸집 존치기간의 결정요인에는 건축물의 부위(기초, 보, 기둥, 벽, 슬래브, 아치 등), 구조(단층 및 다층 구조 등) 시험에 의한 압축강도, 시멘트의 종류, 평균 기온 등이 있다.

거푸집의 존치기간

콘크리트 압축강도를 시험하는 경우	• 기초, 보, 기둥, 벽 등의 측면은 콘크리트 압축강도가 5Mpa 이상(내구성이 중요한 구조물의 경우에는 10Mpa 이상) • 슬래브 및 보의 밑면과 아치 내면의 경우로서, – 단층구조인 경우는 설계기준압축강도의 2/3 이상이며 최소강도 14Mpa 이상 – 다층구조인 경우에는 설계기준압축강도 이상 – 필러 동바리 구조를 이용할 경우는 구조계산에 의해 기간을 단축할 수 있으나, 최소강도는 14Mpa 이상
콘크리트 압축강도를 시험하지 않는 경우	시멘트의 종류와 평균 기온에 따라 달리한다.

123 거푸집 존치 기간을 가장 길게 해야 할 부위는 슬래브 및 보의 밑면과 아치 내면의 경우이다.

124 콘크리트 측압에 영향을 주는 요소에는 시멘트(시멘트의 종류와 양), 콘크리트(콘크리트의 비중, 온도와 습도, 타설 속도 및 방법, 컨시스턴시 등), 철근과 철골량, 거푸집(거푸집의 표면의 평활도, 투수성과 누수성, 수평 단면, 강성 등), 진동기의 사용(다지기 방법) 등이 있다.

125 ② 콘크리트가 부배합일수록 측압은 커진다.
　④ 온도가 낮으면 경화속도가 느리기 때문에 측압은 강해진다.
　⑥ 묽은 콘크리트일수록 측압이 높다.
　⑨ 치기속도가 빠를수록 측압이 크다.
　⑩ 슬럼프가 작을수록 측압이 작아진다.
　⑫ 진동기를 사용하여 다질수록 측압이 크다.
　⑭ 기온이 높을수록 작다.
　⑮ 타설속도가 빠를수록 측압이 커진다.
　⑯ 철골 또는 철근량이 많을수록 측압이 작아진다.
　⑲ 온도가 높을수록 측압은 작다.

126 콘크리트에 대한 다짐이 적을수록 감소하고, 다짐이 많을수록 증가한다.

127 알루미늄 거푸집(거푸집 프레임과 패널을 알루미늄 합금으로 경량화시킨 거푸집으로서 유로폼에 비해 가볍고 강성이 크며, 시공 정밀도가 우수하여 널리 활용)은 금속재이므로 거푸집 해체 시 소음이 매우 크다.

128 섬유재 거푸집(거푸집에 섬유재를 붙여서 사용하는 거푸집)의 특성으로는 ②·③·④ 이외에도 거푸집의 함수량으로 인하여 습윤양생이 지속되어 표면 강도의 증가, 중성화 속도의 지연, 염분 침투성의 저감 등으로 내구성의 향상 등이 있다.

129 거푸집 검사에 있어 받침기둥(지주의 안전하중) 검사 사항에는 ①·③·④ 이외에도 접속부 나사 등의 손상상태, 받침철물 또는 받침목등을 설치하여 부동침하 방지조치 등이 있다.

▶ 문제편 386p

001	①○ ②× ③○ ④○													
002	①○ ②× ③○ ④○													
003	①○ ②× ③○ ④○													
004	①○ ②○ ③× ④○ ⑤× ⑥○ ⑦○ ⑧× ⑨○ ⑩○ ⑪× ⑫× ⑬× ⑭○ ⑮×													
005	①× ②○ ③○ ④○													
006	①○ ②○ ③○ ④× ⑤○ ⑥○ ⑦× ⑧○													
007	①× ②× ③× ④○													
008	①× ②× ③× ④○													
009	①○ ②○ ③○ ④×													
010	①○ ②○ ③○ ④×													
011	①○ ②○ ③× ④○													
012	①○ ②○ ③○ ④×													
013	①○ ②× ③○ ④○ ⑤○ ⑥○ ⑦○ ⑧○ ⑨× ⑩×													
014	①× ②○ ③○ ④○													
015	①○ ②× ③○ ④○													
016	①○ ②○ ③× ④○													
017	①○ ②○ ③○ ④×													
018	①○ ②○ ③× ④○													
019	①○ ②○ ③× ④○													
020	①○ ②○ ③○ ④○													
021	①× ②× ③○ ④×													
022	①× ②○ ③× ④×													
023	①× ②× ③○ ④×													
024	①○ ②○ ③○ ④○													
025	①○ ②○ ③○ ④○													
026	①○ ②× ③○ ④○ ⑤○ ⑥×													
027	①○ ②○ ③○ ④○ ⑤× ⑥○													
028	①○ ②○ ③○ ④○													
029	①× ②○ ③○ ④○													
030	①○ ②○ ③○ ④×													
031	①× ②○ ③○ ④○													
032	①○ ②○ ③× ④×													
033	①○ ②○ ③× ④○													
034	①○ ②× ③○ ④○													
035	①○ ②× ③○ ④○													
036	①○ ②○ ③○ ④○													
037	①× ②× ③× ④○													
038	①○ ②○ ③○ ④×													
039	①○ ②○ ③○ ④×													
040	①× ②○ ③○ ④○													
041	①○ ②○ ③○ ④×													
042	①× ②○ ③× ④○													
043	①○ ②○ ③× ④○ ⑤○ ⑥○ ⑦× ⑧○ ⑨○													
044	①○ ②○ ③○ ④○													
045	①× ②○ ③× ④×													
046	①× ②○ ③× ④×													
047	①× ②○ ③○ ④○													
048	①○ ②○ ③○ ④×													
049	①× ②○ ③○ ④○													
050	①× ②○ ③× ④×													
051	①○ ②○ ③× ④○ ⑤× ⑥× ⑦× ⑧○ ⑨× ⑩× ⑪×													
052	①× ②○ ③× ④× ⑤× ⑥×													
053	①× ②○ ③× ④×													
054	①○ ②○ ③○ ④× ⑤○ ⑥○ ⑦×													
055	①○ ②○ ③○ ④× ⑤×													
056	①× ②○ ③○ ④○ ⑤×													
057	①× ②○ ③× ④×													

001 녹막이 도장이 금지되는 상황은 주위의 기온이 5℃ 미만일 때, 안개가 끼었을 때, 눈 또는 비가 올 때, 상대습도가 85% 초과할 때 등이다.

002 리벳의 최소 피치는 2.5d이다.

003 철골조의 특성 중 강재는 내화성이 약하므로, 철골조도 역시 내화적이지 못하다.

004 1) 용접의 결함

언더컷 (under cut)	• 철골부재의 용접에서 용접상부에 따라 모재(母材)가 녹아서 용착 금속이 채워지지 않고 홈으로 남게 된 부분이다. • 용접불량의 일종으로 용접의 끝부분에서 용착금속이 채워지지 않고 홈처럼 우묵하게 남아 있는 부분이다.
오버랩 (overlap)	용접결함 중 용접금속과 모재가 융합되지 않고 단순히 겹쳐지는 것을 말한다.
블로우 홀 (Blow hole, 공기구멍)	용융금속이 응고할 때 방출되어야 할 가스가 남아서 생기는 용접부의 빈 자리 또는 금속이나 유리 등을 주조할 때 그 속에 남은 기포를 말한다.
슬래그(slag) 감싸들기	슬래그(용접할 때 용착금속의 표면에 생기는 비금속의 물질로 용접봉의 심선과 모재가 변한 것)가 용착금속 내에 혼입된 것을 말한다.
크랙 (crack, 균열)	용접 후 냉각 시 발생되는 결함으로, 용접 과정에서 불순물의 혼입 또는 급속 냉각 시 용착 금속의 냉각 속도에 따라 불균일한 응력이 발생하는 등의 원인으로 인하여 용접부에 부분적으로 균열이 발생하게 된다.
크레이터 (crater)	아크용접에서 용접비드의 끝에 남은 우묵하게 패인 곳이다.
피트(Pit)	용접부 표면에 생기는 작은 구멍이다.

2) 용접 관련 용어

위빙 (weaving)	• 용접작업에서 용접봉을 용접방향에 대하여 서로 엇갈리게 움직여서 용가금속을 용착시키는 운봉방법이다. • 용접봉을 용접방향에 대해서 서로 엇갈리게 움직여서 용가(鎔可)금속을 용착시키는 운봉방법 또는 운봉을 용접 방향에 대하여 가로로 왔다 갔다 움직여 용착금속을 녹여 붙이는 것으로 위핑(weeping)이라고 한다.
루트 (root)	그루브(용접에서 접합하는 2개의 부재에 만든 홈 또는 철골 부재간 사이를 트이게 한 홈인 개선부)의 밑 부분이고, 용접부의 단면에 있어서 용착금속의 바닥과 모재와의 교점이다.
스캘럽 (scallop)	철골 부재의 용접 시 이음 및 접합 부위의 용접선의 교차로 재용접된 부위가 열영향을 받아 취약해짐을 방지하기 위해 모재에 부채꼴 모양으로 모따기를 한 것이다.
가우징 (Gouging)	용접 또는 캐스팅과 관련하여 재료를 제거하는 방법 또는 양측 용접을 하는 경우 충분한 용입을 얻기 위해 배면 초층 용접 전에 배면 표면 측에 건전한 용접 금속 부분이 나타날 때까지 홈을 파는 것이다.
비드 (bead)	아크 용접 또는 가스 용접에서 용접봉의 1회 통과할 때 용재의 표면에 융착된 금속층이다.
엔드탭 (end tab)	용접의 시발부와 종단부에 임시로 붙이는 보조판 또는 아크의 시발부에 생기기 쉬운 결함을 없애기 위해서 용접이 끝난 다음 떼어낼 목적으로 붙이는 버팀판이다.
그루브 (Groove)	철골 부재간 사이를 트이게 한 홈인 개선부이다.
스패터 (Spatter)	아크 용접이나 가스 용접에서 용접 중 튀어나온 슬래그 또는 금속 입자를 말한다.
콜드조인트 (Cold Joint)	먼저 부어넣은 콘크리트가 완전히 굳은 후 새로운 콘크리트를 부어넣는 경우에 발생하는 줄눈으로 불연속면으로 일체화를 저해하는 줄눈이다.

005 "용접 후 냉각 시 용접부위에 공기가 포함되어 공극이 발생되는 것"은 블로홀(Blow hole, 공기구멍)이다. 위핑홀 (weeping hole)은 철골의 용접부나 주조물의 밀폐된 부분에 생기는 작은 구멍으로 용접시 내부에 갇힌 가스나 불순 물이 빠져나오지 못하고 표면으로 뚫고 나와 발생하는 구멍이다.

006 ④ 스패터(Spatter) : 아크 용접이나 가스 용접에서 용접 중 튀어나온 슬래그 또는 금속 입자를 말한다. 모살 용접이 각진 부분에서 끝날 경우 각진 부분에서 그치지 않고 연속적으로 그 각을 돌아가며 용접하는 것은 연속모살용접 에 대한 설명이다.

⑦ 블로우 홀(Blow hole, 공기구멍)은 용융금속이 응고할 때 방출되어야 할 가스가 남아서 생기는 용접부의 빈 자리 또는 금속이나 유리 등을 주조할 때 그 속에 남은 기포를 말한다. 비드의 가장자리에서 모재가 깊이 먹어 들어간 것처럼 된 것은 언더컷에 대한 설명이다.

007 ①은 뒷꺾임(Burr), ②는 노치(Notch), ③은 슬래그(slag)에 대한 설명이다.

008 ① 가용접 : 본 용접을 하기 전에 부재의 위치와 간격을 바로 잡고 띄엄띄엄 위치를 우선 고정시키는 용접이다.
② 개선 : 피용접재의 두께가 커서 그대로 완전히 용접이 되지 않는 경우 충분히 내부로부터 용융시키기 위하여 부재의 끝 부분을 경사지게 자르는 것을 말한다.
③ 레그 : 모살용접에 있어서 한 쪽 용착면의 폭(발길이)이다.

009 ② 맞댐용접 : 접합재의 끝을 적당한 각도로 개선(앞벌림)하여 서로 접합 부재를 맞대어 개선에 용착금속을 용융하여 접합하는 방식이다.
③ 플레이용접 : 원형 홈 부분에 사용되는 모살용접으로 경량 형강, 철근 등의 용접에 사용된다.
④ 플래그용접 : 모살용접과 동일한 목적으로 사용되는 용접으로 두 판재 중 한 쪽 판재에 원형의 구멍을 뚫고, 그 구멍에 용융 금속을 채우는 용접 방법으로, 구멍을 모두 채운다는 점이 모살용접과의 차이점이다.

010 ① 아크 수동용접 : 용접물과 용접봉 사이에 아크를 발생시켜 서로(용접물과 용접봉)를 녹여 접합시키는 용접이다.
② 일렉트로 슬래그 용접(전기용접) : 두꺼운 강판을 용접하는 데 사용되는 수직 용접 방법으로 홈파기를 하지 않고 두 판재를 20~30mm 정도 띄우고, 양 옆에 커버 슈를 붙여 쇳물이나 슬래그가 새어나가지 않도록 한 후, 수직으로 용접하여 올라간다. 용접 속도가 서브머지드 아크용접보다 빠르다.
③ 가스 압접 : 가스 용접과 압력 접합의 합성어이고, 가스 불꽃을 이용하는 압접 방법으로 접합하려는 부재의 면에 축방향 압축력을 가하고, 접합 부위를 가열하여 접합하는 용접 방법이다.
④ 필렛(모살)용접 : 형강 또는 판 등의 겹침이음, T자 이음, 각이음 등에 쓰이며, 철판과 철판이 겹치든가 맞닿는 부분의 각을 이루는 부분을 용접하는 방식이다.
아크 수동용접, 일렉트로 슬래그 용접, 가스 압접 등은 용접기구에 의한 분류에 속하고, 필렛(모살)용접과 맞댐용접은 용접의 형식에 의한 분류에 속한다.

011 철골공사의 용접작업 시 맞댐용접의 앞벌림 모양(Groove, 개선, 홈)은 H, I, J, K, U, V, X자형 등이 있다.

012 부재이음에 용접과 볼트를 불가피하게 병용할 경우에는 용접을 한 후에 볼트 조임을 하는 것을 원칙으로 한다. 용접이 모든 응력을 부담한다.

013 용접 검사의 분류

용접 착수 전	트임새 모양, 구속법, 모아대기법, 용접 자세의 적부
용접 작업 중	용접봉, 운봉, 전류의 적정, 제1층 용접완료·뒷 용접 전
용접 완료 후	• 외관(육안)검사(용접결함, 용접변형, 의장적조사) • 절단검사 • 비파괴 검사(방사선 투과법, 초음파 탐상법, 자기분말 탐상법, 침투 삼상법 등)

014 용접 결함(용접 후)의 검사방법에는 외관(육안)검사, 절단 검사, 비파괴 검사(방사선 투과법, 초음파 탐상법, 자기분말 탐상법, 침투 탐상법) 등이 있다. 자연전극 전위법은 철근의 부식 정도를 측정하는 방법이다.

015 철골공사에서 용접검사 중 초음파 탐상법은 용접부에 초음파를 투입과 동시에 브라운관 화면에 용접상태가 형상으로 나타나며, 결함의 종류, 위치, 범위 등을 검출하는 방법으로 넓은 면을 판독할 수 있으므로 검사속도가 빠르고, 경제적이며, T형 접합부의 검사는 가능하나, 복잡한 형상의 검사는 불가능(blow-hole의 검출이 불가능)하다. 특히, 검사의 경험과 숙련이 필요하며, 기록성이 없다.

016 전기저항용접(접합하는 두 금속에 전류를 통하여 접촉시키면 접촉부가 고온으로 가열될 때, 기계적 압력을 가하여 접합하는 용접법으로 열을 이용하는 용접)은 철근의 이음에 주로 사용되고, 철골의 용접은 전기아크용접이 사용된다.

017 기둥, 보 접합부에 설치한 앤드탭(용접결함이 생기기 쉬운 용접 비드의 시작과 끝 지점에 용접을 하기 위해 용접하는 모재의 양단에 부착하는 보조 강판으로 앤드탭을 사용하면 용접 유효길이를 전부 인정받는다.)은 용접이 완료되면 반드시 떼어내야 한다.

018 용접봉의 피복재는 용접부 표면의 냉각속도 지연·산화방지 및 심선의 보호통을 형성하여 아크의 집중성 및 뽑칠력을 향상시킨다. 피복재의 역할로는 공기 차단, 보호통 형성, 냉각속도의 지연, 아크의 안정, 합금 원소의 첨가, 산화방지(탈산, 정련 등), 결함 발생 등이 있다.

019 방청도료 중 보일드유(boil)는 금속바탕과 잘 맞고, 도장작업이 간단하나 건조 시간이 길고, 도막이 약하다.

020 소성설계는 구조물이나 부재에 있어서 재료의 소성적 성질에 근거하여 극한강도 하중 또는 붕괴 하중을 구하기 위한 설계 방법이다. 소성 힌지, 소성 단면계수, 붕괴기구, 형상계수 및 하중계수와 관계가 깊다.

021 철골공사의 공장 제작순서는 "원척도 → 본뜨기 → 금매김 → 절단 및 가공 → 구멍뚫기 → 가조립 → 리벳치기(본조립) → 검사 → 녹막이칠 → 운반"의 순이다.

022 리벳에 관한 용어

게이지 라인	재축 방향의 리벳 중심선
게이지	각 게이지 라인 간의 거리 또는 게이지 라인과 재면의 거리
피치	게이지 라인상의 리벳 간격
클리어런스	리벳과 수직재면의 거리
부재 중심선	구조체의 역학상의 중심선 또는 부재의 응력 중심선
그립	리벳으로 접합하는 부재의 총 두께

023 ① 원척도 : 설계도 및 시방서에 따라 원척공이 공장의 원척소의 바닥 위에 각 부 상세 및 부재의 길이 등을 원척으로 그린다.
  ② 본뜨기 : 검사를 받은 후 원척도에서 얇은 강판으로 본뜨기를 하여 본판을 정밀하게 작성한다.
  ④ 변형바로잡기 : 강재의 변형이 있으면 공작이 곤란하고 리벳이 잘 조여지지 아니하므로 금매김(금긋기, 강재면에 강필로 볼트구멍 위치와 절단 개소 등을 그리는 일) 전에 변형바로잡기를 한다.

024 강구조물 제작 시 마킹(금매김, 금긋기)은 본판 및 리벳 간격을 그린 장척을 사용하여 강재면에 강필로 리벳의 구멍 위치, 절단 개소 등을 그리는 일로서 정확, 명료하게 하여 원척도와 일치되고 가공 및 조립에 지장이 없게 한다. 리벳의 위치는 센터 펀치로 표시하고, 베이스플레이트의 갓변에는 중심선을, 기둥의 층높이 위치에는 펀치 또는 금매김을 넣어 둔다. 또한, 주요 부재의 강판에 마킹할 때에는 강필을 사용한다.

025 철골공사에서의 용접작업 시 수축량이 큰 부분부터 용접하고 수축량이 작은 부분은 최후에 용접한다.

026 녹막이 도장 제외 부분
- 콘크리트에 묻히는 부분, 고력볼트 마찰접합부의 마찰면 등
- 조립에 의하여 면맞춤 되는 부분, 밀폐되는 내면(밀폐형 단면을 한 부재) 등
- 초음파 탐상 검사에 지장을 미치는 범위
- 현장 용접부위 및 인접하는 양측 100mm 이내 부분 등
- 핀, 롤러 등 밀착되는 부분과 회전면 등 절삭 가공한 부분 등

027 콘크리트에 묻히는 부분에는 녹막이칠을 하지 않는다.

028 착의, 장갑, 구두 등은 정전기 발생으로 인한 화재의 발생을 방지하기 위하여 건조 상태가 아닌 적당한 습기가 있는 것이 바람직하다.

029 철골 구조에 있어서 접합부의 위치는 역학적으로 응력이 가능한 한 작은 곳에서 해야 한다.

030 볼트접합부 구멍 가공에는 리머(reamer)를 사용한다. 로터리 플레이너는 메탈터치[Metal Touch, 기둥의 접합부에 인장응력이 생기지 않도록 단면을 서로 밀착하는 경우 압축력 및 휨모멘트는 각각 1/4(25%)이 접착면에서 직접 전달되는 것]가 지정되어 있는 부분에 페이싱 머신 등을 사용한다. 또한, 형강류 절단에는 앵글 커터(angle cutter), 해크소(hack saw), 프릭션 소(friction saw), 에머리 소(emery saw) 등을 사용한다.

031 수동절단은 경미한 공사 외에는 거의 사용되지 않는다. 철골공사 강재 절단 시, 형강류 절단에는 앵글 커터(angle cutter), 해크소(hack saw), 프릭션 소(friction saw), 에머리 소(emery saw) 등을 사용하고, 판재류 절단에는 플레이트 쉐어링기(plate shering)를 사용한다.

032 δ(보의 처짐) $= \dfrac{Pl^3}{3EI}$에서 보의 처짐은 P(집중하중)와 l^3(스팬의 3승), ω(등분포 하중)과 l^4(스팬의 4승)에 비례하고, E[탄성계수 $= \dfrac{\sigma(응력)}{\varepsilon(변형도)}$]와 I[단면2차 모멘트 $= \dfrac{b(보의 폭)h^3(보의 춤^3)}{12}$]에 반비례한다. 그러므로, 철골보의 처짐을 적게 하는 방법으로는 철골보의 길이를 짧게 하고, 탄성계수를 크게 하며, 단면 2차 모멘트의 값을 크게 한다(웨브의 단면적을 크게 하며, 상부 플랜지의 두께를 늘린다) 등이 있다.

033 ① 토크렌치 : 고력볼트를 연결할 때 토크의 힘이 명시된 렌치이다.
② 너트 회전법 : 고력볼트 조임 검사법으로 본조임 완료 후 모든 볼트에 대해서 1차 조임 후에 표시한 금매김에 의해 너트의 회전량을 육안으로 검사하는 방법이다.
④ 스터드 : 스터드 용접을 할 때 모재에 녹여서 심는 강 또는 구리로 된 못이다.
③ 베인 테스트 : 연약한 점토질 지반에서 진흙의 점착력을 판별하는 토질시험이다.

034 철골구조의 주각부는 기둥이 받는 내력을 기초에 전달하는 부분으로 윙플레이트(힘의 분산을 위함), 베이스플레이트(힘을 기초에 전달함), 기초와의 접합을 위한 클립앵글, 사이드앵글 및 앵커볼트를 사용한다.
필러(Filler)는 수평부재 간 접합 시 틈새를 메우기 위하여 또는 조립부재의 개재의 좌굴을 방지하기 위해 조립재 사이에 끼워 두 부재를 접합하는 것이다.

035 플레이트 보(판보)의 구성 부재에는 플랜지 앵글, 커버 플레이트, 스티프너, 필러 등이 있다.
윙 플레이트는 주각의 응력을 베이스 플레이트로 전달하기 위한 플레이트 또는 철골구조의 주각부를 보강하여 응력의 분산을 도모하기 위해 설치하는 강판을 말한다.

036~037 ④ 나중매입공법은 철골공사의 기초 앵커볼트의 매입 공법으로 앵커볼트의 위치에 콘크리트 타설 전 볼트를 묻어둘 구멍을 조치해 두거나, 콘크리트 타설 후 코어 장비로 천공하여 나중에 고정하는 방법이다.

> 1) 습식 공법의 종류 및 재료
> ㉮ 타설 공법 : 보통 콘크리트와 경량 콘크리트 등
> ㉯ 뿜칠 공법 : 뿜칠 암면, 습식 뿜칠 암면, 뿜칠 모르타르, 뿜칠 플라스터 등
> ㉰ 미장 공법 : 철망 모르타르, 철망 펄라이트 모르타르 등
> ㉱ 조적 공법 : 콘크리트 블록, 경량 콘크리트 블록, 돌, 벽돌 등
> 2) 건식내화피복(성형판 붙임) 공법 : P.C판, A.L.C판, 석면시멘트판, 석면규산칼슘판, 석면성형판 등이 있다.
> 3) 합성내화피복 방법 : 각종 재료 및 공법의 접합으로 이종재료 적층공법, 이질재료 접합공법 등이 있다.
> 4) 복합내화피복 공법 : 멤브레인 공법으로 암면 흡음판

038 미장공법(철골부재와의 접착력을 증대시키기 위하여 용접철망, 메탈라스 등을 부착하여 단열 모르타르로 미장하는 공법)은 바탕작업이 복잡(부착성, 균열, 방청 등의 검토)하고, 양생에 소요되는 시간이 길다.

039 기둥 축소(column shortening, 건물의 벽체 및 기둥과 같은 수직부재는 연직하중으로 인하여 신축량이 발생하는데, 이때 발생하는 수직부재의 축소변위를 의미)는 구조설계 시 변위 발생량에 대해 여유 없이 산정한다. 방지대책으로 가조립 상태에서 변위량을 조정한 후 본조립으로 완전조립한다.

040 볼트 조임 작업 전에 마찰접합면의 녹, 밀스케일 등은 마찰력 확보를 위하여 제거하여야 한다.

041 1차 조임[토크 렌치, 임팩트 렌치 등을 사용하여 볼트군마다 중앙부에서 단부(주변부)로 조이고, 금매김을 함]을 한 볼트의 본 체결(너트 회전법, 토크 렌치법, 임팩트 렌치법 등)은 마킹이 끝난 후 즉시 하여야 한다. 즉, 작업날 모든 작업이 끝나도록 하여야 한다.

042 ① TC(TS)볼트 : 나사부의 선단에 6각형 단면의 핀테일(pintail)과 브레이크 넥(break neck)으로 형성된 볼트로서 조임의 토크가 적합한 값이 되었을 때, 파단홈(break neck)이 파단되는 고력볼트의 일종이다.
② PI볼트 : 플라스틱 볼트로서 반도체에 사용되는 볼트이다.
③ 그립볼트 : 큰 인장홈을 가진 핀테일과 파단홈을 가진 볼트로서 물린홈은 보통의 나사나 볼트와는 다른 나선의 나사가 아니라 바퀴 모양의 홈이다.

043 ③ 불량개소의 수정이 용이하다.
㉠ 고력(고장력)볼트의 호칭(M으로 표기)지름에 의한 분류는 M16, M20, M22, M24로 한다.

044 ②의 데릭(보통 건설 및 항만 작업에서 사용되는 기중기로서 한 쪽 끝은 고정되어 있고, 다른 쪽 끝에 도르래나 혹이 달려 물건을 들어올리는 장치로서 마스트, 와이어 로프, 붐, 윈치 등으로 구성됨), ③의 윈치(와이어 로프나 체인을 감거나 풀어서 물건을 끌어당기거나 들어올리는 장치), ④의 크레인(중량물을 들어올리거나 수평으로 이동시키는 기계 장치로서 와이어 로프, 도르래, 붐, 지지대 등을 이용함) 등은 재료의 수직 이동이 가능하다.

045 ① 윙플레이트(주각의 응력을 베이스 플레이트로 전달하기 위한 플레이트 또는 철골구조의 주각부를 보강하여 응력의 분산을 도모하기 위해 설치하는 강판)는 철골기둥과 기초부분를 연결하는 데 사용한다.
③ 용접의 품질은 용접공의 기능도에 좌우된다.
④ 건식내화피복(성형판 붙임)공법은 PC판, ALC판, 석면시멘트판, 석면규산칼슘판, 석면성형판 등을 활용한다.

046 ① 액세스플로어(access floor) : 인텔리전트 빌딩 및 전자계산실에서 배선, 배관 등이 복잡한 공간의 바닥 구성재료이다.
③ 커튼 월(curtain wall) : 초고층 건축물에 많이 사용되는 것이고, 공장 생산 부재로 구성되는 비내력벽이며, 구조체의 외벽에 고정철물(파스너, fastener)을 사용하여 부착시킨 것이다.
④ 익스팬션 조인트(expansion joint, 신축이음) : 부동침하, 진동과 온도 변화에 따른 팽창, 수축에 의해 발생되는 균열의 위치에 설치하는 균열 방지용 줄눈으로 구조체의 단면을 완전히 분리시키므로, 분리줄눈이라고도 한다.

047 데크플레이트(사무실 용도의 건물에서 철골구조의 슬래브 바닥재로 일반적으로 사용되는 것)는 합판거푸집에 비해 중량이 작은 편이다.

048 램머(Rammer)는 기관의 폭발에 의한 낙하의 충격으로 흙을 다지는 기계 또는 건물이나 구조물의 기초 등 좁은 면적(잡석 다짐)의 다지기를 할 수 있는 것이 특징이다.

049 용접부 부근의 대기온도가 −20℃보다 낮은 경우는 용접을 금지하나 주위온도를 상승시킨 경우, 용접부 부근의 온도를 요구되는 수준으로 유지할 수 있으면 대기온도가 −20℃보다 낮아도 용접작업을 수행할 수 있다. 예열은 용접선의 양측 100mm 및 아크 전방 100mm의 범위 내의 모재를 최소예열온도 이상으로 가열한다. 모재의 표면온도가 0℃ 미만인 경우는 적어도 20℃ 이상 예열한다.

050 철골 공사의 양중기

타워크레인 (Tower Crane)	최근 건축물의 대형화, 초고층화로 인한 양중 기계로, 설치 시 마스트 고정을 위한 기초 시공 및 당김줄 고정이 매우 중요하다.
진폴 (Gin-pole)	소규모의 철골양중작업에 많이 사용되는 것으로, 펜트하우스와 같은 돌출부에도 사용하는 것이다.
트럭 크레인 (Truck crane)	크레인의 선회부분을 고무 타이어의 트럭 차대 위에 탑재한 것으로 철골 조립, 자재의 적재, 운반, 항만 하역 등에 사용된다.
가이데릭 (guy derrick)	• 철골공사의 세우기에 사용되는 장비로서 가장 많이 쓰이는 기중기이다. • 능력이 크며, 중량물의 장내 운반, 공사 전체에 유효하게 사용되는 장비이다. • 기계 대수는 평면 높이의 가동 범위, 조립 능력과 공사 기간에 따라 결정한다.
스티프 레그 데릭	철골 세우기용 장비 중 수평이동이 용이하고 건물의 층수가 적은 긴 평면일 때 또는 당김줄을 마음대로 맬 수 없을 때 가장 유리한 장비이다.

원치 (Winch)	기중기의 일종으로, 무거운 짐을 움직이거나 끌어올리는 데 사용하는 기계이다.
지브크레인	기둥 또는 건물의 벽에 암(Jib, 기둥에서 앞으로 쭉 뻗은 부분)을 고정한 후 기둥을 중심으로 회전하거나 벽을 따라 수평이동을 하는 구조의 크레인이다.
크롤러 크레인	연약지반의 공사장 주변을 원활하게 이동하면서 철골 세우기가 가능한 장비이다.
러핑형 타워 크레인	luffing crane은 좌우뿐만 아니라 상하로도 이동이 가능하다는 장점이 있어 인접건물에 대한 피해가 발생되지 않으며 초고층 건설현장에서 활용도가 높다

051 기타 공사용 장비(철골공사와 관계가 없는 장비)

파워쇼벨 (power shovel)	• 토공사용 기계장비 중 기계가 서 있는 위치보다 높은 곳의 굴착에 적합한 기계장비이다. • 지반보다 높은 곳의 굴착에 적합하고, 굴착은 디퍼가 행하며, 파기면은 높이 1.5m가 가장 알맞고, 약 3m 높이까지 굴착할 수 있는 기계장비이다.
드래그 라인 (drag line)	• 기계가 서 있는 위치보다 낮은 곳, 넓은 범위의 굴착에 주로 사용되며 주로 수로, 골재 채취에 많이 이용되는 기계이다. • 모래 채취나 수중의 흙을 퍼올리는 데 적당한 기계장비이다.
케리올 스크레이퍼 (carryall scraper)	굴착, 적재, 운반, 성토, 부설의 5가지 작업 등을 할 수 있는 기계로, 대량의 토사를 고속으로 운반하는데 적당한 기계이다.
그레이더 (grader)	토공사의 부설 작업(주행 노면을 평활하게 정지)에 사용하고, 땅고르기, 절삭, 재료 부설, 측구 파기, 법면 처리, 재료 혼합 등의 기능이 있다.
앵글 도저 (angle dozer)	• 블레이드의 길이가 길고 낮으며 블레이드의 좌우를 전후 25~30° 각도로 회전시킬 수 있어 흙을 측면으로 보낼 수 있는 도저이다. • 산비탈 깎기에 적합한 도저로서 트랙터(견인차)의 장축(중심축)에 좌우 60°로 토공판이 부착되어 있다.
클램쉘 (clam shell)	• 수직굴착, 수중굴착 등 일반적으로 협소한 장소의 깊은 굴착에 적합한 것으로 자갈 등의 적재에도 사용하는 토공장비이다. • 토공사용 굴착기계 중 위치한 지면보다 낮은 우물통과 같은 협소한 장소의 흙을 퍼올리는 데 가장 적절한 장비이다.
리버스 서큘레이션 (Reverse Circulation Drill, 역순환 공법)	굴착구멍 내에 지하수위보다 2m 이상 높게 물을 채워 굴착벽면에 2t/m^2 이상의 정수압에 의해 벽면 붕괴를 방지하며 굴착한 후 형성시킨 제자리콘크리트 말뚝이다.

052 ②의 크롤러 크레인은 연약지반의 공사장 주변을 원활하게 이동하면서 철골 세우기가 가능한 장비이다.
①의 타워 크레인, ③의 러핑형 타워 크레인, ④의 지브 크레인, ⑤의 가이데릭, ⑥의 스티프 레그 데릭 등은 정치식(지브의 회전반경 내에서만 작업이 가능하나, 작업능률이 좋음) 양중장비에 속한다.

053 양중기의 분류

소형 양중기	원치, 진폴	
데릭	가이 데릭, 스티프레그 데릭	
크레인	이동식	이동식(트럭 크레인, 크롤러 크레인, 하이드로우릭 크레인 등)
	정치식	고정식, 주행식

054 ④ 리버스 서큘레이션 드릴(Reverse Circulation Drill, 역순환 공법) 공법 : 굴착구멍 내에 지하수위보다 2m 이상 높게 물을 채워 굴착벽면에 2t/m² 이상의 정수압에 의해 벽면 붕괴를 방지하며 굴착한 후 형성시킨 제자리콘크리트 말뚝이다.

⑦ 트렌치 컷(Trench Cut) 공법 : 아일랜드 공법과 역순으로 흙파기 공사를 하는 공법이다. 구조물 위치 전체를 동시에 파내지 않고 측벽이나 주열선 부분만을 먼저 파내고 그 부분의 기초와 지하구조체를 축조한 다음 중앙부의 나머지 부분을 파내어 지하구조물을 완성하는 공법이다.

055 철골 공사의 앵커볼트 매입공법에는 고정매입 공법, 가동매입 공법, 나중매입 공법 등이 있다.

① 고정매입 공법 : 기초 철근의 조립과 동시에 앵커볼트를 기초 상부에 정확히 묻고, 콘크리트를 타설하는 공법으로 대규모 공사에 적합하고, 구조 안정도가 양호하며, 시공 불량으로 인한 보수가 어렵다.

② 가동매입 공법 : 기초콘크리트에 앵커볼트를 묻을 구멍을 내 두었다가 큰 콘크리트가 경화한 뒤 볼트에 그라우트 모르타르로 충전하면서 고정하는 공법으로, 소규모 앵커볼트 매입에 적당한 공법이다. 중규모 공사에 적합하고, 시공 오차의 수정이 용이하며, 부착강도의 저해가 발생된다.

③ 나중매입 공법 : 철골공사의 기초 앵커볼트의 매입 공법으로 앵커볼트의 위치에 콘크리트 타설 전 볼트를 묻어둘 구멍을 조치해 두거나, 콘크리트 타설 후 코어 장비로 천공하여 나중에 고정하는 방법이다. 경미한 공사에 적합하고, 시공이 간단하며, 보수가 용이하다. 특히, 기계 기초에 사용된다.

056 철골세우기 계획을 수립할 때 철골제작공장과 협의해야 할 사항은 반입 시간의 확인, 반입 부재수의 확인, 부재 반입의 순서 등이 있다.

057 철골조 건축물의 철골량은 0.1~0.15t/m²(일반 사무소 건축물), 0.05~0.08t/m²(단층 공장, 창고)이므로 철골량 = (0.1~0.15) × 5,000 = 500~750t

001	① × ② ○ ③ ○ ④ ○ ⑤ × ⑥ ○		002	① ○ ② ○ ③ ○ ④ ×
003	① × ② × ③ × ④ ○		004	① ○ ② ○ ③ ○ ④ ×
005	① ○ ② ○ ③ ○ ④ ○		006	① ○ ② ○ ③ ○ ④ ×
007	① ○ ② × ③ ○ ④ ○ ⑤ ○ ⑥ × ⑦ ○ ⑧ ○			
008	① ○ ② ○ ③ × ④ ○ ⑤ × ⑥ × ⑦ × ⑧ ○ ⑨ ○ ⑩ ○			
009	① ○ ② × ③ ○ ④ ○		010	① ○ ② ○ ③ × ④ ○
011	① ○ ② ○ ③ × ④ ○			

001 ① 램머(Rammer) : 다짐 기계 중 충격에 의한 것으로 평판에 충격을 주어 다짐하고, 소형, 경량에 비해 다짐력이 비교적 크며, 협소한 곳에서 작업이 가능하다.

⑤ 스크레이퍼(scraper) : 굴착, 실기, 운반, 흙깔기 등의 작업을 하나의 기계로서 연속적으로 행할 수 있으며 비행장과 같이 대규모 정지 작업에 적합하고 피견인식 자주식으로 구분할 수 있는 차량계 건설 기계이다.

002 진동 롤러는 진동다짐용 기계로서, 편심축을 회전하여 발진되는 기진기에 의해 다짐 차륜을 진동시킴과 동시에 토립자 간의 마찰력을 감소시켜 진동과 자중으로 다지기에 이용되는 기계이다.

003 ① 압쇄기 : 쇼벨에 설치하며, 유압 조작에 의해 콘크리트 등에 강력한 압축력을 가해 파쇄하는 기계이다.

② 철재 해머 : 해머를 크레인 등에 설치하여 구조물에 충격을 주어 파쇄하는 기계이다.

③ 대형 브레이커 : 쇼벨에 설치하여 사용한다.

004 ① 압쇄공법 : 유압압쇄날에 의한 해체로서, 취급과 조작이 용이하고 철근, 철골 절단이 가능하며 저소음이다. 20m 이상은 불가능하고, 분진 비산을 막기 위해 살수설비가 필요하다.

② 잭공법 : 유압식 잭키로 들어올려 파쇄하고, 소음과 진동이 없으나, 기둥과 기초에는 사용이 불가능하고, 슬래브, 보 해체 시 잭키를 받쳐줄 발판이 필요하다.

③ 절단공법 : 회전톱에 의한 절단공법으로 질서정연한 해체나 무진동이 요구되는 경우에 유리하고, 최대 절단 길이는 30cm이나, 절단기, 냉각수가 필요하고, 해체물을 운반하는 크레인이 필요하다. 기타의 해체 공법에는 대형 브레이커 공법, 핸드 브레이커 공법, 전도 공법, 화약발파 공법, 팽창압 공법, 쇄기타입 공법, 화염 공법, 통전 공법 등이 있다.

005 도심지 폭파해체공법의 특징에는 ①·②·④ 이외에도 주위의 구조물에 영향이 크다는 점이 있다.

006 해체공사에 따른 직접적인 공해방지대책을 수립해야 되는 대상은 소음 및 분진, 폐기물, 지반침하 등이 있다. 수질오염과는 무관하다.

007 ② 팽창제 사용 천공직경은 30~50mm 정도를 유지하여야 한다.

⑥ 팽창제 천공간격은 콘크리트 강도에 의하여 결정되나 30~70cm 정도를 유지하도록 한다.

008 해체작업을 하는 때 미리 해체계획을 작성하여야 할 경우 해체계획서에 포함될 내용은 다음과 같다. (안전보건규칙 제38조, 별표 4)

> ① 해체의 방법 및 해체 순서도면
> ② 가설설비·방호설비·환기설비 및 살수·방화설비 등의 방법
> ③ 사업장 내 연락방법
> ④ 해체물의 처분계획
> ⑤ 해체작업용 기계·기구 등의 작업 계획서
> ⑥ 해체작업용 화약류 등의 사용계획서
> ⑦ 그 밖에 안전·보건에 관련된 사항

009 진동공해는 일반적으로 연직진동이 수평진동보다 크다.

010 사용하고 남은 화약류는 신속하게 화약류취급소로 운반하여 보관할 것(발파 표준안전작업지침 제10조)

011 핸드 브레이커(Hand breaker) 사용 시 경사보다는 수직으로 주어 파쇄(핸드 브레이커의 끝의 절단 방지)하는 것이 적절하다.

제4과목
건설공사 안전 관리

번호	정답
001	①○ ②○ ③× ④○
002	①○ ②○ ③× ④○
003	①○ ②○ ③○ ④×
004	①× ②○ ③○ ④○
005	①○ ②○ ③○ ④×
006	①○ ②○ ③○ ④×
007	①○ ②○ ③○ ④×
008	①○ ②× ③× ④×
009	①○ ②× ③× ④×
010	①○ ②○ ③○ ④×
011	①× ②○ ③× ④×
012	①○ ②○ ③○ ④○
013	①○ ②○ ③○ ④× ⑤○ ⑥× ⑦○
014	①○ ②○ ③× ④○
015	①○ ②○ ③× ④○
016	①○ ②○ ③× ④○
017	①× ②× ③× ④○
018	①○ ②○ ③○ ④×
019	①× ②○ ③× ④×
020	①× ②○ ③× ④×
021	①× ②× ③× ④○
022	①× ②○ ③○ ④○ ⑤× ⑥○ ⑦×
023	①× ②○ ③× ④×
024	①○ ②○ ③○ ④×
025	①× ②× ③○ ④×
026	①○ ②○ ③× ④○
027	①○ ②○ ③○ ④×
028	①○ ②× ③○ ④○ ⑤○ ⑥×
029	①○ ②○ ③× ④○
030	①× ②× ③○ ④×
031	①× ②○ ③× ④×
032	①× ②○ ③× ④× ⑤○ ⑥○ ⑦○ ⑧○
033	①× ②○ ③○ ④○ ⑤○ ⑥×
034	①○ ②○ ③○ ④×
035	①○ ②○ ③○ ④×
036	①○ ②○ ③○ ④×
037	①○ ②○ ③○ ④× ⑤○
038	①○ ②○ ③○ ④× ⑤○ ⑥× ⑦○ ⑧○ ⑨×
039	①○ ②○ ③× ④○ ⑤× ⑥○ ⑦× ⑧× ⑨× ⑩× ⑪× ⑫× ⑬○ ⑭○ ⑮○ ⑯○ ⑰× ⑱× ⑲× ⑳○ ㉑× ㉒× ㉓○ ㉔○ ㉕× ㉖○ ㉗× ㉘× ㉙○ ㉚× ㉛○ ㉜○ ㉝× ㉞○ ㉟× ㊱× ㊲× ㊳○
040	①○ ②○ ③○ ④× ⑤×

001 사업주는 유해인자로부터 근로자의 건강을 보호하고 쾌적한 작업환경을 조성하기 위하여 화학적 인자(유기화합물, 금속류, 산, 알칼리류, 가스 상태의 물질류, 허가 대상 유해물질), 물리적 인자, 분진, 그 밖에 고용노동부장관이 정하여 고시하는 인체에 해로운 유해인자 등을 하는 작업장에 대하여 고용노동부령으로 정하는 자격을 가진 자로 하여금 작업환경측정을 하도록 하여야 한다. (법 제125조, 규칙 제126조, 별표 21)

002 재해발생과 관련된 건설공사의 주요 특징에는 ①·②·④ 이외에도 근로자의 직종이 매우 다양하고 복잡하며, 유동성이 심하고 인적 구성도 역시 매우 복잡하다는 점 등이 있다.

003 건설재해 방지대책은 근로자의 편의보다는 근로자의 안전을 우선적으로 고려하여야 하므로 근로자의 관리와 통제를 하여야 한다. 즉, 작업시간의 엄격한 통제와 관리가 필요하다.

004 야간작업을 할 때나 어두운 곳에서 작업할 때 채광 및 조명설비는 작업에 지장이 없도록 다음 표에 의한 적정 조도를 유지하여야 한다.

구분	초정밀 작업	정밀 작업	보통 작업	그 밖의 작업
조도 기준 [럭스(lux)]	750 이상	300 이상	150 이상	75 이상

005 공사현장에서 안전관리계획의 수립원칙에는 실천이 가능하고, 회사의 방침에 일관성이 있으며, 해당 공사 및 현장의 특성에 따라 적합하고 구체적일 것 등이 있다. 또한, 관리계획(시공기술, 기계, 자재 등)과는 균형을 이루어야 한다.

006 공사현장에서 안전관리계획의 작성 시 고려할 사항에는 안전관리의 중점목표, 공정 및 공종별 위험요소의 판단, 입지 및 환경 조건 등이 있다. 공사성과의 분석 및 개선방법은 안전관리와는 무관하다.

007 시공의 3대 관리에는 공정관리, 품질관리, 원가관리 등이 있다. 시공의 4대 관리에는 3대 관리에 안전관리를 추가하고, 5대 관리는 4대 관리(공정관리, 품질관리, 원가관리, 안전관리)에 환경관리를 추가한다.

008 ② 표준관입시험 : 보링공을 이용하여 로드의 선단에 표준관입시험용 샘플러를 단 것을 무게 63.5kg의 쇠뭉치로 76cm의 높이에서 자유낙하시켜 샘플러의 관입깊이 30cm에 해당하는 매입에 필요한 타격횟수 N을 측정하는 시험으로, 모래지반의 내부 마찰각을 구할 수 있는 시험방법이다.

③ 베인테스트 : 현장 토질시험으로 +자형 날개를 회전시켜 점토질 지반의 점착력을 판별하는 시험 방법이다.

④ 평판재하시험 : 재하판에 하중을 가하여 2cm 침하될 때까지의 하중을 구하여 지내력을 구하는 시험 방법이다.

009 ② 수세식 보링(wash boring) : 끝에 충격을 주며 물을 뿜어내어 파인 흙과 물을 같이 배출시키고 그 흙탕물을 침전시켜 지층의 토질을 판별한다.

③ 회전식 보링(rotary boring) : 지질의 상태를 가장 정확히 파악할 수 있는 보링 방법이다. 날을 회전시켜 천공하는 방법으로, 이수는 로드를 통하여 구멍 밑에 이수펌프로 연속하여 송수하고 슬라임을 세굴하여 지상에 배출한다.

④ 충격식 보링(percussion boring) : 와이어 로프 끝에 충격날(bit)을 달고 60~70cm 상하 이동하여 구멍 밑에 낙하 충격을 주어 토사, 암석을 파쇄하여 천공하는 것으로, 파쇄된 토사는 베일러로 배제한다.

010 ④ 반발 경도법은 콘크리트 강도 시험에 사용하는 방법으로, 콘크리트 강도 시험 방법에는 비파괴 시험법(반발 경도법, 초음파법, 조합법 등)과 코어 채취 시험법(코어 채취법) 등이 있다.

지반(토질)조사는 토질의 성질, 지반을 구성하는 지층의 분포(주상토), 흙의 성질, 지하수위 및 피압수의 상태 파악, 시료 채취, 시공에 필요한 자료의 파악을 목적으로 하고, 건축물의 설계 및 시공에 필요한 자료를 제공하는 조사법은 다음과 같다.

① 지반조사법에서 지하탐사법

㉮ 터파보기(삽으로 구멍을 파보는 것), 탐사간(철봉을 이용하여 인력으로 삽입하거나 때려 박아보는 법)

㉯ 물리적탐사법(지반의 구성층 또는 지층 변화의 심도를 판단하는 방법)

탄성파식 지하탐사	낙하추나 화약의 폭발 등으로 인공진동을 일으켜 지반의 종류, 지층 및 강성도 등을 알아내는 데 활용되는 지반조사 방법이다.
전기저항식 지하탐사	지중에 전류를 통하여 각 층의 전위를 측정하여 지하 구조를 판단하는 방법이다.

② 사운딩(Sounding) : 로드의 선단에 부착한 저항체를 지중에 매입하여 관입, 회전, 인발 등의 힘을 가하여 그 저항치에서 토층의 상태를 알 수 있는 방법이다. 표준관입시험, 베인 테스트, 콘 관입시험(휴대용, 화란식, 동적 콘 관입시험 등), 스웨덴식 사운딩 등이 있다.

011 ① 압성토 공법(sur-charge 공법) : 토사의 측방에 소단(흙파기 공사 시 안전성을 위하여 설치하는 수평면) 모양의 성토를 하여 활동에 대한 저항모멘트를 증가시켜 성토 지반의 활동파괴를 예방하는 공법이다.

③ 선행 재하 공법(pre-loading, 여성토 공법) : 구조물 축조 장소에 사전 성토하여 선행침하시켜 흙의 전단강도를 증대시킨 후 성토 부분을 제거하는 공법이다.

④ 치환 공법 : 지반개량 공법의 일종으로 연약 점성토 층을 양질의 재료로 치환함으로써 지반의 안정도를 증대시키는 공법이다. 종류로는 굴착 치환(연약층을 전부 또는 일부 굴착 제거하여 양질의 흙으로 치환하는 공법), 미끄럼 치환(양질의 치환토의 성토 자중에 의해 연약층 전단면을 강제적으로 밀어내어 연약지반을 양질토로 치환하는 공법), 폭파 치환(연약층에 폭약을 삽입하여 폭발시킴으로써 연약토를 밀어내어 양질의 성토재와 치환하는 공법) 공법 등이 있다.

012 일반적으로 점토는 투수계수가 작아 압밀(외력에 의해 흙입자 간극 내의 물이 빠져 흙입자 간극이 줄어들어 침하되는 현상)이 장시간에 걸쳐 일어나나, 간극비[토립자(흙입자)의 용적에 대한 간극(물+공기)의 용적]가 커서 침하량이 크다.

013 ① 치환 공법 : 지반개량 공법의 일종으로 연약 점성토 층을 양질의 재료로 치환함으로써 지반의 안정도를 증대시키는 공법이다.

② 샌드드레인(sand drain) 공법 : 연약한 점토지반에 모래말뚝을 시공하여 모래매트를 통하여 지반 중의 물을 지표면으로 배제하여 지반을 압밀강화하는 공법이다.

③ 페이퍼드레인 공법(paper drain) 공법 : 연약한 점토지반에 샌드 파일(sand pile)을 형성한 후 모래 대신에 흡수지를 삽입하여 지반의 물을 뽑아내는 공법이다.

⑤ 생석회말뚝 공법 : 점토 지반 내에 생석회에 의한 말뚝을 설치하여 흙의 고결화, 연약층 강화를 도모하는 공법으로 흙 속의 물을 급속하게 탈수함과 동시에 말뚝 자신의 체적이 2배로 팽창하여 강제압밀시켜 지지력의 증대와 말뚝 주변의 지반도 경화된다.

⑦ 프리로딩(선행재하) 공법 : 연약한 점토지반에 있어서 구조물의 축조 장소에 사전 성토하여 선행침하시켜 흙의 전단강도를 증가시킨 후 성토 부분을 제거하는 공법이다.

④ 언더피닝 공법 : 기존 건물에서 인접된 장소에서 새로운 깊은 기초를 시공하고자 한다. 이때 기존 건물의 기초가 얕거나, 부족한 경우 안전상 보강하려고 할 때 적당한 공법이다.

⑥ 바이브로플로테이션(vibroflotation) 공법 : 지표로부터 관입되는 진동체의 진동과 물제트에 의한 물다짐을 병용하여 모래, 자갈 등의 재료를 보급하면서 느슨한 모래지반(연약지반)을 다지는 공법이다.

014 지반개량 공법 중 고결안정 공법에는 생석회 말뚝 공법(점토 지반 내에 생석회에 의한 말뚝을 설치하여 흙의 고결화, 연약층 강화를 도모하는 공법. 흙 속의 물을 급속하게 탈수하여 지지력의 증대와 말뚝 주변의 지반도 경화), 동결 공법(동결관을 박고 액체 질소나 프레온 가스를 주입하거나 직접 사용하여 동결 전 수십배의 강도 증가, 일시적 개량, 모든 지층에 가능하며, 차수성이 좋고, 콘크리트 암반과도 부착성이 좋으며, 효과가 좋으나, 시공비가 고가이임), 소결 공법(흙을 적당한 모양으로 압력을 가하여, 성형을 한 다음 가열하여 단단하게 만드는 공법) 등이 있다.

③ 동다짐 공법(Dynamic Compaction, 동압밀)은 중추(10~200t)를 10~40m 높이에서 낙하시켜 지표면에 충격을 주어 이 에너지로 지반의 심층까지 다짐 효과를 주어 지반을 다져 강도를 충전시키는 공법으로, 지반 내에 장애물이 있어도 가능한 공법이다.

015 약액 주입 공법은 고결안정 공법의 일종이다. 시멘트, 아스팔트, 물유리, 화학약품 등을 주입·고결시키는 공법으로 지반 강도의 증진, 누수 방지의 목적으로 한다.

016 ①의 여성토 공법(선행재하, pre-loading, 구조물 축조 장소에 사전 성토하여 선행침하시켜 흙의 전단강도를 증대시킨 후 성토 부분을 제거하는 공법), ②의 샌드드레인 공법(연약한 점토지반에 모래말뚝을 시공하여 모래매트를 통하여 지반 중의 물을 지표면으로 배제하여 지반을 압밀강화하는 공법), ④의 페이퍼드레인 공법[연약한 점토지반에 샌드 파일(sand pile)을 형성한 후 모래 대신에 흡수지를 삽입하여 지반의 물을 뽑아내는 공법] 등은 압밀에 의해 강도를 증가시키는 방법이다.

③ 고결 공법은 약액 주입 공법의 일종이다. 시멘트, 아스팔트, 물유리, 화학약품 등을 주입, 고결시키는 공법으로 지반 강도의 증진, 누수 방지의 목적으로 한다.

017 ①의 드롭 해머(drop hammer)는 망치를 이용, ②의 디젤 해머(diesel hammer)는 압축 폭발(공기와 경유의 혼합가스)로 낙하에 의한 타격력을 이용, ③의 스팀 해머(steam hammer)는 증기력을 이용하여 말뚝을 박는 해머로, 소음이 크다. 반면, ④의 바이브로 해머(vibro hammer)는 말뚝에 기진기를 부착하여 상하의 진동으로 인하여 말뚝의 자중에 의해 말뚝을 박는 장치로서 연약한 지반에 적합하고, 소음이 작은 것이 특징이다.

018 부동침하(한 건축물에 있어서 부분적으로 서로 상이하게 침하되는 현상)는 기초에 있어서 악영향을 끼치는 요소이므로, 부동침하는 반드시 방지해야 한다.

019~020 ① 간극비 : 토립자의 용적에 대한 간극(물+공기)의 용적으로, 간극비 $= \dfrac{\text{간극(물 + 공기)의 용적}}{\text{토립자(흙의 입자)의 용적}}$

③ 예민비 : 흙을 이김에 의해서 약해지는 정도를 나타내는 흙의 성질로, 예민비 $= \dfrac{\text{자연시료의 강도}}{\text{이긴시료의 강도}}$

④ 포화도 : 간극의 부피에 대한 물의 부피의 비율로, 포화도 $= \dfrac{\text{물의 부피}}{\text{간극(물 + 공기)의 부피}} \times 100(\%)$

021 ① 모관 현상 : 흙 입자 사이의 간극에 물이 흡착되어 상승하는 현상이다.

② 보일링 현상 : 사질 지반에서 흙막이벽을 설치하고, 기초 파기를 할 때에 흙막이벽 뒷면 수위가 높아져 지하수가 흙막이벽 밑을 통하여 상승하는 유수로 말미암아 모래 입자가 부력을 받아 물이 끓듯이 지하수가 모래와 같이 솟아오르는 현상이다.

③ 틱소트로피 현상(Thixotropy phenomenon) : 점토지반에서 함수비를 변화하지 않는 자연상태 점토지반을 교란하게 되면 배열의 구조가 파괴되어 강도가 급격히 저하된다. 이와 같은 강도가 상실된 교란상태에서 함수비의 변화 없이 오랜 시간을 방치하면 토립자 간의 흡착력이 서서히 생성되어 토립자의 배열상태가 원래의 상태로 복귀하면서 강도를 회복하게 되는 현상을 말한다.

022 ① 함수비 : 함수량은 흙 속에 포함되어 있는 물의 중량을 나타내는 것으로 일반적으로 함수비로 표시하며 흙입자의 중량에 대한 수분의 중량의 비를 백분율로 표시한 것이다. 함수비 $= \dfrac{\text{물의 중량}}{\text{흙입자의 중량}} \times 100(\%)$

② RQD : 암반을 시추한 후 10cm 이상 되는 코어채취 길이의 합계를 총 시추 길이로 나눈 백분율(%)로 암반의 상태를 표시하는 암반지수로, 코아 채취율을 말한다.

③ 탄성파 속도(kine) : 탄성파(초음파로 인간의 가청 주파수 대역을 넘어서는 고주파의 높은 음) 속도는 암반의 풍화, 변질, 파쇄, 균열, 노후화에 의한 열화, 불연속면 등 여러 요인에 의해 좌우된다. 또한, 단단한 암석일수록 탄성파가 전달되는 속도는 빨라진다.

④ 일축압축강도 : 단순한 압축시험으로 점성토의 일축압축강도, 예민비, 탄성계수 등을 구할 수 있다.

⑤ 지표침하량 : 지표면이 외부의 영향에 의해 가라앉은 양이다.

⑥ RMR : 암반상태를 등급화하기 위하여 암석을 일축압축강도, RQD, 지하수 상태, 절리상태, 절리간격 등의 요소를 암반의 중요도에 따른 평가점수의 총 합계로서, 암반을 5등급으로 구분한다.

⑦ 하중계(Load Cell) : 스터드 또는 어스앵커 부위에 각 단계별로 굴착 시 설치하고, 스터드 또는 어스앵커의 축하중 변화상태를 측정하여 부재의 안전 상태를 파악하는 계기이다.

023 ① 액성한계(Liquid limit, LL) : 흙은 함수상태에 따라 그 성질이 변화한다. 건조한 흙에 물을 가하여 가면 다음과 같은 상태로 변화하고, 그 변화 추이 상태의 한계를 시험방법으로 정하는 것이 소성한계와 액성한계이다.

② 소성한계(Plastic limit, PL) : 파괴 없이 변형시킬 수 있는 최소의 함수비로, 흙의 역학적 성질(압축, 투수, 강도 등)을 추정할 때 사용한다.

③ 수축한계(Shrinkage limit, SL) : 함수량을 감소해도 흙의 부피가 감소하지 않고 함수량이 어느 양 이상 늘어나면 흙의 부피가 증대하게 되는 한계의 함수비이다.

바삭바삭 끈기없는 상태	→	소성한계 이 때의 함수비	→	끈기가 있고, 반죽할 수 있는 상태	→	액성한계 이 때의 함수비	→	질컥한 액성상태

024 케이슨(Caisson) 기초는 지하의 경질 지층에 이르기까지 상자 같이 만든 콘크리트 통을 지반 굴착에 따라 내려 앉게 하여 만든 기초로서 우물통 기초(Open caisson), 공기케이슨 기초(Pneumatic caisson), 상자형 케이슨 기초(Box caisson) 등이 있다.

④ 피어 기초(Pier caisson)는 상부 구조물을 지지하기 위하여 기둥 또는 주요 구조부의 하부에 구축한 것으로 지반에 하중을 직접 전달하기 위해 만든 기둥 모양의 기초이다.

025~026 지반의 굴착 전 사전조사 사항에는 형상, 지질 및 지층의 상태, 균열, 함수, 용수의 유무 및 동결의 유무 또는 상태, 매설물(상하수도관, 가스, 송유관, 전기, 전화, 전선케이블 등) 등의 유무 또는 상태, 지반의 지하수위 상태 등이 있다.

027 지하수의 유량계산을 위한 Darcy의 법칙에서 투수계수는 간극의 크기와 포화도가 클수록 증가한다. 즉, 투수계수는 간극비와 포화도에 비례한다.

028 지반의 투수계수[물이 흙의 간극을 통과하여 이동하는 속도(cm/sec)]에 영향을 주는 인자에는 유체의 단위용적중량, 점성계수 및 밀도, 토립자의 형상, 공극비 및 입경 등이 있다.

029 건물의 부동침하 방지대책으로는 연약 지반에 대한 대책에는 상부 구조와의 관계(건축물의 경량화, 평균 길이를 짧게 할 것, 강성을 높게 할 것, 이웃 건축물과 거리를 멀게 할 것, 건축물의 중량을 분배할 것 등)와 기초 구조와의 관계[굳은 층(경질층)에 지지시킬 것, 마찰 말뚝을 사용할 것 및 지하실을 설치할 것 등]가 있다.

③ 이질 기초(지정)는 부동침하의 원인이 되므로 한 구조물의 기초는 한 종류의 기초형식으로 하여야 한다.

030 토중수(soil water)는 흙의 안에 포함되어 있는 수분의 총칭으로 다음과 같다.

지하수	지하수면 이하에 존재하는 물
중력(자유)수	빗물과 지표의 물과 같이 지표로부터 지하에 침투하는 물
보유수	흙의 내부와 표면에 보유하고 있는 물
모관수	모관작용(흙 입자 사이의 간극에 물이 흡착되어 상승하는 현상)에 의해 지하수면 위쪽으로 솟아오르는 물
화학(결합)수	이동과 변화가 없고 110±5℃ 이상으로 가열해도 제거되지 않는다.
흡착수	원칙적으로 이동과 변화가 없고 공학적으로 토립자와 일체로 보며 100℃ 이상 가열하여 제거할 수 있다.

031 ① 웰포인트 공법 : 라이저 파이프를 1~2m 간격으로 박아 6m 이내의 지하수를 펌프로 배수하는 공법으로 지반이 압밀되어 흙의 전단응력이 커지고, 수압과 토압이 줄어 흙막이벽의 응력이 감소하나, 인접 지반의 침하가 발생한다. 특히, 점토질 지반에는 적용할 수 없는 공법이다.

③ 지내력시험(평판재하시험) : 재하판에 하중을 가하여 2cm 침하될 때까지의 하중을 구하여 지내력을 구하는 시험 방법이다.

④ 베인테스트 : 현장 토질시험으로 +자형 날개를 회전시켜 점토질 지반의 점착력을 판별하는 시험 방법이다.

032 흙을 다지면 흙의 투수성과 동상 현상 및 팽창 작용이 감소하고, 전단 강도과 지지력 및 흙의 밀도가 높아진다.

033 흙의 동상방지대책
- 동결심도 상부의 흙을 자갈, 쇄석 등의 동결되지 않는 흙으로 바꾼다.
- 배수구나 배수설비를 설치하여 지하수위를 낮추거나, 흙속에 단열재료를 매입한다.
- 모관수 상승을 방지하기 위해서 지하수위 위층에 조립토층(모래, 콘크리트 등)을 설치한다.
- 지표의 흙의 동결온도를 저하시키기 위하여 화학약품으로 처리한다.

034 ① 예민비 : 흙을 이김에 의해서 약해지는 정도를 나타내는 흙의 성질로, 예민비 $= \dfrac{\text{자연시료의 강도}}{\text{이긴시료의 강도}}$

② 리칭(leaching) 현상 : 염분의 이탈로 흙의 구조가 바뀌어 강도가 저하되는 현상이다.

③ 틱소트로피 현상 : 점토지반에서 함수비가 변화하지 않는 자연상태 점토지반을 교란하게 되면 배열의 구조가 파괴되어 강도가 급격히 저하된다. 이와 같은 강도가 상실된 교란상태에서 함수비의 변화 없이 오랜 시간을 방치하면 토립자 간의 흡착력이 서서히 생성되어 토립자의 배열상태가 원래의 상태로 복귀하면서 강도를 회복하게 되는 현상을 말한다.

④ 액상화 현상 : 모래질 지반에서 포화된 가는 모래에 충격을 가하면 모래가 약간 수축하여 정(+)의 공극수압이 발생하며, 이로 인하여 유효응력이 감소하여 전단강도가 떨어져 순간침하가 발생하는 현상이다.

035 사질과 점토질 지반의 비교

구분	투수계수	가소(점착)성	장기 침하량	압밀속도	내부 마찰각	지지력	불교란 시료 채취
사질	크다	없다	작다	단기(빠르다)	크다	크다	어렵다
점토질	작다	크다	크다	장기(느리다)	없다	작다	쉽다

036 건설업은 대부분의 공사가 옥외에서 이루어지므로 기상과 자연 조건에 영향을 많이 받을 뿐만 아니라 많은 기계, 기구, 장비를 사용하며 작업 자체의 위험성이 따른다. 이 위험성에 대한 예측은 과거의 경험, 정보의 수집, 측정 및 관측 등으로 예측이 가능한 부분으로 이에 철저한 대비를 하여야 한다.

037 유해·위험방지계획서 제출 시 첨부해야 하는 서류에는 건축물 각 층의 평면도, 기계·설비의 개요를 나타내는 서류, 기계·설비의 배치도면, 원재료 및 제품의 취급, 제조 등의 작업방법의 개요, 그 밖에 고용노동부장관이 정하는 도면 및 서류 등이 있다.

038 건설공사 유해위험방지계획서 제출 시 공통적으로 제출(공사 개요 및 안전보건관리계획)하여야 할 첨부서류(규칙 제42조, 별표 10)

> ① 공사 개요서(별지 서식)
> ② 공사현장의 주변 현황 및 주변과의 관계를 나타내는 도면(매설물 현황을 포함한다)
> ③ 전체 공정표
> ④ 산업안전보건관리비 사용계획서(별지 서식)
> ⑤ 안전관리 조직표
> ⑥ 재해 발생 위험 시 연락 및 대피방법

039 ③ · ⑧ · ⑱ · ㉑ · ㉘ · ㉟ · ㊲ 깊이 10m 이상인 굴착공사

⑤ · ⑪ 제방높이 31m 이상인 댐 건설 등 공사

⑦ · ㊱ 지상높이가 31m 이상인 건축물의 해체공사

⑨ · ㉒ · ㉝ 지상높이가 31m 이상인 건축물 건설 등 공사

⑩ · ⑫ · ⑲ 최대 지간길이가 50m 이상인 다리의 건설 등 공사

⑰ 저수용량 20,000,000톤인 용수전용 댐의 건설 등 공사

㉕ 다목적댐, 발전용댐 및 저수용량 20,000,000톤 이상의 용수전용댐 등의 건설. 등공사

㉗ 연면적 5,000m²인 문화 및 집회시설(전시장 및 동물원 · 식물원은 제외) 건설 등 공사

㉚ 저수용량 20,000,000톤 이상의 지방상수도 전용댐 건설 등 공사

이상의 내용을 종합하면, 다음과 같다.

> ① 다음의 어느 하나에 해당하는 건축물 또는 시설 등의 건설 · 개조 또는 해체("건설 등")공사는 유해위험방지계획서를 제출하여
> 야 한다.
> ㉮ 지상높이가 31m 이상인 건축물 또는 인공구조물
> ㉯ 연면적 30,000m² 이상인 건축물
> ㉰ 연면적 5,000m² 이상인 시설로서 문화 및 집회시설(전시장 및 동물원 · 식물원은 제외), 판매시설, 운수시설(고속철도의 역
> 사 및 집배송시설은 제외), 종교시설, 의료시설 중 종합병원, 숙박시설 중 관광숙박시설, 지하도상가, 냉동 · 냉장 창고시설
> ② 연면적 5,000m² 이상인 냉동 · 냉장 창고시설의 설비공사 및 단열공사
> ③ 최대 지간(支間)길이(다리의 기둥과 기둥의 중심 사이의 거리)가 50m 이상인 다리의 건설 등 공사
> ④ 터널의 건설 등 공사
> ⑤ 다목적댐, 발전용댐, 저수용량 20,000,000톤 이상의 용수 전용 댐 및 지방상수도 전용 댐의 건설 등 공사
> ⑥ 깊이 10m 이상인 굴착공사

040 유해위험방지계획서의 건설안전분야 자격 등(법 제42조, 규칙 제43조)

> 유해위험방지계획서를 작성할 때 건설안전 분야의 자격 등 고용노동부령으로 정하는 자격을 갖춘 자의 의견을 들어야 하며, 자격
> 을 갖춘 자는 다음과 같다.
> ① 건설안전 분야 산업안전지도사
> ② 건설안전기술사 또는 토목 · 건축 분야 기술사
> ③ 건설안전산업기사 이상의 자격을 취득한 후 건설안전 관련 실무경력이 건설안전기사 이상의 자격은 5년, 건설안전산업기사
> 자격은 7년 이상인 사람

001	① ×	② ○	③ ×	④ ×					**002**	① ○	② ○	③ ○	④ ×					
003	① ○	② ○	③ ○	④ ×					**004**	① ×	② ○	③ ○	④ ○	⑤ ×	⑥ ○	⑦ ○	⑧ ×	
005	① ×	② ○	③ ○	④ ○					**006**	① ×	② ○	③ ○	④ ○	⑤ ○	⑥ ×	⑦ ×	⑧ ○	
007	① ○	② ○	③ ×	④ ○					**008**	① ○	② ×	③ ×	④ ×					
009	① ×	② ○	③ ○	④ ○					**010**	① ○	② ○	③ ○	④ ×					
011	① ○	② ×	③ ○	④ ○					**012**	① ×	② ×	③ ×	④ ○					
013	① ○	② ○	③ ○	④ ○					**014**	① ○	② ○	③ ○	④ ○					
015	① ○	② ○	③ ×	④ ○					**016**	① ○	② ×	③ ○	④ ○	⑤ ○	⑥ ○	⑦ ×	⑧ ○	
017	① ○	② ○	③ ×	④ ○	⑤ ○	⑥ ○	⑦ ×		**018**	① ○	② ○	③ ○	④ ×	⑤ ○	⑥ ×	⑦ ○	⑧ ○	⑨ ×
019	① ○	② ○	③ ○	④ ×					**020**	① ○	② ×	③ ○	④ ○					
021	① ×	② ○	③ ○	④ ○					**022**	① ○	② ○	③ ○	④ ○					
023	① ×	② ×	③ ○	④ ×					**024**	① ×	② ×	③ ○	④ ×					
025	① ○	② ○	③ ○	④ ×	⑤ ○	⑥ ○	⑦ ○	⑧ ×	**026**	① ○	② ○	③ ○	④ ○	⑤ ×	⑥ ○	⑦ ×		
027	① ○	② ×	③ ×	④ ×					**028**	① ○	② ×	③ ○	④ ○					
029	① ○	② ○	③ ×	④ ○					**030**	① ○	② ○	③ ○	④ ○	⑤ ×	⑥ ○			
031	① ○	② ○	③ ×	④ ○	⑤ ○	⑥ ×			**032**	① ○	② ○	③ ×	④ ○	⑤ ×				
033	① ○	② ○	③ ○	④ ×					**034**	① ×	② ○	③ ○	④ ○					
035	① ○	② ×	③ ○	④ ○	⑤ ×	⑥ ○	⑦ ○	⑧ ○	**036**	① ×	② ○	③ ×	④ ×					
037	① ○	② ×	③ ○	④ ○					**038**	① ×	② ○	③ ○	④ ○	⑤ ○	⑥ ○	⑦ ○	⑧ ×	
039	① ×	② ×	③ ×	④ ○	⑤ ×	⑥ ×			**040**	① ○	② ○	③ ○	④ ×					
041	① ○	② ○	③ ○	④ ×					**042**	① ○	② ○	③ ○	④ ×	⑤ ×	⑥ ○			
043	① ○	② ○	③ ○	④ ×														
044	① ○	② ○	③ ○	④ ×	⑤ ×	⑥ ○	⑦ ○	⑧ ×	⑨ ○								
045	① ○	② ○	③ ×	④ ○					**046**	① ×	② ×	③ ○	④ ×					
047	① ○	② ○	③ ○	④ ×					**048**	① ○	② ○	③ ○	④ ×					
049	① ×	② ×	③ ○	④ ×					**050**	① ○	② ○	③ ○	④ ×	⑤ ×				
051	① ×	② ○	③ ○	④ ○					**052**	① ○	② ×	③ ×	④ ×					
053	① ○	② ○	③ ○	④ ×	⑤ ○				**054**	① ○	② ×	③ ×	④ ×					
055	① ○	② ○	③ ×	④ ○					**056**	① ○	② ○	③ ×	④ ○	⑤ ×	⑥ ○	⑦ ×	⑧ ×	
057	① ×	② ○	③ ○	④ ○					**058**	① ○	② ○	③ ○	④ ×					
059	① ○	② ×	③ ○	④ ○					**060**	① ×	② ○	③ ○	④ ○	⑤ ×				
061	① ○	② ○	③ ○	④ ×					**062**	① ○	② ×	③ ○	④ ○	⑤ ○	⑥ ×			
063	① ○	② ×	③ ○	④ ○					**064**	① ○	② ○	③ ○	④ ×					
065	① ×	② ○	③ ○	④ ○					**066**	① ○	② ×	③ ○	④ ○					
067	① ○	② ○	③ ○	④ ×					**068**	① ○	② ○	③ ×	④ ○					
069	① ×	② ×	③ ×	④ ○					**070**	① ○	② ○	③ ○	④ ×					
071	① ○	② ×	③ ○	④ ○					**072**	① ○	② ○	③ ×	④ ○					
073	① ○	② ○	③ ×	④ ○					**074**	① ○	② ○	③ ○	④ ×					
075	① ×	② ○	③ ○	④ ○					**076**	① ○	② ○	③ ○	④ ×	⑤ ×	⑥ ×			

077	① ○　② ○　③ ○　④ ×	078	① ○　② ○　③ ○　④ ×　⑤ ×
079	① ○　② ○　③ ×　④ ○　⑤ ○　⑥ ○	080	① ○　② ×　③ ○　④ ○　⑤ ×　⑥ ○
081	① ○　② ○　③ ○　④ ×	082	① ×　② ○　③ ×　④ ×
083	① ×　② ×　③ ○　④ ×	084	① ○　② ○　③ ○　④ ×
085	① ○　② ×　③ ○　④ ○	086	① ×　② ×　③ ×　④ ○
087	① ×　② ○　③ ×　④ ×	088	① ○　② ×　③ ×　④ ×
089	① ○　② ○　③ ○　④ ×	090	① ○　② ○　③ ×　④ ○
091	① ○　② ○　③ ○　④ ×		

001 안전대의 선정(추락재해방지 표준안전작업지침 제15조)

> 안전대의 선정은 다음의 사용목적에 적합한 안전대를 선정하여야 한다.
> ① 1종 안전대는 전주 위에서의 작업과 같이 발받침은 확보되어 있어도 불완전하여 체중의 일부는 U자 걸이로 하여 안전대에 지지하여야만 작업을 할 수 있으며, 1개 걸이의 상태로서는 사용하지 않는 경우에 선정해야 한다.
> ② 2종 안전대는 작업장 작업발판을 설치하기 곤란할 때 착용하는 1개 걸이 전용으로서 작업을 할 경우, 안전대에 의지하지 않아도 작업할 수 있는 발판이 확보되었을 때 사용한다. 로우프의 끝단에 후크나 카라비나가 부착된 것은 구조물 또는 시설물 등에 지지할 수 있거나 클립부착 지지로우프가 있는 경우에 사용한다. 또한 로우프의 끝단에 클립이 부착된 것은 수직지지로우프만으로 안전대를 설치하는 경우에 사용한다.
> ③ 3종 안전대는 1개 걸이와 U자 걸이로 사용할 때 적합한다. 특히 U자 걸이 작업 시 후크를 걸고 벗길 때 추락을 방지하기 위해 보조로우프를 사용하는 것이 좋다.
> ④ 4종 안전대는 1개 걸이, U자 걸이 겸용으로 보조후크가 부착되어 있어 U자 걸이 작업시 후크를 D링에 걸고 벗길 때 추락위험이 많은 경우에 적합하다.

002 안전시설비 등(건설업 산업안전보건관리비 계상 및 사용기준 제7조 제1항 제2호)

> ① 산업재해 예방을 위한 안전난간, 추락방호망, 안전대 부착설비, 방호장치(기계·기구와 방호장치가 일체로 제작된 경우, 방호장치 부분의 가액에 한함) 등 안전시설의 구입·임대 및 설치 등을 위해 소요되는 비용
> ②「산업재해예방시설자금 융자금 지원사업 및 보조금 지급사업 운영규정」에 따른 "스마트안전장비 지원사업" 및 「건설기술진흥법」에 따른 스마트 안전장비 구입·임대 비용. 다만, 제4조에 따라 계상된 산업안전보건관리비 총액의 2/10를 초과할 수 없다.
> ③ 용접 작업 등 화재 위험작업 시 사용하는 소화기의 구입·임대비용

003 "지반이 나빴다"의 경우에는 붕괴 사고의 원인이 된다.

004 건물 등의 해체작업 시 작업계획서 내용(안전보건규칙 제38조, 별표 4)

> - 해체의 방법 및 해체 순서도면
> - 가설설비·방호설비·환기설비 및 살수·방화설비 등의 방법
> - 사업장 내 연락방법
> - 해체물의 처분계획
> - 해체작업용 기계·기구 등의 작업계획서
> - 해체작업용 화약류 등의 사용계획서
> - 그 밖에 안전·보건에 관련된 사항

005 안전일반(해체공사 표준작업안전지침 제16조)

해체공사 공법은 해체대상물 조건에 따라 여러 가지 방법을 병용하게 되므로 작업계획 수립 시 ② · ③ · ④ 이외에
도 다음의 사항을 준수하여야 한다.

> - 작업구역 내에는 관계자 이외의 자에 대하여 출입을 통제하여야 한다.
> - 사용기계기구 등을 인양하거나 내릴때에는 그물망이나 그물포대 등을 사용토록 하여야 한다.
> - 외벽과 기둥 등을 전도시키는 작업을 할 경우에는 전도 낙하위치 검토 및 파편 비산거리 등을 예측하여 작업반경을 설정하여야
>   한다.
> - 해체건물 외곽에 방호용 비계를 설치하여야 하며 해체물의 전도, 낙하, 비산의 안전거리를 유지하여야 한다.
> - 파쇄 공법의 특성에 따라 방진벽, 비산차단벽, 분진억제 살수시설을 설치하여야 한다.
> - 작업자 상호간의 적정한 신호규정을 준수하고 신호방식 및 신호기기사용법은 사전교육에 의해 숙지되어야 한다.

006 해체작업용 기계 · 기구에는 압쇄기, 쇄석기, 대형 및 핸드 브레이커, 철재 햄머, 화약류, 팽창재, 절단톱, 재키, 쐐기
타입기, 화염방사기, 절단줄톱 등이 있다.

① 포크리프트는 창고 및 물류 작업에서 중량 물품을 쉽게 이동하고 적재하는 데 사용되는 중장비 차량이다.

⑥ 착암기는 암석에 구멍을 내기 위해 광업과 토목공학 분야에 사용되는 도구이다.

⑦ 데릭은 철골세우기용 기계이다.

007 팽창제는 광물의 수화반응에 의한 팽창압을 이용하여 파쇄하는 공법이다. 팽창제와 물과의 시방 혼합비율을 확인하
여야 하고, 천공직경이 너무 작거나 크면 팽창력이 작아 비효율적이므로, 천공 직경은 30~50mm 정도를 유지하여
야 하며, 천공간격은 콘크리트 강도에 의하여 결정되나 30~70cm 정도를 유지하도록 한다.

008 ② 분진이 발생하므로 그 밖에 보호구가 필요하다.

③ 파괴력이 작고 공기단축 및 노동력 절감에 불리하다.

④ 소음, 진동이 있고, 기둥과 기초물 해체 시에는 사용이 가능하다.

009 방진마스크, 보안경 등이 필요하며, 수동공구에 비하여 작업 능률이 좋다.

010 철제햄머(해체공사 표준안전작업지침 제5조)

> 햄머를 크레인 등에 부착하여 구조물에 충격을 주어 파쇄하는 것으로 다음의 사항을 준수하여야 한다.
> ① 햄머는 해체대상물에 적합한 형상과 중량의 것을 선정하여야 한다.
> ② 햄머는 중량과 작압반경을 고려하여 차체의 부움, 후레임 및 차체 지지력을 초과하지 않도록 설치하여야 한다.
> ③ 햄머를 매달은 와이어로우프의 종류와 직경 등은 적절한 것을 사용하여야 한다.
> ④ 햄머와 와이어로우프의 결속은 경험이 많은 사람으로서 선임된 자에 한하여 실시하도록 하여야 한다.
> ⑤ 킹크, 소선절단, 단면이 감소된 와이어로우프는 즉시 교체하여야 하며 결속부는 사용 전 후 항상 점검하여야 한다.

011 핸드브레이커(해체공사 표준안전작업지침 제7조)

> 압축공기, 유압의 급속한 충격력에 의거 콘크리트 등을 해체할 때 사용하는 것으로 다음의 사항을 준수하여야 한다.
> ① 끌의 부러짐을 방지하기 위하여 작업자세는 하향 수직방향으로 유지하도록 하여야 한다.
> ② 기계는 항상 점검하고, 호오스의 꼬임 · 교차 및 손상여부를 점검하여야 한다.

012 철근콘크리트 고가교의 해체에는 철근 절단기를 사용하여야 한다.

① 철제햄머 : 햄머를 크레인 등에 부착하여 구조물에 충격을 주어 파쇄하는 것이다.

② 압쇄기 : 압쇄기는 쇼벨에 설치하며 유압조작에 의해 콘크리트 등에 강력한 압축력을 가해 파쇄하는 것이다.

③ 브레이커 : 핸드브레이커는 압축공기, 유압의 급속한 충격력에 의거 콘크리트 등을 해체할 때 사용하는 것이고, 대형 브레이커는 통상 쇼벨에 설치하여 사용한다.

013 건물 등의 채석작업 시 작업계획서 내용(안전보건규칙 제38조, 별표 4)

건물 등의 재석작업 시 작업계획서 내용에는 ①·③·④ 이외에도 다음 사항이 포함된다.

> • 노천굴착과 갱내굴착의 구별 및 채석방법
> • 굴착면 소단(小段 : 비탈면의 경사를 완화시키기 위해 중간에 좁은 폭으로 설치하는 평탄한 부분)의 위치와 넓이
> • 갱내에서의 낙반 및 붕괴방지 방법
> • 발파방법
> • 암석의 가공장소
> • 사용하는 굴착기계·분할기계·적재기계 또는 운반기계(이하 "굴착기계등"이라 한다)의 종류 및 성능
> • 토석 또는 암석의 적재 및 운반방법과 운반경로

014 화약류(해체공사 표준안전작업지침 제6조)

> 콘크리트 파쇄용 화약류 취급시에는 다음의 사항을 준수하여야 한다.
> ① 화약류에 의한 발파파쇄 해체 시에는 사전에 시험발파에 의한 폭력, 폭속, 진동치속도 등에 파쇄능력과 진동, 소음의 영향력을 검토하여야 한다.
> ② 소음, 분진, 진동으로 인한 공해대책, 파편에 대한 예방대책을 수립하여야 한다.
> ③ 화약류 취급에 대하여는 법, 총포도검화약류단속법 등 관계법에서 규정하는 바에 의하여 취급하여야 하며 화약저장소 설치기준을 준수하여야 한다.
> ④ 시공순서는 화약취급절차에 의한다.

015 발파작업 시 안전담당자는 자신이 직접 점화를 하는 것이 아니라 점화 상태 등을 점검하고, 지휘·감독하여야 한다.

016 ② "화약류, 뇌관 등은 충격을 주지 말고 화기에 접근을 금지한다."는 화약류 취급과 관계가 있고, 발파작업과는 무관한 내용이다.

⑦ 화약 장전에 구멍을 막는 작업에는 폭발이 없는 것(마찰, 충격, 정전기 등에 의한 폭발)으로 하여야 한다.

017 발파의 작업기준(안전보건규칙 제348조, 제349조)

사업주는 발파작업에 종사하는 근로자에게 ①·②·④·⑤·⑥ 이외에도 다음의 사항을 준수하도록 하여야 한다.

> • 얼어붙은 다이나마이트는 화기에 접근시키거나 그 밖의 고열물에 직접 접촉시키는 등 위험한 방법으로 융해되지 않도록 할 것
> • 화약이나 폭약을 장전하는 경우에는 그 부근에서 화기를 사용하거나 흡연을 하지 않도록 할 것
> • 점화 후 장전된 화약류가 폭발하지 아니한 경우 또는 장전된 화약류의 폭발 여부를 확인하기 곤란한 경우에는 다음 사항을 따를 것
>   – 전기뇌관에 의한 경우에는 발파모선을 점화기에서 떼어 그 끝을 단락시켜 놓는 등 재점화되지 않도록 조치하고 그때부터 5분 이상 경과한 후가 아니면 화약류의 장전장소에 접근시키지 않도록 할 것
>   – 전기뇌관 외의 것에 의한 경우에는 점화한 때부터 15분 이상 경과한 후가 아니면 화약류의 장전장소에 접근시키지 않도록 할 것
> • 전기뇌관에 의한 발파의 경우 점화하기 전에 화약류를 장전한 장소로부터 30m 이상 떨어진 안전한 장소에서 전선에 대하여 저항측정 및 도통시험을 할 것

018 추락재해 방지를 위한 설비에는 비계, 안전보호망, 추락 방망, 작업 발판, 이동식 사다리, 안전 난간, 울타리, 개구부 덮개, 안전망, 수직형 추락방망 또는 덮개, 조명, 리프트, 수상용 구명장구, 안전대 부착설비 등이 있다.

019 추락사고를 예방하기 위한 방지대책으로는 ①·②·③ 이외에도 높이 2m 이상인 장소에서 악천후로 인하여 위험이 예상될 때 당해 작업을 중지하여야 한다 등이 있다.

020 건축물 등의 바깥쪽으로 설치하는 경우 추락방호망의 내민 길이는 벽면으로부터 3m 이상이 되도록 할 것. 다만, 그 물코가 20mm 이하인 추락방호망을 사용한 경우에는 낙하물 방지망을 설치한 것으로 본다. (안전보건규칙 제42조)

021 추락방호망은 수평으로 설치하고, 망의 처짐은 짧은 변 길이의 12% 이상이 되도록 할 것(안전보건규칙 제42조)

022 방망에는 보기 쉬운 곳에 제조자명, 제조연월, 재봉치수, 그물코, 신품인때의 방망의 강도 등의 사항을 표시하여야 한다. (추락재해방지 표준안전작업지침 제13조)

023 정기시험(추락재해방지 표준안전작업지침 제10조)

> 정기시험 등은 다음에 정하는 바에 의하여 행한다.
> ① 방망의 정기시험은 사용개시 후 1년 이내로 하고, 그 후 6개월마다 1회씩 정기적으로 시험용사에 대해서 등속인장시험을 하여야 한다. 다만, 사용상태가 비슷한 다수의 방망의 시험용사에 대하여는 무작위 추출한 5개 이상을 인장시험 했을 경우 다른 방망에 대한 등속 인장시험을 생략할 수 있다.
> ② 방망의 마모가 현저한 경우나 방망이 유해가스에 노출된 경우에는 사용후 시험용사에 대해서 인장시험을 하여야 한다.

024 ①은 낙하, ②는 전락, ③은 추락, ④는 붕괴, 도괴(무너짐)에 대한 설명이다.

025 ④ 항만 하역 작업 – 추락
⑧ 흙막이 지보공 토류판 설치 – 붕괴

026~027 사업주는 작업발판 및 통로의 끝이나 개구부로서 근로자가 추락할 위험이 있는 장소에는 안전난간, 울타리, 수직형 추락방망 또는 덮개 등(이하 이 조에서 "난간 등"이라 함)의 방호 조치를 충분한 강도를 가진 구조로 튼튼하게 설치하여야 하며, 덮개를 설치하는 경우에는 뒤집히거나 떨어지지 않도록 설치하여야 한다. 이 경우 어두운 장소에서도 알아볼 수 있도록 개구부임을 표시해야 하며, 수직형 추락방망은 한국산업표준에서 정하는 성능기준에 적합한 것을 사용해야 한다. 또한, 사업주는 난간 등을 설치하는 것이 매우 곤란하거나 작업의 필요상 임시로 난간 등을 해체하여야 하는 경우 기준에 맞는 추락방호망을 설치하여야 한다. 다만, 추락방호망을 설치하기 곤란한 경우에는 근로자에게 안전대를 착용하도록 하는 등 추락할 위험을 방지하기 위하여 필요한 조치를 하여야 한다. (안전보건규칙 제43조)

028 비계로부터의 추락 원인과 관계 있는 경우는 작업발판의 폭이 좁거나, 비계 위로 올라갔거나, 난간이 없는 경우이다. 덮개는 개구부에서의 추락과 관계가 깊다.

029 안전난간의 치수(추락재해방지 표준안전작업지침 제29조)

안전난간의 치수는 ①·②·④ 이외에도 다음 사항에 따른다.

> • 중간대의 간격 : 폭목과 중간대, 중간대와 상부난간대 등의 내부간격은 각각 45cm를 넘지 않도록 설치한다
> • 폭목의 높이 : 작업면에서 띠장목의 상면까지의 높이가 10cm 이상이 되도록 설치한다. 다만, 합판 등을 겹쳐서 사용하는 등 작업바닥면이 고르지 못한 경우에는 높은 것을 기준으로 한다.

030 추락 재해 방지를 위한 설비에는 비계, 안전보호망, 추락 방망, 작업 발판, 이동식 사다리, 안전 난간, 울타리, 개구부 덮게, 안전망, 수직형 추락방망 또는 덮게, 조명, 리프트, 승강용 트랩, 수상용 구명장구, 안전대 부착설비 등이 있다.

② 트렌치 박스는 옥외에서 물을 흘려보내는 홈 또는 배관 등을 수용하는 홈형의 구조물이다.

⑤ 어스 앵커는 구조물을 지반에 정착시키기 위한 고강도의 강재이다.

031 ③의 "투하설비를 설치하지 않았다"와 ⑥의 "토사를 안전한 기울기로 굴착하지 않았다."는 근로자의 추락과는 무관한 사항이다.

032 ③ 이동식 사다리를 설치한 바닥면에서 높이 3.5m 이하의 장소에서만 작업한다.

⑤ 안전모를 착용하되, 작업 높이가 2m 이상인 경우에는 안전모와 안전대를 함께 착용한다.

033 안식(휴식)각은 흙 등을 쌓거나 깎아 냈을 때 자연 상태로 생기는 경사면이 수평면과 이루는 각으로서 흙막이벽에 있어서 응집력이 적은 흙 층이 경사면이 될 때 그 층이 안정되는 최대의 물매이고, 보통흙과 모래 및 자갈은 30°, 양질토는 35° 정도이다. 또한, 터파기 각도는 휴식각의 2배이다.

034 토사붕괴의 예방(안전보건규칙 제31조)

토사붕괴의 발생을 예방하기 위하여 ②·③·④ 이외에도 다음의 조치를 하여야 한다.

• 경사면의 기울기가 당초 계획과 차이가 발생되면 즉시 재검토하여 계획을 변경시켜야 한다.

• 경사면의 하단부에 압성토 등 보강 공법으로 활동에 대한 저항대책을 강구하여야 한다.

035 ② "투하설비(사업주는 높이가 3m 이상인 장소로부터 물체를 투하하는 경우 적당한 투하설비를 설치하거나 감시인을 배치하는 등 위험을 방지하기 위하여 필요한 조치를 하여야 한다.)는 붕괴 등에 의한 위험방지에 관한 기준과는 무관하다.

⑤ 흙막이 지보공(땅이나 터널을 팔 때, 흙이 무너지지 않도록 임시로 나무 등을 짜서 버티는 버팀대)은 굴착 공사 중 흙막이벽을 지지하는 구조물로서, 목적은 굴착면의 안정성을 확보하고, 주변 지반과 구조물의 변형을 최소화하는 것이다. 흙막이 지보공 제거는 지반의 붕괴 등으로 근로자가 위험해질 우려가 있다.

> **토사 등에 의한 위험 방지(안전보건규칙 제50조)**
> 사업주는 토사 등 또는 구축물의 붕괴 또는 낙하 등에 의하여 근로자가 위험해질 우려가 있는 경우 그 위험을 방지하기 위하여 다음의 조치를 해야 한다.
> ① 지반은 안전한 경사로 하고 낙하의 위험이 있는 토석을 제거하거나 옹벽, 흙막이 지보공 등을 설치할 것
> ② 토사등의 붕괴 또는 낙하 원인이 되는 빗물이나 지하수 등을 배제할 것
> ③ 갱내의 낙반·측벽(側壁) 붕괴의 위험이 있는 경우에는 지보공을 설치하고 부석을 제거하는 등 필요한 조치를 할 것

036 도갱의 종류

구분	저부 도갱	측변 도갱	저하 도갱
형태			

037~039 토석 붕괴의 원인(굴착공사 표준안전작업지침 제28조)

구분	내용
외적 원인	• 사면, 법면의 경사 및 기울기의 증가 • 절토 및 성토 높이의 증가 • 공사에 의한 진동 및 반복 하중의 증가 • 지표수 및 지하수의 침투에 의한 토사 중량의 증가 • 지진, 차량, 구조물의 하중작용 • 토사 및 암석의 혼합층두께
내적 원인	• 절토 사면의 토질·암질 • 성토 사면의 토질 구성 및 분포 • 토석의 강도 저하

040 붕괴의 형태(굴착공사 표준안전작업지침 제29조)

① 토사의 미끄러져 내림(Sliding)은 광범위한 붕괴현상으로 일반적으로 완만한 경사에서 완만한 속도로 붕괴한다.

② 토사의 붕괴는 사면천단부 붕괴, 사면중심부 붕괴, 사면하단부 붕괴의 형태이며 작업위치와 붕괴예상지점의 사전조사를 필요로 한다.

③ 얕은 표층의 붕괴는 경사면이 침식되기 쉬운 토사로 구성된 경우 지표수와 지하수가 침투하여 경사면이 부분적으로 붕괴된다. 절토 경사면이 암반인 경우에도 파쇄가 진행됨에 따라서 균열이 많이 발생되고, 풍화하기 쉬운 암반인 경우에는 표층부 침식 및 절리발달에 의해 붕괴가 발생된다.

④ 깊은절토 법면의 붕괴는 사질암과 전석토층으로 구성된 심층부의 단층이 경사면 방향으로 하중응력이 발생하는 경우 전단력, 점착력 저하에 의해 경사면의 심층부에서 붕괴될 수 있으며, 이러한 경우 대량의 붕괴재해가 발생된다.

⑤ 성토경사면의 붕괴는 성토 직후에 붕괴 발생률이 높으며, 다짐불충분 상태에서 빗물이나 지표수, 지하수 등이 침투되어 공극수압이 증가되어 단위중량증가에 의해 붕괴가 발생된다. 성토자체에 결함이 없어도 지반이 약한 경우는 붕괴되며, 풍화가 심한 급경사면과 미끄러져 내리기 쉬운 지층구조의 경사면에서 일어나는 성토붕괴의 경우에는 성토된 흙의 중량이 지반에 부가되어 붕괴된다.

041 토사의 붕괴는 사면 천단부 붕괴(비점착성 토질로 기울기가 급한 경우), 사면 중심부 붕괴(하부의 단단한 지층이 얕게 있어 하부 지반이 견고한 경우), 사면 하단부 붕괴(사면 기울기가 비교적 완만한 점성토에서 주로 발생)의 형태이며 작업위치와 붕괴예상지점의 사전조사를 필요로 한다.

042 ④ 웰포인트 공법은 강제배수 공법의 대표적인 공법으로 지중에 집수관을 1~2m 간격으로 박고 웰포인트를 사용하여 지하수를 진공펌프로 흡입, 탈수하여 지하수위를 저하시키는 공법이다.

⑤ 집수정 공법은 건축물의 지하 부분에 집수정을 만들어 지하수를 모은 후에 펌프를 이용하여 배수하는 공법이다.

043 사업주는 굴착작업을 할 때에 토사 등의 붕괴 또는 낙하에 의한 위험을 미리 방지하기 위하여 작업장소 및 그 주변의 부석·균열의 유무, 함수(含水)·용수(湧水) 및 동결의 유무 또는 상태의 변화의 사항을 점검해야 한다. (안전보건규칙 제338조)

044 1) 급격한 침하로 인한 위험 방지(안전보건규칙 제376조)

> 사업주는 잠함 또는 우물통의 내부에서 근로자가 굴착작업을 하는 경우에 잠함 또는 우물통의 급격한 침하에 의한 위험을 방지하기 위하여 다음의 사항을 준수하여야 한다.
> ① 침하관계도에 따라 굴착방법 및 재하량(載荷量) 등을 정할 것
> ② 바닥으로부터 천장 또는 보까지의 높이는 1.8m 이상으로 할 것

2) 잠함 등 내부에서의 작업(안전보건규칙 제377조)

> ① 사업주는 잠함, 우물통, 수직갱, 그 밖에 이와 유사한 건설물 또는 설비("잠함등")의 내부에서 굴착작업을 하는 경우에 다음의 사항을 준수하여야 한다.
> • 산소 결핍 우려가 있는 경우에는 산소의 농도를 측정하는 사람을 지명하여 측정하도록 할 것
> • 근로자가 안전하게 오르내리기 위한 설비를 설치할 것
> • 굴착 깊이가 20m를 초과하는 경우에는 해당 작업장소와 외부와의 연락을 위한 통신설비 등을 설치할 것
> ② 사업주는 측정 결과 산소 결핍이 인정되거나 굴착 깊이가 20m를 초과하는 경우에는 송기(送氣)를 위한 설비를 설치하여 필요한 양의 공기를 공급해야 한다.

045 사전조사 및 작업계획서 내용(안전보건규칙 제38조, 별표 4)
  • 터널굴착방법
  • 터널지보공 및 복공의 시공방법과 용수처리방법
  • 환기 또는 조명시설을 설치할 때에는 그 방법

046 ① 동결 공법 : 지중의 수분을 일시적으로 동결시켜 지반의 강도와 차수성을 증대한 후 본공사를 실시하는 공법이다.
  ② 강널말뚝 공법 : 흙파기 공사시 주변 흙의 붕괴와 작업장으로 흙의 유출방지 및 지하수의 유입을 막기위하여 설치하는 강재널말뚝을 사용하는 흙막이 공법이다.
  ④ 뉴매틱케이슨(용기잠함) 공법 : 용수량이 대단히 많고 깊은 기초를 구축할 때 사용되는 공법으로 작업실은 밀폐되고 고압공기를 공급하여 지하수의 유입을 방지하면서 흙파기 작업을 하여 지하구조체를 침하시키는 공법이다.

047 작업면에 대한 조도 기준

작업기준	막장구간	터널중간구간	터널입·출구, 수직구간
조도기준(LUX)	70 이상	50 이상	30 이상

048 ① TBM(Tunnel Boring Machine) 공법 : 터널 굴착기를 사용하여 땅속에서 수평으로 회전시키면서 암반을 압력으로 파쇄시키는 시공 방식이다.
  ② NATM(New Austrian Tunneling Method) : 암반을 천공하고 화약을 충진하여 발파한 후 스틸리브(Steel rib) 및 와이어매쉬(Wire mesh)를 설치하고 숏크리트(Shot crete)를 타설하여 시공하는 터널공법이다.
  ③ 실드 공법 : 실드(Shield)라고 부르는 단단한 원통형의 철강재 외각을 가진 굴진기를 추진시켜 터널을 굴착하는 방법이다.
  ④ 어스앵커(Earth Anchor) : 구조물을 지반에 정착시키기 위한 고강도의 강재이다.

049 ③ TBM(Tunnel Boring Machine) 공법 : 터널 굴착기를 사용하여 땅속에서 수평으로 회전시키면서 암반을 압력으로 파쇄시키는 시공 방식으로 전단면 기계 굴착에 의한 공법이다.

① ASSM(American Steel Supported Method) : 굴착과 동시에 강재 지보공을 설치하는 공법으로 초기의 터널 시공법이다.

② NATM(New Austrian Tunneling Method) : 암반을 천공하고 화약을 충진하여 발파한 후 스틸리브(Steel rib) 및 와이어매쉬(Wire mesh)를 설치하고 숏크리트(Shot crete)를 타설하여 시공하는 터널공법이다.

④ 개착식 공법(Open cut) : 지표면에서 소정의 위치까지 파내려간 후 구조물을 축조하고 되메운 후 지표면을 원상태로 복구시키는 공법이다.

050 옹벽의 안정 조건에는 전도에 대한 안정, 활동에 대한 안정, 지반지지력(침하)에 대한 안정 등이 있다.

051 옹벽축조(굴착공사 표준안전작업지침 제14조)

옹벽을 축조 시에는 불안전한 급경사가 되게 하거나 좁은 장소에서 작업을 할 때에는 위험을 수반하게 되므로, ②·③·④ 이외에도 다음의 사항을 준수하여야 한다.

- 수평방향의 연속시공을 금하며, 블럭으로 나누어 단위시공 단면적을 최소화하여 분단시공을 한다.
- 하나의 구간을 굴착하면 방치하지 말고 즉시 버팀 콘크리트를 타설하고 기초 및 본체구조물 축조를 마무리한다.

052~053 1) 굴착면의 기울기 기준

지반의 종류	모래	연암, 풍화암	경암	그 밖의 흙
굴착면의 기울기	1 : 1.8	1 : 1.0	1 : 0.5	1 : 1.2

2) 사질의 지반(점토질을 포함하지 않은 것)은 굴착면의 기울기를 1 : 1.5 이상으로 하고, 높이는 5m 미만으로 하여야 한다.

3) 발파 등에 의해서 붕괴하기 쉬운 상태의 지반 및 매립하거나 반출시켜야 할 지반의 굴착면의 기울기는 1 : 1 이하 또는 높이는 2m 미만으로 하여야 한다.

054~055 안식(휴식, 자연경사)각은 흙 등을 쌓거나 깎아 냈을 때 자연 상태로 생기는 경사면이 수평면과 이루는 각으로서 흙막이벽에 있어서 응집력이 적은 흙 층이 경사면이 될 때 그 층이 안정되는 최대의 물매이고, 보통흙과 모래 및 자갈은 30°, 양질토는 35° 정도이다. 또한, 흙파기의 경사각은 휴식각의 2배이다.

056 붕괴 등의 위험 방지(안전보건규칙 제347조)

사업주는 흙막이 지보공을 설치하였을 때에는 정기적으로 다음의 사항을 점검하고 이상을 발견하면 즉시 보수하여야 한다.
① 부재의 손상·변형·부식·변위 및 탈락의 유무와 상태　② 버팀대의 긴압의 정도
③ 부재의 접속부·부착부 및 교차부의 상태　④ 침하의 정도

057 흙막이 공법의 종류

공법의 분류	종류
지지 방식	자립식, 버팀대식(수평버팀대식, 경사버팀대식), 어스 앵커식
구조 방식	H-Pile 공법, 강재 널말뚝 공법, 지하연속벽(슬러리 월) 공법, 탑-다운(Top down method) 공법, 구체 흙막이 공법(웰 공법, 케이슨 공법)

① 세미 실드(semi-shield, 추진 공법) 공법은 도시기반시설의 공간확보를 위해 발달한 공법으로 굴진기를 거치고 후방의 잭을 이용하여 굴진기를 압입한 후 추진관을 추진하는 일련의 반복작업으로 터널을 굴착하는 방법이다.

058 토공사의 사면(비탈면)보호 공법에는 식생 공법, 피복 공법, 뿜칠 공법, 붙임 공법, 격자틀 공법, 낙석 방호 공법 등이 있다. 절토(평지를 만들기 위해 높은 곳의 흙을 깎아내는 것) 높이의 증가는 오히려 비탈면의 붕괴를 일으킬 수 있는 요인이다.

059 암반사면의 파괴 형태에는 평면파괴(불연속면이 한 방향), 쐐기파괴(불연속면이 두 방향), 전도파괴(절개면과 불연속면 경사방향이 반대), 원형파괴(불연속면이 불규칙) 등이 있다.

060 굴착작업 사전조사 등(안전보건규칙 제338조)

사업주는 굴착작업을 할 때에 토사 등의 붕괴 또는 낙하에 의한 위험을 미리 방지하기 위하여 다음의 사항을 점검해야 한다.
- 작업장소 및 그 주변의 부석·균열의 유무
- 함수(含水)·용수(湧水) 및 동결의 유무 또는 상태의 변화

061 사업주는 터널 등의 건설작업을 하는 경우에 낙반 등에 의하여 근로자가 위험해질 우려가 있는 경우에 터널 지보공 및 록볼트의 설치, 부석(浮石)의 제거 등 위험을 방지하기 위하여 필요한 조치를 하여야 한다. (안전보건규칙 제351조)

062 붕괴 등의 방지(안전보건규칙 제366조)

사업주는 터널 지보공을 설치한 경우에 다음의 사항을 수시로 점검하여야 하며, 이상을 발견한 경우에는 즉시 보강하거나 보수하여야 한다.
① 부재의 손상·변형·부식·변위 탈락의 유무 및 상태　　② 부재의 긴압 정도
③ 부재의 접속부 및 교차부의 상태　　④ 기둥침하의 유무 및 상태

063 조립 또는 변경시의 조치(안전보건규칙 제364조)

사업주는 터널 지보공을 조립하거나 변경하는 경우에는 다음의 사항을 조치하여야 한다.
① 주재(主材)를 구성하는 1세트의 부재는 동일 평면 내에 배치할 것
② 목재의 터널 지보공은 그 터널 지보공의 각 부재의 긴압 정도가 균등하게 되도록 할 것
③ 기둥에는 침하를 방지하기 위하여 받침목을 사용하는 등의 조치를 할 것
④ 강(鋼)아치 지보공의 조립은 다음의 사항을 따를 것
　㉮ 조립간격은 조립도에 따를 것
　㉯ 주재가 아치작용을 충분히 할 수 있도록 쐐기를 박는 등 필요한 조치를 할 것
　㉰ 연결볼트 및 띠장 등을 사용하여 주재 상호간을 튼튼하게 연결할 것
　㉱ 터널 등의 출입구 부분에는 받침대를 설치할 것
　㉲ 낙하물이 근로자에게 위험을 미칠 우려가 있는 경우에는 널판 등을 설치할 것
⑤ 목재 지주식 지보공은 다음 각 목의 사항을 따를 것
　㉮ 주기둥은 변위를 방지하기 위하여 쐐기 등을 사용하여 지반에 고정시킬 것
　㉯ 양끝에는 받침대를 설치할 것
　㉰ 터널 등의 목재 지주식 지보공에 세로방향의 하중이 걸림으로써 넘어지거나 비틀어질 우려가 있는 경우에는 양끝 외의 부분에도 받침대를 설치할 것
　㉱ 부재의 접속부는 꺾쇠 등으로 고정시킬 것
⑥ 강아치 지보공 및 목재지주식 지보공 외의 터널 지보공에 대해서는 터널 등의 출입구 부분에 받침대를 설치할 것

064 ① 대피공간의 확보 등 : 붕괴의 속도는 높이에 비례하므로 수평방향의 활동에 대비하여 작업장 좌우에 피난통로 등

을 확보하여야 한다. (굴착공사 표준안전작업지침 제34조)

② 동시작업의 금지 : 붕괴토석의 최대 도달거리 범위내에서 굴착공사, 배수관의 매설, 콘크리트 타설작업 등을 할 경우에는 적절한 보강대책을 강구하여야 한다. (굴착공사 표준안전작업지침 제33조)

③ 2차재해의 방지 : 작은규모의 붕괴가 발생되어 인명구출 등 구조작업 도중에 대형붕괴의 재차 발생을 방지하기 위하여 붕괴면의 주변상황을 충분히 확인하고 2중 안전조치를 강구한 후 복구작업에 임하여야 한다. (굴착공사 표준안전작업지침 제35조)

065 사업주는 굴착작업 시 토사 등의 붕괴 또는 낙하에 의하여 근로자에게 위험을 미칠 우려가 있는 경우에는 미리 흙막이 지보공의 설치, 방호망의 설치 및 근로자의 출입 금지 등 그 위험을 방지하기 위하여 필요한 조치를 해야 한다. (안전보건규칙 제340조)

066 붕괴사고의 직접적인 방지대책으로는 우수(雨水), 지하수 등의 사전배제, 안전경사 유지, 토사유출 방지 등이 있다. 가스분출 검사와는 무관하다.

067 ① 흙막이벽의 근입장 증가 : 널말뚝 저면의 타설 깊이를 깊게 한다.

② 주변의 지하수위 저하 : 웰포인트 공법에 의하여 지하수면을 낮추어 용출하는 물의 압력을 감소시킨다.

③ 투수거리를 길게 하기 위한 지수벽 설치 : 널말뚝을 불투수성 점토질 지층까지 깊이 때려 박는다.

④ 굴착 주변의 상재 하중 증가는 히빙, 보일링 현상을 촉진하는 역할을 한다.

068 지반 붕괴 등의 위험방지(안전보건규칙 제370조)

사업주는 채석작업을 하는 경우 지반의 붕괴 또는 토사 등의 낙하로 인하여 근로자에게 발생할 우려가 있는 위험을 방지하기 위하여 다음의 조치를 해야 한다.

① 점검자를 지명하고 당일 작업 시작 전에 작업장소 및 그 주변 지반의 부석과 균열의 유무와 상태, 함수·용수 및 동결상태의 변화를 점검할 것

② 점검자는 발파 후 그 발파 장소와 그 주변의 부석 및 균열의 유무와 상태를 점검할 것

069 사업주는 채석작업(갱내에서의 작업은 제외)을 하는 경우에 붕괴 또는 낙하에 의하여 근로자를 위험하게 할 우려가 있는 토석·입목 등을 미리 제거하거나 방호망을 설치하는 등 위험을 방지하기 위하여 필요한 조치를 하여야 한다. (안전보건규칙 제372조)

070 흙막이벽 개굴착(open cut) 공법은 굴착 전에 붕괴하고자 하는 흙의 이동을 흙막이에 의해 지지하면서 굴착하는 공법으로, 종류로는 자립흙막이벽 공법, (수평·경사)버팀대 공법 및 어스앵커 공법, 당김줄 공법 등이 있다.

④ 비탈면 개굴착 공법은 흙막이벽 개굴착 공법과 함께 개굴착(open cut) 공법의 일종이다. Open cut 공법은 비탈면 Open cut 공법과 흙막이벽 Open cut 공법으로 분류한다.

071 ① 동바리로 사용하는 파이프서포트는 3본 이상이어서는 아니되므로 붕괴의 원인이 된다.

② 수평연결재를 높이 2.0m마다 견고하게 설치하도록 되어 있으므로 붕괴의 원인이 되지 않는다.

③ 조립도를 작성하지 않고 목수의 경험에 의해 지보공을 설치하였다 것은 규정과 무관하므로 붕괴의 원인이 된다.

④ 콘크리트를 한 곳에 집중적으로 타설하지 않아야 하므로 붕괴의 원인이 된다.

072 사전조사 및 작업계획서 내용(안전보건규칙 제38조, 별표 4)

굴착작업 시 사전조사 내용은 다음과 같다.

① 형상·지질 및 지층의 상태　　　② 균열·함수·용수 및 동결의 유무 또는 상태

③ 매설물의 유무 또는 상태　　　④ 지반의 지하수위 상태

073 작업(굴착공사 표준안전작업지침 제6조)

굴착작업 시 ①·②·④ 이외에도 다음의 사항을 준수하여야 한다.

- 안전담당자의 지휘하에 작업하여야 한다.
- 굴착면 및 흙막이지보공의 상태를 주의하여 작업을 진행시켜야 한다.
- 굴착토사나 자재 등을 경사면 및 토류벽 천단부 주변에 쌓아두어서는 안 된다.
- 매설물, 장애물 등에 항상 주의하고 대책을 강구한 후에 작업을 하여야 한다.
- 수중펌프나 벨트콘베이어 등 전동기기를 사용할 경우는 누전차단기를 설치하고 작동여부를 확인하여야 한다.

074 낙하물 방지설비 중 제3자 보호설비[제3자(공사장 외부의 통행자와 차량 등)를 낙하물로부터 보호하기 위해 설치하는 설비]에는 양생 철망 및 시트, 방호 시트 및 선반 등이 있다. 석면포는 석면사로서 평직으로 제작한 것으로 불꽃 비산방지용(용접, 용단시)과 화재방지용으로 사용되는 내화용이다.

075 사업주는 높이가 3m 이상인 장소로부터 물체를 투하하는 경우 적당한 투하설비를 설치하거나 감시인을 배치하는 등 위험을 방지하기 위하여 필요한 조치를 하여야 한다. (안전보건규칙 제15조)

076~079 낙하물에 의한 위험의 방지(안전보건규칙 제14조)

① 사업주는 작업장의 바닥, 도로 및 통로 등에서 낙하물이 근로자에게 위험을 미칠 우려가 있는 경우 보호망을 설치하는 등 필요한 조치를 하여야 한다.

② 사업주는 작업으로 인하여 물체가 떨어지거나 날아올 위험이 있는 경우 낙하물 방지망, 수직보호망 또는 방호선반의 설치, 출입금지구역의 설정, 보호구의 착용 등 위험을 방지하기 위하여 필요한 조치를 하여야 한다. 이 경우 낙하물 방지망 및 수직보호망은 「산업표준화법」에 따른 한국산업표준에서 정하는 성능기준에 적합한 것을 사용하여야 한다.

③ 낙하물 방지망 또는 방호선반을 설치하는 경우에는 다음의 사항을 준수하여야 한다.

  ㉮ 높이 10m 이내마다 설치하고, 내민 길이는 벽면으로부터 2m 이상으로 할 것

  ㉯ 수평면과의 각도는 20° 이상 30° 이하를 유지할 것

080 보호구의 지급 등(안전보건규칙 제32조)

사업주는 다음의 어느 하나에 해당하는 작업을 하는 근로자에 대해서는 다음의 구분에 따라 그 작업조건에 맞는 보호구를 작업하는 근로자 수 이상으로 지급하고 착용하도록 하여야 한다.

① 물체가 떨어지거나 날아올 위험 또는 근로자가 추락할 위험이 있는 작업 : 안전모

② 높이 또는 깊이 2m 이상의 추락할 위험이 있는 장소에서 하는 작업 : 안전대(安全帶)

③ 물체의 낙하·충격, 물체에의 끼임, 감전 또는 정전기의 대전(帶電)에 의한 위험이 있는 작업 : 안전화

④ 물체가 흩날릴 위험이 있는 작업 : 보안경

⑤ 용접 시 불꽃이나 물체가 흩날릴 위험이 있는 작업 : 보안면

⑥ 감전의 위험이 있는 작업 : 절연용 보호구

⑦ 고열에 의한 화상 등의 위험이 있는 작업 : 방열복

⑧ 선창 등에서 분진이 심하게 발생하는 하역작업 : 방진마스크

⑨ 섭씨 영하 18° 이하인 급냉동어창에서 하는 하역작업 : 방한모·방한복·방한화·방한장갑

⑩ 물건을 운반하거나 수거·배달하기 위하여 「도로교통법」에 따른 이륜자동차 또는 같은 법에 따른 원동기장치자전거를 운행하는 작업 : 「도로교통법 시행규칙」에 적합한 승차용 안전모

⑪ 물건을 운반하거나 수거·배달하기 위해 「도로교통법」에 따른 자전거 등을 운행하는 작업 : 「도로교통법 시행규칙」에 적합한 안전모

081 안전대는 직사광선이 닿지 않는 곳, 통풍이 잘 되며 습기가 없는 곳, 부식성 물질이 없는 곳, 화기 등이 근처에 없는 곳에 보관하여야 한다. (추락재해방지 표준안전작업지침 제20조)

082 ① 비계 : 건축 공사에 있어서 높은 곳에서 작업을 하거나, 재료를 운반하기 위하여 만드는 임시 가설물이다.

③ 가설구조물 : 일반적으로는 본 구조물에 대하여 임시로 구축한 구조물이다. 예로서, 재해시 응급조치의 구조
물이나 존속기간이 한정된 구조물이다.

④ 연결통로 : 건축물과 건축물이 이어지는 통로를 의미한다.

083 보호절연, 보호접지(기기외함의 접지), 안전전압 이하의 전기기기 사용 등은 간접접촉에 대한 방지대책이다.

084 충전전로에 근접한 장소에서 전기작업을 하는 경우에는 해당 전압에 적합한 절연용 방호구를 설치할 것. 다만, 저압
인 경우에는 해당 전기작업자가 절연용 보호구를 착용하되, 충전전로에 접촉할 우려가 없는 경우에는 절연용 방호구
를 설치하지 아니할 수 있다.

085 분기회로에는 감전보호용 지락만 설치하여도 누전차단기는 반드시 설치하여야 한다.

086 전압의 구분

구분	저압	고압	특고압
직류	1.5kV 이하	1.5kV 초과 7kV 이하	7kV 초과
교류	1kV 이하	1kV 초과 7kV 이하	

087 충전전로 사이의 사용 전압별 접근 한계거리(안전보건규칙 제321조)

유자격자가 충전전로 인근에서 작업하는 경우에는 다음 표에 제시된 접근한계거리 이내로 접근하거나 절연 손잡
이가 없는 도전체에 접근할 수 없도록 할 것

충전전로의 선간전압 (kV)	0.3 이하	0.3 초과 0.75 이하	0.75 초과 2 이하	2 초과 15 이하	15 초과 37 이하	37 초과 88 이하	88 초과 121 이하
접근한계거리(cm)	접촉금지	30	45	60	90	110	130
충전전로의 선간전압 (kV)	121 초과 145 이하	145 초과 169 이하	169 초과 242 이하	242 초과 362 이하	362 초과 550 이하	550 초과 800 이하	
접근한계거리(cm)	150	170	230	380	550	790	

088 "산소결핍"이란 공기 중의 산소농도가 18% 미만인 상태를 말하고, "산소결핍증"이란 산소가 결핍된 공기를 들이마
심으로써 생기는 증상을 말한다. (안전보건규칙 제618조)

089 "적정공기"란 산소농도의 범위가 18% 이상 23.5% 미만, 이산화탄소의 농도가 1.5% 미만, 일산화탄소의 농도가
30ppm 미만, 황화수소의 농도가 10ppm 미만인 수준의 공기를 말한다.

090 사업주는 산소 및 유해가스 농도를 측정한 결과 적정공기가 유지되고 있지 아니하다고 평가된 경우에는 작업장을 환
기시키거나, 근로자에게 공기호흡기 또는 송기마스크를 지급하여 착용하도록 하는 등 근로자의 건강장해 예방을 위
하여 필요한 조치를 하여야 한다. (안전보건규칙 제619조의2 제3항)

091 꽂음접속기의 설치·사용 시 준수사항(안전보건규칙 제316조)

사업주는 꽂음접속기를 설치하거나 사용하는 경우에는 다음의 사항을 준수하여야 한다.

① 서로 다른 전압의 꽂음접속기는 서로 접속되지 아니한 구조의 것을 사용할 것

② 습윤한 장소에 사용되는 꽂음접속기는 방수형 등 그 장소에 적합한 것을 사용할 것

③ 근로자가 해당 꽂음접속기를 접속시킬 경우에는 땀 등으로 젖은 손으로 취급하지 않도록 할 것

④ 해당 꽂음접속기에 잠금장치가 있는 경우에는 접속 후 잠그고 사용할 것

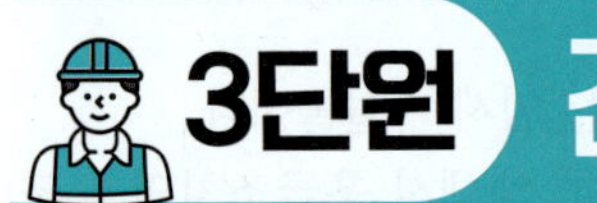

3단원 건설업

001	① ○ ② × ③ ○ ④ ○		002	① × ② × ③ × ④ ○	
003	① × ② × ③ ○ ④ ×		004	① ○ ② × ③ ○ ④ ○ ⑤ ○ ⑥ × ⑦ ○ ⑧ × ⑨ ○	
005	① × ② ○ ③ ○ ④ ○				
006	① ○ ② × ③ ○ ④ ○ ⑤ × ⑥ ○ ⑦ × ⑧ × ⑨ ○ ⑩ ○ ⑪ ○ ⑫ × ⑬ ○ ⑭ ○				
007	① ○ ② ○ ③ ○ ④ ×		008	① ○ ② ○ ③ ○ ④ ×	
009	① ○ ② ○ ③ × ④ ○		010	① × ② ○ ③ ○ ④ ○	
011	① × ② × ③ × ④ ○				

001 공사종류 및 규모별 안전관리비 계상기준표에서 공사종류의 명칭에는 건축공사, 토목공사, 중건설공사, 특수건설공사 등이 있다.

002 건설업 산업안전보건관리비를 계산할 때 대상액에 곱해주는 비율이 큰 것부터 작은 것의 순으로 대상액 5억원 미만을 기준으로 나열하면, "중건설공사(3.64%) → 토목공사(3.15%) → 건축공사(3.11%) → 특수건설공사(2.07%)"의 순이다.

003 산업안전보건관리비[산업재해 예방을 위하여 건설공사 현장에서 직접 사용되거나 해당 건설업체의 본점 또는 주사무소("본사")에 설치된 안전전담부서에서 법령에 규정된 사항을 이행하는 데 소요되는 비용] 계상 및 사용기준을 제정하여 사용하게 된 직접적인 동기는 공사 시에 근로자의 생명과 안전을 지키기 위함이다.

004 도급인과 자기공사자는 산업안전보건관리비를 산업재해예방 목적으로 안전관리자·보건관리자의 임금, 안전시설비, 보호구, 안전보건진단비, 안전보건교육비, 근로자 건강장해예방비 등의 기준에 따라 사용하여야 한다. (건설업 산업안전보건관리비 계상 및 사용기준 제7조)

005 안전관리자·보건관리자의 임금 등의 항목(건설업 산업안전보건관리비 계상 및 사용기준 제7조 제1항 제1호)에는 ②·③·④ 이외에도 별표 1의2에 해당하는 작업을 직접 지휘·감독하는 직·조·반장 등 관리감독자의 직위에 있는 자가 영에서 정하는 업무를 수행하는 경우에 지급하는 업무수당(임금의 1/10 이내) 등이 있다.

006 안전시설비 등(건설업 산업안전보건관리비 계상 및 사용기준 제7조 제1항 제2호)

① 산업재해 예방을 위한 안전난간, 추락방호망, 안전대 부착설비, 방호장치(기계·기구와 방호장치가 일체로 제작된 경우, 방호장치 부분의 가액에 한함) 등 안전시설의 구입·임대 및 설치 등을 위해 소요되는 비용
② 「산업재해예방시설자금 융자금 지원사업 및 보조금 지급사업 운영규정」에 따른 "스마트안전장비 지원사업" 및 「건설기술진흥법」에 따른 스마트 안전장비 구입·임대 비용. 다만, 제4조에 따라 계상된 산업안전보건관리비 총액의 2/10를 초과할 수 없다.
③ 용접 작업 등 화재 위험작업 시 사용하는 소화기의 구입·임대비용

007 안전보건진단비 등의 항목에는 ①·②·③ 이외에도 그밖에 산업재해예방을 위해 법에서 지정한 전문기관 등에서 실시하는 진단, 검사, 지도 등에 소요되는 비용 등이 있다.
④ "보호구의 구입·수리·관리 등에 소요되는 비용"은 산업안전보건관리비 중 보호구 등에 포함되는 사항이다.

008 발주자 또는 자기공사자는 설계변경 등으로 대상액의 변동(공사금액이 800억 원 이상으로 증액된 경우에는 증액된 대상액을 기준)이 있는 경우 별표에 따라 지체 없이 산업안전보건관리비를 조정 계상하여야 한다. (건설업 산업안전 보건관리비 계상 및 사용기준 제4조)

009 건설공사 안전보건교육비 등에는 ①·②·④ 이외에도 다음의 사항이 있다.

> - 규정에 따라 실시하는 의무교육이나 이에 준하여 실시하는 교육을 위해 건설공사 현장 이외 산업재해 예방이 주된 목적인 교육을 실시하기 위해 소요되는 비용
> - 건설공사 현장에서 안전기원제 등 산업재해 예방을 기원하는 행사를 개최하기 위해 소요되는 비용. 다만, 행사의 방법, 소요된 비용 등을 고려하여 사회통념에 적합한 행사에 한한다.
> - 건설공사 현장의 유해·위험요인을 제보하거나 개선방안을 제안한 근로자를 격려하기 위해 지급하는 비용

③ "건설공사 현장에서 근로자 심폐소생을 위해 사용되는 자동심장충격기(AED) 구입에 소요되는 비용"은 근로자 건강장해예방비 등에 속하는 사항이다.

010 건설업 산업안전보건관리비 사용내역 중 근로자 건강장해예방비 등에 해당되는 사항은 ②·③·④ 이외에도 다음의 사항이 있다.

> - 「감염병의 예방 및 관리에 관한 법률」에 따른 감염병의 확산 방지를 위한 마스크, 손소독제, 체온계 구입비용 및 감염병병원체 검사를 위해 소요되는 비용
> - 건설공사 현장에서 근로자 심폐소생을 위해 사용되는 자동심장충격기(AED) 구입에 소요되는 비용
> - 온열·한랭질환으로부터 근로자 건강장해를 예방하기 위한 임시 휴게시설 설치·해체·임대 비용 및 냉·난방기기의 임대 비용

① "건설공사 현장의 유해·위험요인을 제보하거나 개선방안을 제안한 근로자를 격려하기 위해 지급하는 비용"은 안전보건교육비 등에 속한다.

011 안전보건총괄책임자를 지정해야 하는 사업의 종류 및 사업장의 상시근로자 수는 관계수급인에게 고용된 근로자를 포함한 상시근로자가 100명(선박 및 보트 건조업, 1차 금속 제조업 및 토사석 광업의 경우에는 50명) 이상인 사업이나 관계수급인의 공사금액을 포함한 해당 공사의 총공사금액이 20억원 이상인 건설업으로 한다. (영 제52조)

번호	답	번호	답
001	① × ② ○ ③ × ④ ×	002	① × ② ○ ③ × ④ ×
003	① × ② ○ ③ ○ ④ ○	004	① × ② ○ ③ × ④ ×
005	① ○ ② × ③ ○ ④ ○ ⑤ ○ ⑥ × ⑦ ○ ⑧ ○ ⑨ ○ ⑩ ○ ⑪ × ⑫ ○ ⑬ ○ ⑭ × ⑮ × ⑯ ○ ⑰ × ⑱ ○ ⑲ × ⑳ ○ ㉑ ○ ㉒ × ㉓ ○ ㉔ ○ ㉕ ○ ㉖ ○		
006	① ○ ② ○ ③ × ④ ○ ⑤ ○ ⑥ ○ ⑦ × ⑧ ○ ⑨ ×		
007	① ○ ② × ③ × ④ ×	008	① ○ ② ○ ③ ○ ④ × ⑤ ○ ⑥ ○
009	① ○ ② ○ ③ ○ ④ × ⑤ × ⑥ ○ ⑦ ○ ⑧ ○		
010	① ○ ② ○ ③ ○ ④ ○ ⑤ ○ ⑥ × ⑦ ○ ⑧ ○ ⑨ × ⑩ ○ ⑪ × ⑫ ○ ⑬ × ⑭ ○ ⑮ ○ ⑯ × ⑰ × ⑱ × ⑲ × ⑳ ○ ㉑ ○ ㉒ ○		
011	① ○ ② ○ ③ ○ ④ ○ ⑤ ○ ⑥ ○ ⑦ × ⑧ ○	012	① ○ ② × ③ ○ ④ ○
013	① ○ ② × ③ × ④ × ⑤ ×	014	① ○ ② × ③ ○ ④ ○
015	① × ② ○ ③ ○ ④ ×	016	① ○ ② ○ ③ ○ ④ ×
017	① × ② ○ ③ × ④ ×	018	① ○ ② × ③ ○ ④ ○ ⑤ ○
019	① ○ ② ○ ③ ○ ④ ×	020	① ○ ② ○ ③ × ④ ○ ⑤ ○ ⑥ ○ ⑦ ○
021	① × ② × ③ × ④ ○ ⑤ × ⑥ ×	022	① ○ ② × ③ × ④ ×
023	① ○ ② ○ ③ × ④ ○	024	① × ② ○ ③ ○ ④ ○
025	① ○ ② ○ ③ ○ ④ ×	026	① ○ ② × ③ ○ ④ ○
027	① ○ ② ○ ③ ○ ④ ×	028	① ○ ② × ③ × ④ ×
029	① × ② × ③ × ④ ○	030	① × ② × ③ ○ ④ ×
031	① × ② ○ ③ × ④ ×		
032	① ○ ② ○ ③ ○ ④ × ⑤ × ⑥ ○ ⑦ ○ ⑧ × ⑨ ○ ⑩ ×		
033	① ○ ② ○ ③ ○ ④ ×	034	① ○ ② × ③ ○ ④ ○ ⑤ × ⑥ ○ ⑦ ○
035	① ○ ② × ③ × ④ ×	036	① ○ ② × ③ × ④ ×
037	① × ② ○ ③ ○ ④ ○	038	① ○ ② ○ ③ ○ ④ ○
039	① × ② ○ ③ ○ ④ ○ ⑤ ○ ⑥ ○	040	① ○ ② ○ ③ ○ ④ ×
041	① ○ ② ○ ③ ○ ④ ×	042	① ○ ② ○ ③ ○ ④ × ⑤ × ⑥ × ⑦ ○ ⑧ ×
043	① × ② ○ ③ × ④ ×	044	① ○ ② ○ ③ × ④ ○
045	① ○ ② ○ ③ ○ ④ ×	046	① ○ ② × ③ ○ ④ ○
047	① × ② × ③ × ④ ○	048	① × ② ○ ③ × ④ ×
049	① ○ ② × ③ × ④ ×		
050	① ○ ② ○ ③ ○ ④ × ⑤ × ⑥ × ⑦ × ⑧ × ⑨ ○ ⑩ ○ ⑪ × ⑫ ○ ⑬ × ⑭ × ⑮ ×		
051	① × ② ○ ③ ○ ④ ○ ⑤ ○ ⑥ ×	052	① × ② ○ ③ ○ ④ ○
053	① × ② ○ ③ × ④ × ⑤ ○ ⑥ × ⑦ ○ ⑧ × ⑨ ○		
054	① ○ ② × ③ × ④ ×	055	① ○ ② ○ ③ × ④ ○
056	① ○ ② × ③ × ④ ×	057	① × ② × ③ ○ ④ ○
058	① × ② ○ ③ ○ ④ × ⑤ × ⑥ × ⑦ ×	059	① × ② ○ ③ ○ ④ ×
060	① × ② ○ ③ ○ ④ ○ ⑤ × ⑥ ○ ⑦ ○	061	① ○ ② ○ ③ × ④ ○ ⑤ ○ ⑥ ○
062	① × ② ○ ③ ○ ④ ○	063	① ○ ② ○ ③ × ④ ○
064	① × ② × ③ × ④ ○ ⑤ × ⑥ ○ ⑦ ○ ⑧ ○ ⑨ × ⑩ ○		

번호	정답													
065	①○	②○	③×	④○										
066	①○	②×	③○	④○										
067	①○	②×	③○	④○										
068	①○	②×	③×	④×										
069	①○	②○	③×	④○										
070	①×	②○	③○	④○										
071	①○	②○	③×	④○	⑤○	⑥○	⑦×	⑧○						
072	①○	②○	③×	④○										
073	①○	②○	③○	④×										
074	①○	②○	③×	④○										
075	①○	②×	③○	④○										
076	①○	②○	③×	④○										
077	①○	②○	③×	④×	⑤○	⑥○	⑦○							
078	①○	②×	③○	④○										
079	①×	②×	③○	④×										
080	①×	②○	③○	④○										
081	①○	②○	③○	④×										
082	①×	②×	③×	④○										
083	①○	②×	③○	④○										
084	①○	②○	③×	④○										
085	①×	②×	③×	④○										
086	①×	②○	③○	④○	⑤○	⑥×								
087	①×	②×	③○	④×										
088	①○	②×	③○	④○										
089	①○	②○	③○	④×										
090	①○	②○	③○	④×	⑤○	⑥×	⑦○	⑧×	⑨○	⑩×	⑪×	⑫○	⑬×	⑭○
091	①×	②×	③×	④○										
092	①○	②○	③○	④×	⑤×	⑥×	⑦×							
093	①×	②○	③×	④×										
094	①○	②○	③○	④×	⑤×									
095	①×	②○	③○	④○	⑤×	⑥○	⑦○	⑧○	⑨○	⑩○	⑪×	⑫○	⑬×	
096	①○	②○	③○	④×										
097	①○	②○	③○	④×										
098	①×	②×	③○	④×										
099	①○	②○	③×	④○										
100	①○	②×	③○	④○										
101	①○	②○	③×	④○										
102	①×	②○	③×	④×										
103	①×	②×	③×	④○										
104	①○	②○	③○	④×										
105	①×	②○	③×	④×										

001 블리딩(Bleeding)은 콘크리트 타설 후 물과 석고, 불순물 등의 미세한 물질 등은 상승하고 무거운 시멘트나 골재는 침하하게 되는 현상으로 원인과 대책은 다음과 같다.

원인	물·시멘트 비(물의 과다 사용), 굵은 골재의 최대치수, 반죽질기, 타설 높이, 타설속도, 다짐과 부재의 단면치수가 클수록, 시멘트의 분말도가 낮을수록 블리딩의 발생이 증가한다.
대책	타설 높이를 작게 하고, 과도한 다짐을 방지, 적당한 혼화제의 사용, 분말도가 높고, 초속경 시멘트의 사용, 수밀성 거푸집의 사용, 굵은 골재는 강자갈 사용, 굵은 골재의 최대치수를 작게 할 것 등

002 부착응력[부착력 = 콘크리트의 허용부착응력도 × 접촉면적(철근의 주장 × 정착길이)]은 철근과 콘크리트의 접촉면적에 의해서 결정된다. 철근과 콘크리트와의 접촉 면적이 크면, 부착응력은 증대된다. 그러므로 부착응력은 인장철근과 깊은 관계가 깊다.

003 콘크리트 배합의 순서를 보면, "설계 기준강도 → 배합(콘크리트)강도 → 시멘트 강도의 결정 → 물−시멘트비 결정 → 표준 배합표(골재의 크기 결정 → 슬럼프 값의 결정 → 배합비 결정) → 시험 비빔 → 계획 배합의 결정" 순이다.

004 반죽 질기를 파악하고 물−시멘트비를 조절하여 시공연도(콘크리트의 유동성과 묽기)를 조절하기 위한 방법 중 KS에 규정된 방법에는 슬럼프 시험, 비비 시험기에 의한 방법, 진동식 반죽 질기 측정기에 의한 방법, 다짐도에 의한 방법 등이 있고, KS에 규정되지 않은 방법에는 플로(흐름)시험, 리몰딩 시험, 낙하시험, 구관입 시험, 캐리볼관입시험 등이 있다.

005 ②·⑥·⑲ 콘크리트의 타설 시 온도가 높을수록 측압이 작아진다.

⑪ 콘크리트 단위중량이 작을수록 작다.

⑭ 거푸집의 강성이 클수록 크다.

⑮ 슬럼프가 작을수록 측압이 작다.

⑰ 콘크리트의 단위중량(밀도)이 작을수록 측압이 작다.

㉒ 타설속도가 느릴수록 측압이 작다.

006 콘크리트를 타설할 때 거푸집에 작용하는 콘크리트 측압에 크게 영향을 주는 요소에는 ①·②·④·⑤·⑥·⑧ 이외에도 콘크리트의 비중(클수록 크다), 시멘트의 양(많을수록 크다)과 종류(조강일수록 작다), 거푸집 표면의 평활도(평활할수록 크다), 거푸집의 투수성과 누수성(클수록 작다), 거푸집의 수평단면(클수록 크다), 강성(클수록 크다), 진동기의 사용(다질수록 크다), 타설 방법(빠를수록 크고, 높을수록 크다), 철근 및 철골량(많을수록 작다), 단위용적중량(클수록 크다), 컨시스턴시, 슬럼프(묽을수록 크다), 대기의 온도 및 습도(높을수록 작다) 등이 있다.

007 P(콘크리트의 측압) = W(콘크리트의 단위용적중량) × H(타설 높이)

콘크리트의 측압은 타설 방법, 타설 속도, 타설 높이, 단위용적중량, 온도와 습도, 철근의 배근상태, 시멘트의 종류와 량, 콘크리트의 비중, 거푸집의 강성 등(표면의 평활도, 수평 단면, 투수성과 누수성 등), 철근과 철골량, 타설 방법 등에 따라 달라진다.

008 하중(콘크리트공사 표준안전작업지침 제4조)

> 거푸집 및 지보공(동바리)은 여러가지 시공조건을 고려하고 다음의 하중을 고려하여 설계하여야 한다.
> ① 연직방향 하중 : 거푸집, 지보공(동바리), 콘크리트, 철근, 작업원, 타설용 기계기구, 가설 설비 등의 중량 및 충격하중
> ② 횡방향 하중 : 작업할 때의 진동, 콘크리트의 측압, 충격, 시공오차 등에 기인되는 횡방향 하중 이외에 필요에 따라 풍압, 유수압, 지진 등
> ③ 콘크리트의 측압 : 굳지 않은 콘크리트의 측압
> ④ 특수하중 : 시공 중에 예상되는 특수한 하중

009 콘크리트의 타설작업(안전보건규칙 제334조)

사업주는 콘크리트 타설작업을 하는 경우에는 ①·②·③·⑥·⑦·⑧ 이외에도 다음의 사항을 준수해야 한다.

> • 설계도서상의 콘크리트 양생기간을 준수하여 거푸집 및 동바리를 해체할 것
> • 콘크리트를 타설하는 경우에는 편심이 발생하지 않도록 골고루 분산하여 타설할 것
> • 콘크리트를 한 곳에만 치우쳐서 타설할 경우 거푸집의 변형 및 탈락에 의한 붕괴사고가 발생되므로 타설순서를 준수할 것

010 안전보건규칙 제334조, 콘크리트공사 표준안전작업지침 제13조

② 가능한 낮은 곳으로부터 슈트를 거쳐 콘크리트를 타설한다.

⑥ 타설속도는 하계 1.5m/h, 동계 1.0m/h를 표준으로 한다.

⑨ 콘크리트는 한곳으로 치우쳐 타설하면 편심을 유발하여 거푸집의 붕괴를 일으킨다.

⑩ 콘크리트 타설작업 시 거푸집 붕괴의 위험이 발생할 우려가 있으면 즉시 타설작업을 중지하고 상황을 판단한다.

⑪ 바닥 위에 흘린 콘크리트는 완전히 제거한다.

⑬ 콘크리트를 타설하는 경우에는 편심을 유발하지 않도록 하고, 콘크리트를 거푸집 내에 밀실하게 채워야 한다.

⑯ 최상부의 슬래브는 이어붓기를 되도록 피하고 일시에 전체를 타설하도록 한다.

⑰ 타설속도는 건설부 제정 콘크리트 표준시방서에 의한다.

⑱ 콘크리트를 한 곳에만 치우쳐서 타설할 경우 거푸집의 변형 및 탈락에 의한 붕괴사고가 발생되므로 타설순서를 준수하여야 하고, 편심이 발생하지 않도록 골고루 분산하여 타설해야 한다.

⑲ 콘크리트 다짐효과를 위하여 진동기를 사용하고, 재료 분리를 방지하기 위하여 최대한 낮은 곳에서 타설한다.

011 ③ 압력에 대한 관련 규정은 없으며, 공사상황에 따라 조정하여 사용하여야 한다.

⑦ 펌프카의 배관상태를 확인하여야 하고, 레미콘트럭과 펌프카와 호스선단의 연결작업을 확인하여야 하며 장비사양의 적정호스 길이를 초과하여서는 아니 된다. (콘크리트공사 표준안전작업지침 제14조)

012 ① "콘크리트를 부어넣는 속도가 빨랐다."는 콘크리트의 측압이 증대되므로 거푸집이 터지는(붕괴되는) 경우가 발생한다.

② "진동기를 사용하지 않았다."는 콘크리트의 측압이 감소되므로 거푸집이 안전하다.

③ "철근의 사용량이 적었다"는 콘크리트의 측압이 증대하므로 거푸집이 터지는(붕괴되는) 경우가 발생한다.

④ "시멘트의 사용량이 많았다"는 콘크리트의 측압이 증대하므로 거푸집이 터지는(붕괴되는) 경우가 발생한다.

즉, ①·③·④는 거푸집이 터지는(붕괴되는) 경우가 발생하고, ②는 거푸집이 터지는(붕괴되는) 경우가 발생하지 않는다.

013 굳지 않은 콘크리트의 성질에는 컨시스턴시, 플라스티시티, 피니셔빌리티 및 워커빌리티 등이 있다. 요구되는 성질은 거푸집 구석구석까지 잘 채워질 수 있어야 하고, 다지기 및 마무리가 용이하여야 하며, 시공 시 및 그 전후에 재료분리가 적어야 한다는 등이다.

① 워커빌리티(workability) : 콘크리트의 재료분리현상 없이 거푸집 내부에 쉽게 타설할 수 있는 정도 또는 컨시스턴시(반죽 질기의 정도)에 따라 부어 넣기 작업의 난이도 및 재료 분리에 저항하는 정도이다.

② 블리딩(Bleeding) : 콘크리트가 타설된 후 비교적 가벼운 물이나 미세한 물질 등이 상승하고, 무거운 골재나 시멘트는 침하하는 현상

③ 컨시스턴시(consistency) : 수량에 의해 변경되는 굳지 않은 콘크리트의 유동성만을 말하고, 단위 수량이 많으면 작업은 용이하나, 재료 분리 현상이 일어난다. 특히, 슬럼프 시험에 의한 시공연도의 양부를 판정하는 기준이 된다.

④ 피니셔빌리티(finishability) : 콘크리트 표면을 끝막이할 때의 난이 정도로 굵은 골재의 최대 치수, 잔골재율, 골재의 입도, 반죽 질기 등에 따라 달라진다.

⑤ Filtration(데이터나 절차의 필터링) : 시스템의 효율성을 높이는 과정으로 불필요한 요소를 걸러내고 유용한 자원이나 정보를 선택적으로 남기는 시스템을 의미한다.

014 철근콘크리트 공사 시 거푸집의 필요조건에는 ①·③·④ 이외에도 형상과 치수가 정확하고, 변형(처짐, 배부름, 뒤틀림 등)이 생기지 않아야 하며, 콘크리트의 경화에 필요한 수분이 새지 않아야 하므로 수밀성이 있어야 한다는 등이 있다.

015 ① 조강포틀랜드시멘트는 보통포틀랜드시멘트보다 존치기간이 짧다.

③ 슬래브 및 보의 밑면은 일반적으로 기둥이나 측벽보다 존치기간이 길다.

④ 슬래브 밑면 거푸집의 존치기간은 압축강도의 시험 여부와 시멘트의 종류 및 평균기온과 깊은 관계가 있다.

016 거푸집 동바리 해체 시기의 결정 요인에는 시방서 상의 거푸집 존치기간, 일정한 양생 기간 등의 경과와 콘크리트의 강도시험 결과 등이 있다. 후속 공정의 착수 시기와는 무관하다.

017 콘크리트 바닥 슬래브의 거푸집 존치기간

콘크리트 압축강도 14MPa 이상, 평균기온 20℃ 이상일 때 재령 3일 이상, 평균기온 10℃이상 20℃ 미만일 때 재령 4일 이상이다.

018 거푸집의 존치기간

1) 콘크리트 압축강도를 시험하는 경우 : 기초, 보, 기둥, 벽 등의 측면은 콘크리트 압축강도가 5Mpa 이상(내구성이 중요한 구조물의 경우에는 10Mpa 이상)이고, 슬래브 및 보의 밑면과 아치 내면의 경우로서, 단층구조인 경우는 설계기준압축강도의 2/3 이상 및 최소강도 14Mpa 이상이고, 다층구조인 경우에는 설계기준압축강도 이상 또한, 필러 동바리 구조를 이용할 경우는 구조계산에 의해 기간을 단축할 수 있으나, 최소강도는 14Mpa 이상이다.
2) 콘크리트 압축강도를 시험하지 않는 경우 : 시멘트의 종류와 평균 기온에 따라 달리한다.

평균기온 \ 시멘트의 종류	조강포틀랜드 시멘트	보통포틀랜드시멘트 고로슬래그시멘트(1종) 플라이애시시멘트(1종) 포틀랜드포졸란시멘트(A종)	고로슬래그시멘트(2종) 플라이애시시멘트(2종) 포틀랜드포졸란시멘트(B종)
20℃ 이상	2일	3일	4일
20℃ 미만 10℃ 이상	3일	4일	6일

그러므로, 1)과 2)에 의해서, 건축물의 부위(기초, 보, 기둥, 벽, 슬래브, 아치 등), 구조(단층 및 다층 구조 등) 시험에 의한 압축강도, 시멘트의 종류, 평균 기온 등이 있다.

019 무지주 공법의 종류에는 보우빔(bow beam, 철골 트러스와 유사한 경량 가설보를 설치하여 바닥콘크리트를 타설하는 공법), 철근일체형 데크플레이트(deck plate, 철골보에 데크플레이트를 걸쳐대고 철근을 배근한 후 콘크리트를 타설하는 공법), 페코빔(pecco beam, 무지주공법이나 안에 보가 있어 스팬의 조절이 가능한 거푸집 공법) 등이 있다.
④ 솔져시스템(soldier system)은 벽체의 양면에 거푸집을 설치하기 곤란한 경우에 사용하는 공법이다.

020 해체 공법의 종류

- 기계적 충격(기계력)에 의한 공법 : 기계적 힘(대형 및 핸드 브레이커, 철재 햄머 등)을 이용하여 구조물을 해체하는 공법이다.
- 전도에 의한 공법 : 구조물의 주요 연결부를 끊어 큰 부재를 전도시키며 해체하는 공법이다.
- 유압력에 의한 공법 : 유압 장비(압쇄기, 재키 등)를 사용하여 구조물을 압쇄하는 공법이다.
- 발파공법 : 다이너마이트(화약류)를 사용하여 주요 부재를 폭파하여 해체하는 공법이다.
- 절단(연삭)공법 : 절단 도구(절단톱, 절단 줄톱 등)를 사용하여 구조물을 잘라내는 공법이다.
- 팽창압 공법 : 팽창재를 사용하여 주요부재의 균열을 일으켜 해체하는 공법이다.

참고로 해체작업용 기계·기구에는 압쇄기, 쇄석기, 대형 및 핸드 브레이커, 철재 햄머, 화약류, 팽창재, 절단톱, 재키, 쐐기 타입기, 화염방사기, 절단줄톱 등이 있다.

021 ① 고강도 콘크리트 : 설계기준강도가 40MPa(400kgf/cm²) 이상인 콘크리트로서 배합 시 공기연행제를 사용하지 않고, 습윤양생을 실시하며, 고성능 감수제를 사용하여 된비빔의 콘크리트 타설을 할 수 있게 하였고, 실리카 퓸 등의 미세분말을 사용하여 강도와 내구성을 높인 콘크리트이다.
② 경량 콘크리트 : 건축물의 중량을 경감하기 위한 콘크리트로서 기건 비중이 2.0 이하인 콘크리트이다. 장점과 단점은 다음과 같다.
　㉮ 장점 : 자중이 적고, 콘크리트의 운반, 부어넣기 등 작업의 노력이 경감되며, 내화성이 크다. 또한, 열전도율이 작고, 방음 효과가 크다.
　㉯ 단점 : 시공이 번거롭고 재료의 처리가 필요하며, 강도가 적다. 또한, 다공질이고, 건조수축이 크다.

③ 서중 콘크리트 : 하루 평균기온이 25℃ 또는 하루 최고온도가 30℃를 넘는 시기에 혼합, 운반, 타설 및 양생을 하는 콘크리트이다.

⑤ 프리팩트콘크리트 : 콘크리트의 종류 중 수중공사에 주로 이용되며 거푸집을 조립하고 골재를 미리 충진한 후 특수한 모르타르를 그 사이에 주입하여 형성하는 콘크리트이다.

⑥ 섬유보강콘크리트 : 콘크리트에 각종 섬유를 보강시켜 콘크리트의 인장강도와 균열에 대한 저항성을 높이고, 인성을 개선할 목적으로 만든 콘크리트이다. 콘크리트 중에 섬유재료를 혼합함으로써 콘크리트의 변형성, 강도 등을 개선하고 여러 형태의 콘크리트 제품의 생산이 용이한 콘크리트이다.

022 ① 블리딩(Bleeding)은 콘크리트 타설 후 물과 석고, 불순물 등의 미세한 물질 등은 상승하고 무거운 시멘트나 골재는 침하하게 되는 현상이다. 레이턴스는(Laitance)는 블리딩으로 인하여 올라온 물질이 물이 증발한 후 피막을 형성하는 것 또는 표면에 발생하는 미세한 물질이다.

② 보링은 기초 지반 조사방법의 하나로 지하에 깊게 작은 구멍을 뚫어 깊이에 따른 토질의 시료를 채취하여 지층의 상황을 판단하는 방법이다. 샌드드레인은 압밀을 촉진하기 위해 점토질의 지반 속에 인공적으로 설치하는 모래 기둥이다.

③ 히빙은 하부 지반이 연약할 때 흙파기 저면선에 대하여 흙막이 바깥에 있는 흙의 중량과 지표 재하중의 중량에 못 견디어 저면의 흙이 붕괴되고, 흙막이 바깥에 있는 흙이 안으로 밀려 볼록하게 되는 현상 또는 흙막이벽 양쪽 토압의 차이로 흙막이 뒷부분의 흙이 흙막이벽 밑을 돌아서 기초파기를 하는 공사장으로 미끄러져 들어오는 현상이다. 슬라임은 관이나 저수 탱크의 내면에 침적, 부착된 덩어리진 점착성의 찌꺼기이다.

④ 블로홀(Blow hole)은 용융금속이 응고할 때 방출되어야 할 가스가 남아서 생기는 용접부의 빈 자리 또는 금속이나 유리 등을 주조할 때 그 속에 남은 기포를 말한다. 슬래그는 용접할 때 용착금속의 표면에 생기는 비금속의 물질이다.

023 거푸집 및 지보공(동바리)은 콘크리트 자중(철근콘크리트의 고정하중) 및 시공 중에 가해지는 기타 하중(작업인원과 장비의 하중, 타설 시 충격하중)에 충분히 견딜만한 강도를 가질 때까지는 해체하지 아니하여야 한다.
③ 콘크리트의 측압은 횡하중에 속하므로 동바리(수직하중) 설치와는 무관하다.

024 철근콘크리트 슬래브에 발생하는 응력 중 전단력은 일반적으로 중앙부보다 단부에서 크게 작용한다.

025 슬럼프 시험은 콘크리트 시공연도 시험법으로 주로 사용하며, 다음과 같이 실시한다.
㉮ 몰드는 젖은 걸레로 닦은 후 평평하고 습한 비흡습성의 단단한 평판 위에 놓고 콘크리트를 채워 넣을 동안 두 개의 발판을 디디고서 움직이지 않게 그 자리에 단단히 고정시킨다.
㉯ 재료를 몰드 용적의 1/3(바닥에서 약 7cm)만 넣어서 다짐대로 단면 전체에 골고루 25회 다진다. 이때는 다짐대를 약간 기울여서 다짐 횟수의 약 절반을 둘레를 따라 다지고, 그 다음에 다짐대를 수직으로 하여 중심을 향해서 나선상으로 다져 나간다.
㉰ 몰드 용적의 약 2/3(바닥에서 약 16cm)까지만 시료를 넣어 다짐대로 이 층의 깊이와 아래층에 약간 관입되도록 25회 골고루 다진다.
㉱ 최상층을 채워서 다질 때에는 슬럼프 몰드 위에 높이 쌓고서 25회 다진다.
㉲ 최상층을 다 다졌으면 흙칼로 평면을 고르고, 콘크리트에서 몰드를 조심성 있게 수직 상향으로 벗긴다.
㉳ ㉲의 작업이 끝나고 공시체가 충분히 주저앉은 다음 몰드의 높이(300mm)와 공시체 밑면의 원 중심으로부터 높이차(X)를(정밀도 0.5단위) 구하여 슬럼프로 한다.

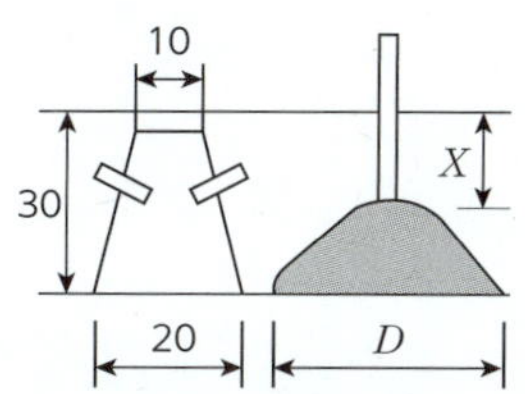

026 콘크리트의 양생 방법에는 습윤 양생(보양 시트, 거적 및 스프링클러 등을 이용하여 습윤 양생), 증기 양생(단시일 내에 강도를 발현시키기 위해 고온의 수증기로 양생), 전기 양생(저압의 교류를 콘크리트로 보내 전기저항에 의해 발생하는 열을 이용하여 양생), 피막 양생(콘크리트의 표면에 피막양생제를 뿌려 수분증발을 방지하여 양생), 단열보온 양생(단열재를 이용하여 콘크리트를 양생하는 방법), 가열보온 양생(적외선, 공간 가열 등을 이용하여 양생하는 방법) 등이 있다.

027 콘크리트의 비파괴 검사방법에는 슈미트테스트 해머법(타격법, 반발경도법, 콘크리트의 강도 조사), 방사선법(철근의 위치, 크기, 내부 결함등을 파악), 초음파법(음속법, 음속의 크기에 의해 강도를 측정), 진동법(콘크리트의 탄성계수를 측정), 인발법(철근을 인발하여 부착력을 측정), 철근 탐사법(전자유도에 의한 병렬 공진회로의 진폭 감소를 응용한 것) 등이 있다.
④ 침지법은 목재의 방화법의 일종으로 상온의 크레오소트 오일 등에 목재를 몇 시간 또는 며칠간 담그는 것이다.

028 ② 말비계 : 주로 건축물의 천장과 벽면의 실내 내장 마무리 등을 위해 바닥에서 일정높이의 발판을 설치하여 사용하는 비계이다.
③ 이동식 비계 : 비계 주틀의 하단부에 바퀴를 달아 이동이 가능하도록 한 비계이다.
④ 달비계 : 상부에서 와이어로프 등으로 매달린 형태의 비계로서 외부 마무리, 외벽 청소, 고층건물의 유리창 청소 등에 사용되는 비계이다.

029 판보의 커버 플레이트는 플랜지의 단면을 증가시키고, 단면의 증가는 단면 2차 모멘트의 증가(휨 모멘트의 증가)와 아울러 휨 모멘트에 대한 저항성을 높여 주는 역할을 한다.

030 ①의 정치식 타워크레인과 ②의 가이데릭의 선회각은 360°이다.
④ 진폴데릭은 소규모 건축물 공사에 사용하는 세우기용 기계이다.

031 ① 가이데릭(guy derrick) : 가장 많이 쓰이는 기중기로서 중량물의 장내 운반에도 쓰이고, 하중 능력이 크며, 붐의 회전 범위는 360°이다.
③ 트럭 크레인(truck crane) : 트럭 차대 위에 붐을 설치한 것으로 이동이 용이하고, 넓은 장소에서 기동력 있게 작업할 수 있으나, 연약지반에서의 작업이 곤란하다.
④ 진폴(gin pole) : 윈치와 함께 사용하고, 중량 부재를 달아올리기에 편리하며, 소규모 또는 옥탑의 돌출부에 사용한다.

032 철골 세우기용 기계에는 크레인, 가이데릭, 트럭 크레인, 타워 크레인, 진폴, 스티프 레그 데릭, 크롤러 크레인 등이 있다.
④ 항발기는 주로 가설(假設)용에 사용된 널말뚝, 파일 등을 뽑는 데 사용되는 기계이다.
⑤ 트렌처는 땅에 좁은 직선 도랑을 파는 토공용 장비로서 전기, 전화 및 케이블선이나 수로 또는 가스 파이프 깔기에 사용된다.
⑧ 케이블 데릭은 두 지점 사이에 와이어로프를 매고 로프를 이용하여 트롤리가 이동하도록 하여 하물을 올리는 작업을 하는 장비이다.
⑩ 항타기는 말뚝 지정 시 말뚝을 박는 기계이다.

033 크레인의 종류에는 자주식 트럭 크레인, 크롤러 크레인, 타워 크레인, (고정식·이동식·상승식) 크레인, 지브형 크레인 등이 있다.
④ 가이 데릭(guy derrick)은 가장 많이 쓰이는 기중기로서 중량물의 장내 운반에도 쓰이고, 하중 능력이 크며, 붐의 회전 범위는 360°이다.

034~035 달비계의 구조(안전보건규칙 제63조, 제166조)

> 사업주는 곤돌라형 달비계를 설치하는 경우에는 다음 사항에 해당하는 와이어로프를 달비계에 사용해서는 아니 된다.
> - 이음매가 있는 것, 지름의 감소가 공칭지름의 7%를 초과하는 것, 꼬인 것
> - 심하게 변형되거나 부식된 것, 열과 전기충격에 의해 손상된 것
> - 와이어로프의 한 꼬임[(스트랜드(strand))에서 끊어진 소선[필러(pillar)선은 제외]]의 수가 10% 이상(비자전로프의 경우에는 끊어진 소선의 수가 와이어로프 호칭지름의 6배 길이 이내에서 4개 이상이거나 호칭지름 30배 길이 이내에서 8개 이상)인 것

036 ② 이음매가 없는 와이어로프가 이음매가 있는 와이어로프에 비해 많이 이용된다. (안전보건규칙 제63조)

③ 와이어로프를 절단하여 양중작업용구를 제작하는 경우 반드시 기계적인 방법으로 절단하여야 하며, 가스용단 등 열에 의한 방법으로 절단해서는 아니 된다. (안전보건규칙 제165조)

④ 지름의 감소가 공칭지름의 10%(지름의 감소가 공칭지름의 7%를 초과하는 것은 불가능)인 와이어로프도 사용이 불가능하다. (안전보건규칙 제63조)

037 권과방지장치(크레인의 와이어로프가 일정 한계 이상 감기지 않도록 작동을 자동으로 정지시키는 장치)가 고장이 나더라도 크레인의 도괴 또는 전도의 원인이 되지 않는다.

038 원동기 및 풀리(pulley) 기능의 이상 유무는 컨베이어 등을 사용하여 작업할 때의 점검사항이다.

039 사업주는 크레인을 사용하여 작업을 하는 경우에는 ②·③·④·⑤·⑥ 이외에도 고정된 물체를 직접 분리·제거하는 작업을 하지 아니할 것의 조치를 준수하고, 그 작업에 종사하는 관계 근로자가 그 조치를 준수하도록 하여야 한다. (안전보건규칙 제146조)

040 조립 등의 작업 시 조치사항(안전보건규칙 제141조)

사업주는 크레인의 설치·조립·수리·점검 또는 해체 작업을 하는 경우 ①·②·③ 이외에도 다음의 조치를 하여야 한다.

> - 작업을 할 구역에 관계 근로자가 아닌 사람의 출입을 금지하고 그 취지를 보기 쉬운 곳에 표시할 것
> - 들어올리거나 내리는 기자재는 균형을 유지하면서 작업을 하도록 할 것
> - 크레인의 성능, 사용조건 등에 따라 충분한 응력(應力)을 갖는 구조로 기초를 설치하고 침하 등이 일어나지 않도록 할 것
> - 규격품인 조립용 볼트를 사용하고 대칭되는 곳을 차례로 결합하고 분해할 것

041 차량통행이 인근가옥, 전주, 가로수, 가스, 수도관 및 케이블등의 지하 매설물에 지장을 주는지의 여부는 검토하나, 지하매설물 조사와는 무관하다.

042 사업주는 양중기(크레인, 이동식 크레인, 리프트, 곤돌라, 승강기)에 과부하방지장치, 권과방지장치, 비상정지장치 및 제동장치, 그 밖의 방호장치[(승강기의 파이널 리미트 스위치(final limit switch), 속도조절기, 출입문 인터 록(inter lock) 등]가 정상적으로 작동될 수 있도록 미리 조정해 두어야 한다. (안전보건규칙 제134조)

043 사업주는 훅걸이용 와이어로프 등이 훅으로부터 벗겨지는 것을 방지하기 위한 장치("해지장치")를 구비한 크레인을 사용하여야 하며, 그 크레인을 사용하여 짐을 운반하는 경우에는 해지장치를 사용하여야 한다. (안전보건규칙 제137조)

①은 과부하 경보장치, ③은 리미트 스위치, ④는 경보장치에 대한 설명이다.

044 작업 중인 운전자에게 연락사항 수신호 사용을 권장한다.

045 ④ 조속기는 엘리베이터의 안전장치 중 일정 이상의 속도가 되었을 때 브레이크 등을 작동시키는 기능을 하는 것으로, 승강기의 속도를 모니터하여 과속을 감시하는 장치 또는 기관의 회전속도를 일정하게 유지하기 위한 제어장치이다.

> **방호장치의 조정(안전보건규칙 제134조)**
> 사업주는 양중기(크레인, 이동식 크레인, 리프트, 곤돌라, 승강기)에 과부하방지장치, 권과방지장치, 비상정지장치 및 제동장치, 그 밖의 방호장치[(승강기의 파이널 리미트 스위치(final limit switch), 속도조절기, 출입문 인터 록(inter lock) 등]가 정상적으로 작동될 수 있도록 미리 조정해 두어야 한다.

046 조립 등의 작업(안전보건규칙 제156조)

> 사업주는 작업을 지휘하는 사람에게 다음의 사항을 이행하도록 하여야 한다.
> ① 작업방법과 근로자의 배치를 결정하고 해당 작업을 지휘하는 일
> ② 재료의 결함 유무 또는 기구 및 공구의 기능을 점검하고 불량품을 제거하는 일
> ③ 작업 중 안전대 등 보호구의 착용 상황을 감시하는 일

047 1) 무인작동의 제한(안전보건규칙 제152조)

> ① 사업주는 운반구의 내부에만 탑승조작장치가 설치되어 있는 리프트를 사람이 탑승하지 아니한 상태로 작동하게 해서는 아니 된다.
> ② 사업주는 리프트 조작반(盤)에 잠금장치를 설치하는 등 관계 근로자가 아닌 사람이 리프트를 임의로 조작함으로써 발생하는 위험을 방지하기 위하여 필요한 조치를 하여야 한다.

2) 피트 청소 시의 조치(안전보건규칙 제153조)

> 사업주는 리프트의 피트 등의 바닥을 청소하는 경우 운반구의 낙하에 의한 근로자의 위험을 방지하기 위하여 다음의 조치를 하여야 한다.
> ① 승강로에 각재 또는 원목 등을 걸칠 것
> ② 걸친 각재(角材) 또는 원목 위에 운반구를 놓고 역회전방지기가 붙은 브레이크를 사용하여 구동모터 또는 원치(winch)를 확실하게 제동해 둘 것

048 ① 후크해지장치 : 크레인 혹에 와이어로프 등이 이탈되는 것을 방지하기 위한 장치이다.
③ 비상정지장치 : 동작 시 예기치 못한 상황이나 동작을 멈춰야 할 상황이 발생했을 때 동력을 차단시켜 동작을 정지시키는 장치로서, 모든 제어회로를 차단시키는 장치이다.
④ 과부하방지장치 : 크레인의 각 지브 길이에 따라 정격하중의 1.05배(타워크레인 1.05배, 일반 크레인 1.1배) 이상 권상 시 과부하방지 및 모멘트 리미트 장치가 작동하여 권상 동작(지브의 기복동작 포함)을 경보와 함께 정지, 횡행 및 주행동작 불가, 부하 증가 동작을 불가시키는 장치이다.

049 작업의 제한(안전보건규칙 제383조)

> 사업주는 다음의 어느 하나에 해당하는 경우에 철골작업을 중지하여야 한다.
> ① 풍속이 초당 10m 이상인 경우
> ② 강우량이 시간당 1mm 이상인 경우
> ③ 강설량이 시간당 1cm 이상인 경우

050 ④ 소음에 대한 규정은 없다.　　　　　　　⑤ 겨울철 기온에 대한 규정은 없다.
⑥·⑦·⑬ 풍속이 10m/s인 경우　　　　　⑧ 강우량이 1mm/h인 경우
⑪ 지진의 진도에 대한 규정은 없다.　　　⑭·⑮ 강설량이 시간당 1cm 이상의 경우

051 조립·해체 시 점검사항(안전보건규칙 제207조)

사업주는 항타기 또는 항발기를 조립하거나 해체하는 경우 ②·③·④·⑤ 이외에도 다음의 사항을 점검해야 한다.

> • 리더(leader)의 버팀 방법 및 고정상태의 이상 유무
> • 본체·부속장치 및 부속품의 강도가 적합한지 여부
> • 본체·부속장치 및 부속품에 심한 손상·마모·변형 또는 부식이 있는지 여부

052 무너짐의 방지(안전보건규칙 제209조)

사업주는 동력을 사용하는 항타기 또는 항발기에 대하여 무너짐을 방지하기 위하여 ②·③·④ 이외에도 다음의 사항을 준수해야 한다.

> • 시설 또는 가설물 등에 설치하는 경우에는 그 내력을 확인하고 내력이 부족하면 그 내력을 보강할 것
> • 궤도 또는 차로 이동하는 항타기 또는 항발기에 대해서는 불시에 이동하는 것을 방지하기 위하여 레일 클램프(rail clamp) 및 쐐기 등으로 고정시킬 것

053 이음매가 있는 권상용 와이어로프의 사용 금지(안전보건규칙 제210조)

> 사업주는 항타기 및 항발기를 설치하는 경우에는 다음의 어느 하나에 해당하는 와이어로프를 사용해서는 아니 된다.
> • 이음매가 있는 것, 지름의 감소가 공칭지름의 7%를 초과하는 것, 꼬인 것
> • 심하게 변형되거나 부식된 것, 열과 전기충격에 의해 손상된 것
> • 와이어로프의 한 꼬임[(스트랜드(strand))]에서 끊어진 소선[필러(pillar)선은 제외)]의 수가 10% 이상(비자전로프의 경우에는 끊어진 소선의 수가 와이어로프 호칭지름의 6배 길이 이내에서 4개 이상이거나 호칭지름 30배 길이 이내에서 8개 이상)인 것

054 사업주는 항타기 또는 항발기의 권상용 와이어로프의 안전계수($= \dfrac{\text{파괴 하중}}{\text{허용 하중}}$)가 5 이상이 아니면 이를 사용해서는 아니 된다. (안전보건규칙 제211조)

각 안전계수를 구해보면,

①의 안전계수 $= \dfrac{\text{파괴 하중}}{\text{허용 하중}} = \dfrac{10}{2} = 5$,　　　②의 안전계수 $= \dfrac{\text{파괴 하중}}{\text{허용 하중}} = \dfrac{15}{4} = 3.75$,

③의 안전계수 $= \dfrac{\text{파괴 하중}}{\text{허용 하중}} = \dfrac{20}{6} = 3.33$,　　　④의 안전계수 $= \dfrac{\text{파괴 하중}}{\text{허용 하중}} = \dfrac{25}{8} = 3.125$

그러므로 5 이상인 경우는 ①이다.

055 건립계획(철골공사 표준안전작업지침 제4조 제3호)

> 건립순서를 계획할 때는 다음의 사항을 검토하여야 한다.
> ① 철골건립에 있어서는 현장건립순서와 공장제작순서가 일치되도록 계획하고 제작검사의 사전실시, 현장운반계획 등을 확인하여야 한다.
> ② 어느 한면만을 2절점 이상 동시에 세우는 것은 피해야 하며 1스팬 이상 수평방향으로도 조립이 진행되도록 계획하여 좌굴, 탈락에 의한 도괴를 방지하여야 한다.
> ③ 건립기계의 작업반경과 진행방향을 고려하여 조립순서를 결정하고 조립 설치된 부재에 의해 후속작업이 지장을 받지 않도록 계획하여야 한다.
> ④ 연속기둥 설치 시 기둥을 2개 세우면 기둥사이의 보를 동시에 설치하도록 하며 그 다음의 기둥을 세울 때에도 계속 보를 연결시킴으로써 좌굴 및 편심에 의한 탈락 방지등의 안전성을 확보하면서 건립을 진행시켜야 한다.
> ⑤ 건립 중 도괴를 방지하기 위하여 가보울트 체결기간을 단축시킬 수 있도록 후속공사를 계획하여야 한다.

056 와이어로프의 클립을 체결할 시 기본 원칙은 U볼트는 고정된 짧은 줄 쪽(죽은 줄)에, 새들은 하중을 받는 쪽(살아있는 줄)에 위치하여야 한다.

057 • A의 경우 : 양단 회전이므로, 좌굴길이 $l_k = l = l$

• B의 경우 : 양단이 고정이므로 $l_k = 0.5l = 0.5 \times 2l = l$

• C의 경우는 일단 고정, 타단 자유이므로 $l_k = 2l = 2 \times \dfrac{1}{2} = l$

그러므로, A, B, C의 유효좌굴길이는 모두 같다.

058 ③ 좌굴 :

㉮ 양끝이 힌지(Hinge)인 기둥에 수직하중을 가하면 기둥이 수평방향으로 휘게 되는 현상이다.

㉯ 가설구조물 부재의 강성이 부족하여 가늘고 긴 부재가 압축력에 의하여 파괴되는 현상이다.

① 피로한계 : 재료에 반복응력이 생길 때 반복횟수가 증가함에 따른 재질의 변화나 강도의 저하 현상의 한계이다.

② 파괴한계 : 응력을 일으키고 있는 재료 중에서 파괴를 일으키고 있는 영역의 한계이다.

④ 부재의 안전도 : 부재의 안전한 정도를 의미하며, 안전율(극한하중과 허용하중의 비율)로 알 수 있다.

⑤ 탄성변형 : 물체가 외력의 작용에 의해 탄성 범위 내에서 생기는 변형이다.

⑥ 한계변형 : 한계 상태(항복, 붕괴 등)에 이른 부재의 변형이다.

⑦ 휨변형 : 휨모멘트에 의한 변형이다.

059 ①은 라멘구조, ③은 아치구조, ④는 캔틸레버 구조에 대한 설명이다.

060 ① 인양 와이어로프의 매달기 각도는 양변 60°를 기준으로 2열로 매달고 와이어 체결지점은 수평부재의 1/3 기점을 기준하여야 한다.

⑤ 인양 와이어로프는 후크의 중심에 걸어야 하며 후크는 용접의 경우 용접장 등 용접규격을 확인하여 인양 시 취성파괴에 의한 탈락을 방지하여야 한다. (철골공사 표준안전작업지침 제11조)

061 가스 등의 용기(안전보건규칙 제234조)

사업주는 금속의 용접·용단 또는 가열에 사용되는 가스 등의 용기를 취급하는 경우에 다음의 사항을 준수하여야 한다.

① 통풍이나 환기가 불충분한 장소, 화기를 사용하는 장소 및 그 부근, 위험물 또는 인화성 액체를 취급하는 장소 및 그 부근에서 사용하거나 해당 장소에 설치·저장 또는 방치하지 않도록 할 것

② 용기의 온도를 40℃ 이하로 유지할 것, 전도의 위험이 없도록 할 것

③ 충격을 가하지 않도록 할 것, 운반하는 경우에는 캡을 씌울 것

④ 사용하는 경우에는 용기의 마개에 부착되어 있는 유류 및 먼지를 제거할 것

⑤ 밸브의 개폐는 서서히 할 것, 용해아세틸렌의 용기는 세워 둘 것

⑥ 사용 전 또는 사용 중인 용기와 그 밖의 용기를 명확히 구별하여 보관할 것

⑦ 용기의 부식·마모 또는 변형상태를 점검한 후 사용할 것

062 사업주는 양중기(승강기는 제외) 및 달기구를 사용하여 작업하는 운전자 또는 작업자가 보기 쉬운 곳에 해당 기계의 정격하중, 운전속도, 경고표시 등을 부착하여야 한다. 다만, 달기구는 정격하중만 표시한다. (안전보건규칙 제133조)

063 리프트는 동력을 사용하여 사람이나 화물을 운반하는 것을 목적으로 하는 기계설비로서, 건설용 리프트, 산업용 리프트, 자동차정비용 리프트, 이삿짐운반용 리프트 등이 있다.

064 설계도 및 공작도 확인(철골공사 표준안전작업지침 제3조 제7호)

> 구조안전의 위험이 큰 다음의 철골구조물은 건립 중 강풍에 의한 풍압 등 외압에 대한 내력이 설계에 고려되었는지 확인하여야 한다.
> ① 높이 20m 이상의 구조물
> ② 구조물의 폭과 높이의 비가 1 : 4 이상인 구조물
> ③ 단면구조에 현저한 차이가 있는 구조물
> ④ 연면적당 철골량이 50kg/m² 이하인 구조물
> ⑤ 기둥이 타이플레이트(tie plate)형인 구조물
> ⑥ 이음부가 현장용접인 구조물

065 타워크레인의 지지(안전보건규칙 제142조)

> ① 사업주는 타워크레인을 자립고 이상의 높이로 설치하는 경우 건축물 등의 벽체에 지지하도록 하여야 한다. 다만, 지지할 벽체가 없는 등 부득이한 경우에는 와이어로프에 의하여 지지할 수 있다.
> ② 사업주는 타워크레인을 벽체에 지지하는 경우 다음의 사항을 준수하여야 한다.
>   ㉮ 「산업안전보건법 시행규칙」에 따른 서면심사에 관한 서류(「건설기계관리법」에 따른 형식승인서류를 포함한다) 또는 제조사의 설치작업설명서 등에 따라 설치할 것
>   ㉯ 서면심사 서류 등이 없거나 명확하지 아니한 경우에는 「국가기술자격법」에 따른 건축구조 · 건설기계 · 기계안전 · 건설안전 기술사 또는 건설안전분야 산업안전지도사의 확인을 받아 설치하거나 기종별 · 모델별 공인된 표준방법으로 설치할 것
>   ㉰ 콘크리트구조물에 고정시키는 경우에는 매립이나 관통 또는 이와 같은 수준 이상의 방법으로 충분히 지지되도록 할 것
>   ㉱ 건축 중인 시설물에 지지하는 경우에는 그 시설물의 구조적 안정성에 영향이 없도록 할 것

066 타워크레인의 구조에는 기초부, 마스트, 선회장치, 조종실, 컷헤드, 밸런스 (카운터) 웨이트, 카운터 지브, 군상장치, 타이바, 트롤리, 훅블록, 메인 지브 등이 있다.
  ② 에이프런(apron)은 컨테이너 화물선과 물류창고 사이에 각종 트레일러, 스트래들 캐리어 등이 자유롭게 작업을 할 수 있는 공간 또는 공항에서도 승객의 승강과 화물 하역, 급유나 정비를 하는 활주로와 승강장 사이의 공간을 말한다.

067 와이어로프 등 달기구의 안전계수(안전보건규칙 제163조)

> 사업주는 양중기의 와이어로프 등 달기구의 안전계수(달기구 절단하중의 값을 그 달기구에 걸리는 하중의 최대값으로 나눈 값)가 다음의 구분에 따른 기준에 맞지 아니한 경우에는 이를 사용해서는 아니 된다.
> ① 근로자가 탑승하는 운반구를 지지하는 달기와이어로프 또는 달기체인의 경우 : 10 이상
> ② 화물의 하중을 직접 지지하는 달기와이어로프 또는 달기체인의 경우 : 5 이상
> ③ 훅, 샤클, 클램프, 리프팅 빔의 경우 : 3 이상
> ④ 그 밖의 경우 : 4 이상

068 안전계수는 와이어로프의 절단 하중 값을 그 와이어로프에 걸리는 하중의 최대값으로 나눈 값이다.

$$\text{안전계수} = \frac{\text{파괴 하중}}{\text{허용 하중}}$$

069 양중기의 종류에는 크레인(호이스트를 포함), 이동식 크레인, 리프트(이삿짐운반용 리프트의 경우에는 적재하중이 0.1t 이상인 것으로 한정) 곤돌라, 승강기 등이 있다.
③ 항타기는 말뚝 지정 시 말뚝을 박는 기계이다.

070 수평구명줄은 근로자가 수평 이동 시 잡고 이동하는 생명줄로 전후 좌우로 이동 시 추락 방지에 사용하는 것이고, 트랩은 수직으로 이동하는 것이므로, 수평구명줄은 트랩의 상하이동과는 무관하다.

071 ③ 전격작용은 개로 전압이 높은 경우에 발생하므로 용접기의 개로 전압[개로(open-circuit) 조건 하에서 전지가 생산해낼 수 있는 최대전압]이 낮은 교류 용접기를 사용할 것
⑦ 개로 전압이 낮은 교류 용접기를 사용할 것

072 철골 부재의 접합 방법은 구조물의 내구성과 관계가 깊으므로 접합부의 소요 강도의 확보, 접합시 강도, 안정성, 저공해, 경제성, 시공성 등을 고려하여 적정한 공법을 선정해야 한다. 접합 방법의 종류에는 리벳 접합, 볼트 접합, 고력볼트 접합, 용접 접합 등이 있다. 특히, 주요구조부의 접합에는 고력볼트 접합과 용접 접합이 주로 사용된다.

073 ① 오버랩(overlap) : 용접 전류가 적거나 용접 속도가 지나치게 느린 경우, 용접 금속과 모재가 융합되지 않고 단순히 겹친 상태로 있는 것을 말한다.
② 언더컷(under cut) : 용접 부분에 있어서 모재가 오목하게 파인 것 또는 용접 상부(모재의 표면과 용접의 표면이 교차되는 점)에 따라 모재가 녹아 용착 금속이 채워지지 않고 홈으로 남게 되는 결함이다.
③ 블로 홀(blow hole) : 용융 금속이 응고할 때 방출 가스가 남아서 생긴 기포나 작은 틈을 말한다.
④ 가우징 : 금속을 녹인 후 강한 공기로 불어내어 제거하는 작업으로 용접이 잘못되었거나 모재를 파내야 하는 경우에 사용된다.

074 용접 시 불꽃이나 물체가 흩날릴 위험이 있는 작업은 보안면을 착용하고, 안전모는 물체가 떨어지거나 날아올 위험 또는 근로자가 추락할 위험이 있는 작업 시 착용한다. (안전보건규칙 제32조)

075 호스, 전선 등은 작업효율을 위하여 다른 작업장을 거치지 않고, 직선상의 배선이어야 한다.

076 철근콘크리트 현장타설공법은 인력을 중심으로 공사비(인건비와 현장관리비)가 증가하는 반면, PC(Precast Concrete) 공법은 공장에서 장비를 중심으로 대량 생산으로 인하여 공사비(인건비와 현장관리비)가 감소하나, 매우 저렴(운반비가 증대)하다고 볼 수는 없다.

077 ③ 크레인에 PC 부재를 달아 올린 채 주행을 금지한다.
④ 미리 근로자의 출입을 통제하여 인양 중인 하물이 작업자의 머리 위로 통과하지 않도록 하여야 하므로 달아 올린 부재의 아래를 피해서 정확한 상황을 파악하고 전달하여 작업한다.

078 프리캐스트 부재의 현장야적 시 받침대의 윗 부분에 벽 부재는 수직으로 세워서 보관한다.

079 교류아크용접기 등(안전보건규칙 제306조)

> ① 사업주는 아크용접 등(자동용접은 제외)의 작업에 사용하는 용접봉의 홀더에 대하여 한국산업표준에 적합하거나 그 이상의 절
> 연내력 및 내열성을 갖춘 것을 사용하여야 한다.
> ② 사업주는 다음의 어느 하나에 해당하는 장소에서 교류아크용접기(자동으로 작동되는 것은 제외)를 사용하는 경우에는 교류아
> 크용접기에 자동전격방지기를 설치하여야 한다.
> ㉮ 선박의 이중 선체 내부, 밸러스트 탱크(ballast tank, 평형수 탱크), 보일러 내부 등 도전체에 둘러싸인 장소
> ㉯ 추락할 위험이 있는 높이 2m 이상의 장소로 철골 등 도전성이 높은 물체에 근로자가 접촉할 우려가 있는 장소
> ㉰ 근로자가 물·땀 등으로 인하여 도전성이 높은 습윤 상태에서 작업하는 장소

080 드릴비트의 경도는 최대한 높은 것은 부러질 수 있으므로 용도(작업 재료)에 맞게 사용하여야 한다.

081 승강기의 종류(안전보건규칙 제132조)

"승강기"란 건축물이나 고정된 시설물에 설치되어 일정한 경로에 따라 사람이나 화물을 승강장으로 옮기는 데에 사용되는 설비
로서 다음의 것을 말한다.
- 승객용 엘리베이터 : 사람의 운송에 적합하게 제조·설치된 엘리베이터이다.
- 승객화물용 엘리베이터 : 사람의 운송과 화물 운반을 겸용하는 데 적합하게 제조·설치된 엘리베이터이다.
- 화물용 엘리베이터 : 화물 운반에 적합하게 제조·설치된 엘리베이터로서 조작자 또는 화물취급자 1명은 탑승할 수 있는 것(적
  재용량이 300킬로그램 미만인 것은 제외)
- 소형화물용 엘리베이터 : 음식물이나 서적 등 소형 화물의 운반에 적합하게 제조·설치된 엘리베이터로서 사람의 탑승이 금지
  된 것이다.
- 에스컬레이터 : 일정한 경사로 또는 수평로를 따라 위·아래 또는 옆으로 움직이는 디딤판을 통해 사람이나 화물을 승강장으로
  운송시키는 설비이다.

④ 리프트는 사람이 타지 않는 소형의 화물전용 승강기로서 케이지 바닥이 $1m^2$ 이하, 천장 높이가 1.2m 이하로
중량 300kg 이하의 화물 운반에 이용된다. 안전보건규칙상 승강기는 사람 또는 화물을 운반하나, 리프트는 화
물전용(물건)이므로 승강기라고 할 수 없다.

082~083 ① 드래그라인(dragline) : 지면보다 낮은 곳의 굴착, 준설, 자갈 채취 등에 적합하고, 작업 범위는 넓으나, 굴착
력이 약하여 경질 토사의 굴착 및 정확한 작업은 곤란하며, 동작은 4동작(굴착, 권상, 선회, 덤프 등)으로 이루어진다.
② 파워셔블(power shovel) :
ㄱ 기계가 서 있는 지면보다 높은 곳을 파는 작업에 가장 적합한 굴착기계이다.
ㄴ 낮은 지면에서 높은 곳을 굴착하는 데 가장 적합한 굴착기이다.
ㄷ 굴착기계 중 주행기면보다 하방의 굴착에 적합하지 않다.
③ 백호우(back hoe, 드래그 셔블) : 기계가 위치한 지면보다 낮은 장소를 굴착하는 데 적합하고 비교적 굳은 지
반의 토질에서도 사용 가능한 장비, 도로건설 작업 중 측구를 굴착하는 데 가장 적합한 기계이다.
④ 클램셀(clamshell) :
ㄱ 셔블계 굴착장비 중 좁고 깊은 굴착에 가장 적합한 장비이다.
ㄴ 수중굴착 및 구조물의 기초바닥, 잠함 등과 같은 협소하고 깊은 범위의 굴착과 호퍼작업에 가장 적합한 건
설장비이다.

084 스크레이퍼(scraper)는 굴착, 싣기, 운반, 흙깔기 등의 작업을 하나의 기계로서 연속적으로 행할 수 있으며, 비행장과 같이 대규모 정지 작업에 적합하고, 피견인식과 자주식으로 구분할 수 있는 차량계 건설 기계이다.

085 ① 탠덤 롤러(Tandem Roller) : 앞, 뒤 두 개의 차륜이 있으며(2축 2륜) 각각의 차축이 평행으로 배치된 것으로 찰흙, 점성토 등의 두꺼운 흙을 다짐하는 데는 적당하나, 단단한 각재를 다지는 데는 부적당한 로드 롤러이다.
② 타이어 롤러 : 타이어의 공기압에 따라 접지압의 변경이 가능하기 때문에 지지력이 작은 흙부터 큰 흙까지 광범위한 시공이 가능하고, 경사면이나 미끄러지기 쉬운 장소에서 작업이 용이하다.
③ 진동 롤러(Vibration roller) : 진동에 의한 다짐 효과는 심층까지 미치고, 비응집성 재료의 다짐에 효과적이며, 소형의 것은 비탈면의 전압에도 사용할 수 있다.

086 스크레이퍼는 굴착, 적재, 운반(하역), 성토, 부설의 5가지 작업을 연속적으로 할 수 있는 기계로서, 자주식(자체 엔진 이용)과 피견인식(트랙터에 의해 견인)이 있다.

087 ① 스트레이트도저(블레이드 상하작동) : 가장 일반적인 불도저로서, 경사면 굴착, 습지용 도저이고, 삽날 변경 불가하나, 삽날을 트랙터 앞에 90°로 장착한 도저이다.
② 틸트도저 : 단단한 흙, 얼은 흙, 도랑의 굴착에 적합하고, 주로 경사지 깎아내기에 사용한다. 또한, 배토판이 수평면으로 경사질 수 있고, 30cm 정도의 고저차로 할 수 있다.
④ 앵글도저 : 토공용 도저(배토판을 장치, 상하·좌우·전후로 움직여 땅을 파거나 고르는 등 토목공사용의 건설기계)의 하나로서, 트랙터(견인차)의 장축에 좌우 60°로 토공판이 부착된 도저이다.

088 모터그레이더는 지면을 절삭하여 평활하게 다듬는 장비로서, 노면의 성형과 정지작업에 가장 적당한 장비이다.

089 양중기의 종류로는 크레인[호이스트(hoist)를 포함], 이동식 크레인, 리프트(이삿짐운반용 리프트의 경우에는 적재하중이 0.1톤 이상인 것으로 한정), 곤돌라, 승강기(엘리베이터, 에스컬레이터) 등이 있다. (안전보건규칙 제132조)
④ 항타기는 차량계 건설기계에 속한다.

090 ④ 드래그라인은 지반면보다 낮은 연질의 흙파기에 적합하다.
⑥ 드래그라인은 지반면보다 낮은 연질지반의 굴착에 적당하다.
⑧ 백호는 장비가 위치한 지면보다 낮은 곳의 땅을 파는 데에 적합하다.
⑩ 파워쇼벨은 지면에 구멍을 뚫어 낙하해머 또는 디젤 해머에 의해 강관말뚝, 널말뚝 등을 박는 데 이용된다.
⑪ 가이데릭은 철골 세우기용 기계로서 가장 일반적으로 사용되는 기중기의 일종이다. 스크래이퍼는 지면을 일정한 두께로 깎는 데에 이용된다.
⑬ 파워쇼벨은 기계가 위치한 면보다 높은 곳을 파낼 때 유용하다.

091 ① 드래그라인 – 연질의 지반 굴착
② 드래그셔블(백호) – 경질 지반의 굴착, 스크래이퍼 – 흙 운반작업
③ 클램셸 – 좁은 곳의 수직 굴착, 그래이더 – 정지작업

092 차량계 건설기계를 사용하는 작업 시 사전조사 및 작업계획서 내용(안전보건규칙 제38조, 별표 4)

> ① 사전 조사 내용 : 해당 기계의 굴러 떨어짐, 지반의 붕괴 등으로 인한 근로자의 위험을 방지하기 위한 해당 작업장소의 지형 및 지반상태
> ② 작업 계획서 내용
> ㉮ 사용하는 차량계 건설기계의 종류 및 성능
> ㉯ 차량계 건설기계의 운행경로
> ㉰ 차량계 건설기계에 의한 작업방법

093 차량계 건설기계의 작업 시 작업시작 전 점검사항은 브레이크 및 클러치의 기능 뿐이다. (안전보건규칙 제35조, 별표 3)

094 사업주는 차량계 건설기계를 사용하는 작업을 할 때 그 기계가 넘어지거나 굴러떨어짐으로써 근로자가 위험해질 우려가 있는 경우에는 유도하는 사람을 배치하고 지반의 부동침하 방지, 갓길의 붕괴 방지 및 도로 폭의 유지 등 필요한 조치를 하여야 한다. (안전보건규칙 제199조)

095 차량계 건설기계(안전보건규칙 제196조, 별표 6)

> ① 도저형 건설기계(불도저, 스트레이트도저, 틸트도저, 앵글도저, 버킷도저 등)
> ② 모터그레이더(motor grader, 땅 고르는 기계)
> ③ 로더(포크 등 부착물 종류에 따른 용도 변경 형식을 포함한다)
> ④ 스크레이퍼(scraper, 흙을 절삭·운반하거나 펴 고르는 등의 작업을 하는 토공기계)
> ⑤ 크레인형 굴착기계(크램쉘, 드래그라인 등)
> ⑥ 굴착기(브레이커, 크러셔, 드릴 등 부착물 종류에 따른 용도 변경 형식을 포함한다)
> ⑦ 항타기 및 항발기
> ⑧ 천공용 건설기계(어스드릴, 어스오거, 크롤러드릴, 점보드릴 등)
> ⑨ 지반 압밀침하용 건설기계(샌드드레인머신, 페이퍼드레인머신, 팩드레인머신 등)
> ⑩ 지반 다짐용 건설기계(타이어롤러, 매커덤롤러, 탠덤롤러 등)
> ⑪ 준설용 건설기계(버킷준설선, 그래브준설선, 펌프준설선 등)
> ⑫ 콘크리트 펌프카, 덤프트럭, 콘크리트 믹서 트럭
> ⑬ 도로포장용 건설기계(아스팔트 살포기, 콘크리트 살포기, 아스팔트 피니셔, 콘크리트 피니셔 등)
> ⑭ 골재 채취 및 살포용 건설기계(쇄석기, 자갈채취기, 골재살포기 등)
> ⑮ ①부터 ⑭까지와 유사한 구조 또는 기능을 갖는 건설기계로서 건설작업에 사용하는 것

096 ①의 아스팔트 살포기(아스팔트 살포기를 가진 자주식인 것), ②의 아스팔트 피니셔(정리 및 사상장치를 가진 것으로 원동기를 가진 것), ③의 콘크리트 피니셔(정리 및 사상장치를 가진 것으로 원동기를 가진 것)는 차량계 건설기계 중 도로포장용 건설기계에 해당된다.
④ 어스오거는 천공용 건설기계로서 지반에 보링 구멍을 뚫는 기계이다.

097 굴착기는 하부 본체(주행체), 상부 회전체(하부 본체에 동력을 전달), 전부장치(교체가 가능한 붐, 암, 버킷 등)로 구성된 많은 작업(굴착 및 적재 등)을 할 수 있는 다목적용 기계이다.
④ 블레이드(Blade)는 불도저의 부속장치로 삽날 모양의 작업 장치(배토 정지용)이다.

098 ① 아일랜드(Island) 공법 : 흙막이벽이 자립할 수 있을 만큼의 비탈면을 남기고 중앙부를 먼저 흙파기를 한 후 구조물을 축조하고 경사버팀대 또는 수평버팀대를 이용하여 나머지 주변부를 흙파기하여 구조물을 완성하는 공법이다.

② 트랜치 컷(Trench Cut) 공법 : 아일랜드 컷 공법의 역순으로 흙을 파내는 공법으로, 연약지반에서 히빙현상이 예상될 때 사용되는 기초구조물을 완성시키는 공법이다.

④ 플로팅(Floating) 공법 : 연약 지반에 철근콘크리트 구조 등의 무거운 건축물을 건축하는 경우 굴착한 흙의 중량과 건축물의 중량이 균형을 이루도록 만든 기초 공법이다.

099 연마기는 석재의 표면과 같은 표면을 연마하여 매끈하게 하는 공구이다.

① 착암기 : 회전력과 충격에 의해 암석을 굴착하거나 파쇄할 때 사용하는 기계이다.

② 포장파괴기 : 포장면(도로, 콘크리트 포장, 아스팔트 포장 등)을 깨거나 제거하기 위해 사용하는 기계이다.

④ 점토굴착기 : 점성이 높고 끈끈한 토질을 굴착하기 위해 고안된 장비로서 주로 기초공사, 연약지반 정지작업, 하수도 공사, 항만 공사 등에 사용하는 기계이다.

100 운전위치 이탈 시의 조치(안전보건규칙 제99조)

> 사업주는 차량계 하역운반기계 등, 차량계 건설기계의 운전자가 운전위치를 이탈하는 경우 해당 운전자에게 다음의 사항을 준수하도록 하여야 한다.
> ① 포크, 버킷, 디퍼 등의 장치를 가장 낮은 위치 또는 지면에 내려 둘 것
> ② 원동기를 정지시키고 브레이크를 확실히 거는 등 차량계 하역운반기계등, 차량계 건설기계의 갑작스러운 이동을 방지하기 위한 조치를 할 것
> ③ 운전석을 이탈하는 경우에는 시동키를 운전대에서 분리시킬 것. 다만, 운전석에 잠금장치를 하는 등 운전자가 아닌 사람이 운전하지 못하도록 조치한 경우에는 그러하지 아니하다.

101 중장비 사용법은 현장에서 작업하기 전에 충분히 숙지하도록 하여야 한다.

102 ① 무한궤도식은 기동성이 좋지 않으나, 타이어식은 기동성이 우수하다.

③ 무한궤도식은 경사지반에서의 작업에 적합하나, 타이어식은 부적합하다.

④ 무한궤도식은 땅을 다지는 데 효과적이나, 타이어식은 비효과적이다.

103 A는 파일 드라이버, B는 드래그 라인, C는 크레인 훅이다.

104 장치에 오르내릴 때에는 반드시 양손으로 양쪽 손잡이를 이용하여 오르내린다.

105 "안전점검"이란 경험과 기술을 갖춘 자가 육안이나 점검기구 등으로 검사하여 시설물에 내재되어 있는 위험요인을 조사하는 행위를 말하며, 점검목적 및 점검수준을 고려하여 정기안전점검 및 정밀안전점검으로 구분한다. (시설물 안전법 제11조, 영 제8조)

정기안전점검	시설물의 상태를 판단하고 시설물이 점검 당시의 사용요건을 만족시키고 있는지 확인할 수 있는 수준의 외관조사를 실시하는 안전점검
정밀안전점검	• 정기안전점검 결과 건설공사의 물리적·기능적 결함 등이 발견되어 보수·보강 등의 조치를 하기 위하여 필요한 경우에 실시하는 것이다. • 시설물의 상태를 판단하고 시설물이 점검 당시의 사용요건을 만족시키고 있는지 확인하며 시설물 주요부재의 상태를 확인할 수 있는 수준의 외관조사 및 측정·시험장비를 이용한 조사를 실시하는 안전점검
긴급안전점검	시설물의 붕괴·전도 등으로 인한 재난 또는 재해가 발생할 우려가 있는 경우에 시설물의 물리적·기능적 결함을 신속하게 발견하기 위하여 실시하는 점검을 말한다.

5단원 비계·거푸집 가시설 위험방지

▶ 문제편 453p

001	① ○	② ○	③ ×	④ ○											
002	① ○	② ○	③ ○	④ ×											
003	① ○	② ×	③ ×	④ ×											
004	① ×	② ○	③ ○	④ ○											
005	① ○	② ○	③ ×	④ ○											
006	① ○	② ○	③ ×	④ ○											
007	① ○	② ○	③ ×	④ ○											
008	① ×	② ○	③ ○	④ ○											
009	① ×	② ×	③ ○	④ ×											
010	① ○	② ○	③ ×	④ ○	⑤ ×	⑥ ○	⑦ ○								
011	① ○	② ×	③ ○	④ ○											
012	① ×	② ○	③ ○	④ ○											
013	① ×	② ○	③ ○	④ ○	⑤ ○	⑥ ×	⑦ ○	⑧ ×	⑨ ×	⑩ ×					
014	① ○	② ○	③ ○	④ ×											
015	① ○	② ×	③ ○	④ ○											
016	① ×	② ○	③ ○	④ ○											
017	① ○	② ○	③ ×	④ ○											
018	① ○	② ×	③ ○	④ ○											
019	① ○	② ×	③ ×	④ ×											
020	① ×	② ○	③ ○	④ ○	⑤ ×	⑥ ○									
021	① ○	② ○	③ ×	④ ○											
022	① ○	② ×	③ ○	④ ○											
023	① ○	② ×	③ ○	④ ○	⑤ ×	⑥ ○	⑦ ×								
024	① ○	② ○	③ ×	④ ○	⑤ ○										
025	① ○	② ○	③ ×	④ ○											
026	① ○	② ×	③ ○	④ ○	⑤ ○										
027	① ×	② ○	③ ○	④ ○	⑤ ○	⑥ ○	⑦ ×								
028	① ○	② ×	③ ○	④ ○	⑤ ○	⑥ ×	⑦ ○	⑧ ○	⑨ ○	⑩ ×	⑪ ○	⑫ ○	⑬ ○	⑭ ×	⑮ ×	⑯ ○	⑰ ×
	⑱ ○	⑲ ×													
029	① ○	② ○	③ ○	④ ×	⑤ ○	⑥ ×	⑦ ×	⑧ ○	⑨ ×	⑩ ○	⑪ ○				
030	① ○	② ○	③ ×	④ ○											
031	① ○	② ○	③ ○	④ ×	⑤ ○	⑥ ○	⑦ ○	⑧ ×							
032	① ○	② ○	③ ○	④ ×											
033	① ○	② ○	③ ○	④ ×											
034	① ○	② ○	③ ×	④ ○	⑤ ×	⑥ ○	⑦ ○	⑧ ○	⑨ ○	⑩ ×	⑪ ○	⑫ ○			
035	① ×	② ×	③ ○	④ ×											
036	① ○	② ○	③ ×	④ ○											
037	① ×	② ○	③ ×	④ ○	⑤ ×	⑥ ○	⑦ ○	⑧ ○	⑨ ○	⑩ ×	⑪ ×	⑫ ○	⑬ ○	⑭ ○	⑮ ○	⑯ ×
038	① ○	② ×	③ ○	④ ○	⑤ ×	⑥ ○	⑦ ○	⑧ ○	⑨ ○	⑩ ×	⑪ ○	⑫ ×	⑬ ×	⑭ ×	⑮ ○	⑯ ×	⑰ ○
	⑱ ×	⑲ ×	⑳ ×												
039	① ○	② ×	③ ○	④ ○											
040	① ○	② ×	③ ○	④ ○											
041	① ×	② ○	③ ○	④ ○											
042	① ○	② ○	③ ×	④ ○											
043	① ○	② ○	③ ○	④ ×	⑤ ○	⑥ ×	⑦ ○	⑧ ○							
044	① ○	② ○	③ ×	④ ○											
045	① ○	② ○	③ ×	④ ○											
046	① ×	② ○	③ ×	④ ×											
047	① ○	② ×	③ ○	④ ○											
048	① ○	② ○	③ ×	④ ○											
049	① ○	② ○	③ ○	④ ×											
050	① ×	② ○	③ ○	④ ○	⑤ ×	⑥ ○	⑦ ○	⑧ ×	⑨ ○	⑩ ○	⑪ ○	⑫ ×			
051	① ○	② ○	③ ×	④ ○	⑤ ○	⑥ ×	⑦ ○	⑧ ×	⑨ ○	⑩ ○	⑪ ○	⑫ ×	⑬ ○	⑭ ○	⑮ ○	⑯ ×
052	① ○	② ×	③ ×	④ ×											
053	① ○	② ○	③ ○	④ ×	⑤ ×	⑥ ×									
054	① ○	② ○	③ ○	④ ×											
055	① ○	② ○	③ ○	④ ×											
056	① ○	② ○	③ ○	④ ×	⑤ ×	⑥ ×	⑦ ×	⑧ ○							
057	① ×	② ×	③ ○	④ ×											
058	① ○	② ○	③ ○	④ ×											
059	① ○	② ×	③ ○	④ ○	⑤ ×	⑥ ○	⑦ ○	⑧ ○	⑨ ○	⑩ ○	⑪ ○	⑫ ×			
060	① ×	② ×	③ ×	④ ○											
061	① ×	② ×	③ ○	④ ×											

062	① ○ ② ○ ③ × ④ ○							063	① ○ ② × ③ × ④ ×
064	① × ② ○ ③ ○ ④ ○	⑤ ×	⑥ ○	⑦ ○	⑧ ○				
065	① ○ ② ○ ③ × ④ ○	⑤ ○	⑥ ○	⑦ ×	⑧ ○	⑨ ○	⑩ ○	⑪ ○	⑫ ×
066	① ○ ② ○ ③ ○ ④ ×							067	① ○ ② ○ ③ ○ ④ ×
068	① × ② ○ ③ ○ ④ ○							069	① ○ ② × ③ × ④ ×
070	① ○ ② ○ ③ ○ ④ ×							071	① ○ ② ○ ③ × ④ ○ ⑤ ○ ⑥ ×

001 가설 공사는 건축공사 기간 중 공사를 완성할 목적으로 임시로 설치하여 사용하는 제반 시설 및 수단의 총칭이며, 공사가 완료되면 해체·철거·정리하게 되는 것으로, 직접 가설(수평 보기, 비계, 규준틀 설치, 보양, 현장 정리 등)과 간접 가설(창고, 현장 사무소, 가설 울타리, 공사 용수 및 동력, 공사용 도로 등)이 있다.
③ 콘크리트 타설은 구조체 공사에 속한다.

002 전력은 임시 가설이라고 하더라도 위험성을 감안하여 현장원이 가설할 수 없고, 전기분야 자격증 소유자가 가설해야 한다.

003 안전율은 재료의 파괴응력도와 허용응력도의 비율이다. 안전율 $= \dfrac{\text{파괴응력도}}{\text{허용응력도}}$

004~005 가설구조물이 갖추어야 할 구비요건에는 안전성, 경제성, 작업성 및 임시성(임시적인 구조설계의 개념이 확실하게 적용) 등이 있다. 즉, 가설구조물이 갖추어야 할 구비조건은 영구성이 아닌 임시성이다.

006 가설비계의 종류에는 통나무비계, 단관비계, 강관틀비계, 달비계, 달대비계, 말비계, 이동식비계 등이 있다. (가설공사 표준안전작업지침 제7조~제13조)

007 통나무비계(가설공사 표준안전작업지침 제7조)

> 사업주는 통나무비계를 조립하여 사용함에 있어서 다음의 사항을 준수하여야 한다.
> ① 비계기둥의 밑둥은 호박돌, 잡석, 또는 깔판 등으로 침하방지 조치를 취하여야 하고 지반이 연약한 경우에는 땅에 매립하여 고정시켜야 한다.
> ② 기둥간격은 띠장방향에서 1.5m 내지 1.8m 이하, 장선 방향에서는 1.5m 이하이어야 한다.
> ③ 띠장방향에서 1.5m 이하로 할 때에는 통나무 지름이 10cm 이상이어야 하며, 띠장간격은 1.5m 이하로 하여야 하고 지상에서 첫 번째 띠장은 3m 정도의 높이에 설치하여야 한다.
> ④ 비계기둥의 간격은 1.8m 이하로 하고 인접한 비계기둥의 이음은 동일 높이에 있지 않도록 하여야 한다.
> ⑤ 비계기둥은 겹침이음 하는 경우 1m 이상 겹쳐대고 2개소 이상 결속하여야 하며, 맞댄이음을 하는 경우 쌍 기둥틀로 하거나 1.8m 이상의 덧댐목을 대고 4개소 이상 결속하여야 한다.
> ⑥ 벽연결은 수직방향에서 5.5m 이하, 수평방향에서는 7.5m 이하 간격으로 연결하여야 한다.
> ⑦ 기둥간격 10m 이내마다 45° 각도의 처마방향 가새를 비계기둥 및 띠장에 결속하고, 모든 비계기둥은 가새에 결속하여야 한다.
> ⑧ 작업대에는 안전난간을 설치하여야 한다.
> ⑨ 작업대 위의 공구, 재료 등에 대해서는 낙하물 방지조치를 취해야 한다.

008 달비계의 구조(안전보건규칙 제63조)

> 사업주는 곤돌라형 달비계를 설치하는 경우에는 다음의 사항을 준수해야 한다.
> ① 다음의 어느 하나에 해당하는 와이어로프를 달비계에 사용해서는 아니 된다.
>   ㉮ 이음매가 있는 것
>   ㉯ 와이어로프의 한 꼬임[[스트랜드(strand)]에서 끊어진 소선(素線)[필러(pillar)선은 제외]]의 수가 10% 이상(비자전로프의 경
>   우에는 끊어진 소선의 수가 와이어로프 호칭지름의 6배 길이 이내에서 4개 이상이거나 호칭지름 30배 길이 이내에서 8개
>   이상)인 것
>   ㉰ 지름의 감소가 공칭지름의 7%를 초과하는 것, 꼬인 것, 심하게 변형되거나 부식된 것
>   ㉱ 열과 전기충격에 의해 손상된 것
> ② 다음의 어느 하나에 해당하는 달기체인을 달비계에 사용해서는 아니 된다.
>   ㉮ 달기체인의 길이가 달기체인이 제조된 때의 길이의 5%를 초과한 것
>   ㉯ 링의 단면지름이 달기체인이 제조된 때의 해당 링의 지름의 10%를 초과하여 감소한 것
>   ㉰ 균열이 있거나 심하게 변형된 것

009 비계발판의 크기를 결정하는 기준은 지점의 간격 및 작업 시 하중 등이다.

010 비계의 점검 및 보수(안전보건규칙 제58조)

사업주는 비, 눈, 그 밖의 기상상태의 악화로 작업을 중지시킨 후 또는 비계를 조립·해체하거나 변경한 후에 그 비계에서 작업을 하는 경우에는 해당 작업을 시작하기 전에 ①·②·④·⑥·⑦ 이외에도 로프의 부착 상태 및 매단 장치의 흔들림 상태를 점검하고, 이상을 발견하면 즉시 보수하여야 한다.

011 단관비계는 통나무 비계의 통나무 대신에 파이프를 사용한 비계 또는 폭과 높이를 자유롭게 조절이 가능한 비계로서 파이프와 부속철물[연결철물인 커플러(클램프)에는 고정형, 자유형, 및 특수형 등이 있고, 밑받침, 이음철물 등]을 사용하는 비계이다.

② 잭 베이스는 고르지 않은 바닥에서 비계를 수평으로 맞추거나 작업 영역과의 적절한 정렬을 위해 원하는 높이를 조절할 수 있는 부품으로서, 기능은 비계 수평맞추기, 높이 조절, 체중 분포, 안정성 강화 등이 있다.

012 가설통로의 통로발판에 있어서 작업발판의 최대폭은 1.6m 이내이어야 한다. (가설공사 표준안전작업지침 제15조 제5호)

013 강관비계(가설공사 표준안전작업지침 제8조)

사업주는 강관비계를 조립하여 사용함에 있어서 ②·③·⑤·⑦ 이외에도 다음의 사항을 준수하여야 한다.

> • 하단부에는 깔판(밑받침 철물), 받침목 등을 사용하고 밑둥잡이를 설치해야 한다.
> • 비계기둥 간격은 띠장 방향에서는 1.5m 내지 1.8m, 장선 방향에서는 1.5m 이하이어야 하며, 비계기둥의 최고부로부터 아래방향으로 31m를 넘는 비계 기둥은 2본의 강관으로 묶어 세워야 한다.
> • 띠장간격은 1.5m 이하로 설치하여야 하며, 지상에서 첫 번째 띠장은 높이 2m 이하의 위치에 설치하여야 한다.
> • 장선간격은 1.5m 이하로 설치하고, 비계기둥과 띠장의 교차부에서는 비계기둥에 결속하고, 그 중간부분에서는 띠장에 결속한다.
> • 비계기둥 간의 적재하중은 400kg을 초과하지 아니하도록 하여야 한다.
> • 기둥간격 10m마다 45° 각도의 처마방향 가새를 설치해야 하며, 모든 비계기둥은 가새에 결속하여야 한다.
> • 작업대에는 안전난간을 설치하여야 한다.
> • 작업대의 구조는 추락 및 낙하물 방지조치를 설치하여야 한다.
> • 작업발판 설치가 필요한 경우에는 쌍줄비계이어야 하며, 연결 및 이음철물은 가설기자재 성능검정 규격에 규정된 것을 사용하여야 한다.

014 강관비계의 띠장간격은 1.5m 이하로 설치하여야 하며, 지상에서 첫 번째 띠장은 높이 2m 이하의 위치에 설치하여야 한다.

015 강관틀비계(가설공사 표준안전작업지침 제9조)

사업주는 강관틀비계를 조립하여 사용함에 있어서 ① · ③ · ④ 이외에도 다음의 사항을 준수하여야 한다.

> • 비계기둥의 밑둥에는 밑받침첨물을 사용하여야 하며 밑받침에 고저차가 있는 경우 조절형 밑받침철물을 사용하여, 각각의 강관틀비계가 항상 수평 · 수직을 유지하여야 한다.
> • 주틀간에 교차가새를 설치하고 최상층 및 5층 이내마다 수평재를 설치하여야 한다.
> • 그 외의 다른 사항은 강관비계에 준한다.

016 강관비계에서 비계기둥 간격은 띠장 방향에서는 1.5m 내지 1.8m, 장선 방향에서는 1.5m 이하이어야 하며, 비계기둥의 최고부로부터 아래 방향으로 31m를 넘는 비계 기둥은 2본의 강관으로 묶어 세워야 한다.

017 • 강관(단관)비계의 벽연결은 수직으로 5m, 수평으로 5m 이내마다 연결하여야 한다. (가설공사 표준안전작업지침 제8조 제6호)
    • 강관틀비계의 벽연결은 구조체와 수직방향으로 6m, 수평방향으로 8m 이내마다 연결하여야 한다. (가설공사 표준안전작업지침 제9조 제4호)

018 와이어로프 등 달기구의 안전계수(안전보건규칙 제163조)

> 사업주는 양중기의 와이어로프 등 달기구의 안전계수(달기구 절단하중의 값을 그 달기구에 걸리는 하중의 최대값으로 나눈 값)가 다음의 구분에 따른 기준에 맞지 아니한 경우에는 이를 사용해서는 아니 된다.
> ① 근로자가 탑승하는 운반구를 지지하는 달기와이어로프 또는 달기체인의 경우 : 10 이상
> ② 화물의 하중을 직접 지지하는 달기와이어로프 또는 달기체인의 경우 : 5 이상
> ③ 훅, 샤클, 클램프, 리프팅 빔의 경우 : 3 이상
> ④ 그 밖의 경우 : 4 이상

019 ② 단관비계 : 통나무 비계의 통나무 대신에 파이프를 사용한 비계 또는 폭과 높이를 자유롭게 조절이 가능한 비계로서, 파이프와 부속철물(연결철물인 커플러, 밑받침, 이음철물 등)을 사용하는 비계이다.
    ③ 브라켓비계 : 브라켓(건물의 벽체에 붙은 벽걸이)의 상부에 비계기둥을 설치한 비계이다.
    ④ 이동식 비계 : 강관틀비계의 하단부에 바퀴를 달아 이동이 가능하도록 한 비계이다.

020 달비계의 구조(안전보건규칙 제63조)

> 사업주는 곤돌라형 달비계를 설치하는 경우에는 다음의 어느 하나에 해당하는 와이어로프를 달비계에 사용해서는 아니 된다.
> ① 이음매가 있는 것
> ② 와이어로프의 한 꼬임[[스트랜드(strand)]에서 끊어진 소선(素線)[필러(pillar)선은 제외]]의 수가 10% 이상(비자전로프의 경우에는 끊어진 소선의 수가 와이어로프 호칭지름의 6배 길이 이내에서 4개 이상이거나 호칭지름 30배 길이 이내에서 8개 이상)인 것
> ③ 지름의 감소가 공칭지름의 7%를 초과하는 것, 꼬인 것, 심하게 변형되거나 부식된 것
> ④ 열과 전기충격에 의해 손상된 것

021 ③ 이음매가 있는 와이어로프를 달비계에 사용해서는 아니 된다.

> **달비계의 구조(안전보건규칙 제63조)**
> 다음의 어느 하나에 해당하는 달기체인을 달비계에 사용해서는 아니 된다.
> - 달기체인의 길이가 달기체인이 제조된 때의 길이의 5%를 초과한 것
> - 링의 단면지름이 달기체인이 제조된 때의 해당 링의 지름의 10%를 초과하여 감소한 것
> - 균열이 있거나 심하게 변형된 것

022 작업발판의 폭은 40cm 이상으로 하고, 발판재료 간의 틈은 3cm 이하로 할 것. 다만, 외줄비계의 경우에는 고용노동부장관이 별도로 정하는 기준에 따른다. (안전보건규칙 제56조)

023 말비계(안전보건규칙 제67조)

> 사업주는 말비계를 조립하여 사용하는 경우에 다음의 사항을 준수하여야 한다.
> - 지주부재(支柱部材)의 하단에는 미끄럼 방지장치를 하고, 근로자가 양측 끝부분에 올라서서 작업하지 않도록 할 것
> - 지주부재와 수평면의 기울기를 75° 이하로 하고, 지주부재와 지주부재 사이를 고정시키는 보조부재를 설치할 것
> - 말비계의 높이가 2m를 초과하는 경우에는 작업발판의 폭을 40cm 이상으로 할 것

024 비계 등의 조립·해체 및 변경(안전보건규칙 제57조)

사업주는 달비계 또는 높이 5m 이상의 비계를 조립·해체하거나 변경하는 작업을 하는 경우 ①·②·④·⑤ 이외에도 다음의 사항을 준수하여야 한다.

> - 조립·해체 또는 변경 작업구역에는 해당 작업에 종사하는 근로자가 아닌 사람의 출입을 금지하고 그 내용을 보기 쉬운 장소에 게시할 것
> - 비계재료의 연결·해체작업을 하는 경우에는 폭 20cm 이상의 발판을 설치하고 근로자로 하여금 안전대를 사용하도록 하는 등 추락을 방지하기 위한 조치를 할 것
> - 재료·기구 또는 공구 등을 올리거나 내리는 경우에는 근로자가 달줄 또는 달포대 등을 사용하게 할 것

025 비계의 도괴 방지를 위해 가새 등 경사재는 설치하여야 한다.

026 ② 사업주는 비계의 구조 및 재료에 따라 작업발판의 최대적재하중을 정하고, 이를 초과하여 실어서는 안 된다. (안전보건규칙 제55조)

027 가설통로의 구조(안전보건규칙 제23조)

사업주는 가설통로를 설치하는 경우 ②·③·④·⑤·⑥ 이외에도 다음의 사항을 준수하여야 한다.

> - 경사는 30° 이하로 할 것. 다만, 계단을 설치하거나 높이 2m 미만의 가설통로로서 튼튼한 손잡이를 설치한 경우에는 그러하지 아니하다.
> - 건설공사에 사용하는 높이 8m 이상인 비계다리에는 7m 이내마다 계단참을 설치할 것

028 사다리식 통로 등의 구조(안전보건규칙 제24조)

사업주는 사다리식 통로 등을 설치하는 경우 ①·③·④·⑤·⑦·⑧·⑨·⑪·⑬·⑯·⑱ 이외에도 다음의 사항을 준수하여야 한다.

- 발판과 벽과의 사이는 15cm 이상의 간격을 유지할 것
- 폭은 30cm 이상으로 할 것
- 사다리의 상단은 걸쳐놓은 지점으로부터 60cm 이상 올라가도록 할 것
- 사다리식 통로의 길이가 10m 이상인 경우에는 5m 이내마다 계단참을 설치할 것
- 사다리식 통로의 기울기는 75° 이하로 할 것. 다만, 고정식 사다리식 통로의 기울기는 90° 이하로 하고, 그 높이가 7m 이상인 경우에는 다음의 구분에 따른 조치를 할 것
  - 등받이울이 있어도 근로자 이동에 지장이 없는 경우 : 바닥으로부터 높이가 2.5m 되는 지점부터 등받이울을 설치할 것
  - 등받이울이 있으면 근로자가 이동이 곤란한 경우 : 한국산업표준에서 정하는 기준에 적합한 개인용 추락 방지 시스템을 설치하고 근로자로 하여금 한국산업표준에서 정하는 기준에 적합한 전신안전대를 사용하도록 할 것

029 ④ "지주부재와 수평면과의 기울기를 75° 이하로 하고 지주부재 사이를 고정시키는 보조부재를 설치할 것"은 사다리식 통로 등의 구조로서 이동식비계와는 무관하고, 말비계의 준수사항이다.

⑥ 이동식비계의 바퀴에는 뜻밖의 갑작스러운 이동 또는 전도를 방지하기 위하여 브레이크·쐐기 등으로 바퀴를 고정시킨 다음 비계의 일부를 견고한 시설물에 고정하거나 아웃트리거를 설치하는 등 필요한 조치를 할 것

⑦ 작업발판은 항상 수평을 유지하고 작업발판 위에서 안전난간을 딛고 작업을 하거나 받침대 또는 사다리를 사용하여 작업하지 않도록 할 것

⑨ 이동할 때에는 작업원이 없는 상태이어야 한다.

> **이동식비계(안전보건규칙 제68조)**
> 사업주는 이동식비계를 조립하여 작업을 하는 경우에는 다음의 사항을 준수하여야 한다.
> - 이동식비계의 바퀴에는 뜻밖의 갑작스러운 이동 또는 전도를 방지하기 위하여 브레이크·쐐기 등으로 바퀴를 고정시킨 다음 비계의 일부를 견고한 시설물에 고정하거나 아웃트리거를 설치하는 등 필요한 조치를 할 것
> - 승강용사다리는 견고하게 설치할 것
> - 비계의 최상부에서 작업을 하는 경우에는 안전난간을 설치할 것
> - 작업발판은 항상 수평을 유지하고 작업발판 위에서 안전난간을 딛고 작업을 하거나 받침대 또는 사다리를 사용하여 작업하지 않도록 할 것
> - 작업발판의 최대적재하중은 250kg을 초과하지 않도록 할 것

030 시스템 비계의 구조(안전보건규칙 제69조)

사업주는 시스템 비계를 사용하여 비계를 구성하는 경우에 ①·②·④ 이외에도 다음의 사항을 준수하여야 한다.

> - 비계 밑단의 수직재와 받침철물은 밀착되도록 설치하고, 수직재와 받침철물의 연결부의 겹침길이는 받침철물 전체길이의 1/3 이상이 되도록 할 것
> - 벽 연결재의 설치간격은 제조사가 정한 기준에 따라 설치할 것

031 ④ 폭은 30cm 이상으로 할 것

이동식 사다리(가설공사 표준안전작업지침 제20조)

> 사업주는 이동식사다리를 설치하여 사용함에 있어서 다음의 사항을 준수하여야 한다.
> - 길이가 6m를 초과해서는 안된다.
> - 다리의 벌림은 벽 높이의 1/4 정도가 적당하다.
> - 벽면 상부로부터 최소한 60cm 이상의 연장길이가 있어야 한다.
> - 미끄럼방지 발판은 인조고무 등으로 마감한 실내용을 사용하여야 한다.

032 추락의 방지(안전보건규칙 제42조)

작업발판 및 추락방호망을 설치하기 곤란한 경우에는 근로자로 하여금 3개 이상의 버팀대를 가지고 지면으로부터 안정적으로 세울 수 있는 구조를 갖춘 이동식 사다리를 사용하여 작업을 하게 할 수 있다. 이 경우 사업주는 근로자가 다음의 사항을 준수하도록 조치해야 한다.
① 평탄하고 견고하며 미끄럽지 않은 바닥에 이동식 사다리를 설치할 것
② 이동식 사다리의 넘어짐을 방지하기 위해 다음의 어느 하나 이상에 해당하는 조치를 할 것
   ㉮ 이동식 사다리를 견고한 시설물에 연결하여 고정할 것
   ㉯ 아웃트리거(outrigger, 전도방지용 지지대)를 설치하거나 아웃트리거가 붙어있는 이동식 사다리를 설치할 것
   ㉰ 이동식 사다리를 다른 근로자가 지지하여 넘어지지 않도록 할 것
③ 이동식 사다리의 제조사가 정하여 표시한 이동식 사다리의 최대사용하중을 초과하지 않는 범위 내에서만 사용할 것
④ 이동식 사다리를 설치한 바닥면에서 높이 3.5m 이하의 장소에서만 작업할 것
⑤ 이동식 사다리의 최상부 발판 및 그 하단 디딤대에 올라서서 작업하지 않을 것. 다만, 높이 1m 이하의 사다리는 제외한다.
⑥ 안전모를 착용하되, 작업 높이가 2m 이상인 경우에는 안전모와 안전대를 함께 착용할 것
⑦ 이동식 사다리 사용 전 변형 및 이상 유무 등을 점검하여 이상이 발견되면 즉시 수리하거나 그 밖에 필요한 조치를 할 것

033 미끄럼방지 장치(가설공사 표준안전작업지침 제21조)

사업주는 사다리를 설치하여 사용함에 있어서 다음의 사항을 준수하여야 한다.
① 사다리 지주의 끝에 고무, 코르크, 가죽, 강스파이크 등을 부착시켜 바닥과의 미끄럼을 방지하는 안전장치가 있어야 한다.
② 쐐기형 강스파이크는 지반이 평탄한 맨땅위에 세울 때 사용하여야 한다.
③ 미끄럼방지 판자 및 미끄럼 방지 고정쇠는 돌마무릴 또는 인조석 깔기마감 한 바닥용으로 사용하여야 한다.
④ 미끄럼방지 발판은 인조고무 등으로 마감한 실내용을 사용하여야 한다.

034 고소작업대 설치 등의 조치(안전보건규칙 제186조)

① 사업주는 고소작업대를 설치하는 경우에는 다음에 해당하는 것을 설치하여야 한다.
   ㉮ 작업대를 와이어로프 또는 체인으로 올리거나 내릴 경우에는 와이어로프 또는 체인이 끊어져 작업대가 떨어지지 아니하는 구조여야 하며, 와이어로프 또는 체인의 안전율은 5 이상일 것
   ㉯ 권과방지장치를 갖추거나 압력의 이상상승을 방지할 수 있는 구조일 것
   ㉰ 붐의 최대 지면경사각을 초과 운전하여 전도되지 않도록 할 것
   ㉱ 조작반의 스위치는 눈으로 확인할 수 있도록 명칭 및 방향표시를 유지할 것
② 사업주는 고소작업대를 이동하는 경우에는 다음의 사항을 준수해야 한다.
   ㉮ 작업대를 가장 낮게 내릴 것
   ㉯ 작업자를 태우고 이동하지 말 것. 다만, 이동 중 전도 등의 위험예방을 위하여 유도하는 사람을 배치하고 짧은 구간을 이동하는 경우에는 작업대를 가장 낮게 내린 상태에서 작업자를 태우고 이동할 수 있다.
   ㉰ 이동통로의 요철상태 또는 장애물의 유무 등을 확인할 것
③ 사업주는 고소작업대를 사용하는 경우에는 다음의 사항을 준수하여야 한다.
   ㉮ 전로(電路)에 근접하여 작업을 하는 경우에는 작업감시자를 배치하는 등 감전사고를 방지하기 위하여 필요한 조치를 할 것
   ㉯ 작업대를 정기적으로 점검하고 붐·작업대 등 각 부위의 이상 유무를 확인할 것
   ㉰ 전환스위치는 다른 물체를 이용하여 고정하지 말 것
   ㉱ 작업대는 정격하중을 초과하여 물건을 싣거나 탑승하지 말 것
   ㉲ 작업대의 붐대를 상승시킨 상태에서 탑승자는 작업대를 벗어나지 말 것. 다만, 작업대에 안전대 부착설비를 설치하고 안전대를 연결하였을 때에는 그러하지 아니하다.

035 ① 사업주는 계단 및 계단참을 설치하는 경우 500kgf/m² 이상의 하중에 견딜 수 있는 강도를 가진 구조로 설치하여야 하며, 안전율(안전의 정도를 표시하는 것으로서 재료의 파괴응력도와 허용응력도의 비율)은 4 이상으로 하여야 한다. (안전보건규칙 제26조)

② 사업주는 높이가 3m를 초과하는 계단에 높이 3m 이내마다 진행방향으로 길이 1.2m 이상의 계단참을 설치해야 한다. (안전보건규칙 제28조)

④ 사업주는 높이 1.0m 이상인 계단의 개방된 측면에 안전난간을 설치하여야 한다. (안전보건규칙 제30조)

036 사업주는 철재사다리를 설치하여 사용함에 있어서 ①·③·④ 이외에도 받침대의 간격은 25~35cm로 하여야 한다. (가설공사 표준안전작업지침 제19조)

037 안전난간의 구조 및 설치요건(안전보건규칙 제13조)

사업주는 근로자의 추락 등의 위험을 방지하기 위하여 안전난간을 설치하는 경우 다음의 기준에 맞는 구조로 설치해야 한다.
① 상부 난간대, 중간 난간대, 발끝막이판 및 난간기둥으로 구성할 것. 다만, 중간 난간대, 발끝막이판 및 난간기둥은 이와 비슷한 구조와 성능을 가진 것으로 대체할 수 있다.
② 상부 난간대는 바닥면·발판 또는 경사로의 표면(이하 "바닥면 등"이라 함)으로부터 90cm 이상 지점에 설치하고, 상부 난간대를 120cm 이하에 설치하는 경우에는 중간 난간대는 상부 난간대와 바닥면 등의 중간에 설치해야 하며, 120cm 이상 지점에 설치하는 경우에는 중간 난간대를 2단 이상으로 균등하게 설치하고 난간의 상하 간격은 60cm 이하가 되도록 할 것. 다만, 난간기둥 간의 간격이 25cm 이하인 경우에는 중간 난간대를 설치하지 않을 수 있다.
③ 발끝막이판은 바닥면 등으로부터 10cm 이상의 높이를 유지할 것. 다만, 물체가 떨어지거나 날아올 위험이 없거나 그 위험을 방지할 수 있는 망을 설치하는 등 필요한 예방 조치를 한 장소는 제외한다.
④ 난간기둥은 상부 난간대와 중간 난간대를 견고하게 떠받칠 수 있도록 적정한 간격을 유지할 것
⑤ 상부 난간대와 중간 난간대는 난간 길이 전체에 걸쳐 바닥면 등과 평행을 유지할 것
⑥ 난간대는 지름 2.7cm 이상의 금속제 파이프나 그 이상의 강도가 있는 재료일 것
⑦ 안전난간은 구조적으로 가장 취약한 지점에서 가장 취약한 방향으로 작용하는 100kg 이상의 하중에 견딜 수 있는 튼튼한 구조일 것

038 ⑫ 경사로지지 기둥은 3m 이내마다 설치하여야 한다. (가설공사 표준안전작업지침 제14조)

가설통로의 구조(안전보건규칙 제23조)
사업주는 가설통로를 설치하는 경우 다음의 사항을 준수하여야 한다.
① 견고한 구조로 할 것
② 경사는 30° 이하로 할 것. 다만, 계단을 설치하거나 높이 2m 미만의 가설통로로서 튼튼한 손잡이를 설치한 경우에는 그러하지 아니하다.
③ 경사가 15°를 초과하는 경우에는 미끄러지지 아니하는 구조로 할 것
④ 추락할 위험이 있는 장소에는 안전난간을 설치할 것. 다만, 작업상 부득이한 경우에는 필요한 부분만 임시로 해체할 수 있다.
⑤ 수직갱에 가설된 통로의 길이가 15m 이상인 경우에는 10m 이내마다 계단참을 설치할 것
⑥ 건설공사에 사용하는 높이 8m 이상인 비계다리에는 7m 이내마다 계단참을 설치할 것

039~040 경사로(가설공사 표준안전작업지침 제14조)

경사로는 ① · ③ · ④ 이외에도 다음 사항을 준수하여야 한다.

- 시공하중 또는 폭풍, 진동 등 외력에 대하여 안전하도록 설계하여야 한다.
- 경사로는 항상 정비하고 안전통로를 확보하여야 한다.
- 비탈면의 경사각은 30° 이내로 하고 미끄럼막이 간격은 다음 표에 의한다.

경사각	30°	29°	27°	24°15′	22°	19°20′	17°	14°
미끄럼막이 간격(cm)	30	33	35	37	40	43	45	47

- 목재는 미송, 육송 또는 그 이상의 재질을 가진 것이어야 한다.
- 경사로 지지기둥은 3m 이내마다 설치하여야 한다.
- 발판은 폭 40cm 이상으로 하고, 틈은 3cm 이내로 설치하여야 한다.
- 발판이 이탈하거나 한쪽 끝을 밟으면 다른쪽이 들리지 않게 장선에 결속하여야 한다.
- 결속용 못이나 철선이 발에 걸리지 않아야 한다.

041 비상구의 설치(안전보건규칙 제17조)

사업주는 위험물질을 제조·취급하는 작업장(이하 이 항에서 "작업장"이라 함)과 그 작업장이 있는 건축물에 제11조에 따른 출입구 외에 안전한 장소로 대피할 수 있는 비상구 1개 이상을 다음의 기준을 모두 충족하는 구조로 설치해야 한다. 다만, 작업장 바닥면의 가로 및 세로가 각 3m 미만인 경우에는 그렇지 않다.

① 출입구와 같은 방향에 있지 아니하고, 출입구로부터 3m 이상 떨어져 있을 것

② 작업장의 각 부분으로부터 하나의 비상구 또는 출입구까지의 수평거리가 50미터 이하가 되도록 할 것. 다만, 작업장이 있는 층에 「건축법 시행령」에 따라 피난층(직접 지상으로 통하는 출입구가 있는 층과 「건축법 시행령」에 따른 피난안전구역을 말함) 또는 지상으로 통하는 직통계단(경사로를 포함)을 설치한 경우에는 그 부분에 한정하여 본문에 따른 기준을 충족한 것으로 본다.

③ 비상구의 너비는 0.75m 이상으로 하고, 높이는 1.5m 이상으로 할 것

④ 비상구의 문은 피난 방향으로 열리도록 하고, 실내에서 항상 열 수 있는 구조로 할 것

042 거푸집은 콘크리트를 부어넣어 굳히기 위한 목적으로 만든 임시 구조물(가설물)로서 목재, 철재, 경금속 등이 사용된다. 콘크리트의 부어넣기 작업과 응결, 경화하는 동안 일정한 형상과 치수를 유지시켜 그 경화에 필요한 수분의 누출을 방지하고 외기의 영향을 방지할 목적으로 사용된다.

043 하중(콘크리트공사 표준안전작업지침 제4조)

거푸집 및 지보공(동바리)은 여러가지 시공조건을 고려하고 다음의 하중을 고려하여 설계하여야 한다.

① 연직방향 하중 : 거푸집, 지보공(동바리), 콘크리트, 철근, 작업원, 타설용 기계기구, 가설 설비 등의 중량 및 충격하중

② 횡방향 하중 : 작업할 때의 진동, 콘크리트의 측압, 충격, 시공오차 등에 기인되는 횡방향 하중 이외에 필요에 따라 풍압, 유수압, 지진 등

③ 콘크리트의 측압 : 굳지 않은 콘크리트의 측압

④ 특수하중 : 시공 중에 예상되는 특수한 하중

044 자중은 연직방향의 하중이다. 콘크리트 측압, 풍하중, 지진하중 등은 횡하중에 속한다.

045 거푸집의 고려하여야 할 하중

부위		고려하여야 할 하중
보, 슬래브 밑면	생콘크리트 중량(고정 하중)	작업 하중, 충격 하중
벽, 기둥, 보 옆		생콘크리트 측압력

046 콘크리트의 압축강도를 시험하지 않을 경우 거푸집널의 해체시기(기초, 보, 기둥, 벽의 측면)

시멘트의 종류 평균기온	조강포틀랜드시멘트	보통포틀랜드시멘트 고로슬래그시멘트(1종) 플라이애시시멘트(1종) 포틀랜드포졸란시멘트(A종)	고로슬래그시멘트(2종) 플라이애시시멘트(2종) 포틀랜드포졸란시멘트(B종)
20℃ 이상	2일	3일	4일
20℃ 미만 10℃ 이상	3일	4일	6일

047 거푸집의 존치기간

1) 콘크리트 압축강도를 시험하는 경우 : 기초, 보, 기둥, 벽 등의 측면은 콘크리트 압축강도가 5Mpa 이상(내구성이 중요한 구조물의 경우에는 10Mpa 이상)이고, 슬래브 및 보의 밑면과 아치 내면의 경우로서, 단층구조인 경우는 설계기준압축강도의 2/3 이상 또한, 최소강도 14Mpa 이상이고, 다층구조인 경우에는 설계기준압축강도 이상 또한, 필러 동바리 구조를 이용할 경우는 구조계산에 의해 기간을 단축할 수 있으나, 최소강도는 14Mpa 이상이다.

2) 콘크리트 압축강도를 시험하지 않는 경우 : 시멘트의 종류와 평균 기온에 따라 달리한다.

그러므로, 1)과 2)에 의해서, 건축물의 부위(기초, 보, 기둥, 벽, 슬래브, 아치 등), 구조(단층 및 다층 구조 등) 시험에 의한 압축강도, 시멘트의 종류, 평균 기온 등이 있다.

048 합판 거푸집의 특성은 외기 온도의 영향이 적고, 녹이 슬지 않음으로 보관하기가 쉬우며, 보수가 간단하다. 또한, 중량이 가볍고, 누수의 위험이 적다.

강재 거푸집의 특성은 합판 거푸집에 비해 외기 온도의 영향(하절기와 동절기)이 많아 사용하기 힘들고, 녹이 슬어 보관하기가 어려우며, 중량이 무겁다.

049 사업주는 동바리를 조립할 때 동바리로 사용하는 파이프서포트의 경우에는 ①·②·③을 준수하여야 한다. (안전보건규칙 제332조의2)

④ 교차가새의 설치는 강관틀비계를 동바리로 사용하는 경우에 해당하는 사항이다.

050 안전보건규칙 제332조, 제332조의2

① 동바리로 사용하는 파이프서포트는 최소 3개 이상 이어서 사용하지 않도록 해야 한다.

⑤ 동바리로 사용하는 조립강주의 경우에는 조립강주의 높이가 4m를 초과하는 경우에는 높이 4m 이내마다 수평연결재를 2개 방향으로 설치하고 수평연결재의 변위를 방지해야 한다.

⑧ 동바리로 파이프서포트를 사용하는 경우, 높이가 3.5m를 초과하는 경우에는 높이 2m 이내마다 수평연결재를 2개 방향으로 설치한다.

⑫ 동바리로 사용하는 조립강주의 경우에는 조립강주의 높이가 4m를 초과하는 경우에는 높이 4m 이내마다 수평연결재를 2개 방향으로 설치하고 수평연결재의 변위를 방지해야 한다.

051 안전보건규칙 제333조, 콘크리트공사 표준안전작업지침 제9조
③ 해체작업을 할 때에는 안전모 등 안전 보호장구를 착용토록 할 것
⑥ 재료, 기구 또는 공구 등을 올리거나 내리는 경우에는 근로자로 하여금 달줄 또는 달포대 등을 사용하도록 할 것
⑧ 해체된 거푸집이나 각목 등에 박혀있는 못 또는 날카로운 돌출물은 즉시 제거할 것
⑫ 거푸집 해체 때 구조체에 무리한 충격이나 큰 힘에 의한 지렛대 사용은 금지할 것
⑯ 양중기로 철근을 운반할 경우에는 중앙의 2군데 이상을 묶어 수평으로 운반할 것

052 ② 조강 시멘트를 사용하여 타설한 거푸집과 보통 시멘트를 사용하여 타설한 거푸집의 경우, 조강 시멘트를 사용하여 타설한 거푸집은 조강포틀랜드가 조기에 강도를 발휘하므로 먼저 철거한다.
③ 보와 기둥의 경우에는 기둥의 거푸집을 먼저 철거한다.
④ 스팬이 큰 빔과 작은 빔의 경우에는 작은 빔의 거푸집을 먼저 철거한다.

053 거푸집 동바리의 강도를 측정, 주변 작업자 간의 연락조정을 행하는 일, 전반적인 작업공정과 공기를 결정하고 지시하는 일은 안전담당자의 유해·위험방지업무에 속하지 않는다.

054 콘크리트의 워커빌리티(시공연도)는 반죽질기 여하에 따르는 작업의 난이도 및 재료의 분리에 저항하는 정도를 나타내는 성질로서, 거푸집의 사용과는 무관하다.

055 목재를 지주(동바리)로 사용할 때에는 높이 2m 이내마다 수평연결재를 설치하고, 수평연결재의 변위를 방지하여야 한다. (콘크리트공사 표준안전작업지침 제6조)

056 조립도(안전보건규칙 제331조)
• 사업주는 거푸집 및 동바리를 조립하는 경우에는 그 구조를 검토한 후 조립도를 작성하고, 그 조립도에 따라 조립하도록 해야 한다.
• 조립도에는 거푸집 및 동바리를 구성하는 부재의 재질·단면규격·설치간격 및 이음방법 등을 명시해야 한다.

057 사업주는 동바리를 조립하는 경우에는 하중의 지지상태를 유지할 수 있도록 강재의 접속부 및 교차부는 볼트·클램프 등 전용철물을 사용하여 단단히 연결할 것(안전보건규칙 제332조)
① 가새는 사각형으로 짠 뼈대에 대각선상으로 빗대는 경사재로서 수직·수평재의 각도 변형을 막기 위하여 설치하는 부재이다.
② 샤클은 운반보조 기구로서, 인양 물건을 쉽게 체결하여 운반작업을 안전하게 수행할 수 있는 기구이다.
④ 장선은 마룻널의 하중을 받아 멍에에 전달하는 부재이다.

058 박리제(거푸집널의 떼내기를 쉽게하기 위하여 미리 거푸집 널에 바르는 물질 또는 거푸집과 콘크리트의 부착 및 거푸집널의 흡수성을 방지 또는 감소시킬 목적으로 사용하는 약제)를 칠한 것은 연결재로서 부적합하다.

059 ② 벽 또는 기둥의 거푸집 하부에 청소구가 있는가를 확인한다.

⑤ 거푸집 조립 시 거푸집이 이동하지 않도록 비계 또는 기타 공작물과 직접 연결하는 것이 아니라 독립적으로 설 수 있어야 한다.

⑫ 연결재는 조합 부품 수가 적고, 회수, 조립, 해체하기 쉬우며, 충분한 강도가 있는 것이어야 한다.

060~061 보일링, 히빙, 파이핑

구분	현상	방지책
보일링	사질 지반에서 흙막이벽을 설치하고, 기초 파기를 할 때에 흙막이벽 뒷면 수위가 높아져 지하수가 흙막이벽 밑을 통하여 상승하는 유수로 말미암아 모래 입자가 부력을 받아 물이 끓듯이 지하수가 모래와 같이 솟아오르는 현상	• 널말뚝 저면의 타설 깊이를 깊게 한다. • 널말뚝을 불투수성 점토질 지층까지 깊이 때려 박는다. • 웰포인트 공법에 의하여 지하수면을 낮추어 용출하는 물의 압력을 감소시킨다.
히빙	• 연약지반을 굴착할 때, 흙막이벽 뒤쪽 흙의 중량이 바닥의 지지력보다 커지면, 굴착저면에서 흙이 부풀어 오르는 현상 • 연질의 점토지반 굴착 시 흙막이 바깥에 있는 흙의 중량과 지표 위의 적재하중 등에 의해 저면 흙이 붕괴되고 흙막이 바깥에 있는 흙이 안으로 밀려 불룩하게 되는 현상	• 설계 계획을 변경 또는 표토를 제거하여 하중을 적게 한다. • 굴착면에 하중을 가하거나 지반을 개량한다. • 트렌치 공법 또는 부분 굴착을 하거나, 케이슨이나 아일랜드 공법을 사용한다. • 가장 좋은 방법으로는 강성이 높고, 강력한 흙막이벽의 밑을 양질의 지반 속까지 깊이 박는다.
파이핑	흙막이벽의 부실 공사로 인하여 흙막이벽의 뚫린 구멍 또는 이음새를 통하여 물이 공사장 내부 바닥으로 파이프 작용을 하여 보일링 현상이 생기는 현상	흙막이벽의 강성을 높이고, 수밀성을 양호하게 한다.

062~063 보일링은 연약한 사질토 지반에서 주로 발생하고, 히빙은 하부의 점토지반이 연약한 경우에 발생한다.

064 ① 주변수위의 저하는 보일링의 방지 대책이다.

⑤ 굴착주변의 상재하중 증가는 히빙 현상을 촉진한다.

065 ③ 토류벽 상단부에 버팀대(strut) 보강과 보일링과는 무관하다.

⑦ 굴착 밑 투수층에 만든 피트(pit)를 설치한다.

⑫ 주동토압(벽에 토압이 작용하여 벽이 움직이기 시작할 때의 토압)을 크게 하면 보일링 현상은 촉진된다.

066 파이핑 현상이 발생하는 장소를 감소시키기 위하여 흙댐에서 물의 침투 유도 길이를 길게 한다.

067 흙막이 공법

지지방식	자립 흙막이 공법, 버팀대(수평, 경사 버팀대)공법, 어스앵커 공법 등
구조방식	오픈 컷 공법(비탈면 오픈 컷, 흙막이 오픈 컷), 아일랜드 컷 공법, 트랜치 컷 공법, H-pile 공법, 강재널말뚝 공법, 지하 연속벽 공법(벽식, 주열식 공법), 탑다운 공법, 구체 흙막이 공법(웰포인트 공법, 케이슨 공법) 등

④ 자연사면 굴착공법은 터파기 공법의 일종이다.

068 건설공사 시 계측관리의 목적은 설계 시 예측치와 시공 시 측정치와의 비교, 시공 중 위험에 대한 정보제공(공사현장의 특수성을 파악) 및 향후 거동 파악 및 대책 수립을 목적으로 한다.

069 계측기의 용도

계측기 명칭	용도	계측기 명칭	용도
Tilt meter (건물 경사계)	인접구조물 기울기	Load cell (하중계)	흙막이 부재 응력 측정, 어스 앵커
Crack gauge	인접구조물 균열 측정	Strain gauge (변형계)	스터드 변형 계측
Inclino meter (지중 경사계)	지중 수평변위 계측	Soil pressure gauge	토압 측정
Extension meter (지중 침하계)	지중 수직변위 계측	Level, Staff	지표면 침하 측정
Piezo meter (간극수압계)	간극수압 계측	Sound level meter	소음 측정
Water level meter (수위계)	지하수위 계측	Vibro meter	진동 측정

070 수위계(지하수위 계측), (지중)경사계(지중 수직변위 계측), 하중계(흙막이 부재 응력 측정, 어스 앵커의 인장력) 및 침하계(주위 지반의 침하 측정) 등은 깊은 굴착의 경우 흙막이 구조의 안전을 예측하기 위해 설치해야 할 계측기기이다.
④ 내공변위 측정계는 터널의 붕괴에 대한 측정을 위한 기기이다.

071 ③ 록볼트 응력계는 터널공사에 있어 받침대인 록볼트의 응력을 측정하는 계기이다.
⑥ 내공변위 측정계는 터널의 붕괴에 대한 측정을 위한 기기이다.

001	① ×	② ○	③ ○	④ ○					**002**	① ○	② ○	③ ×	④ ○				
003	① ○	② ○	③ ○	④ ×	⑤ ×	⑥ ○			**004**	① ○	② ○	③ ○	④ ×	⑤ ×			
005	① ×	② ○	③ ×	④ ×					**006**	① ×	② ○	③ ○	④ ○	⑤ ×	⑥ ○	⑦ ×	⑧ ×
007	① ○	② ○	③ ○	④ ×					**008**	① ×	② ○	③ ×	④ ×				
009	① ○	② ○	③ ×	④ ○	⑤ ○	⑥ ×	⑦ ○		**010**	① ○	② ○	③ ○	④ ×				
011	① ○	② ×	③ ×	④ ×					**012**	① ○	② ○	③ ○	④ ×				
013	① ○	② ○	③ ×	④ ×					**014**	① ○	② ○	③ ○	④ ×				
015	① ×	② ○	③ ○	④ ○	⑤ ×	⑥ ○			**016**	① ○	② ○	③ ×	④ ○	⑤ ○	⑥ ×		
017	① ○	② ×	③ ○	④ ○	⑤ ○	⑥ ×	⑦ ×		**018**	① ○	② ○	③ ×	④ ○	⑤ ×			

001 하역을 위한 마스트(mast, 지게차에 있어서 화물을 올리고 내리는 기능을 담당하는 세로 기둥의 구조물)가 주행시야를 좁게 한다.

002 ③ "버팀의 방법 및 고정상태의 이상 유무"와 지게차와는 무관하다.

> **지게차를 사용하여 작업을 하는 때 작업시작 전 점검사항(안전보건규칙 제35조, 별표 3)**
> - 제동장치 및 조종장치 기능의 이상 유무
> - 하역장치 및 유압장치 기능의 이상 유무
> - 바퀴의 이상 유무
> - 전조등·후미등·방향지시기 및 경보장치 기능의 이상 유무

003 헤드가드(안전보건규칙 제180조)

> 사업주는 다음에 따른 적합한 헤드가드(head guard)를 갖추지 아니한 지게차를 사용해서는 안 된다. 다만, 화물의 낙하에 의하여 지게차의 운전자에게 위험을 미칠 우려가 없는 경우에는 그렇지 않다.
> ① 강도는 지게차의 최대하중의 2배 값(4톤을 넘는 값에 대해서는 4톤)의 등분포정하중에 견딜 수 있을 것
> ② 상부틀의 각 개구의 폭 또는 길이가 16cm 미만일 것
> ③ 운전자가 앉아서 조작하거나 서서 조작하는 지게차의 헤드가드는 한국산업표준에서 정하는 높이 기준일 것

004 사전조사 및 작업계획서 내용(안전보건규칙 제38조, 별표 4)

> ① 추락위험을 예방할 수 있는 안전대책
> ② 낙하위험을 예방할 수 있는 안전대책
> ③ 전도위험을 예방할 수 있는 안전대책
> ④ 협착위험을 예방할 수 있는 안전대책
> ⑤ 붕괴위험을 예방할 수 있는 안전대책

005 ① 무릎은 직각자세를 취하고, 허리를 곧게 편 상태에서 들어 올린다.
③ 무릎은 직각자세를 취하고, 허리를 곧게 편 상태에서 들어 올린다.
④ 체중의 중심은 항상 양 다리 중심에 있게 하여 균형을 유지하고, 허리를 곧게 편 상태에서 들어 올린다.

006 ①·⑦ 몸은 가능한 한 인양물(짐)에 근접하여 정면에서 인양한다.

⑤ 단독으로 어깨에 메고 운반할 때에는 하물 앞부분 끝을 근로자 신장보다 약간 높게 하여 모서리, 곡선 등에 충돌하지 않도록 주의하여야 한다. 길이가 긴 물건은 뒷쪽을 낮게 하여 운반한다.

⑧ 무거운 물건일수록 보조기구는 사용하는 것이 좋다.

007 어깨 높이보다 높은 위치에서 하물을 들고 운반하여서는 아니 된다. (운반하역 표준안전작업지침 제8조)

008 적재물의 무게중심은 가능한 한 밑(하부)으로 오도록 하고 운반차 운전 시 적재물이 흔들리지 않도록 주의하여야 한다.

009 ③·⑥ 1회 운반 시 1인당 무게는 일시작업에 있어서 25~30kg(남자), 15~20kg(여자) 정도이고, 계속적인 작업에 있어서는 12~15kg(남자), 7~10kg(여자) 정도이다.

010 작업시작 전 근로자의 요통방지 및 안전을 위하여 작업방법(작업자세, 시간 등), 작업경로, 중량물(물건의 중량) 또는 위험물 취급 시 주의사항 등을 근로자에게 교육하여야 한다. (운반하역 표준안전작업지침 제6조)

④ 물건의 표면마감 종류와 요통과는 무관하다.

011 사업주는 바닥으로부터 짐 윗면까지의 높이가 2m 이상인 화물자동차에 짐을 싣는 작업 또는 내리는 작업을 하는 경우에는 근로자의 추가 위험을 방지하기 위하여 해당 작업에 종사하는 근로자가 바닥과 적재함의 짐 윗면 간을 안전하게 오르내리기 위한 설비를 설치하여야 한다. (안전보건규칙 제187조)

012 ④ "제동장치 및 조정장치 기능의 이상 유무를 점검할 것"은 차량계 하역운반기계에 화물을 적재할 때와는 무관하다.

> **화물적재 시의 조치(안전보건규칙 제173조)**
> 사업주는 차량계 하역운반기계등에 화물을 적재하는 경우에 다음의 사항을 준수하여야 한다.
> - 하중이 한쪽으로 치우치지 않도록 적재할 것
> - 구내운반차 또는 화물자동차의 경우 화물의 붕괴 또는 낙하에 의한 위험을 방지하기 위하여 화물에 로프를 거는 등 필요한 조치를 할 것
> - 운전자의 시야를 가리지 않도록 화물을 적재할 것

013 사업주는 차량계 하역운반기계 등을 사용하는 작업을 할 때에 그 기계가 넘어지거나 굴러떨어짐으로써 근로자에게 위험을 미칠 우려가 있는 경우에는 그 기계를 유도하는 사람("유도자")을 배치하고 지반의 부동침하 및 갓길 붕괴를 방지하기 위한 조치를 해야 한다. (안전보건규칙 제171조)

014 **차량계 하역운반기계 등의 이송(안전보건규칙 제174조)**

> 사업주는 차량계 하역운반기계 등을 이송하기 위하여 자주(自走) 또는 견인에 의하여 화물자동차에 싣거나 내리는 작업을 할 때에 발판·성토 등을 사용하는 경우에는 해당 차량계 하역운반기계 등의 전도 또는 굴러 떨어짐에 의한 위험을 방지하기 위하여 다음의 사항을 준수하여야 한다.
> ① 싣거나 내리는 작업은 평탄하고 견고한 장소에서 할 것
> ② 발판을 사용하는 경우에는 충분한 길이·폭 및 강도를 가진 것을 사용하고 적당한 경사를 유지하기 위하여 견고하게 설치할 것
> ③ 가설대 등을 사용하는 경우에는 충분한 폭 및 강도와 적당한 경사를 확보할 것
> ④ 지정운전자의 성명·연락처 등을 보기 쉬운 곳에 표시하고 지정운전자 외에는 운전하지 않도록 할 것

015 운전위치 이탈 시의 조치(안전보건규칙 제99조)

사업주는 차량계 하역운반기계 등, 차량계 건설기계의 운전자가 운전위치를 이탈하는 경우 해당 운전자에게 다음 사항을 준수하도록 하여야 한다.
① 포크, 버킷, 디퍼 등의 장치를 가장 낮은 위치 또는 지면에 내려 둘 것
② 원동기를 정지시키고 브레이크를 확실히 거는 등 차량계 하역운반기계 등, 차량계 건설기계의 갑작스러운 이동을 방지하기 위한 조치를 할 것
③ 운전석을 이탈하는 경우에는 시동키를 운전대에서 분리시킬 것. 다만, 운전석에 잠금장치를 하는 등 운전자가 아닌 사람이 운전하지 못하도록 조치한 경우에는 그러하지 아니하다.

016 싣거나 내리는 작업(안전보건규칙 제177조)

사업주는 차량계 하역운반기계 등에 단위화물의 무게가 100kg 이상인 화물을 싣는 작업(로프 걸이 작업 및 덮개 덮기 작업을 포함) 또는 내리는 작업(로프 풀기 작업 또는 덮개 벗기기 작업을 포함)을 하는 경우에 해당 작업의 지휘자에게 다음의 사항을 준수하도록 하여야 한다.
① 작업순서 및 그 순서마다의 작업방법을 정하고 작업을 지휘할 것
② 기구와 공구를 점검하고 불량품을 제거할 것
③ 해당 작업을 하는 장소에 관계 근로자가 아닌 사람이 출입하는 것을 금지할 것
④ 로프 풀기 작업 또는 덮개 벗기기 작업은 적재함의 화물이 떨어질 위험이 없음을 확인한 후에 하도록 할 것

017 화물의 적재(안전보건규칙 제393조)

사업주는 화물을 적재하는 경우에 다음의 사항을 준수하여야 한다.
① 침하 우려가 없는 튼튼한 기반 위에 적재할 것
② 건물의 칸막이나 벽 등이 화물의 압력에 견딜 만큼의 강도를 지니지 아니한 경우에는 칸막이나 벽에 기대어 적재하지 않도록 할 것
③ 불안정할 정도로 높이 쌓아 올리지 말 것
④ 하중이 한쪽으로 치우치지 않도록 쌓을 것

018 걸이(운반하역 표준안전작업지침 제22조)

걸이 작업은 ① · ② · ④ 이외에도 다음의 사항을 준수하여야 한다.

• 밑에 있는 물체를 걸고자 할 때에는 위의 물체를 제거한 후에 행하여야 한다.
• 매다는 각도는 60° 이내로 하여야 한다.